Dorn-Bader

Physik

Mittelstufe

Dorn-Bader

Physik

Mittelstufe

Schroedel Schulbuchverlag

Dorn-Bader
Physik – Mittelstufe

Herausgegeben von:
Professor Dr. Franz Bader – Professor Friedrich Dorn

Bearbeitet von:
Professor Dr. Franz Bader, Ludwigsburg – Studiendirektor Dr. Helmut Bergold, München – Studiendirektor Rudolf Bremer, Braunschweig – Professor Friedrich Dorn, Waiblingen – Studiendirektor Dr. Peter Drehmann, Kornwestheim – Oberstudiendirektor Paul Grabenstein, Ludwigsburg – Studiendirektor Adolf Kraemer, Münster – Studiendirektor Gottfried Staiger, Stuttgart – Studiendirektor Klaus Utpatel, Berlin – Verlagsredaktion Physik

Beratende Mitwirkung von:
Oberstudiendirektor Walter Kasten, Hannover

Illustration:
Volkmar Rinke, Hildesheim
Günter Schlierf, Hemmingen

Titelbild:
Brechung und Totalreflexion von Licht beim Übergang Wasser – Luft
Hans Tegen, Hambühren

ISBN 3-507-**86200**-X

Druck A 12 / Jahr 1991

Alle Drucke der Serie A sind im Unterricht parallel verwendbar.
Die letzte Zahl bezeichnet das Jahr dieses Druckes.

Gesamtherstellung: Universitätsdruckerei H. Stürtz AG, Würzburg

Liebe Schülerin, lieber Schüler!

Das Fach Physik will Dir die **Natur** und die aus der Physik erwachsene **Technik** näherbringen. Ohne physikalische Kenntnisse ist niemand in der Lage, die Bedeutung dieser Deiner Umwelt für den Menschen richtig einzuschätzen. Unser Verhalten zur Umwelt ist heute für die ganze Menschheit entscheidend wichtig. Der Physikunterricht soll Dir dabei helfen, Deine Rolle zu erkennen; das gleiche möchte dieses Buch. Wie kann es das?

Zahlreiche **Farbfotos** von *Naturvorgängen, von technischen Anwendungen* und vor allem von *Experimenten* sollen nicht nur Dein Interesse an Physik wecken und erhalten. Diese Fotos sollen Dir vor allem das *nahebringen,* was Dir der Lehrer bei seinen Experimenten gern aus nächster Nähe zeigen würde, wenn die Klasse nicht so groß wäre, oder was er Dir vielleicht mit der Schulfernsehkamera (leider nur schwarz-weiß) über den Bildschirm groß „herausholt". Von Deinem Platz aus kannst Du ja oft vor lauter Stativen und Kabeln das Wesentliche der Experimente kaum erkennen.

Die Fotos sollen Dir – zusammen mit dem Text – helfen, die Versuche zu Hause zumindest in Deiner Vorstellung so nachzuvollziehen, als hättest Du sie selbst ausgeführt. In diesem Sinne unterstützen Fotos und Text auch Deine eigenen Experimente (als **S-Versuche** gekennzeichnet). Vollständig ersetzen kann ein Buch aber weder Lehrer- noch Schülerversuche.

Wer experimentiert, stellt **Fragen an die Natur.** Meist erwachsen solche Fragen aus Deinem täglichen Umgang mit der Natur und der Technik. Die **Zwischenüberschriften** im Buch sollen Deine Aufmerksamkeit – vielleicht zunächst auch nur Deine Neugier – auf solche Fragen lenken.

Die **Antworten** auf diese Fragen geben die sich anschließenden Experimente. Sie zeigen, daß Naturvorgänge nach *Gesetzen* ablaufen. Wenn Du im Einzelexperiment den gesetzmäßigen Zusammenhang erkannt hast, so gilt es, ihn zu verallgemeinern, d.h. vom speziellen Beispiel zu lösen, man sagt, von ihm zu *abstrahieren.* Das abstrakte Ergebnis findest Du in diesem Buch in einem rot umrandeten **Merksatz.** Leute, die nur solche – notwendigerweise – abstrakten Sätze lesen, sagen, die Physik sei unanschaulich und trocken; man wisse nicht, wozu sie gut sei. Wenn Du auch einmal diesen Eindruck haben solltest, geh zur Zwischenüberschrift und zum konkreten Problem zurück; lies nochmals den Text, der zum Merksatz führt. Dies füllt die allgemeingültige Aussage des physikalischen Gesetzes mit Leben. Oder betrachte die **Beispiele,** die solchen Merksätzen folgen und sie in ihrer Bedeutung vertiefen, erweitern und verdeutlichen. Auf diese Weise kannst Du lernen, *über Naturvorgänge und ihre Zusammenhänge logisch nachzudenken.*

Das Physikbuch drückt Naturgesetze oft auch mit **Formeln** aus. Keine Angst! Einfachste Algebrakenntnisse genügen. Sagt Dir eine Formel allein nichts, so suche die gelb unterlegten **Rechenbeispiele,** die für Dich die Formel mit Inhalt füllen und Dir zum *„Durchblick"* verhelfen. – Wenn Du, etwa beim Lösen einer **Aufgabe,** Schwierigkeiten hast, nimm *Papier und Bleistift* zur Hand, zeichne *eigene Skizzen zum Text und vereinfache oder erweitere die dort gegebenen Skizzen!* Entwickle nochmals den Gedankengang im Buch Schritt für Schritt.

Im Grunde kannst Du im Buch mit jedem größeren Kapitel beginnen – sei es mit *Mechanik, Wärme-* oder *Elektrizitätslehre,* vor allem aber mit *Akustik, Optik* oder *Magnetismus.* Irgendwann tauchen dann jedoch Begriffe auf, die mit der *Mechanik* zu tun haben: Geschwindigkeit, Kraft, Arbeit, Leistung und vor allem *Energie.* Der Energiebegriff begleitet Dich durch das Buch bis hin zum abschließenden Kapitel *Atomphysik.* Und um diese Begriffe für alle Gebiete bereitzustellen, beginnen wir – nach kurzer Einführung – mit Mechanik. Sie ist gar nicht so langweilig, wie man bisweilen glaubt; es kann durchaus spannend sein, über die Gewichtskraft der Körper und über physikalische Probleme aus dem Verkehr oder dem Sport nachzudenken und dazu Experimente zu ersinnen und auszuführen. Wir wollen Euch die Physik so *lebensnah* wie möglich gestalten – ohne die vertiefende Behandlung der Oberstufe vorwegzunehmen, allerdings auch ohne so weit zu vereinfachen, daß das Verständnis durch unexakte Formulierungen wieder erschwert wird. Dies gilt für alle Gebiete der Physik. Wir haben sie – besonders die als schwierig geltenden Teile – so formuliert, daß Du ständig ihren Bezug zu *Deiner Umwelt* siehst. Suche und vertiefe ihn immer weiter!

Viel Spaß und guten Erfolg!

Stuttgart, im Frühjahr 1980 Die Autoren

Inhaltsverzeichnis

Mechanik

Statik der Flüssigkeiten und Gase

Wärmelehre

Akustik

Optik

Magnetismus

Elektrizitätslehre

Elektronik

Atom- und Kernphysik

Anhang

Mechanik

§ 1 Die Physik stellt sich vor

Neustadt (eigener Bericht)
Bei dem gestrigen Gewitter mit Hagelschlag suchte ein Autofahrer Schutz unter einer Eiche. Er fürchtete, die Metallkarosserie würde den Blitz anziehen, verließ das Auto und stellte sich unter den Baum. Dort wurde er vom Blitz getroffen und schwer verletzt. Der Blitz zerstörte am Auto die noch ausgefahrene Antenne. Der Beifahrer, der im Auto sitzen geblieben war, kam jedoch mit dem Schrecken davon.

8.1 Blitze – eindrucksvolle Naturvorgänge, die der Physiker auch im Laboratorium erzeugen kann.

Hatte der Beifahrer nur Glück? Oder gibt es **Naturgesetze,** nach denen man im Innern von Autos vor Blitzen geschützt ist? Findet man solche Naturgesetze nur in der *freien Natur* – oder können wir Blitze auch im Physiksaal im Kleinen nachahmen? Ist das Laboratorium des Physikers auch ein Stück Natur, obwohl alle Gegenstände in ihm von Menschen geformt sind?

8.2 Der Blitz vom Bandgenerator entzündet benzingetränkte Watte auf dem Autodach.

Wir wiederholen den Naturvorgang Blitz *(Bild 8.1)* auf ungefährliche Weise. Die Blitze erzeugen wir mit einem physikalischen Gerät, dem *Bandgenerator*. Nach Seite 311 kannst du ein ähnliches Gerät basteln, das – wie die Natur – Blitze mit Wassertropfen erzeugt.

Versuch 1: Wir stellen unter die Kugel des Bandgenerators nach *Bild 8.2* ein Spielzeugauto aus Blech. Es zieht die Blitze an; sie schlagen heftig in das Dach. Dort liegende, mit Benzin getränkte Watte wird entzündet. Wir können dies beliebig oft wiederholen, beobachten also einen **gesetzmäßig ablaufenden Naturvorgang.** Hieraus schließen wir, daß es gefährlich ist, unter einer Gewitterwolke mit hochragenden Gegenständen zu hantieren oder sich neben solche zu stellen. – Legen wir jedoch benzingetränkte Watte *ins* Auto, so fängt sie kein Feuer, falls das Auto eine Metallkarosserie hat: In Räumen, die von Metallen umgeben sind, ist man vor Blitzen geschützt (Seite 279).

8.3 Hier wird im Großen nachgeprüft, was wir im kleinen Modellversuch gefunden haben.

Dieser Versuch ist ein **physikalisches Experiment. Mit solchen Experimenten befragt der Physiker die Natur.** Die *Antworten* der Natur haben zweifache Bedeutung:

a) Kennen wir diese Antworten, so wissen wir mehr von der Natur: Wir sehen *Zusammenhänge im Naturgeschehen,* die uns vorher verborgen waren, wir erkennen Naturgesetze.

b) In der **Technik** wird dieses Wissen über die Natur von Technikern und Ingenieuren in die Praxis umgesetzt. Wir wenden Naturgesetze aus allen Gebieten der Physik ständig an. Beispiel: Ein Auto wird bei Nacht gestartet. **Elektrizität** und **Optik** kommen ins Spiel, wenn die Lampen in den Scheinwerfern Licht und die *Elektromagnete* im Anlasser *Kraft* erzeugen. Diese Kraft setzt die Kolben im Motor in Bewegung – ein Vorgang aus der **Mechanik.** Die heißen Verbrennungsgase im Motor liefern die *Energie* für die Fahrt; wir sprechen darüber in der **Wärmelehre.** Mit Geräuschen und Klängen, wie sie Motor und Hupe erzeugen, beschäftigt sich die **Akustik.**

In den genannten *Teilgebieten* der Physik ist das umfangreiche Wissen über die Natur geordnet und zusammengefaßt. Suche im Buch diese Teilgebiete! Überlege, welches *Sinnesorgan* jeweils eine besondere Rolle spielt!

Die Physik ist eine Naturwissenschaft. Ihre Teilgebiete sind Mechanik, Wärmelehre, Akustik, Optik, Magnetismus, Elektrizitätslehre und Atomphysik.

Eine andere Naturwissenschaft, die *Biologie,* kennst du bereits. In ihr studiert man die Lebensvorgänge. Du hast dort schon einiges aus der Physik gehört, sei es beim Bau des Auges oder des Ohrs oder bei den Bewegungsvorgängen in den Gliedmaßen der Tiere. Auch die Lebensvorgänge können nur im Rahmen der *allgemeinen Naturgesetze* ablaufen. Diese Gesetze zu studieren, hat sich die Physik zum Ziel gesetzt. Sie werden auch von *Astronomen* benutzt, wenn sie die Bewegung der Himmelskörper und die Vorgänge auf der Sonne verstehen wollen *(Bild 9.1)*. Besondere Bedeutung haben dabei die Gesetze der **Atomphysik** bekommen. Aus den Atomen kommt schließlich die Energie, die uns die Sonne liefert und von der wir leben *(Bild 9.2)*.

Die Physik beschäftigt sich mit den allgemeinen und umfassenden Naturgesetzen. In der Technik und den anderen Naturwissenschaften werden sie angewandt.

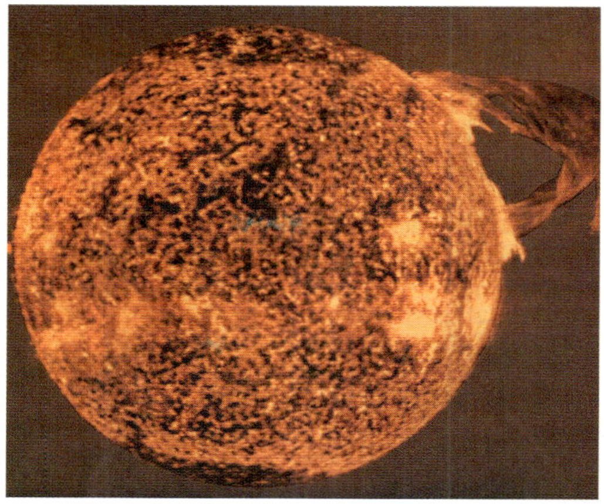

9.1 Die Energie der großen Sonne stammt aus winzig kleinen Atomen *(Bild 9.2)*.

9.2 Energie aus Atomen läßt diesen Klotz viele Monate lang wie eine 300-Watt-Lampe strahlen.

9.3 Die Meßinstrumente im Cockpit sind physikalische Geräte (Boeing 747, „Jumbo“).

§2 Meßgeräte in Physik und Technik

1. Wir sammeln Erfahrungen beim Messen

Im Physiksaal wie am Armaturenbrett eines Autos oder gar im Cockpit eines Flugzeugs *(Bild 9.3)* erregen *Meßgeräte* mit Skalen und Zeigern dein Interesse. Bevor du in eine neue Wohnung ziehst, suchst du mit einem Maßstab den passenden Platz für deine Möbel aus; vorher richtig messen ist bequemer als beim Umzug unnötig schwitzen! **Längenmessungen** sind meist einfach:

S-Versuch 2: Miß mit einem Lineal die Länge der Kanten eines quaderförmigen Körpers und trage die ermittelten **Meßwerte** in eine Tabelle ein!

Bist du sicher, daß du richtig gemessen hast? Ein Mitschüler prüft mit seinem Lineal nach. Ihr vergleicht und findet vielleicht Unterschiede. Woran könnten sie liegen? Als „Schiedsrichter" nehmt ihr ein genaueres Meßgerät, wie es etwa ein Feinmechaniker benutzt, die **Schieblehre.** Wie man mit ihr umgeht, um auch die Zehntel Millimeter zu messen, zeigt der Auszug aus einer *Gebrauchsanweisung* (dazu *Bild 10.1*):

> Man bringt den zu messenden Körper zwischen die Backen der Schieblehre. Dann gibt der Nullstrich der Nebenteilung *(Nonius)* auf dem Schieber die ganzen Millimeter an (hier 26 mm). Wenn Strich 4 dieser Nebenteilung mit einem Strich der Hauptteilung zusammenfällt, so addiert man $\frac{4}{10}$ mm; die Länge ist 26,4 mm.

S-Versuch 3: Miß die Kantenlänge des Quaders aus Versuch 2 mit der Schieblehre! Die Meßwerte sind jetzt auf 3 Ziffern genau (z.B. 2,87 cm; 1,95 cm; 1,83 cm). Runde das berechnete Volumen V auch auf 3 Ziffern ($V = 10{,}2\ \text{cm}^3$)! Der Wert $V = 10{,}241595\ \text{cm}^3$ wäre sinnlos; ein Mitschüler mißt vielleicht die Kanten um 0,1 mm kürzer und berechnet $V = 10{,}098088\ \text{cm}^3$. Er rundet auf $10{,}1\ \text{cm}^3$. – Nach diesen Rechnungen messen wir das **Volumen** unmittelbar in einem Meßzylinder:

S-Versuch 4: Fülle einen weiten Meßzylinder *(Bild 10.2, rechts)* teilweise mit Wasser! Tauche den schon oben benutzten Quader vorsichtig ein: Er verdrängt eine *volumengleiche* Menge an Wasser. Der Anstieg des Wasserspiegels zeigt das Volumen des Quaders. Wiederhole deine Messungen mehrmals am trockenen Quader und bei verschiedenen Wassermengen! Trage Anfangs- und Endwerte in eine Tabelle ein und berechne den *Mittelwert* des Volumens!

Liegt das in Versuch 3 berechnete Volumen im Bereich der *Schwankungen* deiner Ergebnisse aus Versuch 4? Diese Schwankungen sind dann besonders groß, wenn du einen weiten Meßzylinder verwendest. Dünne Meßzylinder sind genauer (warum?), jedoch für den Quader zu eng. Wir helfen uns mit einem Kunstgriff:

S-Versuch 5: **a)** Fülle das **Überlaufgefäß** nach *Bild 10.2, links*, ganz mit Wasser und warte, bis der überschüssige Teil abgeflossen ist. Stelle dann einen engen Meßzylinder unter das Ausflußrohr und tauche deinen Quader ein! Wiederhole dies mehrmals!

b) Miß mit diesem Überlaufgefäß das Volumen eines *unregelmäßig* geformten Körpers, z.B. eines Steins, mehrmals; bilde den Mittelwert!

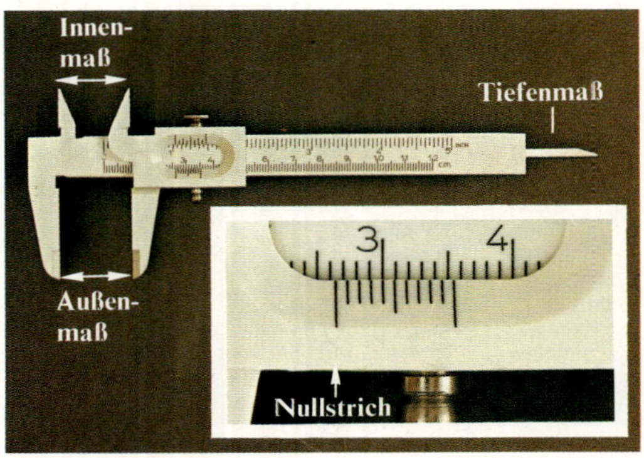

10.1 Die Schieblehre zeigt 26,4 mm.

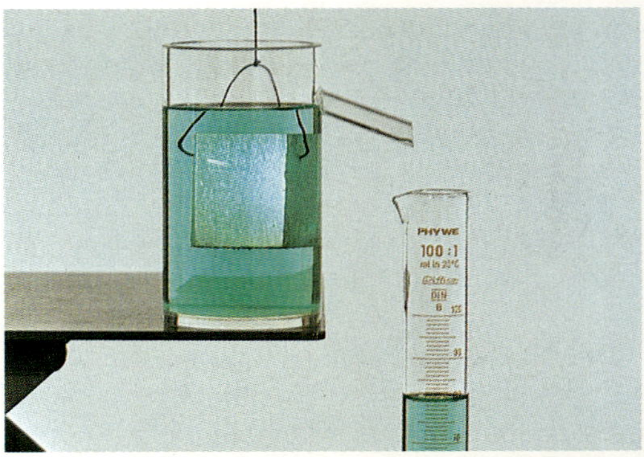

10.2 Meßzylinder und Überlaufgefäß (Versuch 5)

c) Bestimme das Volumen eines rechteckigen Blechstreifens mit dem Überlaufgefäß! Wenn das Blech dünn ist, versagt die Methode. Selbst wenn du zur Dickenmessung eine Schieblehre benutzt, wird die Berechnung des Volumens ungenau. Hier ist eine **Mikrometerschraube** am Platz. Gebrauchsanweisung über *Bild 11.1!*

Versuch 6: Miß dein Atemvolumen, also das Volumen der Luft, das deine Lungen fassen, nach *Bild 11.2:* Fülle die kleinere Wanne ganz mit Wasser und stülpe sie um! Blase nun durch einen Schlauch die Luft eines Atemzugs hinein, markiere den Wasserstand und bestimme dein Atemvolumen! Wie?

2. Wir denken über das Messen nach

Paßt ein Schrank an eine Wand in deinem Zimmer? Ausprobieren wäre zu mühsam! Also vergleichst du seine Maße mit einem leicht zu transportierenden Gegenstand, der seine Länge zuverlässig beibehält, etwa einem **Meterstab.** Mußt du diesen dreimal anlegen, so ist der Schrank dreimal so lang wie 1 Meter (m); er hat die Länge von 3mal 1 m, kurz gesagt 3 m. Für kürzere Strecken ist der Meterstab in Zentimeter (cm) und Millimeter (mm) unterteilt.

Die drehbare Schraube rückt bei jeder vollen Umdrehung um ½ mm weiter, d.h. die *Ganghöhe* beträgt ½ mm. Der Umfang der sich mitdrehenden Trommel ist in 50 gleiche Teile geteilt; eine Drehung um 1 Teilstrich bedeutet also eine Verschiebung um 1/100 mm. Um die Schraube immer gleich stark anzuziehen, drehe man nur am großen Riffelrad, bis dieses hörbar weiterrastet.

Das Meßergebnis 3 m ist das Produkt aus dem Zahlenwert 3 und der Einheit 1 m.

Aus 1 m = 1 000 mm folgt:
3 m = 3 · 1 m = 3 · 1 000 mm = 3000 mm.

Bestellst du den Schrank nach Katalog, so mußt du sicher sein, daß der Verkäufer genau die gleichen Einheiten benutzt, nicht etwa 1 inch = 2,54 cm! Ein Zahlenwert allein wäre also unvollständig, da er die benutzte Längen*einheit* nicht enthält. – Früher gab es viele **Einheiten** für die Länge (Elle, Fuß, Spanne usw.); man brauchte viele verschieden unterteilte Maßstäbe. Heute benutzt man in der Wissenschaft der ganzen Welt und zunehmend auch im täglichen Leben vieler Völker die Längeneinheit 1 m. Sie war um 1800 als der 40 000 000te Teil des Erdumfangs festgelegt worden. Danach fertigte man ein *Urmeter* aus beständigen Metallen an. Man bewahrt es in Paris auf.

Aufgaben:

1. *Bestimme mit einem Meßzylinder, was die Angaben des Arztes bedeuten: 1 Teelöffel, 1 Eßlöffel, 5 Tropfen!*

2. *Wie dick ist ein Blatt dieses Buches? Kannst du seine Dicke auch ohne Mikrometerschraube bestimmen?*

3. *Bei einem Wolkenbruch wird als Regenhöhe* 10 mm *angegeben. Wie wurde sie gemessen? Wieviel Wasser leiteten die Dachrinnen eines Hauses mit* 100 m² *Grundfläche ab? Wie viele Gießkannen voll Wasser (je 9 l) wären nötig, um einen Garten von* 300 m² *Fläche so zu sprengen, wie es* 2 mm *Regenhöhe entspricht?*

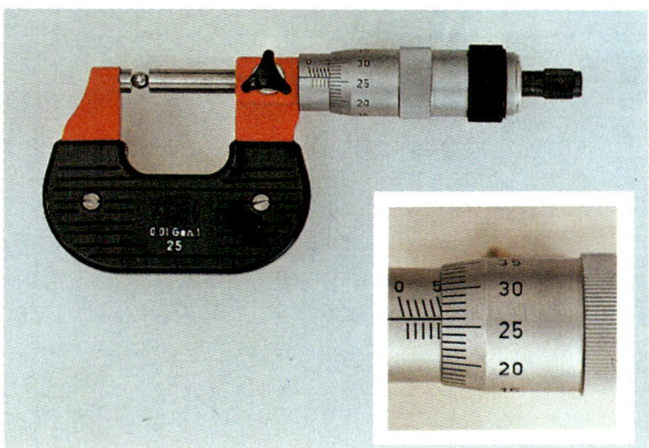

11.1 Die Mikrometerschraube zeigt 4,76 mm.

11.2 Messung des Atemvolumens (Versuch 6)

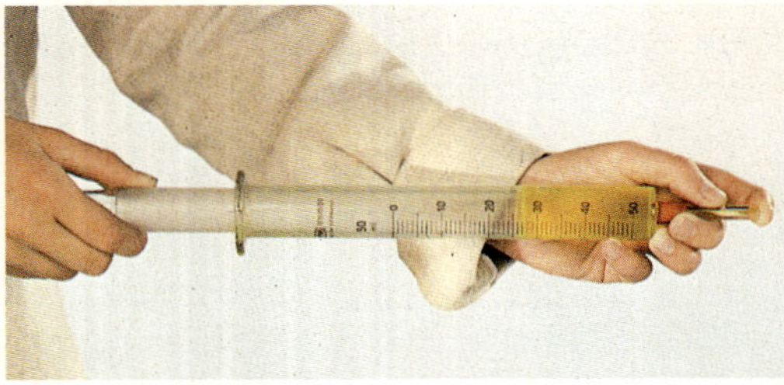

12.1 Ist Luft oder Wasser in der Spritze?

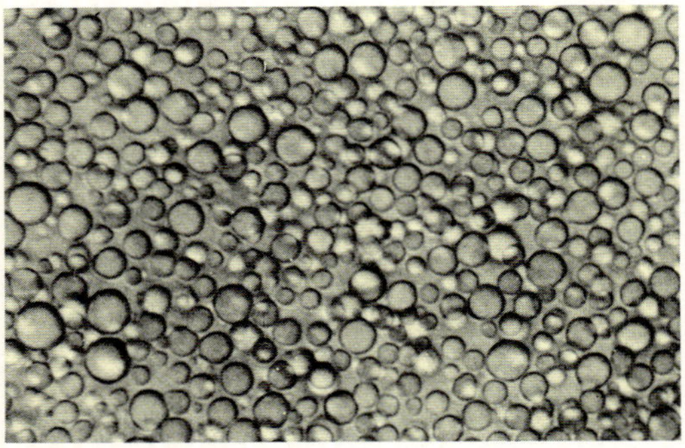

12.2 Fett-Tröpfchen in Milch (Versuch 9)

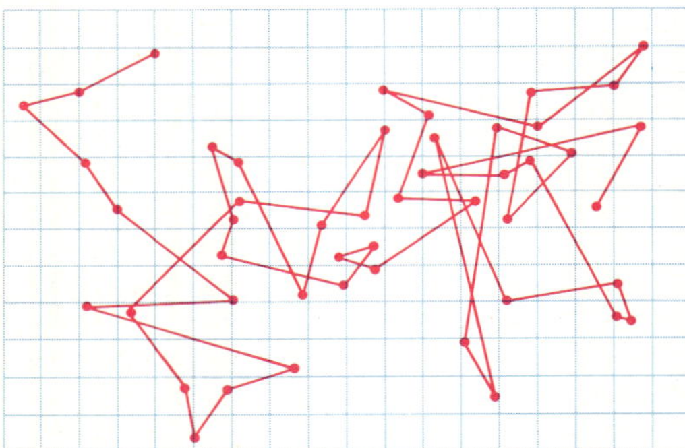

12.3 So bewegt sich ein kleines Tröpfchen!

12.4 Salzteilchen diffundieren nach oben.

§3 Vom Aufbau der Körper

1. Fest – flüssig – gasförmig

Wir haben das Volumen eines Steins, einer Portion Wasser und deiner Atemluft bestimmt. All diese Dinge nennt man in der Physik **Körper.** Darunter versteht man jede *abgegrenzte Menge eines Stoffs.* **Körper kommen in drei Zustandsformen vor:** Im **festen Zustand** lassen sie sich kaum zusammenpressen. Sie behalten ihr Volumen und in der Regel auch ihre Gestalt bei.

Körper im **flüssigen Zustand** passen sich der Gefäßform an und bilden eine waagerechte Oberfläche (vom Rand abgesehen). Lassen sie sich zusammenpressen?

Versuch 7: Eine mit cm^3-Teilung versehene Glasspritze ist nach *Bild 12.1* mit Wasser gefüllt. Der dicht schließende Kolben gibt nicht nach. – Enthält die Spritze aber *Luft,* so kann man den Kolben weit hineinschieben und so das Volumen der Luft verkleinern. Läßt man ihn los, so kehrt er in die ursprüngliche Stellung zurück; die Luft dehnt sich wieder aus. Dies kennzeichnet den **gasförmigen Zustand.**

2. Der Physiker sucht nach den Ursachen

Wasser als Flüssigkeit kann zu Eis erstarren oder als Dampf in gasförmigen Zustand übergehen – und wieder flüssig werden. „Rettet" sich dabei etwas vom einen Zustand in den anderen?

S-Versuch 8: Löse einen Löffel *Kochsalzkörnchen* in Wasser! Auch wenn wir das Salz nicht mehr sehen, können wir es noch mit der Zunge schmecken. Gib einige Tropfen der klaren Lösung auf eine Glasplatte! Am nächsten Tag ist das Salz in Form kleiner *Kriställchen* wieder zum Vorschein gekommen. Wie konnte sich das Salz unsichtbar im Wasser verteilen?

Du hast sicherlich schon von **kleinen Teilchen** gehört, aus denen die Stoffe aufgebaut sind, ähnlich wie eine Mauer aus Ziegelsteinen oder ein Sandstein aus Sandkörnern. Man unterscheidet bei diesen Teilchen genauer zwischen *Atomen* und *Molekülen;* wir sprechen im folgenden stets von **Molekülen.** Kann man sie im Mikroskop sehen?

Versuch 9: Wir beobachten einen Tropfen Milch bei 1000facher Vergrößerung unter dem Mikroskop und sehen zahlreiche kleine Kügelchen. Dies sind aber nicht die kleinsten Teilchen (Moleküle). Verdünnt man nämlich die Milch mit Wasser, so wächst der Abstand dieser Kügelchen. Die neu dazwischen tretenden Wasserteilchen erkennt man nicht. Die Kügelchen sind vielmehr *Fett-Tröpfchen,* die im Wasser schweben. Man sieht weder die Moleküle der Fett-Tröpfchen noch die des Wassers; man würde auch die Salzteilchen in Versuch 8 nicht sehen. *Die Moleküle sind also sicher sehr viel kleiner als* $^1/_{1000}$ *mm* (ein 0,03 mm dickes Haar würde in *Bild 12.2* als 3 cm dicker Balken erscheinen!).

Merkwürdigerweise zittern diese Tröpfchen ständig und unregelmäßig hin und her. Dieses „*Kleingewimmel*" beobachtete 1827 der Engländer *Brown* als erster. Man nennt es **Brownsche Bewegung.** Sie ist um so stärker, je kleiner die Teilchen sind. Um dies zu verdeutlichen, vergleichen wir die Fett-Tröpfchen mit Papierschnitzeln auf einem Ameisenhaufen. Aus einigem Abstand sehen wir zwar nicht, wie sich die Ameisen bewegen; doch stoßen sie an die Papierstückchen. Je kleiner ein solches Stück ist, um so stärker wird es hin und her gezerrt. Doch bewegt es sich viel langsamer als die Ameisen. Hieraus dürfen wir schließen, daß die unsichtbaren Moleküle der Milch eine noch viel stärkere Bewegung ausführen als selbst die kleinsten Fett-Tröpfchen.

Versuch 10: Die ständige Bewegung der Moleküle kann man auch ohne Mikroskop nachweisen: Wir leiten eine Lösung von violettem Kaliumpermanganat, einem stark färbenden Salz, vorsichtig auf den Boden eines mit Wasser gefüllten Glases *(Bild 12.4).* Obwohl äußerlich Ruhe herrscht, drängen sich die Salzteilchen bald nach oben zwischen die Wassermoleküle; man sagt, sie **diffundieren** in das zunächst farblose Wasser (diffundere, lat.: zerfließen).

Die rasche Bewegung der Teilchen erklärt auch, warum sich die Moleküle eines Wassertropfens über Nacht in Luft „auflösen", d.h. sich zwischen den Luftteilchen verteilen. An einem kalten Fenster schließen sie sich wieder zu Wassertropfen zusammen.

Versuch 11: Einige Tropfen Äther auf einer Glasplatte sind bald verschwunden. Am Geruch erkennt man überall, daß die Moleküle des gasförmigen *Ätherdampfes* zwischen die Luftmoleküle diffundiert sind.

Wir wollen nun einen Schritt weitergehen und die Eigenschaften der *drei Zustandsformen* fest, flüssig und gasförmig mit Hilfe der Molekülvorstellung verstehen lernen.

3. Wir veranschaulichen die 3 Zustandsformen

Stellen wir uns einmal die Moleküle vergröbert und vergrößert als kleine Glas- oder Kunststoffkügelchen vor!

a) Flüssigkeiten können fließen

Versuch 12: Fülle ein Glas mit kleinen Kunststoffkügelchen nach *Bild 13.1* und neige es! Die Kügelchen können gegeneinander „fließen"; sie verschieben sich so, daß stets eine angenähert *waagerechte Oberfläche* entsteht. An jeder Unebenheit rollen sie herab, bis diese ausgeglichen ist. Diese **Modellflüssigkeit** gibt eine gute Vorstellung für richtige Flüssigkeiten (denke an das stark vergrößerte **Modell** einer Ameise im Biologieunterricht). Bei richtigen Flüssigkeiten wird das Fließen durch die Molekülbewegung unterstützt. – Dringt man mit dem Finger zwischen die Teilchen, so weichen sie aus; die „Oberfläche" hebt sich. Fallen einige Kügelchen auf den Tisch, so rollen sie nach allen Seiten weg. Hier versagt der Vergleich mit der Modellflüssigkeit: Flüssigkeiten bleiben im allgemeinen – zumindest als Tropfen – beisammen: Ein Wassertropfen bleibt z.B. am Finger hängen. Also müssen zwischen richtigen Molekülen *Anziehungskräfte* bestehen, auch wenn diese Kräfte nur klein sind. Sie hal-

13.1 Die Modellflüssigkeit „fließt" aus.

14.1 In jeder Schneeflocke sind die Moleküle nach Symmetrieprinzipien geordnet.

14.2 Der Kochsalzkristall zeigt rechte Winkel.

14.3 Metalloberfläche – 10000fach vergrößert!

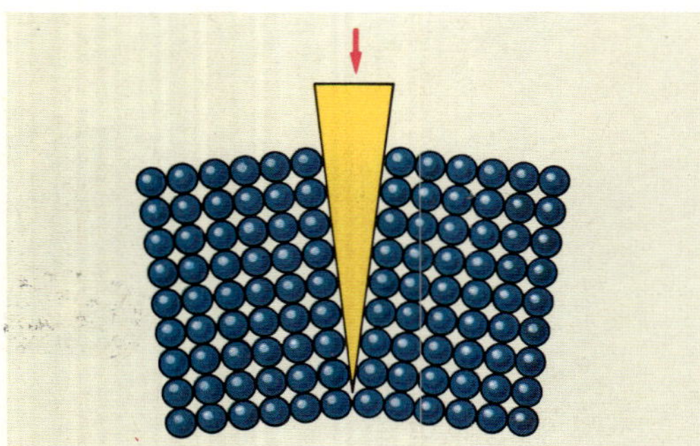

14.4 Modell eines Kochsalzkristalls

ten z.B. die Fettaugen auf der Suppe beisammen. Man nennt diese Kräfte **Kohäsionskräfte** (cohaerere, lat.: zusammenhalten).

Die Moleküle einer Flüssigkeit berühren sich und haften mit geringen Kohäsionskräften zusammen. Sie lassen sich leicht gegeneinander verschieben.

Man kann Flüssigkeiten nur sehr schwer auf engeren Raum zusammenpressen; ihr Volumen ist annähernd konstant.

b) Ordnung und Festigkeit im Kristall

Wenn Wasser zu Eis gefroren ist, verschieben sich die Moleküle nicht mehr gegeneinander. Sie haften im **festen Zustand** offensichtlich stark aneinander. Wie die schönen *Kristallformen* einer Schneeflocke *(Bild 14.1)*, aber auch die rechten Winkel bei Salzkristallen vermuten lassen, ordnen sich die Moleküle in ganz bestimmter Weise:

Versuch 13: Wir schmelzen Fixiersalz und gießen die Schmelze auf eine kalte Glasplatte. In der Projektion sehen wir, wie beim Abkühlen regelmäßige Kristalle entstehen *(Bild 140.2)*. Auch die Festigkeit von *Metallen* beruht auf der Ordnung ihrer kleinsten Teilchen in vielen Kriställchen, die eng verzahnt sind *(Bild 14.3)*.

Im Kristall sind die kleinsten Teilchen in einer festen Ordnung aneinander gebunden. Feste Körper behalten Volumen und Gestalt bei.

Im Kochsalzkristall bilden die kleinsten Teilchen ein würfelförmiges Gitter. Er läßt sich – ähnlich wie ein Glimmerkristall – leicht nach ganz bestimmten Richtungen spalten *(Bild 14.4)*.

c) Gase geben Rätsel auf

Bei Gasen scheint manches widersprüchlich zu sein: Gase lassen sich leicht zusammenpressen; offensichtlich besteht zwischen ihren Molekülen viel freier Raum: Aus 1 cm^3 flüssigem Wasser werden im gasförmigen Zustand 1700 cm^3 Wasserdampf. Ein Gasmolekül hat also 1700mal mehr Platz zur Verfügung als ein Molekül in der Flüssigkeit. Dabei sind die Moleküle im Gas nicht etwa größer als in der Flüssigkeit. Den freien Raum zwischen Gasmolekülen erkennen wir etwa daran, daß in ihn die Moleküle anderer Gase, z.B. von Ätherdämpfen, leicht hineindiffundieren. Äthermoleküle verteilen sich in ihm schnell auf weite Strecken (Versuch 11).

Warum fallen dann aber die Gasmoleküle nicht alle zu Boden, sondern füllen jeden Raum, den man ihnen zur Verfügung stellt, ganz aus? Hat dies etwas mit ihrer ständigen Bewegung zu tun?

Versuch 14: In einem Gefäß mit Glaswänden ist der Boden als Stempel ausgebildet und wird von einem Motor schnell auf- und abbewegt. Die kleinen Glaskugeln fliegen deshalb völlig regellos umher *(Bild 15.1)*. Durch ihren ständigen Aufprall heben sie die Platte P aus Pappe, die das Gefäß oben abschließt, und halten sie in einer bestimmten Höhe. Das größere Styroporstück B macht nur eine schwache Zitterbewegung. Wir können es mit einem Fett-Tröpfchen in der Milch vergleichen, das wegen der Molekülbewegung ständig hin- und herzittert.

Die Moleküle eines Gases sind ständig in schneller Bewegung; zwischen ihnen ist viel Raum; deshalb kann man Gase leicht zusammendrücken. Sie füllen jeden Raum aus.

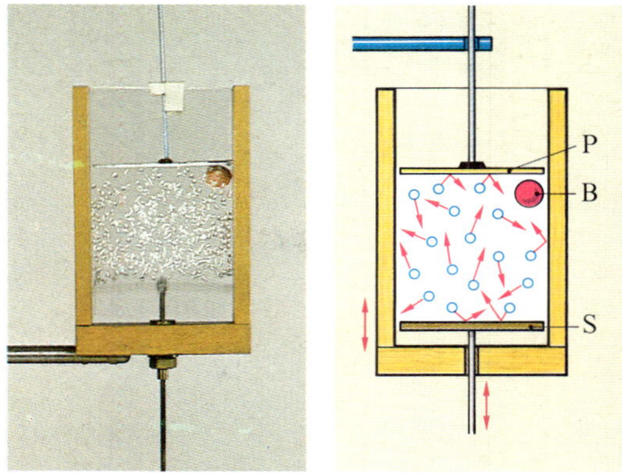

15.1 Modellversuch, der den Druck von Gasen erklärt

4. Beobachten und Denken ergänzen sich

Als wir die Eigenschaften der Körper untersuchten und an ihnen Messungen vornahmen, verwerteten wir nur das, was wir mit unseren *Sinnen* (Auge, Tastsinn usw.) unmittelbar beobachten und mit Instrumenten messen konnten (Raumerfüllung, Länge, Volumen usw.). In die Welt der Moleküle dringen aber unsere Sinne nicht ein. Doch liegen dort die Ursachen für die wahrnehmbaren Eigenschaften der Stoffe. Wir versuchten deshalb, diese Eigenschaften mit Hilfe einfacher Vorstellungen von kleinsten Teilchen zu erklären.

Bei diesem Nachdenken halfen sogenannte **Modellversuche** *(Bild 15.1)*. Die Vorstellungen, die wir uns bei diesen Modellversuchen machen, nennt man *Modellvorstellungen* oder kurz *Modelle*. Sie geben die Vorgänge in den kleinsten Bereichen zunächst stark vereinfacht wieder; wir kennen zum Beispiel weder Form noch Größe der Moleküle. Doch werden wir dieses grob gezeichnete „Bild" später verfeinern.

15.2 Auch das sind Modellvorstellungen!

§ 4 Die Geschwindigkeit

1. Wer ist schneller?

Hans berichtet zu Hause, er sei heute im Sport der Schnellste gewesen; er brauchte nur 12,5 Sekunden (12,5 s). Sein jüngerer Bruder Uwe sagt lässig, er habe „es" gestern in nur 10 s geschafft. Beim unmittelbaren Vergleich im nahen Park bleibt Uwe allerdings schon nach 1 s zurück; nach 2 s ist der Unterschied noch deutlicher. Uwe kann Hans nicht mehr überholen. Das Mißverständnis klärt sich bald auf: Hans legte in 12,5 s die Strecke 100 m, Uwe in 10 s aber nur die Hälfte, nämlich 50 m, zurück. Man wird sich schnell darüber einig, daß man Zeiten und Wegstrecken beachten muß:

Wer schneller ist, legt in der gleichen Zeit (z.B. in 1 s) eine größere Strecke zurück; er braucht deshalb für die gleiche Strecke die kürzere Zeit.

2. Immer gleich schnell?

Hans hat einen guten Start, Uwe ist stark im Endspurt. Sie sind also nicht immer gleich schnell, sondern mal schneller, mal langsamer. Bei einer Elektrolok ist das anders:

Versuch 15: Wir lassen eine Elektrolok auf Schienen fahren *(Bild 16.1)*. Ein Metronom gibt Taktschläge in Sekundenabständen. Nach einer Anfahrstrecke markieren wir zu jedem Schlag den jeweiligen Ort der Lokomotive. Je sorgfältiger wir vorgehen, um so gleichmäßiger sind die Abstände dieser Strichmarken. Wir sagen, es handle sich um eine **gleichförmige Bewegung.** Die Meßwerte für die Zeit t (denke an time) und die vom Zeitpunkt $t=0$ aus zurückgelegten Wegstrecken s (denke an space), halten wir in der *Tabelle 16.1* fest. Wir entnehmen ihr (im Rahmen der Meßgenauigkeit):

16.1 Ist die Lok immer gleich schnell?

Zeit t in s	0	1	2	3	4
Weg s in m	0	0,16	0,30	0,44	0,61
$\frac{s}{t}$ in $\frac{\text{m}}{\text{s}}$	–	0,16	0,15	0,15	0,15

Tabelle 16.1 Zu Versuch 15

a) In gleichen Zeitabschnitten werden gleich lange Wegstrecken zurückgelegt.
b) In der doppelten (n-fachen) Zeit t wird auch der doppelte (n-fache) Weg s zurückgelegt.

Ein solch einfacher Zusammenhang zwischen zwei Meßgrößen (hier s und t) tritt oft (aber nicht immer!) auf. Man sagt: Die Strecke s ist hier der Zeit t **proportional** und schreibt $\boldsymbol{s \sim t}$.

Wie die *Tabelle 16.1* in der 3. Zeile zeigt, sind die Quotienten s/t aus den Wegstrecken s und den zugehörigen Zeiten t (im Rahmen der Meßgenauigkeit) immer gleich; die Wertepaare für s und t sind *quotientengleich.* Man erhält $s/t \approx 0{,}15$ m/s. Ob die *Schwankungen* des Quotienten s/t „System haben" oder der Meßfehler wegen nur zufällig *streuen*, erkennen wir im *Schaubild 17.1* mit einem Blick. Dort sind die Meßwerte für die Strecken s über jenen für die Zeiten t aufgetragen. Diese Punkte liegen praktisch auf einer *Ursprungsgeraden;* die Abweichungen können also durch Meßfehler erklärt werden. An der Ursprungsgeraden erkennt man ebenfalls, daß zur n-fachen Zeit t die n-fache Strecke s gehört. Das Schaubild liefert auch Zeitwerte t für Strecken s, die wir nicht gemessen haben: Für die Strecke $s=0{,}40$ m müßte der Wagen z. B. die Zeit $t=2{,}7$ s brauchen (grüne Geraden). Diese Vorhersage prüfen wir mit Stoppuhren nach:

Versuch 16: Wir lassen dieselbe Lok nochmals fahren und stecken vorher die Strecke $s=0{,}40$ m ab. Dann messen mehrere Schüler mit Stoppuhren die Zeit t. Der Mittelwert bestätigt die Vorhersage $t=2{,}7$ s. Auf diese Weise erhält man beliebig viele Meßpunkte.

Ein Körper bewegt sich gleichförmig, wenn er in gleichen Zeiten gleiche Wege zurücklegt. Dann sind Weg s und Zeit t proportional: $s \sim t$; das s-t-Schaubild zeigt eine Ursprungsgerade: Der Quotient s/t ist konstant.

Zeit t in s	0	1	2	3	4
Weg s in m	0	0,09	0,20	0,32	0,39
$\frac{s}{t}$ in $\frac{\text{m}}{\text{s}}$	–	0,09	0,10	0,11	0,10

Tabelle 17.1 Zu Versuch 17

3. „Geschwindigkeit" in der Physik

Versuch 17: Wir wiederholen den Versuch 15, lassen aber die Lok langsamer fahren.

Nach der *Meßtabelle 17.1* ist wiederum $s \sim t$ und damit s/t = konstant. Doch ist bei der jetzt langsameren Bewegung dieser Quotient s/t kleiner. Man nennt ihn die **Geschwindigkeit** der gleichförmigen Bewegung und bezeichnet ihn mit dem Buchstaben v (denke an velocity):

> ***Definition:*** **Unter der Geschwindigkeit v einer gleichförmigen Bewegung versteht man den konstanten Quotienten aus der Weglänge s und der dazu benötigten Zeit t:**
>
> $$v = \frac{s}{t}. \qquad (17.1)$$

Beachte: Nach *Tabelle 16.1* ist die Geschwindigkeit $v = \frac{0{,}30\ \text{m}}{2\ \text{s}}$. In den Nenner ($t$) schreiben wir nicht nur den Zahlenwert (2) der Zeit t, sondern auch ihre Einheit s. Fehlte die Einheit, so würde man später nicht mehr wissen, ob man die Zeit t in Sekunden (s), Minuten (min) oder Stunden (h) gemessen hat. Hinter dem Quotienten 0,15 der Zahlenwerte fassen wir die Einheiten m und s zur Einheit m/s der Geschwindigkeit zusammen. Diese Einheit gibt den anschaulichen Ausdruck „Meter je Sekunde" gut wieder. Bei der schnellen Fahrt betrug die Geschwindigkeit 0,15 m/s, bei der langsamen 0,10 m/s. Man sollte genauer sagen „Meter durch Sekunde". Häufig benutzt man die Einheit km/h. Merke:

$$1\,\frac{\text{m}}{\text{s}} = \frac{3600\ \text{m}}{3600\ \text{s}} = 3{,}6\,\frac{\text{km}}{\text{h}}. \qquad (17.2)$$

Wie man den Tabellen entnimmt, gibt die Geschwindigkeit die in 1 s (oder h) zurückgelegte Strecke an. Sie ist aber nicht gleich dieser Strecke, sondern stets der Quotient Strecke durch Zeit. Dies erkennt man schon an den Einheiten! Man faßt Strecke s und Zeit t als **Basisgrößen** auf. Für diese wurden die **Basiseinheiten** 1 m bzw. 1 s eigens definiert. Die Geschwindigkeit v ist dagegen eine aus s und t **abgeleitete Größe.** Man braucht für sie keine eigene Einheit zu definieren, sondern greift auf den Quotienten m/s der Basiseinheiten zurück.

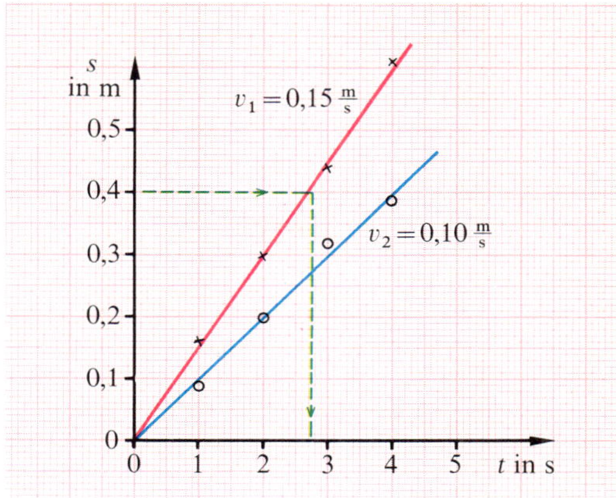

17.1 Schaubild zu *Tabelle 16.1* und *17.1*

4. Algebra hilft in der Physik

a) Mit der Gleichung $v = s/t$ berechnen wir die Geschwindigkeit v, wenn wir s und t kennen.

Beispiel: In $t = 3$ h legt ein Auto $s = 240$ km zurück. Seine Geschwindigkeit v ist also

$$v = \frac{s}{t} = \frac{240\ \text{km}}{3\ \text{h}} = 80\,\frac{\text{km}}{\text{h}}. \qquad (17.3)$$

b) Wenn man diese Geschwindigkeit v kennt, etwa am Tachometer abgelesen hat, so kann man berechnen, wie weit das Auto in $t = 2{,}5$ h kommt. Hierzu multiplizieren wir $v = s/t$ beidseitig mit t und erhalten

$$s = v \cdot t = 80\,\frac{\text{km}}{\text{h}} \cdot 2{,}5\ \text{h} = 200\ \text{km}. \qquad (17.4)$$

c) Wie lange braucht das Auto bei dieser Geschwindigkeit für $s = 120$ km? Wir dividieren $s = v \cdot t$ beidseitig durch v und erhalten

$$t = \frac{s}{v} = \frac{120\ \text{km}}{80\ \text{km/h}} = 1{,}5\ \text{h}. \qquad (17.5)$$

Kopfhaare	1 cm/Monat	Gewehrgeschoß	0,8 km/s
Gletscher	25 m/Monat	Jagdflieger	1,0 km/s
Schnecke	2 mm/s	Verkehrsflugzeug	900 km/h
Fußgänger	1,5 m/s	Erdsatellit	7,9 km/s
Radfahrer	5 m/s	Mond um Erde	1 km/s
Vogel Strauß	30 m/s	Erde um Sonne	30 km/s
Schwalbe	100 m/s	Sonne in Milchstraße	250 km/s
Auto (1963)	190 m/s	Licht	300000 km/s
Schall	340 m/s		

Tabelle 17.2 Einige Geschwindigkeiten

5. Mittlere Geschwindigkeit („im Schnitt")

Hast du schon beim Autofahren die Nadel des Tachometers über längere Zeit beobachtet? Selbst auf der Autobahn zeigt sie in einem Moment mehr, im nächsten weniger. Sie gibt die **Momentangeschwindigkeit** an. Diese schwankt ständig. Ihr *Mittelwert* wird am Ende der Fahrt bestimmt: Wenn man nach $s = 240$ km feststellt, daß man $t = 3{,}0$ h gebraucht hat, so sagt man, man sei „im Schnitt" mit 80 km/h gefahren. Diese **mittlere Geschwindigkeit** $\bar{v}$ ist bestimmt durch

$$\bar{v} = \frac{s}{t}. \qquad (18.1)$$

Dies bedeutet: Man hätte ständig mit der konstanten Momentangeschwindigkeit $v = 80$ km/h fahren müssen, um bei gleichförmiger Bewegung in genau 3,0 h die Strecke 240 km zurückzulegen. Von unseren Wettläufern (Seite 16) hatte Uwe $\bar{v} = 5$ m/s, Hans 8 m/s.

6. Beschleunigung beim Anfahren

Wenn ein Auto anfährt, so zeigt der Tachometer die wachsende Geschwindigkeit. Sie steigt z.B. in $t = 10$ s von $v = 0$ km/h auf $v = 100$ km/h. Dabei nimmt die Geschwindigkeit (im Mittel) in 1 s um 10 km/h zu. Beschleunigt der Motor weniger stark, so steigt die Geschwindigkeit in 1 s vielleicht nur um 7 km/h an. **Die Geschwindigkeitszunahme je Sekunde kennzeichnet die Beschleunigung.**

7. Warum „rechnet" man mit Buchstaben?

Sicherlich ist es bequem, die Einheiten Meter, Sekunde usw. durch Buchstaben (m, s) abzukürzen. Man erkennt dabei sofort auch, daß die Einheit für die Fläche, nämlich 1 m², aus der Längeneinheit 1 m und die Einheiten für die Geschwindigkeit, z.B. km/h, aus Längen- und Zeiteinheiten „abgeleitet" wurden.

Nun benutzt man für den *Weg* und die *Zeit* auch Buchstaben, nämlich s und t. Sie bedeuten etwas anderes und werden deshalb *schräg* gedruckt, um sie von den Einheiten 1 s und 1 m zu unterscheiden. Es handelt sich nämlich um „Platzhalter" für beliebige Größen: Z.B. kann man für s den Wert 3 m oder 7,5 km einsetzen. s ist jeweils ein Produkt aus Zahlenwert **und** Einheit. Die Formel $\bar{v} = s/t$ bedeutet dann: Wenn man eine beliebige Strecke s (Zahlenwert und Einheit) durch die dazu benötigte Zeit t (wieder Zahlenwert und Einheit) dividiert, so erhält man die mittlere Geschwindigkeit $\bar{v}$ bei dieser Bewegung, und zwar wiederum als Produkt aus Zahlenwert und zugehöriger Einheit. Setzt du dabei den Weg s mit der Einheit km ein, die Zeit t in der Einheit h, so erhältst du selbstverständlich die Geschwindigkeit in der Einheit km/h.

Aufgaben:

1. *Ist in Tabelle 16.1 und 17.1 auch der Quotient t/s konstant? Warum benutzt man nicht ihn, sondern s/t, um die Geschwindigkeit zu definieren?*

2. *Fahrzeug A kommt in einer bestimmten Zeit doppelt so weit wie B. C braucht zur gleichen Strecke die 3fache Zeit. Wie verhalten sich die Geschwindigkeiten von A, B und C?*

3. *Ein Läufer legt* 100 m *in* 12,5 s, *ein anderer in* 12,3 s *zurück. a) Berechne und vergleiche die Geschwindigkeiten! b) Wie lange brauchen sie jeweils zu* 50 m, *wenn man eine gleichförmige Bewegung voraussetzt?*

4. *Welchen Weg legt ein Auto bei der Geschwindigkeit* 25 m/s *in* 5 min *zurück, welchen in* 1 h *(v = konstant)?*

5. *a) Wie lange braucht das Licht* (300 000 km/s) *von der Sonne zur Erde* (150 000 000 km), *wie lange zu einer Strecke von der Länge des Erdumfangs* (40 000 km)? *b) Welche Zeit würde in beiden Fällen der Schall brauchen* (340 m/s)?

6. *a) Wie würde das Schaubild 17.1 aussehen, wenn die bewegten Körper im Zeitpunkt $t = 3$ s plötzlich stehen geblieben wären? b) Warum gehört zur größeren Geschwindigkeit die steilere Gerade?*

7. *Ein Körper ruht. Warum kann man sagen, er habe die Geschwindigkeit $v = 0$ m/s?*

8. *Zeichne das Schaubild für Bewegungen mit den Geschwindigkeiten $v = 30$ m/s und $v = 60$ m/s* (1 cm ≙ 1 s; 1 cm ≙ 20 m)! *Entnimm ihm die Wegstrecken für $t = 2{,}5$ s und die Zeiten für $s = 40$ m! Prüfe diese Werte mit Hilfe der Gleichungen 17.4 und 17.5 nach!*

9. *In Ortschaften darf man höchstens mit* 50 km/h *fahren. Wie groß ist der in der „Schrecksekunde" zurückgelegte Weg? Beachte, daß noch ein Bremsweg von etwa* 20 m *hinzukommt!*

10. *Wie prüft man den Tachometer eines Autos auf der Autobahn?*

§5 Kräfte und ihre Messung

1. Kräfte erkennt man an ihren Wirkungen

Siebenmeter! Der Schütze in *Bild 19.1* wirft den Ball auf das Tor. Er selbst spürt in seinen Muskeln die Kraft, die er auf den Ball ausübt. Wir als Zuschauer erkennen diese Kraft daran, daß sie den Ball in Bewegung setzt, daß sie ihn *beschleunigt*.

Der Torwart braucht eine große Kraft, um den Ball zu „halten“, genauer gesagt, um ihn *abzubremsen*. Ist seine Kraft zu klein, so wird der Ball nur etwas *verzögert* – Tor! Vielleicht lenkt die Kraft des Torwarts den Ball in eine andere Richtung – abgewehrt!

In all diesen Fällen wird der **Bewegungszustand** des Balls *geändert:* Der Ball wird *beschleunigt, verzögert,* seine *Bewegungsrichtung* wird *verändert.* Hierzu muß die Kraft am Ball angreifen: Alle Anstrengungen des Torwarts sind nutzlos, wenn er den Ball nicht erreicht!

Versuch 18: Auf einer Glasplatte liegt eine große Eisenkugel. *„Von selbst“ bleibt sie in Ruhe.* Nähern wir ihr einen Magneten, so wird sie beschleunigt. Mit einem zweiten Magneten kann man die rollende Kugel weiter beschleunigen, verzögern oder aus der sonst geradlinigen Bahn ablenken *(Bild 19.2)*. Als *Ursache* für diese Bewegungsänderung sprechen wir von einer *Kraft,* die an der Kugel angreift.

Bild 19.3 zeigt einen Fußballer beim Kopfball. Der Ball wird abgebremst und wieder beschleunigt und gleichzeitig verformt. Du kannst einen Ball auch zwischen deinen beiden Händen zusammenpressen: Während deine Kräfte von beiden Seiten auf den Ball wirken, wird er verformt, aber nicht beschleunigt.

Kräfte erkennt man daran, daß sie Körper verformen und/oder ihren Bewegungszustand ändern (beschleunigen, abbremsen, die Bewegungsrichtung ändern).

In diesem Satz steht, was man in der Physik unter dem Wort Kraft versteht. In der Umgangssprache wird das Wort „Kraft“ in erweitertem Sinne benutzt, wenn man von Wasch-, Überzeugungs- und Arbeitskraft oder von militärischen und politischen Kräften spricht.

19.1 Ohne Kraft kein Tor!

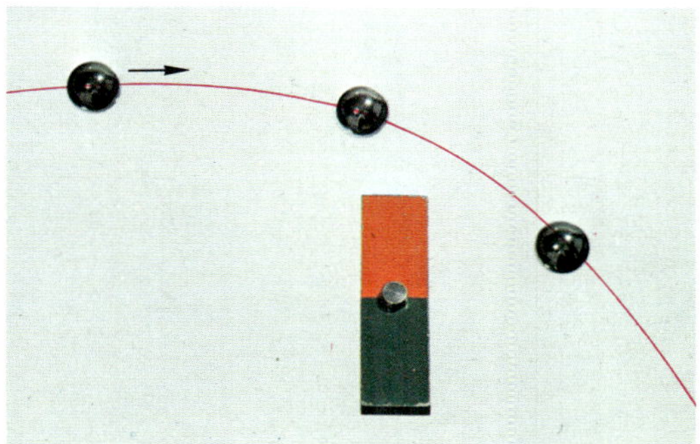

19.2 Der Magnet lenkt mit seiner Kraft die Kugel aus ihrer sonst geradlinigen Bahn ab.

19.3 Diese Kraft verformt und beschleunigt zugleich.

20.1 Expander als „Maßstab" für Kräfte

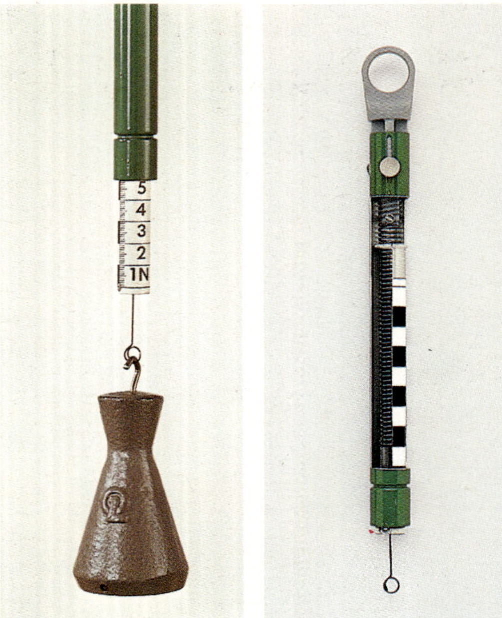

20.2 Kraftmesser – in Newton geeicht

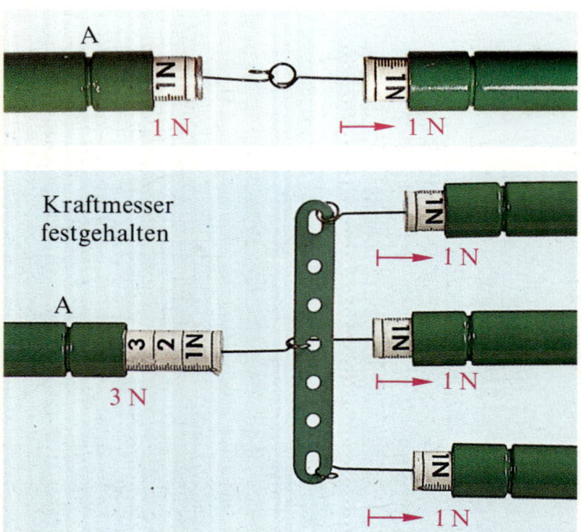

20.3 3mal 1 N addiert sich zu 3 N!

2. Wir wollen Kräfte messen

Zwei Jungen wollen „ihre Kräfte messen": sie „treten zum Vergleich an": Sind sie vielleicht gleich stark, welcher ist der stärkere; um wieviel stärker ist er? Ein Boxkampf liegt nahe. Blaue Flecken sind aber kein Maß für Kräfte!

In der Physik erkennt man Kräfte an Verformungen oder an Änderungen des Bewegungszustandes. Also können sich die Jungen im Ball- oder Speerwerfen vergleichen. Doch hängt die Wurfweite auch von der Geschicklichkeit ab. Ein Verfahren, das jedem gleiche Chancen gibt, zeigt *Bild 20.1:*

Versuch 19: **a)** Zwei Schüler ziehen nacheinander am gleichen *Expander,* dessen eines Ende an der Wand befestigt ist. Wer den Expander stärker auszieht, übt auf ihn die größere Kraft aus. Wird der Expander von beiden gleich stark verlängert, so üben sie gleich große Kräfte aus.

b) Wenn nacheinander alle Schüler einer Klasse ziehen und jeweils die Verlängerungen an der Tafel markieren, entsteht eine Kräfteskala.

Wenn man den Expander aufbewahrt, kann man den Kräftevergleich Jahr für Jahr wiederholen: Der Expander ist zum *„Maßstab"* für die Kräfte der Schüler geworden! Als *Einheit* könnte man die Kraft benutzen, die beim erstenmal der schwächste Schüler Max ausgeübt hat. Wir wollen sie einmal „1 Max" nennen. Was sind dann „2 Max"? Vielleicht hat Max einen gleich starken Kameraden. Die Strecke, um die *beide zusammen* den Expander verlängern, wenn sie in gleicher Richtung ziehen, soll die Kraft „2 Max" angeben. Der stärkste Schüler übt vielleicht schon allein diese Kraft „2 Max" aus: Zusammen mit dem schwächsten bringt er „3 Max" auf usw.

Bei diesem Vorgehen haben wir zwei wichtige *Vereinbarungen* über Kräfte getroffen:

1. Zwei Kräfte, die denselben Körper gleich stark verformen, sind gleich groß.

Wir sagen weiter: Wirken zwei (3, 4, ...) gleiche Kräfte in gleicher Richtung auf denselben Körper, so erfährt er die doppelte (3-, 4fache) Kraft. Dies bedeutet:

2. Kräfte, die in gleicher Richtung an einem Körper angreifen, addieren sich.

So wie man Maßstäbe zur Längenmessung und Stoppuhren zur Zeitmessung konstruiert hat, wurden auch **Kraftmesser** gebaut. Sie enthalten nach *Bild 20.2* Stahlfedern. Man hat sie natürlich nicht in der Einheit „1 Max" geeicht, da diese von Klasse zu Klasse verschieden wäre. Diese Kraftmesser geben uns Kräfte in der *gesetzlich vorgeschriebenen Krafteinheit,* dem **Newton**[1]) an. Es wird mit N abgekürzt.

Versuch 20: Im Kraftmesser nach *Bild 20.2* ist eine Schraubenfeder aus Stahldraht von zwei Hülsen umgeben. Diese können reibungsfrei ineinander gleiten. Die äußere Hülse wurde mit dem oberen Ende der Feder fest verbunden, die innere mit dem unteren. Wenn keine Kraft wirkt, wird der *Nullpunktschieber* auf den Skalenwert Null gestellt. Wenn dann eine Kraft die Feder verlängert, so wird auf der inneren Hülse eine *Skala* sichtbar. Einer ihrer Teilstriche trägt die Angabe 1 N. Wenn du am Kraftmesser so stark ziehst, daß die Feder bis zu diesem Teilstrich verlängert wird, übst du die international benutzte Krafteinheit 1 N aus.

Die Einheit der Kraft ist das Newton (N). Wir messen Kräfte mit Kraftmessern, die in Newton geeicht sind.

Versuch 21: Befestige am Kraftmesser A nach *Bild 20.3* zwei, dann drei Kraftmesser und ziehe an jedem von ihnen mit 1 N. Die gleichgerichteten Kräfte an den parallel zueinander liegenden Kraftmessern addieren sich für A zu 2 N bzw. 3 N – genau wie die Kräfte der Schüler in Versuch 19 *(2. Vereinbarung)*. So können wir nachprüfen, ob der Kraftmesser A auch die *Vielfachen* von 1 N richtig anzeigt.

Mit der *Vereinbarung 1* über die *Gleichheit* von zwei Kräften, der *Vereinbarung 2* über die *Vielfachheit* (Addition) und mit der *Maßeinheit* 1 N ist der physikalische Begriff Kraft als *Basisgröße* festgelegt.

Max will den Expander stärker verlängern. Er befestigt ihn an der Decke und hängt sich an ihn – wie ein Mehlsack. Jetzt kommt es nicht mehr auf seine Muskelkraft an. Welche Kraft wirkt nun? Dieser Frage gehen wir im folgenden nach.

[1]) Benannt nach dem englischen Physiker *Isaak Newton* (um 1700). Ihm verdanken wir die grundlegenden Gesetze der Mechanik. Mit wieviel Newton er ziehen konnte, wissen wir allerdings nicht. Wie 1 N festgelegt ist, findest du auf Seite 29.

§ 6 Die Körper erfahren Gewichtskräfte

1. Was ist die Gewichtskraft?

Halte einen Medizinball mit ausgestreckten Armen! Dein *Kraftgefühl* sagt dir, daß eine Kraft nach unten wirkt. Wenden wir die beiden Erkennungsmerkmale für Kräfte an:

Läßt du den Ball los, so wird er nach unten beschleunigt; sein *Bewegungszustand ändert sich.* – Hängst du den Ball an eine Feder oder einen Kraftmesser, dann wird die *Feder verformt.* Der Ball erfährt also eine *Kraft nach unten;* man nennt sie **Gewichts-** oder **Schwerkraft.**

Nach *Bild 21.1* zeigt diese Gewichtskraft *zur Erdmitte* hin. Da sowohl unmagnetische Stoffe (z.B. Blei oder Glas) als auch magnetisches Eisen nach unten fallen, dürfen wir Gewichtskräfte nicht mit den Kräften, die Magnete ausüben, verwechseln. Aber vielleicht ist die Gewichtskraft doch eine besondere Kraft, die nur von der Erde ausgeht? Halt! Astronauten berichteten vom *Mond,* daß sie dort ebenfalls eine Gewichtskraft verspürten, allerdings eine viel kleinere als auf der Erde. Also zieht auch der *Mond* – ein riesiger Felsbrocken – *beliebige Körper* an seiner Oberfläche zu sich hin. Wir müssen uns fragen: *Zieht vielleicht jeder Körper jeden andern an?* Probieren wir im Physiksaal aus, was uns die Natur im Großen vormacht: Ersetzen wir Erde oder Mond durch eine große Bleikugel und den auf sie zufallenden Ball durch eine kleine:

21.1 Die Gewichtskräfte zeigen zur Erdmitte hin.

Versuch 22: Wir benutzen den überaus empfindlichen Kraftmesser nach *Bild 22.1:* An dem sehr dünnen Draht D hängt unten ein waagerechter Querbalken mit je einer Bleikugel K_1 an den Enden. Er ist in seiner Mitte M über den Stab St am Draht D befestigt. Der kleinste Luftzug würde den Querbalken und den angehefteten Spiegel S in Drehung versetzen. Um solche Störungen auszuschalten, ist dieses empfindliche Gehänge in einem hier nicht gezeichneten Gehäuse untergebracht und völlig in Ruhe: Der am Spiegel reflektierte Lichtstrahl bewegt sich nicht. Nun *nähern* wir – außerhalb des Gehäuses – der vorderen kleinen Kugel K_1 (rot) von links die große Bleikugel K_2 und der hinteren Kugel K_1' die große Kugel K_2'. Wenn sich diese Kugeln beim Näherkommen merklich anziehen, so muß sich K_1 nach links und K_1' nach rechts in Bewegung setzen; der Spiegel und der an ihm reflektierte Lichtstrahl müssen sich drehen. Sie tun's! Der Lichtzeiger setzt sich langsam nach hinten in Bewegung. Die Kraft ist um so größer, je näher wir die Kugeln einander gebracht haben. Wir sehen im Kleinen, wie die große Erde einen Stein oder einen Ball zu sich herzieht.

Beliebige Körper ziehen sich gegenseitig an. Diese Anziehungskraft wird größer, wenn sie sich näher kommen.

Würde man neben jede der beiden großen Kugeln noch eine zweite stellen, so würden sich ihre Anziehungskräfte auf die kleinen addieren. Die Erde kann man sich aus einer Unzahl solcher Kugeln zusammengesetzt denken. Deshalb ist ihre Anziehungskraft so groß; wir können uns die Körper nicht mehr ohne sie vorstellen

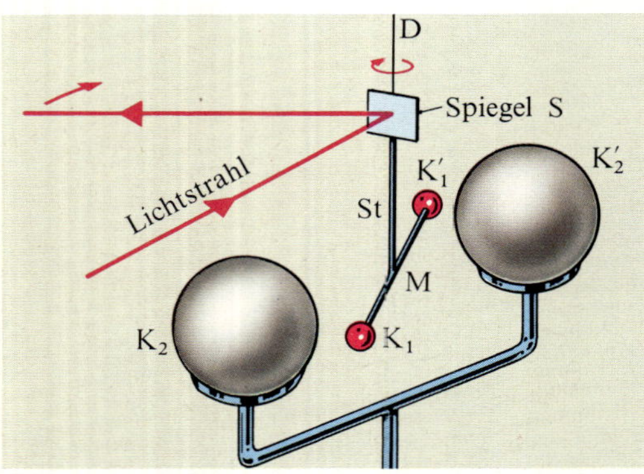

22.1 Die kleinen Bleikugeln werden zu den großen hingezogen – wie ein Apfel zur Erde!

und sagen häufig – leider etwas irreführend: *„Die Körper sind schwer". In Wirklichkeit aber erfahren Sie von der Erde eine Anziehungskraft* – **Gewichtskraft *G*** *genannt.* Diese Gewichtskraft ist kein unveräußerlicher „Besitz". Wenn wir mit einem Raumschiff weit weg von der Erde und von anderen Himmelskörpern fliegen würden, so wäre sie verschwunden. *Für sich allein hat ein Körper überhaupt keine Gewichtskraft. Er erfährt* sie erst als Anziehungskraft durch Erde oder Mond.

2. Ist die Gewichtskraft überall gleich groß?

Wie wir wissen, sind die Punkte des *Äquators* der Erde weiter von der Erdmitte entfernt als die *Pole.* Nun nimmt die Anziehungskraft mit wachsender Entfernung ab. Also müßte ein und derselbe Körper am Äquator eine geringere Gewichtskraft erfahren als an den Polen. Dies wurde mit empfindlichen Kraftmessern nachgeprüft und bestätigt: *Alle* Körper sind am Äquator um 0,5% leichter als an den Polen.

Wenn man sich von der Erde entfernt, so nimmt ihre Anziehung sehr stark ab. In 6370 km Höhe über dem Boden, also im doppelten Abstand vom Erdmittelpunkt, ist sie auf den vierten Teil abgesunken. – Der Mond ist sehr viel kleiner als die Erde. Er zieht *alle* Körper auf seiner Oberfläche nur mit dem 6. Teil der Gewichtskraft an, die sie auf der Erde erfahren würden *(Bild 23.1).* Zieht die Erde einen Körper mit der Kraft 6 N an, so würde er an der Mondoberfläche nur die Gewichtskraft 1 N erfahren. Ein Raumfahrer kann auf dem Mond mit derselben Muskelkraft viel höher springen als bei uns – Astronauten erproben es. Auf anderen Himmelskörpern kann die Gewichtskraft, die ein Körper erfährt, jedoch auch größer sein als auf der Erde: Auf der Oberfläche des Planeten Jupiter ist sie 2,6mal so groß wie bei uns.

Die Gewichtskraft, die ein Körper erfährt, kann sich ändern, wenn man ihn an einen anderen Ort bringt.

Aufgabe:

Wie müßte man beim Versuch nach Bild 22.1 vorgehen, damit der reflektierte Lichtzeiger nach vorn und nicht nach hinten wandert?

§ 7 Die Masse der Körper

1. Die Masse als „Besitz" eines Körpers

Zum Proviant der Besatzung eines Raumschiffs gehören auch Schokoladentafeln. Auf der Erde möge jede die Gewichtskraft 1 N erfahren. Unterwegs – im Raumschiff – können die Tafeln schwerefrei sein; ein Kraftmesser zeigt dann keine Gewichtskraft mehr an. Trotzdem nähren sie unvermindert gut.

Auf dem Mond erfährt jede Tafel nur $^1/_6$ an Gewichtskraft wie auf der Erde. Man braucht dort trotzdem nicht 6 Tafeln statt nur einer zu essen! Daß die Tafeln leichter geworden sind, liegt ja nicht an ihnen, sondern am Mond!

Jede der Tafeln hat auf der Fahrt ihren *„Besitzstand"* gewahrt, wenn man nichts von ihr wegnahm oder ihr nichts hinzufügte. Man sagt in der Physik, die **Masse** der Tafeln habe sich nicht geändert. – Ob die Massen zweier Körper gleich groß sind oder ob man dem einen etwas zugeben muß, ist nicht nur in der Wissenschaft, sondern auch beim *Kauf von Waren* wichtig: Der Kaufmann nimmt *Balkenwaagen.*

Versuch 23: **a)** Lege auf jede Schale einer Balkenwaage nach *Bild 23.2* eine Schokoladentafel! Wenn die Waage einspielt, werden beide Tafeln gleich stark von der Erde angezogen.

b) Ersetze die eine Schokoladentafel durch Wägestücke aus einem *Wägesatz*, und probiere so lange, bis die Waage wieder einspielt! Dann erfahren beide Seiten der Waage die gleiche Gewichtskraft.

Denke dir nun diesen Versuch auf dem *Mond* ausgeführt. Jeder Körper würde nur mit $^1/_6$ der Kraft auf seine Waagschale drücken; deshalb bliebe die Waage auch dort im Gleichgewicht. *Die Balkenwaage registriert – im Gegensatz zu Kraftmessern – eine Änderung der Gewichtskraft beim Ortswechsel nicht;* diese Änderung betrifft ja beide Seiten. Sie reagiert aber empfindlich, wenn man von einem der beiden Körper etwas wegnimmt oder ihm etwas hinzufügt, wenn man also seine *Masse* ändert. Wir schreiben deshalb den beiden Körpern, welche die Waage ins Gleichgewicht bringen, *die gleiche Masse zu, selbst wenn sie aus verschiedenen Stoffen bestehen.* Sie können dabei verschiedenes Volumen haben und sich auch sonst verschieden verhalten. *Mit Balkenwaagen kann man also Massen vergleichen.* Man legte fest:

> **1. Wenn zwei Körper am gleichen Ort die gleiche Gewichtskraft erfahren, so sagt man, sie haben die gleiche Masse *(Maßgleichheit)*.**
>
> **2. Die Masse eines Körpers bleibt beim Ortswechsel erhalten.**

Versuch 24: Drei Körper haben gleiche Masse. Zwei von ihnen hängen wir zusammen an einen Kraftmesser; sie erfahren die doppelte Gewichtskraft wie der dritte. Wir sagen, sie haben auch die doppelte Masse wie dieser. Dies gilt an jedem Ort, da sich die Gewichtskräfte beim Ortswechsel im gleichen Verhältnis ändern.

> **3. Erfährt am gleichen Ort ein Körper die *n*-fache Gewichtskraft wie ein anderer, so hat er die *n*-fache Masse – und zwar überall (Vereinbarung zur *Maßvielfachheit*).**

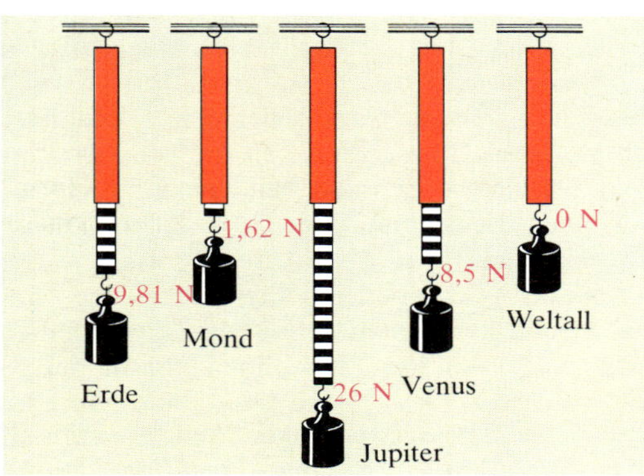

23.1 Die Größe der Gewichtskraft hängt vom Ort ab, nicht aber die Masse.

23.2 Die Balkenwaage vergleicht Massen; spielt sie auf der Erde ein, dann auch auf dem Mond!

24.1 Astronaut *James Irvin* auf einem Mondausflug (Raumfahrtprojekt Apollo-15). Stöhnt *Irvin* nicht unter der Last seines Tornisters (84 kg Masse)?

2. Die Masse hat eine eigene Einheit

Auf der Reise zum Mond bleibt bei einer Schokoladentafel mit Recht die Aufschrift „100 g" gültig. Mit 1 g und 1 kg bezeichnet man nämlich nicht die Einheit der Kraft, sondern die der Masse (als Krafteinheit ist bereits 1 N festgelegt). Die Tafel mit der Masse 100 g bringt eine Waage nach *Bild 23.2* sowohl auf der Erde wie auf dem Mond zum Einspielen, wenn in der anderen Schale ein 100 g-Stück aus dem Wägesatz liegt. Die Gewichtskräfte, die beide Körper erfahren, gehen ja auf dem Mond je auf den 6. Teil zurück.

1 kg ist festgelegt als die Masse eines bestimmten Edelmetallkörpers, des **Urkilogramms.** *Es hat die Masse 1 kg unabhängig davon, wo es sich befindet* (es wird in Paris aufbewahrt).

Die Einheit der Masse m ist das Kilogramm (kg). 1 kg = 1000 g; 1 g = 1000 mg (Milligramm). 1 Tonne (t) = 1000 kg ist auch eine Masseneinheit.

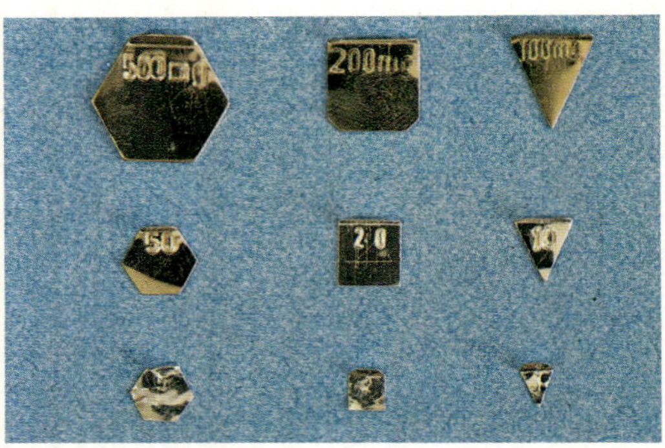

24.2 Milligrammstücke aus dem Wägesatz

3. Welche Gewichtskraft erfährt ein 1 kg-Stück?

Wir haben der ortsunabhängigen Masse eine andere Einheit gegeben als der von Ort zu Ort verschiedenen Gewichtskraft. So können wir die beiden Größen klar voneinander trennen. Nun müssen wir uns fragen: Wie groß ist die Gewichtskraft, die z.B. ein Kilogramm-Stück bei uns erfährt?

S-Versuch 25: **a)** Hänge Wägestücke gemäß *Tabelle 25.1* an einen in Newton geeichten Kraftmesser! Bei einem Körper der Masse m = 1 kg zeigt er (wie in ganz Mitteleuropa) 9,81 N ≈ 10 N an.

b) Hänge Wägestücke an den Kraftmesser, bis er 1 N anzeigt! In Mitteleuropa braucht man hierzu 102 g. – Nun kannst du – auch zu Hause – eine Schraubenfeder in Newton eichen und als Kraftmesser benutzen: Du brauchst nur Wägestücke von jeweils 102 g Masse anzuhängen und die Verlängerungen an einer Skala mit 1, 2, 3 ... N zu markieren.

c) Ein Gramm-Stück erfährt bei uns eine Gewichtskraft von etwa 0,01 N. Für 0,01 N schreiben wir künftig **1 cN (Zenti-Newton;** die Vorsilbe Zenti- bedeutet Hundertstel; siehe Zentimeter).

Körper der Masse 1 kg erfahren bei uns die Gewichtskraft 9,81 N ≈ 10 N, ein Grammstück etwa 1 cN (Zenti-Newton).

4. Berechnung der Gewichtskraft – weltweit

Wir betrachten die *Tabelle 25.1* zu Versuch 25a genauer. Nach ihr erfährt ein Stück mit der Masse 0,5 kg nur die halbe Gewichtskraft wie ein 1 kg-Stück usw.: **Gewichtskraft G und Masse m sind also am gleichen Ort einander proportional.** Dies erinnert an die Proportionalität zwischen Weg s und Zeit t bei einer gleichförmigen Bewegung (Seite 16). Wegen dieser Proportionalität ist bei ihr der Quotient $v = s/t$ konstant. Wir haben ihn Geschwindigkeit genannt und kennzeichnen mit ihm die jeweilige Bewegung. Analog dazu bilden wir in der 3. Zeile der *Tabelle 25.1* den Quotienten G/m. Er hat bei unseren Messungen den konstanten Wert 9,8 N/kg. Wir kürzen ihn mit dem Buchstaben g ab. Dieser **Quotient $g = G/m$** hat nun vielfache Bedeutung:

Masse m in kg	1	0,5	0,3	0,2	0,102
Gewichtskraft G in N	9,8	4,9	2,94	1,96	1,0
$g=G/m$ in N/kg	9,8	9,8	9,8	9,8	9,8

Tabelle 25.1 Zu Versuch 25a auf der Erde

Masse m in kg	1	0,5	0,3	0,2	0,102
Gewichtskraft $G_☾$ in N	1,62	0,81	0,50	0,32	0,16
$g_☾=G_☾/m$ in N/kg	1,62	1,62	1,66	1,6	1,6

Tabelle 25.2 Ortsfaktor $g_☾$ auf dem Mond

a) Wie man schon an der Einheit N/kg erkennt, gibt der Quotient G/m die Gewichtskraft G in N an, die ein Körper der Masse 1 kg erfährt, z.B. 9,8 N je kg. Dies ist aber nicht alles:

b) Warum konnte der Astronaut *Irvin* seinen Tornister mit der Masse 84 kg auf dem Mond mühelos tragen *(Bild 24.1)*? Wir stellen uns vor, er habe dort den Versuch 25 ausgeführt. Da die Gewichtskraft $G_☾$ auf dem Mond nur etwa ein Sechstel beträgt, so hätte er *Tabelle 25.2* erhalten (☾ ist das Zeichen für den Mond). Wieder ist der Quotient G/m konstant. Diese Konstante $G_☾/m$ hat aber jetzt den kleineren Wert $g_☾=1{,}62$ N/kg: Auf dem Mond erfährt ein Körper der Masse 1 kg die Gewichtskraft 1,62 N. Der Quotient $g=G/m$ hängt also vom Ort ab; man nennt ihn **Ortsfaktor *g*** *(Tabelle 25.3)*.

c) Das Wort „Faktor" rührt von einer weiteren Bedeutung von g her: Wenn wir die Gleichung $G/m=g$ mit m multiplizieren, erhalten wir $G=m\cdot g$:

Man erhält die Gewichtskraft *G* eines Körpers an einem bestimmten Ort, wenn man die vom Körper abhängige Masse *m* mit dem Ortsfaktor *g* multipliziert: $G=m\cdot g$.

Wenn deine Masse $m=60$ kg beträgt, so erfährst du die Gewichtskraft

$$G=m\cdot g=60\text{ kg}\cdot 9{,}8\text{ N/kg}=588\text{ N (Erde)}$$
$$G_☾=m\cdot g_☾=60\text{ kg}\cdot 1{,}62\text{ N/kg}=97\text{ N (Mond).}$$

d) Die Gleichung $G=m\cdot g$ zeigt, daß man Masse m und Gewichtskraft G nicht gleichsetzen darf: Man erhält die Gewichtskraft G, wenn man die Masse m mit dem Ortsfaktor g multipliziert. Man muß also Masse und Gewichtskraft streng voneinander unterscheiden.

Mitteleuropa	9,81	Sonne	274
Äquator	9,78	Jupiter	26
Pole der Erde	9,83	Venus	8,5
Mond	1,62	Mars	3,8

Tabelle 25.3 Ortsfaktoren g in N/kg

Aufgaben:

1. *Welche Masse m und welche Gewichtskraft G hätte das Urkilogramm auf dem Mond? – Tragen die Stücke unserer Wägesätze mit Recht die Aufschriften „kg" und „g" oder sollten diese durch* N *und* cN *ersetzt werden?*

2. *Was würde ein Kraftmesser auf dem Planeten Jupiter anzeigen, wenn man dort das Urkilogramm anhängen würde?*

3. *Können wir Massen auch mit Hilfe der Verlängerung von Federn vergleichen? Warum schreibt man auf die Skala nicht die Einheit* kg?

4. *Kann man Gewichtskräfte mit der Balkenwaage vergleichen? Kann man mit ihr auch Gewichtskräfte messen, wenn man nicht weiß, wo man sich befindet?*

5. *Mit welchem Gerät wiegen wir Erbsen mit der Gewichtskraft* 10 N *ab? Bekäme man so bei uns, an den Polen, am Äquator, auf dem Mond immer die gleiche Zahl Erbsen? (Denke an die Gewichtskraft einer Erbse!)*

6. *Der Kaufmann wiegt* 100 g *Erbsen mit der Balkenwaage ab. Müßte er am Nordpol weniger Erbsen auf die Waagschale legen?*

7. *Warum sagt man, ein Körper hat (besitzt) Masse und er erfährt eine Gewichtskraft?*

8. *Jemand kauft* 100 g *Schokolade und* 3 N *Erbsen und sagt, er habe insgesamt* 400 g. *Darf er diese Rechnung auf der Erde wie auf dem Mond machen? Merke: Masse und Gewichtskraft kann man genauso wenig addieren wie eine Strecke und eine Zeit!*

9. *Ein Körper hat die Masse* 100 kg. *Um wie viele Newton ändert sich seine Gewichtskraft bei einer Reise vom Nordpol über Mitteleuropa zum Äquator?*

10. *Astronauten bestimmen die Gewichtskraft eines Körpers der Masse* 10 kg *zu* 38 N. *Welche Meßgeräte benutzen sie? Berechne den Ortsfaktor, und sieh in Tabelle 25.3 nach, wo sie sein könnten!*

11. *Auf der Venus erfährt ein Körper die Gewichtskraft* 43 N. *Welche Masse hat er?*

§ 8 Kraftpfeil und Kräftegleichgewicht

1. Kräfte haben eine Richtung

Der Elfmeter-Schütze hat es nicht leicht: Er muß den Ball mit *großer Kraft* treten und dieser Kraft auch noch die richtige *Richtung* geben. Dazu soll seine Fußspitze den Ball im richtigen Punkt treffen: Der *Angriffspunkt* muß stimmen. Dann erst stimmt das Ziel, d.h. die *Wirkung* der Kraft!

Die **Wirkung** einer Kraft hängt also ab:
a) vom **Betrag** (der Größe) der Kraft,
b) von der **Kraftrichtung,**
c) oft auch noch vom **Angriffspunkt** der Kraft.

Deshalb stellt man Kräfte in physikalischen und technischen Zeichnungen symbolisch als Pfeile dar: Ihre Spitze weist jeweils in die *Kraftrichtung*. Den Pfeil heftet man meist in dem Punkt des Körpers an, an dem die Kraft angreift, dem Angriffspunkt. Auch den Betrag der Kraft kann man durch den Pfeil ausdrükken: Man vereinbart für seine Länge einen **Kräftemaßstab,** z.B. 1 cm $\hat{=}$ 1 N *(Bild 26.2)*. Dann wird eine Kraft vom Betrag $F = 3$ N durch einen 3 cm langen Pfeil dargestellt. Dabei haben wir mit dem Buchstaben F die Kraft gekennzeichnet (force, engl.: Kraft). *Gewichtskräfte* kennzeichnen wir dagegen mit dem Buchstaben G.

Physikalische Größen, die man durch Pfeile darstellen kann, denen also eine Richtung zukommt, nennt man **Vektorgrößen.** Dies gilt auch für die Geschwindigkeit.

Vektorgrößen bezeichnen wir durch einen *Pfeil* über dem Buchstabensymbol (Kraft $\vec{F}$, Geschwindigkeit $\vec{v}$). Sprechen wir nur vom **Betrag,** so schreiben wir den Buchstaben ohne Pfeil ($F = 30$ N; $v = 30$ m/s).

26.2 Kräftegleichgewicht am Wagen

Es gibt auch Größen, denen keine bestimmte räumliche Richtung zukommt, wie *Volumen V* und *Zeit t*. Man nennt sie **Skalare** (skala, lat.: Leiter). Hierzu gehört auch die *Masse m*. Ein Körper hat ja auch dann noch Masse, wenn er im Weltraum nach keiner Richtung eine Gewichtskraft erfährt. Die Gewichtskraft $\vec{G}$ dagegen ist eine Vektorgröße.

Wenn man sagt, eine Kraft sei doppelt so groß wie eine andere, so meint man, daß sie den doppelten Betrag habe.

2. Kräfte wirken und nichts bewegt sich!

Zum Vergleich von Kräften braucht man nicht unbedingt einen Expander! Beim *Tauziehen* nach *Bild 26.1* genügt ein Seil. Man schaut dabei nicht darauf, ob es sich verlängert, sondern *ob es in Ruhe bleibt* oder nach welcher Richtung es schließlich gezogen wird:

S-Versuch 26: Nach *Bild 26.2* ziehen zwei Schüler in entgegengesetzten Richtungen an einem Wagen und messen jeweils die Beträge F_1 und F_2 der entgegengesetzt gerichteten Kräfte mit Federkraftmessern. Sind diese Beträge F_1 und F_2 gleich, gilt also $F_1 = F_2$, dann bleibt der Wagen in Ruhe. Man sagt, der Wagen befinde sich im **Kräftegleichgewicht.** – Ziehen dagegen die beiden Schüler verschieden

26.1 Welche Mannschaft übt die größere Kraft aus?

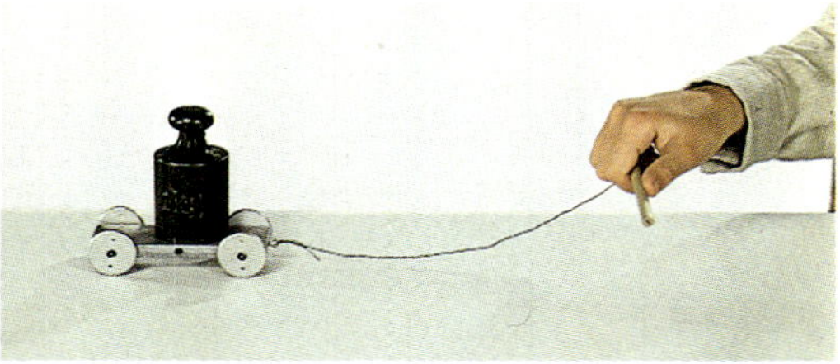

27.1 Gelingt der Abschleppversuch? (Versuch 27)

stark, ist also z.B. $F_1 > F_2$, so setzt sich der Wagen in Richtung der größeren Kraft in Bewegung, und zwar um so stärker, je größer der Unterschied der Kräfte ist.

Man sagt häufig, beim Kräftegleichgewicht *„heben sich die Wirkungen der Kräfte auf"* oder einfach *„die Kräfte heben sich auf"*. Sie sind aber nicht einfach verschwunden: So wird in *Bild 26.1* das Tau durch die entgegengesetzten Kräfte gestreckt und etwas verlängert.

Wirken auf ein und denselben ruhenden Körper zwei entgegengesetzt gerichtete Kräfte $\vec{F}_1$ und $\vec{F}_2$ von gleichem Betrag ($F_1 = F_2$), dann herrscht am Körper *Kräftegleichgewicht;* er bleibt in Ruhe und wird höchstens verformt oder gedreht.

Der Körper wird in Bewegung gesetzt, wenn kein Kräftegleichgewicht besteht.

Das Teilgebiet der Mechanik, das sich mit dem Gleichgewicht der Kräfte beschäftigt, nennt man **Statik** (stare, lat.: stehen bleiben). Die Statik spielt zum Beispiel beim *Konstruieren* und *Berechnen* von *Brücken, Kränen* usw. eine große Rolle. Das *Beschleunigen* von Körpern, etwa das Anfahren von Autos, behandelt man in der **Dynamik.** Wir wollen uns im folgenden ein wenig mit diesem Teilgebiet der Mechanik befassen.

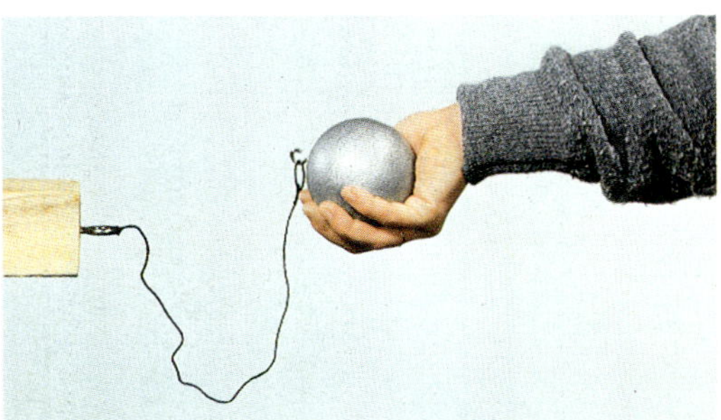

27.2 Die Kugel zeigt Beharrungsvermögen.

§ 9 Kräfte ändern den Bewegungszustand

1. Sind massige Körper nur schwer?

Versuch 27: Ziehe nach *Bild 27.1* ruckartig am Faden, um den Wagen in Fahrt zu bringen! Der Faden reißt. Vielleicht bremsen die Räder wegen zu großer Reibung. Wir verzichten deshalb auf Räder und auf Reibung:

Versuch 28: Wir hängen eine schwere Kugel nach *Bild 27.2* an denselben Faden; er hält ihrer Gewichtskraft gut stand. Dann heben wir die Kugel an und lassen sie fallen. Der Faden reißt. Offensichtlich hält er den Kräften, die zum ruckartigen Anfahren oder Abbremsen nötig sind, nicht stand. Denke an ein Abschleppseil!

Bei diesen Vorgängen ändert sich der Bewegungszustand der Körper (Seite 19). Die Körper für sich „möchten" in ihrem jeweiligen Bewegungszustand verharren. Man sagt, sie haben **Beharrungsvermögen,** sie sind **„träge".**

Wegen dieses Beharrungsvermögens erfährt der Faden einen starken Zug nach *unten* – wie durch die nach unten gerichtete Gewichtskraft. Rührt also das Beharrungsvermögen davon her, daß der Körper schwer ist; oder kann es sich auch *gegen* die Gewichtskraft – also nach oben – auswirken?

Versuch 29: Wir werfen die Kugel nach oben. Sie reißt den Faden auch im Flug nach *oben* ab: Ihr Beharrungsvermögen wirkt sich dabei gegen die Gewichtskraft aus. *Das Beharrungsvermögen ist also etwas anderes als die Gewichtskraft; es ist eine weitere, wichtige Eigenschaft aller Körper!* Deshalb kann das Beharrungsvermögen auch ganz *ohne* Gewichtskraft auftreten: Ein Raumschiff ruht im Weltraum schwerefrei – ohne Gewichtskraft. Gedankenblitz oder Knopfdruck des Kommandanten genügen nur im Science-Fiction-Film, um das Raumschiff in Bewegung zu setzen. In Wirklichkeit muß ein Raketenmotor eine um so größere Kraft auf das Schiff ausüben, je mehr es an Masse geladen hat. Diese Kraft hängt also nicht eigentlich von der Gewichtskraft G ab, sondern von der Masse; G fehlt ja im Weltraum. Ein Körper großer Masse ist also nicht nur schwer (§ 7), er ist auch träge!

Körper großer Masse haben großes Beharrungsvermögen; „Masse macht träge".

2. Wann fährt ein Auto schnell an?

Ein Auto soll schnell anfahren; es soll in kurzer Zeit (etwa in 11 s) aus der Ruhe auf 100 km/h „kommen". Wie baut man es?

Versuch 30: Ein Wagen mit leicht laufenden Rädern steht auf dem waagerechten Experimentiertisch. Mit einem Kraftmesser ziehen wir am Wagen und stellen fest:

a) Je größer die Kraft ist, die auf den Wagen wirkt, um so mehr nimmt seine Geschwindigkeit in einer Sekunde zu, desto größer ist die Beschleunigung (Seite 18).

b) Nach *Bild 28.1* werden beide Wagen mit etwa der gleichen Beschleunigung weggezogen. Die Masse des hinteren ist um 1 kg vergrößert. An ihm muß eine größere Kraft angreifen als am Wagen mit kleinerer Masse.

c) Wir vergrößern auch die Masse des vorderen Wagens um 1 kg, aber nicht durch ein Stück Eisen, sondern um einen Holzklotz. Nun brauchen beide Wagen zur gleichen Beschleunigung die gleiche Kraft; diese hängt von der *Masse*, nicht aber vom Stoff ab, der beschleunigt wird.

Um Körper großer Masse stark zu beschleunigen, braucht man große Kräfte.

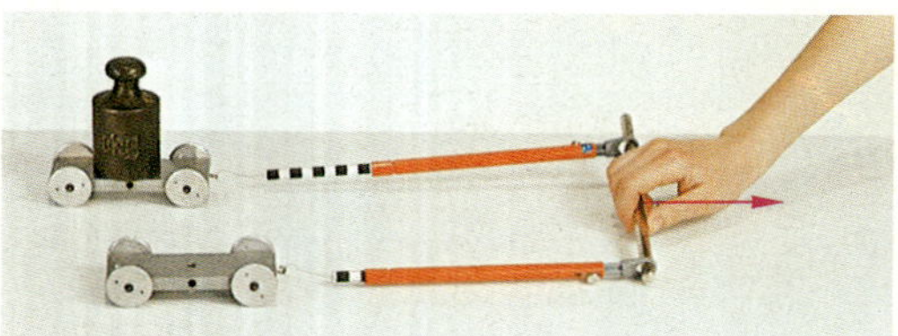

28.1 Je größer die Masse, desto größer die Kraft

28.2 Das merkwürdige Gefühl im Aufzug

3. Das eigenartige Gefühl im Aufzug

S-Versuch 31: Hänge im Aufzug eines Hochhauses (nach *Bild 28.2*) Körper an einen Kraftmesser und berichte! Was spürst du in deinen Beinen? – Dabei mußt du wie im folgenden Versuch 32 zwischen dem Anfahren (a), der gleichmäßigen Fahrt unterwegs (b) und dem Abbremsen (c) unterscheiden.

Versuch 32: a) Wir hängen ein Wägestück ($G = 1$ N) an einen Kraftmesser und lassen es von einem Motor über Rolle und Faden an die Decke liften. Beim *Anfahren* zeigt der Kraftmesser, daß der Motor an dem Wägestück mit *mehr* als 1 N *nach oben* zieht; das Kräftegleichgewicht ist deshalb an ihm so gestört, daß es nach oben beschleunigt wird. Im Aufzug spürst du diese Zusatzkraft in den Beinen – du fühlst dich schwerer.

b) Während der Fahrt zieht der Motor nur mit 1 N nach oben; also besteht *Gleichgewicht* mit der Gewichtskraft 1 N. Kommt deshalb das Wägestück zur Ruhe? Nein! *Es bewegt sich gleichförmig weiter* – Gleichgewicht gibt es also nicht nur im Ruhezustand. Im Aufzug spürst du *bei gleichförmiger Fahrt* nur deine Gewichtskraft – genau wie im Stand!

c) Wenn der Motor oben schnell hält, zieht er kurz mit weniger als G. Im Aufzug spürst du deshalb beim Abbremsen oben eine kurze Entlastung der Beine (*Bild 28.2*, rechts). Nun überwiegt die nach unten ziehende Gewichtskraft G und bremst schnell ab (Gleichgewicht wieder gestört). Bei der Fahrt nach *unten* ist es genau umgekehrt. Prüfe dies mit einem Kraftmesser und begründe es!

Wir sehen: Zum Festhalten eines Körpers sowie zum Hochheben mit konstanter Geschwindigkeit braucht man dieselbe Kraft; sie ist betragsgleich mit der Gewichtskraft des Körpers. Überwiegt bei einer Aufwärtsbewegung die Kraft nach oben, so wird der Körper beschleunigt; überwiegt die Gewichtskraft, dann wird der Körper langsamer. – Bei der *Abwärtsbewegung* dagegen überwiegt beim Anfahren die nach unten gerichtete Gewichtskraft, beim Bremsen die nach oben gerichtete Zugkraft.

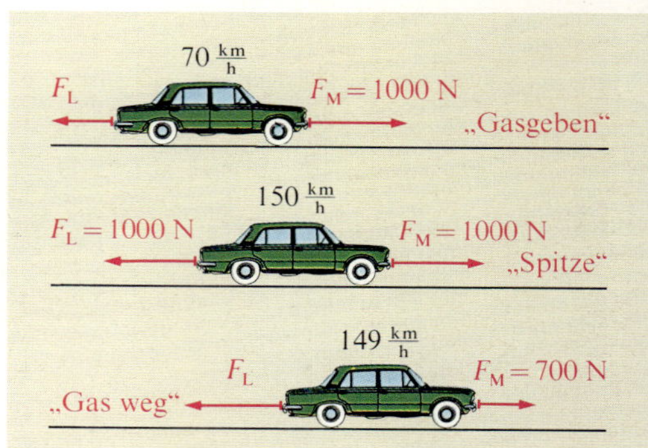

28.3 Kräfte am Auto

4. Wo liegt die Spitzengeschwindigkeit?

Mit der Kraft F_M des Motors (z.B. 1000 N) beschleunigt man ein Auto. Aber auch bei Vollgas übersteigt seine Geschwindigkeit auf waagerechter Straße den Spitzenwert (z.B. 150 km/h) nicht. Versagt der Motor? Nein; er bekommt nur einen widerstrebenden Gegner, den **Luftwiderstand** F_L *(Bild 28.3)*. Du spürst ihn als *Kraft gegen die Fahrtrichtung*, wenn du deine Hand in den Fahrtwind hältst. Diese Kraft steigt – wie du vom Radfahren her weißt – stark mit der Geschwindigkeit. Bei 150 km/h ist sie bei unserem Auto so groß geworden wie die Motorkraft, also auch 1000 N. Dann besteht Kräftegleichgewicht: Das Auto behält – wie das Wägestück in Versuch 32b – die erreichte Geschwindigkeit bei. Es würde schneller werden, wenn man die Motorkraft vergrößern könnte.

Nimmt man etwas „Gas" weg, so wird die Motorkraft kleiner, vielleicht 700 N. Zunächst überwiegt noch der Luftwiderstand (1000 N) und verzögert das Auto allmählich gegen dessen Beharrungsvermögen. Mit sinkender Geschwindigkeit nimmt aber auch der Luftwiderstand ab. Vielleicht ist er bei 120 km/h auch auf 700 N gesunken. Dann besteht wieder Kräftegleichgewicht: Das Auto fährt gleichförmig 120 km/h.

Wenn an einem Körper Kräftegleichgewicht besteht, so ändert er seinen Bewegungszustand nicht: Ist er in Ruhe, so bleibt er in Ruhe; ist er in Bewegung, so bleibt er in Bewegung und behält dann Geschwindigkeit und Bewegungsrichtung bei. Man sagt, Körper sind träge (Trägheitssatz).

Der Bewegungszustand eines Körpers läßt sich nur durch Kräfte ändern, die nicht im Gleichgewicht sind.

Im Auto und im Flugzeug spürst du – wie im Aufzug – von der Bewegung nichts, wenn diese gleichförmig, also auch ohne Schütteln, vor sich geht. Beim schnellen Anfahren dagegen wirst du nach hinten in den Sitz gepreßt. Was geschieht beim schnellen Bremsen?

29.1 Hoffentlich angeschnallt!

5. Bitte anschnallen! – Warum?

Das Versuchsfahrzeug in *Bild 29.1* prallte mit $v=$ 50 km/h auf ein Hindernis. Ohne Gurt wären die beiden Puppen – gemäß ihrem Beharrungsvermögen – „weitergefahren"! Hältst du es für möglich, daß dabei der Gurt ein Vielfaches der Gewichtskräfte der angeschnallten Personen aushalten muß?

Versuch 33: Wir stoßen die Wägelchen in *Bild 28.1* kräftig nach links an. Sie werden dann plötzlich durch die haltende Hand über die Kraftmesser abgebremst. Diese zeigen kurzzeitig Kräfte von einem Vielfachen der Gewichtskräfte der abgebremsten Körper an. Die meisten Verletzungen bei Verkehrsunfällen entstehen wegen des Beharrungsvermögens und nicht etwa, weil Personen im Fahrzeug eingeklemmt werden.

6. Die Krafteinheit 1 Newton

Das *Beharrungsvermögen* besteht – im Gegensatz zur *Gewichtskraft* – überall. Man legte mit seiner Hilfe die Krafteinheit 1 Newton fest: **1 N ist die Kraft, die man braucht, um einen Körper der Masse 1 kg aus der Ruhe in 1 s auf die Geschwindigkeit 1 m/s zu beschleunigen.** Testen wir danach einen Kraftmesser!

Versuch 34: Auf der Schiene nach *Bild 29.2* steht ein Wagen der Masse 1 kg. Wir heben sie am linken Ende so stark an, daß der Kraftmesser bis zur 1 N-Marke verlängert wird. Also wird der Wagen mit der Kraft 1 N längs der Bahn abwärts gezogen und – wenn wir ihn loslassen – auch von A nach B beschleunigt. Der Start geschehe bei einem Schlag des auf $t=1$ s eingestellten Metronoms. Wir ändern nun die Länge der Abfahrstrecke AB so, daß beim nächsten Schlag, also nach 1 s, der Wagen unten ankommt. Dies ist bei $\overline{AB}\approx 0{,}5$ m der Fall. Wenn der Kraftmesser richtig anzeigte, so muß der Wagen unten die Geschwindigkeit 1 m/s haben. Auf der sich anschließenden waagerechten Bahn fährt er mit $v=$ 1 m/s weiter und hat in 1 s den Weg $\overline{BC}=1$ m zurückgelegt.

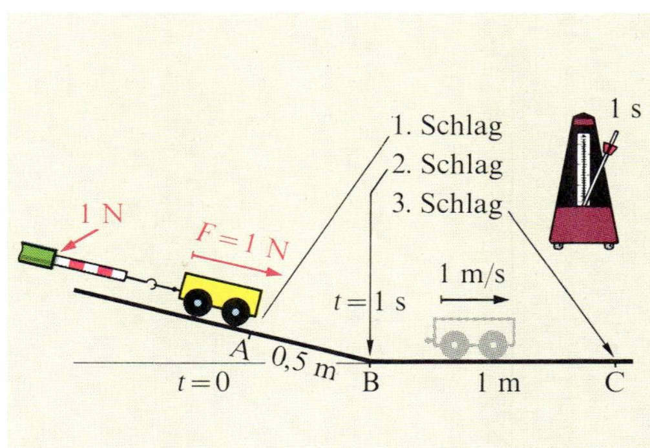

29.2 Zum Versuch 34

§ 10 Die Dichte der Stoffe

1. Ist Blei schwerer als Aluminium?

Ein Bleikügelchen ist leichter als ein Aluminiumtopf. Trotzdem sagt man, Blei sei schwerer als Aluminium. Der Widerspruch klärt sich auf, wenn man Blei- und Aluminiumstücke *von gleichem Volumen* miteinander vergleicht, am einfachsten jeweils 1 cm³. Dabei wollen wir die Massen messen; G hängt ja vom Ort ab.

S-Versuch 35: Bestimme die Masse von verschiedenen Kubikzentimeterwürfeln *(Bild 30.1)!*

S-Versuch 36: Bestimme Masse m und Volumen V mehrerer Holzplatten; trage die Meßwerte in das *Schaubild 30.2* ein!

V in cm³	30	60	90	90	45	60
m in g	15	31	44	60	29,5	41
m/V in g/cm³	0,5	0,52	0,49	0,67	0,66	0,68

Tabelle 30.1 Dichte von Holzplatten, Versuch 36

Das Ergebnis entspricht nur teilweise deinen Erwartungen: Nur bei den ersten drei Platten gehört zum n-fachen Volumen auch die n-fache Masse; der Quotient m/V ist (im Rahmen der Meßfehler) konstant, nämlich 0,5 g/cm³, *gleichgültig wie groß diese drei Platten sind.* Im Schaubild liegen die zugehörigen Punkte auf einer Ursprungsgeraden. Hier ist **die Masse m dem Volumen V proportional: $m \sim V$.**

Und bei den letzten drei Platten? Der Quotient m/V ist größer; die Meßpunkte liegen auf einer anderen Ursprungsgeraden. Es handelt sich um Klötze aus einer „schwereren" Holzsorte!

Aus dem Wertepaar $V = 30\,\text{cm}^3$ und $m = 15\,\text{g}$ folgt für die leichtere Holzsorte

$$\frac{m}{V} = \frac{15\,\text{g}}{30\,\text{cm}^3} = 0{,}50\,\frac{\text{g}}{\text{cm}^3}.$$

Die anschauliche Deutung ist einfach: 1 cm³ dieser Holzsorte hat die Masse 0,50 g. Die Masse ist 0,5 g je cm³. Bei Aluminium folgt aus *Bild 30.1* $m/V = 2{,}7$ g/cm³, bei Blei 11,3 g/cm³.

Der Quotient m/V ist bei Körpern aus verschiedenen Stoffen verschieden. Er gibt an, „wie dicht die Materie gepackt ist"; man nennt ihn die **Dichte** ϱ (griech. Buchstabe „Rho"). Diese Dichte ist von der Größe des Körpers unabhängig; sie kennzeichnet also nicht den jeweiligen *Körper*, sondern den *Stoff*, aus dem er besteht. Ihre Werte werden in Tabellen zusammengestellt (Seite 31). Da die Masse vom Ort nicht abhängt, gelten die Tabellenwerte überall, auch auf dem Mond.

Unter der Dichte ϱ eines homogenen Stoffes versteht man den Quotienten aus der Masse m und dem Volumen V von Körpern, die aus diesem Stoff bestehen:

$$\varrho = \frac{m}{V}. \qquad \textbf{(30.1)}$$

Die Einheit der Dichte ist $1\,\frac{\text{g}}{\text{cm}^3} = 1\,\frac{\text{kg}}{\text{dm}^3}$.

2. Wozu kann man die Dichte benutzen?

a) Was sagt der *Zahlenwert der Dichte?* Wasser hat die Dichte 1 g/cm³; denn 1 cm³ Wasser besitzt die Masse 1 g. Der Zahlenwert der Dichte eines Stoffes gibt also an, wieviel mal so groß die Masse eines Körpers aus diesem Stoff ist wie die Masse einer Wassermenge von gleichem Volumen.

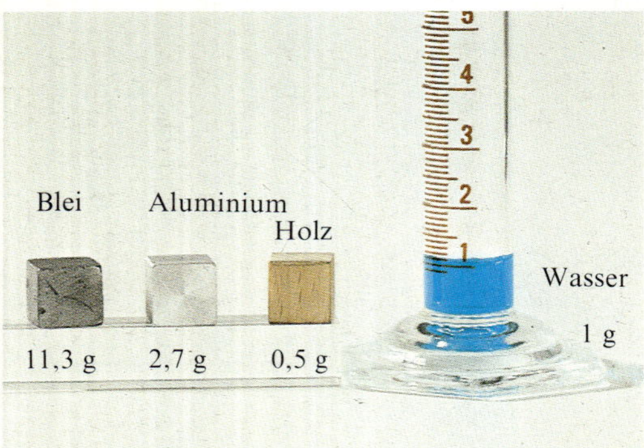

30.1 Körper aus verschiedenen Stoffen; $V = 1\,\text{cm}^3$

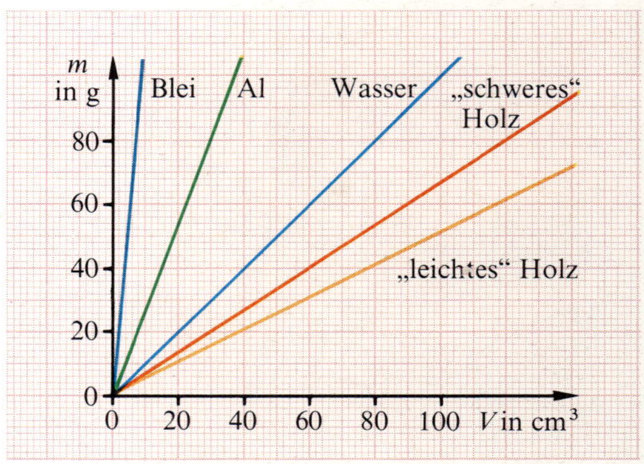

30.2 Schaubild zu Versuch 36

b) *Welcher Stoff ist das?* Masse und Volumen von zwei ähnlich aussehenden Metallstücken betragen $m_1 = 120$ g; $V_1 = 44{,}5$ cm³ und $m_2 = 144$ g; $V_2 = 83$ cm³. Ihre Dichten sind also $\varrho_1 = 2{,}70$ g/cm³ und $\varrho_2 = 1{,}74$ g/cm³. Nach der *Tabelle 31.1* handelt es sich um Aluminium und Magnesium.

c) *Welche Masse* hat 1 m³ Sand, welche 1 m³ Styropor? 1 m³ trockener Sand soll auf einem Lastwagen weggefahren werden. Dieser kann höchstens die Masse 2 t = 2000 kg transportieren. Ist der Transport mit einer Fuhre möglich? Man nimmt vom Sand eine kleine Probe und ermittelt die Dichte $\varrho = m/V = 1{,}7$ kg/dm³. *Gleichung 30.1* liefert die Gesamtmasse

$$m = \varrho \cdot V = 1000\ \text{dm}^3 \cdot 1{,}7\ \text{kg/dm}^3 = 1700\ \text{kg}.$$

Nach der Gleichung $m = \varrho \cdot V$ ist die Masse von 1 m³ = 1000 dm³ Styropor ($\varrho = 0{,}017$ g/cm³ $= 0{,}017$ kg/dm³) $m = 17$ kg. Ist Styropor „kinderleicht"?

d) Geht 1 kg Quecksilber ($\varrho = 13{,}6$ g/cm³) in ein 100 cm³-Glas? Jetzt ist nach dem Volumen V gefragt. Wir lösen die Gleichung $m = \varrho \cdot V$ nach V auf:

$$V = \frac{m}{\varrho} = \frac{1000\ \text{g}}{13{,}6\ \text{g/cm}^3} = 73{,}5\ \text{cm}^3.$$

Das Glas wird nicht einmal zu 3/4 voll.

Berechnung der Masse: $m = \varrho \cdot V$ **(31.1)**

Berechnung des Volumens: $V = \frac{m}{\varrho}$ **(31.2)**

3. Ist Dichte etwas anderes als Masse?

Die Gleichung $m = \varrho \cdot V$ zeigt, daß Masse m und Dichte ϱ zwei ganz verschiedene Größen sind: Kennt man die Dichte eines Stoffs, so weiß man noch nicht, welche Masse m Körper aus diesem Stoff haben; man muß noch ihr Volumen V angeben.

Die Masse *m* ist eine Eigenschaft von Körpern, die Dichte *ϱ* eine Eigenschaft von Stoffen (Materialien). Die Dichte ist eine Materialkonstante.

Styropor®	0,017	Glas	2,5
Kork	0,2	Marmor	2,5
Tannenholz	≈0,5	Eisen	7,86
Benzin	0,70	Kupfer	8,93
Alkohol	0,79	Silber	10,5
Wasser	1,00	Quecksilber	13,55
Magnesium	1,74	Gold	19,3
Aluminium	2,70	Platin	21,4

Tabelle 31.1 Dichte in g/cm³ bei +20 °C

Aufgaben:

1. *Wäre der Quotient V/m bei einem homogenen Stoff auch konstant (Tabelle 30.1)? Warum wurde die Dichte nicht durch ihn definiert?*

2. *Zwei Körper haben das gleiche Volumen, der eine hat aber 3fache Masse. Wie verhalten sich ihre Dichten? – Zwei andere Körper haben gleiche Masse, der eine hat 5faches Volumen. Wie verhalten sich die Dichten?*

3. *Bestimme das Volumen von* 54 g *Aluminium nach dem Diagramm in Bild 30.2 und durch Rechnung! Ermittle auf beide Arten die Masse von* 80 cm³ *Aluminium!*

4. *Welche Gerade mußt du in Bild 30.2 ziehen, um an ihr die Massen abzulesen, die zum gleichen Volumen (etwa* 20 cm³*) der angeführten Stoffe gehören? Welche Gerade gibt die Volumina dieser Stoffe an, die zur gleichen Masse* (50 g) *gehören?*

5. *Welches Volumen hat* 1 kg *Spiritus (Alkohol)? Welches Volumen hat die Alkoholmenge, die gleich viel wiegt wie 1 Liter Quecksilber?*

6. *Berechne die Rauminhalte von* 1 kg *Kork,* 1 kg *Spiritus,* 1 kg *Glas,* 1 kg *Eisen,* 1 kg *Platin und* 1 kg *Styropor!*

7. *Schätze und berechne die Masse von* 1 m³ *Marmor! Wie groß ist seine Gewichtskraft bei uns und auf dem Mond?*

8. *Welche Masse hat eine* 0,8 cm *dicke Schaufensterscheibe, die* 4 m *lang und* 2 m *hoch ist? Welche Gewichtskraft würde sie auf dem Mond erfahren? (g* = 1,62 N/kg*)*

9. *In einem Tank lagern* 7 m³ *Heizöl* (0,92 g/cm³). *Welche Masse hat es (in Tonnen)? – Eine Erdölleitung fördert* 500 l *Öl je Sekunde. Wie lange dauert es, bis ein Tankwagen mit* 10 t *Ladefähigkeit gefüllt ist?*

10. *Welches Volumen hat eine Styroporscheibe von* 100 g *Masse (Styropor wird im Bauwesen als Wärmeisolator benutzt;* $\varrho = 0{,}017$ g/cm³*)? Styropor besteht aus einem Stoff, der völlig luftfrei die Dichte* 1,7 g/cm³ *hat. Macht man ihn flüssig und pumpt Luft in feinen Bläschen ein, so entsteht nach dem Erhärten der „Schaumstoff". Wieviel* cm³ *Luft sind in* 1 cm³ *Styropor enthalten? Von der Masse der Luft sehe man ab!*

11. *Schnee und Styropor sind streng genommen keine homogenen Stoffe. Warum kann man von ihnen trotzdem sinnvollerweise eine Dichte angeben? Wäre dies bei einem Haus auch so?*

§11 Hookesches Gesetz

1. Ist eine Autokarosserie elastisch?

Gummi gilt als elastisch. Was bedeutet dies? Sehen wir in einem Lexikon nach:

Elastizität (in der Physik): Das selbständige Wiedereinnehmen der alten Form nach dem Aufhören der formändernden Krafteinwirkung.

Der Deckel des Kofferraums oder die Motorhaube werden durch *kleine Kräfte vorübergehend* eingedrückt; es bleibt keine Delle. Hier ist die Karosserie **elastisch.** Ein Unfall aber hinterläßt oft bleibende Spuren. Das Blech zeigt sich dann als **plastisch.** Im Lexikon steht:

plastisch (in der Technik): Die Eigenschaft eines Stoffes, durch äußere Krafteinwirkung bleibend verformt zu werden. Die plastische Verformbarkeit wird bei der bildsamen Formgebung (walzen, pressen, ziehen, prägen) ausgenutzt, um neue Formen zu erzeugen.

Versuch 37: a) Nach einer zu starken Belastung bleibt auch eine gute Stahlfeder etwas verlängert. Ihr Elastizitätsbereich wurde überschritten; sie wurde plastisch verformt.

b) Schraubenfedern aus Weicheisen-, Kupfer- oder Bleidrähten werden schon durch kleine Kräfte dauernd, also plastisch verformt, ähnlich wie Knetmasse oder Plastilin.

Die Schraubenfedern in Kraftmessern und Wäscheklammern, die Blattfedern in Fahrzeugen, die Federkerne in Polstermöbeln und in Matratzen haben einen weiten Bereich, in dem sie elastisch sind, also nach einer Verformung wieder in die Ausgangsform zurückkehren.

Eine plastische Verformung bleibt nach dem Wegnehmen der Kraft bestehen, während sich eine elastische Verformung von selbst wieder zurückbildet.

Bild 32.2 zeigt — stark vereinfacht — die *Moleküle* eines festen Körpers als Punkte dargestellt. Im unverformten Zustand (a) haben sie gleiche Abstände voneinander. Sie werden durch Kräfte, die zwischen ihnen wirken *(Molekularkräfte)*, zusammengehalten. Man könnte diese Kräfte symbolisch durch kleine Federchen zwischen den Molekülen nach *Bild 32.1* darstellen. Bei (b) wird am „Stab" nach unten und oben gezogen; in der Zugrichtung vergrößert sich der Molekülabstand. Die Molekularkräfte stellen aber den Zustand (a) wieder her, sobald die Zugkraft zu wirken aufhört. Wenn man aber den Stab zu stark dehnt, kann beim Ziehen eine ganze Molekülreihe (in *Bild 32.2c*) gegen die andere „versetzt" werden. Dann sind die Abstände zwischen den Molekülen wieder so groß wie vorher (in a). Die Moleküle haben keinen Grund mehr, nach dem Aufhören des Zugs wieder in die alte Lage zurückzukehren. Der Körper bleibt plastisch verformt. Würde man die Federchen in *Bild 32.1* zu wörtlich nehmen, so müßten sie bei der plastischen Verformung zerrissen werden; auch müßten sie selbst wieder aus Atomen bestehen. Wir sagten deshalb, sie sollten nur symbolisch die unsichtbaren Molekularkräfte darstellen! In *Bild 32.2* sind deshalb die Federchen weggelassen. Wir sehen: Feste Körper werden durch starke Molekularkräfte zusammengehalten. Diese Kräfte nennt man Kohäsionskräfte (Seite 14).

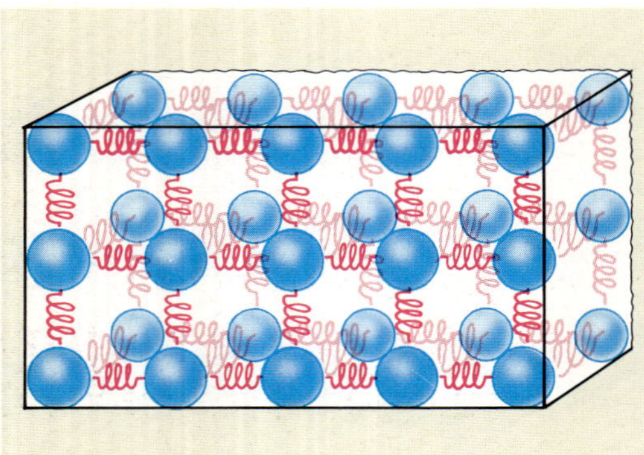

32.1 Modellvorstellung vom Aufbau eines kristallinen Festkörpers (Seite 14); die Federchen sollen sowohl auf Zug wie auch auf Druck ansprechen.

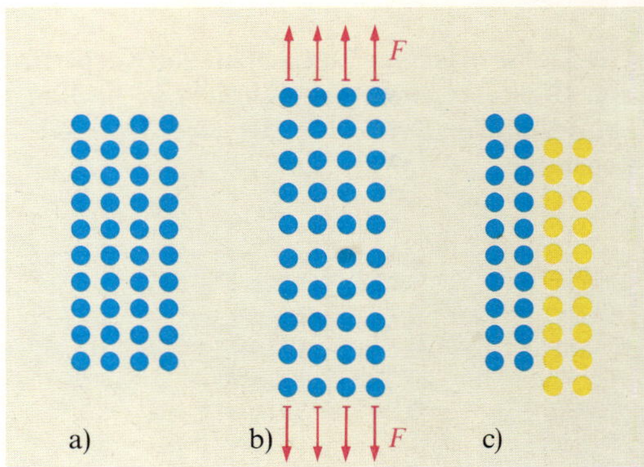

32.2 Feste Körper: a) unverformt, b) elastisch verformt, Zugrichtung nach unten und oben, c) plastisch verformt, eine Molekülreihe wurde versetzt

2. Ein einfaches Gesetz für elastische Federn

Warum vertraust du einem Kraftmesser? Du siehst an ihm eigentlich nur die Verlängerung s seiner Feder. Der Skala entnimmst du aber die Kraft F, die diese Verlängerung s hervorbringt. Dieser Schluß ist wohl nur erlaubt, wenn ein *gesetzmäßiger Zusammenhang* zwischen Kraft und Verlängerung besteht. Wie lautet er?

S-Versuch 38: Einige Schüler hängen Wägestücke an Federn, andere an ein Gummiband. Sie messen die erzielten Verlängerungen s und fertigen Tabellen sowie Schaubilder. Wir besprechen *Bild 33.1*. Es zeigt, wie Zugkraft F und Verlängerung s bei Federn zusammenhängen:

a) Nimmt die Zugkraft F um gleiche Beträge zu (jeweils um 100 cN), so wächst auch die Verlängerung s um gleiche Werte, bei der härteren Feder um etwa 5 cm, bei der weicheren um etwa 10 cm. Hieraus folgt:

b) Bei der doppelten (n-fachen) Kraft F bekommt die Feder die doppelte (n-fache) Verlängerung s; F und s sind proportional: $F \sim s$ oder auch $s \sim F$. Dies bedeutet:

c) Der Quotient $D = F/s$ ist bei einer Feder konstant, also unabhängig von der wirkenden Kraft. Bei der härteren Feder ist er größer ($D_1 \approx 20$ cN/cm; man braucht 20 cN zu 1 cm Verlängerung). Man nennt D die Federkonstante oder Federhärte.

Übersteigt die Kraft einen bestimmten Wert, so wird eine Feder plastisch verformt, der *Elastizitätsbereich* wird überschritten. Bleibt die Kraft weit genug unter dieser Grenze, so bestätigen unsere Messungen ein von *Hooke* (engl. Naturforscher, um 1670) gefundenes Gesetz:

Hookesches Gesetz: **Die Verlängerung s einer Feder ist innerhalb eines gewissen Bereichs der Kraft F proportional: $s \sim F$. Der Quotient aus Kraft F und Verlängerung s ist in diesem Bereich konstant:**

$$\frac{F}{s} = D = \text{konstant oder } F = D \cdot s; \qquad (33.1)$$

Zugkraft F in cN	0	100	200	300	400
Verlängerung s in cm	0	5,1	10,1	15,2	20,0
$\frac{F}{s} = D$ in $\frac{\text{cN}}{\text{cm}} = \frac{\text{N}}{\text{m}}$	–	19,6	19,8	19,7	20,0

Tabelle 33.1 Die härtere Feder

Zugkraft F in cN	0	100	200	300	400
Verlängerung s in cm	0	10,2	20,0	30,2	39,7
$\frac{F}{s} = D$ in $\frac{\text{cN}}{\text{cm}} = \frac{\text{N}}{\text{m}}$	–	9,8	10	9,9	10,1

Tabelle 33.2 Die weichere Feder

3. Gilt das Hookesche Gesetz immer?

Wir betrachten jetzt die Meßergebnisse an mehreren, hintereinandergehängten Gummiringen. *Bild 33.2* zeigt keine Ursprungsgerade; die Kraft F ist nicht der Verlängerung s proportional, der Quotient F/s nicht konstant. Das Hookesche Gesetz gilt nicht; es ist also nicht selbstverständlich. – Noch schlimmer:

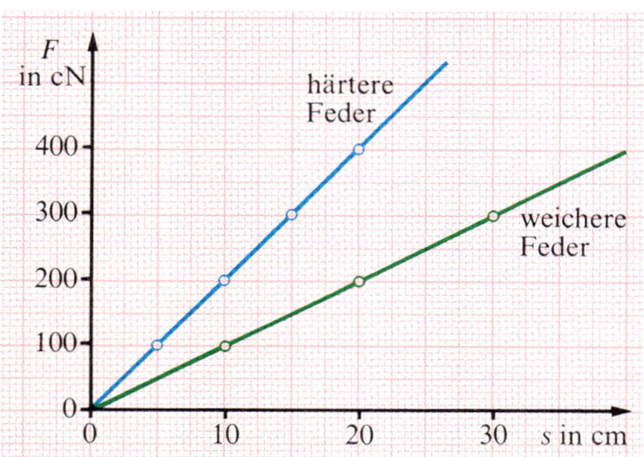

33.1 Schaubild zu Versuch 38 und *Tabellen 33.1* und *33.2*. Bei der härteren Feder braucht man zur gleichen Verlängerung (z. B. 20 cm) eine größere Kraft F.

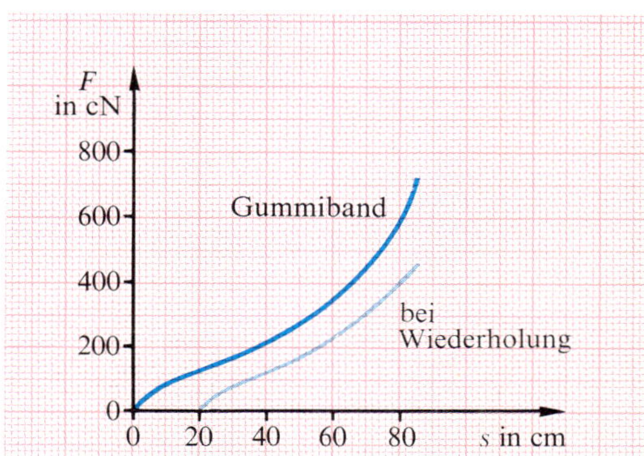

33.2 Schaubild zur Verlängerung eines Gummibandes bei Belastung. Das Schaubild wird rechts steiler, weil das Band weniger leicht nachgibt.

Bei stärkerer Belastung hängt die Verformung auch davon ab, wie lange die Kraft einwirkt; die plastischen „Versetzungen" der gelben Atomreihen in *Bild 32.2c* nehmen mit der Zeit zu. Bei Wiederholung des Versuchs erhält man andere Ergebnisse. *Kraftmesser* erhalten nur dann eine gleichmäßig unterteilte Skala, wenn man sie in dem Bereich benutzt, in dem das Hookesche Gesetz gilt, dem sogenannten *Proportionalitätsbereich.*

4. Etwas Physik-Grammatik (Proportionalität)

Wir haben nun schon mehrere Proportionalitäten kennengelernt.

Man nennt eine Größe a zu einer anderen Größe b proportional ($a \sim b$), wenn $a/b=k$ oder $a=k \cdot b$. Die Konstante k heißt Proportionalitätsfaktor. Das Schaubild zeigt eine Gerade durch den Ursprung.

So ist nach der Gleichung $m=\varrho \cdot V$ bei einem Stoff mit konstanter Dichte ϱ die Masse m dem Volumen V proportional; die Dichte ϱ ist Proportionalitätsfaktor, genauso wie v bei der gleichförmigen Bewegung in $s=v \cdot t$.

Mit dem Hookeschen Gesetz haben wir ein Naturgesetz in mathematischer Form gefunden. Der folgende Versuch zeigt die Bedeutung solcher Gesetze:

Versuch 39: Wiederhole Versuch 38 mit der gleichen Feder und mit den gleichen Kräften! Wenn die Feder in der Zwischenzeit nicht durch übermäßige Dehnung plastisch verformt wurde, so findet man (im Rahmen der Meßfehler) die gleichen Verlängerungen. Man kann sogar mit *Gleichung 33.1* oder mit dem *Schaubild 33.1* die Ergebnisse von Messungen voraussagen, die bisher noch nicht durchgeführt wurden: Z.B. braucht man zur Verlängerung der härteren Feder ($D=20$ cN/cm) um $s=17$ cm die Kraft $F=D \cdot s=20\,\frac{\text{cN}}{\text{cm}} \cdot 17\text{ cm}=340$ cN. Dies wird vom Schaubild wie vom Versuch bestätigt. Man sieht:

Gleiche Voraussetzungen (Ursachen) bedingen zuverlässig immer die gleichen Erscheinungen (Wirkungen). Naturgesetze erlauben sichere Voraussagen, soweit man in ihrem Gültigkeitsbereich bleibt.

5. Dehnung eines geraden Drahts

Bei Schraubenfedern aus dünnen Drähten erzeugen bereits kleine Kräfte erhebliche Verformungen. Bei ihnen wird jedes Drahtstück zwar kaum verlängert, wohl aber *verdrillt.* Mit größeren Kräften kann man gerade Drähte merklich *verlängern:*

Versuch 40: Nach *Bild 34.1* wird der über den Tisch gespannte Draht durch eine große Kraft elastisch verlängert. Dabei dreht sich die kleine Walze W, auf der er liegt, ein wenig. Der an der Walze befestigte lange Zeiger Z läßt schon eine kleine Verlängerung s stark vergrößert an der Skala sichtbar werden. Hier beträgt die Vergrößerung 30:1, da der Zeiger 30mal so lang ist wie der Durchmesser der Walze.

6. Besondere Formen erhöhen die Festigkeit

Bauteile für Brücken, Gebäude, schwere Maschinen usw. müssen eine große *Festigkeit* aufweisen. In dem Bereich, in dem man sie benutzt, dürfen keine plastischen Verformungen auftreten. Sonst würde eine Brücke mit der Zeit durchhängen und schließlich brechen. Im Verbundwerkstoff *Stahlbeton* vereinigt man die hohe Zerreißfestigkeit des Stahls mit der Druckfestigkeit des Betons. – Wesentlich ist jedoch auch die geeignete *Form* der Bauteile: Bei U- und T-Trägern erreicht man bereits mit wenig Material eine große Festigkeit:

Versuch 41: Falte ein Stück Schreibpapier nach *Bild 35.1* (rot) und klebe es zwischen zwei glatte Papierstücke! Dieses leichte Gebilde kann das 300fache seines Eigengewichts tragen; nach *Bild 35.1* besteht es aus U-Trägern. Wir haben eine Art *Wellpappe* hergestellt.

In den *Steinbogen* über Türen und Fenstern sowie in den *Gewölben* von Kirchen und alten Kellern hat der Werkstoff Stein eine viel größere Tragfähigkeit als in Platten der gleichen Dicke.

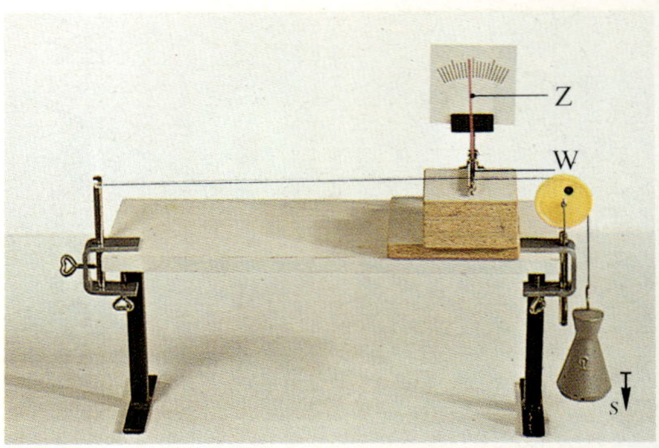

34.1 Der Zeiger gibt die Verlängerung des Drahtes zwischen A und B vergrößert wieder (Versuch 40).

7. Wozu und wie sucht man nach Naturgesetzen?

Wie könnte man die Härte von Federn kennzeichnen, ohne ein Gesetz zu benutzen? Man könnte sich z.B. auf einen Musterkoffer mit Federn verschiedener Härte (von 1 bis 100 numeriert) beziehen und andere Federn mit diesen vergleichen. Eine zu prüfende Feder wäre dann etwa so hart wie die Musterfeder Nr. 47.

Wir benutzen dagegen ein Verfahren, das einfacher ist und wesentlich weiter führt: Wir definierten mit den bekannten, leicht meßbaren Begriffen *Kraft* und *Länge* den Quotienten $D = F/s$ als Maß für die *Federhärte*. Dann können wir zu einer Verlängerung s die Kraft $F = D \cdot s$ berechnen, solange das Hookesche Gesetz gilt. Welche Schritte führten zu diesem Gesetz?

a) *Alltägliche Beobachtungen* zeigen, daß die Verlängerung s einer Feder von der Zugkraft abhängt.

b) Man *vermutet*, daß ein *gesetzmäßiger Zusammenhang* besteht, *ändert systematisch* die Zugkraft F an einer bestimmten Feder und mißt die sich einstellenden Verlängerungen.

c) Die gewonnenen *Meßwerte* werden in einer *Tabelle* übersichtlich zusammengestellt und in einem *Schaubild* aufgetragen. Man sieht, daß ein einfacher Zusammenhang zwischen der Kraft F und der Verlängerung s besteht, der auch bei *Wiederholung* gilt.

d) Man findet ein einfaches Gesetz: $F \sim s$.

e) Versuche an anderen Federn bestätigen das Gesetz, führen aber zu anderen Zahlenwerten. Zu jeder Feder findet man eine sie kennzeichnende *Konstante* $D = F/s$.

35.1 Versuch 41 zeigt das Prinzip von leichter Wellpappe wie von schweren U- und T-Trägern aus Eisen.

f) Man vergewissert sich, daß man mit dem Gesetz Voraussagen machen kann, die zutreffen, und gibt sich Rechenschaft über den *Gültigkeitsbereich* des Gesetzes.

Auf Grund des Hookeschen Gesetzes können wir bequem ablesbare, weil gleichmäßig unterteilte Kraftmesser mit verschiedenen Meßbereichen bauen. *Naturgesetze finden vielfache Anwendungen.*

Aufgaben:

1. *Zähle elastische und plastische Stoffe auf!*

2. *Wäre der Quotient s/F bei einer Feder auch konstant (Tabelle 33.1)? Warum wäre es nicht sinnvoll, diesen Quotienten Federhärte zu nennen?*

3. *a) Eine Feder wird durch dieselbe Kraft 3mal so stark verlängert wie eine andere. Wie verhalten sich ihre Federkonstanten? Welche von beiden ist weicher? b) Zur gleichen Verlängerung einer Feder braucht man die doppelte Kraft wie bei einer anderen. Wie verhalten sich die Federhärten?*

4. *Entnimm Bild 33.1 für beide Federn die Verlängerung s bei der Belastung* $F = 150$ cN! *Welche Kräfte verlängern die Federn um* 15 cm? *Woran erkennt man in Bild 33.1, daß die steilere Gerade zur härteren Feder gehört? Gilt dies auch, wenn man s über F aufträgt?*

5. *Worin ist ein Schaubild einer Meßreihe überlegen? Welchen Vorzug hat es, physikalische Gesetze in Gleichungsform darzustellen?*

6. *Rechne die Konstante* $D = 10$ cN/cm *in* N/cm *und in* N/m *um!*

7. *Eine Feder wird durch* 40 cN *um* 6 cm, *durch* 80 cN *um* 12 cm *länger. Wie stark wird sie durch* 60 cN *bzw.* 5 cN *verlängert? Können wir sicher angeben, um wieviel sie durch* 10 N *verlängert wird? Welche Masse hat ein Körper, der diese Feder bei uns um* 7 cm *verlängert?*

8. *Kraftmesser haben unterschiedliche Meßbereiche: Sie zeigen bei einer Verlängerung um* 10 cm *Kräfte von* 0,1 N; 1 N; 5 N *bzw.* 10 N *an. Berechne ihre Federkonstanten!*

9. *Ein Kraftmesser mit der Federkonstante* 0,1 N/cm *wird an einen anderen mit* 0,5 N/cm *gehängt. An ihm zieht man mit der Kraft* 1 N, *so daß beide mit dieser Kraft gespannt werden. Um wieviel verlängern sich beide zusammen?*

10. *Warum ist eine Eierschale so stabil?*

§ 12 Kraft und Gegenkraft

1. Der Getroffene schlägt sofort zurück

Versuch 42: a) *Hans* und *Max* haben gleiche Masse und stehen auf Rollschuhen *(Bild 36.1)*. Sie ziehen gleichzeitig an einem Seil und kommen in der Mitte zusammen. Wie die Kraftmesser zeigen, hat jeder auf den andern eine gleich große Kraft ausgeübt: $F_H = F_M$.

b) Nun soll *Max* stehen bleiben und *Hans* zu sich herziehen. *Hans* hält deshalb das Seil nur fest, um die von *Max* ausgeübte Kraft auf sich wirken zu lassen; er zieht das Seil *nicht* zu sich her. Doch auch jetzt treffen beide in der Mitte zusammen! – *Hans* gibt zu, daß er dabei auch eine Kraft F_H ausüben mußte, um das Seil nicht durch die Hand rutschen zu lassen: Es war die **Gegenkraft** auf die Zugkraft F_M von *Max!*

c) Jetzt nimmt sich *Hans* vor, auf die Zugkraft F_M von *Max* nicht mit einer Gegenkraft zu antworten. Dies geht nur, wenn er das Seil losläßt. Dann kann aber auch *Max* keine Kraft ausüben, selbst wenn er wollte: **Kraft und Gegenkraft gehören zusammen! Kräfte treten immer paarweise auf.**

c) Das Seil wird am *Gürtel* von *Hans* befestigt. *Max* zieht mit der Kraft F_M. Die Kraftmesser zeigen, daß der nun gestreckte *Gürtel* von *Hans* automatisch eine gleich große Gegenkraft ausübt! Der Gezogene zieht also ebenfalls: Beide kommen wie bei (a) in der Mitte zusammen.

Wenn du gegen einen Stein stößt, so „schlägt" der Stein gleichzeitig mit der gleich großen Kraft zurück, obwohl er nachgibt; dein Fuß schmerzt. Dies rührt aber nicht von der Gewichtskraft des Steins her, sondern von seiner Trägheit:

In einem schwerelosen Raumschiff schweben Proviantkartons frei. Die Astronauten klopfen dagegen. Die gefüllten Kartons erkennen sie daran, daß diese träge sind; beim starken Klopfen schmerzt der Knöchel. Bei den leeren Kartons genügt ein leichtes Antippen, und der Karton schwebt davon.

Wechselwirkungsgesetz: **Greift der Körper A mit der Kraft $\vec{F}_A$ am Körper B an, so übt B auf A die Gegenkraft $\vec{F}_B$ aus. Sie hat den gleichen Betrag wie $\vec{F}_A$, aber die entgegengesetzte Richtung ($F_A = F_B$).**

2. Der Gezogene gibt nach und zieht auch!

Beim Tauziehen bindet eine müde Mannschaft das Seil um einen Baum; die andere Mannschaft zieht weiter. Der Stamm gibt zwar etwas nach; doch übt er eine Gegenkraft auf das Seil aus. So ersetzt er mühelos die Kraft dieser müden Sportler. Sie müssen nur noch so tun als ob!

S-Versuch 43: Du sollst das Wägestück A halten. Aus Bequemlichkeit hängst du es nach *Bild 36.2a* an die Feder B. Sie wird verlängert und zieht mit ihrer elastischen Gegenkraft $\vec{F}_B$ am Wägestück nach oben. So kann sie – bei der richtigen Verlängerung – der Gewichtskraft $\vec{G}$ des Wägestücks das Gleichgewicht halten.

S-Versuch 44: Du legst das Wägestück A nach *Bild 36.2b* auf das Lineal B. Es wird etwas verbogen und wirkt mit der Gegenkraft $\vec{F}_B$ auf das Wägestück zurück, nach oben. So wird das Wägestück am weiteren Absinken – und das Lineal am Brechen – gehindert. Die Gegenkraft des Lineals erzeugt am Wägestück Kräftegleichgewicht. Sie ist ebenso groß wie die Gegenkraft der Feder in Versuch 43.

36.1 Zu Versuch 42: Hans und Max untersuchen die Wirkung ihrer Kräfte.

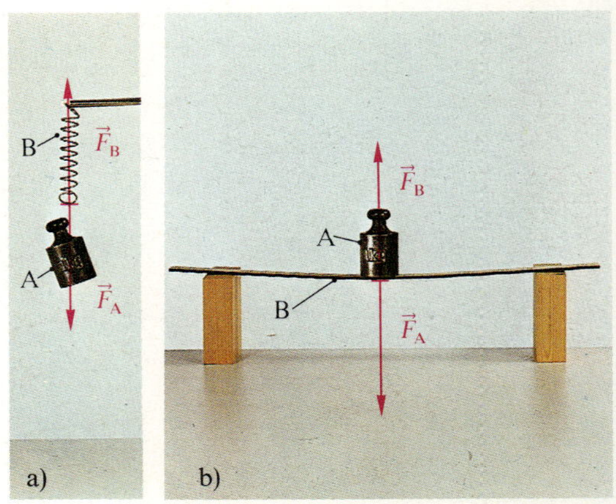

36.2 Die Gegenkraft der gespannten Feder (a), des verbogenen Lineals (b) trägt das Wägestück.

§ 13 Fliegen, Raketen, Raumfahrt

1. Der Rückstoß ist eine Gegenkraft

Um einen schweren Wagen bergauf zu schieben, müssen wir uns mit den Füßen am Boden *abstützen.* Physikalisch bedeutet dies, daß wir (Körper A) eine Kraft $\vec{F}_A$ auf den Boden (Körper B) nach hinten ausüben. *Der Boden reagiert mit der Gegenkraft* $\vec{F}_B$, die an unseren Füßen (A) nach vorn angreift. Diese Gegenkraft des Bodens übertragen wir auf den Wagen, wir stützen uns am Boden ab. Ohne diese Gegenkraft, also allein aus eigener Kraft, kommen wir nicht voran. Dies zeigt sich, wenn wir hilflos auf Glatteis stehen.

Wenn man in einem *Boot* Steine mit großer Kraft nach hinten wirft, so fährt es voran. Die *Gegenkraft,* welche die beschleunigten Steine auf den Werfenden ausüben, überträgt dieser auf das Boot. Meist setzt man unter Kraftaufwand mit den Händen, mit einem *Paddel* oder einer *motorgetriebenen Schraube* Wasser nach hinten in Bewegung. Die *Gegenkraft* des beschleunigten Wassers treibt das Boot voran; man „stützt" sich am Wasser ab. Wenn wir von *„Abstützen"* sprechen, so meinen wir eine solche Gegenkraft: *Propeller* und *Düsentriebwerke* von *Flugzeugen* beschleunigen *Luft* nach hinten; sie „stützen" sich an der beschleunigten Luft ab. Für diese Antriebsarten brauchen Boot und Flugzeug nur *Brennstoff* mitzuführen (Benzin). Wie aber soll man im *leeren Weltraum* vorankommen? Hier muß man auch die *Materie,* an der man sich „abstützen" will, mitführen. Dies geschieht in den **Raketen.**

Versuch 45: Eine Rakete *(Bild 37.1)* wird teilweise mit Wasser gefüllt; dann pumpt man noch viel Luft dazu. Im Inneren entsteht ein Überdruck, der beim Lösen der Sperre das Wasser nach unten mit großer Kraft herausschleudert. Die *Gegenkraft* des Wassers wirkt auf den Raketenkörper und treibt ihn in die Höhe; er „stützt" sich am Wasser ab.

S-Versuch 46: Diese Gegenkraft kennst du auch von der Handbrause im Bad. Wenn aus ihr das Wasser nach links strömt, so spürst du deutlich die Gegenkraft auf die Brause nach rechts. Man könnte nun einwenden, diese Gegenkraft rühre vom Stoß des ausströmenden Wassers gegen die umgebene Luft her. Wenn dies richtig wäre, so müßte diese Gegenkraft viel größer werden, wenn sich der Wasserstrahl unmittelbar an einer festen Wand abstützt. Doch wird dabei die Gegenkraft, die du an der Brause spürst, nicht größer. Die Rakete stützt sich also nicht an der umgebenden Luft, sondern an den von ihr ausgestoßenen Verbrennungsgasen ab; der **Rückstoß** kann also auch im luftleeren Raum auftreten.

Beim *Hubschrauber* beschleunigen die Drehflügel Luft nach unten; durch ihre Gegenkraft wird er gehoben. Der Hubschrauber „stützt" sich an diesem beschleunigten Luftkörper ab. – Der *Drachen* steht schräg zum Wind und lenkt die anströmende Luft teilweise nach unten *(Bild 37.2).* Hierzu muß er eine beschleunigende Kraft auf die Luft nach unten ausüben. Ihre Gegenkraft läßt den Drachen steigen.

Wenn wir im Wasser *Schwimmbewegungen* ausführen, so stoßen wir Wassermassen zunächst nach hinten. Die dabei „geweckte" Gegenkraft treibt uns voran. – Wir stoßen sie aber auch etwas nach unten. Die Gegenkraft des nach unten beschleunigten Wassers wirkt auf uns nach oben: Wir können den Kopf über Wasser halten.

Die *Tragflächen* des *Flugzeugs* sind etwas geneigt und geeignet gekrümmt *(Bild 38.1).* Hierdurch wird beim Flug Luft nach unten abgelenkt. Dies genügt bei den hohen Geschwindigkeiten, um die nötige Kraft nach oben zu vermitteln. Sie hält der Gewichtskraft das Gleichgewicht.

37.1 Preßluft in der Rakete beschleunigt Wasser nach unten; seine Gegenkraft treibt die Rakete hoch.

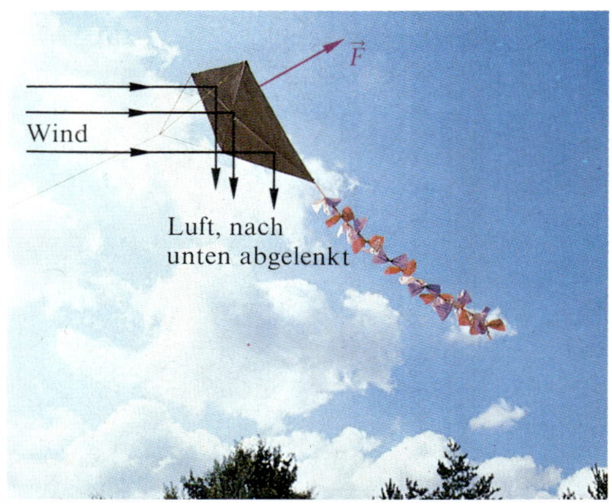

37.2 Der Drachen lenkt die Luft um und beschleunigt sie nach unten; ihre Gegenkraft trägt ihn.

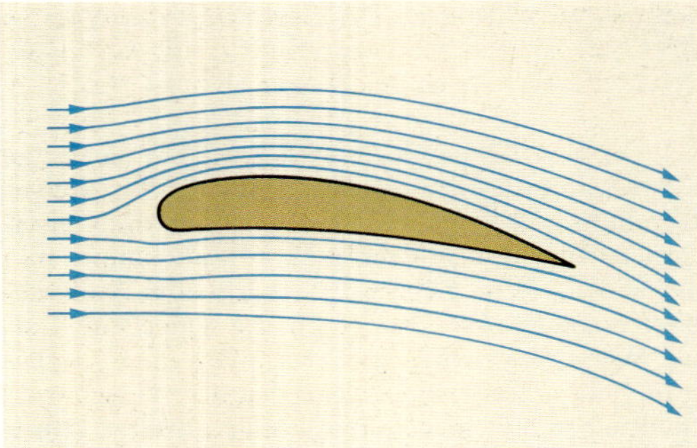

38.1 Querschnitt durch den Tragflügel eines Flugzeuges; die ihn umströmende Luft wird etwas nach unten abgelenkt.

2. Weltraumraketen

Weltraumraketen müssen – wie wir sahen – die zum „Abstützen" nötige Materie mit sich führen. Zudem hat man solche Stoffe auszuwählen, deren Verbrennungsprodukte beim Ausstoß aus Düsen große Kräfte erzeugen. Man benutzt sprengstoffähnliche Materialien.

a) Das Innere von **Feststoff-Raketen** (Feuerwerkskörper, militärische Raketen) ist mit einem festen Treibsatz gefüllt (Schwarzpulver, Nitrozellulose u.ä.). Dieser Treibsatz brennt von der Düse aus langsam mit Geschwindigkeiten zwischen 3 mm/s und 30 cm/s ab. Dabei entwickelt er Gase, die mit hoher Geschwindigkeit (bis 3 km/s) die Düse verlassen. Die Gegenkraft dieser beschleunigten Gasmengen treibt den Raketenkörper voran. Der erzeugte *Schub* beträgt bis zu $5 \cdot 10^6$ N. Diese Feststoffraketen sind ständig betriebsbereit, jedoch läßt sich das Abbrennen des Treibsatzes nach dem Zünden nicht mehr beeinflussen.

b) Die **Flüssigkeitsraketen,** zum Beispiel die 111 m hohe Saturn V der NASA (National Aeronautics and Space Administration in USA), müssen vor dem Start betankt werden. Die Brennstofftanks *(Bild 39.1)* enthalten Alkohol, Flugbenzin oder flüssigen Wasserstoff (–253 °C). Zum Verbrennen muß man zudem Sauerstoff oder ein anderes Oxydationsmittel in komprimierter, also verflüssigter Form in den Weltraum mitnehmen. Je nach Bedarf werden diese Flüssigkeiten in die Brennkammer gespritzt. So kann man Brenndauer und Größe der Schubkraft ständig regeln. Nach dem Zünden entwickeln sich Verbrennungsgase von hohem Druck, die mit Geschwindigkeiten bis zu 4,6 km/s aus der Düse strömen. Diese muß wegen der hohen Verbrennungstemperatur (4000 °C) gekühlt werden. Die *1. Stufe* von Saturn V *(Bild 39.2)* erzeugt eine Schubkraft von $3{,}4 \cdot 10^7$ N und brennt 2,5 min lang. Sie beschleunigt die Rakete bis in 65 km Höhe auf 8500 km/h. Dann wird die leere Hülle der 1. Stufe als unnötiger Ballast abgeworfen und die *2. Stufe* gezündet. Sie erzeugt 6,5 min lang $4{,}6 \cdot 10^6$ N Schubkraft. Die *3. Stufe* hat nur noch 4% der gesamten Masse (2700 t) und beschleunigt mit $9{,}3 \cdot 10^5$ N während insgesamt 8 min auf 40000 km/h. Um vom *Mond* mit seiner geringen Anziehungskraft abzuheben, braucht man für die *Mondfähre* nur noch eine Schubkraft von 10^5 N.

Im leeren Raum kann man Raketen nicht wie Flugzeuge mit *Leitwerken* steuern, welche die Gegenkraft der anströmenden Luft nutzen (Ziffer 1). Man dreht deshalb die Verbrennungsdüse etwas oder benutzt seitlich angebrachte *Steuerdüsen.*

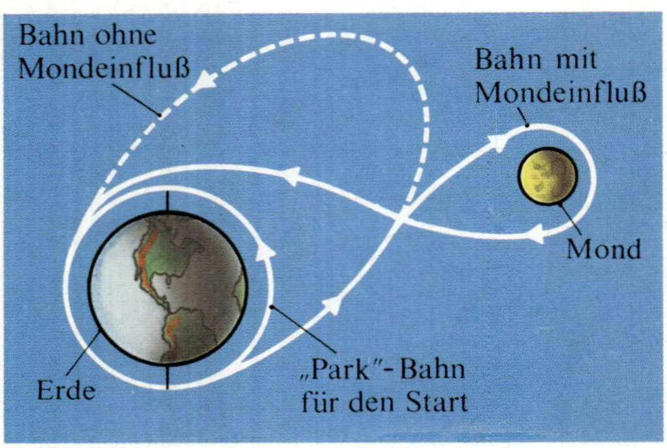

38.2 Flugbahn zum Mond mit Rückkehrschleife

3. Raumfahrt und Erdsatelliten

a) Auf der Oberstufe werden wir berechnen, daß ein *Erdsatellit* in etwa 100 km Höhe die Geschwindigkeit 7,9 km/s = 28000 km/h haben muß, um die Erde auf einer Kreisbahn (häufig *Parkbahn* genannt; siehe Bild 38.2) in etwa 1,5 h zu umfliegen. Dabei braucht er keinen Antrieb. – Ein *Nachrichtensatellit* muß in 36000 km Höhe mit „nur" 3 km/s fliegen. Dann braucht er zu einem Umlauf 24 h und kann über einem bestimmten Punkt des Äquators „stehen"; denn die Erde dreht sich in dieser Zeit auch einmal um ihre Achse – gemeinsam mit dem Satelliten.

b) Um das Schwerefeld der Erde zu verlassen, muß man die Rakete aus der *Parkbahn* heraus auf 40000 km/h beschleunigen. Da hier Lufteinflüsse (Wind, Luftwiderstand) fehlen, kann man genau im richtigen Bahnpunkt in exakt vorausberechneter Richtung *(„Startfenster")* starten. Nach einem antriebslosen Flug erreicht man dann das „Schwerefeld" des gewünschten Himmelskörpers (Mond, Planet; *Bild 38.2*). Man fliegt an ihm vorbei oder läßt sich vom Triebwerk abbremsen und kann nach einer weiteren Abbremsung gezielt landen. Von der Parkbahn aus kann man sich aber auch wieder zur Erde beschleunigen lassen.

c) Die NASA sandte Ende 1977 die Flugkörper *Voyager* 1 und 2 in Jupiternähe (5mal weiter von der Sonne entfernt als die Erde). Das Schwerefeld des Jupiter soll sie zum Saturn weiterbeschleunigen (10fache Sonnenentfernung), so daß *Voyager 2* 1986 beim Planeten Uranus eintrifft.

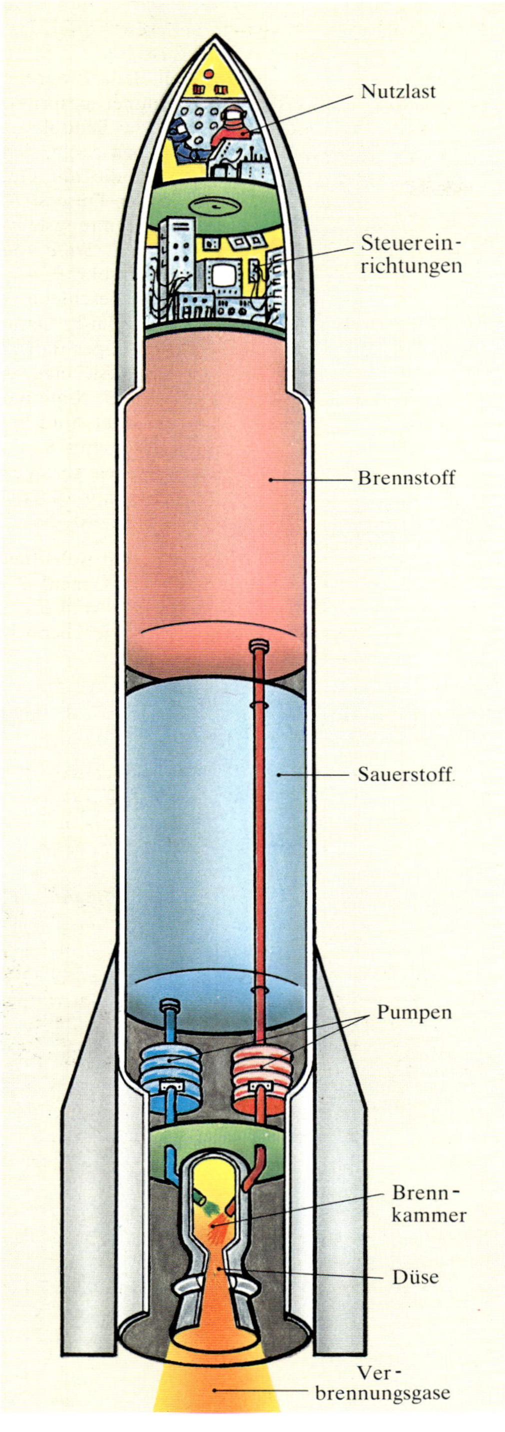

39.1 Einstufige Flüssigkeitsrakete; wollte man mit ihr zum Mond und zurückfliegen, so müßte man auf dem größten Teil des Wegs die weitgehend leeren Behälter für Brennstoff und Sauerstoff mitschleppen.

39.2 Die Mondrakete Saturn V beim Auftanken am Startplatz. Sie ist insgesamt 111 m hoch und wiegt 2740 t. Sie ermöglichte die ersten bemannten Mondlandungen.

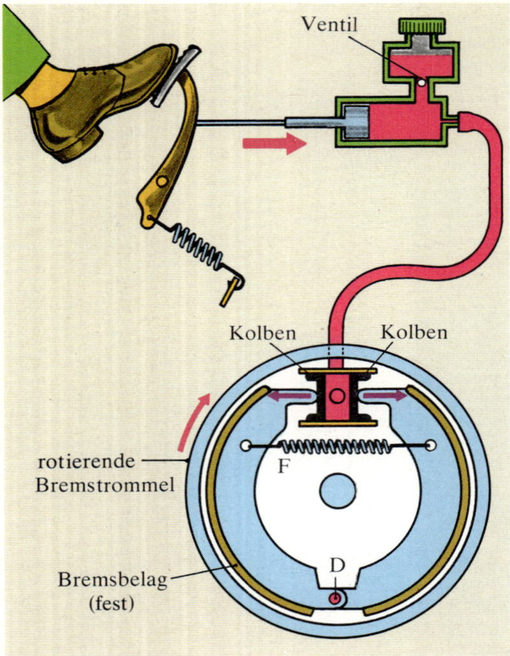

40.1 Trommelbremse. Wenn man die Bremsflüssigkeit mit dem Bremspedal unter Druck setzt, so preßt sie die beiden Bremskolben auseinander und die beiden Bremsbeläge von innen gegen die mit dem Rad umlaufende Bremstrommel. Bei D sind die Bremsbeläge drehbar befestigt. Sie werden bei Nichtgebrauch der Bremse von der Feder F nach innen gezogen.

§ 14 Reibung – für die Technik wichtig

1. Gleitreibung entsteht durch Gegenkräfte

Presse deine Hand auf eine Tischplatte oder gar auf Sandpapier und ziehe sie dabei weg! Du spürst bei diesem Reibungsvorgang deutlich eine hemmende Kraft (und Erwärmung).

Versuch 47: Lege nach *Bild 40.3a* zwei Bürsten so aufeinander, daß die Borsten ineinandergreifen! Ziehe die obere Bürste mit der Kraft $\vec{F}$ nach rechts! Dabei werden die Borsten der unteren Bürste nach rechts gebogen. Sie wirken deshalb mit der *Gegenkraft* $\vec{R}$ auf die obere Bürste zurück, und zwar nach links, das heißt *der Bewegung entgegen. Diese Gegenkraft hemmt die Gleitbewegung;* man nennt sie **Gleitreibungskraft $\vec{R}$.**

Da die Oberflächen von Körpern immer etwas rauh sind *(Bild 40.3b)*, tritt diese Gleitreibungskraft stets auf, wenn Körper aneinander gleiten. Sie ist um so größer, je rauher die Gleitflächen sind und je stärker man die beiden Körper aufeinander preßt. Deshalb wird ein Fahrzeug um so schneller gebremst, je kräftiger man die *Bremsbeläge* gegen die mit dem Rand umlaufende *Bremstrommel (Bild 40.1)* oder *Bremsscheibe (Bild 40.2)* drückt.

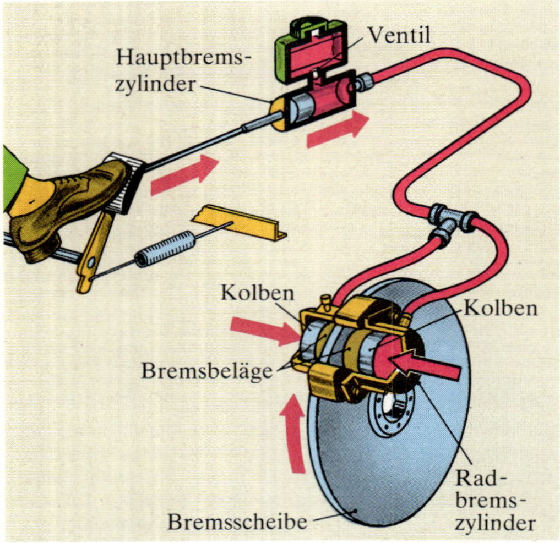

40.2 Scheibenbremse. Die beiden Bremskolben pressen die Belagscheiben von links und rechts gegen die umlaufende Bremsscheibe, wenn man die Bremsflüssigkeit beim Betätigen des Bremspedals unter Druck setzt. Die beim Bremsen entwickelte Wärme wird durch den Fahrtwind gut abgeführt.

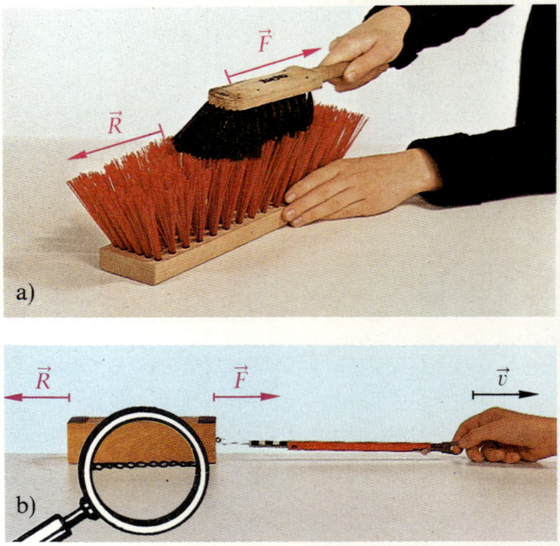

40.3 a) Die Reibungskraft $\vec{R}$ entsteht als Gegenkraft der verbogenen Borsten.
b) Gleiten zwei Flächen aufeinander, so kommt die Reibung durch die Rauhigkeiten der gleitenden Flächen zustande. Im Kreis sind sie mikroskopisch vergrößert dargestellt.

2. Reibung – auch ohne Bewegung (Haften)

Versuch 48: Setze den Klotz nach *Bild 41.1 a* mit dem Kraftmesser vorsichtig in Bewegung! Solange der Klotz noch auf der Unterlage *haftet*, kann man stärker an ihm ziehen als nachher beim gleichförmigen Gleiten (b). Wenn nämlich zwei Körper aneinander haften, so verzahnen sich die Unebenheiten stärker ineinander als beim raschen Hinweggleiten. Obwohl man beim „Reiben" zunächst nur an Bewegungsvorgänge denkt, entstammen die Kräfte beim Haften den gleichen Ursachen wie beim Gleiten. Die größte Kraft, mit der man ziehen kann, bis der Körper zu gleiten anfängt, nennt man die **maximale Haftkraft R'.** Sie ist größer als die Gleitreibungskraft R *(Bild 41.1 a* und *b).*

3. Die Rollreibung ist am kleinsten

Versuch 49: Lege nach *Bild 41.1 c* einen Holzklotz auf runde Bleistifte und ziehe ihn mit einem Kraftmesser weg! Die hemmende Reibungskraft ist viel kleiner als die Reibungskraft beim Gleiten! Die Unebenheiten können nämlich wie die Zähne zweier Zahnräder aufeinander abrollen und hemmen die Bewegung nur wenig. Das *Rad* eines Wagens gleitet allerdings mit seiner *Nabe* auf dem *Zapfen* der Achse. Doch kann man diese Stelle fein polieren oder gar mit *Kugel-* oder *Rollenlagern* versehen *(Bild 41.2).* Dann wird auch an der Achse das Gleiten durch ein Abrollen ersetzt. – Wir haben gefunden:

Haftreibungskraft > Gleitreibungskraft > Rollreibungskraft

4. Schmieren hilft gegen Reibung

Bringt man Öl oder Fett zwischen reibende Flächen, zum Beispiel ins Achslager von Rädern, so bildet sich dort ein dünner *Flüssigkeitsfilm* aus. Die festen Teile berühren und verzahnen sich nicht mehr; nur die anliegenden Ölschichten gleiten aneinander. Man muß nur noch die kleine *Flüssigkeitsreibung* überwinden. Auch schneiden die aneinander gleitenden Metallteile nicht mehr Rillen ineinander; sie *„fressen"* sich nicht mehr fest. Deshalb schmiert oder ölt man in der Technik alle Gleitstellen. Du weißt, wie wichtig es ist, beim Auto rechtzeitig Öl in den Motor und das Getriebe nachzufüllen.

5. Schnelle Bewegung – großer Luftwiderstand

Vom Radfahren her ist als weitere Kraft, die die Bewegung hemmt, der **Luftwiderstand** bekannt. Im Gegensatz zur Gleitreibungskraft wächst er mit der Geschwindigkeit stark an. Das gleiche gilt vom Widerstand, den ein Boot oder ein Schwimmer im Wasser erfährt. Deshalb erfordert schnelles Schwimmen große Kräfte.

Auf Seite 29 sahen wir, daß beim Auto mit wachsender Geschwindigkeit der Luftwiderstand schließlich der Motorkraft das Gleichgewicht hält. Dann behält das Fahrzeug seine Geschwindigkeit bei:

Versuch 50: Ein Glaszylinder enthält dickes, aber durchsichtiges Öl. Wir tauchen eine Glaskugel ein und lassen sie fallen. Die Fallgeschwindigkeit wächst schnell auf einen bestimmten Wert. Dann fällt die Kugel mit konstanter Geschwindigkeit im Öl weiter. Nach Seite 29 halten sich jetzt Gewichtskraft und Widerstandskraft das Gleichgewicht.

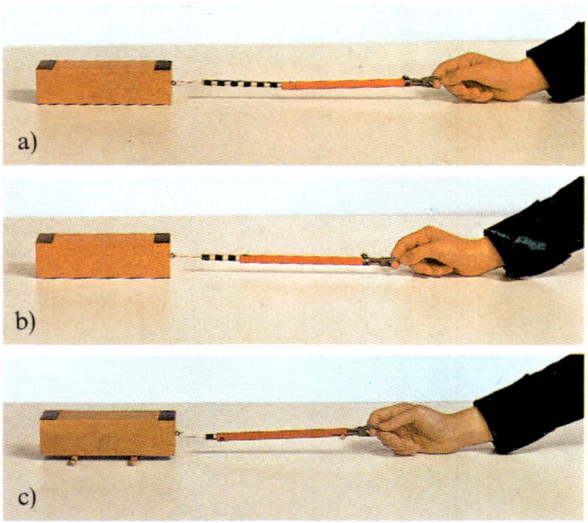

41.1 a) Haften, b) gleiten, c) rollen

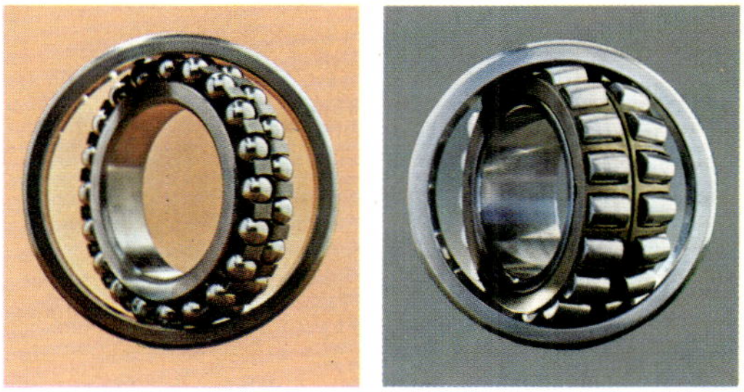

41.2 Kugellager (links) und Rollenlager (rechts)

6. Wir berechnen Reibungskräfte

S-Versuch 51: **a)** Ziehe einen Holzklotz von 1 kg Masse über einen Steinboden! Er wird durch die Gewichtskraft $G = 10$ N auf den Boden gepreßt; die **Anpreßkraft** F_N beträgt 10 N. Um den haftenden Klotz in Bewegung zu setzen, muß man zunächst die *maximale Haftkraft* $R' = 7$ N überwinden. Nach *Tabelle 42.1* ist $R' \sim F_N$, also $\boldsymbol{R'/F_N = f'}$ unabhängig von der Anpreßkraft F_N. Man nennt $\boldsymbol{f'}$ die **Haftreibungszahl.** Sie hängt von der Art der haftenden Stoffe ab *(Tabelle 42.3)*.

Anpreßkraft F_N in N	10	20	5	3
Haftkraft R' in N	7	15	3,5	2,2
$f' = \frac{R'}{F_N}$	0,7	0,75	0,7	0,73

Tabelle 42.1 Haftkraft proportional Anpreßkraft

b) Nun messen wir die **Gleitreibungskraft *R*.** Hierzu ziehen wir am Kraftmesser so stark, daß der Körper (nach einem Stoß) mit konstanter Geschwindigkeit weitergleitet. Nach *Tabelle 42.2* ist auch die *Gleitreibungskraft R der Anpreßkraft F_N proportional,* die **Gleitreibungszahl** $f = R/F_N$ ist konstant. Sie hängt nach *Tabelle 42.3* stark von der Art der reibenden Stoffe, insbesondere auch von ihrer Oberflächenbeschaffenheit, nicht aber von der Größe der reibenden Flächen ab. Von der Geschwindigkeit, mit der der Körper gleitet, hängt f kaum ab.

Anpreßkraft F_N in N	10	20	5	3
Reibungskraft R in N	3	6,5	1,5	1
$f = \frac{R}{F_N}$	0,3	0,32	0,3	0,33

Tabelle 42.2 Gleitreibungskraft R proportional F_N

Nach *Tabelle 42.3* ist die Gleitreibungszahl f kleiner als die Haftreibungszahl f'. Beide Zahlen erlauben es, die Reibungskräfte aus der Anpreßkraft F_N zu berechnen. Bei waagerechter Unterlage ist diese Anpreßkraft F_N i.a. gleich der Gewichtskraft G des oben liegenden Körpers.

Stoffpaar	Haften f'	Gleiten f
Stahl auf Stahl	0,15	0,05
Holz auf Holz	0,6	0,5
Holz auf Stein	0,7	0,3
Schlittschuh auf Eis	0,03	0,01
Gummi auf Straße	0,6	0,3
Riemen auf Rad	0,7	0,3

Tabelle 42.3 Haftreibungszahl f' und Gleitreibungszahl f für verschiedene Stoffpaare

Gleitreibungskraft $R = f \cdot F_N$ (42.1)
Haftreibungskraft $R' = f' \cdot F_N$.
F_N ist die Anpreßkraft der reibenden Körper.

7. Reibung in Technik und Alltag

Die *Gleitreibung* ist meist unerwünscht. Beim Abbremsen von Fahrzeugen erhöht man sie dagegen absichtlich so weit es geht: Bremsen ist nur durch Reibung möglich. Für den Bremsweg s auf normaler Straße gilt die folgende Regel: Dividiere die in km/h gemessene Geschwindigkeit durch 10 und quadriere das Ergebnis! Dies ergibt den Bremsweg s in m. Beispiele: $v = 50$ km/h: $s = 5^2$ m $= 25$ m; $v =$ 100 km/h; $s = 10^2$ m $= 100$ m. Der Bremsweg s steigt mit dem Quadrat von v!

Die *Haftreibung* ist oft unentbehrlich: Sie verhindert das Rutschen des Keilriemens beim Automotor und das Ausgleiten beim Gehen. Bei Glatteis streut man Sand auf den Gehweg, die Schienen und die Straße, um die Rauhigkeiten zu vergrößern. Gummisohlen und Autoreifen erhalten ein „Profil". Bei abgefahrenem *Reifenprofil* sind auf nasser Straße oder auf Schnee und Schlamm die Gleit- und Haftreibungskräfte so klein, daß die Fahrzeuge viel zu große Bremswege haben oder gar seitlich rutschen (schleudern), also nicht mehr gelenkt werden können. Bei Regen soll das Wasser durch die Vertiefungen des Profils abfließen; das Gummi berührt noch die Straße. Steht das Wasser aber zu hoch und fährt das Auto zu schnell, so bildet sich zwischen Straße und Gummi eine Wasserschicht; das Auto fährt „Wasserski" *(Aquaplaning)!*

Ohne Haftreibung könnte man die *Fäden* leicht aus einem Gewebe oder einer Naht herausziehen; Naht und Knoten würden nicht halten.

Aufgaben:

1. *Besteht bei den Versuchen 51a und b Kräftegleichgewicht?*

2. *Welche Gleitreibungskraft erfährt eine Person von* 700 N *Gewichtskraft beim Schlittschuhlaufen?*

3. *Ein Auto hat die Masse* 1000 kg; *seine 4 Räder sind blockiert. Mit welcher Kraft muß man schieben, damit es weiterrutscht? Bei welcher Schubkraft setzt es sich in Bewegung?*

§ 15 Einfache Maschinen

1. Wie man seinen Arm verlängern kann

Auf einer Baustelle soll ein schwerer Kübel in das Obergeschoß gebracht werden. Die Treppe ist aber noch nicht fertig, also zieht man ihn außen am Haus hoch. Aber selbst der längste Arbeiter kann ihn nicht von oben greifen, seine Arme sind zu kurz. Nimmt er eine Stange mit einem Haken daran oder ein Seil, so schafft er es, den Kübel hochzuziehen. Stange und Seil sind Hilfsgeräte, welche die ausgeübte Kraft auf den Kübel übertragen. Sie verlagern den *Angriffspunkt* der Kraft längs des Seiles oder der Stange, in diesem Fall also von oben nach unten. Die *Richtung* der Kraft bleibt erhalten; zieht man am Seil oder an der Stange nach oben, so bewegt sich auch der Kübel nach oben. Was gilt dabei für den *Betrag* der Kraft?

S-Versuch 52: Verbinde wie in *Bild 43.1* mehrere Kraftmesser durch Seilstücke. Wenn du am ersten Kraftmesser ziehst, zeigen alle den gleichen Kraftbetrag an.

In einem gespannten Seil herrscht beim Ziehen überall die gleiche Kraft.

Hierbei haben wir zur Vereinfachung von der Gewichtskraft des Seiles abgesehen. Das darf man allerdings nicht, wenn diese Gewichtskraft beträchtlich ist, z.B. bei einem langen Stahlseil. Auch auf der von uns betrachteten Baustelle müssen am oberen Seilende Kübel *und* Seil getragen werden, am unteren Ende nur der Kübel.

Seile benutzt man beim Schleppen von Autos und Schiffen, bei Aufzügen, Kränen und Seilbahnen. Auch Fahrradketten und Keilriemen wirken wie Seile, denn sie übertragen Zugkräfte von einem Rad auf ein anderes.

Mit einer Stange kann man ebenfalls ziehen, außerdem aber noch schieben; sie kann also Zug- und Schubkräfte übertragen. Du kennst das von einem Besenstiel und vom Schneeschieber. Ein Lastwagenanhänger wird beim Rangieren mit der Kupplungsstange gezogen und auch geschoben. In vielen Maschinen bilden bewegte Stangen ein sehr kompliziertes „Gestänge“.

Seile übertragen Zugkräfte, Stangen Zug- und Schubkräfte. Dabei verlagern sie die Angriffspunkte der Kräfte. Die Beträge und Richtungen dieser Kräfte werden nicht geändert.

2. Eine Kraft läßt sich umlenken

Es ist gefährlich und unbequem, an der Dachkante eines Neubaues zu stehen, um einen schweren Kübel hochzuziehen. Viel besser geht es mit einem Seil, das man oben (z.B. am Dachbalken) durch einen Ring oder eine Öse führt. Dann kann man vom Boden aus am anderen Ende ziehen. Leider stört dabei die Reibung zwischen Seil und Öse erheblich. Befestigt man dagegen an einem Balken eine **ortsfeste Rolle**, über die dann das Seil läuft, so ist die Reibungskraft sehr klein. Ist die Rolle mit einem „leichtgängigen“ Lager ausgestattet, so kann man die Reibungskraft im allgemeinen sogar vernachlässigen.

Versuch 53: Wie in *Bild 44.1* dargestellt, ziehen wir ein Wägestück ($m = 500$ g) mit einer durch eine Öse geführten Schnur nach oben. Die erforderliche Zugkraft $F = 8$ N ist jedoch wesentlich größer als die Gewichtskraft $G = 5$ N. Die Reibungskraft zwischen Öse und Schnur beträgt also $R = 3$ N. Ersetzen wir die Öse durch eine Rolle, so sinkt die erforderliche Zugkraft auf nahezu 5 N. – Für eine ideale, reibungsfreie Rolle gilt:

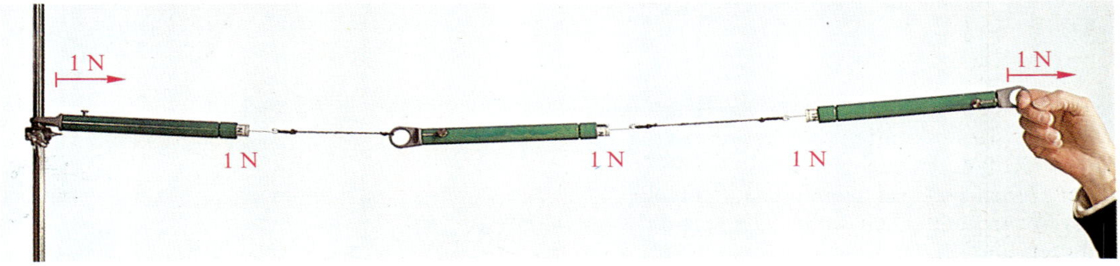

43.1 Das Seil überträgt die rechts ausgeübte Zugkraft unverändert.

Eine ortsfeste Rolle lenkt eine Kraft in eine andere Richtung um. Der Betrag der Kraft wird dabei nicht geändert.

3. Eine Kraft wird aufgeteilt

Sicher hast du schon einmal beobachtet, daß das Seil auch an dem Haken, mit dem ein Kran eine Last hebt, über eine Rolle läuft. Weil sie an keinem festen Ort angebracht ist, nennt man sie **lose** oder **ortsveränderliche Rolle.** Was man mit ihr erreicht, zeigt dir ein Versuch.

S-Versuch 54: Hänge wie in *Bild 44.2* ein 1 kg-Wägestück mittels Rolle und Faden (Seil) auf. Das Wägestück stellt *zusammen mit der Rolle* die Last dar; diese erfährt die Gewichtskraft $L=10$ N. Die beiden Kraftmesser zeigen, daß jedes Seilende mit der Kraft $F=5$ N gespannt wird. Die Gewichtskraft L verteilt sich also gleichmäßig auf die beiden tragenden Seilabschnitte. Versuche einmal, diese Verteilung zu stören, indem du ein Seilende nach oben ziehst oder herunterläßt! Sofort dreht sich die Rolle und sorgt für den Ausgleich. Dabei bewegt sich die Last auf und ab. Willst du die Last um $s_L=10$ cm anheben, so kannst du z.B. beide Seilenden ebenfalls um 10 cm nach oben ziehen. Du kannst aber auch ein Seilende an einem Haken festbinden, dann trägt dieser die Hälfte der Last. Jetzt mußt du das freie Seilende aber doppelt so weit ziehen. Der Weg der Zugkraft ist nun $s_F=20$ cm.

Wiederholst du den Versuch mit einer beliebigen anderen Last und anderen Strecken, so findest du stets:

Eine ortsveränderliche (lose) Rolle verteilt die zum Heben einer Last erforderliche Zugkraft gleichmäßig auf die beiden Seilabschnitte. Ist ein Seilende befestigt, so muß man am freien Seilende doppelt so weit ziehen wie die Last gehoben werden soll, aber nur mit der halben Kraft: $F=\frac{1}{2}L$.

Wenn du die ortsveränderliche Rolle mit einer ortsfesten Rolle kombinierst, so kannst du bequem nach unten ziehen *(Bild 44.3)*. Das ist beim Heben einer schweren Last sehr vorteilhaft. Wenn man nach unten zieht, steht man sicherer und kann im allgemeinen auch eine größere Kraft ausüben als beim Heben.

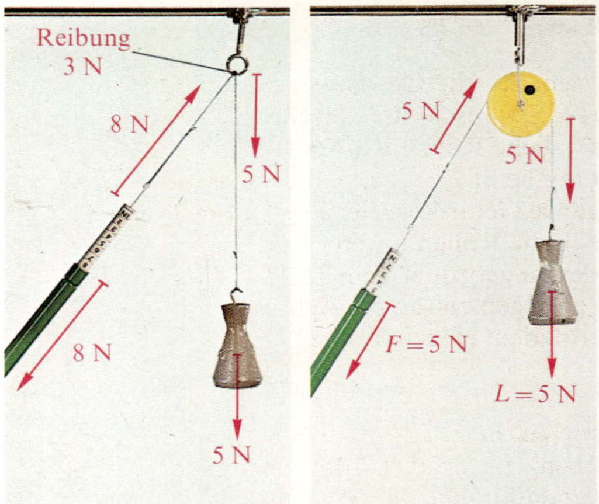

44.1 Mit einer ortsfesten Rolle kann man die störende Reibungskraft weitgehend vermeiden.

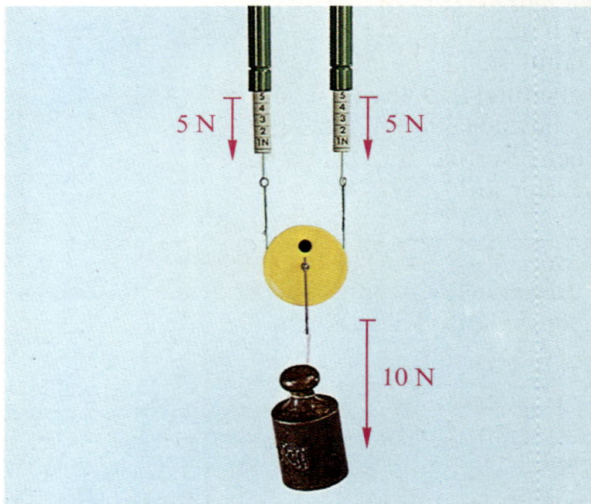

44.2 Beide Seilabschnitte sind stets gleich stark gespannt.

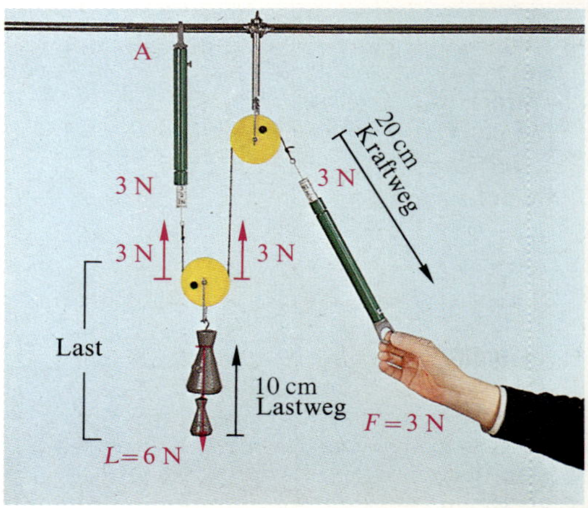

44.3 Diese Rollenkombination hat große Vorteile.

4. Der Flaschenzug

Wenn du die Gewichtskraft der Last auf *mehrere* Seilabschnitte verteilen willst, mußt du zusätzliche Rollen verwenden. Ihre Haltevorrichtung heißt *Flasche,* und deshalb nennt man das ganze Gerät **Flaschenzug.** In einer Flasche können die Rollen untereinander oder nebeneinander angeordnet sein (*Bild 45.1*). Sitzen sie auf einer gemeinsamen Achse, so müssen sie sich trotzdem einzeln drehen lassen.

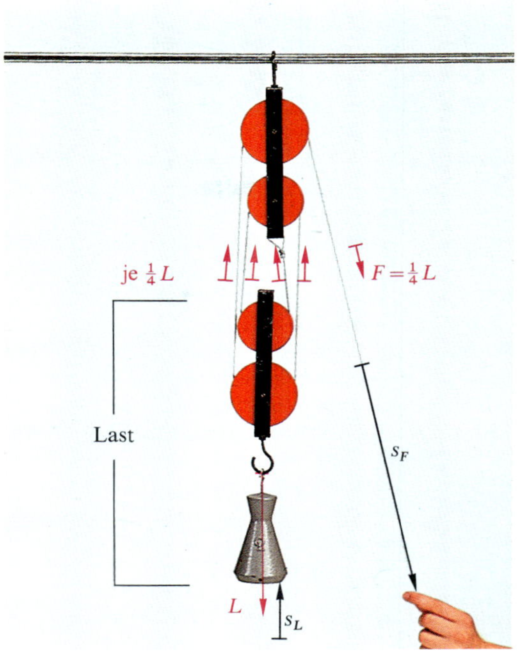

45.1 Mit einem Flaschenzug kannst du deine Kraft vervielfachen.

S-Versuch 55: Ziehe ein Wägestück ($m = 1$ kg) wie in *Bild 45.1* mit einem Flaschenzug nach oben. Es erfährt zusammen mit der beweglichen Flasche die Gewichtskraft $L = 12$ N. Miß die erforderliche Zugkraft F sowie die in *Bild 45.1* eingezeichneten Strecken s_L und s_F, um die sich die Last und der Angriffspunkt der Zugkraft verschieben! Wiederhole den Versuch mit einer anderen Anzahl von Rollen! Damit sich dabei die Last nicht ändert, sollen unbenutzte Rollen in der Flasche bleiben. Ziehe auch einmal mit dem freien Seilende nach oben! Fertige eine Meßtabelle nach folgendem Muster an!

Anzahl n der tragenden Seilabschnitte	4			
L in N	12			
F in N	3			
s_L in cm	10			
s_F in cm	40			

Diese Versuche ergeben:

Hängt beim Flaschenzug die Last an n tragenden Seilabschnitten, so ist die am Seilende erforderliche Zugkraft F gleich dem n-ten Teil der Gewichtskraft L der Last. Der Weg s_F der Zugkraft ist dagegen n-mal so groß wie der Lastweg s_L.

$$F = \frac{1}{n} \cdot L; \qquad s_F = n \cdot s_L$$

Theoretisch kannst du mit einem Flaschenzug eine beliebig schwere Last heben; du brauchst nur die Anzahl der Seilabschnitte und der Rollen entsprechend groß zu wählen. In der Praxis begnügt man sich mit wenigen Rollen (höchstens vier in jeder Flasche), denn die Reibung ihrer Lager kann nicht vernachlässigt werden. Außerdem ist die ortsveränderliche Flasche mit ihren Rollen Bestandteil der zu hebenden Last. Mit zunehmender Rollenzahl wächst ihre Gewichtskraft erheblich an. Mit einem Flaschenzug kann man natürlich auch waagerecht ziehen. Damit läßt sich zum Beispiel ein Auto, das in den Straßengraben gerutscht ist, wieder auf die Straße bringen. Man benutzt auch Flaschenzüge, um die Verspannung eines großen Zeltes straffzuziehen.

In der Technik gibt es auch noch andere Arten von Flaschenzügen. Auf diese wollen wir aber nicht eingehen.

Aufgaben:

1. *Welche Last kann ein Mann mit einer losen Rolle höchstens heben, wenn er selbst nur mit* 500 N *ziehen kann? Welche Last bewältigt er mit dem Flaschenzug nach Bild 45.1?*

2. *Ein Mehlsack wird mit einer losen Rolle (Gewichtskraft* 20 N*) hochgezogen. Eine Kraft von* 270 N *hält am Seilende das Gleichgewicht. Wieviel Mehl wird hochgezogen, wenn der leere Sack* 10 N *wiegt?*

3. *Mit welcher Kraft wird in Bild 44.3 bzw. 45.1 insgesamt am Balken nach unten gezogen, wenn man vom Gewicht der oberen Rollen absieht? (Alle Seilstücke verlaufen senkrecht.)*

§ 16 Arbeit und Energie

1. Wer arbeitet, braucht Energie

Wenn wir mit einem Seil oder auch einem Flaschenzug, also mit „einfachen" Maschinen arbeiten, so müssen wir – trotz aller Erleichterungen – noch recht kräftig zupacken. Bei den „richtigen" Maschinen, bei Kränen, Aufzügen oder Gabelstaplern, braucht man dagegen nur „auf den Knopf" zu drücken. Dann heben sie schwere Lasten „spielend". Sie arbeiten aber nur, wenn man ihnen Benzin oder Öl zuführt oder sie aus dem elektrischen Netz „speist". Man sagt: Sie brauchen zum Verrichten ihrer Arbeit **Energie.** Bei leerem Tank und ohne Anschluß an eine Steckdose stehen diese Maschinen still. *Wir müssen einer Maschine um so mehr Energie zuführen, je mehr Arbeit wir ihr abverlangen.*

2. Wie groß ist die verrichtete Arbeit?

Auf einer Baustelle hebt ein Kran einen Eisenträger ($G = 5000$ N) um die Höhe *einer* Etage ($h = 3{,}0$ m). Wir sagen, er verrichtet dabei eine bestimmte Arbeit. Dazu braucht er eine bestimmte Menge an Benzin oder Dieselöl (z.B. 2 cm^3). Da der Motor auch Wärme erzeugt, messen wir die verrichtete Arbeit nicht unmittelbar durch den Ölverbrauch, sondern mit Hilfe mechanischer Größen: Soll der Träger z.B. um *vier* Etagen, also um den vierfachen Weg s, gehoben werden, so braucht man auch *viermal* so viel Brennstoff. Wir sprechen von der *vierfachen* **Arbeit** und definieren diese in der Mechanik so, daß sie (bei konstanter Kraft $F_s = G$) *dem Weg s proportional ist (Bild 46.1).*

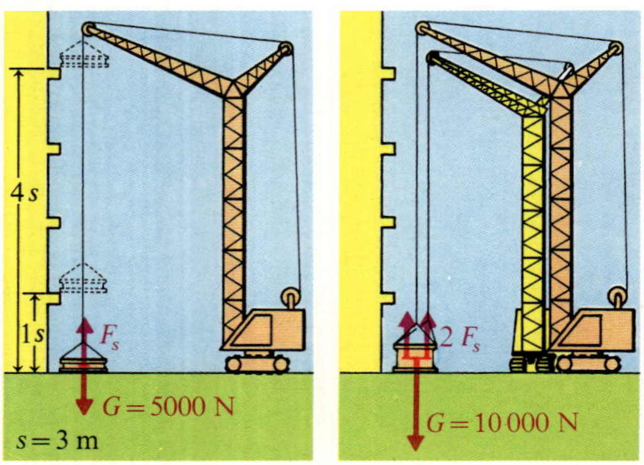

46.1 Zur Definition der Arbeit

Einen doppelt so schweren Träger ($G = 10\,000$ N) kann allerdings der Kran allein nicht heben; seine Kraft reicht dafür nicht aus. Ein zweiter (gleichartiger) Kran muß ihm helfen. Zusammen können sie mit der doppelten Kraft $2F_s$ ziehen, brauchen aber auch doppelt so viel Öl. Wir sagen, beide Kräne verrichten zusammen doppelt so viel Arbeit wie ein Kran allein, *also setzen wir die physikalische Größe Arbeit auch der Kraft F_s proportional.*

Soll nun der schwere Träger um vier Etagen gehoben werden, so muß man die doppelte Kraft ($2\,F_s$) längs des vierfachen Weges ($4\,s$) ausüben – verglichen mit dem Heben des leichteren Trägers um eine Etage. Dazu brauchen die Kräne insgesamt die achtfache Ölmenge, sie verrichten die achtfache Arbeit. Weil das Produkt aus der Kraft F_s und der Wegstrecke s auf das achtfache angewachsen ist, eignet es sich als Maß für die Arbeit. Wir definieren deshalb die Arbeit W als Produkt aus der Kraft F_s in Wegrichtung und der Wegstrecke s. (W stammt von der englischen Bezeichnung work für Arbeit.)

Die Arbeit W ist das Produkt aus der in Wegrichtung wirkenden Kraft F_s und dem Weg s:

$$W = F_s \cdot s. \qquad (46.1)$$

Ihre Einheit ist 1 Joule = 1 J.
Es gilt 1 N · 1 m = 1 Nm = 1 J.

Die Einheit der Arbeit 1 Joule (sprich dʒu:l) wurde nach dem englischen Physiker *J.P. Joule* (1818 bis 1889) benannt. Diese Einheit kannst du dir leicht vorstellen, denn du verrichtest die Arbeit 1 J, wenn du ein Seil mit der Kraft 1 N gerade 1 m weit ziehst – oder mit der Kraft 2 N nur $\frac{1}{2}$ m weit usw.

Um den leichteren Träger (5000 N) um eine Etage zu heben, muß also ein Kran die Arbeit $W_1 = 5000\text{ N} \cdot 3{,}0\text{ m} = 15\,000\text{ Nm} = 15\,000\text{ J}$ verrichten. Soll dagegen der schwerere Träger (10000 N) um vier Etagen gehoben werden, so bedeutet das nach *Gleichung 46.1* die Arbeit $W_2 = 10\,000\text{ N} \cdot 12{,}0\text{ m} = 120\,000\text{ J}$.

Der Kran kann mit der gehobenen Last tagelang stehen bleiben. Die Hubvorrichtung ist eingerastet; der Motor verrichtet keine Arbeit, da der Weg in Richtung nach oben 0 m beträgt. Er braucht dazu weder Benzin noch sonstige Energie. Auch mit unseren Muskeln können wir Arbeit an Körpern verrichten, wenn wir eine Last heben oder einen Wagen ziehen. Halten wir dagegen eine Last *ohne* Bewegung, so verrichten wir an ihr keine Arbeit im physikalischen Sinne. Trotzdem müssen wir uns anstrengen und werden müde. Unsere Muskeln haben nämlich keine „Sperrklinke". Unser Körper verhält sich hier anders als eine Maschine.

Beim Heben eines Körpers verrichtet man an ihm Arbeit, nicht aber beim Halten in gleicher Höhe.

Hat der Kran den Träger gehoben, so fährt er ihn *zur Seite* und bringt ihn in die vorgesehene Stellung. Die Hubvorrichtung steht still. Sie übt zwar immer noch die Kraft 5000 N aus, bewegt den Träger aber nicht mehr weiter nach oben. Sie verrichtet also keine weitere Arbeit. Die horizontale Bewegung führt vielleicht ein anderer, kleinerer Motor aus. Die Hubkraft hat nämlich mit der seitlichen Bewegung nichts zu tun! Für diese Bewegung kommt es auf die Reibungskräfte an den verschiedenen Achsen und Rädern an. Sind alle Lager gut geschmiert, so sind die Reibungskräfte gering. Der Antriebsmotor kann dann schon mit verhältnismäßig geringer Kraft den Kran bewegen. Dabei verrichtet er wenig Arbeit. *Wir dürfen also beim Berechnen der Arbeit nur die Kraft F_s heranziehen, die in der Richtung des Weges s wirkt;* beim Heben ist es die Hubkraft längs der Hubstrecke, beim Fahren die Kraft in der Fahrtrichtung.

Wenn du eine schwere Kiste über einen Steinfußboden ziehst, so mußt du gegen die Reibungskraft R eine Kraft F gleichen Betrages (aber entgegengesetzter Richtung) ausüben. Längs des Verschiebungsweges s verrichtest du die **Reibungsarbeit** $W = F_s \cdot s = R \cdot s$. Erfährt z.B. die Kiste die Gewichtskraft $G = 1000$ N, so mußt du sie mit der Kraft $F_s = 300$ N ziehen (siehe Seite 42). Beträgt der Verschiebungsweg 2,0 m, so wird die Arbeit $W = 300\ \text{N} \cdot 2{,}0\ \text{m} = 600$ J verrichtet. Setzt man die Kiste auf Räder, so kann man sie mit geringerer Kraft verschieben. Die Rollreibungskraft ist nämlich viel geringer als die Gleitreibungskraft. In den Lagern der gedrehten Räder wird nur wenig Reibungsarbeit verrichtet. Hebt man dagegen die Kiste um 2,0 m, so braucht man die Kraft $F_s = 1000$ N und verrichtet die Arbeit $W = 1000\ \text{N} \cdot 2{,}0\ \text{m} = 2000$ J, also viel mehr als beim Verschieben der Kiste auf dem Steinfußboden.

3. Spart der Flaschenzug Arbeit?

Wer keine Energie verschwenden will, greift vielleicht auf alte „Hausmittel" zurück, zum Beispiel auf den *Flaschenzug*. Dann muß er sich weniger anstrengen. Wird die Arbeit dabei weniger?

Der von uns schon mehrfach betrachtete Kran soll einen Träger von $G = 20000$ N Gewichtskraft um $h = 3{,}0$ m heben; sein Motor kann am Seil aber nur mit 5000 N ziehen. Statt weitere Kräne zu Hilfe zu nehmen, die „doch nur Benzin fressen" oder „Strom benötigen", holt man einen Flaschenzug mit 4 tragenden Seilstücken *(Bild 45.1)*. Dann schafft's ein Kran allein (vorausgesetzt, er ist stabil genug). Wurde dabei Arbeit und also auch Energie gespart? Nein! Er braucht zwar nur $\frac{1}{4}$ an Kraft, nämlich 5000 N, aber leider den 4fachen Weg. Er muß jetzt 12,0 m Seil hochziehen und aufwickeln, um den Träger um 3,0 m zu heben. Das Produkt $W = 20000\ \text{N} \cdot 3{,}0\ \text{m} = 5000\ \text{N} \cdot 12{,}0\ \text{m} = 60000$ J und damit die Arbeit bleiben gleich. Wegen des 4fachen Weges braucht ein Kran auch genauso viel Energie wie vier zusammen für den einfachen Weg, um den Träger zu heben.

Allgemein gilt: Nimmt man einen Flaschenzug mit n tragenden Seilabschnitten, so muß man mit der Kraft $F_s = \frac{G}{n}$ ein Seilstück der Länge $s = n \cdot h$ ziehen. Die verrichtete Arbeit ist dann $W = F_s \cdot s = \frac{G}{n} \cdot (n \cdot h) = G \cdot h$; sie hängt also nicht von der Anzahl n der Seilabschnitte ab. Der Flaschenzug kann zwar die Zugkraft vervielfachen, aber nicht die Arbeit.

Mit Rollen und Flaschenzügen kann man weder Arbeit noch Energie einsparen.

47.1 Jeder dieser Schwimmkräne trägt bis zu 400 t.

Aufgaben:

1. *Durch welche Gleichung ist die Arbeit definiert? Wie ändert sich die Arbeit, wenn man die Kraft verdreifacht und den Weg halbiert?*

2. *Zähle die verschiedenen Bedeutungen des Wortes „Arbeit" im täglichen Leben auf und untersuche jeweils, ob es sich dabei auch um Arbeit im physikalischen Sinne handelt!*

3. *Ein Bergmann schiebt einen Wagen von* 1 t *Masse auf waagerechtem Gleis* 5 km *weit. Ein Nichtphysiker berechnet die Arbeit zu* 50000000 J = 50 MJ *(Mega-Joule). Unter welcher Bedingung wäre diese Rechnung richtig? Wie groß ist die Arbeit tatsächlich, wenn die Reibungskraft* 200 N *beträgt?*

4. *Man zieht einen Körper am Flaschenzug (wie in Bild 45.1)* 12,0 m *hoch. Hierzu braucht man die Kraft* 100 N *am Seil. Wie groß ist die Arbeit, wenn man von der Reibung absieht?*

5. *Ein Eisenträger (Masse $m = 200$ kg) wird* 10 m *hoch gehoben. Welche Arbeit muß man aufwenden? – Man verwendet einen Flaschenzug mit 4 tragenden Seilabschnitten und braucht nur den vierten Teil an Kraft. Ist dabei auch die Arbeit auf den vierten Teil gesunken?*

6. *Eine Pumpe fördert je Sekunde 2 Liter Wasser aus* 8 m *Tiefe. Welche Arbeit verrichtet sie in einem Tag?*

7. *Man zieht eine Holzkiste ($m = 50$ kg)* 20 m *weit über einen waagerechten Steinfußboden. Welche Kraft braucht man hierzu (siehe Gleichung 42.1 und Tabelle 42.3)? Welche Arbeit ist nötig? Vergleiche sie mit der Arbeit, die zum Heben um* 20 m *erforderlich ist!*

8. *Dein Herz pumpt in jeder Minute etwa 5 Liter Blut ($m = 5$ kg) durch deinen Körper. Es muß sich dabei so anstrengen, als ob das Blut* 1 m *hoch gepumpt werden müßte. Welche Arbeit verrichtet dein Herz in einer Minute, welche an einem Tag? Wie hoch könnte mit dieser Arbeit dein ganzer Körper gehoben werden?*

9. *Ein Bergsteiger ($m = 75$ kg) erreicht bei einem Aufstieg einen Punkt, der* 1200 m *höher als sein Ausgangspunkt liegt. Welche physikalische Arbeit hat er beim Heben seines Körpers verrichtet?*

10. *Bei einem schnell fahrenden Auto beträgt die Kraft des Luftwiderstandes* 1000 N. *Welche Arbeit muß der Automotor verrichten, um das Fahrzeug gegen den Luftwiderstand auf waagerechter Straße* 30 km *weit zu bewegen?*

§ 17 Verschiedene Energieformen

1. Was gewinnt man beim Arbeiten?

Versuch 56: Wir heben die „Gewichts"-Stücke einer Kuckucksuhr *(Bild 48.1)* und verrichten dabei an ihnen Arbeit. Wozu? Wir brauchen sie in der erhöhten Lage, damit sie nun ihrerseits die Uhr antreiben, also an ihr Arbeit verrichten können. Wir sagen: *In gehobenen Körpern ist Energie auf Vorrat und auf Abruf gespeichert. Je mehr Energie ein Körper gespeichert hat, desto mehr Arbeit kann er verrichten.*

Die Gewichtsstücke an der Kuckucksuhr haben wegen ihrer erhöhten Lage Energie; sie haben **Lageenergie.** Sind sie zum Boden abgesunken, so können sie die Uhr nicht mehr antreiben. Sie haben ihre Lageenergie verloren und können nicht mehr arbeiten. Man muß sie unter Arbeitsaufwand wieder heben. – Auch Wasser im Stausee oder in einer Wolke hat Lageenergie, nicht dagegen in Höhe des Meeresspiegels: *Gehobene Körper sind Träger von Lageenergie und können deshalb Arbeit verrichten.* Das nutzt man z.B. bei einer Ramme aus. Zunächst zieht man den Rammklotz unter Arbeitsaufwand an einem Gerüst nach oben. Dann läßt man ihn herunterfallen, um damit einen Pfahl in die Erde zu treiben.

48.1 Jedes „aufgezogene" Uhrengewicht speichert Energie.

2. Ist Energie nur zum Arbeiten da?

Ist Energie nichts weiter als die Fähigkeit, Arbeit zu verrichten? Dann wäre es einfach! Energie ist aber viel umfassender; ihre Bedeutung reicht weit über die Mechanik hinaus in alle Teilgebiete der Physik. Mit Hilfe von Benzin, Öl oder elektrischer Energie kann man nämlich nicht nur – wie beim Kran – Arbeit verrichten, sondern z.B. auch heizen. Diese Energieträger geben dann ihre Energie nicht in Form von Arbeit, sondern als **Wärme** ab.

Ähnliches hast du vielleicht schon selbst erfahren. Du hast dich in einer Sportstunde an der Kletterstange hochgearbeitet. Aus Versehen rutschst du zu schnell herunter: Wo Hände und Beine an der Stange reiben, wird's warm. Dabei wandelt sich – ungewollt – deine mühsam „erarbeitete" Lageenergie über *Reibungsarbeit* in Wärme um. Diese hilft dir beim nächsten Kletterversuch leider nicht mehr!

Verrichtet ein Körper Arbeit oder gibt er Wärme ab, so wird seine Energie geringer. Verrichtet man umgekehrt an einem Körper Arbeit oder führt ihm Wärme zu, so wächst seine Energie.

Auch der Treibstoff eines Autos besitzt Energie. Wird er im Motor verbrannt, so verrichtet ein Teil davon Arbeit ($F_s \cdot s$) an den Kolben. Auf diese wird eine Kraft F_s ausgeübt, und sie bewegen sich um den „Kolbenhub" s. Ein Teil der Energie geht jetzt aber *ohne Krafteinwirkung* als Wärme an das Kühlwasser über oder entweicht mit den Abgasen durch den Auspuff. In der Wärmelehre werden wir sehen, wie Energie als Wärme z.B. vom heißen Heizkörper in das kältere Zimmer gelangt. Das geht ohne Kraft; Wärme „läuft von selbst" vom wärmeren zum kälteren Körper.

Arbeit ist Energieübertragung mit Hilfe von Kraft längs eines Weges; mit Wärme kann man Energie ohne Kraftanwendung übertragen.

Wir sagen, wenn wir Energie übertragen: Man *verrichtet Arbeit* oder *überträgt Wärme* (dies sind *Vorgänge*), aber ein Körper *hat Energie* (dies ist ein *Zustand*). Präge dir diese Sprechweise gut ein, damit du die Begriffe *Arbeit* und *Wärme* stets als Formen des Energie*übergangs* ansiehst.

3. Wie mißt man Energie?

Im Zeitalter der Energiewirtschaft und der Energiekrisen weiß man, daß man Energie wie eine sehr wichtige Ware einkaufen muß: *Energie kostet Geld!* Um ihren Preis angeben zu können, muß man sie messen. Hier, in der Mechanik, können wir die Arbeit $W = F_s \cdot s$ messen. Sie ist ja *der* Teil der Energie, der mit *Kraftaufwand* abgegeben oder aufgenommen wird.

Ein Kran mit einem Elektromotor kann z.B. die Arbeit $W = 15000$ J nur dann verrichten, wenn ihm das Elektrizitätswerk die dazu erforderliche elektrische Energie zuführt. Die vom Kran mit Hilfe von Kraft umgesetzte Energie geben wir deshalb durch die Arbeit an, die er verrichtet. Wir benutzen für die Arbeit und die Energie das gleiche Zeichen W und messen beide in der Einheit 1 J. (Ein Benzinmotor gibt allerdings zusammen mit der mechanischen Arbeit noch viel Wärme ab.)

Die abgegebene Energie wird häufig durch die verrichtete Arbeit gemessen. Deshalb wird die Energie selbst auch in der Einheit 1 J angegeben.

4. Hubarbeit wird verlustlos gespeichert

Wir haben das Antriebsgewicht einer Uhr um die Höhe h gehoben und dabei längs der Wegstrecke $s = h$ die Kraft $F_s = G$ ausgeübt. Dabei haben wir die **Hubarbeit** $W_H = F_s \cdot s = G \cdot h$ verrichtet. – Beim Herabsinken treibt das Gewicht längs der *gleichen* Strecke h mit der *gleichen* Kraft $F_s = G$ das Uhrwerk an. Es verrichtet also seinerseits an ihm die *gleiche* Arbeit $W = G \cdot h$. Diese Arbeitsfähigkeit steckte im Gewicht als **Lageenergie.** Von der aufgewandten Arbeit ging also nichts verloren. Deshalb können wir die Lageenergie durch die aufgewandte Hubarbeit $W_H = G \cdot h$ messen, das heißt mit der gleichen Formel berechnen.

Um einen Körper (Gewichtskraft G) um den Höhenunterschied h zu heben, muß man die Hubarbeit $W_H = G \cdot h$ verrichten. Um diesen Betrag nimmt die Lageenergie des Körpers zu. Die aufgewandte Hubarbeit ist also verlustlos als Lageenergie $W = G \cdot h$ im Körper gespeichert.

S-Versuch 57: Hebe einen Körper der Masse 1 kg um 1,0 m unter Aufwand der Hubarbeit $W=G \cdot h=10\ \mathrm{N} \cdot 1\ \mathrm{m}=10\ \mathrm{J}$. Hänge ihn an eine Schnur, die über eine Rolle läuft und an deren anderem Ende auch ein 1 kg-Stück hängt. Ein kleiner Stoß (oder ein kleines „Übergewicht") genügt, um den anderen Körper zu heben. Dabei verrichtet der 1. am 2. die Hubarbeit 10 J. Sie war in ihm als Lageenergie gespeichert. Dieses Prinzip wird beim Fahrstuhl angewandt. Bewegt er sich nach oben, so sinkt gleichzeitig ein Gegengewicht nach unten. Dadurch kommt man mit einem relativ schwachen Motor aus.

5. Schnelle Autos haben viel Energie

Wozu dient der „kleine Stoß" im Versuch 57? Bei ihm verrichten wir mit der Kraft F_s längs eines kleinen Wegstücks **Beschleunigungsarbeit;** wir setzen die Anordnung in Fahrt. Wenn du einen Ball nach oben beschleunigt hast, steigt er in die Höhe und gewinnt Lageenergie. Oder du beschleunigst dich und dein Fahrrad; dann kannst du „mit Schwung", das heißt mit **Bewegungsenergie,** ohne weiterzutreten, ein Stück bergauf fahren. Bringst du einen Hammer auf hohe Geschwindigkeit, so treibt er mit seiner Bewegungsenergie den Nagel ins Brett. Er verrichtet dabei Arbeit gegen die Reibungskraft zwischen Nagel und Holz.

Ein Auto hat bei doppelter Geschwindigkeit den 4fachen Bremsweg s (siehe Seite 42); beim Bremsen verrichtet es also die 4fache Reibungsarbeit $W=R \cdot s$. Hieraus können wir schließen, daß es mit der 4fachen Bewegungsenergie fuhr! Bei einem Unfall hätte dies ein Vielfaches an Zerstörung erzeugt, verglichen mit der einfachen Geschwindigkeit. Bei der dreifachen Geschwindigkeit hat das Auto die 9fache Bewegungsenergie und auch den neunfachen Bremsweg. Beträgt er bei der Geschwindigkeit $50\,\frac{\mathrm{km}}{\mathrm{h}}$ etwa 25 m, so ist er bei $150\,\frac{\mathrm{km}}{\mathrm{h}}$ über 200 m lang.

6. Die Uhrfeder als Energiespeicher

Man verrichtet **Spannarbeit,** wenn man eine Feder spannt. Diese können wir jetzt noch nicht berechnen, denn die erforderliche Kraft wächst, während die Feder gespannt wird (siehe Seite 33). Die gespannte Feder hat **Spannungsenergie.** Mit dieser kann sie Arbeit verrichten, indem sie über längere Zeit eine Uhr antreibt oder ein Spielzeugauto bewegt.

7. Heißgelaufene Bremsen sind kein Motor!

Bei zahlreichen Vorgängen tritt *Reibungsarbeit* auf. Kann man sie ebenfalls wie die Hubarbeit für eine spätere Verwendung speichern? Wir betrachten ein Auto, das sich einer roten Ampel nähert. Sein Fahrer tritt auf die Bremse; die Bremsscheiben reiben an den Bremsklötzen und verrichten somit Reibungsarbeit. Dabei werden beide Teile *sofort* erwärmt. Die vom Motor beim Anfahren verrichtete *Beschleunigungsarbeit* ist also durch den Reibungsvorgang zu *Wärme* geworden. Soll das Auto kurz darauf wieder anfahren, so helfen die erwärmten Bremsen dabei leider nicht. Man könnte sonst viel Benzin sparen. Dieser Vorgang und weitere Versuche der Wärmelehre zeigen:

Reibungsarbeit läßt sich nicht durch mechanische Vorgänge (Spannen einer Feder, Heben oder Beschleunigen eines Körpers) speichern; denn sie wird sofort in Wärme umgewandelt.

8. Energie als Verwandlungskünstler

Sicher hast du schon einmal Trampolinspringern zugeschaut *(Bild 50.1)*. Im höchsten Punkt seiner Flugbahn steht der Springer für einen Moment still; er hat dort maximale *Lageenergie*. Gleich fällt er abwärts und wird dabei schneller; die *Lageenergie* nimmt ab, die *Bewegungsenergie* zu. Im tiefsten Punkt seiner

50.1 Beim Trampolinspringen wird Energie umgewandelt.

Bahn steht er wieder still; er besitzt jetzt für einen Augenblick weder *Lage-* noch *Bewegungsenergie*. Aber die Federn des Trampolins sind stark gespannt; alle Energie ist *Spannungsenergie* geworden. Anschließend wird wieder *Bewegungs-* und dann *Lageenergie* daraus. Diese mechanischen Energieformen lassen sich gut ineinander umwandeln. Wenn der Springer keine Energie hinzufügt – also mit seinen Muskeln keine Arbeit verrichtet – erreicht er praktisch wieder dieselbe Höhe wie zuvor, also dieselbe Lageenergie.

S-Versuch 58: Laß eine kleine Stahlkugel auf eine sehr harte Unterlage (Glasplatte) fallen und beobachte, bis zu welcher Höhe sie wieder emporsteigt. Sollte dir die Kugel seitlich davonlaufen, so setze ein weites Glasrohr auf die Unterlage und wirf die Kugel hinein. Sie springt viele Male wieder nach oben. Allerdings kann hier der Luftwiderstand etwas stören. Er ist bei langsamen Bewegungen jedoch klein.

Versuch 59: Wir hängen eine schwere Kugel an einem sehr langen Draht auf *(Bild 51.1)*. Dann lenken wir sie seitlich (auf einer Kreisbahn) aus, verrichten also Hubarbeit und geben ihr so Lageenergie. Diese wandelt sich beim Schwingen wie bei einer Schaukel in Bewegungs- und dann wieder in Lageenergie um. Auch nach mehreren Schwingungen haben Ausschlag und Geschwindigkeit des Pendelkörpers und damit seine Energie erst wenig abgenommen, denn die Reibung und der Luftwiderstand machen sich kaum bemerkbar.

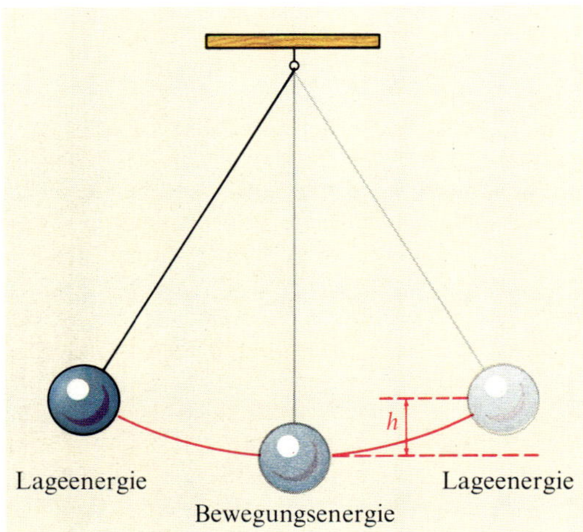

51.1 Energieumwandlung beim hin- und herschwingenden Pendel

Wiederholen wir den Versuch mit einem kurzen Draht, so schwingt die Kugel wesentlich schneller. Dann ist der Luftwiderstand größer, und die Schwingungsweite des Pendels nimmt bald ab. Der Pendelkörper verliert also mechanische Energie. Lassen wir die Kugel in einem Wasserbecken schwingen, so wird sie stark gebremst. Bei gleicher Geschwindigkeit ist nämlich die Widerstandskraft in Wasser viel größer als in Luft.

Es gibt drei mechanische Energieformen: Lage-, Bewegungs- und Spannungsenergie. Bei reibungsfreien mechanischen Vorgängen wandeln sich diese Energieformen verlustlos ineinander um. Insgesamt bleibt dabei die Energie erhalten. Wenn Reibung auftritt, fließt ein Teil der Energie als Wärme ab.

Könnte man alle störenden Einflüsse vermeiden, so müßte eine Bewegung ewig andauern. Das zeigen uns angenähert die künstlichen Satelliten, die in großer Höhe die Erde umkreisen und von der dort außerordentlich dünnen Luft kaum gebremst werden. Der Mond umkreist schon seit Jahrmillionen als natürlicher Satellit die Erde, ohne daß er bis heute an Bewegungs- und Lageenergie gegenüber der Erde nennenswert verloren hat.

9. Weitere Energieformen

Benzin für sich allein ist genaugenommen noch keine Energiequelle. Erst durch seine Verbrennung mit dem Luftsauerstoff können wir seine *chemische Energie* nutzen. Das werden wir in der Wärmelehre näher untersuchen.

Verfeuert man Brennstoffe im Dampfkessel eines Elektrizitätswerkes, auch Kraftwerk genannt, so liefern sie uns über mehrere Zwischenstufen *elektrische Energie*. Auch Monozellen und Batterien stellen uns elektrische Energie zur Verfügung, die wir in einer Uhr oder einem Spielzeug in mechanische Energie umwandeln. Ist diese Umwandlung auch in Gegenrichtung möglich?

Versuch 60: Möglichst hoch über dem Fußboden befestigen wir einen Fahrraddynamo, dessen Reibrad durch eine Schnurrolle ersetzt wurde. Auf diese Rolle wickeln wir einen Faden und hängen ein Wägestück daran. (Geeignete Größe ausprobieren!) Nach einem Anstoß sinkt es schnell herab; seine Lageenergie wandelt sich weitgehend in Bewegungsenergie um; nur ein kleiner Teil verrichtet in den Lagern des Dynamos Reibungsarbeit. Nun schließen wir an den Dynamo die Lampe eines Fahrradscheinwerfers an *(Bild 52.1)* und wiederholen den Versuch. Das Wägestück sinkt jetzt *langsam* herab und hat unten nur noch wenig Bewegungsenergie. Seine Lageenergie wurde weitgehend in elektrische Energie umgewandelt. Diese bringt den Glühfaden in der Lampe zum Leuchten; er gibt dann Licht und Wärme ab.

Diese Energieumwandlung spürst du unmittelbar, wenn du am Fahrrad die Beleuchtung einschaltest: Sofort mußt du kräftiger treten.

S-Versuch 61: Stelle dein Fahrrad auf den Kopf, schalte den Dynamo an und versetze mit der Hand das Vorderrad in Umdrehung. Es kommt nach kurzer Zeit zum Stillstand. Unterbrich nun den Stromkreis zwischen Dynamo und Scheinwerfer und drehe das Vorderrad erneut. Jetzt läuft das Rad viel länger, weil es nur Reibungsarbeit verrichten muß.

Solche Energieumwandlungen sind für unser heutiges Leben sehr wichtig. Die Energie, die wir dabei nutzen, stammt vor allem von der Sonne (Ausnahmen: Kernenergie (siehe Seite 406), Gezeitenenergie, Vulkanismus). In der Kohle, im Mineralöl und im Erdgas ist die Energie der Sonnenstrahlung vergangener Jahrmillionen in chemischer Form gespeichert. Sie wird beim Verbrennen in Dampfkesseln als Wärme an das Wasser weitergeleitet. Dieses verdampft; die Energie des heißen Dampfes treibt Dampfturbinen an (siehe Seite 159). Sie verrichten Arbeit und geben dabei die Energie in anderer Form weiter. Auch von der Energie, die uns die Sonne in der Gegenwart zustrahlt, können wir etwas nutzen. Zum Beispiel läßt die Sonnenstrahlung Wasser im Meer verdunsten, das im Gebirge als Regen herabfällt und eine Talsperre füllt. Dann wandeln Wasserturbinen und Generatoren (Dynamomaschinen) die Lageenergie des Wassers in elektrische Energie um. Auch die Energie, die wir mit unserer Nahrung aufnehmen, stammt letztlich von der Sonne. Auf direktem Wege können wir die Energie der Sonne mit Solarzellen und mit Sonnenkollektoren nutzen.

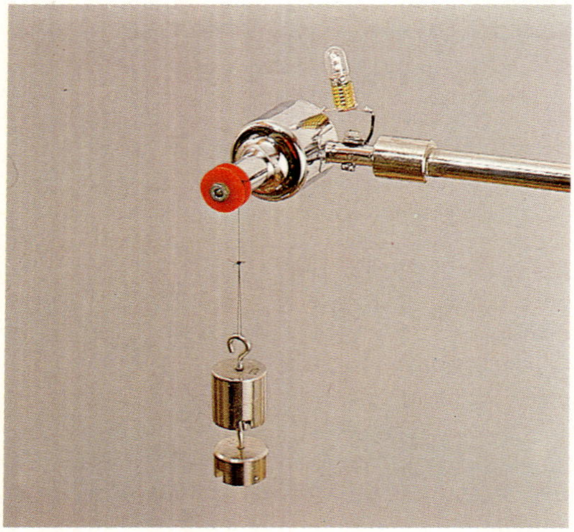

52.1 Im Dynamo wird mechanische in elektrische Energie umgewandelt.

10. Energie kann sich im Körper verstecken

Die in einem Mikroskop erkennbare Brownsche Bewegung haben wir auf Seite 13 mit der ungeordneten Bewegung der Moleküle erklärt. Diese Bewegung wird durch Erwärmen eines Körpers verstärkt, wie wir in der Wärmelehre noch näher untersuchen werden. Die mit der ungeordneten Bewegung der einzelnen Moleküle zusammenhängenden Energieformen können wir von außen nur schwer feststellen und gegeneinander abgrenzen. Deshalb faßt man sie unter dem Namen **innere Energie** zusammen. Dagegen sieht man einem Körper unmittelbar von außen an, ob er Lage- oder Bewegungsenergie besitzt, denn *alle* Teile des Körpers wurden gehoben oder beschleunigt. Ein Körper kann also verschiedene Energieformen in sich vereinigen: Lage-, Spannungs- und Bewegungsenergie sowie innere Energie. In der Wärmelehre, der Optik und der Atomphysik werden wir uns mit weiteren Energieformen und Möglichkeiten, Energie zu übertragen, beschäftigen.

11. Maschinen als Energieumformer

Seit jeher wünscht sich der Mensch, daß Maschinen für ihn Arbeit verrichten. Als Energiequellen nutzt er dafür unter anderem schon seit langer Zeit die Bewegungsenergie des Windes und des fließenden Wassers sowie die Lageenergie des aufgestauten Wassers. Die in *Bild 53.1* dargestellten Wasserräder zeigen das Prinzip. Bei dem oberschlächtigen Wasserrad (links) füllt das Wasser einige Kammern, sinkt dann durch seine Gewichtskraft nach unten und dreht so das Rad; seine *Lageenergie* wird genutzt. Das unterschlächtige Wasserrad (rechts) wird von dem dagegenströmenden Wasser gedreht. Dabei wird das Wasser etwas abgebremst und gibt so einen Teil seiner *Bewegungsenergie* ab.

Moderne Wasserkraftwerke nutzen die Energie des Wassers mit Hilfe von **Turbinen.** Steht ein großes Gefälle (100 bis 1800 m, z.B. bei einer Talsperre) zur Verfügung, läßt man das Wasser in einer Rohrleitung herabfließen und an deren Ende durch eine Düse mit hoher Geschwindigkeit austreten. So wird die Lageenergie des Wassers zunächst in Bewegungsenergie umgewandelt. Der Wasserstrahl prallt dann gegen die Schaufeln einer *Freistrahl-* oder *Pelton-Turbine (Bild 53.2)* und versetzt das Turbinenrad in schnelle Rotation. Das Wasser wird dabei fast bis zum Stillstand abgebremst; es gibt also seine Bewegungsenergie nahezu vollständig ab. — In Flußkraftwerken steht ein geringes Gefälle, aber ein starker Wasserstrom (Wassermenge pro Sekunde) zur Verfügung. Man nutzt die Bewegungsenergie des Wassers in *Kaplanturbinen (Bild 53.3)*. In ihnen leiten feststehende Schaufeln das Wasser gegen die schräggestellten, propellerartigen Flügel des Turbinenrades. Das Wasser drückt diese Flügel seitlich weg und dreht so das Turbinenrad.

Wasserräder und Turbinen drehen mit Hilfe des Wassers eine Welle, an die dann weitere Geräte angeschlossen werden, zum Beispiel Generatoren zur Stromerzeugung. Dieses Prinzip läßt sich umkehren. Das oberschlächtige Wasserrad wird dann zum Schöpfwerk; das unterschlächtige Wasserrad wird zum Schaufelrad eines Raddampfers. Das Gegenstück der Kaplan-Turbine ist die Schiffsschraube. Damit kann ein Motorschiff Wasser nach hinten beschleunigen und sich selbst dadurch nach vorn bewegen. Den Propeller eines Flugzeuges oder eines Ventilators können wir als Umkehrung eines Windrades auffassen (siehe § 13).

Aufgaben:

1. *Welche Energieformen kannst du beim Antrieb verschiedener Spielzeuge feststellen?*

2. *Mit einem Tennisschläger wird ein „scharfer" Ball geschlagen. Welche Energieumwandlungen treten dabei auf?*

3. *Mit der Lageenergie des in einer Talsperre aufgestauten Wassers soll eine Wohnung in einer fernen Großstadt geheizt werden. Welche Energieumwandlungen sind dazu erforderlich?*

4. *Laß einen Ball auf eine harte Unterlage fallen. Beschreibe die dabei auftretenden Energieumwandlungen! Weshalb hüpft der Ball nicht dauernd weiter?*

53.1 Oberschlächtiges und unterschlächtiges Wasserrad

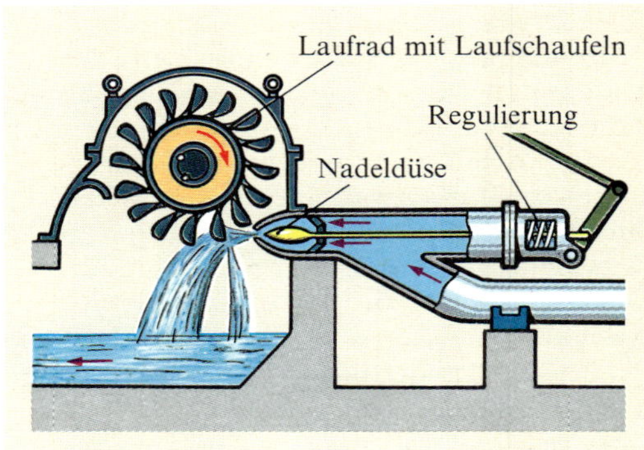

53.2 Pelton-Turbine (schematisch). Ihre Schaufeln sind wie Löffel geformt.

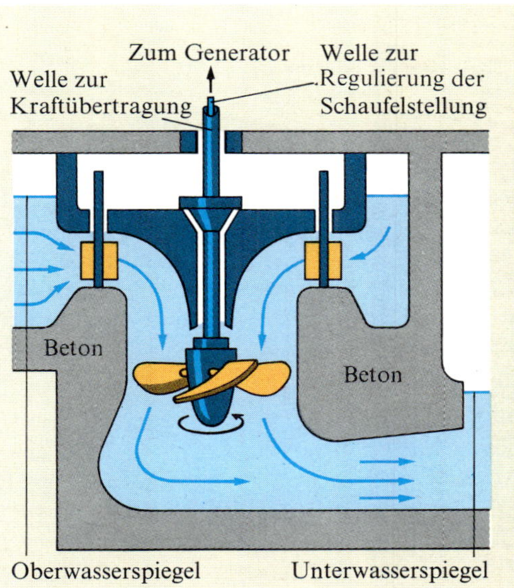

53.3 Kaplan-Turbine, Gesamtansicht. Ihre Schaufeln ähneln einem Propeller.

§ 18 Leistung

1. Arbeit um die Wette

Auf einer Baustelle zieht ein Arbeiter mit Hilfe eines Flaschenzuges einen Ziegelstapel ($m = 100$ kg) in das 12 m über dem Erdboden liegende Dachgeschoß. Auf der anderen Straßenseite hebt ein Kran die gleiche Ziegelmenge ebenfalls 12 m hoch. Weil beide Ziegelstapel mit der gleichen Kraft $F_s = 1000$ N um die gleiche Strecke $s = 12$ m gehoben werden, verrichten Kran und Arbeiter die gleiche Arbeit $W = F_s \cdot s = 1000 \text{ N} \cdot 12 \text{ m} = 12000$ J. Trotz dieser Übereinstimmung laufen die beiden Vorgänge ganz verschieden ab. Der Arbeiter benötigt zum Heben der Ziegel 2 Minuten, also 120 s, der Kran schafft es in 10 s. Man sagt, der Kran sei leistungsfähiger als der Arbeiter. Um die Leistungsfähigkeit von mehreren Maschinen (und Menschen) vergleichen zu können, führen wir eine neue physikalische Größe ein: die **Leistung *P*.** (*P* kommt von power, es bedeutet im technischen Englisch Leistung.) Die Leistung ist um so *größer*, je *größer* die Arbeit *W* und je *kürzer* die dafür benötigte Zeit *t* ist; deshalb definiert man:

Die Leistung *P* ist der Quotient aus der verrichteten Arbeit *W* und der dazu benötigten Zeit *t*:

$$P = \frac{W}{t}. \qquad (54.1)$$

Ihre Einheit ist 1 Watt = 1 W.
Es gilt: $\frac{1\,\text{J}}{1\,\text{s}} = 1\,\frac{\text{J}}{\text{s}} = 1$ W.

Die Leistungseinheit 1 W wurde nach dem englischen Maschinenbauer *James Watt* (1736 bis 1819) benannt. Weitere Einheiten sind: 1 mW (Milliwatt) $= \frac{1}{1000}$ W, 1 kW (Kilowatt) = 1000 W und 1 MW (Megawatt) = 1 000 000 W. (Die Leistungseinheit 1 kW darfst du nicht mit der Kilowattstunde verwechseln; diese ist eine Arbeits- und Energieeinheit, siehe Seite 312.)

Nun können wir berechnen, welche Leistungen der Arbeiter und der Kran erzielt haben. Für den Arbeiter gilt: $P_1 = \frac{12\,000\,\text{J}}{120\,\text{s}} = 100$ W. Für den Kran berechnen wir: $P_2 = \frac{12\,000\,\text{J}}{10\,\text{s}} = 1200 \text{ W} = 1{,}2$ kW. Der Kran hat also die 12fache Leistung des Arbeiters erreicht. Diese unterschiedlichen Leistungen wurden mit der gleichen Kraft erbracht, weil die Last mit verschiedenen Geschwindigkeiten nach oben gezogen wurde; vom Arbeiter mit $v_1 = \frac{12\,\text{m}}{120\,\text{s}} = 0{,}1\,\frac{\text{m}}{\text{s}}$ und vom Kran mit $v_2 = \frac{12\,\text{m}}{10\,\text{s}} = 1{,}2\,\frac{\text{m}}{\text{s}}$. Diesen Zusammenhang können wir allgemeingültig durch eine einfache Rechnung nachweisen. Aus $W = F_s \cdot s$ und $v = s/t$ folgt $P = \frac{W}{t} = \frac{F_s \cdot s}{t} = F_s \cdot \frac{s}{t} = F_s \cdot v$. Nun setzen wir die Größen unseres Beispiels ein und finden: $P_1 = F_s \cdot v_1 = 1000 \text{ N} \cdot 0{,}1\,\frac{\text{m}}{\text{s}} = 100\,\frac{\text{Nm}}{\text{s}} = 100$ W und $P_2 = F_s \cdot v_2 = 1000 \text{ N} \cdot 1{,}2\,\frac{\text{m}}{\text{s}} = 1200\,\frac{\text{Nm}}{\text{s}} = 1200 \text{ W} = 1{,}2$ kW. Das sind die gleichen Ergebnisse, die wir bereits oben erhalten haben.

Die Leistung *P* kann aus der Kraft F_s und der Geschwindigkeit *v* berechnet werden:

$$P = F_s \cdot v. \qquad (54.2)$$

Daß die Leistung mit der Geschwindigkeit zusammenhängt, spüren wir beim Radfahren unmittelbar. Auf waagerechter Straße erreichen wir mit kleiner Kraft F_s eine große Geschwindigkeit *v*. Geht es dagegen bergauf, so müssen wir (ohne Gangschaltung) eine große Kraft ausüben. Wollen wir nur die gleiche Leistung wie in der Ebene aufbringen, um uns nicht zu verausgaben, so müssen wir langsamer fahren. Dann bleibt das Produkt $P = F_s \cdot v$ genauso groß wie in der Ebene.

Armbanduhr	0,02 mW
Fahrradbeleuchtung	3 W
Mensch (dauernd)	80 W
kleiner Tauchsieder	300 W
mittlerer Automotor	50 kW
Diesellokomotive	3 MW
Dampfturbine	1000 MW

Tabelle 54.1 Verschiedene Leistungsangaben (ungefähre Werte)

Früher gab man die Leistung von Maschinen auch in „Pferdestärken" (PS) an. Man kann umrechnen:

1 PS $\approx$ 736 W $\approx \frac{3}{4}$ kW; 1 kW $\approx$ 1,36 PS.

2. Wir messen Leistungen

Versuch 62: Befestige auf der Achse eines kleinen Elektromotors einen Faden und hänge ein geeignetes Wägestück daran (ausprobieren!). Wenn der Motor läuft, wickelt er den Faden auf und zieht das Wägestück langsam hoch. Miß die Zugkraft, die Hubstrecke sowie die benötigte Zeitspanne und berechne daraus die Arbeit und dann die Leistung des Motors! Benutze außerdem die *Gleichung 54.2* ($P = F_s \cdot v$)!

Versuch 63: Lege wie in *Bild 55.1* eine Schnur über eine Rolle, spanne sie links durch ein 500 g-Wägestück und rechts durch einen Kraftmesser. Dieser zeigt die Kraft $F_1 = 5$ N an. Wenn du mit den Fingern an der Schnur nach rechts *reibend* entlangfährst, so zeigt der Kraftmesser weniger an, zum Beispiel $F_2 = 2$ N. Also üben die Finger die Gleitreibungskraft $F_s = 5\ \text{N} - 2\ \text{N} = 3$ N in Wegrichtung aus. Ist die Geschwindigkeit der Finger relativ zur Schnur $v = 0{,}1\ \frac{\text{m}}{\text{s}}$, dann beträgt ihre Leistung $P = F_s \cdot v = 3\ \text{N} \cdot 0{,}1\ \frac{\text{m}}{\text{s}} = 0{,}3$ W.

Dieses Verfahren brauchen wir nur ein wenig abzuwandeln, um damit die Leistung eines Motors zu bestimmen. Auch hierbei messen wir die Reibungskraft sowie die Relativgeschwindigkeit der reibenden Teile.

Versuch 64: Wir legen eine starke Schnur über die Schnurscheibe eines Elektromotors. Läuft der Motor links herum (gegen den Uhrzeigersinn), so spannen wir die Schnur rechts durch ein Wägestück, links mit einem Kraftmesser. (Läuft der Motor rechts herum, so muß das Wägestück links hängen.) Welche Belastung der Motor verträgt, müssen wir vorsichtig ausprobieren, indem wir schrittweise weitere Wägestücke anhängen *(Bild 55.2)*. Dann messen wir mit einem Stroboskop (siehe Seite 172), wie oft sich die Schnurscheibe in jeder Sekunde dreht, zum Beispiel 15mal. Beträgt der Umfang der Schnurrille $s = 0{,}20$ m, so ist die Umfangsgeschwindigkeit $v = \frac{15 \cdot 0{,}20\ \text{m}}{1\ \text{s}} = 3{,}0\ \frac{\text{m}}{\text{s}}$. Also reibt auch die Schnur auf der Scheibe mit der Relativgeschwindigkeit $3{,}0\ \frac{\text{m}}{\text{s}}$. Die Reibungskraft finden wir als Differenz der an den beiden Seilenden angreifenden Kräfte.

Nach *Bild 55.2* ist also $F_s = 5\ \text{N} - 2\ \text{N} = 3$ N. Nun können wir die Leistung des Motors berechnen: $P = F_s \cdot v = 3\ \text{N} \cdot 3{,}0\ \frac{\text{m}}{\text{s}} = 9$ W. Bei diesem Versuch wird die Schnurscheibe schon in kurzer Zeit warm; der Motor verrichtet Reibungsarbeit. Die zugeführte elektrische Energie gibt er schließlich in Form von Wärme an die Umgebung ab.

3. Rückblick

Wenn zwei Leute dasselbe sagen, aber etwas verschiedenes meinen, gibt es Mißverständnisse. Um das zu vermeiden, benutzen wir in der Physik Fachausdrücke. Ihre Bedeutung ist eindeutig festgelegt; und nur mit dieser Bedeutung dürfen wir sie verwenden. In der Umgangssprache nimmt man es nicht so genau. Man spricht von der Kraft einer Idee und der Überzeugungskraft eines Redners, von einem kräftigen Gewürz und einer kräftigen Farbe; damit meint man aber keine physikalischen Kräfte. Das Schreiben eines Aufsatzes kann eine anstrengende Arbeit sein, aber nicht im physikalischen Sinne. Ein sehr energischer Mann hat vielleicht wenig physikalische Energie. Ein Fußballspieler erzielt sicher eine physikalische Leistung, wenn er den Ball auf das gegnerische Tor schießt und ihn dabei in einer sehr kurzen Zeitspanne stark beschleunigt. Wenn er vorbeischießt, ist aber seine *sportliche* Leistung Null!

Häufig ziehen wir zur Erklärung physikalischer Zusammenhänge die Empfindungen unseres Körpers heran. Das kann nützlich sein, gelegentlich aber auch irreführend. Wenn wir einen schweren Gegenstand längere Zeit unbewegt

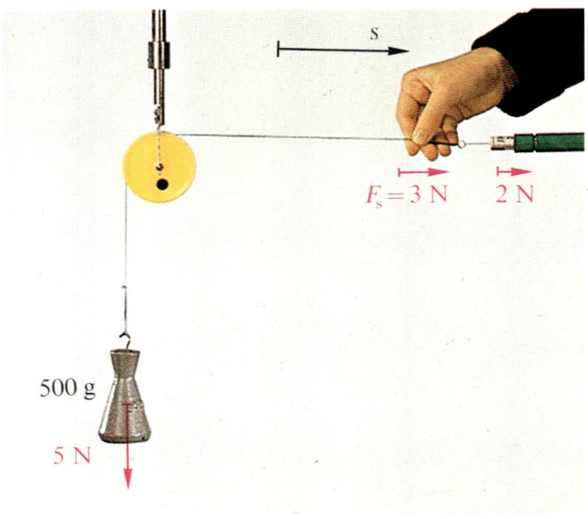

55.1 Leistungsmessung beim Reiben an einer Schnur

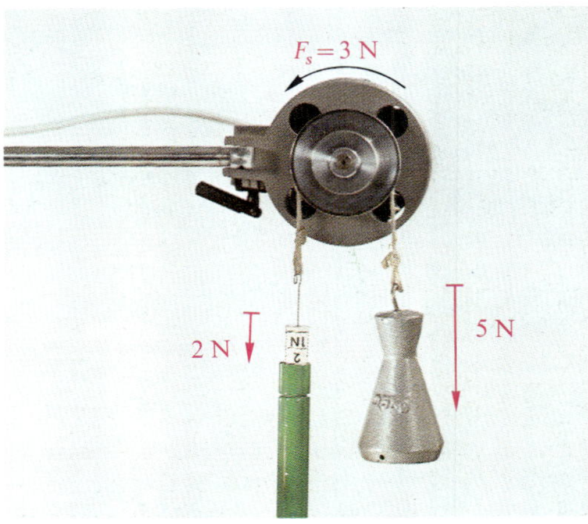

55.2 So messen wir die Leistung eines Motors.

halten, so empfinden wir das als eine anstrengende Arbeit; dabei verrichten wir aber keine physikalische Arbeit am Gegenstand und übertragen auf ihn keine weitere Energie. Doch verlieren wir auch beim Halten Energie dadurch, daß wir unsere Muskeln anspannen; sie geben dabei nämlich mehr Wärme an die Umgebung ab als im entspannten Zustand. Unseren Energie„verbrauch" ergänzen wir durch Essen, also durch Nahrungsaufnahme, ähnlich dem Automotor, der allerdings Benzin „ißt".

Was heißt eigentlich Energieverbrauch? Energie kann man nicht verbrauchen, sondern nur von einem Körper auf einen anderen übertragen. Wenn eine Kraft dabei im Spiel ist, nennen wir die übertragene Energieportion Arbeit; wenn Temperaturen im Spiel sind, nennen wir sie Wärme.

56.1 Das Walchenseekraftwerk

Aufgaben:

1. *Durch welche Gleichung ist die Leistung definiert? Wie ändert sie sich, wenn man Arbeit und Zeit verdoppelt? Warum definiert man nicht* $P = W \cdot t$*?*

2. *Ein Junge leistet auf die Dauer* 50 W. *Welche reine Arbeitszeit braucht er, um* 150 kg *Kohlen* 12 m *hoch zu bringen?*

3. *Ein Wanderer im Gebirge hat eine Leistung von* 80 W *und mit seinem Gepäck eine Masse von* 100 kg. *Welchen Höhenunterschied bewältigt er in* 1 h*?*

4. *Wie weit vermag ein Pferd* ($P = 500$ W) *einen Wagen in* 1 h *mit der Kraft* 200 N *zu ziehen?*

5. *Ein Löschfahrzeug der Feuerwehr kann je Minute* 15000 l *Wasser* 75 m *hoch pumpen. Wie groß ist seine Leistung?*

6. *Wie lange braucht ein* 500 W-*Motor, um* 10 m³ *Wasser* 20 m *hoch zu pumpen?*

7. *Welche Kraft entwickelt ein Auto, das bei Vollgas eine Leistung von* 50 kW *hat, wenn es im 1. Gang mit der Geschwindigkeit* $v_1 = 5$ m/s *steil bergauf fährt? Wie groß ist die Kraft im 4. Gang bei gleicher Leistung des Motors, wenn das Auto nun eine Geschwindigkeit* $v_2 = 108$ km/h *hat?*

8. *Ein Kran hat einen Elektromotor mit der Leistung* $P = 20$ kW. *Mit welcher Geschwindigkeit kann er ein Werkstück mit der Masse* $m = 0{,}5$ t *hochziehen?*

9. *Mit welcher Kraft bremst der Fahrraddynamo den Reifen, wenn du* 3 m/s *fährst?* (3 W-*Lampe; ohne Reibung zu berücksichtigen.*)

10. *Eine Wanduhr wird einmal pro Woche aufgezogen. Dabei wird das Uhrengewicht* ($m = 3{,}5$ kg) *um* $s = 1{,}2$ m *gehoben. Über welche Energie verfügt es dadurch? Berechne die Antriebsleistung der Uhr!*

11. *Eine im Walchenseekraftwerk* (*Bild 56.1*) *eingebaute Freistrahlturbine hat bei einem Gefälle von* 195 m *und einem Wasserdurchlauf von* 9,4 m³/s *die Leistung* 15000 kW. *Welche Leistung könnte sie im Idealfall haben? Wieviel % betragen also die Verluste?*

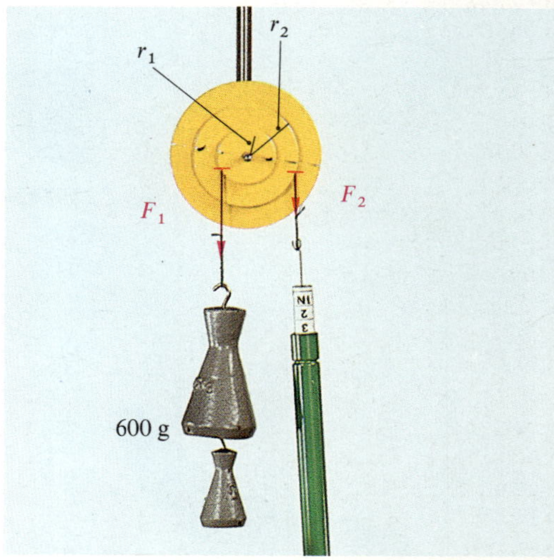

56.2 Zu Versuch 65

§ 19 Räder und Drehmomente

1. Kräfte, die Räder drehen

Einfache Maschinen, wie Seile, Rollen und Flaschenzüge, nützen uns, wenn schwere Lasten hochzuheben sind. Aber kaum jemand zieht dann noch selbst am Seil. Dies übernimmt meist ein Motor. Wie macht er das? Beim *Kran* ist das Seil auf eine drehbare *Welle* gewickelt, auf der ein Zahnrad sitzt. Daran greift der Motor an. Nimmt man anstelle des Zahnrads ein Handrad, so kann man selbst durch Drehen der Welle Lasten heben: Wir haben ein **Wellrad** konstruiert.

Versuch 65: a) Wir benutzen ein Rad mit drei Rillen nach *Bild 56.2.* In der innersten Rille mit dem Radius $r_1 = 1{,}5$ cm ist das *Lastseil* befestigt. Die Last (Masse 600 g) zieht links mit ihrer Gewichtskraft $F_1 = 6$ N *tangential* zu dieser Rille nach unten. Für sich allein würde F_1 das Rad gegen den Uhrzeigersinn drehen. Zum Ausgleich lassen wir eine *Zugkraft* F_2 an einem *Zugseil* im Uhrzeigersinn wirken. Dieses legen wir zunächst in dieselbe Rille wie das Lastseil ($r_2 = r_1 = 1{,}5$ cm). Wie bei der festen Rolle muß man am Zugseil mit der gleich großen Kraft F_2 ziehen, wie sie am Lastseil herrscht ($F_2 = F_1$). Dabei ist die Kraft F_2 beim gleichmäßigen Drehen des Rades nicht größer als beim Halten – es sei denn, die Reibung stört merklich. (Siehe den Versuch 32b zum Aufzug, Seite 28).

b) Etwas Neues zeigt sich, wenn wir das Zugseil in die Rille mit dem doppelten bzw. dem dreifachen Radius r_2 legen: Z.B. brauchen wir beim dreifachen Radius r_2 nur den dritten Teil an Kraft. Die in *Tabelle 57.1* eingetragenen Kräfte F_2 sind verschieden groß; sie bringen trotzdem das gleiche zuwege: Sie drehen das stets in gleicher Weise belastete Rad, sie haben also das gleiche *Drehvermögen.* Dieses Drehvermögen hängt daher nicht allein vom Betrag F_2 der Kraft ab; genauso wichtig ist auch der Abstand r_2 des gespannten Seils von der Drehachse D des Rades. Das geradlinige Seilstück gibt dabei die Linie an, längs der die Kraft wirkt, ihre **Wirkungslinie.** Hat diese Wirkungslinie von der Drehachse D den Abstand r, so sagt man, die Kraft F wirke mit dem **Kraftarm** $\boldsymbol{r}$. Nach *Tabelle 57.1* ist das Produkt $M = F_2 \cdot r_2$ aus Kraft F_2 und Kraftarm r_2 stets gleich groß, nämlich 9 Ncm. Das Produckt $M = F \cdot r$ ist

57.1 Das Wellrad eines alten Krans

also geeignet, das Drehvermögen einer Kraft an einem Rad zu beschreiben. Man nennt deshalb das Produkt $M = F \cdot r$ *das* **Drehmoment** $\boldsymbol{M}$ der Kraft F mit dem Kraftarm r (momentum/movere, lat.: Antrieb/bewegen).

Radius r_2	1,5 cm	3 cm	4,5 cm
Zugkraft F_2	6,0 N	3,0 N	2,0 N
Drehmoment $M_2 = F_2 \cdot r_2$	9 Ncm	9 Ncm	9 Ncm

Tabelle 57.1 Die Last mit der Gewichtskraft $F_1 = 6$ N wirkt nach *Bild 56.2* stets mit dem Kraftarm $r_1 = 1{,}5$ cm, also auch mit dem Drehmoment $M_1 = F_1 \cdot r_1 = 9$ Ncm, aber gegen den Uhrzeigersinn.

Definitionen: **Der Kraftarm r einer Kraft, die an einem drehbaren Körper angreift, ist der Abstand der Drehachse von der Wirkungslinie der Kraft.**

Das Drehmoment $M = F \cdot r$ einer Kraft ist das Produkt aus ihrem Betrag F und dem Kraftarm r. Es beschreibt das Drehvermögen der Kraft F mit dem Kraftarm r. Einheit des Drehmoments ist 1 Nm = 100 Ncm.

Satz: **Bei einem Wellrad braucht man zum Halten wie auch zum gleichförmigen Heben einer Last beim n-fachen Kraftarm r nur den n-ten Teil an Kraft (wenn Reibung nicht stört). Das Drehmoment $M = F \cdot r$ ist dabei gleich groß.**

Die Einheit des Drehmoments, 1 Nm = 100 Ncm, kannst du dir als das Drehvermögen der Kraft 1 N vorstellen, die mit dem Kraftarm 1 m wirkt – oder der Kraft 2 N beim Kraftarm

$\frac{1}{2}$ m usw. Ein Automotor erzeugt bei Vollgas ein Drehmoment von etwa M = 100 Nm. In einem *Abschleppwagen* kann er am Umfang eines Rades mit Radius $r = 0{,}25$ m die Kraft $F = \frac{M}{r} = 400$ N, am Umfang einer Seilwelle mit $r = 2{,}5$ cm die 10mal so große Kraft 4000 N ausüben!

2. Das Drehmoment ist keine Arbeit!

Die Einheit 1 Nm, die wir beim Drehmoment verwenden, kennen wir von der Arbeit $W = F_s \cdot s$. Ist also das Drehmoment mit Arbeit gleichzusetzen? Auf keinen Fall: Die Kraft F_2 und das Drehmoment $M_2 = F_2 \cdot r_2$ müssen wir ja auch dann aufbringen, wenn wir das Rad nach *Bild 56.2* nicht drehen, sondern nur halten wollen. Beim Halten ist aber der Weg s_2 der Kraft F_2 *längs ihrer Richtung* gleich Null und damit deren Arbeit $W_2 = F_2 \cdot s_2 = 0$. Die Kraft F_2 verrichtet dann keine Arbeit. Der für das Drehmoment $M = F \cdot r$ wichtige *Kraftarm* r dagegen steht *stets senkrecht zur Kraftrichtung*. Um den Unterschied zwischen Drehmoment und Arbeit hervorzuheben, nennen wir die Einheit Nm beim Drehmoment nicht Joule.

3. Spart man mit Rädern Arbeit?

Wir wollen die Last ($F_1 = 6$ N), die an der Rille mit dem Radius $r_1 = 1{,}5$ cm hängt, stets um die gleiche Höhe $s_1 = 0{,}10$ m heben. Hierzu brauchen wir an der Rille mit dem dreifachen Radius r_2 nur den dritten Teil an Kraft. Sparen wir also an Arbeit? Vorsicht! An der äußeren Rille müssen wir ein Seilstück $s_2 = 0{,}30$ m abwickeln; es ist 3mal so lang wie das Seilstück s_1, das an der inneren Rille aufgewickelt wird, wenn wir die Last um $s_1 = 0{,}10$ m heben (*Tabelle 58.1*; vergleiche in *Bild 58.1* die Seilstücke s''' und s' oder miß mit einem Faden die Rillenumfänge). Die von der Zugkraft F_2 aufgewandte Arbeit $W_2 = F_2 \cdot s_2$ zeigt *Tabelle 58.1*. Sie ist stets gleich der zum Hochheben der Last nötigen Hubarbeit $W_1 = F_1 \cdot s_1 = 6\text{ N} \cdot 0{,}10\text{ m} = 0{,}60$ J.

Radius	r_2	1,5 cm	3,0 cm	4,5 cm
Zugkraft	F_2	6,0 N	3,0 N	2,0 N
Kraftweg	s_2	0,10 m	0,20 m	0,30 m
Zugarbeit	$W_2 = F_2 \cdot s_2$	0,60 J	0,60 J	0,60 J

Tabelle 58.1: Die Last (Gewichtskraft $F_1 = 6$ N; Kraftarm $r_1 = 1{,}5$ cm) wird stets um $s_1 = 0{,}10$ m gehoben, also mit der Arbeit $W_1 = 0{,}60\text{ J} = W_2$.

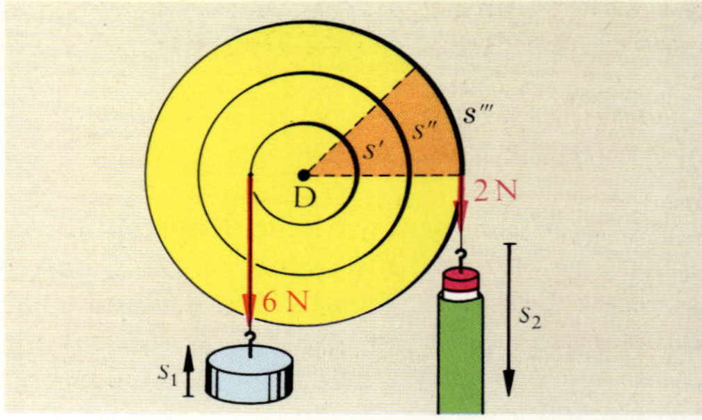

58.1 Der Kraftweg s_2 ist dreimal so lang wie der Lastweg s_1 (vergleiche s''' mit s').

Wäre die Kraft F_2 im letzten Beispiel größer oder kleiner als 2 N, so würde man Energie verlieren bzw. gewinnen (dabei denken wir wie immer an reibungslose Vorgänge).

Man kann am Wellrad keine Arbeit einsparen. Das Rad gibt die Energie, die man ihm am Zugseil zuführt, unvermindert an die Last weiter.

4. Mehrere Drehmomente im Wettstreit

Wir haben bisher die angehängte Last nicht verändert. Sie übt mit ihrem Seil stets die Kraft $F_1 = 6$ N an dem Kraftarm $r_1 = 1{,}5$ cm aus. Für sich allein kann diese Kraft F_1 das Rad *gegen den Uhrzeiger* drehen, sie hat also auch ein *Drehvermögen (Bild 58.1)*. Ihr Drehmoment $M_1 = F_1 \cdot r_1 = 9$ Ncm ist nach *Tabelle 57.1* so groß wie das Drehmoment, das die Kraft F_2 – allerdings im Uhrzeigersinn – ausübt. Wir sehen: *Die beiden Drehmomente gleichen sich aus, das Rad dreht sich nicht.*

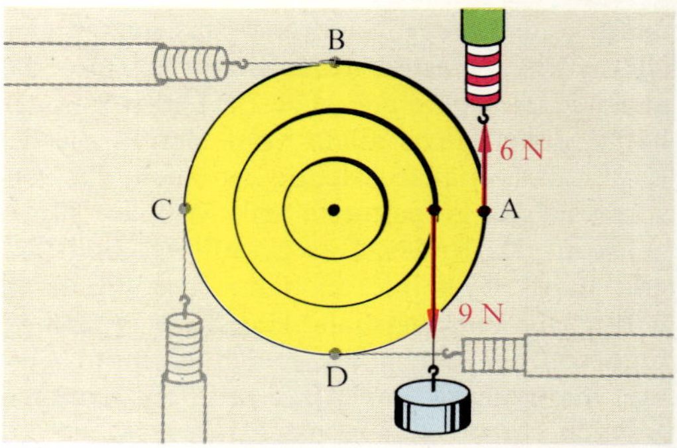

58.2 Zu Versuch 66. Der Kraftmesser übt in A, B, C und D das gleiche Drehmoment aus.

Wir wollen nun den *Ausgleich zweier Drehmomente* bei anderen Radien nachprüfen: Nach *Bild 58.2* greift jetzt die Gewichtskraft $F_1 = 9$ N der Last rechts mit dem Kraftarm $r_1 = 3$ cm an. Ihr Drehmoment im Uhrzeigersinn ist $M_1 = F_1 \cdot r_1 = 27$ Ncm. Mit welcher Kraft F_2 müßte man an der äußersten Rille tangential ziehen (Kraftarm $r_2 = 4{,}5$ cm), damit das Rad in Ruhe bleibt? – Um das Drehmoment $M_1 = 27$ Ncm auszugleichen, muß F_2 ein gleich großes Drehmoment M_2 im Gegenzeigersinn aufbringen. Also gilt: $M_2 = F_2 \cdot 4{,}5\ \text{cm} = 27$ Ncm, daraus folgt $F_2 = 6$ N.

Versuch 66: Das Ergebnis dieser Rechnung wird im Versuch nach *Bild 58.2* bestätigt. Dabei kommt es nicht darauf an, daß der Kraftmesser auf der linken Seite nach unten zieht (C), sondern darauf, daß die Wirkungslinie seiner Kraft F_2 tangential zur äußeren Rille mit $r_2 = 4{,}5$ cm liegt (Angriffspunkte A, B, C, D).

Versuch 67: a) An einem Rad zieht links die Kraft $F_1 = 6$ N mit dem Kraftarm $r_1 = 3$ cm nach unten *(Bild 59.1)*. Ihr Drehmoment gegen den Uhrzeiger ist $M_1 = 18$ Ncm. Zunächst zieht rechts die Kraft $F_2 = 4$ N mit dem Kraftarm $r_2 = 4{,}5$ cm im Uhrzeigersinn; ihr Drehmoment $M_2 = 18$ Ncm gleicht M_1 aus: Das Rad bleibt in Ruhe.

b) Jetzt verkleinern wir nach *Bild 59.1* die rechte Kraft auf $F_3 = 2{,}5$ N ($r_3 = 4{,}5$ cm). Ihr Drehmoment sinkt von $M_1 = 18$ Ncm auf $M_3 = 11{,}25$ Ncm. *Der Momentenausgleich ist gestört.* Können wir ihn mit einer zusätzlichen Kraft F_4 an der innersten Rille, also mit dem Kraftarm $r_4 = 1{,}5$ cm, wieder herstellen? Wir binden in dieser Rille eine Schnur fest und ziehen so mit dem Kraftmesser, daß das Rad in Ruhe bleibt. Hierzu brauchen wir die Kraft $F_4 = 4{,}5$ N mit dem Drehmoment $M_4 = F_4 \cdot r_4 = 6{,}75$ Ncm. Jetzt treten im Uhrzeigersinn *zwei* Drehmomente auf, nämlich $M_3 = 11{,}25$ Ncm und $M_4 = 6{,}75$ Ncm. Sie wirken im selben Drehsinn und gleichen das Drehmoment $M_1 = 18$ Ncm der linken Kraft F_1 aus. Ihre Summe $M_3 + M_4$ beträgt gleichfalls 18 Ncm. Es gilt:

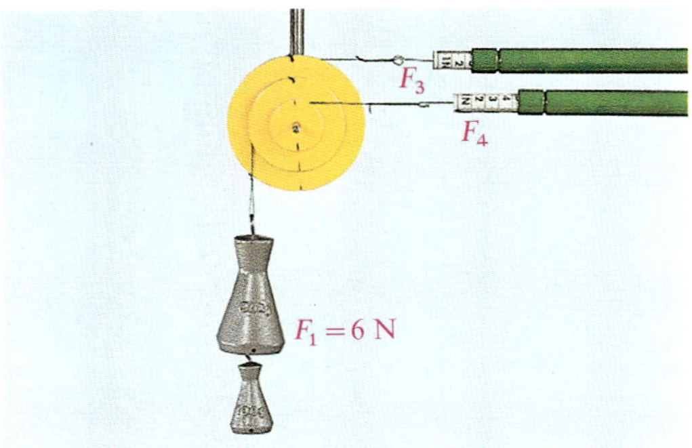

59.1 Zu Versuch 67b: Zwei Drehmomente im Uhrzeigersinn wirken zugleich. Wir dürfen sie addieren.

59.2 Räder erleichtern das Lenken von Fahrzeugen.

An einem Wellrad gleichen sich die Drehmomente aus, wenn die Summe der Drehmomente im Uhrzeigersinn gleich der Summe im Gegenzeigersinn ist. Dann bleibt das Rad in Ruhe oder dreht sich gleichmäßig weiter.

Beispiele:

a) Beim Rad nach *Bild 59.1* wird F_1 auf 8 N, F_3 auf 4 N geändert; die Kraftarme sind $r_1 = 3{,}0$ cm und $r_3 = 4{,}5$ cm. Bleibt das Rad ohne den Kraftmesser, mit dem man die Kraft F_4 ausüben kann, in Ruhe? Drehmoment im Uhrzeigersinn $M_3 = F_3 \cdot r_3 = 18$ Ncm; Drehmoment im Gegenzeigersinn $M_1 = F_1 \cdot r_1 = 24$ Ncm. Das Moment gegen den Uhrzeigersinn ist um 6 Ncm größer und setzt das Rad in diesem Sinne in Drehung. Dies gleicht der Kraftmesser am Kraftarm $r_4 = 1{,}5$ cm mit der Kraft $F_4 = 4$ N im Uhrzeigersinn aus.

b) Die Kraft F_3 in a) wird auf 10 N vergrößert; ihr Drehmoment $M_3' = F_3' \cdot r_3 = 45$ Ncm ist jetzt größer als das gegen den Uhrzeiger drehende Moment $M_1 = 24$ Ncm von $F_1 = 8$ N mit $r_1 = 3$ cm. Also dreht sich das Rad im Uhrzeigersinn. Um Momentenausgleich zu erzielen, brauchen wir das Drehmoment $M_4' = M_3' - M_1 = 45\ \text{Ncm} - 24\ \text{Ncm} = 21$ Ncm, und zwar *gegen* den Uhrzeigersinn. Deshalb muß man das Seil an der innersten Rille im umgekehrten Sinne wie in *Bild 59.1* ansetzen und mit ihm das Moment $M_4' = F_4' \cdot 1{,}5\ \text{cm} = 21$ Ncm ausüben. Man muß mit $F_4' = 14$ N ziehen.

5. Versteckte Kraftarme

Nicht alle Räder haben Rillen, in die man Seile legen kann, um an ihnen zu ziehen. Die *Lenkräder* in Autos wie auch die *Steuerräder* von Schiffen werden von Hand gedreht. Man zieht zwar auch an diesen Rädern häufig *tangential* zum Umfang. Doch kann die Kraftrichtung auch hiervon abweichen. Ändert sich dann das Drehmoment? Um dies zu untersuchen, benutzen wir eine *ebene Scheibe*, die um eine horizontale Achse drehbar ist. Die Kräfte greifen nun an einzelnen *Stiften* an: Die Kraftrichtungen können dabei beliebig geändert werden.

Versuch 68: a) In der Scheibe nach *Bild 60.1* erzeugt links in A die Kraft $F_1 = 6$ N mit dem Kraftarm $r_1 = 10$ cm das Drehmoment $M_1 = 60$ Ncm gegen den Uhrzeigersinn. In B erzeugt die halbe Kraft $F_2 = 3$ N mit dem doppelten Kraftarm $r_2 = 20$ cm das gleiche Drehmoment im Uhrzeigersinn. Sie wirkt ja tangential zum Kreis mit Radius r_2 – als wäre ihr Seil um eine Rille mit Radius r_2 gewickelt.

b) Nun neigen wir den Kraftmesser nach rechts in die schwach angedeutete Lage von *Bild 60.1.* Sofort setzt sich die Scheibe gegen den Uhrzeiger in Bewegung, es sei denn, wir ziehen mit der größeren Kraft $F_3 = 4$ N. Was ist geschehen? In der neuen Lage halten wir den Kraftmesser so, als käme der Faden von einer Rille mit dem kleineren Radius $r_3 = 15$ cm her (gestrichelt gezeichnet)! Rechnen wir also versuchsweise mit diesem kleineren Kraftarm $\overline{DC} = r_3 = 15$ cm! Dann erhalten wir für die vergrößerte Kraft $F_3 = 4$ N das Drehmoment $M_3 = F_3 \cdot r_3 = 60$ Ncm. Es gleicht das Drehmoment $M_1 = 60$ Ncm aus. $\overline{DC}$ *ist der versteckte Kraftarm für* F_3.

c) Wir können diese neue Situation nachträglich auf Bekanntes zurückführen: Wir nehmen den Angriffspunkt der Kraft $F_3 = 4$ N von B weg und verlegen ihn längs der Wirkungslinie zurück in einen Stift im Punkt C. Dabei ändern sich weder die Kraft F_3 noch ihr Kraftarm $r_3 = 15$ cm. Die Scheibe bleibt in Ruhe.

Das Drehmoment $M = F \cdot r$ einer Kraft F ändert sich nicht, wenn man ihren Angriffspunkt längs ihrer Wirkungslinie verschiebt. Der Kraftarm r der Kraft F bleibt dabei unverändert.

6. Selbsthilfe von Drehmomenten

Versuch 69: a) Nach *Bild 60.2* greifen in den beiden Punkten A und B der unteren Scheibenhälfte die beiden gleich großen Gewichtskräfte $F_1 = F_2 = 5{,}0$ N an. Ihre Angriffspunkte A und B haben aber verschiedene Abstände l_1 und l_2 von der Drehachse D. Besteht hier Ausgleich der Drehmomente? Dazu verhalfen die Drehmomente sich selbst: Sie drehten die Scheibe so, daß die Abstände r_1 und r_2 der Drehachse D von den beiden Wirkungslinien gleich groß wurden! Dies sind die versteckten Kraftarme (denke dir in der Zeichnung die Fäden um ein Rad mit Radius $r_1 = r_2$ geschlungen; in *Bild 60.2* gestrichelt angedeutet). Dann sind auch die beiden Drehmomente der gleich großen Kräfte gleich groß geworden. Auf keinen Fall dürfen wir l_1 und l_2 als Kraftarme ansehen.

b) Nun verdoppeln wir die rechte Kraft F_2 auf 10 N. Die Scheibe dreht sich; sie kommt aber von selbst zur Ruhe, wenn der linke versteckte

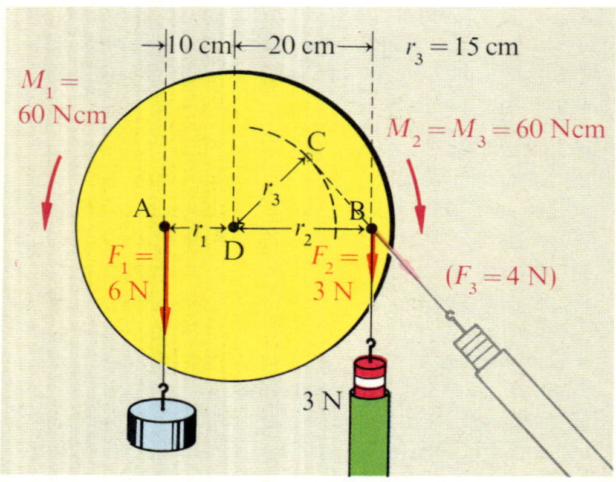

60.1 r_1, r_2 und r_3 sind versteckte Kraftarme.

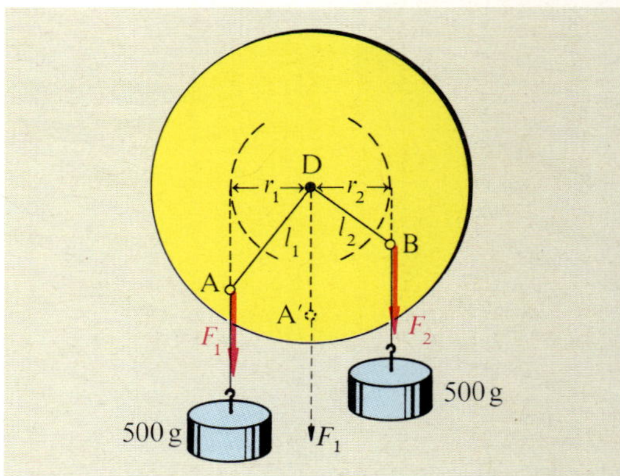

60.2 Wo sind hier die versteckten Kraftarme?

Kraftarm r_1 doppelt so groß wie der versteckte rechte Kraftarm r_2 geworden ist. Die beiden Drehmomente haben sich von selbst gleich groß gemacht. Fertige eine Skizze!

c) Wir belassen nur das linke Wägestück an der Scheibe. Sie dreht sich, bis der Angriffspunkt A die tiefste Stelle A′ erreicht hat. Dann liegt die Drehachse D auf der Wirkungslinie der Kraft F_1; Hebelarm r_1 und Drehmoment M_1 sind Null. Die Kraft F_1 hat kein Drehvermögen mehr. Man sagt in diesem Fall: Der Mechanismus befindet sich im **Totpunkt.**

Aufgaben:

1. *a) Was unterscheidet das Drehmoment von der Arbeit? Kann eine Kraft ein Drehmoment haben, ohne Arbeit zu verrichten und umgekehrt?*

b) Was ist beim Ausgleich von Drehmomenten anders als beim Kräftegleichgewicht (Seite 27)?

2. *Bei einem Rad mit vielen Rillen bewirkt eine Kraft* $F_1 = 8$ N *an der Rille mit dem Radius* $r_1 = 12$ cm *ein Drehvermögen im Gegenzeigersinn; die Kraft* $F_2 = 4$ N *wirkt an der Rille mit dem Radius* $r_2 = 26$ cm *im Uhrzeigersinn. In welchem Sinn dreht sich das Rad? Welche andere Rille müßte anstelle der kleineren das Seil übernehmen, damit das Rad in Ruhe bleibt? Wie kann stattdessen durch eine Zusatzkraft* F_z *an der Rille mit dem Radius* $r_z = 4$ cm *der Ruhezustand hergestellt werden?*

3. *Bei einer Scheibe greift eine Kraft* $F_1 = 26$ N *an einem Stift an, dessen Abstand von der Achse* $l_1 = 7{,}5$ cm *beträgt. Die Kraft wirkt senkrecht zur Verbindungslinie des Stiftes und der Achse. Ändere bei gleichem Angriffspunkt die Kraftrichtung um den Winkel 30° (zwei Möglichkeiten!), ermittle durch eine Zeichnung den veränderten Kraftarm und bestimme das veränderte Drehmoment! Wie groß müßte bei dem veränderten Kraftarm die Kraft sein, um das ursprüngliche Drehmoment wieder herzustellen?*

4. *Auf der Seiltrommel eines Krans sollen die Seilwindungen möglichst nebeneinander liegen. Welcher Nachteil entsteht, wenn sich ein dicker Wulst bildet?*

5. *Ein Schallplattenmotor, der am Umfang des Plattentellers angreift, muß unter anderem der Reibungskraft des Tonkopfes auf der Schallplatte entgegenwirken. Dabei ändern sich während des Abspielens die Arbeitsbedingungen für den Motor! Erläutere dies!*

§ 20 Übersetzungen mit Rädern

1. Der Kurbeltrieb erzeugt Drehung

Getriebe von Autos und Gangschaltungen von Fahrrädern schaltet man am Berg auf einen anderen Gang um. Warum?

Beim Fahrrad wie beim Auto beginnt die Energieübertragung mit einem **Kurbeltrieb:** Im Kurbelgehäuse des Automotors wird die *hin- und hergehende Kolbenbewegung* nach *Bild 61.1* in *Kurbelumdrehungen* umgesetzt. Die sogenannte **Pleuelstange** überträgt die vom Kolben ausgeübte Kraft F auf das *Kurbelgelenk* A. Dort erzeugt sie mit dem Kraftarm r ein Drehmoment. Die Kurbelwelle gibt es an das Getriebe weiter (siehe unten). Bei jedem Kurbeltrieb ändert sich der Kraftarm r ständig. Steht der Kurbelradius $\overline{DA}$ senkrecht zur Pleuelstange, so sind Kraftarm r und Drehmoment $M = F \cdot r$ am größten. Dies ist bei jedem Umlauf nur zweimal der Fall. Dazwischen werden der Kraftarm r und damit das Drehmoment für einen Augenblick sogar Null. In diesen **Totpunkten** kann die Kraft F nichts zur Drehung von Rad und Kurbelwelle beitragen. Hier hilft entweder der schon bestehende Schwung; oder man läßt – etwa beim Vierzylindermotor – an der Kurbelwelle 4 Kolben und damit 4 Pleuelstangen an Kurbelarmen angreifen, die winklig gegeneinander versetzt sind. Der Lauf wird gleichmäßiger.

Auch bei der **Tretkurbel** am Fahrrad gibt es für die nach unten gerichtete Kraft F deiner Beinmuskeln totpunktähnliche Lagen. Sie machen sich beim Anfahren oder beim Betätigen der Rücktrittbremse unangenehm bemerkbar.

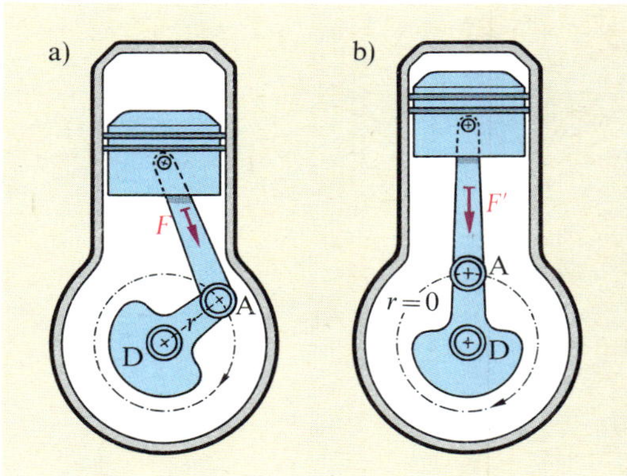

61.1 Kolbentrieb, Kurbeltrieb

62.1 Kräfte und Wege am Fahrrad

62.2 Doppelter Radius – doppeltes Drehmoment

2. Kraftübersetzung am Fahrrad

Beim Fahrrad *(Bild 62.1)* sitzen auf derselben drehbaren Achse der Kurbeltrieb und das mit ihm verbundene große Kettenrad, das sich also wie ein *Wellrad* verhält. Deshalb bleibt das *Drehmoment* unverändert. In *Bild 62.1* ist der Radius dieses Kettenrades halb so groß wie der Kraftarm der waagerecht stehenden Pedalkurbel. Treten wir z.B. mit 100 N das Pedal um $s = 10$ cm tiefer, so erfährt die *Kette* am vorderen Kettenrad die doppelte Kraft 200 N *(Tabelle 62.1)*. Das Wellrad ist ein **Kraftwandler** wie der Flaschenzug; es ändert den Betrag der Kraft. Dafür legt die Kette nur den halben Weg (5 cm) zurück. Die Kette überträgt in ihrem oberen gespannten Teil – wie ein Seil – die Kraft F (200 N) und den Weg s (5 cm) unverändert auf das hintere, kleine Kettenrad. Dies bildet mit dem Hinterrad wiederum ein *Wellrad*, und zwar mit dem Radienverhältnis 3 cm : 30 cm = 1 : 10! Am Umfang des Hinterrades tritt also *zur Fortbewegung des Rades* nur noch die Kraft 20 N (= 200 N/10) auf!

Versuch 70: Ziehe nach *Bild 62.1* am vorderen Pedal mit $F_1 = 100$ N nach unten! Miß die Kräfte, die am Umfang des angehobenen Hinterrades sowie in der Kette auftreten!

Ist das Fahrrad eine Fehlkonstruktion, da es die von den Füßen ausgeübte Kraft bis zum Hinterrad auf ein Fünftel herabsetzt *(Tabelle 62.1)*? Nach Spalte 6 bleibt beim Radfahren die *Arbeit* erhalten; der Weg s am Umfang des Hinterrades ist ja 5mal so groß wie der Weg s der Füße an den Pedalen. Das Fahrrad ist deshalb im Flachland beliebt; man kommt dort schnell voran. – Bei Rennrädern kann man mit Hilfe des Ganghebels die Kette hinten über Zahnräder mit verschiedenen Radien legen und so die „Übersetzung" von Kraft und Weg (also auch die Geschwindigkeit) dem Gelände anpassen – nicht dagegen die Arbeit!

3. Drehmomentwandler (Kette und Getriebe)

Wir sahen, daß die Fahrradkette die Kraft F unverändert auf das hintere, kleine Kettenrad überträgt. Dort erzeugt diese Kraft wegen des kleineren Kraftarms in der Welle des Hinterrads ein kleineres Drehmoment. Der **Kettenantrieb** ändert also nicht die Kraft, sondern (bei Rädern mit verschiedenen Radien) das *Drehmoment;* er ist ein **Drehmomentwandler.** Das gleiche gilt für Riementriebe, etwa den Keilriemen im Auto oder die *Riemenübersetzung (Transmission)*.

Angriffspunkt der Kraft	Kraftarm in cm	Kraft in N	Drehmoment in Ncm	Weg in cm	Arbeit in Joule	Maschinenart
Pedal (etwa waagerecht)	18	**100**	1800	**10**	**10**	**Wellrad:** Kraft verdoppelt, Weg halbiert (Kraftwandler)
Kettenrad, vorn	9	200	1800	5	10	**Kettentrieb:** Umdrehungszahl verdreifacht; Drehmoment auf 1/3 verkleinert, Kraft bleibt
Kettenrad, hinten	3	200	600	5	10	
Reifenumfang (Straße)	30	**20**	600	**50**	**10**	**Wellrad:** Weg verzehnfacht, Kraft auf 1/10 verkleinert

Tabelle 62.1 Beim Fahrrad wird die Kraft insgesamt auf 1/5 verkleinert, der Weg auf das 5fache vergrößert.

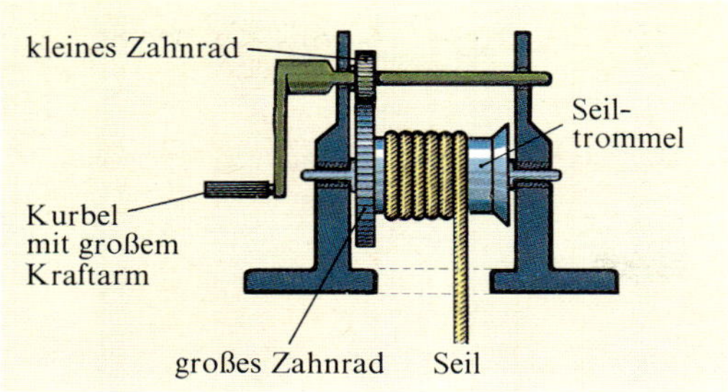

63.1 Seilwinde

Im Ketten-, Riemen- und Zahnradgetriebe wirkt zwischen zwei miteinander verbundenen Rädern dieselbe Kraft. Am größeren Rad entsteht ein größeres Drehmoment; seine Drehfrequenz wird kleiner. Es handelt sich um *Drehmomentwandler*. Das Wellrad ist ein *Kraftwandler*; am kleineren Radius wirkt eine größere Kraft. Drehmoment und Drehfrequenz bleiben erhalten.

Beim **Zahnradgetriebe** übt ein Zahn des einen Rades unmittelbar eine Kraft F auf einen Zahn des anderen aus *(Bild 62.2)*. Diese Kraft gibt am Rad mit n-fachem Radius auch das n-fache Drehmoment. Die Zahl der Umdrehungen je Sekunde wird dafür auf den n-ten Teil untersetzt. Dies gilt auch für den Ketten- und Riementrieb.

Der Automotor arbeitet nur gut, wenn er eine hohe *Drehfrequenz* hat, also viele Umdrehungen je Sekunde ausführt. Beim Anfahren schaltet man deshalb im **Wechselgetriebe** den *1. Gang* ein: An zwei Zahnradpaaren wird nach *Bild 63.2* die Drehfrequenz zweimal nacheinander von einem jeweils kleinen auf ein großes Zahnrad *„untersetzt"*. Dafür steigt das Drehmoment. Dies vergrößert die Kraft am Reifenumfang erheblich. Deshalb benutzt man den 1. Gang auch am steilen Hang. Im *2. Gang* wird die Drehfrequenz nur einmal untersetzt, im *3. Gang* nicht mehr (Direktgang, die Klauenkupplung ist geschlossen). Beim Gangwechsel müssen die Zahnräder, die ineinander greifen sollen, zuvor auf gleiche Umfangsgeschwindigkeit gebracht werden. Hierzu trennt man in der **Scheibenkupplung** den Motor vom Getriebe. Dabei werden zwei Kupplungsscheiben voneinander gelöst.

Aufgaben:

1. *Welche Gemeinsamkeiten und welche Unterschiede bestehen zwischen Wellrad und Riemengetriebe bei der Übertragung von Kraft, Drehmoment und Arbeit?*

2. *Setze bei der Fahrradübersetzung nach Seite 62 das Zähneverhältnis* 18 : 48 *ein, und vergleiche die Umdrehungszahlen je Minute beim Fuß und beim Reifen!*

3. *Verfolge an der Seilwinde nach Bild 63.1, wie die an der Kurbel verrichtete Arbeit auf das Seil übertragen wird! Begründe, warum am Seil eine viel größere Kraft wirkt als am Kurbelgriff! Wähle passend zur Abbildung die Radien selbst, und bestimme daraus das Kräfteverhältnis! Vergleiche auch die Geschwindigkeiten von Kurbelgriff und Seil!*

4. *Das linke Rad eines Riemengetriebes hat* 20 cm *Durchmesser und damit* 62,8 cm *Umfang. Es dreht sich 10mal je Sekunde. Welche Geschwindigkeit hat der Treibriemen? Wie oft dreht sich je Sekunde das rechte Rad mit* 40 cm *Durchmesser, also* 125,6 cm *Umfang? – Am linken Rad wird das Drehmoment* 1 000 Nm *ausgeübt. Wie groß ist die vom Treibriemen übertragene Kraft, wie groß ist das Drehmoment am rechten Rad? Welche Leistung überträgt der Treibriemen?*

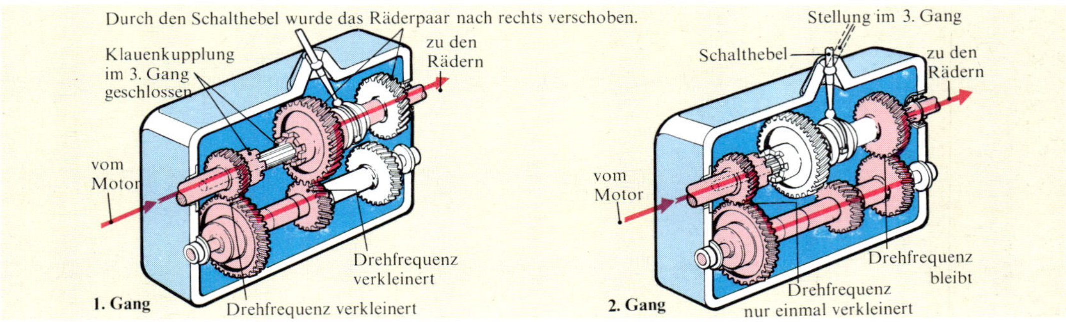

63.2 Kraftwagengetriebe, stark vereinfacht

§ 21 Der Hebel – ein Kraftwandler

64.1 Eine Wippe als zweiseitiger Hebel

64.2 Eine Holzlatte als einseitiger Hebel

1. Der Hebel – ein verkümmertes Wellrad

Bild 64.1 zeigt, wie der leichte Asterix den schweren Obelix „auf den Hebel nimmt". Er verleiht seiner kleinen Gewichtskraft mit einem großen Kraftarm ein größeres Drehmoment, als es Obelix aufbringt, der nahe an der Achse sitzt. Allerdings mußte Asterix vorher ein großes Stück in die Höhe klettern. Die gewonnene Lageenergie gibt er beim Herabsinken an Obelix ab.

Diese *Wippe* nennt man einen **Hebel.** Da Asterix (Kraft) und Obelix (Last) auf verschiedenen Seiten der Drehachse sitzen, spricht man von einem *zweiseitigen* Hebel. Der Monteur in *Bild 64.2* benutzt den Holzbalken als *einseitigen* Hebel. Beim einseitigen Hebel ist das linke Stangenende D am Boden die Drehachse.

Du weißt aus eigener Erfahrung: Je länger die eingezeichnete Strecke r_2 gegenüber r_1 ist, desto kleiner ist die Kraft F_2, mit der man die Last (F_1) heben kann. *Dies erinnert an das Wellrad!* Dürfen wir beim Hebel auch von Kraftarmen und Drehmomenten sprechen? Sind r_1 und r_2 in *Bild 64.2* Kraftarme? Nun – das Wellrad ist ein fester Körper, der sich um eine Achse D drehen läßt. Solch ein Rad kann man massiv bauen; man kann es aber auch zu einem Speichenrad aushöhlen. Der zweiseitige Hebel ist sozusagen ein Wellrad, das bis auf die Drehachse und zwei Speichen „abgemagert" wurde. Beim einseitigen Hebel benutzt man sogar nur eine Speiche. Denke dir die links gezeichneten Hebel zu Rädern ergänzt! Ist dies zu kühn ausgelegt?

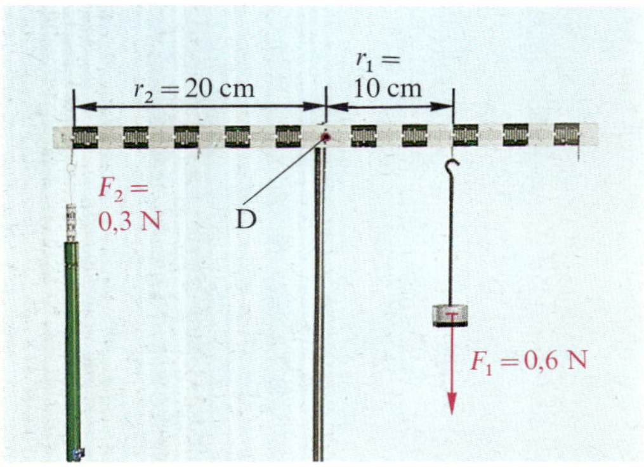

64.3 Zweiseitiger Hebel; zu Versuch 71 a und *Tabelle 65.1.* Denke dir den Hebel zum Rad ergänzt!

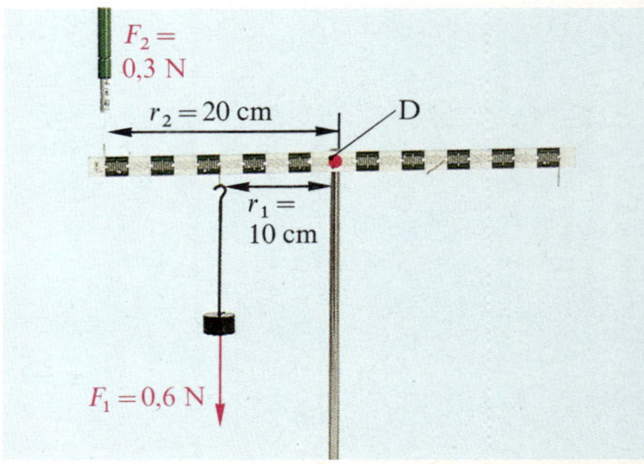

64.4 Einseitiger Hebel; zu Versuch 71 b und *Tabelle 65.1.* Ergänze den Hebel in Gedanken zu einem Rad!

S-Versuch 71: a) Hänge nach *Bild 64.3* an die rechte Seite des waagerechten Hebels mit dem Kraftarm $r_1 = 10$ cm ein Wägestück! Mit seiner Gewichtskraft $F_1 = 0{,}6$ N zieht es nach unten und übt daher das Drehmoment $M_1 = F_1 \cdot r_1 = 6$ Ncm im Uhrzeigersinn aus (siehe Seite 57). Miß mit einem Kraftmesser auf der anderen Seite der Achse, welche Kräfte F_2 nach unten an verschiedenen Kraftarmen r_2 aufgewendet werden müssen, um die Last (Gewichtskraft F_1) am waagerechten Hebel in der Schwebe zu halten! *Tabelle 65.1* zeigt: **Am *n*-fachen Kraftarm braucht man nur den *n*-ten Teil an Kraft. Der Hebel ist ein Kraftwandler.**

Kraftarm r_2 in cm	4	6	8	10	20
Kraft F_2 in N	1,5	1,0	0,75	0,6	0,3
Drehmoment M_2 in Ncm	6	6	6	6	6

Tabelle 65.1 Zu Versuch 71a. Es gilt $M_2 = F_2 \cdot r_2$.

b) Beim *einseitigen Hebel* nach *Bild 64.4* greift die Kraft F_2 auf derselben Seite wie die Last F_1 an, aber in entgegengesetzter Richtung. Miß F_2 und vergleiche mit *Tabelle 65.1!*

c) Nach *Bild 65.1* greifen mehrere Kräfte am gleichen Hebel an. Er bleibt in Ruhe. Die Drehmomente im Uhrzeigersinn sind:

$M_1 = F_1 \cdot r_1 = 1{,}5\text{ N} \cdot 12\text{ cm} = 18{,}0$ Ncm und
$M_2 = F_2 \cdot r_2 = 0{,}3\text{ N} \cdot 18\text{ cm} = 5{,}4$ Ncm.
Ihre Summe beträgt **23,4 Ncm.**

Gegen den Uhrzeigersinn wirken die Momente

$M_3 = F_3 \cdot r_3 = 1{,}2\text{ N} \cdot 6\text{ cm} = 7{,}2$ Ncm,
$M_4 = F_4 \cdot r_4 = 0{,}3\text{ N} \cdot 12\text{ cm} = 3{,}6$ Ncm und
$M_5 = F_5 \cdot r_5 = 0{,}7\text{ N} \cdot 18\text{ cm} = 12{,}6$ Ncm.
Ihre Summe ist **23,4 Ncm.**

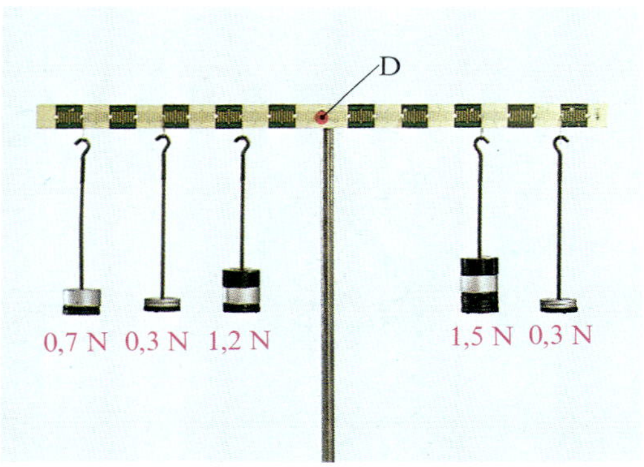

65.1 Momentenausgleich am Hebel. Weshalb darf man hier nicht von Gleichgewicht sprechen?

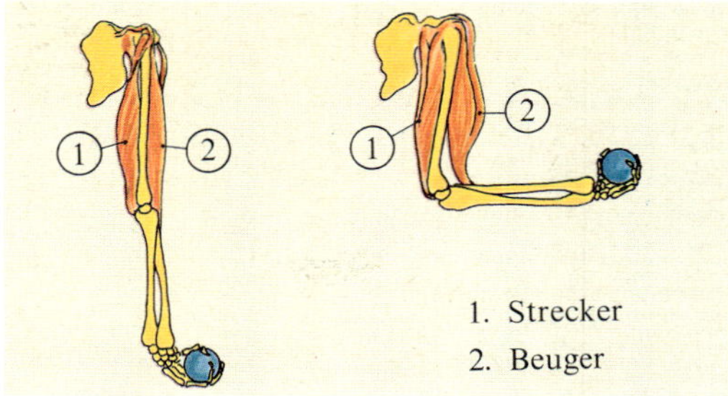

65.2 Der Unterarm ist auch ein Hebel! Der Beugemuskel zieht am kurzen, die Last am langen Kraftarm.

Die Momentsummen in beiden Drehrichtungen gleichen sich aus. Man beachte, daß aber die Summe der Kräfte rechts 1,8 N, links dagegen 2,2 N ist! Wie beim Wellrad gilt:

> ***Hebelgesetz:* Am *n*-fachen Kraftarm braucht man nur den *n*-ten Teil der Kraft. An einem Hebel sind die Drehmomente ausgeglichen, wenn die Summe der Drehmomente im Uhrzeigersinn gleich der Summe im Gegenzeigersinn ist.**

Beispiel:

Man hängt rechts an einem waagerechten Hebel 20 cm von der Achse entfernt als Last ein 1 kg-Stück an. Wo kann man ihm mit einem 200 g-Stück Momentenausgleich geben? – Da die Kraft hier 1/5 der Last ist, braucht man den 5fachen Kraftarm, d.h. 1,0 m. Dort erzeugt die Kraft $F_2 = 2$ N das Drehmoment $M_2 = F_2 \cdot r_2 = 2\text{ N} \cdot 1{,}0\text{ m} = 2$ Nm. Es gibt dem Drehmoment $M_1 = F_1 \cdot r_1 = 10\text{ N} \cdot 0{,}2\text{ m} = 2$ Nm der Last (Masse 1 kg) den nötigen Ausgleich, so daß sich der Hebel nicht dreht.

65.3 Der Kleiderbügel als Hebel. Wo sind die versteckten Kraftarme (vgl. mit *Bild 60.2*)?

2. Gute Waagen haben Hebel

Mit Waagen will man *Massen* bestimmen. Zur täglichen Massenkontrolle steht im Badezimmer eine Waage, die mit Federn arbeitet. Sie bestimmt die Gewichtskraft $G = m \cdot g$ (Seite 25). Die Skala ist in kg geeicht, gilt also nur im Bereich des Ortsfaktors $g = 9{,}8$ N/kg.

Viel zuverlässiger sind Waagen, die Hebel benutzen *(Balkenwaage, Bild 23.2)*. Sie bestimmen die Masse des Wägeguts durch Drehmomentenausgleich der Gewichtskraft $G = m \cdot g$ mit Wägestücken. Wägegut und Wägestücke liegen so nahe beisammen, daß für sie der gleiche Ortsfaktor g gilt. Deshalb geben solche Waagen überall – nur nicht gerade im schwerelosen Weltraumlabor – die Masse m an.

a) Bei Waagen höchster Präzision sorgt man bei dem Hebel des Waagebalkens für *gleiche* Kraftarme *(Bild 23.2)*. Man muß Wägestücke genau gleicher Masse aus einem Wägesatz *(Bild 24.2)* auflegen. Dies erfordert Geduld!

b) Die Wägestücke für sehr schwere Lasten legt man am 10- oder gar 100fachen Kraftarm auf. Dann braucht man nur Wägestücke vom 10ten oder 100sten Teil an Masse. In der Landwirtschaft verwendet man solche *Dezimalwaagen* oft. Last- und Güterwagen fahren auf die „Brücken" von *Brückenwaagen* und werden gewogen (bis 50 t). Die Untersetzung ist hier noch viel größer.

c) Noch bequemer sind *Laufgewichtswaagen* nach *Bild 66.1*. Bei ihnen verschiebt man ein „Laufgewicht" mit der Hand auf dem Waagebalken, bis die Waage einspielt; man benutzt also nur ein einziges Wägestück und ändert dessen Kraftarm so lange, bis Momentenausgleich eingetreten ist. Muß man dem „Laufgewicht" den n-fachen Kraftarm geben, so hat das Wägegut die n-fache Masse wie das Laufgewicht. Am Kraftarm des Laufgewichts zeigt eine Skala die Masse des Wägeguts an.

d) Einen Brief legt man auf eine *Briefwaage (Bild 66.2)* und liest seine Masse m ab! Warum ist das so einfach? Diese *Neigungsgewichtswaage* hat einen gewinkelten Hebel mit der Drehachse D. An seinem linken Ende sitzt ein „Gegengewicht" G; es erzeugt am Kraftarm r_2 ein Drehmoment im Gegenzeigersinn. Je stärker du auf die Waagschale mit der Kraft F_1 drückst, um so stärker schwenkt das Gegengewicht aus, um so größer werden sein Kraftarm r_2 und damit sein Drehmoment. Der Kraftarm r_2 steht ja stets senkrecht zur Wirkungslinie der Kraft. Da der Waagenhebel gewinkelt ist, verändert sich der rechte Kraftarm r_1 nur wenig. Du kannst die Wirkungslinien beider Kräfte und damit ihre Hebelarme durch Lote verdeutlichen. Durch richtiges Neigen des Waagehebels, an dem das Gegengewicht G hängt, stellt sich so der Momentenausgleich ein. Der Kaufmann benutzt solche Neigungsgewichtswaagen. Auch moderne Waagen mit elektronischer Anzeige arbeiten nach dem gleichen Prinzip.

3. Verteilte Last – nicht immer halbe Last!

Die beiden Jungen in *Bild 67.1* tragen gemeinsam einen Eimer an der waagerechten Stange, einem **Tragbalken.** Hängt der Eimer in der Mitte, so wird jeder Junge mit der Hälfte belastet. Ändert sich ihre Belastung, wenn der Eimer nach vorn rutscht?

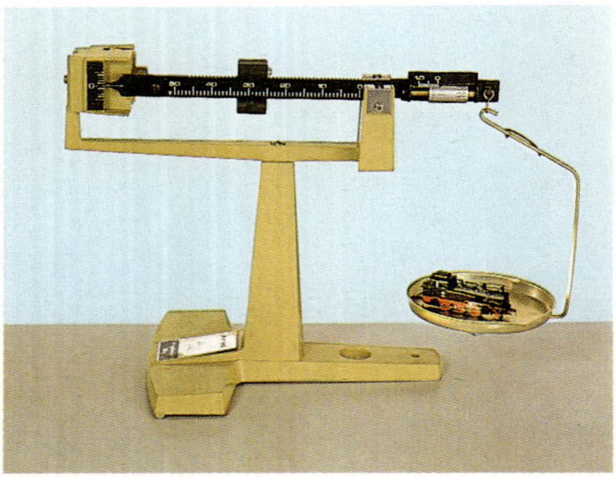

66.1 Eine Laufgewichtswaage

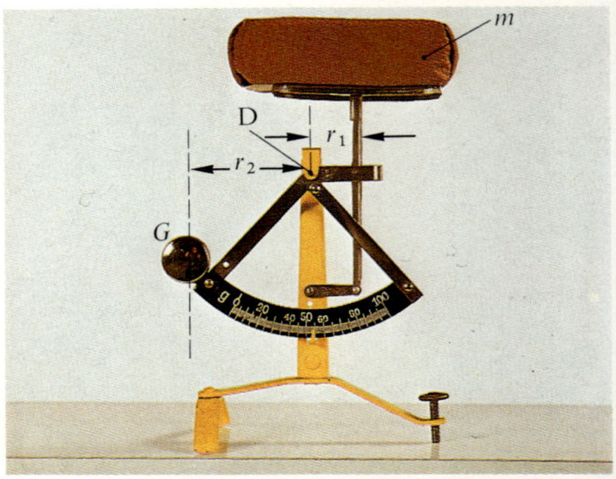

66.2 Briefwaage

Versuch 72: Wir hängen eine $l = 100$ cm lange waagerechte Stange an ihren Enden mit zwei Kraftmessern auf (*Bild 67.2*; das Eigengewicht der Stange ist an den Kraftmessern durch Korrekturschieber berücksichtigt). Dann belasten wir die Stange im Abstand $r_1 = 30$ cm vom linken Ende mit $F = 10$ N. Die Last mit der Gewichtskraft F teilt sich auf: Links zieht die Kraft $F_1 = 7$ N, rechts $F_2 = 3$ N. Wieso?

Denke dir den Faden bei B durchschnitten! Dann dreht sich die Stange um ihr linkes Ende A im Uhrzeigersinn; denn die Last übt bezüglich A das Drehmoment $M_1 = F \cdot r_1 = 10\ \text{N} \cdot 0{,}3\ \text{m} = 3{,}0\ \text{Nm}$ aus. Es kann durch die Kraft F_2 in B mit dem Kraftarm l (Stangenlänge 1 m) ausgeglichen werden; dann gilt $F_2 \cdot l = M_1 = F \cdot r_1$, also

$$F_2 = F \cdot \frac{r_1}{l} = 10\ \text{N} \cdot \frac{0{,}3\ \text{m}}{1\ \text{m}} = 3\ \text{N}. \qquad (67.1)$$

Genauso kannst du dir den Faden nur bei A durchschnitten denken. Dann übt die Last bezüglich B das Drehmoment $F \cdot r_2$ aus. Es kann durch die Kraft F_1 in A mit dem Drehmoment $F_1 \cdot l$ ausgeglichen werden:

$$F_1 = F \cdot \frac{r_2}{l} = 10\ \text{N} \cdot \frac{0{,}7\ \text{m}}{1\ \text{m}} = 7\ \text{N}. \qquad (67.2)$$

Für die Summe beider Teilkräfte F_1 und F_2 gilt $F_1 + F_2 = F \cdot \frac{r_1 + r_2}{l} = F$, da $r_1 + r_2 = l$ ist. Weiter gilt:

$$\frac{F_1}{F_2} = \frac{r_2}{r_1} = \frac{0{,}7\ \text{m}}{0{,}3\ \text{m}} = \frac{7}{3}. \qquad (67.3)$$

An einem Tragbalken teilt sich die Last F auf die beiden Enden auf. Die Teilkraft an einem Ende wird um so größer, je näher die Last zu diesem Ende rückt.

Stellt man eine schwere Last in die Mitte eines Lastwagenanhängers, so bekommen Vorder- und Hinterachse je die Hälfte ab. Je näher die Last zur Hinterachse rückt, desto größer wird deren *Achslast*.

67.1 Geteilte Last!

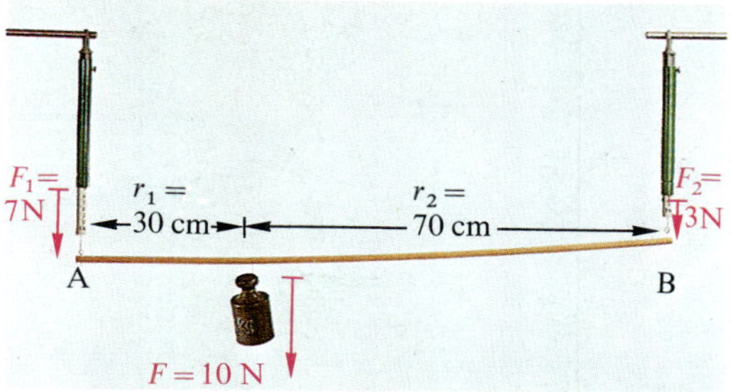

67.2 Zu Versuch 72: Tragbalken

4. Vereinigte Last ist ganze Last!

Wir kehren das Vorgehen von *Bild 67.2* um: Ein Wasserträger legt auf seine Schulter eine Stange in Laufrichtung; an jedem Ende hängt ein Eimer. Selbstverständlich muß er die Gewichtskräfte beider Eimer aushalten. Noch etwas aber ist wichtig: Er will den vorderen, schwereren Eimer näher bei sich haben als den leichteren. Sonst dreht der schwerere mit größerem Drehmoment die Stange vorn nach unten.

Versuch 73: Hänge einen Hebel in seiner Drehachse an einen Kraftmesser! Er zeigt zunächst die Gewichtskraft G (0,8 N) der Hebelstange an; korrigiere die Anzeige wieder auf Null! Stelle nun am Hebel nach *Bild 67.3* Momentenausgleich mit den beiden parallelen Kräften $F_1 = 4$ N und $F_2 = 2$ N her! Der Kraftmesser wird zusätzlich durch ihre Summe $F = F_1 + F_2 = 6$ N belastet. *Hebel wie Kraftmesser verhalten sich so, als griffe nur die Kraftsumme $F = F_1 + F_2 = 6$ N in der Drehachse* D *an. F_1 und F_2 sind zur Kraftsumme F „verschmolzen"*. Für die Abstände der Kraftsumme F von den Einzelkräften F_1 und F_2 gilt nach dem Hebelgesetz: $F_1 \cdot r_1 = F_2 \cdot r_2$ oder nach Umstellung $\boldsymbol{r_1 : r_2 = F_2 : F_1}$.

Die Kraftsumme zweier paralleler Einzelkräfte liegt also näher bei der größeren Einzelkraft. Sind die beiden parallelen Einzelkräfte gleich groß, so liegt ihre Kraftsumme in der Mitte.

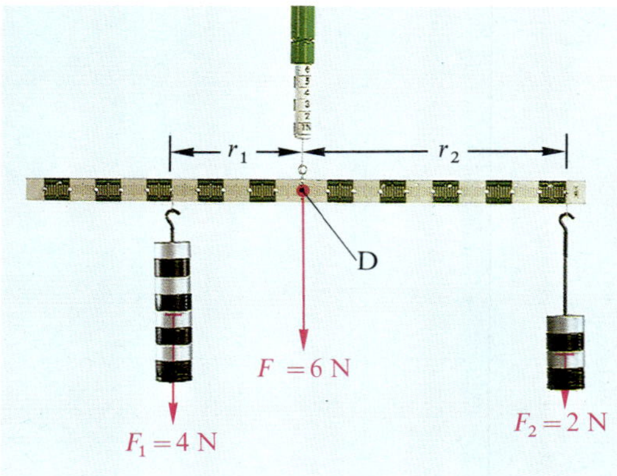

67.3 Zu Versuch 73

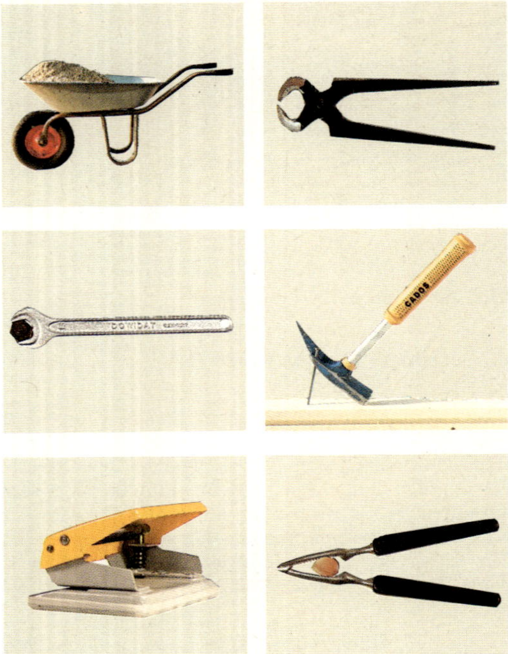

68.1 Anwendungen des Hebels im täglichen Leben

5. Arbeit am Hebel

Wer „am längeren Hebelarm sitzt“, braucht weniger Kraft. Er muß aber beim Heben einen längeren Weg *s* zurücklegen. Wie du *Bild 68.2* entnehmen kannst, ist der Hubweg *s* am *n*-fachen Kraftarm auch *n*-mal so groß (hier doppelt; benutze den Strahlensatz). Da die Kraft auf den *n*-ten Teil sinkt, muß man die gleiche Arbeit $W = F \cdot s$ wie ohne Hebel aufwenden.

Auch am Hebel spart man keine Arbeit; er gibt Energie unverändert weiter.

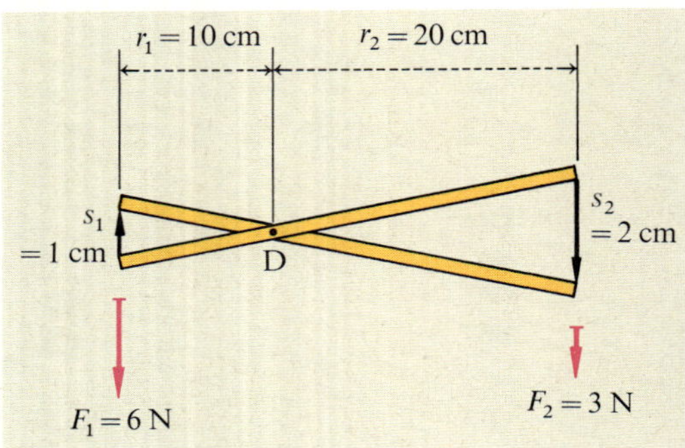

68.2 Kleinere Kraft, aber größerer Weg

Aufgaben:

1. *Gib bei den Hebelwerkzeugen Zange, Nußknacker, Bürolocher (Bild 68.1) sowie bei der Schubkarre an, wo die Kraftarme zu messen sind, und schätze bei jedem Beispiel ihr Verhältnis ab! Wie wird die Kraft der Hand ($F = 50$ N) jeweils gewandelt?*

2. *Ermittle die Kraft, mit der der Tischlerhammer von Bild 68.1 den Nagel aus dem Holz zieht, wenn die Kraft der Hand 50 N beträgt!*

3. *An einem Schraubenschlüssel, der eine Radmutter festzieht, wirkt die Kraft $F_1 = 60$ N bei einem Kraftarm $r_1 = 11$ cm (Bild 68.1). Eine Flügelmutter, deren Flügelenden 6 cm voneinander entfernt sind, soll genauso fest sitzen. Mit welcher Kraft F_2 muß man dazu auf jeden der beiden Flügel drücken?*

4. *Bei dem Hebel, den der Unterarm bildet (Bild 65.2), muß die Kraft des Beugemuskels viel größer sein als die Last. Erkläre das und begründe, warum die Bauweise dennoch äußerst sinnvoll ist!*

5. *Beschreibe und erkläre deine Beobachtungen bei dem Versuch, eine Tür zu drehen! Ziehe dazu an der Klinke a) senkrecht zur Tür, b) in Richtung der Tür und c) schräg zur Tür! Stelle Zeichnungen in der Ansicht von oben her!*

6. *Beim Hebel von Bild 64.3 wird der Kraftmesser durch ein Wägestück mit der Gewichtskraft $G = 0{,}3$ N ersetzt. Wenn der waagerechte Hebel in eine Schräglage gebracht wird, ändern sich die Kraftarme und damit auch die Drehmomente. Untersuche dies mit Hilfe einer Zeichnung (z.B. für den Drehwinkel 45°)!*

7. *In welchem Verhältnis stehen die Gewichtskräfte der am Kleiderbügel von Bild 65.3 angehängten Gegenstände? (Die Gewichtskraft des Bügels allein ist zu vernachlässigen.)*

68.3 Ein Unfallauto wird aufgeladen.

§ 22 Die schiefe Ebene

Das Auto in *Bild 68.3* wird längs einer Rampe auf den Abschleppwagen gezogen. Man könnte es auch senkrecht hochziehen; dann müßte man auf dem kurzen Hubweg h die volle Gewichtskraft G überwinden. Welche Kraft braucht man längs der Rampe – **schiefe Ebene** genannt?

Versuch 74: Wir ziehen einen Wagen nach *Bild 69.1* längs einer schiefen Ebene mit dem Neigungswinkel $\alpha = 30°$ hoch. Den Kraftmesser halten wir parallel zur Fahrbahn; er zeigt, daß der Wagen bergab eine sog. **Hangabtriebskraft** $\boldsymbol{F_H}$ erfährt. Sie ist hier genau halb so groß wie die Gewichtskraft G. Dies gilt beim Winkel 30° auch dann, wenn wir den Wagen schwerer machen. Die Hangabtriebskraft F_H wird größer als $\frac{1}{2}G$, wenn wir α über 30° vergrößern; F_H wird kleiner, wenn der Neigungswinkel kleiner ist.

Ist die Hangabtriebskraft F_H proportional zum Neigungswinkel? Nein! Denn dann müßte F_H bei 60° bereits auf $\frac{2}{2}G = G$ selbst und bei 90° (senkrecht aufwärts) gar auf $\frac{3}{2}G$ anwachsen. Also liegt eine andere Gesetzmäßigkeit vor: Bei $\alpha = 30°$ bildet der keilförmige Unterbau der Rampe ein halbes gleichseitiges Dreieck *(Bild 69.1)*. Dabei ist der **Fahrweg** $\boldsymbol{s}$ längs der schiefen Ebene doppelt so groß wie der **Höhenunterschied** $\boldsymbol{h}$: Es gilt $s = 2h$; die Kraft F_H längs dieses Weges $s = 2h$ ist gleich der halben Gewichtskraft $\frac{1}{2}G$. Beim Hochziehen längs der schiefen Ebene ist also die Arbeit $W = F_H \cdot s = \frac{G}{2} \cdot 2h = G \cdot h$ genau so groß wie beim senkrechten Heben. Bei einem Winkel von $\alpha = 30°$ wird daher keine Arbeit gespart. Dies läßt sich auch für die anderen Winkel zeigen; es gilt allgemein: $F_H \cdot s = G \cdot h$ oder $F_H/G = h/s$. Den Quotienten h/s nennt man die *Neigung der schiefen Ebene*.

$\frac{h}{s}$	F_H	α	$\frac{h}{s}$	F_H	α
0	**0 N**	**0°**	0,30	3,0 N	17,5°
0,02	0,2 N	1,1°	**0,50**	**5,0 N**	**30,0°**
0,05	0,5 N	2,9°	0,71	7,1 N	45,2°
0,10	1,0 N	5,7°	0,87	8,7 N	60,5°
0,20	2,0 N	11,5°	**1,00**	**10,0 N**	**90,0°**

Tabelle 69.1 Ein Körper ($G = 10$ N) auf der schiefen Ebene

Bei der schiefen Ebene verhält sich die Hangabtriebskraft $\boldsymbol{F_H}$ zur Last $\boldsymbol{G}$ wie die Höhe $\boldsymbol{h}$ zur Länge $\boldsymbol{s}$:

$$\frac{F_H}{G} = \frac{h}{s}. \qquad (69.1)$$

S-Versuch 75: Prüfe *Gleichung 69.1* und die Angaben der *Tabelle 69.1* für die Neigungen $h/s = 0{,}20$; 0,30; 0,50; 0,71 und 1,0!

Auf einer steilen Straße mit dem Neigungswinkel $\alpha = 17{,}5°$ muß der Motor des Wagens bergauf nach *Tabelle 69.1* (mindestens) 30% der Gewichtskraft des Wagens aufbringen: $F_H/G = 0{,}3 = 30\%$. Wirkt auf den Wagen eine Gewichtskraft von 10000 N, so müssen die Bremsen im Stand die Kraft $F_H = 3000$ N halten. Wenn der Wagen eine Auffahrt nach *Bild 69.2* benutzt, wird er zugleich schräg aufwärts und in einer gleichmäßigen Kurvenführung bewegt. Bei dieser Schraubenbewegung wird wieder die Hubarbeit durch eine verkleinerte Kraft längs eines vergrößerten Weges verrichtet. Dies läßt sich auf jede **Schraube** übertragen.

Aufgabe:

Die Ausfahrt aus einer Kellergarage soll auf einer Länge von $s = 10$ m einen Höhenunterschied von $h = 4$ m überwinden. Welche Zugkraft muß der Motor eines Wagens ($m = 1{,}2$ t) aufbringen?

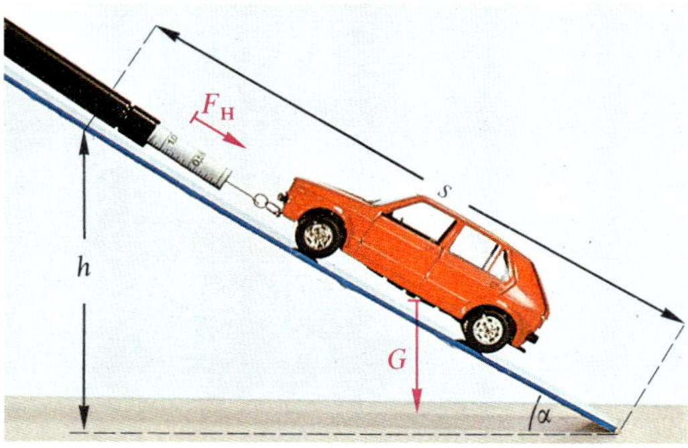

69.1 Zu Versuch 74. Vergleiche s mit h!

69.2 Schrägauffahrt in Schraubenform

70.1 Kräfte in gleicher Richtung werden wie Zahlen addiert.

70.2 Kräfte in verschiedener Richtung werden anders als Zahlen addiert.

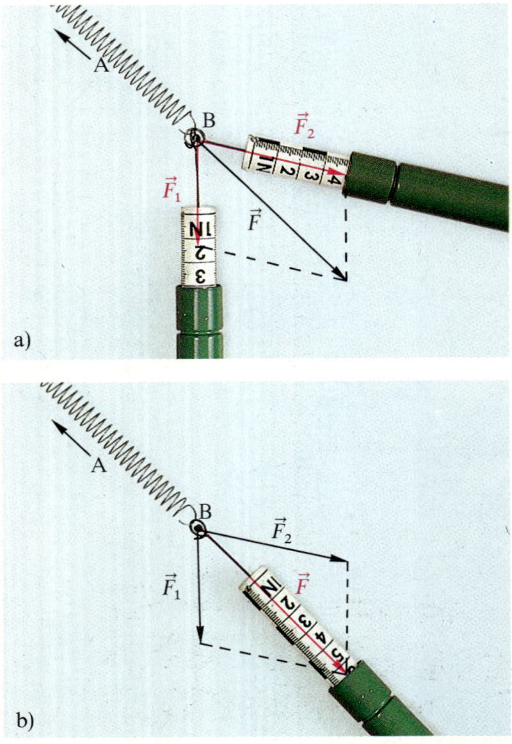

70.3 Vektoraddition von $\vec{F}_1$ und $\vec{F}_2$: Die Resultierende $\vec{F}$ wirkt wie $\vec{F}_1$ und $\vec{F}_2$ zusammen!

§ 23 Addition und Zerlegung von Kräften

1. Kräfte – nur selten wie Zahlen addiert

Nach *Bild 70.1* ziehen die Jungen fast genau *in der gleichen Richtung* am selben Baum. Wir dürfen dann die Beträge 200 N und 300 N ihrer Kräfte $\vec{F}_1$ und $\vec{F}_2$ wie Zahlen addieren. Dies haben wir auf Seite 20 vereinbart. Wir erhalten so eine einzige Kraft vom Betrag $F = 500$ N; mit ihr könnte ein starker Junge die beiden gleich gerichteten Einzelkräfte *ersetzen*, ohne daß sich an der Verbiegung des Baumes, also an der Wirkung (am „Resultat") etwas änderte. Wir nennen diese *Ersatzkraft* für $\vec{F}_1$ und $\vec{F}_2$ die **Resultierende $\vec{F}$** der beiden Kräfte $\vec{F}_1$ und $\vec{F}_2$ und schreiben: $\vec{F} = \vec{F}_1 + \vec{F}_2$. Wir erhalten den Kraftpfeil $\vec{F}$ aus den Kraftpfeilen $\vec{F}_1$ und $\vec{F}_2$ in diesem Fall ebenso, wie man Zahlen auf der Zahlengeraden geometrisch addiert.

Wir kennen bereits das *Kräftegleichgewicht* (Seite 26). Es tritt ein, wenn im gleichen Punkt zwei *entgegengesetzt gerichtete Kräfte* $\vec{F}_1$ und $\vec{F}_2$, deren Beträge gleich sind, angreifen. Das Resultat ist dasselbe, als wirke keine Kraft: Die *Resultierende* hat den Betrag Null.

Oft greifen Kräfte im selben Punkt *nach verschiedenen Richtungen* an. So zerren nach *Bild 70.2* zwei Hunde nach unterschiedlichen Richtungen an ihrer gemeinsamen Leine. Diese Leine erhält die Richtung der Resultierenden $\vec{F}$ der beiden Einzelkräfte $\vec{F}_1$ und $\vec{F}_2$. Um auch den Betrag dieser Resultierenden zu finden, benutzen wir Kraftmesser.

Versuch 76: Das gemeinsame Stück Leine ersetzen wir durch eine Feder, die wir am einen Ende (A) links oben an der Wandtafel befestigen *(Bild 70.3a)*. Am anderen Ende (B) greifen zwei Kräfte $\vec{F}_1$ und $\vec{F}_2$ (3,0 N und 4,0 N) in verschiedenen Richtungen an. Ihre Kraftpfeile zeichnen wir vom Angriffspunkt B aus auf die Tafel (1 N $\hat{=}$ 1 dm). **Wir wollen nun die Resultierende $\vec{F}$ finden, welche die gleiche Wirkung ausübt wie die beiden sog. Kraftkomponenten $\vec{F}_1$ und $\vec{F}_2$ zusammen** (componere, lat.: zusammensetzen). Hierzu dehnen wir *mit einem einzigen Kraftmesser* nach *Bild 70.3b* die Feder bis zum selben Endpunkt B. Wir halten den Kraftpfeil der Resultierenden $\vec{F}$ gleichfalls an der Tafel fest. Ihr Betrag ist kleiner als die Summe (7,0 N) der Beträge $\vec{F}_1$ und $\vec{F}_2$ – er kann aus diesen allein nicht berechnet werden.

Können wir die Resultierende $\vec{F}$ aber vielleicht *geometrisch* aus den Kraftpfeilen $\vec{F}_1$ und $\vec{F}_2$ konstruieren? Nach Bild *70.3b* ergänzen wir diese Kraftpfeile zum sog. **Kräfteparallelogramm.** Dann sehen wir, daß seine vom Angriffspunkt B ausgehende *Diagonale* den Kraftpfeil der Resultierenden $\vec{F}$ ergibt. Sie ist mehr zur größeren Kraftkomponente hin geneigt. Mathematisch schreiben wir diese geometrische Zusammenfügung zweier Kräfte zu ihrer Ersatzkraft als **Vektoraddition:** $\vec{F} = \vec{F}_1 + \vec{F}_2$. *Die Pfeile geben an, daß Vektoren und nicht Beträge addiert werden.* Der Fall gleich- oder entgegengesetzt gerichteter Kräfte ist darin enthalten *(Bild 71.1a und d)*. Weiter entnehmen wir *Bild 71.1*, daß die Resultierende $\vec{F}$ um so kleiner wird, je mehr sich der Winkel φ zwischen den Komponenten $\vec{F}_1$ und $\vec{F}_2$ dem Winkel 180° nähert.

Zwei Kräfte, die in einem Punkt angreifen, lassen sich durch eine einzige Kraft ersetzen. Man findet den Kraftpfeil der Resultierenden $\vec{F}$ als Diagonale eines Parallelogramms, dessen Seiten die Kraftpfeile der beiden gegebenen Komponenten $\vec{F}_1$ und $\vec{F}_2$ sind.

2. Zerlegung einer Kraft in Komponenten

Die beiden in *Bild 71.2* tragen ein Paket. Damit es sie beim Gehen nicht behindert, entfernen sie sich etwas voneinander. Je größer aber der Winkel wird, den ihre Arme miteinander bilden, desto mehr zerrt die Last an ihren Muskeln. Wir ersetzen im Versuch die Arme durch Kraftmesser:

Versuch 77: Ein Körper mit der Gewichtskraft $G = 1{,}0$ N zieht nach *Bild 71.3* an zwei schräg hängenden Kraftmessern. Wir lesen an ihnen ab: Die Kraft 1 N hat sich in die Komponenten $F_1 = 0{,}6$ N und $F_2 = 0{,}8$ N „aufgeteilt".

71.2 Ist geteilte Last wirklich halbe Last?

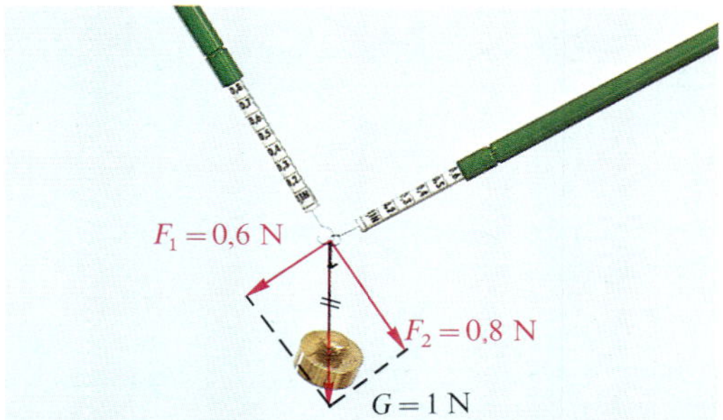

71.3 Zu Versuch 77. Auch bei der Kräftezerlegung entsteht ein Kräfteparallelogramm.

Wieder bilden die drei Kraftpfeile ein *Kräfteparallelogramm.* Nur wird jetzt die Kraft $\vec{G}$ (die Diagonale) nicht aus den Komponenten $\vec{F}_1$ und $\vec{F}_2$ zusammengesetzt, sondern in diese *zerlegt.* Hat man die Konstruktion ausgeführt, so streicht man die Diagonale weg!

Eine Kraft $\vec{F}$ kann durch Komponenten $\vec{F}_1$ und $\vec{F}_2$, die zwei beliebig wählbare, nichtparallele Richtungen haben, ersetzt werden, sofern sie mit der Kraft $\vec{F}$ in einer Ebene liegen. Die Komponenten bilden die Seiten des Kräfteparallelogramms, dessen Diagonale die zu ersetzende Kraft $\vec{F}$ darstellt. Man sagt: Die Kraft $\vec{F}$ ist in Komponenten $\vec{F}_1$ und $\vec{F}_2$ zerlegt worden.

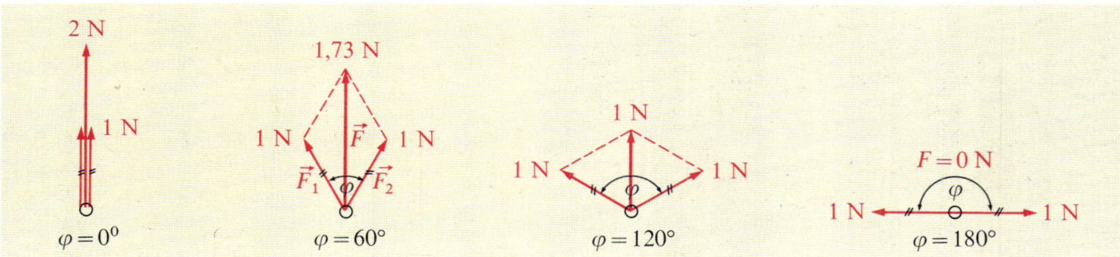

71.1 Addition von zwei Kräften mit den Beträgen 1 N bei verschiedenen Winkeln. Man streiche die Pfeile der ersetzten Komponenten durch. Sonst entsteht der Eindruck, als wirkten drei Kräfte zugleich.

Wir greifen die **schiefe Ebene** von Seite 69 wieder auf: Nach *Bild 72.2* zerlegen wir die Gewichtskraft $\vec{G}$ des Autos nach zwei Richtungen: Wir suchen a) die Hangabtriebskraft $\vec{F}_H$ *längs der schiefen Ebene* und b) die Anpreßkraft $\vec{F}_N$, mit der das Auto *senkrecht auf die Straße* gedrückt wird. (Nach Seite 42 ist $\vec{F}_N$ zum Berechnen der Reibungskraft nötig!) Diese beiden Kräfte können wir als Komponenten der Gewichtskraft $\vec{G}$ auffassen: Wir zeichnen $\vec{G}$ in *Bild 72.2* maßstabsgerecht ein und ziehen durch die Spitze von $\vec{G}$ die Parallelen a und b zu den angegebenen Richtungen. So erhalten wir das gewünschte *Kräfteparallelogramm* und mit ihm die Komponenten $\vec{F}_H$ und $\vec{F}_N$. Wenn wir diese Konstruktion für die Winkel α aus *Tabelle 69.1* ausführen, so können wir $\vec{F}_H$ und $\vec{F}_N$ zeichnerisch bestimmen. Die gefundenen Werte lassen sich mit Kraftmessern nach *Bild 72.2* nachprüfen.

3. Arbeit mit einer Kraft, die nicht in der Bewegungsrichtung liegt

In *Bild 72.1* greift die Kraft $\vec{F}$ in Deichselrichtung schräg nach oben am Wagen an. Sie zieht ihn nicht nur voran, sondern sucht ihn gleichzeitig zu heben. Wir fassen die Kraft $\vec{F}$ als Diagonale eines Kräfteparallelogramms auf und zerlegen sie in eine Komponente $\vec{F}_1$ in Wegrichtung und in eine dazu senkrechte Komponente $\vec{F}_2$ vertikal nach oben. Diese Komponentenrichtungen wählen wir zur Untersuchung der Arbeit mit Absicht aus: Allein die Komponente $\vec{F}_1$ verursacht nämlich, daß der Wagen nach vorn gezogen wird; die Komponente $\vec{F}_2$ sucht ihn nur anzuheben und vermindert so die Reibung.

Bewegt sich nun der Wagen unter der Wirkung der Kraft $\vec{F}$ um den Weg s, so ist für die Berechnung der Arbeit genau die Komponente $\vec{F}_1$ in Richtung des Weges maßgeblich. Die Arbeit ist $W = F_1 \cdot s$. Die Komponente $\vec{F}_2$ kann zur Arbeit keinen Beitrag liefern; der Wagen bewegt sich ja senkrecht zu $\vec{F}_2$, er wird nicht von seiner Fahrbahn gehoben.

Wir sehen, daß es richtig war, bei der Definition der Arbeit W nur die Kraft F_s in Wegrichtung einzuführen (Seite 46). Das Kräfteparallelogramm ist hierbei stets ein Rechteck.

72.1 Die Kraft $\vec{F}$ an der Deichsel wird zerlegt.

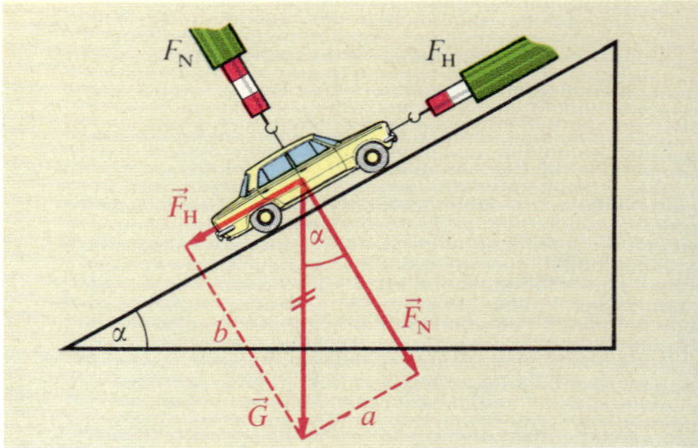

72.2 Kräftezerlegung an der schiefen Ebene

4. Rückblick

Mit den Kräften haben wir physikalische Größen kennengelernt, die durch ihren Betrag – eine Zahlenangabe mit Einheit – allein noch nicht bestimmt sind. Das wird deutlich, wenn sich zwei Kräfte zu einer *Resultierenden* zusammensetzen oder wenn die Kraft in *Komponenten* zerlegt wird: Die Beträge der Komponenten addieren sich nicht *algebraisch*, sondern ihre Kraftpfeile setzen sich *vektoriell* („geometrisch") zusammen. Erst diese vektorielle Addition macht verständlich, daß beim Zusammensetzen von Komponenten verschiedener Richtungen der Betrag der Resultierenden *kleiner* ist als die Summe der Komponentenbeträge. Für Komponenten gleicher oder entgegengesetzter Richtung erhalten wir die bekannte „skalare" Addition oder Subtraktion als Sonderfall.

Aufgaben:

1. *a) Ermittle durch Konstruktion die Resultierende der beiden Kräfte* 6 N *und* 8 N, *wenn sie Winkel von* 0°, 30°, 60°, 90°, 120° 150°, 180° *einschließen! Zwischen welchen Grenzen liegt der Betrag der Resultierenden?*

b) Bei welchen Winkeln kann man mit den Beträgen allein in gewohnter algebraischer Weise rechnen?

2. *Welchen Winkel müssen zwei Kräfte von je* 20 N *miteinander bilden, wenn die Resultierende ebenfalls* 20 N *betragen soll?*

3. *Wie findet man die Resultierende, wenn mehr als zwei Kräfte an einem Punkt angreifen?*

4. *An einem Telegrafenmast zieht ein Draht horizontal nach Osten mit* 2000 N, *ein zweiter horizontal nach Süden mit* 3000 N. *Gib Richtung und Betrag der Resultierenden an! Von wo aus wird man zweckmäßigerweise den Mast durch eine Stütze, von wo aus durch ein schräg nach unten gespanntes Drahtseil sichern?*

73.1 Förderturm zu Aufgabe 5

5. *Wozu dienen die starken Schrägstreben eines Förderturms (Abb. 73.1)? Warum halbieren sie den Winkel, den das Förderseil bildet?*

6. *An zwei Drahtseilen, die beide einen Winkel von* 10° *mit der Waagerechten bilden, hängt eine Straßenlampe mit der Gewichtskraft* 200 N *(Bild 73.2). Konstruiere die Komponenten der Gewichtskraft, die in den beiden Seilrichtungen ziehen (vgl. Bild 71.3)! Du findest so die Kräfte, mit denen die Seile von der Lampe gespannt werden. Wie ändern sich die Spannkräfte, wenn – bei Kälte – das Seil weniger durchhängt?*

7. *Die Lok einer Modellbahn muß bei einer Bergfahrt mit Neigung* 2% *($h/s = 0{,}02$) doppelt so stark ziehen wie bei waagerechter Fahrt. Die Reibung wird bei dieser Neigung jedoch nicht merklich anders, weil sich die Anpreßkraft hier nur geringfügig von der Gewichtskraft unterscheidet. Erläutere dies mit einer Skizze und bestimme für einen Zug mit der Masse* 510 g *Hangabtriebskraft, Reibungskraft und Gesamtkraft!*

8. *Mit welcher Kraft (abgesehen von der Reibung) zieht eine Zugmaschine einen Anhänger von* 30,6 t *Masse auf einer Bergstraße bei einem Neigungswinkel von* 5,7° *aufwärts (Tabelle 69.1)?*

§ 24 Der Schwerpunkt

Versuch 78: Lege ein flaches Lineal in einem beliebigen Punkt quer auf einen waagerecht festgehaltenen runden Bleistift. Sein längeres Ende zieht nach unten. Verschiebe das Lineal vorsichtig so lange, bis es waagerecht zu schweben scheint! Es ist jetzt genau in der Mitte unterstützt. Die übrigen Teile erscheinen *schwerelos*, wie man sofort sieht, wenn man ein Ende auf eine Briefwaage legt: Sie wird nicht belastet. Das Lineal verhält sich so, als wäre seine ganze Masse in der Mitte, im sogenannten **Schwerpunkt** S **(Massenmittelpunkt),** vereinigt und als griffe dort die Gesamtgewichtskraft G an. Daher ließen wir meist die Drehachse durch den Schwerpunkt des Hebels gehen. Dann erzeugte seine Gewichtskraft kein Drehmoment. Ihr Kraftarm war Null. Der Hebel drehte sich nicht.

Versuch 79: Lege zur Bestätigung nach *Bild 73.3* die Drehachse durch den Punkt D! Stets muß man dem Drehmoment der Gewichtskraft $\vec{G}$, die man sich im Schwerpunkt S angreifend denkt, einen Ausgleich verschaffen. Im Punkt A ($\overline{DA} = DS$) läßt sich durch einen Kraftmesser mit der Kraft $F = G$ der Stab in waagerechter Lage halten. Im Punkt B im doppelten Abstand braucht man nur noch die halbe Kraft $G/2$.

> **Ein fester Körper verhält sich häufig so, als wäre seine gesamte Masse im Schwerpunkt S vereinigt. Dort kann man sich die Gesamtgewichtskraft angreifend denken.**

Die Versuche bestätigen, was wir schon auf Seite 67 gefunden haben: Die Gewichtskräfte, mit denen die Erde an den einzelnen Teilen

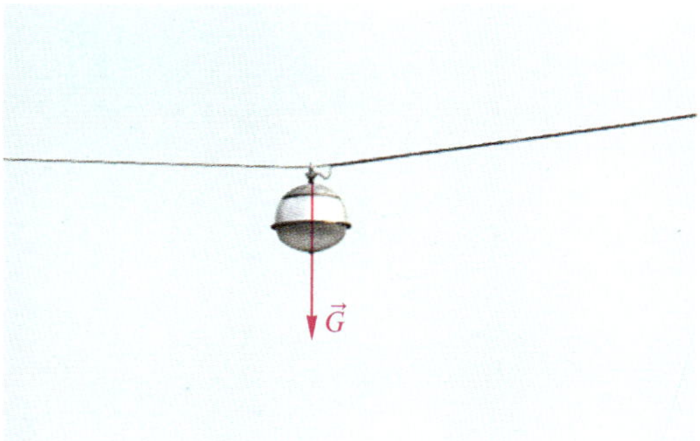

73.2 Die Gewichtskraft wird zerlegt; zu Aufgabe 6.

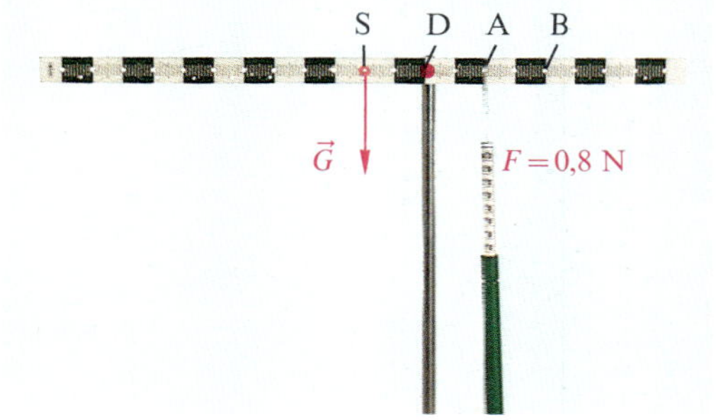

73.3 Zu Versuch 79

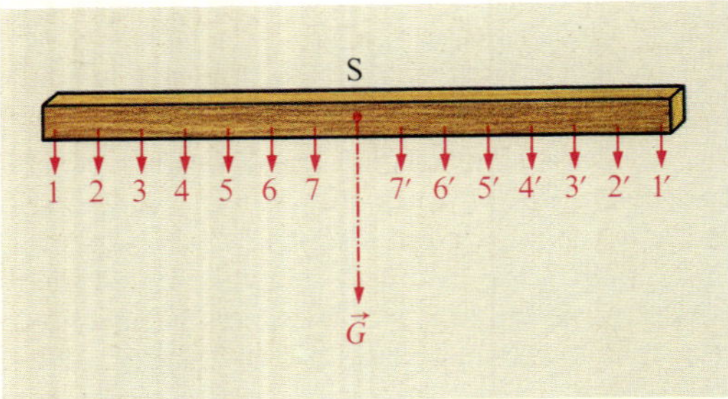

74.1 Schwerpunkt am Lineal

74.2 Schwerlinie einer Dreiecksplatte

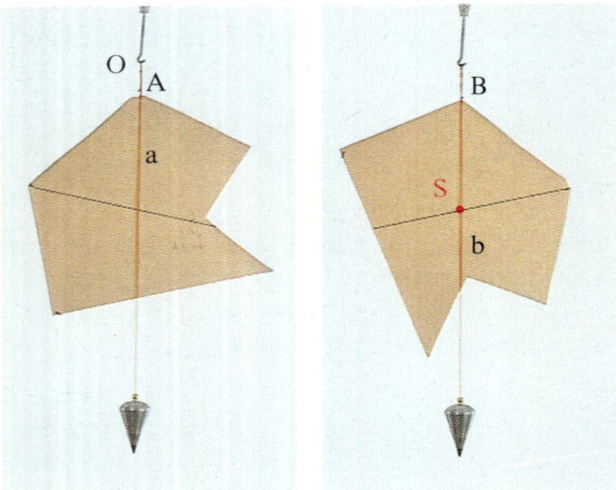

74.3 So findet man den Schwerpunkt.

74.4 Zu Aufgabe 3

eines Körpers zieht, setzen sich insgesamt zu einer Resultierenden $\vec{G}$ mit *wohlbestimmtem Angriffspunkt* S zusammen *(Bild 74.1)*. Beim Lineal, wie überhaupt bei jedem Körper, bei dem die Masse punktsymmetrisch in bezug auf einen Punkt S verteilt ist, fassen wir nach *Bild 74.1* je zwei symmetrisch zu S liegende Beiträge 1 und 1′, 2 und 2′ usw. zusammen. Ihre Summe greift als Resultierende in S an, und zwar für *jede* Lage des Körpers. Unterstützen wir ihn in S, so wirkt die Resultierende $\vec{G}$ in jeder Lage mit dem Kraftarm Null, das heißt *ohne* Drehmoment. – Hat ein homogener Körper eine Symmetrieachse oder eine Symmetrieebene, so liegt der Schwerpunkt darauf *(Bild 74.2)*. Der Schwerpunkt kann auch *außerhalb* des Körpers liegen: Bei einer Röhre liegt er in der Mitte des Hohlraums, bei einem Ring in der Mitte der Öffnung, bei einer Flasche im Inneren usw. Man kann den Schwerpunkt durch folgenden Versuch bestimmen, ein Verfahren, das vor allem bei unregelmäßig geformten Körpern bequem ist:

Versuch 80: Hänge nach *Bild 74.3* ein beliebiges Pappestück frei drehbar an einem Punkt A auf! Zeichne mit Hilfe des in O aufgehängten Lots (rot) die Lotlinie **(„Schwerlinie")** a durch den Aufhängepunkt A ein! Bestimme ebenso die *Schwerlinie* b durch einen außerhalb a liegenden Punkt B des Pappestücks! Sie schneiden sich im Punkt S! Bei jeder beliebigen Aufhängung dreht sich der Körper nämlich so lange, bis die Wirkungslinie der in S vereinigt gedachten Gewichtskraft durch den Aufhängepunkt geht. Dann ist ihr Drehmoment Null. Der Schnittpunkt aller Schwerlinien ist also der Schwerpunkt. Zu seiner Bestimmung genügen zwei von ihnen.

Aufgaben:

1. *Wo liegt der Schwerpunkt einer dreieckigen Platte? Untersütze sie in diesem Punkt! Gib eine Begründung anhand des Bildes 74.2: Welche geometrische Bedeutung hat die Unterstützungslinie aller Schwerpunkte der einzelnen Stäbe?*

2. *Ein* 80 cm *langer, homogener Stab hat eine Masse von* 200 g *und ist* 20 cm *rechts von der Mitte drehbar gelagert. Welche Kraft muß am rechten Ende angreifen, damit er in waagerechter Lage in Ruhe bleibt? Wo müßte man hierzu mit der Kraft* 1 N *senkrecht nach oben ziehen?*

3. *Wo etwa liegt nach Bild 74.4 der Schwerpunkt des Hochspringers? Kommentiere sein Verhalten!*

§ 25 Gleichgewichtsarten, Standfestigkeit

1. Wann ist ein Körper im Gleichgewicht?

Das Grundgesetz der *Statik* kennen wir schon:

Ein Körper bleibt in Ruhe, wenn an ihm Kräftegleichgewicht herrscht und sich die Drehmomente ausgleichen.

Der Hebel in *Bild 67.3* bleibt in Ruhe, weil der Kraftmesser mit 7 N nach oben zieht und den Gewichtskräften von insgesamt 7 N das *Kräftegleichgewicht* hält. Die Drehmomente von F_1 und F_2 gleichen sich aus.

Ist die Resultierende der angreifenden Kräfte nicht Null, so *verschiebt* sie den Körper; ein resultierendes Drehmoment *dreht* ihn um die Achse.

2. Was tut ein Körper, wenn man sein Gleichgewicht stört?

Versuch 81: Versuche, nach *Bild 75.1* einen Tischtennisball ins Gleichgewicht zu bringen: a) in einem Uhrglas, b) auf einem umgedrehten Uhrglas und c) auf einer waagerechten Tischplatte! Störe das Gleichgewicht jeweils durch leichtes Anblasen!

Versuch 82: Stecke durch einen Stab eine waagerechte Achse D, die *nicht* durch den Schwerpunkt S geht, und lasse ihn los *(Bild 75.2)!* Er dreht sich in eine Gleichgewichtslage und verharrt dort *stabil*. Drehe ihn dann um 180° aus dieser stabilen Lage und beobachte! Stecke schließlich die Achse genau durch den Schwerpunkt! Störe jede der drei Gleichgewichtsarten durch eine ganz kleine Drehung!

Von selbst nehmen Ball und Stab eine **stabile Gleichgewichtslage** ein *(Bild 75.1a und 75.2b)*. Nach jeder kleinen Störung pendelt der Körper um diese *stabile* Lage und kehrt schließlich zu ihr zurück (stabilis, lat.: feststehend, sicher).

In der sogenannten **labilen** Gleichgewichtslage *(Bild 75.1b und 75.2a)* wird ein Körper kaum gehalten: Bei der geringsten Störung strebt er von dieser fort (labilis, lat.: wankend).

Stört man ein **indifferentes** Gleichgewicht *(Bild 75.1c und 75.2c)*, so verharrt der Körper auch in einer benachbarten Gleichgewichtslage (indifferens, lat.: unterschiedslos).

Dieses unterschiedliche Verhalten läßt sich einmal mit Hilfe der Größen *Kraft* und *Drehmoment*, zum anderen mit den Begriffen *Arbeit*, *Schwerpunkt* und *Lageenergie* beschreiben.

a) In allen untersuchten Gleichgewichtsarten greifen am Körper zwei entgegengesetzte Kräfte an: Außer der Gewichtskraft $\vec{G}$ wirkt am Ball noch die Gegenkraft der verformten Unterlage, am Stab die der verformten Achse (Seite 36). Es herrscht **Kräftegleichgewicht.**

b) Bewegt eine Störung den Körper etwas aus seiner stabilen (labilen) Gleichgewichtslage, so tritt am *verschiebbaren Körper* eine Kraft auf, die ihn in diese zurück (von ihr fort) treibt. Denke an einen Eiswürfel in einer nassen, flachen Schale! Am *drehbaren Körper* erzeugt die Gewichtskraft $\vec{G}$ ein *Drehmoment*, das ihn in die Gleichgewichtslage zurück (weiter aus ihr heraus) zu drehen trachtet.

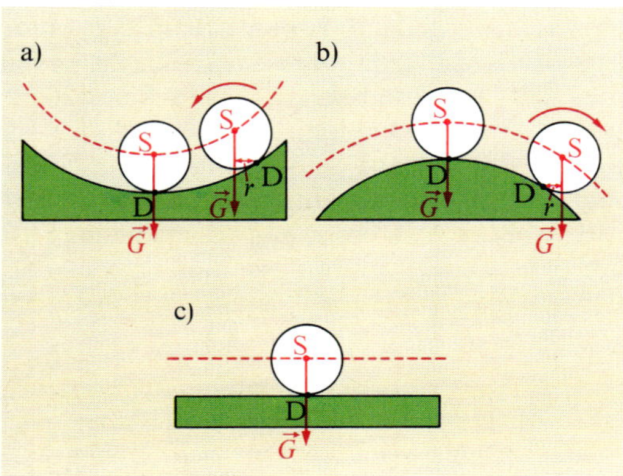

75.1 Die Gleichgewichtsarten bei einer Kugel

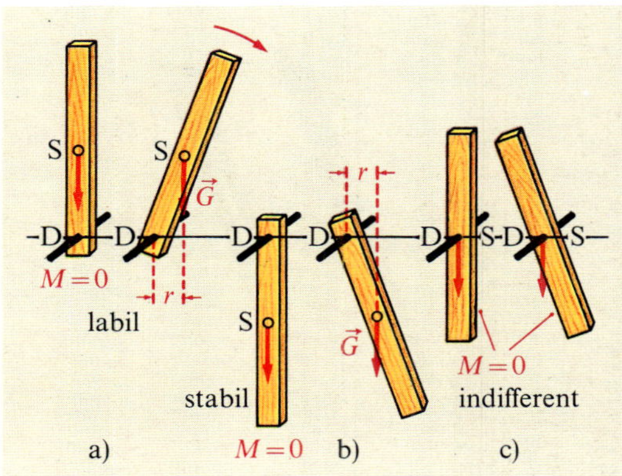

75.2 Die Gleichgewichtslagen eines Stabes

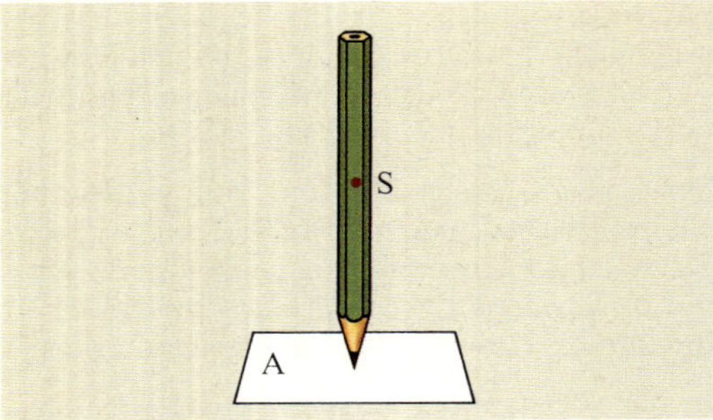

76.1 Labile Gleichgewichtslage

Suche in den *Bildern 75.2* den jeweiligen Kraftarm *r*, und prüfe den Richtungssinn des auftretenden Drehmoments! Im *indifferenten* Gleichgewicht bewirkt eine Störung weder eine Kraft noch ein Drehmoment.

c) Bei allen betrachteten Beispielen nimmt der Schwerpunkt im *stabilen* Gleichgewicht die *tiefste* Lage ein und wird bei jeder Bewegung zunächst *gehoben*. Daher muß dem Körper zu jeder Lageveränderung **Energie** von außen zugeführt werden.

Im *labilen* Gleichgewicht kann sich der Körper in benachbarte Stellungen geringerer *Lageenergie* bewegen. Dabei gibt er Energie nach außen ab oder gewinnt Bewegungsenergie. Bei dieser Lageveränderung *senkt* sich sein Schwerpunkt. Aus solchen Stellungen geringerer Lageenergie kann sich ein Körper von selbst nicht in die labile Gleichgewichtslage zurückbewegen.

Im *indifferenten* Gleichgewicht kann der Körper in benachbarte Lagen gelangen, in denen er wieder im Gleichgewicht ist. Bei solchen Veränderungen bleibt der Schwerpunkt auf *gleicher* Höhe. Seine Lageenergie bleibt gleich.

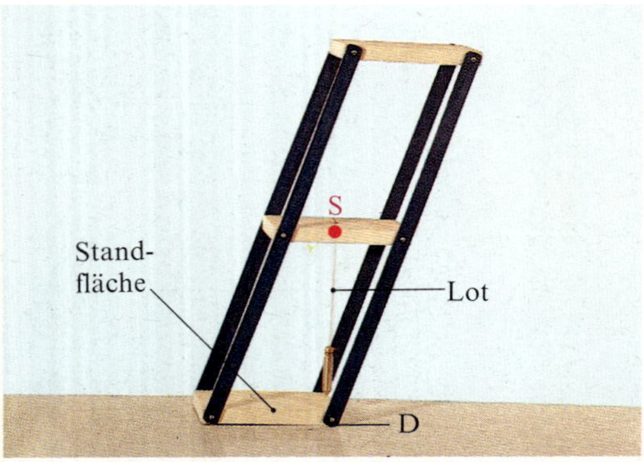

76.2 Ein Körper kippt, wenn das Schwerpunktlot die Standfläche nicht mehr trifft.

Ein Körper ist im *stabilen* Gleichgewicht, wenn alle benachbarten Lagen größere Lageenergie besitzen.
Das Gleichgewicht ist *labil*, wenn er sich in eine Stellung kleinerer Lageenergie bewegen kann.
Das Gleichgewicht eines Körpers ist *indifferent*, wenn alle benachbarten Gleichgewichtslagen gleiche Lageenergie besitzen.

Bei drehbaren Körpern, wie dem Ball in Versuch 81 oder dem um die Achse beweglichen Stab von Versuch 82, besteht nur dann Gleichgewicht, wenn sich nicht nur die Kräfte, sondern auch die Drehmomente ausgleichen, oder wenn sie den Wert Null haben **(Momentenausgleich).** Beim Ball und beim Stab gehen die Wirkungslinien der Schwerkraft jeweils in der Gleichgewichtslage selbst durch die Drehachse. Dies können wir sowohl bei *Bild 75.1* wie bei *Bild 75.2* nachprüfen: S und D liegen im Gleichgewichtsfall senkrecht übereinander. Das Drehmoment ist also Null (auch das Drehmoment der Gegenkraft ist Null).

3. Wann fällt ein Körper um?

Wenn ein Körper „von selbst" umfällt, ist seine Gewichtskraft daran schuld. Im Schwerpunkt S vereinigt, erzeugt sie ein Drehmoment. In dem in *Bild 76.2* dargestellten Fall kippt dieses Drehmoment den Körper um D gerade noch nicht. Das durch S gehende Lot **(Schwerpunktlot)** trifft die **Standfläche** des Körpers noch ganz knapp.

Die Standfläche eines Körpers besteht nicht nur aus der Berührungsfläche des Körpers mit der Unterlage, sondern „umspannt" auch alle dazwischenliegenden Punkte. Beim *Fotostativ* ist sie die Fläche des Dreiecks, in dessen Ecken die Stativbeine stehen. Da diese Standfläche bei uns Menschen durch die Füße gegeben ist, dürfen wir unseren Schwerpunkt nicht allzusehr verlagern, wenn wir stehen bleiben wollen. Mit einer schweren, weit ausladenden Last auf dem Rücken müssen wir uns so weit vorbeugen, daß unsere kleine Standfläche noch vom *Schwerpunktlot* getroffen wird.

Ein Körper bleibt auf seiner Standfläche nur dann stehen, wenn sie vom Schwerpunktlot getroffen wird.

Versuch 83: Um den Körper in *Bild 77.1a standfest* zu machen, können wir seine Standfläche vergrößern, indem wir ihm eine Fußplatte geben. (*Bild 77.1b*; denke an Stehlampen!) Dem kopflastigen Körper in *Bild 77.1a* können wir aber auch helfen, wenn wir ihn unten mit Blei ausfüllen. Der Schwerpunkt S sinkt und gelangt über die Unterstützungsfläche (*Bild 77.1c*). Bei Kränen bringt man zu diesem Zweck häufig ein Gegengewicht an.

Fällt ein Körper nicht mehr von selbst um – das heißt durch seine eigene Gewichtskraft – so können ihn doch äußere Kräfte umwerfen, etwa ein Windzug oder ein Stoß. Diese Kräfte müssen dabei *Arbeit* verrichten, um den Schwerpunkt des Körpers in die Stellung zu heben, aus der er von selbst umfällt. Diese Arbeit ist um so *größer*, je *tiefer* der Schwerpunkt liegt, je größer also die Strecke ist, um die er gehoben werden muß, bis der Körper von selbst fällt.

Ein Körper steht um so fester, je mehr Arbeit man aufbringen muß, um ihn umzuwerfen. Seine Standfestigkeit ist im allgemeinen um so größer, je tiefer sein Schwerpunkt liegt und je größer seine Standfläche und seine Gewichtskraft sind.

Aufgaben:

1. *Wo sollte der Schwerpunkt eines Rades beim Fahrrad bzw. beim Auto liegen? Was geschieht, wenn er nicht richtig liegt? Wie kann man seine Lage im Rad verändern?*

2. *Warum richtet sich das Stehaufmännchen in Bild 77.2 auf? Wann ist es in labiler Gleichgewichtslage?*

3. *Stelle aus Draht, Knetmasse und Karton ein Modell ähnlich wie in Bild 77.3 her und beschreibe, wie die Bedingungen für eine stabile waagerechte Lage erfüllt werden können!*

4. *Wie ändert sich die Standfestigkeit eines Autos, wenn man die Koffer statt im Gepäckraum auf dem Dachträger verstaut?*

5. *Ein Doppeldecker-Omnibus ist* 2,50 m *breit und* 4,00 m *hoch; sein Schwerpunkt befindet sich bei mittlerer Belastung in etwa* 1,50 m *Höhe über der Fahrbahn (Bild 77.4). Ermittle durch eine Zeichnung, um welchen Winkel der Bus äußerstenfalls gekippt werden dürfte, ohne daß er umfällt!*

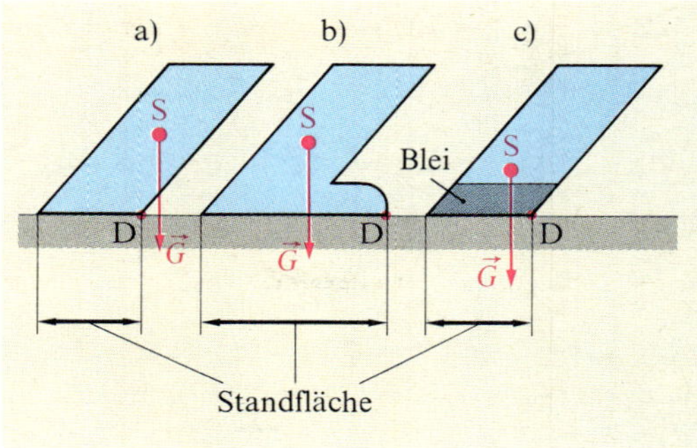

77.1 Welcher Körper fällt von selbst um?

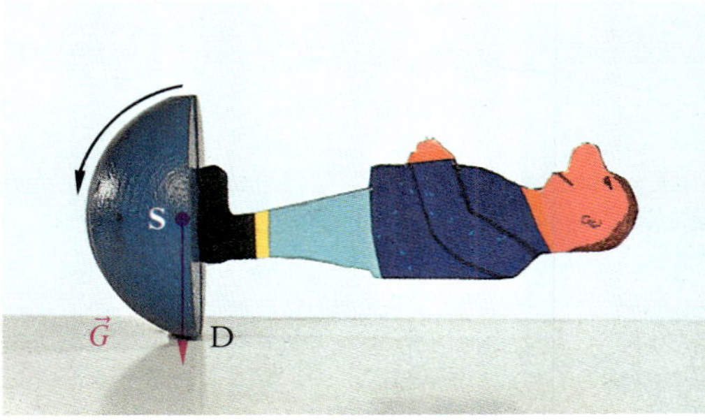

77.2 Stehaufmännchen

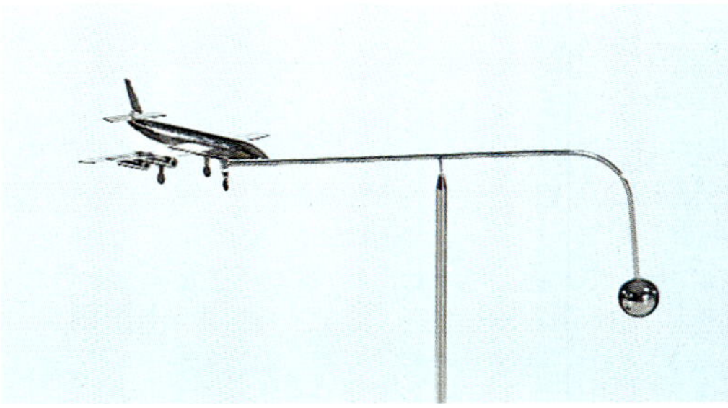

77.3 Zu Aufgabe 3

77.4 Doppeldecker in London

Statik der Flüssigkeiten und Gase

§ 26 Verhalten von Luft und Wasser

1. Ist Luft ein gewichtsloses Etwas?

Luft nimmt einen Raum ein: Auf Seite 11 hast du das Volumen deiner Atemluft gemessen. Im Winter kannst du sie wegen ihres Wasserdampfgehaltes sogar sehen; sie schwebt als „Hauch" frei im Raum. Erfahren Luft und andere Gase also keine Gewichtskraft, haben sie keine Masse?

Versuch 84: Auf einer genauen Waage wird ein Glaskolben (etwa 1 l Inhalt) mit Wägestükken austariert *(Bild 78.1)*. Wir pressen mit einer Glasspritze zusätzlich 300 cm³ Luft in den Kolben. Er wird schwerer. Damit die Waage wieder ins Gleichgewicht kommt, müssen wir auf die andere Waageschale 360 mg auflegen. Wir folgern: Luft mit dem Volumen $V = 0{,}30\,\text{l}$ (in nicht zusammengepreßtem Zustand) besitzt die Masse 0,360 g. Ihre Dichte beträgt also

$$\varrho = \frac{m}{V} = \frac{0{,}360\,\text{g}}{0{,}30\,\text{l}} = 1{,}2\,\frac{\text{g}}{\text{l}} = 1{,}2\,\frac{\text{kg}}{\text{m}^3}.$$

Aus der Masse $m = 0{,}36\,\text{g}$ können wir mit der Gleichung $G = m \cdot g$ nach Seite 25 auch die Gewichtskraft G berechnen, welche die eingepreßte Luft bei uns erfährt. Mit dem Ortsfaktor $g \approx 10\,\text{N/kg} = 1\,\text{cN/g}$ folgt $G = 0{,}36\,\text{cN}$.

Beispiel: Die Luft in einem Klassenzimmer (12 m lang, 8 m breit, 3 m hoch; $V = 288\,\text{m}^3$) hat die Masse $m = \varrho \cdot V = 1{,}2\,\text{kg/m}^3 \cdot 288\,\text{m}^3 = 346\,\text{kg}$.

78.1 Die Messung der Dichte der Luft. Mit der Glasspritze wird Luft von bekanntem Volumen in den Glaskolben gepreßt und so gewogen.

2. Gemeinsames bei Luft und Wasser

Beide Stoffe unterscheiden sich erheblich von festen Körpern. Die Teilchen, aus denen Flüssigkeiten und Gase bestehen, lassen sich nämlich leicht gegeneinander verschieben (S. 13):

Versuch 85: Wir vergleichen Wasser mit Mehl. Beide Stoffe lassen sich in Gefäße füllen und nehmen deren Form an. Während sich Mehl aber aufhäufen läßt, hat ruhendes Wasser eine waagerechte Oberfläche; Wasserteilchen gleiten an der kleinsten Erhebung ab und gleichen so alle Unebenheiten aus. Dies gilt für alle Flüssigkeiten: Ihre Teilchen lassen sich noch leichter gegeneinander verschieben als Mehlstäubchen. – Noch mehr trifft dies für Gasmoleküle zu. Vergleiche dazu Seite 15.

In Flüssigkeiten und Gasen sind die Teilchen leicht gegeneinander verschiebbar.

Versuch 86: Nach *Bild 78.2* kann ein leichter Faden durch seine Gewichtskraft das schwimmende Brett langsam nach rechts ziehen. Die Flüssigkeitsteilchen weichen aus, auch wenn nur geringe Kräfte wirken. Allerdings spüren wir bei schnellem Schwimmen erhebliche Widerstandskräfte, wir beschleunigen ja das Wasser. Hierzu braucht man nach Seite 19 große Kräfte. Also lassen sich nur bei langsamen Bewegungen Flüssigkeitsteilchen leicht gegeneinander verschieben.

Auch bei schnellen Bewegungen in der Luft spüren wir Widerstandskräfte. Um von solchen Kräften absehen zu können, beschränken wir uns im allgemeinen auf Flüssigkeiten und Gase, die sich in Ruhe befinden oder nur sehr langsam bewegen. Die Überschrift **„Statik"** des Kapitels kündigte es bereits an. Wir behandeln die *„Lehre vom Gleichgewicht in ruhenden Flüssigkeiten und Gasen"*.

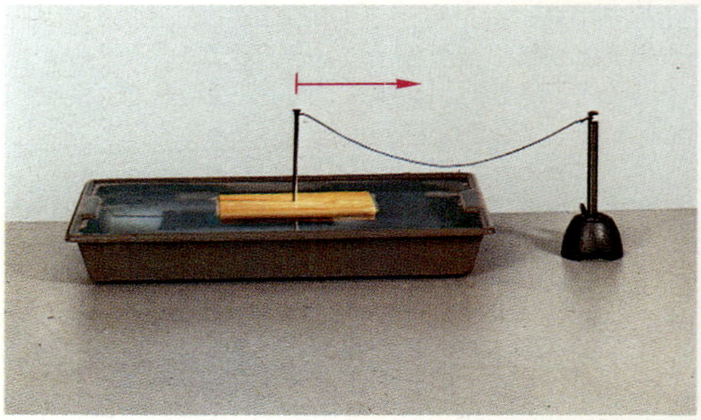

78.2 Der Faden zieht das schwimmende Brett leicht weg. Die Wassermoleküle lassen sich gegeneinander verschieben, obwohl sie sich gegenseitig berühren.

§ 27 Der Kolbendruck

1. Flüssigkeiten unter Druck

Den Begriff *„Druck"* verwenden wir oft im täglichen Sprachgebrauch. Man denke an Über- und Unterdruck, Luftdruck, Druck in der Wasserleitung. – Druck gibt's auch beim Auto: Mit Hilfe des Bremspedals setzt der Autofahrer die Bremsflüssigkeit *„unter Druck"*; sie ruft an allen Rädern große Bremskräfte hervor. An der Tankstelle preßt man Luft ins Innere des Autoreifens und erhöht den *Reifendruck*; der Reifen bläht sich *nach allen Seiten* auf. Der *Explosionsdruck* der Verbrennungsgase im Autozylinder treibt die Kolben an (Seite 160).

Diese Beispiele zeigen: Wenn Flüssigkeiten und Gase Kräfte ausüben, sagt man, es herrsche **Druck.** Was versteht man darunter in der Physik? Was ist dabei anders als bei Kräften in festen Körpern?

Versuch 87: Auf feste Körper können wir Kräfte ausüben: Sie haben jeweils – wie alle Kräfte – eine ganz bestimmte Richtung *(Bild 79.2a)*. Wollen wir dagegen mit dem Finger eine Kraft auf eine Wasseroberfläche übertragen, so weichen die Teilchen seitlich aus *(Bild 79.2b)*; wir werden unsere Kraft dem Wasser gegenüber nicht los. Was tun? Wasser wird in einen Zylinder mit dicht schließendem Kolben eingesperrt, z.B. in eine Glasspritze *(Bild 79.2c)*. Die Kraft F wirkt jetzt im Bereich der ganzen Kolbenfläche A gleichmäßig auf das Wasser. Nun kann die Flüssigkeit nicht mehr entweichen; deshalb übt sie auf alle sie begrenzenden Wandflächen Kräfte aus.

Versuch 88: Wir zeigen die Kräfte auf die Begrenzungsflächen. Dazu üben wir mit einem Kolben auf die im Gefäß des *Bildes 79.3a* eingeschlossene Flüssigkeit eine Kraft aus. Die Flüssigkeit spritzt nach allen Richtungen gleich stark.

Aber auch auf Begrenzungsflächen nach innen (auf Hohlräume) werden Kräfte ausgeübt:

Versuch 89: Das Gefäß nach *Bild 79.3b* enthält neben Wasser eine mit Luft gefüllte Gummiblase. Übt man eine Kraft auf den Kolben aus und verschiebt ihn nach links um die Strecke s, so wird die Blase kleiner, bleibt aber rund. Offenbar erfährt sie von allen Seiten Kräfte.

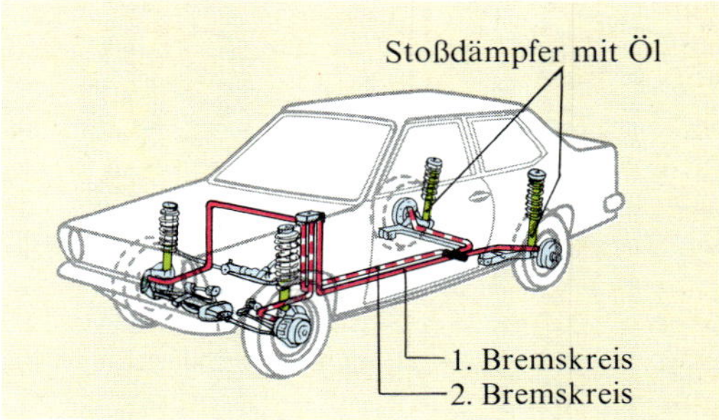

79.1 Im Auto stehen Flüssigkeiten und Gase unter Druck; z.B. die Bremsflüssigkeit in den Bremsleitungen und die Luft in den Reifen.

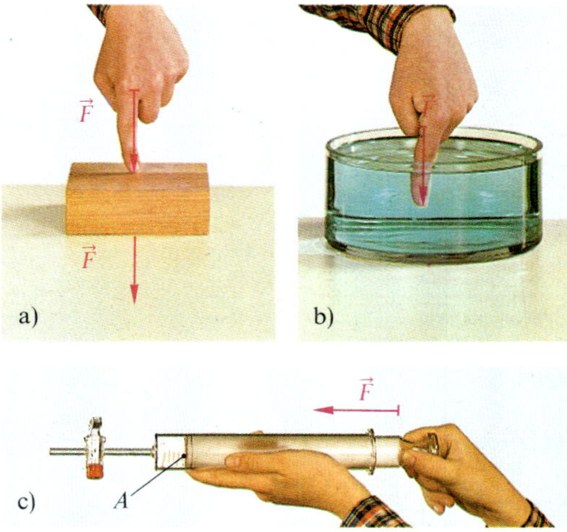

79.2 Kraft auf einen festen Körper (a), eine Wasseroberfläche (b) und eine eingeschlossene Wassermenge in einer Glasspritze (c)

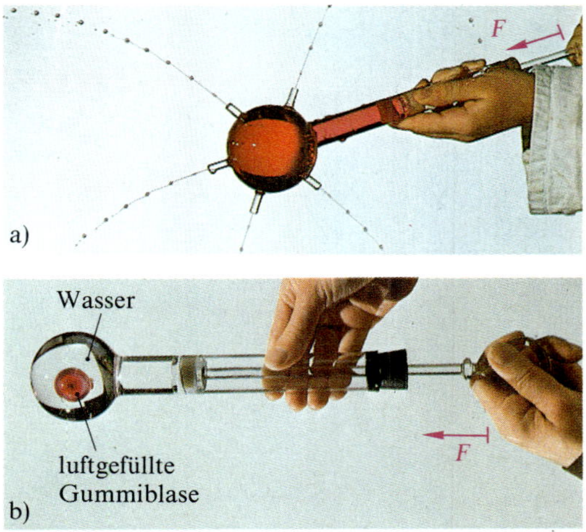

79.3 a) Zu Versuch 88. Vergleiche mit dem Modellversuch in *Bild 80.1!* b) Zu Versuch 89

Um dieses Verhalten der Flüssigkeiten zu verstehen, stellen wir uns im **Modellversuch** nach *Bild 80.1* ein Gefäß vor, das mit kleinen, reibungsfreien Kügelchen angefüllt ist. Sie stellen die leicht gegeneinander verschiebbaren Flüssigkeitsteilchen dar. Auf sie übt der rechte Kolben eine Kraft nach links aus (vgl. mit *Bild 79.3a*). Jedes Kügelchen versucht, sich zwischen zwei andere zu schieben und sie zur Seite zu drängen. Auf diese Weise setzt sich die Wirkung der Kraft nach allen Richtungen fort. Verfolge dies!

Durch die Kolbenkraft wurde die Flüssigkeit in einen **Druckzustand** versetzt. Man sagt, es herrscht in ihr **Druck.** Wir erkennen dies daran, daß auf jede Begrenzungsfläche Kräfte ausgeübt werden. Dies ist eine Folge der leichten Verschiebbarkeit der Flüssigkeitsteilchen.

2. Druckzustand in Gasen

Die Versuche 87 und 89 lassen sich auch mit Gasen durchführen. Wir füllen dazu die Gefäße nur mit Luft anstatt mit Wasser. Einen Unterschied merken wir aber sofort: Üben wir auf eine eingeschlossene Gasmenge mit einem beweglichen Kolben eine Kraft aus, so verkleinert sich das Volumen. Und sonst? Genauso wie bei den eingeschlossenen Flüssigkeiten herrscht im komprimierten Gas ein Druckzustand. Wieder wirkt auf jede Begrenzungsfläche eine Kraft, die vorher nicht vorhanden war. Man spürt dies z.B., wenn man eine Fahrradpumpe an ihrer seitlichen Öffnung zuhält und den Kolben in die Pumpe hineinzuschieben versucht.

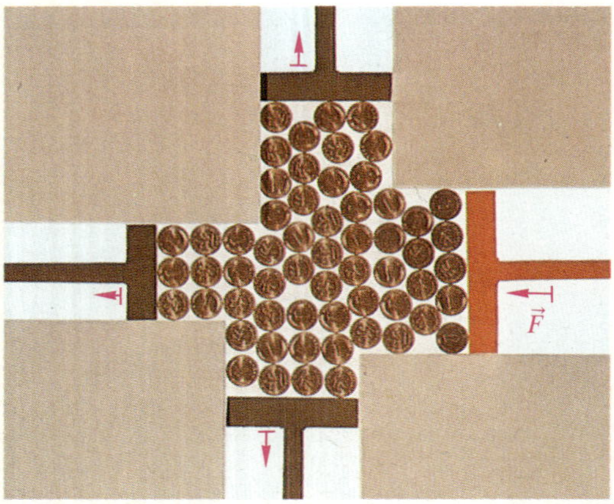

80.1 Modellversuch: Die Kugeln (hier einfachheitshalber Pfennige) drücken sich nach allen Seiten weg, wenn auf den rechten Kolben eine Kraft wirkt.

Die Gummiblase in Versuch 89 wird auch dann zusammengepreßt, wenn die Glasspritze mit Luft gefüllt ist.

Wie alle bisherigen Versuche und Überlegungen zeigen, ist *Druck etwas anderes als Kraft.*

Flüssigkeiten und Gase können in einen Druckzustand versetzt werden. Wir erkennen ihn daran, daß auf jede Begrenzungsfläche eine Kraft wirkt.

3. Was versteht man unter Druck?

Versuch 90: Nach *Bild 81.1* sind drei Glasspritzen durch Schlauchleitungen verbunden und mit einer Flüssigkeit gefüllt. Üben wir nun z.B. auf den äußersten Kolben links eine Kraft F_1 nach unten aus, so erfahren die beiden anderen Kolben Kräfte nach oben: Sie werden in die Höhe gehoben.

Der in *Bild 80.1* dargestellte Modellversuch veranschaulicht, wie eine solche Kraftübertragung zustande kommt: Der rot getönte Kolben entspricht dem Kolben, auf den eine Kraft F wirkt; zwei der braun getönten verschiebbaren Wände entsprechen den beiden anderen Kolben. Je größer die Fläche einer solchen verschiebbaren Wand ist, desto mehr Kugeln greifen an ihr an. Wenden wir diese Modellvorstellung auf Versuch 90 an, so kommen wir zu der Vermutung, daß die Kraft F_1, die wir auf den linken Kolben der Fläche $A_1 = 2\ \text{cm}^2$ ausüben, *nicht* mit gleichbleibendem Betrag auf die beiden anderen Kolben übertragen wird. Es ist anzunehmen, daß der Kolben mit der doppelten Fläche $2\ A_1 = 4\ \text{cm}^2$ auch die doppelte Kraft $2\ F_1$, der Kolben mit der dreifachen Fläche $3\ A_1 = 6\ \text{cm}^2$ die dreifache Kraft $3\ F_1$ erfährt: $\boldsymbol{F \sim A}$.

Versuch 91: Wir prüfen diese Vermutung nach: Dazu legen wir auf den linken Kolben nach *Bild 81.1* ein Wägestück, so daß auf die Flüssigkeitsoberfläche im linken Zylinder zusammen mit der Gewichtskraft des Kolbens eine Kraft von $F_1 = 200\ \text{cN}$ ausgeübt wird. Um die Beträge der Kräfte zu messen, welche jetzt die beiden anderen Kolben jeweils nach oben erfahren, legen wir auf diese so viele Wägestücke, daß Stillstand der Kolben eintritt. *Tabelle 81.1* zeigt das Versuchsergebnis. Unsere Vermutung bestätigt sich.

Führen wir den Versuch mit anderen Kräften durch, so finden wir stets, daß für alle Glasspritzen der Quotient $\frac{\text{Kraft } F}{\text{gedrückte Fläche } A}$ gleich groß ist. Dabei können an die Schlauchleitungen des Versuchs beliebig viele weitere Glasspritzen angeschlossen sein; sie dürfen auch seitlich oder an der unteren Schlauchwand angebracht werden. Sofern dabei keine großen Höhenunterschiede auftreten, hat der Quotient F/A überall den gleichen Betrag. Dieser Quotient ist somit ein eindeutiges Maß für den Druckzustand. Man nennt ihn den **Druck p.** Der Druck ist also überall gleich. Die Angabe der Kräfte allein genügt nicht, um ihn zu kennzeichnen – man muß auch die Flächen A berücksichtigen.

Versuch 92: Wir ersetzen die Flüssigkeit in der Anordnung des *Bildes 81.1* durch Luft und wiederholen den Versuch 91. Beim Belasten der Kolben wird die Luft zwar etwas zusammengepreßt, sonst ändert sich aber am Ergebnis nichts. Bei Druckausgleich erhalten wir dieselben Werte wie in *Tabelle 81.1*. Es ist also sinnvoll, auch bei Gasen den Druck $p=F/A$ zu benutzen.

Erfährt die Begrenzungsfläche A einer Flüssigkeit oder eines Gases die Kraft F, so nennen wir den Quotienten $\frac{F}{A}$ den Druck p:

$$p=\frac{F}{A} \quad \textit{(Definition des Drucks).} \qquad \textbf{(81.1)}$$

Der Druck, den ein Kolben in einer ruhenden Flüssigkeit oder in einem eingeschlossenen Gas erzeugt (Kolbendruck), ist an jeder Stelle der Flüssigkeit bzw. des Gases gleich groß:

$$\frac{F_1}{A_1}=\frac{F_2}{A_2}=\frac{F_3}{A_3}=\ldots \text{ konstant}=p$$

(Gesetz für den Kolbendruck). **(81.2)**

Die Kräfte auf die Begrenzungsflächen stehen immer senkrecht zur Fläche. Würde nämlich auf Flüssigkeitsteilchen an der Wand eine schräg wirkende Kraft ausgeübt, so müßten sie an der Wand entlangrutschen (lege Kügelchen auf den Tisch und drücke schräg von oben darauf); Wandströmungen müßten auftreten. Dies wird aber im Ausgleichszustand nicht beobachtet. Wir zeichnen daher die Kräfte meist so, daß ihre Pfeilspitzen rechtwinklig auf die Angriffsfläche zeigen (vgl. z.B. *Bild 82.2*).

Herrscht in einer Flüssigkeit oder in einem Gas der Druck p, so erfährt eine beliebig liegende Begrenzungsfläche A eine ihr proportionale Kraft F vom Betrag

$$F=p\cdot A. \qquad \textbf{(81.3)}$$

Diese Kraft F steht senkrecht zur gedrückten Fläche.

Der Druck selbst hängt also nicht von der Stellung der gedrückten Fläche ab. Wir können ihm keine Richtung zuschreiben, er ist ein *Skalar* (Seite 26). Erst wenn wir eine bestimmte Begrenzungsfläche ins Auge fassen, können wir eine *Kraft* $\vec{F}$ mit Betrag und Richtung, also eine *Vektorgröße*, angeben; diese wirkt stets senkrecht zur Begrenzungsfläche. Der Begriff Druck in Flüssigkeiten und Gasen ist deshalb von den Kräften auf Flächen genauso zu unterscheiden wie etwa die Masse von der Gewichtskraft. Leider wird in der Umgangssprache zwischen Kraft und Druck oft nicht unterschieden. Sagt man z.B.: „Ich drücke ...“, so meint man: „Ich übe eine Kraft aus ...“.

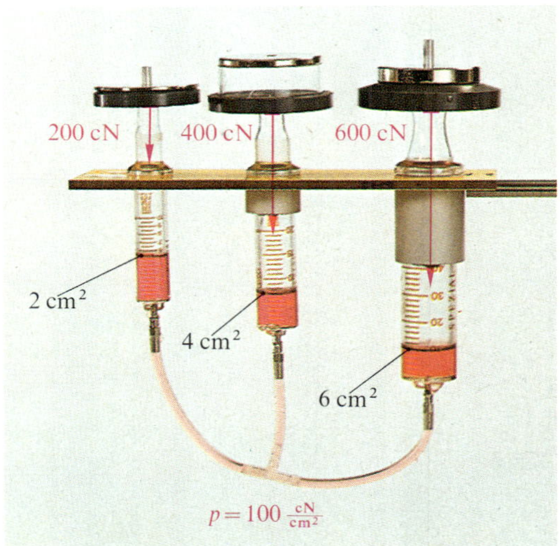

81.1 Die Kräfte sind verschieden, der Druck ist jedoch überall gleich, nämlich 100 cN/cm².

	Fläche A	Kraft F	F/A
Kolben 1	2 cm²	200 cN	100 cN/cm²
Kolben 2	4 cm²	400 cN	100 cN/cm²
Kolben 3	6 cm²	600 cN	100 cN/cm²

Tabelle 81.1 Zu Versuch 91. In der Kraft F ist jeweils die Gewichtskraft der Kolben enthalten.

4. Druckeinheiten und Druckmessung

Wir fanden in *Tabelle 81.1* für den Druck $p = F/A$ die Einheit $1\,\mathrm{cN/cm^2}$; in Physik und Wetterkunde nennt man sie 1 Millibar (mbar), siehe Seite 165. Ferner benutzen wir die 1000mal größere Einheit $1\,\mathrm{bar} = 1000\,\mathrm{cN/cm^2} = 10\,\mathrm{N/cm^2}$. Man findet sie z. B. auf Druckmessern von Autoreifen *(Bild 95.2)*.

Druckeinheiten sind

$$1\,\mathrm{bar} = 10\,\frac{\mathrm{N}}{\mathrm{cm^2}}; \qquad 1\,\mathrm{mbar} = 1\,\frac{\mathrm{cN}}{\mathrm{cm^2}}. \qquad (82.1)$$

Mit den Einheiten 1 N und $1\,\mathrm{m^2}$ ergibt sich die sehr kleine Druckeinheit **1 Pascal (Pa)** = $1\,\frac{\mathrm{N}}{\mathrm{m^2}} = \frac{1}{100\,000}$ bar. – Eine veraltete Druckeinheit ist die Atmosphäre (1 at); $1\,\mathrm{at} = 9{,}81\,\frac{\mathrm{N}}{\mathrm{cm^2}} = 0{,}981\,\mathrm{bar} \approx 1\,\mathrm{bar}$.

Beispiele:

1. Auf eine Begrenzungsfläche von $5\,\mathrm{cm^2}$ einer Flüssigkeit wirkt die Kraft 20 N. Wie groß ist der Druck p in der Flüssigkeit in bar und mbar?

$$p = \frac{F}{A} = \frac{20\,\mathrm{N}}{5\,\mathrm{cm^2}} = 4\,\frac{\mathrm{N}}{\mathrm{cm^2}} = 0{,}4\,\mathrm{bar} = 400\,\mathrm{mbar}.$$

2. Der Druck in einer Flüssigkeit sei 2 bar. Welche Kraft wirkt auf eine Begrenzungsfläche von $75\,\mathrm{cm^2}$?

$$F = p \cdot A = 2\,\mathrm{bar} \cdot 75\,\mathrm{cm^2} = 20\,\frac{\mathrm{N}}{\mathrm{cm^2}} \cdot 75\,\mathrm{cm^2} = 1500\,\mathrm{N}.$$

Geräte zur Druckmessung heißen **Manometer.** Beim Manometer von *Bild 82.1* erzeugt der zu messende Druck an der dünnen, gewellten Membran eine ihm proportionale Kraft. Ein Hebelmechanismus überträgt die eintretende Verbiegung nach oben auf den Zeiger, der an der Skala den Druck angibt. Empfindliche Manometer haben große und dünne Membranen.

Versuch 93: Wir wollen die Skala eines Manometers überprüfen. Dazu verbinden wir seinen Anschlußstutzen nach *Bild 82.1* durch einen Schlauch mit der Glasspritze. Die im Zylinder und in der Leitung befindliche Luft überträgt den Kolbendruck. – Wir legen verschiedene Wägestücke auf; ihre Gewichtskräfte ergeben jeweils zusammen mit der Gewichtskraft des Kolbens die Kräfte F, welche auf die Querschnittsfläche A ausgeübt werden. Wir berechnen $p = F/A$ und vergleichen das Ergebnis mit der Anzeige des Manometers.

Aufgaben:

1. *Was ändert sich in Versuch 91 nach Bild 81.1, wenn auf die Flüssigkeitsoberfläche in der linken Glasspritze* 15 N *statt* 2 N *wirken? Wann erhält man wieder Druckausgleich?*

2. *Auf ein* $5\,\mathrm{cm^2}$ *großes Stück der Innenwand eines Autoreifens wirkt die Kraft* 90 N. *Wie groß ist der Druck im Autoreifen in Bar und Millibar?*

3. *In einer Wasserleitung herrscht ein Druck von* 4,3 bar. *Welche Kraft braucht man, um mit dem Daumen an einem geöffneten Hahn von* $1{,}4\,\mathrm{cm^2}$ *Querschnitt das Ausfließen zu verhindern? Welche Kraft wäre hierzu am Hydrantanschluß von* $25\,\mathrm{cm^2}$ *Querschnitt nötig?*

4. *Welche Querschnittsfläche muß der Kolben in Bild 82.1 haben, um mit einem* 1 kg-*Stück die Druckangabe* 1,5 bar *am Manometer zu prüfen?*

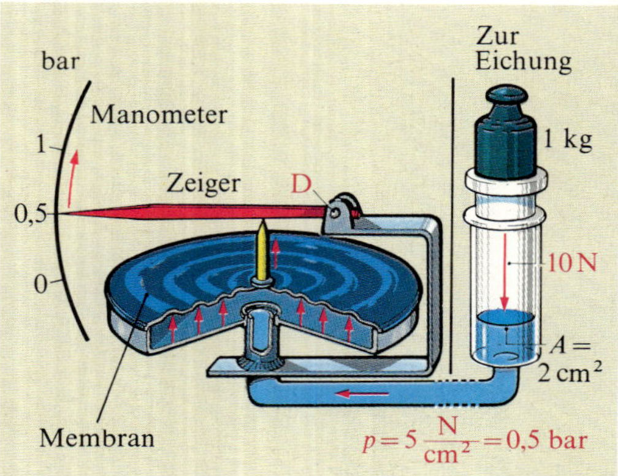

82.1 Membranmanometer, Aufbau und Eichung

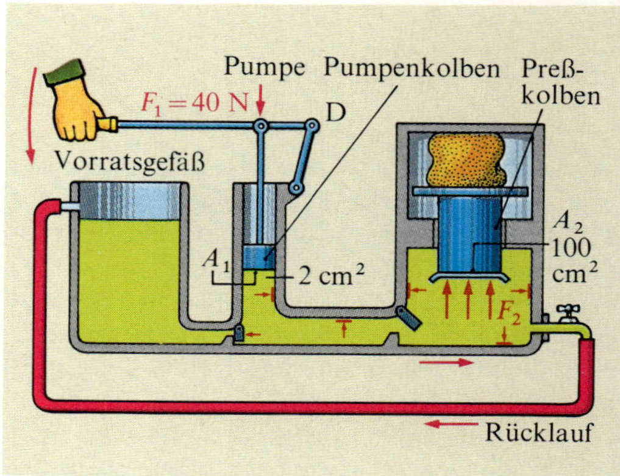

82.2 Hydraulische Presse

§ 28 Anwendungen des Kolbendrucks

1. Kräfte werden verstärkt

a) *Bild 82.2* zeigt eine mit Flüssigkeit gefüllte **hydraulische Presse** (hydor, griech.: Wasser; Flüssigkeit). Senkt man den Pumpenkolben, so wird Ventil 1 geschlossen, Ventil 2 geöffnet. Beim Heben des Pumpenkolbens ist es umgekehrt; dann kann neues Öl aus dem Vorratsgefäß in den Pumpenzylinder fließen, das beim Niederdrücken des Kolbens nach rechts gepreßt wird. Die Hand übe über den Hebel auf den Pumpenkolben mit dem Querschnitt $A_1 = 2\,\text{cm}^2$ die Kraft $F_1 = 40$ N aus. Dann herrscht in der gesamten Flüssigkeit (mit Ausnahme des Vorratsgefäßes) derselbe Druck, nämlich

$$p = \frac{F_1}{A_1} = \frac{40\,\text{N}}{2\,\text{cm}^2} = 20\,\frac{\text{N}}{\text{cm}^2} = 2\,\text{bar}.$$

Damit erfährt jedes beliebige Quadratzentimeter der Begrenzungsfläche die Kraft 20 N. Dies nutzt man im Preßkolben mit der Fläche $A_2 = 100\,\text{cm}^2$ aus. Er erfährt die Kraft

$$F_2 = p \cdot A_2 = 20\,\frac{\text{N}}{\text{cm}^2} \cdot 100\,\text{cm}^2 = 2000\,\text{N}.$$

F_1 wurde im Verhältnis 50:1, d.h. im Verhältnis der beiden Kolbenflächen verstärkt.

b) Entfernt man die oberste Abdeckung über dem Preßkolben, so entsteht aus der Presse eine hydraulische Hebebühne, wie sie fast in jeder Autowerkstatt benutzt wird *(Bild 83.1)*. Der Antrieb des Pumpenkolbens erfolgt natürlich nicht mit der Hand, sondern mit einem Motor; mit kleiner Kraft wird dabei eine schwere Last gehoben.

c) Auch bei Flaschenzug und Hebel hatten wir ähnliche Lastprobleme behandelt. Spart man durch die Kraftverstärkung bei der hydraulischen Hebebühne vielleicht *Arbeit?* Am Beispiel der oben genannten Zahlen wollen wir uns dies überlegen: Die Hebebühne trage eine Last mit der Gewichtskraft 2000 N. Der Preßkolben ($A_2 = 100\,\text{cm}^2$) soll etwa um $s_2 = 1$ m gehoben werden. Hierzu muß man unter ihn Flüssigkeit vom Volumen

$$V_2 = A_2 \cdot s_2 = 100\,\text{cm}^2 \cdot 100\,\text{cm} = 10\,000\,\text{cm}^3$$

aus dem Vorratsgefäß pumpen. Senkt man den Pumpenkolben ($A_1 = 2\,\text{cm}^2$) um $s_1 = 10$ cm, so schließt sich Ventil 1 und nur das Volumen

$$V_1 = A_1 \cdot s_1 = 2\,\text{cm}^2 \cdot 10\,\text{cm} = 20\,\text{cm}^3$$

an Flüssigkeit wird nach rechts gepumpt. Damit sich der Preßkolben um $s_2 = 1$ m hebt, muß man den Pumpenkolben 500mal heben und hinabpressen. Dabei werden $500 \cdot 20\,\text{cm}^3 = 10\,000\,\text{cm}^3$ Flüssigkeit nach rechts geschafft. Jedesmal ist die Arbeit $F_1 \cdot s_1 = 40\,\text{N} \cdot 0{,}1\,\text{m} = 4$ Nm zu verrichten . Die gesamte Arbeit beträgt:

$$W_1 = 500 \cdot (F_1 \cdot s_1) = 500 \cdot 4\,\text{Nm} = 2000\,\text{Nm}.$$

Dafür verrichtet der Preßkolben an der Last die Arbeit

$$W_2 = F_2 \cdot s_2 = 2000\,\text{N} \cdot 1\,\text{m} = 2000\,\text{Nm}.$$

Auch die hydraulische Hebebühne spart keine Arbeit. Sie gibt Energie unverändert weiter.

d) Hydraulische Pressen verwendet man zum Formen von Karosserieteilen, zum Pressen von Stroh und zum Auspressen von Obst. Vor allem dort, wo große Kräfte benötigt werden, setzt man die „Hydraulik" ein *(Bild 83.2)*.

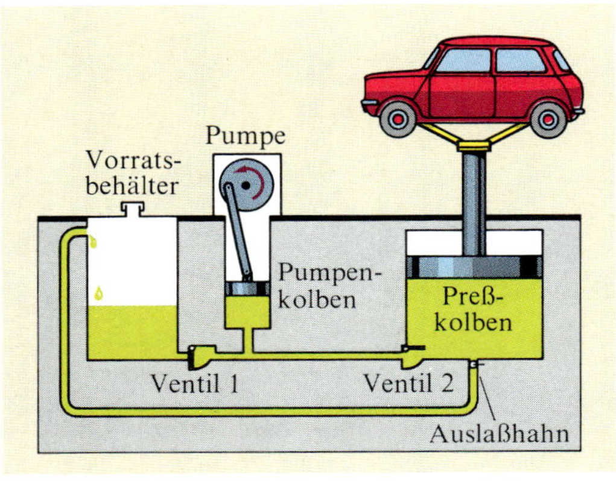

83.1 Hebebühne für Kraftfahrzeuge

83.2 „Hydraulik" an einem Bagger

2. Flüssigkeiten und Gase helfen beim Bremsen

In der *Bremsanlage des Autos* möchte man die Kraft am Bremspedal auf alle 4 Räder gleichmäßig verteilen und zudem verstärken *(Bild 79.1)*. Hierzu eignet sich der Flüssigkeitsdruck sehr gut. Die Bilder auf Seite 40 zeigen die Arbeitsweise der Trommel- bzw. Scheibenbremse. Wenn man das Bremspedal mit mäßiger Kraft um mehrere Zentimeter verschiebt, so bewegt sich der Bremsbelag mit sehr großer Kraft um etwa 1 mm. Der überall gleiche Druck in der Bremsflüssigkeit sorgt dafür, daß alle vier Räder gleichmäßig gebremst werden. Wäre das nicht der Fall, bestünde Schleudergefahr. Wenn allerdings der Bremsschlauch leck wird, versagen alle vier Bremsen gleichzeitig. Deshalb benutzt man oft zwei getrennte Bremskreise (Zweikreissystem; in *Bild 79.1* rot und rot-weiß). Bei der *Druckluftbremse*, die bei allen schweren Lastwagen und bei der Eisenbahn verwendet wird, geschieht die Kraftübertragung nicht durch Flüssigkeit, sondern durch Preßluft.

Aufgaben:

1. *Der Pumpenkolben einer hydraulischen Presse hat* 5 cm² *Querschnitt, der Preßkolben* 500 cm². *Welche Kraft ist am Pumpenkolben nötig, um einen Wagen* ($m = 1000$ kg) *zu heben? Wieviel Flüssigkeit muß man zum Preßkolben pumpen, damit sich dieser um* 1 m *hebt? Wieviel mal muß sich dann der Pumpenkolben um jeweils* 10 cm *senken? Berechne die Arbeit an den Kolben und vergleiche!*

2. *Mit Hilfe des Drucks in der Wasserleitung von* 2,5 bar *soll ein Wagen von* 5 t *Masse um* 2 m *gehoben werden. Welchen Querschnitt muß der Kolben erhalten? Berechne die notwendige Arbeit!*

§ 29 Der Schweredruck

1. Druckzustand am künstlichen Trommelfell

Wenn du in einem *offenen* Gewässer tauchst, spürst du einen Druck im Ohr; er nimmt schnell mit der Tiefe zu. Auf das Wasser wirkt hier nicht die Kraft eines Kolbens. Können wir trotzdem den beim Kolbendruck eingeführten Druckbegriff übernehmen? Dort erfuhr eine Begrenzungsfläche A eine Kraft F, für die gilt:

(1) Sie steht senkrecht zur Begrenzungsfläche.

(2) Ihr Betrag ist unabhängig von der Stellung dieser Begrenzungsfläche A.

(3) Ihr Betrag ist proportional zur Fläche A.

Wir untersuchen die Druckzustände in einer offenen Flüssigkeit mit einer Drucksonde, einem künstlichen Trommelfell nach *Bild 84.1a*. Ein Rohr trägt unten eine Metalldose, deren Öffnung mit einer Gummimembran bespannt wurde. Diese luftgefüllte Dose ist um die Achse BC drehbar und mit einem U-Rohr verbunden, das gefärbtes Wasser enthält.

Versuch 94: a) Wir üben in beliebiger Stellung der Membran mit dem Finger eine Kraft senkrecht darauf aus. Die Membran wird eingebeult und verdrängt dadurch Luft aus der Dose. Dies ändert den Stand des gefärbten Wassers im angeschlossenen U-Rohr, und zwar um so mehr, je größer die ausgeübte Kraft ist.

b) Wir tauchen die Sonde in Wasser mit der Membran nach oben *(Bild 84.1b)*. Am Wasser im U-Rohr ist zu erkennen, daß die Membran eine mit der Tiefe zunehmende Kraft erfährt.

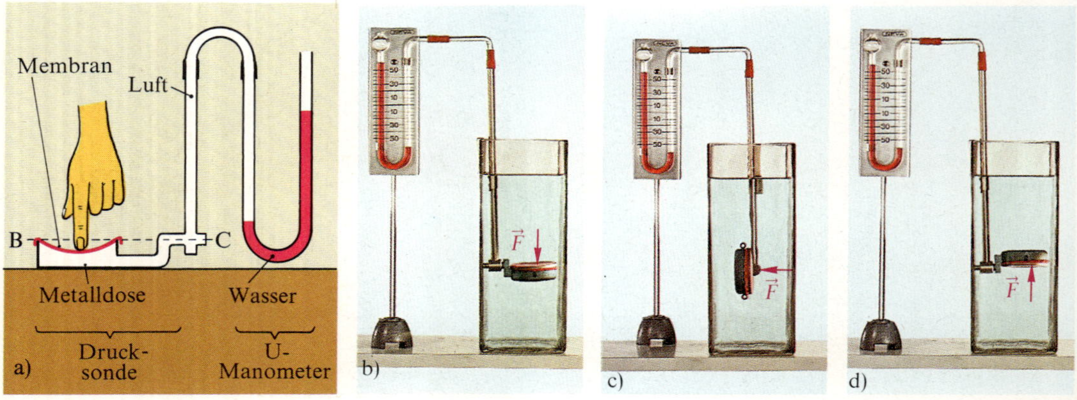

84.1 Drucksonde mit angeschlossenem U-Manometer; zu Versuch 94

c) Wir verschieben die Sonde in einer bestimmten Tiefe waagerecht. An der Anzeige im U-Rohr ändert sich nichts.

d) In einer bestimmten Tiefe drehen wir die Dose um die horizontale Achse BC und verändern damit die Stellung der Gummimembran (in *Bild 84.1* sind drei Stellungen fotografiert). Trotzdem bleibt die Anzeige im U-Rohr gleich. Zudem sehen wir an der Verformung der Membran, daß die Kraft *in jeder Stellung senkrecht* zu ihr wirkt und nicht etwa eine Vorzugsrichtung nach unten hat.

e) Tauchen wir die Sonde in Spiritus, so wirkt in gleicher Tiefe eine kleinere Kraft auf die Membran als in Wasser.

In einer Flüssigkeit herrscht also ein mit der Tiefe zunehmender Druck. Bedingung (1) und (2) sind nach Versuch 94b) bis d) erfüllt. Wir vermuten, daß der Druck von der Gewichtskraft der über der Sonde lastenden Flüssigkeit abhängt. Versuch 94e) bestätigt dies. Man nennt den Druck daher **Schweredruck** (in Flüssigkeiten auch *hydrostatischen Druck*).

2. Wie groß ist der Schweredruck?

Wir stellen uns nach *Bild 85.1* die über der Fläche A in der Tiefe h lastende Flüssigkeit als Kolben vor. Dessen Volumen ist $V = A \cdot h$. Besitzt die Flüssigkeit die Dichte ϱ, so hat der Kolben die Masse $m = \varrho \cdot V$ und erfährt die Gewichtskraft $G = m \cdot g = \varrho \cdot V \cdot g = \varrho \cdot A \cdot h \cdot g$. Diese Gewichtskraft wirkt als Kraft auf die Fläche A und erzeugt dort den Druck p:

$$p = \frac{F}{A} = \frac{G}{A} = \frac{A \cdot h \cdot g \cdot \varrho}{A} = h \cdot g \cdot \varrho.$$

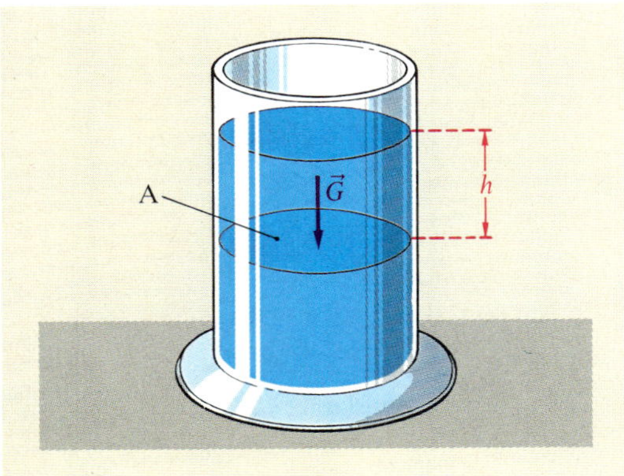

85.1 Zur Berechnung des Schweredrucks

In dieser Gleichung tritt die Querschnittsfläche A des Gefäßes nicht mehr auf, der Schweredruck ist also davon unabhängig. Damit ist aber auch Bedingung (3) erfüllt. Der Ortsfaktor $g = 9{,}8\,\frac{\text{N}}{\text{kg}} = \frac{9{,}8\,\text{N}}{1\,\text{kg}}$ läßt sich umformen in $g = \frac{980\,\text{cN}}{1000\,\text{g}} = 0{,}98\,\frac{\text{cN}}{\text{g}} \approx 1\,\frac{\text{cN}}{\text{g}}$. Mit diesem Wert kann man den Schweredruck einfach berechnen.

Beispiel:
Wenn ein zylindrisches Gefäß $h = 30$ cm hoch mit Wasser ($\varrho = 1\,\text{g/cm}^3$) gefüllt ist, beträgt der Schweredruck an der Bodenfläche

$$p = h \cdot g \cdot \varrho \approx 30\,\text{cm} \cdot 1\,\frac{\text{cN}}{\text{g}} \cdot 1\,\frac{\text{g}}{\text{cm}^3} = 30\,\frac{\text{cN}}{\text{cm}^2}$$
$$= 30\,\text{mbar}.$$

Hieraus folgt ein sehr bequemer Merksatz:

Der Schweredruck einer x cm hohen Wassersäule beträgt ungefähr x mbar $= x\,\text{cN/cm}^2$; in 10 m Wassertiefe ist er 1000 mbar $=$ 1 bar $= 10\,\text{N/cm}^2$ (genauer: um 2% weniger).

$g \cdot \varrho$ wird machmal mit γ abgekürzt und die **Wichte** der Flüssigkeit genannt. Damit ist $p = h \cdot \gamma$.

Versuch 95: Wir senken ein unten offenes Glasrohr in einen hohen, mit Wasser gefüllten Glaszylinder *(Bild 85.2)*. Durch den Schlauch drükken wir Luft und verdrängen so das Wasser aus dem Rohr. Den dabei erzeugten Druck zeigt ein empfindliches Manometer an. Liegt die Rohrmündung $h = 30$ cm unter der Oberfläche, so kann man einen Druck von höchstens 30 mbar erzeugen. Dann ist der Druck der Luft an der Rohrmündung so groß wie der dortige Schweredruck des Wassers.

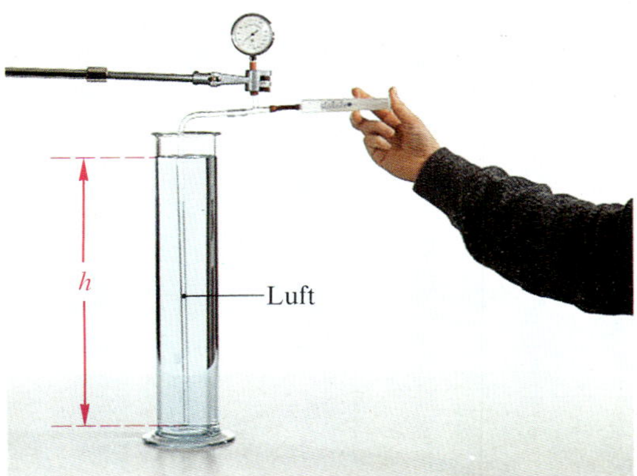

85.2 Messung des Schweredrucks

3. Die Gewichtskraft wird „umgelenkt"

Auf alle Flüssigkeitsteilchen wirken Gewichtskräfte *nach unten*. Warum üben dann z.B. die an der vertikalen Membran liegenden Teilchen auf diese Membran eine Kraft *nach links* aus *(Bild 84.1c)*? Nun, über ihnen liegen sehr viel mehr Teilchen; diese wirken wie ein schwerer Kolben. Da die Teilchen leicht verschiebbar sind, versucht jedes, sich zwischen andere zu „klemmen" und sie dorthin zu schieben, wo sich eine Möglichkeit bietet. Dies bedeutet sogar, daß die Membran dann, wenn sie nach unten weist, eine Kraft *nach oben* erfährt *(Bild 84.1d)*. Selbstverständlich sind die Gewichtskräfte der Teilchen, die unmittelbar an der Membran liegen, nicht „verloren". Sie tragen vielmehr – genau wie die Gewichtskräfte aller anderen Teilchen – dazu bei, *daß der Druck nach unten hin größer wird, jedoch nicht in horizontaler Richtung*.

Versuch 96: Tauche ein Gefäß, das im Boden ein Loch hat, schnell in Wasser! Die Wasserteilchen in der Öffnung werden gegen ihre Gewichtskraft durch den Druck der übrigen großen Wassermenge nach oben geschleudert: Das Wasser spritzt an der Öffnung nach oben. – Entsprechend spritzen durch ein seitliches Loch die Wasserteilchen waagerecht ins Innere des Gefäßes.

Wir sehen: Weil sich die leicht verschiebbaren Flüssigkeitsteilchen beiseite drücken, wirkt sich die *nach unten* gerichtete Gewichtskraft an jeder beliebigen Begrenzungsfläche als Kraft *senkrecht* zu dieser Fläche aus. Diese Kraft ist um so größer, je tiefer man in die Flüssigkeit getaucht ist.

4. Spielt die Gefäßform eine Rolle?

Versuch 97: *Bild 86.1* zeigt verschieden geformte Glasgefäße, die gleiche Grundflächen haben. Durch eine Gummimembran sind sie unten verschließbar. Die Kraft, welche diese Membran erfährt, wird jeweils über einen Hebel durch ein kleines verschiebbares Laufgewicht ausgeglichen (siehe Laufgewichtswaage, *Bild 66.1*). Wie erwartet, nimmt die Kraft beim Einfüllen von Wasser zu, der Druck steigt mit der Füllhöhe h. Überraschenderweise ist er jedoch bei gleicher Füllhöhe unabhängig von der Form der verwendeten Gefäße.

Beim sich nach oben erweiternden Gefäß b) können wir dies leicht verstehen: Der Schweredruck am Boden wird nur von der Gewichtskraft der Flüssigkeit erzeugt, die senkrecht über dem Boden steht (in *Bild 86.1b* senkrecht gestrichelt abgegrenzt). Alles Wasser, das über den schrägen Wänden liegt, wird von diesen getragen. Deshalb darf die Gleichung $p = h \cdot g \cdot \varrho$ auch hier angewandt werden.

Die Erklärung von Fall c) bereitet Kopfzerbrechen. Die Kraft, die das Wasser an der Membran erzeugt, ist größer als seine eigene Gewichtskraft (vgl. mit Fall a), wo die Gewichtskraft gleich der Kraft auf die Membran ist). Woher kommt hier die zusätzliche Kraft? – Bohrten wir bei P *(Bild 86.1c)* ein Loch, würde Wasser herausspritzen. Denn durch den Schweredruck der Wassersäule der Höhe h_1 wird auf die horizontal liegende Wand eine Kraft nach oben ausgeübt. Befindet sich kein Loch in der Wand, so drückt diese mit einer Kraft vom gleichen Betrag nach unten (vgl. Kraft und Gegenkraft auf Seite 36) und somit auch auf

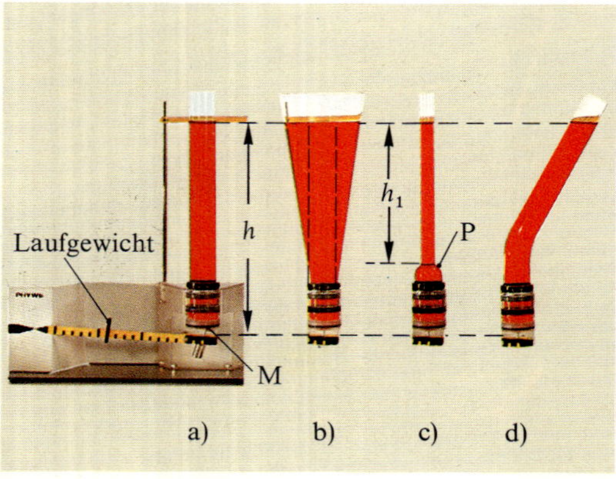

86.1 Zu Versuch 97

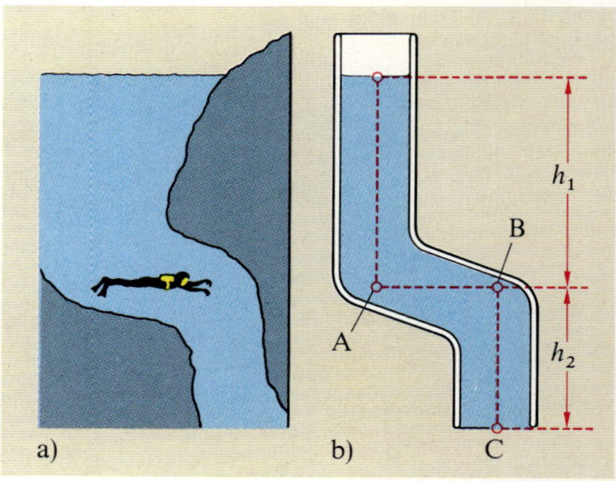

86.2 Zum Schweredruck in horizontalen Ebenen

die Membran. In ähnlicher Weise kann man sich auf einer Waage stehend gegen die Decke stützen; man wird scheinbar schwerer (siehe Aufgabe 6, Seite 88).

Um den Druck am Boden in Gefäß d) zu verstehen, betrachten wir zunächst einen Taucher, der in einer Unterwasserhöhle waagerecht schwimmt *(Bild 86.2a)*. Er bemerkt keine Druckunterschiede in der Horizontalen. Wie wir schon in Ziffer 3 gesehen haben, sorgt die nach unten gerichtete Gewichtskraft der Flüssigkeitsteilchen und deren leichte Verschiebbarkeit dafür, *daß sich der Schweredruck nur in vertikaler, nicht aber in horizontaler Richtung ändert.*

In einer ruhenden Flüssigkeit besteht in einer horizontalen Ebene gleicher Druck.

In *Bild 86.2b* betrachten wir den Druck an den Stellen A, B und C. Die Höhe h_1 bestimmt den Druck in A. In B ist er gleich groß. Die Höhe h_2 bestimmt die Druckzunahme von B nach C. Daher kann man den Druck in C so berechnen, als ob über C eine senkrechte Wassersäule der Höhe $h = h_1 + h_2$ stände (siehe *Bild 86.2b*). Versuch 97 erlaubt uns also, die für Gefäße mit vertikalen Wänden abgeleitete Gleichung $p = h \cdot g \cdot \varrho$ ohne Einschränkung auf beliebig geformte Gefäße anzuwenden.

Versuch 98: Wir verschließen außerhalb des Wassers die untere Öffnung des Glaszylinders nach *Bild 87.1* mit einer leichten Platte, indem wir sie mit einem Faden an den unteren Zylinderrand ziehen. Dann tauchen wir den Zylinder ein. Die vom Wasser nach oben ausgeübte Kraft preßt die Platte gegen die Zylinderöffnung. Diese Kraft spürt man, wenn man den Zylinder mit der Hand hält. Vorsichtig gießen wir nun gefärbtes Wasser in den Zylinder. Wenn es innen so hoch wie außen steht, fällt die Platte ab, obwohl innen weniger Wasser als außen ist.

Versuch 99: In der Anordnung nach *Bild 87.2* ist Glyzerin ($\varrho = 1{,}26\ \text{g/cm}^3$) bis zu einer Höhe $h = 22{,}5$ cm eingefüllt. Der Kolben der Glasspritze (Querschnitt $A = 8{,}7\ \text{cm}^2$) lagert auf einem Druckkraftmesser, der 430 cN anzeigt. Zum Vergleich berechnen wir seine Gesamtbelastung F. Sie setzt sich aus der Gewichtskraft des Kolbens (200 cN) und der Kraft $p \cdot A$ infolge des Schweredrucks zusammen.

$$F = 200\ \text{cN} + p \cdot A = 200\ \text{cN} + h \cdot g \cdot \varrho \cdot A$$

$$= 200\ \text{cN} + 22{,}5\ \text{cm} \cdot 1\,\frac{\text{cN}}{\text{g}} \cdot 1{,}26\,\frac{\text{g}}{\text{cm}^3} \cdot 8{,}7\ \text{cm}^2$$

$$= 200\ \text{cN} + 247\ \text{cN} = 447\ \text{cN}$$

Die Gewichtskraft des Glyzerins ist viel kleiner als die von ihm ausgeübte Kraft von 247 cN.

Der Schweredruck p in einer Flüssigkeit ist von der Gefäßform und der Stellung der gedrückten Fläche unabhängig. Er hängt nur von der Tiefe h, von der Dichte ϱ der Flüssigkeit und vom Ortsfaktor g ab.

$$p = h \cdot g \cdot \varrho \qquad \textbf{(87.1)}$$

Aufgaben:

1. *Berechne den Druck, der* 10 cm *unter der Oberfläche von Wasser, Alkohol bzw. Quecksilber besteht! (Entnimm die betreffenden Dichten der Tabelle am Ende des Buches!)*

87.1 Zu Versuch 98

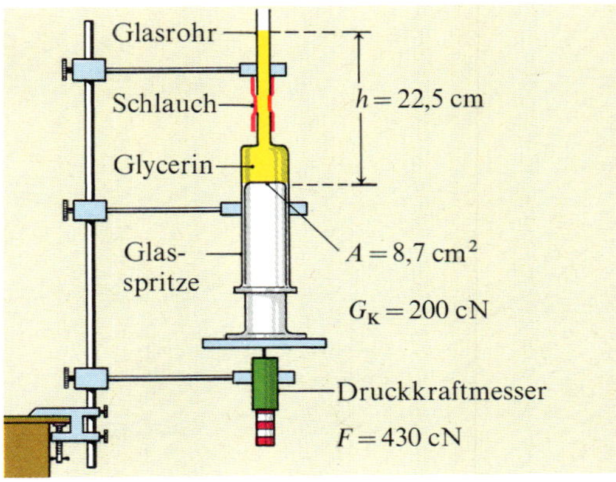

87.2 Zu Versuch 99

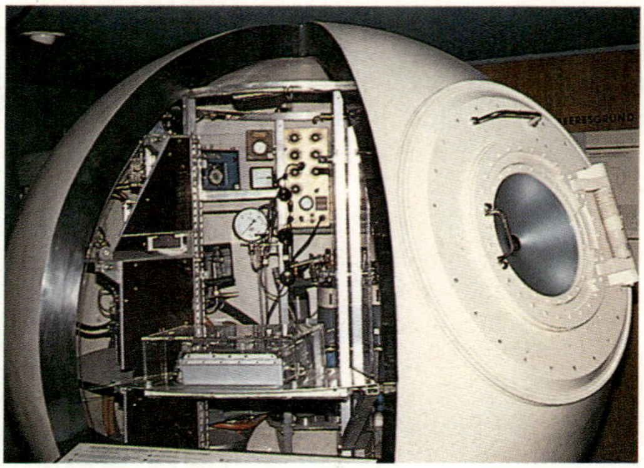

88.1 Taucherkugel, mit der 1960 *Piccard* die tiefste Stelle des Stillen Ozeans im Marianengraben erreichte (11000 m unter der Oberfläche).

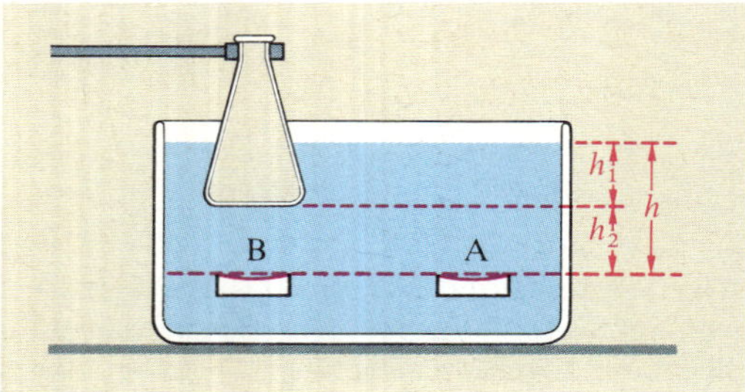

88.2 Zu Aufgabe 4

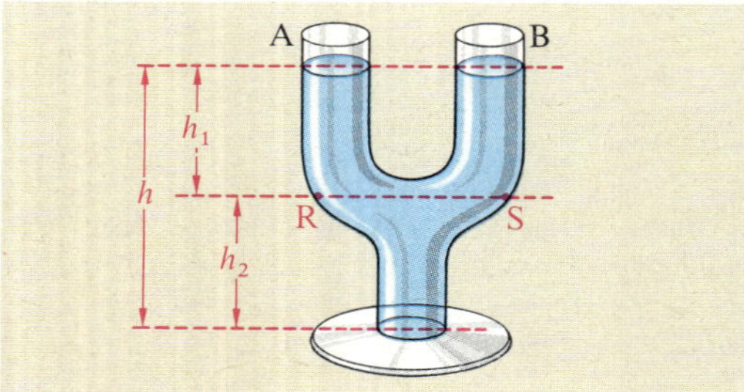

88.3 Zu Aufgabe 5

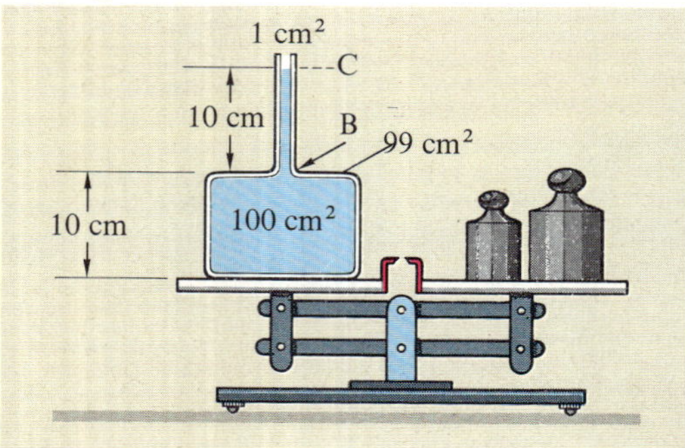

88.4 Zu den Aufgaben 6 und 7

2. *Wie groß ist der Druck in* 1000 m *Meerestiefe (Dichte von Salzwasser* $1{,}02\ \text{g/cm}^3$*)? Welcher Druck herrscht in* 11000 m *Tiefe? Wie groß ist dort die Kraft auf* $1\ \text{cm}^2$ *Oberfläche einer Taucherkugel (Bild 88.1)?*

3. *Ist der Druck in* 10 m *Tiefe im Stillen Ozean mit seiner großen Fläche größer als in einem* 10 m *tiefen engen Schacht, der ebenfalls mit Salzwasser gefüllt ist?*

4. *Begründe, warum eine Drucksonde mit angeschlossenem U-Manometer in Bild 88.2 bei* A *und* B *denselben Druck anzeigt, obgleich über* B *doch eine viel kleinere Wassersäule lastet!*

5. *Das Gefäß von Bild 88.3 ist bis zur Höhe* h *mit Wasser gefüllt. Den Druck am Boden berechnet ein Schüler nach folgenden Überlegungen: Säule* A *erzeugt auf der Linie* RS *den Druck* $h_1 g \varrho$*, ebenso die Säule* B*. Folglich herrscht am Boden der Druck* $p = h_1 g \varrho + h_1 g \varrho + h_2 g \varrho$*. Warum stimmt dies nicht, und wie groß ist* p *wirklich?*

6. *Das in Bild 88.4 gezeigte Gefäß hat eine Grundfläche von* $100\ \text{cm}^2$ *und senkrechte Wände bis* 10 cm *Höhe. Dann ist es durch eine Fläche von* $99\ \text{cm}^2$ *abgeschlossen. Bei* B *ist ihm ein Rohr von* $1\ \text{cm}^2$ *Querschnitt und* 10 cm *Höhe* (C) *aufgesetzt. a) Wie groß sind die Kräfte auf den Boden, wenn das Wasser bis* B *bzw.* C *reicht? b) Vergleiche diese Kräfte mit der jeweiligen Gewichtskraft des Wassers! c) Berechne die nach oben gerichtete Kraft auf die obere waagerechte Fläche von* $99\ \text{cm}^2$*, wenn das Wasser bis* C *reicht! d) Welcher Zusammenhang besteht zwischen der in (c) berechneten Kraft, der Kraft auf den Boden und der Gewichtskraft des Wassers?*

7. *Was würde eine Waage anzeigen, wenn man auf ihr das Gefäß des Bildes 88.4 bis* C *mit Wasser füllte? Kann man also Flüssigkeiten in solchen Gefäßen wiegen?*

88.5 Staumauern müssen großen Kräften standhalten.

§ 30 Anwendungen des Schweredrucks

1. Wie muß man eine Staumauer bauen?

Bild 88.5 zeigt es. Sie wird nach unten hin immer dicker und ist dem Wasser wie ein Gewölbe entgegengebogen. Zudem muß sie im Felsen gut verankert sein. Wozu das alles? Der Stausee erzeugt gewaltige, mit der Tiefe zunehmende Kräfte. In 60 m Tiefe ist die Mauer daher 50 m dick, da der Druck dort nach Seite 85 fast 6 bar $=60\ \text{N/cm}^2$ beträgt. Eine 500 m lange und 60 m hohe Mauer erfährt insgesamt Druckkräfte von etwa 10^{10} N. Dies entspricht der Gewichtskraft von 1 Million Tonnen Wasser (vgl. auch Aufgabe 1 Seite 90).

2. Verbundene Gefäße

Unter **verbundenen Gefäßen** verstehen wir mit Flüssigkeit gefüllte Behälter, die unterhalb des Flüssigkeitsspiegels miteinander verbunden und oben offen sind.

Versuch 100: Gieße in eines der nach *Bild 89.1* untereinander verbundenen Gefäße Wasser. Die anderen füllen sich dann, bis der Wasserspiegel überall gleich hoch steht. An jeder Stelle des waagerechten Verbindungsrohres herrscht derselbe Schweredruck. Wie bei den miteinander verbundenen Glasspritzen des Versuchs 91 kommt die Flüssigkeit zur Ruhe, wenn Druckgleichheit besteht.

In verbundenen Gefäßen liegen die Oberflächen einer ruhenden Flüssigkeit gleich hoch.

Ausnahmen: enge Gefäße (Seite 110) und nicht einheitliche Flüssigkeiten.

Springbrunnen und Wasserbehälter in *Bild 89.2* lassen sich als verbundene Gefäße auffassen. Der Reibungswiderstand bewirkt, daß der Strahl nicht ganz die Höhe des Wasserspiegels im Vorratsgefäß erreicht.

Verbundene Gefäße findet man beim Rohrsystem der **Wasserversorgung.** In *Bild 89.3* wird aus dem Brunnen Wasser durch das Pumpenhaus in den Wasserturm gepumpt. Von dort erreicht es die Zapfstellen in den Häusern, die tiefer als der Wasserspiegel im Turm liegen müssen. – Eine natürliche Wasserversorgung stellen die **artesischen Brunnen** dar (*Bild 89.4*; nach der französischen Landschaft Artois).

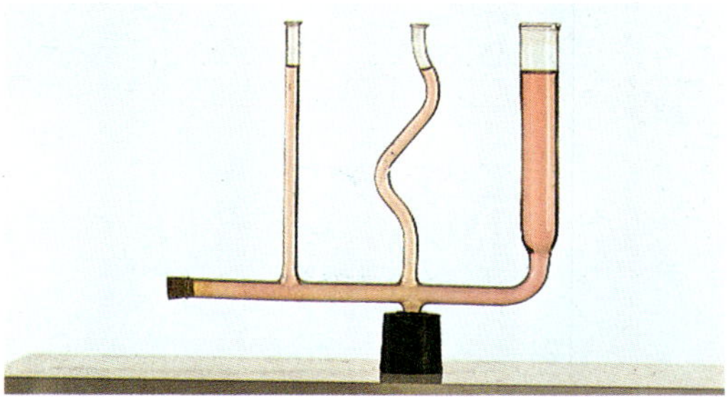

89.1 Gleichgewicht in verbundenen Gefäßen: Hier steht die Flüssigkeit überall gleich hoch, da die Flüssigkeitssäulen denselben Schweredruck erzeugen.

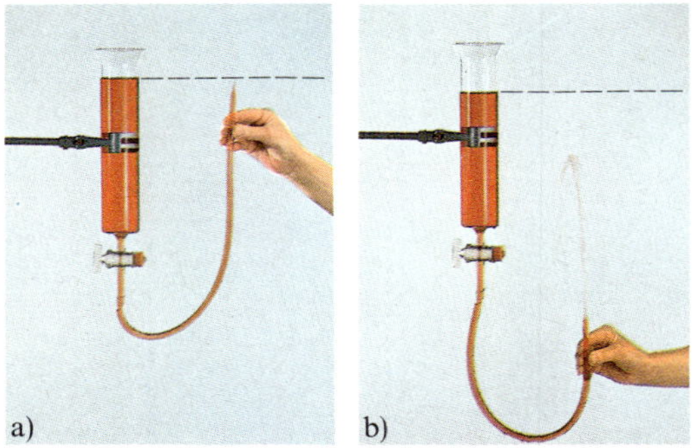

89.2 Wegen des Strömungs- und Luftwiderstandes spritzt das Wasser nicht bis zur Oberfläche im Gefäß.

89.3 Wasserversorgung. Der Hochbehälter muß dem oft stoßweisen Wasserverbrauch gewachsen sein.

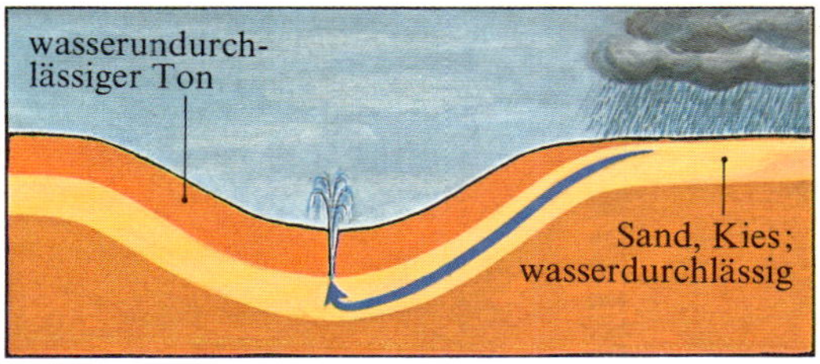

89.4 Artesischer Brunnen

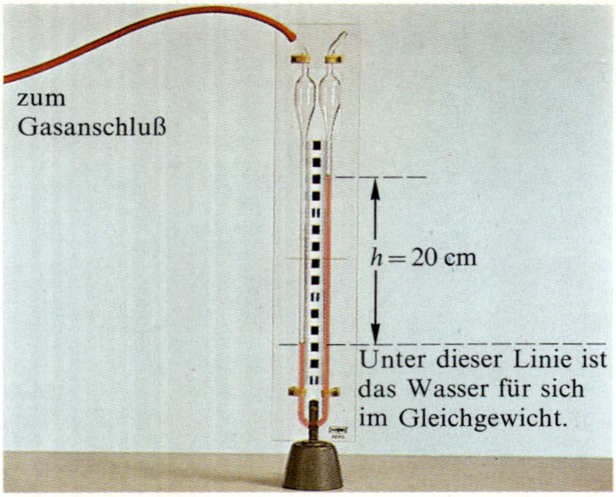

90.1 U-Manometer

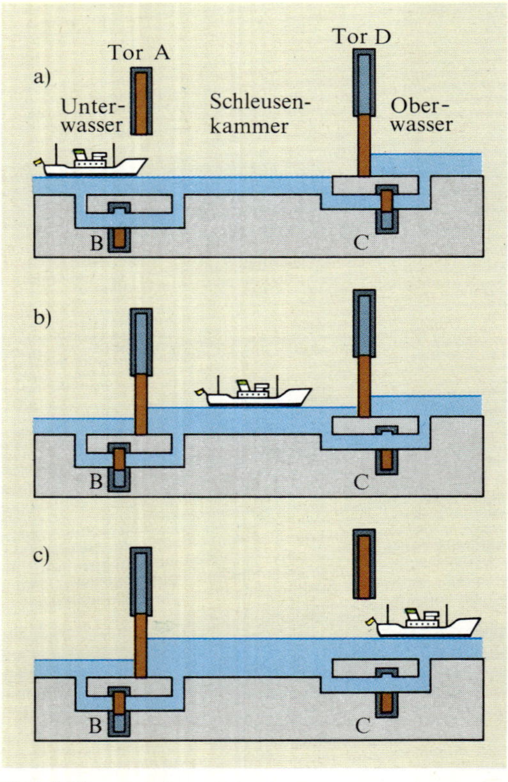

90.2 Schleusenanlage. Das Gesetz der verbundenen Gefäße ermöglicht es, in Schleusenanlagen ein Schiff ohne Kräne und Pumpen zu heben. a) Das aus dem „Unterwasser" kommende Schiff fährt durch das geöffnete „Untertor" A in die Schleusenkammer ein. b) Dann werden Untertor und unterer „Umlauf" B geschlossen. c) Nun öffnet man den oberen Umlauf C; „Oberwasser" fließt in die Kammern und hebt das Schiff auf das obere Niveau. Nach Öffnen des „Obertors" D kann das Schiff ausfahren. – Wie geht man bei Talfahrt vor?

3. Eine einfache Druckmessung

Das U-Manometer haben wir schon mehrfach zur qualitativen Anzeige von Druckzuständen verwendet (z.B. auf Seite 84). Man kann es selbstverständlich auch zur quantitativen Druckmessung benutzen. Als Beispiel messen wir den Druck unserer Stadtgasleitung.

Versuch 101: Wir schließen die Gasleitung nach *Bild 90.1* an ein mit gefärbtem Wasser gefülltes U-Rohr an. Öffnen wir den Gashahn, so erwarten wir, daß das Wasser aus der rechten Röhre herausschießt. Die rechte Wassersäule wird aber nur um 20 cm länger als die linke.

Der Schweredruck einer Wassersäule der Höhe $h = 20\,\text{cm}$ ist genauso groß wie der Gasdruck. Unterhalb der gestrichelten Linie ist das Wasser für sich selbst im Gleichgewicht. Mit $\varrho = 1\frac{\text{g}}{\text{cm}^3}$ und $g = 1\frac{\text{cN}}{\text{g}}$ ist also

$$p_{\text{Gas}} = h \cdot g \cdot \varrho = 20\,\text{cm} \cdot 1\frac{\text{g}}{\text{cm}^3} \cdot 1\frac{\text{cN}}{\text{g}} = 20\,\text{mbar}.$$

Aufgaben:

1. *Hängt die Kraft, die ein Staudamm auszuhalten hat, davon ab, wie weit sich der dahinterliegende Stausee ins Land erstreckt?*

2. *In welchen Stadtteilen versiegen bei Wassermangel zuerst die Leitungen? Warum legt man Wassertürme hoch an? Kann man mit dem Wasser aus den Hydranten, ohne zu pumpen, den Dachstuhlbrand des Wasserturms bekämpfen (Bild 89.3)?*

3. *Wenn der Leitung nachts kein Wasser entnommen wird, beträgt der Druck* 4,5 bar. *Wie hoch über dem Wasserhahn ist der Wasserspiegel im Wasserturm? Warum ist bei Tag und am Ende eines Fernsehkrimis der Druck kleiner?*

4. *Wie groß ist nachts der Wasserdruck im Hahn des kleinen Hauses und des Hochhauses nach Bild 89.3?*

5. *Warum dringt Wasser von einem Fluß in benachbarte Keller? Wann kommt Grundwasser in der Nähe eines Flusses in Wiesen an die Oberfläche? Warum sickert an Meeresküsten Salzwasser hinter die Deiche?*

6. *Hängt der Höhenunterschied h in einem U-Manometer von Form und Querschnitt der Röhren ab?*

7. *Wie groß wäre h in Versuch 101 im Manometer, wenn es mit Quecksilber gefüllt wäre?*

§ 31 Der Luftdruck in der Atmosphäre

1. Wir leben unter Druck!

Wir leben am Grunde des großen Luftmeeres, der **Atmosphäre** (atmos, griech.: Dunst; sphaira: Kugel). Ebenso wie Flüssigkeiten sollte auch diese Luft durch ihre Gewichtskraft einen Schweredruck, den **Luftdruck,** erzeugen. Doch merken wir i.a. nichts von einem solchen Druckzustand um uns herum. Ist der Druck – wegen der kleinen Luftdichte – viel zu klein? Oder können wir ihm deshalb leicht standhalten, weil er auch in unserem Inneren, etwa in unseren Lungen, herrscht?

Versuch 102: Wir verschließen nach *Bild 91.1a* ein Glasgefäß mit einer Zellophanhaut. Sie ist völlig eben. Wirken auf sie also keinerlei Kräfte ein?

Versuch 103: Mit einer Pumpe holen wir nun die Luft aus dem Inneren des Gefäßes *(Bild 91.1b)*. Jetzt entfällt ein in dieser Luft bestehender Druck. Die Zellophanhaut wird nach innen gewölbt und platzt mit lautem Knall: Der Druck der äußeren Luft ist offensichtlich sehr groß.

Wir sehen weiter: Vor dem Herauspumpen stand die Luft im Inneren unter demselben Druck; sie war ja zuvor mit der äußeren Luft in Verbindung. Diesen Druck behielt die Luft im Innern sogar dann bei, als wir sie – vor dem Herauspumpen – von der Außenluft abgeschnitten hatten. Sie zeigte einen **Eigendruck,** der so groß wie der äußere Luftdruck war. Unter einem solchen Eigendruck steht offensichtlich auch die Luft in unseren Lungen. Ein Versuch soll den Eigendruck demonstrieren:

Versuch 104: Eine verschlossene Glasspritze enthält Luft. Sie steht unter einer Glasglocke *(Bild 91.2)*. Pumpen wir die Luft aus der Glocke ab, so dehnt sich die Luft in der Glasspritze infolge ihres Eigendrucks aus; dabei schiebt sie den Kolben nach oben. Normale Luft wirkt hier wie „Preßluft". Lassen wir anschließend Luft in die Glasglocke einströmen, wird die Luft in der Glasspritze auf ihr Anfangsvolumen zusammengepreßt.

Auch die Luft in unserem Körper steht unter demselben Druck wie die Außenluft; deshalb merken wir im allgemeinen nichts vom Luftdruck. Wenn wir allerdings rasch große Höhen überwinden (etwa bei einer Bergfahrt mit dem Auto), können wir im Ohr etwas spüren. Dann hat sich der Druck der Luft im Inneren des Ohres nicht rasch genug dem äußeren Luftdruck angepaßt, der mit der Höhe abnimmt. Die bestehende Druckdifferenz macht sich durch eine Kraft auf das Trommelfell bemerkbar.

Versuch 105: Pumpen wir die Luft aus dem Inneren eines Blechkanisters heraus, so wird er durch die Kräfte des Luftdrucks plattgedrückt.

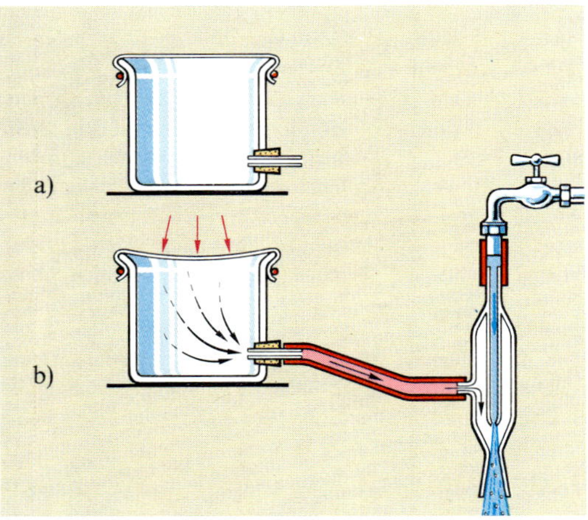

91.1 a) Auf die Membran scheinen keine Kräfte zu wirken. b) Der Wasserstrahl in der Pumpe reißt die Luft aus dem Gefäß mit sich. Die Membran wird infolge des Luftdrucks eingedrückt.

91.2 Eine eingeschlossene Luftmenge besitzt einen Eigendruck. Pumpt man die Luft aus der Glasglocke, so dehnt sich die Luft in der Glasspritze aus und schiebt den Kolben nach oben.

92.1 *Guerickes* Versuch mit den Magdeburger Halbkugeln

Versuch 106: Wir schieben aus der Glasspritze im *Bild 92.2* alle Luft hinaus und verschließen die Öffnung gut. Um den Kolben ($A = 8\,\text{cm}^2$) herauszuziehen, brauchen wir eine Kraft von ungefähr 80 N gegen die nur noch von außen wirkende Luft. Der Luftdruck der Atmosphäre beträgt also bei uns an der Erdoberfläche etwa

$$p = \frac{F}{A} = \frac{80\,\text{N}}{8\,\text{cm}^2} = 10\,\frac{\text{N}}{\text{cm}^2} = 1\,\text{bar} = 1000\,\text{mbar}.$$

Bei Versuch 106 hängt die Kraft zum Herausziehen des Kolbens nicht von der Richtung ab, in der wir die Spritze halten. Dies entspricht dem Versuch mit der Drucksonde nach *Bild 84.1* und zeigt, daß auch der Luftdruck *von der Stellung der gedrückten Fläche unabhängig ist.* – Die Größe des Drucks zeigt nochmals Versuch 107:

92.2 Versuch zum Messen des Luftdrucks

Versuch 107: Zwei hohle Halbkugeln aus Metall werden mittels eines Dichtungsringes zu einer Kugel zusammengesetzt und leergepumpt. Zwei Schüler schaffen es nicht, die Halbkugeln zu trennen. Erst wenn man Luft eindringen läßt, gelingt es.

Die Gewichtskraft der Luft verursacht den Luftdruck. Er beträgt bei uns etwa 1 bar.

Versuch 107 entspricht einem berühmten historischen Versuch aus dem Jahre 1650 *(Bild 92.1)*. Damals ließ ***Otto von Guericke*** zwei große kupferne Halbkugeln anfertigen. Er setzte sie an ihren Rändern luftdicht zusammen und pumpte den Innenraum mit der von ihm konstruierten Kolbenluftpumpe leer. Zur Verblüffung der Zuschauer konnten erst zwei mal acht Pferde die Halbkugeln mit großer Anstrengung auseinanderreißen. Pumpen und Halbkugeln sind noch heute im Deutschen Museum in München zu sehen. *Guericke* machte durch seine großangelegten *Schauversuche* den Menschen bewußt, daß *„Luft ein gewisses körperliches Etwas ist"* und daß man – im Prinzip – einen leeren Raum herstellen kann. Seine geniale Experimentierkunst ließ ihn zum Mitbegründer der modernen Naturwissenschaften werden.

Vieles, was damals noch ganz neu und sensationell war, ist uns heute selbstverständlich. Auch wissenschaftliche Sensationen der Gegenwart werden morgen schon zum Alltag gehören; nur vollzieht sich dieser Gewöhnungsprozeß heute viel schneller als im 17. Jahrhundert.

2. Barometer messen den Luftdruck genau

Für Wettervorhersagen mißt man an vielen Orten laufend den Luftdruck. Die Geräte, die man dazu verwendet, nennt man **Barometer.** Wir besprechen zunächst das **Quecksilberbarometer.**

Versuch 108: Wir schließen nach *Bild 93.1a* eine 1 m lange Glasröhre oben an eine Pumpe an. Dabei steigt das Quecksilber aus dem Gefäß hoch, aber nur bis zu einer Höhe von etwa 75 cm. Wenn wir das Rohr neigen *(Bild 93.1b)* so gelangt Quecksilber über den Hahn, da der Höhenunterschied (75 cm) gleich bleibt. Auf diese Weise ist alle Luft aus der Röhre verdrängt. Nun schließen wir den Hahn und stellen die Röhre wieder vertikal. Der Quecksilberfaden löst sich oben; zwischen ihm und dem Hahn entsteht ein leerer Raum *(Bild 93.1c)*, ein **Vakuum** (vacuus, lat.: leer).

Das Vakuum kann keine Kraft auf die Quecksilbersäule ausüben, da sich in ihm nichts befindet. Das Quecksilber wird also allein vom Luftdruck aus dem Vorratsgefäß *hochgedrückt*. Es steigt 75 cm über den Flüssigkeitsspiegel hoch, weil dann der Schweredruck $p=h\cdot g\cdot \varrho$ der Quecksilbersäule und der Luftdruck gleich groß sind (Dichte von Quecksilber: $\varrho=13{,}6$ g/cm³). Unsere Überlegungen bestätigt der folgende Versuch:

Versuch 109: Wir erhöhen den Luftdruck im Gefäß bei A *(Bild 93.1c)* mit einer Glasspritze; das Quecksilber in der Säule steigt höher. Es sinkt ab, wenn man bei A Luft herausholt und so den Luftdruck erniedrigt. Nimmt man mit einer guten Pumpe die Luft im dickwandigen Vorratsgefäß ganz weg, sinkt die Höhe h des Quecksilbers in der Röhre auf Null!

Bild 93.1d verdeutlicht den üblichen Aufbau eines käuflichen Quecksilberbarometers.

93.2 Historische Darstellung des Wasserbarometers

Beispiel: Die Quecksilbersäule sei $h=744$ mm hoch. Früher sagte man, der Luftdruck ist 744 mm Hg oder 744 Torr (nach *Torricelli*, italienischer Physiker, um 1644). In den heute zugelassenen Einheiten ist dann mit $g=0{,}98$ cN/g:

$$p=h\cdot g\cdot \varrho=74{,}4\,\text{cm}\cdot 13{,}6\,\frac{\text{g}}{\text{cm}^3}\cdot 0{,}98\,\frac{\text{cN}}{\text{g}}$$
$$=992\,\text{mbar}.$$

Die Angabe des Luftdrucks in „mm Quecksilbersäule" findet man manchmal noch in Meldungen von Wetterstationen. So kann man im Wetterbericht von Rundfunkstationen hören: „Um 17 Uhr betrug der Luftdruck 756,6 mm oder 1008 mbar".

Könnte man den Luftdruck auch in „mm Wassersäule" angeben? Der alte Stich *(Bild 93.2)* zeigt, daß es geht – aber nur mäßig:

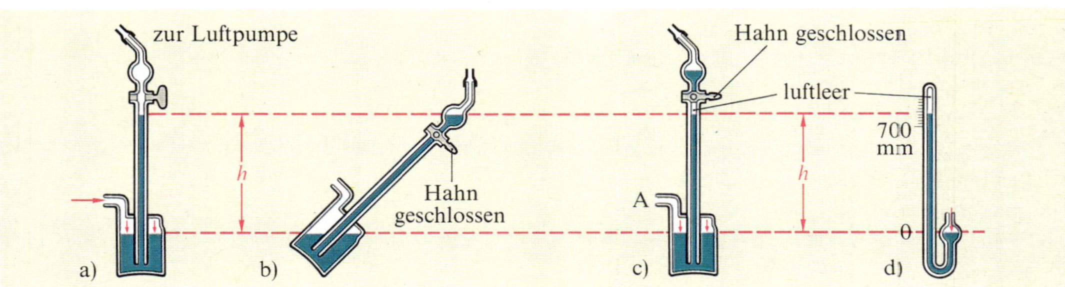

93.1 Quecksilberbarometer. Quecksilber steigt infolge des Luftdrucks etwa 75 cm hoch.

94.1 Dosenbarometer

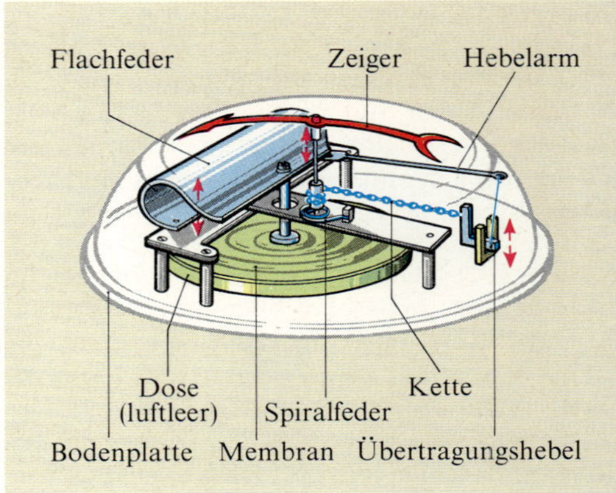

94.2 Prinzip des Dosenbarometers

Auch mit Wasser läßt sich ein Barometer bauen. Nur ist es unhandlicher; denn infolge seiner geringeren Dichte steigt Wasser etwa 13,6mal so hoch wie Quecksilber, das heißt etwa 10 m. *Bild 93.2* verdeutlicht die Größenverhältnisse bei einem *Wasserbarometer*.

Viel bequemer als ein Flüssigkeitsbarometer ist das **Dosenbarometer** *(Bild 94.1)*. Es hängt als „Wetterprophet" in vielen Wohnzimmern und wird im Volksmund *Wetterglas* genannt. Man sieht es häufig auch in sogenannten Wetterstationen zusammen mit einem Thermometer und einem Hygrometer (Luftfeuchtigkeitsmesser). *Bild 94.2* verdeutlicht die Arbeitsweise des Dosenbarometers. In ihm ist eine Metalldose mit einem welligen, leicht biegsamen Deckel (Membran) luftleer gepumpt. Damit der Luftdruck sie nicht zusammenpreßt, wird sie von einer starken Flachfeder gehalten. Steigt der Luftdruck, so biegt sich diese Feder stärker. Dies macht ein Zeigerwerk vergrößert sichtbar. Mit Hilfe von Quecksilberbarometern eicht man die handlichen Dosenbarometer.

Im **Barographen** *(Bild 95.1)* sind mehrere Druckdosen übereinandergesetzt. Dies vergrößert den Ausschlag wesentlich. An der Spitze des Zeigers ist ein Schreibstift befestigt, an dem sich eine mit Papier bespannte, von einem Uhrwerk angetriebene Trommel vorbeibewegt. Der Luftdruck wird so ständig registriert.

Mit Quecksilberbarometern und Dosenbarometern mißt man den Luftdruck. Beim Quecksilberbarometer besteht Druckgleichheit zwischen dem Schweredruck $p = h \cdot g \cdot \varrho$ der Quecksilbersäule und dem Luftdruck.

3. Daten und Fakten zur Atmosphäre

a) An jedem Ort der Erde ändert sich der Luftdruck im Laufe der Zeit. Dies gilt vor allem, wenn das Wetter umschlägt (vgl. Seite 165).

b) Auf Meereshöhe hat der Luftdruck im Durchschnitt den Wert $p = 1\,013$ mbar. Er wird **Normdruck** genannt und ist genauso groß wie der Schweredruck einer 760 mm hohen Quecksilbersäule. (Rechne nach!)

c) Je höher ein Ort liegt, um so kleiner ist die über ihm lastende Luftsäule und damit auch der Luftdruck. *Bild 147.2* zeigt die Abnahme des Luftdrucks mit der Höhe. In 5,5 km Höhe sinkt er auf 1/2 bar, in 11 km Höhe auf 1/4 bar und in 15 km Höhe auf 1/8 bar. Alles andere als eine gleichmäßige Abnahme! Ist das so überraschend? Sicher nicht, denn Gase sind zusammenpreßbar. Durch das Gewicht der oberen Luftschichten werden die darunterliegenden tieferen Schichten zusammengedrückt. Deshalb besitzen sie eine viel größere Dichte als die oberen. (Die gleichmäßige Zunahme des Schweredrucks in Flüssigkeiten $p = h \cdot g \cdot \varrho$ mit der Tiefe h ergibt sich aus der praktisch überall gleich großen Dichte ϱ der Flüssigkeit; man vergleiche dazu die Herleitung von $p = h \cdot g \cdot \varrho$ auf Seite 85.)

d) Für die unteren Luftschichten rechnet man mit einer Dichte der Luft von $\varrho = 1{,}28$ g/l. Bei geringfügigen Höhendifferenzen kann man ϱ näherungsweise als konstant betrachten. Für die Höhe h der Luftsäule, die den Druck $p = h \cdot g \cdot \varrho = 1$ mbar erzeugt, gilt dann

$$h = \frac{p}{\varrho \cdot g} = \frac{1\,\frac{\text{cN}}{\text{cm}^2}}{0{,}00128\,\frac{\text{g}}{\text{cm}^3} \cdot 0{,}98\,\frac{\text{cN}}{\text{g}}} = 797\ \text{cm} \approx 8\ \text{m}.$$

Steigt man also in Bodennähe 8 m in die Höhe, so nimmt der Luftdruck um 1 mbar ab.

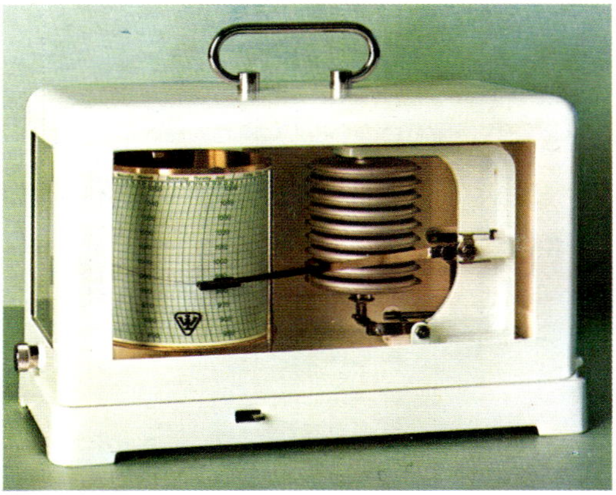

95.1 Barograph

95.2 Kontrolle des Reifendrucks

Versuch 110: Mit einem Quecksilberbarometer in der Hand steigen wir vom Keller in das oberste Stockwerk unseres Schulhauses. Dabei registrieren wir die vorausberechnete Druckabnahme mit der Höhe.

e) Infolge der Druckabnahme mit der Höhe kann man Barometer als Höhenmesser benutzen (z.B. im Flugzeug).

f) Auf einer Wetterkarte (vgl. Seite 167) werden Luftdruckwerte vieler Orte miteinander verglichen. Die gemessenen Werte rechnet man dazu auf dieselbe Höhe und zwar auf die normale Höhe des Meeresspiegels *(Normalnull = NN)* um.

Der Luftdruck schwankt im Laufe der Zeit und nimmt mit der Höhe ab. Der Normdruck (mittlerer Luftdruck in Meereshöhe) beträgt 1013 mbar; er ist genauso groß wie der Schweredruck einer 760 mm hohen Quecksilbersäule.

g) Unser menschlicher Körper ist auf den an der Erdoberfläche herrschenden Luftdruck eingestellt (besonders die Atmung). Ein wesentlich kleinerer Druck kann zu Krankheiten (Bewußtlosigkeit), ja sogar zum Tod führen (Tiefseefische, die den hohen Druck der Tiefe gewohnt sind, sterben meistens, wenn sie an die Oberfläche des Meeres kommen). In großen Höhen muß man sich gegen den niedrigen Luftdruck schützen. So ist der Innenraum vieler Flugzeuge als Druckkabine gestaltet, in der während der gesamten Reise unabhängig von der Flughöhe ein konstanter Druck aufrecht erhalten wird.

h) Einige zusätzliche Informationen zur Erdatmosphäre: Das Luftmeer besitzt keine Oberfläche wie Flüssigkeiten, sondern geht ohne scharfe obere Grenze unmerklich in den Weltraum über. In etwa 10 km Höhe findet der Luftverkehr mit Düsenmaschinen statt. Dort liegt auch die Obergrenze für Gewitterwolken. Überschallflugzeuge können bis 35 km Höhe steigen; der Luftwiderstand ist dort in der „dünnen Luft" sehr gering. In 100 km Höhe beträgt der Luftdruck etwa 1/1000 bar. Oberhalb von 200 km Höhe gibt es praktisch keinen Luftwiderstand mehr; deshalb fliegen Erdsatelliten jahrelang höher als 200 km – ohne Antrieb. – Die Gesamtmasse der Atmosphäre beträgt $5{,}13 \cdot 10^{18}$ kg, d.h. ein Millionstel der Erdmasse ($5{,}98 \cdot 10^{24}$ kg).

4. Über- und Unterdruck

Mit dem Barometer messen wir den Druck gegenüber dem Vakuum, den man manchmal **absoluten Druck** nennt. – Autofahrer müssen den Reifendruck regelmäßig überprüfen *(Bild 95.2)*. Dazu gibt es Tabellen, die angeben, wie groß der Druck in den Vorderreifen (z.B. 1,8 bar) und in den Hinterreifen (z.B. 2,0 bar) sein soll. Diese Werte geben aber nicht den absoluten Reifendruck, sondern den **Überdruck** gegenüber dem äußeren Luftdruck an; denn *er* bestimmt die Härte des Autoreifens.

Allgemein bezeichnet man mit Überdruck $p_ü$ die Differenz vom absoluten Druck p_a zum Luftdruck p ($p_ü = p_a - p$ mit $p \approx 1$ bar; zu $p_ü = 1{,}8$ bar gehört also $p_a = 2{,}8$ bar). Viele technische Manometer messen den Überdruck. Auch die 20 mbar, die wir in Versuch 101 am U-Manometer *(Bild 90.1)* gemessen haben, stellen den *Überdruck* dar, den das Stadtgas gegenüber dem Luftdruck besitzt.

Herrscht in einem Gefäß ein Druck, der kleiner als der Luftdruck ist, so spricht man von **Unterdruck.** Am angeschlossenen U-Manometer *(Bild 90.1)* würde dann die Flüssigkeit im linken Schenkel höher stehen als im rechten.

Aufgaben:

1. *Wie hoch müßte die Erdatmosphäre bei normalem Luftdruck sein, wenn die Dichte der Luft den konstanten Wert* 1,28 g/dm^3 *hätte?*

2. *Fülle einen Zylinder oder ein Glas mit ebenem Rand ganz mit Wasser, lege ein Papierblatt auf und drehe den Zylinder schnell um (Bild 96.1)! Warum läuft das Wasser nicht aus?*

3. *Warum enthalten Flugzeuge Barometer? Warum muß der Pilot beim Landeanflug die Größe des Luftdrucks am Flughafen kennen, wenn er mit Hilfe der Barometeranzeige landet?*

4. *Warum hängt die Höhe der Quecksilbersäule im Barometer nicht von Form und Querschnitt der Röhre ab? – Wie groß ist der Druck im Quecksilber in halber Höhe, wie groß* 10 cm *unter dem oberen Spiegel, wenn der Luftdruck* 1 000 mbar *beträgt?*

5. *a) Warum kann man mit der Druckdose und dem angeschlossenen U-Manometer in Bild 84.1 nicht den Luftdruck messen? Welchen Druck mißt also die Anordnung? b) Welcher absolute Druck herrscht in* 5 m, 10 m, *allgemein in der Tiefe h unterhalb der Oberfläche eines Sees?*

6. *In der Gebrauchsanleitung eines Schnellkochtopfes (vgl. auch Seite 146) heißt es: Erscheint am Anzeigegerät der erste Ring, so herrscht ein Druck von* 0,4 bar *und eine Temperatur von* 109 °C; *erscheint der zweite Ring, ein Druck von* 0,8 bar *und eine Temperatur von* 116 °C. *Was ist zu den Druckangaben zu sagen?*

96.1 Zur Aufgabe 2

§ 32 Druck in eingeschlossenen Gasen

1. Charakteristisches für Gase

In Versuch 104 fanden wir, daß eingeschlossene Gase einen **Eigendruck** besitzen. Er ist für Gase charakteristisch und hängt mit ihrem Expansionsbestreben (Seite 14) zusammen. Wir wollen ihn näher untersuchen.

Versuch 111: Verschließe die Öffnung einer halb mit Luft gefüllten Glasspritze. Der Kolben verschiebt sich nicht, da der Eigendruck der eingeschlossenen Luft und der Luftdruck von je 1 bar gleich groß sind. Verkleinern wir das Volumen, so steigt der Eigendruck über 1 bar. – Wenn wir den Kolben herausziehen, so verteilt sich die eingeschlossene Luft auf einen größeren Raum. Der Eigendruck der Luft sinkt unter 1 bar. Der äußere Luftdruck überwiegt dann und schiebt den losgelassenen Kolben wieder nach innen.

Wie kann man den Eigendruck eines eingeschlossenen Gases erklären? Die Moleküle eines Gases bewegen sich sehr schnell und erzeugen daher beim Aufprall auf die Gefäßwände Kräfte (vgl. den Modellversuch auf Seite 14f.). Verkleinert man das Gasvolumen, so enthält 1 cm^3 mehr Moleküle. Je Sekunde prallen also mehr Moleküle auf 1 cm^2 der Wand. Die Kraft auf jede Begrenzungsfläche des Gases und damit der Druck im Gas wird größer. Entsprechend erklärt sich die Druckerniedrigung beim Vergrößern des Gasvolumens.

Jede abgeschlossene Gasmenge hat einen Druck. Er rührt von der Bewegung ihrer Moleküle her und äußert sich als Ausdehnungsbestreben des Gases. Dieser Eigendruck steigt, wenn man das Volumen der Gasmenge verkleinert; er nimmt ab, wenn man dem Gas einen größeren Raum zur Verfügung stellt.

Versuch 112: Bläst man Luft in das Gefäß von *Bild 97.1* (auch *Heronsball* genannt), so wird die dort schon vorhandene wie auch die zugeführte Luft auf kleineren Raum zusammengepreßt. Ihr Eigendruck wird deshalb größer als der Luftdruck. Wenn man die Öffnung freigibt, spritzt das Wasser aus der Flasche hoch. Nach diesem Prinzip arbeiten z.B. *Sprühdosen.*

Den vergrößerten Eigendruck zusammengepreßter Luft (oft **Preßluft** oder **Druckluft** genannt) benutzt man vielfältig: In den *Reifen* und *Druckluftbremsen* beim Fahrzeug, beim Öffnen und Schließen von Türen im Omnibus oder in der S-Bahn, im *Preßlufthammer*, im Luftgewehr, bei der Rohrpost oder der Spritzflasche *(Bild 97.1)*.

97.1 Links Heronsball, rechts Spritzflasche

2. Das Gesetz von Boyle und Mariotte

Verkleinern wir das Volumen V einer Gasmenge, dann erhöht sich ihr Eigendruck p; vergrößern wir dagegen das Volumen V, sinkt der Eigendruck p. Wir prüfen dies genauer:

Versuch 113: Wir trennen in einem Glasrohr von 1 cm² Querschnitt eine 10 cm lange Luftsäule durch eine genau eingepaßte, leicht verschiebbare Stahlkugel ab *(Bild 97.2)*. Zunächst herrscht links und rechts von ihr der Druck $p = 1$ bar (p ist hier und im folgenden immer der *absolute Druck*). Die mit der Glasspritze erzeugten Drücke lesen wir am Manometer ab, das Volumen der abgetrennten Luftmenge am Maßstab.

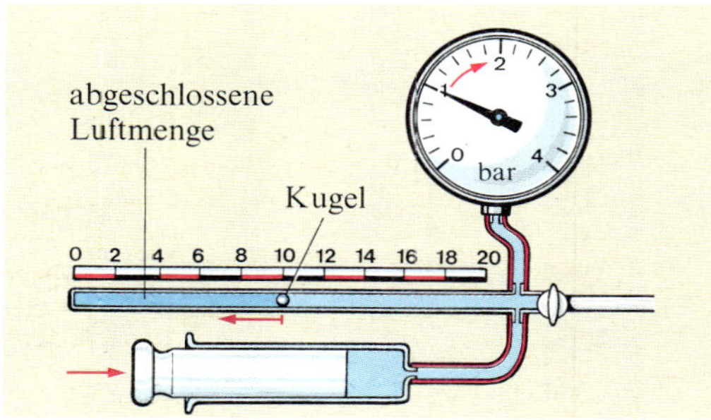

97.2 Zu Versuch 113; das Manometer zeigt den absoluten Druck an.

Wir gehen z.B. vom Druck 0,5 bar und vom Volumen 20 cm³ aus. Deim doppelten Druck (1 bar) wird die Gasmenge auf halbes Volumen (10 cm³) zusammengepreßt, beim dreifachen Druck (1,5 bar) auf den 3. Teil (6,7 cm³). Man sagt, das Volumen sei dem Kehrwert $1/p$ des Drucks proportional. Dies bedeutet nach *Tabelle 97.1*, daß das Produkt $p \cdot V$ konstant ist. – *Boyle und Mariotte* fanden um 1670 das nach ihnen benannte Gesetz.

Druck p in bar	0,5	1	1,5	1,75	2
Volumen V in cm³	20	10	6,7	5,7	5
$p \cdot V$ in bar · cm³	10	10	10	10	10

Tabelle 97.1 Zu Versuch 113

Gesetz von Boyle und Mariotte:
Bei konstanter Temperatur ist das Volumen einer eingeschlossenen Gasmenge dem Kehrwert des Drucks proportional:

$$V \sim \frac{1}{p}.$$

Oder: Das Produkt aus Druck und Volumen ist konstant:

$$p_1 \cdot V_1 = p_2 \cdot V_2 = p_3 \cdot V_3 = \text{konstant}. \qquad (97.1)$$

Der Zusatz „bei konstanter Temperatur" ist nötig: Denke an einen Fahrradreifen, der in der Sonne steht; obwohl das Volumen der eingeschlossenen Luft konstant bleibt, steigt der Druck. – In *Bild 97.3* sind die Meßwerte von Versuch 113 graphisch aufgetragen. Das *Gesetz von Boyle und Mariotte* stellt in diesem p-V-Diagramm einen Hyperbelast dar.

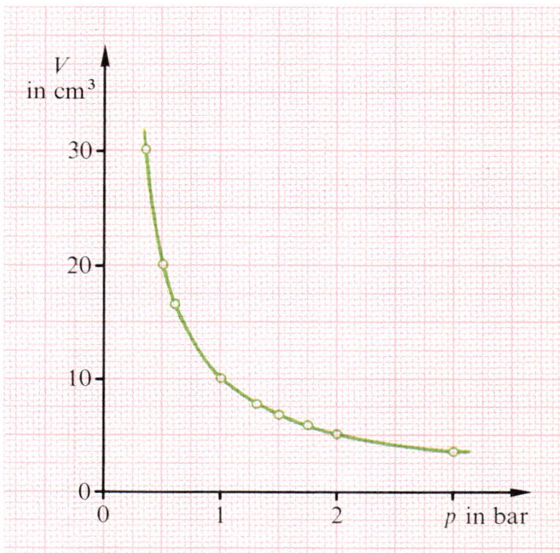

97.3 Meßdiagramm zu Versuch 113

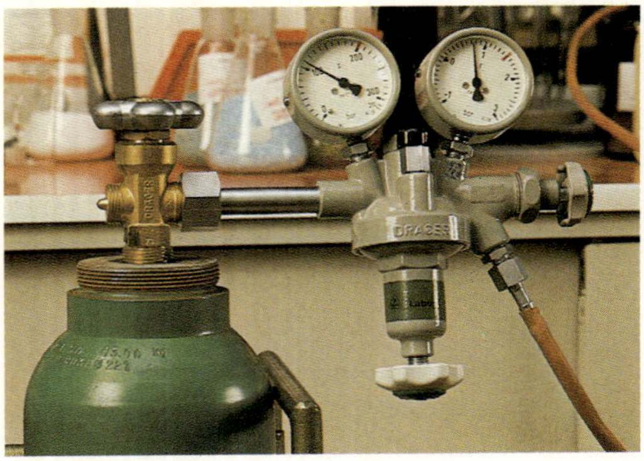

98.1 Preßgasflasche mit Reduzierventil

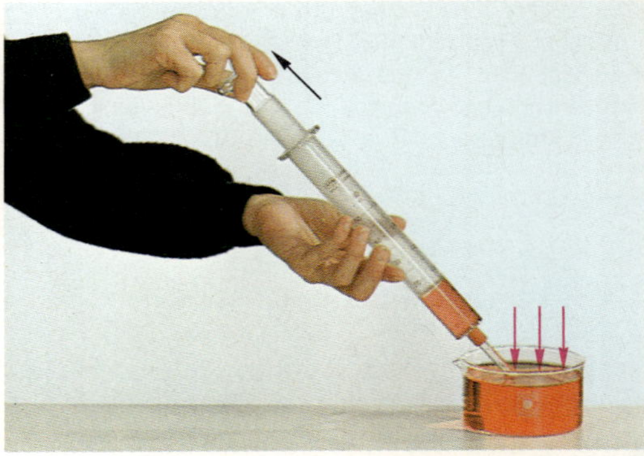

98.2 Zu Versuch 114: Aufziehen einer Spritze

Mit der Molekülvorstellung können wir das Gesetz von Boyle und Mariotte leicht verstehen: Haben wir eine Gasmenge auf halbes Volumen zusammengepreßt, so sind in jedem Kubikzentimeter doppelt so viele Moleküle. Sie üben auf jedes Quadratzentimeter der Wand doppelt so viele Stöße je Sekunde aus, das bedeutet die doppelte Kraft. Der Druck verdoppelt sich.

Beispiel:

a) Eine Preßluftflasche *(Bild 98.1)* hat ein Innenvolumen von $V_1 = 20$ l; der absolute Druck beträgt $p_1 = 100$ bar. Auf welches Volumen V_2 dehnt sich die Luft beim Öffnen aus ($p_2 = 1$ bar)?

Nach *Gleichung 97.1* gilt $100\ \text{bar} \cdot 20\ \text{l} = 1\ \text{bar} \cdot V_2$ oder $V_2 = 2000$ l. Beim Reduzieren des Drucks auf $\frac{1}{100}$ steigt das Volumen auf das 100fache. 1980 l Luft strömen aus.

b) Welcher Teil wurde entnommen, wenn der Druck nur auf 25 bar gesunken ist? Bei $p_3 = 25$ bar würde die gesamte Preßluft ein Volumen V_3 einnehmen, für das gilt: $25\ \text{bar} \cdot V_3 = 100\ \text{bar} \cdot 20\ \text{l}$ oder $V_3 = 80$ l. Da die Flasche noch 20 l von 25 bar enthält, sind 60 l von 25 bar ausgeströmt. Bei 1 bar, also im Zimmer, dehnt sich diese Luft auf $25 \cdot 60\ \text{l} = 1500$ l aus. 1500 l sind 75% von 2000 l. Es wurden 75% der ursprünglichen Luft entnommen.

Aufgaben *(angegeben absoluter Druck):*

1. *Wann hat in der Wanne von Bild 11.2 die aufgefangene Luft das gleiche Volumen, wie sie es in der freien Atmosphäre hätte, wann ein größeres?*

2. *Eine Sauerstoffflasche enthält* 20 l *Gas von* 200 bar. *Wieviel Liter von Atmosphärendruck kann man entnehmen, wenn die Temperatur gleich bleibt? Was wiegt der Inhalt (Dichte bei* 1 bar: 1,33 g/dm³*)?*

3. *Eine mit Luft gefüllte Flasche wird mit der Öffnung nach unten in einem See versenkt. Auf welchen Bruchteil wird die Luft in* 30 m *Tiefe zusammengedrückt? – Wann hat die Luft* $\frac{1}{3}$ *ihres Ausgangsvolumens?*

4. *Auf welchen Bruchteil würde die Luft in einer Tiefseekugel in* 2000 m *Tiefe zusammengedrückt, falls Wasser durch eine untenliegende Öffnung ungehindert eindringen könnte (Dichte von Meerwasser:* 1,02 g/cm³*)?*

5. *Bei einem Wettersturz „fällt das Barometer" von* 1000 mbar *auf* 970 mbar. *Wieviel Liter Luft von* 970 mbar *verlassen hierbei ein Zimmer mit* 100 m³ *Rauminhalt, wenn die Temperatur konstant bleibt?*

6. *Ein Autoreifen hat ein Volumen von* 60 l. *Er wird vom Überdruck* 2,5 bar *auf* 3,5 bar *aufgepumpt. Wieviel Luft von* 1 bar *muß der Kompressor zuführen (siehe obiges Beispiel b)? Rechne mit absolutem Druck!*

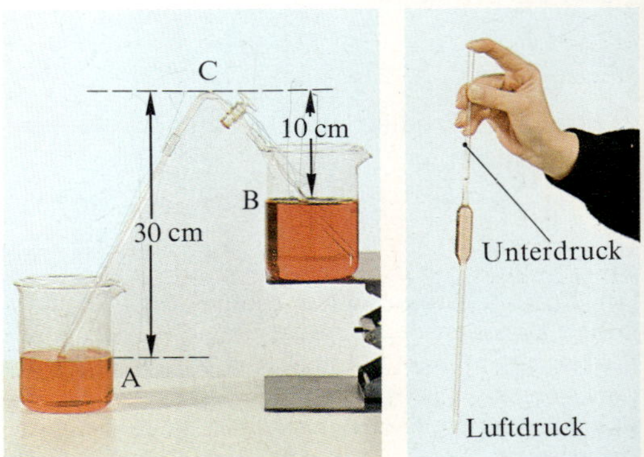

98.3 Links: Winkelheber, rechts: Stechheber

§ 33 Anwendungen und Beispiele

1. Luftdruck contra Eigendruck

Versuch 114: Will man eine Glasspritze mit Flüssigkeit füllen, so taucht man ihre Spitze in die Flüssigkeit ein und vergrößert ihren Innenraum durch Zurückziehen des Kolbens *(Bild 98.2)*. Infolgedessen sinkt dort der Eigendruck nach dem *Gesetz von Boyle und Mariotte*. Der äußere Luftdruck überwiegt und preßt die Flüssigkeit hoch.

Auf ähnliche Weise können wir einen Strohhalm zum Trinken benutzen. Wir stellen in unserer Mundhöhle *Unterdruck* durch Vergrößern des Mundraums her. Dann kann der äußere Luftdruck ein Getränk durch den Halm in den Mund *hochdrücken*. Es ist also nicht ganz richtig zu sagen, man habe das Getränk *hochgesogen* (siehe Rückblick Seite 100f.). – Auch das **Atmen** beruht auf demselben Prinzip. Beim Einatmen vergrößert man den Brustkorb, so daß in ihm ein schwacher Unterdruck entsteht.

Versuch 115: Mit dem **Stechheber** *(Bild 98.3)* „saugt" man Flüssigkeit an, verschließt die obere Öffnung mit dem Finger und überträgt die Flüssigkeit in ein anderes Gefäß. Oberhalb der Flüssigkeitssäule herrscht Unterdruck. Dieser und der Schweredruck der Wassersäule zusammen ergeben an der Spitze des Hebers einen Druck, der genauso groß wie der äußere Luftdruck ist. Es fließt keine Flüssigkeit aus.

Versuch 116: Wenn man am Rohr des **Winkelhebers** *(Bild 98.3)* bei A „saugt", so füllt er sich mit Wasser. Dieses fließt weiter, wenn der Wasserspiegel bei A tiefer als bei B liegt. Um dies zu verstehen, verschließen wir vorübergehend die Leitung bei C. Der Luftdruck verhindert das Zurückfließen des Wassers nach A und B. Links vom Hahn C herrscht nur noch ein Druck von (1000–30) mbar, da der bei A drückenden Luft eine Wassersäule von 30 cm Höhe entgegenwirkt. Rechts vom Hahn ist der Druck im Wasser dagegen etwas größer: (1000–10) mbar. Deshalb strömt beim Öffnen des Hahns C Wasser von rechts nach links, nämlich bis die Oberflächen in beiden Gefäßen gleich hoch stehen.

2. Der Blutdruckmesser

Unser Herzmuskel erzeugt Druck und dieser erhält den Blutkreislauf aufrecht. Die Messung des *Blutdrucks* ist eine wichtige ärztliche Untersuchung *(Bild 99.1)*. Der Arzt pumpt mit dem Gummiball so lange Luft in die Gummimanschette, bis die Oberarmarterie gegen den Knochen gedrückt und damit abgeklemmt wird. Daraufhin läßt er langsam wieder die Luft aus der Manschette entweichen. Während der Druck in der Manschette abnimmt, fühlt der Arzt

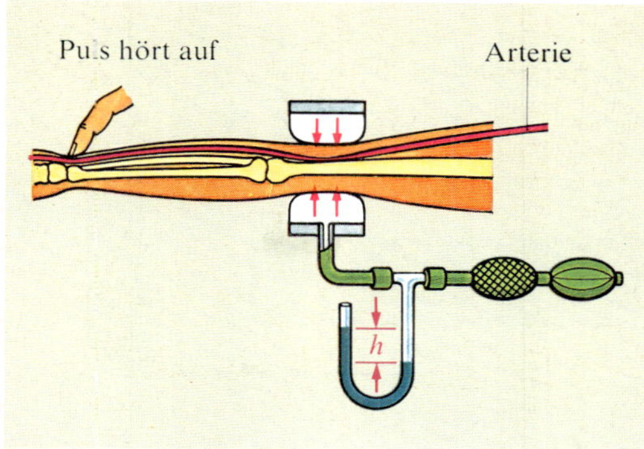

99.1 Blutdruckmesser

den Puls und beobachtet das Manometer. Beim „oberen" Druckwert (bei gesunden Jugendlichen 160 mbar oder 120 mm Hg) beginnt das Blut stoßweise zu fließen, beim „unteren" Druckwert (110 mbar oder 80 mm Hg) strömt es nahezu gleichmäßig. Abweichungen von den normalen Werten deuten auf Krankheiten hin. – Blutdruckmesser sind zur Zeit noch in Torr und nicht in mbar geeicht.

3. Luftpumpen

a) Pumpen, die aus einem Gefäß Luft herausholen und damit dort den Druck verkleinern, nennt man **Vakuumpumpen.** Dazu gehört z.B. die in Versuch 102 benutzte *Wasserstrahlpumpe*. – Häufig verwendet man aber eine **Kapsel- oder Drehschieberpumpe** *(Bild 99.2)*. Ein massiver, von einem Elektromotor angetriebener Metallzylinder dreht sich in einer Trommel um eine waagerechte Achse, die oberhalb der Trommelachse liegt. Die rot gezeichnete Feder preßt die Stahlschieber stets luftdicht an die exakt geschliffene Innenwand. Im obersten Punkt R muß der Zylinder luftdicht an der Trommelwand gleiten; ein Ölfilm dichtet und schmiert zugleich. Das auszupumpende Gefäß wird bei A angeschlossen, so daß

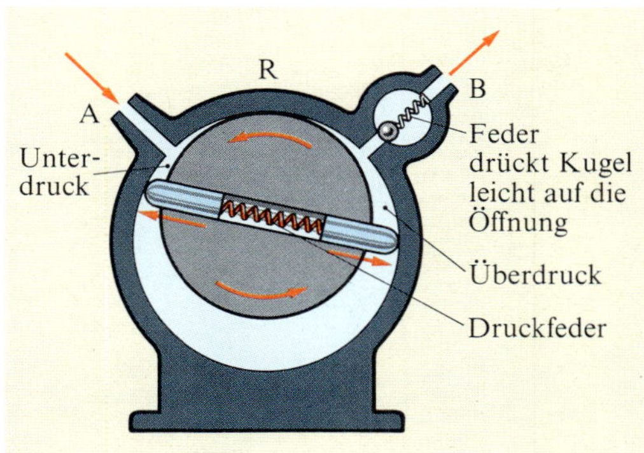

99.2 Kapselluftpumpe (Drehschieberpumpe)

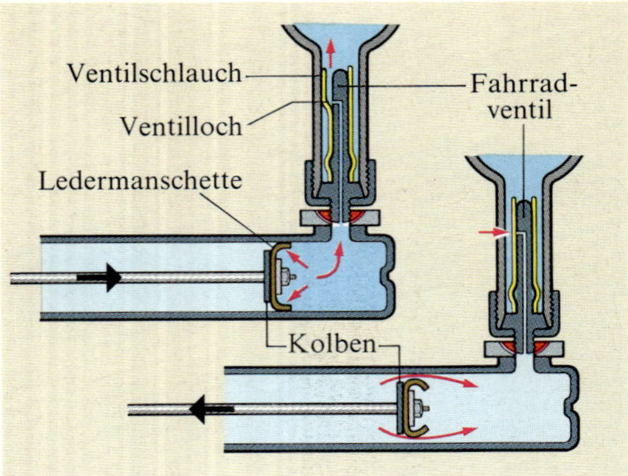

100.1 Fahrradpumpe mit Fahrradventil

sich das Gas des Gefäßes in den Raum zwischen R und dem jeweils links gleitenden Schieber ausdehnen kann. Dadurch sinkt nach dem *Gesetz von Boyle und Mariotte* der Druck. Der jeweils rechts gleitende Schieber befördert Luft über den Stutzen B nach außen. Dieser Vorgang wiederholt sich laufend; man kann mit derartigen Pumpen den Druck im angeschlossenen Gefäß auf unter 10^{-4} mbar senken.

b) Pumpen, die Luft oder ein anderes Gas in ein Gefäß hineinpumpen und damit dort den Druck erhöhen, nennt man **Kompressoren.** Die bekannteste dieser Pumpen ist die **Fahrradpumpe** *(Bild 100.1).* Das Volumen einer eingeschlossenen Luftmenge wird verkleinert und so ihr Druck erhöht. Deshalb wird die am Kolben festgeschraubte Ledermanschette an den Zylindermantel gepreßt und so der Kolben abgedichtet. Der hohe Druck im dünnen Kanal im Innern des Fahrradventils hebt den übergestülpten gelb gezeichneten Ventilschlauch etwas vom Ventilloch ab; Preßluft strömt in den Fahrradschlauch und erhöht dort den Druck. Beim Zurückziehen des Kolbens schließt der Ventilschlauch wieder das Ventilloch, im Pumpenzylinder entsteht zudem Unterdruck. Jetzt drückt die Außenluft die Ledermanschette am Kolben nach innen und strömt in den Zylinder *(Bild 100.1,* unten*).*

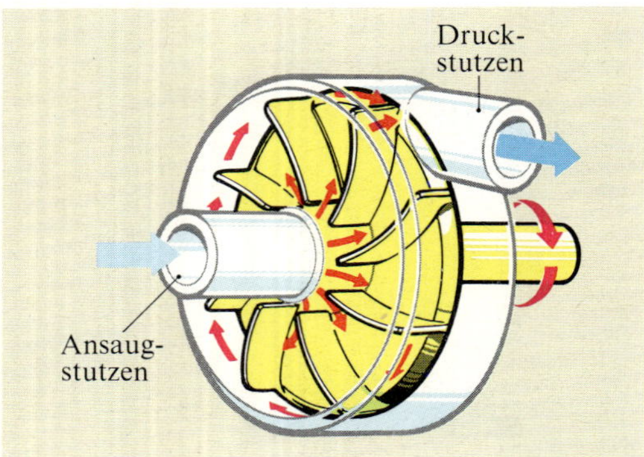

100.2 Kreiselpumpe

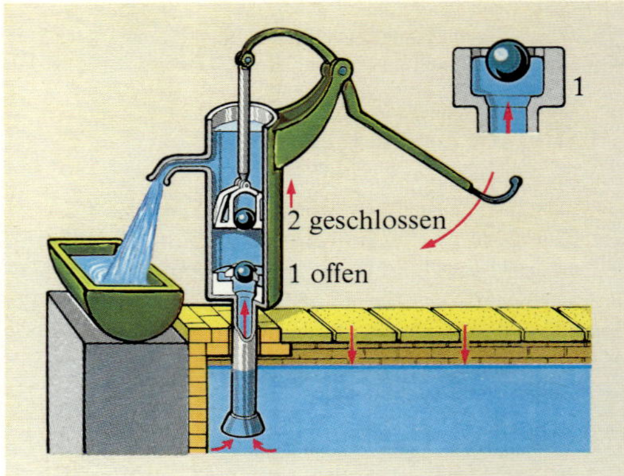

100.3 Saugpumpe; rechts oben Ventil 1

4. Flüssigkeitspumpen

a) Hebt man in der **Saugpumpe** *(Bild 100.3)* den Kolben an, wird Ventil 2 geschlossen. Unter dem Kolben entsteht Unterdruck, und deshalb öffnet der äußere Luftdruck Ventil 1. Dabei preßt er Wasser in den Zylinder zum Kolben hoch. – Wenn man den Kolben dagegen abwärts bewegt, so schließt sich Ventil 1 und Ventil 2 wird geöffnet. Dabei gelangt Wasser über den Kolben, das beim nächsten Kolbenhub zum Abflußrohr gehoben wird. – Da der normale Luftdruck Wasser höchstens 10 m hochdrückt, darf sich der Kolben nur 10 m über der Wasseroberfläche befinden (in der Praxis höchstens 7 bis 8 m).

Saugpumpen benutzt man heute auch zur *Erdölförderung.* Der Pumpenkolben sitzt in der Erdöl-führenden Schicht in sehr großer Tiefe. Ein Rohr verlängert den Pumpenzylinder bis zur Erdoberfläche. In ihm wird das Öl bei jedem Pumpenhub um etwa 1 m gehoben.

b) In einer **Kreiselpumpe** *(Bild 100.2)* treibt ein Motor das gelb gezeichnete Flügelrad schnell an. Das Wasser wird gegen die Außenwand geschleudert und fließt durch den Druckstutzen ab. In der Mitte entsteht Unterdruck. Daher strömt Wasser über den Ansaugstutzen nach. Die Kreiselpumpe verwendet man heute vielfach, z.B. bei der Feuerwehrspritze oder in der Waschmaschine, ja sogar im Fön; denn auch Luft läßt sich damit pumpen.

5. Rückblick

Im täglichen Leben sagt man, im Versuch nach *Bild 101.1* werde das Wasser durch das *Vakuum* in den Glaskolben *„gesaugt".* Dabei lebt im Wort *„saugen"* eine Vorstellung des Mittelalters weiter, nach der die Natur im Prinzip keinen leeren Raum dulde und ihn mit aller Kraft mit Materie füllen müsse; die Natur habe einen *„Schrecken vor dem Leeren"* *(horror*

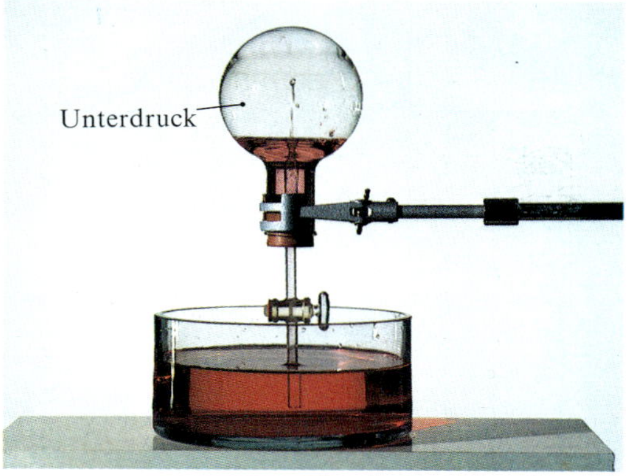

101.1 Wird das Wasser vom Vakuum „eingesaugt"?

101.2 Zu Aufgabe 5. Der Taucher braucht Preßluft.

vacui). Von einem dem Wasserdruck entsprechenden *Luftdruck,* der in Wirklichkeit das Wasser *hochdrückt,* wußte man nichts. Man sprach nämlich der Luft die Eigenschaft ab, eine Gewichtskraft nach unten zu erfahren, sondern glaubte, sie strebe als *„leichtes Element"* nach oben. *Otto von Guericke* (Seite 92) zeigte dagegen, daß Luft schwer ist und deshalb in der Atmosphäre ein Schweredruck, der Luftdruck, existiert. Das Wort „saugen" sollte man deshalb nur für das Erzeugen von Unterdruck, etwa nach Versuch 114 bis 116, verwenden.

Aufgaben:

1. *Damit Milch aus einer Konservendose mit gleichmäßigem Strahl ausfließen kann, muß man vorher in den Deckel zwei Löcher stechen. Warum kommen aus einer Dose, die nur 1 Loch enthält, nach jedem Kippen nur wenige Tropfen? Was ändert sich, wenn man zusätzlich auf den Boden der Dose drückt?*

2. *Wie wirkt ein Haftgummi am Schaufenster? Warum hält der Deckel auf einem Einmachglas so fest? Was muß man tun, um ihn leicht abnehmen zu können?*

3. *Erkläre die Wirkung der Ledermanschette an der Fahrradpumpe beim Vorstoßen und Zurückziehen des Kolbens!*

4. *Miß die Fläche deiner Brust, die sich beim Atmen hebt! – Berechne die Kraft, die du aufbringen müßtest, um mit Hilfe eines Schnorchels (einem Schlauch, der zur Wasseroberfläche führt) in* 1 m *Wassertiefe zu atmen! Wie muß man deshalb vorgehen, damit ein Taucher in* 50 m *Tiefe durch einen Luftschlauch atmen kann?*

5. *Unsere vollen Lungen enthalten* 4 Liter *Luft. Beim Tauchen können sie bis auf* 1,15 Liter *zusammengepreßt werden. In welcher Tiefe ist dann der Taucher? Taucht er tiefer, so kann der Eigendruck der Luft dem äußeren Wasserdruck nicht mehr das Gleichgewicht halten, so daß die Festigkeit des Brustkorbs in Anspruch genommen werden muß. Da dies unerträglich ist, hat der Taucher beim Vorstoß in größere Tiefen Preßluft einzuatmen, die er im allgemeinen in einer Flasche mit sich führt (Bild 101.2).*

6. *Warum dehnt sich in Bild 101.3 der mit der Außenluft verbundene Ballon A unter der Glasglocke stärker aus als der zugebundene Ballon B?*

7. *a) Warum muß der Pumpenkolben bei der Erdölförderung tief im Bohrloch, unmittelbar über dem Erdölspiegel, sitzen? b) Aus einem* 1000 m *tiefen Bohrloch soll Erdöl* (0,85 g/cm^3) *gefördert werden; der Kolben hat einen Querschnitt von* 300 cm^2. *Mit welcher Kraft muß man an ihm nach oben ziehen, wenn man von der Gewichtskraft des Kolbens und der Zugstange absieht?*

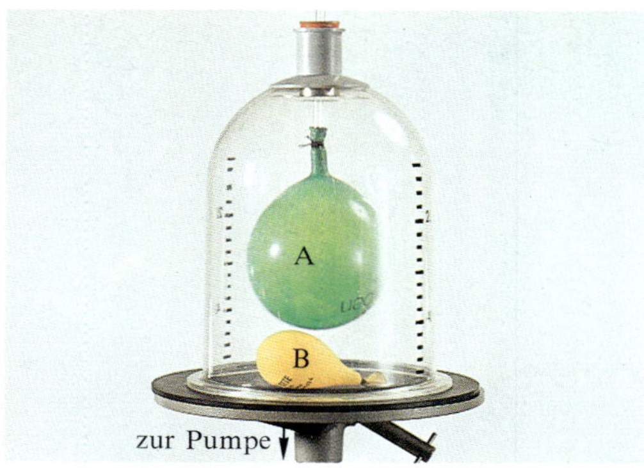

101.3 Zu Aufgabe 6

§ 34 Der Auftrieb

1. Schon die alten Griechen...

Hast du schon einmal versucht, einen leeren Eimer mit dem Boden voraus unter Wasser zu drücken? Es gelingt nur mit großer Kraftanstrengung. Woran liegt das? Im Wasser herrscht ein Schweredruck, und die durch ihn verursachten Kräfte wirken auf die Unterseite des Bodens nach oben. Sie üben auf den Eimer eine nach oben gerichtete **Auftriebskraft** F_A aus, kurz **Auftrieb** genannt. Läßt man den nicht vollgelaufenen Eimer los, schnellt er hoch.

Die Kräfte des Schweredrucks lassen einen Körper im Wasser auch viel leichter erscheinen; sie täuschen eine Verminderung der nach unten gerichteten Gewichtskraft G vor. Diesen scheinbaren Gewichtsverlust empfindet man z.B. beim Baden, man fühlt sich von der Erdenschwere befreit. Spitze Steine, auf die man tritt, spürt man um so weniger, je tiefer man eintaucht.

Ein ganz oder teilweise in eine Flüssigkeit getauchter Körper erfährt eine Auftriebskraft F_A, kurz Auftrieb genannt. Sie täuscht einen Gewichtsverlust vor.

Versuch 117: Uns interessiert die Größe der Auftriebskraft F_A. Hierzu tauchen wir einen 5 cm hohen Quader mit 10 cm² Grundfläche und 70 cN Gewicht nach *Bild 102.1* Zentimeter um Zentimeter in Wasser. Während der Quader eingetaucht wird, geht die Anzeige des Kraftmessers zurück. Verdrängt er z.B. 40 cm³ Wasser, so zeigt der Kraftmesser nur noch 30 cN an; die Auftriebskraft beträgt also $F_A = 40$ cN. Nun erfährt das verdrängte Wasser eine Gewichtskraft von ebenfalls 40 cN. Ist diese Übereinstimmung Zufall?

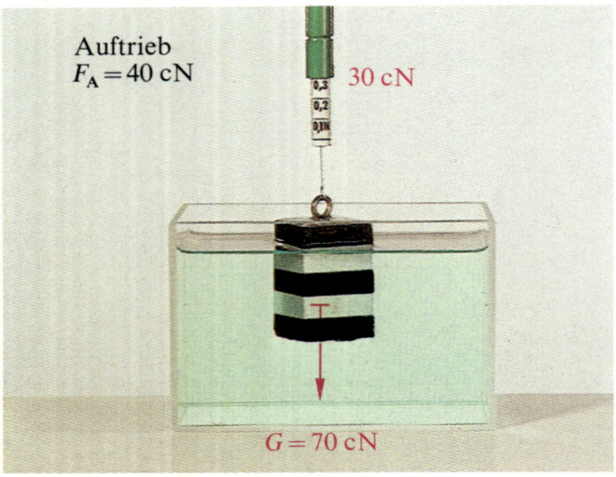

102.1 Zu Versuch 117

Wir tauchen den Quader verschieden tief ein und stellen jedesmal fest, daß *der Auftrieb und die Gewichtskraft des verdrängten Wassers denselben Betrag aufweisen.* Schließlich versenken wir den Körper ganz: Jetzt verdrängt er 50 cm³ Wasser. Der Auftrieb beträgt 50 cN; *er bleibt von jetzt ab konstant,* auch wenn wir den Körper noch tiefer eintauchen.

Die Gewichtskraft der verdrängten Flüssigkeit hängt von deren Dichte ab. Gilt dies auch für den Auftrieb?

Versuch 118: Wir nehmen statt Wasser Alkohol ($\varrho = 0{,}8$ g/cm³). Tauchen wir den Quader wieder so tief ein, daß er 40 cm³ Flüssigkeit verdrängt, dann stellen wir eine Auftriebskraft von nur 32 cN fest. Die Gewichtskraft von 40 cm³ Alkohol beträgt mit dem Ortsfaktor $g = 1$ cN/g

$$G = m \cdot g = \varrho \cdot V \cdot g = 0{,}8\,\frac{\text{g}}{\text{cm}^3} \cdot 40\,\text{cm}^3 \cdot 1\,\frac{\text{cN}}{\text{g}} = 32\,\text{cN}.$$

Versenken wir den Quader ganz, so ist die Auftriebskraft 40 cN. Die Gewichtskraft von 50 cm³ Alkohol beträgt ebenfalls

$$G = 0{,}8\,\frac{\text{g}}{\text{cm}^3} \cdot 50\,\text{cm}^3 \cdot 1\,\frac{\text{cN}}{\text{g}} = 40\,\text{cN}.$$

Aus unseren Versuchsergebnissen erschließen wir ein Gesetz, das *Archimedes* (Seite 113) bereits um 250 v.Chr. gefunden hat:

Satz des Archimedes: **Der Auftrieb ist so groß wie die Gewichtskraft der verdrängten Flüssigkeit.**

2. Kann man den Satz des Archimedes beweisen?

Der *Satz des Archimedes* ist so wichtig, daß wir uns nicht damit zufrieden geben, ihn nur experimentell zu ermitteln. Die Versuche zeigen nämlich nicht, *woher* dieser Gewichtsverlust rührt. Man könnte sich zum Beispiel vorstellen, daß die Flüssigkeit die Erdanziehung „abschirmt". Oben haben wir schon vermutet, daß die Kräfte des Schweredrucks diesen Gewichtsverlust erzeugen. Wenn dies richtig ist, so müßte es gelingen, den Satz des Archimedes mathematisch – ohne Zuhilfenahme eines Experiments – aus den uns bekannten Gesetzen über den Druck in Flüssigkeiten herzuleiten. Der Körper nach *Bild 103.1* erfährt zunächst Kräfte von den Seiten. Sie halten sich in jeder Tiefe das Gleichgewicht. Andernfalls würde der Quader beim Eintauchen seitlich verschoben, was man jedoch nicht beobachtet.

Die untere Fläche A erfährt eine nach oben gerichtete Kraft F_2, die mit wachsender Tiefe h_2 zunimmt. In der Tiefe h_2 ist der Schweredruck $p_2 = h_2 \cdot \varrho_{Fl} \cdot g$. Dabei ist ϱ_{Fl} die Dichte der Flüssigkeit. Der eingetauchte Körper erfährt also die nach oben gerichtete Kraft

$$F_2 = p_2 \cdot A = h_2 \cdot \varrho_{Fl} \cdot g \cdot A.$$

Aber auch die obere Fläche des ganz eingetauchten Körpers erfährt eine Kraft F_1, allerdings nach unten. Sie ist kleiner als F_2, da an der oberen Fläche der kleinere Druck $p_1 = h_1 \cdot \varrho_{Fl} \cdot g$ herrscht; es ist:

$$F_1 = p_1 \cdot A = h_1 \cdot \varrho_{Fl} \cdot g \cdot A.$$

Auf den ganz eingetauchten Körper wirkt somit die Differenz $F_2 - F_1$ dieser beiden entgegengesetzt gerichteten Kräfte. Sie wird vom Kraftmesser als Auftriebskraft angezeigt.

$$F_A = F_2 - F_1 = (h_2 - h_1)\, \varrho_{Fl} \cdot g \cdot A.$$

Überlegen wir, was auf der rechten Seite steht: $h_2 - h_1 = h$ ist die Höhe des Körpers, $(h_2 - h_1) \cdot A$ also sein Volumen V. Dies ist aber gleich dem Volumen V_{Fl} der verdrängten Flüssigkeit. Multipliziert man dieses Volumen mit ϱ_{Fl}, erhält man die Masse und, wenn man diese mit dem Ortsfaktor g multipliziert, die Gewichtskraft der verdrängten Flüssigkeit. Wir haben den *Satz des Archimedes* bewiesen. (Beachte auch Aufgabe 2 und 3 auf Seite 106!)

Wir fassen zusammen:

a) Der Auftrieb entsteht dadurch, daß der Schweredruck mit der Tiefe zunimmt. b) Diese Druckzunahme allein erklärt die Größe des gemessenen Auftriebs vollständig. c) Es gilt $F_A = V_{Kö} \cdot \varrho_{Fl} \cdot g$.

3. Erfahren nur Quader einen Auftrieb?

Wir benutzten bisher Körper mit einer waagerechten Unterfläche. Auf diese konnte die Flüssigkeit bequem eine große Kraft ausüben. Nun bieten wir der Flüssigkeit nur noch eine feine Spitze an:

S-Versuch 119: Forme aus Plastilin einen Zylinder mit breiter Grundfläche, tauche ihn in Wasser und miß den Auftrieb! Knete dann daraus einen Kegel mit gleichem Volumen! Tauche ihn zuerst mit der breiten Grundfläche und dann mit der Spitze voran ganz unter Wasser! Findest du einen Unterschied im Auftrieb?

Versuch 120: Wir befestigen nach *Bild 103.2* einen Körper beliebiger Form an der rechten Waagschale einer Balkenwaage, auf der ein Becherglas steht. Durch Auflegen von Wägestükken bringen wir die gesamte Anordnung ins Gleichgewicht. Dann tauchen wir den Körper in ein volles Überlaufgefäß. Wegen der Auftriebskraft hebt sich zunächst die rechte Waagschale; doch stellt sich wieder Gleichgewicht ein, wenn alles vom Körper verdrängte Wasser in das Becherglas geflossen ist. *Dabei spielt die Form des Körpers keine Rolle.*

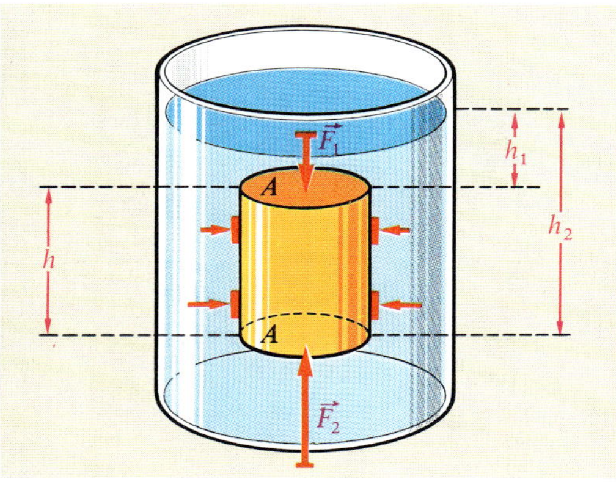

103.1 Berechnung des Auftriebs

103.2 Bestätigung des *Satzes von Archimedes*

104.1 Der Körper mit dem größeren Volumen erfährt den größeren Auftrieb.

Versuch 121: An einem Waagebalken halten sich ein Messing- und ein Eisenstück, die beide je eine Gewichtskraft von 200 cN erfahren, das Gleichgewicht. Taucht man aber beide in Wasser, so hebt sich die linke Seite mit dem Eisenstück *(Bild 104.1)*. Wie kommt das? Eisen ($\varrho =$ 7,86 g/cm^3) verdrängt bei gleicher Masse infolge seines größeren Volumens (25,4 cm^3) mehr Wasser und erfährt einen größeren Auftrieb als Messing ($\varrho = 8{,}3$ g/cm^3; $V = 24{,}1$ cm^3).

Auf diese Weise soll *Archimedes* nachgeprüft haben, ob ein dem König *Hieron von Syrakus* gelieferter goldener Kranz auch wirklich echt war. Er tauchte den „goldenen" Kranz und einen gleich schweren Klumpen reinen Goldes an der Waage hängend ins Wasser. Da sich die Seite mit dem Kranz hob, war der Goldschmied überführt, Gold zum Teil unterschlagen und durch ein gleich schweres Stück Silber ersetzt zu haben (1 g Silber hat nach der Tabelle auf Seite 418 ein Volumen von etwa 0,1 cm^3, 1 g Gold von 0,05 cm^3).

Das Volumen eines unregelmäßig geformten Körpers kann man nicht nur – wie auf Seite 10 beschrieben – mit dem Meßzylinder bestimmen. Wie die unten stehende Musteraufgabe zeigt, gelingt dies genauer mit Hilfe eines Kraftmessers und des Satzes von Archimedes. Damit gewinnt man auch sofort die Dichte des Körpers.

4. Nicht nur ein Rückblick

Um den *Satz des Archimedes* zu finden, haben wir *zwei verschiedene Methoden* kennengelernt. Wir wollen sie noch einmal herausstellen, da man sie in der Physik ständig nebeneinander benutzt.

Musteraufgabe:

a) Ein Körper wiegt in Luft 70 cN, in Wasser nur noch 40 cN. Berechne das Volumen des Körpers und seine Dichte! (Ortsfaktor $g \approx 1$ cN/g)

Gewicht des Körpers in Luft	$G_K = 70$ cN (Wägung)
Scheinbares Gewicht des Körpers in Wasser	40 cN (Wägung)
Scheinbarer Gewichtsverlust in Wasser (Auftrieb)	$F_A = 30$ cN (Differenz)
Gewicht der verdrängten Wassermenge	$G_{Fl} = 30$ cN (*Archimedes*)
Volumen der verdrängten Wassermenge ($\varrho_{Fl} = 1$ g/cm^3)	$V_{Fl} = \frac{m_{Fl}}{\varrho_{Fl}} = \frac{G_{Fl}}{\varrho_{Fl} \cdot g} = 30\ \text{cm}^3$
Volumen des Körpers	$V_K = 30\ \text{cm}^3$ ($V_{Fl} = V_K$)
Masse des Körpers	$m_K = \frac{G_K}{g} = \frac{70\ \text{cN}}{1\ \frac{\text{cN}}{\text{g}}} = 70\ \text{g}$
Dichte des Körpers	$\varrho_K = \frac{m_K}{V_K} = \frac{70\ \text{g}}{30\ \text{cm}^3} = 2{,}3\ \frac{\text{g}}{\text{cm}^3}$

b) In einer unbekannten Flüssigkeit wiegt dieser Körper nur noch 30 cN. Wie groß ist ihre Dichte?

Scheinbares Gewicht des Körpers in der unbekannten Flüssigkeit	30 cN (Wägung)
Scheinbarer Gewichtsverlust in der Flüssigkeit (Auftrieb)	$F'_A = 40$ cN (Differenz)
Gewicht der verdrängten Flüssigkeit	$G'_{Fl} = 40$ cN (*Archimedes*)
Masse der verdrängten Flüssigkeit	$m'_{Fl} = \frac{G'_{Fl}}{g} = \frac{40\ \text{cN}}{1\ \frac{\text{cN}}{\text{g}}} = 40\ \text{g}$
Volumen der verdrängten Flüssigkeit	$V'_{Fl} = 30\ \text{cm}^3$ ($V'_{Fl} = V_K$)
Dichte der verdrängten Flüssigkeit	$\varrho'_{Fl} = \frac{m'_{Fl}}{V'_{Fl}} = \frac{40\ \text{g}}{30\ \text{cm}^3} = 1{,}3\ \frac{\text{g}}{\text{cm}^3}$

In Versuch 117 und 118 fanden wir anhand weniger Beobachtungen und Experimente, daß bei den von uns benutzten Körpern und Flüssigkeiten die Auftriebskraft so groß wie die Gewichtskraft der verdrängten Flüssigkeit ist. Dieses Ergebnis haben wir kühn verallgemeinert. Man nennt dieses Vorgehen das **induktive** Verfahren. Dabei könnte eine einzige gesicherte gegenteilige Beobachtung diesen *induktiven Schluß* aufheben oder zumindest einschränken. Auch das *Hookesche Gesetz* (Seite 32f.) fanden wir induktiv aus einigen Meßwerten. Doch mußte es auf den Elastizitätsbereich der Feder eingeschränkt werden. Selbstverständlich wird unser induktives Vorgehen durch noch genauere Messungen zahlreicher anderer Physiker und durch viele technische Anwendungen gestützt.

Es gibt aber noch eine zweite physikalische Methode, mit der man in der Physik Erkenntnisse gewinnt, nämlich die **deduktive:** In Ziffer 2 *erklärten* wir den Auftrieb durch *die Zunahme des Schweredrucks mit der Tiefe.* Wir leiteten das Gesetz des *Archimedes* aus den bereits bekannten Gleichungen zum Schweredruck her. Dieses deduktive Verfahren schafft im Gegensatz zum induktiven *logische Zusammenhänge* und gibt damit eine *Erklärung* für das gefundene Gesetz. **Man versteht in der Physik unter Erklären das Zurückführen eines Tatbestandes auf schon bekannte Gesetze.** Diese können natürlich ihrerseits wieder aus anderen deduktiv gewonnen worden sein. Dabei kommt man schließlich zu einigen wenigen grundlegenden Sätzen, die nur induktiv, das heißt aus Versuchen, gewonnen werden können. So sind die Gesetze des Schweredrucks, mit deren Hilfe wir den Auftrieb erklärten, deduktiv daraus abgeleitet, daß auch Flüssigkeiten wie alle Körper eine Gewichtskraft (siehe Seite 21f.) erfahren; dies ist durch vielfältige Erfahrung, also induktiv gewonnen. Es kann von uns nicht näher erklärt werden.

An diesen Beispielen erkennen wir, wie bei der physikalischen Forschung das *induktive Verfahren* mit dem *deduktiven* Hand in Hand geht. Die überragende Rolle der Experimente in der Physik erkennen wir daran, daß die *induktiven* Schlüsse auf Experimenten beruhen. Außerdem müssen *deduktiv* gewonnene Erkenntnisse *experimentell bestätigt* werden (siehe Versuch 120). Andererseits liefert das *deduktive* Verfahren die *Beziehungen,* die wir erfassen möchten, wenn wir das Naturgeschehen in seinen **Zusammenhängen** begreifen wollen.

5. Auch in Gasen gibt es Auftrieb

Diese Behauptung kann uns nicht überraschen. Der Auftrieb hat seine Ursache in der Zunahme des Schweredrucks nach unten. Diese Zunahme gibt es auch in Gasen.

Versuch 122: In *Bild 105.1* hält der kleine Messingkörper der großen, abgeschlossenen Glaskugel in Luft das Gleichgewicht. Die Glaskugel ist zwar etwas schwerer als der Messingkörper, sie verdrängt jedoch mehr Luft und erfährt deshalb einen entsprechend größeren Auftrieb $\vec{F}_A$. Dies zeigt sich, wenn wir die Luft aus der Glasglocke herauspumpen. Die Glaskugel sinkt dann. – Man kann diese Waage auch in eine Wanne stellen und Kohlendioxid ($\varrho = 2$ g/l) einleiten. Dann steigt die Glaskugel. Jetzt ist ihr Auftrieb größer als in Luft.

Das *Gesetz von Archimedes* gilt auch in Gasen. Alle Überlegungen zur Herleitung in Flüssigkeiten von Seite 103 können wir nämlich auch auf Gase übertragen.

Alle Körper erfahren in einem Gas, z.B. in Luft, einen Auftrieb.

Für die Auftriebskraft gilt auch in Gasen der Satz des Archimedes.

105.1 Pumpt man die Luft ab, sinkt die Glaskugel.

Der Mensch erfährt – wie jeder Gegenstand, der sich im Luftmeer befindet – eine Auftriebskraft. Wie groß ist sie? Ein Erwachsener besitzt einen Rauminhalt von etwa 75 dm³. Die Gewichtskraft der von ihm verdrängten Luft ist:

$$G = \varrho \cdot V \cdot g = 1{,}3\,\frac{\text{g}}{\text{dm}^3} \cdot 75\,\text{dm}^3 \cdot 1\,\frac{\text{cN}}{\text{g}} \approx 1\,\text{N}.$$

Nach dem *Satz des Archimedes* erfährt ein Mensch demnach eine Auftriebskraft von etwa 1 N; er ist scheinbar um 1 N leichter, als er „in Wirklichkeit" ohne die ihn umgebende Luft wäre.

Aufgaben:

1. *Hängt der Auftrieb von der Gewichtskraft oder vom Volumen des eingetauchten Körpers ab? Ist er einem von beiden gleich?*

2. *Führe die Herleitung in Ziffer 2 statt mit Variablen mit den Werten* $A = 10\ \text{cm}^2$, $h_1 = 5$ cm, $h_2 = 11$ cm *und* $\varrho_{\text{Fl}} = 2\ \text{g/cm}^3$ *durch! Warum ist dies kein allgemeiner Beweis für den Satz des Archimedes?*

3. *Führe den Beweis in Ziffer 2 für einen nur teilweise eingetauchten Körper aus! Die untere Zylinderfläche liege in der Tiefe* h_2 *unter der Oberfläche der Flüssigkeit.*

4. *Irgendwo im Weltraum, wo Körper keine Gewichtskraft erfahren, ist Wasser in einem Gefäß. Gibt es einen Auftrieb? Kann man dort in einer eingeschlossenen Flüssigkeit einen Kolbendruck erzeugen?*

5. *Ein Brett wird waagerecht ganz in Wasser getaucht. Ändert sich der Auftrieb, wenn man es vertikal stellt?*

6. *Ein* 5 cN *schweres Stück Zucker wiegt in Petroleum* ($\varrho = 0{,}8\ \text{g/cm}^3$)*, worin es unlöslich ist, nur noch* 2,5 cN. *Wie groß sind Volumen und Dichte?*

7. *Ein Körper erfährt in Luft die Gewichtskraft* 20,50 cN, *in Wasser* 13,75 cN, *in einer unbekannten Flüssigkeit* 9,36 cN. *Berechne die Dichte der Flüssigkeit!*

8. *Du hebst unter Wasser einen Felsblock* ($\varrho = 2{,}5\ \text{g/cm}^3$) *mit der Kraft* 100 N. *Welches Gewichtskraft erfährt er über Wasser? Betrachte zunächst* 1 cm³*!*

9. *Aristoteles wollte klären, ob Luft eine Gewichtskraft erfährt. Zu diesem Zweck wog er eine Blase zuerst mit Luft angefüllt und dann zusammengeknüllt. Sie war beidemal gleich schwer, so daß er der Luft eine Gewichtskraft absprach (siehe Rückblick Seite 113). Wo lag sein Trugschluß?*

10. *Tariere auf einer Waage eine Spritze mit eingeschobenem Kolben! Ziehe dann den Kolben heraus, so daß sich das Gerät mit Luft füllt! Wie ändert sich die Gewichtskraft, wie die Anzeige der Waage? – Was geschieht, wenn man den Kolben bei verschlossener Öffnung herauszieht, festklemmt und dann wieder wiegt?*

11. *Die Hülle eines Kinderballons wiegt* 3,0 cN *und faßt* 5,0 l *Gas. Wie groß ist sein Auftrieb in Luft von der Dichte* 1,28 g/l? *Wie groß sind Gesamtgewichtskraft und Tragkraft bei einer Füllung mit Leuchtgas* (0,6 g/l), *Wasserstoff* (0,09 g/l) *und Helium* (0,18 g/l)? *Warum ist die Tragkraft bei dem gegenüber Wasserstoff doppelt so schweren Helium nicht auf die Hälfte gesunken?*

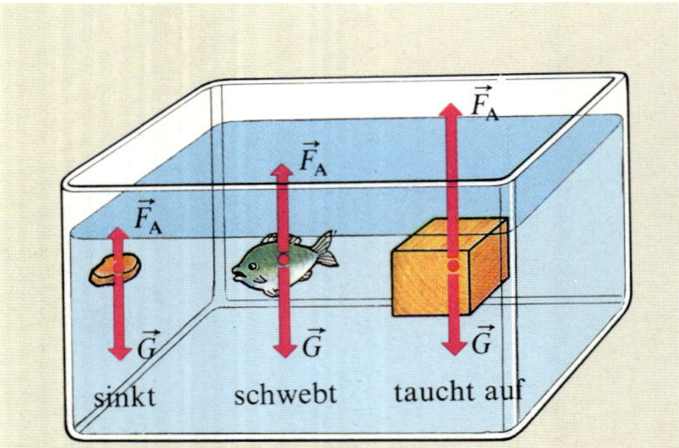

106.1 Ein Körper kann in einer Flüssigkeit sinken, schweben oder auftauchen, je nachdem der Auftrieb $\vec{F}_A$ kleiner, gleich oder größer als $\vec{G}$ ist.

106.2 Schiffe aus Eisen schwimmen. Das schwerer beladene Schiff muß mehr Wasser verdrängen und sinkt deswegen tiefer ein.

§ 35 Schwimmen, Schweben und Sinken

1. Warum schwimmt ein Körper in einer Flüssigkeit?

Man sagt: „Jeder Körper, der leichter als Wasser ist, schwimmt." Physikalisch ausgedrückt: Körper, deren mittlere Dichte kleiner als die einer Flüssigkeit ist, schwimmen in ihr. Stimmt das?

Auf jeden *völlig eingetauchten Körper* wirken zwei entgegengesetzt gerichtete Kräfte, nämlich seine Gewichtskraft G und die Auftriebskraft F_A *(Bild 106.1)*. Je nachdem, ob F_A kleiner, gleich oder größer als G ist, *sinkt, schwebt* oder *steigt* der Körper *(Tabelle 107.1)*.

Hat der Körper das Volumen V und die Dichte $\varrho_{Kö}$, so erfährt er selbst die Gewichtskraft

$G = m_{Kö} \cdot g = \varrho_{Kö} \cdot V \cdot g$.

Der völlig eingetauchte Körper und die von ihm verdrängte Flüssigkeitsmenge der Masse m_{Fl} besitzen dasselbe Volumen V. Nach dem *Satz des Archimedes* beträgt somit der Auftrieb

$F_A = m_{Fl} \cdot g = \varrho_{Fl} \cdot V \cdot g$.

Mit diesen beiden Angaben folgt die 3. Zeile der *Tabelle 107.1* unmittelbar aus der zweiten.

	Sinken	Schweben (beliebige Tiefe)	Steigen
Kräftevergleich am völlig eingetauchten Körper	$G > F_A$	$G = F_A$	$G < F_A$
Vergleich der Dichten	$\varrho_{Kö} > \varrho_{Fl}$	$\varrho_{Kö} = \varrho_{Fl}$	$\varrho_{Kö} < \varrho_{Fl}$

Tabelle 107.1 Zum Sinken, Schweben, Steigen

Unter $\varrho_{Kö}$ versteht man bei zusammengesetzten Körpern die *mittlere Dichte* $\varrho_{Kö} = m/V$. – Ein Körper, der steigt, kommt an die Oberfläche und schwimmt dort. Daher gilt:

Ein Körper schwimmt, wenn seine mittlere Dichte kleiner als die der Flüssigkeit ist.

Ein Schiff aus Eisen schwimmt *(Bild 106.2)*, weil durch die großen luftgefüllten Hohlräume das Volumen V so groß geworden ist, daß seine mittlere Dichte kleiner als 1 g/cm³ ist.

107.1 Baden im Toten Meer

Im Süßwasser geht ein Mensch ohne Schwimmbewegungen unter, nicht dagegen im *Toten Meer (Bild 107.1)*. Durch den hohen Salzgehalt hat das Wasser dort eine größere Dichte als der Mensch.

Versuch 123: Den Glastaucher *(Bild 107.2)* können wir sinken, schweben und steigen lassen. Mit der Glasspritze wird der Druck im wassergefüllten Gefäß vergrößert. Hierdurch nimmt das Gasvolumen im Kopf des Tauchers ab; er wird durch eindringendes Wasser schwerer und sinkt. Durch Verringern des Drucks können wir den Taucher schweben und sogar steigen lassen.

2. Schwimmen, noch genauer betrachtet

Wir behandeln hier in der *Hydrostatik* nur das *Schwimmen* eines *ruhenden Körpers* in einer *ruhenden Flüssigkeit*. Von Schwimmbewegungen sehen wir ab. Z.B. betrachten wir ein schwimmendes Stück Holz.

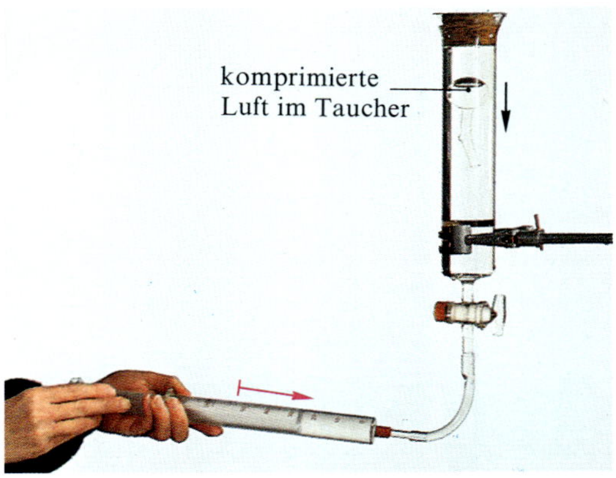

107.2 Glastaucher. Er sinkt, schwebt oder steigt, je nachdem, wie groß der mit der Glasspritze erzeugte Druck ist.

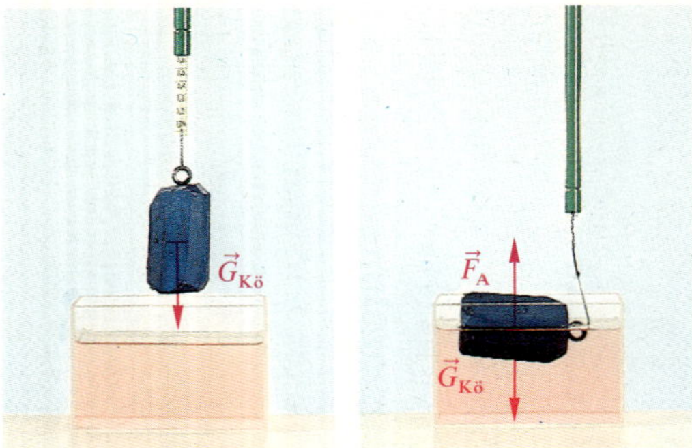

108.1 Ein schwimmender Körper erscheint gewichtslos.

Versuch 124: Ein Körper aus Holz schwimmt auf Wasser *(Bild 108.1)*. Er taucht so weit ein, bis seine Gewichtskraft $G_{Kö}$ durch die Auftriebskraft F_A ausgeglichen ist. Die Anzeige des Kraftmessers geht auf Null zurück. Der Körper erscheint gewichtslos; es gilt $G_{Kö} = F_A$. Drücken wir den schwimmenden Körper etwas tiefer, so erhöhen wir den Auftrieb F_A. Wenn wir den Körper dann loslassen, steigt er so weit, bis wieder $G_{Kö} = F_A$ ist. Ziehen wir den Körper etwas hoch, so vermindern wir F_A. In beiden Fällen sind die Kräfte bestrebt, das Gleichgewicht wieder herzustellen. Es handelt sich um ein *stabiles Gleichgewicht* (Seite 75).

Nach dem *Satz des Archimedes* ist der Auftrieb F_A gleich der Gewichtskraft G_{Fl} der verdrängten Flüssigkeit. Hieraus folgt mit $G_{Kö} = F_A$:

Ein schwimmender Körper taucht so tief ein, bis die Gewichtskraft G_{Fl} der verdrängten Flüssigkeit gleich dem Körpergewicht $G_{Kö}$ ist: $G_{Fl} = G_{Kö}$.

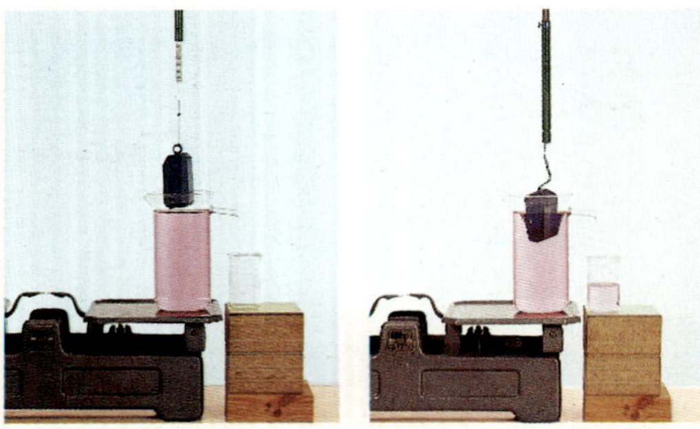

108.2 Ein schwimmender Körper und das von ihm verdrängte Wasser sind gleich schwer. Deshalb ist die Waage nach dem Überlaufen wieder austariert.

Versuch 125: Dieses wichtige Ergebnis bestätigt der Versuch nach *Bild 108.2*. Das Überlaufgefäß auf der Waage ist mit Wasser gefüllt und austariert. Dann taucht man den Körper ein, so daß er *schwimmt*. Er belastet durch sein Gewicht $G_{Kö}$ die Waagschale zusätzlich, dagegen nicht mehr den Kraftmesser. Wenn jedoch die verdrängte Wassermenge mit G_{Fl} abgeflossen ist, so spielt die Waage wieder ein. Das Gewicht G_{Fl} ist, wie wir gesehen haben, gleich dem Körpergewicht $G_{Kö}$.

Beispiele:

a) Ein beladenes Schiff muß mehr Wasser verdrängen als ein leeres; es sinkt tiefer ein *(Bild 106.2)*. – Das Schiff fahre von Süß- in Salzwasser mit größerer Dichte. Am Gewicht G_{Fl} des verdrängten Wassers ändert sich nichts ($G_{Fl} = G_{Kö}$). Doch ist dessen Volumen in Salzwasser kleiner. Das Schiff hebt sich etwas.

b) Auf dem Gleichgewicht beim Schwimmen beruht die **Senkwaage** (auch **Aräometer** genannt) *(Bild 109.1)*. Mit ihr mißt man die Dichte von Flüssigkeiten. Eine Senkwaage wiegt z.B. 10 cN. Dann muß sie beim Schwimmen auch eine Flüssigkeitsmenge, die 10 cN wiegt, verdrängen ($G_{Kö} = F_A = G_{Fl}$). Dies sind 10 cm³ Wasser, 8 cm³ Salzlösung ($\varrho = 1{,}25$ g/cm³) oder 12,5 cm³ Alkohol (0,8 g/cm³). In Salzwasser sinkt sie am wenigsten ein, in Alkohol am meisten. An der Eintauchtiefe kann man also die Dichte der Flüssigkeit ablesen. Die Skala am Hals der Senkwaage muß man natürlich zuvor geeicht haben.

3. Steigen und Sinken von Körpern in Gasen

Da der *Satz des Archimedes* auch für Gase gilt, treffen die in *Tabelle 107.1* aufgestellten Beziehungen auch für Körper zu, die sich in einem Gas befinden. Insbesondere folgt:

Ein Körper steigt in Luft auf, wenn seine mittlere Dichte kleiner als die Dichte der Luft ist.

Wie hoch wird ein mit Gas gefüllter Kinderluftballon steigen? Er ist mit einem leichten Gas (z.B. Helium) gefüllt, so daß die mittlere Dichte der Hülle samt Gasfüllung und Last kleiner als die Dichte der Luft ist. Die Dichte der Luft nimmt mit der Höhe über dem Erdboden ab. Der Ballon steigt und dehnt sich dabei aus. Schließlich erreicht er eine Luftschicht, deren Dichte gleich seiner eigenen mittleren Dichte ist. Dann halten sich Auftriebskraft und Gewichtskraft des Ballons das Gleichgewicht.

Aufgaben:

1. *Nenne Gemeinsamkeiten und Unterschiede beim Schweben und Schwimmen!*

2. *Fülle einen Papierbecher zur Hälfte mit Wasser und lasse ihn auf Wasser schwimmen! Wie tief sinkt er ein, wenn man von der Gewichtskraft des Papiers absieht?*

3. *Ein* 50 cm^3 *fassender Körper taucht beim Schwimmen auf Wasser* (1 g/cm^3) *mit* 40 cm^3 *unter die Oberfläche. Wie groß ist seine Gewichtskraft? Wie groß müßte die Dichte einer Flüssigkeit sein, daß er darin schwebt?*

4. *Ein Körper wiegt* 100 cN *und schwebt unter Wasser* (1 g/cm^3). *Mit welcher Kraft sinkt er in Alkohol* (0,8 g/cm^3)? *Mit welcher Kraft steigt er in Kochsalzlösung* (1,12 g/cm^3)? *Wie viele* cm^3 *ragen beim Schwimmen in der Kochsalzlösung über die Oberfläche?*

5. *Die Gewichtskraft eines Eies beträgt in Luft* 61 cN, *in Wasser scheinbar* 6 cN. *Welche Dichte hat eine Kochsalzlösung, in der es schwebt?*

6. *Wieviel Prozent eines Eisbergs* (0,90 g/cm^3) *ragen über die Oberfläche (Dichte des Salzwassers* 1,02 g/cm^3)?

7. *In einem randvoll gefüllten Becherglas schwimmt ein Eisbrocken. Läuft das Wasser über, wenn das Eis schmilzt?*

8. *Die mittlere Dichte des Menschen liegt zwischen* 0,98 *und* 1,02 g/cm^3. *Warum ändert sie sich beim Atmen? Warum müssen wir auch in Salzwasser (etwa der Nordsee) zusätzliche Schwimmbewegungen machen, um mit dem Kopf über der Oberfläche zu bleiben?*

9. 1 cm^3 *Kork* ($\varrho = 0{,}3$ g/cm^3) *wird mit* 1 cm^3 *Aluminium* (2,7 g/cm^3) *verbunden. Schwimmt dieser Körper auf dem Wasser? Berechne seine mittlere Dichte! Wieviel Kork müßte man nehmen, damit solch ein Körper gerade schwebt? Wie groß ist dann die mittlere Dichte?*

10. *Zwei gleich große Bechergläser sind randvoll mit Wasser gefüllt. Dabei schwimmt in einem ein Stück Holz* ($\varrho = 0{,}8$ g/cm^3). *Welches Glas hat den schwereren Inhalt?*

11. *In einem kleinen Teich schwimmt ein mit Steinen beladenes Boot. Ein Kind wirft aus ihm Steine ins Wasser. Hebt oder senkt sich der Wasserspiegel? (Rechne mit* 1 m^3 *Steinen der Dichte* 2,5 g/cm^3.) – *Was geschieht mit dem Wasserspiegel, wenn das Kind Holz aus dem Boot ins Wasser wirft, das dort schwimmt?*

§ 36 Molekularkräfte bei Flüssigkeiten

1. Kohäsionskräfte und Oberflächenspannung

Versuch 126: Lege auf eine saubere Wasseroberfläche vorsichtig eine Rasierklinge, eine Büroklammer oder ein ebenes Stück von einem Drahtnetz. Diese Gegenstände schwimmen, obwohl ihre Dichten größer sind als die von Wasser; man kann sie sogar noch etwas belasten. Erst wenn man die Gegenstände unter die Oberfläche gedrückt hat, sinken sie. Offensichtlich sind an der Oberfläche besondere Kräfte wirksam.

Versuch 127: In einem waagerechten Ring ist eine Seifenhaut gespannt *(Bild 110.1)*. Auf sie wurde eine (schon angefeuchtete) Fadenschlinge gelegt. Wenn man mit einer Nadel die Seifenhaut innerhalb der Schlinge verletzt, so zieht die äußere Seifenhaut die Schlinge zu einem Kreis auseinander *(Bild 110.3)*.

Eine Seifenhaut scheint also wie die Gummihülle eines Luftballons gespannt zu sein. Nun wissen wir bereits, daß zwischen den Molekülen fester Körper Molekularkräfte, sogenannte **Kohäsionskräfte**, wirken (siehe die kleinen Federn in *Bild 32.1*). Solche Kohäsionskräfte halten auch die Moleküle des Wassertropfens in *Bild 110.2* zusammen; sonst würde er herabfallen. Doch sind diese Kräfte in Flüssigkeiten klein und verhindern nicht, daß man ihre Moleküle leicht gegeneinander verschieben kann.

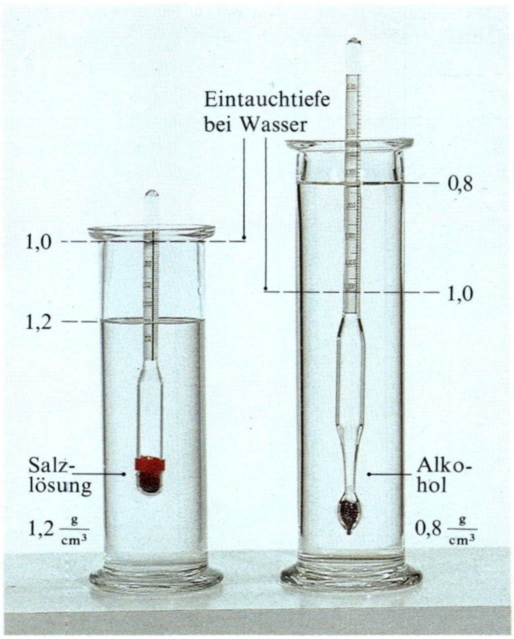

109.1 Dichtebestimmung mit Senkwaagen

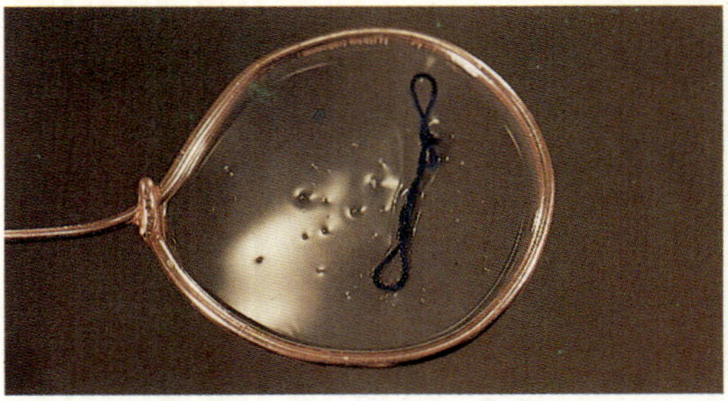

110.1 Fadenschlinge auf einer Seifenhaut

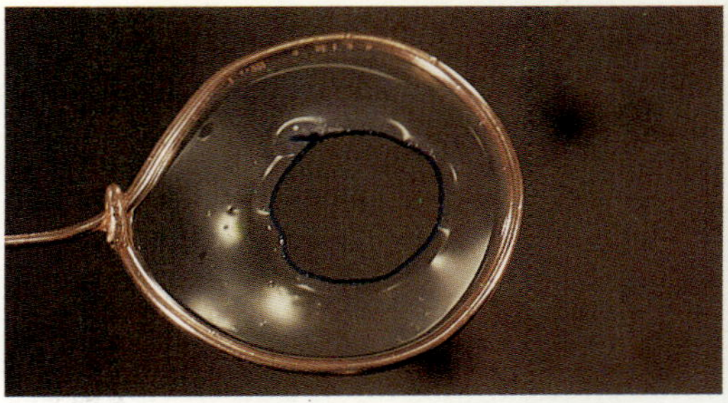

110.3 Zu Versuch 127: Die Haut wurde verletzt.

Betrachten wir nach *Bild 110.4* ein solches Molekül im Inneren der Flüssigkeit! Es erfährt von den Nachbarmolekülen Kräfte nach allen Richtungen. Diese heben sich auf; ihre Resultierende (Vektorsumme) $\vec{R}$ ist Null. Bei Molekülen an der *Oberfläche* fallen die nach oben gerichteten Kräfte weg. Die anderen addieren sich zu einer starken Resultierenden $\vec{R}$, die ins Innere gerichtet ist. Sie ist bestrebt, das Oberflächenmolekül ins Innere zu ziehen, also die Oberfläche zu verkleinern. Die Oberfläche ist wie eine „Haut" gespannt, die sich so weit wie möglich zusammenzieht; man spricht von einer **Oberflächenspannung.** Diese „Haut" hält einen Tropfen angenähert kugelrund; sie zieht auch kleine Quecksilbermengen zur Kugelform zusammen *(Bild 111.2)*; denn die Kugel hat von allen Körpern gleichen Volumens die kleinste Oberfläche. (1 cm^3 hat als Kugel die Oberfläche 4,8 cm^2, als Würfel 6 cm^2, als Folie von 0,1 mm Dicke etwa 200 cm^2!) In diese „Haut" drücken die Körper in Versuch 126 kleine Mulden, so daß sie mehr Wasser verdrängen, als ihrem Volumen entspricht, und schwimmen können. Auch manche Insekten laufen auf der Oberflächenhaut.

Versuch 128: Die trockenen Haare eines Pinsels sind etwas gespreizt. Dies ist auch der Fall, wenn der Pinsel in Wasser taucht. Holt man ihn heraus, so zieht die Oberflächenspannung die Haare zusammen.

Versuch 129: Durch die Oberflächenspannung wird auch eine Seifenblase in Kugelform gehalten. Nimmt man den Mund vom Blasröhrchen, so erkennt man die Oberflächenspannung besonders deutlich: Sie drückt die Luft aus der Blase; diese zieht sich zusammen und verkleinert ihre Oberfläche.

S-Versuch 130: Wir bringen einige Tropfen eines *Spülmittels* auf die Wasseroberfläche in Versuch 126. Das Drahtnetz sinkt, die Oberflächenspannung des Wassers wurde stark verkleinert. Deshalb tritt Wasser durch die Öffnungen im Netz nach oben und benetzt die Drähte von allen Seiten; die Oberflächenspannung entfällt nun für das Netz, und es sinkt. Man sagt, das Wasser wurde *„entspannt"*.

Beim *Waschvorgang* dringt Wasser, das durch Waschmittel *„entspannt"* wurde, zwischen Schmutzteilchen und Textilfasern und löst beide voneinander. Auf Geschirr vermag „entspanntes Wasser" keine haftenden Tropfen zu bilden. Reines Wasser hat eine so große Oberflächenspannung, daß man aus ihm keine seifenblasenähnliche Gebilde machen kann; Seifenblasen haben ja viel größere Oberflächen als Tropfen (bei gleicher Wassermenge). Schaum ist nur dann beständig, wenn die Oberflächenspannung herabgesetzt ist, etwa durch Waschmittelreste in Flüssen oder bei Wasser aus Moorgebieten.

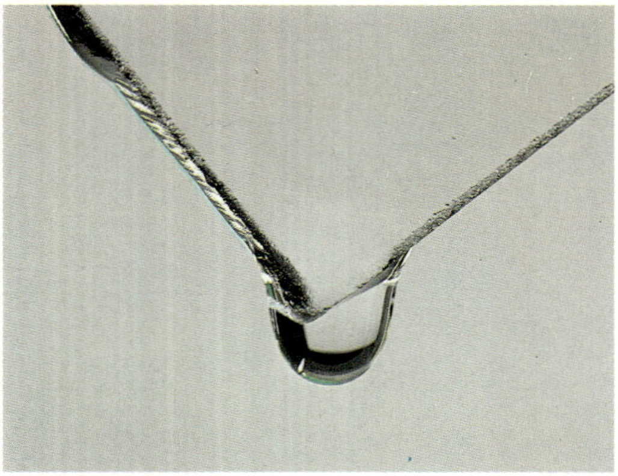

110.2 Der Tropfen hält am Glas durch Adhäsion; seine Moleküle halten zusammen durch Kohäsion.

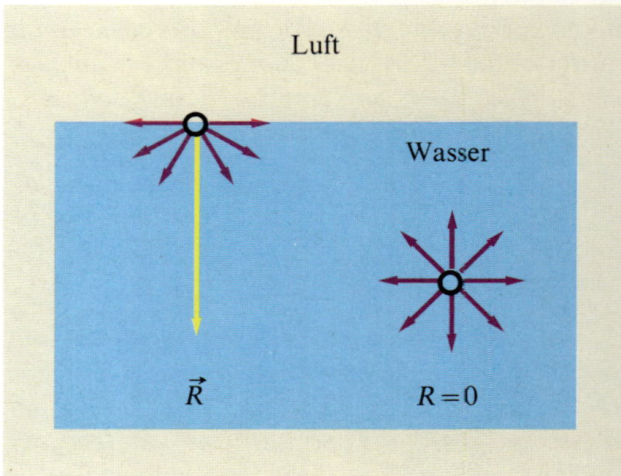

110.4 Teilchen an der Oberfläche (links) und im Innern einer Flüssigkeit (rechts)

2. Adhäsion

Der Tropfen in *Bild 110.2* löst sich trotz seines Gewichts nicht von der Glasplatte; er haftet und benetzt das Glas. Offensichtlich werden die Wassermoleküle stark von den Glasmolekülen angezogen. Diese Kraft zwischen verschiedenen Molekülarten nennt man **Adhäsion** (adhaerere, lat.: festhängen, ankleben). Sie ist zu unterscheiden von der Kohäsion, die zwischen gleichartigen Molekülen auftritt. Adhäsion wie Kohäsion sind *Molekularkräfte gleicher Art;* sie können aber verschieden groß sein. Sauberes Quecksilber haftet nicht an Glas, benetzt es also nicht. Die Kohäsionskräfte der Quecksilbermoleküle untereinander überwiegen nämlich die Adhäsionskräfte zum Glas erheblich – es bilden sich *Quecksilbertropfen*, die leicht über das Glas laufen, während Wasser Glas benetzt und haftet. (Regentropfen an Scheiben.)

3. Kapillarität

Versuch 131: Auch nach *Bild 111.1* und *Bild 111.3* verhalten sich Quecksilber und Wasser gegenüber sauberen Glasflächen völlig verschieden. Die Quecksilberoberfläche ist am Gefäßrand nach unten so abgerundet, als ob sie einen Tropfen bilden wollte (wie in *Bild 111.2*). Die starken Kohäsionskräfte von Quecksilber überwiegen die Adhäsionskräfte zum Glas hin bei weitem und erzeugen eine erhebliche Oberflächenspannung. Durch diese wird die Quecksilberoberfläche insgesamt verkleinert. Deshalb sinkt der Quecksilberfaden um so stärker, je dünner die Röhre ist (bei dünnen Röhren ist die Oberfläche gegenüber dem Volumen groß).

Zwischen Wasser und sauberem Glas bestehen dagegen starke Adhäsionskräfte. Diese ziehen die Wassermoleküle an die Wand und lassen sie sogar hochsteigen. Die Oberflächenspannung des Wassers hebt dann die Wasserteilchen auch in der Mitte des Röhrchens und verkleinert so die Oberfläche zur Luft.

111.2 Quecksilbertropfen auf Glas

Je enger ein Röhrchen ist, um so weniger spielt die Gewichtskraft des Wassers gegenüber diesen Molekularkräften eine Rolle. Entgegen dem Gesetz über verbundene Gefäße (Seite 89) steigt Wasser in **Kapillaren** höher, und zwar um so mehr, je enger sie sind. Diese **Kapillarwirkung** läßt Wasser in Poren von Papier, von Tüchern, in Kreide, porösen Steinen und Würfelzucker hochsteigen. Damit Wasser nicht in die Poren von Mauerwerk eindringt, schützt man dieses im Erdboden durch Teeranstriche und Dachpappe. – Die Kapillarwirkung spielt auch bei der Wasserversorgung der Pflanzen eine Rolle.

Die Adhäsionskräfte zwischen Öl (Fett) und Wasser sind viel kleiner als die Kohäsionskräfte zwischen den Wassermolekülen. Deshalb perlt Wasser von eingeölten Gegenständen ab. Hierauf beruht die wasserabweisende Wirkung des Vogelgefieders. – Beim Wachsen der Autokarosserie sinkt die Adhäsion zu Wasser stark, so daß das Wasser Tropfen bildet.

Aufgabe:

Warum bildet Wasser auf einer fettigen Glasoberfläche Tropfen? Wie würde es in den Röhrchen nach Bild 111.3 stehen, wenn die Glasoberfläche mit Öl verunreinigt wäre?

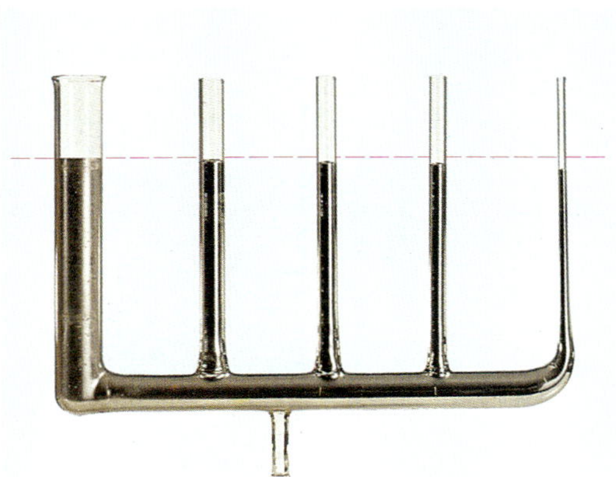

111.1 Kapillarwirkung bei Quecksilber: Die Kohäsionskräfte überwiegen die Adhäsionskräfte.

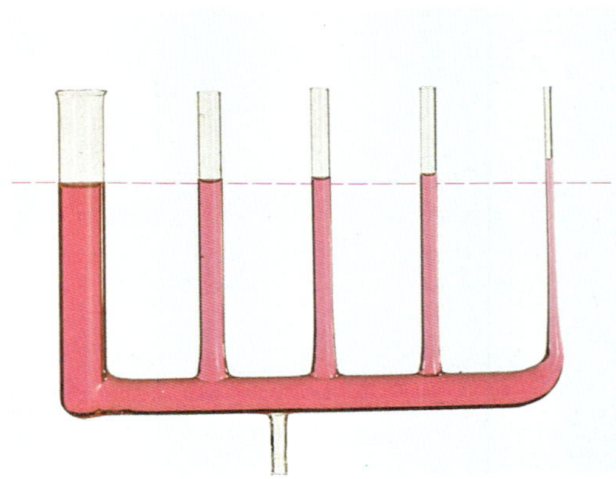

111.3 Kapillarwirkung bei Wasser: In engen Röhren steht es höher, da es Glas benetzt.

§ 37 Die Größe der Moleküle

Versuch 132: **a)** Wir füllen eine Menge kleiner Kugeln in einen Meßzylinder *(Bild 112.1a)*. Zusammen mit den Zwischenräumen nehmen sie z. B. das Volumen 100 cm³ ein.

b) Die Kugeln geben wir in einen flach gewölbten Teller und schütteln etwas. Sie breiten sich zu einer kreisförmigen Schicht aus, in der Kugel neben Kugel liegt *(Bild 112.1b)*. Ihre Grundfläche A kann man auf kariertem Papier nachzeichnen und durch Auszählen bestimmen oder nach der Gleichung $A=3{,}14\ r^2$ aus dem Radius r des Kreises berechnen.

c) Die Höhe h *(Bild 112.1c)* der Schicht gibt mit der Grundfläche A multipliziert ihr Volumen $V=A\cdot h$. Hieraus berechnet man die Höhe und damit den Kugeldurchmesser

$$h=\frac{V}{A}=\frac{100\ \text{cm}^3}{200\ \text{cm}^2}=0{,}5\ \text{cm}.$$

Wir übertragen diesen Versuch auf Flüssigkeiten. Statt Kugeln in einen Teller lassen wir einen Tropfen Öl mit seiner Vielzahl von Ölmolekülen auf eine Wasseroberfläche fallen. Das Öl schwimmt auf dem Wasser und bildet einen dünnen Film. – Die Durchführung des Versuchs gelingt gut, wenn wir eine Lösung von Öl in Benzin verwenden, die nur 0,1 % Öl enthält.

Versuch 133: **a)** Wir bestimmen das Volumen V der Ölmenge in einem Tropfen der Lösung. Dazu lassen wir sie aus einer Bürette *(Bild 113.1)* langsam austropfen.

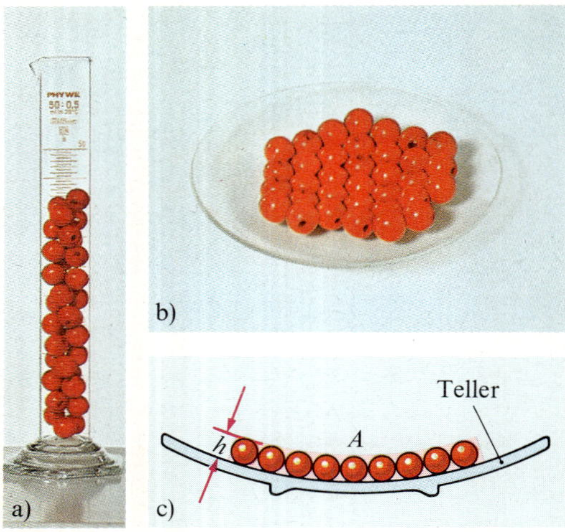

112.1 Zu Versuch 132

Wir lesen ab, daß sich 1 cm³ der Lösung in 60 Tropfen aufteilt. 1 Tropfen mißt also $\frac{1}{60}$ cm³ und enthält $V=\frac{1}{60\,000}$ cm³ Öl.

b) Einen Tropfen der Lösung geben wir auf eine ruhige Wasseroberfläche, die vorher mit Bärlappsporen bestreut wurde. Sofort verteilt sich die Lösung auf eine große Kreisfläche, zieht sich aber schnell auf eine kleinere von $r=7$ cm Radius zusammen, denn das Benzin verdunstet. Es bleibt eine dünne Ölschicht[1]. In ihr liegen die Ölmoleküle nur nebeneinander *(Bild 112.1c)*. Vielleicht lagern zunächst viele Moleküle übereinander. Wegen ihres Gewichts und der ständigen Bewegung fallen sie aber herab und drücken die unten liegenden zur Seite. So entsteht eine *einmolekulare Schicht* (in Versuch 132b mußten wir dazu etwas schütteln). Die Gesamtfläche der Ölschicht beträgt $A\approx 160$ cm².

c) Für die Höhe h der Ölschicht und damit für den Durchmesser der Ölmoleküle finden wir gemäß Versuch 132c:

$$h=\frac{V}{A}=\frac{1\ \text{cm}^3}{60000\cdot 160\ \text{cm}^2}\approx\frac{1}{1000000}\ \text{mm}.$$

Versuch 134: Wir nahmen an, daß die Ölmoleküle in einer einmolekularen Schicht liegen *(Bild 112.1c)*. Wenn dies richtig ist, so behält diese Schicht beim Zugeben eines 2. Tropfens ihre Höhe h und verdoppelt die Fläche; bei 4 Tropfen wird die Fläche 4fach. Dies bestätigt sich gut im Versuch.

Der Durchmesser eines Ölmoleküls ist von der Größenordnung ein Millionstel Millimeter.

a) Wir wollen nun berechnen, wie viele Ölmoleküle vom Durchmesser $\frac{1}{1\,000\,000}$ mm in einem Würfel vom Volumen 1 mm³ Platz haben. Längs einer Grundkante (1 mm) liegen $1000000=10^6$ Moleküle; auf der ganzen Grundfläche finden sich daher $10^6\cdot 10^6=10^{12}$ Moleküle (1000000000000, d.h. 1 Billion). Im Würfel der Höhe 1 mm liegen 10^6 solcher Schichten übereinander. In ihm sind also $Z=10^{12}\cdot 10^6=10^{18}$ Moleküle ($Z=$ 1000000000000000000)!

b) Wir denken uns alle diese Z Ölmoleküle von je $\frac{1}{1\,000\,000}$ mm Durchmesser zu einer Kette aneinandergelegt. Sie wäre 1000000000000 mm oder 1000000 km lang und reichte 2,5mal *zum Mond!!*

---

[1]) Verwendet man 1 Tropfen reinen Benzins, so zieht sich der entstandene Kreis fast ganz zusammen.

§ 38 Aus der Geschichte der Statik

Schon in vorgeschichtlicher Zeit transportierte man schwere Lasten mit Hilfe von Seilen, Rollen, Keilen, Hebeln und schiefen Ebenen (Rampen). Ohne diese *einfachen Maschinen* konnte man die Pyramiden und die zahlreichen Bewässerungsanlagen des Altertums wohl nicht bauen. Die *Ägypter* kannten zudem schon um 5000 v.Chr. die *gleicharmige Hebelwaage;* das Maß- und Gewichtswesen war bereits in *Babylon* hoch entwickelt. Die *Griechen* bauten Wasserleitungen mit Drücken bis 20 bar; doch kannten sie die zugrundeliegenden Gesetze nicht, denn die wissenschaftliche Forschung setzte erst zögernd ein. Unter *Mechanik* verstanden die Gelehrten bis zum Mittelalter keine Wissenschaft, mit der man die Natur erforschen wollte, sondern eine Kunst (griechisch *„Technik"*), die Natur zu überlisten. Im Griechischen bedeutete **Mechanik** *„eine List ersinnen"*. Der Handwerker, der Maschinen und Geräte baute, wollte mit ihnen unnatürliche Vorgänge durch eine List erzwingen. Man war sogar überzeugt, daß *Experimente,* die man mit Geräten und Maschinen ausführt, nichts über Naturvorgänge aussagen, sondern diesen zuwiderlaufen und in das Gebiet der Magie gehören. So war man früher der Ansicht, die Natur könne man nur durch *reines Nachdenken* und durch *reine Beobachtung* (ohne Instrumente) erforschen. *Goethe,* der sich auch mit physikalischen Fragen beschäftigte, drückte diese Einstellung im „Faust" so aus: „Und was sie (die Natur) deinem Geist nicht offenbaren mag, das zwingst du ihr nicht ab mit Hebeln und mit Schrauben".

Archimedes (Seite 102, um 250 v.Chr.) fand zwar das *Hebelgesetz* und die Gesetze des für die Schifffahrt wichtigen *Auftriebs. Heron von Alexandria* (wahrscheinlich 1. Jahrhundert n.Chr.) sprach die sogenannte *goldene Regel der Mechanik* aus, nach der man bei den einfachen Maschinen keine Arbeit gewinnen, sondern nur die Kraft oder nur den Weg vergrößern könne (Seite 47). Diese Ansätze wissenschaftlicher Forschung wurden wieder verschüttet, da sich die Gelehrten aus den angeführten Gründen nicht herabließen, Instrumente und Maschinen zu benutzen oder gar zu studieren. Erst *Galilei* (1564 bis 1642) überwand diesen Gegensatz zwischen Natur und „Technik" endgültig; er lehrte, daß man mit Maschinen und Instrumenten (zum Beispiel dem Fernrohr) die Natur nicht überlisten, sondern im Gegenteil besser beobachten könne und daß auch die vom Menschen „gewaltsam" erzeugten Bewegungen den Naturgesetzen entsprechen. Damit war der Weg für eine *experimentelle Naturforschung* frei.

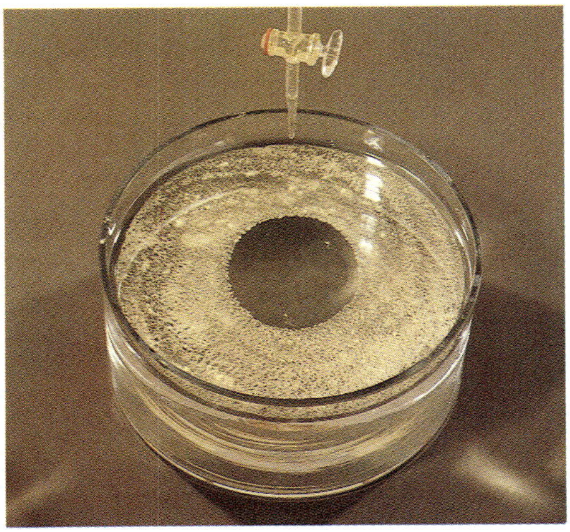

113.1 Der Ölfleck schob die Bärlappsporen beiseite.

Der Holländer *Simon Stevin* (1548 bis 1620) gab der *Statik der festen und flüssigen Körper* eine abschließende Gestalt; dabei knüpfte er an *Archimedes* an und erläuterte dessen Lehre vom *Schwerpunkt* und vom *Gleichgewicht der Kräfte;* er erklärte *Hebel* und *Flaschenzüge* sowie die Gesetze der *schiefen Ebene* und führte das *Kräfteparallelogramm* ein. Ferner zeigte er, daß der *Schweredruck* von der Gefäßform unabhängig ist, und erläuterte die Gesetze des *Auftriebs* und des *Schwimmens. Torricelli* regte an, ein Quecksilberbarometer zu bauen (1643), mit dem man die Schwankungen des *Luftdrucks* nachwies. Von den großen Leistungen *Otto von Guerickes* haben wir bereits auf Seite 92 erfahren.

Vom 17. Jahrhundert an erkannte man an der Mechanik besonders deutlich, daß die *Naturgesetze in mathematischer Form* ausgesprochen werden müssen, und erhob nun die Mechanik zum Ideal einer strengen Wissenschaft. Man glaubte sogar, alle Naturgesetze mechanisch erklären zu können. Dies stellte sich aber bald als unmöglich heraus.

Wir sehen: Mit einfachen mechanischen Maschinen konnte man schon seit alters her gut umgehen, ohne aber ihre physikalischen Gesetze zu kennen; die Forschung war dagegen durch Vorurteile aller Art gehemmt. Heute setzt jeder Fortschritt in der Technik neue wissenschaftliche Entdeckungen durch eine möglichst vorurteilsfreie Erforschung der Naturgesetze voraus. Dabei befruchten sich *messende Experimente* und *mathematische Durchdringung* gegenseitig. **Die Forschung von heute macht die Technik von morgen möglich.** *Technik* ist aber nicht gleichzusetzen mit der Wissenschaft: Die Wissenschaft sucht nach Erkenntnissen, die Technik bemüht sich, diese Erkenntnisse für den Menschen nutzbar zu machen. Heute erkennen wir zunehmend, daß dieser Nutzen mit Nachteilen und Schäden für den Menschen und die Natur verbunden sein kann (Umweltbelastung). Der verantwortungsvolle Techniker muß sich deshalb bemühen, diese Schäden zu vermeiden. Dies kann er nur, wenn er sowohl die Naturgesetze wie auch die Gefahren, die dem Menschen drohen, beachtet. Hierin liegt eine der wichtigsten Aufgaben unserer Zeit.

§ 39 Die Temperatur und ihre Messung

Hans und Peter gehen in eine Badeanstalt. Zunächst duschen sie, Hans warm, Peter dagegen kalt. Nach dem Sprung in das Schwimmbecken schimpft Hans über das kalte Wasser, Peter findet es angenehm warm. Wie ist das möglich?

Ob das Badewasser uns warm oder kalt erscheint, beruht auf der Wärmeempfindung unseres Körpers. Sie ist unzuverlässig und läßt sich leicht täuschen. Deshalb benutzen wir in der Physik objektive (vom Sinneseindruck des einzelnen Menschen unabhängige) Meßgeräte; sie heißen **Thermometer.** Mit ihnen können wir die **Temperatur** eines Körpers messen. Wir wollen zunächst die Wirkungsweise der *Flüssigkeitsthermometer* kennenlernen.

Versuch 1: Wir füllen einen Glaskolben mit Wasser, das durch Auskochen luftfrei gemacht wurde, verschließen ihn durch einen Stopfen mit Steigrohr *(Bild 114.1)* und erwärmen ihn. Der Wasserspiegel im Rohr beginnt nach einiger Zeit zu steigen. Lassen wir dann das Wasser im Kolben abkühlen, so sinkt auch der Wasserspiegel im Rohr wieder.

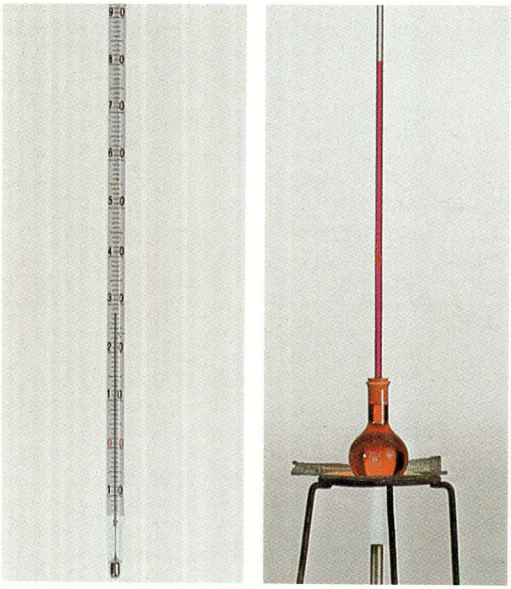

114.1 links: Industriethermometer, rechts: Thermometermodell von Versuch 1

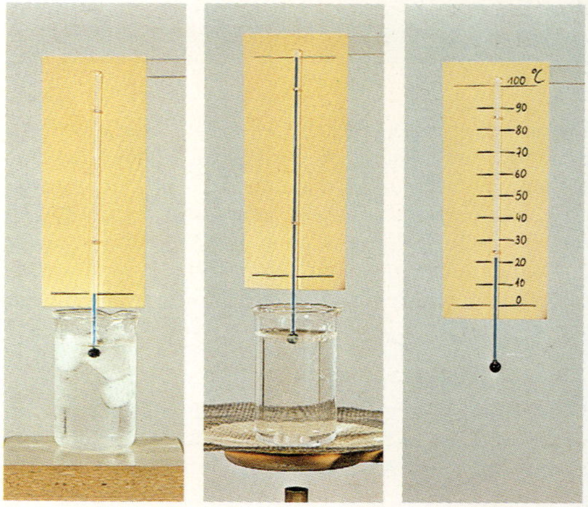

114.2 Wir stellen eine Thermometerskala her.

Wir wollen ein Flüssigkeitsthermometer bauen. Als Steigrohr nehmen wir eine Kapillare, deren eines Ende zu einem kleinen Glasgefäß erweitert wurde. Dieses ist ganz mit einer geeigneten Thermometerflüssigkeit gefüllt, z.B. mit Quecksilber oder mit gefärbtem Alkohol. Erwärmen wir das Glasgefäß, so dehnt sich die Flüssigkeit aus und steigt in der Kapillare hoch. Um die Temperatur eines Körpers zu messen, bringen wir das Glasgefäß in engen Kontakt mit ihm und warten, bis sich die Flüssigkeitssäule in der Kapillare nicht mehr ändert. Dann dürfen wir annehmen, daß die Thermometerflüssigkeit die gleiche Temperatur wie der Körper hat. Aber vorläufig können wir diese Temperatur noch nicht ablesen, denn das Gerät besitzt noch keine Skala.

Versuch 2: Wir tauchen das Gerät in ein Gefäß mit zerstoßenem Eis *(Bild 114.2)*. Die Quecksilbersäule sinkt ab. Ihre Kuppe bleibt schließlich so lange an einem bestimmten Punkt stehen (fixiert), bis alles Eis geschmolzen ist. Man nennt diesen so erhaltenen „Fixpunkt" den **Eispunkt** und hat ihm die Temperatur 0 °C (sprich Null Grad Celsius) zugeschrieben. Anschließend tauchen wir das Gerät in siedendes Wasser. Seine Quecksilbersäule stellt sich auf einen anderen Fixpunkt ein, den **Siedepunkt.** Man hat ihm die Temperatur 100 °C zugeschrieben. (Genaugenommen muß der Versuch beim Normluftdruck von 1013 mbar ausgeführt werden.)

Der Abstand zwischen Eispunkt und Siedepunkt wird nach dem Vorschlag des Schweden *Celsius* (1701 bis 1744) in hundert gleiche Teile, Grade genannt, eingeteilt. Erst jetzt können wir den Wärmezustand eines Körpers durch einen exakten Zahlenwert mit Einheit beschreiben, den wir seine Temperatur nennen. Wir sind heute damit vertraut und übersehen dabei leicht, daß der so festgelegte physikalische Begriff „Temperatur" erst mit der Erfindung der Thermometer geschaffen wurde. Vorher wäre z.B. die Angabe, daß die Körpertemperatur eines gesunden Menschen 37 °C beträgt, völlig sinnlos gewesen.

Die auf der **Celsius-Skala** gemessene Temperatur bezeichnen wir mit dem griechischen Buchstaben ϑ (sprich Theta). Setzen wir die Celsius-Skala nach unten fort, so müssen wir dort negative Celsius-Grade (-1 °C, -2 °C usw.) eintragen. Man muß, ähnlich wie bei Zeitangaben, zwischen Temperaturpunkten ϑ_1 oder ϑ_2 (Angabe in °C) und Temperaturdifferenzen $\Delta\vartheta = \vartheta_2 - \vartheta_1$ unterscheiden. Bei den Differenzen benennen wir die Gradschritte nach dem englischen Physiker *Kelvin* (1824 bis 1907). Diese neue Einheit hilft uns, Verwechslungen zu vermeiden. Steigt z.B. die Temperatur von $\vartheta_1 = -2$ °C auf $\vartheta_2 = +9$ °C, so beträgt die Temperaturdifferenz $\Delta\vartheta = \vartheta_2 - \vartheta_1 = 11$ K (sprich: Delta Theta gleich elf Kelvin).

Oft kommt es darauf an, Bruchteile eines Grades zu messen, z.B. mit einem **Fieberthermometer** *(Bild 115.1)*. Dazu muß die Skala möglichst weit auseinandergezogen sein. Deshalb gibt man dem Thermometergefäß ein großes Volumen und der Kapillare einen kleinen Querschnitt. Bringt man ein Fieberthermometer in engen Kontakt mit dem menschlichen Körper, so nimmt es allmählich dessen Temperatur an. Das dauert mehrere Minuten, denn das Thermometer erwärmt sich um so langsamer, je geringer der Temperaturunterschied zwischen ihm und dem zu prüfenden Körper ist. Will man genau messen, so muß man also Geduld haben. Beim Fieberthermometer ist außerdem der Kapillarenansatz dicht über dem Thermometergefäß verengt; über dem Quecksilberfaden ist die Kapillare luftleer. Dadurch kann sich das Quecksilber zwar nach oben ausdehnen, doch reißt der Faden beim Wiederabkühlen an der Verengung ab und bleibt in der Kapillare stehen. Das Fieberthermometer zeigt deshalb die erreichte Höchsttemperatur an. Vor jeder neuen Messung muß man den Quecksilberfaden wieder nach unten schleudern.

Am **Maximum-Minimum-Thermometer** *(Bild 115.1)* kann man die höchste und die tiefste Temperatur seit der letzten Einstellung ablesen. Es enthält im Mittelteil Quecksilber und links darüber in einer Erweiterung der Kapillare die eigentliche Thermometerflüssigkeit. Dehnt sich diese beim Erwärmen aus, so schiebt sie den Quecksilberfaden in den rechten Schenkel hinüber. Die Gasblase im Ausgleichsgefäß rechts oben wird dabei etwas zusammengedrückt. Über den beiden Schenkeln des Quecksilberfadens befinden sich kleine Eisenstäbchen. Sie werden vom Quecksilber angehoben und bleiben in der höchsten erreichten Lage durch Reibung an der Glaswand hängen. Dann kann man rechts das Temperaturmaximum und links das Temperaturminimum ablesen. Anschließend führt man die Eisenstäbchen wieder an das Quecksilber heran (z.B. mit Hilfe eines Magneten).

Flüssigkeitsthermometer sind zwar sehr bequem zu handhaben; man kann sie aber leider nur in einem beschränkten Temperaturbereich verwenden. Quecksilber wird bei -39 °C fest, bei 357 °C (bei normalem Luftdruck) siedet es. Alkoholthermometer sind zwischen -70 °C und $+60$ °C brauchbar. Pentanthermometer erlauben Messungen bis -200 °C. Man verwendet deshalb noch andere Meßverfahren; wir werden sie später untersuchen.

In den angelsächsischen Ländern wird neben der Celsius-Skala noch die *Fahrenheit-Skala* benutzt. Auf ihr wird der Eispunkt mit 32 °F und der Siedepunkt des Wassers mit 212 °F bezeichnet. Den 100 Gradschritten der Celsius-Skala entsprechen also 180 Gradschritte der Fahrenheit-Skala. 37 °C entsprechen etwa 100 °F.

In einer Badeanstalt in England wird die Wassertemperatur 77 °F gemessen. Ist das kalt oder warm? Wir können umrechnen! Die Temperatur 77 °F liegt $77 - 32 = 45$ Gradschritte über dem Eispunkt; aber diese Gradschritte sind kleiner als auf der Celsius-Skala. Wir rechnen nun $\frac{45 \cdot 100}{180} = 25$. Also beträgt die Wassertemperatur 25 °C; es ist angenehm warm.

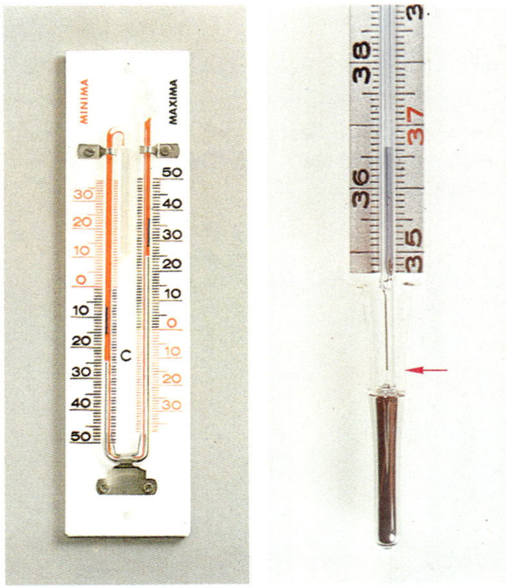

115.1 links: Maximum-Minimum-Thermometer, rechts: Fieberthermometer mit Engstelle (Pfeil)

§ 40 Die thermische Ausdehnung

1. Dehnen sich auch feste und gasförmige Körper aus?

Flüssigkeiten dehnen sich beim Erwärmen aus; sonst würden Flüssigkeitsthermometer schlecht funktionieren. Wie verhalten sich nun feste Stoffe und Gase beim Erwärmen? Könnte man vielleicht auch ein „Eisenthermometer" oder gar ein „Luftthermometer" konstruieren? Die folgenden Versuche sollen dies klären.

Versuch 3: Eine Messingkugel geht bei Zimmertemperatur nur knapp durch einen Messingring hindurch *(Bild 116.1a)*. Sie bleibt darin stecken, wenn sie zuvor mit einem Bunsenbrenner erhitzt wurde *(Bild 116.1b)*. Doch geht sie wieder hindurch, wenn sie sich abgekühlt hat oder wenn der Ring erwärmt wurde. Der Ring verhält sich beim Erwärmen wie ein Gürtel, den man länger und damit auch weiter einstellt.

Versuch 4: Wir verschließen die Öffnung eines mit Luft gefüllten Kolbens mit einem durchbohrten Gummistopfen, in den wir ein Rohr eingesetzt haben. Wir halten die Rohröffnung unter Wasser und erwärmen den Kolben. Die Luft dehnt sich aus; Luftblasen verlassen das Rohr und steigen im Wasser hoch. Kühlt sich die Luft ab, so steigt Wasser durch das Rohr in den Kolben.

Diese und andere Beobachtungen zeigen uns:

Im allgemeinen dehnen sich Körper beim Erwärmen aus, beim Abkühlen ziehen sie sich zusammen.

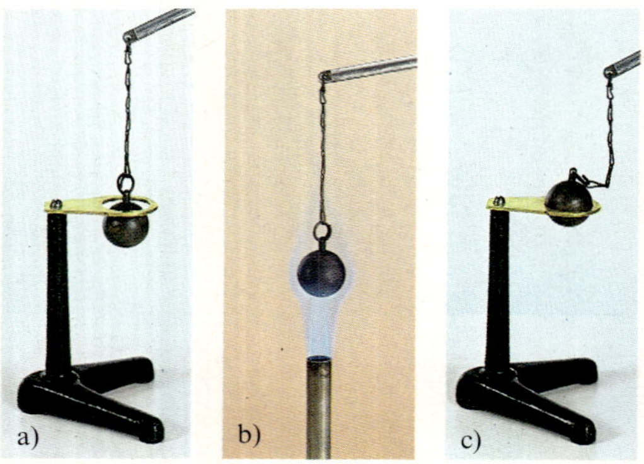

116.1 Die Kugel dehnt sich beim Erwärmen aus.

Interzonenzug entgleist

Hannover (dpa)
Bei einem Zugunglück auf der Strecke Hannover–Wolfsburg sind am 28.7. vier Menschen getötet und mehr als 20 zum Teil schwer verletzt worden. Nach Mitteilung der Bundesbahndirektion Hannover entgleiste der Interzonenzug D 136 vor dem Bahnhof Leiferde (Kreis Gifhorn), weil sich das Gleis – vermutlich durch die außergewöhnlich hohe Temperatur dieses Tages – verbogen hatte.

116.2 So stand es 1969 in der Zeitung.

116.3 Rollenlager einer Brücke

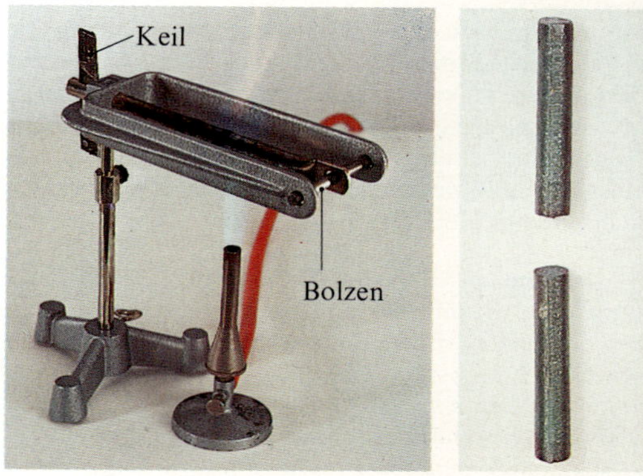

116.4 Bolzenbrecher; rechts der Bolzen

2. Weshalb verbiegt sich eine Schiene?

Im Sommer 1969 entgleiste zwischen Hannover und Wolfsburg ein Schnellzug. Durch den starken Temperaturanstieg dieses Tages hatten sich die Schienen stark ausgedehnt und schließlich seitlich verschoben. Dazu waren sehr große Kräfte erforderlich. Wir zeigen dies im folgenden Versuch.

Versuch 5: In eine stabile Haltevorrichtung wird ein Eisenstab mit einer Querbohrung eingesetzt. Ein durch diese Bohrung geschobener gußeiserner Bolzen hält ein Ende des Stabes; mit einem Keil am anderen Ende wird der Stab fest eingespannt *(Bild 116.4)*. Erwärmt man ihn nun kräftig mit einem Bunsenbrenner, so dehnt er sich, und man kann den Keil weiter hineinschlagen. Läßt man den Stab dann abkühlen, so zieht er sich wieder zusammen und zerbricht den Bolzen. (Vorsicht vor wegfliegenden Bruchstücken!)

Beim Erwärmen und auch beim Abkühlen eines fest eingespannten Stabes können also sehr große Kräfte auftreten. Unter ungünstigen Bedingungen werden diese so groß, daß sie sogar eine dicke Schiene verbiegen. Nur eine sehr gute Befestigung kann das verhindern.

Weitere Beispiele für die *thermische (durch Temperaturänderung bewirkte) Ausdehnung* fester Körper:

a) Metallräder werden fest mit ihrer Achse verbunden, indem man die kalte Achse in das Mittelloch des erwärmten Rades einpaßt und dieses dann abkühlen läßt. Das Rad wird „aufgeschrumpft". Ebenso wird ein eiserner Reifen, der ein Holzrad zusammenhalten soll, heiß aufgezogen; beim Abkühlen zieht er sich zusammen und gibt dadurch dem ganzen Rad festen Halt.

b) Viele Brücken sind nur auf einer Seite fest gelagert und haben auf der anderen Seite ein Rollenlager *(Bild 116.3)*. Dadurch kann sich die Länge der Brücke bei Temperaturschwankungen ändern, ohne daß gefährliche Spannungen entstehen.

c) Lange gerade Rohrleitungen erhalten Ausgleichsbogen, um die durch Temperaturänderungen bedingten Spannungen auszugleichen.

d) Der Fahrdraht einer Bahnlinie wird an den Enden eines jeden Streckenabschnittes über eine Rolle geführt und durch ein schweres Gewicht straff gehalten. Bei starrer Befestigung würde er entweder im Sommer stark durchhängen oder im Winter einen Mast umreißen.

3. Wir messen die Ausdehnung fester Körper

Bei der Planung einer Eisenbahnstrecke oder einer Brücke muß der Konstrukteur möglichst genau wissen, in welcher Weise sich Eisen beim Erwärmen dehnt und beim Abkühlen schrumpft. Brückenträger können wir aber nicht untersuchen; sie sind für uns zu unhandlich. Wir messen deshalb die Ausdehnung eines kleineren Eisenstückes.

Versuch 6: Ein Eisenrohr wird am linken Ende fest eingespannt *(Bild 117.1)*; rechts liegt es auf einem 1 cm hohen Steg. Dieser Steg dreht sich etwas um seine in einer Kerbe liegende Unterkante (Drehachse), wenn seine Oberkante durch das aufliegende Eisenrohr verschoben wird. Ein (von der Drehachse aus gemessen) 25 cm langer Zeiger ist am Steg befestigt; seine Spitze zeigt also die Verlängerung des Eisenrohres in 25facher Vergrößerung auf einer Skala. Wir leiten zunächst Eiswasser von 0 °C, dann heißes Wasser von 50 °C und schließlich Wasserdampf von 100 °C durch das Rohr. An der Skala lesen wir ab, um wieviel die Länge des Rohres beim Erwärmen zugenommen hat. Beim Abkühlen zieht sich das Rohr wieder zusammen, und es erhält wieder die ursprüngliche Länge.

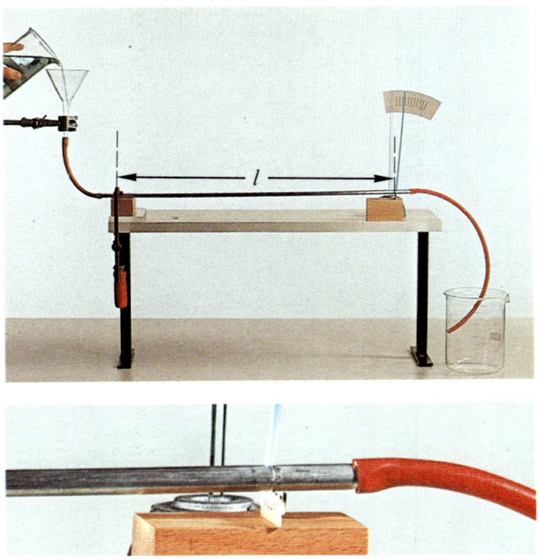

117.1 Durch heißes Wasser wird das Rohr erwärmt.

Wir stellen dabei fest, daß die Längenänderung Δl der Temperaturänderung $\Delta\vartheta$ proportional ist *(Bild 118.1)*. Dasselbe Ergebnis erhält man auch, wenn man anstelle eines Rohres einen Stab gleicher Länge mit beliebigem Querschnitt erwärmt. Stets gilt: $\Delta l \sim \Delta\vartheta$. Die Längenzunahme Δl hängt außerdem von der Ausgangslänge l_0 bei 0 °C ab. (Beim Versuch 6 betrug diese $l_0 = 1{,}00$ m.) Bei der doppelten (dreifachen) Ausgangslänge l_0 ergibt sich jeweils die doppelte (dreifache) Längenzunahme Δl. (Denke dir ein mehrere Meter langes Rohr aus 1 m langen Teilstücken zusammengesetzt.) Bei dreifacher Ausgangslänge l_0 und doppelter Temperaturzunahme $\Delta\vartheta$ erfährt ein Stab oder ein Rohr folglich die sechsfache Längenzunahme Δl. Insgesamt gilt also: $\Delta l \sim l_0 \cdot \Delta\vartheta$.

Wiederholt man den Versuch 6 mit Rohren aus anderem Material, so mißt man Ausdehnungswerte wie in *Bild 118.1* und *Tabelle 118.1*.

Material	Dehnung Δl in mm	Material	Dehnung Δl in mm
Zink	2,6	Chrom	0,9
Aluminium	2,4	Platin	0,9
Messing	1,9	Jenaer Glas	0,8
Kupfer	1,7	Porzellan	0,3
Eisen	1,2	Invarstahl	0,15
Beton	1,2	Quarzglas	0,06

Tabelle 118.1 Ein Stab mit der Ausgangslänge $l_0 = 1{,}00$ m dehnt sich bei einer Erwärmung von 0 °C auf 100 °C um Δl.

In anderen Tabellen findest du vielleicht den sogenannten *Längenausdehnungskoeffizienten* α angegeben. Er gibt die relative Längenänderung $\frac{\Delta l}{l_0}$ bezogen auf die Temperaturänderung $\Delta\vartheta = 1$ K an. Für Eisen gilt also $\alpha = \frac{\Delta l}{l_0 \cdot \Delta\vartheta} = \frac{1{,}2\ \text{mm}}{1\ \text{m} \cdot 100\ \text{K}} = \frac{0{,}0012\ \text{m}}{1\ \text{m} \cdot 100\ \text{K}} = 0{,}000012\,\frac{1}{\text{K}}$.

Besonders wenig dehnen sich Invarstahl (eine Legierung) und Quarzglas aus. Dieses verträgt deshalb im Gegensatz zu anderen Glasarten extreme Temperaturänderungen. Invarstahl verwendet man unter anderem für Präzisionsmaßstäbe.

Wir haben im Versuch 6 festgestellt, daß sich ein Eisenrohr von $l_0 = 1{,}00$ m Länge bei der Temperaturerhöhung $\Delta\vartheta = 100$ K um $\Delta l = 1{,}2$ mm ausdehnt. Eine Schiene von 1000 m Länge müßte sich also bei einer Erwärmung um 30 K um $\Delta l = 1000 \cdot \frac{30}{100} \cdot 1{,}2\ \text{mm} = 360\ \text{mm}$ dehnen, falls sie frei verschiebbar wäre. Ist die Ausgangslänge von 1000 m nicht bei genau 0 °C gegeben, sondern z.B. bei 20 °C, und wird die Schiene ebenfalls um 30 K erwärmt, nämlich von 20 °C auf 50 °C, so begeht man mit dieser Rechnung einen kleinen Fehler. Dieser ist aber in den meisten Fällen zu vernachlässigen.

4. Hier ein Nachteil, dort ein Vorteil

Die unterschiedliche thermische Ausdehnung fester Körper ist für zahlreiche Anwendungen von Bedeutung:

a) *Eisenbeton,* der die günstigen Festigkeitseigenschaften von Eisen und Beton in sich vereinigt, ist nur deshalb brauchbar, weil beide Stoffe sich nahezu gleich ausdehnen bzw. zusammenziehen (siehe *Tabelle 118.1*). Anderenfalls würden bei Temperaturänderungen starke Kräfte auftreten und zu Rissen im Bauwerk führen.

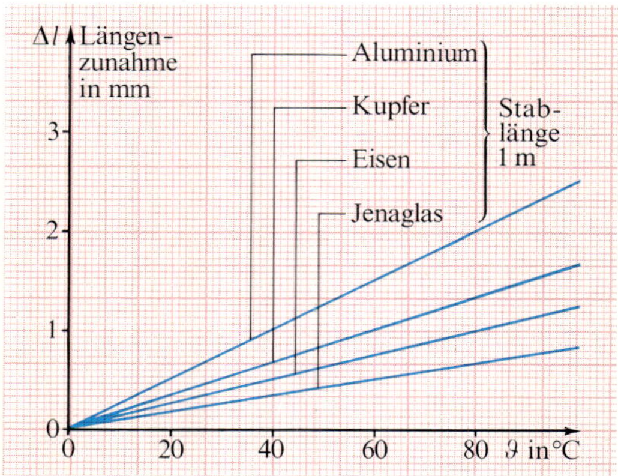

118.1 Längenzunahme $\Delta l = l - l_0$ in Abhängigkeit von der Temperatur ϑ

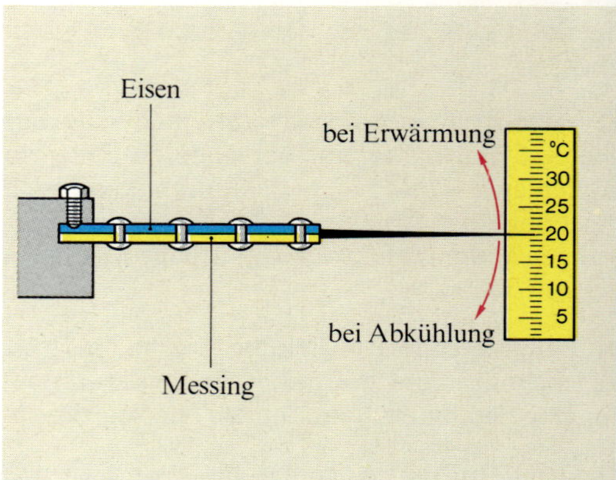

118.2 Dieser Bimetallstreifen verbiegt sich beim Erwärmen nach oben.

b) *Elektrische Zuleitungen* können nur dann luftdicht in Glasgeräte eingeschmolzen werden, wenn Draht und Glas sich in gleicher Weise ausdehnen. Das ist wichtig für die Herstellung von Glühlampen und Elektronenröhren.

c) Werden zwei Blechstreifen, zum Beispiel aus Messing und Eisen, fest miteinander vernietet oder verschweißt, so erhält man einen sogenannten **Bimetallstreifen** *(Bild 118.2)*. Beim Erwärmen biegt er sich nach der Seite, an der das Metall liegt, das sich weniger ausdehnt. (Biegst du einen Stapel gleicher Papierblätter, so scheinen die an der Innenseite liegenden plötzlich länger zu sein als die an der Außenseite.)

In vielen technischen Geräten wird diese Eigenschaft der Bimetallstreifen genutzt:

Man stellt sie in Form einer Spirale her und versieht sie am Ende mit einem Zeiger, der auf einer Skala die Temperatur anzeigt. So erhält man ein *Bimetallthermometer (Bild 119.1)*. Ersetzt man den Zeiger durch einen Schreibstift, so erhält man einen Temperaturschreiber oder *Thermografen*. Er registriert über einen längeren Zeitraum hinweg den Temperaturverlauf auf einem Papierstreifen, den ein Uhrwerk auf einer langsam rotierenden Trommel an dem Schreibstift vorbeibewegt. (Vergleiche mit dem Barografen auf Seite 94 und 95.)

Bimetallsicherungen sorgen bei Gasgeräten dafür, daß nur dann Gas ausströmen kann, wenn die Zündflamme brennt.

Besonders vielseitig verwendbare Bauelemente erhält man, wenn man an Bimetallstreifen elektrische Kontakte anbringt. Mit diesen *Bimetallschaltern* kann man beim Überschreiten einer bestimmten Temperatur automatisch Feueralarm auslösen oder eine Löscheinrichtung einschalten. Ein im Wohnzimmer angebrachter Bimetallkontakt schaltet die Zentralheizung aus, wenn eine bestimmte Temperatur erreicht ist. Kühlt sich das Zimmer danach ein wenig ab, so schließt sich der Kontakt, und die Heizung arbeitet wieder. Hier wird der Bimetallschalter zum *Regler*, der die Temperatur nahezu konstant hält. Daher heißt er **Thermostat.**

Bimetallregler können bei einem automatischen Kohleofen die Luftzufuhr regulieren, indem sie bei schwächer werdender Heizung die Luftklappe öffnen. In vielen Automotoren sorgt ein Bimetallregler im Kühlsystem dafür, daß die Betriebstemperatur nach dem Start schnell erreicht und dann mit nur geringen Schwankungen beibehalten wird.

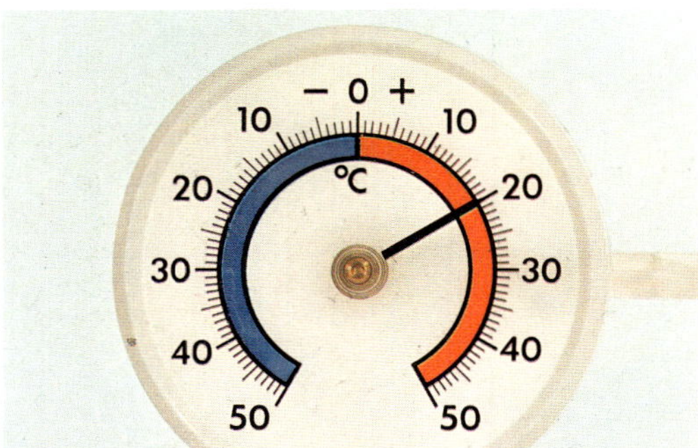

119.1 Bimetallthermometer. Hier ist der Bimetallstreifen zur Spirale gebogen.

5. Dehnen sich auch Hohlräume aus?

Erwärmt man einen Hohlkörper, so ändern sich nicht nur seine äußeren, sondern auch seine inneren Abmessungen (siehe auch Versuch 3 auf Seite 116). Sein Hohlraum dehnt sich genauso viel aus wie ein fester Körper aus dem gleichen Material, der diesen Innenraum genau ausfüllen würde. Diese Zunahme des Innenvolumens zeigt uns der folgende Versuch.

Versuch 7: Wir befestigen ein Thermometer mit fein unterteilter Skala (z.B. $\frac{1}{10}$ °C je Teilungsschritt) am Stativ. Dann heben wir ein Becherglas mit heißem Wasser hoch, so daß das Thermometergefäß plötzlich eintaucht. Der Quecksilberfaden sinkt zunächst deutlich ab, um anschließend erheblich zu steigen. (Vorsicht! Meßbereich nicht überschreiten!) Beim Eintauchen des Thermometers wird zunächst das Glas des Thermometergefäßes erhitzt. Es dehnt sich aus, und das noch kalte Quecksilber sinkt in den vergrößerten Hohlraum. Schließlich wird auch das Quecksilber durch den Kontakt mit der Glaswand erwärmt. Erst jetzt steigt der Quecksilberfaden des Thermometers.

6. Wie stark dehnen sich Flüssigkeiten aus?

Thermometer können mit unterschiedlichen Flüssigkeiten gefüllt sein. Beim Erwärmen steigt bei allen die Flüssigkeitssäule in der Kapillare, obwohl sich auch das Thermometergefäß ausdehnt. Daraus schließen wir:

Flüssigkeiten dehnen sich beim Erwärmen wesentlich stärker aus als feste Stoffe.

Die festen Stoffe dehnen sich bei gleicher Temperaturerhöhung verschieden stark aus. Gilt dies auch für Flüssigkeiten? Wir machen dazu einen Versuch mit völlig gleichartigen Gefäßen.

Versuch 8: Von drei gleichen Kolben ($V \approx 250\ \text{cm}^3$) füllen wir einen mit *Wasser*, den zweiten mit *Glykol* und den dritten mit *Alkohol*. Wir versehen die drei Kolben mit Steigrohren gleicher Weite und tauchen sie dann in warmes Wasser von etwa 45 °C *(Bild 120.1)*. Die Flüssigkeitsspiegel sinken zunächst ein wenig und steigen dann in allen drei Rohren beträchtlich. Die drei Flüssigkeiten erreichen schließlich verschiedene Höhen, sie dehnen sich also verschieden stark aus. Beobachtet man das Ansteigen der Flüssigkeitssäulen genauer, so stellt man außerdem fest, daß sich jede der benutzten Flüssigkeiten in verschiedenen Temperaturbereichen unterschiedlich stark ausdehnt. Je höher die Temperatur bereits ist, desto stärker dehnen sich die meisten Flüssigkeiten bei einer zusätzlichen Temperaturerhöhung um 1 K aus. Das zeigt die *Tabelle 120.1*.

($\vartheta_1 \dots \vartheta_2$) in °C	Quecksilber	Alkohol	Wasser	Glykol	Petroleum	Benzol
0 ... 1	0,18	1,03	−0,06	0,59	0,90	1,16
30 ... 31	0,18	1,13	0,31	0,67	0,98	1,30
60 ... 61	0,18	1,24	0,53	0,74	1,07	1,43
90 ... 91	0,18	–	0,70	0,79	1,15	–

Tabelle 120.1 Volumenzunahme ΔV in cm^3 von 1 l Flüssigkeit während der Erwärmung um 1 K in verschiedenen Temperaturbereichen ($\vartheta_1 \dots \vartheta_2$)

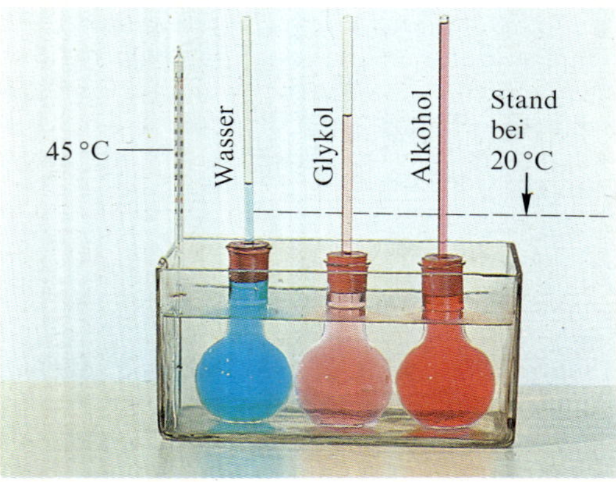

120.1 Ausdehnung verschiedener Flüssigkeiten

7. Wasser ist ein Außenseiter!

Wasser verhält sich beim Erwärmen ganz ungewöhnlich! In der *Tabelle 120.1* ist ein *Minuszeichen* aufgeführt, d.h. eine negative Volumenzunahme. Es bedeutet, daß sich Wasser beim Erwärmen von 0 °C auf 1 °C zusammenzieht, während sich die anderen aufgeführten Flüssigkeiten ausdehnen. Das können wir nachprüfen.

Versuch 9: Man füllt einen Kolben aus Quarzglas mit ausgekochtem (luftfreiem) Wasser und verschließt ihn mit einem doppelt durchbohrten Stopfen, durch den ein Thermometer und eine Kapillare gesteckt wurden. Der Kolben wird längere Zeit in ein Eisbad gestellt, so daß sein Inhalt schließlich fast die Temperatur 0 °C angenommen hat. Erwärmt man ihn dann langsam wieder, so beobachtet man, daß sich das Wasser in ihm mit steigender Temperatur zunächst zusammenzieht, sich beim weiteren Erwärmen aber wieder ausdehnt. Durch Präzisionsmessungen, die auch die Volumenänderung des Gefäßes berücksichtigen, hat man festgestellt, daß das Wasser sein geringstes Volumen bei 4 °C erreicht *(Bild 120.2)*.

Dieses im Vergleich zu anderen Stoffen ungewöhnliche Verhalten nennt man die *Anomalie des Wassers* (anomal, regelwidrig). Berechnet man die Dichte $\varrho = m/V$ des Wassers bei verschiedenen Temperaturen, so zeigt sich:

Wasser hat bei 4 °C seine größte Dichte.

Im Bereich zwischen 3 °C und 5 °C verläuft die Kurve in *Bild 120.2* nahezu waagerecht. Ein kleiner Fehler bei der Temperaturmessung hat in diesem Bereich fast keinen Einfluß auf die

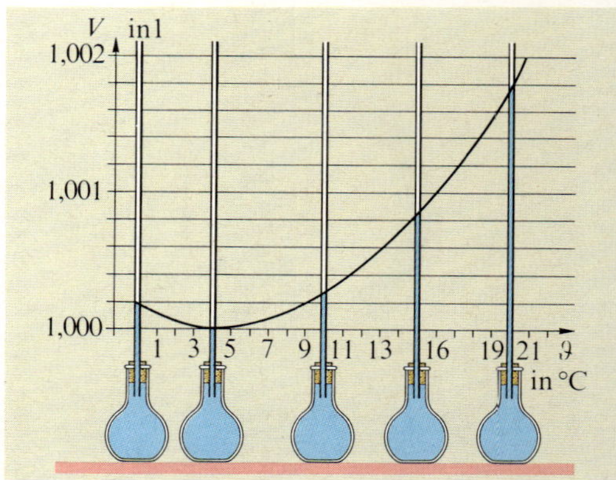

120.2 Die Dichteanomalie des Wassers

Dichte des Wassers. Aus diesem Grund hat man ursprünglich Wasser von 4 °C für die Definition des Kilogramms verwendet (siehe Seite 24).

Die meisten Flüssigkeiten ziehen sich beim Erstarren erheblich zusammen. Ist Wasser auch hierbei ein Außenseiter?

S-Versuch 10: Fülle ein Glasröhrchen mit Kerzenresten und erhitze es im Wasserbad! Wenn die Kerzenmasse geschmolzen ist, markierst du ihre Höhe am Glasrohr. Tauche dann das Glasrohr langsam in kaltes Wasser. Während die Kerzenmasse erstarrt, sinkt ihre Oberfläche deutlich ab. Häufig bildet sich sogar in der Mitte der Oberfläche eine Vertiefung. Wir erkennen daran, daß sich die Kerzenmasse beim Erstarren erheblich zusammenzieht. So wie die Kerzenmasse verhalten sich die meisten Stoffe.

Versuch 11: Wir füllen ein Reagenzglas bis zu einer Höhe von 10 cm mit Wasser und stecken es in eine sogenannte Kältemischung (das ist eine Mischung von Eis oder Schnee mit Salz, siehe Seite 141). Sie bringt das Wasser im Reagenzglas schnell zum Gefrieren. Der entstehende Eiszylinder hat eine Länge von annähernd 11 cm. Im Gegensatz zu den meisten anderen Stoffen dehnt sich also Wasser beim Erstarren aus, und zwar um etwa 9% seines Volumens bei 0 °C. Deshalb schwimmt Eis an der Wasseroberfläche.

Versuch 12: Wir füllen eine dickwandige Glasflasche oder besser eine gußeiserne Hohlkugel mit abgekochtem (luftfreiem) Wasser, verschließen sie fest und legen sie bei Frostwetter in eine Kiste mit Deckel (zum Schutz vor herumfliegenden Splittern) ins Freie. (Wir können sie auch in eine Kältemischung legen.) Flasche und Eisenkugel werden durch das sich bildende Eis gesprengt.

Das anomale Verhalten des Wassers hat in der Natur wichtige Auswirkungen:

a) Im Frühjahr und Sommer wird das Wasser an der Oberfläche eines Sees durch die wärmere Luft und durch die Sonneneinstrahlung erwärmt. Es dehnt sich etwas aus und bleibt oben; denn seine Dichte hat abgenommen. Unter dieser warmen Schicht liegt kälteres Wasser, das man beim Tauchen schnell erreicht *(Bild 121.1)*. Es wird vorwiegend durch den Kontakt mit dem Oberflächenwasser erwärmt, und das geht nur langsam vonstatten (siehe auch Versuch 59).

b) Im Herbst und Winter wird zunächst das Oberflächenwasser abgekühlt. Dabei nimmt seine Dichte zu, es sinkt ab. Daneben steigt Wasser aus einer tieferen Schicht auf und nimmt seinen Platz ein. Diese Umschichtung endet, wenn bei einer Temperatur von 4 °C das Wasser seine größte Dichte erreicht hat. Das Wasser der Oberflächenschicht kann zwar noch weiter abgekühlt werden, aber dabei dehnt es sich wieder aus und bleibt deshalb oben. Stehende und langsam fließende Gewässer gefrieren daher stets von oben. Die bodennahen Schichten hinreichend tiefer Süßwasserseen haben aus diesen Gründen das ganze Jahr hindurch angenähert die Temperatur 4 °C. (In den Ozeanen liegen infolge des Salzgehalts andere Verhältnisse vor.)

c) Bildet sich an der Wasseroberfläche Eis, so schwimmt dieses wegen seiner geringen Dichte. Eine geschlossene Eisdecke verzögert die Abkühlung tieferer Wasserschichten erheblich.

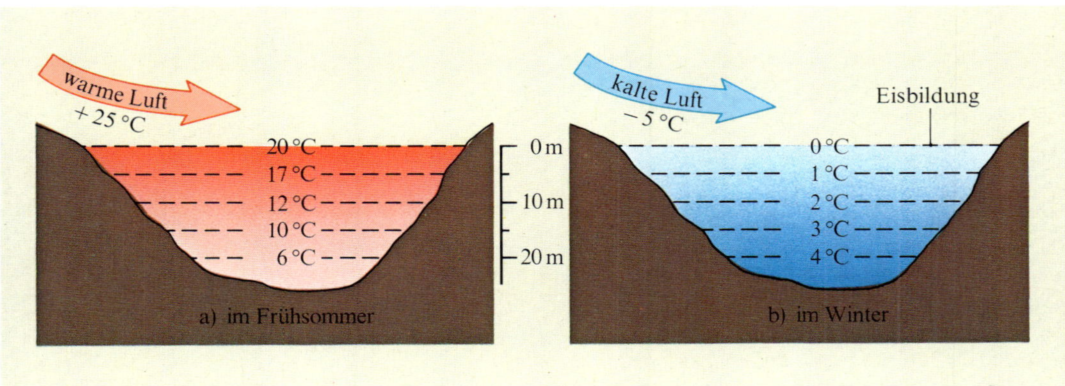

121.1 Temperaturschichtung in einem stehenden Gewässer im Sommer und im Winter

d) Die Verwitterung des Gesteins wird stark beschleunigt, wenn in seine Spalten und Ritzen Wasser eindringt und dann gefriert (Spaltenfrost). Ebenso werden Straßenbeläge zerstört, wenn eingesickertes Wasser im Winter gefriert (Frostaufbrüche).

Aufgaben:

1. *Um wieviel verlängert sich ein* 120 cm *langer Kupferdraht, wenn er von* 0 °C *auf* 40 °C *erwärmt wird?*

2. *Um wieviel ist der Eiffelturm (Eisen, Höhe rund* 300 m*) an einem Sommertag bei* 30 °C *höher als im Winter bei* −20 °C?

3. *Warum ist Wasser als Thermometerflüssigkeit unbrauchbar?*

4. *Warum muß im Herbst das Wasser aus den im Garten liegenden Leitungen abgelassen werden?*

5. *Um wieviel dehnen sich* 2 l *Quecksilber beim Erwärmen von* 0 °C *auf* 30 °C *aus? (Benutze Tabelle 120.1!)*

6. *Jemand mißt mit einem Stahllineal, das in der Sonne gelegen hat. Werden die Meßwerte zu groß oder zu klein?*

7. *Fernsehtürme werden oft aus aufeinandergesetzten Betonrohren gebaut. Welche Wirkung hat die einseitige Sonnenstrahlung auf sie?*

8. *Wieviel Liter Eis entstehen beim Gefrieren aus* 0,7 l *Wasser?*

9. *Eine Zentralheizung faßt* 400 l *Wasser. Ermittle mit Tabelle 120.1 die Volumenzunahme, wenn das Wasser von* 30 °C *auf* 31 °C *erwärmt wird! Welche Volumenzunahme ergibt sich bei Erwärmung von* 60 °C *auf* 61 °C? *Schätze die Volumenzunahme bei Erwärmung von* 30 °C *auf* 60 °C!

10. *Tauche ein zuvor erwärmtes Thermometer in kaltes Wasser! Erkläre, weshalb der Quecksilberfaden dabei zunächst etwas ansteigt!*

11. *Ein Würfel von* 1 m *Kantenlänge wird so stark erwärmt, daß jede Kante um* 1 ‰ *länger wird. Um wieviel* ‰ *nimmt sein Volumen zu?*

12. *Stelle dir vor, die Erde trüge als Äquator einen genau anliegenden Eisengürtel von* 40 000 km *Länge! Um welche Strecke würde sich dieser beim Erwärmen um* 1 K *dehnen (Tabelle 118.1)? Könntest du unter dem länger und damit auch weiter gewordenen Gürtel hindurchgehen?*

§ 41 Das thermische Verhalten der Gase

1. Eine neue Temperaturskala

S-Versuch 13: Benetze die Öffnung einer leeren Flasche mit Seifenlösung oder einem Spülmittel und lege eine kleine Münze darauf. Erwärme dann die Flasche mit deinen Händen oder setze sie in ein heißes Wasserbad. Nach kurzer Zeit hebt sich die Münze etwas; gleichzeitig bildet sich eine Seifenblase. (Wer schafft das mit seinen Händen am schnellsten?)

Der Versuch 13 zeigt, daß Luft sich schon bei geringer Erwärmung erheblich ausdehnt. Das wollen wir nun genauer untersuchen. Dazu benutzen wir ein sogenanntes **Gasthermometer.** Sein Hauptteil besteht aus einem engen Rohr mit konstantem Querschnitt, in dem eine bestimmte Gasmenge (z.B. Luft) abgegrenzt ist. Als beweglicher Verschluß dient ein kleiner Quecksilbertropfen. Da das Gerät oben offen ist, bleibt der Druck der abgegrenzten Gasmenge konstant. In der kugelförmigen Erweiterung befindet sich ein Trockenmittel, weil Wasserdampf die Messungen stören würde.

Versuch 14: Wir stecken das Gasthermometer wie ein gewöhnliches Thermometer in schmelzendes Eis und markieren mit einem Klemmring das abgeschlossene Luftvolumen bei $\vartheta_E = 0$ °C. Anschließend stecken wir es in siedendes Wasser und markieren mit einem zweiten Klemmring das Volumen bei $\vartheta_S = 100$ °C. Damit sind *Eis-* und *Siedepunkt* gekennzeichnet.

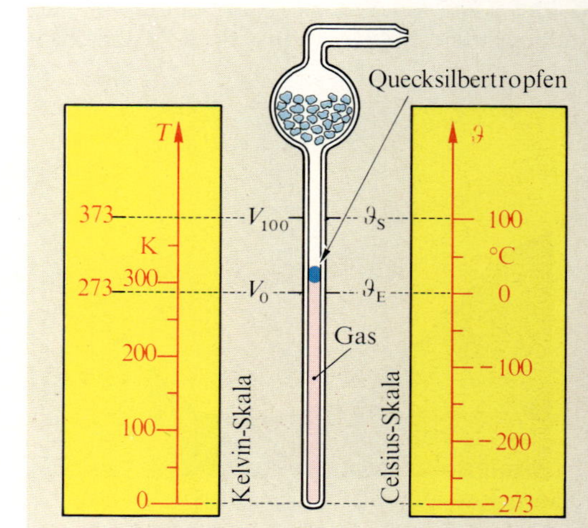

122.1 Gasthermometer mit Celsius- und Kelvinteilung

Wir teilen den dazugehörigen Abstand in 100 gleiche Teile. Dann stecken wir das Gasthermometer zusammen mit einem Quecksilberthermometer in Wasser beliebiger Temperatur. Dabei können wir bei der von uns erreichten Genauigkeit keinen Unterschied der beiden Temperaturanzeigen feststellen. Die Skaleneinteilung setzen wir nun nach beiden Seiten fort. Dabei kommen wir am unteren Ende der Kapillare zu einem Teilpunkt, der auf der Celsius-Skala die Bezeichnung $\vartheta = -273\,°C$ trägt (*Bild 122.1*, rechts). Es hat sich als zweckmäßig erwiesen, diesen Punkt zum Nullpunkt einer neuen Temperaturskala, der **Kelvin-Skala**, zu machen (*Bild 122.1*, links). Dann liest man an *Bild 122.1* unmittelbar ab, daß die Temperaturangaben auf der Kelvin-Skala dem Volumen des Gases proportional sind.

Kelvin- und Celsius-Skala haben gleich große Gradschritte, die wir schon bisher mit 1 K bezeichnet haben. Der Anfangspunkt der Kelvin-Skala wird mit 0 K bezeichnet. Er liegt, wie sehr genaue Messungen gezeigt haben, bei $-273{,}15\,°C$. Temperaturangaben auf der Kelvin-Skala werden mit dem Buchstaben T bezeichnet. Eispunkt ($\vartheta_E = 0\,°C$) und Siedepunkt ($\vartheta_S = 100\,°C$) tragen auf der Kelvin-Skala die Bezeichnung $T_E = 273$ K und $T_S = 373$ K. Der Celsius-Temperatur $\vartheta = 20\,°C$ entspricht die Kelvin-Temperatur $T = 293$ K. Man kann die Temperaturangaben umrechnen, denn $\vartheta = x\,°C$ bedeutet dasselbe wie $T = (273 + x)$ K.

Die Zahlenwerte bei Temperaturangaben auf der Kelvin-Skala sind um 273 höher als die auf der Celsius-Skala.

Wir werden künftig beide Skalen nebeneinander verwenden. Temperaturunterschiede, die wir sowohl mit ΔT als auch mit $\Delta\vartheta$ bezeichnen können ($\Delta T = \Delta\vartheta$), geben wir ausschließlich mit der Einheit **Kelvin** an.

2. Auch für Gase gelten Gesetze

a) Volumenänderung bei konstantem Druck

Benutzen wir Gasthermometer mit anderen Füllgasen, so ergibt der Versuch 14 stets den gleichen Zusammenhang zwischen Volumen und Temperatur des Gases. Auch hierbei ist der Gasdruck konstant, da das Gerät stets oben offen ist. Der Zusammenhang zwischen Kelvintemperatur T und Gasvolumen V gilt allgemein:

Die Kelvin-Temperatur T ist bei konstantem Druck p dem Volumen V einer abgeschlossenen Gasmenge proportional:

$T \sim V$ (p konstant).

Vergleichen wir die Volumenzunahme je 1 K Erwärmung mit dem Volumen V_0 bei $\vartheta = 0\,°C$, d.h. $T = 273$ K, so stellen wir fest:

Beim Erwärmen um 1 K wächst das Volumen bei allen Gasen um $\frac{1}{273}$ des bei 273 K (0 °C) gemessenen Volumens, sofern der Druck konstant bleibt. Gase dehnen sich also beim Erwärmen viel stärker aus als feste Stoffe oder Flüssigkeiten.

Im Jahre 1783 stiegen die Brüder *Montgolfier* bei Paris mit einem **Heißluftballon** auf. Sie hatten die Luft in einer riesigen Papierhülle erhitzt, bis diese sich vom Boden erhob. Wie war das möglich?

Erwärmt man z.B. $1000\,cm^3$ (1 l) eines beliebigen Gases von 0 °C auf 1 °C, so nimmt sein Volumen um $\Delta V = \frac{1}{273} \cdot 1000\,cm^3 = 3{,}66\,cm^3$ zu. Erwärmt man in einer Ballonhülle $3000\,m^3$ Luft von 0 °C auf 50 °C, so nimmt ihr Volumen um $\Delta V = \frac{1}{273} \cdot 3000\,m^3 \cdot 50 = 549\,m^3$ zu. Diese Luftmenge entweicht aus dem Füllstutzen und macht den Ballon um etwa 6000 N leichter. So schwer dürfen Hülle, Gerät und Passagiere dieses Heißluftballons insgesamt sein. Natürlich steigt eine erwärmte Luftmenge auch ohne eine Ballonhülle nach oben. Dies geschieht bei sommerlichem Wetter in sehr großen Luftblasen, von denen sich Segelflieger gern nach oben tragen lassen (*Bild 126.1*).

123.1 Moderne Heißluftballons

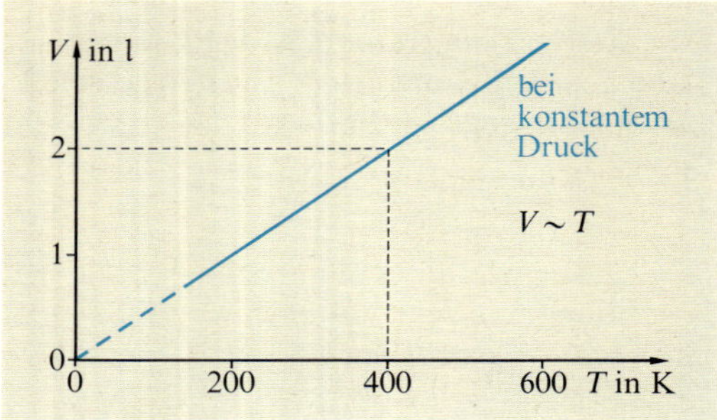

124.1 Das erste unserer Gasgesetze

b) Druckänderung bei konstantem Volumen

Hält man beim Erwärmen einer Gasmenge das Volumen konstant, so erhöht sich ihr Druck. Dies kann man mit einem Spezialgerät genauer untersuchen, aber unsere bisher durchgeführten Messungen reichen schon aus, um die Druckzunahme allgemein zu berechnen. Wir lernen damit ein Beispiel für eine *deduktive Ableitung* eines Gesetzes kennen (siehe Seite 105).

Wir wissen, daß sich das Volumen einer Gasmenge bei konstantem Druck ver-*n*-facht, wenn man seine Kelvin-Temperatur auf das *n*-fache erhöht (siehe Kasten Seite 123). Um das Ausgangsvolumen wieder zu erreichen (oder gleich beizubehalten), muß man dann nach dem Gesetz von *Boyle und Mariotte* (siehe Seite 97) den Druck, unter dem das Gas steht, ver-*n*-fachen. Demnach ist der Druck einer abgeschlossenen Gasmenge ihrer Kelvin-Temperatur proportional, wenn das Volumen konstant bleibt *(Bild 124.2)*. Es gilt also:

> **Der Druck p einer abgeschlossenen Gasmenge ist bei konstantem Volumen V der Kelvin-Temperatur T proportional:**
>
> **$p \sim T$ (V konstant).**

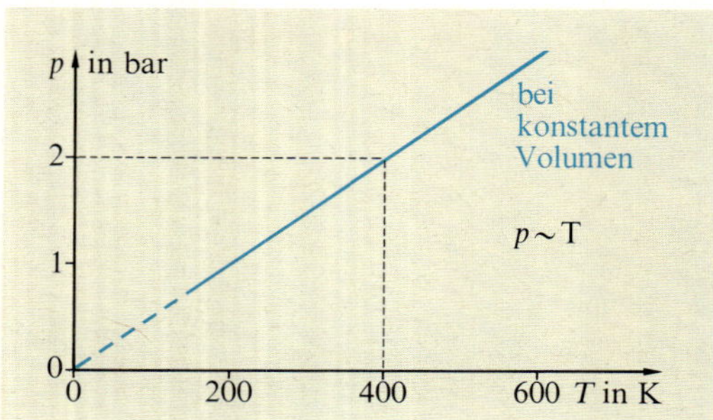

124.2 Das zweite unserer Gasgesetze

Beim Erwärmen um 1 K steigt bei allen Gasen der Druck um $\frac{1}{273}$ des Druckes bei 273 K (0 °C), sofern das Volumen konstant bleibt.

3. Wir kombinieren die Gasgesetze

Die einfache Form der Gasgesetze zeigt, wie zweckmäßig es ist, die Celsius-Skala durch die Kelvin-Skala zu ersetzen. Noch einfacher wird es für uns, wenn wir die verschiedenen Gasgesetze zu einem einzigen zusammenfassen.

Erwärmen wir Gasmengen, so ändert sich dabei häufig sowohl ihr Volumen als auch ihr Druck. Erhöht man z.B. die Kelvin-Temperatur T einer Gasmenge zunächst bei konstantem Druck p auf das Dreifache, so steigt auch ihr Volumen V auf den dreifachen Wert (siehe Seite 123). Wird anschließend bei der erreichten Temperatur der Druck p verfünffacht, so sinkt das Volumen V auf $\frac{3}{5}$ des Ausgangswertes (siehe Seite 97). Das Volumen V einer Gasmenge ist also dem Quotienten aus der Kelvin-Temperatur T und dem Druck p proportional: $V \sim T/p$. Wenn man bei einer bestimmten Gasmenge den Druck p und die Kelvin-Temperatur T ändert, so erhält das Gas im allgemeinen ein anderes Volumen V. Der Bruch $\frac{V}{T/p} = \frac{p \cdot V}{T}$ bleibt aber konstant. Bezeichnet man mit V_0 das Volumen einer Gasmenge bei der Temperatur $T_0 = 273$ K (0 °C) und beim Normdruck $p_0 = 1013$ mbar, mit p, V und T dagegen die Werte für irgendeinen anderen Zustand der Gasmenge, so lautet der gefundene Zusammenhang:

$$\frac{p \cdot V}{T} = \frac{p_0 \cdot V_0}{T_0} = \text{konstant.} \qquad \textbf{(124.1)}$$

Dieses Gesetz gilt streng nur für ein *gedachtes (ideales) Gas*, das auch bei tiefsten Temperaturen gasförmig bleibt und bei 0 K, dem **absoluten Nullpunkt,** überhaupt kein Volumen mehr hat. *Wirkliche (reale) Gase* werden bei sehr tiefen Temperaturen flüssig; sie kommen jedoch dem idealen Gaszustand um so näher, je weiter sie von ihrer Verflüssigungstemperatur entfernt sind (siehe *Tabelle 125.1*). Dann gilt die *Gleichung 124.1* für jede Zustandsänderung einer beliebigen abgeschlossenen Gasmenge. Deshalb nennt man sie die **allgemeine Zustandsgleichung der Gase** oder auch das **allgemeine Gasgesetz.** Für unsere Versuche benutzen wir meistens Luft. Sie ist von ihrer Verflüssigungstemperatur genügend weit entfernt.

Gasart	Kelvin-Temperatur	Celsius-Temperatur
Helium	4 K	−269 °C
Wasserstoff	21 K	−253 °C
Neon	27 K	−246 °C
Stickstoff	77 K	−196 °C
Sauerstoff	91 K	−182 °C
Kohlendioxid*	194 K	−79 °C
Propan	228 K	−45 °C
Butan	272,5 K	−0,5 °C

Tabelle 125.1 Verflüssigungstemperatur verschiedener Gase bei normalem Druck $p_0 = 1013$ mbar.
* Sublimationstemperatur, siehe Seite 143.

In der allgemeinen Zustandsgleichung der Gase sind der Druck p, das Volumen V und die Kelvin-Temperatur T einer Gasmenge für zwei verschiedene Zustände enthalten. Sind von diesen insgesamt sechs Größen fünf bekannt, so kann man die sechste berechnen. Vor allem kann man das Volumen V einer Gasmenge, das man beim Druck p und der Temperatur T kennt, auf **„Normbedingungen"**, das heißt auf $T_0 = 273$ K (0 °C) und $p_0 = 1013$ mbar umrechnen. Das so erhaltene Volumen V_0 heißt *Normvolumen*. Diese Umrechnungen sind für die Praxis von besonderer Bedeutung, da man so Gasmengen auf Grund ihres Volumens bequem vergleichen kann. Dabei wird jedoch vorausgesetzt, daß die Gase genügend weit von ihrer Verflüssigungstemperatur entfernt sind, so daß man sie bei der Berechnung wie ein ideales Gas behandeln darf (siehe Seite 124).

Beispiel: In einer Spritze mit leicht verschiebbarem Kolben ist bei $T = 288$ K (15 °C) und $p = 995$ mbar Luft mit dem Volumen $V = 80{,}0\ \text{cm}^3$ eingeschlossen. Wie groß ist das Normvolumen V_0? Aus der *Gleichung 124.1* ergibt sich:

$$\frac{995\ \text{mbar} \cdot 80{,}0\ \text{cm}^3}{288\ \text{K}} = \frac{1013\ \text{mbar} \cdot V_0}{273\ \text{K}}.$$

Daraus folgt:

$$V_0 = \frac{995\ \text{mbar} \cdot 273\ \text{K}}{1013\ \text{mbar} \cdot 288\ \text{K}} \cdot 80{,}0\ \text{cm}^3 = 74{,}5\ \text{cm}^3.$$

4. Temperaturmessung mit dem Gasthermometer

Wie sich ein Gasthermometer zum Messen von Temperaturen verwenden läßt, zeigt das folgende Beispiel.

Versuch 15: Bei $T_0 = 273$ K (0 °C) sei das Volumen des eingeschlossenen Gases $V_0 = 175\ \text{mm}^3$. Wir halten das Thermometer in warmes Wasser und messen das Volumen $V = 205\ \text{mm}^3$. Bei konstantem Druck ($p = p_0$) kann man die *Gleichung 124.1* vereinfachen zu $\frac{V}{T} = \frac{V_0}{T_0}$ und dann umformen zu $\frac{T}{T_0} = \frac{V}{V_0}$. Es gilt also

$$\frac{T}{273\ \text{K}} = \frac{V}{V_0} = \frac{205\ \text{mm}^3}{175\ \text{mm}^3},$$

das heißt $T = \frac{205}{175} \cdot 273\ \text{K} = 320$ K, das sind 47 °C.

Ein Quecksilberthermometer liefert bei der von uns erreichten Genauigkeit den gleichen Wert, das heißt, wir können im normalen Temperaturbereich keine ungleichmäßige Ausdehnung des Quecksilbers gegenüber den Gasen feststellen (siehe auch *Tabelle 120.1*). Erst oberhalb von 470 K (etwa 200 °C) treten mit der Annäherung an den Siedepunkt auch bei Quecksilber ebenso wie bei anderen Flüssigkeiten erhebliche Abweichungen auf. Das weiß man durch Vergleich mit Gasthermometern. Während Flüssigkeitsthermometer bei sehr tiefen und sehr hohen Temperaturen versagen, ist ein Gasthermometer mit dem Füllgas Helium auch unter extremen Bedingungen noch brauchbar (siehe *Tabelle 125.1*). Deshalb hat man die heute gültige Temperaturskala mit einem Gasthermometer festgelegt. Gasthermometer sind allerdings umständlicher als Quecksilberthermometer zu handhaben, da sich zwischen zwei Messungen ihr Gasdruck nicht ändern darf.

Aufgaben:

1. *a) Rechne in Kelvin-Temperatur T um:* $\vartheta =$ 25 °C, −183 °C, 10 000 °C!
b) Rechne in Celsius-Temperatur ϑ *um:* $T =$ 350 K, 1000 K, 0 K!

2. *Eine Gasmenge hat bei* 293 K (20 °C) *und* 1025 mbar *das Volumen* 25 cm³. *Welches Volumen hat das Gas unter Normbedingungen, das heißt bei* 273 K (0 °C) *und* 1013 mbar? *(Siehe Seite 125!)*

3. *Welches Volumen bekommt ein mit Wasserstoff gefüllter Ballon, der bei* 1013 mbar *und* 15 °C *ein Volumen von* 250 m³ *hat, wenn in großer Höhe ein Druck von* 350 mbar *und eine Temperatur von* −50 °C *herrschen? Überwiegt der Druck- oder der Temperatureinfluß? (Wir denken uns die Hülle so nachgiebig, daß sie keinen nennenswerten Unterschied zwischen Innen- und Außendruck verursacht. Bestimme als Zwischenergebnis das Normvolumen des Wasserstoffs!)*

4. *Der Luftdruck in einem Autoreifen beträgt bei* 20 °C $p_1 = 2{,}8$ bar *(absolut); das Volumen beträgt* $V_1 = 26{,}0\ \text{dm}^3$. *Durch Erwärmung auf* 60 °C *gibt der Reifen so weit nach, daß das Volumen auf* $V_2 = 26{,}4\ \text{dm}^3$ *ansteigt. Welcher Druck* p_2 *stellt sich ein? (Bestimme als Zwischenergebnis das Normvolumen der eingeschlossenen Luft; siehe Seite 125!)*

5. *Ein Schlauchboot wird bei einer Lufttemperatur von* 20 °C *mit einem Druck von* 1200 mbar *(absolut) aufgepumpt. Durch kräftige Sonnenbestrahlung steigt anschließend die Temperatur der Hülle und damit auch die der eingeschlossenen Luft auf* 50 °C. *Berechne den erreichten Innendruck unter der Annahme, daß die Hülle nicht nachgibt!*

6. *Ein Segelflugzeug gleitet in der umgebenden Luft in jeder Sekunde* 0,8 m *abwärts. Der Segelflieger findet eine sogenannte „Thermikblase", in der die am Erdboden erwärmte Luft mit der Geschwindigkeit* $v = 3{,}0\,\frac{\text{m}}{\text{s}}$ *steigt. Welchen Höhengewinn kann er beim Kreisen in dieser Thermikblase in* 5 min *erzielen? Eine andere Thermikblase steigt langsamer. Unter welcher Bedingung kann er darin gerade seine Höhe halten?*

7. *Die Lunge eines Tauchers enthält in* 20 m *Wassertiefe* 4 l *Luft mit dem Druck* $p = 3$ bar *(absolut). Ein Notfall treibt ihn schnell an die Wasseroberfläche* ($p_0 = 1$ bar). *Welche in der Gleichung 124.1 enthaltene Größe ist hierbei konstant? Auf welches Volumen dehnt sich die in der Lunge vorhandene Luft beim Aufstieg aus? Was muß der Taucher also während des Aufstiegs tun?*

8. *Weshalb ist für unsere Messungen mit dem Gasthermometer Luft als Füllgas geeignet, Propan dagegen nicht? (Siehe Tabelle 125.1!)*

126.1 Segelflieger im Aufwind

§ 42 Temperatur und Molekülbewegung

Feste Körper und auch Flüssigkeiten werden durch Kräfte zwischen den Molekülen zusammengehalten (siehe § 3). Diese *Molekularkräfte* sind vom gegenseitigen Abstand der Moleküle abhängig und bei geringem Abstand besonders stark. Sie sind bei festen Körpern so groß, daß sie eine nahezu unveränderliche und bei Kristallen sogar völlig regelmäßige Anordnung der Moleküle erzwingen. Bei Gasen kann man die Kräfte zwischen den Molekülen wegen ihres großen Abstandes im allgemeinen vernachlässigen. Deshalb zeigen Gase keinen Zusammenhalt, sondern ein Ausdehnungsbestreben. Dabei üben sie eine Kraft auf die Gefäßwand aus. Diese Kraft erklärten wir auf Seite 96 damit, daß sich die Gasmoleküle heftig bewegen und dabei gegen die Wand des Gefäßes prallen. Können wir so auch das Verhalten eines Gases beim Erwärmen deuten?

Versuch 16: Wir benutzen das Gerät von Versuch 14 (Seite 14) und lassen die Grundplatte so heftig schwingen, daß die durch das Gefäß fliegenden Kügelchen die Deckplatte anheben. Verstärken wir die Bewegung der Grundplatte, so stoßen die Kügelchen heftiger gegen die Deckplatte und heben diese noch mehr: *Das Volumen des Modellgases nimmt zu.* Wollen wir dabei die Deckplatte in der ursprünglichen Höhe halten, so müssen wir sie stärker belasten, so daß sie einen höheren Druck auf das Modellgas ausübt.

Die entsprechenden Beobachtungen machen wir auch an wirklichen Gasen bei Temperaturerhöhung. Daraus können wir schließen:

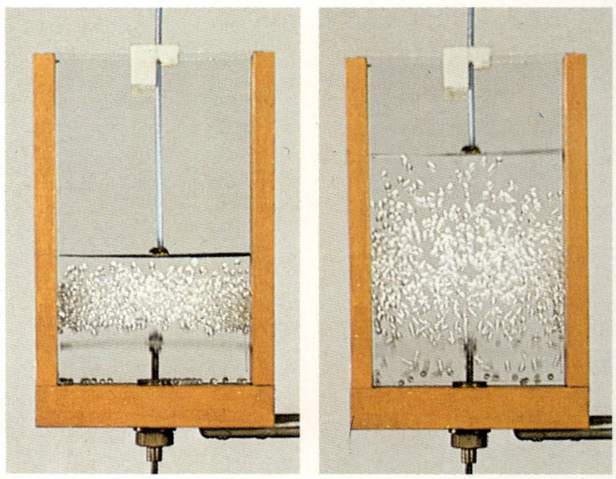

126.2 Modellversuch zum Gasdruck

Beim Erwärmen eines Gases wird die ungeordnete Bewegung seiner Moleküle stärker.

Mit dieser Vorstellung von der Molekülbewegung können wir auch folgende Versuche verstehen:

Versuch 17: Wir füllen einen Standzylinder mit braunem Bromdampf und decken ihn mit einer Glasplatte ab. (Vorsicht, Brom ist giftig!) Dann stülpen wir einen gleichen luftgefüllten Zylinder darüber und ziehen die Glasplatte heraus *(Bild 127.1)*. In wenigen Minuten haben sich beide Gase völlig durchmischt, wie die gleichmäßige Braunfärbung zeigt. Diesen Vorgang nennt man **Diffusion.** Sie verläuft um so schneller, je höher die Temperatur ist.

Der Versuch zur *Brownschen Bewegung* in Milch (siehe Seite 12f.) zeigt, daß sich auch *Flüssigkeitsmoleküle* bewegen. Werden auch sie mit steigender Temperatur schneller?

Versuch 18: Wir füllen zwei gleiche Bechergläser mit 500 g Wasser von 10 °C bzw. 80 °C. Anschließend legen wir in jedes Becherglas ein kleines Stück Zucker und lassen dann beide Gläser erschütterungsfrei stehen. Im heißen Wasser löst sich der Zucker innerhalb weniger Minuten, im kalten Wasser braucht er dazu viel mehr Zeit. Offensichtlich haben die Wassermoleküle bei höherer Temperatur eine größere Geschwindigkeit. So können sie durch ihre Stöße die Zuckermoleküle leichter vom festen Zuckerstück losschlagen und schneller abtransportieren. Auch viele andere Vorgänge, wie z.B. das Garen von Speisen, verlaufen um so schneller, je höher die Temperatur ist, je schneller sich also die Moleküle bewegen.

127.1 Brom und Luft mischen sich durch Diffusion.

Versuch 19: Mit einem Quirl wird Glyzerin in einem Becherglas etwa eine Minute lang möglichst kräftig gerührt. Die Stäbe des schnell rotierenden Quirls schlagen gegen die Glyzerinmoleküle und verstärken deren ungeordnete Bewegung. Die Temperatur des Glyzerins steigt dadurch etwas an. Das kann man mit einem empfindlichen Thermometer messen.

Sogar in festen Stoffen bewegen sich die Moleküle. Dabei führen sie winzige unregelmäßige Schwingungen aus, die mit steigender Temperatur heftiger werden (in festen Stoffen um ihren „Stammplatz" herum). Dazu benötigen sie mehr Platz, und deshalb dehnen sich die Körper aus.

Tauchen wir ein Thermometer in heißes Wasser, so stoßen zunächst die sehr schnellen Wassermoleküle gegen die Glasteilchen der Thermometeroberfläche. Diese schwingen allmählich schneller und geben, ohne ihren Stammplatz zu verlassen, ihre verstärkte Bewegung von Schicht zu Schicht nach innen weiter. Schließlich erfaßt diese auch das Quecksilber, und erst jetzt steigt die Quecksilbersäule (siehe Versuch 7).

Kühlt man ein Gas ab, so werden seine Moleküle langsamer. Bei konstant gehaltenem Druck nimmt das Gasvolumen ab, der gegenseitige Abstand der Moleküle wird kleiner. Dadurch nehmen die Anziehungskräfte zwischen ihnen zu; schließlich vereinigen sie sich zu Flüssigkeitströpfchen. Die Zunahme der Dichte einer Flüssigkeit mit fallender Temperatur läßt sich wie bei einem Gas durch die geringer werdende Geschwindigkeit deuten. Bei weiterer Abkühlung ordnen sich die Moleküle und bilden ein *Kristallgitter:* Die Flüssigkeit ist erstarrt.

Setzt man die Abkühlung fort, so werden die Moleküle immer langsamer. Schließlich kann der Körper nicht mehr kälter werden; er hat die Temperatur $T = 0$ K ($\vartheta = -273$ °C) erreicht. Deshalb nennt man diese Temperatur den *absoluten Nullpunkt.*

Bei keinem Versuch konnten wir ein einzelnes Molekül beobachten, denn Moleküle sind so klein, daß man sie mit dem besten Mikroskop nicht sehen kann. Aber viele Versuche gaben uns sehr deutliche Hinweise auf das Vorhandensein der Moleküle und ihre Bewegung. Wir können uns deshalb die Wärmebewegung der Moleküle gut vorstellen und damit zahlreiche Vorgänge deuten.

§ 43 Arbeit, Wärme und innere Energie

1. Reibung macht die Moleküle schneller

Wie wir nun wissen, beruht die höhere Temperatur eines Körpers auf der heftigeren Bewegung seiner Moleküle. Welche Möglichkeiten haben wir, sie schneller zu machen? Wir können sie nicht einzeln anstoßen, wohl aber den ganzen Körper. Wenn wir diesen anschließend sich selbst überlassen, so wird er im allgemeinen durch die Reibung langsamer. Was geschieht bei solchen *Reibungsvorgängen* mit den einzelnen Molekülen?

S-Versuch 20: Presse deine Handflächen fest zusammen und reibe sie kräftig gegeneinander. Sie werden warm.

Ähnliche Vorgänge sind dir vermutlich schon bekannt:

a) Rutscht man an einer Kletterstange oder einem Seil unvorsichtig herunter und hält sich dabei nur mit den Händen fest, so kann man sich die Handflächen verbrennen (siehe Seite 49).

b) Fährt man mit einem Fahrrad bergab und betätigt dabei die Rücktrittbremse, so steigt die Temperatur in der Nabe um so höher, je stärker und länger man bremst. Fährt ein Kraftfahrer versehentlich mit angezogener Bremse, so wird sie in kurzer Zeit sehr heiß *(Bild 128.1)*. Dadurch kann schließlich die ganze Bremsanlage unwirksam werden. Versagt die Schmierung eines Eisenbahnwagens, so erhitzen sich die Achsen bis zur Rotglut.

c) Beim Bohren und Sägen von Metall oder hartem Holz entstehen so hohe Temperaturen, daß Bohrer und Sägeblatt gelegentlich blau anlaufen. Beim Anfeuchten zischt es!

128.1 Eine glühende Bremsscheibe

d) Beim Schleifen von Metallstücken entstehen oft so hohe Temperaturen, daß die abgetrennten Metallteile hell aufglühen.

Die *Molekülvorstellung* gibt uns eine einfache Erklärung für alle diese Vorgänge:

Rutscht ein Körper auf seiner Unterlage, so verzahnen sich winzige Unebenheiten der Berührungsflächen kurz miteinander (siehe Versuch 48 auf Seite 41). Reißen sie sich anschließend los, so geraten ihre Moleküle in stärkere Schwingungen. Ist der Körper durch die Reibung zum Stillstand gekommen, so ist aus der *geordneten Bewegung*, bei der sich alle Moleküle des Körpers in der gleichen Richtung bewegten, verstärkte *ungeordnete Bewegung* der Moleküle der Reibungsflächen geworden. Da sich die Schwingungsenergie der Moleküle im Laufe der Zeit auf alle Moleküle verteilt, nimmt schließlich die Temperatur des ganzen Körpers und die seiner Unterlage zu.

2. Wo bleibt die Reibungsarbeit?

Beim Händereiben und bei den anderen aufgeführten Reibungsvorgängen wird Arbeit verrichtet. Durch diese wird aber der geriebene Körper weder gehoben noch beschleunigt noch wie eine Feder gespannt (siehe §17). Vielmehr wird die Energie der *ungeordneten Bewegung* der Moleküle erhöht. Außerdem rücken die Moleküle etwas auseinander, und dabei müssen sie Arbeit gegen ihre Anziehungskräfte verrichten. Diese verschiedenen Anteile erhöhen die **innere Energie** des Körpers (siehe Seite 52).

Man kann die Temperatur und damit die innere Energie eines Körpers durch Verrichten von Reibungsarbeit erhöhen. Je höher die Temperatur eines Körpers ist, desto größer ist seine innere Energie.

Bei einem Gas kann man die innere Energie noch auf andere Weise erhöhen.

S-Versuch 21: Nimm eine Fahrradluftpumpe in die Hand und bewege den Pumpenkolben! Es geht ganz leicht; die zwischen den einzelnen Teilen auftretenden Reibungskräfte sind offenbar sehr gering. Nun presse einen Finger auf den Luftaustritt, so daß nur wenig Luft entweichen kann, und führe etwa 10 Pumpenstöße aus! Die komprimierte Luft ist spürbar wärmer als die Raumluft und erwärmt auch die Wandung der Pumpe. Dabei mußt du dich sehr anstrengen, weil du Arbeit bei der Kompression der Luft verrichtest.

Versuch 22: In das Ansatzrohr einer Glasspritze schieben wir das Meßelement eines elektrischen Spezialthermometers (Thermoelement), das Temperaturänderungen sofort anzuzeigen vermag, und verschließen die Öffnung luftdicht. Komprimieren wir dann die Luft in der Glasspritze, so zeigt das Thermometer eine deutliche Temperaturerhöhung an. Die Temperatur sinkt, wenn sich die Luft wieder ausdehnen kann.

Um diesen Vorgang besser verstehen zu können, führen wir einen Modellversuch mit einem Ball als „Riesenmolekül" aus.

Versuch 23: Wir hängen einen sogenannten Superball (Flummi) an langen Fäden zwischen zwei schweren Klötzen pendelnd auf *(Bild 129.1)*. So vermeiden wir die Reibung auf der Tischplatte und hindern ihn auch am seitlichen Ausbrechen. Zunächst lassen wir den Ball so schwingen, daß er leicht gegen beide Klötze stößt. Schieben wir nun einen Klotz genau dann gegen den Ball, während dieser ihn berührt, so prallt der Ball mit erhöhter Geschwindigkeit zurück und schlägt heftig gegen den anderen Klotz. Ziehen wir dagegen den Klotz beim Zusammenprall zurück, so wird der Ball langsamer.

So ergeht es auch den Gasmolekülen in der Pumpe und in der Glasspritze. Stoßen sie gegen den nach innen bewegten Kolben, so prallen sie mit erhöhter Geschwindigkeit zurück. (Vergleiche auch mit dem Aufprall eines Balles auf einen schnell bewegten Tennisschläger!) Schließlich ist die ungeordnete Bewegung aller Gasmoleküle stärker geworden; das Gas wurde erwärmt. Entsprechend vermindert sich die Geschwindigkeit der Moleküle, und das Gas wird kälter, wenn der Kolben nach außen gezogen wird.

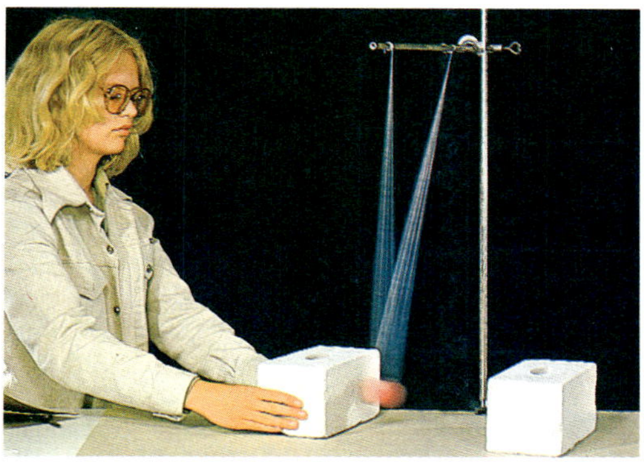

129.1 Wir machen ein „Riesenmolekül" schneller.

3. Wärmezufuhr macht Moleküle schneller

Weit bequemer als durch Reibungsvorgänge können wir einen Körper erwärmen, wenn wir ihn in enge Berührung mit einem anderen Körper bringen, der heißer ist.

Versuch 24: Wir bringen ein heißes Stück Eisen in kaltes Wasser. Die Temperatur des Eisens und damit seine innere Energie nimmt ab. Die des Wassers nimmt zu, bis beide die gleiche Temperatur haben. Ein in das Wasser gehaltenes Thermometer zeigt dann keine weitere Temperaturzunahme an, auch wenn wir es direkt an das Eisen halten. Die schließlich erreichte Temperatur lesen wir ab.

Versuch 25: Wir mischen heißes Wasser der Temperatur T_1 mit kaltem Wasser der Temperatur T_2. Nach gründlichem Umrühren messen wir eine zwischen T_1 und T_2 liegende Mischungstemperatur T. Es gilt: $T_1 > T > T_2$. Die Moleküle des heißen Wassers haben dabei die des kalten Wassers in stärkere Bewegung versetzt, so wie sie im Versuch 18 Zuckermoleküle durch Stöße losgeschlagen haben.

Wenn wir die Temperatur eines Körpers erhöhen (erniedrigen), so sagen wir auch, wir erwärmen ihn (wir kühlen ihn ab). Damit werden wir künftig ausdrücken, daß wir ihm Wärme zuführen (entziehen). Bei obigen Versuchen gab der Körper mit der höheren Temperatur ohne unser Zutun so lange Energie in Form von Wärme an den kälteren ab, bis beide die gleiche Temperatur hatten. *Dies ist ein wichtiger Erfahrungssatz der Physik!*

Berühren oder mischen sich zwei Körper verschiedener Temperatur, so geben die Moleküle des heißeren Körpers durch Stöße so lange Energie an die des kälteren Körpers ab, bis beide dieselbe Temperatur haben. Der heiße Körper verliert innere Energie, der kältere nimmt sie auf. Wärme geht von selbst vom heißeren zum kälteren Körper!

Energie kann man auch durch die Arbeit $W = F_s \cdot s$ übertragen. Dabei übt man auf einen Körper die meßbare Kraft F_s längs des Weges s aus. Für diese Arbeit ist es gleichgültig, ob der Körper heiß oder kalt ist.

Die Energie des Körpers A nimmt ab	A verrichtet Arbeit an B → A erwärmt B	Die Energie des Körpers B nimmt zu

Die bei einem Temperaturunterschied mittels ungeordneter Molekülbewegung übertretende Energie nennt man Wärme oder Wärmemenge. Wir bezeichnen sie mit Q.

Weil in der Umgangssprache häufig Wärme mit Temperatur gleichgesetzt wird, benutzen wir zur besseren Unterscheidung oft den Ausdruck *Wärmemenge* statt Wärme. Wir können damit auch hervorheben, daß wir *bestimmte Portionen an Wärme*, das heißt an übertragener Energie, meinen.

Große Wärmemengen werden übertragen, wenn wir brennbare Stoffe (Stadtgas, Benzin, Holz, Kohle usw.) entzünden und den zu erwärmenden Körper in die heißen Flammengase bringen. Auf bequeme und saubere Weise erhalten wir Wärme, wenn elektrischer Strom durch die Drähte von elektrischen Heizgeräten (Tauchsieder usw.) fließt. Bei Elektromotoren wird dagegen die zugeführte Energie benutzt, um mechanische Arbeit zu verrichten *(Bild 130.1)*. Diese elektrische Energie wurde vorher im Elektrizitätswerk aus mechanischer Energie gewonnen (siehe Seite 344f.). Der Strom erwärmt aber auch die Drähte des Elektromotors und dadurch (z.B. in einem Staubsauger) auch die vorbeiströmende Luft.

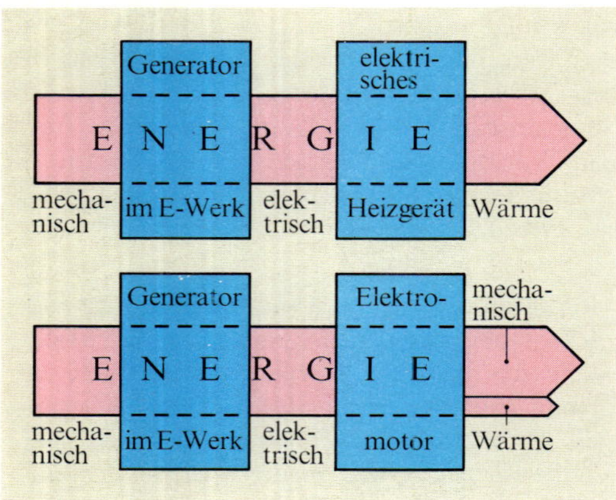

130.1 Energieumwandlung im E-Werk, elektrischen Heizgerät und Elektromotor (schematisch)

§ 44 Wie bestimmt man Wärmemengen?

1. Wie wirkt sich die Zufuhr von Wärme aus?

Wir wollen nun die Temperatur eines Körpers stufenweise erhöhen. Hierzu könnten wir an ihm mehrmals nacheinander eine bestimmte Reibungsarbeit verrichten und ihm so einzelne Energieportionen zuführen. Es ist aber einfacher, einer *Wassermenge* einzelne Wärmeportionen mit einem *Tauchsieder* zuzuführen.

Versuch 26: Wir erwärmen eine Wassermenge von $m_1 = 300$ g mit einem 300 W-Tauchsieder, den wir nur 30 s lang einschalten. Wir warten etwas, bis der Tauchsieder seine Wärme abgegeben hat. Dabei rühren wir gut um und messen die Wassertemperatur ϑ. Anschließend schalten wir den Tauchsieder wieder 30 s lang ein und führen noch einmal die gleiche Wärmeportion zu. Auf diese Weise erwärmen wir schrittweise das Wasser und notieren die Meßwerte (siehe *Tabelle 130.1*). Wir finden, daß die Temperaturerhöhung $\Delta\vartheta$ des Wassers der Anzahl der Wärmeportionen, das heißt der insgesamt zugeführten Wärme Q proportional ist.

t in s	Q in Port.	Q in kJ	ϑ in °C	$\Delta\vartheta$ in K
0	0	0	20	0
30	1	9	27	7
60	2	18	34	14
90	3	27	41	21
120	4	36	48	28

Tabelle 130.1 Zu Versuch 26

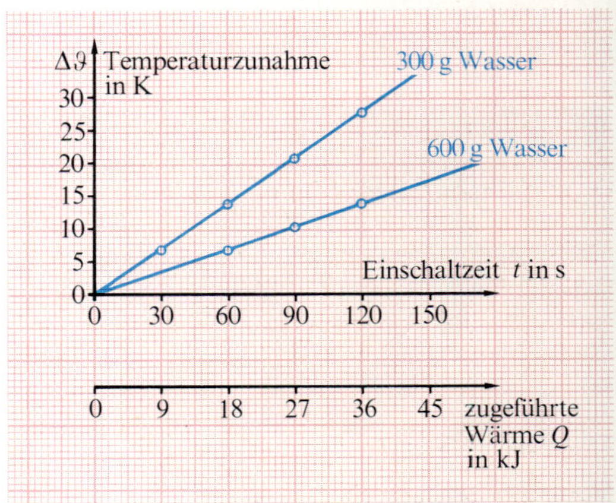

130.2 Temperaturzunahme verschiedener Wassermengen bei den Versuchen 26 und 27

Versuch 27: Wir wiederholen den Versuch 26 mit der *doppelten* Wassermenge $m_2 = 600$ g. Jetzt brauchen wir für eine Erwärmung um $\Delta\vartheta = 7$ K genau *zwei* Wärmeportionen. Für die *dreifache* Temperaturerhöhung müssen wir *sechs* Wärmeportionen zuführen. Die benötigte Wärme Q ist also dem Produkt $(m \cdot \Delta\vartheta)$ aus der Masse m und der Temperaturerhöhung $\Delta\vartheta$ proportional, das heißt $Q \sim m \cdot \Delta\vartheta$. Nach Seite 34 können wir einen Proportionalitätsfaktor c einfügen und dadurch zur Gleichung $Q = c \cdot m \cdot \Delta\vartheta$ übergehen.

Die vom Tauchsieder in Wärme umgewandelte *elektrische Energie* können wir bestimmen, denn seine Leistung $P = 300$ W wurde vom Hersteller auf dem Tauchsieder vermerkt. Diese Angabe besagt, daß die Maschinen des Elektrizitätswerkes je Sekunde 300 J mechanische Arbeit verrichten müssen, um diesen Tauchsieder zu betreiben. (Im Versuch 60 auf Seite 51 haben wir die Umwandlung mechanischer Arbeit in elektrische Arbeit und schließlich in Wärme bereits untersucht.) In 30 s, also während eines Versuchsschrittes, hat der Tauchsieder die Arbeit $W = P \cdot t = 300\text{ W} \cdot 30\text{ s} = 9000\text{ J} = 9\text{ kJ}$ aufgenommen und als Wärme wieder abgegeben. Deshalb gibt man die Wärme ebenfalls in der Einheit J oder kJ an. Die bei unseren Versuchen benutzten Wärmeportionen betrugen also $Q = 9000\text{ J} = 9\text{ kJ}$. Auf Seite 136f. werden wir mit Reibungsversuchen diese Aussagen bestätigen.

Ein Heizgerät mit der Leistung P gibt in der Zeit t die Wärme $Q = P \cdot t$ ab. Die Einheit der Wärmemenge Q ist das Joule (J).

Die Wärmemenge Q ist dem Produkt aus der Masse m des erwärmten Körpers und der Temperaturzunahme $\Delta\vartheta$ proportional:

$$Q = c \cdot m \cdot \Delta\vartheta. \qquad (131.1)$$

2. Gibt es gute Wärmespeicher?

Wollen wir die *Gleichung 131.1* anwenden, so müssen wir den Proportionalitätsfaktor c kennen. Um ihn zu bestimmen, formen wir die Gleichung um und setzen Werte des Versuchs 26 ein:

$$c = \frac{Q}{m \cdot \Delta\vartheta} = \frac{36\,000\text{ J}}{300\text{ g} \cdot 28\text{ K}} = 4{,}3\ \frac{\text{J}}{\text{g} \cdot \text{K}}.$$

Man kann auch rechnen:

$$c = \frac{Q}{m \cdot \Delta\vartheta} = \frac{36\text{ kJ}}{0{,}3\text{ kg} \cdot 28\text{ K}} = 4{,}3\ \frac{\text{kJ}}{\text{kg} \cdot \text{K}}.$$

Dieser Wert ist etwas zu groß, denn wir haben nicht berücksichtigt, daß zusätzlich zur benutzten Wassermenge auch das Gefäß und sogar die umgebende Luft vom Tauchsieder erwärmt wurden. Sehr genaue Messungen, die diese Fehler berücksichtigen, führen für Wasser zu dem Wert:

$$c = 4{,}1868\ \frac{\text{J}}{\text{g} \cdot \text{K}} \approx 4{,}2\ \frac{\text{J}}{\text{g} \cdot \text{K}} = 4{,}2\ \frac{\text{kJ}}{\text{kg} \cdot \text{K}}.$$

Man braucht also 4,2 J, um 1 g Wasser um 1 K zu erwärmen. Gilt dies für alle Stoffe?

Versuch 28: Mit einem 300 W-Tauchsieder erwärmen wir 300 g *Glykol* (Frostschutzmittel) statt 300 g Wasser. Wir führen dem Glykol in einer Minute $300 \cdot 60\text{ Ws} = 18\,000\text{ J}$ zu. Dabei steigt seine Temperatur um $\Delta\vartheta = 24$ K (statt $\Delta\vartheta = 14$ K bei Wasser; *Bild 131.1*). Aus $Q = c \cdot m \cdot \Delta\vartheta$ folgt nun $c = Q/(m \cdot \Delta\vartheta)$, und mit den gemessenen Werten des Glykols erhalten wir:

$$c_{\text{Glykol}} = \frac{18\,000\text{ J}}{300\text{ g} \cdot 24\text{ K}} = 2{,}5\ \frac{\text{J}}{\text{g} \cdot \text{K}}.$$

Damit haben wir gefunden, daß c eine *Materialkonstante* ist. Man nennt sie **spezifische Wärmekapazität.** (Manchmal sagt man dazu kurz *spezifische Wärme.*) Um gleiche Mengen verschiedener Stoffe um die gleiche Temperaturdifferenz zu erwärmen, ist der Energiebedarf im allgemeinen verschieden.

Die spezifische Wärmekapazität c ist eine Materialkonstante. Sie hat die Einheit $1\ \frac{\text{J}}{\text{g} \cdot \text{K}} = 1\ \frac{\text{kJ}}{\text{kg} \cdot \text{K}}$. Ihr Zahlenwert gibt an, welche Wärme (in J bzw. kJ) man braucht, um 1 g bzw. 1 kg des betreffenden Stoffes um 1 K zu erwärmen.

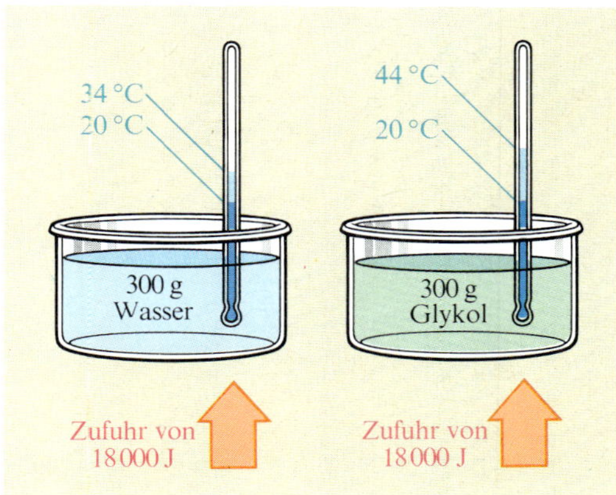

131.1 Glykol hat eine geringere spezifische Wärmekapazität als Wasser.

Beispiel: Welche Wärmemenge braucht man, um das Wasser einer Badewanne (100 l) von 15 °C auf 37 °C zu erwärmen? Nach *Gleichung 131.1* gilt $Q = c \cdot m \cdot \Delta\vartheta = 4{,}2\,\frac{\text{kJ}}{\text{kg} \cdot \text{K}} \cdot 100\,\text{kg} \cdot 22\,\text{K} = 9240\,\text{kJ}$.

Wollen wir nun die spezifische Wärmekapazität eines festen Stoffes bestimmen, so können wir diesen nur schlecht durch Berühren mit dem Tauchsieder erwärmen; besser geht es mit einem Wasserbad.

Versuch 29: Wir füllen ein Becherglas zum Teil mit Wasser ($m_1 = 300$ g), legen ein Kupferstück ($m_2 = 1000$ g) hinein und erwärmen beides mit dem 300 W-Tauchsieder 120 s lang (*Bild 132.1*). Die Wassertemperatur steigt zunächst schnell an, geht aber nach dem Abschalten des Tauchsieders wieder etwas zurück, weil noch Wärme vom Wasser an das Kupferstück abgegeben wird. Die Temperaturzunahme $\Delta\vartheta$ beträgt schließlich 21 K. (Im Versuch 26 betrug sie in der gleichen Zeitspanne 28 K.) Das Wasser hat die Wärmemenge $Q_1 = 4{,}19\,\frac{\text{J}}{\text{g} \cdot \text{K}} \cdot 300\,\text{g} \cdot 21\,\text{K} = 26\,400\,\text{J}$ aufgenommen, der Tauchsieder aber $Q_2 = 300\,\frac{\text{J}}{\text{s}} \cdot 120\,\text{s} = 36\,000\,\text{J}$ abgegeben. Die Differenz $Q_2 - Q_1 = 9600\,\text{J}$ diente dazu, 1000 g Kupfer um 21 K zu erwärmen. Daraus berechnen wir nun c_{Cu}:

$$c_{\text{Cu}} = \frac{Q_2 - Q_1}{m_2 \cdot \Delta\vartheta} = \frac{9600\,\text{J}}{1000\,\text{g} \cdot 21\,\text{K}} = 0{,}46\,\frac{\text{J}}{\text{g} \cdot \text{K}}.$$

Dieser Wert ist etwas zu groß, denn wir haben mehrere Fehlerquellen nicht berücksichtigt. Genauere Verfahren liefern den Wert $c_{\text{Cu}} = 0{,}38\,\frac{\text{J}}{\text{g} \cdot \text{K}}$.

132.1 So kann man die spezifische Wärmekapazität eines festen Stoffes bestimmen.

In der *Tabelle 132.1* sind die spezifischen Wärmekapazitäten von festen und flüssigen Stoffen angegeben. Die spezifische Wärmekapazität des Wassers übertrifft die der anderen Stoffe wesentlich. Wasser ist also ein guter Wärmespeicher (Warmwasserheizung; Speicher einer Solarheizungsanlage). Hierin liegt auch ein Grund, weshalb sich große Wassermassen, wie sie die Weltmeere darstellen, im Frühling erheblich langsamer erwärmen als das Festland. Umgekehrt kühlt sich das Meer im Herbst viel langsamer ab als das Festland (Unterschied zwischen *See-* und *Landklima*). Die ausgleichende Wirkung des Meeres auf das Klima wird wesentlich dadurch verstärkt, daß es an der Oberfläche ständig durch Wind und Gezeitenströmungen umgerührt wird. Es nehmen viel größere Wasser- als Gesteinsmassen in der Nähe der Oberfläche am Wärmeaustausch teil.

Stoff	c in $\frac{\text{J}}{\text{g} \cdot \text{K}}$	Stoff	c in $\frac{\text{J}}{\text{g} \cdot \text{K}}$
Eis	2,09	Wasser	4,19
Gestein, Sand	0,90	Glykol	2,4
Aluminium	0,90	Alkohol	2,4
Glas	0,75	Petroleum	2,0
Eisen	0,45	Quecksilber	0,14
Messing	0,38		
Kupfer	0,38	Luft	1,005

Tabelle 132.1 Spezifische Wärmekapazitäten einiger Stoffe

Die Angaben der *Tabelle 132.1* gelten für den bei Schulversuchen üblichen Temperaturbereich. So zeigt der gleichmäßige Anstieg der Wassertemperatur bei Versuch 26, daß c_{Wasser} im Rahmen der Meßgenauigkeit konstant ist. Bei anderen Stoffen und bei extremen Temperaturen gibt es dagegen merkliche Abweichungen.

Früher gab man Wärmemengen in der Einheit Kalorie (cal) an. Für die Umrechnung gilt: $1\,\text{cal} \approx 4{,}2\,\text{J}$ und $1\,\text{J} \approx 0{,}24\,\text{cal}$.

Weil 1 Joule eine sehr kleine Wärmeeinheit ist, verwendet man in der Praxis der Physik meist die größeren Einheiten $1\,\text{kJ} = 1000\,\text{J} = 10^3\,\text{J}$ und $1\,\text{MJ} = 1\,\text{Megajoule} = 10^6\,\text{J}$. In der Technik verwendet man auch die **Kilowattstunde** (kWh; siehe Seite 312). Sie wird z.B. bei Elektrizitätszählern benutzt. Man kann umrechnen:

$$1\,\text{kWh} = 1\,\text{kW} \cdot 1\,\text{h} = 1000\,\frac{\text{J}}{\text{s}} \cdot 3600\,\text{s} = 3{,}6 \cdot 10^6\,\text{J}.$$

Eine weitere Energieeinheit neben dem Joule ist die Kilowattstunde (kWh). Es gilt:

$$\mathbf{1\,kWh = 3{,}6 \cdot 10^6\,Ws = 3{,}6 \cdot 10^6\,J = 3{,}6\,MJ.}$$

Wir rechnen einige Beispiele aus dem Alltag!

Beispiele: a) Für die Erwärmung von 100 kg Wasser von 10 °C (das ist etwa die Temperatur des Leitungswassers) auf 35 °C (Temperatur des warmen Badewassers) braucht man $Q = c \cdot m \cdot \Delta\vartheta = 4{,}2\,\frac{\text{kJ}}{\text{kg}\cdot\text{K}} \cdot 100\,\text{kg} \cdot (35-10)\,\text{K} = 4{,}2 \cdot 100 \cdot 25\,\text{kJ} = 10\,500\,\text{kJ} = \frac{10\,500}{3600}\,\text{kWh} = 2{,}9\,\text{kWh}$. Die dafür erforderliche Energie liefern uns die Generatoren des Elektrizitätswerks. Bei einem Preis von 0,20 DM je kWh kostet uns das Bad rund 0,60 DM; dazu kommt der Preis des Wassers.

b) Will man die Wasserfüllung eines kleinen Schwimmbeckens, das 100 m³ (10^5 kg) Wasser faßt, von 12 °C auf 22 °C elektrisch erwärmen, so braucht man dazu $Q = 4{,}2\,\frac{\text{kJ}}{\text{kg}\cdot\text{K}} \cdot 10^5\,\text{kg} \cdot 10\,\text{K} = 4{,}2 \cdot 10^6\,\text{kJ} \approx 1170\,\text{kWh}$. Diese kosten etwa 200 DM.

c) In einem stark ausgekühlten Zimmer befinden sich 35 m³ Luft ($m = 45$ kg), die von 5 °C auf 20 °C erwärmt werden soll. Dazu braucht man $Q = 1{,}005\,\frac{\text{kJ}}{\text{kg}\cdot\text{K}} \cdot 45\,\text{kg} \cdot 15\,\text{K} = 678\,\text{kJ}$. Ein Heizgerät mit der Leistung $P = 2$ kW müßte dazu nur etwa sechs Minuten lang betrieben werden. (Rechne nach!) In Wirklichkeit dauert die Erwärmung länger, weil die im Zimmer befindlichen Gegenstände und die Wände ebenfalls erwärmt werden müssen und dazu sehr viel Wärme brauchen.

Aufgaben:

1. *Welche Wärmemenge braucht man, um* 2,5 l *Wasser von* 17,5 °C *auf* 35,0 °C *zu erwärmen?*

2. *Ein Bunsenbrenner liefert* 16 kJ/min. *In welcher Zeit kommen* 0,3 l *Wasser von* 15 °C *zum Sieden?*

3. *Erwärme mit einem Tauchsieder* 1 l *Wasser* 3 min *lang, und ermittle aus der Temperaturzunahme* $\Delta\vartheta$ *die Wärmeleistung des Tauchsieders! Vergleiche das Ergebnis mit der auf dem Tauchsieder vermerkten Leistung! Prüfe diese Leistungsangabe, indem du die Zeit für mehrere Umdrehungen des Elektrizitätszählers bestimmst! Da auf dem Zähler angegeben ist, wie viele Umdrehungen einer Kilowattstunde entsprechen, kannst du umrechnen. Achte darauf, daß kein anderes elektrisches Gerät (z.B. Kühlschrank) gleichzeitig betrieben wird!*

Beispiel: Zähleraufschrift 120 Umdr. ≙ 1 kWh
Gemessen: 6 Umdrehungen in 10 Minuten ($\frac{1}{6}$ h)
Gerechnet: $W = \frac{6}{120}$ kWh, *also*
$P = \frac{W}{t} = \frac{6}{120}\,\text{kWh} : \frac{1}{6}\,\text{h}$
$= \frac{6 \cdot 6}{120}\,\text{kW} = 0{,}3\,\text{kW} = 300\,\text{W}$.

4. *Welche Leistung muß die Heizspirale einer Waschmaschine haben, um* 10 l *Wasser in* 30 min *von* 15 °C *auf* 95 °C *zu erhitzen?*

§ 45 Mischungsversuche

1. Wir sagen Temperaturen voraus

Du hast versehentlich eine Badewanne mit zu kaltem Wasser gefüllt, z.B. mit 80 l der Temperatur 20 °C. Was tust du? Läßt du das Wasser dann ablaufen und füllst neues hinein; oder erwärmst du das Wasser vielleicht mit einem Tauchsieder? Vermutlich keines von beiden, denn das erste wäre Verschwendung, das zweite wäre zu gefährlich (siehe Seite 330 f.). Du mischt einfach heißes Wasser dazu, z.B. 40 l von 65 °C. Kannst du schon vorher angeben, welche Temperatur ϑ_m die Wannenfüllung haben wird? Wir führen zunächst die Mischung mit kleineren Mengen aus.

Versuch 30: Wir stellen in einem großen Becherglas 400 g Wasser mit der Temperatur 65 °C bereit. Dann gießen wir 800 g Wasser von 20 °C hinein, rühren um und messen die Mischungstemperatur. Sie beträgt $\vartheta_m = 35$ °C.

Bei diesem Versuch hat das heiße Wasser die Aufgabe eines Tauchsieders übernommen. Es hat dem kalten Wasser Wärme zugeführt und sich selbst abgekühlt, das heißt seine innere Energie erniedrigt. Die von dem kalten Wasser aufgenommene Wärmemenge Q_{auf} und die von dem warmen Wasser abgegebene Wärmemenge Q_{ab} können wir mit der *Gleichung 131.1* berechnen:

$$Q_{auf} = 4{,}19\,\frac{\text{J}}{\text{g}\cdot\text{K}} \cdot 800\,\text{g} \cdot (35-20)\,\text{K} \approx 50\,300\,\text{J},$$
$$Q_{ab} = 4{,}19\,\frac{\text{J}}{\text{g}\cdot\text{K}} \cdot 400\,\text{g} \cdot (65-35)\,\text{K} \approx 50\,300\,\text{J}.$$

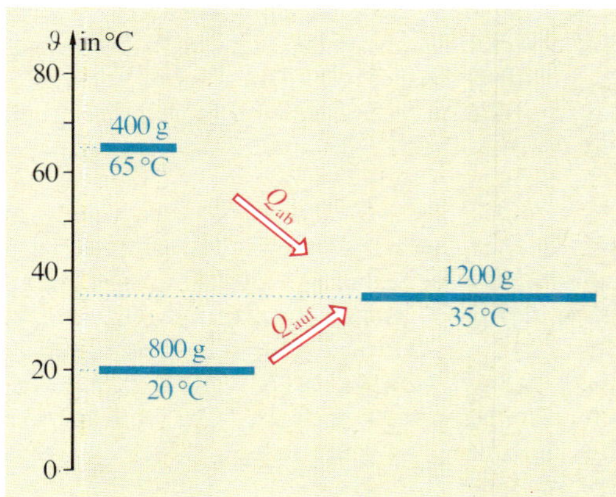

133.1 Veranschaulichung des Mischungsvorganges in Versuch 30

Beide Wärmemengen sind also gleich! (Gibt bei diesem Versuch das Gefäß Wärme an die Umgebung ab, so beeinträchtigen diese Wärmeverluste das Ergebnis.) Wiederholt man den Versuch mit anderen Wassermengen, anderen Ausgangstemperaturen und auch mit anderen Stoffen, so findet man stets: $Q_{auf} = Q_{ab}$.

Bei Mischungsversuchen ist stets die aufgenommene gleich der abgegebenen Wärmemenge: $Q_{auf} = Q_{ab}$.

Auch in der Wärmelehre gilt der Satz von der Erhaltung der Energie.

Nun können wir die Mischungstemperatur ϑ_m des Badewassers schon ausrechnen, *bevor* wir 40 l heißes Wasser von 65 °C in 80 l kaltes Wasser von 20 °C gießen. Wir setzen $\vartheta_m = x$ °C.

$Q_{auf} = 4{,}19 \frac{kJ}{kg \cdot K} \cdot 80 \text{ kg} \cdot (x - 20) \text{ K}.$

$Q_{ab} \ = 4{,}19 \frac{kJ}{kg \cdot K} \cdot 40 \text{ kg} \cdot (65 - x) \text{ K}.$

Da $Q_{auf} = Q_{ab}$ ist, erhalten wir für die unbekannte Mischungstemperatur $\vartheta_m = x$ °C die Gleichung:

$$4{,}19 \frac{kJ}{kg \cdot K} \cdot 80 \text{ kg} \cdot (x - 20) \text{ K} = 4{,}19 \frac{kJ}{kg \cdot K} \cdot 40 \text{ kg} \cdot (65 - x) \text{ K}.$$

Diese Gleichung vereinfachen wir zu $2 \cdot (x - 20) = 1 \cdot (65 - x)$ und errechnen daraus $x = 35$. Die Mischungstemperatur wird also $\vartheta_m = 35$ °C sein.

2. Wir bestimmen die spezifische Wärmekapazität von Glas

Bei Mischungsversuchen kann man statt der Mischungstemperatur auch andere Größen berechnen. Dazu „mischen" wir einen festen mit einem flüssigen Körper. Durch eine große Berührungsfläche erreichen wir dabei einen schnellen Wärmeübergang.

Versuch 31: Wir geben so viele Glaskugeln in ein Becherglas, daß die Gesamtmasse einschließlich Becherglas $m_1 = 300$ g beträgt. Deren Temperatur ist gleich der Zimmertemperatur, z.B. $\vartheta_1 = 20$ °C. Dann gießen wir Wasser ($m_2 = 200$ g) mit der Temperatur $\vartheta_2 = 60$ °C dazu, warten den Temperaturausgleich ab und messen die Mischungstemperatur $\vartheta_m = 51{,}5$ °C. Das Wasser hat sich um 8,5 K abgekühlt und dabei die Wärmemenge

$Q_{ab} = 4{,}19 \frac{J}{g \cdot K} \cdot 200 \text{ g} \cdot 8{,}5 \text{ K} = 7120 \text{ J}$

abgegeben. Diese hat das Glas aufgenommen. Wir gehen von der *Gleichung 131.1* aus und rechnen nun:

$c_{Glas} = \frac{Q}{m \cdot \Delta\vartheta} = \frac{7120 \text{ J}}{300 \text{ g} \cdot 31{,}5 \text{ K}} = 0{,}75 \frac{J}{g \cdot K}.$

(Vergleiche mit *Tabelle 132.1!*)

3. Wie heiß ist ein glühendes Metallstück?

Versuch 32: Wir erhitzen einen kleinen Kupferklotz ($m_{Cu} = 200$ g, $c_{Cu} = 0{,}38$ J/(g · K)) in der Bunsenflamme auf Rotglut und tauchen ihn dann *schnell* in einem bereitgestellten Gefäß ganz unter Wasser ($m_W = 250$ g, $c_W = 4{,}2$ J/(g · K)). Die Wassertemperatur steigt von $\vartheta_1 = 20$ °C auf $\vartheta_2 = 70$ °C. Das Wasser hat die Wärmemenge

$Q_{auf} = 4{,}2 \frac{J}{g \cdot K} \cdot 250 \text{ g} \cdot 50 \text{ K} = 52\,500 \text{ J}$

aufgenommen; das Kupfer hat die Wärmemenge

$Q_{ab} = 0{,}38 \frac{J}{g \cdot K} \cdot 200 \text{ g} \cdot \Delta\vartheta$

abgegeben. Nimmt man an, daß dabei keine Verluste aufgetreten sind, so folgt aus $Q_{auf} = Q_{ab}$ die Gleichung $52\,500 \text{ J} = 76 \frac{J}{K} \cdot \Delta\vartheta$. Daraus errechnen wir $\Delta\vartheta = 690$ K. Die Temperatur des Kupfers betrug daher etwa $\vartheta = \vartheta_2 + \Delta\vartheta = 760$ °C.

Aufgaben:

1. *Um wie viele Kilowattstunden läuft das Zählwerk im Elektrizitätszähler weiter, wenn eine Waschmaschine* 10 l *Wasser von* 15 °C *auf* 95 °C *erwärmt?*

2. *In einem Becherglas (m* = 100 g*) sind* 500 g *Wasser. Welche Wärmemenge ist nötig, um das Becherglas mit Inhalt von* 20 °C *auf* 50 °C *zu erwärmen? (*$c_{Glas} = 0{,}75 \frac{J}{g \cdot K}$*)*

3. *Eine Porzellantasse (m* = 125 g*) mit der spezifischen Wärmekapazität* $c = 0{,}8 \frac{J}{g \cdot K}$ *hat Zimmertemperatur* $\vartheta_1 = 20$ °C. *Welche Endtemperatur ergibt sich, wenn man* 125 g *Tee (Wasser) von* $\vartheta_2 = 80$ °C *hineingießt? (Vorausgesetzt, es geht keine Wärme an die Umgebung verloren.)*

4. *Wie kann es die Mischungstemperatur in Versuch 30 beeinflussen, wenn das heiße Wasser in das kalte Gefäß gegossen wird?*

5. *Bei Versuch 32 läßt der glühende Kupferklotz bei langsamem Eintauchen Wasser verdampfen. In welchem Sinne wird dadurch das Versuchsergebnis verfälscht?*

§ 46 Wärmequellen

Der für das Leben auf der Erde entscheidende *Energiespender* ist die **Sonne.** Jedes Quadratmeter der Erde, das senkrecht von den Sonnenstrahlen getroffen wird, erhält bei völlig klarem Himmel in jeder Sekunde etwa 1 kJ zugestrahlt. Diese Energie kann von Pflanzen in chemischer Form gespeichert werden. (Schließlich ist sie auch in unserer Nahrung enthalten.) In früheren Erdperioden entstanden daraus durch verschiedenartige Umwandlungen große Lager von Kohle, Öl und Erdgas. Die bequem und preiswert zu nutzende Energie dieser **fossilen Brennstoffe** ist eine wesentliche Grundlage unseres hohen Lebensstandards; aber die in Millionen von Jahren entstandenen Lager sind in absehbarer Zeit erschöpft. Deshalb müssen wir bereits heute mit dieser Energie sparsam umgehen und z.B. Gebäude gegen Wärmeabgabe möglichst gut isolieren. An manchen Stellen, z.B. auf Island, kann man auf die im heißen Erdinneren gespeicherte Energie zurückgreifen, indem man das heiße Wasser vulkanischer Quellen zu Heizzwecken benutzt. Von besonderer Bedeutung ist die Verwendung der Kernenergie (siehe Seite 404f.).

Sind alle brennbaren Stoffe gleichwertige Energiespender? Um einen Vergleich zu ermöglichen, bestimmen wir ihren **spezifischen Heizwert.** Das ist der Quotient Q/m aus der beim Verbrennen gelieferten Wärmemenge Q und der Masse m des verbrannten Stoffes; seine Einheit ist $1 \frac{\text{kJ}}{\text{kg}}$. Den spezifischen Heizwert eines brennbaren Stoffes können wir durch folgenden Versuch annähernd ermitteln:

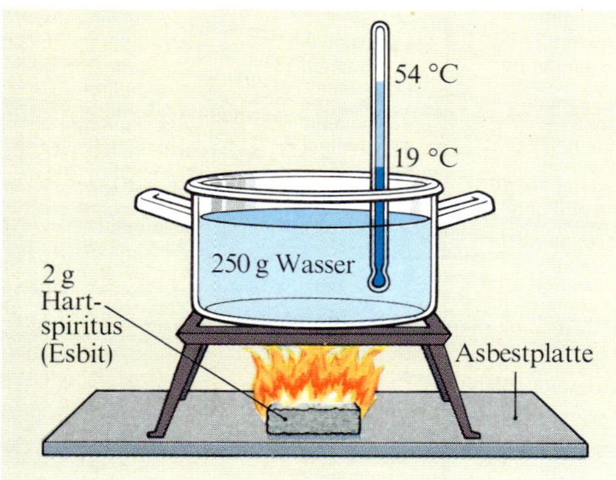

135.1 Wir bestimmen den spezifischen Heizwert von Hartspiritus.

Versuch 33: Unter einem mit 250 g kaltem Wasser gefüllten dünnwandigen Aluminiumtopf ($m_{Al} = 59$ g; $c_{Al} = 0{,}90 \frac{\text{J}}{\text{g} \cdot \text{K}}$) verbrennen wir 2,0 g Hartspiritus (*Bild 135.1*). Dabei geht ein großer Teil der von der Flamme gelieferten Wärme in das Gefäß und in das Wasser über. Die Temperatur des Wassers (und natürlich auch die des Gefäßes) steigt von 19 °C auf 54 °C. An das Wasser wird die Wärmemenge $Q_1 = 4{,}19 \frac{\text{J}}{\text{g} \cdot \text{K}} \cdot 250 \text{ g} \cdot (54-19) \text{ K} \approx 36660 \text{ J} \approx 36{,}7 \text{ kJ}$, an das Gefäß wird die Wärmemenge $Q_2 = 0{,}90 \frac{\text{J}}{\text{g} \cdot \text{K}} \cdot 59 \text{ g} \cdot (54-19) \text{ K} \approx 1{,}9 \text{ kJ}$ abgegeben. Die von 2 g Hartspiritus an Wasser und Gefäß abgegebene Wärmemenge beträgt insgesamt $Q = Q_1 + Q_2 = 38{,}6$ kJ. Daraus berechnen wir den spezifischen Heizwert von Hartspiritus:

$$\frac{Q}{m} = \frac{38{,}6 \text{ kJ}}{0{,}002 \text{ kg}} = 19{,}3 \cdot 10^3 \frac{\text{kJ}}{\text{kg}}.$$

Die *Tabelle 135.1* gibt aber für Hartspiritus den spezifischen Heizwert $31 \cdot 10^3 \frac{\text{kJ}}{\text{kg}}$ an. Bei unserem Versuch wurde die Verbrennungswärme also schlecht genutzt, nämlich nur zu $\frac{19{,}3}{31} = 62\,\%$.

Die beim Verbrennen von 1 m³ Erdgas entstehende Wärmemenge beträgt ungefähr $31 \text{ MJ} = 31 \cdot 10^3$ kJ. Von dieser Wärmemenge werden beim Kochen auf dem Gasherd in der Regel nur 30 bis 40% genutzt. Ebenso entweicht ein beträchtlicher Teil der in Heizungen und Öfen erzeugten Wärme durch den Schornstein ins Freie. Um zu beschreiben, ob ein Heizgerät die Wärme gut nutzt oder vergeudet, gibt man seinen **Wirkungsgrad** an. Man versteht darunter den Quotienten aus der tatsächlich genutzten Wärme zu der insgesamt aufgewandten Wärme. Er hat als Quotient zweier gleichbenannter Größen (Wärme) keine Einheit und wird im allgemeinen in Prozent angegeben.

Brennstoff	spezifischer Heizwert in $10^3 \frac{\text{kJ}}{\text{kg}}$	spezifischer Heizwert in $10^3 \frac{\text{kJ}}{\text{m}^3}$
trockenes Holz	14	
Rohbraunkohle	8…15	
Braunkohlenbrikett	20	
Koks	29	
Steinkohle	31	
Heizöl	42	
Benzin	46	
Äthylalkohol	30	
Hartspiritus	31	
Stadtgas	29	17
Erdgas	30…35	31
Propan	50	104
Wasserstoff	143	13

Tabelle 135.1 Spezifischer Heizwert verschiedener Brennstoffe

$$\text{Wirkungsgrad} = \frac{\text{genutzte Wärme}}{\text{aufgewandte Wärme}} \cdot 100\%$$

Einen besseren Wirkungsgrad als die üblichen Gasherde erreichen die sogenannten *Durchlauferhitzer*. Bei ihnen strömen die Flammengase entlang eines zur Spirale gebogenen Wasserrohres. Dabei geben sie bis zu 85 % ihrer Verbrennungswärme an das Wasser ab. Bei einem Tauchsieder beträgt der Wirkungsgrad praktisch 100 %. Der Wirkungsgrad spielt auch bei den Wärmeenergiemaschinen (siehe Seite 159) eine wichtige Rolle.

Ein Beispiel zur Bestimmung des Wirkungsgrades: Wir setzen einen Topf mit 1 l Wasser auf eine elektrische Kochplatte und erhitzen das Wasser von 18 °C bis auf 100 °C. Am Elektrizitätszähler zählen wir unterdessen 19 Umdrehungen. Da laut Zähleraufschrift mit 120 Umdrehungen 1 kWh (= 3600 kJ) gemessen wird, liefert der elektrische Strom $\frac{19}{120} \cdot 3600\,\text{kJ} = 570\,\text{kJ}$. Davon hat das Wasser nur die Wärmemenge

$$Q = 4{,}19\,\frac{\text{kJ}}{\text{kg} \cdot \text{K}} \cdot 1\,\text{kg} \cdot 82\,\text{K} = 344\,\text{kJ}$$

aufgenommen. Der Wirkungsgrad beträgt also $\frac{344\,\text{kJ}}{570\,\text{kJ}} = 0{,}60 = 60\,\%$.

Aufgaben:

1. *Bestimme wie in dem oben angeführten Beispiel den Wirkungsgrad einer elektrischen Kochplatte oder eines elektrisch beheizten Wassertopfes! Weshalb ist der Wirkungsgrad einer Kochplatte schlechter als der eines Tauchsieders?*

2. *Wie teuer wäre eine Kilowattstunde, wenn man sie durch Verbrennen von Benzin gewinnen wollte? (Siehe Tabelle 135.1; Benzin hat die Dichte* $0{,}75\,\text{g/cm}^3$*.) Benutze den Tankstellenpreis für Normalbenzin, und führe die Rechnung für die Wirkungsgrade von 100 % und von 25 % (Automotor, siehe Seite 162) aus!*

3. *Auf dem Dach eines Hauses sind Sonnenkollektoren zur Warmwasserbereitung angebracht. Ihre Fläche beträgt insgesamt* $10\,\text{m}^2$*. Welche Wassermenge könnte damit unter idealen Bedingungen pro Stunde von 15 °C auf 40 °C erwärmt werden? Welche Leistung müßte ein elektrischer Heißwasserbereiter haben, um die gleiche Wirkung zu erzielen? Nenne Gründe, weshalb Sonnenkollektoren in der Praxis nur einen kleinen Bruchteil der idealen Heizleistung erreichen!*

§ 47 Mechanische Arbeit und Wärme

Braunschweig (dpa)
Auf der Autobahn bei Peine geriet gestern ein Reifen eines Lastwagens in Brand. Obwohl die Feuerwehr schon nach 10 Minuten am Brandort eintraf, konnte sie nur noch verhindern, daß die Flammen auf den Anhänger übergriffen. Der Motorwagen brannte völlig aus; seine Ladung wurde total vernichtet. Während der Lösch- und Bergungsarbeiten mußte der Verkehr in Richtung Hannover umgeleitet werden. Die Höhe des Sachschadens steht zur Zeit noch nicht fest. Man vermutet, daß der Brand durch zu niedrigen Luftdruck im Reifen verursacht wurde.

Was hat der Reifendruck mit diesem Feuer zu tun? Bei jeder Radumdrehung wird die Gummiwandung eines Reifens durchgebogen, bei zu geringem Luftdruck im Reifen sogar besonders stark. Wie sich dieser Vorgang auswirkt, zeigt uns ein einfacher Versuch:

S-Versuch 34: Fasse einen dünnen Blechstreifen an den Enden, und biege ihn schnell mehrfach hin und her! Dabei mußt du dich anstrengen, das heißt Arbeit verrichten. Gleichzeitig stellst du fest, daß sich die gebogene Zone spürbar erwärmt.

Um diese *Umformung von mechanischer Arbeit in Wärme* genauer zu untersuchen, machen wir einen weiteren Versuch. Hierbei gewinnen wir die Wärme aus Reibungsarbeit, die wir genau messen können. So können wir dann nachprüfen, ob die Versuche mit dem Tauchsieder (siehe Seite 130) die richtigen Werte lieferten.

Versuch 35: Unser Versuchsgerät besteht aus einem Kupferzylinder, der auf einer Seite drehbar gelagert ist *(Bild 137.1)*. In eine axiale Bohrung auf der anderen Seite geben wir zum besseren Wärmekontakt etwas gekörntes Kupfer (notfalls etwas Wasser), setzen dann ein Thermometer mit $\frac{1}{10}$ °C-Skalenteilung ein und verschließen die Bohrung mit einer Gummidichtung. Dann schlingen wir ein Reibband mehrfach um den Zylinder und hängen ein 5 kg-Wägestück daran. Eine Schraubenfeder (Federkraftmesser) hält das freie Ende des Reibbandes. Wir drehen nun die Kurbel so, daß die Schraubenfeder fast entspannt ist. Dann wirkt praktisch die gesamte Gewichtskraft des Wägestücks mit $F_G = 49{,}1$ N in tangentialer Richtung auf den Zylinder. (Vergleiche mit Versuch 64 auf Seite 55!) Offenbar schafft es jetzt die Reibungskraft allein, der Gewichtskraft $F_G = 49{,}1$ N das Gleichgewicht zu halten. Die Reibungskraft F_R muß also ebenfalls den Betrag 49,1 N haben. *Der Zylindermantel muß mit dieser Reibungskraft $F_R = 49{,}1$ N gegenüber dem ruhenden Reibband bewegt werden, und zwar bei jeder Umdrehung um die Strecke des Zylinderumfangs $U =$* 0,157 m. Wer die Kurbel des Gerätes dreht, muß sich deshalb anstrengen und Arbeit verrichten.

Nach *Gleichung 46.1* ergibt sich bei $n = 200$ Umdrehungen die insgesamt verrichtete Reibungsarbeit $W = n \cdot U \cdot F_R = 200 \cdot 0{,}157\ \text{m} \cdot 49{,}1\ \text{N} = 1540\ \text{Nm} = 1540\ \text{J}$. Diese von uns aufgewandte Arbeit wird durch Reibung vollständig in Wärme Q umgewandelt; denn die Lage des Wägestücks haben wir nicht verändert, also auch nicht seine Lageenergie. Wir erwarten nach *Gleichung 131.1* die Temperaturerhöhung $\Delta\vartheta = \frac{Q}{c \cdot m}$. Die gesamte Masse des Kupfers (Zylinder, Reibband, Kupferkörner) beträgt $m = 690$ g; die spezifische Wärmekapazität des Kupfers ist nach *Tabelle 132.1* $c_{Cu} = 0{,}38\ \frac{\text{J}}{\text{g} \cdot \text{K}}$. Damit errechnen wir die zu erwartende Temperaturzunahme

$$\Delta\vartheta = \frac{1540\ \text{J}}{0{,}38\ \frac{\text{J}}{\text{g} \cdot \text{K}} \cdot 690\ \text{g}} \approx 5{,}9\ \text{K}.$$

Während des Versuchs halten wir nach jeweils 50 Umdrehungen kurz an und lesen die Temperatur des Kupferzylinders ab. Wir finden, daß die Temperaturzunahme der Zahl der Umdrehungen, das heißt der verrichteten Reibungsarbeit, proportional ist. Nach insgesamt $n = 200$ Umdrehungen ist die Temperatur, wie vorausberechnet, um 5,9 K gestiegen.

Auf Seite 130 hatten wir *angenommen*, daß ein Tauchsieder mit der Leistungsangabe 300 W eine Wärmemenge von 300 J je Sekunde abgibt. (Dazu mußte zunächst mechanische Energie im E-Werk in elektrische Energie, diese dann im Tauchsieder in Wärme umgewandelt werden.) Damit haben wir dann die spezifische Wärmekapazität des Kupfers ermittelt (siehe Versuch 29) und schließlich das Ergebnis des Reibungsversuchs vorhergesagt. Im Reibungsversuch konnten wir *unmittelbar* ohne den Umweg über ein Elektrizitätswerk die Umwandlung von mechanischer Energie in Wärme verfolgen.

Weil der Versuch das vorhergesagte Ergebnis brachte, ist dadurch nachträglich unsere Annahme über die Wärmeabgabe des Tauchsieders bestätigt.

Wir haben einem Körper auf zwei Arten Energie zugeführt und dabei das gleiche Ergebnis erhalten:

a) auf *direktem* Weg durch Reibungsvorgänge,

b) *auf dem Umweg* über die elektrische Energie mit Hilfe eines Tauchsieders.

Die Art der Umwandlung (das Verfahren) beeinflußt also das Ergebnis nicht. Es ist das Verdienst des Engländers *J.P. Joule* (1818 bis 1889), durch eine große Zahl von Versuchen viele dieser Umwandlungsmöglichkeiten erprobt zu haben. Nach ihm wurde die heutige Energieeinheit 1 Joule benannt.

137.1 Zu Versuch 35

137.2 Aus Reibungsarbeit wird Wärme!

Der deutsche Arzt *Julius Robert Mayer* hat 1842 als erster gezeigt, daß sich umgekehrt unter gewissen Umständen wiederum eine gegebene Wärmemenge in gleich große mechanische Arbeit umwandelt. Er ist damit der eigentliche Entdecker des **Energieerhaltungssatzes** geworden, auf den wir mehrfach (siehe Seite 51) gestoßen sind. Wir wollen ihn so formulieren:

Es gibt verschiedene Energieformen, die sich bei Naturvorgängen ineinander umwandeln. Dabei wird insgesamt keine Energie vernichtet; sie vermehrt sich aber auch nicht.

Die Umwandlung mechanischer Energie in Wärme ist für die moderne Technik meistens unerwünscht, ja sogar gefährlich. So kann die Reibungsarbeit, die beim fortgesetzten Verformen eines Autoreifens verrichtet wird, diesen so stark erhitzen, daß er schließlich Feuer fängt. Ein schwergängiges Lager, dessen Schmierung versagt, kann sich in kurzer Zeit stark erwärmen. Von Naturvölkern wird diese Umwandlung heute noch genutzt, um durch Reiben harter Hölzer mit einem sogenannten Feuerbohrer ein Feuer anzuzünden *(Bild 137.2)*. Die umgekehrte Umwandlung, nämlich von Wärme in Arbeit, wird bei den *Wärmeenergiemaschinen* durchgeführt. Wir werden diese später besprechen (siehe Seite 158f.).

Aufgaben:

1. *Ein Eisennagel von* 5 g *Masse* $(c = 0{,}45\,\frac{J}{g \cdot K})$ *wird mit einer Kraft von durchschnittlich* 1000 N 6 cm *tief in ein Brett getrieben. Um wieviel Kelvin erwärmt er sich, wenn er* 80% *der Reibungswärme aufnimmt?*

2. *Ein Bleistück von* 1 kg *Masse fällt aus* 10 m *Höhe auf eine harte Unterlage. Um wieviel Kelvin erwärmt sich das Blei, wenn die ganze Lageenergie* $W = G \cdot h$ *in innere Energie umgewandelt wird und im Blei bleibt?* $(c_{\text{Blei}} = 0{,}13\,\frac{J}{g \cdot K})$

3. *Aus welcher Höhe muß (z.B. bei einem Wasserfall)* 1 kg *Wasser herabfallen, damit die freiwerdende Lageenergie* $W = G \cdot h$ *bei vollständiger Umwandlung in innere Energie das Wasser um* 1 K *erwärmt?*

4. *Wie oft muß man bei Versuch 35 die Kurbel herumdrehen, um eine Wärmemenge zu erzeugen, die* 200 g *Wasser für eine Tasse Kaffee von* 20 °C *auf* 100 °C *erwärmen kann?*

5. *Wie groß ist die Temperaturerhöhung des Wassers beim höchsten Wasserfall der Erde (in Venezuela;* 810 m *hoch), wenn bei der Energieumwandlung keine Verluste eintreten?*

§ 48 Schmelzen und Erstarren

1. Wärmezufuhr, und doch keine Erwärmung!

Daß Wärmezufuhr nicht immer zugleich Temperaturanstieg bedeutet, haben wir schon bei der Festlegung des Nullpunktes der Celsius-Skala bemerkt (siehe Seite 114): Obwohl dem benutzten Eis-Wasser-Gemisch ständig Wärme durch die wärmere Zimmerluft zugeführt wurde, blieb seine Temperatur konstant 0 °C, bis alles Eis geschmolzen war. Verhalten sich andere Stoffe ähnlich?

Versuch 36: In ein Reagenzglas geben wir Naphthalinpulver und stecken ein Thermometer hinein. Das Ganze tauchen wir in ein heißes Wasserbad, das wir durch schwaches Heizen am Sieden halten. Die Temperatur des Naphthalins steigt zunächst ziemlich gleichmäßig bis zur *Schmelztemperatur* (etwa 80 °C) an. Dann bleibt sie konstant, bis *alles* Naphthalin geschmolzen ist, und steigt erst danach weiter an *(Bild 138.1)*.

Während des Schmelzvorganges hat das siedende Wasser ($\vartheta_W = 100$ °C) dem Naphthalin ($\vartheta_N = 80$ °C) ständig Wärme, das heißt Energie, zugeführt; trotzdem stieg dessen Temperatur nicht an. Wozu diente dann diese Energie? Im festen Naphthalin sind die Moleküle an feste Plätze gebunden, um die herum sie mit zunehmender Temperatur immer heftiger schwingen. Schließlich reißen sie sich aus dem geordneten Verband los. Dazu ist Energie erforderlich. Deshalb steigt trotz Energiezufuhr die Temperatur nicht weiter. Wo bleibt aber diese Energie, wenn das Naphthalin später wieder erstarrt?

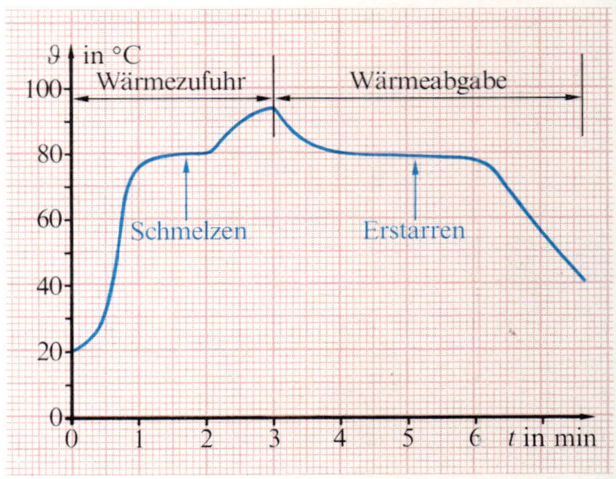

138.1 Schmelz- und Erstarrungstemperatur von Naphthalin liegen bei 80 °C.

Versuch 37: Das Reagenzglas mit dem geschmolzenen Naphthalin von Versuch 36 tauchen wir in kaltes Wasser. Die Temperatur des flüssigen Naphthalins sinkt bis zur *Erstarrungstemperatur* (80 °C) und bleibt dann einige Zeit konstant, obwohl ständig Wärme an das Kühlwasser abgegeben wird und dessen innere Energie erhöht. Diese Energie stammt von den sich ordnenden Molekülen des erstarrenden Naphthalins; sie geben die beim Schmelzen aufgenommene Energie wieder bei der gleichen Temperatur ab. Wenn *alles* Naphthalin erstarrt ist, sinkt die Temperatur wieder *(Bild 138.1)*.

Zum Schmelzen ist Energie nötig; beim Erstarren wird sie wieder frei.

Wir sehen außerdem: Beim Naphthalin stimmen Schmelztemperatur und Erstarrungstemperatur überein. Gilt das auch für andere Stoffe, zum Beispiel Wasser?

Versuch 38: Wir stecken ein mit Wasser gefülltes Reagenzglas in eine sogenannte Kältemischung (siehe Seite 141). Während das Wasser erstarrt, messen wir seine Temperatur. Wir stellen fest, daß die Erstarrungstemperatur des Wassers bei 0 °C liegt.

Die Erstarrungstemperatur eines Stoffes ist gleich seiner Schmelztemperatur.

In der *Tabelle 139.1* findest du die Schmelztemperaturen mehrerer Stoffe. Sie gelten für den Normdruck 1013 mbar. Ändert sich etwa die Schmelztemperatur mit dem Druck?

139.1 Eis schmilzt unter Druck. Denke an das Schlittschuhlaufen!

Versuch 39: Um einen Eisblock legen wir eine Schlinge aus sehr dünnem Stahldraht und hängen ein 5 kg-Wägestück daran (siehe *Bild 139.1*). Weil die Auflagefläche des Drahtes sehr klein ist, entsteht ein sehr hoher Druck (siehe Seite 81 f.). Das Eis schmilzt unmittelbar unter dem Draht und läßt ihn langsam nach unten sinken. Das entstandene Schmelzwasser erstarrt über dem Draht sofort wieder zu Eis, denn dort herrscht der normale Luftdruck von 1013 mbar. So wandert der Draht allmählich durch den Block hindurch, ohne ihn zu zerlegen.

Der Versuch zeigt, daß die Schmelztemperatur des Eises bei wachsendem Druck sinkt. (Die vom Druck des Drahtes bewirkte Erniedrigung der Schmelztemperatur ist aber so gering, daß der Versuch schon bei Eistemperaturen unter −2 °C mißlingt.) – Gletschereis kann durch seinen eigenen Gewichtsdruck schmelzen und anschließend wieder erstarren. So wandert der ganze Gletscher langsam talwärts.

Alle Stoffe reagieren auf Druck so, daß das Volumen kleiner wird. Man sagt: Sie weichen dem Druck aus. Die meisten Stoffe nehmen im flüssigen Zustand einen größeren Raum ein als im festen. Sie werden deshalb im Gegensatz zum Eis durch hohen Druck fest, auch wenn ihre Temperatur etwas höher ist als die für den Normdruck geltende Schmelztemperatur. Ihre Schmelztemperatur wird also mit wachsendem Druck erhöht. Weil beim Eis die Moleküle sperriger (mit größerem Abstand) als im flüssigen Wasser zusammengefügt sind, nimmt sein Volumen beim Erstarren zu. Diese Molekülanordnung kann durch hohen Druck zerstört werden; das Eis schmilzt. Die Erniedrigung der Schmelztemperatur durch Druck, die Dichteanomalie des Wassers und sein Volumensprung beim Erstarren haben also die gleiche Ursache: das weiträumige Kristallgitter des Eises.

Stoff	Schmelztemperatur in °C	Stoff	Schmelztemperatur in °C
Quecksilber	−39	Zinn	232
Eis	0	Blei	327
Fixiersalz	48	Kupfer	1084
Paraffin	53 (etwa)	Eisen (rein)	1535
Naphthalin	80	Platin	1773
Natrium	98	Wolfram	3370

Tabelle 139.1 Schmelztemperaturen einiger Stoffe bei dem Normdruck 1013 mbar

2. Wieviel Wärme braucht Eis zum Schmelzen?

Wieviel Wärme man braucht, um einen Eisblock zu schmelzen, hängt sicher von der Größe des Blockes, das heißt von seiner Masse ab. Um einen Vergleich mit anderen Stoffen zu ermöglichen, teilt man deshalb die zum Schmelzen erforderliche Wärmemenge Q durch die Masse m des geschmolzenen Stoffes. Dieser Quotient heißt **spezifische Schmelzwärme** s; er ist eine Materialkonstante.

Die spezifische Schmelzwärme s ist der Quotient aus der zum Schmelzen erforderlichen Wärmemenge Q und der Masse m des geschmolzenen Stoffes: $s = Q/m$.

Ihre Einheit ist $1\,\frac{J}{g} = 1\,\frac{kJ}{kg}$.

Versuch 40: Um die spezifische Schmelzwärme von Eis zu bestimmen, geben wir etwa 300 g abgetrocknetes Eis ($\vartheta_E = 0\,°C$) in ein isoliertes Gefäß. Dann wiegen wir die gleiche Menge heißes Wasser ($\vartheta_W = 90\,°C$) ab und gießen dieses über die Eisstückchen. Wir warten ab, bis alles Eis geschmolzen ist. Dann messen wir die Mischungstemperatur $\vartheta_m = 5\,°C$. Das heiße Wasser hat je Gramm $85 \cdot 4{,}19\,J = 356\,J$ abgegeben, während zum Erwärmen des Schmelzwassers je Gramm $5 \cdot 4{,}19\,J = 21\,J$ benötigt wurden. Der Rest von $80 \cdot 4{,}19\,J = 335\,J$ diente also dazu, ein Gramm Eis zu schmelzen, das heißt aus Eis von 0 °C Wasser von 0 °C zu machen. Die geringe Erwärmung des Gefäßes vernachlässigen wir. Die spezifische Schmelzwärme von Eis ist dann

$$s = \frac{Q}{m} = \frac{335\,J}{1\,g} = 335\,\frac{J}{g}.$$

Stoff	spezifische Schmelzwärme in J/g	Stoff	spezifische Schmelzwärme in J/g
Quecksilber	13	Fixiersalz	200
Blei	25	Kupfer	205
Schwefel	42	Eisen	260
Zinn	60	Eis (Wasser)	335
Silber	105	Aluminium	400
Naphthalin	148	Kochsalz	500

140.1 Spezifische Schmelzwärmen

140.1 Eisberge schmelzen nur langsam; sie können die Schiffahrt gefährden.

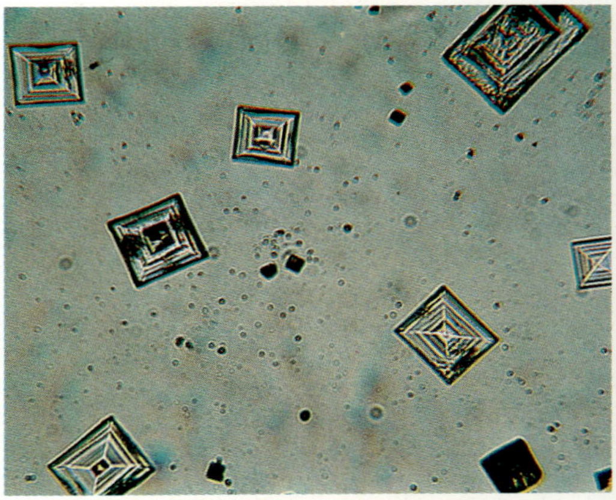

140.2 Kristalle wachsen regelmäßig.

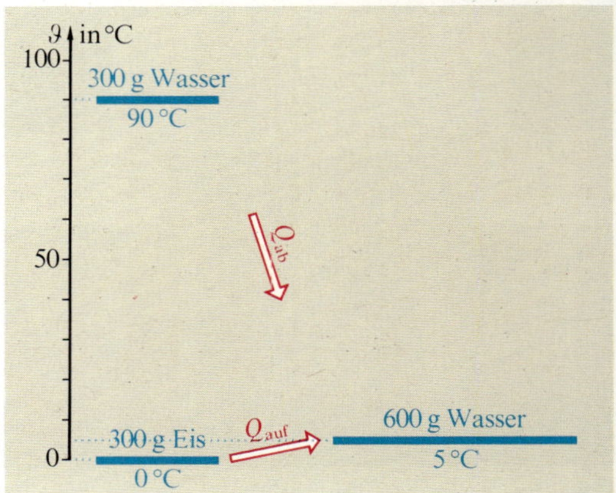

140.3 Schema des Mischungsvorgangs in Versuch 40

Weil man zum Schmelzen von Eis viel Wärme braucht, kann man Getränke mit Eisstücken gut kühlen. Sie schwimmen in der Flüssigkeit und entziehen ihr die Schmelzwärme. Gibt man zum Beispiel in ein Getränk ($m_1 = 200$ g; $\vartheta_1 = 22$ °C) etwas Eis ($m_2 = 40$ g; $\vartheta_2 = 0$ °C), so schmilzt dieses. Dazu braucht es 40 · 335 J = 13400 J. Das Getränk (Wasser) muß diese Wärmemenge liefern; wir können also die Temperaturabnahme berechnen. Aus *Gleichung 131.1* folgt:

$$\Delta\vartheta = \frac{Q}{c \cdot m} = \frac{13\,400\ \text{J}}{4{,}2\,\frac{\text{J}}{\text{g}\cdot\text{K}} \cdot 200\ \text{g}} = 16\ \text{K}.$$

Sobald das Eis geschmolzen ist, hat also das Getränk die Temperatur $\vartheta = \vartheta_1 - \Delta\vartheta = (22-16)$ °C $= 6$ °C. Es mischt sich aber noch mit dem Schmelzwasser ($\vartheta_3 = 0$ °C) und wird dadurch noch weiter abgekühlt auf $\vartheta_m = x$ °C. Aus $Q_{ab} = Q_{auf}$ (siehe Seite 134) folgt:

$$4{,}2\,\frac{\text{J}}{\text{g}\cdot\text{K}} \cdot 200\ \text{g} \cdot (6-x)\ \text{K} = 4{,}2\,\frac{\text{J}}{\text{g}\cdot\text{K}} \cdot 40\ \text{g}\,(x-0)\ \text{K}.$$

Daraus errechnen wir $x = 5$. Das schließlich etwas verdünnte Getränk hat also die Temperatur $\vartheta_m = 5$ °C. Wir erkennen, daß der Schmelzvorgang eine weit stärkere Abkühlung bewirkt hat als die anschließende Mischung mit dem eiskalten Schmelzwasser.

Auf den Meeren treiben *Eisberge* oft wochenlang und gelangen dabei bis in Breiten mit verhältnismäßig hohen Temperaturen. Durch langsames Abschmelzen entziehen sie ihrer Umgebung Wärme. Gleichzeitig umgeben sie sich mit dem kalten Schmelzwasser, das eine weitere Wärmezufuhr erschwert. Das salzfreie Schmelzwasser schwimmt nämlich auf dem Meerwasser, das durch seinen Salzgehalt eine höhere Dichte hat.

Nach dem Energieerhaltungssatz muß die zum Schmelzen aufgewandte Wärme beim Erstarren wieder frei werden. Diese *Erstarrungswärme* zeigt der folgende qualitative Versuch.

Versuch 41: Wir erhitzen in einem weiten Reagenzglas Fixiersalz (Natriumthiosulfat) im Wasserbad. Es schmilzt bei 48 °C. Lassen wir die Flüssigkeit anschließend erschütterungsfrei erkalten, so bleibt sie bis weit unter ihre Erstarrungstemperatur flüssig, sogar noch bei Zimmertemperatur. In dieser **unterkühlten Flüssigkeit** fehlt den Molekülen nur ein Anstoß zur Kristallbildung. Wir liefern ihn, indem wir ein Körnchen Natriumthiosulfat in das Reagenzglas werfen. Sofort beginnt die Kristallisation! Dabei wird die Erstarrungswärme frei, und die Temperatur des Fixiersalzes steigt schnell bis auf 48 °C. Dann bleibt die Temperatur konstant. Weitere Erstarrungswärme wird an die Umgebung abgegeben.

Quantitative Versuche zeigen in Übereinstimmung mit dem Energieerhaltungssatz, daß die *gesamte* zum Schmelzen aufgewandte Wärme beim Erstarren wieder frei wird.

Die spezifische Erstarrungswärme eines Stoffes ist gleich seiner spezifischen Schmelzwärme.

3. Weshalb streut man Salz auf die Straßen?

Wenn wir kristallisierte Stoffe in Flüssigkeiten auflösen, wird ihr Kristallgitter langsam abgebaut. Dazu ist Energie nötig. Wer liefert sie?

S-Versuch 42: Löse 20 g Kochsalz oder Salmiaksalz (Ammoniumchlorid) in 200 g Wasser, und rühre dabei ständig um! Verfolge auf einem Thermometer die Temperatur der Lösung; sie nimmt während des Versuchs deutlich ab! Die zum Herauslösen der Moleküle aus dem Kristallgitter erforderliche Energie wird weder von einer Flamme noch von einem Tauchsieder geliefert. Sie wird vielmehr von der *inneren Energie* des Wassers (allgemein: des Lösungsmittels) weggenommen. Dieses wird dadurch kälter, und zwar um so mehr, je mehr Salz gelöst wird.

Gegen Glatteis verwendet man Streusalz. Muß man dazu das Salz vorher erhitzen?

Versuch 43: Wir mischen fein zerstoßenes Eis (oder Schnee) mit *kaltem* Kochsalz. Das Salz löst sich, und das Eis schmilzt. Gleichzeitig sinkt die Temperatur der Mischung erheblich ab, bei einem Gewichtsverhältnis Eis:Salz = 3:1 bis auf etwa −18 °C. Die Temperaturabnahme ist noch viel größer als beim Lösen des Salzes in Wasser. Man braucht nämlich zusätzlich Energie, um das Eis zu schmelzen. Diese Energie wird der inneren Energie der Mischung entzogen, die sich dadurch abkühlt. Man nennt sie deshalb **Kältemischung.**

Mit einer Kältemischung aus Eis oder Schnee und einem geeigneten Salz lassen sich bequem tiefe Temperaturen erzielen.

Dabei mischt man aber keineswegs „Kälte“ unter das Eis. Das Wort „Kälte“ wird hier nur benutzt, um die korrekte Bezeichnung „Tieftemperaturmischung“ durch eine kürzere zu ersetzen. – Um Glatteis zu beseitigen, braucht man also das Streusalz nicht anzuwärmen. Deshalb ist dieses Verfahren einfach und wirksam zugleich. Man muß aber bedenken, daß das entstehende Salzwasser Schäden an Fahrzeugen, Straßen, Pflanzen und Tieren (Hundepfoten) anrichtet.

Der Versuch 43 liefert uns noch ein weiteres wichtiges Ergebnis: Salzwasser ist auch bei Temperaturen unter 0 °C noch flüssig. Die Erniedrigung der Schmelztemperatur ist abhängig von der Salzkonzentration. Meerwasser gefriert bei −1,9 °C, salzarmes Ostseewasser schon bei −0,5 °C.

Bei Mischungen anderer Stoffe gibt es ähnliche Zusammenhänge. Gibt man Zinn in geschmolzenes Kupfer, so entsteht eine *Kupfer-Zinn-Legierung*. Man nennt sie *Bronze*. Weil hierbei das Zinn die Bildung von Kupferkristallen behindert, erstarrt die Schmelze je nach Zinngehalt erheblich unter der Schmelztemperatur des reinen Kupfers. Beim Erhitzen schmilzt die Legierung früher als reines Kupfer. Ähnlich bewirkt der Kohlenstoffgehalt des Roheisens, daß dieses schon bei etwa 1200 °C schmilzt; reines Eisen schmilzt dagegen erst bei 1535 °C. Die bei allen Legierungen gegenüber den reinen Metallen geänderte Kristallstruktur gibt diesen besondere Eigenschaften. So ist Bronze wesentlich härter als Kupfer und Zinn für sich allein. Das wurde bereits vor 3 Jahrtausenden in der sogenannten Bronzezeit genutzt. Erstarrtes Roheisen ist hart und fast so spröde wie Glas, reines Eisen dagegen ziemlich weich.

Aufgaben:

1. *Welche Wärmemenge braucht man, um 5 kg Eis von 0 °C zu schmelzen?*

2. 0,5 kg *Eis von* 0 °C *sollen in Wasser von* 100 °C *verwandelt werden. Welche Wärmemenge ist dazu nötig?*

3. *Welche Mischungstemperatur ergibt sich, wenn man* 50 g *Eis von* 0 °C *in* 0,5 l *Wasser von* 50 °C *zum Schmelzen bringt?*

4. *Wieviel Gramm Eis von* 0 °C *muß man mit* 1 kg *Wasser von* 20 °C *zum Schmelzen bringen, damit Schmelzwasser von genau* 0 °C *entsteht?*

5. *Man wirft einen Eiswürfel von* 15 cm^3 *(Dichte* 0,9 g/cm^3*) in ein Glas mit* 200 cm^3 *Wasser von* 25 °C. *Welche Temperatur stellt sich nach dem Schmelzen ein, wenn man vom Wärmeaustausch mit der Umgebung absieht?*

6. *Weshalb kann bei Versuch 41 die Temperatur durch die frei werdende Erstarrungswärme nicht über* 48 °C *ansteigen?*

7. *Warum stellt man die Glühdrähte für Glühlampen aus Wolfram her? (Siehe Tabelle 139.1!)*

8. *Was würde sich an der Schneeschmelze im Frühjahr ändern, wenn die spezifische Schmelzwärme des Schnees nicht* 335 J/g, *sondern nur* 33,5 J/g *betragen würde?*

9. *Durch kräftigen Druck kann man aus lockerem Schnee einen Schneeball kneten. Weshalb geht das nicht mehr, wenn der Schnee sehr kalt ist?*

10. *Lötzinn ist eine Legierung aus 3 Teilen Zinn und 2 Teilen Blei. Seine Schmelztemperatur beträgt etwa* 200 °C. *Wie erklärst du dir das? (Siehe Tabelle 139.1!)*

§ 49 Verdampfen und Kondensieren

1. Wasser wird unsichtbar

Hängen wir feuchte Wäschestücke bei regnerischem Wetter in einem kühlen, geschlossenen Raum auf, so trocknen sie sehr langsam, in einem warmen Raum dagegen schnell. Häufig bilden sich dabei an den kalten Fensterscheiben zahlreiche Wassertropfen. Wie ist das Wasser aus der Wäsche an das Fenster gelangt? Das wollen wir näher untersuchen.

Versuch 44: Wir erwärmen in einem großen Becherglas etwas Wasser mit einem Tauchsieder. Mit einer Glasplatte decken wir das Becherglas fast ganz zu *(Bild 142.1)*. Schon nach kurzer Zeit erkennen wir an der Unterseite der Deckplatte einen Beschlag aus sehr kleinen Wassertröpfchen. Aus ihnen werden langsam größere Tropfen. Dabei ist die Wassertemperatur noch weit von der **Siedetemperatur** entfernt. Erhitzen wir das Wasser weiter bis auf 100 °C, so bilden sich am Tauchsieder (also an der Stelle, an der Wärme zugeführt wird) Blasen, die hochsteigen: *das Wasser siedet*. Aus diesen Blasen entweicht ein *unsichtbares Gas*. Es ist aber keine Luft!

Halten wir nämlich eine kalte Glasscheibe in den Gasstrom, so setzen sich darauf sofort viele Wassertropfen ab. Das Gas war unsichtbares, gasförmiges Wasser. Man nennt es auch *Wasserdampf*. An der Glasscheibe wurde der Wasserdampf wieder zu flüssigem Wasser, *er kondensierte*. Bringen wir ein Thermometer an diese Stelle, so zeigt es die Temperatur 100 °C an.

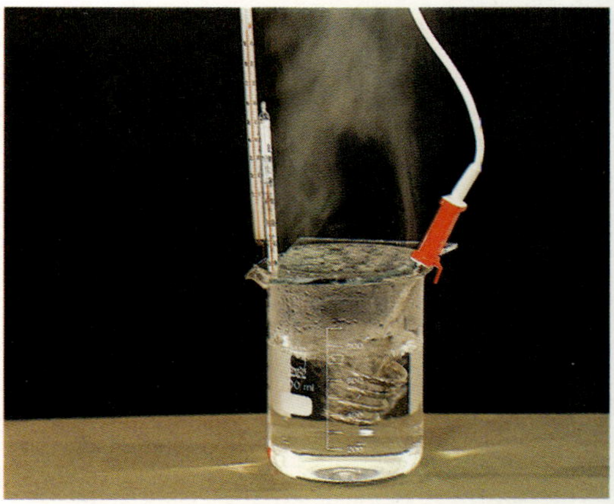

142.1 Wasserdampf kondensiert unter Normdruck bei 100 °C.

Wir wollen einige der in *Tabelle 143.1* angegebenen Siedetemperaturen nachprüfen:

Versuch 45: Wir erwärmen mit einem kleinen Tauchsieder je 300 g verschiedener Flüssigkeiten (Wasser, Alkohol, Glykol) und verfolgen dabei den Temperaturverlauf. Er ist im *Bild 143.1* dargestellt. In allen Fällen siedet die Flüssigkeit bei einer ganz bestimmten Temperatur, ihrer *Siedetemperatur*. Bei Glykol (Frostschutzmittel) steigt die Temperatur weit über 100 °C, denn die Siedetemperatur des reinen Glykols ist 197 °C. Die Siedetemperatur des Äthers liegt dagegen weit unter der des Wassers. Wir ermitteln sie, indem wir etwas Äther in ein Reagenzglas füllen und dieses in ein Wasserbad von etwa 50 °C stecken. (Vorsicht, Äther ist leicht brennbar! Keine Flamme in der Nähe brennen lassen!) Der Äther siedet bei 35 °C.

An seiner *Oberfläche* geht dagegen Wasser schon bei erheblich unter der Siedetemperatur liegenden Temperaturen aus dem flüssigen in den gasförmigen Zustand über, *es verdunstet*. Das können wir beim Wäschetrocknen beobachten und auch beim Versuch 44. *Verdunsten* und *Sieden* faßt man unter dem Oberbegriff *Verdampfen* zusammen und bezeichnet mit diesem Wort den Übergang in die Dampfform (Wasserdampf). Kühlt man das gasförmige Wasser ab, so wird es wieder flüssig, *es kondensiert* (condensare, lat.: verdichten). Häufig entstehen dabei Wassertröpfchen, die so klein sind, daß sie sich lange Zeit in der Luft halten und sichtbare Wolken bilden. Bei einer „Dampfwolke" über einem Topf oder Schornstein sehen wir diese zahlreichen Wassertröpfchen. Den Wasserdampf sehen wir dagegen nicht.

Wasserdampf ist ein unsichtbares Gas. Nebel und Wolken bestehen dagegen aus sehr kleinen Wassertropfen und sind deshalb sichtbar.

Beim Verdampfen steigt das Volumen stark an. Aus einem Liter Wasser werden beim Normdruck von 1013 mbar und bei der Temperatur 100 °C etwa 1700 Liter Wasserdampf. Umgekehrt nimmt beim Kondensieren das Volumen stark ab. Geschieht dies in einem geschlossenen Gefäß, so wird dabei der Innendruck erheblich verringert. Nach diesem Prinzip verschließt man zum Beispiel ein Einmachglas. Die Druckabnahme zeigen wir im folgenden Versuch.

Versuch 46: Wir erhitzen in einem Blechkanister, dessen Schraubdeckel wir abgenommen haben, etwas Wasser so stark, daß es kräftig siedet. Der entstehende Wasserdampf verdrängt die Luft und strömt schließlich aus der Öffnung. Jetzt entfernen wir die Flamme des Bunsenbrenners und schrauben den Kanister schnell zu. Der Wasserdampf kondensiert, und nach einiger Zeit wird der Kanister vom äußeren Luftdruck mit großer Gewalt zusammengedrückt.

Unter besonderen Bedingungen kann ein Stoff direkt aus dem festen in den gasförmigen Zustand übergehen: *er sublimiert*. Dabei wird der flüssige Zustand übersprungen. Diese **Sublimation** (sublimis, lat.: in der Luft schwebend) können wir beim Wasser beobachten, wenn wir feuchte Wäsche bei trockenem, klarem Frostwetter im Freien aufhängen. Sie ist zwar nach kurzer Zeit steif gefroren, trocknet aber trotzdem ziemlich schnell, vor allem im Luftzug.

Stoff	Siedetemperatur in °C	Stoff	Siedetemperatur in °C
Ammoniak	−33	Glykol	197
Frigen*	−30	Glyzerin	290
Äther	35	Quecksilber	357
Alkohol	78	Schwefel	444
Benzol	80	Zink	910
Wasser	100	Eisen	2880

Tabelle 143.1 Siedetemperaturen einiger Stoffe beim Normdruck 1013 mbar (* Kältemittel R 12)

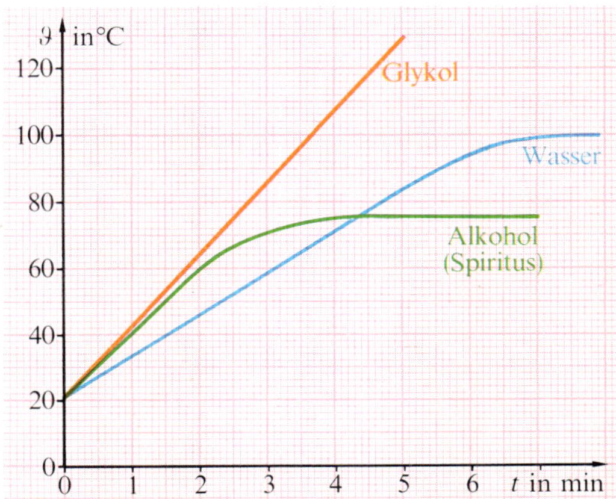

143.1 Wir bestimmen die Siedepunkte von Wasser, Alkohol und Glykol.

Den unmittelbaren Übergang aus dem festen in den gasförmigen Zustand nennt man Sublimation.

Im Winter wird eine Schneedecke auch bei andauerndem Frostwetter allmählich dünner, sofern kein zusätzlicher Schnee fällt. Im Physikraum können wir die Sublimation am „Trockeneis“ (das ist festes Kohlendioxid von $-78{,}5\ °C$), an Jodkristallen und sogar an Metall beobachten. Umgekehrt kann in der Luft befindlicher Wasserdampf ebenfalls den flüssigen Zustand überspringen und sich direkt zu Eiskristallen verfestigen. So entstehen Schneeflocken und auch der Reif an Grashalmen und Zweigen.

Versuch 47: Wir erwärmen einige Jodkristalle in einem trockenen Kolben über einer kleinen Flamme. Die Kristalle werden kleiner, während sich der Kolben mit violettem Joddampf füllt. An den kälteren Glasflächen bilden sich einzelne kleine Jodkristalle oder eine zusammenhängende dünne Schicht aus festem Jod, ein Jodspiegel. Flüssiges Jod tritt nirgends auf.

Versuch 48: Wir schließen eine kleine Glühlampe aus einem Fahrradscheinwerfer (6 Volt, 3 Watt) an einen Experimentiertransformator an. Wir betreiben die Lampe zunächst mit der Spannung 6 Volt und steigern diese *langsam und stetig* bis auf etwa 10 Volt. Dadurch wird der Glühdraht über die normale Betriebstemperatur hinaus erhitzt. Die Lampe leuchtet nun sehr hell, aber leider nur einige Minuten lang. Dann ist sie „durchgebrannt“. Betrachten wir anschließend den Glühdraht mit einer Lupe oder einem Diaprojektor, so erkennen wir eine winzige Unterbrechung des Glühdrahtes. Außerdem fällt uns auf, daß der Glaskolben geschwärzt ist *(Bild 144.1)*. Der dunkle Beschlag läßt sich aber nicht abreiben; er sitzt innen an der Glaswand. Bei der hohen Temperatur des Glühdrahtes ist nämlich etwas Metall sublimiert. Der Metalldampf hat sich dann an der Innenwand des Glaskolbens niedergeschlagen. Auch ein Metall kann also sublimieren und sich wieder verfestigen.

144.1 Neue und „durchgebrannte“ Glühlampe

Unter normalen Betriebsbedingungen dauert das Sublimieren des Glühdrahtes bis zu seiner Unterbrechung viele Stunden. Bei der Lampe eines Autoscheinwerfers rechnet man mit etwa 100 Betriebsstunden, bei einer Haushaltsglühlampe mit über 1000 Stunden. Der allmählich entstehende Metallbeschlag vermindert die Lichtabgabe einer Lampe erheblich. In den sogenannten *Halogenlampen* wird der Metallbeschlag durch einen besonderen chemischen Prozeß vermieden. Deshalb ist ihre Lichtabgabe während der ganzen Betriebsdauer gleichmäßig.

2. Moleküle im „Gegenverkehr“

Verdunstet Wasser aus einem Wäschestück an der freien Luft, so ist der Vorgang erst dann beendet, wenn die Wäsche trocken ist. Lassen wir dagegen Wasser in einem *geschlossenen Gefäß* verdunsten, so kommt der Vorgang bald zum Stillstand. Dabei fliegen zunächst zahlreiche Wassermoleküle durch die Wasseroberfläche hindurch in den darüber befindlichen Raum. Dort nimmt die Konzentration des Wasserdampfs allmählich zu. Gleichzeitig fliegen auch Moleküle aus dem Raum durch die Wasseroberfläche wieder zurück. Zunächst sind es nur wenige pro Sekunde, mit steigender Dichte des Wasserdampfs werden es aber immer mehr.

Was wir als glatte Wasseroberfläche ansehen, ist für die Moleküle eine durchlässige Grenzschicht mit lebhaftem Verkehr in beiden Richtungen.

Schließlich wird der Strom der „Rückwanderer“ genauso stark wie der Strom der „Auswanderer“; die Dampfdichte nimmt nun nicht weiter zu; der Raum ist mit Wasserdampf „*gesättigt*“. Weil bei diesen Vorgängen im allgemeinen Luft zugegen ist, sagt man auch, die Luft sei mit Wasserdampf gesättigt. Die sogenannte *Luftfeuchtigkeit* hat dann ihren Höchstwert erreicht. (In dieser Luft würde ein Wäschestück nicht trocknen.) Der mögliche Höchstwert nimmt zu, wenn die Temperatur steigt *(Bild 145.1)*.

Die Dichte des Wasserdampfs in der Luft kann man auf zwei verschiedene Weisen angeben. Enthält ein Raum von 1 m^3 gerade 5 g Wasserdampf, so beträgt seine **absolute Feuchte** 5 $\frac{g}{m^3}$. Damit ist aber noch nicht gesagt, ob der Raum noch weiteren Wasserdampf aufzunehmen vermag. Will man das ausdrücken, so gibt man das Verhältnis der tatsächlichen zur höchstmöglichen Feuchte an. Dieses Verhältnis nennt man auch **relative Feuchte;** es wird in Prozent angegeben.

Beträgt die absolute Feuchte bei 0 °C gerade 5 $\frac{g}{m^3}$, so ist die höchste mögliche Dichte (Sättigung) erreicht *(Bild 145.1)*; die relative Feuchte beträgt 100 %. Ist die absolute Feuchte bei gleicher Temperatur dagegen nur 4 $\frac{g}{m^3}$, so beträgt die relative Feuchte $4\,\frac{g}{m^3} : 5\,\frac{g}{m^3} = \frac{4}{5} = 80\,\%$. Gelangt Luft mit dieser Feuchte in ein warmes Zimmer, so wird sie dort zum Beispiel auf 19 °C erwärmt. *Bild 145.1* entnehmen wir, daß sie dann an Wasserdampf insgesamt 16,5 $\frac{g}{m^3}$ aufnehmen könnte, also 12,5 $\frac{g}{m^3}$ zusätzlich. Wenn man also im Winter beim Lüften kalte, feuchte Luft in ein Zimmer läßt und diese anschließend erwärmt, so nimmt ihre relative Feuchte ab. Das Zimmer wird dadurch also keineswegs feucht, sondern sogar noch ausgetrocknet.

Bei unserem Zahlenbeispiel ist bei unveränderter absoluter Feuchte von 4 $\frac{g}{m^3}$ allein durch den Temperaturanstieg die relative Feuchte von 80 % auf $4\,\frac{g}{m^3} : 16{,}5\,\frac{g}{m^3} = 4 : 16{,}5 \approx 24\,\%$ abgesunken. Umgekehrt steigt die relative Feuchte stark an, wenn man im Sommer warme, feuchte Luft in einen kühlen Keller strömen läßt. Das wollen wir wieder an einem Beispiel zeigen. Die einströmende Luft habe eine absolute Feuchte von 11 $\frac{g}{m^3}$ und werde im Keller zunächst auf 12,5 °C abgekühlt. Dann ist gerade der *Sättigungszustand* erreicht *(Bild 145.1)*. Man nennt diesen Zustand auch den *Taupunkt*, weil bei weiterer Abkühlung der dann überschüssige Wasserdampf als Tau abgeschieden wird. Diese Kondensation des Wasserdampfs zu Tautropfen beobachten wir bevorzugt an kalten Wasserleitungen und an den Kellerwänden. Sind keine für die Tropfenbildung günstigen Stellen vorhanden, so wird die Kondensation verzögert. Das zeigt uns der folgende Versuch.

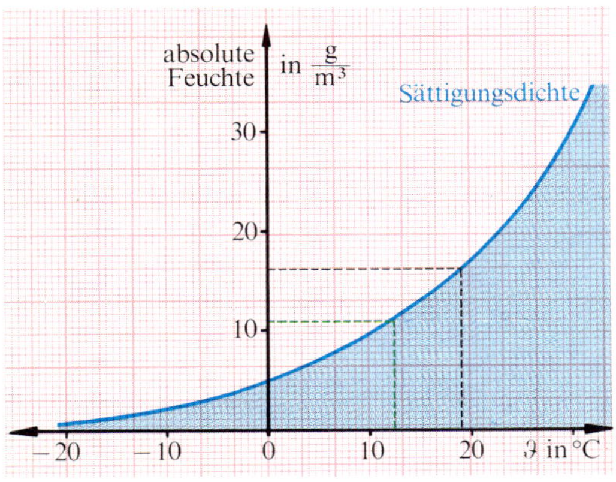

145.1 Sättigungsdichte des Wasserdampfs

Versuch 49: In einen möglichst großen Glaskolben geben wir etwas Wasser und verschließen ihn dann mit einem Stopfen mit Hahnrohr. Wir blasen kräftig Luft hinein, schließen den Hahn und schütteln dann den Kolben etwas. Dadurch nimmt der Raum im Kolben so viel Wasserdampf wie möglich auf; er ist nun gesättigt. Öffnen wir den Hahn, so dehnt sich die Luft aus und kühlt sich dabei etwas ab (siehe Versuch 22). Sie ist nun *übersättigt*; trotzdem bildet sich kaum Nebel. Wir blasen nun etwas Rauch von einem Streichholz oder einer Kerze in den Kolben. Dann pressen wir erneut Luft hinein und wiederholen so den Versuch. Jetzt entsteht beim Öffnen des Hahnes dichter Nebel. Die Kondensation des Wasserdampfs zu kleinen Tropfen erfolgt an kleinsten Schwebeteilchen, sogenannten *Kondensationskernen.*

Auf diese Weise entstehen Wolken, wenn feuchte Luft abgekühlt wird und Kondensationskerne vorhanden sind. Erhöht man den Luftdruck wieder, so löst sich der Nebel auf (wie Wolken in einem „Hoch", siehe Seite 165). Das ist von großer Bedeutung für unser Wetter.

3. Trinkwasser aus dem Meer

Große Gebiete der Erdoberfläche sind Trockenwüsten, in denen es extrem selten regnet. An einigen Stellen reichen sie bis an die Küste (sieh im Atlas nach!). Leider eignet sich Meerwasser nicht für die künstliche Bewässerung, da die meisten Pflanzen das darin enthaltene Salz nicht vertragen. Sie sind auf das salzfreie Regenwasser angewiesen. Wie entsteht dieses?

Viele Regenwolken entstehen über dem Meer, weil dort reichlich Wasser verdunstet und sich der Wasserdampf später abkühlt. Dabei bleibt das Salz im Meer zurück; deshalb enthalten Regenwolken salzfreies Wasser. Daß gasförmiges Wasser kein Salz mitnimmt, zeigt uns der folgende Versuch.

Versuch 50: In einem Rundkolben lassen wir Salzwasser kräftig sieden. Den herausströmenden Wasserdampf leiten wir durch ein Rohr, in dem er durch Luft oder Wasser gekühlt wird und dadurch kondensiert *(Bild 146.1)*. Aus dem Kühlrohr tropft salzfreies Wasser; alles Salz ist im Rundkolben zurückgeblieben. Wir haben durch **Destillieren** (destillare, lat.: herabtropfen) Trinkwasser gewonnen.

Destilliertes Wasser ist sehr rein und wird deshalb besonders in chemischen Betrieben benutzt. Da man zur Destillation viel Wärme benötigt, ist destilliertes Wasser ziemlich teuer. Daher ist diese Entsalzung von Meerwasser zur Bewässerung trockener Gebiete nur sinnvoll, wenn sehr preiswertes Heizmaterial zur Verfügung steht. Gemische von Flüssigkeiten mit verschiedenen Siedetemperaturen lassen sich ebenfalls durch Destillieren trennen. Dabei verdampft der Stoff mit der *niedrigsten* Siedetemperatur zuerst, z.B. aus Wein zunächst der Alkohol zusammen mit zahlreichen Duftstoffen und ergibt so den „Weinbrand“. Erdöl ist ein Gemisch vieler Stoffe mit verschiedenen Siedetemperaturen. Es wird in den Raffinerien durch *fraktionierte Destillation* (frangere, lat.; brechen, unterbrechen) in Leichtbenzin, Benzin, Dieselöl, Schmieröl usw. zerlegt.

Häufig ist auch der bei der Destillation verbleibende Rückstand von Bedeutung. Läßt man zum Beispiel Salzsole sieden, bis alles Wasser verdampft ist, so bleibt Speisesalz zurück. Man nennt so gewonnenes Salz deshalb auch Siedesalz.

In regenarmen Gebieten (zum Beispiel in Pakistan) bewässert man oft die Äcker mit Flußwasser, das im allgemeinen Spuren von Salz enthält. Dieses Wasser verdunstet auf den Feldern; und über viele Jahre hinweg sammelt sich dadurch Salz in der obersten Bodenschicht an. Falls nicht gelegentliche Regenfälle dieses Salz wieder herauslösen, kann so durch unzweckmäßige Bewässerung aus einem Dürregebiet schließlich eine Salzwüste werden.

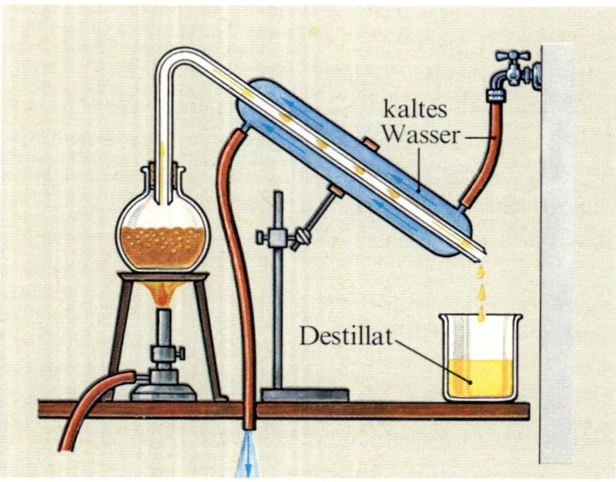

146.1 So kann man destilliertes Wasser herstellen.

4. Kochen in Rekordzeit

Versuch 51: In einen kleinen Rundkolben geben wir etwas heißes Wasser und verschließen ihn mit einem Stopfen, durch den ein Thermometer und ein Glasrohr in das Gefäß ragen (siehe *Bild 147.1*). Pumpen wir mit einer Wasserstrahlpumpe Luft aus dem Kolben, so fängt nach kurzer Zeit das Wasser zu sieden an, obwohl seine Temperatur *weit unter* 100 °C liegt.

Umgekehrt kann man die Siedetemperatur des Wassers in einem Drucktopf *heraufsetzen*, um Speisen schneller garzukochen. Durch einen Deckel mit Gummidichtung und eingebautem Sicherheitsventil läßt sich dieser Topf luftdicht verschließen. Erhitzt man nun die Speisen (mit etwas Wasser) in dem starkwandigen Topf, so kann der entstehende Wasserdampf zunächst nicht entweichen. Der Druck im Topf steigt stark an, bis sich das Sicherheitsventil öffnet. Nun siedet das Wasser bei einer Temperatur, die über 100 °C liegt. Dabei werden Speisen schnell gar.

Wie wir wissen, nimmt der Luftdruck in der Atmosphäre nach oben immer mehr ab (siehe Seite 94). Die Siedetemperatur des Wassers wird also um so tiefer liegen, je größer die Höhe ist, in der man es sieden läßt (siehe *Tabelle 147.1*). Auf den Gipfeln des Himalaja siedet Wasser schon unter 75 °C! Dort müßte man auf das Garwerden einer Speise lange warten. Astronauten müssen bei einem „Weltraumspaziergang“ einen Schutzanzug tragen, damit ihr Körper dem gewohnten Druck ausgesetzt ist. Ihr Blut würde sonst bei der normalen Körpertemperatur sieden.

Ebenso, wie es unter besonderen Umständen gelingt, Flüssigkeiten zu *unterkühlen* (siehe Seite 141), lassen sich Flüssigkeiten auch *überhitzen*. Dies zeigt der folgende Versuch.

Versuch 52: Erwärmt man destilliertes Wasser in einem sauberen Reagenzglas möglichst allseitig und erschütterungsfrei (z.B. in einem heißen Glykolbad), so steigt seine Temperatur auf über 100 °C. Das Wasser ist nun überhitzt. Erschüttert man das Glas oder bringt man ein paar Sandkörner hinein, so siedet das Wasser schlagartig sehr stark. Ein Teil des Wassers wird durch die entstehenden Dampfblasen hinausgeschleudert (Vorsicht! Reagenzglas nicht gegen das Gesicht richten!). Dabei sinkt die Temperatur auf 100 °C. Man kann diesen unerwünschten und gefährlichen **Siedeverzug**

durch hineingebrachte Fremdkörper, sogenannte *Siedesteinchen*, verhindern; an diesen setzt bei 100 °C die Dampfbildung ohne Verzögerung ein.

5. Verdampfungs- und Kondensationswärme

Wenn in einem offenen Gefäß Wasser siedet, steigt die Temperatur darin nicht mehr an, obwohl man weiter Wärme zuführt. Diese dient dazu, das flüssige Wasser in gasförmiges umzuwandeln. Dabei muß Arbeit gegen die Anziehungskräfte zwischen den Molekülen und gegen den äußeren Luftdruck verrichtet werden, und zwar um so mehr, je mehr Wasser verdampft. Teilt man die zum Verdampfen erforderliche Wärmemenge Q durch die Masse m des verdampften Stoffes, so erhält man einen Quotienten, der von der Art des verdampften Stoffes abhängt; man nennt ihn **spezifische Verdampfungswärme r.**

Die spezifische Verdampfungswärme r ist der Quotient aus der zum Verdampfen erforderlichen Wärmemenge Q und der Masse m des verdampften Stoffes:

$$r = \frac{Q}{m}.$$

Ihre Einheit ist $1\,\frac{J}{g} = 1\,\frac{kJ}{kg}$.

Versuch 53: Um die spezifische Verdampfungswärme des Wassers näherungsweise zu bestimmen, bringen wir in eine kleine Blechdose 50 g Wasser von 20 °C. Wir erwärmen das Wasser mit dem Bunsenbrenner und bestimmen die Zeit, bis das Wasser siedet, zum Beispiel 30 s. Ohne am Bunsenbrenner etwas zu verändern, warten wir, bis *alles* Wasser verdampft ist. Das dauert zum Beispiel 180 s. Das Verdampfen des Wassers von 100 °C braucht also sechsmal soviel Zeit wie das Erwärmen von 20 °C auf 100 °C. Das Erwärmen von 1 g Wasser von 20 °C auf 100 °C erfordert die Wärmemenge $Q = 4{,}2 \cdot 80\,J = 336\,J$. Die zum Verdampfen nötige Wärmemenge ist sechsmal so groß und beträgt also 2016 J je Gramm. Genaue Messungen liefern das folgende Ergebnis:

Die spezifische Verdampfungswärme des Wassers beträgt beim Normdruck von 1013 mbar $2258\,\frac{J}{g}$.

147.1 Hier siedet Wasser unter vermindertem Druck.

Höhe ü. M. in m	Siede-temperatur	Luftdruck in mbar
0	100 °C	1013
1 000	96,8 °C	892
2 000	93,5 °C	791
3 000	90,1 °C	699
5 000	83,3 °C	537
10 000	66,5 °C	272
15 000	49,5 °C	122

Tabelle 147.1 Siedetemperatur des Wassers und Luftdruck in verschiedenen Höhen über dem Meeresspiegel

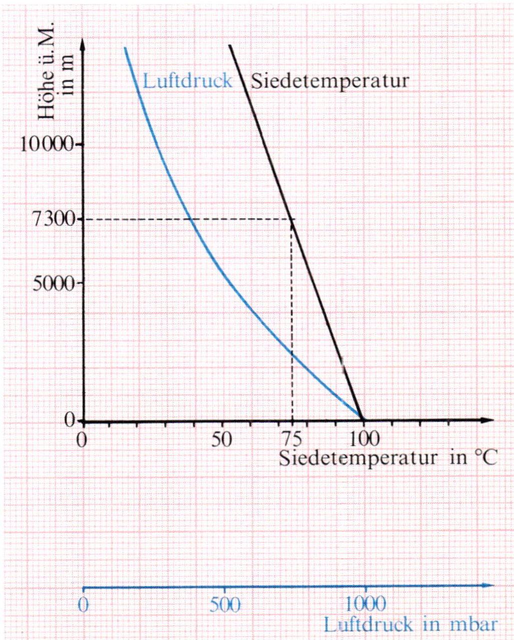

147.2 Diagramm zu *Tabelle 147.1*

Können wir verstehen, warum eine Flüssigkeit zum Verdampfen Energie braucht? In einer Flüssigkeit haben keineswegs alle Moleküle die gleiche Geschwindigkeit; deshalb fliegen beim Verdunsten zuerst die schnellsten durch die Flüssigkeitsoberfläche davon. Dabei müssen sie Arbeit gegen die Anziehungskräfte verrichten und werden so etwas abgebremst. Auch die mittlere Geschwindigkeit der zurückbleibenden Moleküle ist nun kleiner als vorher. (Wenn der längste Schüler der Klasse fehlt, wird dadurch auch die mittlere Körpergröße der anwesenden Schüler geringer.) Die Flüssigkeit wird also kälter! Man spricht dabei (etwas ungenau) von **„Verdunstungskälte"**. Unser Körper regelt für uns unbewußt seine Temperatur mit Hilfe der Verdunstungskälte; beim Schwitzen verdunstet Wasser auf der Haut und kühlt diese dadurch ab. Durch Luftzug wird dieser Vorgang stark beschleunigt, und man kann sich dabei leicht „erkälten". Bei schwüler Witterung ist die Luft zu fast 100% mit Wasserdampf gesättigt. Der Schweiß verdunstet dann kaum; die Haut wird nur wenig gekühlt. Bei großer Anstrengung droht eine gefährliche Überhitzung des Körpers; man kann einen *Hitzschlag* bekommen.

S-Versuch 54: Umgib das Vorratsgefäß eines Thermometers mit Watte und tränke diese mit Äther oder Schwefelkohlenstoff. Weil diese Flüssigkeiten schon bei niedriger Temperatur sieden, verdunsten sie schon bei Zimmertemperatur sehr stark und kühlen dabei das Thermometer (z.B. auf 6 °C). Bläst man gegen den Wattebausch, so wird dadurch die Verdunstung gefördert; die Flüssigkeitssäule des Thermometers sinkt weiter ab (z.B. auf −10 °C). Wiederholst du den Versuch mit Wasser, so erreichst du damit ebenfalls eine Temperaturerniedrigung. Sie ist aber viel kleiner.

S-Versuch 55: Lege zwei gleiche Uhrgläser aufeinander, gib einige Tropfen Wasser dazwischen und zuletzt etwas Äther auf das obere Glas. Dann läßt du den Äther durch kräftiges Blasen schnell verdunsten. Die beiden Uhrgläser frieren aneinander.

Verdunstungskälte tritt auch auf, wenn Benzin in einem Autovergaser zerstäubt wird und teilweise verdampft. Dem Vergaser wird dabei so viel Wärme entzogen, daß er sich zuweilen bis unter 0 °C abkühlt. Dann kann sich auf der Außenseite Reif bilden, gelegentlich auch an der Innenseite. Das kann zu Betriebsstörungen führen (Vergaservereisung). Man kann sie vermeiden, indem man den Vergaser mit der Motorwärme beheizt. – In heißen Ländern bewahrt man Trinkwasser gern in porösen Tongefäßen auf. Bei diesen dringt ständig etwas Wasser an die Oberfläche des Gefäßes, wo es verdunstet. Dadurch wird der restliche Inhalt gekühlt.

Nach dem *Energieerhaltungssatz* muß die zum Verdampfen zugeführte Wärme beim Kondensieren wieder abgegeben werden. Das prüfen wir im folgenden Versuch.

Versuch 56: Wir geben 600 g Wasser ($\vartheta_1 = 20\,°C$) in ein Becherglas oder ein isoliertes Gefäß und leiten aus einem spitzen Glasrohr einen kräftigen Dampfstrom hinein (siehe *Bild 149.1*). Nach einigen Minuten nehmen wir das Einleitungsrohr aus dem Wasser heraus und beenden erst dann die Dampferzeugung. Die Wassertemperatur ist nun erheblich gestiegen ($\vartheta_2 = 58\,°C$). Durch genaue Wägungen zu Beginn und am Ende des Versuches stellen wir fest, daß die Wassermasse um 40 g zugenommen hat; soviel Dampf ist also kondensiert.

Dem Wasser wurde also die Wärmemenge $Q_1 = c \cdot m \cdot \Delta\vartheta = 4{,}19\,\frac{J}{g \cdot K} \cdot 600\,g \cdot 38\,K = 95\,530\,J$ zugeführt. Das Kondenswasser wurde von 100 °C auf 58 °C abgekühlt; dabei hat es die Wärmemenge $Q_2 = 4{,}19\,\frac{J}{g \cdot K} \cdot 40\,g \cdot 42\,K = 7040\,J$ abgegeben. Woher kam die Differenz $Q_1 - Q_2 = 95\,530\,J - 7040\,J = 88\,490\,J$? Der eingeleitete Wasserdampf von 100 °C kondensierte zu flüssigem Wasser von zunächst ebenfalls 100 °C; dabei gab er die bei seiner Entstehung zugeführte Verdampfungswärme wieder ab. 40 g Wasserdampf haben beim Kondensieren 88 490 J geliefert, 1 g also $\frac{1}{40} \cdot 88\,490\,J = 2213\,J$. Unsere Vermutung hat sich also im Rahmen unserer Meßgenauigkeit bestätigt.

Die spezifische Kondensationswärme eines Stoffes ist (unter gleichen Versuchsbedingungen) gleich seiner spezifischen Verdampfungswärme.

6. Ein Kühlschrank pumpt Wärme!

Versuch 57: In einen kleinen Rundkolben füllen wir etwas Äther und pumpen anschließend mit einer Wasserstrahlpumpe die Luft und auch die Ätherdämpfe aus dem Kolben *(Bild 149.2)*. Infolge der Druckverminderung siedet der Äther unterhalb seiner normalen Siedetemperatur (siehe *Tabelle 143.1*). Die dazu erforderliche Verdampfungswärme wird der Umgebung entnommen; dadurch werden die restliche Flüssigkeit und auch die Gefäßwand stark abgekühlt. Schließlich bildet sich Reif an der Außenseite des Kolbens. Hält man ein feuchtes Tuch an den Kolben, so friert es schnell fest.

Stoff	spez. Verdampfungswärme in J/g	Stoff	spez. Verdampfungswärme in J/g
Wasser	2258	Benzin	419
Ammoniak	1369	Sauerstoff	214
Alkohol	858	Stickstoff	201
Wasserstoff	467	Frigen (R 12)	168
Propan	427		

Tabelle 149.1 Spezifische Verdampfungswärme einiger Stoffe

Dieser Vorgang wird in *Kühlanlagen* praktisch genutzt. Sie verwenden aber im allgemeinen statt des Äthers das wesentlich besser geeignete *Frigen* als „*Kältemittel*" (siehe *Tabelle 143.1*). Es siedet bei erheblich tieferer Temperatur als Äther. Außerdem greift es Metalle nicht an; es ist nicht brennbar, ungiftig und geruchlos. Das ist von Bedeutung, falls einmal aus einem defekten Kühlschrank das Frigen ausströmen sollte. Im Gegensatz zu Versuch 57 gelangt der abgepumpte Dampf des Kältemittels weder in die Luft noch in das Abwasser, denn es durchläuft ein in sich geschlossenes Rohrsystem. Also braucht man auch kein Frigen nachzufüllen; deshalb ist das Kühlaggregat völlig „wartungsfrei".

Bei einem **Kühlschrank** pumpt ein Elektromotor aus einem besonderen Rohrsystem, das sich im Inneren des Kühlschranks befindet und *Verdampfer* genannt wird, Frigen heraus und erzeugt so einen möglichst niedrigen Druck. Das restliche Frigen im Verdampfer siedet dadurch und entzieht die zum Verdampfen nötige Wärme dem *Innenraum* des Kühlschranks und den darin aufbewahrten Lebensmitteln. Die elektrisch angetriebene Pumpe saugt den entstandenen Frigendampf aus dem Verdampfer und preßt ihn in ein zweites Rohrsystem *(Kondensator) außerhalb* des Kühlschranks. (Deshalb nennt man die Pumpe auch Kompressor.) Dort kondensiert er unter hohem Druck und gibt die Kondensationswärme an die Zimmerluft ab. Die Rohrschlange des Kondensators wird dabei spürbar erwärmt. (Das kannst du zu Hause selbst nachprüfen. Du kannst auch die Siedegeräusche im Verdampfer hören.) Anschließend fließt das jetzt flüssige Frigen durch ein sehr enges Kapillarrohr wieder in den Verdampfer; der Kreislauf ist geschlossen. Trotz dieser direkten Verbindung bleiben der hohe Druck im Kondensator und der niedrige Druck im Verdampfer bestehen, denn das Frigen kann durch das Kapillarrohr nur langsam fließen. Ein besonderer Regler (Thermostat) schaltet den Kompressor automatisch ein und auch wieder aus (siehe auch Seite 119). Auf diese Weise sorgt er dafür, daß die Innentemperatur des Kühlschranks nur geringfügig schwankt.

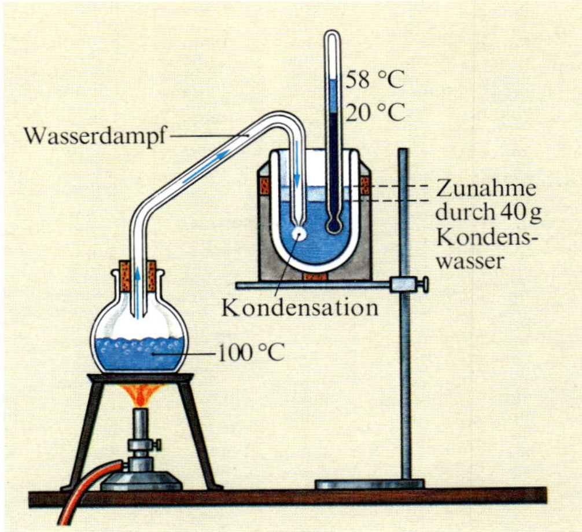

149.1 So bestimmen wir die spez. Kondensationswärme des Wassers.

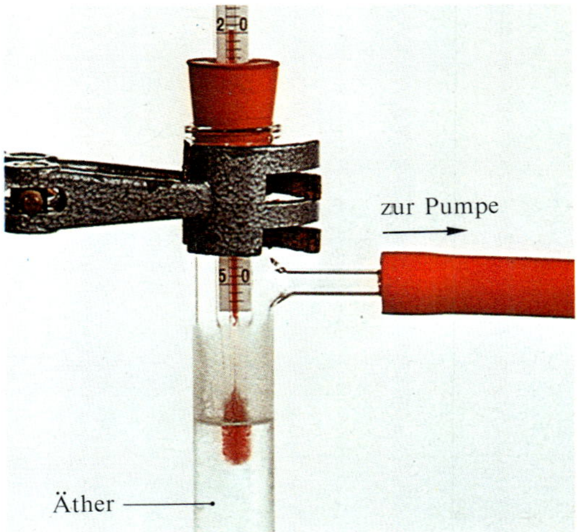

149.2 Äther siedet unter vermindertem Druck bei −20 °C.

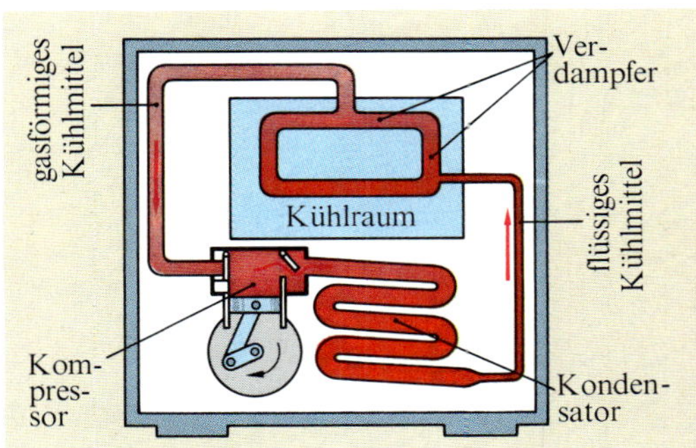

149.3 Schematische Darstellung eines Kompressorkühlschranks

Das gleiche Prinzip wird auch bei einem **Gefrierschrank** angewandt. In seinem Innenraum wird eine Temperatur von etwa −20 °C erzeugt. Die eingelagerten Lebensmittel sind gefroren, und eventuell vorhandene Bakterien können sich bei der tiefen Temperatur kaum vermehren. Deshalb halten sich die Lebensmittel lange.

Bei einem Kühlschrank merkt man von außen nur, daß er einer Stelle Wärme entzieht und diese einer anderen Stelle (z.B. dem Zimmer) zuführt. Man nennt einen Kühlschrank deshalb auch eine **Wärmepumpe.** Entsprechend große Wärmepumpen kann man zur Beheizung von Wohnräumen und ganzen Häusern verwenden. Mit Hilfe des Verdampfers wird dem Erdreich und dem Grundwasser Wärme entzogen. Diese wird im Kondensator wieder abgegeben und mit einem sogenannten „*Wärmetauscher*" über eine große Kontaktfläche auf einen besonderen Wasserkreislauf übertragen. Dieser führt sie den einzelnen zu beheizenden Räumen zu. Wenn der Kompressor der Wärmepumpe läuft, werden Erdreich und Grundwasser abgekühlt und gleichzeitig die Wohnräume erwärmt. Auch die dem Motor zugeführte elektrische Energie wird schließlich als Wärme abgegeben und genutzt. Mit 300 J elektrischer Energie kann man dem Grundwasser etwa 700 J entziehen und erhält so insgesamt 1000 J an Wärme.

Diese Heizungsart gewinnt zunehmend an Bedeutung, denn mit ihr kann man einen Teil der Heizkosten einsparen. Dreht man den Kreislauf um, so kann eine Wärmepumpe ein Haus auch kühlen. Man erhält so eine *Klimaanlage.*

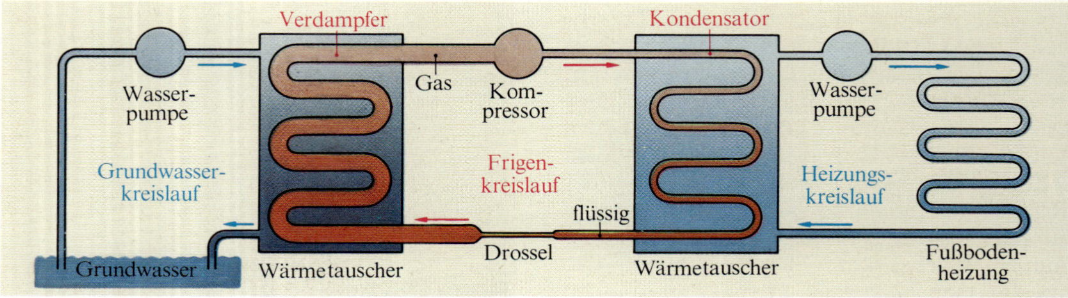

150.1 Schematische Darstellung einer Wärmepumpe. Im linken Wärmetauscher verdampft das Frigen, im rechten kondensiert es. Dabei werden große Wärmemengen vom Wasser auf das Frigen bzw. umgekehrt übertragen.

7. Zusammenfassung

Vorgang	Molekulartheoretische Deutung	Wärmeaufwand
I. Erwärmen des festen Körpers mit Temperaturanstieg bis zum Schmelzpunkt	Die zugeführte Wärme wird zum Erhöhen der Energie der um ihre Gleichgewichtslage schwingenden Moleküle verwendet.	spezifische Wärmekapazität fester Stoffe (Eis: 2,1 $\frac{J}{g \cdot K}$)
II. Schmelzen des Körpers ohne Temperaturänderung	Die Bewegungsenergie der Moleküle wird so groß, daß sie nicht mehr in die Gleichgewichtslage zurückkehren. Gegen die Kohäsionskräfte wird Arbeit verrichtet.	spezifische Schmelzwärme (Eis: 335 $\frac{J}{g}$)
III. Erwärmen der Flüssigkeit bis zum Siedepunkt	Die zugeführte Wärme erhöht die Bewegungsenergie der gegeneinander beweglichen Moleküle.	spezifische Wärmekapazität der Flüssigkeit (Wasser: 4,19 $\frac{J}{g \cdot K}$)
IV. Verdampfen der Flüssigkeit ohne Temperaturänderung	Die zugeführte Wärme wird größtenteils zur Überwindung der zwischen den Flüssigkeitsmolekülen vorhandenen Kohäsionskräfte benutzt.	spezifische Verdampfungswärme (Wasser: 2258 $\frac{J}{g}$)
V. Erwärmen des Gases	Die Bewegungsenergie der Gasmoleküle nimmt zu.	spezifische Wärmekapazität des Gases (Wasserdampf: 1,95 $\frac{J}{g \cdot K}$)

Tabelle 150.1 Zusammenfassende Rückschau auf die verschiedenen Aggregatzustandsänderungen bei Wärmezufuhr. Alle Vorgänge I–V verlaufen bei Wärmeabgabe in umgekehrter Richtung.

Aufgaben:

1. *Weshalb „schwitzen" Fensterscheiben, besonders in der Küche?*

2. *Weshalb soll man einen Raum, in dem Wäsche getrocknet wird, besonders gut lüften?*

3. *Gib gleiche Wassermengen in zwei gleiche, flache Schalen. Stelle eine an einem warmen Ort auf, die andere an einem kühlen und beobachte täglich! Erkläre die unterschiedliche Verdunstung!*

4. *Unter welchen Bedingungen kannst du deinen „Atem" sehen? Was siehst du dabei eigentlich? Unter welchen Bedingungen bildet sich an Gräsern und Zweigen Tau, unter welchen Bedingungen Reif?*

5. *Warum spritzt und prasselt es, wenn man Fleisch in siedendes Fett ($\vartheta \approx 200$ °C) legt?*

6. *Warum friert man auch bei großer Hitze, wenn man bei windigem Wetter aus dem Wasser kommt?*

7. *Mit* 1 g *Wasserdampf von* 100 °C, *der schnell aus einem Rohr strömt, kann man sich eine schwerere Verbrennung zuziehen als mit* 1 g *Wasser von* 100 °C. *Warum?*

8. *Bei Versuch 56 soll man erst das Dampfeinleitungsrohr aus dem Wasser nehmen und dann die Dampferzeugung beenden. Weshalb ist diese Reihenfolge wichtig?*

9. *Warum bedeckt sich die Kühlfläche eines Kühlschranks mit einer ständig wachsenden Reifschicht?*

10. *Bei welcher Temperatur siedet das Wasser a) auf der Zugspitze* (2960 m), *b) auf dem Mt. Blanc* (4810 m), *c) auf dem Mount Everest* (8848 m)? *Wie groß ist der Luftdruck in diesen Höhen? Verwende das Schaubild 147.2!*

11. *Das in Kühlschränken benutzte Kältemittel Frigen hat eine niedrige Siedetemperatur, greift Metalle nicht an, ist geruchlos, ungiftig und unbrennbar. Weshalb hat man bei der Auswahl des Kältemittels auf jede dieser Eigenschaften Wert gelegt? Denke an mögliche Defekte eines Kühlschranks! Vergleiche mit Äther!*

12. *In industriellen Kühlanlagen verwendet man auch Ammoniak als Kältemittel, obwohl es gegenüber Frigen verschiedene Nachteile hat. Begründe mit Hilfe der Tabellen 149.1 und 143.1, daß die Verwendung von Ammoniak auch Vorteile bietet!*

§ 50 Wärmetransport

Nicht immer entsteht die Wärme dort, wo man sie haben möchte. Man braucht sie im Kochtopf, erzeugt sie aber im allgemeinen darunter. Brenner und Kessel der Zentralheizung stehen im Keller; wir brauchen die Wärme aber im Wohnzimmer. Von der Sonne erhalten wir Wärme über eine „astronomische" Entfernung. In allen genannten Fällen muß die Wärme transportiert werden. Wie geht das vor sich?

1. Wärme wandert durch die Materie

S-Versuch 58: Vier Schüler halten je einen gleichlangen Stab aus Kupfer, Eisen, Aluminium und Glas mit der Hand in die Flamme eines Bunsenbrenners. Wer gibt zuerst auf? Nach kurzer Zeit muß der Schüler, der den Kupferstab hält, diesen aus der Hand legen (auf eine Asbestplatte). Den Aluminiumstab kann man etwas länger halten, den Eisenstab noch länger. Wer den Glasstab hält, braucht nicht aufzugeben: Glas ist also ein schlechter **Wärmeleiter.**

In allen Stäben wandert Wärme von selbst vom heißen zum kalten Ende, allerdings verschieden schnell. Wie macht sie das? Die von außen zugeführte Wärme versetzt zunächst die Moleküle des einen Stabendes in heftige Schwingungen. Diese stoßen ihre Nachbarn an, und so wandert die Schwingungsenergie durch eine Vielzahl von Stößen von Molekül zu Molekül. *Diesen Energietransport durch Teilchenstöße nennt man* **Wärmeleitung.** *Dabei wandern die Moleküle selbst nicht mit.*

Wie wir festgestellt haben, leiten Stäbe aus verschiedenem Material die Wärme unterschiedlich gut. Wie können wir nun die Wärmeleitfähigkeit von Flüssigkeiten und Gasen untersuchen?

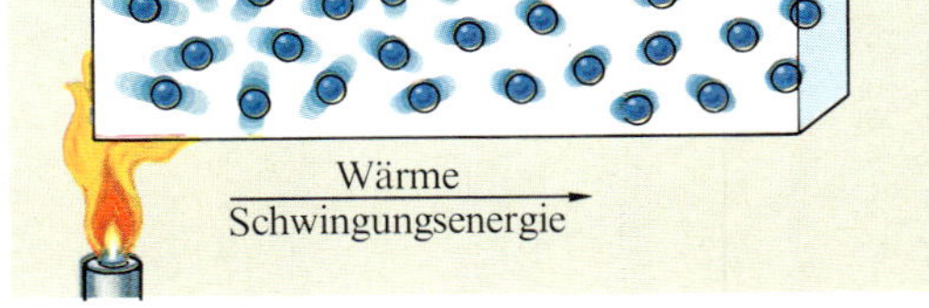

151.1 Stoß folgt auf Stoß! So wird Wärme geleitet.

Versuch 59: Wir füllen ein weites Reagenzglas mit Wasser, geben ein Stück Eis hinein und drücken dieses mit einer Drahtspirale nach unten. Dann erwärmen wir das Reagenzglas oben mit dem Bunsenbrenner *(Bild 152.1)*. Nach kurzer Zeit siedet oben das Wasser; unten bleibt es dagegen lange kalt; das Eis schmilzt nicht. Wasser leitet also die Wärme schlecht.

Versuch 60: Wir erhitzen ein Kupferblech oder einen flachen Blechlöffel stark und spritzen einige Tropfen Wasser darauf *(Bild 152.2)*. Die Tropfen laufen auf dem heißen Metall hin und her und scheinen zu schweben. Zwischen dem Wasser und dem heißen Metall bildet sich nämlich eine dünne Dampfschicht, auf der die Tropfen schweben. Diese Dampfschicht leitet die Wärme schlecht und verlangsamt das weitere Verdampfen.

Weitere Versuche mit festen Stoffen, Flüssigkeiten und Gasen zeigen:

Alle Metalle sind gute Wärmeleiter. Glas, Keramik, Holz, Kunststoffe und alle Flüssigkeiten (ausgenommen geschmolzene Metalle) sind schlechte Wärmeleiter. Alle Gase sind sehr schlechte Wärmeleiter.

Durch die verschiedene Wärmeleitfähigkeit der Stoffe täuschen wir uns leicht über die Temperatur eines Körpers. Wenn im Winter ein Fahrrad lange im Freien steht, haben die Metallteile und die aus Kunststoff bestehenden Handgriffe sicher die gleiche Temperatur. Trotzdem erscheinen uns beim Anfassen die Metallteile kälter, weil sie von unserem Körper schneller Wärme ableiten als die Handgriffe.

Die schlechten Wärmeleiter werden oft zur *Wärmeisolation* benutzt. Die Handgriffe von Töpfen und Pfannen stellt man aus Kunststoff her. Das Glas der Fensterscheiben leitet an sich schlecht. Aber da die Scheiben groß und dünn sind, kann trotzdem viel Wärme aus einem Raum durch die Fensterflächen entweichen. Man verringert diese Wärmeverluste bei Doppelfenstern erheblich, wenn man zwei Glasscheiben durch eine Luftschicht trennt. Erzeugt man in einem Kunststoff viele kleine Gasblasen, so erhält man einen besonders gut isolierenden, das heißt schlecht wärmeleitenden Schaumstoff (z.B. Styropor®). Mit solchen Stoffen umhüllt man Heizungsrohre, um Wärmeverluste zu vermeiden und dadurch Heizkosten zu sparen. Auch bei der Herstellung von Kühlschränken und Kühltaschen und vor allem beim Hausbau werden sie verwendet.

Soll die Wärme gut geleitet werden, so benutzt man Metalle. Bei einem Gasdurchlauferhitzer muß die Wärme der Gasflammen an das durch ein Rohrsystem fließende Wasser weitergegeben werden. Deshalb stellt man die Rohre aus Kupfer her, denn dieses ist ein vorzüglicher Wärmeleiter. Auch die Spitze eines Lötkolbens besteht meist aus Kupfer. In der Technik dienen Kupferdrahtnetze und auch dickere Metallteile mit zahlreichen engen Schlitzen als Explosionsschutz, denn sie verhindern das „Durchschlagen“ einer Flamme. Entzündet sich ein explosives Gasgemisch in einem Rohr, so dringt die Flamme bis zur Explosionssperre vor und in deren Schlitze ein. Dort werden die Flammengase durch den Kontakt mit der noch kalten Metalloberfläche so weit abgekühlt, daß der Verbrennungsvorgang gestoppt wird. Dies zeigt uns der folgende Versuch.

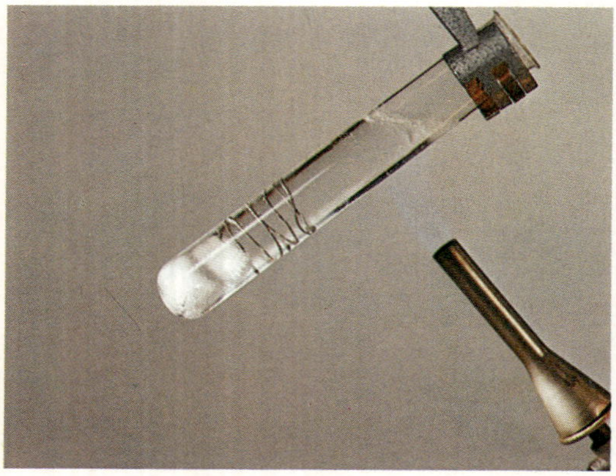

152.1 Wasser ist ein schlechter Wärmeleiter.

152.2 Auch Wasserdampf leitet die Wärme schlecht!

Versuch 61: Wir lassen Gas aus einem Bunsenbrenner durch ein Kupferdrahtnetz strömen und zünden es darüber an *(Bild 153.1)*. Die Verbrennung erfolgt nur über dem Drahtnetz, denn dessen Kupferdrähte leiten die Wärme gut nach den Seiten weg. Dadurch verhindern sie, daß das Gas unter dem Netz entzündet wird.

Um die Wärmeleitfähigkeit verschiedener Stoffe miteinander vergleichen zu können, muß man die erforderlichen Messungen unter gleichen Bedingungen durchführen. In der *Tabelle 153.1* ist für verschiedene Stoffe die charakteristische **Wärmeleitfähigkeit** λ aufgeführt. Sie gibt die Wärmemenge an, die pro Sekunde durch 1 m^2 einer Wand von 1 m Dicke strömt, wenn zwischen beiden Seiten ein Temperaturunterschied von 1 K besteht. Die geleitete Wärme ist proportional dem Temperaturunterschied $\Delta\vartheta$, der Wandfläche A und der Zeit t. Ferner ist sie viermal so groß, wenn die Wand nur $\frac{1}{4}$ m dick ist; sie ist der Dicke d umgekehrt proportional. Es gilt also:

$$Q = \lambda \cdot A \cdot t \cdot \Delta\vartheta \cdot \frac{1}{d}.$$

Nach der *Tabelle 153.1* ist bei Beton $\lambda = 1{,}7\ \frac{W}{m \cdot K}$; das heißt durch eine 1 m dicke Betonwand strömen in einer Sekunde bei 1 K Temperaturunterschied 1,7 J pro m^2 Wandfläche. Ist die Wand nur 20 cm dick, so sind es 8,5 J. Beträgt der Temperaturunterschied 15 K und ist die Wandfläche 12 m^2 groß, so wandern pro Sekunde $Q = 12 \cdot 15 \cdot 8{,}5\ J = 1530\ J \approx 1{,}5\ kJ$ an Wärme hindurch. Ein elektrisches Heizgerät mit der Leistung $P = 1{,}5$ kW könnte die abwandernde Wärme gerade ersetzen und so verhindern, daß die Raumtemperatur sinkt. Man muß aber noch beachten, daß eine Wandoberfläche keineswegs immer die gleiche Temperatur wie die Luft hat. Eine Temperaturdifferenz ist ja gerade Voraussetzung dafür, daß Wärme geleitet wird. So ist in dem obigen Beispiel die Zimmerluft etwas wärmer und die Außenluft etwas kälter als die angrenzende Wandfläche. Dieses kann man nutzen, indem man eine Wand in mehrere Schichten unterteilt. Füllt man außerdem den Zwischenraum mit einem Material, das die Wärme schlecht leitet, so erreicht man eine vorzügliche Wärmedämmung.

Material	Wärmeleitfähigkeit in W/(m·K)	Material	Wärmeleitfähigkeit in W/(m·K)
Kupfer	398	Mauerwerk	0,35 ... 1,1
Aluminium	236	Wasser	0,25
Eisen	um 70	Holz	um 0,14
Gesteine	0,7 ... 4	Wasserstoff	0,175
Beton	um 1,7	lufthaltige Isolierstoffe	um 0,035
Erdboden	1,4 ... 2,2	Luft	0,025
Glas	um 1,4	Kohlendioxid	0,017

Tabelle 153.1 Wärmeleitfähigkeiten verschiedener Stoffe

2. Energie wandert mit der Materie

Vom Kessel einer Zentralheizung bis in die Wohnräume muß die Wärme über eine beträchtliche Strecke transportiert werden. Durch Wärmeleitung ginge das sehr schlecht. Man kann viel leichter Wasser in einem Heizungskessel erhitzen und dieses durch Röhren in ein Zimmer strömen lassen, in dem es dann die ihm zugeführte Wärme wieder abgibt *(Bild 153.2)*. Weil hierbei die Übertragung von Wärme durch den Transport erwärmter Materie erfolgt, spricht man von Wärmemitführung oder **Konvektion** (convehere, lat.: etwas zusammenbringen).

153.1 Die Flamme schlägt nicht durch das Netz.

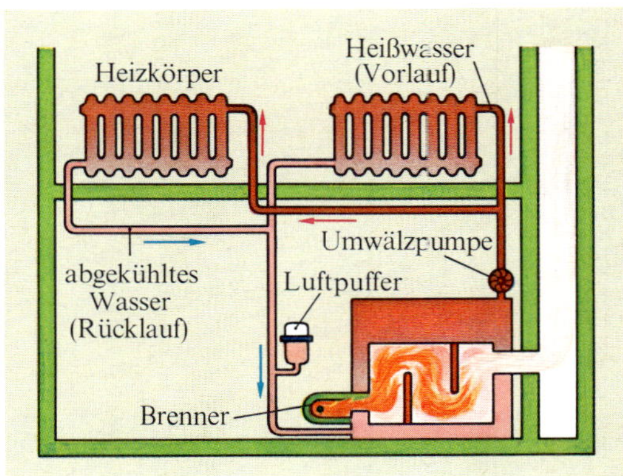

153.2 Warmwasserheizung (schematisch)

Bei einer *Warmwasserheizung* wird im allgemeinen das im Kessel erwärmte Wasser den einzelnen Heizkörpern zugepumpt. Es erwärmt diese (und damit auch deren Umgebung) und strömt abgekühlt in den Kessel zurück. Unter günstigen Bedingungen kommt dieser Kreislauf ohne Pumpe aus. Das warme Wasser hat eine geringere Dichte als das kalte, denn es hat sich beim Erwärmen ausgedehnt. Es steigt deshalb in einem Rohr nach oben, während gleichzeitig in einem zweiten Rohr das abgekühlte und deshalb dichtere Wasser nach unten sinkt *(Bild 153.2)*. Temperaturunterschiede erzeugen Dichteunterschiede und können dadurch eine Strömung auch ohne Pumpe herbeiführen. Das zeigt uns der folgende Versuch.

Versuch 62: Wir füllen ein großes Glasgefäß mit Wasser und erwärmen es am Rande mit einem Tauchsieder (Heizspirale; *Bild 154.1*). Das erwärmte Wasser steigt dort auf, und es entsteht eine Strömung. Um sie erkennen zu können, geben wir nun etwas Farbstoff (z.B. Kaliumpermanganat $KMnO_4$) oder Sägespäne hinein. Bei diesem Vorgang wird dem Wasser an einer Stelle (Tauchsieder) Wärme zugeführt, die es an einer anderen Stelle (kalte Gefäßwand) wieder abgibt.

Ähnliche Strömungen bilden sich in der Atmosphäre aus. Die Erdoberfläche wird von den Sonnenstrahlen aufgeheizt und erwärmt dann die darüber befindliche Luft. Diese steigt auf und sinkt an anderer Stelle wieder ab *(Bild 154.2)*. So entstehen örtlich begrenzte Auf- und Abwinde und ebenso die von der Wetterkarte her bekannten Hoch- und Tiefdruckgebiete mit ihren Windsystemen. Bei diesen bemerken wir den bodennahen Teil der Strömung als Wind oder sogar als Sturm. Am Äquator wird die Luft regelmäßig erwärmt. Dadurch bilden sich nördlich und südlich davon sehr beständige Windsysteme, die als *Passate* bekannt sind. Als Folge der Erddrehung werden alle Winde auf ihrem Weg vom „Hoch" (z.B. Roßbreiten) zum „Tief" (z.B. Äquator) abgelenkt, und zwar auf der Nordhalbkugel nach rechts, auf der Südhalbkugel nach links. Die Passate strömen also nicht auf dem kürzesten Wege, das heißt in Nord-Süd-Richtung, sondern nach Westen abgelenkt zum Äquator.

Wasserströmungen in den Ozeanen können gewaltige Wassermengen aus den heißen Tropen in kältere Gebiete der Erde transportieren und dadurch „Warmwasserheizungen" für große Gebiete darstellen. So fließt zum Beispiel der *Golfstrom* aus dem Golf von Mexiko bis an die Küsten Nordeuropas und sorgt dort für relativ milde Winter. Ein Gegenstück dazu ist der kalte *Labradorstrom* an der Ostküste Nordamerikas.

Will man den Wärmetransport durch Konvektion vermeiden, so muß man die zugehörigen Strömungen verhindern. Dazu schließt man bei Schaumstoffen (z.B. Styropor®) die Luft oder ein anderes Gas in kleine Poren ein. Haare (Fell, Pelz), Teppiche, Kleidung und Federn haben nahezu die gleiche Wirkung. Wassersportler benutzen in kaltem Wasser gern einen Naßtaucheranzug. Er besteht aus 3 bis 5 mm dickem porösen Material. In die kleinen Hohlräume kann zwar Wasser eindringen; es strömt aber nicht und wird vom menschlichen Körper bald erwärmt. Einmal angewärmt schützt es den Sportler sogar in eiskaltem Wasser vor übermäßiger Abkühlung.

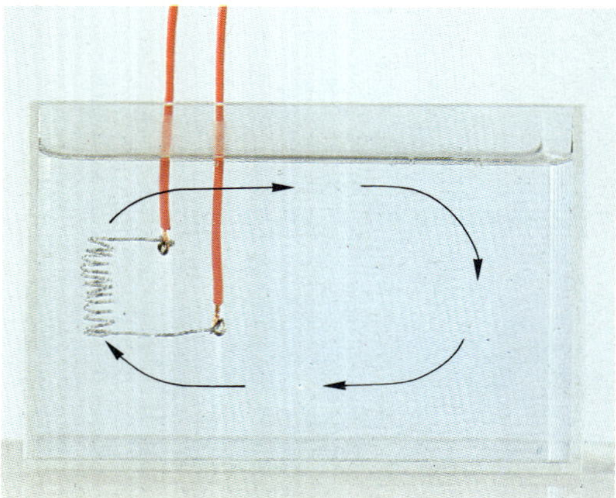

154.1 Ungleiche Erwärmung ergibt eine Strömung.

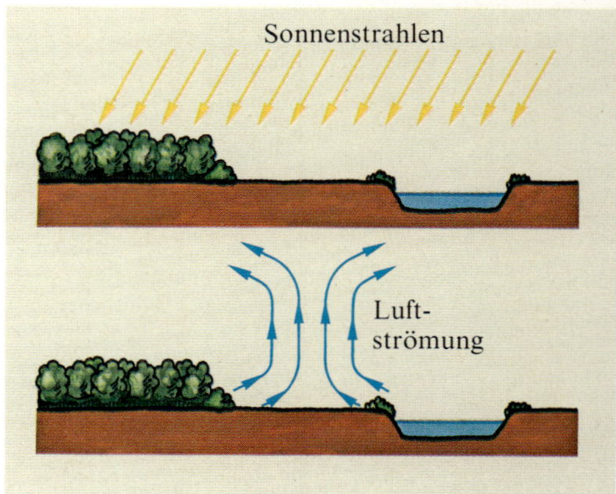

154.2 So entsteht örtlich begrenzter Aufwind.

Wärmeleitung und Konvektion unterscheiden sich grundlegend. Bei der *Wärmeleitung* sind die Moleküle ortsfest und geben Energie durch zahlreiche Stöße weiter. Bei der *Konvektion* werden die Moleküle zusammen mit ihrer Bewegungsenergie transportiert.

Die Wärmeübertragung durch Konvektion ist an den Transport von Materie gebunden.

Häufig treten Konvektion und Wärmeleitung gemeinsam auf. Strömt Luft oder Wasser an einer festen Wand entlang, so ist die Strömungsgeschwindigkeit unmittelbar an der Wand sehr klein. In dieser sogenannten Grenzschicht findet kaum Konvektion statt, und der Wärmetransport ist stark behindert. Das ist vorteilhaft bei allen Isolierstoffen. Wünscht man aber einen guten Wärmetransport, so muß die Strömungsgeschwindigkeit erhöht werden; dadurch wird dann auch die Grenzschicht dünner. Beim Autokühler bewirkt das der Fahrtwind oder ein besonderes Gebläse.

3. Wärme wandert ohne Materie

Obwohl im Weltraum zwischen Sonne und Erde kaum Materie existiert, erreicht uns die von der Sonne stammende Wärme. Wird es uns zu heiß, so gehen wir in den Schatten. Dort kann uns die Sonnenstrahlung nicht mehr direkt erreichen. Es gibt also eine Art des Wärmetransportes, die ohne Materie als Überträger auskommt; man nennt sie **Wärmestrahlung.** Bei hoher Temperatur des Strahlers wird sie teilweise als Licht sichtbar.

S-Versuch 63: Konzentriere die Sonnenstrahlen mit einer Sammellinse (Lupe) auf eine Stelle deines Handrückens oder ein Papierblatt. Nach kurzer Zeit wird es dort sehr heiß; das Papier wird vielleicht sogar entzündet. Diese Stelle heißt deshalb Brennpunkt. Daneben bleibt es kühl. Der unsichtbare Teil der Strahlung wird an der gleichen Stelle wie das Licht konzentriert.

Auch mit einem Hohlspiegel kann man *Wärmestrahlen* konzentrieren. Dadurch kann man zum Beispiel für Forschungszwecke hohe Temperaturen erzeugen, ohne daß dabei Flammengase stören. Bei der Aufnahme und der Abgabe der Wärmestrahlung kommt es auf die *Oberfläche* an. Das zeigen die folgenden Versuche.

Versuch 64: Wir nehmen zwei gleiche Thermometer, berußen die Kugel des einen über brennendem Naphthalin und umwickeln die Kugel des anderen mit Stanniol. Dann halten wir beide einige Zeit in die Strahlung der Sonne oder einer Bogenlampe. Das Thermometer mit der berußten Kugel zeigt eine beträchtlich höhere Temperatur als das andere an, weil Ruß die Wärmestrahlen absorbiert (verschluckt), während Stanniol sie reflektiert (zurückwirft).

Versuch 65: Wir füllen einen Blechwürfel, von dem eine Fläche poliert und die gegenüberliegende geschwärzt ist, mit Wasser von etwa 60 °C. Vor diese Flächen bringen wir im gleichen Abstand gleichartige Thermometer *(Bild 155.1)*. Beide zeigen eine Temperaturerhöhung an; sie ist vor der schwarzen Fläche größer als vor der anderen. Die schwarze Fläche emittiert (emittere, lat.; aussenden) also mehr Wärmestrahlung als die blanke Fläche. Füllt man anschließend den Würfel mit 90 °C heißem Wasser, so steigen die Temperaturen beider Thermometer noch weiter an. Ihre Temperaturdifferenz wird dabei noch größer.

Wärmestrahlung transportiert Energie.

Dunkle Körper absorbieren einen großen Teil der auftreffenden Wärmestrahlung; helle reflektieren sie, glänzende besonders stark.

Dunkle Körper emittieren mehr Wärmestrahlung als helle Körper der gleichen Temperatur. Die Wärmestrahlung aller Körper wird bei steigender Temperatur intensiver. Bei sehr hoher Temperatur entsteht auch sichtbare Strahlung.

155.1 Welche Fläche strahlt mehr Wärme ab?

Auch der *Erdboden* strahlt Wärme ab; deshalb sinkt seine Oberflächentemperatur in einer wolkenlosen Nacht stark ab. Am Tage überwiegt die von der Sonne zugestrahlte Wärme. Sie durchdringt die Lufthülle der Erde nahezu ungehindert und ändert deren Temperatur kaum. Erst der Erdboden absorbiert die Wärmestrahlung. Er wird dadurch erwärmt und kann dann auch Wärme an die Luft abgeben. Langfristig gleichen sich Wärmeeinstrahlung und Wärmeabstrahlung nahezu aus. In den Polargebieten ist die Einstrahlung schwach, aber wegen der niedrigen Oberflächentemperatur auch die Abstrahlung. In den Tropen sind beide Strahlungen stark.

4. Wärmetechnik

Ein Zimmer, das im Winter längere Zeit nicht geheizt wurde, empfinden wir als kühl, auch wenn die Lufttemperatur inzwischen wieder 20 °C beträgt. Ob uns ein Raum ausreichend warm erscheint, hängt nämlich nicht nur von der *Lufttemperatur*, sondern auch von der *Temperatur der Wände* ab. Sind diese zu kalt, so strahlt unser Körper trotz ausreichend warmer Luft erheblich mehr Wärme an sie ab als er empfängt; wir frösteln. Umgekehrt kann man bei niedriger Lufttemperatur behaglich im Freien sitzen, wenn die Wärmestrahlung der Sonne oder eines elektrischen Heizstrahlers stark genug ist.

Den Glühdraht einer Glühlampe wickelt man zu einer *Wendel* oder sogar *Doppelwendel*. Die einzelnen Windungen strahlen sich gegenseitig Wärme zu. Sie erreichen dadurch eine höhere Temperatur und geben dann mehr Licht ab. Weil dazu keine stärkere elektrische Heizung gebraucht wird, ist nun die Lichterzeugung wirkungsvoller als bei gestrecktem Glühdraht.

Die verschiedenen Formen der Wärmeübertragung kommen häufig kombiniert vor. Bei einer Zentralheizung wird die Wärme der Verbrennungsgase der Kesselwand *zugestrahlt* und durch die Metallwand des Kessels *geleitet*. Dann wird sie durch *Konvektion* mit dem Wasser in die zu beheizenden Räume gebracht, dort durch Wärmeleitung an die Luft abgegeben und schließlich durch die Strömung der Luft im Raum verteilt. Ein Teil der Wärme gelangt auch durch Strahlung direkt vom Heizkörper an den zu erwärmenden Gegenstand. Auch bei einer Ofenheizung gibt es den kombinierten Wärmetransport.

Bei der Erwärmung eines Raumes ist es von Bedeutung, *wo* sich die Wärmequelle befindet. Von einem unter dem Fenster angebrachten Heizkörper steigt die erwärmte Luft nach oben, während andere Zimmerluft über dem Fußboden dem Heizkörper zuströmt (siehe *Bild 156.2*). Auch über einem entfernt vom Fenster aufgestellten Kachelofen steigt die erwärmte Luft auf. Aber die über dem Fußboden nachströmende Luft kommt direkt vom kalten Fenster her. Sie gelangt unmittelbar an die Füße der Bewohner und wird von diesen als unangenehm kalt empfunden.

Will man eine sehr gute Wärmeisolation erreichen, so muß man alle Arten des Wärmetransportes möglichst unterbinden. Zum Beispiel enthält eine *Thermosflasche*, von einer Schutzhülle umgeben, ein doppelwandiges Glasgefäß

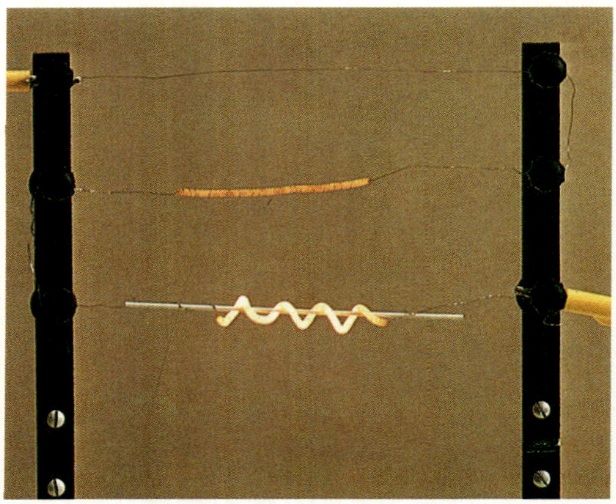

156.1 Der Glühfaden einer Lampe ist gewendelt; dadurch leuchtet er im Betrieb heller.

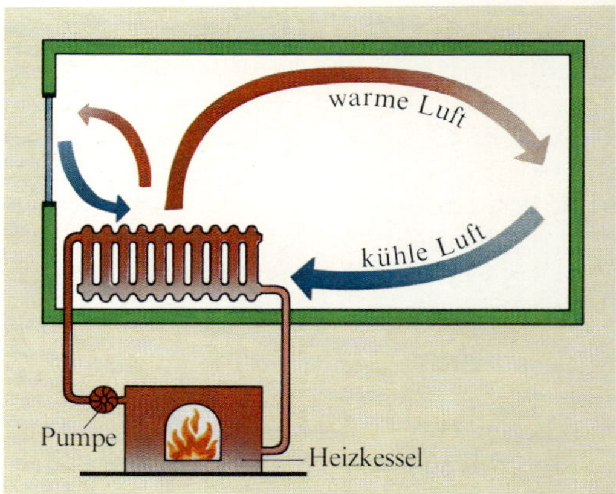

156.2 Befindet sich der Heizkörper unter dem Fenster, ist die Temperatur nahezu ausgeglichen.

(Bild 157.2). Seine Wände sind verspiegelt; dadurch wird die Wärmestrahlung in beiden Richtungen verhindert. Aus dem Raum zwischen den Glaswänden hat man die Luft herausgepumpt, also sind dort Leitung und Konvektion ausgeschaltet. Die Einfüllöffnung wird mit einem schlecht leitenden Stopfen verschlossen. Zu ihr hin kann längs der Glaswand nur wenig Wärme transportiert werden, denn Glas ist ein schlechter Wärmeleiter; außerdem ist der Weg viel länger als zum Beispiel durch eine Fensterscheibe hindurch. Deshalb behält ein in der Thermosflasche aufbewahrtes heißes oder auch kaltes Getränk lange Zeit annähernd die Temperatur, mit der es eingefüllt wurde.

Aufgaben:

1. *Untersuche mit einer Kerzenflamme die Luftströmung in verschiedenen Höhen an der etwas geöffneten Tür eines geheizten Zimmers! Führe diese Untersuchung auch in der Umgebung des Heizkörpers oder des Ofens aus! Beschreibe deine Beobachtungen!*

2. *Wie würde der Versuch 59 ablaufen, wenn das Eis oben im Reagenzglas schwimmen und dieses dafür unten erwärmt würde?*

3. *Warum sind Behälter, in denen in Selbstbedienungsgeschäften Tiefkühlkost offen aufbewahrt wird, von oben und nicht von vorn zugänglich?*

4. *Viele Dia-Projektoren enthalten zwischen Glühlampe und Diapositiv ein Spezialfilter, das zwar das Licht, aber nicht den übrigen Teil der Strahlung durchläßt. Weshalb ist dieses „Wärmeschutzglas" bei Projektoren mit heller Lampe erforderlich?*

5. *Warum sind die Kühlwagen der Bundesbahn weiß angestrichen?*

6. *Vögel plustern sich bei kaltem Wetter auf. Was bezwecken sie damit? Wie passen sich Pelztiere dem Winter an?*

7. *Hältst du deine Hand dicht vor einen Eisblock, so kommt von dort nur eine schwache Wärmestrahlung auf deine Haut. Was empfindest du? Welche Wirkung hat eine dazwischengehaltene Glasscheibe? Was bewirkt ein dazwischengehaltenes Papierblatt? Wiederhole den Versuch mit einem Heizstrahler!*

8. *Bei einigen elektrischen Heizgeräten befindet sich ein glühendes Heizelement vor einem Metallspiegel. Bei anderen Heizgeräten wird durch einen Ventilator Luft am Heizelement vorbeigeblasen. Um welche Art des Wärmetransportes handelt es sich jeweils?*

9. *Welche Arten des Wärmetransports erkennst du bei einer Ofenheizung?*

10. *Auf welche verschiedenen Arten kann Wärme aus einem beheizten Raum verschwinden?*

11. *Warum erreicht die Temperatur der Außenluft nicht um 12 Uhr ihren höchsten Wert, sondern erst um 14 Uhr? Weshalb ist es nicht um 24 Uhr am kältesten, sondern erst gegen Sonnenaufgang?*

12. *Auf einem Parkplatz findest du Autos verschiedener Farbe. Prüfe bei starker Sonneneinstrahlung mit dem Handrücken die Temperatur der Blechoberfläche! Was stellst du fest?*

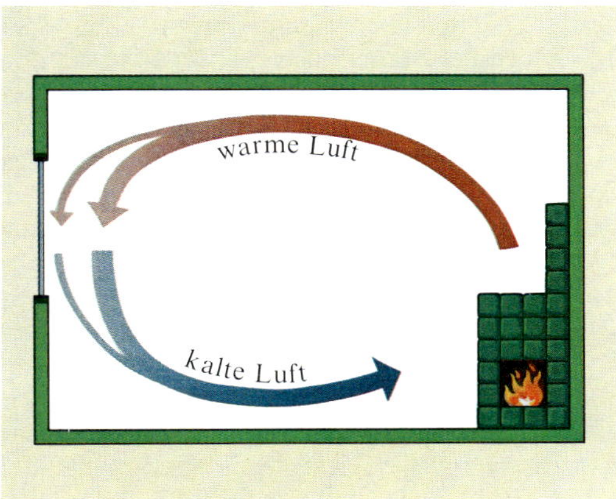

157.1 Wenn die Wärmequelle vom Fenster entfernt ist, treten große Temperaturunterschiede auf.

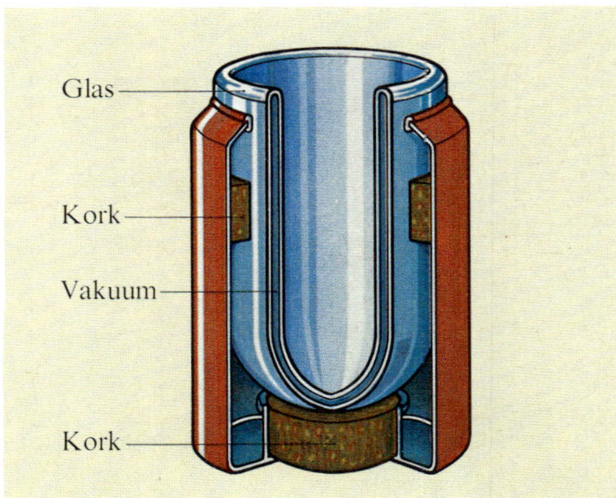

157.2 Thermosflasche (schematisch). Ihr Inhalt behält lange die ursprüngliche Temperatur.

§51 Wärmeenergiemaschinen

1. Maschinen ersetzen Sklaven

Seit jeher wünschten sich die Menschen, daß ihnen schwere, langwierige und ermüdende Arbeiten abgenommen werden. Deshalb zähmten sie Tiere, ließen andere Menschen als Sklaven für sich arbeiten und erfanden das Wasserrad (siehe Seite 53) und die Windmühle. Ein entscheidender Fortschritt wurde erzielt, als man lernte, die in den sogenannten *fossilen Brennstoffen,* vor allem in der Kohle, verfügbare Energie zu nutzen. Der Engländer *J. Watt* (1736 bis 1819) verbesserte die in Vorstufen schon vorhandene **Kolbendampfmaschine** so weit, daß sie zur weitverbreiteten Antriebsmaschine wurde. Erst dadurch wurde die spätere industrielle Entwicklung möglich. Heute ist die Kolbendampfmaschine weitgehend durch die **Dampfturbine** und den **Verbrennungsmotor** ersetzt. Diese treiben Fahrzeuge und erzeugen elektrische Energie. Damit kann man viele Hilfsgeräte, zum Beispiel Staubsauger und Bohrmaschinen, betreiben. Diese „Maschinensklaven" erleichtern uns die Arbeit sehr.

2. Die Kolbendampfmaschine

Ihre wichtigsten Teile sind ein Zylinder, der von einem beweglichen Kolben in einen linken und einen rechten Arbeitsraum unterteilt wird, und eine Steuerung für die Dampfzufuhr. Befindet sich der Kolben zum Beispiel in seiner linken Endstellung, so leitet die Steuerung den in einem Dampfkessel erzeugten Frischdampf in den linken Arbeitsraum des Zylinders *(Bild 158.1)*. Hier prallen die Wasserdampfmoleküle mit hoher Geschwindigkeit gegen den Kolben und schieben ihn nach rechts. Dabei geben sie einen Teil ihrer Bewegungsenergie an den Kolben ab (siehe Versuch 22). Hat der Kolben seine rechte Endstellung erreicht, so leitet die Steuerung den Frischdampf in den rechten Arbeitsraum. Gleichzeitig gibt sie die Auslaßöffnung für den linken Arbeitsraum frei; aus ihm kann dann der Abdampf entweichen, während sich der Kolben nach links bewegt. Die Kolbenstange ist durch ein besonderes Hebelwerk mit der Steuerung verbunden und sorgt auf diese Weise selbst dafür, daß der Dampf stets im richtigen Augenblick umgeleitet wird.

Im allgemeinen muß die Hin- und Herbewegung des Kolbens noch in eine Drehbewegung umgewandelt werden. Dazu läßt man die Kraft der Kolbenstange über die gelenkig damit verbundene Pleuelstange auf eine Kurbel wirken und treibt damit z.B. eine Maschine oder die Antriebsräder einer Dampflokomotive an.

Die Kolbendampfmaschine war im 19. Jahrhundert der vorherrschende Antrieb der Industrie, in der Seefahrt und als Dampflokomotive beim Landverkehr sogar bis weit in das 20. Jahrhundert hinein.

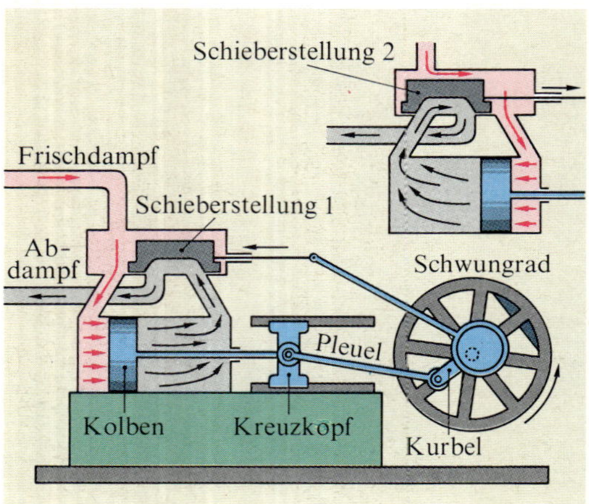

158.1 Dampfzylinder mit Schiebersteuerung

3. Weshalb dreht sich eine Dampfturbine?

In einem modernen *Dampfkessel* fließt Wasser durch ein Rohrsystem, das von den Flammengasen umspült und stark erhitzt wird.

Der in den Rohren entstehende Wasserdampf hat schließlich bei einem Druck von etwa 200 bar eine Temperatur zwischen 500 und 600 °C. (Zum Vergleich: Luftdruck im Autoreifen 2 bis 3 bar.) Dieser Dampf strömt dann in der **Turbine** gegen die schräggestellten Schaufeln eines Laufrades, drückt diese seitlich weg und versetzt so das Laufrad in Rotation *(Bild 159.2)*. Anschließend wird der Dampf durch feststehende Leitschaufeln wieder in eine günstige Richtung umgelenkt und strömt dann gegen ein zweites Laufrad, das gemeinsam mit allen anderen auf derselben Welle sitzt. Das wiederholt sich mehrfach, denn eine Turbine hat üblicherweise viele Lauf- und Leiträder *(Bild 159.1)*. Jedesmal, wenn Moleküle des heißen Wasserdampfes gegen die ausweichende Fläche einer Laufschaufel stoßen, geben sie einen Teil ihrer Bewegungsenergie an diese ab und prallen dann mit verminderter Geschwindigkeit zurück (siehe Versuch 23). Hinter jedem Laufrad ist also der Wasserdampf weniger heiß als davor. Auch sein Druck nimmt dabei ab und gleichzeitig sein Volumen zu. Deshalb müssen die Schaufelkränze im Niederdruckteil einer Turbine eine größere Durchtrittsfläche haben als im Hochdruckteil. Hinter dem letzten Laufrad läßt man den Wasserdampf kondensieren und pumpt das Kondenswasser wieder in den Dampfkessel.

Große Turbinen werden vor allem in den *Elektrizitätswerken* („Kraft"werken) eingesetzt. Sie drehen dort die Generatoren mit 50 Umdrehungen je Sekunde und wandeln die Verbrennungswärme des Heizmaterials teilweise in elektrische Energie um. Sie erreichen Leistungen von über 1000 MW; das entspricht der Antriebsleistung von etwa 20000 Personenwagen. Bei so großen Anlagen ist es sinnvoll, alle nur möglichen technischen Hilfsmittel einzusetzen, um ihren **Wirkungsgrad** zu erhöhen, das heißt um mit möglichst wenig Brennstoff auszukommen. Unter dem Wirkungsgrad versteht man hier das Verhältnis der erzeugten elektrischen Energie zur dafür benötigten Verbrennungswärme. Mit modernen Turbinenanlagen erhält man aus 100 J Verbrennungswärme etwa 40 J elektrische Energie; der Wirkungsgrad ist schon sehr günstig. Er ist aber nur mit Dampftemperaturen von über 500 °C und einem Dampfdruck von etwa 200 bar zu erreichen. Deshalb mußten für die Dampfrohre und besonders für die Turbinenschaufeln spezielle Metallegierungen entwickelt werden, die bei dieser hohen Temperatur noch eine ausreichende Festigkeit haben. Auch die Abkühlung des Dampfes hinter der Turbine beeinflußt den Wirkungsgrad günstig. Kondensiert zum Beispiel der Dampf bei der Temperatur 100 °C, so beträgt sein Druck noch 1 bar. Kondensiert er dagegen hinter der Turbine in einer von Flußwasser gekühlten Kammer (Wärmetauscher) bei 24 °C, so beträgt sein Druck nur 0,03 bar. Entsprechend größer ist die von der Turbine genutzte Druck- und Temperaturdifferenz.

Alle Kraftwerke benötigen vor allem für die Kondensation des Abdampfes viel Kühlwasser, und zwar bis zu 100 m^3 je Sekunde. Am einfachsten entnimmt man es einem größeren Gewässer und leitet es etwas erwärmt wieder dorthin zurück. Ist das nicht möglich, so läßt man das benutzte Kühlwasser in einem hohen Kühl-

159.1 Montage einer Dampfturbine

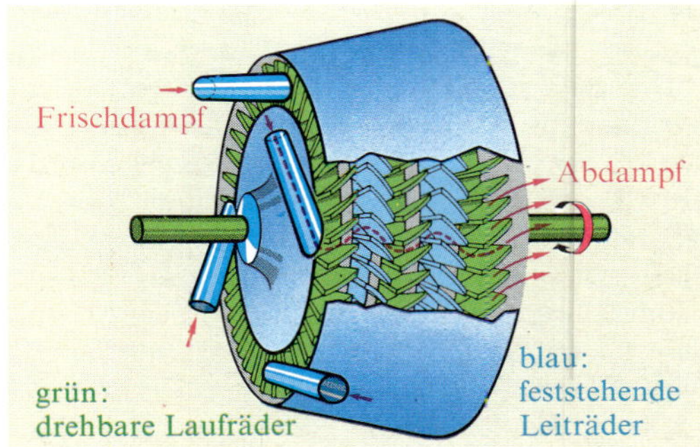

159.2 Dampfturbine (schematisch)

159.3 Das Weihnachtskarussell könnte man auch „Heißluftturbine" nennen.

turm herabrieseln, während gleichzeitig Luft von unten nach oben strömt. Der Wärmeaustausch zwischen Luft und Wasser verläuft bei diesem *Gegenstromverfahren* besonders gut. Außerdem verdunstet ein Teil des Wassers und sorgt so für weitere Abkühlung (siehe Seite 148).

Dampfturbinen liefern im Gegensatz zur Kolbendampfmaschine direkt die gewünschte Drehbewegung und laufen deshalb erschütterungsfrei. Das ist z.B. bei Schiffsantrieben wichtig. Turbinen haben nur wenige gegeneinander bewegte Einzelteile; sie erfordern daher wenig Wartungsarbeiten. Vor allem aber ist ihr Wirkungsgrad besser als der von Kolbendampfmaschinen, und deshalb haben sie diese heute weitgehend verdrängt.

Wenn ein Kraftwerk in jeder Sekunde mehr als 100 kg Steinkohle oder 100 l Heizöl verbrennt, so gelangen trotz der Verwendung wirksamer Elektrofilter noch beträchtliche Mengen an Verbrennungsrückständen (Ruß, Asche, Schwefeldioxid) mit den Abgasen in die Umgebung. Sein Betrieb ist dennoch umweltfreundlicher, als wenn entsprechend viele Haushalte und Industriebetriebe ihren Energiebedarf durch eigene Kleinanlagen decken würden. – In einem sogenannten Kernkraftwerk wird der heiße Dampf durch einen Kernreaktor (siehe Seite 404) erzeugt. Er ist nicht auf die fossilen Brennstoffe angewiesen und erzeugt weder Ruß noch Asche. Dafür wirft sein Betrieb andere Probleme auf. Die in einem Kernkraftwerk benutzten Turbinen und Generatoren unterscheiden sich nicht von denen in einem anderen Kraftwerk.

4. Verbrennungsenergiemaschinen

a) Der Viertaktmotor. 1867 führte *N. Otto* seinen ersten „Verbrennungsmotor" vor: Er verbrannte *Gas* direkt im Zylinder des Motors statt unter einem besonderen Kessel. Heute sind Motoren dieser Art allgemein als **Ottomotoren** bekannt. Den von *Otto* entwickelten **Viertaktmotor** verbesserten *Daimler* und *Benz* um 1883, indem sie aus flüssigem Treibstoff im Vergaser ein Gas-Luft-Gemisch erzeugten. Erst dadurch konnte er auch als Antrieb von *Fahrzeugen* dienen. Sein Arbeitsprinzip zeigt uns der folgende Versuch.

Versuch 66: In eine kleine Blechbüchse, deren Seitenwand durchbohrt ist, geben wir einige Tropfen Äther. Dann decken wir eine leichte Pappscheibe darauf und warten einige Sekunden, bis in der Büchse ein Gemisch aus Luft und verdampftem Äther entstanden ist. Halten wir jetzt eine Flamme an die seitliche Öffnung, so explodiert das Gemisch mit lautem Knall und schleudert die Pappscheibe empor. Vor einer Wiederholung des Versuchs müssen wir wieder unverbrauchte Luft in die Büchse bringen. Diese einzelnen Schritte finden wir in den vier Takten (Teilschritte einer Periode) eines Ottomotors wieder *(Bild 161.1)*.

1. Ansaugtakt: Zu Beginn des 1. Taktes öffnet sich das Einlaßventil. Der Kolben bewegt sich nach unten. Dabei saugt er ein Treibstoff-Luft-Gemisch in den Zylinder. Dieses wird von dem in der Ansaugleitung liegenden *Vergaser* erzeugt. Er arbeitet ähnlich wie ein Zerstäuber und reguliert außerdem die Benzinzufuhr selbsttätig.

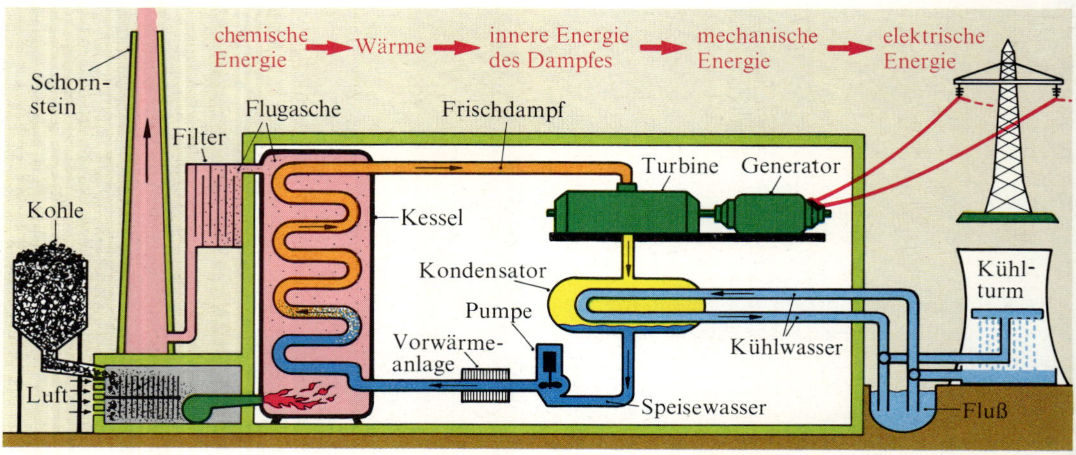

160.1 Kohlekraftwerk (stark vereinfacht)

2. Verdichtungstakt: Nachdem sich das Einlaßventil am Ende des 1. Taktes geschlossen hat, drückt der nach oben gehende Kolben das Gasgemisch zusammen. Dabei steigt der Druck auf 10 bis 12 bar; gleichzeitig steigt die Temperatur im Zylinder auf 300 bis 400 °C.

3. Arbeitstakt: Ein Funke der Zündkerze entzündet das Gemisch am Anfang des 3. Taktes. Dabei entsteht im Innern des Zylinders ein Druck von 50 bis 70 bar und eine Temperatur von etwa 2000 °C. Ein Teil der Bewegungsenergie der Gasmoleküle wird auf den Kolben übertragen, wobei sich das Gas etwas abkühlt. Der Kolben wird nach unten gedrückt und treibt über eine Pleuelstange die Kurbelwelle. Dabei wird Arbeit verrichtet.

4. Auspufftakt: Der wieder nach oben gehende Kolben drückt das verbrannte Gasgemisch bei geöffnetem Auslaßventil ins Freie. Dann beginnt die nächste Periode wieder mit dem 1. Takt.

Eine Periode besteht aus 2 Umdrehungen der Kurbelwelle und 4 Takten, von denen nur einer Arbeit verrichtet. Ein Motor mit nur einem Zylinder müßte daher unregelmäßig (stoßweise) laufen, wenn man nicht ein schweres Schwungrad zum Ausgleich verwenden würde. Die meisten Fahrzeugmotoren baut man deshalb mit 4 Zylindern, deren Kolben auf dieselbe Welle wirken. Sie sind so angeordnet, daß bei jeder halben Umdrehung jeweils einer der 4 Zylinder seinen Arbeitstakt hat.

Beim Viertaktmotor wird nur bei einem von vier Takten Arbeit verrichtet. Kann man vielleicht einige der „nutzlosen" Takte einsparen? Diese Überlegung führte zum Zweitaktmotor.

b) Der Zweitaktmotor. Bei ihm erfolgen Ausstoßen und Ansaugen in der sehr kurzen Zeit zwischen Arbeits- und Verdichtungstakt. Seine Arbeitsweise zeigt *Bild 162.1.*

Im ersten Takt drückt der Kolben auf dem Weg nach oben das Gemisch über sich zusammen, während er den Auslaßkanal und den Überströmkanal verschließt. Gleichzeitig strömt frisches Gasgemisch durch den vom Kolben freigegebenen Einlaßkanal in das darunterliegende Kurbelgehäuse. Ist der Kolben oben angelangt, wird das Gemisch gezündet und drückt den Kolben wieder nach unten. Dabei wird das Gemisch im Kurbelgehäuse vorverdichtet und kann am Ende des Arbeitstaktes durch den Überströmkanal in den Zylinder strömen, während gleichzeitig die Verbrennungsgase durch die Auslaßöffnung entweichen. Dabei wird die Strömung so gelenkt, daß das frische Gemisch nicht unmittelbar durch den Auslaßkanal den Zylinder wieder verläßt.

Der Vorteil des 2-Takters gegenüber dem 4-Takter liegt in der Ersparnis der Ventile und der zugehörigen beweglichen Teile (Nockenwelle, Ventilstangen, Ventilfedern) sowie in der höheren Leistung bei gleichem Gewicht und Platzbedarf. Sein wesentlicher Nachteil ist es, daß das Kurbelgehäuse in den Prozeß einbezogen ist. Es muß in Kammern (für jeden Zylinder eine) abgeteilt werden, und das erschwert den Bau mehrzylindriger Motoren nach dem 2-Taktprinzip wesentlich. Durch die Konzentration des Auspuff- und Ansaugvorgangs auf den äußerst kurzen Zeitraum zwischen den Takten ist es schwer, die Gasfüllung des Zylinders vollständig zu erneuern. Dadurch wird der

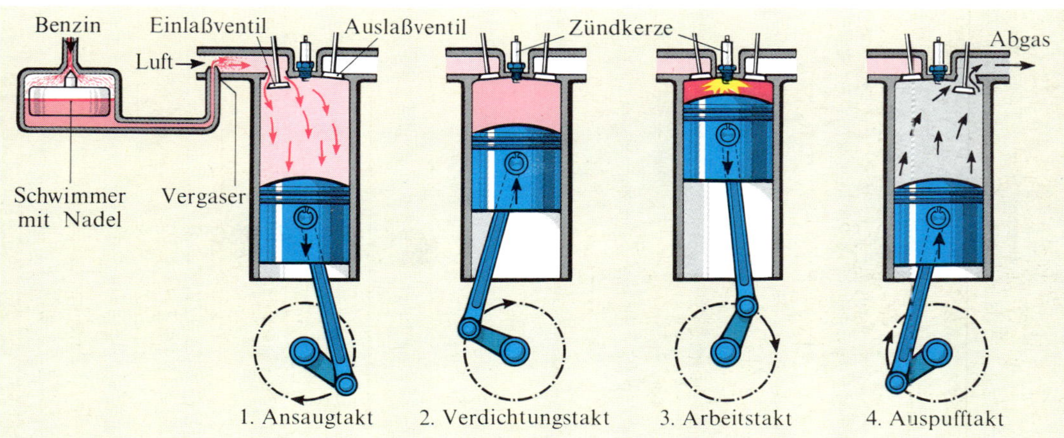

161.1 So arbeitet ein Viertakt-Ottomotor.

Treibstoffverbrauch erhöht. Das 2-Taktprinzip konnte sich deshalb bei Ottomotoren bisher nur bei kleinen Leistungen durchsetzen.

c) Der Dieselmotor. Einen weiteren Fortschritt in der Entwicklung der Verbrennungsmaschinen erzielte *R. Diesel,* der von 1892 bis 1897 den nach ihm benannten Motor entwickelte. Er kann mit schwer verdampfenden Treibstoffen betrieben werden.

An Stelle eines Treibstoff-Luftgemisches saugt er reine Luft an. Diese komprimiert er auf mindestens 25 bar und erhitzt sie dadurch auf über 600 °C. Hat der Kolben seinen höchsten Punkt erreicht, so sprüht eine Hochdruckpumpe den flüssigen Treibstoff in den Zylinder. In der heißen Luft entzündet er sich sofort. Bei seiner Verbrennung steigt die Temperatur auf über 2000 °C, und der Druck wächst entsprechend. Die heißen Verbrennungsgase pressen dann den Kolben nach unten.

Bei allen Motoren ist das Verhältnis der Motormasse zur Motorleistung von Bedeutung. Man nennt diesen Quotienten auch *„Leistungsgewicht"* und gibt ihn in kg/kW an. Von den 4-Takt-Motoren hat ein Schiffsdiesel zum Beispiel ein Leistungsgewicht von 60 kg/kW, ein Automotor etwa 3 kg/kW und ein Flugzeugmotor nur 0,6 kg/kW. Zweitakter haben kleinere Leistungsgewichte.

Für die Praxis ist außerdem der **Wirkungsgrad** eines Motors wichtig. Er erreicht beim Ottomotor 35%, beim Dieselmotor wegen der besonders hohen Temperatur der Verbrennungsgase sogar 40%. Die Kolbendampfmaschine wandelt dagegen nur etwa 20% der beim Verbrennen von Kohle gelieferten Wärme in mechanische Energie um. Eine Dampflokomotive arbeitet also nicht so wirtschaftlich wie ein Dieselfahrzeug.

Soll der Wirkungsgrad eines Verbrennungsmotors gesteigert werden, so muß er den Treibstoff bei höherem Druck und höherer Temperatur verbrennen. Diesem Prinzip sind aber technische Grenzen gesetzt. Komprimiert ein Ottomotor das Benzin-Luftgemisch zu stark, so entzündet es sich vorzeitig von selbst und verbrennt schlagartig. Mit klopfendem Geräusch schlägt dann der Explosionsdruck auf den noch nach oben bewegten Kolben; dadurch werden dessen Lager nach kurzer Zeit zerstört. Das zur Zeit gebräuchlichste Mittel, die Klopffestigkeit *(Oktanzahl)* des Benzins zu erhöhen, enthält Blei und ist giftig. Man darf es deshalb dem Benzin nur in geringen Mengen hinzufügen. Der Dieselmotor komprimiert nur reine Luft und braucht deshalb keine Klopfbremse im Treibstoff. Die Steigerung seines Wirkungsgrades ist nur durch die Festigkeit der hochbeanspruchten Bauteile begrenzt.

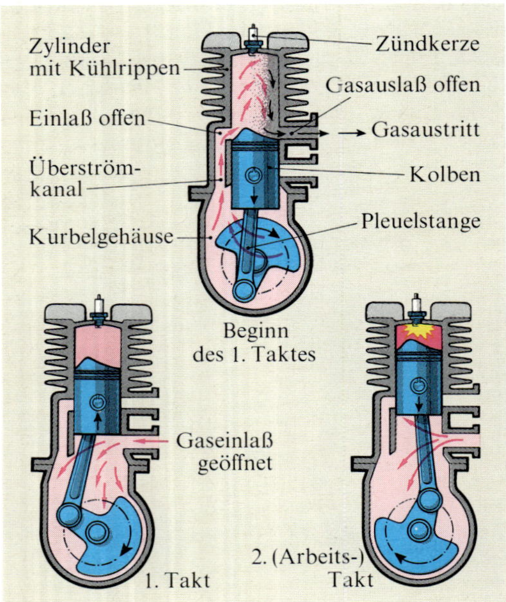

162.1 Aufbau und Arbeitsweise des Zweitakt-Ottomotors

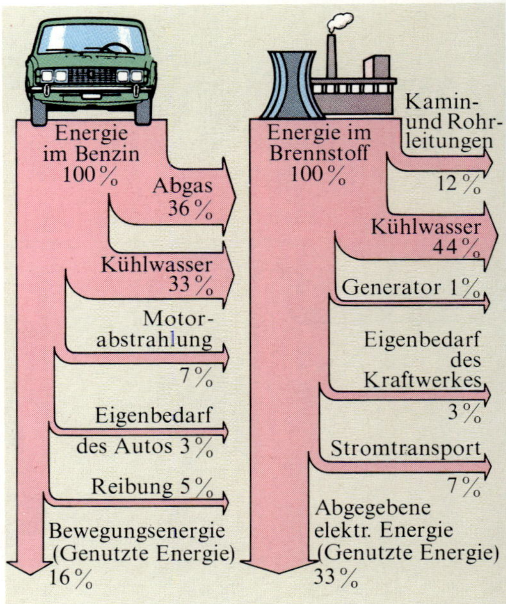

162.2 Ein Kraftwerk nutzt den Brennstoff besser aus als ein Auto.

5. Strahl-(Düsen-)Triebwerke

Um die Wirkungsweise eines modernen *Strahltriebwerkes* zu verstehen, machen wir zunächst einen Modellversuch.

Versuch 67: Wir hängen einen Fön an 1 bis 2 m langen Schnüren so auf, daß der Luftstrom waagerecht austritt *(Bild 163.1b)*. An der Austrittsdüse befestigen wir einen Kraftmesser. Schalten wir ein, so wird durch die seitlichen siebartigen Öffnungen Luft angesaugt und von den Schaufeln des kleinen Motors im Gehäuseinnern in Richtung der Austrittsdüse stark beschleunigt. Der Luftstrom tritt mit hoher Geschwindigkeit nach rechts aus. Gleichzeitig erfährt der Fön eine Rückstoßkraft, die ihn nach links drückt. Wir können sie mit dem Kraftmesser bestimmen.

Ähnlich arbeitet ein Turbinen-Strahltriebwerk. Die zur Beschleunigung der Luft erforderliche Energie liefert aber kein Elektromotor, sondern die Verbrennung des Treibstoffs. Die in das Triebwerk einströmende Luft wird zunächst durch einen Kompressor verdichtet *(Bild 163.1a)*. Dieser ist mit einem Ventilator zu vergleichen. Mit einem Druck von etwa 12 bar preßt er die Luft in die rings um die Achse angeordneten Brennkammern. Dort wird fortgesetzt Treibstoff eingespritzt, der gleichmäßig verbrennt und die Verbrennungsgase stark erhitzt. Sie dehnen sich dadurch erheblich aus und strömen gegen die Schaufeln einer Turbine. Diese sitzt auf der gleichen Welle wie der Kompressor und treibt ihn an. Wir erkennen hierin das Grundprinzip des Dieselmotors: Luft wird komprimiert, Treibstoff wird eingespritzt und verbrannt (hier jedoch gleichmäßig), und die Verbrennungsgase verrichten Arbeit. Ein Teil dieser Arbeit dient dazu, mit Hilfe der Turbine den Kompressor anzutreiben. Die überschüssige Energie der Verbrennungsgase beschleunigt diese in der Austrittsdüse sehr stark. Der dabei auftretende Rückstoß schiebt das Triebwerk und das daran befestigte Flugzeug nach vorn. Hierbei wird also die Energie heißer Gase unmittelbar in mechanische Energie umgewandelt.

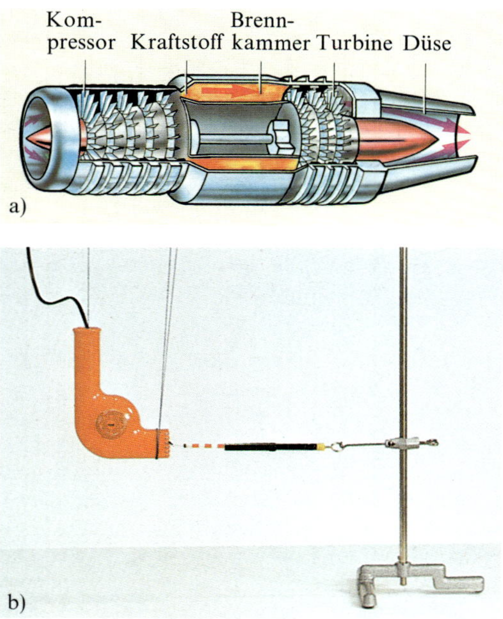

163.1 a) Strahltriebwerk (schematisch), b) Modellversuch

Große Strahltriebwerke erreichen eine Schubkraft von mehr als 10^5 N. Leider haben sie bei niedrigen Geschwindigkeiten einen sehr schlechten Wirkungsgrad. Erst bei einer Fluggeschwindigkeit von 800 km/h erreicht er etwa 20%. Strahltriebwerke werden deshalb bevorzugt bei schnellen Flugzeugen eingesetzt, bei denen ein Propellerantrieb aus anderen Gründen unzweckmäßig ist.

Aufgaben:

1. *Der spezifische Heizwert der in den großen Kraftwerken verwendeten Brennstoffe (Steinkohle, Öl) liegt bei etwa* 30 MJ/kg. *Wie viele Tonnen Brennstoff muß ein Kraftwerk mit der Leistung von* 1000 MW *täglich verfeuern, wenn sein Wirkungsgrad* 40% *beträgt? Mindestens* 5% *der Kohle bleibt als Asche zurück; davon halten die Filteranlagen* 99% *zurück. Wieviel Flugasche gelangt täglich in die Atmosphäre?*

2. *Schneide eine Papierspirale aus und setze ihr Zentrum auf eine senkrecht in ein kleines Holzbrett gesteckte Stricknadel! Stelle das Gerät dann auf einen heißen Heizkörper oder Ofen! Erkläre deine Beobachtung!*

3. *Ein Ottomotor verbraucht pro* kWh *etwa* 250 g *Benzin, dessen spezifischer Heizwert* 46 MJ/kg *beträgt. Welchen Wirkungsgrad hat er? Um* 1 g *Benzin zu verbrennen, sind etwa* 12 l *Luft erforderlich. Wieviel Luft braucht ein* 50 kW-*Motor in einer Stunde?*

4. *Watts erste Dampfmaschine verbrannte für* 1 kWh *etwa* 90 kg *Steinkohle (spez. Heizwert* 31 MJ/kg*). Berechne ihren Wirkungsgrad!*

§ 52 Energiewirtschaft

1. Energiequellen

Wir leben heute im allgemeinen viel bequemer als frühere Generationen. Schwere körperliche Anstrengung wird kaum von uns verlangt; fast alle Arbeit geschieht „auf Knopfdruck". Zum Heben von Lasten dient ein Kran mit einem Elektromotor; große Entfernungen legen wir nicht zu Fuß, sondern mit der Eisenbahn oder einem Auto zurück; im Winter begnügen wir uns nicht mit einem dürftig erwärmten Zimmer, sondern wir beheizen die ganze Wohnung. Dabei sind wir sogar bei der Auswahl des Brennstoffes sehr anspruchsvoll. Statt Kohle in den Ofen zu schaufeln, verbrennen wir lieber Öl oder Gas im Kessel der Zentralheizung. Das ist bequemer und außerdem sauberer. Unsere derzeitige Lebensweise beruht darauf, daß uns Energie in beliebiger Menge preiswert zur Verfügung steht. Ist das eines Tages nicht mehr der Fall, so ist es mit unserem hohen Lebensstandard vorbei.

Der größte Teil der von uns genutzten (und oft sogar verschwendeten) Energie entstammt der Verbrennung **fossiler Brennstoffe** (Kohle, Erdöl, Erdgas). Andere Energiequellen sind zur Zeit noch von untergeordneter Bedeutung; das zeigt *Tabelle 164.1*. Diese Tabelle zeigt nicht nur den allgemeinen Anstieg des Energieverbrauchs, sondern auch die z.Z. überragende Bedeutung des Erdöls. Leider ist das Erdöl schon jetzt knapp, und es wird immer weniger.

	1960		1975		1990 (geschätzt)	
	in W	in %	in W	in %	in W	in %
Steinkohle	2241	60,7	1008	19,4	1211	15,1
Braunkohle	508	13,8	523	10,0	535	6,7
Erdöl	775	21,0	2702	52,0	3412	42,6
Erdgas	14	0,4	707	13,6	1354	16,9
Wasserkraft	84	2,2	62	1,2	91	1,0
Kernenergie	0	0,0	108	2,1	1258	15,7
Sonstige	70	1,9	90	1,7	154	2,0
insgesamt	3692	100	5200	100	8015	100

Tabelle 164.1 Leistung, die jedem Bundesbürger aus den verschiedenen Energiequellen im Durchschnitt zur Verfügung stand. Er hätte z. B. 1975 damit Tag und Nacht 52 Glühlampen mit je 100 W leuchten lassen können, davon 27 mit der Energie des Erdöls, eine mit Kernenergie gespeist.

Die anderen Brennstoffe reichen wesentlich länger, aber auch sie sind nicht unerschöpflich. Wollen wir unseren Nachkommen keine „ausgeblutete" Erde zurücklassen, so müssen wir diese Vorräte möglichst schonen.

Kohle und Erdöl sind außerdem wichtige *Rohstoffe* der chemischen Industrie. Sie stellt aus ihnen eine Vielzahl von Produkten her, z. B. Kunststoffe (darunter Nylon und Perlon), Schädlingsbekämpfungsmittel und Medikamente. Die fossilen Brennstoffe liefern uns also Kleidung und indirekt auch Nahrung. *Sie sind zum Verbrennen viel zu schade.* Außerdem wandeln sie dabei Luftsauerstoff in Kohlendioxid um. Es ist zu befürchten, daß die jetzt schon nachweisbare Anreicherung der Atmosphäre mit Kohlendioxid das Klima weltweit ungünstig beeinflußt. Talsperren, Kernreaktoren und Solarheizungen verbrauchen keine wertvollen Rohstoffe, liefern aber Energie, also auch Wärme. Deshalb können sie uns helfen, die Vorräte an Kohle und Erdöl zu schonen. Andere Verfahren, die den Wind, die Gezeiten oder die Wärme des Erdinnern zur Energiegewinnung nutzen, sind für das Gebiet Europas kaum von Bedeutung.

2. Weshalb ist elektrische Energie so begehrt?

Das Wasser eines hochgelegenen Stausees hat einen großen Vorrat an *Lageenergie* gespeichert. Sie läßt sich mit einer Wasserturbine leicht in *mechanische Arbeit* umformen. Wie kann man damit zum Beispiel eine Werkzeugmaschine in einer fernen Fabrik antreiben? Es geht, wenn man mit einem Generator zunächst *elektrische Energie* erzeugt und diese in der Fabrik mit einem Elektromotor wieder in *mechanische Energie* umwandelt. Die elektrische Energie läßt sich gut transportieren und den jeweiligen Bedürfnissen anpassen. Deshalb gilt sie als wertvolle Energieform.

Daß nicht alle Energiearten für uns den gleichen Wert haben, zeigt uns ein Gedankenversuch: Die gleiche Wassermenge, die am Fuße einer Talsperre eine Turbine drehen könnte, lassen wir am Staudamm einen Wasserfall herabstürzen. Beim Aufprall wird aus der *geordneten* Bewegung der ganzen Wassermenge *ungeordnete* Bewegung der einzelnen Moleküle. Das abfließende Wasser ist also etwas wärmer als zuvor (bei 427 m Fallhöhe gerade um 1 K wärmer). Mit dieser geringen Erwärmung können wir aber gar nichts anfangen.

3. Wie kann man Energie sparen?

Die in den *fossilen Brennstoffen* vor mehreren Millionen Jahren „eingefangene" Energie der Sonnenstrahlung nutzen wir heute vor allem, um Wärme zu erzeugen. Mit dieser beheizen wir Häuser und Fabrikanlagen; wir benutzen sie auch bei technischen Verfahren als *„Prozeßwärme"*, zum Beispiel um Stahl zu schmelzen. Einen großen Teil der erzeugten Wärme verwenden wir, um Fahrzeuge anzutreiben und elektrische Energie zu erzeugen. Mit dieser können wir viele verschiedenartige Geräte betreiben (und natürlich auch wieder heizen). Um bei diesen Umformungen Energie zu sparen, wird stets ein möglichst hoher Wirkungsgrad der Umwandlung angestrebt. Um bei der Beheizung von Räumen Wärme zu sparen, kann man sich mit einer geringeren Temperatur begnügen. Vor allem aber kann man durch eine gute Wärmedämmung dafür sorgen, daß wenig Wärme durch die Wände und Fenster nach außen entweicht. Das haben wir schon auf Seite 153 untersucht.

Daß man sich beim Abschätzen von sinnvollen Energiesparmaßnahmen leicht irren kann, hat vor einiger Zeit eine Umfrage ergeben. Für die meisten befragten Personen war „Energie" gleichbedeutend mit „Elektrizität" und Licht. Energiesparen hieß für sie: Licht aus! *Bild 165.1* zeigt dagegen, daß im Haushalt weniger als 2% des gesamten Energiebedarfs für die Beleuchtung benötigt werden. Der große „Energiefresser" ist die Heizung (64%). Bei ihr müssen die Sparmaßnahmen vor allem ansetzen. Auch beim privaten Autoverkehr könnte man viel Energie sparen.

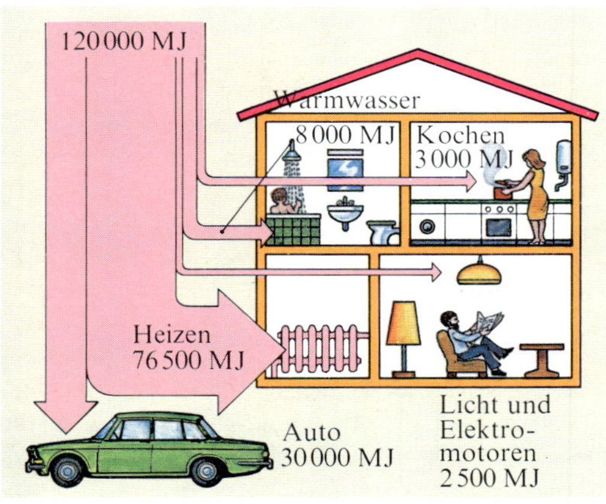

165.1 Jährlicher Energieverbrauch eines Durchschnittshaushalts

§ 53 Wetterkunde

1. Die Wetterelemente

Wenn du das augenblicklich herrschende Wetter beschreiben willst, so gibst du sicher an, welcher Wind weht, ob es warm oder kalt ist, feucht oder trocken, sonnig oder bewölkt. Damit hast du schon einige wichtige **Wetterelemente** genannt. Der Wetterfachmann, der *Meteorologe*, mißt sie und noch einige mehr: die *Windrichtung* und *-stärke* am Erdboden und auch in größerer Höhe, die *Lufttemperatur*, die *Luftfeuchtigkeit* und den eventuell gefallenen *Niederschlag*, den *Luftdruck*, die Art, Höhe und Dichte der *Bewölkung*.

Luftdruckunterschiede erzeugen **Winde.** Sie entstehen, wenn Teile der Erdoberfläche verschieden stark von der Sonnenstrahlung erwärmt werden (siehe Seite 154). So hat das fast den ganzen Erdball umfassende „globale" Windsystem seinen Ursprung am Äquator *(Bild 165.2)*. Es ist sehr beständig und beschert einigen Gebieten äußerst gleichmäßiges Wetter: jahrelanges „schönes" Wetter in der Sahara, wochenlange Dauerregen in Nordindien. In der geographischen Breite Europas trifft häufig warme, von Süden kommende Luft auf kalte Polarluft. So entstehen große, miteinander verzahnte *Hoch-* und *Tiefdruck*gebiete, kurz **Hoch** und **Tief** genannt. Der Wind weht vom Hoch zum Tief; dabei wird er durch die Erddrehung vom kürzesten Weg nach rechts abgelenkt. Weil die Luftmassen in einer von Westen nach Osten gerichteten Strömung mit-

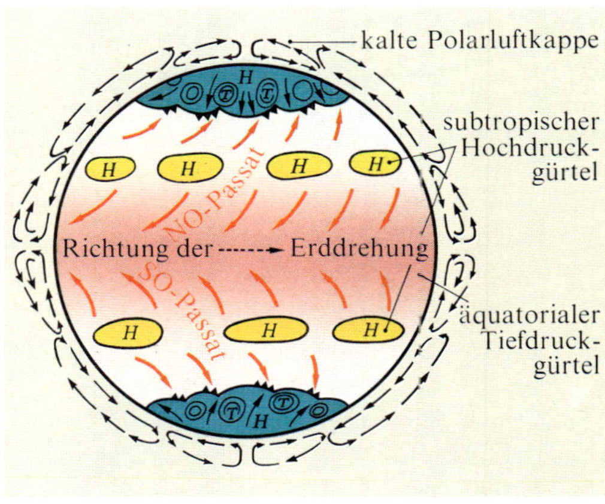

165.2 Die großräumigen Windsysteme der Erde beeinflussen unser Wetter.

schwimmen, herrschen bei uns westliche Winde vor. Die großräumigen Druckgebiete und ihre Windsysteme werden noch durch örtliche Besonderheiten beeinflußt, zum Beispiel durch hohe Gebirge und große Temperaturunterschiede zwischen Meer und Land. Alles zusammen bewirkt, daß unser Wetter oft launisch und wechselhaft ist.

2. Wann regnet es?

Wie wir schon auf Seite 145 untersucht haben, bilden sich Nebel und Wolken, wenn sehr feuchte Luft abgekühlt wird. In den weitaus häufigsten Fällen geschieht dies dadurch, daß Luft aufsteigt (im Tief). Mit zunehmender Höhe nimmt nämlich der Luftdruck ab; die aufsteigende Luft dehnt sich aus und wird dadurch kälter. Entsprechend wird absinkende Luft wärmer (im Hoch).

Aufsteigende Luft kühlt sich ab; dabei können Wolken entstehen. Absinkende Luft erwärmt sich; dabei können Wolken aufgelöst werden.

Vertikale (senkrechte) Luftbewegungen können verschiedene Ursachen haben. Wird die Erdoberfläche ungleich erwärmt, so steigt Luft über den besonders heißen Stellen wie in einem Kamin als *Aufwind* nach oben (siehe Seite 154). Ist die Luftfeuchtigkeit hinreichend groß, so bildet sich über jeder derartigen Stelle eine Wolke aus kleinen Wassertropfen. Wie Wattebäusche schweben diese „Cumuluswolken“ am blauen Himmel. Weil der Aufwind im allgemeinen stärker bläst als die Wassertropfen in der sie umgebenden Luft sinken, fällt kein Regen. Unter besonderen Bedingungen, vor allem bei schwüler Witterung, kann eine so entstandene Wolke mehrere Kilometer hoch werden. In ihr vereinigen sich die einzelnen Tröpfchen schließlich zu großen, schweren Tropfen und fallen dann als Regen bis auf die Erde, häufig von Blitz und Donner begleitet. So entsteht ein lokales (örtlich begrenztes) *Wärmegewitter*.

Wolken können sich auch bilden, wenn Luft gegen einen Berg strömt und daran nach oben abgelenkt wird. Die Rolle eines Berges kann auch eine kältere Luftmasse übernehmen. Strömt warme Luft dagegen, so muß sie nach oben ausweichen; denn sie hat die geringere Dichte. Wird dabei die kalte Luft etwas zurückgedrängt, so entsteht eine schräge Grenzfläche, an der die warme Luft langsam nach oben gleitet *(Bild 167.2a)*. In dieser sogenannten **Warmfront** bilden sich ausgedehnte Wolkenfelder, aus denen ein gleichmäßiger Landregen fällt. Drängt sich dagegen die kalte Luft als Angreifer *unter* die nachgebende warme, so entsteht eine **Kaltfront.** Sie bringt uns kräftige, schauerartige Regenfälle, die aber nur von kurzer Dauer sind *(Bild 167.2b)*.

3. Wie wird morgen das Wetter?

Dies fragen wir uns oft; aber der Meteorologe soll es wissen! Um möglichst zutreffend antworten zu können, muß er vor allem über die augenblickliche Wetterlage und auch über ihre Entwicklung während der letzten Tage informiert sein. Wegen der großen wirtschaftlichen Bedeutung einer zuverlässigen *Wettervorhersage* werden die einzelnen Wetterelemente von zahlreichen Meßstationen registriert und regelmäßig einem zentralen Wetteramt gemeldet. Dieses sammelt alle Daten (auch die von ausländischen Stationen) und fertigt danach eine **Wetterkarte** an. Auf dieser sind mit einprägsamen Symbolen die wichtigsten Wetterelemente dargestellt. Die in *Bild 167.1* stark vereinfacht wiedergegebene Wetterkarte zeigt eine Wetterlage, die durch mehrere Tief- und Hochdruckgebiete geprägt wird. Auf der zugehörigen Satellitenaufnahme *(Bild 167.3)* sind die mit den Tiefdruckgebieten und den Fronten verbundenen Wolkenfelder zu erkennen.

Die Meteorologen des Wetteramtes verfolgen ständig die Wetterentwicklung und wissen so z.B., daß die Tief- und Hochdruckgebiete langsam nach Nordosten wandern. Für sie ist daher die Wetterkarte die Grundlage der Wettervorhersage. Sie können aus ihr nun ablesen, daß es in Norddeutschland noch einige Zeit fast windstill und nahezu wolkenlos sein wird. In Süddeutschland herrschen dagegen südliche Winde vor. Sie führen ein ausgedehntes Wolkenfeld heran, das leichten Regen und eine deutliche Abkühlung bringen wird. Diese Entwicklung wird allmählich auf Norddeutschland übergreifen. Sollte aber das „Biskayatief“ plötzlich sehr schnell nach Norden oder Osten ziehen, so gibt es in Norddeutschland statt des vorhergesagten Sonnenscheins Sturm und Regen. Dann sind die davon Betroffenen ärgerlich und schimpfen auf die „Wetterfrösche“.

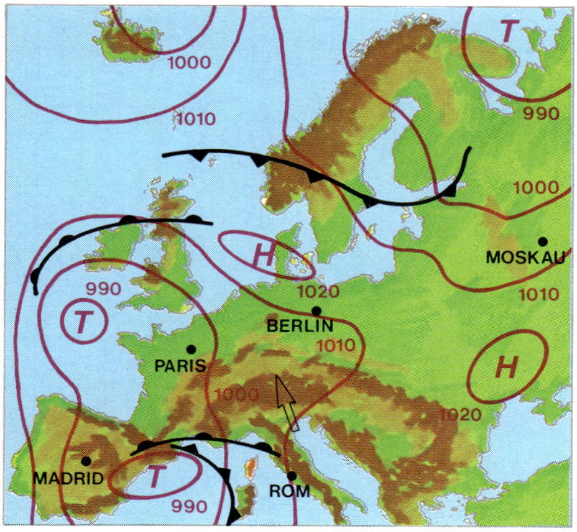

167.1 Wetterkarte vom 14.4.1979. ⌒ Isobaren (Druck in mbar), ***H*** Hochdruck-, ***T*** Tiefdruckgebiet. ⇨ Warmluft, Warmfront, Kaltfront.

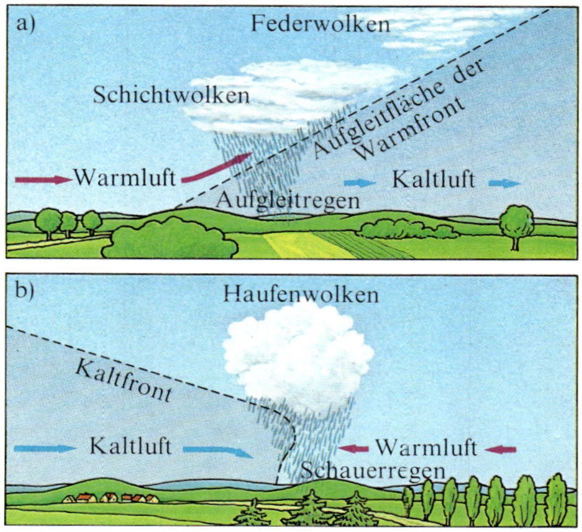

167.2 a) Warme Luft schiebt sich auf kalte (Warmfront). Es entstehen ausgedehnte Wolkenfelder. b) Kalte Luft stößt gegen warme (Kaltfront).

167.3 So sah ein Wettersatellit Europa am 14.4.1979 um 13.25 Uhr.

§ 54 Die Erregung von Schall

Für einen völlig tauben Menschen gibt es keine Töne, keinen Laut. Was das für ihn bedeutet, kannst du nachempfinden, wenn du bei einem Fernsehgerät den Ton abstellst. Vielleicht zeigt der Bildschirm in diesem Augenblick gerade eine Szene, wie sie *Bild 168.2* wiedergibt. Könnte ein Gehörloser, der sich im Fernsehstudio befindet, feststellen, ob die Gruppe tatsächlich Musik macht, also *Schall* erzeugt, oder ob sie nur so tut, als ob? Diese Frage können wir entscheiden, wenn wir uns mit dem Schall und seiner Entstehung eingehend beschäftigt haben.

Wie entsteht Schall?

Auf die Frage, was **Schall** ist, scheint die Antwort recht leicht zu sein: Alles, was wir *hören* können. Aber unserem gehörlosen Studiogast nützt diese Antwort nichts. Was könnte *er* vom Schall erfassen?

Versuch 1: Wenn wir beim Sprechen die Hand so an den Hals legen, daß die Finger am Kehlkopf anliegen, spüren wir dort ein eigenartiges Vibrieren oder Schwingen. Es beginnt und endet mit dem Sprechen. Offenbar hängt es mit der Erzeugung der Sprechlaute zusammen. Sind solche *Schwingbewegungen* immer hörbar?

S-Versuch 2: Wir spannen einen elastischen Streifen aus Federstahlband in einen Schraubstock ein. Das freie Ende biegen wir zur Seite

168.1 Schwingung eines Federstahlstreifens

168.2 Eine Band musiziert.

und lassen es los. Es führt eine hin- und hergehende Bewegung aus, die sich ständig wiederholt, also **periodisch** ist *(Bild 168.1)*. *Verkürzen* wir den Streifen, so sehen wir, daß die Schwingungen *schneller* werden. Schließlich werden sie so schnell, daß unser Auge ihnen im einzelnen nicht mehr folgen kann. Außerdem tritt etwas Neues ein: Wir sehen nicht nur die schwirrende Bewegung, wir hören dazu auch noch einen **Ton**. Dieser Ton wird höher, wenn wir den Streifen weiter verkürzen, die Zahl der Schwingungen in der Sekunde also erhöhen.

Bei manchen *Musikinstrumenten* entstehen die Töne durch solche schwingenden Streifen: Bei einer *Spieldose* werden Stahlzungen durch kleine Metallzapfen, die auf einer rotierenden Trommel angebracht sind, ausgelenkt und losgelassen. Bei der *Mund-* und bei der *Ziehharmonika* werden solche Zungen durch einen Luftstrom zum Schwingen gebracht. Beim *Xylophon* werden Holzplättchen mit einem kleinen Hammer in Schwingungen versetzt. Als Kinderspielzeug kennst du sicher das „*Glockenspiel*" oder *Metallophon*, bei dem anstelle der Holzplättchen kleine Metallplatten zum Klingen gebracht werden.

Wir kennen noch weitere Vorgänge, bei denen schnelle Schwingbewegungen mit Schall zusammen auftreten: den Flügelschlag von Insekten, eine tönende Glocke oder Saite.

Versuch 3: Schallerreger machen bei ihren Schwingungen oft nur sehr kleine Ausschläge. Wir können die Schwingungen aber dadurch leicht nachweisen, daß wir ein kleines *Pendelchen* gegen den Erreger halten: Es wird durch die unsichtbaren Schwingungen lebhaft abgestoßen *(Bild 169.1)*.

169.1 Das schwingende Glas stößt das Pendel an.

Schall entsteht durch Schwingbewegungen von Schallerregern. Sie erfolgen so rasch, daß unser Auge sie nicht verfolgen kann.

Stellt unser gehörloser Studiogast durch Befühlen der Instrumente solche kleinen, schnellen Schwingbewegungen fest, so kann er mit Recht darauf schließen, daß tatsächlich Schall erzeugt wird.

Aufgaben:

1. *Wo hast du schon die Erfahrung gemacht, daß rasch schwingende Körper Schall erzeugen?*

2. *Vergleiche die Tonhöhen, die du bei einer Hummel und bei einer kleinen Mücke wahrnimmst! Was entnimmst du den Beobachtungen über die Schwingbewegungen ihrer Flügel? (Vergleiche Bild 169.2!)*

169.2 Die Schwebfliege erzeugt im Flug einen Ton.

§ 55 Pendelschwingung und Zeitmesser

1. Wir beschreiben eine Pendelschwingung

Ganz langsame Schwingungen erzeugen zwar *keinen Ton*, wir können sie aber gut *beobachten*.

Versuch 4: Wir hängen eine Bleikugel an einen Faden. Dieses *Pendel* bringen wir zum Schwingen. Es führt eine hin- und hergehende Bewegung aus, die sich *periodisch* wiederholt. Die Ausschläge werden allmählich kleiner. Diese *Dämpfung* durch Reibung und Luftwiderstand könnte man ausgleichen, indem man das Pendel jeweils im Umkehrpunkt leicht anstößt.

Den *Weg* eines Schwingers von der Gleichgewichtslage (Mitte) bis zum Umkehrpunkt nennt man die **Amplitude**, *eine* volle Hin- und Herbewegung die **Periode** einer Schwingung. Die *Zeit* für einen Hin- und Hergang heißt **Periodendauer *T*.**

S-Versuch 5: Wir bestimmen die *Periodendauer T* unseres Pendels zunächst bei kleinen, dann bei etwas größeren Amplituden mit einer Stoppuhr. Beim Stoppen macht man Fehler bis zu etwa einer fünftel Sekunde. Um trotzdem gute Werte für die Periodendauer zu bekommen, stoppt man nicht nur *eine*, sondern *viele* Perioden und teilt die gemessene Zeit durch ihre Zahl. Damit verteilt sich der Fehler, und die Angabe der Periodendauer wird genauer. – Überraschenderweise finden wir bei kleinen und größeren Amplituden den gleichen Wert für die Periodendauer unseres Pendels, sofern wir die Ausschläge kleiner als 30° halten. Es ist etwa wie beim *Schlittenfahren* an einem Berg, der nach oben immer steiler wird: Je höher man startet, desto rascher kommt man auf große Geschwindigkeit. So wird verständlich, daß die Zeit für die Talfahrt unabhängig davon ist, in welcher Höhe man gestartet ist.

Bei einem kurzen Pendel von etwa 7 cm Länge stoppen wir für $n=40$ Perioden z.B. genau $t=20$ s. Wir finden für seine *Periodendauer* $T=\frac{t}{n}=\frac{20\,\text{s}}{40}=\frac{1}{2}\,\text{s}$. In 1 s führt es also 2 Schwingungen aus. Man sagt, seine **Frequenz** sei $2\,\frac{1}{\text{s}}$, gelesen „zwei durch Sekunde". Die *Frequenz f* gibt also die Zahl der Schwingungen in einer Sekunde an: $f=\frac{n}{t}$. Hat ein Schwinger die *Periodendauer* $T=\frac{1}{10}\,\text{s}$, so führt er in 1 s 10 Schwingungen aus, hat also die *Frequenz* $f=10\,\frac{1}{\text{s}}$.

Die Maßbezeichnung 1/s wird auch *„Hertz"* genannt, geschrieben Hz. (Diese Bezeichnung wurde dem deutschen Physiker **Heinrich Hertz** zu Ehren gewählt, der das Gebiet der elektrischen Schwingungen erforscht hat.) Das kurze Pendel schwingt also mit der Frequenz $f=$ 2 Hz. Wir entnehmen der Rechnung, daß Frequenz f und Periodendauer T *Kehrwerte* voneinander sind: $\boldsymbol{f=1/T}$.

Jetzt fehlen uns noch *genauere* Angaben über den Schwingungsvorgang. Die Geschwindigkeit des Pendels ist beim Durchgang durch die Gleichgewichtslage am größten, anschließend geht es ja wieder „den Berg hinauf". Der Abstand s von dieser Gleichgewichtslage ändert sich ständig. In einem Diagramm wollen wir darstellen, *wie* er sich im Lauf der Zeit ändert. Ein solches Diagramm lassen wir von einem schreibenden Pendel selbst aufzeichnen.

Versuch 6: Wir hängen einen schweren Tonnenfuß nach *Bild 170.1* an zwei Fäden auf. Den Folienschreiber eines Schreibprojektors stekken wir in ein Kunststoffrohr, das wir in der Bohrung des Tonnenfußes festklemmen. Der Schreibstift muß sich im Rohr ganz leicht und ohne zu verkanten bewegen lassen. Ziehen wir die Folie unter dem ruhenden Pendel nach links weg, so schreibt der Stift eine gerade Linie.

Wir stellen die Ausgangslage wieder her, stoßen das Pendel an und ziehen die Folie nach links weg; dabei achten wir darauf, daß wir sie gleichmäßig und langsam bewegen. *Bild 170.2* gibt die aufgezeichnete Kurve (etwas idealisiert) wieder. Der Schreibstift hat das *nebeneinander* gelegt, was das Pendel *nacheinander* ausgeführt hat.

Auf der waagerechten, zuerst geschriebenen Achse sind nicht Wege, sondern die Zeiten aufgetragen, zu denen die jeweiligen Auslenkungen s registriert wurden.

In *Bild 170.2* hat das schreibende Pendel etwas mehr als eineinhalb *Perioden* aufgezeichnet. Die *Periodendauer* T kann zwischen zwei Umkehrpunkten auf derselben Seite gemessen werden oder zwischen zwei Durchgängen durch die Gleichgewichtslage in derselben Richtung.

Die Schwingbewegung ist eine periodisch hin- und hergehende Bewegung. Eine Periode umfaßt einen Hin- und einen Hergang. Die Frequenz f gibt die Zahl der Perioden in einer Sekunde an: $f=n/t$.

Die Einheit der Frequenz ist $1\,\text{Hz}=1\frac{1}{\text{s}}$.

Die Periodendauer $T=t/n$ ist der Kehrwert der Frequenz f. Es gilt $f=1/T$.

Die Amplitude ist der Weg zwischen Gleichgewichtslage und Umkehrpunkt.

2. Zeitmesser schwingen!

Ein *Tag* ist die Zeit zwischen zwei aufeinander folgenden Höchstständen der Sonne. Er ist nicht immer gleich lang; das hat man durch den Vergleich mit *Pendelschwingungen* gefunden, die in genau gehenden Uhren ablaufen. Man mittelt deshalb über ein ganzes Jahr und legt so einen **mittleren Sonnentag** fest. Mit höchst genauen Uhren, die durch periodische Vorgänge in *Atomen* geregelt werden, ist heute die Einheit der Zeit, die **Sekunde**, festgelegt.

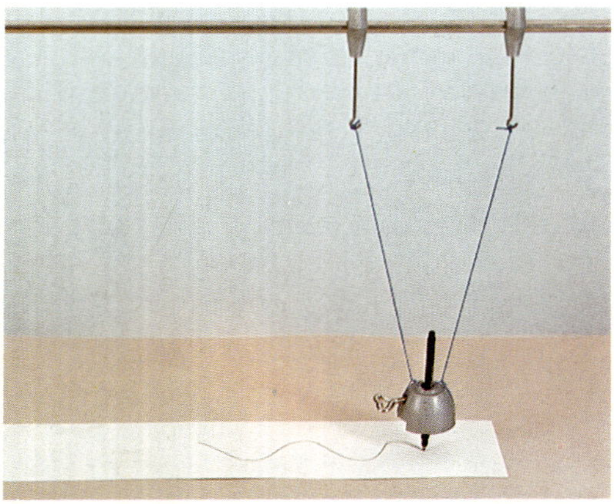

170.1 Aufzeichnung einer Pendelschwingung

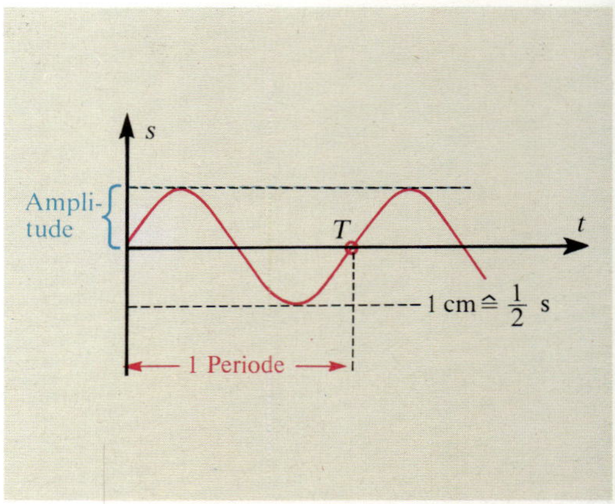

170.2 Diagramm einer Schwingbewegung

In *Gebrauchsuhren* schwingt heute meist kein Pendel mehr, sondern ein kleines Rad, die „*Unruhe*", um ihre Gleichgewichtslage, in die sie eine kleine Spiralfeder zurückzuziehen sucht. Noch genauer sind *Quarzuhren*, bei denen die hohe Frequenz eines elektrisch angeregten kleinen Quarzkristalls durch Untersetzungen so oft verkleinert wird, bis eine Frequenz von $1\frac{1}{s}$ erreicht ist. Diese Uhren sind gegenüber Temperaturschwankungen fast völlig unempfindlich.

Die Einheit der Zeit ist die Sekunde (s); sie ist durch Atomuhren festgelegt.

Bei den Uhren wird von der Tatsache Gebrauch gemacht, daß die benutzten Schwinger konstante Periodendauern haben.

Aufgaben:

1. *Welche Einheiten könnten auf der waagerechten Achse, welche auf der senkrechten Achse des Diagramms einer Schwingbewegung aufgezeichnet sein?*

2. *Wie viele Perioden der Pendelschwingung sind in Bild 170.1 aufgezeichnet worden?*

3. *Worin unterscheidet sich das idealisierte Diagramm in Bild 170.2 von dem selbstaufgezeichneten Diagramm in Bild 170.1?*

4. *Die Unruhe einer Weckeruhr macht in der Minute 120 Schwingungen, die einer Armbanduhr braucht für 100 Schwingungen* 40 s. *Wie groß sind bei den Uhren jeweils Periodendauer und Frequenz?*

5. *In der Zeit* $t = 5$ s *zählt man bei einem Schwinger* $n = 8$ *Perioden seiner Schwingung. Berechne Periodendauer* T *und Frequenz* f *der Schwingbewegung! Zeige, daß* T *und* f *Kehrwerte voneinander sind!*

6. *Untersuche bei einem alten Wecker und mit Hilfe einer Lupe bei einer alten Taschenuhr, wie die Unruhe die kleinen Anstöße erhält, die sie zur Aufrechterhaltung einer ungedämpften Schwingung braucht!*

7. *Welche der in § 54 angeführten Musikinstrumente führen gedämpfte, welche ungedämpfte Schwingungen aus?*

8. *Der Schwingquarz einer Uhr schwingt mit* 32768 Hz. *Wie oft muß man diese Frequenz halbieren, damit man eine Schwingung von* 1 Hz *erhält?*

§ 56 Schallfrequenzen

1. Eine Stimmgabel lernt schreiben

Versuch 7: Wir benutzen als Schallerreger die vom Musikunterricht her bekannte *Stimmgabel.* Ihre Schwingungen können wir in einem Versuch sehr schön sichtbar machen. Wir befestigen eine kleine Drahtspitze an einer ihrer Zinken. Nachdem wir die Gabel angeschlagen haben, führen wir diese Spitze leicht über eine berußte Glasplatte, die auf dem Schreibprojektor liegt. Die Spur, die wir in der Projektion beobachten, sieht aus wie ein gefrorener *Wellenzug* mit langsam kleiner werdender Wellenhöhe *(Bild 171.1)*: Die Stimmgabel hat ihre kaum gedämpfte Schwingung selbst aufgeschrieben. Sie heißt deshalb **Schreibstimmgabel.**

Wir können die *Frequenz* der Stimmgabel bestimmen, wenn wir die Zeitdauer wissen, in der die aufgezeichneten Schwingungen abgelaufen sind. Dazu verhilft uns ein kleiner Trick:

Versuch 8: Wir legen ein Stück Klarsichtfolie mit einem Loch in der Mitte auf den Teller eines Plattenspielers. Auf die Folie kleben wir mit Tesafilm ein Blatt Kopierpapier eines Umdruckgerätes mit der blauen Farbschicht nach unten. Bei 45 Umdrehungen in der Minute berühren wir dieses Papier leicht mit der Spitze der angeschlagenen Schreibstimmgabel, so daß sie eine längere Spur auf die Folie „schreibt". Auf die Folie zeichnen wir zwei Halbmesser, die einen Winkel von 30° bilden (also 1/12 des Vollkreises abgrenzen). Die Spur muß den so entstandenen Sektor ganz überstreichen.

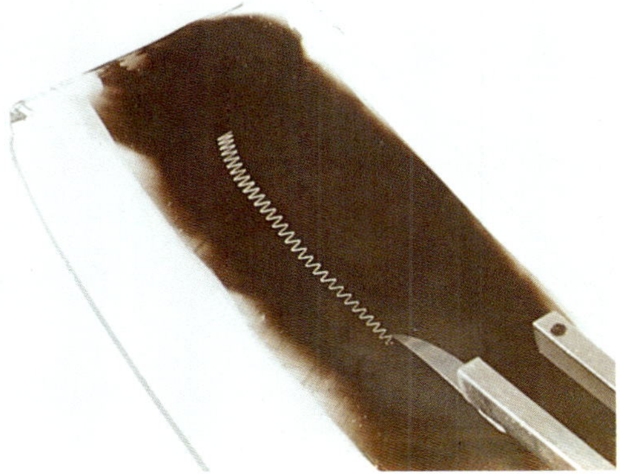

171.1 Aufzeichnung einer Stimmgabelschwingung

Wir zählen im Sektor z.B. 14 Perioden. Auf einen ganzen Umfang kommen also 12×14 Perioden. Auf 45 Umdrehungen, also 1 min $12 \times 14 \times 45$ Perioden. In 1 s finden demnach $12 \times 14 \times 45/60 = 126$ Perioden statt. Die Gabel hat also die Frequenz 126 Hz. Das stimmt mit dem Wert 128 Hz, der auf der Gabel angegeben ist, gut überein. Kein Wunder, daß unser Auge dieser Schwingung nicht folgen kann!

2. Schwingungen in Zeitlupe

Es gibt ein Gerät, das in gleichbleibenden kurzen Zeitabständen helle Lichtblitze erzeugt. Es heißt **Stroboskop** und enthält eine elektrisch betriebene Lampe wie in einem Fotoblitzgerät. Die Frequenz der Blitzfolge läßt sich an einem Drehknopf auf beliebige Werte zwischen 2 Hz und 300 Hz einstellen.

Versuch 9: Wir beleuchten im verdunkelten Raum eine große Stimmgabel mit einem Stroboskop. Dann schlagen wir sie an. Machen wir die Frequenz der Lichtblitze etwas kleiner oder größer als die der Stimmgabel, so scheint die Gabel ganz langsame Schwingbewegungen auszuführen; sind die Frequenzen völlig gleich, scheint sie ganz still zu stehen. Das letzte verstehen wir gut: Die Lichtblitze treffen die Gabel nach jeweils einer Periode immer in derselben Stellung. Nur in dieser sehen wir sie. In den dazwischenliegenden Dunkelzeiten führt sie jeweils eine Schwingung aus. Wir bemerken dies aber nicht. Die rasch aufeinanderfolgenden Bilder verschmelzen für unsere Wahrnehmung zu einem einzigen hellen Eindruck. Die Stimmgabelzinken scheinen zu *ruhen*, obwohl sie in Wirklichkeit in rascher Bewegung sind. Ist die Stroboskopfrequenz etwas kleiner, so folgen sich zwei Lichtblitze in etwas größerem zeitlichen Abstand. Sie treffen die Zinken in zwei Lagen, die ein wenig gegeneinander verschoben sind; in Wirklichkeit hat inzwischen eine volle Periode der Schwingung und diese geringe weitere Verschiebung stattgefunden. Die rasch aufeinanderfolgenden beleuchteten Stellungen der Gabelzinken vermitteln den Eindruck einer *stetigen* Bewegung. In *Bild 172.1* sind 17 Perioden der Stimmgabelschwingung in der üblichen Weise wiedergegeben. Aber nur in den eingezeichneten Punkten wurde die Gabel „geblitzt". Die Verbindungslinie dieser Punkte gibt die wahrgenommene langsame Schwingung wieder.

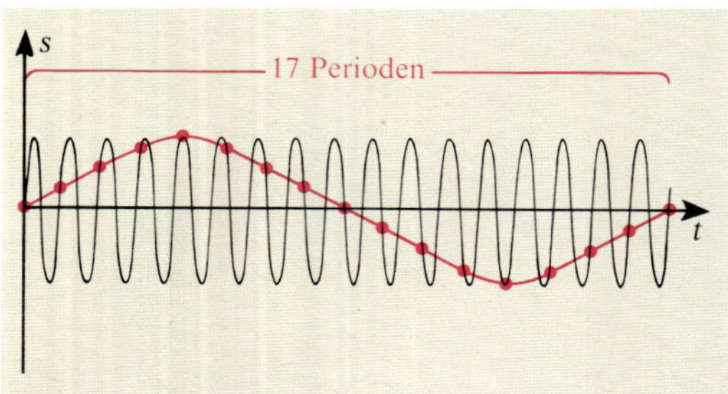

172.1 Auf eine Periode der beobachteten Schwingbewegung kommen 17 Perioden der tatsächlich stattgefundenen Schwingung.

Verblüffend ist auch die langsame Schwingung, die eine mit dem Stroboskop beleuchtete *Lautsprechermembran* (scheinbar) macht. **Kino** und **Fernseher** arbeiten nach dem gleichen Prinzip: Rasch aufeinanderfolgende, kurzzeitig *stehende* Bilder verschmelzen in unserer Wahrnehmung zu einem Eindruck *stetiger* Bewegung. In den Zwischenzeiten ist die Kinoleinwand dunkel.

3. Schall, den wir nicht hören

Versuch 10: Mit Hilfe eines elektrischen Geräts, des **Tonfrequenzgenerators,** kann man Lautsprecher zu Schwingungen beliebiger Frequenz anregen. Erhöht man dabei die Frequenz auf über 12000 Hz, so hören manche, vor allem ältere Personen, den zugehörigen Ton nicht mehr. Bei anderen liegt diese Grenze höher, bei Kindern oft erst bei 20000 Hz.

Den Frequenzbereich oberhalb der menschlichen Hörgrenze von etwa 16000 Hz nennt man **Ultraschall.** Unser Ohr nimmt Schwingungen von so hoher Frequenz nicht mehr wahr, obwohl sich physikalisch weiter nichts geändert hat als die Frequenz.

Von manchen Tieren, z.B. Hunden und Fledermäusen, wissen wir, daß sie *Ultraschall* wahrnehmen können. Für den Menschen unhörbar kann man mit einer *Hundepfeife*, die im Ultraschallbereich tönt, seinen Hund rufen. – Fledermäuse stoßen beim Fliegen dauernd Schreie im Ultraschallgebiet aus (bis 70000 Hz). Am Echo (Seite 176) können sie Hindernisse erkennen und daher vermeiden.

Der Versuch nach *Bild 173.1* zeigt auch, daß unser Ohr Schwingungen mit Frequenzen unter 16 Hz nicht als Ton wahrnimmt. Es gibt also für die Frequenzen der wahrnehmbaren Töne einen **Hörbereich** mit Unter- und Obergrenze.

4. Schallschwingung und Schallempfindung sind nicht dasselbe

Wir haben erfahren, daß wir deutlich unterscheiden müssen zwischen dem *physikalischen* Vorgang **„Schall"** und der *subjektiven* **Schallempfindung.** Schallschwingungen sind oft vorhanden, auch wenn niemand da ist, der sie hört; andererseits wissen wir z.B. vom *„Klingen"* unseres Ohrs her, daß wir die Empfindung *„Schall"* auch ohne äußere Schallerregung haben können.

Schall entsteht, wenn ein Schallerreger schwingt. Schall ist hörbar, wenn seine Frequenz im Hörbereich liegt, d.h. etwa zwischen 16 Hz und 16000 Hz.

Aufgaben:

1. *Welche Frequenz der Schreibstimmgabel ergibt sich, wenn der 30 °-Sektor von Versuch 8 bei 33 Umdrehungen je Minute 40 Perioden enthält?*

2. *Warum scheinen sich im Film oder Fernsehen Räder oft falsch zu drehen? Denke an Bild 172.1!*

3. *Pfeifen geben einen um so höheren Ton, je kürzer sie sind. Wie muß also die in Abschnitt 3 angeführte Hundepfeife gebaut sein?*

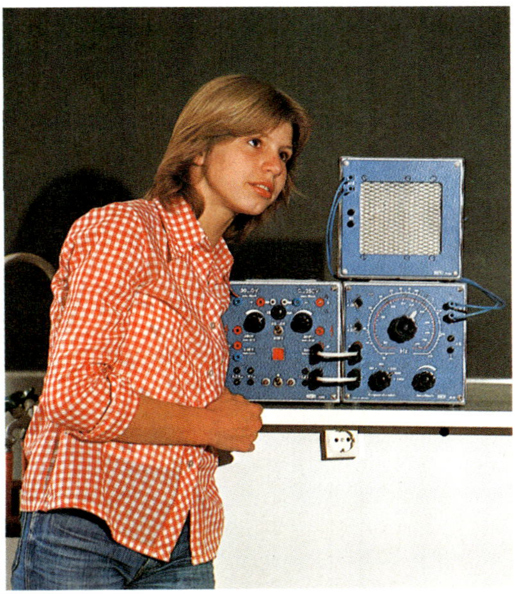

173.1 Bestimmung des Hörbereichs. Hier bist du deinem Lehrer vielleicht überlegen.

§ 57 Die Ausbreitung des Schalls

1. Wie kommt Schall vom Erreger zum Ohr?

Schnell schwingende Körper erregen Schall. Aber diese Körper befinden sich meist nicht unmittelbar an unserem Ohr. Trotzdem hören wir etwas. Der Schall kann also die Entfernung irgendwie überbrücken. Wie macht er das?

Versuch 11: Unter die Glasglocke einer Luftpumpe bringen wir eine elektrische Klingel *(Bild 173.2)*. Ihr Ton wird um so leiser, je weniger Luft noch in der Glocke ist. Schließlich verschwindet er vollständig, falls die Klingel auf einer weichen Unterlage liegt. Berührt sie aber den Teller oder die Glasglocke, so dringt trotzdem ein leiser Ton nach außen.

Im leeren Raum kann sich Schall also *nicht* ausbreiten. Im allgemeinen wird er durch die Luft weitergeleitet, doch eignen sich auch feste Körper und Flüssigkeiten dazu: An *Eisenbahnschienen* vernimmt man über große Entfernungen das Rollen der Räder; unter *Wasser* getaucht, hört man ein klingendes Geräusch, wenn man zwei Steine gegeneinander stößt. Das Ticken einer auf dem Tisch liegenden Uhr wird durch das *Holz* zum Ohr geleitet, das man nach *Bild 174.1* an die Tischplatte drückt.

173.2 Eine Klingel in einem ausgepumpten Glas hört man nicht.

174.1 Holz leitet Schall.

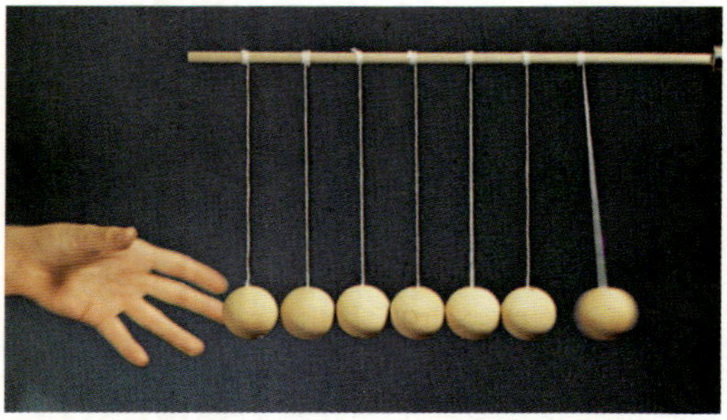

174.2 Ein Stoß geht durch eine Pendelreihe.

174.3 Ein Stoß geht durch Luft. Das rechte Pendelchen zeigt die ankommende Schwingung.

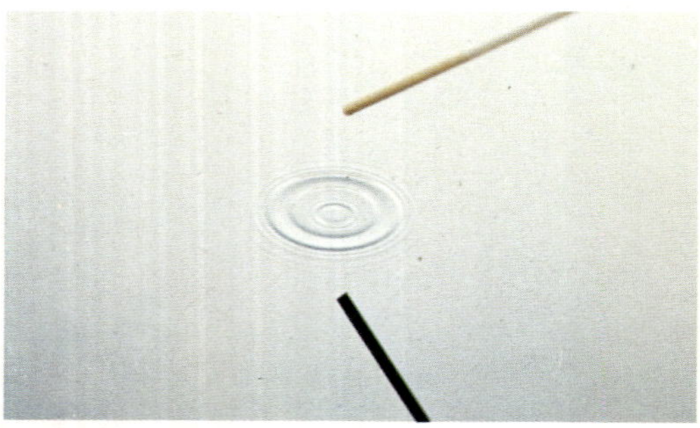

174.4 Erregung von Wasserwellen

Versuch 12: Ein Modellversuch soll uns die Vorgänge bei der *Schallausbreitung* klar machen. Dazu hängen wir viele kleine Pendel (z.B. an dünnen Fäden befestigte Tischtennisbälle) in einer Reihe mit kleinen Zwischenräumen auf. Dem ersten Pendel geben wir einen Stoß, so daß es zentral aufs zweite trifft *(Bild 174.2)*. Dabei kommt das erste zur Ruhe, und das zweite übernimmt die Geschwindigkeit und damit die Rolle des ersten. So wandert der Stoß durch die ganze Pendelreihe hindurch. Jede Kugel bewegt sich dabei nur um eine ganz kleine Strecke weiter. Denken wir uns an Stelle der Pendelkugeln die Luftteilchen, so gewinnen wir eine gute Vorstellung von der Ausbreitung des Schalls in Luft:

Versuch 13: Ein *Tamburin* oder ein mit einer Gummihaut überzogener Ring wird einem zweiten wie in *Bild 174.3* gegenübergestellt. Schlägt man auf die Membran links, so wird ein die rechte Membran berührendes kleines Pendel kräftig weggestoßen: Die Luftteilchen haben die Bewegung der Membran Schicht für Schicht weitergegeben. Von einem Schallgeber, z.B. einer Glocke, wird in jeder Sekunde die seiner Frequenz entsprechende Zahl von Stößen von Luftteilchen zu Luftteilchen übertragen. Keineswegs bewegt sich dabei Luft von der Glocke bis hin zu unserem Ohr.

Bild 175.1 zeigt, wie die Luft von der Membran eines **Lautsprechers** angestoßen wird und wie sie diese Anstöße weitergibt. Auf diese Weise entsteht eine Folge von *Luftverdichtungen* und *-verdünnungen*, die vom Erreger wegeilen. Das erinnert uns an **Wasserwellen,** die von einer Erregerstelle ausgehen *(Bild 174.4)*. Auch hier bewegt sich nicht das Wasser selbst vom Erreger weg, sondern nur die vom Erreger erzeugte *Wellenform* der Oberfläche. Das sehen wir deutlich, wenn wir kleine Korkstücke auf das Wasser werfen. Sie bewegen sich nur ein wenig auf und ab, wenn sie von den Wellen erfaßt werden.

Analog zum Wort *Wasserwellen* sprechen wir beim Schall von **Schallwellen.** Das sind aber **räumliche Wellen** in Kugelschalenform; die kreisförmigen Wasserwellen dagegen verlaufen (hauptsächlich) in der *Ebene* der Wasseroberfläche.

Schallerreger erzeugen im Schallträger Schallwellen, die von der Erregerstelle nach allen Seiten wegeilen.

2. Läßt sich der Schall Zeit?

Oft hört man Schläge, die jemand mit einer Axt oder einer Ramme auf einer Baustelle ausführt, *später*, als man sie sieht. Wie Wasserwellen brauchen auch *Schallwellen* eine bestimmte Zeit t, um einen Weg s zurückzulegen. Ihre *Geschwindigkeit* v kann dann nach Seite 17 mit der Gleichung $v = s/t$ berechnet werden. Mit Startpistole und Stoppuhr läßt sich eine ungefähre Messung auf dem Sportplatz leicht ausführen: Wir lassen den Schall 100 m „laufen" *(Bild 175.2)*. Der Zeitnehmer startet seine Uhr, wenn er den Rauch der Pistole sieht, er stoppt sie, wenn er den Knall hört.

Versuch 14: Wir schließen zwei Mikrofone A und B so an eine elektrische Uhr an, daß sie auf ein Signal von A startet und auf ein Signal von B wieder anhält. (Mikrofone wandeln ein Schallsignal in ein elektrisches Signal um.) Das kurze Schallsignal erzeugen wir in gerader Linie BA vor A mit einer Pistole oder einem Lautsprecher. Haben die Mikrofone voneinander den Abstand $s = 1{,}70$ m, so finden wir die Laufzeit $t = 0{,}0050$ s. Verdoppeln wir die Strecke, so verdoppelt sich auch die gemessene Zeit. Die Geschwindigkeit des Schalls wird also mit größerer Entfernung vom Erreger nicht kleiner, der Schall wird unterwegs nicht langsamer.

Stoff	Schallgeschwindigkeit
Feste Stoffe:	
Kautschuk	35 m/s
Kork	500 m/s
Blei	1 200 m/s
Kupfer	3 900 m/s
Holz bis	5 500 m/s
Eisen bis	5 800 m/s
Flüssigkeiten:	
Tetrachlorkohlenstoff	950 m/s
Alkohol	1 180 m/s
Benzol	1 350 m/s
Quecksilber	1 450 m/s
Wasser	1 480 m/s
Gase:	
Kohlendioxid	260 m/s
Sauerstoff	322 m/s
Luft	340 m/s
Stickstoff	345 m/s
Helium	1 005 m/s
Wasserstoff	1 330 m/s

Tabelle 175.1 Schallgeschwindigkeiten bei 20 °C

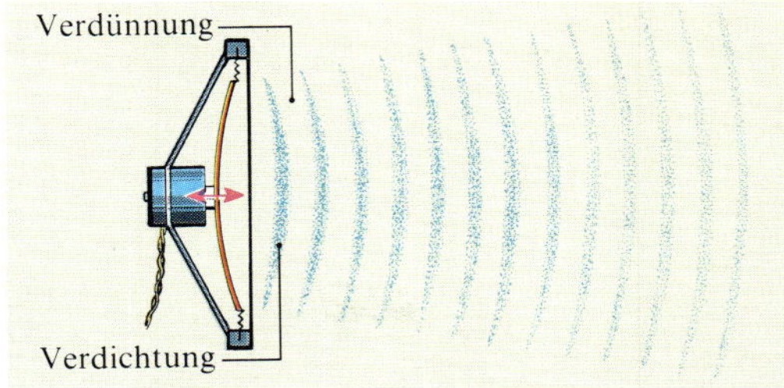

175.1 Schallfeld vor einer Lautsprechermembran

Wir berechnen die Schallgeschwindigkeit aus unserem Versuch zu $v = s/t = 340$ m/s. Dieses Ergebnis kann keine sehr große Genauigkeit haben. Ein Meßfehler von einer 10 000stel Sekunde gibt einen Geschwindigkeitsunterschied von ± 6 m/s. Genaue Messungen haben aber unser Ergebnis bestätigt und außerdem gezeigt, daß die **Schallgeschwindigkeit** mit höheren Temperaturen etwas steigt. Als einfache Merkregel wollen wir festhalten:

In Luft legt der Schall in 3 Sekunden etwa einen Kilometer zurück.

Man hat die *Schallgeschwindigkeit* auch in anderen Stoffen gemessen und bekam die in *Tabelle 175.1* enthaltenen Werte.

175.2 Messung der Schallgeschwindigkeit

176.1 Der Echobläser vom Königssee

176.2 Reflexion von Schall

3. Wie man in den Wald hineinruft ...

Es gibt noch eine Erscheinung, die wir mit unserem Pendelversuch erklären können: das **Echo.**

Versuch 15: Wir stellen neben das letzte Pendelchen bei dem Versuch nach *Bild 174.2* eine feste Wand. Es wird, nachdem es vom vorletzten angestoßen wurde, von der Wand zurückgeworfen und trifft wieder auf seinen Nachbarn. Dieser Stoß in umgekehrter Richtung pflanzt sich wieder durch die ganze Reihe fort und kehrt zum Ausgangspunkt zurück. Ähnlich wird auch der Schall an einem Hindernis *reflektiert*, auf das er trifft. Aus der Zeit bis zur Rückkehr des *Echos* läßt sich die Entfernung bis zum Hindernis berechnen.

Beispiel: Wieweit ist der Echobläser auf dem Königssee *(Bild 176.1)* vom Ufer – einer senkrechten Felswand – entfernt, wenn die mitfahrenden Touristen das Echo seiner Trompete nach 1,5 s hören? Der Schallweg beträgt $1{,}5 \cdot 340\ \text{m} = 510\ \text{m}$. Die gesuchte Entfernung ist halb so groß, also 255 m.

S-Versuch 16: Bei einem Versuch nach *Bild 176.2* hört man die Uhr dann deutlich ticken, wenn man den Spiegel in eine ganz bestimmte Stellung bringt. Man *hört* die Uhr am besten, wenn man sie im Spiegel auch *sehen* kann. Dann sind die beiden im Bild eingezeichneten Winkel gleich groß. Schall wird nach den *gleichen* Gesetzen wie ein elastischer Ball oder wie Licht reflektiert.

Der von den Wänden eines Raumes zurückgeworfene Schall stört bei kleinen Entfernungen nicht. Vielmehr unterstützt der *reflektierte* Schall *den* Schall, der *direkt* zum Ohr des Hörers kommt: Im Zimmer muß man, um verstanden zu werden, nicht so laut reden wie im Freien. Der reflektierte Schall wird erst dann zum störenden **Nachhall,** wenn er um mehr als 1/20 s später eintrifft. In dieser Zeit macht er einen Umweg von mehr als 17 m. So soll der **Schalldeckel** über der Kirchenkanzel dem nach oben gehenden Schall den weiten Weg zur Decke verlegen und die Worte des Pfarrers fast ohne Umweg zur Gemeinde lenken. Der geradlinig ankommende Schall wird dann verstärkt und nicht durch *Nachhall* gestört.

Der störende Nachhall läßt sich weitgehend dadurch verhindern, daß man großen Räumen günstige Formen gibt oder ihre Decken und Wände mit *schallschluckenden* weichen Materialien bekleidet. Man spricht von der *guten* oder *schlechten* **Akustik** eines Raumes und gebraucht dann dieses Wort in einem anderen Sinn als bei der Überschrift dieses Kapitels. Ist dir schon die Stille bei frisch gefallenem Schnee aufgefallen? Der lockere Schnee verschluckt fast völlig die gewohnten Umweltgeräusche.

4. Umweltschutz durch Schalldämmung

Bei Bauten kommt es nicht nur darauf an, störende Reflexionen zu vermeiden. Man möchte auch von Geräuschen der Nachbarn möglichst verschont bleiben. Nun nehmen schwere

Wände und Decken Schall aus der Luft, etwa vom Sprechen her, kaum auf und leiten ihn deshalb auch nicht merklich weiter – im Gegensatz zu dünnen Wänden. *Klopf-* und *Trittgeräusche* werden dagegen von harten Baustoffen wie Beton sehr gut „angenommen" und übertragen, auch das Geräusch eines Fernsehgeräts, das ohne Schalldämmung unmittelbar den Tisch berührt. Deshalb legt man den Bodenestrich in eine „Wanne" schallschluckender Materialien, so daß er weder die Decke noch die Wände direkt berührt (schwimmender Estrich). Weiche, poröse Stoffe dämpfen Schallschwingungen stark, sie sind **schlechte Schall-Leiter.** Stellt man im Versuch nach *Bild 174.1* den Wecker auf ein Stück *Schaumgummi* oder legt man *Filz* zwischen Ohr und Tisch, so hört man die Uhr nicht mehr ticken, auch wenn man das Ohr auf die Tischplatte drückt. Der *Schwamm* unter der Klingel in Versuch 11, Gummiunterlagen unter Maschinen, etwa Elektromotoren in Kühlschränken, oder die *weiche Polsterung* der Tür zum Sprechzimmer des Arztes dienen der **Schalldämmung.**

Weiche, poröse Stoffe sind schlechte Schall-Leiter und werden daher zur Schalldämmung benutzt.

177.1 Schall-Leitung in Wasser

177.2 Astronauten auf dem Mond

177.3 Zu Aufgabe 2

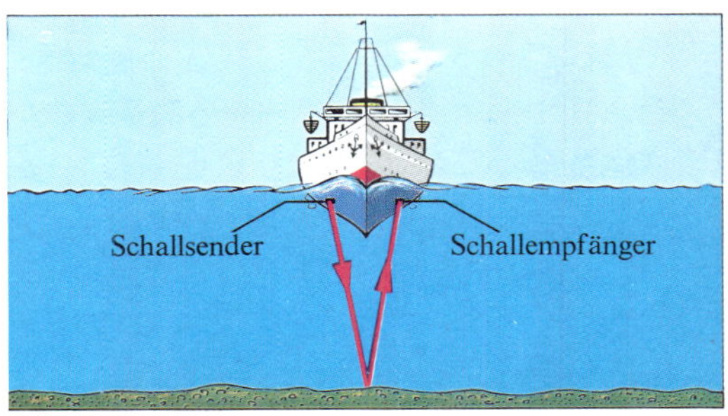

177.4 Echolot: Aus der Laufzeit des Schalls wird die Wassertiefe bestimmt (zu Aufgabe 5).

Aufgaben:

1. *Prüfe mit einem Versuch nach Bild 177.1, ob Wasser Schall leitet!*

2. *Fertige nach Bild 177.3 ein Schnurtelefon an! Die Schnur überträgt den Schall von der ersten auf die zweite Membran. Als Sprechmuschel bzw. Hörer eignen sich leere Joghurtbecher. Die Schnur kann viele Meter lang sein, darf aber nicht in die Türspalte eingeklemmt sein.*

3. *Können sich zwei Astronauten auf dem Mond akustisch verständigen (Bild 177.2)? Geht es möglicherweise, wenn sich ihre Schutzhelme berühren?*

4. *Wie weit ist ein Gewitter entfernt, wenn du den Donner 9 s nach dem Blitz hörst?*

5. *Wie tief ist das Meer an einer Stelle, an der das Echolot (Bild 177.4) einen Zeitunterschied von 20 Millisekunden zwischen Schallsignal und Echo mißt? (1 Millisekunde = 1/1 000 s)*

6. *Warum legt man unter Schreibmaschinen meist eine Filzmatte?*

§58 Die Wahrnehmung des Schalls

1. Die Vielfalt von Schallschwingungen

Schallerreger schwingen im allgemeinen nicht in so einfachen Formen, wie sie die *Stimmgabel* in Versuch 7 zeigte.

Versuch 17: Eine Papiermembran ist über eine kreisrunde Öffnung in einem Brettchen gespannt und trägt nahe am oberen Rand ein kleines Stückchen Spiegelglas *(Bild 178.1)*. Ein darauf gerichteter Lichtstrahl wird zurückgeworfen und erzeugt an der Wand einen kleinen Lichtfleck. Drückt man mit dem Finger auf die Mitte der Membran, so bewegt sich der Lichtfleck nach unten. Wir richten eine angeblasene Pfeife gegen die Membran und bemerken, daß der Lichtfleck vertikal auseinandergezogen wird. Er schwingt so rasch auf und ab, daß wir nur noch einen *Strich* wahrnehmen.

Bringen wir in den Gang des zurückgeworfenen Strahls einen Spiegel, der sich um eine vertikale Achse dreht, so eilt der vorher ruhende Lichtpunkt so rasch über die Wand, daß wir eine waagerechte Gerade sehen. Bei tönender Pfeife erscheint eine Schwingungskurve wie in *Bild 178.1*: Die Schallwellen bringen die Membran zum *Mitschwingen*. Die Kurve zeigt das *nebeneinander*, was beim Schwingen der Membran *nacheinander* erfolgt (vergleiche mit *Bild 174.1!*). Wenn man *schwächer* bläst, werden die Amplituden *kleiner*. Eine Pfeife mit *höherem* Ton ergibt an der Wand Schwingungslinien mit *kürzeren* Perioden.

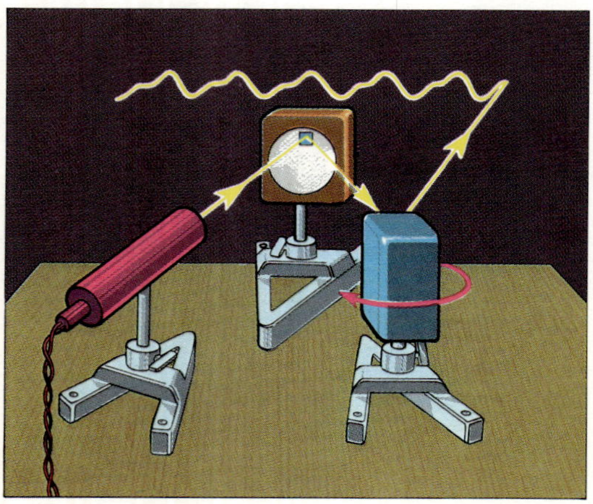

178.1 Lichtstrahl und Drehspiegel zeichnen Membranschwingungen auf (vereinfacht, ohne Linsen).

178.2 Elektrisches Oszilloskop zur Untersuchung von Schallschwingungen. Die Membran im Mikrofon entspricht der Papiermembran in *Bild 178.1*.

Besser lassen sich solche Kurven mit Hilfe eines **Oszilloskops** (Schwingungsanzeigers) gewinnen *(Bild 178.2)*. Die Membran des angeschlossenen Mikrofons wird vom Schall getroffen. Mit elektrischen Hilfsmitteln wird die Membranschwingung sichtbar gemacht.

Versuch 18: Wir untersuchen Schall verschiedener Herkunft mit einem Oszilloskop. *Einfache* Töne, z.B. die einer *Stimmgabel* oder einer schwach angeblasenen *Pfeife*, ergeben *glatte Schwingungszüge (Bild 179.1a)*; zwei zusammen erklingende Stimmgabeln mit 440 Hz und 1760 Hz ergeben einen gekräuselten Kurvenzug. Man sieht ihm an, daß sich zwei Schwingungen *überlagert* haben *(Bild 179.1b)*. Ein ähnliches Bild sehen wir bei einer stark angeblasenen *Pfeife*. Bei ihr hat sich auch der subjektive Eindruck geändert; man sagt, der dabei entstehende Ton habe eine andere *Klangfarbe* als der der schwach angeblasenen Pfeife.

Ein noch komplizierteres Bild finden wir, wenn wir einen *Vokal* gegen das Mikrofon singen *(Bild 179.1c)*. Auch hier ist eine bestimmte **Grundfrequenz** noch deutlich zu erkennen. *Geräusche* ergeben Kurvenzüge mit vielen dicht liegenden verschieden hohen Spitzen. Bei ihnen kann man keine bestimmte Grundfrequenz mehr ausmachen. Schließlich ist ein *Knall* im wesentlichen durch *einen* kräftigen Ausschlag gekennzeichnet, der rasch wieder in die gerade Linie übergeht *(Bild 179.1d)*.

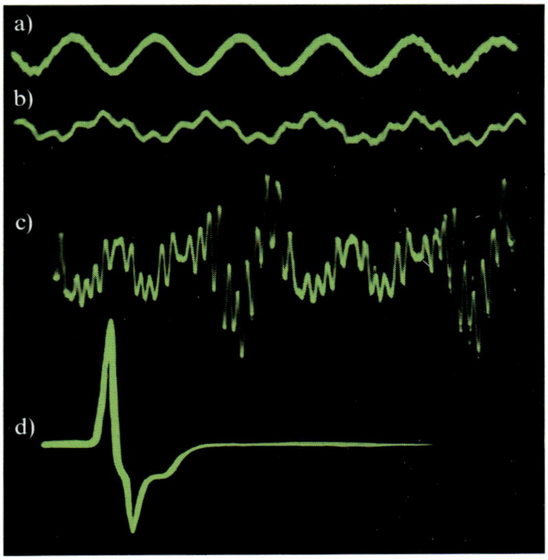

179.1 Oszillogramm von Schwingungsformen: a) Stimmgabel, b) zwei zusammenklingende Stimmgabeln, c) der Vokal o, d) ein Knall

2. Das Ohr als Schallempfänger

Der von der Ohrmuschel M *(Bild 179.2)* aufgefangene Schall kommt über den Gehörgang G zum **Trommelfell** TF. Dieses führt *Membranschwingungen* aus, wie sie in *Bild 179.1* wiedergegeben sind. Über die Gehörknöchel K werden sie zum inneren Ohr weitergeleitet. Dort werden die Enden des **Hörnervs** N gereizt. Diese Reizung löst die *Schallempfindung* aus. Die folgende Übersicht zeigt, welche Klangempfindungen den verschiedenen Schwingungsformen des Erregers und damit des Trommelfells zugeordnet sind.

Physikalischer Vorgang	Unsere Empfindung
Amplitude wird größer	Ton wird lauter
Frequenz wird höher	Ton wird höher
Einfache Schwingung	Einfacher Ton
Überlagerte Schwingung mit erkennbarer Grundfrequenz	Klang bestimmter Tonhöhe mit bestimmter Klangfarbe
Kompliziert überlagerte Schwingung ohne erkennbare Grundfrequenz	Geräusch wie z.B. der Sprechlaut „sch“
Einzelner Ausschlag mit hoher Amplitude, rasch abklingend	Knall

Tabelle 179.1 Akustische Empfindungen physikalisch gedeutet

3. Wie gibt man Lautstärken an?

Unser Trommelfell erfährt in der Nähe eines Schallerregers verhältnismäßig große Kräfte; wir empfinden große **Lautstärke**. Weiter weg sind diese Kräfte wesentlich kleiner und schließlich so klein, daß es zu einer Schallempfindung gar nicht mehr kommt. Der Schall „verdünnt“ sich ja bei seiner Ausbreitung nach allen Seiten in den Raum hinaus immer mehr.

Die Lautstärke, die etwas über die *Intensität* unserer *subjektiven* Hörempfindung aussagt, ist keine einfach zu messende Größe. Sie wird in der Einheit **Phon** angegeben, deren Festlegung hier nicht erläutert werden kann. *Tabelle 179.2* enthält einige *Lautstärken* in phon.

Art des Schalls	phon
Hörschwelle	0
Flüstersprache	20
Normales Sprechen	40
Lautsprechermusik	60
Sehr lauter Straßenlärm	80
Nietarbeiten in Fabrikhalle	100
Flugzeugmotor in 4 m Abstand	120
Schmerzschwelle	130

Tabelle 179.2 Einige Lautstärken

Die **Hörschwelle** bezeichnet die Grenze der Hörbarkeit nach *unten*, die **Schmerzschwelle** den Beginn von Schmerzempfindungen im Ohr infolge von *Überbeanspruchung*. Starke Überbeanspruchung, z.B. auch schon durch längeres Anhören von zu lauter Musik (Diskothek), führt zu Dauerschäden!

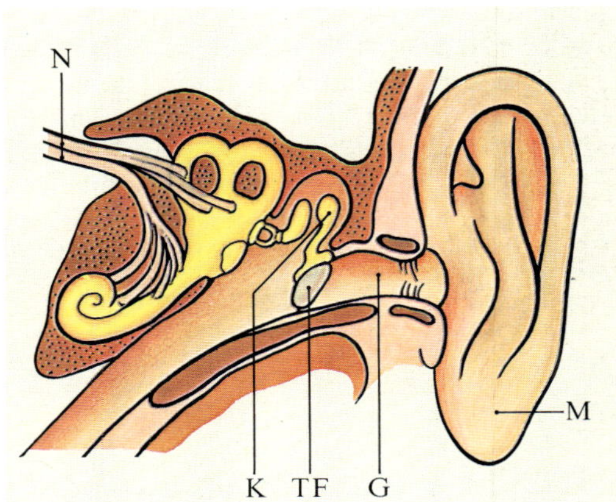

179.2 Das menschliche Ohr. Das Trommelfell TF schwingt wie eine Membran, wenn Schall auftrifft.

§ 59 Die Tonleiter

1. Eine Sirene kann mehr als heulen

Versuch 19: Eine um ihren Mittelpunkt drehbare Blechscheibe besitzt acht konzentrisch angeordnete Lochreihen. In den einzelnen Reihen befinden sich 24, 27, 30, 32, 36, 40, 45 und 48 Löcher in jeweils gleichen Abständen *(Bild 180.1)*. Wenn bei beliebiger, aber gleichbleibender Drehfrequenz durch ein Glasrohr gegen eine der Lochreihen geblasen wird *(Bild 180.2)*, hören wir einen Ton gleichbleibender Höhe. (Die Drehfrequenz gibt die Zahl der Umdrehungen je Sekunde an.)

180.1 Scheibe einer Lochsirene. Die Löcher haben auf den Kreisen jeweils gleiche Abstände.

Die Töne kommen bei dieser **Lochsirene** auf folgende Weise zustande: Der Luftstrom kann aus dem Rohr ungehindert weiterfließen, solange sich eine der Öffnungen vor dem Rohrende befindet. Im nächsten Augenblick wird er aber durch die nicht durchlässige Blechscheibe abgeschnitten. Gleich darauf erscheint wieder eine Öffnung und so fort. Dadurch bekommt die Luft hinter der Sirenenscheibe rasch aufeinanderfolgende, regelmäßige Stöße, ganz ähnlich denen, die ein schwingender fester Schallerreger ausübt. Ist die *Drehfrequenz* der Sirenenscheibe bekannt, so läßt sich die *Frequenz* des entstehenden Tons berechnen. Bei 10 Umdrehungen in der Sekunde bekommt die Luft beim Anblasen der äußeren Reihe 10mal 48 Anstöße in der Sekunde; die Frequenz des Tons ist 480 Hz.

180.2 Mit Hilfe der Lochsirene können Frequenzen von Tönen bestimmt werden.

Bläst man nun bei gleichbleibender Drehfrequenz nacheinander alle 8 Lochreihen an, so erklingt eine **Durtonleiter.** Das ist eine von der Musik her bekannte Folge von *Tönen.* Je zwei Töne bilden miteinander ein bestimmtes **Intervall,** das ein geübtes Ohr erkennen kann. Bei höherer Drehfrequenz, z.B. 15 Umdrehungen

Angeblasene Reihe	1	2	3	4	5	6	7	8
Tonfrequenz bei 10 Umdrehungen je Sekunde	240 Hz	270 Hz	300 Hz	320 Hz	360 Hz	400 Hz	450 Hz	480 Hz
Tonfrequenz bei 15 Umdrehungen je Sekunde	360 Hz	405 Hz	450 Hz	480 Hz	540 Hz	600 Hz	675 Hz	720 Hz
Intervall	Prime	Sekunde	Terz	Quarte	Quinte	Sexte	Septime	Oktave

Tabelle 180.1 Zur Lochsirene

je Sekunde, hören wir *wieder* eine Durtonleiter. In *Tabelle 180.1* sind die Frequenzen der Töne der beiden Tonleitern eingetragen, außerdem die Namen der Intervalle, die von den lateinischen Ordnungszahlen abgeleitet sind. Bei der Angabe eines musikalischen Intervalls bezieht man sich auf den ersten Tonleiterton, die *Prime*. Aus der Tabelle sehen wir, daß ein Intervall physikalisch durch das *Verhältnis der Frequenzen der beiden Töne bestimmt ist.*

Ein *einfaches* Frequenzverhältnis empfindet unser Ohr als **Konsonanz,** z.B. die **Oktave** mit 2:1 und die Quinte mit 3:2, ein nicht so einfaches als **Dissonanz,** z.B. die *Septime* mit 15:8.

Ein musikalischer Intervall ist physikalisch durch das Frequenzverhältnis der Töne gekennzeichnet. Die Oktave hat die doppelte Frequenz des Grundtones.

2. Der Kammerton

Instrumentenfirmen können ihre Musikinstrumente *gleich* stimmen, weil man Stimmgabeln kaufen kann, die einen Ton mit international festgelegter Frequenz erzeugen, den sogenannten **Kammerton.** Er hat 440 Hz. – Damit und mit den von der Lochsirene her bekannten *Frequenzverhältnissen* können wir die **Frequenzen** der Töne der Durtonleiter *berechnen.* Wir finden folgende Zuordnung:

Töne	c′	d′	e′	f′	g′	**a′**	h′	c″
Frequenzen in Hz	264	297	330	352	396	**440**	495	528

Der Kammerton a′, nach dem die Musikinstrumente gestimmt werden, hat die Frequenz 440 Hz.

Aufgaben:

1. *Bei welcher Drehfrequenz erzeugt die beschriebene Lochsirene die Töne* c′ *bis* c″*?*

2. *Gib die Frequenzverhältnisse des Dur-Dreiklangs* (c′–e′–g′) *an!*

3. *Wie könnte man mit Hilfe einer Lochsirene die Frequenz eines auf beliebige Weise erzeugten Tons bestimmen?*

§ 60 Die Saitenschwingung

1. Wie verändert man den Ton einer Saite?

Wir haben jetzt schon viel über Schall, aber noch nichts über die Tonerzeugung bei **Musikinstrumenten** gehört. Ihnen wenden wir uns jetzt zu. Zu unseren Versuchen benutzen wir ein **Monochord;** das ist ein mit einer einzigen **Saite** bespannter Holzkasten. Die Saite ist durch zwei Stege abgegrenzt und wird durch einen angehängten Körper gespannt *(Bild 181.1).*

Versuch 20: **a)** Wir zupfen die Saite an oder streichen sie mit einem Geigenbogen. Wir hören einen in der Höhe *gleichbleibenden* Ton und sehen, daß die Saite schwingt, wie es in *Bild 182.1a* in zwei Grenzlagen eingezeichnet ist.

b) Wir hängen einen *schwereren* Körper an: Es ergibt sich ein *höherer* Ton.

c) Wir *verkürzen* die Saite, indem wir einen der Stege verschieben: Wieder hören wir einen *höheren* Ton.

d) Wir tauschen die Saite gegen eine andere aus, die aus einem *dünneren* Draht besteht: Bei sonst gleichen Bedingungen wird auch diesmal der Ton *höher.*

Die Tonhöhe einer Saite hängt von ihrer Länge, ihrer Spannkraft und ihrer Dicke ab.

Bei der **Geige** macht man von allen drei Möglichkeiten Gebrauch, um eine bestimmte Tonhöhe zu erzielen: Die tieferklingenden Saiten sind *dicker* und oft mit Metalldraht umwickelt, um sie schwerer zu machen. Beim Stimmen verändert man durch Drehen am Wirbel die *Spannung* und beim Spielen die *Länge* der Saiten, indem man sie mit dem Finger abgrenzt.

181.1 Monochord

2. Eine weitere, erstaunliche Eigenschaft von Saiten

Wir konnten zwar feststellen, daß eine Saite schwingt. Dieser Vorgang verlief aber so schnell, daß wir ihn mit dem Auge nicht genau verfolgen konnten. Wir haben schon einmal, um klarer zu sehen (§55), statt einer schnellen Schwingung eine ganz langsame untersucht.

Versuch 21: Wir benutzen eine *Schraubenfeder* anstelle einer Saite. Das ist eine lange Wendel aus elastischem Stahldraht. Auf einer Seite wird sie fest eingespannt. Am anderen Ende ziehen wir sie mit der Hand auf einige Meter Länge, so daß sie noch nicht überdehnt wird. Durch kleine Schwingbewegungen passender Frequenz mit der Hand erhält man leicht die schon bei der Saite beobachtete Schwingungsform des *Bildes 182.1a*. Die Feder schwingt dabei als Ganzes nach oben und nach unten.

a) Verdoppeln wir die Frequenz, so stellt sich eine Schwingungsform nach *Bild 182.1b* ein. Ein Punkt in der Mitte bleibt in Ruhe, dort entsteht ein **Bewegungsknoten**. Die Feder schwingt in zwei Hälften jeweils in entgegengesetzter Richtung; es entstehen zwei **Bäuche**. Beim ersten Versuch entstand nur *ein* Schwingungsbauch.

b) Bei dreifacher Anregungsfrequenz gibt es drei *Bäuche*, bei vierfacher vier und bei fünffacher fünf *(Bild 182.1d)*. Die Zahl der Knoten ist jeweils um eins kleiner als die der Bäuche.

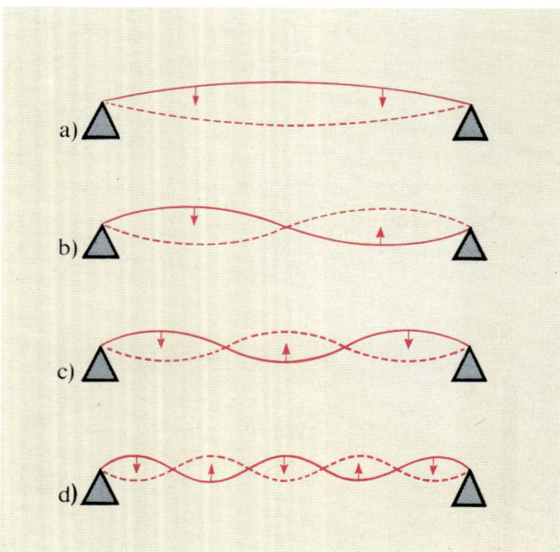

182.1 Vier Schwingungsformen einer Saite mit vier verschiedenen Frequenzen

c) Wir erregen wie beim ersten Mal eine starke Schwingung mit nur einem Bauch, die **Grundschwingung.** Dann erregen wir *zusätzlich* die Schwingung mit drei Bäuchen, die zweite **Oberschwingung.** Beide Schwingungsformen überlagern sich und ergeben eine Form wie in *Bild 179.1b* dargestellt. Der folgende Versuch zeigt, daß auch bei *Saiten* mehrere Schwingungsformen, und damit mehrere Frequenzen *zugleich* möglich sind: Neben dem Grundton erzeugt eine Saite **Obertöne.**

Versuch 22: Wir zupfen eine Saite ungefähr im ersten Viertel ihrer Länge an und hören daraufhin einen Ton bestimmter Höhe. Dann berühren wir sie leicht in ihrer Mitte: Nach kurzer Zeit hören wir nur noch die *Oktave* zum vorher erzeugten *Grundton*, also einen Ton doppelter Frequenz. Er ist allerdings leiser. Durch die Berührung im Bewegungsbauch der Grundschwingung wurde der Grundton gelöscht; für die erste *Oberschwingung* liegt dagegen der Berührungspunkt im Bewegungsknoten, weshalb sie nicht beeinträchtigt wird. Solange der Grundton noch zu hören ist, ändert die zugleich erregte Oberschwingung nur den *Charakter*, aber nicht die *Höhe* des von uns vernommenen Tons. Ist der *Grundton* dann verschwunden, so übernimmt die Oberschwingung dessen Rolle und bestimmt die **Tonhöhe;** *sie* stellt jetzt die Grundschwingung des restlichen Schwingungsgemisches dar; denn sowohl beim zunächst erzeugten, als auch beim verbleibenden Restton schwingen noch weitere *Obertöne* mit.

Wird eine Saite in üblicher Weise erregt, so erzeugt sie Grundton und Obertöne *zugleich*, überlagert also die verschiedenen Schwingbewegungen. Das ergibt eine recht komplizierte Form der Schwingung. Die *Tonhöhe* wird durch die Grundschwingung, die **Klangfarbe** durch *alle* Schwingungen *zusammen* bestimmt. Entsprechendes gilt für die meisten Tonerreger. Da aber jeder Tonerreger ganz *charakteristische* Obertöne erzeugt, verstehen wir, warum eine *Geige* anders klingt als eine *Flöte* oder eine *Singstimme*, kurz, wodurch die verschiedenen Klangfarben bedingt sind.

Saiten können als Ganzes und zugleich in zwei, drei, vier und mehr Abschnitten schwingen. Dasselbe gilt für viele andere Tonerreger. Das so entstehende Gemisch der Obertöne bestimmt die von uns empfundene Klangfarbe.

Aufgaben:

1. *Bestimme die auf einer Saite abzugreifenden Längen für die Töne der Tonleiter!*

2. *Worin unterscheiden sich die Saiten einzelner Musikinstrumente? Wie wirken sich diese Unterschiede aus?*

3. *Wenn man einen Gummifaden auf verschiedene Längen ausspannt und jeweils anzupft, so entsteht immer (fast) die gleiche Tonhöhe. Wie kann das erklärt werden?*

4. *Welcher Ton entsteht, wenn man eine Saite*
a) auf die Hälfte ihrer Länge,
b) auf ein Viertel ihrer Länge abgrenzt?

5. *Wenn eine in ihrer Grundschwingung schwingende Saite durch ihre Gleichgewichtslage hindurchgeht, hat sie geradlinige Form. Wodurch unterscheidet sich ihr „Zustand" in diesem Augenblick von dem einer nicht schwingenden Saite? Wie ist das in Bild 182.1a) angedeutet? Wie kann man den Bewegungszustand bei der zweiten Oberschwingung (Bild 182.1c) beim Durchgang durch die Gleichgewichtslage beschreiben?*

6. *Warum muß ein Klavier viel mehr Saiten als eine Geige haben?*

7. *Wie unterscheidet sich das Griffbrett einer Gitarre von dem einer Geige?*

8. *Die Saiten der Musikinstrumente werden nicht alle auf dieselbe Weise angeregt. Welche Anregungsarten kennst du?*

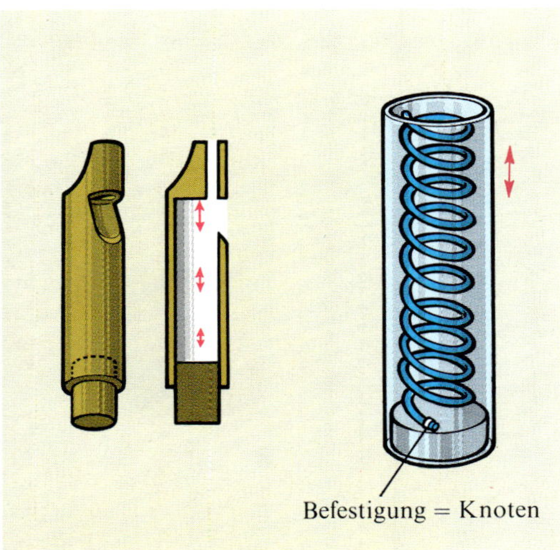

183.1 Geschlossene Pfeife (links); Federmodell für die Schwingung der geschlossenen Pfeife (rechts)

§61 Schwingende Luftsäulen

1. Wie funktionieren Pfeifen?

Versuch 23: **a)** *Bild 183.1* zeigt eine Pfeife, die unten geschlossen ist, eine sogenannte **geschlossene Pfeife.** Bläst man in eine solche Pfeife, so entsteht ein Ton gleichbleibender Höhe. Er wird nicht beeinträchtigt, wenn man dabei den Pfeifenkörper fest mit der Hand umfaßt. Der Ton entsteht also nicht durch Schwingungen des *Pfeifenkörpers.* Was schwingt tatsächlich? Überlegen wir uns, was geschieht, wenn in das Mundstück geblasen wird: Der Luftstrom trennt sich an der **Lippe** der Pfeife in zwei Teilströme. Der innere trifft auf die eingeschlossene Luft und preßt sie etwas zusammen. Sie „federt" dann aber nach oben zurück und schießt infolge ihrer Trägheit sogar etwas über die Gleichgewichtslage hinaus. Dabei wird der eingeblasene Strom nach außen abgelenkt und kann für kurze Zeit nicht mehr wirken. Bewegt sich beim erneuten Zurückfedern die Luft in der Pfeife wieder nach unten, so wird der Anblasstrom wieder wirksam. Der Vorgang kann wieder von vorn beginnen. Der *Luftkörper* in der Pfeife wird so zum Schwingen gebracht. Wir verstehen dies besser, wenn wir *Bild 183.1* rechts betrachten: Eine Stahlfeder ist an ihrem unteren Ende in einem Glaszylinder befestigt und führt, nachdem man sie angezupft hat, Schwingungen aus. Dabei bewegt sie sich entweder nach oben oder nach unten, wobei sie sich dehnt oder zusammenzieht. So wie diese Feder schwingt die Luftsäule, wenn sie durch den eingeblasenen Luftstrom zum Schwingen gebracht wird. An der Öffnung erhält die umgebende Luft Stöße wie durch die Schwingungen einer Saite oder unter den Löchern der sich drehenden Sirenenscheibe.

b) Benutzen wir andere Pfeifen, so finden wir, daß *kürzere* Pfeifen *höhere* Töne erzeugen. Der Querschnitt der Pfeife hat aber *keinen* Einfluß auf die Tonhöhe.

In *Bild 184.1* ist eine **offene Pfeife** dargestellt. Ihr Ton ist eine Oktave höher als der einer gleich langen geschlossenen Pfeife. Die Pfeile in der Schnittzeichnung der Pfeife erklären, wie die Luft in ihr schwingt. In der Mitte des Hohlraums entsteht ein *Bewegungsknoten* der schwingenden Luftsäule. Sie schwingt – wie eine Saite – in Teilen, die durch Knoten getrennt sind. Wenn sich die obere Hälfte nach

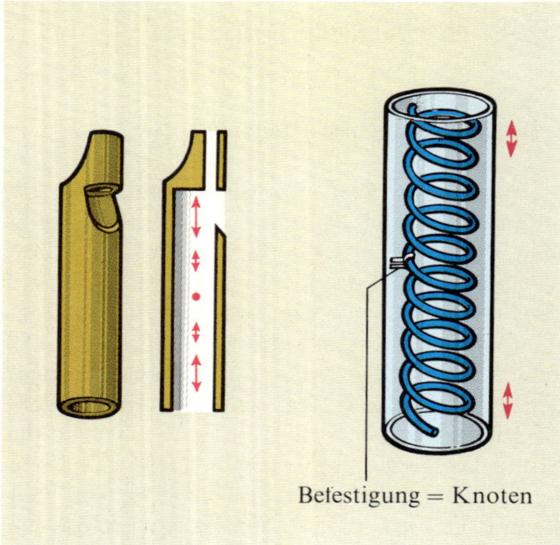

184.1 Offene Pfeife (links); Federmodell für die Schwingung der offenen Pfeife (rechts)

oben bewegt, bewegt sich die untere nach unten und umgekehrt. Der Art nach schwingt die Luft in der oberen Hälfte genau wie die Luft in einer halb so langen geschlossenen Pfeife; sie schwingt daher mit der doppelten Frequenz. Die rechte Hälfte des *Bildes 184.1* zeigt eine in der Mitte in einem Glaszylinder befestigte Stahlfeder, die nach dem Anzupfen Schwingungen vollführen kann, wie wir sie bei der offenen Pfeife finden.

2. Haben auch Pfeifen Obertöne?

Versuch 24: Bei den Pfeifen kann man durch *starkes* Blasen (sogenanntes **Überblasen**) erreichen, daß der eigentliche *Grundton* ganz verschwindet und ein *höherer* Ton an seine Stelle tritt. Wer ein gutes musikalisches Gehör hat, hört diesen Oberton und noch weitere auch schon als *Teilton* bei der normal angeblasenen Pfeife. Die Obertöne entstehen dadurch, daß in der Luftsäule *Bewegungsknoten* der Schwingung entstehen, was die einheitlich schwingenden Längen verkürzt. Schon bei einer Saite und bei der offenen Pfeife haben wir ja gefunden, daß sie in Teilstücken schwingen können, die durch Knoten getrennt sind.

Bei den Pfeifen wird der eingeschlossene Luftkörper zu Längsschwingungen angeregt. So entstehen Grundton und Obertöne. Je kürzer die Pfeife ist, desto höher ist der Ton.

3. Wie erreicht man bei Blasinstrumenten die gewünschte Tonhöhe?

Man könnte bei einer offenen Pfeife stufenlos die Tonhöhe verändern, wenn man an ihr eine verschiebbare Hülse anbrächte. Die **Posaune** erzeugt zwar ihren Ton auf etwas andere Weise, man ändert ihn aber tatsächlich durch teleskopartiges Verschieben ihrer Rohre. Bei den **Flöten** *(Block-* oder *Querflöte)* sind seitlich Löcher angebracht, die man mit den Fingern oder mit Klappen verschließen kann. Hebt man unten einen Finger ab, so hat dies dieselbe Wirkung, als wenn das Instrument an dieser Stelle enden würde: Die schwingende Luftsäule ist verkürzt, es entsteht ein *höherer* Ton. So erhält man einen recht großen, fein unterteilten Frequenzbereich, den man noch mit der *Überblastechnik* erweitern kann.

Aufgaben:

1. *Wie kann man beweisen, daß bei einer Pfeife nicht der Pfeifenkörper schwingt?*

2. *Erzeuge mit drei gleichen Reagenzgläsern die Töne des Durdreiklangs* c″–e″–g″, *indem du sie teilweise mit Wasser füllst und durch Drüberblasen anregst!*

3. *Bestimme die ersten Obertöne einer offenen und einer geschlossenen Pfeife durch Überblasen!*

4. *Warum kann es keine Blockflöte geben, die nach dem Prinzip der geschlossenen Pfeife gebaut ist?*

5. *Inwiefern kann man die Tonhöhenänderung folgender Instrumente miteinander vergleichen:*
a) Posaune und Geige;
b) Blockflöte und Gitarre?

184.2 Luftstöße bringen das schwere Pendel zum Schwingen.

§ 62 Die Resonanz

1. Mitschwingen ist wichtig!

Viele Musikinstrumente haben *Resonanzkästen* oder *-böden*. Was versteht man darunter?

Versuch 25: **a)** Eine Stimmgabel wird angeschlagen und strahlt daraufhin einen leisen Ton ab. Setzt man aber die Gabel auf einen passend gearbeiteten, auf einer Seite offenen Holzkasten, so vernehmen wir einen recht lauten Ton. Er dringt vor allem aus der Kastenöffnung, wie wir leicht feststellen können, wenn wir die Umgebung des Kastens abhorchen: Die *Luftsäule* im *Inneren* des Kastens ist ins Schwingen geraten. Bläst man bei nicht schwingender Gabel über die Kastenöffnung oder schlägt mit der Hand leicht darauf, so hören wir die Andeutung eines Tons derselben Tonhöhe. Offenbar hat die Stimmgabel die Luftsäule in ihrer **Eigenfrequenz** angeregt. Unter *Eigenfrequenz* versteht man *die* Frequenz, mit der ein schwingungsfähiger Körper auf einen Anstoß hin von selbst schwingt.

b) Einer Stimmgabel mit Holzkasten stellen wir eine zweite genau gleiche gegenüber. Schlagen wir die erste an und dämpfen sie kurz darauf mit der Hand, so hören wir deutlich, daß die zweite ins Schwingen geraten ist. Verstimmt man dagegen die erste durch Anklemmen kleiner Zusatzkörper, so bringt sie die zweite nicht mehr zum Mitschwingen. Das starke *Mitschwingen*, **Resonanz** genannt, wird also nur durch Schwingungen zustande gebracht, die in der *Eigenfrequenz* erfolgen. Das zeigt auch der folgende Versuch:

185.1 Frequenzmesser. Eine Zunge der oberen Reihe schwingt in Resonanz.

S-Versuch 26: Ein 2 kg-Wägestück wird an einem etwa 2 m langen Faden aufgehängt. Dann blasen wir einmal kräftig dagegen. Der Erfolg ist eine kaum wahrnehmbare Pendelschwingung. Wir können sie aber leicht zu kräftigen Schwingungen aufschaukeln, wenn wir mehrmals gegen das Pendel blasen. Voraussetzung dafür ist, daß dies immer in der Eigenfrequenz der Pendelschwingung im richtigen Augenblick geschieht. (Vergleiche mit *Bild 184.2.*)

Erfährt ein schwingungsfähiger Körper aufeinanderfolgende kleine Stöße in seiner Eigenfrequenz, so wird er zu kräftigen Schwingungen angeregt: Es tritt Resonanz ein.

Resonanzerscheinungen kann der Techniker praktisch anwenden zum Bau von **Frequenzmessern.** Solche Geräte besitzen viele Stahlzungen verschiedener Länge. Die zu messende Frequenz regt *die* Zunge zu Resonanzschwingungen an, deren *Eigenfrequenz* mit ihr übereinstimmt *(Bild 185.1)*.

Wird ein schwingungsfähiger Körper gezwungen, in einer *anderen* als seiner *Eigenfrequenz* zu schwingen, so spricht man von **erzwungenem Mitschwingen.** Die Amplituden bleiben in diesem Fall verhältnismäßig *klein.* So zwingt z.B. eine Stimmgabel eine Tischplatte zum *Mitschwingen*, wenn man ihren Stiel auf die Tischplatte drückt. Trotz der geringen Amplitude der erzwungenen Schwingung wird in diesem Fall der Ton deutlich hörbar, weil die große Platte Schall gut *abstrahlt.* Die Stimmgabel allein ist kein guter **Schallstrahler,** weil ihre schwingenden Zinken eine zu kleine Oberfläche haben. Hat sie keinen Kontakt mit einem Resonanzkörper, so hört man sie nur, wenn sie nahe ans Ohr gehalten wird.

2. Resonanz ist nicht immer erwünscht!

Manche Teile einer Maschine oder eines Autos sind schwingungsfähige Gebilde. Fällt die Drehfrequenz des Motors mit der Eigenfrequenz solcher Teile zusammen, so erzeugt er *Resonanzschwingungen.* Derartige Schwingungen können so stark werden, daß sie zu *Zerstörungen* führen. Auf **Drehzahlmessern** werden die Bereiche solcher **kritischer Drehzahlen** durch rote Sektoren gekennzeichnet; auf ihnen soll der Zeiger der Instrumente nicht lange verweilen.

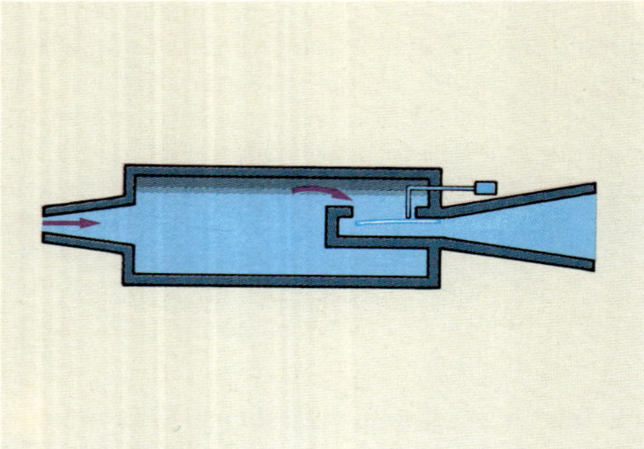

186.1 Zungenpfeife

3. Noch einmal Musikinstrumente

a) Die Formen der **Geige** und des **Flügels** sind so gewählt, daß die von den Saiten erzeugten Schwingungen durch erzwungenes Mitschwingen im richtigen Verhältnis verstärkt werden. Hier liegt die Kunst der Instrumentenbauer.

b) Bei der **Zungenpfeife** *(Bild 186.1)* versetzt der von links eingeblasene Luftstrom eine Metallzunge in Schwingungen. Ihre Frequenz kann mit Hilfe der *Stimmkrücke* etwas abgeändert werden. In den Lufträumen der Pfeife werden bestimmte Obertöne durch Resonanz so verstärkt, daß die gewünschte und charakteristische Klangfarbe entsteht. **Orgeln** enthalten in ihrem *Schnarrwerk* viele solcher Zungenpfeifen. Bei **Trompeten** und Posaunen wird der Ton primär durch Schwingungen der *Lippen* des Bläsers erzeugt, durch die er beim Blasen die Luft preßt. Der typische Klang von *Trompeten* entsteht dadurch, daß die Luftsäule im Instrument in Resonanzschwingungen gerät. Mit Hilfe von Ventilen kann die jeweils gewünschte Resonanzlänge der Luftsäule eingestellt werden.

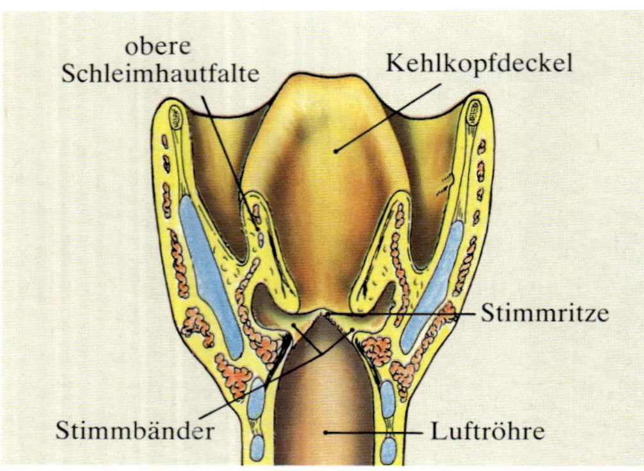

186.2 Kehlkopf (vereinfachte Darstellung)

c) Bei den **Holzblasinstrumenten (Oboe, Saxofon)** werden statt der menschlichen Lippen dünne *Holz-* oder *Rohrlamellen* im Mundstück des Instruments primär zum Schwingen gebracht.

d) Auch die **menschliche Stimme** beruht vor allem auf *Resonanz*. Der Ton wird, wie wir schon im 1. Versuch festgestellt haben, im Kehlkopf erzeugt. Dazu pressen wir Luft durch die mehr oder weniger angespannten **Stimmbänder** hindurch *(Bild 186.2)*. Schon das Kleinkind lernt, wie es durch Veränderungen im Mund-Rachenraum die *Resonanzbedingungen* für die Obertöne so herstellen kann, daß typische Sprechlaute wie *Vokale* und ihre Umlaute entstehen. Bewegungen der Zunge gegen den Gaumen und die Zähne und Veränderungen der Lippenstellung erzeugen die zahlreichen und differenzierten Laute, aus denen die **menschliche Sprache** besteht.

e) Musikinstrumente besitzen eine ganz typische **Klangfarbe.** Sie entsteht nicht nur dadurch, daß sie jeweils ganz bestimmte *Obertöne* erzeugen (siehe Seite 182). Durch den jeweiligen Bau bedingt werden manche dieser Obertöne durch Resonanz mehr hervorgehoben, andere weniger.

Aufgaben:

1. *Auspuffrohre von Kraftfahrzeugen oder Begrenzungsstangen von Lastwagen kommen oft ins Schwingen, besonders, wenn der Motor im Leerlauf nur langsam dreht. Wie kann man solche Schwingungen vermeiden?*

2. *Oft klirren kleine Gegenstände in einem Raum, in dem Klavier gespielt wird. Erkläre dies!*

3. *Trägt man eine gefüllte Tasse bei gleichbleibendem Schrittakt, so schwappt unter ungünstigen Bedingungen trotz größter Vorsicht Flüssigkeit über den Rand. Welches sind diese ungünstigen Umstände? Wie kann man das Überschwappen verhindern?*

4. *Erkläre, warum die Zunge des Frequenzmessers nach Bild 185.1 kaum zum Schwingen kommt, wenn die anregende Frequenz etwas unter oder über der Eigenfrequenz der Zunge liegt!*

5. *Welche Musikinstrumente kennst du, die schwingende Luftsäulen als Tonerreger benutzen? Wie werden sie angeregt?*

§ 63 Die Schallaufzeichnung

1. Informatik, was ist das, und was hat sie mit dem Schall zu tun?

Alles, was wir mit unseren Ohren hören, gibt uns **Informationen.** Handelt es sich etwa um ein Gespräch, so ist dieser Begriff ohnehin klar. Heute wird aber das Wort *Information* in viel weitergehendem Sinn gebraucht, so daß alles, was uns unsere Sinnesorgane vermitteln, als Information bezeichnet wird. Dabei kann es sich um Wahrnehmungen durch unser *Ohr* (Schall), durch unser *Auge* (Form und Farbe) oder auch unseren *Wärmesinn* (Temperatur) handeln. **Informatik** ist die Wissenschaft von den Informationen und der Technik ihrer Verarbeitung. Sie beschäftigt sich unter anderem mit der Möglichkeit, *Informationen* zu *speichern* und zu beliebiger Zeit *abzurufen.* Dies ist für uns im täglichen Leben wie in der Technik von größter Wichtigkeit.

2. Musikkonserven

Eine Möglichkeit, *Schallinformationen* zu speichern, bietet die **Schallplatte.** Die Membran eines *Mikrofons* wird durch Schall zu Schwingungen angeregt. *Edison* hat 1877 gefunden, wie man diese Schwingungen aufzeichnen und die Aufzeichnungen dazu benutzen kann, den Schall zu beliebiger Zeit zu reproduzieren: Bei der Tonaufnahme wird über eine mit einer Membran verbundenen Nadel N eine Tonspur in das zunächst weiche Material einer Platte geritzt, die unter der Nadelspitze gleichmäßig vorbeibewegt wird. Die entstehende **Tonspur** ist den Schwingungen entsprechend geformt

187.1 Schallplattenrillen (stark vergrößert)

187.2 Zum Prinzip des Plattenspielers

(Bild 187.1). Bei der **Wiedergabe** läuft eine Nadel in der Tonspur: Die mit der Nadel verbundene Membran muß dabei die *gleichen* Bewegungen machen wie bei der Aufnahme *(Bild 187.2).* Dann muß sie aber auch die gleichen Töne erzeugen. Für *Aufnahme* und *Wiedergabe* wird (im Prinzip) die gleiche Apparatur benutzt. Plattenfirmen stellen von der bei der Aufnahme gewonnenen Originalplatte zunächst eine Metall-Negativmatrize her. Sie wird unter großem Druck auf vorbereitete Kunststoffplatten gepreßt. Auf diese Weise erhält man schnell große Stückzahlen der gewünschten Platte.

Versuch 27: Ein einfacher Versuch veranschaulicht die *Tonabnahme* bei einer Schallplatte. Dazu kleben wir eine Nähnadel auf eine Postkarte und halten ihre Spitze wie in *Bild 187.3* ohne zu drücken in eine Rille einer alten Schallplatte. (Die Platte leidet unter dieser Behandlung.) Wenn sich die Platte dreht, ist der Karton gezwungen, die Bewegungen der Nadel mitzumachen. Er strahlt dann Musik oder Sprache gut hörbar ab.

187.3 Tonabnahme bei der Schallplatte

Statt des Hebelwerks zur Wiedergabemembran wird heute eine *elektrische* Übertragung benutzt. Sie besitzt nicht nur den Vorteil besserer Klangqualität (HiFi = high fidelity, hohe Klangtreue), sondern erlaubt darüber hinaus bei geringem Aufwand eine beliebige Verstärkung der Töne. Genau wie bei der *mechanischen* Übertragung werden die Schwingungen durch eine in der Tonspur geführte Nadel mit Diamantspitze aufgenommen. Dann werden — wie in Mikrofonen — aber elektrische Wechselströme erzeugt. Sie erregen die Membran des *Lautsprechers* zu Schwingungen, die denen der Aufnahmemembran bei der Herstellung der Platte genau entsprechen.

3. Der Vorzug einer Stereoanlage

Schall, der uns erreicht, kommt nur dann exakt gleichzeitig in unsere beiden Ohren, wenn die Schallquelle sich in der *Symmetrie*-Ebene unseres Kopfes befindet. Ist dies nicht der Fall, so können wir aus dem geringen Zeitunterschied ungefähr die *Richtung* heraushören, aus der der Schall eintrifft.

Nimmt man Musik nicht mit *einem*, sondern mit *zwei* Mikrofonen auf, die einen kleinen Abstand voneinander haben, so sind die Schwingungen etwas verschieden. Man führt die eine dem rechten, die andere dem linken Ohr je über einen Kopfhörer zu. Beim Hören wird derselbe räumliche Eindruck hervorgerufen, der auch beim direkten Hören besteht *(Bild 189.1)*.

Es ist gelungen, die beiden Tonspuren in *einer* Rille der Schallplatte unterzubringen, so daß keine unbeabsichtigten zeitlichen Verschiebungen eintreten können. Solche Platten nennt man **Stereoplatten** (stereo, griech.; Raum). Die **Stereowiedergabe** kann auch mit zwei Lautsprechern erfolgen, die in passendem Abstand voneinander anzuordnen sind **(Stereoanlage).** Allerdings entsteht ein natürlicher Eindruck nur für solche Zuhörer, die etwa in der Symmetrieebene der beiden Lautsprecher sitzen.

4. Die Aufnahmen des Kassettenrecorders können gelöscht werden

Beim **Magnetband-Recorder** (record, engl.: aufzeichnen) wird die Schallschwingung nicht als Tonspur auf weiche Platten übertragen; vielmehr wird ein durchlaufendes Band, das mit magnetischem Material beschichtet ist, den Schwingungen entsprechend *magnetisiert.* Bei einfach zu bedienenden Geräten sind diese Tonbänder in kleine Kassetten eingelegt, die leicht auszuwechseln sind. Solche *Magnetbandrecorder* heißen deshalb **Kassettenrecorder.** Beim Abspielen der Bänder werden die verschieden starken Magnetisierungen über elektrische Ströme wieder in Membranschwingungen zurückübersetzt. Der Vorteil dieser Geräte ist vor allem der, daß das Band *entmagnetisiert*, d.h. gelöscht werden kann, so daß es zu neuen Aufnahmen zur Verfügung steht. Die Aufnahme kann mit demselben Gerät erfolgen wie Wiedergabe und Löschung. Das hat dem Kassettenrecorder zu einer weiten Verbreitung verholfen.

Aufgaben:

1. *Was verraten die Kurven in den Schallplattenrillen bei genügender Vergrößerung über den akustischen Charakter des zugehörigen Klanges?*

2. *Was ändert sich beim Plattenspieler akustisch, wenn sich die Drehfrequenz des Laufwerks ändert, z.B. von* 33/min *auf* 45/min?

3. *Wie macht sich bei einer Schallplatte ein Kratzer bemerkbar, wie das Ausbrechen der Kante zwischen zwei benachbarten Rillen?*

4. *Die Platten sind heute nicht mehr zylindrisch mit Schraubenlinien als Tonspur, wie sie Edison benutzte, sondern eben mit spiralförmig verlaufenden Rillen. Bei gleichbleibender Drehfrequenz sind die Rillen, die in gleichen Zeiten unter der Nadel vorbeilaufen, verschieden lang — je nach ihrer Entfernung von der Drehachse. Wie unterscheidet sich demnach die Spur des gleichen Tones in einer inneren und einer äußeren Rille?*

5. *Wie muß bei Versuch 27 die Fläche der Postkarte stehen, damit ein möglichst lauter Ton entsteht?*

6. *Welche Laufzeitunterschiede für die beiden Ohren entstehen, wenn der* 20 cm *breite Kopf um* 30° *aus der Richtung zur Schallquelle gedreht wird? (Zeichne in einer Skizze die Verbindungslinie der Ohren in der ursprünglichen und in der gedrehten Lage!)*

7. *Bei der Stereoaufnahme eines Musikstückes stehen die Mikrofone in der Mitte des Saales (Bild 189.1). Wie unterscheiden sich die Aufnahmen des linken und des rechten Mikrofons bezüglich a) der Geige, b) der Klarinette, c) des Kontrabasses?*

§ 64 Rückblick

Akustische Erscheinungen zeigen ein *doppeltes* Gesicht: Es handelt sich bei Schall zunächst um **Naturvorgänge,** die ablaufen, auch wenn niemand da ist, der sie mit seinen Sinnen aufnimmt; man sagt, sie seien **objektiv.** Wenn aber unser Hörsinn diese Vorgänge registriert, entsprechen ihnen ganz bestimmte **Sinnesempfindungen.** *Tabelle 179.1* gibt Auskunft über die von uns erkannten Zuordnungen zwischen diesen **subjektiven** Empfindungen und den **objektiven** physikalischen Vorgängen.

Um den Unterschied zwischen *objektiven* und *subjektiven* Merkmalen des Schalls zu verdeutlichen, haben wir uns zu Beginn einen tauben Beobachter vorgestellt, der naturgemäß gezwungen ist, akustische Untersuchungen durchzuführen ohne sein Gehör zu benutzen. Wenn man ihm zugesteht, daß er als Schallnachweis ein Verstärkergerät benutzen darf, das für ihn fühl- oder sichtbare Membranschwingungen erzeugt, so könnte er tatsächlich alle Versuche durchführen und Folgerungen daraus ziehen, sofern sie nicht direkt mit der *subjektiven* Schallempfindung (etwa der Grenze des Hörbereichs) oder mit der *subjektiven* Tonqualität (z.B. Erkennen und Beurteilen von Dissonanzen oder von Klangfarben) zu tun haben. Beurteile die Experimente des Kapitels Akustik dahingehend, ob sie unser tauber Physiker anstellen und auswerten könnte!

Bei der Untersuchung von Vorgängen, die wegen ihres *schnellen* Ablaufs mit dem Auge nicht verfolgt werden können, haben wir gelegentlich den Trick benutzt, denselben Vorgang oder einen analogen mit *langsamen* Ablauf zu beobachten und daraus auf den schnellen zu schließen. Suche diese Beispiele!

Schließlich haben wir das rasche zeitliche Nacheinander in ein räumliches Nebeneinander verwandelt. So konnten wir akustische Fragen mit unseren Augen untersuchen.

Aus der Geschichte der Akustik

Die Griechen des klassischen Altertums wußten bereits, daß *Schwingungen* der Schallerreger Töne verursachen. Die *Pythagoreer* beschäftigten sich mit dem Zusammenhang zwischen *Tonintervallen* und den Verhältnissen von *Saitenlängen* (4. Jahrh. v.Chr.). Aber erst im 17. Jahrhundert untersuchte man *planmäßig* die *Tonhöhen* von Saiten in ihrer Abhängigkeit von Länge, Dicke, Spannung und Material. Große Mühe verwandte man auf die Bestimmung der *Schallgeschwindigkeit.* Zu Beginn des 18. Jahrhunderts fand man, daß der Schall im luftleeren Raum *nicht* weitergeleitet wird. *Newton* gewann genauere Vorstellungen über die Bewegungsabläufe in einer *Schallwelle* und versuchte sogar, diese auch rechnerisch auszuwerten. In der Mitte des 19. Jahrhunderts entdeckte man die Tonerzeugung durch *Sirenen* und damit die Möglichkeit, mit ihrer Hilfe Frequenzen im Hörbereich zu messen. *H. Helmholtz* beschäftigte sich vor allem mit der *physiologischen* Seite der Akustik und schlug so eine weitere Brücke zwischen Physik und Biologie. (*Physiologie* ist die Lehre von den Lebensvorgängen und damit der *Biologie* zugeordnet.) Er entwickelte außerdem eine Methode zur Frequenzbestimmung in *Tongemischen* mit Hilfe von *Hohlkörperresonatoren.* Heute kann man *synthetisch* (Synthese = Zusammensetzung) aus elektronisch erzeugten einfachen Tönen der richtigen Frequenz und Stärke sogar die *menschliche Sprache* maschinell nachahmen. Eine solche Maschine kann einen eingetippten Bericht in verständlicher Sprache wiedergeben!

189.1 Aufnahme für eine Stereoplatte mit zwei Mikrofonen

Optik

§65 Die Ausbreitung des Lichts

Das Licht ist eine Naturerscheinung, die für unser Leben eine besondere Bedeutung besitzt. Gäbe es kein Licht, so würden wir von der ganzen bunten Welt um uns herum überhaupt nichts sehen. Doch nicht nur dies: Die meisten Pflanzen könnten ohne Licht gar nicht wachsen; Licht ist also lebensnotwendig! Die Energie der Sonnenstrahlung spielt in der Natur eine wichtige Rolle. Das Licht ferner Sterne liefert uns Informationen über den Aufbau des Weltalls; aber auch die Atome verraten uns viele ihrer Geheimnisse durch das Licht, das sie aussenden. Mit den interessanten Eigenschaften des Lichts beschäftigt sich die **Optik.**

1. Wie kommt Licht ins Zimmer?

Schon seit alters her weiß man, daß Körper Licht aussenden, wenn man sie stark erhitzt. Auf diese Weise wirken z.B. Fackeln und Kerzen, aber auch elektrische Glühlampen als Lichtquellen. Die Leuchtstofflampe und der Laser dagegen erzeugen Licht nicht durch hohe Temperaturen, sondern auf eine andere Art. Auch das Licht des Glühwürmchens entsteht nicht durch Erwärmung. Unsere wichtigste Lichtquelle ist die Sonne; bei Tag beleuchtet sie alle Gegenstände draußen im Freien. Aber auch die Innenräume unserer Wohnungen werden durch Sonnenlicht erhellt. Dieses Tageslicht erhalten wir meist gar nicht direkt von der Sonne; es wird vielmehr an Häusern, Bäumen und sonstigen Gegenständen in die verschiedensten Richtungen abgelenkt. Man sagt dazu, es werde nach allen Seiten **gestreut;** erst so gelangt es durch die Fenster in unsere Zimmer.

Versuch 1: Wir wollen damit beginnen, das von außen in unseren Physiksaal einfallende Licht zu untersuchen. Dazu verdunkeln wir den Raum und bringen im Vorhang eine kleine Öffnung an. Das durch sie dringende Licht fangen wir mit einem **Schirm** auf; er besteht aus durchscheinendem Papier oder einem ähnlichen Material, an dem das auftreffende Licht nach allen Seiten gestreut wird. Was auf dieser sogenannten *Mattscheibe* zu sehen ist, wird sicher manchen überraschen: Dort erscheint ein auf dem Kopf stehendes farbiges Abbild der Umgebung vor dem Fenster unseres Raumes; Autos, die draußen vorüberfahren, huschen im Bild über die Mattscheibe! – Nimmt man diese weg, so ist der Spuk vorüber. Wo ist jetzt das Licht?

2. Kann man Licht sehen?

Das Entstehen des Bildes auf der Mattscheibe hat sicher etwas mit der kleinen Öffnung im Verdunkelungsvorhang zu tun. Wir gehen dieser Vermutung nach und untersuchen zuerst einmal die Wirkung einer solchen *Lochblende*.

Versuch 2: Etwa 50 cm vor einem weißen Schirm stellen wir eine Glühlampe auf; ihr Glühfaden ist so klein, daß man ihn praktisch als punktförmig betrachten kann. Das von dieser *Punktlichtlampe* ausgehende Licht beleuchtet die gesamte Fläche des Schirms, außerdem aber auch Wände und Decke des Physiksaals. Daraus können wir schließen: Das von einem leuchtenden Punkt ausgehende Licht breitet sich nach allen Seiten aus.

Nun bringen wir zwischen Lichtquelle und Schirm eine Lochblende. Dann entdecken wir auf dem Schirm nur noch einen kleinen *Lichtfleck*. Wie er zustandekommt, ist leicht einzusehen: Die Blendenöffnung läßt lediglich einen kleinen Teil des von der Lampe ausgesandten Lichts durch. Welchen Weg nimmt nun dieses ausgeblendete Licht?

Versuch 3: Damit kein störendes Seitenlicht entsteht, nehmen wir eine Lampe, die in ein Gehäuse eingebaut ist. Diese sogenannte *Expe-*

190.1 Licht breitet sich geradlinig aus.

rimentierleuchte richten wir auf die Blendenöffnung. Den Lichtfleck, der dann auf dem Schirm entsteht, erkennen wir gut; von dem Licht, das zwischen der Öffnung und diesem Lichtfleck unterwegs ist, sehen wir jedoch keine Spur! Unser Auge nimmt nämlich nur dann einen Lichteindruck wahr, wenn es vom Licht getroffen wird. Dies ist aber offenbar nicht der Fall, wenn wir von der Seite auf das durch die Blendenöffnung dringende Licht blicken. Nun schütteln wir aus einem Lappen Kreidestaub zwischen Blende und Schirm: Daraufhin wird ein geradlinig begrenztes Lichtbündel sichtbar, das von der Blendenöffnung direkt auf den Lichtfleck zuführt *(Bild 190.1)*. An den feinen Kreidestäubchen wird ein Teil des Lichts nach allen Seiten gestreut. Jetzt kann es in unser Auge gelangen: Wir nehmen den Verlauf des Lichtbündels wahr! Dabei erkennen wir, daß es sich *geradlinig* ausbreitet.

Bild 191.1 zeigt, daß wir die geradlinige Ausbreitung des Lichts auch in der Natur beobachten können. Hier wird das Licht an den Wassertröpfchen des Nebels gestreut; dadurch sehen wir die Begrenzungen der Lichtbündel. – Man kann den Weg, den das Licht nimmt, noch auf eine weitere Art sichtbar machen.

Versuch 4: Wir setzen vor eine Experimentierleuchte eine Schlitzblende. Das auf diese Weise entstehende Lichtband streift an einem Schirm entlang; dabei wird es teilweise gestreut, und wir nehmen seinen Verlauf wahr. Diese einfache Methode, die Ausbreitung von Licht sichtbar zu machen, werden wir oft anwenden. Wir wollen sie gleich zu einer weiteren Untersuchung benutzen!

191.1 Der Nebel macht Lichtbündel sichtbar.

191.2 Ein Lichtermeer: New York bei Nacht

Nach *Bild 191.3* bringen wir neben der streuenden Wand eine weitere Experimentierleuchte mit Schlitzblende an. Wie werden sich die beiden Lichtbündel verhalten? Prallen sie im Treffpunkt vielleicht aneinander ab? – Der Versuch zeigt, daß dies nicht der Fall ist. Vielmehr durchkreuzen sich die beiden Lichtbündel geradezu geisterhaft, ohne sich gegenseitig zu beeinflussen.

Aus unseren bisherigen Versuchen folgt:

Ein leuchtender Punkt strahlt nach allen Seiten Licht aus.

Lichtbündel breiten sich geradlinig aus; sie durchkreuzen sich gegenseitig ungestört.

191.3 Die beiden Lichtbündel stören einander nicht.

§ 66 Optische Abbildung

1. Vom Lichtfleck zum optischen Bild

Nun können wir leicht erklären, warum durch ein kleines Loch im Verdunkelungsvorhang eine Abbildung der Außenwelt auf die Mattscheibe gezeichnet wird: Die Häuser und Bäume vor dem Fenster des Physiksaals streuen das auf sie fallende Sonnenlicht; das heißt aber, sie strahlen selbst nach allen möglichen Richtungen wieder Licht aus. In der Optik bezeichnen wir einen lichtaussendenden Körper allgemein als *Gegenstand* und stellen ihn symbolisch durch einen Pfeil dar. Einen solchen Gegenstand können wir uns aus vielen leuchtenden Punkten zusammengesetzt denken. Sie erzeugen insgesamt ein ziemliches Durcheinander von auseinanderlaufenden Lichtbündeln. *Bild 192.1* zeigt einen Gegenstand, aus dem willkürlich drei lichtaussendende Punkte herausgegriffen sind. Ein Schirm, auf den ein solches Gewirr von Lichtbündeln fällt, wird *diffus* (zerstreut) beleuchtet.

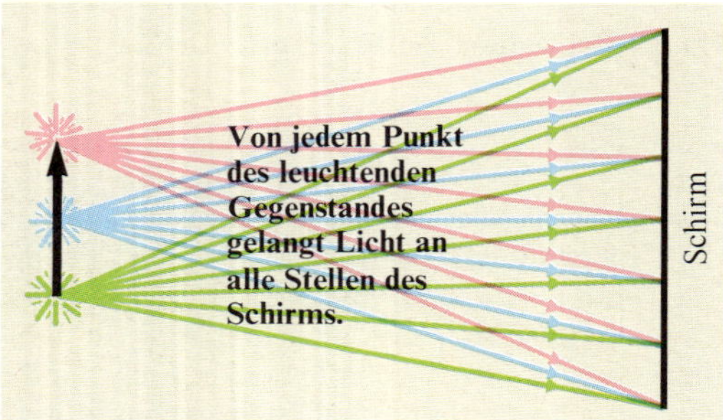

192.1 So entsteht ein Durcheinander.

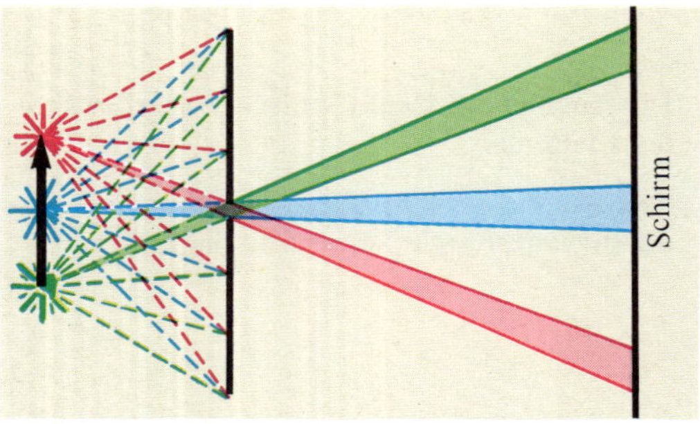

192.2 Einzelne Bündel werden ausgesondert.

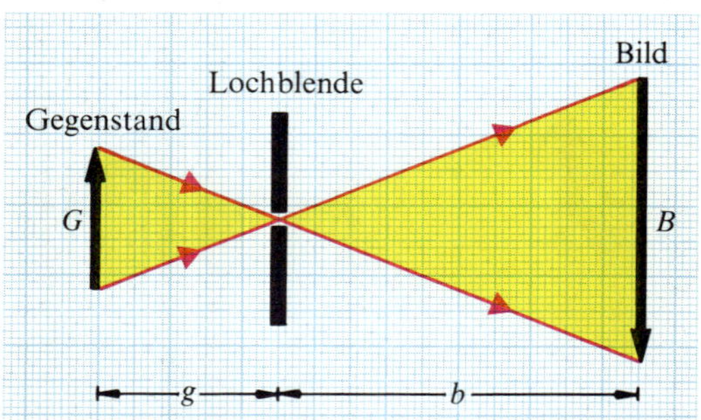

192.3 Konstruktion der Abbildung mit Lichtstrahlen

In *Bild 192.2* ist die Wirkung einer Lochblende dargestellt. Wegen der geradlinigen Ausbreitung läßt sie von dem Licht, das ein Gegenstandspunkt aussendet, nur ein schmales Bündel auf den Schirm gelangen; dort entsteht ein Lichtfleck. Die von anderen Gegenstandspunkten ausgehenden Lichtbündel überkreuzen sich in der Blendenöffnung ungestört wie in *Bild 191.3;* sie erzeugen auf dem Schirm ebenfalls Lichtflecke. Von benachbarten Gegenstandspunkten hervorgerufene Lichtflecke sind wiederum benachbart. Auf diese Weise fügen sich die Bildflecke zu einem naturgetreuen, aber auf dem Kopf stehenden **optischen Bild** des Gegenstandes zusammen: Einen solchen Vorgang nennt man eine **optische Abbildung.**

Wenn auf der Mattscheibe ein schärferes Bild entstehen soll, müssen wir die Blendenöffnung verkleinern. Dann werden die Lichtbündel schlanker und damit die Lichtflecke feiner. Praktisch läßt sich allerdings kein beliebig schmales Lichtbündel herstellen. In Gedanken können wir jedoch eine derartige Verfeinerung immer weiter treiben; dabei wird das Lichtbündel mehr und mehr auf eine gerade Linie zusammengeschnürt. Eine solche Gerade – wir können sie als Mittelachse eines sehr schmalen Lichtbündels betrachten – nennt man **Lichtstrahl.** In Wirklichkeit gibt es nur *Lichtbündel*; der *Lichtstrahl* ist eine Gedankenkonstruktion, mit deren Hilfe die Ausbreitung von Licht anschaulich beschrieben und geometrisch verarbeitet werden kann.

Mit Lichtstrahlen läßt sich die optische Abbildung eines Gegenstandes durch eine Lochblende einfach darstellen *(Bild 192.3)*. Dabei genügt es, die beiden Lichtstrahlen zu zeichnen, die von der Spitze bzw. dem Fußpunkt des Gegenstandes jeweils durch die Öffnung führen. *Bild 192.3* entnehmen wir vier Größen, die bei jeder optischen Abbildung eine wichtige Rolle spielen, nämlich die *Gegenstandshöhe G*, die *Bildhöhe B*, die *Gegenstandsweite g* und die *Bildweite b*.

2. Wie groß wird das optische Bild?

Entsteht z.B. bei einer Abbildung eines Gegenstands mit $G=2$ cm ein Bild der Höhe $B=6$ cm, so ist dieses Bild 3fach vergrößert: Der **Abbildungsmaßstab** beträgt $A=3$. Er errechnet sich als der Quotient $A=B/G$. Der geometrischen Konstruktion in *Bild 192.3* können wir entnehmen, daß nach dem Strahlensatz $B/G=b/g$ ist. Wenn also – wie in unserem Beispiel – das optische Bild 3mal so hoch ist wie der Gegenstand, dann ist es auch 3mal so weit von der Lochblende entfernt wie der Gegenstand.

Für den Abbildungsmaßstab A, die Bildhöhe B, Gegenstandshöhe G, Bildweite b und Gegenstandsweite g gilt

$$A=\frac{B}{G}=\frac{b}{g}. \qquad \textbf{(193.1)}$$

Mit Hilfe der Lichtstrahlentheorie können wir erklären, warum durch eine Lochblende eine optische Abbildung entsteht. Darüber hinaus erhalten wir aber auch Aussagen über meßbare Größen, die bei der Abbildung auftreten. Die Zusammenhänge zwischen diesen Größen wollen wir im nächsten Versuch nachprüfen. Als Gegenstand benutzen wir den aus einem Blechstück herausgeschnittenen Buchstaben L. Er wird mit durchscheinendem Papier hinterlegt; dadurch wird das Licht der Experimentierleuchte an diesem L ebenso gestreut wie das Sonnenlicht an den Häusern und Bäumen in Versuch 1.

S-Versuch 5: Bilde das leuchtende L mit Hilfe einer Lochblende auf einen Schirm ab *(Bild 193.2)*! Miß die Gegenstandshöhe G, wähle verschiedene Gegenstandsweiten g und Bildweiten b; miß jeweils die dazugehörige Bildhöhe B! Berechne B/G sowie b/g und bestätige damit die Richtigkeit der *Gleichung 193.1!*

S-Versuch 6: Bilde das leuchtende L mit verschieden großen Blendenöffnungen ab und untersuche die Bildqualität!

Ist die Öffnung groß, so wird das Bild verhältnismäßig hell, dafür aber leider sehr unscharf: Es wird sozusagen mit einem groben „Lichtpinsel" gezeichnet. Soll die Abbildung schärfer werden, so müssen wir den Lichtpinsel feiner machen; dies erreichen wir durch eine kleinere Blendenöffnung. Dann wird aber weniger Licht durchgelassen: Das Bild wird dunkler.

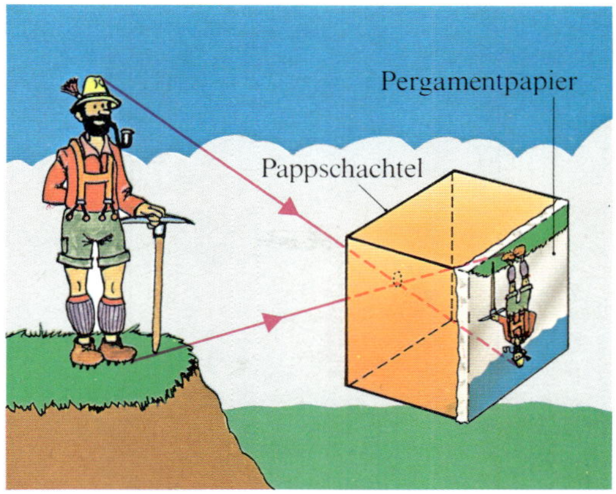

193.1 So einfach ist eine Lochkamera!

3. Der einfachste Fotoapparat der Welt

S-Versuch 7: Schneide aus der Rückwand einer Pappschachtel ein Stück heraus und überklebe es mit durchscheinendem Papier! Bohre in die Vorderwand ein kleines Loch – schon ist die **Lochkamera** fertig! Hält man das störende Tageslicht fern, so sieht man auf dem Papierschirm das auf dem Kopf stehende optische Bild der Umgebung *(Bild 193.1)*.

Mit einer solchen Lochkamera kann man auch Fotografien herstellen. Dazu benötigt man einen lichtdichten Kasten; er besitzt an der Vorderwand eine feine Öffnung, die nur bei der Aufnahme freigegeben wird. Anstelle der Mattscheibe legt man (natürlich in der Dunkelkammer!) eine Fotoplatte oder einen Film ein. *Bild 194.1* ist auf diese Weise entstanden!

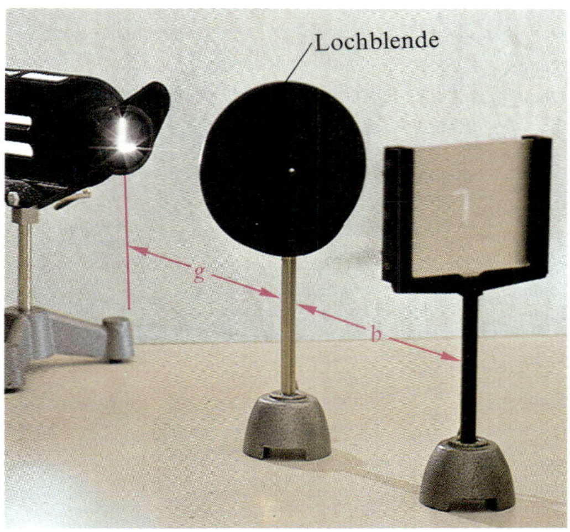

193.2 Das leuchtende L wird abgebildet.

194.1 Dieses Foto wurde mit einer Lochkamera gemacht. Durchmesser der Blendenöffnung: 0,57 mm, Bildweite $b=231$ mm, Belichtungsdauer: 45 s.

Aufgaben:

1. *Was geschieht, wenn man in einer Lochkamera die Mattscheibe durch eine a) saubere, b) eingepuderte Glasscheibe ersetzt?*

2. *Welche Bedingung müssen Gegenstandsweite g und Bildweite b erfüllen, damit das optische Bild bei der Abbildung durch eine Lochblende genauso groß wird wie der Gegenstand?*

3. *In Versuch 5 befindet sich das leuchtende* L 5 cm *vor der Lochblende, die Mattscheibe* 20 cm *dahinter. Bestimme den Abbildungsmaßstab A! Wie hoch ist das Bild auf der Mattscheibe, wenn das leuchtende* L 1,5 cm *hoch ist?*

4. *Mit einer Lochkamera wird aus* 20 m *Entfernung ein* 8 m *hoher Baum aufgenommen. Wie hoch wird das optische Bild, wenn die Fotoplatte* 15 cm *hinter der Lochblende angebracht ist?*

5. *Bei einer Lochkamera ist die Mattscheibe* 8 cm *hinter der Blendenöffnung angebracht; das optische Bild ist* 4 cm *hoch. Wie verändert sich die Bildhöhe, wenn man die Mattscheibe weiter von der Lochblende entfernt? Wie hoch wird das optische Bild, wenn der Abstand der Mattscheibe a) auf* 16 cm, *b) auf* 20 cm *erhöht wird?*

6. *Mit einer Lochkamera soll aus* 15 m *Entfernung ein Haus aufgenommen werden, das* 12 m *breit und* 7,50 m *hoch ist. In welchem Abstand von der Lochblende muß man die Fotoplatte anbringen, damit die Fotografie des Hauses* 8 cm *breit wird? Wie hoch ist dann die Fotografie?*

§67 Der Schatten

1. Schattenspiele

Jedermann weiß, daß beleuchtete Gegenstände, sofern sie nicht völlig durchsichtig sind, einen **Schatten** werfen. Auch er ist ein optisches Bild des Gegenstandes. Lange vor der Erfindung der Fotografie wurde diese Möglichkeit, optische Abbildungen zu erzeugen, in Schattenspielen und Schattenrissen genutzt. Wie kommt nun ein solcher Schatten eigentlich zustande?

Versuch 8: Das Licht einer Punktlichtlampe fällt auf eine Wand des verdunkelten Zimmers. Dort wird es gestreut; ein Teil des Streulichts gelangt in unser Auge. Dieses meldet den Empfang von Licht an das Gehirn weiter.

194.2 Schattenspiele

194.3 So kommt ein scharfer Schatten zustande.

Dabei entsteht die Empfindung: „Die Wand ist beleuchtet.“ Halten wir nun – wie in *Bild 194.2* – unsere Hand oder irgend einen undurchsichtigen Gegenstand in einiger Entfernung vor die Lichtquelle, so erscheint auf der Wand ein scharfumrissenes *Schattenbild*. Sein Zustandekommen ist leicht einzusehen; wir müssen dazu nur die Eigenschaften des Lichts heranziehen, die wir bis jetzt kennengelernt haben:

Das von der punktförmigen Lichtquelle L ausgehende Licht breitet sich allseitig aus. Deshalb wird die Wand überhaupt beleuchtet. Für jeden Punkt P der Wand, der vom Licht getroffen wird, gilt: Das in P ankommende Licht gelangt längs des Lichtstrahls LP dorthin. Bringen wir nun einen undurchsichtigen Gegenstand zwischen die Lampe L und die Wand *(Bild 194.3)*, so wird ein gewisser Bereich ausgespart. Die Grenzen zwischen Hell und Dunkel werden durch diejenigen von L ausgehenden Lichtstrahlen bestimmt, die am Gegenstand gerade noch entlangstreifen. Damit ist der scharfumrissene Schatten schon erklärt!

Versuch 9: Wir wiederholen Versuch 8, stellen aber vor dem schattenwerfenden Gegenstand *zwei* Punktlichtlampen L_1 und L_2 nebeneinander auf. Zunächst schalten wir L_1 bzw. L_2 *einzeln* ein. Die Schattenbilder, die dann jeweils entstehen, sind wegen der verschiedenen Lagen von L_1 und L_2 etwas gegeneinander verschoben. Nun schalten wir *beide* Punktlichtlampen ein: Auch jetzt wird ein gewisser Bereich der Wand vom Licht überhaupt nicht getroffen; es entsteht also wieder ein Schatten. Man nennt ihn den *Kernschatten*. Das direkt an ihn grenzende Gebiet ist jedoch noch nicht voll (d.h. von L_1 *und* L_2) beleuchtet: An den Kernschatten schließt sich ein abgestufter Schatten, ein sogenannter *Halbschatten* an *(Bild 195.1)*. Er umfaßt die Bereiche, die jeweils nur von *einer* der beiden Lampen Licht erhalten. Wir erkennen dies deutlich, wenn wir einmal L_1, dann L_2 kurzzeitig ausschalten.

Versuch 10: Wir führen nochmals Versuch 8 durch, benutzen aber als Lichtquelle statt der Punktlichtlampe eine Leuchtstoffröhre. Diese ausgedehnte Lichtquelle läßt ein unscharfes Schattenbild mit ganz verschwommenen Rändern entstehen.

Zur Erklärung betrachten wir *Bild 195.2*. Angenommen, nur die beiden äußersten Punkte der ausgedehnten Lichtquelle würden Licht aussenden. Dann entstünde dieselbe Schattenverteilung wie in *Bild 195.1*. Nun müssen wir uns aber eine solche ausgedehnte Lichtquelle aus vielen punktförmigen Lichtquellen zusammengesetzt denken, die *zwischen* den beiden äußersten Punkten liegen. Dieses zusätzliche Licht ändert am Kernschatten nichts; doch gehen jetzt die anschließenden Zonen ganz allmählich in Helligkeit über. Je näher nämlich ein Punkt P innerhalb einer solchen Zone an der Helligkeitsgrenze liegt *(Bild 195.2)*, desto größer ist der Teil der Lichtquelle, der P beleuchten kann. Damit ist der verwaschene Schattenrand erklärt, den man bei der Beleuchtung mit einer mattierten Glühlampe erhält.

Während bei einer punktförmigen Lichtquelle ein scharfer Schatten entsteht, erhält man bei einer ausgedehnten Lichtquelle einen Kernschatten mit verwaschenen Rändern.

195.1 Kernschatten und Halbschatten

195.2 Schatten bei einer ausgedehnten Lichtquelle

2. Warum erscheint der Mond nicht immer rund?

Wenn sich die Erdhälfte, die wir bewohnen, von der Sonne weggedreht hat, wird es bei uns Nacht. Die von der Sonne beleuchtete „Taghälfte“ ist nun von uns abgewandt, doch ist fast der ganze Weltraum, in den wir bei Nacht blicken, vom Sonnenlicht durchflutet. Seltsam: *Der Nachthimmel ist voller Sonnenlicht!* Wir nehmen es nur nicht wahr, weil es nicht in unser Auge dringt. Gelangt nun aber der Mond in diesen lichtdurchfluteten Raum, so streut er das Licht – ähnlich wie ein Kreidestäubchen des Versuchs 3 – in unser Auge, und wir sehen ihn hell beleuchtet. Warum er sich dabei in wechselnder Gestalt – einmal als runde Scheibe, dann wieder als schmale Sichel – zeigt, läßt sich mit *Bild 196.1* erklären. Dort sind 8 verschiedene Standorte des Mondes eingezeichnet, die dieser während seines 4 Wochen dauernden Umlaufs um die Erde einnimmt.

Wir müssen uns das so vorstellen: Blickt man in zwei aufeinanderfolgenden Nächten zur gleichen Uhrzeit an den Himmel, so sieht man den Mond jeweils an einer anderen Stelle. Er ist nämlich während dieser 24 Stunden auf seiner Umlaufbahn etwas weiter vorgerückt. Von Nacht zu Nacht sehen wir ihn deshalb immer wieder in einer anderen Richtung. Nun kann die Sonne nur *eine* Hälfte des Mondes beleuchten; die andere liegt in seinem eigenen Schatten. Je nach der Stellung des Mondes sehen wir seine beleuchtete Hälfte von der Erde aus voll (Vollmond) oder aber nur zum Teil (Halbmond). Die Linie, die aus dem vollen Mond die uns allen bekannte Mondsichel ausschneidet, stellt die Grenze zwischen Mondtag und Mondnacht dar. Während einer gewissen Zeit entschwindet der Mond bei Nacht unseren Blicken ganz: Er hat sich auf die Tagseite der Erde verzogen und wendet ihr seine Nachtseite zu. Diese Stellung des Mondes wird *Neumond* genannt.

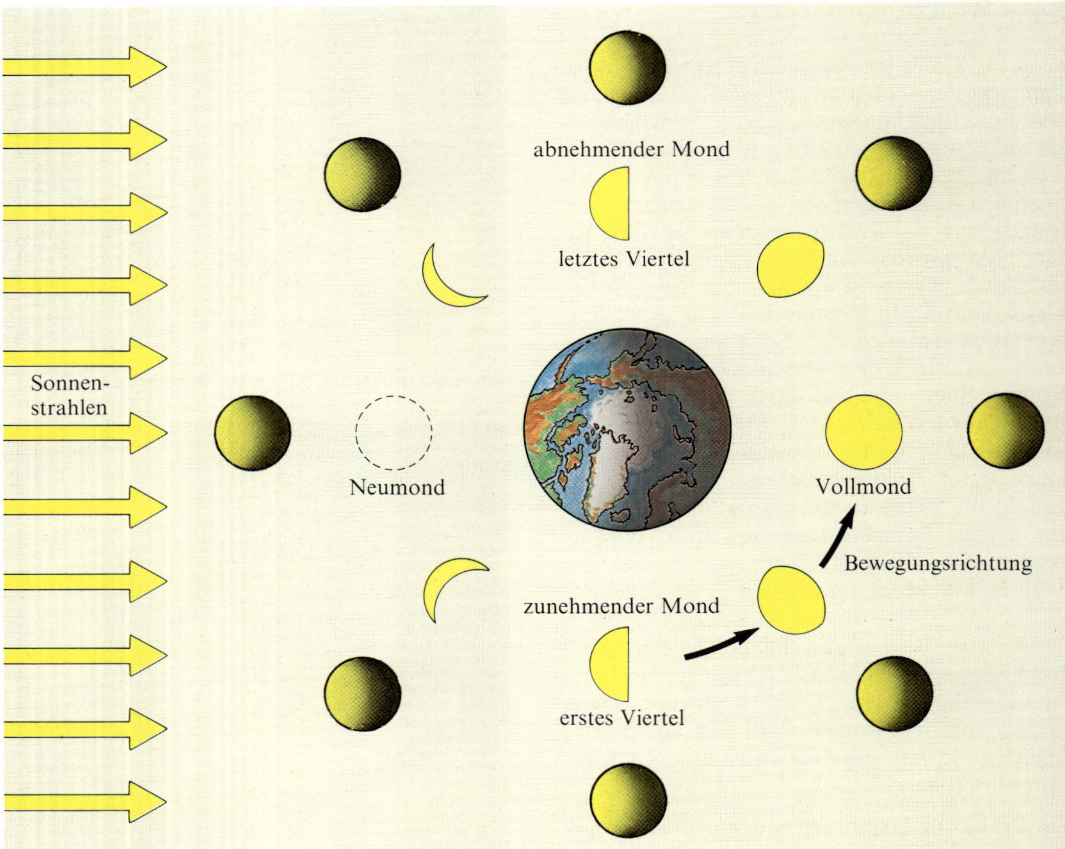

196.1 Entstehung der Mondphasen

197.1 7 Bilder einer totalen Sonnenfinsternis, aufgenommen im Abstand von 20 Minuten

3. Wie entsteht eine Mondfinsternis?

Wenn man *Bild 196.1* betrachtet, sieht es so aus, als könne der Mond eigentlich nie voll beleuchtet werden, da sich ja in der Vollmondstellung die Erde zwischen Sonne und Mond befindet und damit den Lichtstrahlen „im Weg" ist. *Bild 197.2* zeigt, daß die Erde tatsächlich einen Schatten in den sonst vom Sonnenlicht durchfluteten Nachthimmel wirft. Wir müssen uns das Bild räumlich vorstellen; es entsteht also ein *Schattenkegel.* Die Bahn des Mondes ist nun etwas gegen die Ebene, in der *Bild 196.1* und *Bild 197.2* gezeichnet sind, geneigt. Deshalb drückt sich der Mond meist vor oder hinter dem Schattenkegel vorbei. Manchmal gerät er jedoch in einer Nacht ganz in diesen Schattenkegel der Erde. Dann entsteht eine *totale Mondfinsternis.* Gelegentlich streift er ihn auch nur; in diesem Fall erleben wir eine *partielle* (teilweise) *Mondfinsternis.*

4. Wie entsteht eine Sonnenfinsternis?

Verliefe die Umlaufbahn des Mondes in der Ebene, in welcher das *Bild 196.1* gezeichnet ist, so würde sich der Mond jedesmal in der Neumondstellung genau zwischen Sonne und Erde schieben. Da nun die Umlaufbahn des Mondes gegen diese Ebene etwas geneigt ist, passiert es nur selten, daß Sonne, Mond und Erde gemäß *Bild 197.3* in einer geraden Linie stehen.

Tritt dieser Fall ein, so wirft der Mond einen dunklen Schatten auf die Erde *(Bild 197.3).* Für das im Kernschatten liegende Gebiet entsteht eine *totale Sonnenfinsternis*: Dort erlebt ein Beobachter, daß sich der Mond allmählich ganz vor die Sonne schiebt *(Bild 197.1)*, so daß mitten am Tag Dämmerung eintritt. Beobachter im Gebiet des Halbschattens sehen noch einen sichelförmigen Teil der Sonne unbedeckt; sie erleben eine *partielle Sonnenfinsternis.*

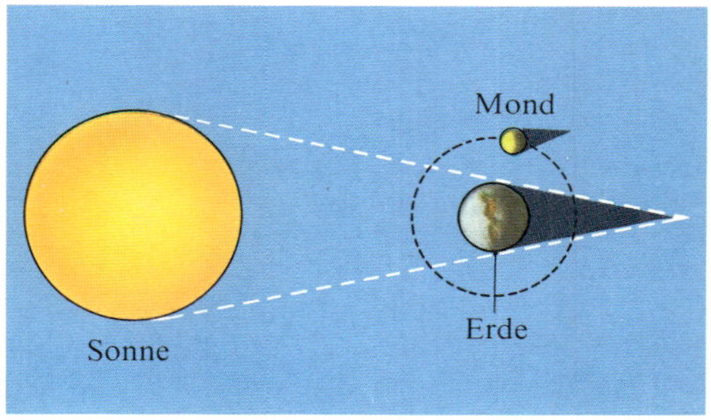

197.2 Hinter der Erde entsteht ein Kernschattenkegel.

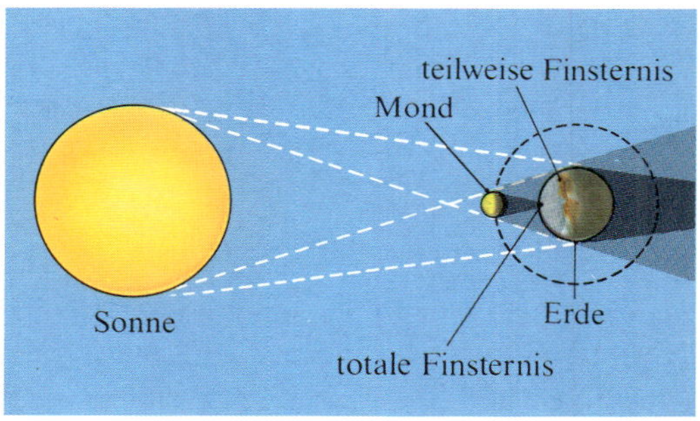

197.3 So entsteht eine Sonnenfinsternis.

Aufgaben:

1. *Zeige, daß Gleichung 193.1 auch für Schattenbilder gilt, wenn man g und b jeweils von der Punktlichtlampe aus mißt!*

2. *Eine Lichtquelle besitzt* 3 cm *Durchmesser. In einer Entfernung von* 4 cm *befindet sich ein Körper mit dem Durchmesser* 2 cm. *Konstruiere Kern- und Halbschatten des Körpers auf einem* 6 cm *von der Lichtquelle entfernten Schirm! Zeige, daß kein Kernschatten auftritt, wenn der Abstand des Schirms mehr als* 12 cm *beträgt!*

3. *Erkläre, warum eine Sonnenfinsternis nur in bestimmten Gegenden auf der Tagseite, eine Mondfinsternis dagegen in allen Orten auf der Nachtseite der Erde beobachtet werden kann!*

§ 68 Reflexion am ebenen Spiegel

1. Glatte Flächen spiegeln

An der Wand hängt ein Spiegel. Die Wand neben ihm siehst du, weil sie rauh ist und deshalb das Licht nach allen Seiten streut; etwas davon gelangt auch in dein Auge. Die Oberfläche des Spiegels nimmst du kaum wahr. Dagegen siehst du dich selbst im Spiegel. Grenzt das nicht an Zauberei?

Versuch 11: Nach *Bild 198.1* fällt das breite Lichtbündel einer Experimentierleuchte schräg auf mehrere verschiedenfarbige Pappstreifen, die zusammen mit einem kleinen Spiegel auf dem Tisch liegen. Die Pappstreifen sind deutlich zu erkennen: Ihre Oberflächen sind rauh und streuen deshalb das Licht nach allen Seiten. Dagegen erscheint uns der Spiegel als dunkle Lücke zwischen den beleuchteten Pappstükken. Dafür ist hinter ihm an der Wand ein scharf begrenzter Lichtfleck zu sehen. Er zeigt uns, daß das auf den Spiegel fallende Licht *nicht* nach allen Seiten gestreut, sondern nur in *eine* ganz bestimmte Richtung gelenkt wird. Das kommt von der glatten Oberfläche, die ein solcher Spiegel besitzt! Auch ein blank poliertes Metallstück oder eine ruhige Wasserfläche – kurz, alles, was „spiegelglatt" ist – wirft das Licht in derselben Weise zurück wie der kleine Spiegel in unserem Versuch.

Für den praktischen Gebrauch werden Spiegel gewöhnlich aus einer ebenen Glasplatte hergestellt, die auf der Rückseite versilbert und mit einer Schutzschicht überzogen ist.

2. Das Reflexionsgesetz

Versuch 12: Wir erzeugen mit Hilfe einer Experimentierleuchte ein schmales Lichtbündel, das auf der gegenüberliegenden Wand einen Lichtfleck hervorruft. Nun halten wir einen ebenen Spiegel in den Strahlengang. Damit können wir den Lichtfleck an alle möglichen anderen Stellen dirigieren: an die Decke, die seitlichen Wände, ja sogar an die hinter der Leuchte liegende Wand. Wie in Versuch 11 wird das Lichtbündel am Spiegel in eine *bestimmte Richtung* gelenkt; sie hängt von der Stellung dieses Spiegels ab. Man sagt, das Licht werde **reflektiert.**

S-Versuch 13: Markiere einen Punkt an der Wand! Halte nach *Bild 198.2* einen Spiegel so in den Strahlengang, daß das reflektierte Lichtbündel diesen Punkt trifft: Wiederhole das Spiel, indem du den Punkt an anderen Stellen anbringst!

Du wirst sehr schnell herausfinden, wie du den Spiegel halten mußt, damit das reflektierte Lichtbündel ins Ziel trifft. Gefühlsmäßig ist die Sache also klar. Doch ist die Gesetzmäßigkeit, die dahintersteckt, nicht so leicht zu finden.

Um die Lage des Spiegels im Raum beschreiben zu können, führen wir eine geeignete Hilfslinie ein, das sogenannte *Einfallslot.* Wir verstehen darunter die Senkrechte auf der Spiegelfläche im Auftreffpunkt des Lichtstrahls. Wir können uns das Einfallslot als Zeiger denken, der fest mit dem Spiegel verbunden ist. Er weist bei jeder Verdrehung der Spiegelebene in eine andere Richtung und charakterisiert so die Lage des Spiegels.

198.1 Ein Spiegel streut Licht *nicht* nach allen Seiten.

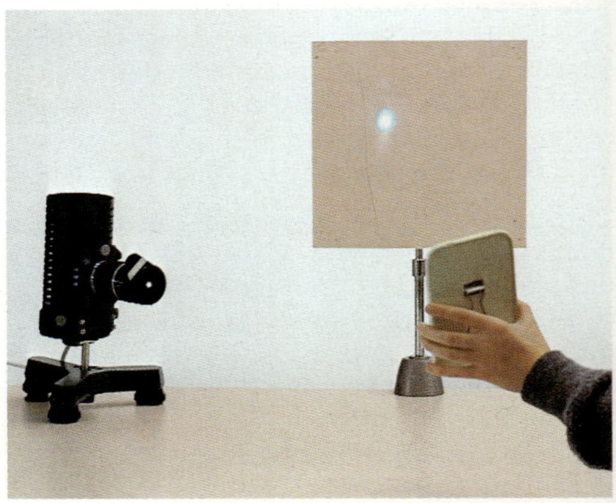

198.2 Ein Spiegelspiel

S-Versuch 14: Klebe auf den Spiegel einen Strohhalm als Einfallslot und wiederhole damit den Versuch 13! Ein Mitschüler hält einen Bleistift längs des einfallenden und einen anderen längs des reflektierten Lichtstrahls. Dabei stellst du fest: *Einfallender Strahl, Einfallslot und reflektierter Strahl liegen in einer Ebene.*

Versuch 15: Nun wiederholen wir den vorigen Versuch mit einem *Laserstrahl.* Er trifft den Spiegel im Fußpunkt des aufgeklebten Einfallslotes. Blasen wir Rauch in den Strahlengang, so können wir den Verlauf des einfallenden und des reflektierten Lichtstrahls deutlich verfolgen. Vorsicht! Der Laserstrahl darf nicht ins Auge gelangen. Auch muß man darauf achten, daß er auf keine spiegelnden Flächen (Fensterscheiben, verglaste Schranktüren) fällt; diese könnten den Laserstrahl unter Umständen so reflektieren, daß er in ein Auge trifft!

Es sieht so aus, als ob der Winkel zwischen den beiden Lichtstrahlen durch das Einfallslot gerade halbiert würde. Doch ist es schwierig, diese Vermutung in einem Freihandversuch genau nachzuprüfen. Deshalb messen wir die Winkel der Lichtstrahlen zum Einfallslot in einem besonderen Experiment mit Hilfe der sogenannten *optischen Scheibe*

Versuch 16: An einer drehbaren optischen Scheibe mit Winkelteilung wird nach *Bild 199.1* ein kleiner Spiegel so befestigt, daß er senkrecht zur Scheibenebene steht. Eine Experimentierleuchte mit vorgeschalteter Schlitzblende erzeugt ein Lichtbündel, das an der Scheibe entlangstreift; auf diese Weise können wir den Verlauf des einfallenden und des reflektierten Lichtstrahls genau verfolgen. Wir justieren die Versuchsanordnung so, daß die Null-Grad-Linie das Einfallslot bildet. Bezeichnen wir den Winkel zwischen Lot und einfallendem Strahl als *Einfallswinkel* α, den Winkel zwischen Lot und reflektiertem Strahl als *Reflexionswinkel* β, so finden wir stets, daß $\beta = \alpha$ ist. Das Einfallslot stellt also – wie wir vermutet haben – die Winkelhalbierende zwischen einfallendem und reflektiertem Strahl dar.

199.1 Zum Reflexionsgesetz

Lassen wir das Lichtbündel senkrecht auf den Spiegel fallen, so geht es nach der Reflexion in sich selbst zurück. Auch in diesem Spezialfall sind Einfallswinkel α und Reflexionswinkel β gleich groß; sie sind dann nämlich beide Null.

> ***Reflexionsgesetz:***
>
> **1. Einfallender Strahl, Einfallslot und reflektierter Strahl liegen in einer Ebene.**
>
> **2. Einfallswinkel und Reflexionswinkel sind gleich groß.**

Wir denken uns nun in *Bild 199.1* die Experimentierleuchte so angebracht, daß der *einfallende* Strahl den Weg nimmt, auf dem vorher der *reflektierte* Strahl verlief, jedoch in umgekehrter Richtung. Wir haben also den Einfallswinkel mit dem Reflexionswinkel vertauscht. Da beide gleich sind, verläuft bei diesem umgekehrten Strahlengang der *reflektierte* Strahl auf demselben Weg, den vorher der *einfallende* Strahl nahm. Man drückt das auch so aus:

> **Beim ebenen Spiegel ist der Lichtweg umkehrbar.**

3. Vorspiegelung falscher Tatsachen

Versuch 17: Vor einer sauber geputzten Glasplatte ist eine brennende Kerze aufgestellt. Hinter der Scheibe befindet sich ein Becherglas, in dem wir eine weitere brennende Kerze erblicken. Dieses Becherglas füllen wir nun mit Wasser. Seltsam: Die Kerze geht dabei nicht aus; sie brennt sogar unter Wasser weiter!

Wie funktioniert dieser Zaubertrick? Ein Blick hinter die Glasplatte zeigt uns, daß sich im Becherglas gar keine Kerze befindet. Was wir dort gesehen haben, wurde uns nur vorgetäuscht: Wir erblickten ein *Spiegelbild* der vor

200.1 Kann die Kerze unter Wasser brennen?

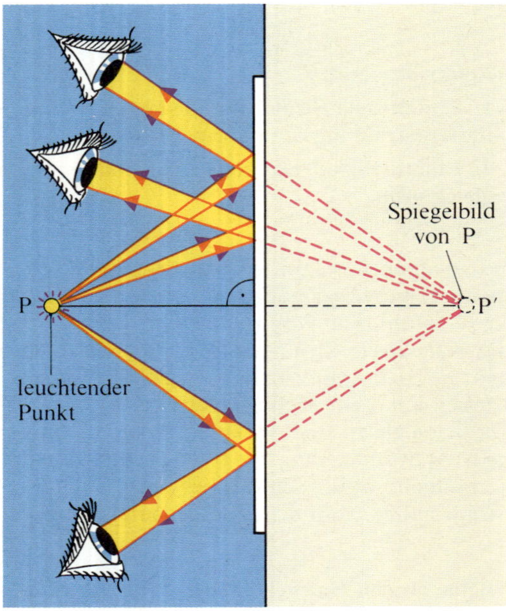

200.2 Das Licht scheint von P′ herzukommen.

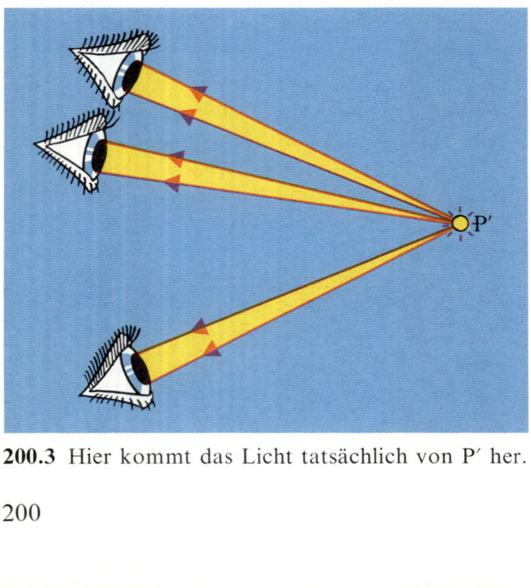

200.3 Hier kommt das Licht tatsächlich von P′ her.

der Scheibe aufgestellten Kerze. Die von ihr ausgehenden Lichtstrahlen wurden nämlich zum Teil an der Glasoberfläche reflektiert; dabei erhielten wir den Eindruck, *hinter* der Glasscheibe stünde ebenfalls eine brennende Kerze *(Bild 200.1)*. Interessant ist, daß dieses vorgetäuschte Spiegelbild *allen* Beobachtern – die ja aus *verschiedenen* Richtungen auf die Glasplatte schauten – an *derselben Stelle* erschien. Dort steht das Becherglas; im Unterschied zum nur vorgetäuschten Kerzenbild befindet sich das Glas tatsächlich an diesem Ort. Mit einem Bandmaß, das wir nach *Bild 200.1* unter der Scheibe durchschieben, messen wir ab, daß die Kerze und ihr Spiegelbild bezüglich der Glasplatte *symmetrisch* liegen.

Wenn du in einen Spiegel schaust, der an der Wand hängt, siehst du dich dort, als ob du dir selbst gegenüberstündest. Auch alles, was dich umgibt, kannst du im Spiegel erblicken. In das Mauerwerk hinein wird für deinen Blick ein sich in die Tiefe erstreckendes räumliches Spiegelbild „gezaubert". Dabei handelt es sich um dieselbe Erscheinung wie bei der Kerze, die in das Becherglas gehext wurde. Wie eine solche Zauberei zustandekommt, wollen wir uns nun mit Hilfe des Reflexionsgesetzes klarmachen.

Vor einem ebenen Spiegel befinde sich ein beleuchteter Gegenstand. Er besteht aus vielen leuchtenden Punkten; von diesen betrachten wir vorerst nur einen einzelnen Punkt P. Er sendet nach allen Seiten Licht aus. Welcher Eindruck wird dadurch den Betrachtern vermittelt, die nach *Bild 200.2* aus verschiedenen Richtungen auf den Spiegel schauen?

Das vom Punkt P ausgehende Licht wird am Spiegel *reflektiert*. Auf diese Weise gelangen ganz bestimmte Strahlenbündel in das Auge des jeweiligen Beobachters. Ihr Verlauf ist in *Bild 200.2* nach dem Reflexionsgesetz konstruiert. Verlängert man die reflektierten Strahlen nach rückwärts, so stellt man fest, daß sie sich alle in einem Punkt P′ schneiden. Nehmen wir nun in Gedanken den Spiegel aus *Bild 200.2* heraus und versetzen gleichzeitig den leuchtenden Punkt P nach P′, so kommen in den Augen der Betrachter *genau dieselben Lichtbündel an wie vorher*. Das heißt aber: Der leuchtende Punkt P erzeugt in jedem Auge, das in den Spiegel blickt, denselben Lichteindruck, *als ob der Spiegel nicht vorhanden wäre und der leuchtende Punkt in P′ stünde (Bild 200.3)*. Man nennt P′ das *Spiegelbild* des Punktes P.

Diese Überlegung kann man für sämtliche Punkte anstellen, aus denen der lichtaussendende Gegenstand zusammengesetzt ist. Damit haben wir erklärt, warum das Auge eines jeden Beobachters ein Spiegelbild des gesamten Gegenstandes wahrnimmt. Man sagt, es sei *scheinbar* oder *virtuell* (virtuel, französisch; möglich), da es dem Auge nur vorgetäuscht wird. In unserem Zauberversuch haben wir also keine Kerze, sondern nur deren virtuelles Bild begossen. Kein Wunder, daß sie dabei nicht ausging! – Auf einer Mattscheibe, die man an den Ort eines virtuellen Bildes bringt, ist nichts von ihm zu sehen. Dagegen läßt sich das Bild, das die Lochkamera erzeugt, mit einem Schirm auffangen; es wird deshalb auch *reelles* (wirkliches) Bild genannt.

Bild 200.2 zeigt *anschaulich*, wie ein virtueller Bildpunkt zustandekommt. Die dort gezeichneten rückwärtigen Verlängerungen der reflektierten Lichtstrahlen schneiden sich, wie man deutlich sieht, in einem Punkt P′. Aber – gilt das auch wirklich für *alle* Strahlen, die von P ausgehen? Dies müssen wir erst allgemein beweisen!

Dazu betrachten wir nochmals den leuchtenden Punkt P *(Bild 201.1)*. Aus der Vielzahl der von P ausgehenden Lichtstrahlen greifen wir zuerst den Strahl PA heraus, der *senkrecht* auf den Spiegel trifft. Er geht nach der Reflexion in sich selbst zurück. Außerdem verfolgen wir noch einen weiteren *beliebig* in der Zeichenebene verlaufenden Lichtstrahl PB, der den Spiegel unter dem Einfallswinkel α treffen möge. Nach dem Reflexionsgesetz ist der Winkel, unter dem der Strahl reflektiert wird, ebenso groß. Dann stimmen aber auch die jeweiligen Ergänzungswinkel zu 90° überein, das sind die Winkel zwischen der Spiegelebene und dem einfallenden bzw. dem reflektierten Strahl. Sie werden in *Bild 201.1* mit γ bezeichnet. Derselbe Winkel γ tritt als Scheitelwinkel außerdem noch im Dreieck P′AB auf. Die Dreiecke PAB und P′AB stimmen damit in der Seite $\overline{AB}$ und den beiden ihr anliegenden Winkeln (γ und 90°) überein. Deshalb decken sich die beiden Dreiecke genau, wenn man eines von ihnen um die Achse AB umklappt. Statt mit BP können wir dieselbe Überlegung auch mit einem *beliebigen* anderen von P ausgehenden Lichtstrahl anstellen. Damit ist geometrisch bewiesen:

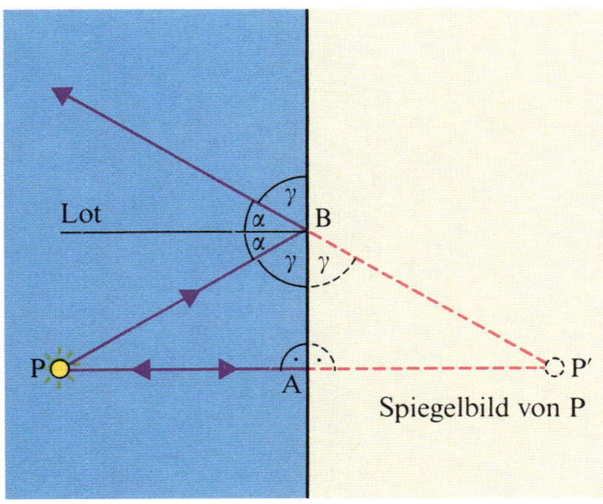

201.1 P und P′ liegen symmetrisch zum Spiegel.

201.2 Gegenstand und virtuelles Spiegelbild

– Alle von P ausgehenden Lichtstrahlen werden am ebenen Spiegel so reflektiert, daß sich die rückwärtigen Verlängerungen der reflektierten Strahlen in *einem* Punkt P′ hinter dem Spiegel schneiden.

– P′ liegt symmetrisch zu P bezüglich der Spiegelebene. Dies bedeutet: PP′ steht auf dem Spiegel senkrecht; ein Gegenstandspunkt und sein virtuelles Bild besitzen denselben Abstand vom Spiegel; ein Gegenstand und sein Spiegelbild sind gleich groß.

In *Bild 201.2* wird das Bild und das Spiegelbild des Buchstabens F gezeigt. Ein Beobachter, der *vor* dem F steht, sieht Original und Bild gleich orientiert. Er sagt: „Sowohl beim F als auch bei seinem Spiegelbild weisen die Querbalken nach rechts.“ Stellt er sich aber *zwischen* das F und den Spiegel, so muß er seinen Blick erst vom Original zum Bild wenden und sich dabei um 180° drehen. Jetzt sagt er: „Beim Original weisen die Querbalken nach links, im Spiegelbild dagegen nach rechts.“ Welchen Standpunkt nimmst *du* ein, wenn du dich selbst im Spiegel betrachtest?

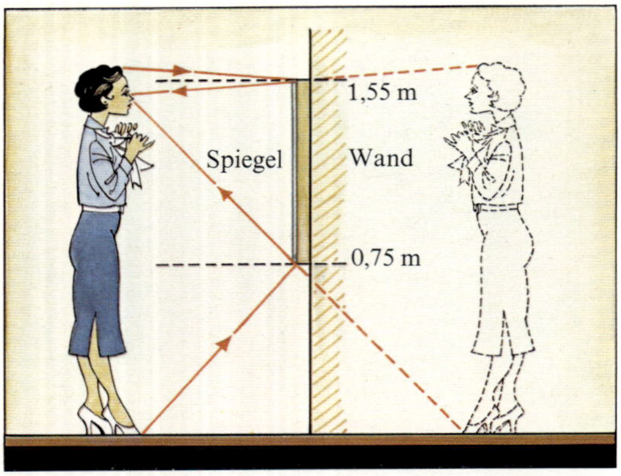

202.1 So muß man einen Spiegel aufhängen!

Im folgenden Beispiel wollen wir uns überlegen, was du bei der Anschaffung eines Wandspiegels beachten mußt. Er soll so groß sein, daß du dich darin von Kopf bis Fuß betrachten kannst. Deine Körpergröße betrage 1,60 m; die Augenhöhe sei 1,50 m. Wie hoch muß der Spiegel dann sein? – Etwa auch 1,60 m, damit dein Spiegelbild hineinpaßt? Und wie soll man diesen Spiegel aufhängen? – Muß er bis zum Fußboden reichen, damit du auch bestimmt deine Schuhe sehen kannst?

Bild 202.1 zeigt, wie sich dieses Problem mit Hilfe des Reflexionsgesetzes geometrisch lösen läßt: Die Lichtstrahlen, die so von der Fußspitze bzw. dem Scheitel ausgehen, daß sie ins Auge reflektiert werden, begrenzen die Mindesthöhe des Spiegels. Sie ist nach *Bild 202.1* gleich der Hälfte der Körpergröße; in unserem Beispiel ergibt sich 0,80 m. Die Unterkante des Spiegels muß in halber Augenhöhe, also 0,75 m über dem Fußboden liegen. (Aufgabe 2!)

4. Wozu man Spiegel sonst noch brauchen kann

Ebene Spiegel kommen im täglichen Leben häufig vor. Sie werden im Haushalt benutzt, jedes Auto besitzt einen Rückspiegel, der Zahnarzt benutzt einen kleinen Spiegel, um die Rückseite der Zähne betrachten zu können.

Bei manchen Meßgeräten dreht sich anstelle eines Zeigers ein kleiner Spiegel. An ihm wird ein Lichtbündel reflektiert, das auf einen weit entfernten Maßstab fällt und dort einen Lichtfleck erzeugt. Dieser wandert schon bei einer kleinen Drehung des Spiegels weit zur Seite. Wir wollen die Drehung eines solchen Lichtzeigers im nächsten Versuch genauer betrachten.

Versuch 18: Aus einer Experimentierleuchte mit vorgeschalteter Schlitzblende fällt ein schmales Lichtbündel auf einen Spiegel. Dieser ist an einer optischen Scheibe befestigt, an deren Winkelteilung Einfalls- und Reflexionswinkel gemessen werden können. Der Einfallswinkel sei beispielsweise $\alpha = 30°$, dann ist der Reflexionswinkel nach dem Reflexionsgesetz ebenso groß; also bilden der einfallende und der reflektierte Strahl miteinander den Winkel $2\alpha = 60°$. Drehen wir nun den Spiegel z.B. um 5°, so vergrößern wir den Einfallswinkel und damit auch den Reflexionswinkel je um 5°. Nach der Drehung des Spiegels um 5° hat sich demnach der Winkel zwischen dem einfallenden und dem reflektierten Lichtstrahl um 10° (nämlich von 60° auf 70°) erhöht. Aus dieser Überlegung folgt: *Dreht man den Spiegel um einen bestimmten Winkel, so dreht sich der reflektierte Lichtstrahl um den doppelten Winkel.*

Entfernungsmesser, wie sie z.B. in Kameras eingebaut sind, arbeiten häufig ebenfalls mit Spiegeln. *Bild 202.2* zeigt das Prinzip: Vom Objekt, dessen Entfernung gemessen werden soll, gelangt auf zwei verschiedenen Wegen Licht zum Auge des Beobachters.

– Es durchsetzt einerseits den halbdurchlässigen Spiegel (in *Bild 202.2 links*) und trifft direkt ins Auge des Beobachters (blau gezeichneter Strahl).

– Andererseits kann aber auch noch Licht vom Objekt auf dem Umweg über einen drehbaren Spiegel (in *Bild 202.2 rechts*) zum Auge gelangen (rot gezeichneter Strahlengang).

Dadurch nimmt der Beobachter das Objekt zweimal – etwas gegeneinander verschoben –

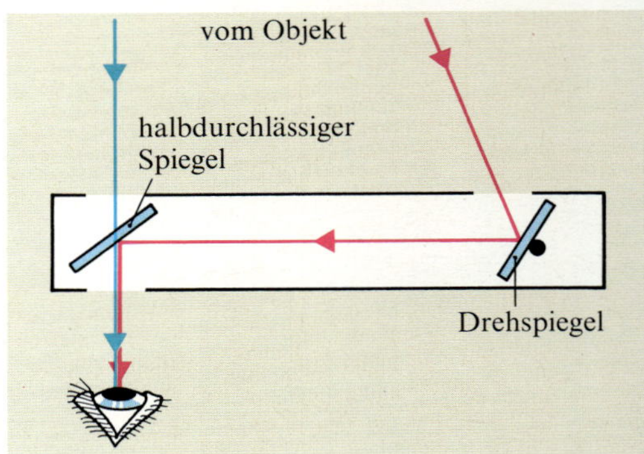

202.2 Entfernungsmesser

wahr: Man sieht den Gegenstand doppelt. Damit man ihn wieder einfach sieht, muß man den Drehspiegel so einstellen, daß die rückwärtigen Verlängerungen sowohl des roten als auch des blauen Strahls *(Bild 202.2)* zum Objekt hinzielen. Aus der Stellung des Spiegels kann man jetzt auf die Entfernung des Objekts schließen. Je näher dieses rückt, desto mehr muß man den Spiegel gegen den Uhrzeiger drehen, damit man nicht mehr doppelt sieht.

5. Wie schnell ist das Licht?

Richten wir das Lichtbündel einer Taschenlampe auf einen Spiegel, so hat es den Anschein, als ob das Licht überhaupt keine Zeit benötigte, um von der Lampe zum Spiegel und von diesem wieder in unser Auge zu gelangen. Führt man jedoch ein entsprechendes Experiment mit sehr großen Lichtwegen durch, so stellt man fest, daß das Licht zu seiner Ausbreitung tatsächlich eine gewisse Zeit braucht.

Es ist heutzutage möglich, einen Lichtblitz von der Erde auf den Mond zu senden. Dort haben Astronauten bei ihrer Landung einen Spiegel aufgestellt, der das Lichtsignal reflektiert und auf die Erde zurückschickt. Vom Augenblick des Aufblitzens bis zur Rückkehr vergehen 2,56 Sekunden. Wie man aus geometrischen Vermessungen weiß, ist der Mond von der Erde etwa 384000 km entfernt. Das Licht braucht demnach zu einer Strecke von 768000 km eine Zeit von 2,56 Sekunden. In einer Sekunde legt es also den 2,56ten Teil von 768000 km zurück, das sind recht genau 300000 km.

Die Lichtgeschwindigkeit beträgt rund 300000 km/s.

203.1 Winkelspiegel

203.2 Warum die unleserliche Aufschrift?

Aufgaben:

1. *Bild 203.2 zeigt einen Krankenwagen, der auf seiner Vorderseite eine unleserliche Aufschrift trägt. Welche Absicht steckt dahinter?*

2. *Wie hoch muß ein Wandspiegel mindestens sein, und wie muß man ihn aufhängen, damit sich eine* 1,80 m *große Person mit der Augenhöhe* 1,70 m *ganz darin sehen kann? (Zeichnung im Maßstab* 1:20!*) Zeige, daß sich die Person auch noch ganz sieht, wenn sie sich weiter vom Spiegel entfernt! In diesen Spiegel blickt ein Mann, der* 1,80 m *groß ist. Da er eine hohe Denkerstirne hat, beträgt seine Augenhöhe nur* 1,60 m. *Kann er sich ebenfalls vollständig im Spiegel sehen?*

3. *Bringe einen Bleistift zwischen zwei Spiegel, die im rechten Winkel zueinander aufgestellt sind (Bild 203.1)! Wie erklärst du das Bild in diesem Winkelspiegel? Wie ändert sich das Spiegelbild, wenn man den Winkel zwischen den beiden Spiegeln vergrößert?*

4. *Zum untenstehenden Foto wurde nur eine einzige Kerze benötigt. Wie ist so etwas möglich?*

203.3 Nur eine Kerze brennt!

§ 69 Reflexion an gekrümmten Spiegeln

1. Hohlspiegel konzentrieren das Licht

Versuch 19: **a)** Wir bringen vor eine Experimentierleuchte eine Blende mit mehreren Schlitzen; aus ihr treten Lichtstrahlen, die untereinander parallel verlaufen. Sie werden an einer optischen Scheibe sichtbar gemacht und treffen auf einen blank polierten ebenen Metallstreifen, den wir in den Lichtweg halten. Drehen wir diesen *ebenen Spiegel* ein wenig hin und her, so können wir beobachten, daß die Lichtstrahlen auch nach der Reflexion zueinander parallel bleiben.

b) Nun biegen wir den spiegelnden Metallstreifen nach *Bild 204.1* an beiden Rändern etwas zur Lampe hin. Dann laufen die reflektierten Lichtstrahlen so aufeinander zu, daß sie sich ziemlich genau in einem Punkt schneiden. Je stärker wir den Metallstreifen krümmen, desto näher kommt dieser Schnittpunkt dem Spiegel.

Der gekrümmte Metallstreifen stellt den Schnitt durch einen sogenannten **Hohlspiegel** dar. Wir betrachten zunächst nur solche Hohlspiegel, deren Flächen wie Teile von Hohlkugeln mit dem Radius r geformt sind.

Versuch 20: Nach *Bild 204.2* lassen wir auf einen Hohlspiegel das Licht einer *Bogenlampe* fallen. Sie sendet ein besonders intensives *parallel begrenztes* Lichtbündel aus. Mit einem Stück Papier, das wir in den Strahlengang halten, suchen wir die Stelle, auf die das reflektierte Lichtbündel nach Versuch 19b) konzentriert wird. Bringen wir dorthin ein Streichholz

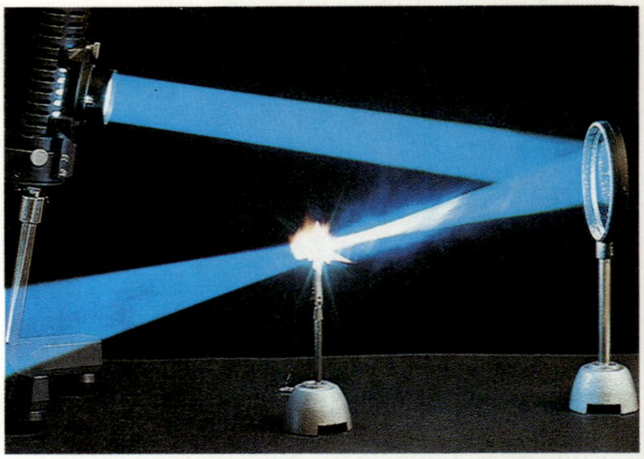

204.2 Das im Brennpunkt konzentrierte Licht entzündet ein Streichholz.

(mit dunklem Kopf), so entflammt es nach kurzer Zeit. Deshalb nennt man diese Stelle den **Brennpunkt F** oder den *Focus* (focus, lateinisch; Herd) des Hohlspiegels. – Ähnlich wird das Sonnenlicht in Sonnenkraftwerken durch riesige Hohlspiegel eingefangen und auf die Umgebung des Brennpunktes konzentriert.

Wie kommt es nun zu einem solchen Vereinigungspunkt? Da der Spiegel nach innen gekrümmt ist, werden die weiter außen verlaufenden Parallelstrahlen bei der Reflexion stärker abgelenkt als solche Strahlen, die näher an der Mittelachse liegen. Mit dem Reflexionsgesetz läßt sich zeigen, daß sie sich dabei alle ungefähr auf einen Punkt konzentrieren. In *Bild 204.3* ist ein Schnitt durch einen Hohlspiegel dargestellt. M ist der Kugelmittelpunkt oder *Krümmungsmittelpunkt*, S der *Scheitel* des Hohlspiegels. Die Gerade MS wird **optische Achse** genannt. – Wir stellen uns nun vor, ein zur optischen Achse paralleler Lichtstrahl treffe im Punkt A auf den Hohlspiegel, den wir uns an

204.1 Die reflektierten Strahlen treffen sich in einem Punkt.

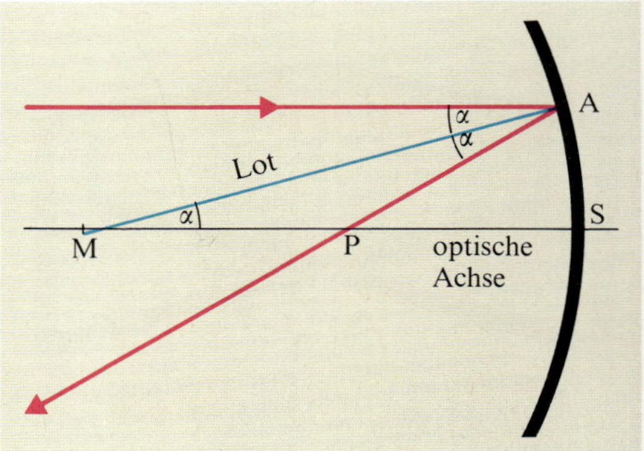

204.3 Ein achsenparalleler Strahl wird zur Achse hin reflektiert.

dieser Stelle durch ein kleines ebenes Spiegelchen ersetzt denken. Da es tangential zum Hohlspiegel liegt, wird das Einfallslot durch den Radius $\overline{MA}$ dargestellt. (Aus der Geometrie wissen wir: Die Kreistangente in A steht senkrecht auf dem Radius.) Mit Hilfe dieses Einfallslots läßt sich nun der reflektierte Lichtstrahl leicht konstruieren. Dazu muß man nur den Winkel α nach der anderen Seite abtragen. Derselbe Winkel α tritt auch bei M auf, da der einfallende Strahl ja parallel zur optischen Achse ist. Also sind in dem Dreieck PMA die Winkel bei M und bei A gleich groß; daraus folgt, daß dieses Dreieck gleichschenklig ist. Deshalb sind die Strecken $\overline{MP}$ und $\overline{PA}$ gleich lang.

Bei kugelförmigen Hohlspiegeln benutzt man im allgemeinen nur einen kleinen Bereich der Spiegelfläche in der näheren Umgebung des Scheitels S. Für die folgende Betrachtung legen wir einen solchen Strahlengang zugrunde, berücksichtigen also nur achsenparallele Strahlen, die verhältnismäßig nahe an der Achse liegen. Für sie ist der Winkel α so klein, daß das Dreieck PMA ziemlich flach wird. Dann gilt $\overline{MP}+\overline{PA}\approx\overline{MA}$. Da $\overline{MP}=\overline{PA}$ ist, folgt daraus $\overline{MP}\approx\frac{1}{2}\overline{MA}=\frac{1}{2}\overline{MS}=\frac{1}{2}r$. Der Schnittpunkt P des reflektierten Strahls mit der optischen Achse liegt also ungefähr in der Mitte von $\overline{MS}$.

Diese Betrachtung gilt für *jeden* achsenparallelen Lichtstrahl, wenn er nur genügend nahe an der optischen Achse verläuft. Mit der Einschränkung auf *achsennahe* Lichtstrahlen folgt daraus: Achsenparallele Strahlen werden am Hohlspiegel so reflektiert, daß sie sich alle ungefähr im Mittelpunkt der Strecke $\overline{MS}$ treffen. Dieser Mittelpunkt ist nichts anderes als der uns schon bekannte *Brennpunkt* F. Sein Abstand vom Scheitel S wird *Brennweite* f genannt.

Nach unserer vorigen Überlegung ist die Brennweite f gleich der Hälfte des Krümmungsradius r; es gilt also $f=r/2$.

Achsenparallel einfallende achsennahe Lichtstrahlen werden am Hohlspiegel so reflektiert, daß sie sich (nahezu) in einem Punkt F der optischen Achse schneiden.

F wird Brennpunkt genannt. Sein Abstand vom Scheitel, die sogenannte Brennweite f, ist halb so groß wie der Krümmungsradius r des Hohlspiegels.

2. Der Hohlspiegel als Scheinwerfer

Für den Hohlspiegel gilt das Reflexionsgesetz. Daraus können wir schließen, daß auch am Hohlspiegel *der Lichtweg umkehrbar* ist. Wir prüfen dies im nächsten Versuch nach.

Versuch 21: An der optischen Scheibe wird ein gekrümmter Metallstreifen befestigt, der als Hohlspiegel wirkt. Bringen wir ein Lämpchen in seinen *Brennpunkt (Bild 205.1a)*, so geht von der Spiegeloberfläche ein *achsenparalleles* Lichtbündel aus. Nun rücken wir das Lämpchen längs der optischen Achse etwas vom Spiegel weg. Dadurch wird der Einfallswinkel für jeden Lichtstrahl gegenüber vorher *verkleinert;* dann wird auch der Reflexionswinkel kleiner: Die reflektierten Strahlen neigen sich etwas gegen die optische Achse *(Bild 205.1b)*. Das dabei entstehende Lichtbündel nennt man *konvergent;* es läuft auf einen Punkt P zu. Verschieben wir das Lämpchen dagegen vom Brennpunkt aus längs der optischen Achse auf den Spiegel zu, so vergrößert sich für jeden Lichtstrahl der Einfallswinkel und damit auch der Reflexionswinkel: Es entsteht ein auseinanderlaufendes oder *divergentes* Lichtbündel *(Bild 205.1c)*. Es scheint von einem Punkt P′ hinter dem Hohlspiegel herzukommen.

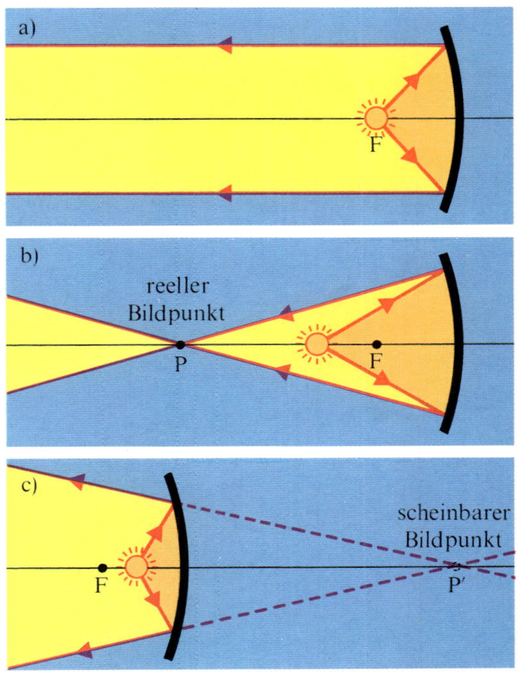

205.1 Das reflektierte Lichtbündel ist a) achsenparallel, b) konvergent, c) divergent.

Autoscheinwerfer besitzen einen Hohlspiegel, der allerdings nicht kugelförmig ist, sondern die Form eines sogenannten *Paraboloids* aufweist. Durch diese besondere Form wird erreicht, daß sich sämtliche achsenparallelen Lichtstrahlen – auch die achsenfernen – nicht nur ungefähr, sondern ganz genau in einem Punkt treffen. Da der Strahlengang bei der Reflexion umkehrbar ist, erzeugt eine in diesem Brennpunkt angebrachte Punktlichtlampe ein exaktes Parallellichtbündel.

Nach *Bild 206.1* wird beim Autoscheinwerfer eine sogenannte *Biluxlampe* benutzt. Sie besitzt zwei Glühfäden, die wahlweise eingeschaltet werden können. Der 1. Glühfaden sitzt im Brennpunkt des Hohlspiegels. Das von ihm ausgehende Licht erzeugt nach der Reflexion ein Parallelbündel, das sogenannte *Fernlicht*. Der zweite Glühfaden befindet sich etwas links vor dem Brennpunkt; er ist nach unten abgedeckt. Leuchtet er, so entsteht nach *Bild 206.1b* ein gegen die Straße geneigtes Lichtbündel, das sogenannte *Fahrlicht* (Abblendlicht).

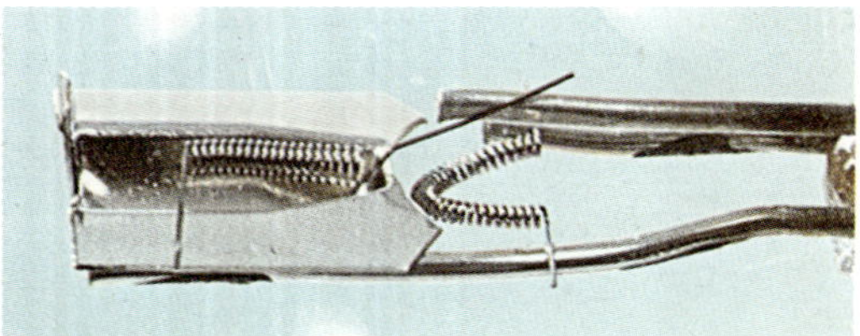

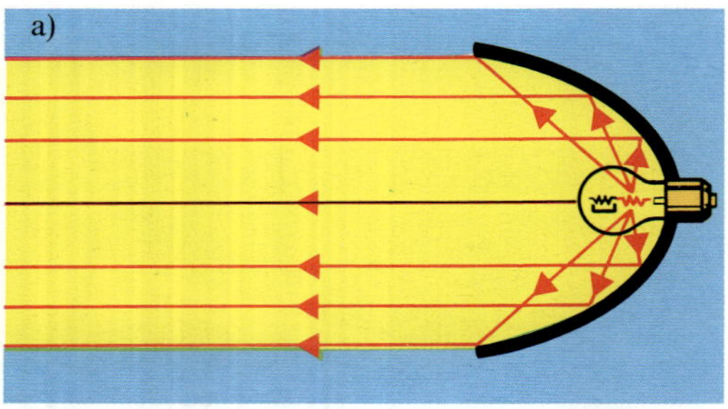

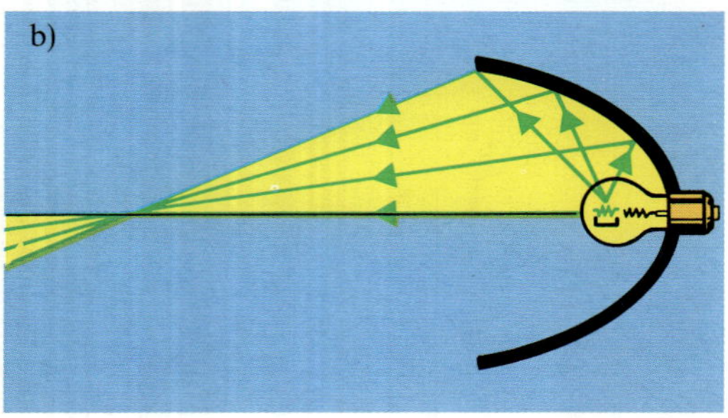

206.1 So erzeugt die Biluxlampe Fernlicht (rot) oder Fahrlicht (grün).

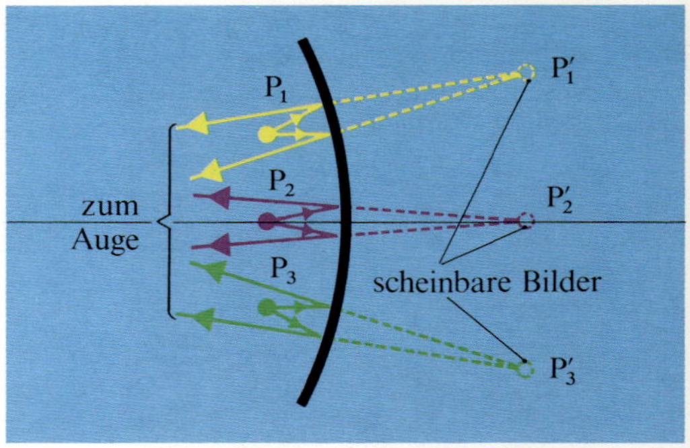

206.2 Die virtuellen Bilder sind auseinander gerückt; der Hohlspiegel vergrößert.

3. Hohlspiegel vergrößern – Wölbspiegel verkleinern

Beim Rasieren betrachtet man gerne sein Gesicht vergrößert in einem *Hohlspiegel*. *Bild 206.2* zeigt, wie er funktioniert. Was in *Bild 205.1c* für einen Punkt der optischen Achse erklärt wurde, gilt auch für die in *Bild 206.2* grün bzw. gelb gezeichneten Punkte: Lichtstrahlen, die von ihnen ausgehen, laufen nach der Reflexion ebenfalls divergent auseinander; sie scheinen jeweils von einem hinter dem Hohlspiegel liegenden Punkt herzukommen. Ein Gegenstand, dessen Abstand vom Scheitel des Hohlspiegels kleiner ist als die Brennweite, erzeugt demnach ein *virtuelles Bild*. Weil die äußeren Teile des Hohlspiegels nach *innen* geneigt sind, scheinen die hinter ihnen liegenden Bildpunkte P'_1 und P'_3 von der optischen Achse weg *nach außen* verschoben zu sein. Deshalb sieht das Auge ein *größeres* virtuelles Bild als beim ebenen Spiegel.

Außenspiegel an Autos und Verkehrsspiegel sind in den meisten Fällen auf den Beschauer zu leicht *gewölbt*. Sie erzeugen virtuelle Bilder, die zur optischen Achse hin zusammengepreßt erscheinen. Die Bilder sind also kleiner, deshalb „paßt mehr in den Spiegel hinein", d.h. das Gesichtsfeld ist im Vergleich zum ebenen Spiegel erweitert. Wie man den Strahlengang an gekrümmten Spiegeln *konstruieren* kann, wird in § 78 (Seite 245) behandelt.

4. Licht transportiert Energie

Der Hohlspiegel konzentriert ein breites Lichtbündel nach der Reflexion auf einen verhältnismäßig kleinen Raum um den Brennpunkt herum. Ein Körper, den man dorthin bringt,

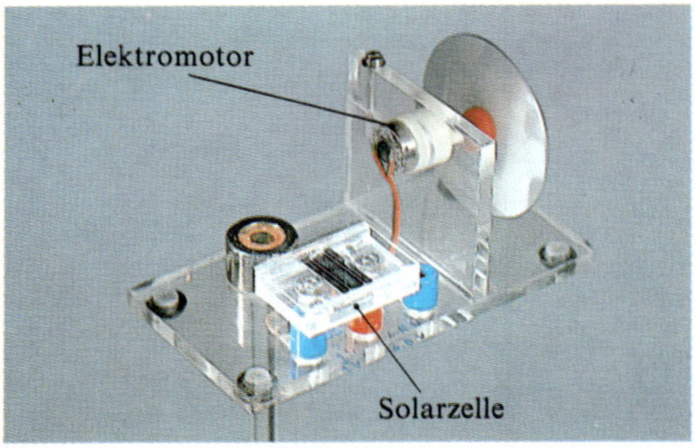

207.1 Lichtenergie wird in mechanische Energie verwandelt.

wird erwärmt, wie der Versuch mit dem Streichholz zeigt. Offenbar führt das Licht *Energie* mit sich, die vom Körper aufgenommen und in Form von Wärme frei wird.

Versuch 22: In *Bild 207.1* sehen wir eine sogenannte **Solarzelle;** sie ist mit einem kleinen Elektromotor verbunden. Fällt Licht aus einer Experimentierleuchte auf die Zelle, so dreht sich der Motor. An einem um seine Achse gewickelten Faden könnte er z.B. ein kleines Wägestück in die Höhe heben: Aus *Lichtenergie* wird dann *mechanische Energie.*

5. Was sind eigentlich Lichtstrahlen?

Bei unseren bisherigen Überlegungen hat sich der *Lichtstrahl* als ein sehr geschicktes Hilfsmittel erwiesen. Da wir auch weiterhin mit Lichtstrahlen arbeiten werden, wollen wir uns über diesen wichtigen Begriff nochmals einige Gedanken machen.

Wir können einen leuchtenden Gegenstand als *Sender* betrachten, der in alle möglichen Richtungen Licht ausstrahlt. Dieses Licht läßt sich nur nachweisen, wenn es in einem *Empfänger* ankommt. Ein solcher Empfänger ist unser *Auge*, der lichtempfindliche *Film* in einer Kamera, aber auch der Streichholzkopf in Versuch 20 oder ein *Belichtungsmesser,* wie er beim Fotografieren benutzt wird. Die Frage, die wir uns in der sogenannten *geometrischen Optik* stellen, ist nun: Auf welchem Weg gelangt das Licht vom Sender zum Empfänger? – Um dieses Problem zu lösen, gehen wir stets davon aus, daß schon kleinste Bereiche des leuchtenden Gegenstandes Licht aussenden. So kommen wir zum Begriff des *leuchtenden Punktes.* Betrachten wir nun auf der Empfängerseite ebenfalls lediglich einen Punkt, und nehmen wir an, zwischen Sender und Empfänger befinde sich nur Luft, so können wir sagen: Das vom leuchtenden Senderpunkt ausgehende Licht erreicht den Empfängerpunkt längs einer Geraden. Diese Gerade nennen wir einen *Lichtstrahl.* Versuche zeigen, daß wir solchen Lichtstrahlen die Eigenschaft zuschreiben können, sich ungestört zu durchkreuzen. Damit haben wir ein leistungsfähiges *Modell* entwickelt. Es erklärt unter Zuhilfenahme geometrischer Sätze nicht nur viele optische Erscheinungen, sondern kann auch voraussagen, wie sich das Licht in diesem oder jenem Fall verhalten wird.

Warum das Licht den Gesetzen der Optik gehorcht, sagt uns das Lichtstrahlenmodell nicht. Wir stellen z.B. im Experiment fest, daß bei der Reflexion Einfallswinkel und Reflexionswinkel gleich sind. Auf die Frage: „Warum ist das so?" können wir nur antworten: „So ist es eben!" – Fragen wir dagegen: „Was folgt aus diesem Gesetz?", so gelangen wir zu neuen Erkenntnissen, die uns helfen, die geometrische Optik weiter auszubauen. Die Frage nach dem „warum" werden wir erst in der Oberstufe behandeln und dabei viele interessante Antworten finden. Diese ziehen aber sofort wieder neue Fragen nach sich. Schließlich wird man stets an eine letzte Frage kommen, die sich nur mit „so ist es eben" beantworten läßt.

Aufgaben:

1. *Ein Hohlspiegel besitzt den Krümmungsradius* $r = 12$ cm. *Konstruiere mit Hilfe des Reflexionsgesetzes den Verlauf der reflektierten Strahlen für drei achsenparallel einfallende Strahlen von jeweils* 1 cm *Abstand!*

2. *Der Krümmungsradius eines Hohlspiegels beträgt* $r = 12$ cm. 3 cm *vor seinem Scheitel* S *befindet sich als Gegenstand ein* 2 cm *hoher Pfeil, dessen Fußpunkt auf der optischen Achse sitzt!*

a) Greife aus der Vielzahl der von der Pfeilspitze P *ausgehenden Strahlen den achsenparallelen und den senkrecht auf den Hohlspiegel treffenden Strahl heraus! Wie werden sie reflektiert? Konstruiere den Punkt* P' *hinter dem Hohlspiegel, von dem sie herzukommen scheinen!*

b) Ein weiterer von P *ausgehender Strahl treffe den Hohlspiegel etwa* 4 cm *von seinem Scheitel entfernt. Zeige, daß er nach der Reflexion ebenfalls von* P' *herzukommen scheint!*

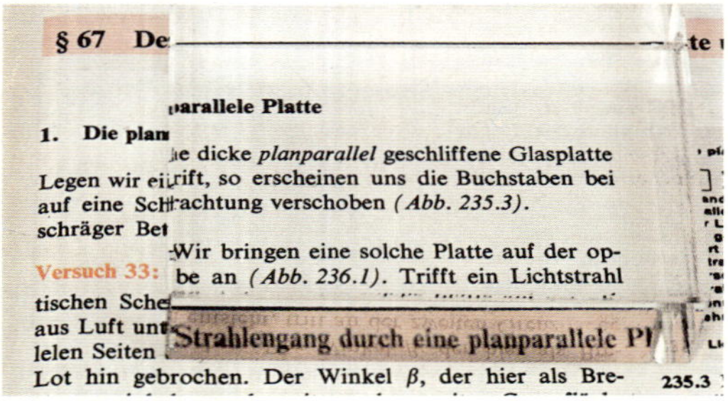

208.1 Welchen Weg nimmt das Licht durch die Glasplatte?

208.2 Geknickte Lichtstrahlen

208.3 Der Lichtstrahl wird gebrochen.

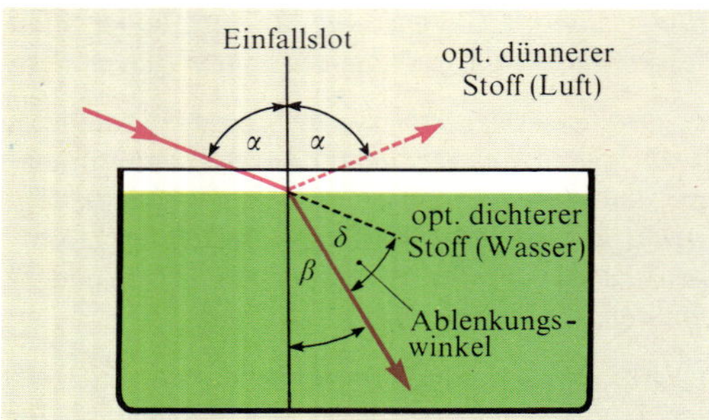

208.4 So werden die Winkel bei der Brechung gemessen.

§70 Die Brechung des Lichts

1. Geknickte Lichtstrahlen

Lege eine dicke Glasplatte auf eine Buchseite! Sicher wunderst du dich nicht darüber, daß du dann die Schrift immer noch sehen kannst – Glas ist ja durchsichtig. Etwas anderes ist jedoch merkwürdig: Blickst du schräg auf die Glasplatte, so erscheinen die Buchstaben seltsam verschoben *(Bild 208.1)*. Wie kommt das? Breitet sich das Licht vielleicht in Glas und anderen durchsichtigen Stoffen nicht – wie in der Luft – geradlinig aus? Wie dringt Licht überhaupt in solche durchsichtigen Stoffe ein, und wie verläßt es sie wieder? Diese Fragen wollen wir vorerst einmal am *Wasser* untersuchen.

Versuch 23: a) Wir lassen das Licht einer Experimentierleuchte durch eine Blende mit mehreren parallelen Schlitzen fallen: Es entstehen verschiedene schmale Lichtbündel, die nach *Bild 208.2* in eine mit Wasser gefüllte Glaswanne eindringen. Sie streifen an einer Mattglasscheibe entlang; dabei stellen wir fest, daß sie nicht nur in der Luft, sondern auch im Wasser *geradlinig* verlaufen. Das haben wir wohl auch gar nicht anders erwartet! Etwas anderes aber überrascht uns: *Die Lichtbündel bekommen beim Übergang von Luft in Wasser einen Knick;* man sagt, sie werden **gebrochen.** Je flacher ein Lichtstrahl auf die Grenzfläche zwischen Luft und Wasser trifft, desto stärker wird er aus seiner ursprünglichen Richtung abgelenkt. Eines der Lichtbündel wird allerdings *nicht* abgeknickt; nämlich das genau *senkrecht* auf die Wasseroberfläche auftreffende. In diesem besonderen Fall geht ein Lichtstrahl offenbar *ungebrochen* von der Luft in das Wasser über. Außerdem beobachten wir noch, daß ein Teil jedes Lichtbündels an der Wasseroberfläche wie an einem Spiegel *reflektiert* wird.

b) Nun setzen wir vor die Experimentierleuchte eine Blende mit einem kleinen Loch und senden nach *Bild 208.3* ein schmales Lichtbündel schräg auf die Wasseroberfläche. Damit wir seinen Verlauf wahrnehmen können, blasen wir Rauch in die Luft; das Wasser trüben wir mit einem geeigneten Mittel. Dabei erkennen wir sehr deutlich: *Einfallender Strahl, Einfallslot und gebrochener Strahl liegen zusammen mit dem reflektierten Strahl in einer Ebene.*

Nach *Bild 208.4* bezeichnen wir den Winkel zwischen dem Einfallslot und dem in *Luft* verlaufenden Lichtstrahl mit α; den Winkel zwischen diesem Lot und dem Lichtstrahl im Wasser nennen wir β. Nur in *einem* Fall wird der Lichtstrahl nicht gebrochen: Wenn er die Wasseroberfläche *senkrecht* trifft. Dann ist $\alpha = \beta = 0°$. In allen anderen Fällen ist der Winkel β im Wasser stets kleiner als der Winkel α in Luft; es gilt also $\beta < \alpha$. Für den Ablenkungswinkel δ, um den der Lichtstrahl durch die Brechung abgeknickt ist, gilt dann $\delta = \alpha - \beta$.

2. Ist der Lichtweg bei der Brechung umkehrbar?

Bei der Reflexion des Lichts haben wir gefunden, daß der Lichtweg umkehrbar ist. Ob dies auch für die *Brechung* des Lichts zutrifft, läßt sich nicht ohne weiteres vorhersagen. Wir prüfen deshalb nach, wie sich ein Lichtstrahl verhält, der von *Wasser* in *Luft* übergeht.

Versuch 24: Wir lassen ein Lichtbündel *schräg* auf eine Wasseroberfläche fallen. Auf dem Boden des Gefäßes befindet sich nach *Bild 209.1* ein kleiner Spiegel, den wir so kippen, daß der Lichtstrahl *senkrecht* auf ihn trifft: Dann wird er unter Wasser in sich selbst zurückgeworfen. Leider sieht man einem Lichtbündel nicht ohne weiteres an, in welcher Richtung es verläuft. Wir sind deshalb nicht sicher, ob das Licht auch wirklich wieder aus dem Wasser herauskommt. Mit einem kleinen Trick läßt sich dies jedoch leicht feststellen: Wir legen auf den Spiegel eine rote Farbglasscheibe. Das von der Luft ins Wasser dringende Licht wird dadurch nicht beeinflußt. Was jetzt „errötet“, kann also nur das *zurücklaufende* Lichtbündel sein. Dabei stellen wir fest: Der Rückweg des Lichtbündels verläuft genauso wie der Hinweg.

Bei der Brechung des Lichts an der Grenzfläche zwischen Luft und Wasser ist also der Lichtweg umkehrbar. In welcher Richtung der schräg auftreffende Lichtstrahl auch verläuft: Stets ist der Winkel β zum Lot im Wasser kleiner als der Winkel α in der Luft. Derjenige der beiden Stoffe, in dem der Lichtstrahl mit dem Lot den *kleineren* Winkel bildet, wird das *optisch dichtere Mittel* genannt; den anderen bezeichnet man als *optisch dünneres Mittel.* Wasser ist also optisch dichter als Luft.

3. Wird Licht auch von Glas gebrochen?

Versuch 25: Als Versuchskörper benutzen wir einen flachen Halbzylinder aus *Glas.* Er wird nach *Bild 209.2* so an einer optischen Scheibe befestigt, daß die Nullgradlinie durch den Grundkreismittelpunkt M geht und auf der ebenen Seite des Halbzylinders senkrecht steht. Mit einer Experimentierleuchte, vor die wir eine Schlitzblende und eine Farbscheibe bringen, wird ein einfarbiges Lichtbündel erzeugt. Es streift an der optischen Scheibe entlang und trifft die ebene Seite des Glaskörpers in M. Zunächst stellen wir die Scheibe so ein, daß dieses Lichtbündel *senkrecht* – also längs der Nullgradlinie – auf die Grenzfläche zwischen Luft und Glas fällt; dann geht es ohne Richtungsänderung in den Glaskörper über. Das Licht verhält sich in diesem besonderen Fall ebenso wie beim Übergang von Luft in Wasser.

Nun drehen wir die optische Scheibe so, daß das Lichtbündel *schräg* auf die ebene Glasfläche fällt. *Jetzt entsteht bei M ein Knick!* Ein Lichtstrahl wird also auch beim Übergang von Luft in *Glas* gebrochen. Dabei stellen wir fest, daß der Winkel β zwischen dem Strahl und dem Einfallslot in Glas kleiner ist als der Winkel α in Luft. Glas ist also optisch dichter als

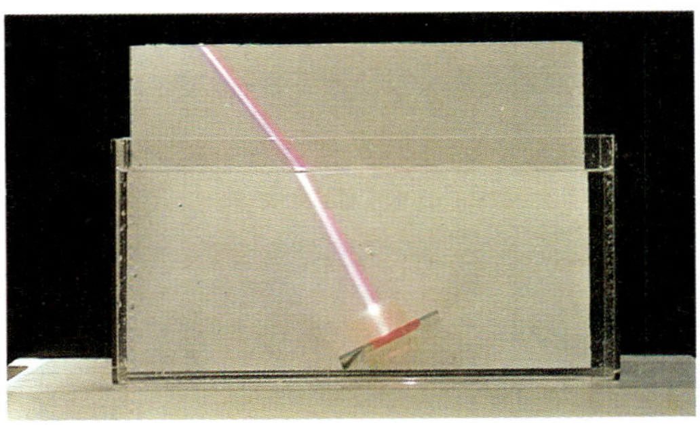

209.1 Das Lichtbündel nimmt denselben Hin- und Rückweg.

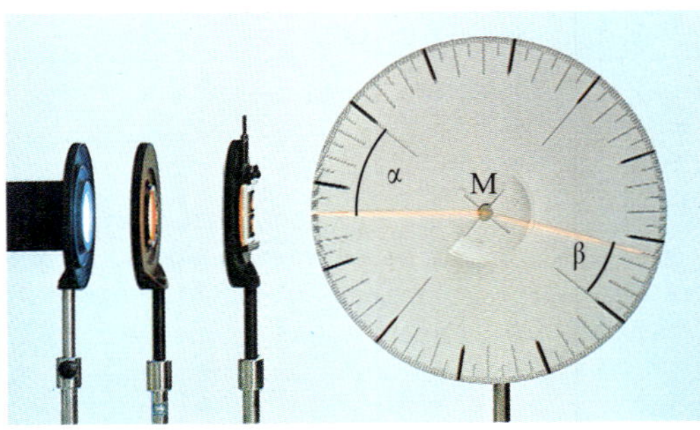

209.2 Der Lichtstrahl wird beim Übergang von Luft in den Glaskörper gebrochen.

Luft. Außerdem beobachten wir, daß ein Teil des Lichts nach dem Reflexionsgesetz an der ebenen Glasfläche gespiegelt wird.

Die Winkelteilung an der optischen Scheibe erlaubt uns, die Winkel α (in Luft) und β (im Glas) zwischen den Lichtstrahlen und dem Einfallslot zu messen. Wegen der halbrunden Form des Glaskörpers trifft der von M aus im Glas verlaufende gebrochene Strahl *(Bild 209.2)* stets *senkrecht* auf die Grenzfläche zur Luft. Also verläßt er den Glaskörper in derselben Richtung, ohne nochmals gebrochen zu werden. Deshalb kann man den Winkel β, der ja eigentlich *innerhalb* des Glases abgelesen werden müßte, am *Rand* der optischen Scheibe messen, obwohl dort *Luft* ist.

S-Versuch 26: Stelle an der optischen Scheibe verschiedene Winkel α zwischen dem Lichtstrahl und dem Einfallslot in *Luft* ein und miß jeweils die zugehörigen Winkel β in *Glas!*

Sorgfältige Messungen ergeben die in *Tabelle 210.1* verzeichneten Winkel. Dort sind auch die zueinander gehörigen Werte für α und β angegeben, die man bei der Brechung eines Lichtstrahls an der Grenzfläche zwischen Luft und *Wasser* erhält.

Winkel α in Luft	Winkel β in Glas	Winkel β in Wasser	Ablenkung beim Übergang Luft – Glas $\delta=\alpha-\beta$
0°	0°	0°	0°
10°	6,6°	7,5°	3,4°
20°	13,2°	14,9°	6,8°
30°	19,5°	22,0°	10,5°
40°	25,4°	28,8°	14,6°
50°	30,7°	35,1°	19,3°
60°	35,3°	40,5°	24,7°
70°	38,8°	44,8°	31,2°
80°	41,0°	47,6°	39,0°
90°	41,8°	48,6°	48,2°

Tabelle 210.1 Lichtbrechung zwischen Luft und Glas bzw. Wasser

In *Bild 210.1* ist der Zusammenhang zwischen α (in Luft) und β in *Wasser, Glas* und *Diamant* grafisch dargestellt. Das Schaubild zeigt, daß diese drei Stoffe optisch dichter als Luft sind. Greifen wir auf der α-Achse einen beliebigen Winkel (z.B. $\alpha=60°$) heraus, so erkennen wir, daß der zugehörige Winkel β in Wasser (40,5°) *größer*, in Diamant (20°) dagegen *kleiner* als

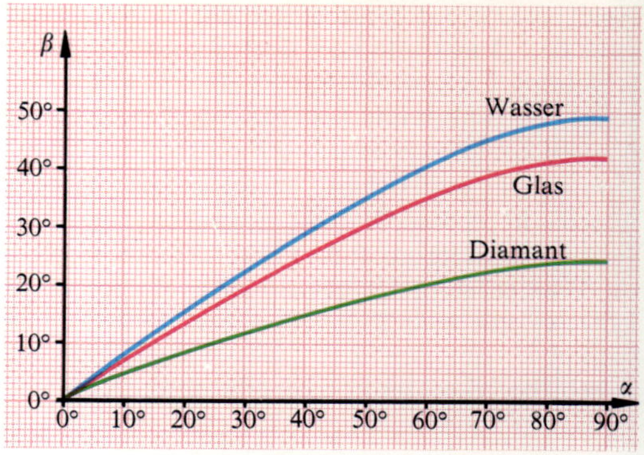

210.1 Zusammenhang zwischen α und β

in Glas (35,3°) ist. Demnach wird ein Lichtstrahl beim Übergang in Wasser *schwächer* (um $\delta=19,5°$), in Diamant dagegen *stärker* (um $\delta=40°$) gebrochen als beim Übergang in Glas.

Weiter entnehmen wir dem Schaubild und auch der Tabelle: Der größtmögliche Winkel α (in Luft) beträgt 90°. In diesem Fall streift der Lichtstrahl gerade noch an der Grenzfläche zwischen der Luft und dem dichteren Mittel entlang. Der zu $\alpha=90°$ gehörige Winkel β ist also der größte bei der Brechung vorkommende Winkel im *dichteren* Mittel; wir nennen ihn den Grenzwinkel β_g. Da $\beta<\alpha$ sein muß, ist β_g stets kleiner als 90°. Wir finden z.B. für den Übergang von Luft in Wasser $\beta_g=48,6°$, in Glas $\beta_g=41,8°$ (siehe *Bild 210.1!*).

4. Ist der Lichtweg auch beim Übergang Luft – Glas umkehrbar?

S-Versuch 27: Drehe die optische Scheibe nach *Bild 211.1* so, daß das Lichtbündel zuerst auf die Rundung des Halbzylinders fällt und anschließend durch das Glas auf den Punkt M trifft! Dabei geht es aus der Luft stets *senkrecht* zur Grenzfläche in den Glaskörper über; deshalb tritt das Bündel ins Glas ein, ohne seine Richtung zu ändern. Im Gegensatz zum Versuch 26, wo die Brechung beim Übergang von Luft in *Glas* erfolgte, wird das Lichtbündel jetzt beim Übergang von Glas in *Luft* gebrochen.

Stelle nun an der optischen Scheibe nacheinander die in Versuch 26 gefundenen Werte des Winkels β ein und miß die zugehörigen Winkel α! Du findest z.B., daß zu $\beta\approx31°$ der Winkel $\alpha\approx50°$ gehört. Auch bei anderen Winkeln erhältst du für den Übergang des Lichts von Glas in Luft *dieselben* Wertepaare (α, β) wie vorher

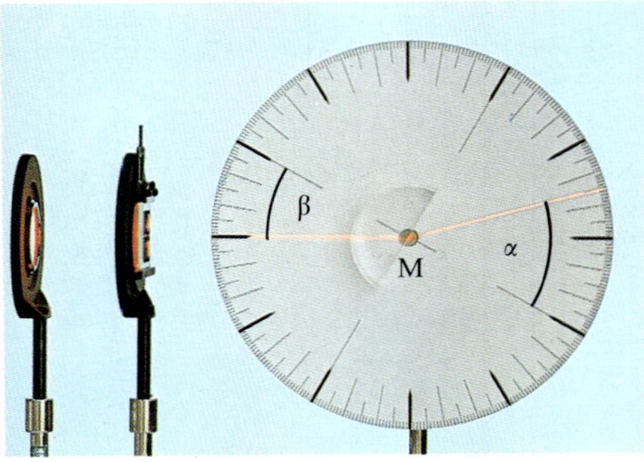

211.1 Lichtbrechung: Glas → Luft

211.2 Eine optische Täuschung

in Versuch 26. Damit ist gezeigt, daß der Lichtweg bei der Brechung an Glas umkehrbar ist. Außerdem beobachtest du, daß ein Teil des auftreffenden Lichts an der Grenzfläche reflektiert wird. Dies läßt sich auch für alle anderen durchsichtigen Stoffe nachweisen.

Geht ein Lichtstrahl von einem Stoff in einen anderen über, so wird er (im allgemeinen) gebrochen, und zwar um so stärker, je flacher er auf die Grenzfläche beider Stoffe trifft. Der Stoff, in dem der Lichtstrahl mit dem Lot den kleineren Winkel (β) bildet, heißt das optisch dichtere Mittel; der Stoff, in dem er mit dem Lot den größeren Winkel (α) bildet, wird optisch dünneres Mittel genannt.

Einfallender Strahl, Einfallslot und gebrochener Strahl liegen in einer Ebene.

Bei der Brechung ist der Lichtweg umkehrbar.

Ein Teil des Lichts wird an der Grenzfläche reflektiert.

5. Eine optische Täuschung

Ist das Paddel in *Bild 211.2* tatsächlich geknickt? – Sicher nicht! Hier handelt es sich um eine optische Täuschung. Wie sie zustandekommt, zeigt der nächste Versuch.

S-Versuch 28: Auf dem Boden einer Wanne liegt eine Münze. Du kannst sie durch ein Glasrohr erblicken, das du nach *Bild 211.3* auf sie richtest. Fülle nun Wasser in die Wanne: Dann ist die Münze durch das Glasrohr nicht mehr zu sehen! Sie erscheint erst wieder, wenn du das Rohr flacher einstellst.

Zur Erklärung betrachten wir *Bild 211.3:* Das Tageslicht wird an der Münze gestreut. Im Bild ist das von einem Punkt P dieser Münze ausgehende Lichtbündel gezeichnet, welches unser Auge beim Blick durch das Glasrohr trifft. Füllt man nun Wasser in das Gefäß, so werden die vom optisch dichteren ins dünnere Mittel übergehenden Strahlen des Lichtbündels so gebrochen, daß sie in der Luft einen größeren Winkel mit dem Einfallslot bilden als im Wasser. Deshalb muß man jetzt das Glasrohr auf den höher gelegenen Punkt P′ richten, wenn das von P ausgehende Lichtbündel ins Auge gelangen soll. Der Beobachter meint, die Münze sei angehoben worden.

S-Versuch 29: Richte das Glasrohr so ein, daß du beim Durchblicken die im Wasser liegende Münze sehen kannst. Stecke einen Stab durch das Rohr! Trifft er die Münze? Natürlich *nicht,* denn er zielt ja auf den Punkt P′ *(Bild 211.3).* Entferne das Glasrohr und versuche, die Münze schräg von oben mit dem Stab zu treffen! – Hast du es geschafft, so erreicht der

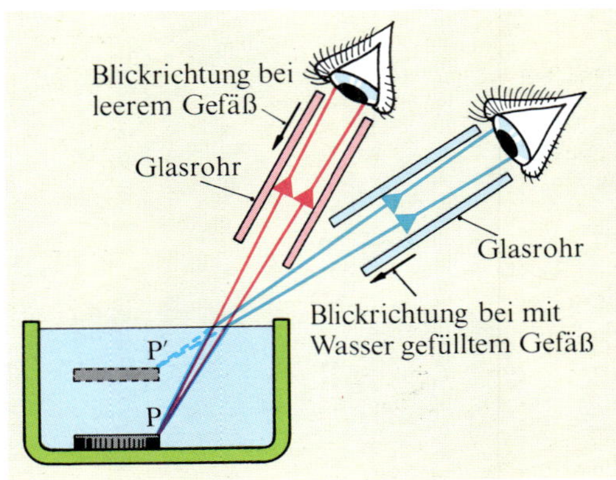

211.3 Die Münze scheint gehoben.

212.1 Hat das Mädchen wirklich so kurze Beine?

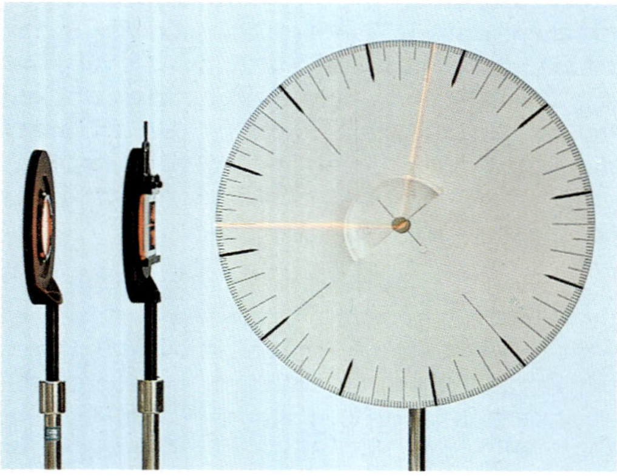

212.2 Hier wird das Licht total reflektiert.

212.3 Totalreflexion Wasser-Luft ($\beta_g \approx 49°$)

Stab tatsächlich den Punkt P. Wenn du an ihm entlangblickst, scheint er im Wasser nach *oben* abgeknickt zu sein wie das Paddel in *Bild 211.2.* Klar – denn dein Auge sieht den Stab jetzt so, daß er auf den Punkt P′ hinzielt!

Das Mädchen in *Bild 212.1* hat natürlich in Wirklichkeit längere Beine. Da es mit den Füßen im Wasser steht, sind diese – wie die Münze in Versuch 28 – *scheinbar gehoben.*

6. Ein idealer Spiegel

Beim Übergang eines Lichtstrahls von Luft in Glas können wir an der optischen Scheibe den Winkel α (in Luft) auf beliebige Werte zwischen 0° und 90° *einstellen.* Für die zugehörigen Winkel β (in Glas) ergeben sich dann Werte von 0° bis zum Grenzwinkel $\beta_g = 41{,}8°$. Größere Werte als β_g kommen nicht vor.

Läßt man aber – wie in Versuch 27 – den Lichtstrahl von Glas in Luft übergehen, so ist es jetzt der Winkel β, den man beliebig zwischen 0° und 90° *einstellen* kann. Dabei ist es durchaus möglich, auch Werte zu wählen, die über den Grenzwinkel β_g hinausgehen, z.B. $\beta = 60°$. Hier läßt uns die *Tabelle 210.1* im Stich: Für $\beta = 60°$ in Glas gibt sie uns keinen zugehörigen Wert α in Luft an. Was macht dann ein Lichtstrahl, der unter $\beta = 60°$ von Glas auf die Grenzfläche zur Luft trifft?

S-Versuch 30: Wiederhole den Versuch 27 und nähere dabei den Winkel β vorsichtig dem kritischen Wert $\beta_g = 41{,}8°$! Dann wird das in die Luft übergehende Lichtbündel immer schwächer sichtbar, der reflektierte Teil dagegen um so deutlicher! – Nun kommt der spannende Moment: Hast du β über den Grenzwinkel $\beta_g = 41{,}8°$ hinaus vergrößert, so findet das Licht überhaupt nicht mehr aus dem Glas heraus. Dafür wird jetzt mit einem Schlag das *gesamte* Lichtbündel in voller Helligkeit reflektiert. Es findet **Totalreflexion** statt *(Bild 212.2).*

Totalreflexion tritt nicht nur bei Glas auf. Immer, wenn das Licht aus einem optisch *dichteren* auf ein optisch *dünneres Mittel* trifft, kann der Fall eintreten, daß der Winkel α im dünneren Mittel 90° beträgt. Dann liegt der Winkel β im dichteren Mittel (der ja kleiner als α sein muß) *unter* 90°. Dieser zum Winkel $\alpha = 90°$ gehörige Winkel ist der Grenzwinkel β_g für das betreffende Stoffpaar. Bei allen Winkeln $\beta > \beta_g$ tritt dann *Totalreflexion* ein.

Versuch 31: Wir bringen nach *Bild 212.3* eine Beleuchtungseinrichtung in das Innere eines wassergefüllten Glastrogs. Sie sendet durch etliche Schlitze nach verschiedenen Richtungen Lichtbündel aus, die an einer Mattglasscheibe entlangstreifen und auf diese Weise sichtbar werden. Ein Teil der Lichtbündel fällt so flach auf die Grenzfläche, daß der Grenzwinkel β_g zur Totalreflexion überschritten ist. Man sieht deutlich, daß sie nicht mehr in die Luft übergehen, sondern *total reflektiert* werden.

S-Versuch 32: Betrachte den Wasserspiegel eines Aquariums schräg von unten! Er sieht aus, als sei er versilbert. Wie kommt das?

Zwei Ursachen wirken zusammen:

– Das von oben kommende Licht kann höchstens unter dem Winkel $\beta_g = 49°$ (zum Lot) in das Wasser eindringen. Ist also die Blickrichtung unter Wasser flacher als $90° - 49° = 41°$ zur Oberfläche, so erscheint dir diese undurchsichtig *(Bild 213.1)*.

– Bei einer solchen Blickrichtung kann nur Licht ins Auge gelangen, das an der Unterseite der Wasseroberfläche reflektiert wird. Dabei wird der Grenzwinkel β_g überschritten, also ist diese Reflexion *total*.

Trifft aus einem optisch dichteren Mittel kommendes Licht auf die Grenzfläche zu einem optisch dünneren Mittel und wird dabei der Grenzwinkel β_g überschritten, so tritt Totalreflexion ein.

Auch für total reflektierte Lichtstrahlen gilt das Reflexionsgesetz.

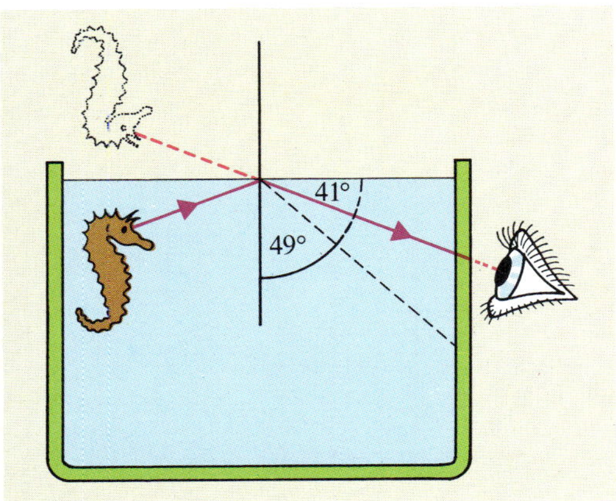

213.1 Die Wasseroberfläche wirkt wie ein Spiegel.

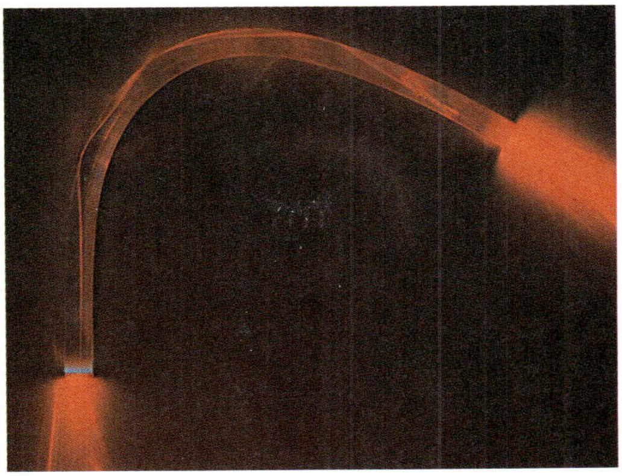

213.2 Der Lichtleitstab beruht auf Totalreflexion.

Versuch 33: Beleuchtet man das eine Ende eines gebogenen Stabes aus *Plexiglas (Bild 213.2)*, so kommt das Licht am anderen Ende des Stabes wieder heraus, auch wenn dieser mehrfach gewunden ist. Da der Stab einen kleinen Durchmesser besitzt, werden seine seitlichen Begrenzungsflächen von allen Lichtstrahlen so flach getroffen, daß *Totalreflexion* eintritt. Das Licht kann deshalb den Plexiglasstab seitlich nicht verlassen; es wird von Wand zu Wand reflektiert, bis es fast senkrecht auf die Endfläche dieses sogenannten *Lichtleitstabes* trifft; dort kann es wieder in die Luft übergehen.

Ein biegsames Bündel aus mehreren Tausend feiner Glasfasern – jedes ein Lichtleitstab – überträgt das Bild eines beleuchteten Gegenstandes Punkt für Punkt *(Bild 213.3)*. Auf diese Weise können auch innere Organe des menschlichen Körpers abgebildet und untersucht werden.

213.3 Dieses Bild wird durch Glasfasern übertragen.

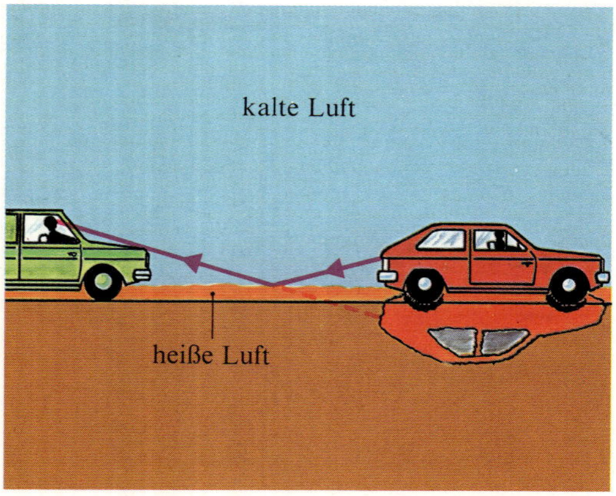

214.1 Der Autofahrer meint, die Straße sei naß.

Von der Sonne erhitzte Straßen wirken manchmal wie ein Spiegel; sie sehen dann aus, als seien sie naß. Über dem Boden hat sich eine heiße Luftschicht gebildet; darüber liegt kältere Luft. Diese ist optisch dichter als die warme Luft. Fällt aus ihr das Tageslicht sehr flach auf die optisch dünnere Warmluftschicht, so findet eine *Reflexion* statt. Man kann diese Erscheinung – etwas vereinfacht – als Totalreflexion am optisch dünneren Mittel auffassen *(Bild 214.1)*. Solche Spiegelungen treten auch an der Warmluftschicht über heißem Wüstensand auf *(Bild 214.2)*, man spricht dann von einer *Fata Morgana*.

Manchmal bildet sich auch eine umgekehrte Luftschichtung aus, z.B. über dem Meer. Dort liegt gelegentlich eine optisch dichtere Kaltluftschicht *unter* einer optisch dünneren Warmluftschicht. Dann kann es nach *Bild 214.3* zu einer *Luftspiegelung* kommen.

Aufgaben:

1. *Eine punktförmige Lichtquelle* L, *von der nach allen Seiten Lichtstrahlen ausgehen, ist* 5 cm *von der ebenen Oberfläche eines Glaskörpers entfernt. Der senkrecht zur Glasoberfläche verlaufende Strahl treffe diese in* P. *Zeichne die von* L *ausgehenden Lichtstrahlen, die* 1,8 cm; 4,2 cm *bzw.* 6 cm *von* P *entfernt auf der Glasoberfläche ankommen! Wie laufen diese Lichtstrahlen im Glas weiter? (Siehe Tabelle 210.1!)*

2. *Ein Wasserbehälter ist* 6 cm *hoch mit Wasser gefüllt; der Boden des Behälters ist verspiegelt. Auf die Wasseroberfläche fällt bei* E *unter dem Winkel* 50° *(zum Lot) ein Lichtstrahl. Zeichne seinen weiteren Verlauf! Wie weit ist die Austrittsstelle von* E *entfernt?*

3. *Ein Lichtstrahl trifft unter dem Winkel* $\alpha = 60°$ *(zum Lot) aus der Luft auf einen unbekannten Stoff. Dort wird er gebrochen, so daß er unter dem Winkel* $\beta = 20{,}5°$ *weiterläuft. Entnimm der grafischen Darstellung 210.1, um welchen Stoff es sich handelt!*

4. *Warum können wir einen Glasstab in Luft und auch in Wasser sehen, obwohl Glas durchsichtig ist?*

5. *Wie groß ist nach dem Schaubild 210.1 der Grenzwinkel* β_g *für Diamant?*

6. *Eine punktförmige Lichtquelle* L, *die nach allen Seiten Licht aussendet, befindet sich* 4 cm *unter Wasser. Der senkrecht zur Wasseroberfläche verlaufende Lichtstrahl treffe diese in* P. *Zeichne drei von* L *ausgehende Lichtstrahlen, die* 2 cm; 4 cm; 6 cm *von* P *entfernt auf die Wasseroberfläche treffen. Wie verlaufen diese Strahlen weiter?*

214.2 Fata Morgana in der Sahara

214.3 Luftspiegelung vor Westgrönland

§ 71 Mehrmalige Brechung

1. Lichtstrahlen werden verschoben

Licht, das durch eine Fensterscheibe dringt, geht von einem optischen Mittel in ein anderes über, muß dabei also *gebrochen* werden. Blicken wir aber durch ein Fenster, so bemerken wir von einer Brechung nichts. Wie kommt das?

Eine Fensterscheibe ist eine sogenannte *planparallele Platte*, d.h. die beiden Grenzflächen zwischen der Luft und dem Glas sind *eben* und zueinander *parallel*. In *Bild 215.1* ist ein Lichtstrahl gezeichnet, der unter dem Winkel α_1 aus der Luft auf die Glasfläche trifft. Wie er weiterlaufen wird, können wir vorhersagen:

- Bei A geht der Strahl von Luft in das dichtere Mittel Glas über und wird dabei so gebrochen, daß $\beta_1 < \alpha_1$ ist.
- Bei B trifft der gebrochene Strahl auf die zweite Trennfläche. Da diese parallel zur ersten ist, gilt $\beta_2 = \beta_1$ (Wechselwinkel!)
- Nun geht der Strahl vom Glas wieder in die Luft über. Der Lichtweg ist umkehrbar: Aus $\beta_2 = \beta_1$ folgt deshalb $\alpha_2 = \alpha_1$.

Der Lichtstrahl erhält damit wieder seine ursprüngliche Richtung; er wird lediglich um eine Strecke d parallel verschoben. Bei einer *dünnen* planparallelen Platte (z.B. einer Fensterscheibe) ist d sehr klein, so daß man die geringfügige Parallelverschiebung der Lichtstrahlen kaum bemerkt. Bei *dicken* planparallelen Platten *(Bild 208.1)* kann man jedoch eine solche Parallelverschiebung sehr deutlich sehen.

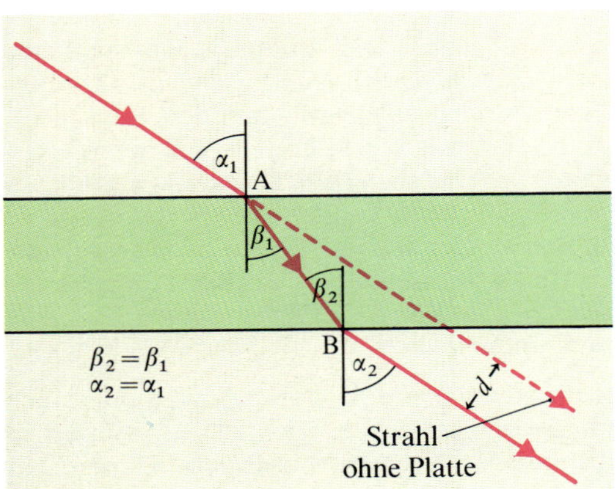

215.1 Brechung an der planparallelen Platte

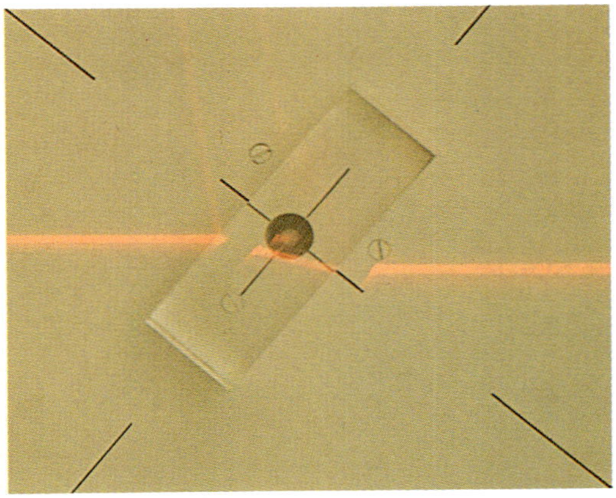

215.2 Der Lichtstrahl wird nur parallel verschoben.

Versuch 34: Wir lassen nach *Bild 215.2* ein schmales einfarbiges Lichtbündel schräg auf einen dicken planparallelen Glaskörper fallen. Tatsächlich: Das Bündel läuft nach der zweimaligen Brechung *parallel versetzt* weiter.

2. Ein optisches Prisma lenkt Licht ab

Nun wollen wir untersuchen, wie das Licht an einem durchsichtigen Körper gebrochen wird, dessen ebene Grenzflächen *nicht* parallel, sondern gegeneinander *geneigt* sind. Ein solcher keilförmiger Körper wird **optisches Prisma** genannt.

Versuch 35: Wir erzeugen mit einer Experimentierleuchte, vor die wir eine Schlitzblende und eine Farbscheibe bringen, ein schmales einfarbiges Lichtbündel. Es trifft nach *Bild 215.3* auf ein optisches Prisma aus Glas.

215.3 Ein Prisma lenkt Licht besonders stark ab.

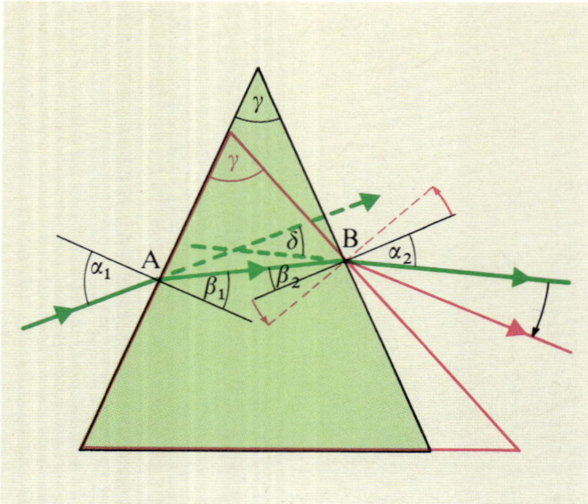

216.1 Brechung am optischen Prisma

Im Gegensatz zur planparallelen Platte wirkt sich jetzt die zweimalige Brechung so aus, daß der Lichtstrahl besonders stark aus seiner ursprünglichen Richtung zum dickeren Ende des Prismas hin abgelenkt wird.

In *Bild 216.1* ist ein Lichtstrahl gezeichnet, der bei A unter dem Winkel α_1 aus der Luft in ein Glasprisma übergeht. Er wird gebrochen und läuft unter dem Winkel $\beta_1 < \alpha_1$ weiter. Bei B trifft er unter dem Winkel β_2 auf die gegenüberliegende Grenzfläche; dort wird er abermals *im selben Sinn* gebrochen. Dadurch wird die Ablenkung, die der Strahl schon bei A erfuhr, noch *verstärkt*. Den Ablenkungswinkel bezeichnen wir mit δ.

Die beiden Grenzflächen des Prismas, an denen das Licht jeweils gebrochen wird, bilden miteinander den sogenannten *Keilwinkel* γ. Wie sich seine Größe auf die gesamte Ablenkung des Lichtstrahls auswirkt, zeigt die folgende Überlegung: Wir verformen das Prisma in Gedanken, indem wir seine rechte Seitenfläche im Gegenuhrzeigersinn etwas um B drehen (in *Bild 216.1* rot gezeichnet). Dadurch erhält es einen größeren Keilwinkel γ'; das Prisma wird stumpfer. Deshalb wächst auch der Winkel β_2. Je größer aber β_2 ist, desto stärker wird der Lichtstrahl bei B abgelenkt. Dies folgt aus Spalte 4 der *Tabelle 210.1! Damit wird der gesamte Ablenkungswinkel* δ *um so größer, je stumpfer der Keilwinkel* γ *des Prismas ist.*

Macht man γ gar so groß, daß der Winkel β_2 den Grenzwinkel β_g übersteigt, so kommt der Lichtstrahl bei B nicht mehr aus dem Prisma heraus, sondern wird dort *total reflektiert.*

3. Wie man Gase sichtbar machen kann

Im Sommer kann man bei großer Hitze beobachten, wie die Luft über einem sonnenbeschienenen Feld *flimmert*. Blickt man gegen ein Fenster, unter dem sich ein warmer Heizkörper befindet, so sieht man über ihm die Luft deutlich aufsteigen. Wie kommt das? Luft ist doch ein unsichtbares Gas!

Nun wissen wir schon, daß warme Luft optisch dünner ist als kalte. Trifft Licht aus kälterer Luft auf eine bewegte Warmluftschicht, so wird es an den Grenzflächen nach schnell wechselnden Richtungen gebrochen (und auch reflektiert). Diese Änderungen rufen ein Flimmern hervor.

Daß ein an sich unsichtbares Gas über „bewegte" Lichtbrechung sichtbar gemacht werden kann, läßt sich besonders schön mit *Ätherdampf* zeigen.

Versuch 36: Wir beleuchten eine Wand des verdunkelten Raumes mit einer Punktlichtlampe. Auf den Boden eines Meßzylinders schütten wir etwas Äther und warten, bis die Flüssigkeit verdunstet (d.h. in den gasförmigen Zustand übergegangen) ist. Jetzt befindet sich im Zylinder *Ätherdampf*. Er ist zwar unsichtbar; doch unterscheidet er sich von der umgebenden Luft dadurch, daß er optisch dichter ist. Wir bringen nun das Gefäß zwischen die Punktlichtlampe und die Wand; dann neigen wir es vorsichtig: Auf der Wand können wir deutlich beobachten, wie das Gas aus dem Zylinder herausläuft und herabfließt. Solche Erscheinungen bezeichnet man als *Schlieren*. Man darf sie nicht mit einem Schattenwurf verwechseln.

Versuch 37: **a)** Die Bildung von Schlieren kann man auch bei *Flüssigkeiten* beobachten. Dazu durchstrahlen wir mit der Punktlichtlampe eine wassergefüllte Küvette, deren Glaswände absolut eben sind. Bringen wir aus einer Pipette ein paar Tropfen *Schwefelsäure* (sie ist optisch dichter als Wasser) auf die Flüssigkeitsoberfläche, so sehen wir an der Zimmerwand *Schlieren* in Form geballter dunkler Wolken nach unten sinken.

b) Bringen wir normales *Fensterglas* oder auch ein *Becherglas* in den Lichtweg, so entstehen ebenfalls Schlieren. Sie werden von Unregelmäßigkeiten (sogenannten *optischen Inhomogenitäten*) im Glas hervorgerufen.

4. Historischer Rückblick

Wenn wir den Verlauf eines Lichtstrahls beim Übergang von einem Stoff in einen anderen voraussagen wollen, müssen wir die *Tabelle 210.1* oder das *Schaubild 210.1* heranziehen. Ein solches Verfahren erscheint etwas umständlich; wir hätten gerne eine mathematische Formel, in die man nur den Winkel α einzusetzen braucht, damit dann der Winkel β „herauskommt" (oder umgekehrt). Nach einer solchen Formel ist im Laufe der Geschichte der Optik lange Zeit vergeblich gesucht worden. Die Lichtbrechung war schon im Altertum bekannt; bereits im 2. Jahrhundert n. Chr. stellte *Ptolemäus* Tafeln ähnlich unserer *Tabelle 210.1* auf. Das *Brechungsgesetz* – also eine Formel der vorher beschriebenen Art – wurde aber erst um 1600 entdeckt. Damit konnte man nun den Strahlengang bei der Brechung vorausberechnen; doch die Frage nach der *Ursache* der Lichtbrechung war damit noch nicht beantwortet. Mit diesem Problem befaßten sich im 17. Jahrhundert die berühmtesten Physiker der damaligen Zeit. Es entstanden verschiedene einander widersprechende Theorien; die endgültige Klärung ließ noch mehr als ein Jahrhundert auf sich warten. Mit dem *Brechungsgesetz* und seiner theoretischen Begründung werden wir uns erst in der Oberstufe beschäftigen. Vorerst nehmen wir die Brechung des Lichts als einen *Sachverhalt* hin, der sich *experimentell* nachprüfen läßt. Die damit verbundene Gesetzmäßigkeit benutzen wir im Grunde bereits: Die Kurven in *Bild 210.1* sind nämlich nichts anderes als die graphische Darstellung des Brechungsgesetzes.

Aufgaben:

1. *Ein Lichtstrahl fällt unter einem Winkel von* 60° *(zum Lot) auf eine planparallele Platte der Dicke* 2 cm. *Zeichne den Strahlengang! Um wieviel wird der Lichtstrahl parallel verschoben?*

2. *Ein Glasprisma hat als Querschnitt ein gleichseitiges Dreieck. Konstruiere den Weg eines Lichtstrahls, der die Seitenfläche des Prismas in ihrer Mitte a) unter dem Winkel* 40°, *b) unter dem Winkel* 20° *trifft!*

3. *Der Querschnitt eines Glasprismas ist ein gleichschenkligrechtwinkliges Dreieck (also* $\gamma =$ 90°*). Drei Lichtstrahlen, die jeweils zur Basis dieses Dreiecks parallel sind, treffen die Seitenflächen des Prismas in deren unterem Drittel. Konstruiere den Strahlengang durch das Prisma!*

§ 72 Sammellinsen

1. Wie sieht eine Sammellinse aus?

Bild 217.1 zeigt, wie man mit Lichtenergie ein Streichholz entzünden kann. Dazu wird ein *Brennglas* benutzt; da dieses linsenförmige Gebilde Lichtstrahlen sammelt, wird es **Sammellinse** genannt. Bei vielen optischen Instrumenten finden wir solche Sammellinsen als wichtigsten Bestandteil. In *Bild 217.2* sind etliche verschieden geformte Sammellinsen im Schnitt gezeichnet. Sie werden aus Glas oder durchsichtigem Kunststoff hergestellt; ihre Begrenzungsflächen sind meist *sphärisch*, d.h. Teile von Kugeloberflächen. *Allen Sammellinsen ist gemeinsam, daß sie in der Mitte dicker sind als am Rand.* Grundsätzlich besitzen die vier in *Bild 217.2* dargestellten Linsenformen dieselben optischen Eigenschaften. Wir können uns deshalb in unseren Versuchen mit nur *einer* Art von Sammellinsen begnügen; wir wählen dazu die Form, die aus zwei nach außen ge-

217.1 Ein Brennglas ist eine Sammellinse.

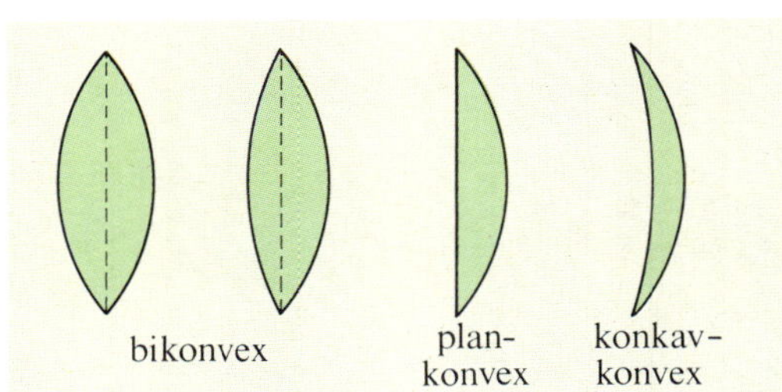

217.2 Sammellinsen sind in der Mitte dicker als am Rand.

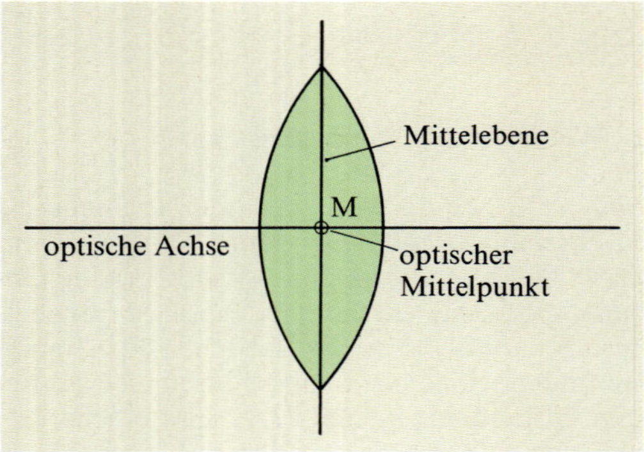

218.1 Bezeichnungen bei einer Sammellinse

wölbten Kugelteilen derselben Krümmung besteht. In *Bild 218.1* ist eine solche Sammellinse dargestellt. Wir sehen im Schnitt ihre *Mittelebene* und ihren *optischen Mittelpunkt* M; die Senkrechte zur Mittelebene durch M wird *optische Achse* der Sammellinse genannt.

2. Sammellinsen haben Brennpunkte

Da eine Sammellinse als Brennglas wirkt *(Bild 217.1)*, besitzt sie offenbar – ebenso wie der Hohlspiegel – einen **Brennpunkt.**

Versuch 38: Wir befestigen nach *Bild 218.2* an der optischen Scheibe einen Glaskörper, der den Schnitt durch eine Sammellinse darstellt. Mit einer Experimentierleuchte und einer aus etlichen Schlitzen bestehenden Blende stellen wir mehrere schmale parallele Lichtbündel her, die wir in Richtung der optischen Achse auf das Linsenmodell fallen lassen. Sie werden so gebrochen, daß sie sich hinter der Linse ungefähr in einem Punkt der optischen Achse schneiden. Wir beobachten, daß sich dabei die *achsenfernen* Strahlen etwas *vor* diesem gemeinsamen Schnittpunkt auf der Achse treffen. Decken wir solche *Randstrahlen* ab, so erkennen wir, daß sich die restlichen *achsennahen* Strahlen ziemlich genau in *einem* Punkt der optischen Achse schneiden. Man nennt ihn den **Brennpunkt F**; seine Entfernung vom optischen Mittelpunkt bezeichnet man als **Brennweite** f der Sammellinse.

In unserem Versuch treffen die achsenparallelen Strahlen von *links* her auf die Sammellinse; der Brennpunkt liegt *rechts.* Natürlich kann man das Parallelbündel auch von *rechts* her auf die Linse fallen lassen; dann entsteht auf der linken Seite ebenfalls ein Brennpunkt mit derselben Brennweite. Eine Sammellinse besitzt also auf *beiden Seiten* jeweils einen Brennpunkt.

Eine Sammellinse können wir uns nach *Bild 218.3* in lauter *Prismenstücke* zerlegt denken. Dabei stellen wir fest:

– Das „dickere“ Ende dieser Prismenstücke ist stets der Linsenmitte zugewandt. Deshalb werden die achsenparallelen Strahlen zur optischen Achse *hin* gebrochen: Wir haben eine **Sammel**linse vor uns.
– Die Prismen werden nach außen hin *stumpfer*; die äußeren Strahlen werden daher stärker abgelenkt als solche, die näher an der Achse liegen. So wird verständlich, daß sich alle Strahlen ungefähr in einem Punkt der Achse treffen.
– Die *Mitte* der Sammellinse können wir als *planparallele Platte* auffassen. Lichtstrahlen durchdringen sie ohne Richtungsänderung.

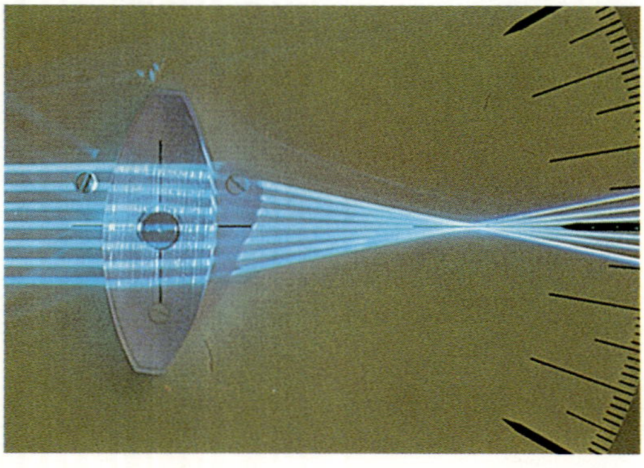

218.2 Achsenparallele Strahlen gehen nach der Brechung durch den Brennpunkt.

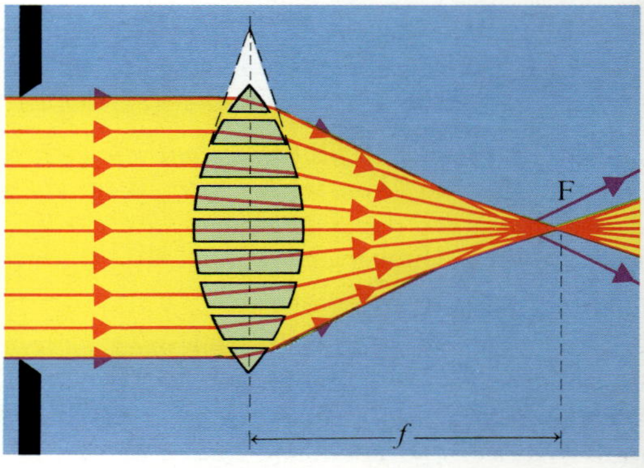

218.3 Eine Sammellinse – aus Prismenstücken zusammengesetzt

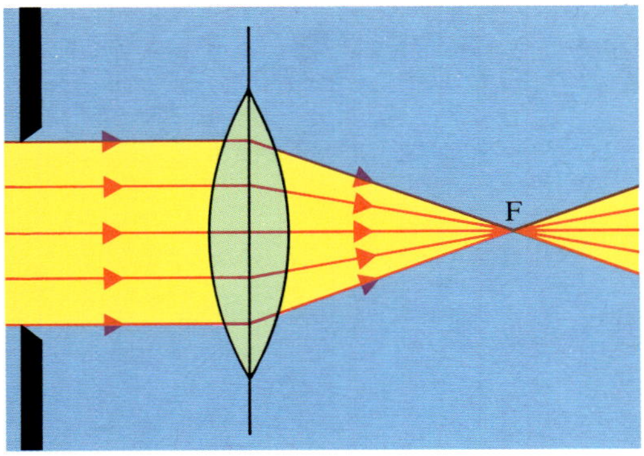

219.1 Diese Konstruktion ist einfacher.

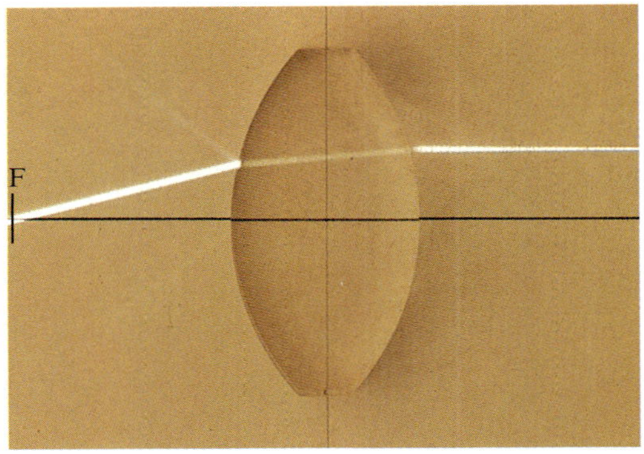

219.2 Ein Brennstrahl wird achsenparallel.

In *Bild 218.3* wurde der Strahlengang für jedes Prismenstück genau konstruiert. Strahlen, die nach der Brechung am Brennpunkt vorbeiziellen, sind violett gezeichnet. Bei unseren weiteren Betrachtungen wollen wir solche achsenfernen Strahlen nicht berücksichtigen. Wir denken sie uns stets durch entsprechende Blenden zurückgehalten. Weiter wollen wir vereinbaren: Anstatt die Brechung der Lichtstrahlen wie in *Bild 218.3* an der Vorder- und Rückseite der Linse zu konstruieren, zeichnen wir die Strahlen ungebrochen bis zur Mittelebene und knikken sie dort nur *einmal* zum Brennpunkt hin ab *(Bild 219.1)*. Bei *dünnen* Linsen – die wir ausschließlich benutzen wollen – genügt die Genauigkeit dieses vereinfachten Verfahrens vollauf.

Achsenparallele Lichtstrahlen werden an einer Sammellinse so gebrochen, daß sie sich in einem Punkt F der optischen Achse schneiden. F wird Brennpunkt genannt; seine Entfernung vom optischen Mittelpunkt bezeichnet man als Brennweite *f* der Linse.

Da der Lichtweg bei der Brechung umkehrbar ist, folgt unmittelbar: *Vom Brennpunkt F ausgehende Lichtstrahlen verlaufen nach der Brechung an einer Sammellinse achsenparallel.*

Versuch 39: **a)** Wir befestigen an der optischen Scheibe das Modell einer Sammellinse. Damit unerwünschte Randstrahlen ausgeschaltet werden, decken wir die Ränder des Glaskörpers mit undurchsichtigen Klebestreifen ab. Nun verschieben wir eine Punktlichtlampe längs der optischen Achse, bis aus der Linse ein achsenparalleles Lichtbündel kommt. Dann sitzt die Glühwendel im Brennpunkt F der Linse.

b) Nun richten wir ein einzelnes schmales Strahlenbündel so auf die Linse, daß es durch F geht *(Bild 219.2)*: Der Strahl verläuft nach der Brechung achsenparallel. Jeder Lichtstrahl, der durch den *Brennpunkt* einer Sammellinse geht, wird **Brennstrahl** genannt.

Ob ein Lichtstrahl von ferne kommt und dabei durch den Brennpunkt F geht oder ob er in F „entspringt“, ist für die Brechung an der Linse gleichgültig: *Aus Brennstrahlen werden stets achsenparallele Strahlen.*

Ein Brennstrahl verläuft nach der Brechung an einer Sammellinse achsenparallel.

Jetzt können wir auch verstehen, wie mit einer Experimentierleuchte parallele Lichtbündel erzeugt werden. *Bild 219.3* zeigt eine Experimentierleuchte im Schnitt. Bringt man die Glühwendel der Lampe im Brennpunkt der Sammellinse an, so werden die von dort ausgehenden Strahlen nach der Brechung achsenparallel.

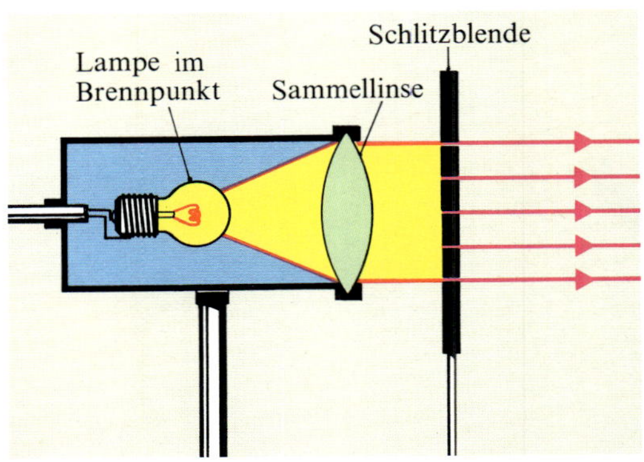

219.3 So erzeugt die Experimentierleuchte achsenparallele Strahlen.

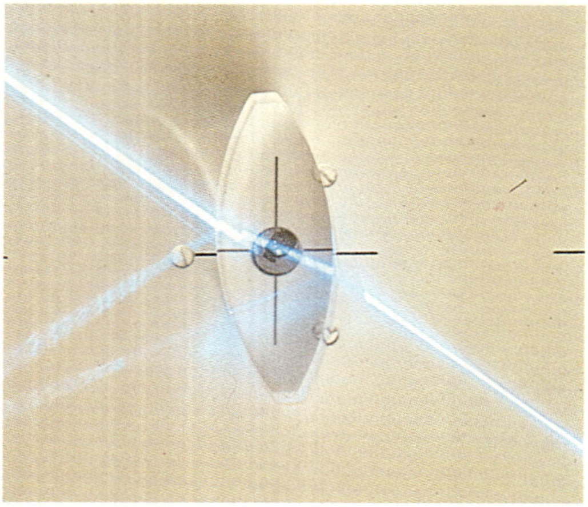

220.1 Dieses Lichtbündel stellt einen Mittelpunktsstrahl dar.

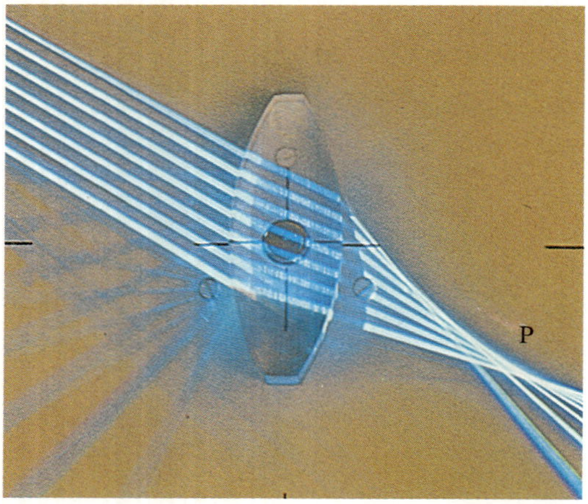

220.2 Schiefparallele Strahlen an einer Sammellinse

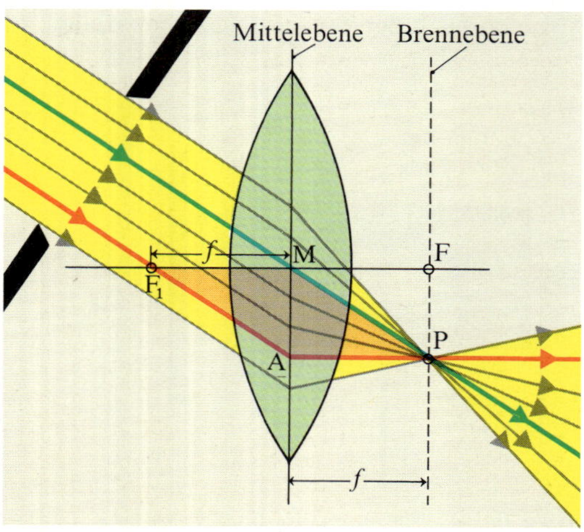

220.3 So kann man den Punkt P konstruieren.

Versuch 40: Wir wiederholen Versuch 38 mit einer Linse, die stärker gekrümmt ist. Jetzt liegt der Brennpunkt F näher an der optischen Mitte: *Die stärker gekrümmte Linse hat eine kleinere Brennweite.*

3. Was wird aus schiefen Lichtstrahlen?

Versuch 41: Ein schmales Lichtbündel, das wir nach *Bild 220.1 schief* auf den optischen Mittelpunkt einer Sammellinse fallen lassen, durchdringt diese *ohne Richtungsänderung*. Ihre mittlere Zone wirkt wie eine planparallele Platte. Bei *dünnen* Linsen – die wir ja ausschließlich verwenden wollen – kann man die geringfügige Parallelverschiebung des Lichtstrahls vernachlässigen. Einen Lichtstrahl, der durch den optischen Mittelpunkt einer Sammellinse geht, bezeichnen wir als **Mittelpunktsstrahl.**

Ein Mittelpunktsstrahl durchdringt eine Sammellinse ohne Richtungsänderung.

Versuch 42: Nun lassen wir mehrere schmale zueinander parallele Lichtbündel *schief* auf eine Sammellinse fallen *(Bild 220.2)*. Solche Strahlen wollen wir **schiefparallel** nennen. Sie schneiden sich – wie der Versuch zeigt – nach der Brechung ungefähr *in einem Punkt* P.

In *Bild 220.3* sind mehrere *schiefparallele* Strahlen gezeichnet, die auf eine Sammellinse fallen. Aus unserem Versuch folgt, daß sie sich *alle* nach der Brechung in *einem* Punkt schneiden. Nun ist aber ein Punkt schon durch den Schnitt *zweier* Geraden festgelegt; also genügt es, zur Konstruktion von P *zwei* beliebige Strahlen herauszugreifen. Wir wählen zwei besonders geeignete aus, nämlich den Mittelpunktsstrahl (grün gezeichnet) und den *Brennstrahl* (rot); sie bilden in der Zeichnung zusammen mit der optischen Achse und dem zu ihr parallelen Strahl ein *Parallelogramm*. Da seine gegenüberliegenden Seiten $\overline{F_1M}$ und $\overline{AP}$ gleich lang sind, ist der Abstand des Punktes P von der Mittelebene so groß wie die Brennweite *f* der Linse. Alle Punkte P, die diese Bedingung erfüllen, liegen in einer Ebene, die zur Mittelebene parallel ist und von ihr den Abstand *f* besitzt. Man nennt sie **Brennebene.**

Schiefparallele Lichtstrahlen werden an einer Sammellinse so gebrochen, daß sie sich in einem Punkt der Brennebene schneiden.

Versuch 43: Wir bringen – wie in Versuch 39a – eine Punktlichtlampe in den Brennpunkt einer an der optischen Scheibe befestigten Sammellinse: Es entsteht ein achsenparalleles Lichtbündel. Bewegen wir nun die Punktlichtlampe von hier aus *senkrecht zur optischen Achse* in der *Brennebene* nach oben oder unten, so bleibt das Lichtbündel nach der Brechung an der Linse *parallel*, doch neigt es sich jeweils nach unten bzw. oben. Aus der Umkehrbarkeit des Lichtwegs folgt nämlich, daß die Lichtbündel nach der Brechung *schiefparallel* werden.

Von einem Punkt der Brennebene ausgehende Lichtstrahlen sind nach der Brechung an einer Sammellinse schiefparallel.

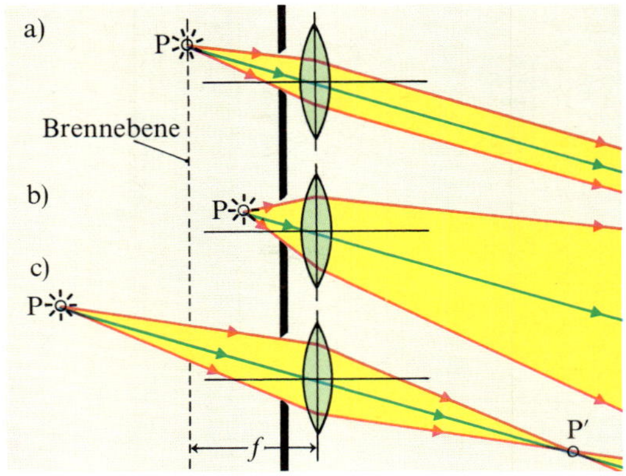

221.1 Die Lichtstrahlen sind nach der Brechung a) schiefparallel; b) divergent; c) konvergent.

4. Die wichtigste Eigenschaft einer Sammellinse

Bis jetzt haben wir nur *Parallelstrahlen* betrachtet sowie Strahlen, die von einem Punkt der *Brennebene* ausgehen. Nun geht Licht meist von Punkten aus, die nicht gerade in der Brennebene einer Linse liegen. Eine besonders wichtige Frage ist: *Wie werden Lichtstrahlen gebrochen, die von einem Punkt außerhalb der Brennebene herkommen?*

Versuch 44: **a)** Wir knüpfen an den vorigen Versuch an und bringen die Punktlichtlampe nochmals in die Brennebene der Linse: Es entsteht das schon bekannte Bündel schiefparalleler Lichtstrahlen *(Bild 221.1a)*. Schieben wir den Lichtpunkt *näher* an die Linse heran, so spreizen sich die vorher parallelen Strahlen auseinander: Es entsteht ein *divergentes* (auseinanderlaufendes) Lichtbündel *(Bild 221.1b)*.

b) Nun rücken wir die Punktlichtlampe in entgegengesetzter Richtung aus der Brennebene heraus, *entfernen* sie also von der Linse. *Jetzt neigen sich die vorher parallelen Strahlen einander zu:* Es entsteht ein *konvergentes* (zusammenlaufendes) Lichtbündel; *die Lichtstrahlen schneiden sich dabei in einem Punkt (Bild 221.1c)*.

Lichtstrahlen, die von einem Punkt ausgehen, dessen Abstand von der Mittelebene größer als die Brennweite ist, werden an einer Sammellinse so gebrochen, daß sie sich wieder in einem Punkt schneiden.

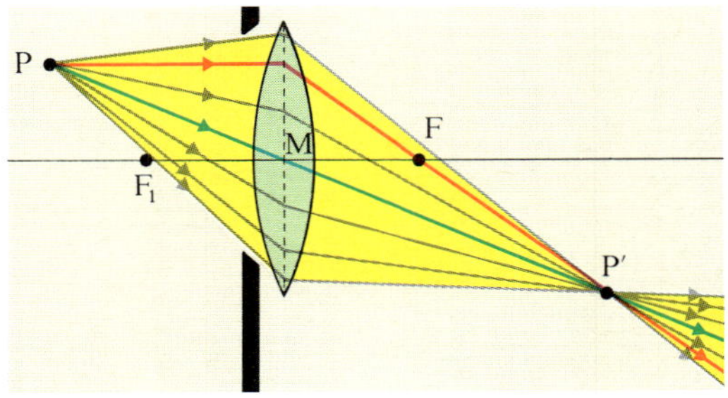

221.2 So konstruiert man den Bildpunkt P′!

Die Sammellinse bricht also die von einem genügend weit entfernten *Gegenstandspunkt* P ausgehenden Lichtstrahlen so, daß sie sich in einem *Bildpunkt* P′ treffen. *Bild 221.2* zeigt, wie man P′ konstruieren kann. Da P′ bereits durch *zwei* Geraden festgelegt ist, genügen zur Konstruktion *zwei* Lichtstrahlen. Wir wählen zu diesem Zweck aus der Vielzahl der von P ausgehenden Strahlen den *Mittelpunktsstrahl* (grün) und den *achsenparallelen Strahl* (rot). Der erste Strahl verläuft ungebrochen durch den optischen Mittelpunkt M, der zweite geht nach der Brechung durch den Brennpunkt F. Im Schnittpunkt P′ dieser beiden Strahlen treffen sich dann auch alle anderen Lichtstrahlen.

Aufgabe:

Ein leuchtender Punkt P *befindet sich* 2 cm *über der optischen Achse und* 9,5 cm vor der Mittelebene *einer Linse* ($f = 5$ cm). *Konstruiere den Bildpunkt! Verwende zur Kontrolle auch den von* P *ausgehenden Brennstrahl! Nun wird* P *auf einen Abstand von* 1,5 cm *an die Mittelebene herangerückt. Wie verlaufen die drei Strahlen jetzt?*

222.1 Das leuchtende L wird durch die Sammellinse abgebildet.

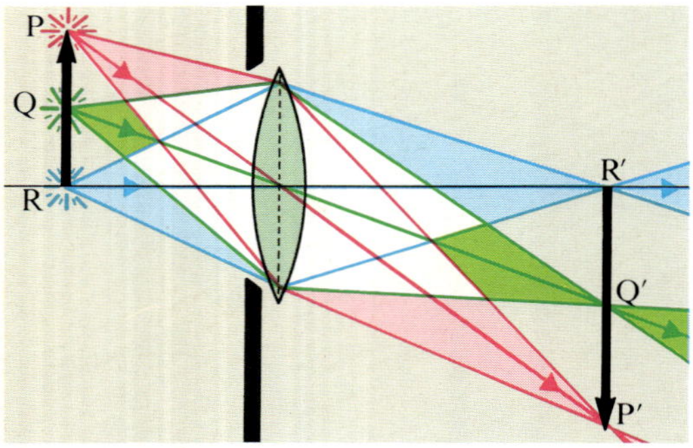

222.2 Gegenstandspunkte und Bildpunkte

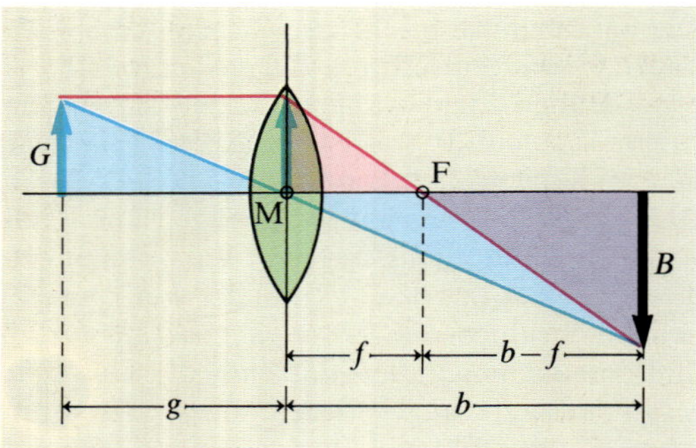

222.3 So konstruiert man das optische Bild.

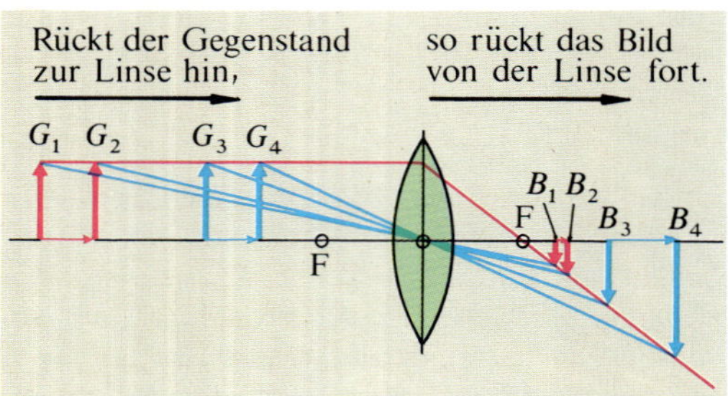

222.4 Mit dem Gegenstand wandert auch das Bild.

§ 73 Abbildungen durch Sammellinsen

1. Linsen machen Bilder

Versuch 45: Vor einer Sammellinse stellen wir das schon von Versuch 5 her bekannte leuchtende L auf *(Bild 222.1)*. Es liegt in einer Ebene senkrecht zur optischen Achse, der sogenannten *Gegenstandsebene*; wir achten darauf, daß ihr Abstand von der Linse größer als deren Brennweite ist. Dann bringen wir hinter die Linse einen Schirm; bei einer bestimmten Stellung erscheint auf ihm ein umgekehrtes, helles und scharfes Abbild des L.

Wir dürfen uns einen leuchtenden Gegenstand aus lauter leuchtenden Punkten zusammengesetzt denken. Das von jedem einzelnen dieser *Gegenstandspunkte* ausgehende Licht wird wie in *Bild 221.1c* durch die Sammellinse jeweils wieder in einem *Bildpunkt* vereinigt. Alle diese Bildpunkte fügen sich zu einem naturgetreuen Abbild des Gegenstandes zusammen *(Bild 222.2)*. Die Lichtstrahlen, aus denen die Bildpunkte entstehen, schneiden sich in einem ganz bestimmten Abstand von der Mittelebene der Linse; in der dadurch festgelegten *Bildebene* muß der Schirm aufgestellt werden. Die Lage und Größe eines solchen optischen Bildes läßt sich einfach ermitteln: Man stellt den Gegenstand durch einen Pfeil der Höhe G dar, dessen Fußpunkt auf der optischen Achse liegt. Es genügt nun, mit Hilfe des Mittelpunktsstrahles und des achsenparallelen Strahles den Bildpunkt der *Pfeilspitze* zu konstruieren *(Bild 222.3)*. Damit ist die zur Gegenstandsebene parallele *Bildebene* festgelegt. Ihr Schnitt mit der optischen Achse ergibt den *Fußpunkt* des Bildes der Höhe B. Gegenstandsweite g und Bildweite b werden jeweils von der Mittelebene der Linse aus gemessen.

In *Bild 222.4* ist diese Konstruktion für verschiedene Gegenstandsweiten durchgeführt. Dabei erkennen wir: Je näher der Gegenstand auf den linken Brennpunkt zukommt, desto weiter rückt der Bildpunkt der Pfeilspitze von der Linse weg, desto größer wird dann auch das Bild. Befindet sich der Gegenstand schließlich in der Brennebene, so werden die von der Pfeilspitze ausgehenden Lichtstrahlen nach der Brechung *schiefparallel:* Es kommt kein Bild mehr zustande. *Entfernt* sich der Gegenstand von der Linse, so rückt das Bild dem rechten Brennpunkt näher; dabei wird es kleiner.

Betrachten wir in *Bild 222.3* die sich in M kreuzenden Geraden, so finden wir nach dem Strahlensatz der Geometrie den *Abbildungsmaßstab* $A = B/G = b/g$.

Für die sich in F kreuzenden Geraden ergibt der Strahlensatz $B/G = (b-f)/f$.

Da die linken Seiten B/G der beiden obigen Gleichungen gleich sind, folgt $b/g = (b-f)/f$ oder $b/g = (b/f) - 1$. Division durch b und Umordnen ergibt $1/g + 1/b = 1/f$.

Diese Beziehung wird **Linsengleichung** genannt.

Von einem Gegenstand der Höhe G, der sich in der Gegenstandsweite $g > f$ vor einer Sammellinse der Brennweite f befindet, entsteht in der Bildweite b ein optisches Bild der Höhe B.

Dabei beträgt der Abbildungsmaßstab

$$A = \frac{B}{G} = \frac{b}{g}. \qquad (223.1)$$

Außerdem gilt die Linsengleichung

$$\frac{1}{g} + \frac{1}{b} = \frac{1}{f}. \qquad (223.2)$$

Beispiele zur Anwendung der Linsengleichung:

a) 15 cm vor einer Sammellinse der Brennweite $f = 10$ cm befindet sich ein 3 cm hoher Gegenstand. In welchem Abstand von der Linsenmitte entsteht das Bild? Wie hoch ist es?

Lösung: Durch Multiplikation mit dem Hauptnenner $g \cdot b \cdot f$ folgt aus *Gleichung 223.2* $bf + gf = gb$ oder $b \cdot (g-f) = gf$ oder $b = \frac{gf}{g-f}$. Daraus ergibt sich $b = \frac{15\,\text{cm} \cdot 10\,\text{cm}}{5\,\text{cm}} = 30$ cm. Aus *Gleichung 223.1* folgt $B = \frac{b}{g} \cdot G = \frac{30\,\text{cm}}{15\,\text{cm}} \cdot 3\,\text{cm} = 6$ cm.

b) Nun befindet sich derselbe Gegenstand 20 cm vor der Linse ($f = 10$ cm). Wie groß sind jetzt Bildweite b und Bildhöhe B?

Lösung: Dieselbe Rechnung wie in a) ergibt

$b = \frac{gf}{g-f} = \frac{20\,\text{cm} \cdot 10\,\text{cm}}{10\,\text{cm}} = 20$ cm und

$B = \frac{b}{g} \cdot G = \frac{20\,\text{cm}}{20\,\text{cm}} \cdot 3\,\text{cm} = 3$ cm.

Offenbar sind Bild und Gegenstand gleich hoch und gleich weit von der Linse entfernt. Tritt dieser besondere Fall wohl *immer* ein, wenn man den Gegenstand im Abstand der doppelten Brennweite vor eine Sammellinse bringt?

Ist $g = 2f$, so folgt $f = g/2$. Setzen wir dies in die Linsengleichung ein, so ergibt sich

$\frac{1}{g} + \frac{1}{b} = \frac{2}{g}$.

Wir subtrahieren auf beiden Seiten der Gleichung $\frac{1}{g}$ und erhalten $\frac{1}{b} = \frac{1}{g}$ oder $b = g$. Aus *Gleichung 223.1* folgt dann für den Abbildungsmaßstab

$A = \frac{B}{G} = \frac{b}{g} = 1$, also $B = G$.

Damit ist unsere Vermutung bestätigt: *Befindet sich ein Gegenstand im Abstand der doppelten Brennweite vor einer Sammellinse, so entsteht im selben Abstand hinter ihr ein gleich hohes Bild.*

c) Ein Baum ist 40 m von einer Sammellinse mit $f = 15$ cm entfernt. Berechne die Bildweite b!

Lösung: Wir benutzen nochmals die Gleichung aus Aufgabe a) und erhalten

$b = \frac{gf}{g-f} = \frac{40\,\text{m} \cdot 0{,}15\,\text{m}}{39{,}85\,\text{m}} \approx 0{,}15\,\text{m} = f$.

Wieder ein besonderes Ergebnis! Das Bild des weit entfernten Baumes entsteht in einem Abstand hinter der Linse, der etwa gleich ihrer Brennweite ist; es wird also $b \approx f$. Das kann man leicht einsehen: Ist die Gegenstandsweite g *sehr viel größer* als die Brennweite f, so unterscheidet sich die Differenz $g - f$ nur sehr wenig von g; es ist $g - f \approx g$. Also wird die Bildweite

$b = \frac{gf}{g-f} \approx \frac{gf}{g} = f$.

Dieses wichtige Ergebnis läßt sich auch *geometrisch* herleiten: *Bild 223.1* zeigt, wie sich die Entfernung eines leuchtenden Punktes P auf das von einer Linse aufgefangene Lichtbündel auswirkt: Je weiter P von der Linse wegrückt, desto weniger unterscheidet sich das dort ankommende Licht von einem *Parallelbündel*. In *Bild 223.1 c* ist der Punkt P so weit entfernt, daß man ihn nicht mehr auf die Buchseite zeichnen kann: Die von ihm ausgehenden Lichtstrahlen treffen die Linse jetzt praktisch *parallel*; sie werden also in der *Brennebene* vereinigt.

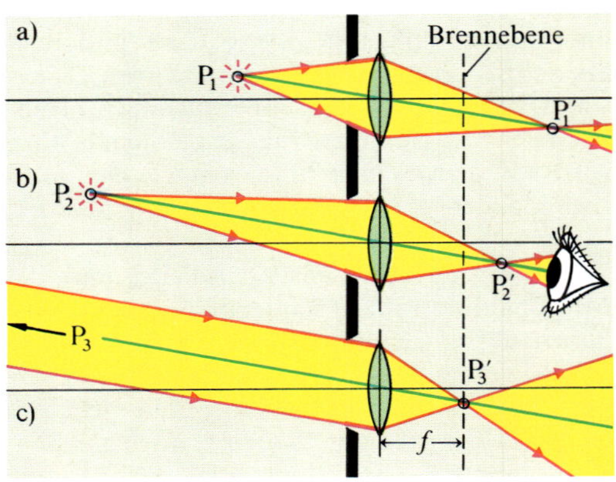

223.1 Die Lichtbündel werden „immer paralleler".

Das heißt aber: Die Bildweite b ist in diesem Fall gleich der Brennweite f der Linse.

Das Bild eines weit entfernten Gegenstandes liegt in der Brennebene der Sammellinse.

S-Versuch 46: Halte eine Sammellinse so vor eine dem Fenster gegenüberliegende Wand, daß dort ein scharfes Bild eines weit entfernten Hauses oder Baumes entsteht. Miß den Abstand der Linse von der Wand: Er ist gleich der Brennweite dieser Linse!

S-Versuch 47: Bilde wie in Versuch 45 das leuchtende L durch eine Sammellinse auf einen Schirm ab. Stelle einen Ring dicht an den Schirm, so daß er das optische Bild des L umrahmt. Nimm jetzt den Schirm weg und blicke aus einiger Entfernung durch den Ring gegen die Linse: Nun siehst du *im Ring* das umgekehrte Bild des L schweben. Bewege den Kopf etwas hin und her: Das schwebende L verändert seine Lage gegenüber dem Ring nicht! Das optische Bild befindet sich also wirklich am Ort des Rings – es ist *reell*. Die Erklärung folgt aus *Bild 222.2*: Die Lichtstrahlen laufen nach der Vereinigung im Bildpunkt P′ wieder auseinander. Für ein Auge, in das sie gelangen, *kommen sie von* P′ *her*- und zwar nicht etwa scheinbar, sondern *tatsächlich*. Wozu braucht man dann überhaupt einen Schirm? – *Bild 222.2* zeigt, daß die vom Bildpunkt ausgehenden Lichtkegel nur einen kleinen Öffnungswinkel besitzen. Deshalb sieht man das im Raum schwebende reelle Bild des L nicht aus allen Richtungen. An einem *Schirm* dagegen wird das Licht vom Bildpunkt aus nach allen Seiten *gestreut*.

Versuch 48: Wir wiederholen den Versuch 45 und decken dabei die Linse nach und nach ab. Selbst wenn der von der Spitze des Gegenstandes kommende achsenparallele Strahl und auch der Mittelpunktsstrahl ausgeblendet sind, wird auf dem Schirm immer noch *das ganze* L abgebildet; es ist lediglich dunkler geworden.

Wir benutzen den achsenparallelen und den Mittelpunktsstrahl zwar zur *geometrischen* Konstruktion des Bildes; zu seiner *physikalischen* Erzeugung sind sie jedoch nicht notwendig. Von einem Gegenstandspunkt gehen ja nicht nur diese beiden, sondern noch unzählig viele andere Lichtstrahlen aus, die sich *alle* nach der Brechung im Bildpunkt treffen.

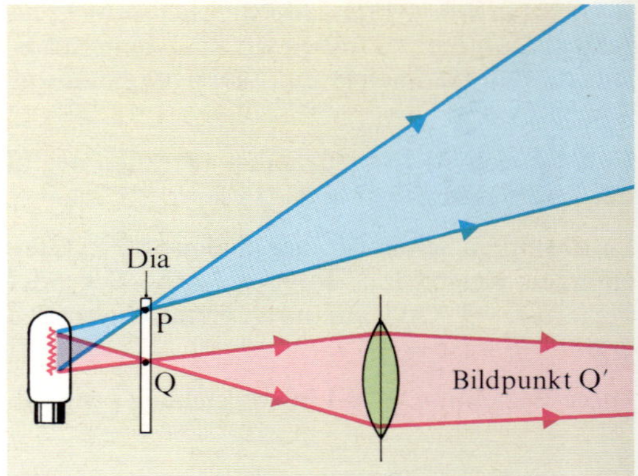

224.1 Das blaue Lichtbündel trifft die Linse nicht.

2. Der Projektionsapparat

Natürlich ist die Sammellinse nicht allein dazu erfunden worden, ein leuchtendes L abzubilden. Wir brauchen das L jedoch nur durch ein beleuchtetes *Diapositiv* zu ersetzen, und schon haben wir einen *Diaprojektor* vor uns!

Versuch 49: Wir bringen vor eine Sammellinse ein Dia, das von einer dahinter aufgestellten Glühlampe durchleuchtet wird. Auf einem Schirm entdecken wir tatsächlich ein Bild. Leider ist jedoch nur ein kleiner Ausschnitt des Dias sichtbar. – Was haben wir falsch gemacht?

In *Bild 224.1* sind die von der Glühwendel ausgehenden Lichtstrahlen blau dargestellt, die einen mehr am Rand des Dias liegenden Punkt P durchleuchten. Wie wir sehen, trifft nun aber das von P ausgehende Lichtbündel überhaupt nicht mehr auf die Sammellinse; also kann dieser Punkt auch nicht abgebildet werden. Beim leuchtenden L trat ein solches Problem nicht auf. Das durchscheinende Papier, mit dem das L hinterlegt war, sorgte dafür, daß das Licht in jedem Gegenstandspunkt nach allen Seiten – also auch zur Linse hin – *gestreut* wurde. Wir könnten beim Dia ebenso vorgehen. Doch geht dabei viel Licht verloren. Deshalb biegen wir das durch P gehende Lichtbündel einfach so hin, daß es auf die Linse trifft! Dazu brauchen wir eine weitere Sammellinse; sie muß zwischen der Glühlampe und dem Dia angebracht werden. *Bild 225.1* zeigt, wie diese sogenannte *Kondensorlinse* wirkt.

S-Versuch 50: Baue nach *Bild 225.1* einen Diaprojektor! Stelle den Schirm in verschiedenen Abständen von der Linse auf! Dabei mußt du

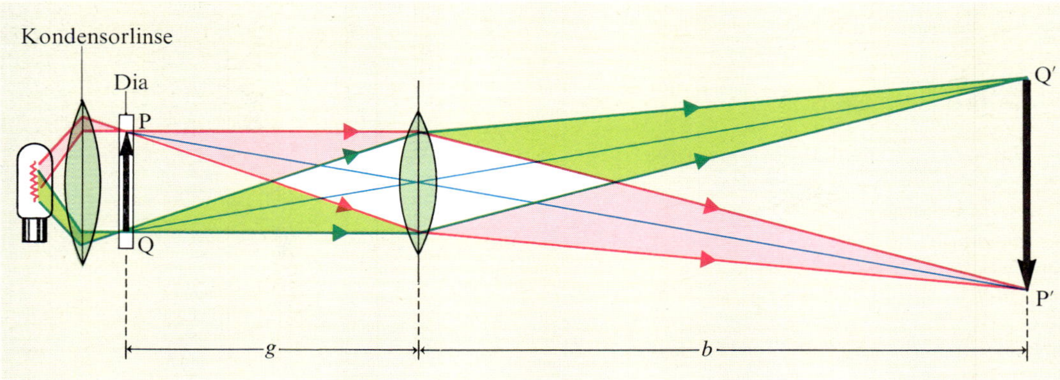

225.1 So wird das Dia richtig durchleuchtet.

sie jedesmal wieder verschieben, bis das Bild scharf ist. Das kann man auch so ausdrücken: Du mußt jedesmal dafür sorgen, daß die Linsengleichung erfüllt ist. Miß jeweils die Gegenstandsweite g sowie die zugehörige Bildweite b und notiere die Ergebnisse nach dem Muster der *Tabelle 225.1*!

Gegenstands-weite g in cm	Bild-weite b in cm	$\frac{1}{g}+\frac{1}{b}=\frac{1}{f}$ in 1/cm	Brenn-weite f in cm
13,5	35,8	0,102	9,80
17,4	22,4	0,102	9,80
21,9	17,7	0,102	9,80

Tabelle 225.1

Folgendes ist an diesem Versuch interessant:

– Jetzt weißt du, warum man die Linse eines Diaprojektors zur Scharfeinstellung verschieben muß (meist geschieht dies mit Hilfe eines Gewindes).
– Der Versuch bestätigt die Richtigkeit der Linsengleichung.
– Du hast ein weiteres Verfahren zur Bestimmung der Linsenbrennweite kennengelernt.

Auch der **Tageslichtprojektor** arbeitet nach diesem Prinzip. Da die durchleuchtete Fläche verhältnismäßig groß ist, braucht man eine ausgedehnte Kondensorlinse. In normaler Bauweise wäre sie äußerst dick und schwer. Man löst sie deshalb in ringförmige Zonen auf, die zwar dieselbe Neigung wie eine gekrümmte Linse besitzen, trotzdem aber sehr dünn sind. Die Abbildungslinse sitzt im sogenannten Projektionskopf. Dort ist auch ein Spiegel angebracht, der die Lichtstrahlen um etwa 90° ablenkt.

Der **Filmprojektor** ist optisch wie ein Diaprojektor gebaut. Das Filmband besteht aus vielen hintereinander aufgereihten Dias. Sie sind in rascher Folge nacheinander aufgenommen worden. Jedes hält also einen gewissen Augenblick des Bewegungsablaufs in einer Momentaufnahme fest. Bei der Wiedergabe wird ruckartig ein Dia nach dem anderen zwischen eine Beleuchtungseinrichtung und eine Sammellinse gebracht und dabei auf eine Wand abgebildet. Während des Bildwechsels wird das Licht durch eine Blende zurückgehalten. Folgen die einzelnen Bilder genügend rasch aufeinander, so verschmelzen die Bilder für das Auge zum Eindruck einer stetigen Bewegung.

Aufgaben:

1. *Ein* 3 cm *hoher Gegenstand befindet sich* 9 cm *vor einer Sammellinse der Brennweite* $f=$ 5 cm. *Bestimme durch Zeichnung und Rechnung die Bildweite und die Bildhöhe!*

2. *Stellt man einen Gegenstand* 20 cm *vor eine Sammellinse, so entsteht das Bild* 60 cm *hinter ihr. Wie groß ist die Brennweite dieser Linse?*

3. *Die Abbildungslinse eines Diaprojektors hat die Brennweite* $f=9{,}8$ cm. *In einer Entfernung von* 4,90 m *ist eine Projektionswand aufgestellt. Wie weit muß das Dia von der Linse entfernt sein? Wie hoch wird das Bild, wenn das Dia eine Höhe von* 35 mm *besitzt?*

4. *Ein Fotoamateur kauft sich einen Diaprojektor nach Maß: Seine Dias sind* 3 cm *hoch; die Bilder sollen eine Höhe von* 1,50 m *erhalten. Die Projektionswand möchte er so aufstellen, daß sie vom Projektor* 5,10 m *entfernt ist. Welche Brennweite muß die Abbildungslinse des Diaprojektors besitzen?*

5. *Zeige: Ist bei der Abbildung durch eine Sammellinse die Gegenstandsweite* $g>2f$, *so entsteht ein verkleinertes Bild. Für* $2f>g>f$ *wird das Bild vergrößert.*

§ 74 Linsensysteme

1. Aus zwei mach eins!

Bei einem guten Projektionsapparat wird das Dia nicht wie in Versuch 50 durch eine *einzige* Sammellinse abgebildet. Man benutzt vielmehr ein sogenanntes *Objektiv*, das aus *mehreren* Linsen zusammengesetzt ist; dadurch werden Linsenfehler ausgeglichen. Zuerst wollen wir zeigen, daß zwei zu einem solchen *Linsensystem* zusammengefaßte Sammellinsen wie eine einzige Linse wirken.

Versuch 51: Wir wiederholen den Versuch 45, benutzen aber zur Abbildung *zwei* dicht hintereinandergestellte Sammellinsen mit den Brennweiten $f_1 = 15$ cm und $f_2 = 30$ cm *(Bild 226.1)*. Wir verschieben den Schirm, bis auf ihm ein scharfes Bild des leuchtenden L zu sehen ist. Nun ersetzen wir die beiden Linsen durch eine einzige Sammellinse der Brennweite $f = 10$ cm: Auf dem Schirm entsteht dasselbe optische Bild wie vorher. Die beiden hintereinandergestellten Sammellinsen mit den Brennweiten $f_1 = 15$ cm und $f_2 = 30$ cm wirken offenbar wie eine einzige Sammellinse der Brennweite $f = 10$ cm!

Wie es zu einer solchen Verkürzung der Brennweite kommt, zeigt *Bild 226.2*: Ein achsenparalleles Strahlenbündel wird durch die erste Sammellinse *allein* so gebrochen, daß es durch den Brennpunkt F_1 dieser Linse geht. Die zweite Linse bricht nun die nach F_1 zielenden Lichtstrahlen *nochmals*, so daß sie sich in einem nähergelegenen Achsenpunkt F – dem neu entstandenen Brennpunkt des Linsensystems – treffen. Wir könnten nun die Brennweite unseres Linsensystems ($f_1 = 15$ cm; $f_2 = 30$ cm) nach derselben Methode wie in Versuch 50 ermitteln. Dort haben wir die Tatsache benutzt, daß *jede beliebige* Gegenstandsweite g zusammen mit der zu ihr gehörigen Bildweite b die Linsengleichung $1/g + 1/b = 1/f$ erfüllt. Aus der Messung *eines* zusammengehörigen Wertepaares (g, b) ergibt sich dann bereits die Brennweite f. Nun wissen wir schon so viel über Strahlengänge an der Sammellinse, daß es gar nicht nötig ist, dazu einen Versuch aufzubauen. Es genügt, wenn wir dies in Gedanken tun; wir machen einen sogenannten *Gedankenversuch!* Dazu setzen wir (in Gedanken!) einen Gegenstand nach *Bild 226.3* in die *Brennebene* der ersten Linse. Dann sind die von seiner Spitze ausgehenden Lichtstrahlen nach der Brechung *schiefparallel*, werden also von der zweiten Linse in deren *Brennebene* wieder vereinigt. Dort entsteht dann das Bild. Sind die beiden Linsen dünn und stehen sie außerdem unmittel-

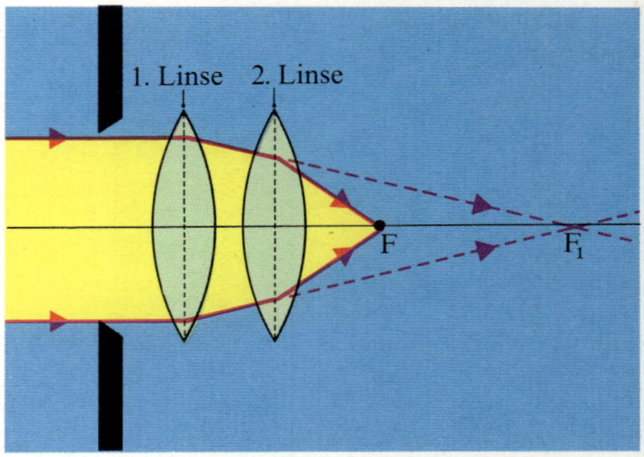

226.2 Auch ein Linsensystem besitzt einen Brennpunkt.

226.1 Die beiden Sammellinsen wirken wie eine einzige.

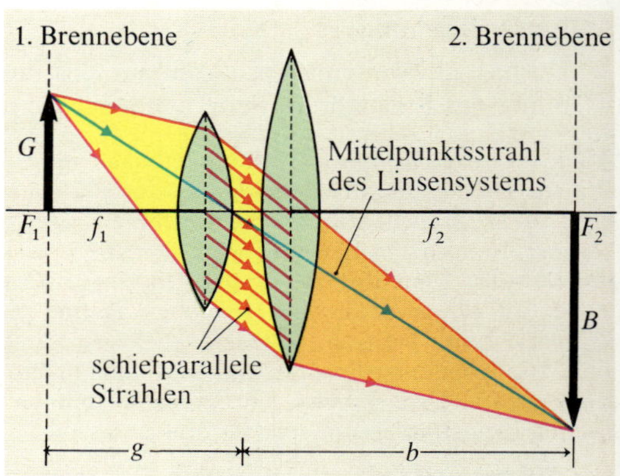

226.3 Strahlengang durch zwei nahe hintereinander gestellte Sammellinsen

bar hintereinander, so können wir mit guter Näherung die Gegenstandsweite $g=f_1$ und die zugehörige Bildweite $b=f_2$ setzen *(Bild 226.3)*. Nach der Linsengleichung gilt dann $\frac{1}{f_1}+\frac{1}{f_2}=\frac{1}{f}$. Dabei ist f die Brennweite des *Linsensystems*. In unserem Beispiel ergibt sich $\frac{1}{15\,\text{cm}}+\frac{1}{30\,\text{cm}}=\frac{1}{f}$ oder $\frac{1}{f}=\frac{3}{30}\,\frac{1}{\text{cm}}$, also $f=10$ cm.

Zwei dünne Sammellinsen mit den Brennweiten f_1 und f_2, die unmittelbar hintereinander stehen, wirken wie eine einzige Sammellinse.

Für die Brennweite f dieses Linsensystems gilt:

$$\frac{1}{f}=\frac{1}{f_1}+\frac{1}{f_2}. \qquad \textbf{(227.1)}$$

Nachdem wir gezeigt haben, daß *zwei* dicht hintereinander stehende Sammellinsen wie eine einzige wirken, kann man sich leicht überlegen, daß dies auch für drei und mehr Linsen gilt: Man faßt in Gedanken zwei der Linsen zu einer einzigen zusammen und fügt dann die dritte Linse hinzu usw.

$f_1=15$ cm und $f_2=30$ cm geben zusammen $f=10$ cm. Diese seltsame Rechnung gilt deshalb, weil sich bei einem Linsensystem die *Kehrwerte* der Brennweiten addieren. Aus diesem Grund kennzeichnet man eine Sammellinse gerne auch dadurch, daß man von vornherein den *Kehrwert* $1/f$ ihrer Brennweite angibt. Man bezeichnet ihn mit D und nennt $D=1/f$ den **Brechwert** der Sammellinse. Mißt man die Brennweite f in Metern, so erhält der Brechwert $D=1/f$ die Einheit $\frac{1}{\text{m}}$. Den Brechwert $D=1\,\frac{1}{\text{m}}$ nennt man 1 **Dioptrie** (1 dpt). Eine Linse der Brennweite $f=20\text{ cm}=0{,}20\text{ m}$ besitzt demnach den Brechwert $D=\frac{1}{0{,}2\text{ m}}=5$ dpt. Damit können wir die *Gleichung 227.1* so ausdrücken: Bei einem Linsensystem addieren sich die Brechwerte; es gilt $\boldsymbol{D=D_1+D_2}$.

Die im Versuch 51 benutzten Linsen mit $f_1=15$ cm und $f_2=30$ cm besitzen die Brechwerte $D_1=\frac{1}{0{,}15\text{ m}}=6\frac{2}{3}$ dpt bzw. $D_2=\frac{1}{0{,}30\text{ m}}=3\frac{1}{3}$ dpt. Das Linsensystem besitzt dann den Brechwert $D=D_1+D_2=10$ dpt. Diesem D entspricht

$$f=\frac{1}{D}=\frac{1}{10\frac{1}{\text{m}}}=0{,}1\text{ m}=10\text{ cm}.$$

Auch bei Brillen wird der Brechwert in Dioptrien angegeben. Hat ein Brillenglas z.B. die „Stärke 0,5", so heißt dies, es besteht aus einer Sammellinse mit 0,5 dpt; die Brennweite beträgt $f=2$ m.

2. Linsen, die zerstreuen

Setzt man zu einer Sammellinse noch eine weitere Sammellinse, so wird dadurch die ursprüngliche Brennweite stets *verkleinert*. (Vergleiche *Bild 226.2!*) Nun gibt es aber auch Fälle, in denen man die Brennweite einer Sammellinse durch Vorsetzen einer weiteren Linse *vergrößern* möchte. Diesem Zweck dient die **Zerstreuungslinse** *(Bild 227.1)*. Wie bei der Sammellinse gibt es auch hier verschiedene Formen. Grundsätzlich ist eine Zerstreuungslinse in der Mitte *dünner* als am Rand. Die Ersatzprismen, in die man sie nach *Bild 227.2* zerlegen kann, haben ihr „dickes Ende" außen. Achsenparallele Strahlen werden an so gelagerten Prismen von der optischen Achse weg gebrochen.

Versuch 52: Wir lassen nach *Bild 227.2* schmale *achsenparallele Lichtbündel* auf das Modell einer Zerstreuungslinse fallen, das an der optischen Scheibe befestigt ist. Wir erkennen, daß die Lichtstrahlen nach der Brechung auseinanderstreben. Ein Lichtbündel, das von einem Punkt ausgeht, also an sich schon *divergent* ist, divergiert nach der Brechung an einer Zerstreuungslinse *noch stärker*. Mit einer Zerstreuungslinse allein kann man also sicher keine Abbildung eines Gegenstandes erzeugen.

227.1 Zerstreuungslinsen sind in der Mitte dünner als am Rand.

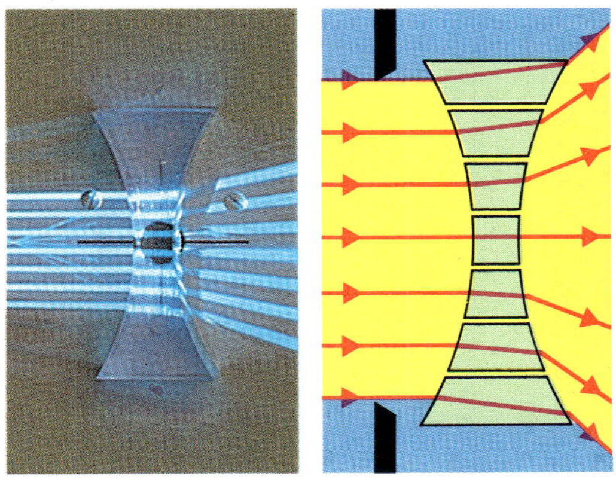

227.2 Achsenparallele Strahlen und Zerstreuungslinse

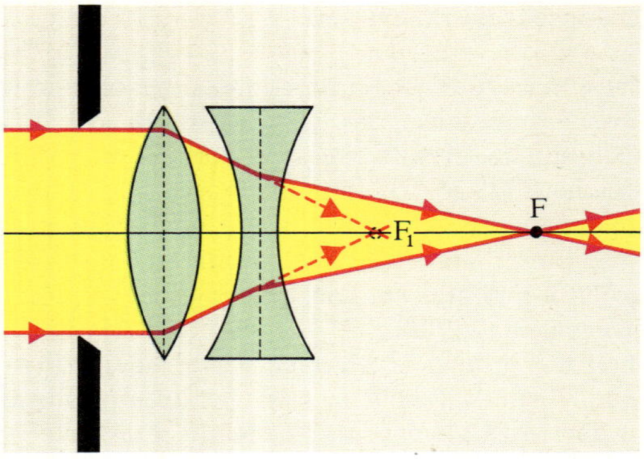

228.1 So wird die Brennweite der Sammellinse vergrößert.

In *Bild 228.1* fällt ein Bündel achsenparalleler Strahlen auf ein Linsensystem, das aus einer Sammellinse und einer Zerstreuungslinse zusammengesetzt ist. Die auf den Brennpunkt F_1 der Sammellinse hinzielenden Lichtstrahlen werden durch die Zerstreuungslinse etwas auseinandergebogen. Deshalb wirken die beiden Linsen wie eine einzige Sammellinse mit vergrößerter Brennweite.

Angenommen, eine *Sammellinse* mit dem Brechwert $D_1 = 5$ dpt ($f_1 = 20$ cm) und eine *Zerstreuungslinse* passen nach *Bild 228.2a* nahtlos aneinander. Dann bilden sie zusammen einen einzigen Glaskörper. Ein Lichtstrahl, der diesen durchdringt, wird dabei zwar etwas parallel versetzt *(Bild 228.2b)*; sind die beiden Linsen *dünn*, so kann man die Parallelverschiebung jedoch vernachlässigen. Setzen wir also voraus, die beiden Linsen seien dünn: Dann wirkt der aus ihnen zusammengesetzte Körper wie Fensterglas; er bricht das Licht nicht. Es ist naheliegend, einem solchen Körper den Brechwert $D = 0$ zuzuschreiben.

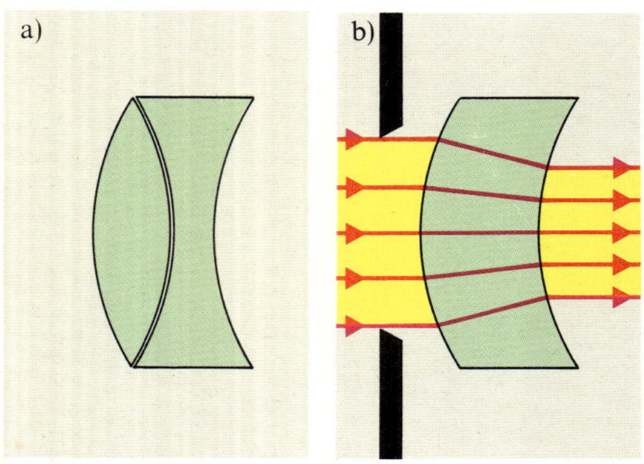

228.2 Die beiden Linsen heben sich in ihrer brechenden Wirkung auf.

In unserem Beispiel bilden also eine Sammellinse mit dem Brechwert $D_1 = 5$ dpt und eine Zerstreuungslinse zusammen ein Linsensystem mit dem Brechwert $D = 0$. Für diesen Fall ist es sinnvoll, der Zerstreuungslinse den *negativen* Brechwert $D_2 = -5$ dpt zuzuschreiben. Denn dann liefert die Gleichung $D = D_1 + D_2$ das richtige Ergebnis, nämlich Null! Damit haben wir die Anwendbarkeit dieser Gleichung auf Linsensysteme mit *Zerstreuungslinsen* ausgedehnt. Wird beispielsweise der Brechwert einer Sammellinse von 5 dpt durch Vorsetzen einer Zerstreuungslinse auf 2 dpt herabgesetzt, so schreiben wir dieser den Brechwert -3 dpt zu. Dann erhalten wir nämlich $D = D_1 + D_2 = 5\,\text{dpt} + (-3)\,\text{dpt} = 2\,\text{dpt}$.

Beispiele:

a) Aus einer Sammellinse mit $f_1 = 10$ cm und einer Zerstreuungslinse soll ein System der Brennweite $f = 40$ cm hergestellt werden. Welchen Brechwert muß dann die Zerstreuungslinse besitzen?

Lösung: Es ist $D_1 = \frac{1}{0{,}1\,\text{m}} = 10$ dpt; das Linsensystem soll $D = \frac{1}{0{,}4\,\text{m}} = 2{,}5$ dpt erhalten. Aus $D = D_1 + D_2$ folgt $D_2 = D - D_1 = 2{,}5\,\text{dpt} - 10\,\text{dpt} = -7{,}5$ dpt. Zu diesem negativen Brechwert gehört die negative „Brennweite“ $f_2 = 1/D_2 = -13{,}3$ cm.

b) Zwei Linsen mit den Brennweiten $f_1 = 20$ cm und $f_2 = -60$ cm bilden ein Linsensystem. Welche Brennweite besitzt es?

Lösung: $D_1 = \frac{1}{0{,}2\,\text{m}} = 5$ dpt; $D_2 = \frac{1}{-0{,}6\,\text{m}} = -\frac{5}{3}$ dpt. Der Brechwert des Systems ist $D = 5\,\text{dpt} - \frac{5}{3}\,\text{dpt} = \frac{10}{3}$ dpt, seine Brennweite beträgt also $\frac{3}{10}\,\text{m} = 30$ cm.

Zerstreuungslinsen machen Lichtbündel stärker divergent bzw. schwächer konvergent.

Damit die Gleichung $D = D_1 + D_2$ auch für Zerstreuungslinsen gilt, schreibt man ihnen negative Brechwerte zu.

Aufgaben:

1. 60 cm *vor einer Sammellinse der Brennweite* 15 cm *steht ein* 12 cm *hoher Gegenstand. In welcher Entfernung von der Linse entsteht das Bild? Wie hoch ist es? – Nun setzt man dicht hinter die Sammellinse eine zweite. Welche Brennweite muß sie haben, damit das Bild* 3 cm *hoch wird?*

2. *Eine Sammellinse der Brennweite* 10 cm *und eine Zerstreuungslinse der Brennweite* -30 cm *werden dicht hintereinander gestellt. In welcher Entfernung von diesem Linsensystem entsteht das Bild eines weit entfernten Baumes?*

§ 75 Der Fotoapparat

1. Was ist an der Lochkamera schlecht?

Warum kaufen sich die Leute eigentlich teure und komplizierte Fotoapparate? Eine *Lochkamera* tut's doch auch! Oder findest du das Farbfoto auf Seite 194 etwa schlecht?

Nun – „gestochen" scharf ist es nicht. Und außerdem: Dieses Lochkamera-Foto mußte 45 Sekunden lang belichtet werden. Der in Wirklichkeit ziemlich belebte Platz erscheint im Bild menschenleer: Die hin und her eilenden Leute wurden nämlich vom Film gar nicht festgehalten; dazu hätten sie über eine längere Zeit stillstehen müssen. Das optische Bild der Lochkamera ist viel zu dunkel, um in Bruchteilen von Sekunden auf dem Film einen Eindruck zu hinterlassen. Das liegt natürlich an der *kleinen Öffnung*. Machen wir sie also größer, damit mehr Licht auf den Film gelangen kann! Dann werden aber die „Lichtpinsel" (Seite 193) gröber: Das Bild wird noch viel unschärfer, als es an sich schon war!

Hier hilft nun eine *Sammellinse*, die man in die vergrößerte Öffnung der Kamera bringt: Sie vereinigt die von den Objektpunkten ausgehenden Lichtbündel zu einem *optischen Bild*. Es ist wesentlich heller und außerdem noch schärfer als das mit den Lichtpinseln der Lochkamera gezeichnete Bild. Eine Sammellinse weist allerdings – besonders in den Randzonen – Linsenfehler auf. Um sie zu korrigieren, benutzt man statt einer einzelnen Sammellinse ein *Linsensystem*, das *Objektiv* des Fotoapparates.

2. Warum muß man die Entfernung einstellen?

Die Lichtpinsel der Lochkamera zeichnen in jeder Entfernung von der Öffnung ein (leidlich scharfes) optisches Bild. Dagegen ist das von einem Objektiv eines Fotoapparats erzeugte Bild jeweils nur in einer *ganz bestimmten Bildebene* scharf. Ihr Abstand von der Mittelebene der Linse – die Bildweite b – hängt von der Entfernung des Gegenstandes – der Gegenstandsweite g – ab. Der Film muß also je nach der Entfernung des Objekts, das du fotografieren möchtest, immer wieder in einen anderen Abstand von der Linse gebracht werden. Dazu kann man das Objektiv mit einem Schraubgewinde mehr oder weniger vorschieben. Ist ein Gegenstand sehr weit entfernt, so entsteht sein Bild bekanntlich in der *Brennebene* des Objektivs (Seite 224). Von einem solchen Gegenstand sagt man, er befinde sich in der Entfernung „Unendlich"; symbolisch drückt man dies durch das Zeichen ∞ aus.

Auf dem Objektiv findest du eine Skala, die von ∞ bis etwa 1 m geht *(Bild 232.2)*. Sie gibt an, wie weit du die Linse bei der jeweiligen Entfernung des Objekts herausdrehen mußt. Du siehst, daß diese Entfernungsskala nicht gleichmäßig eingeteilt ist. Das hat seinen Grund: Betrachte nochmals *Bild 222.4!* Dann erkennst du, daß die optischen Bilder gleich weit voneinander entfernter Gegenstände (vgl. B_1 und B_2 mit B_3 und B_4!) um so enger beieinander liegen, je größer die Gegenstandsweite ist. Mathematisch steckt die *Linsengleichung 223.2* dahinter. In *Bild 229.1* sind verschiedene Bildweiten b maßstäblich aufgezeichnet; darüber stehen die nach der Linsengleichung berechneten zugehörigen Gegenstandsweiten g. Die zugrundegelegte Brennweite beträgt $f = 5$ cm. Du siehst: Es kommt nicht so genau darauf an, ob du eine Entfernung von 19 m oder 20 m einstellst; dagegen besteht zwischen den Bildweiten, die zu 1 m bzw. 2 m Entfernung gehören, ein beträchtlicher Unterschied. Dieser physikalische Tatbestand kommt unseren menschlichen Fähigkeiten glücklicherweise entgegen: Wir können nahe Entfernungen um 1 m herum viel genauer schätzen als solche um 20 Meter.

3. Physik beim Kamerakauf

Wenn du eine Kamera kaufen willst, kann dir die Physik bei einigen Entscheidungen helfen. Da ist zunächst einmal die Frage, welche *Brennweite* das Objektiv haben soll.

S-Versuch 53: Halte eine Sammellinse der Brennweite $f = 10$ cm vor eine Wand! Damit dort ein optisches Bild der weit entfernten Häuser und Bäume vor den Fenstern des Physiksaals entsteht, muß die Wand in der Brenn-

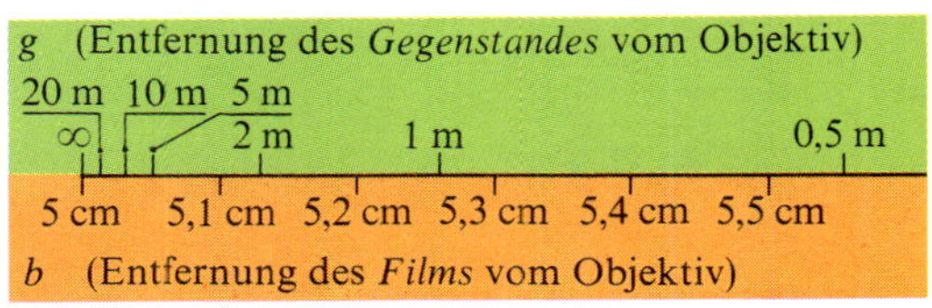

229.1 Die Entfernungsskala ist nicht gleichmäßig geteilt.

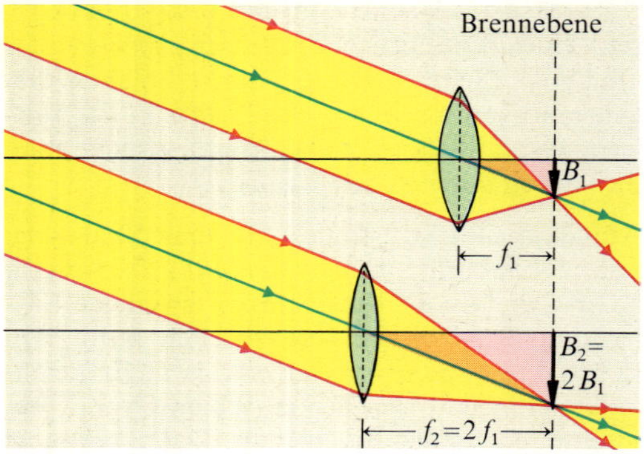

230.1 Bei doppelter Brennweite ist das Bild doppelt so hoch.

ebene der Linse liegen, also 10 cm von ihr entfernt sein. Wiederhole den Versuch mit einer Sammellinse, die denselben Durchmesser, aber die *doppelte* Brennweite $f = 20$ cm besitzt! Du mußt sie 20 cm vor die Wand halten, damit dort ein scharfes Bild entsteht; es ist doppelt so hoch und auch doppelt so breit wie vorher. Warum das so ist, läßt sich aus *Bild 230.1* ablesen. Für den Fotoapparat bedeutet dies:

a) Wenn man ein Objektiv mit größerer Brennweite benutzt, erhält man ein größeres Bild, auf dem mehr Einzelheiten zu erkennen sind. Soll dabei der Ausschnitt gleich bleiben, so muß man ein entsprechend großes Filmformat wählen. Man kann aber auch das ursprüngliche Format beibehalten. Dieses wird dann schon von einem verhältnismäßig kleinen Teil des fotografierten Objektes *ganz ausgefüllt:* Ein Objektiv mit großer Brennweite wirkt also als **Teleobjektiv.** In Kleinbildkameras mit dem Filmformat 24 mm × 36 mm werden im allgemeinen Objektive der Brennweite 5 cm benutzt. Ein Teleobjektiv der Brennweite 40 cm füllt dieses Format mit einem Bild aus, das beim Normalobjektiv nur eine kleine Teilfläche von 3 mm × 4,5 mm bedecken würde (8fache Vergrößerung)! Für Spezialzwecke werden Teleobjektive bis zu 1 m Brennweite hergestellt.

Soll andererseits ein möglichst großer Ausschnitt einer Landschaft auf dem Film *zusammengedrängt*, also ein großer Winkelbereich aufgenommen werden, so muß man ein Objektiv mit möglichst *kleiner* Brennweite nehmen (etwa $f = 35$ mm); man nennt es **Weitwinkelobjektiv.** Bei *Zoomobjektiven* läßt sich die Brennweite verändern. Dazu werden die einzelnen Linsen eines mehrlinsigen Systems geeignet gegeneinander verschoben.

b) Wir betrachten nochmals Versuch 53. *Verdoppelt* man die Brennweite der Linse, so wird das Bild doppelt so hoch und doppelt so breit, bedeckt also die *vierfache* Fläche. Das Objektiv läßt aber bei gleichbleibendem Linsendurchmesser in jeder Sekunde nur eine ganz bestimmte Lichtmenge durch. Da sie sich nun auf die vierfache Fläche verteilt, erhält jedes Quadratzentimeter nur noch ein *Viertel* der vorigen Lichtenergie. Damit der Film richtig belichtet wird, benötigt man jetzt die *vierfache* Belichtungsdauer. Bei *dreifacher* Brennweite vergrößert sich die Bildfläche auf das *neunfache*; 1 cm² des Films wird nur noch von 1/9 der ursprünglichen Lichtenergie getroffen. Zum Ausgleich muß man *neunmal* so lange belichten. Wir erkennen aus diesen Beispielen:

Die richtige Belichtungsdauer T des Films ist bei gleichbleibendem Linsendurchmesser d proportional zum Quadrat der Brennweite des Objektivs:

$$T \sim f^2. \qquad (230.1)$$

Nun hängt die Bildhelligkeit und damit auch die richtige Belichtungsdauer T nicht nur von der Brennweite f, sondern auch vom Durchmesser d des Objektivs ab.

Es leuchtet ein, daß die Lichtenergie, die in jeder Sekunde durch eine Linse dringt, zu ihrer Fläche proportional ist. *Verdoppelt* man nun den Durchmesser d einer Linse, so wird ihre Fläche A *viermal* so groß; bei gleichbleibender Brennweite ist dann zur richtigen Belichtung des Films nur noch ein *Viertel* der ursprünglichen Belichtungsdauer T notwendig. Ein *verdreifachter* Durchmesser d erzeugt eine *neunfache* Fläche, daraus ergibt sich für die richtige Belichtung ein *Neuntel* von T. *Bei Linsen gleicher Brennweite ist also die richtige Belichtungsdauer T dem Kehrwert* von d^2 *proportional;* es gilt

$$T \sim \frac{1}{d^2}. \qquad (230.2)$$

Wie wirkt es sich nun für die Belichtungsdauer T aus, wenn wir sowohl die Brennweite f als auch den Durchmesser d einer Sammellinse ändern? – Dazu denken wir uns z.B. die Brennweite einer Linse *verdreifacht* und ihren Durchmesser *verdoppelt*. Würde allein die Brennweite f auf $3f$ verändert, so müßte die Belichtungsdauer T nach *Gleichung 230.1* auf das 9fache vergrößert werden. Weil nun aber außerdem der Linsendurchmesser d *verdoppelt* wird, braucht man nur den *vierten Teil der neunfachen*

Belichtungsdauer; insgesamt muß die ursprüngliche Belichtungsdauer T also auf $\frac{9}{4}T = (\frac{3}{2})^2\, T$ abgeändert werden. Aus dieser Überlegung folgt allgemein

$$T \sim \left(\frac{f}{d}\right)^2. \qquad \textbf{(231.1)}$$

Was kann man nun mit dieser Formel anfangen? Eine Sammellinse ist durch ihre Brennweite f und ihren Durchmesser d gekennzeichnet. Beide Größen lassen sich leicht messen. In der *Tabelle 231.1* sind die Quotienten $\frac{f}{d}$ und $(\frac{f}{d})^2$ für verschiedene Linsen in einer bestimmten, international festgelegten Reihenfolge aufgeführt. Sie ist so gewählt, daß bei jeder folgenden Linse gegenüber der vorhergehenden die *doppelte Belichtungsdauer* erforderlich ist.

$(\frac{f}{d})^2$	1	2	4	8	16	32	64	128	256	512
$\frac{f}{d} \approx$	1	1,4	2	2,8	4	5,6	8	11	16	22

Tabelle 231.1

Für „Schnappschüsse" braucht man eine kurze Belichtungsdauer T. Nach *Gleichung 231.1* muß dann das Objektiv einen möglichst kleinen Quotienten f/d besitzen. Hier zeigt sich ein Vorteil der Kleinbildkamera: Wegen der kurzen Brennweite f kommt man schon mit einem verhältnismäßig *kleinen* Objektivdurchmesser zu kurzen Belichtungsdauern.

Je größer der Quotient f/d ist, desto *dunkler* wird das Bild. Also wächst die *Bildhelligkeit* mit dem Kehrwert $1:(f/d)$. Man bezeichnet ihn als *Lichtstärke* des Objektivs. Ein Objektiv, auf dem z.B. 1:2,8 steht, ist nach *Tabelle 231.1* viermal so lichtstark wie eines mit 1:5,6. Je kleiner die Zahl hinter dem Doppelpunkt ist, desto größer ist die Lichtstärke – und leider auch der Preis!

Beispiel: Die Lichtstärke der Lochkamera, mit der das Foto auf Seite 194 gemacht wurde, beträgt $1:\frac{231\text{ mm}}{0{,}57\text{ mm}} \approx 1:400$. (Der Brennweite des Objektivs entspricht hier der Abstand des Films von der Öffnung.) Der Film mußte 45 Sekunden lang belichtet werden. Bei einem Fotoapparat der Lichtstärke 1:4 ist der Quotient $f/d = 4$, also $\frac{1}{100}$ des entsprechenden Wertes bei der Lochkamera. Der für die Belichtungsdauer maßgebliche Ausdruck $(\frac{f}{d})^2$ sinkt dann auf den 10000ten Teil; dieselbe Aufnahme hätte also mit dem Fotoapparat nur $\frac{45}{10000}\text{ s} \approx \frac{1}{200}\text{ s}$ belichtet werden müssen.

231.1 So sieht eine Irisblende aus.

4. Blende 4 und 1/60 oder Blende 5,6 und 1/30?

Am Objektiv eines Fotoapparates findest du neben den Entfernungsangaben noch eine weitere Skala; sie enthält einen Teil der Zahlenfolge 1,4; 2; 2,8; 4; ... aus *Tabelle 231.1.* Man nennt diese Zahlen f/d **Blendenzahlen.** Stellt man eine solche Zahl ein, so wird dabei der Durchmesser einer sogenannten *Irisblende (Bild 231.1)* verändert. Sie ist in das Objektiv eingebaut und dient dazu, dessen wirksamen Durchmesser und damit die Lichteintrittsfläche zu verkleinern. Eine solche Blende macht also das Objektiv absichtlich lichtschwächer! Ist sie ganz geöffnet, so besitzt dieses seine maximale Lichtstärke, z.B. 1:4. Das bedeutet: Der Quotient aus Brennweite und Durchmesser der Linse ist $\frac{f}{d} = 4$. Wenn du nun die nächst höhere Blendenzahl 5,6 einstellst, *verkleinert* sich der wirksame Durchmesser d der Linse so, daß jetzt $\frac{f}{d} = 5{,}6$ wird. Warum gerade 5,6? Nun – dann muß man gegenüber vorher genau doppelt so lange belichten; so ist ja die Zahlenfolge in *Tabelle 231.1* konstruiert! Bei Blende 8 muß man die Belichtungsdauer T abermals verdoppeln usw., und zwar nach der genormten Folge mit den gerundeten Werten (in Sekunden)

$$\frac{1}{1000}, \frac{1}{500}, \frac{1}{250}, \frac{1}{125}, \frac{1}{60}, \frac{1}{30}, \frac{1}{15}, \frac{1}{8}, \frac{1}{4}, \frac{1}{2}, 1.$$

Stellt man die Blendenzahl um 1 Stufe größer, so muß man die Belichtungsdauer verdoppeln.

Wozu das? Man ist doch froh, wenn man ein lichtstarkes Objektiv besitzt! Dafür hat man ja schließlich das viele Geld bezahlt! Warum wird dann zusätzlich eine Blende eingebaut, die das Objektiv wieder so lichtschwach macht wie das eines billigen Fotoapparates?

5. Das Problem mit der Schärfentiefe

Du fotografierst Affen im Zoo: Etliche sind 3 m weit weg, andere 7 m; in 10 m Entfernung laust sich ein Pavian. Der Belichtungsmesser zeigt Blende 5,6 und 1/125 s an. Da die Affen umherhüpfen, nimmst du 1/250 s und zum Ausgleich Blende 4. Aber – welche *Entfernung* sollst du einstellen, damit alle Affen scharf abgebildet werden?

Versuch 54: Vor eine Sammellinse ($f = 10$ cm) bringen wir in den Gegenstandsweiten 25 cm und 50 cm jeweils ein leuchtendes L. Auf einem Schirm hinter der Linse läßt sich nur das eine oder das andere L scharf abbilden. Wir bringen den Schirm in eine Mittelstellung; dann sind beide Bilder etwas unscharf. Nun verkleinern wir mit einer *Irisblende* allmählich die Linsenöffnung: Die Helligkeit der Bilder nimmt zwar immer mehr ab; sie erscheinen uns aber schließlich *beide zugleich* scharf.

Zur Erklärung betrachten wir *Bild 232.1.* A und B seien zwei verschieden weit entfernte Gegenstandspunkte. Bringt man den Schirm bzw. den Film in den Bildpunkt A′, so schneidet er den von B kommenden Lichtkegel in einem Kreis. Deshalb erhält man von B keinen Bild*punkt,* sondern einen sogenannten *Zerstreuungskreis.* Stellt man dagegen den Schirm im Bildpunkt B′ auf, so ist zwar B′ scharf, doch entsteht nun statt A′ ein Zerstreuungskreis. Blendet man aber ab, so werden alle Lichtbündel *schlanker;* dadurch bleiben die Zerstreuungskreise auch noch in einiger Entfernung vom Bildpunkt klein: *Jedes* der beiden L erscheint auf dem Schirm einigermaßen scharf.

232.2 Am Objektiv ist eine Schärfentiefeskala.

Die lichtempfindliche Schicht des Films besteht aus lauter feinen Körnern. Zerstreuungskreise, deren Durchmesser unter der Korngröße bleibt, wirken auf den Film auch nicht anders als exakte Bildpunkte. Ein Gegenstand erzeugt deshalb auf dem Film auch dann noch das optimal scharfe Bild, wenn er in einem gewissen Tiefenbereich liegt, der sich um die am Objektiv eingestellte Entfernung nach vorn und hinten erstreckt. Diese sogenannte **Schärfentiefe** ist nach Versuch 54 von der Blendenzahl abhängig. Die Skala am Objektiv in *Bild 232.2* zeigt, daß bei einer Einstellung auf 5 m ab Blende 8 alle Affen in deinem Foto scharf abgebildet werden. Du mußt also Blende 8 und 1/60 s wählen. Hoffentlich hüpfen die Affen nicht zu schnell!

Versuch 55: Wir fotografieren schräg von oben einen Maßstab, zuerst mit Blende 16, danach mit Blende 2,8. Am Ergebnis *(Bild 232.3)* können wir die Schärfentiefe ablesen.

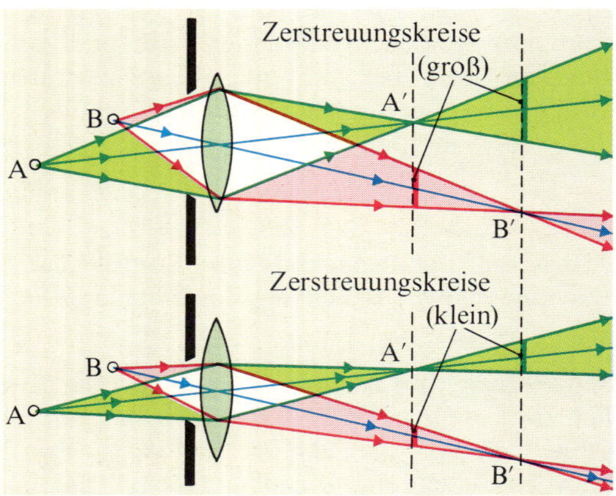

232.1 Schlankere Lichtbündel, kleinere Zerstreuungskreise

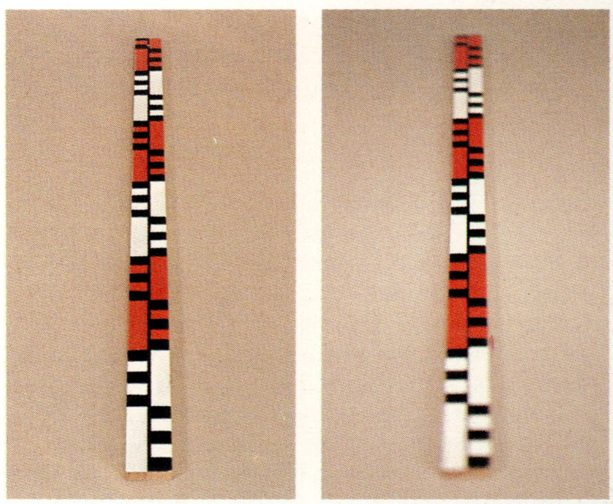

232.3 Links: Blende 16 – große Schärfentiefe; rechts: Blende 2,8 – kleine Schärfentiefe

6. Auf die Belichtung kommt's an!

Sollen deine Fotos gut werden, so mußt du sie richtig belichten; dies gilt vor allem für Farbdias. Die Belichtungswerte zeigt dir der *Belichtungsmesser* an; in viele Kameras ist er fest eingebaut.

Versuch 56: Wir richten ein *Fotoelement* (Solarzelle, Seite 207), das mit einem empfindlichen elektrischen Meßgerät verbunden ist, auf verschiedene Gegenstände, z.B. ein weißes Papier, die Zimmerwand oder ein farbiges Tuch. Dabei schlägt der Zeiger des Meßinstruments mehr oder weniger aus. Ein Teil des an diesen Gegenständen gestreuten Lichts gelangt in das Fotoelement und ruft dort einen elektrischen Strom hervor. Seine Stärke ist ein Maß für die Helligkeit, mit der das Fotoelement beleuchtet wird. Nach demselben Prinzip arbeitet der *Belichtungsmesser;* er mißt, wie stark das Objektiv vom Streulicht der zu fotografierenden Gegenstände beleuchtet wird.

Für die *Beleuchtungsstärke* gibt es ein besonderes Maß, das Lux (lx): Beleuchtet man mit einer normalen Kerze aus 1 m Abstand eine Fläche, so erfährt diese ungefähr die Beleuchtungsstärke 1 lx. Durch zwei Kerzen wird die Fläche mit ungefähr 2 lx beleuchtet.

Die Skala des Belichtungsmessers ist allerdings nicht in Lux eingeteilt; vielmehr sind auf ihr die Blendenzahlen samt zugehörigen Belichtungsdauern angegeben, die bei einer bestimmten Filmempfindlichkeit am Fotoapparat eingestellt werden müssen.

S-Versuch 57: Mit einem Belichtungsmesser kannst du feststellen, mit wieviel Lux ein Arbeitsplatz – z.B. dein Schreibtisch – beleuchtet wird. Bringe dazu den Belichtungsmesser so auf die Tischplatte, daß seine Lichteintrittsfläche vom Licht der Lampe etwa senkrecht getroffen wird. Für die Filmempfindlichkeit 24 DIN mißt du z.B. zu $T = 1/60$ s die Blende 4. *Tabelle 233.1* kannst du entnehmen, daß dann der Schreibtisch mit 200 lx beleuchtet ist.

Blende	2	2,8	4	5,6	8
Beleuchtungsstärke in lx	50	100	200	400	800

Tabelle 233.1 Zusammenhang zwischen der Beleuchtungsstärke und den Blendenzahlen gültig für die Belichtungsdauer 1/60 s und die Filmempfindlichkeit 24 DIN (Werte gerundet)

7. Was geht in einem Schwarz-Weiß-Film vor?

Auf dem Zelluloidband eines Schwarz-Weiß-Films befindet sich eine Gelatineschicht, in die viele dicht beieinanderliegende Körner aus Silberbromid ($AgBr$) eingebettet sind. Erfährt nun ein solches Silberbromidkorn auch nur einen ganz schwachen Lichteindruck, so wird die Verbindung zwischen Silber und Brom etwas gelockert.

Taucht man einen belichteten Film in eine besondere chemische Substanz, den sogenannten *Entwickler,* so kann dieser die Körner, in denen die Silberbromidverbindung gelockert wurde, *angreifen:* Er trennt sie in Silber und Brom; dabei bleibt das Silber auf dem Film zurück. Den *unbelichteten* Stellen des Films dagegen kann der Entwickler nichts anhaben. Nach der Entwicklung bringt man den Film in ein *Fixierbad.* Es löst das noch vorhandene (unbelichtete) Silberbromid auf. Jetzt sind nur noch Silberkörner übrig; sie liegen an den Stellen, die bei der Aufnahme Licht erhielten und erscheinen undurchsichtig schwarz. Die *unbelichteten* Stellen sind dagegen durchsichtig geworden: Es ist ein **Negativ** entstanden! Das Negativ wird gewässert, getrocknet und dann in einen Vergrößerungsapparat gesteckt. Dieser ist nichts anderes als ein Diaprojektor, der auf einem *Fotopapier* ein vergrößertes Bild des Negativs erzeugt. Das Fotopapier enthält – wie der Film – eine Schicht aus Silberbromid. Nach der Belichtung im Vergrößerungsapparat wird es entwickelt. Dabei entsteht ein „Negativ des Negativs", also ein positives Bild, auf dem die in der Aufnahme belichteten Stellen hell, die unbelichteten dunkel erscheinen: Nach Fixieren und Wässern ist das Foto fertig!

Aufgaben:

1. *Wie weit muß das Objektiv* ($f = 10$ cm) *einer Kamera jeweils verschoben werden, wenn es zunächst auf* ∞, *dann auf die Entfernungen* 10 m, 5 m; 2 m; 1 m; 0,50 m *und* 0,25 m *eingestellt wird?*

2. *Aus* 2 km *Höhe wird eine Luftaufnahme gemacht* ($f = 50$ cm; *Bildformat* 18 cm × 18 cm; *die optische Achse der Kamera steht vertikal). Wieviel* km² *der Erde werden abgebildet?*

3. *Die kleinste Entfernung, auf die eine Kamera* ($f = 5$ cm) *scharf eingestellt werden kann, sei* 2 m. *Welche Vorsatzlinse braucht man, damit man auf* 40 cm *herankommt?*

§ 76 Das menschliche Auge

1. Das Auge, eine Fernsehkamera

Alle wichtigen Funktionen eines so komplizierten technischen Geräts wie einer Fernsehkamera finden sich im Prinzip auch beim Auge. Betrachten wir *Bild 234.1*, das einen Schnitt durch ein menschliches Auge darstellt: Die gekrümmte durchsichtige *Hornhaut*, die *Augenlinse* und die dazwischen befindliche *wäßrige Flüssigkeit* sowie der *Glaskörper* bilden zusammen ein Linsensystem. Es entspricht dem Objektiv einer Kamera und erzeugt auf der sogenannten *Netzhaut* ein optisches Bild der Außenwelt. Die Netzhaut enthält eine unglaublich große Zahl feinster lichtempfindlicher Elemente. Sie werden wegen ihrer unterschiedlichen Form *Zapfen* und *Stäbchen* genannt. 7 Millionen Zapfen reagieren auf die Farben des Lichts; sie ermöglichen bei Helligkeit das Farbensehen und das Erkennen scharfer Konturen. 125 Millionen Stäbchen sind helligkeitsempfindlich; sie geben nur Grauwerte wieder *(Bild 234.2)*.

Alle Zapfen und Stäbchen sind über feinste Verästelungen mit dem *Sehnerv* verbunden. Wie das Kabel, das aus der Fernsehkamera herausführt, leitet er die aufgefangenen Lichtreize einem Empfänger – dem Gehirn – zu. Die für das Farbensehen empfindlichste Stelle der Netzhaut ist der sogenannte *gelbe Fleck*. Er besitzt einen Durchmesser von kaum 1 mm und enthält etwa 160000 Zapfen. Die Stelle, an welcher der Sehnerv in das Auge eintritt, ist für Lichteindrücke unempfindlich; sie wird deshalb *„blinder Fleck“* genannt.

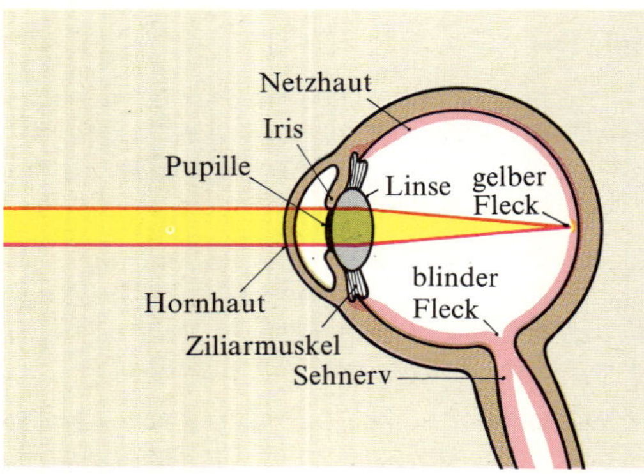

234.1 Schnitt durch das menschliche Auge, vereinfacht dargestellt

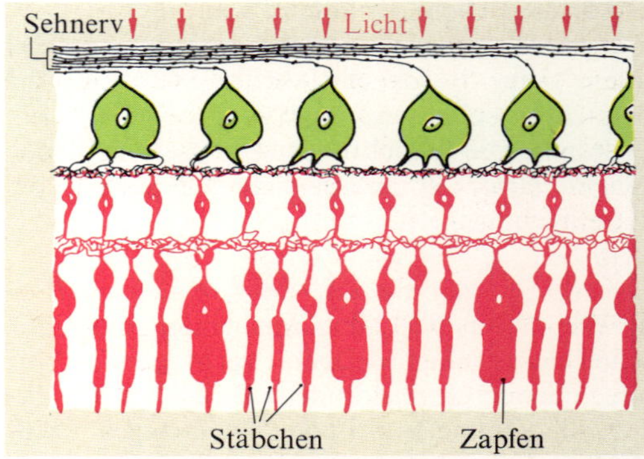

234.2 Vergrößerter Schnitt durch die Netzhaut. Das Licht fällt von oben ein!

S-Versuch 58: Lege zwei kleine Münzen im Abstand von 6 bis 8 cm nebeneinander auf den Tisch! Schließe das linke Auge und nähere das *rechte* Auge der *linken* Münze! Auf einmal scheint die *rechte* Münze verschwunden zu sein. Jetzt fällt nämlich ihr Bild auf den blinden Fleck.

Wie die Fernsehkamera besitzt auch das Auge eine *Blende*. Sie wird *Regenbogenhaut* oder *Iris* genannt – daher die Bezeichnung *Irisblende* beim Fotoapparat! Die Iris im Auge wird – durch die Lichthelligkeit gesteuert – automatisch größer und kleiner und sorgt so stets dafür, daß das Netzhautbild die richtige Helligkeit hat.

S-Versuch 59: Beleuchte mit einer Taschenlampe das Auge eines Mitschülers – du kannst es auch bei einer Katze probieren! Sofort geht die Blende zu: Die schwarz erscheinende Öffnung im Auge – die sogenannte *Pupille* – wird kleiner.

Teure Fotoapparate leisten sich einen eingebauten Entfernungsmesser; er arbeitet nach *Bild 202.2* mit zwei „Gucklöchern“. Auch wir Menschen sind mit einem solchen Gerät ausgestattet: Wir besitzen nämlich nicht nur *ein* Auge, sondern *zwei!*

S-Versuch 60: Blicke auf einen Bleistift, den du in die Höhe hältst! Schließe erst das eine Auge, dann das andere! Dabei bemerkst du, wie der Bleistift vor einem fernen Hintergrund hin und her springt. Die Netzhautbilder, die ein räumlicher Gegenstand in deinen beiden Augen hervorruft, sind also etwas verschieden voneinander. Je näher sich ein Objekt vor unseren Augen befindet, desto deutlicher ist dieser Unterschied.

Du kannst das gut nachprüfen, wenn du den Bleistift einmal am ausgestreckten Arm und dann direkt vor deiner Nase „hüpfen" läßt. Aus dem Unterschied beider Netzhautbilder schließt unser Gehirn, wie weit ein Gegenstand entfernt ist. So entsteht beim Sehen mit zwei Augen der räumliche Eindruck!

2. Wie funktioniert beim Auge die Scharfeinstellung?

Fotoapparat und Fernsehkamera liefern nur scharfe Bilder, wenn das Objektiv auf die richtige Entfernung eingestellt ist. Je kleiner diese Entfernung ist, desto weiter muß das Objektiv aus dem Apparat herausgeschoben werden (vergleiche *Bild 232.2*). Funktioniert das eigentlich beim Auge auch so? Zwar spricht man manchmal von „Stielaugen", wenn jemand besonders scharf blickt; doch dürfen wir das wohl nicht so wörtlich nehmen. Oder hast du schon einmal bemerkt, daß sich beim Blick in die Nähe die Augenlinse vorschiebt? – Sicher nicht.

Betrachten wir den Bau des Auges *(Bild 234.1)*, so erkennen wir, daß die Bildweite *b* durch die Länge des Augapfels fest vorgegeben ist. An der Bildweite kann man also beim Auge nicht „drehen"! Wir wollen uns nun überlegen, wie es dem Auge trotzdem möglich ist, für jeden beliebig weit entfernten Gegenstand ein scharfes Bild auf der Netzhaut zu erhalten. Dazu stellen wir das Auge durch eine Sammellinse und einen Schirm dar, der von ihr einen *festen* Abstand *b* besitzt *(Bild 235.1a)*. Auf diesem Schirm soll nun ein scharfes Bild eines Gegenstandes entstehen. Also müssen sich dort *alle* von der Spitze P des Gegenstandes ausgehenden Lichtstrahlen

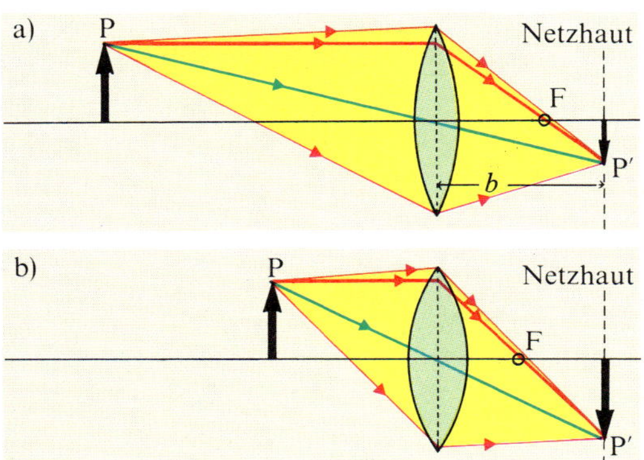

235.1 Rückt der Gegenstand näher, so muß auch der Brennpunkt näherrücken.

235.2 „Ich krieg's einfach nicht scharf! So was Dummes – ich glaube, mein Stielauge klemmt!"

schneiden. Demnach benötigt man zur Konstruktion des Bildpunkts P′ lediglich den von P ausgehenden *Mittelpunktsstrahl*. Er schneidet – wie alle anderen Strahlen – die *feststehende* Bildebene in P′. Der von P ausgehende *achsenparallele* Strahl wird nach der Brechung zum *Brennstrahl*. Auch er muß durch den Bildpunkt P′ gehen. Sein Schnittpunkt mit der optischen Achse bestimmt nun die Stelle, an welcher der Brennpunkt F sitzen muß, damit eine scharfe Abbildung zustandekommt. Rückt der Gegenstand noch näher an das Auge heran, so ergibt sich aus derselben Bildkonstruktion, daß dann auch der Brennpunkt noch näher zur Linse rücken muß *(Bild 235.1b)*. Daraus folgt: *Je näher der Gegenstand an das Auge heranrückt, desto kleiner muß die Brennweite der Linse sein, wenn ein scharfes Bild entstehen soll.* Damit haben wir unser Problem – wenigstens durch eine geometrische Konstruktion – gelöst: Ist die *Bildweite b* fest, so muß zur Scharfeinstellung die *Brennweite f* verändert werden.

Genau so wird's beim Auge gemacht: Die Augenlinse besteht aus einem elastischen, halbfesten Stoff. Sie hängt in der Öffnung eines Ringmuskels, der sie flachzieht, wenn er *entspannt* ist. Wird er erregt, so läßt sein Zug an der Linse nach, und diese krümmt sich stärker; dadurch wird ihre Brennweite und mit ihr auch die des gesamten brechenden Systems *kleiner*. Im Ruhezustand, d.h. bei *entspanntem* Ringmuskel, ist die Augenlinse so flach, daß der Brennpunkt des Systems auf der Netzhaut (im gelben Fleck) liegt. Dann werden weit entfernte Gegenstände scharf abgebildet. Im Ruhezustand ist das Auge also auf ∞ eingestellt. Je näher der Gegenstand liegt, den wir „ins Auge fassen", desto stärker muß sich die Augenlinse krümmen. Dieser Anpassungsvorgang wird *Akkommodation* genannt. Das Auge kann jedoch nicht bis in jede beliebige Nähe *akkommodieren;* befindet sich ein Gegenstand im sogenannten *Nahpunkt* – er liegt bei jungen Menschen etwa 10 cm vor dem Auge –, so ist eine Grenze erreicht: Stärker kann sich die Augenlinse nicht mehr krümmen. Eine andauernde Akkommodation auf den Nahpunkt ermüdet und ist für das Auge schädlich. Die kürzeste Entfernung, in der ein Gegenstand ohne Überanstrengung betrachtet werden kann, beträgt etwa 25 cm. Man nennt diese Entfernung die **deutliche Sehweite *s*.**

3. Abstand macht klein

Ein hoher Turm, den wir in der Ferne erblikken, erscheint uns viel kleiner als eine Blume, die wir direkt vor Augen haben. Blicken wir an einem Schienenpaar entlang, so wird sein Abstand mit der Entfernung scheinbar immer kleiner. Halten wir eine Münze vor das Auge, so können wir damit selbst noch auf Armlänge leicht die Sonne überdecken, die doch „in Wirklichkeit" ungeheuer groß ist. Wie solche optische Täuschungen zustandekommen, untersuchen wir an einem *Modellauge,* das wir nach *Bild 236.1* herstellen.

Versuch 61: Vor einem Schirm (der die Netzhaut darstellt) bringen wir an einem waagerechten Stab eine Sammellinse der Brennweite $f=$ 20 cm so an, daß die Häuser und Bäume der Umgebung scharf abgebildet werden. Diese Anordnung entspricht dem *entspannten Auge* beim Blick in die Ferne. Nun stellen wir das leuchtende L, das wir schon in früheren Versuchen benutzt haben, in einem Abstand von etwa 1 m vor dieses Modellauge. Auf dem Schirm erscheint nur ein verschwommener Fleck. In einem richtigen Auge würde sich jetzt die Linse stärker wölben und damit ihre Brennweite so verkleinern, daß auf der Netzhaut ein scharfes Bild entsteht. Diesen Vorgang können wir in unserem Modell nicht genau nachahmen: Wir simulieren deshalb die Akkommodation, indem wir die Linse gegen eine andere – stärker gekrümmte – *austauschen.*

Zuerst setzen wir eine Sammellinse mit $f=$ 15 cm ein und rücken dann das leuchtende L langsam dem Modellauge näher. Ist es noch etwa 60 cm weit entfernt, so entsteht auf dem Schirm ein scharfes Bild des L. – Nun soll unser Modellauge das Objekt noch größer sehen: Dazu tauschen wir die Linse gegen eine stärker gekrümmte mit der Brennweite $f=10$ cm aus. Jetzt können wir das leuchtende L bis auf etwa 20 cm an das Modellauge heranschieben; dann entsteht wieder ein scharfes Bild! Es ist gegenüber dem vorigen wesentlich größer geworden. *Das Modellauge sieht den Gegenstand um so größer, je näher dieser herangerückt ist.*

Beim richtigen Auge kann die Augenlinse nur bis zu einer bestimmten Grenze gekrümmt werden. Wir ahmen diese Eigenschaft nach, indem wir vorschreiben: Linsen, deren Brennweite kleiner als 10 cm ist, dürfen in das Modellauge *nicht* eingesetzt werden. Bringen wir also das leuchtende L jetzt *noch näher* an das „Auge" heran, so ist keine Scharfeinstellung mehr möglich. Auf dem Schirm erscheint ein verschwommener Fleck: Wir haben im Modell den Nahpunkt unterschritten! Größer kann das L mit „bloßem Modellauge" nicht gesehen werden.

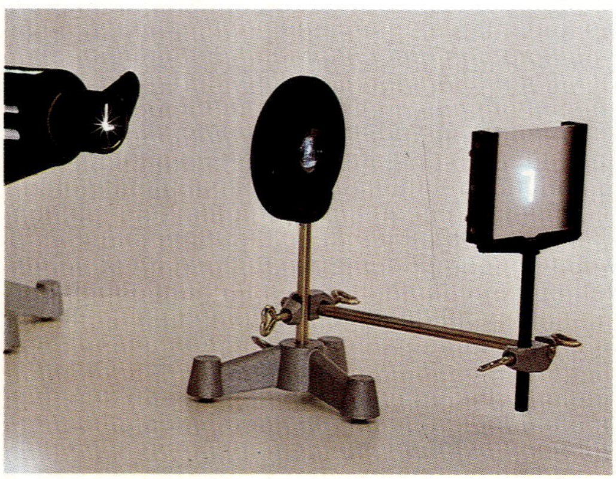

236.1 Modellauge. Die Akkommodation wird durch Auswechseln der Linse simuliert.

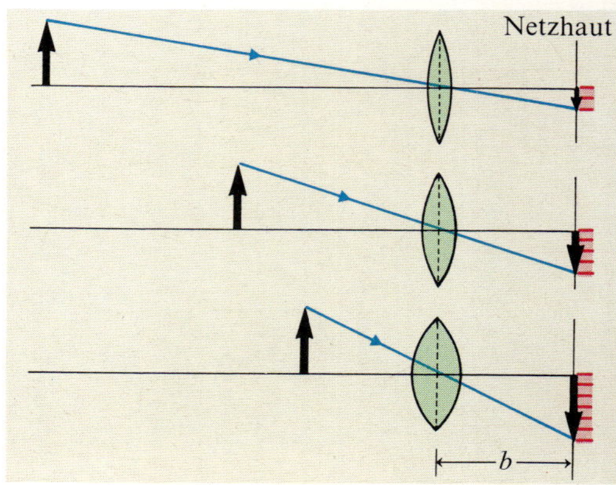

236.2 Je näher der Gegenstand, desto mehr Sehzellen werden gereizt.

In *Bild 236.2* wird gezeigt, wie das Netzhautbild des näherrückenden Gegenstandes größer wird. In Wirklichkeit ist die Netzhaut zwar gekrümmt, doch stellen wir sie wie im Modellversuch als Ebene dar. Am Prinzip der Abbildung ändert sich dadurch nichts. Da die Bildweite b festliegt, benötigt man zur Konstruktion des Netzhautbildes lediglich den *Mittelpunktsstrahl.*

Der Winkel, den die beiden von den äußersten Punkten des Gegenstandes ausgehenden Mittelpunktsstrahlen bilden, wird **Sehwinkel** genannt. Wir entnehmen dem *Bild 236.2*, daß der Sehwinkel mit der Größe des Netzhautbildes wächst.

Je näher ein Gegenstand dem Auge rückt, desto größer werden Sehwinkel und Netzhautbild, desto größer erscheint uns dann auch der Gegenstand.

4. Wozu braucht man eine Brille?

Die häufigsten Augenfehler sind **Kurzsichtigkeit** und **Übersichtigkeit.** Beim *kurzsichtigen* Auge ist der Augapfel für den Brechwert der Linse *zu lang.* Deshalb liegt der Brennpunkt bei entspanntem Ringmuskel *nicht in* der Netzhaut, sondern etwas *davor (Bild 237.1b).* Um weit entfernte Gegenstände scharf sehen zu können, müßte man die Krümmung der Linse noch schwächer machen, als sie im entspannten Zustand schon ist. Das geht nicht; deshalb sieht ein solches Auge ferne Gegenstände nur verschwommen. Abhilfe schafft eine Brille mit *Zerstreuungslinsen.* Sie bildet zusammen mit dem Auge ein Linsensystem größerer Brennweite. Der Blick in die Nähe ist dagegen auch ohne Brille gut möglich: Stellt sich ein kurzsichtiges Auge auf einen nahen Punkt ein, so muß seine Linse nicht so stark gekrümmt werden wie die des normalsichtigen Auges.

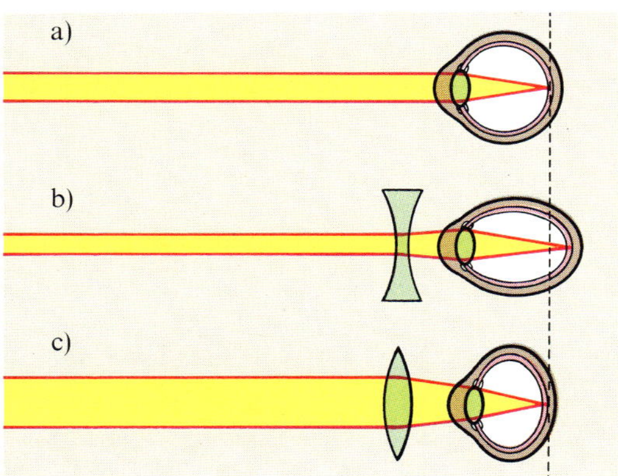

237.1 a) Normalsichtiges, b) kurzsichtiges, c) übersichtiges Auge mit Brille

Versuch 62: Wir setzen in das Modellauge die Linse mit $f = 20$ cm und stellen sie zuerst so ein, daß weit entfernte Gegenstände auf dem Schirm scharf abgebildet werden ($b = 20$ cm). Anschließend schieben wir den Schirm noch weitere 5 cm von der Linse weg. Damit haben wir das Modell eines *kurzsichtigen* Auges im entspannten Zustand gebaut ($b = 25$ cm). Sein Blick in die Ferne ist unscharf.

Die Linse unseres Augenmodells hat einen Brechwert von $1/0{,}2\,\text{m} = 5$ dpt. Ihr Brennpunkt sollte aber in der 25 cm entfernten Netzhaut liegen; die Linse müßte einen Brechwert von $1/0{,}25\,\text{m} = 4$ dpt besitzen. Also braucht dieses „Auge“ als Brille eine Zerstreuungslinse mit -1 dpt. Halte ein Brillenglas der „Stärke“ -1 vor das Modellauge: Jetzt wird sein Blick in die Ferne scharf!

Der Augapfel des *Übersichtigen* ist für den Brechwert der Linse *zu kurz.* Deshalb liegt der Brennpunkt bei entspanntem Ringmuskel *hinter* der Netzhaut *(Bild 237.1c).* Zum Blick in die Ferne muß der Ringmuskel also schon etwas angespannt werden. Das läßt sich machen; deshalb kann ein übersichtiges Auge ferne Gegenstände durchaus scharf sehen. Doch ist die stärkste Krümmung der Augenlinse schon erreicht, wenn der Gegenstand noch relativ weit vom Auge entfernt ist. Nahe Gegenstände erscheinen nur verschwommen. Setzt man vor ein solches Auge eine Brille mit Sammellinsen, so wird die zu große Brennweite dadurch herabgesetzt.

Versuch 63: Wir setzen in unserem Modellauge den Schirm 5 cm *näher* an die Linse heran als im Normalfall ($b = 15$ cm). Damit haben wir es *übersichtig* gemacht. Die Linse mit $f = 20$ cm, die den entspannten Zustand darstellt, gibt jetzt von fernen Gegenständen ein unscharfes Bild. Es wird scharf, wenn wir die Linse mit $f = 15$ cm einsetzen (also akkommodieren!). Nun wollen wir mit dem übersichtigen Modellauge das leuchtende L so groß wie möglich sehen. Dazu setzen wir die Linse mit $f = 10$ cm ein. Dann kommen wir aber mit dem L nur bis etwa 30 cm an das „Auge“ heran: Das Netzhautbild ist entsprechend klein.

Die Brille, die unserem übersichtigen Modellauge hilft, muß $+1{,}7$ dpt haben, also eine Brennweite von 60 cm besitzen.

Mit zunehmendem Alter läßt die Krümmungsfähigkeit der Augenlinse nach. Dadurch kann die Brennweite nicht so stark verkleinert werden, wie dies zum Blick in die Nähe notwendig ist: Es tritt eine **Altersübersichtigkeit** auf. Auch hier hilft eine Brille mit Sammellinsen.

5. Das Auflösungsvermögen des Auges

Nähern wir uns aus großer Entfernung dem Gittermast einer Überlandleitung, so sehen wir ihn zunächst nur als schmalen Strich. Erst in der Nähe erkennen wir Einzelheiten seines Gitterwerkes. Blicken wir bei Nacht aus mehr als 2,5 km Entfernung auf ein Auto, so verschmelzen seine beiden Scheinwerfer für das Auge zu einem einzigen Lichtpunkt. Solche Erscheinungen hängen mit der mosaikartigen Struktur der Netzhaut zusammen. Das Auge kann zwei Gegenstandspunkte nur dann getrennt wahrnehmen, wenn ihre Bildpunkte auf *verschiedene* Sehzellen fallen. Zwei Strahlen, die das Auge unter einem Sehwinkel treffen, der kleiner als eine Winkelminute ($=\frac{1}{60}$ Grad) ist, erfüllen diese Bedingung nicht mehr. Das *Auflösungsvermögen* des Auges liegt also bei etwa 1 Winkelminute.

Zwei nebeneinander liegende Punkte können vom Auge erst dann getrennt wahrgenommen werden, wenn der zu ihnen gehörige Sehwinkel größer als eine Winkelminute $=\frac{1}{60}$ Grad ist.

Wegen der Mosaikstruktur der Netzhaut erkennen wir um so mehr Einzelheiten eines Gegenstandes, je größer sein Netzhautbild ist. Sind viele „Mosaiksteinchen" am Aufbau des Bildes beteiligt, so erhält das Gehirn auch viel *Information.*

6. Das Auge ist träge

S-Versuch 64: Schwenke in einem dunklen Raum eine Taschenlampe vor einem Spiegel im Kreis herum! Solange du die Lampe *langsam* bewegst, kannst du sie noch als kreisenden Lichtfleck erkennen; bei großer Geschwindigkeit siehst du nur noch einen leuchtenden Kreisbogen. Wenn die Belichtung der Netzhaut plötzlich abbricht, hält sie den zum Schluß empfangenen Lichteindruck noch für einen kurzen „Augenblick" von etwa 1/10 Sekunde fest. Lichtblitze, die in weniger als 1/10 Sekunde aufeinanderfolgen, verschmelzen deshalb im Auge zu einem *dauernden* Lichteindruck. Man nennt diese Erscheinung die **optische Nachwirkung** im Auge. Beim Kinofilm werden z.B. in 1 Sekunde 24 verschiedene Einzelbilder *nacheinander* auf die Leinwand projiziert. Während des Bildwechsels muß das Licht kurz unterbrochen werden; dies geschieht mit einer rotierenden Blende. Wegen der optischen Nachwirkung bemerken wir davon nichts; wir sehen statt einer Folge fester Bilder *ein bewegtes Bild.*

7. Rückblick

Du hast im Urlaub einen Berg bestiegen und genießt nun die schöne Aussicht. Physikalisch sieht das so aus: Auf der Netzhaut eines jeden deiner beiden Augen entsteht ein winzigkleines umgekehrtes optisches Bild der Landschaft. Viele Millionen feinster lichtempfindlicher Zellen tasten es ab und geben deinem Gehirn über Nervenleitungen die Information: Blauer Sommerhimmel, grüne Matten, herrliches Alpenpanorama!

Müßten wir eigentlich nicht alles verkehrt herum sehen, da doch das Netzhautbild kopfsteht? – Wer so fragt, stellt sich heimlich auf den Standpunkt, wir hätten ein kleines Männchen im Kopf, das sich unser Netzhautbild betrachtet, um dann dem Gehirn weiter zu erzählen, was es sieht. – So ist es ja nun nicht! Vielmehr werden die von den Stäbchen und Zapfen der Netzhaut aufgefangenen Lichtreize als elektrische Impulse über den Sehnerv an das Gehirn weitergeleitet. Dort erst entsteht wunderbarerweise in unserem Bewußtsein die Empfindung des Sehens.

Aufgaben:

1. *Bestimme den Nahpunkt für dein Auge!*

2. *Wie erkennt man an der Brille, ob der Träger kurz- oder übersichtig ist?*

3. *Welche Brennweite nimmt das Auge jeweils beim Blick in die Ferne bzw. beim Betrachten eines 5 mm hohen Buchstabens in deutlicher Sehweite an, wenn man mit einer Bildweite im Auge von 22 mm rechnet? Wie hoch ist dann das Netzhautbild dieses Buchstabens?*

§ 77 Instrumente zur Nahbeobachtung

1. Die Lupe macht das Netzhautbild größer

Wenn du eine Briefmarke ganz genau betrachten willst, bringst du sie nahe ans Auge. Damit sorgst du unbewußt dafür, daß das Netzhautbild möglichst groß wird, also viele Sehzellen überdeckt. Nun kann die Augenlinse (auf die Dauer) nur bis herab zur Gegenstandsweite $g = s = 25\,\text{cm}$ akkommodieren. Deshalb siehst du die Briefmarke am besten, wenn du sie in die *deutliche Sehweite* $s = 25\,\text{cm}$ bringst. Näher heran kommst du mit einer *Lupe!*

S-Versuch 65: a) Baue das in Versuch 61 beschriebene Modellauge auf! Benutze als Gegenstand, der von diesem Auge betrachtet werden soll, die Glühwendel einer 6 V-Lampe (betreibe sie nur mit 4 V, damit sie nicht zu hell leuchtet). Akkommodiere das Auge auf deutliche Sehweite; sie soll in unserem Modell erreicht sein, wenn du die Linse mit $f = 10\,\text{cm}$ eingesetzt hast. Bringe dann das Lämpchen so nahe vor das Modellauge, daß auf dem Schirm ein scharfes Bild der Glühwendel entsteht. Dies ist das größtmögliche Netzhautbild, das mit unserem Modellauge ohne Hilfsmittel erzeugt werden kann. Seine Höhe bezeichnen wir mit B_o. Miß B_o!

Wie könntest du zu einem noch größeren Netzhautbild kommen? Nun – wenn du in das Modellauge eine Linse mit noch kleinerer Brennweite einsetzen dürftest, wäre es möglich, den Gegenstand näher heranzurücken: Schon hättest du ein größeres Netzhautbild! Das ist aber in unserem *Modell* nicht erlaubt; es entspräche sonst nicht mehr einem wirklichen Auge, bei dem die Brennweite der Linse ja nicht beliebig verkleinert werden kann.

Doch gibt es noch eine andere Möglichkeit, die Brennweite zu verkleinern: Man setzt *vor* die Augenlinse eine weitere Linse. Dann entsteht ein *Linsensystem* mit verkleinerter Brennweite. Eine solche *Vorsatzlinse* wird *Lupe* genannt.

b) „Entspanne" zunächst das Modellauge, indem du die Linse mit $f = 20\,\text{cm}$ einsetzt (als richtiges Auge würde es jetzt nicht ermüden)! Bringe unmittelbar davor als Lupe eine weitere Linse mit der Brennweite $f_L = 5\,\text{cm}$! Nun kannst du die Glühwendel der 6 V-Lampe bis auf 5 cm an das Modellauge heranrücken. Damit ein scharfes Netzhautbild entsteht, mußt du nämlich den Gegenstand so weit heranschieben, daß

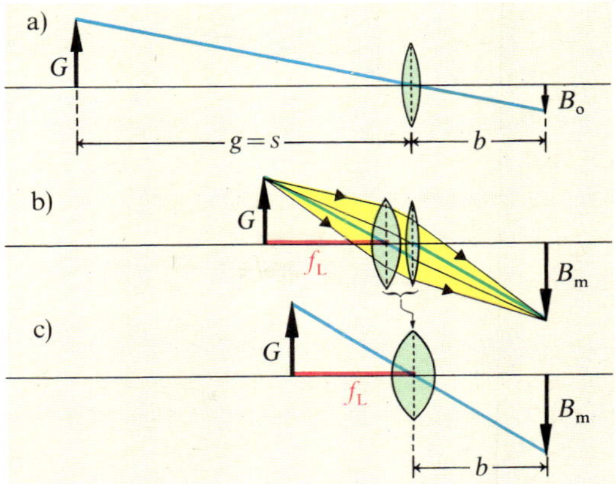

239.1 Netzhautbild a) ohne Lupe; b) mit Lupe; c) Lupe und Augenlinse wirken wie eine einzige Linse.

er in der *Brennebene* der Lupe liegt. Dann verlassen die von einem Gegenstandspunkt ausgehenden Lichtstrahlen die Lupe schiefparallel und werden von der auf ∞ eingestellten („entspannten") Augenlinse in der Netzhaut vereinigt. *Bild 239.1b* zeigt, warum jetzt ein größeres Netzhautbild entsteht. Miß seine Höhe B_m! (B_m bedeutet „Bild **m**it Lupe".) Du hast z.B. $B_o = 2$ mm und $B_m = 8$ mm gemessen. Dann erscheint die Glühwendel dem Modellauge *mit* Lupe 4mal so lang wie in deutlicher Sehweite *ohne* Lupe: Die Lupe vergrößert 4fach. Das Netzhautbild wird auch 4mal so *breit*, seine Fläche also 16fach: Die Zahl der überdeckten *Sehelemente* wird 16mal so groß!

> ***Definition:*** **Unter der Vergrößerung V durch ein optisches Instrument versteht man den Quotienten**
>
> $$\frac{\textbf{Höhe des Netzhautbildes mit Instrument } B_m}{\textbf{Höhe des Netzhautbildes ohne Instrument } B_o}$$
>
> $$V = \frac{B_m}{B_o}. \qquad \textbf{(239.1)}$$

Wir berechnen mit dem Strahlensatz B_o und B_m:

Aus *Bild 239.1a* folgt $\dfrac{B_o}{G} = \dfrac{b}{s}$ oder $B_o = \dfrac{G \cdot b}{s}$.

Aus *Bild 239.1c* folgt $\dfrac{B_m}{G} = \dfrac{b}{f_L}$ oder $B_m = \dfrac{G \cdot b}{f_L}$.

Die Vergrößerung durch die Lupe ist also

$$V = \frac{B_m}{B_o} = \frac{G \cdot b}{f_L} : \frac{G \cdot b}{s} = \frac{s}{f_L}.$$

Die Vergrößerung durch die Lupe beträgt

$$V=\frac{B_m}{B_o}=\frac{s}{f_L}. \qquad (240.1)$$

Dabei ist $s=25$ cm (deutliche Sehweite) und f_L die Brennweite der Lupe.

S-Versuch 66: Verschiebe das Modellauge in Versuch 65 längs seiner optischen Achse, so daß es sich von der Lupe *entfernt*! Überraschenderweise ändert sich dabei die Größe des Netzhautbildes nicht. Dies liegt daran, daß die Lichtstrahlen zwischen Lupe und Auge *schiefparallel* verlaufen. Man muß eine Lupe also nicht unbedingt nahe ans Auge halten; sie vergrößert ebenso stark, wenn man aus einiger Entfernung hindurchblickt.

S-Versuch 67: Betrachte mit dem linken Auge ein Millimeterpapier aus $s=25$ cm Entfernung! Halte vor das rechte Auge eine Lupe und lege in deren Brennebene ein Stück desselben Papiers. Zähle, wie viele mit dem *linken* Auge gesehene Millimeterstriche auf *einen* durch die *Lupe* vergrößert gesehenen Millimeter kommen! Damit hast du die Vergrößerung durch die Lupe gemessen. Bestimme zur Kontrolle nach Versuch 46 die Brennweite f_L der Lupe und bilde $V=s/f_L$!

Versuch 68: Wir bringen eine Videokamera (Fernauge) 25 cm an eine Schrift heran. Was wir auf dem Bildschirm sehen, entspricht dem *Netzhautbild ohne Instrument*. Nun stellen wir das Fernauge auf ∞ ein, d.h. so, daß weit entfernte Gegenstände scharf erscheinen. Dann bringen wir eine Sammellinse ($f=5$ cm) im Abstand ihrer Brennweite vor die Schrift und lassen das „entspannte“ Fernauge durch die Lupe blicken: Auf dem Bildschirm sehen wir ein wesentlich größeres „Netzhautbild“.

2. Das Mikroskop macht Unsichtbares sichtbar

Zum genauen Betrachten von Briefmarken reicht eine Lupe mit 10facher Vergrößerung aus. Nun gibt es aber auch weit kleinere Objekte, die mit bloßem Auge überhaupt nicht mehr zu erkennen sind. Man könnte denken: Solch „mikroskopisch kleine“ Gegenstände betrachtet man eben durch eine Lupe mit 100facher oder gar noch stärkerer Vergrößerung. Nach *Gleichung 240.1* müßte eine derartige Lupe jedoch eine äußerst kleine Brennweite und deshalb eine besonders starke Wölbung besitzen. Dabei würde das Bild durch Linsenfehler völlig verzerrt. Deshalb geht man bei Lupen nicht über eine 20fache Vergrößerung hinaus.

Weit stärkere Vergrößerungen erzielt man mit dem **Mikroskop.** Bei ihm wird das zu betrachtende Objekt auf den sogenannten *Objekttisch* gelegt und wie ein Dia von unten durchleuchtet.

Wie geht man wohl vor, wenn man eine winzige Einzelheit auf einem Dia möglichst genau sehen möchte? – Man könnte das Dia durchleuchten und mit einer Lupe betrachten. Wenn aber die Vergrößerung nicht ausreicht? Da gibt es nun einen raffinierten Ausweg: Man erzeugt mit einem Objektiv – wie bei einem Diaprojektor – auf einer Mattscheibe ein stark vergrößertes optisches Bild des Dias. Statt des Dias selbst betrachtet man nun sein vergrößertes Bild auf der Rückseite der Mattscheibe mit einer *Lupe*. Damit erhält man eine „Vergrößerung der Vergrößerung“ des Dias. Nach diesem Prinzip ist das Mikroskop gebaut!

S-Versuch 69: Im Modellversuch dient als Gegenstand wieder die mit 4 V betriebene 6 V-Glühlampe. Stelle sie in einem Abstand von etwa 5,5 cm vor eine Sammellinse der Brennweite $f_1=5$ cm. Dann kannst du etwa 55 cm hinter der Linse das vergrößerte Bild der Glühwendel mit einem durchscheinenden Schirm auffangen. Dieses rund 10fach vergrößerte *Zwischenbild* wird nun von dem schon im vorigen Versuch benutzten Modellauge mit „entspannter“ Augenlinse (also $f=20$ cm) durch eine *Lupe* betrachtet. Stelle dazu eine Sammellinse der Brennweite $f_2=10$ cm als Lupe im Abstand 10 cm hinter den Schirm! Nimmst du ihn weg, so ist das Zwischenbild noch viel klarer zu sehen: Die in seinen Bildpunkten zusammentreffenden Lichtbündel werden jetzt nicht mehr am Schirm gestreut; sie laufen ungestört in Richtung auf die Lupe weiter (vergleiche das im Raum schwebende reelle Bild in Versuch 47!). Auf der „Netzhaut“ des hinter die Lupe gestellten Modellauges erscheint ein großes und deutliches Netzhautbild der Glühwendel. Miß die Bildhöhe B_m! Vergleiche B_m mit dem kleinen Netzhautbild B_o, das auf dem Schirm des Modellauges entsteht, wenn die Glühwendel nur mit dem Modellauge allein in deutlicher Sehweite (Brennweite der Augenlinse $f=10$ cm) betrachtet wird! Bestimme die Vergrößerung $V=B_m/B_o$! – *Du hast damit das Modell eines Mikroskops aufgebaut!*

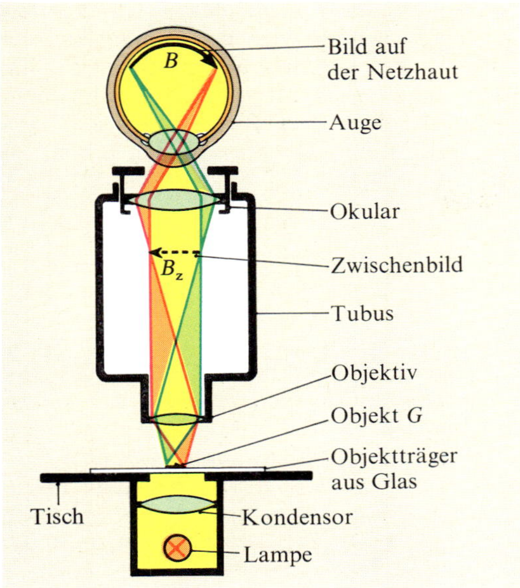

241.1 Strahlengang in einem Mikroskop

Beim wirklichen Mikroskop wird das durchsichtige Objekt – wie beim Diaprojektor – über einen Kondensor von unten durchstrahlt *(Bild 241.1)*. Das *Objektiv* der Brennweite f_1 erzeugt an einer bestimmten Stelle im oberen Teil des sogenannten *Tubus* in der Bildweite b_z ein stark vergrößertes *Zwischenbild* der Bildhöhe B_z. Der Abbildungsmaßstab dieser Dia-Vergrößerung beträgt $A = B_z/G = b_z/g$. Damit A möglichst groß wird, muß demnach die Gegenstandsweite g und damit auch die Brennweite des Objektivs $f_1 < g$ sehr klein gemacht werden. Das Objekt werde z.B. in der Gegenstandsweite $g = 2{,}05$ mm vor ein Objektiv der Brennweite $f_1 = 2{,}00$ mm gebracht. Dann entsteht in der Bildweite $b_z = 82$ mm ein 40fach vergrößertes Zwischenbild. Der Abbildungsmaßstab $A = 40$ ist auf dem Objektiv angeschrieben.

Das 40fach vergrößerte Zwischenbild wird nun mit einer Lupe – *Okular* genannt – betrachtet. Besitzt dieses Okular z.B. die Brennweite $f_2 =$ 25 mm, so wird das Zwischenbild nach *Gleichung 240.1* vom Auge 10fach vergrößert gesehen. (Der Vergrößerungsfaktor 10 ist auf dem Okular vermerkt.) Insgesamt entsteht damit eine 40×10fache = 400fache Vergrößerung. Das bedeutet: Blickt man durch dieses Mikroskop, so ist das Netzhautbild 400mal so hoch, wie wenn man denselben Gegenstand mit bloßem Auge in deutlicher Sehweite $s = 25$ cm betrachten würde.

Das Objektiv des Mikroskops erzeugt von einem kleinen Objekt ein vergrößertes Zwischenbild. Dieses wird durch eine Lupe (das Okular) betrachtet.

Die Vergrößerung des Mikroskops ist gleich dem Produkt aus dem Abbildungsmaßstab A des Objektivs und der Vergrößerung V_o des Okulars: $V_M = A \cdot V_o$.

S-Versuch 70: Betrachte mit dem rechten Auge durch ein Mikroskop einen Draht der Dicke $G = 0{,}05$ mm (mit der Mikrometerschraube gemessen)! Nach einiger Übung gelingt es dir, *gleichzeitig* mit dem linken Auge auf einen Maßstab zu schauen, der in $s = 25$ cm Entfernung quer zum Draht neben dem Mikroskop liegt. Stellst du z.B. fest, daß der Draht 30 mm des Maßstabs überdeckt, so ist die Vergrößerung $V_M = 30\text{ mm}/0{,}05\text{ mm} = 600$.

Versuch 71: Wir richten ein *Fernauge* aus einer Entfernung von $s = 25$ cm auf einen sehr kleinen Gegenstand und messen auf dem Bildschirm B_o. Dann stellen wir das Fernauge auf ∞ und lassen es denselben Gegenstand durch ein Mikroskop betrachten. Wir messen auf dem Bildschirm B_m und bestimmen $V_M = B_m/B_o$.

Versuch 72: Wir legen auf den Objektträger eines Mikroskops einen kleinen Gegenstand und durchleuchten ihn mit einer starken Lampe. Schieben wir das Okular etwas aus dem Tubus heraus, so liegt das Zwischenbild nicht mehr in der Brennebene des Okulars. Dann wirkt dieses nicht wie eine Lupe, sondern erzeugt vom vergrößerten Zwischenbild ein abermals vergrößertes reelles optisches Bild. Wir können es z.B. an der Zimmerdecke auffangen. Damit erhalten wir eine *Mikroprojektion*.

Nach den Gesetzen der geometrischen Optik ließe sich die Vergrößerung beliebig steigern. Aus Gründen, die wir erst in der Oberstufe erklären können, geht man jedoch über eine 1500fache Vergrößerung nicht hinaus.

Aufgabe:

Bei einem Mikroskop besitzen die Mittelebenen von Objektiv ($f_1 = 3{,}00$ mm) und Okular ($f_2 =$ 50 mm) einen Abstand von 143 mm. *Berechne die Bildweite b_z des Zwischenbildes! Wie groß ist die Gegenstandsweite? Berechne die Vergrößerung dieses Mikroskops!*

§ 78 Instrumente zur Fernbeobachtung

1. Wie funktioniert ein astronomisches Fernrohr?

Unser Auge kann eine Amöbe deshalb nicht deutlich sehen, weil seine Scharfeinstellung versagt, wenn es zu nahe an dieses kleine Objekt herangeht. Lupe und Mikroskop sind sozusagen „vorgeschobene Beobachter", die sich der Amöbe auf sehr kleine Entfernung nähern und damit dem Auge ein relativ großes Netzhautbild verschaffen können.

Auch ein Mondkrater ist von der Erde aus kaum zu erkennen. Daß man ihn mit bloßem Auge nicht größer sehen kann, liegt nicht – wie bei der Betrachtung einer Amöbe – an der begrenzten Akkommodationsfähigkeit des Auges, sondern an der großen Entfernung des Mondes. Nun erinnern wir uns, daß sich mit einem Teleobjektiv (*große* Brennweite!) von einem weit entfernten Gegenstand ein großes Bild erzeugen läßt (Seite 230). Ein solches Bild ist natürlich immer noch viel kleiner als das Original. Doch ist es uns so nahegerückt, daß wir es bequem durch eine Lupe betrachten können. Vielleicht sehen wir dann das Objekt größer als mit bloßem Auge? Versuchen wir es einmal!

S-Versuch 73: Stelle eine Sammellinse der Brennweite $f_1 = 50$ cm so auf, daß sie auf einem Schirm das optische Bild eines fernen Gegenstandes (z.B. eines Baumes vor dem Fenster) erzeugt! Bringe als Lupe eine Sammellinse der Brennweite $f_2 = 10$ cm hinter den Schirm und nimm diesen dann weg! Wenn du nun durch die Lupe blickst, siehst du das ferne Objekt zwar auf dem Kopf stehend, doch größer als mit bloßem Auge.

Du hast damit ein **astronomisches Fernrohr** gebaut. Aus dem in *Bild 242.1* gezeichneten Strahlengang geht hervor, wie die Vergrößerung zustandekommt. Als Gegenstand denken wir uns einen weit entfernten Baum. Von seiner Spitze und von seinem Fuß gehen Lichtstrahlen aus; sie kommen sowohl beim Auge als auch auf der Abbildungslinse des Fernrohrs – dem *Objektiv* – als Parallelbündel unter gleichem Sehwinkel α an. Auf der Netzhaut des Auges erzeugen sie ein sehr kleines Bild der Höhe B_o *(Bild 242.1 a)*, beim Fernrohr lassen sie in der Brennebene des Objektivs ein Zwischenbild der Höhe B_z entstehen *(Bild 242.1 b)*. Die von seiner Spitze S wieder auseinanderlaufenden Strahlen treffen auf eine als Lupe wirkende Sammellinse, das *Okular*. Von ihm werden sie so gebrochen, daß sie das Fernrohr wieder als *Parallelbündel* verlassen. Dazu muß das Okular so angebracht sein, daß das Zwischenbild in seiner Brennebene liegt. Dem in *Bild 242.1* dargestellten Strahlengang entnehmen wir:

– Das Netzhautbild ist gegenüber der Betrachtung ohne Fernrohr gerade umgekehrt. Für den Beobachter steht der Baum also kopf; auch die Seiten erscheinen vertauscht.

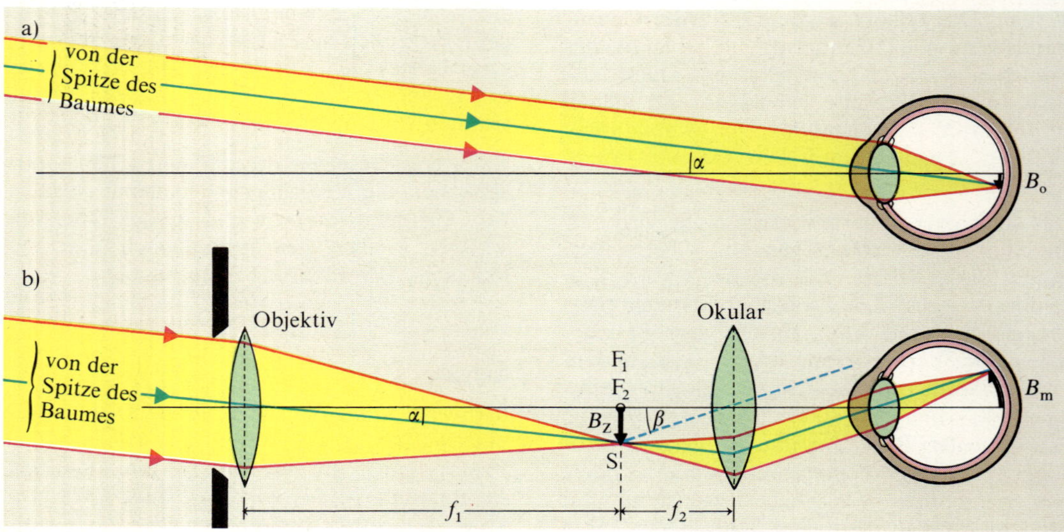

242.1 Die von der Baumspitze ausgehenden Strahlen fallen a) unmittelbar; b) durch das Fernrohr ins Auge.

– Das aus dem Okular austretende Parallelbündel ist wesentlich steiler als das Bündel, das von der Baumspitze herkommt. Deshalb entsteht im Auge beim Blick durch das Fernrohr ein größerer Sehwinkel und damit auch ein größeres Netzhautbild.

Die *Richtung* der Parallelbündel läßt sich mit Hilfe der Mittelpunktsstrahlen einfach bestimmen (in *Bild 242.1b* grün gezeichnet). Dabei erkennen wir: Je größer die Objektivbrennweite f_1 und je kleiner die Okularbrennweite f_2 ist, desto *steiler* tritt das Lichtbündel aus dem Fernrohr heraus, desto stärker ist also die Vergrößerung des Sehwinkels und damit auch des Netzhautbildes.

Ist die Brennweite f_1 des Objektivs genauso groß wie die Brennweite f_2 des Okulars, so verlaufen die Mittelpunktsstrahlen völlig symmetrisch *(Bild 243.1)*. In diesem Fall vergrößert das Fernrohr den Sehwinkel überhaupt nicht. Aus $f_1 = f_2$ folgt also $B_m = B_o$.

Vergrößern wir nun – von diesem Sonderfall ausgehend – die Brennweite des *Objektivs* auf das n-fache, machen also $f_1 = n \cdot f_2$, so wird das *Zwischenbild* und damit auch das *Netzhautbild* gegenüber vorher ebenfalls n mal so hoch. Aus $f_1 = n \cdot f_2$ folgt also $B_m = n \cdot B_o$: Wir erhalten eine n-fache Vergrößerung. Für die Vergrößerung gilt demnach

$$V = \frac{B_m}{B_o} = n = \frac{f_1}{f_2}.$$

Beim astronomischen Fernrohr erzeugt das Objektiv (Brennweite f_1) von einem fernen Gegenstand ein Zwischenbild. Dieses wird durch das Okular (Brennweite f_2) wie mit einer Lupe betrachtet.

Die Vergrößerung ist $$V = \frac{B_m}{B_o} = \frac{f_1}{f_2}. \qquad (243.1)$$

Versuch 74: Wir richten das Fernauge auf einen weit entfernten Gegenstand und messen die Höhe B_o seines Bildes auf dem Fernsehschirm. Dann bringen wir vor das Fernauge ein astronomisches Fernrohr, das wir aus zwei Sammellinsen ($f_1 = 50$ cm; $f_2 = 10$ cm) zusammenbauen. Messen wir das Netzhautbild B_m, das jetzt auf dem Fernsehschirm zu sehen ist, so können wir leicht feststellen, daß es 5mal so groß ist wie das Netzhautbild B_o ohne Fernrohr. Damit ist die Richtigkeit der *Gleichung 243.1* bestätigt: Aus ihr folgt $V = f_1/f_2 = 5$.

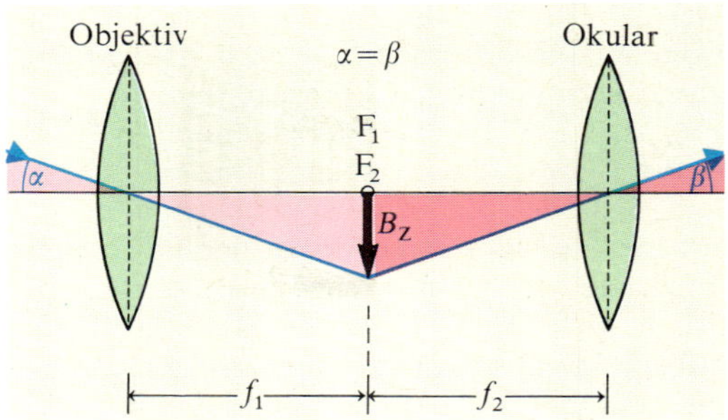

243.1 Wenn $f_1 = f_2$ ist, bleibt der Sehwinkel gleich.

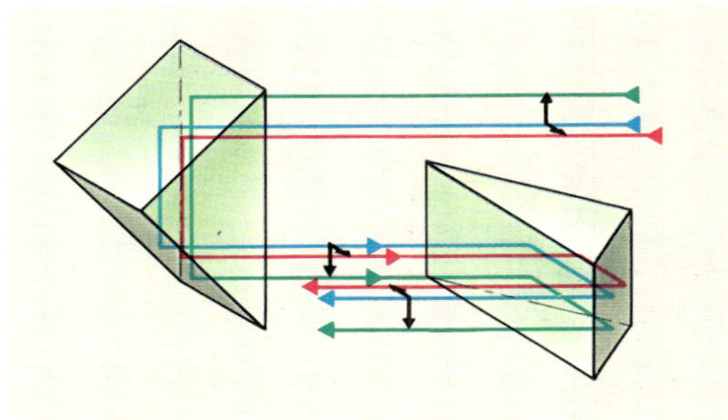

243.2 Die beiden Prismen kehren die Strahlenfolge um.

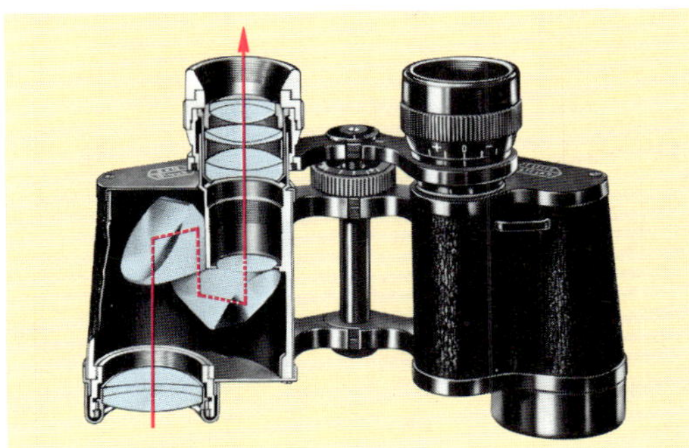

243.3 Schnitt durch ein Prismenfernglas

2. Wozu braucht man beim Fernrohr Prismen?

Bei *astronomischen* Beobachtungen stört es nicht, daß man die Objekte durch das Fernrohr umgekehrt und seitenvertauscht erblickt. Beim Pferderennen dagegen sieht man seinen Favoriten durch das Fernglas nicht gerne auf dem Kopf in die verkehrte Richtung galoppieren.

Für solche Fälle baut man in das Fernrohr *Prismen* ein *(Bild 243.3)*. *Bild 243.2* zeigt, wie bei der Totalreflexion von Lichtstrahlen an zwei gekreuzten Glasprismen rechts und links sowie oben und unten vertauscht werden.

Der Einbau von Prismen bringt noch einen weiteren Vorteil. Nach *Bild 242.1* ist die Länge eines astronomischen Fernrohrs $L = f_1 + f_2$. Für starke Vergrößerungen muß die Brennweite f_1 des Objektivs verhältnismäßig groß sein; das Fernrohr wird entsprechend lang. Die Prismen bewirken nun neben der Bildumkehr noch, daß der Strahlengang „gefaltet" wird. Dadurch wird das *Prismenfernglas* kürzer. Bei *zweiäugig* gebauten Prismenferngläsern erhält man besonders plastische Bilder, da die Objektive weiter auseinander liegen als die Augen.

S-Versuch 75: Blicke aus etwa 30 cm Entfernung in das Okular eines Fernglases! Dann siehst du darin eine kleine helle Kreisscheibe: Das Okular erzeugt von der Öffnung des Objektivs ein reelles Bild, das wie in Versuch 47 frei im Raum schwebt. Du kannst es mit einem durchscheinenden Papier auffangen; dabei siehst du, daß das Bild etwas *hinter* dem Okular entsteht.

In *Bild 244.1* ist der Verlauf eines achsenparallelen Strahlenbündels durch ein Fernrohr dargestellt (rot). Außerdem ist das vom Okular erzeugte Bild der Objektivöffnung (blau) konstruiert: Es besitzt denselben Durchmesser d_2 wie das aus dem Okular kommende Parallelbündel. Ist d_1 der Durchmesser des Objektivs, so gilt nach dem Strahlensatz

$$\frac{d_1}{d_2} = \frac{f_1}{f_2} = V. \qquad (244.1)$$

Miß an deinem Fernglas d_1 sowie den Durchmesser d_2 des Kreisscheibchens, und bestimme mit *Gleichung 244.1* die Vergrößerung!

Aus *Gleichung 244.1* ergeben sich noch weitere Folgerungen: Die Pupille unseres Auges besitzt bei Tage einen Durchmesser von ungefähr 3 mm. Es genügt also, wenn die aus dem Okular kommenden Parallelbündel ebenfalls den Durchmesser $d_2 = 3$ mm haben – mehr Licht kann nicht ins Auge gelangen! Vergrößert das Fernglas z.B. 10mal, so reicht ein Objektivdurchmesser von $d_1 = V \cdot d_2 = 10 \cdot 3\,\text{mm} = 30\,\text{mm}$ völlig aus.

Bei Nacht weitet sich unsere Augenpupille auf etwa 7 mm: Sie fordert mehr Licht an! Entsprechend soll jetzt der Mindestdurchmesser der aus dem Okular kommenden Lichtbündel $d_2 = 7$ mm betragen. Bei 10facher Vergrößerung sollte also das Objektiv eines solchen *Nachtglases* mindestens den Durchmesser $d_1 = 10 \cdot 7\,\text{mm} = 70\,\text{mm}$ haben.

Auf den meisten Ferngläsern sind Vergrößerung V und Objektivdurchmesser d_1 vermerkt. Die Angabe

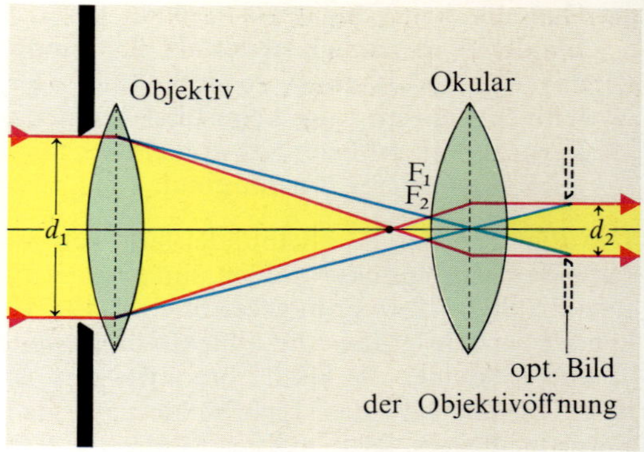

244.1 Das Lichtbündel wird auf den Durchmesser d_2 verengt.

8 × 30 bedeutet z.B.: Das Fernglas vergrößert 8mal; der Objektivdurchmesser beträgt 30 mm.

Betrachten wir nochmals *Bild 244.1*, so erkennen wir, daß die in das Objektiv eintretende Lichtenergie beim Verlassen des Okulars auf einen kleineren Querschnitt konzentriert wird. (Dies gilt auch, wenn die Strahlen – wie in *Bild 242.1* – *schiefparallel* sind!) Man könnte nun denken, durch diese Konzentration des Lichts würde das Netzhautbild heller als mit bloßem Auge. Dies trifft jedoch für die Betrachtung *ausgedehnter* Objekte nicht zu. Im gleichen Maße, in dem sich die Lichtenergie im Okular auf den Durchmesser d_2 konzentriert, *wächst* nach *Gleichung 243.1* das Netzhautbild. Das Licht verteilt sich also zum Ausgleich auf eine *größere Fläche*. Dabei erhält die einzelne Sehzelle wieder dieselbe Energie wie mit bloßem Auge. Man sieht also eine Landschaft mit einem Fernglas zwar *größer*, aber *nicht heller!*

Genau umgekehrt liegen die Verhältnisse, wenn wir mit dem Fernrohr den *Sternhimmel* betrachten. Die *Fixsterne* sind so weit entfernt, daß selbst das stärkste Fernrohr von ihnen nur ein Netzhautbild zustande bringt, das noch nicht einmal *eine* einzige Sehzelle ganz überdeckt. Deshalb sehen wir einen Fixstern auch im Fernrohr nur als Punkt, der nicht größer ist als bei der Betrachtung mit bloßem Auge.

Wozu dient dann ein Himmelsfernrohr? Nun – das „unbewaffnete" Auge kann nachts von dem Licht, das ein Fixstern aussendet, nur schmale Bündel mit dem Durchmesser 7 mm aufnehmen. Ein Fernrohr dagegen fängt mit seinem großen Objektiv viel mehr Licht ein und konzentriert es auf kleine Bündel, die in die Pupille des Auges passen. Weil auch jetzt nur eine einzige Sehzelle getroffen wird, erhält diese viel mehr Licht als vorher. Einen Fixstern sehen wir also im Fernrohr *nicht größer*, aber *heller*! Viele Fixsterne bemerken wir mit bloßem Auge überhaupt nicht, da sie zu lichtschwach sind; im Fernrohr können wir sie wahrnehmen.

Eines der größten astronomischen Fernrohre steht in der *Yerkes-Sternwarte* bei Chikago; der

Durchmesser seines Objektivs beträgt 1 m; seine Brennweite ist $f_1 = 19$ m! Die Herstellung noch größerer Objektive ist schwierig. Leistungsfähigere Fernrohre arbeiten deshalb mit *Hohlspiegeln.*

3. Auch Hohlspiegel erzeugen Bilder

Versuch 76: Wir wiederholen den Versuch 21, verschieben aber das kleine Lämpchen *längs der Brennebene* des Hohlspiegels: Das Licht verläuft nach der Reflexion *schiefparallel.* Nun bewegen wir das Lämpchen vom Hohlspiegel weg aus der Brennebene heraus. Dann konvergieren die reflektierten Lichtbündel und *schneiden sich dabei in einem Punkt.* Der Hohlspiegel besitzt also dieselbe wichtige Eigenschaft wie die Sammellinse: Er kann Lichtstrahlen, die von einem Gegenstandspunkt ausgehen, wieder in einem *Bildpunkt* vereinigen.

Versuch 77: Wir stellen das leuchtende L vor einen Hohlspiegel. Ist die Gegenstandsweite größer als die Brennweite des Spiegels, so können wir an einer bestimmten Stelle mit einem Schirm ein umgekehrtes reelles Bild des leuchtenden L auffangen *(Bild 245.1).*

Zur geometrischen Konstruktion des Bildes sind nur zwei von der Spitze des Gegenstandes ausgehende Lichtstrahlen nötig. Man benutzt dazu den *achsenparallelen* Strahl, der nach der Reflexion durch den Brennpunkt geht, und den Strahl durch den Krümmungsmittelpunkt M. Dieser trifft den Spiegel stets senkrecht und läuft deshalb nach der Reflexion in sich selbst zurück *(Bild 245.2).*

4. Das Spiegelteleskop

Das *Spiegelteleskop* arbeitet nach demselben Prinzip wie das astronomische Fernrohr. Jedoch wird das Zwischenbild durch einen *Hohlspiegel* erzeugt. Es entsteht in dessen Brennebene und wird durch ein als Lupe wirkendes Okular betrachtet *(Bild 245.3).* Die reflektierten Lichtstrahlen werden meist durch einen Spiegel zur Seite gelenkt, damit der Beobachter dem einfallenden Licht nicht im Wege ist.

Eines der größten Spiegelteleskope steht auf dem *Mount Palomar* (Kalifornien). Sein Spiegeldurchmesser beträgt 5 m, die Brennweite 16,8 m. Das Teleskop bei *Tiflis* besitzt sogar einen Durchmesser von 6,10 m und eine Brennweite von mehr als 20 m.

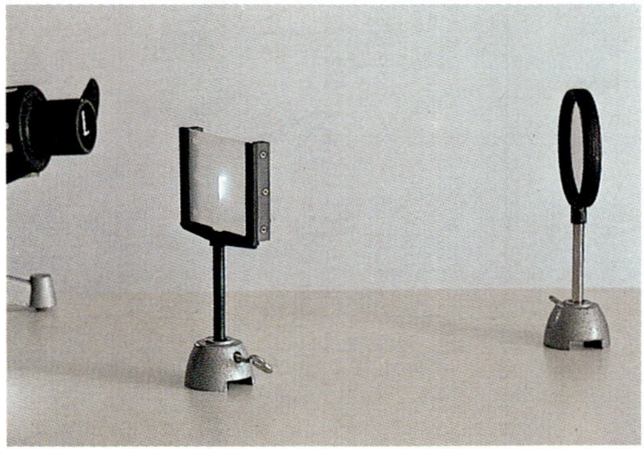

245.1 Das leuchtende L wird vom Hohlspiegel abgebildet.

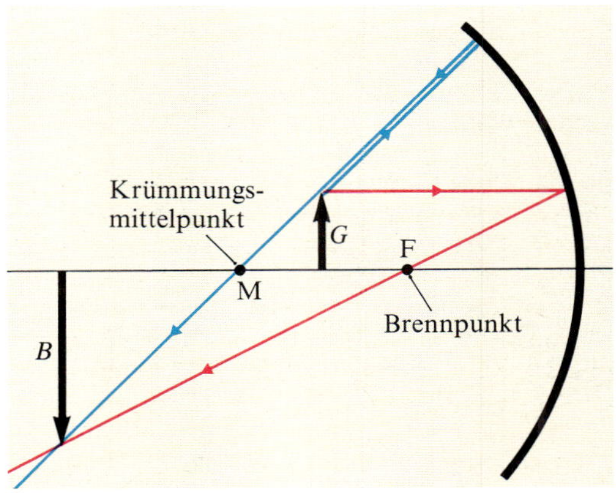

245.2 So konstruiert man das reelle Bild.

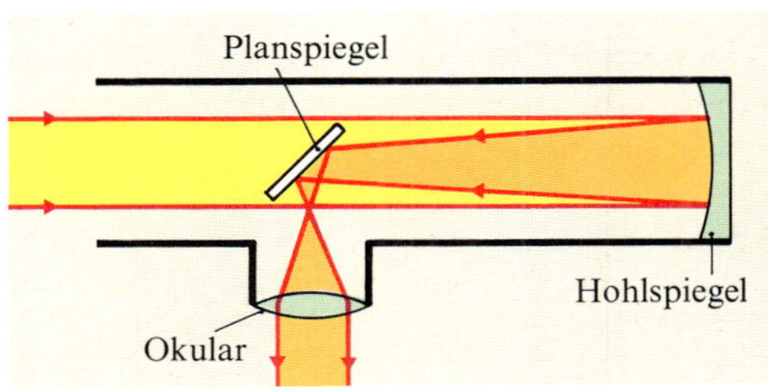

245.3 Schema eines Spiegelteleskops

Aufgaben:

1. *Die Objektivbrennweite eines Fernrohrs ist* 1 m. *Berechne die Okularbrennweite für eine 20fache Vergrößerung! Um wieviel* cm *muß das Fernrohr verlängert werden, wenn ein* 25 m *entfernter Gegenstand betrachtet wird?*

2. *Ein Nachtglas mit der Okularbrennweite* 80 mm *soll 15fach vergrößern. Berechne Brennweite und Durchmesser des Objektivs!*

§ 79 Farbige Lichter; das Spektrum

1. In Weiß steckt Farbe

Fällt Sonnenlicht durch eine geschliffene Glasschale oder eine Kristallvase, so kannst du eine interessante Beobachtung machen: Auf dem Tischtuch entstehen Lichtstreifen, die in allen Regenbogenfarben leuchten!

Blicke durch ein Glasprisma! Da es die Lichtstrahlen stark bricht, kannst du mit ihm um die Ecke schauen. Die Gegenstände, die du auf diese Art betrachtest, weisen seltsame Farbsäume auf. Wie kommt das? – Solchen merkwürdigen Farberscheinungen wollen wir in den folgenden Versuchen auf den Grund gehen!

Versuch 78: Als Lichtquelle benutzen wir eine Glühlampe, die anstelle der sonst üblichen *Wendel* einen *geraden Draht* besitzt. Wir stellen diesen Glühdraht senkrecht und bilden ihn mit einer Sammellinse ($f = 15$ cm) auf einen Schirm ab: Dort erscheint ein weißer hell leuchtender Strich.

Nun stellen wir nach *Bild 246.1* dicht hinter die Abbildungslinse ein *Prisma* aus stark brechendem *Flintglas*. Wegen der Brechung geht das Licht jetzt um die Ecke. Deshalb müssen wir den Schirm seitlich aufstellen, damit wir das optische Bild des Glühdrahtes auffangen können. Dabei erhalten wir aber nun zu unserer Überraschung nicht etwa wieder einen weißen Strich, sondern ein in vielen Farben leuchtendes Band *(Bild 247.1)*; es wird **Spektrum** genannt. Wie kommt es zustande? Um diese Frage zu beantworten, untersuchen wir zuerst, ob auch andere Lichtquellen ein solches Spektrum liefern.

Versuch 79: a) Wir benutzen als Lichtquelle einen *Laser*. Das von ihm ausgehende Parallellichtbündel kommt aus einer kreisrunden Öffnung. Damit wir wie in Versuch 78 einen *leuchtenden Strich* erhalten, weiten wir das Laserlichtbündel nach *Bild 246.2* durch eine Sammellinse auf und beleuchten damit einen schmalen Spalt. Dieser ersetzt nun den leuchtenden Draht. Wird das von ihm ausgehende Licht durch das gleiche Glasprisma gebrochen wie in Versuch 78, so erleben wir wieder eine Überraschung! Diesmal passiert genau das, was wir eigentlich im vorigen Versuch erwartet hatten: Auf dem seitlich aufgestellten Schirm entsteht ein scharfes Bild des rot leuchtenden Spaltes. Wir markieren seine Lage mit einem Bleistift.

b) Nun wechseln wir den Laser durch eine *Natriumdampflampe* aus und achten darauf, daß sich die Versuchsanordnung dabei nicht verschiebt. Wieder erhalten wir nach der Brechung am Prisma auf dem Schirm ein scharfes Bild des Spaltes; diesmal leuchtet es *gelb*. Wir halten auch seine Lage mit einem Bleistiftstrich fest. Vergleichen wir ihn mit der Marke des vorigen Versuchs, so stellen wir fest: *Das gelbe Spaltbild liegt rechts vom roten Spaltbild.* Das heißt aber: Das gelbe Licht der Natriumdampflampe wird am Prisma stärker gebrochen als das rote Licht des Lasers. **Offenbar gibt es verschiedene Lichtarten.** Dem Auge geben sie sich durch verschiedene *Farben* zu erkennen; physikalisch unterscheiden sie sich dadurch, daß sie verschieden stark gebrochen werden. Diese Abhängigkeit der Brechung von der Farbe des Lichts nennt man **Dispersion.**

Damit sind wir dem Geheimnis der Farben um ein gutes Stück näher gekommen! Im Spektrum des weißen Glühlichts ist offenbar das-

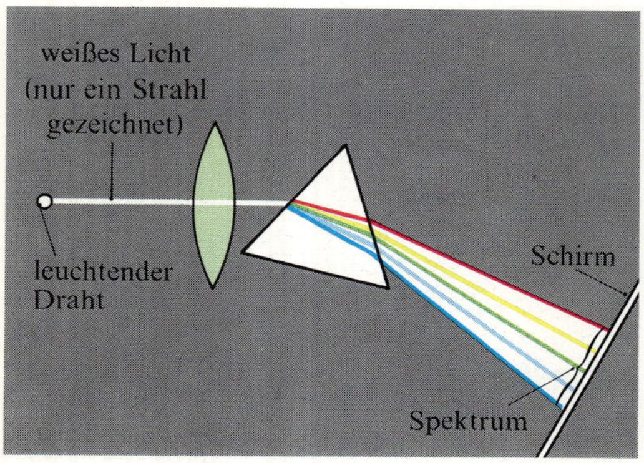

246.1 Es entsteht ein farbiges Band.

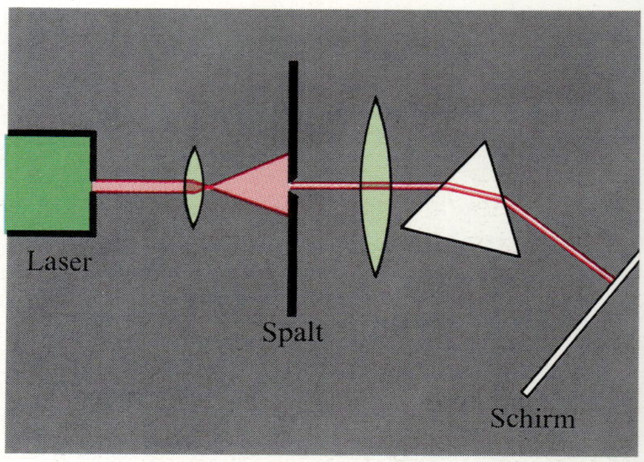

246.2 Der Laserstrahl wird nicht aufgefächert.

247.1 Bei der Brechung des weißen Lichts am Prisma entsteht ein leuchtendes farbiges Band.

selbe rote Licht, das der Laser aussendet, und auch das gelbe Licht der Natriumdampflampe enthalten.

Versuch 80: Wir erzeugen nach *Bild 247.2* das Spektrum von weißem Glühlicht und blenden die rote Farbe unterwegs aus; dann erscheint auf dem Schirm ein schmaler roter Strich. Das zu ihm führende Lichtbündel lenken wir nun durch ein weiteres Prisma zur Seite ab: Dort entsteht wieder ein roter Strich! Das ausgeblendete rote Lichtbündel wird also – wie der rote Laserstrahl – durch das zweite Prisma nicht mehr weiter aufgefächert.

Dasselbe Ergebnis erhalten wir, wenn wir irgend eine andere Farbe des Spektrums ausblenden und anschließend durch das zweite Prisma ablenken. Licht, das sich bei der Brechung am Prisma in keine weiteren Farben mehr aufspaltet, nennt man *spektralrein* oder *einfarbig*. Der Laser und die Natriumdampflampe z.B. senden von vornherein ein solches spektralreines Licht aus.

Die Farben des Spektrums lassen sich nicht weiter zerlegen; sie sind spektralrein.

Unsere Versuche deuten darauf hin, daß alle diese Spektralfarben im weißen Glühlicht schon enthalten sind. Ein ungewohnter Gedanke! Dann müßte eigentlich umgekehrt wieder weißes Licht entstehen, wenn man sämtliche Farben des Spektrums mit Hilfe einer Sammellinse vereinigt.

Versuch 81: Wie erzeugen wie in Versuch 78 das Spektrum von Glühlicht. Dann bringen wir nach *Bild 247.3* eine Sammellinse so in den Strahlengang, daß sie die von der Eintrittsfläche des Prismas an aufgefächerten verschiedenfarbigen Lichter auf dem Schirm wieder vereinigt. *Das Ergebnis dieser Addition farbiger Lichter ist ein strahlendes Weiß!*

Damit kommen wir zu folgender Deutung: Das weiße Glühlicht enthält viele farbige Lichtarten. Diese unterscheiden sich physikalisch dadurch, daß bei der Brechung *Rot* am schwächsten, *Gelb* stärker, *Grün* noch stärker und *Violett* am stärksten abgelenkt wird.

Jetzt haben wir auch eine Erklärung dafür, wie das bunte Band des Spektrums in Versuch 78 zustandekommt: Jede der im weißen Glühlicht enthaltenen Farben läßt nach der Brechung das Bild des leuchtenden Drahtes an einer anderen Stelle des Schirms entstehen. Das Spektrum, das in Versuch 78 entstanden ist, baut sich also aus lauter nebeneinanderliegenden optischen Bildern des weiß leuchtenden Glühdrahtes auf.

Der Zusammenhang, der bei der Lichtbrechung zwischen dem Winkel α (in Luft) und

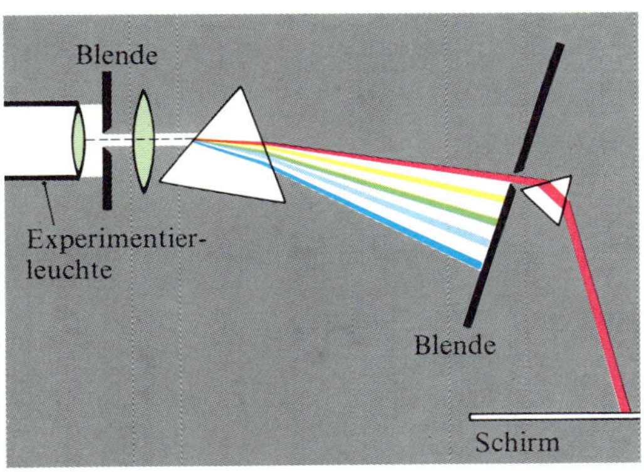

247.2 Das ausgeblendete rote Licht bleibt rot.

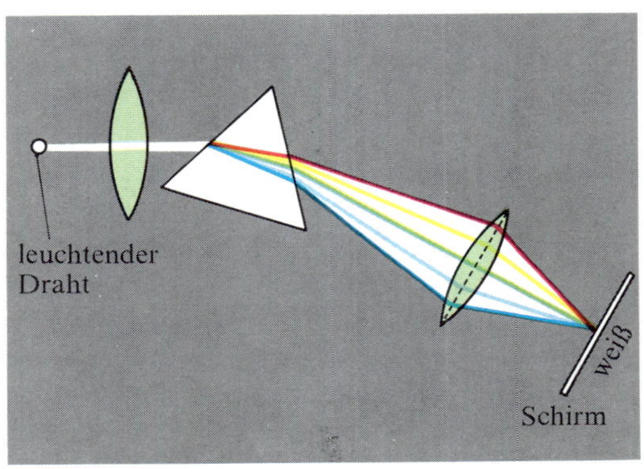

247.3 Alle Spektralfarben werden zu Weiß addiert.

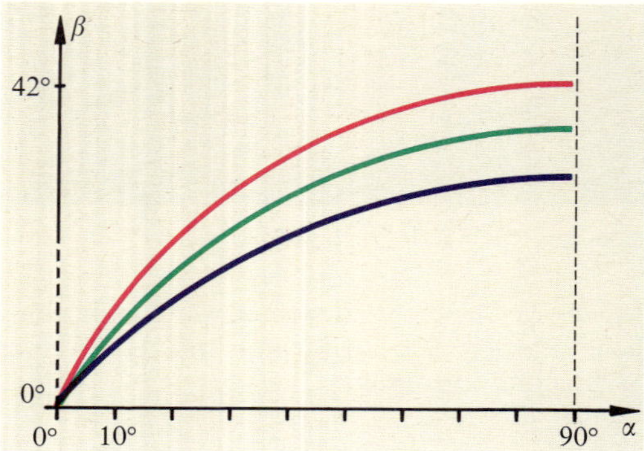

248.1 Violettes Licht wird am stärksten gebrochen.

248.2 Regenbogen

β (in Glas) besteht, ist also für jede Lichtart verschieden. Versuch 26, in dem wir diese Winkel gemessen haben, wurde deshalb mit *einfarbigem* Licht durchgeführt. Hätten wir eine andere Farbe gewählt, so wären auch die Ergebnisse etwas anders ausgefallen. Die Unterschiede sind allerdings gering; sie treten erst in der Nähe des Grenzwinkels β_g besonders deutlich hervor. In *Bild 248.1* ist der Zusammenhang zwischen α (in Luft) und β (in Flintglas) für verschiedene farbige Lichter grafisch dargestellt.

Das weiße Glühlicht enthält alle farbigen Lichter des Spektrums. Sie werden durch ein Prisma verschieden stark gebrochen.

Man hebt 6 Spektralfarben namentlich hervor: Rot, Orange, Gelb, Grün, Blau und Violett.

Rot wird am schwächsten, Violett am stärksten gebrochen.

Unser Auge empfindet noch weit mehr Farbtöne (etwa 140); sie gehen im *kontinuierlichen* Spektrum fließend ineinander über.

2. Im Regenbogen wird Sonnenlicht zerlegt

Die Natur führt uns die Farbzerlegung in einem großartigen Schauspiel vor: Sie läßt aus dem weißen Sonnenlicht den bunten *Regenbogen* entstehen. Er tritt auf, wenn Sonnenlicht auf eine Regenwand fällt. Strahlen, die ein Wassertröpfchen an einer bestimmten Stelle treffen, werden beim Eintritt *gebrochen,* anschließend *reflektiert* und beim Austritt *erneut gebrochen. Bild 248.3* zeigt, daß dann das weiße Sonnenlicht durch die zweimalige Brechung

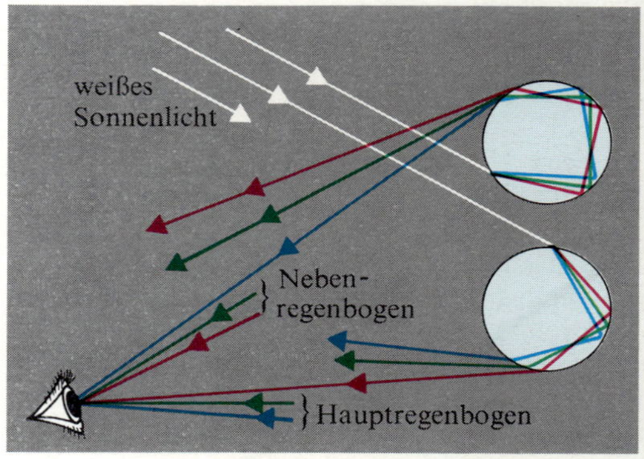

248.3 So entstehen Haupt- und Nebenregenbogen.

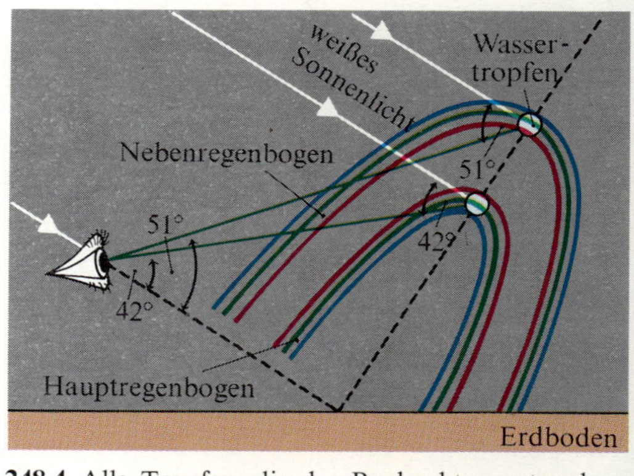

248.4 Alle Tropfen, die der Beobachter unter demselben Winkel sieht, liegen auf einem Kreisbogen.

in farbige Lichter aufgefächert wird. Das in *Bild 248.3* unten gezeichnete Wassertröpfchen erscheint dem Beobachter *rot.* Dies gilt auch für alle anderen Tropfen der Regenwand, die der Beobachter unter demselben Winkel α sieht; sie liegen auf einem Kreisbogen *(Bild 248.4)*. Tiefer gelegene Tropfen lassen entsprechend gelbes Licht, grünes Licht usw. in das Auge des Beobachters gelangen: Er sieht den sogenannten *Hauptregenbogen*, bei dem der äußerste Ring *rot*, der innerste *violett* aufleuchtet. Manchmal kann man über dem Hauptregenbogen auch noch den lichtschwächeren *Nebenregenbogen* erkennen. Er entsteht, wenn Sonnenstrahlen in einem Wassertropfen *zweimal* reflektiert werden *(Bild 248.3)*. Dabei dreht sich die Farbfolge um: Der äußerste Ring erscheint dem Betrachter *violett*, der innerste *rot*.

3. Unsichtbares Licht

Versuch 82: Wir benutzen in der Anordnung des Versuchs 79 (Seite 246) als Lichtquelle eine *Halogenleuchte* oder eine *Kohlebogenlampe*. Durch das Spektrum, das wir auf einem Schirm sichtbar machen, führen wir ein kleines *Silizium-Fotoelement*. Wird es vom Licht getroffen, so schlägt der Zeiger eines mit ihm verbundenen Meßinstrumentes aus. Erstaunlicherweise erhalten wir auch dann einen Ausschlag, wenn wir das Fotoelement über das sichtbare Spektrum hinaus in den dunklen Bereich jenseits von Violett bringen. Schalten wir die Lampe aus, so geht das Meßinstrument auf Null zurück. Das Fotoelement wird also von Strahlen getroffen, die von der *Lichtquelle* ausgehen. Sie werden offenbar durch das Prisma noch stärker gebrochen als violettes Licht. Diese für das menschliche Auge unsichtbare Strahlung nennt man **ultraviolettes Licht.**

Versuch 83: Wir wiederholen den vorhergehenden Versuch, fangen aber das Spektrum nicht mit einem Papierschirm, sondern mit einem *Zinksulfidschirm* auf: Jetzt entsteht jenseits von Violett ein *heller Streifen!* Er leuchtet etwas nach, wenn wir das vom Prisma kommende Licht abdecken; dann sehen wir ihn besonders deutlich. – Die Beschichtung des Schirms wird im Bereich dieses Streifens vom ultravioletten Licht zum Leuchten angeregt. Man sagt dazu: „Der Schirm fluoresziert."

Fluoreszierende Briefmarken enthalten an bestimmten Stellen – ähnlich wie der Zinksulfidschirm – Stoffe, die im Dunkeln hell aufleuchten, wenn sie mit ultraviolettem Licht bestrahlt werden.

Ultraviolettes Licht wird von sehr heißen Lichtquellen und von besonderen *UV-Lampen* ausgestrahlt. Es bräunt die Haut und fördert die Bildung des wichtigen Vitamins D in unserem Körper. Zu starkes Einwirken ultravioletten Lichts ist aber schädlich; es erzeugt u.a. den *Sonnenbrand*, vermutlich aber auch Hautkrebs. Das von der *Sonne* ausgehende ultraviolette Licht wird zum großen Teil in der Lufthülle der Erde *absorbiert*. Es wirkt daher in größeren Höhen, z.B. auf Bergen, stärker. Manche Insekten, z.B. *Bienen*, können ultraviolettes Licht wahrnehmen.

Versuch 84: Wir wiederholen Versuch 82, bringen aber nun das Fotoelement in den dunklen Bereich, der sich an das *rote* Ende des Spektrums anschließt. Hier erhalten wir sogar einen besonders starken Ausschlag des Meßinstruments. Von der Lampe geht demnach verhältnismäßig viel unsichtbare Strahlung aus, die am Prisma *schwächer* gebrochen wird als das rote Licht. Man nennt sie **infrarote Strahlung.** Sie macht den Hauptteil der *Wärmestrahlung* aus, die auf Seite 155 besprochen wurde.

Infrarotstrahlung wird von einem heißen Körper auch dann schon ausgesandt, wenn er noch nicht sichtbar glüht. Infrarotlicht durchdringt Nebel und Dunstschichten besser als sichtbares Licht. Mit Filmen, die für infrarote Strahlen empfindlich sind, erhält man deshalb auch bei Dunst deutliche fotografische Aufnahmen *(Bild 249.1)*. Die Infrarotstrahlen werden durch das Objektiv der Kamera gebrochen; dabei entsteht eine optische Abbildung. Sogar im Dunkeln kann man Infrarotaufnahmen herstellen, da alle Objekte infolge ihrer Temperatur Infrarotstrahlen aussenden.

Glühende Körper senden nicht nur sichtbares Licht aus. Das Spektrum des Glühlichts und des Sonnenlichts enthält sowohl ultraviolette als auch infrarote Strahlung.

249.1 Infrarotfotografie, rechts Normalfilm

4. Gasentladungslampen erzeugen besondere Spektren

Zur Beleuchtung verwendet man in zunehmendem Maße sogenannte *Gasentladungslampen;* sie enthalten z.B. Natrium- oder Quecksilberdampf. Erhält man beim Zerlegen ihres Lichts die gleichen Spektralfarben wie bei weißem Glühlicht?

Versuch 85: Wir beleuchten den Spalt in der Anordnung des Versuchs 79 mit verschiedenen Gasentladungslampen, z.B. einer Quecksilberdampflampe, einer Wasserstofflampe oder einer Natriumdampflampe. Von dieser wissen wir schon aus Versuch 79, daß sie *einfarbiges* Licht aussendet: Nach der Brechung am Prisma erscheint auf dem Schirm ein einziger gelber Strich. Bei anderen Gasentladungslampen erhalten wir auf dem Schirm *mehrere verschiedenfarbige* Striche *(Bild 250.1)*.

Das von ihrem Gas ausgehende sichtbare Licht setzt sich offenbar nur aus einigen wenigen farbigen Lichtern zusammen. Im Gegensatz zum *kontinuierlichen* Spektrum des Glühlichts entsteht bei Gasentladungslampen ein **Linienspektrum.** Die Zahl und Lage der Linien ist für jedes Gas typisch. Aus dem Linienspektrum kann man also auf die Art des Gases schließen, mit dem die Gasentladungslampe gefüllt ist. Man nennt diese Untersuchungsmethode **Spektralanalyse.**

Leuchtende Gase und Dämpfe erzeugen im allgemeinen Linienspektren. Man kann sie zur Spektralanalyse verwenden.

5. Spektralfarben sind nicht immer erwünscht

Auch bei der Brechung des Lichts an einer *Linse* wird weißes Licht in Spektralfarben zerlegt. Dadurch entstehen bei optischen Bildern

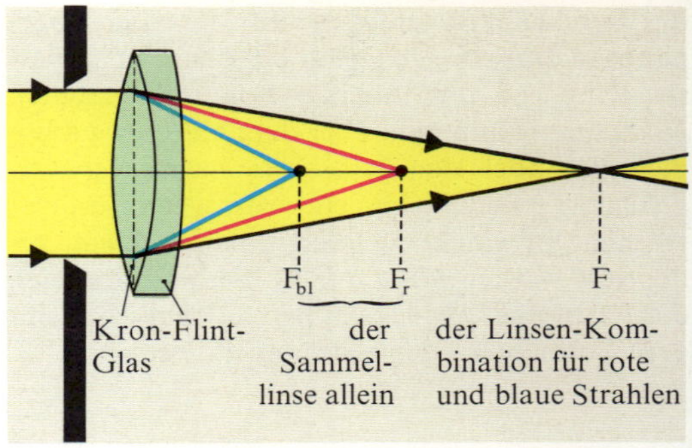

250.2 Das Linsensystem hat für Blau und Rot dieselbe Brennweite.

störende Fehler: Da *blaues* Licht stärker gebrochen wird als *rotes,* besitzt eine Sammellinse für *Blau* eine kleinere Brennweite als für *Rot.*

Diesen Fehler gleicht man mit einer zusätzlichen *Zerstreuungslinse* aus *(Bild 250.2)*:

- Eine *Sammellinse* bricht blaues Licht stärker zur optischen Achse *hin* als rotes;
- eine *Zerstreuungslinse* bricht blaues Licht stärker von dieser Achse *weg* als rotes.

Würde man eine *Sammellinse* und eine aus demselben Material bestehende, entsprechend gekrümmte *Zerstreuungslinse* zusammenfügen, so könnte man die unterschiedliche Ablenkung von blauem und rotem Licht gerade aufheben. Leider würde dann aber auch die brechende Wirkung der Sammellinse aufgehoben: Das Linsensystem verhielte sich wie Fensterglas! – Nun macht man aber die *Sammellinse* aus *Kronglas,* die *Zerstreuungslinse* aus *Flintglas.* Dieses spreizt die Spektralfarben bei der Brechung viel stärker auseinander als Kronglas. Deshalb muß die Zerstreuungslinse nur verhältnismäßig *schwach gekrümmt* sein, damit sie die unterschiedliche Brechung blauer und roter Lichtstrahlen ausgleicht. Dann wirkt das Linsensystem aber insgesamt *wie eine Sammellinse.*

Objektive, die auf diese Weise *farbkorrigiert* sind, nennt man **Achromate.**

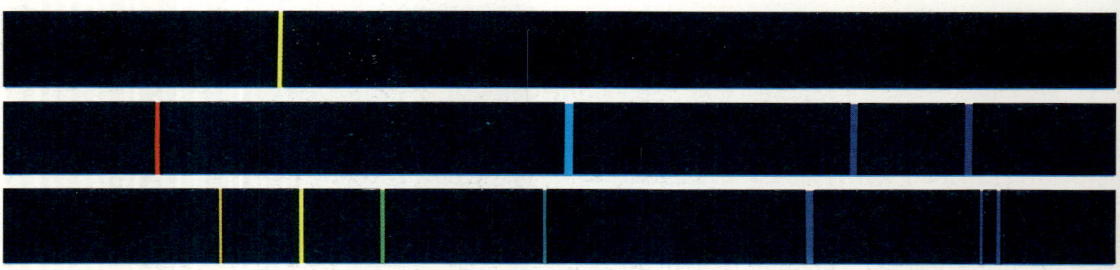

250.1 Linienspektren von Natriumdampf, Wasserstoff und Quecksilberdampf (von oben nach unten)

§ 80 Die Farbwahrnehmung im Auge

1. Rot und Grün gibt – Weiß

Das Linienspektrum von Quecksilberdampf *(Bild 250.1)* enthält bei weitem nicht alle Farben des Spektrums. Offenbar empfindet unser Auge die Mischung dieser wenigen Spektrallichter insgesamt als eine einzige Farbe: Das Licht der Quecksilberdampflampe erscheint uns *bläulich!* Welche Gesetze gelten für eine solche Addition *einzelner* farbiger Lichter?

Zur Beantwortung dieser Frage untersuchen wir vorerst, welchen Eindruck unser Auge erhält, wenn wir aus dem kontinuierlichen Spektrum *eine* Farbe weglassen und dann die restlichen farbigen Lichter des Spektrums wieder addieren.

Versuch 86: Wir wiederholen den Versuch 81, in dem alle Spektralfarben zu Weiß vereinigt werden. Mit einem schmalen Prisma lenken wir nun nach *Bild 251.2* das *rote* Licht so zur Seite, daß es nicht mehr an der Farbaddition beteiligt ist: *Die Stelle, an der alle übrigen Spektralfarben vereinigt werden, leuchtet jetzt grün!* – Nun schieben wir das schmale Prisma durch das gesamte Spektrum und blenden so die einzelnen Spektralfarben der Reihe nach aus. Dabei entsteht an der Vereinigungsstelle ein buntes Farbenspiel. Die Farben, die unser Auge jeweils empfindet, sind in *Bild 251.1* verzeichnet. Die in dieser Darstellung übereinander liegenden Farben werden **Komplementärfarben** genannt.

Erblicken wir z.B. das rote Licht einer Verkehrsampel, so könnte dieser Farbeindruck auf verschiedene Arten zustandekommen:
- In unser Auge könnte spektralreines (einfarbiges) rotes Licht gelangen.
- Das Auge könnte aber auch sämtliche Spektralfarben außer Grün empfangen.

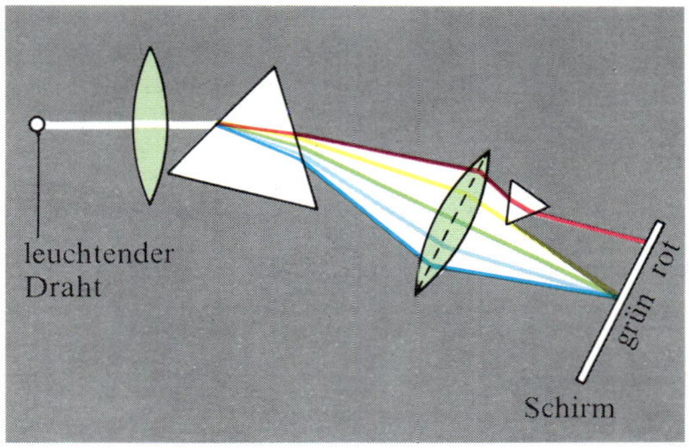

251.2 Aus dem Spektrum wird das rote Licht herausgenommen.

Welcher dieser beiden Fälle zutrifft, kann das Auge allein nicht feststellen.

Das durch Addition entstandene Rot kann man als „Weiß ohne Grün" bezeichnen. Fügt man die Spektralfarbe Grün hinzu, so ist das Spektrum wieder komplett; es ist also klar, daß dabei Weiß entsteht. Seltsamerweise erhalten wir aber auch dann Weiß, wenn wir mit zwei schmalen Spiegeln aus dem Spektrum die beiden *Spektralfarben* Rot und Grün so ablenken, daß sie aufeinanderfallen. Auch die übrigen Komplementärfarben ergeben stets zusammen Weiß. Ob es sich nun um reine Spektralfarben handelt oder um Farben, die durch Addition entstanden sind, stets gilt:

Zwei Komplementärfarben ergeben zusammen Weiß.

Welchen Eindruck erhält das Auge aber, wenn wir keine Komplementärfarben, sondern zwei *ganz beliebige* farbige Lichter addieren?

Versuch 87: Zur Erzeugung farbiger Lichter benutzen wir zwei *Diaprojektoren* mit vorgeschalteten *Farbfiltern*. Damit werfen wir zwei im Spektrum nahe beieinander liegende farbige Lichter – so z.B. Rot und Gelb – auf einen

251.1 Hier stehen Paare von Komplementärfarben übereinander.

Schirm: Unser Auge erhält den Farbeindruck Orange! Projizieren wir Orange und Grün aufeinander, so erhalten wir Gelb.

Nun addieren wir die beiden jeweils am äußersten Rand des Spektrums vorkommenden farbigen Lichter Rot und Violett. Dabei entsteht ein ganz neuer Farbeindruck, der im Spektrum überhaupt nicht vorkommt, nämlich *Purpur*. Je nachdem, ob man in dieser Addition das Rot oder das Violett *intensiver* macht, erhält man immer wieder andere Purpurtöne; man kann sie auf diese Weise kontinuierlich von Rot in Violett übergehen lassen.

Damit ist für das Auge ein Übergang vom einen Ende des Spektrums zum anderen geschaffen. Man kann dies dadurch sinnfällig zum Ausdruck bringen, daß man die Spektralfarben in einem Kreis anordnet. Er wird geschlossen, indem man zwischen Violett und Rot die Mischfarbe *Purpur* einfügt *(Bild 252.1)*. Dieser **Farbenkreis** verhilft uns zu einer einfachen Merkregel für die Addition farbiger Lichter:

Addiert man Lichter, deren Farben sich im Farbenkreis gegenüberliegen (Komplementärfarben), so erhält man Weiß. Addiert man Lichter, deren Farben im Farbenkreis näher beieinander liegen, so erhält man eine Farbempfindung, die der dazwischenliegenden Farbe entspricht.

Die Gesetze der additiven Farbmischung sind unabhängig davon, ob man einfarbiges oder Mischlicht verwendet.

252.1 Purpur schließt das Spektrum zum Farbenkreis.

2. Die Farbe kommt immer vom Licht

Warum leuchtet eine Signalampel grün? Warum sind Rosen rot? Und warum sind alle Kühe bei Nacht schwarz?

Die letzte Frage ist am leichtesten zu beantworten: Die Kühe sind schwarz, weil das Licht fehlt. Und ohne Licht gibt es auch keine Farbe!

Eine Glühlampe in der Signalampel strahlt weißes Licht – also *alle farbigen Lichtarten* aus. Eine vorgesetzte Farbscheibe „macht" dieses Licht grün. Wie geht das vor sich? Werden etwa alle Lichtstrahlen mit grüner Farbe „getränkt"? Oder *erzeugt* die Farbscheibe zusätzlich grünes Licht? – Wir wollen diesen Fragen im nächsten Versuch nachgehen.

Versuch 88: **a)** Wir erzeugen mit der Anordnung des Versuchs 78 das Spektrum von weißem Glühlicht. Dann halten wir eine grüne Farbscheibe zwischen Lichtquelle und Prisma: Vom Spektrum bleibt nur noch ein grüner Streifen übrig; er ist nicht heller als das Grün, das vorher im Spektrum auftrat. Daraus können wir schließen: Die Farbscheibe läßt von den vielen farbigen Lichtern, aus denen sich das weiße Licht zusammensetzt, nur das *grüne* durch; alle anderen Lichtarten *absorbiert* es. Es filtert Grün heraus; deshalb wird es auch *Grünfilter* genannt. Die Farbscheibe *erzeugt* also nicht etwa grüne Farbe – das Grün kommt von der Lichtquelle!

b) Nun untersuchen wir mit unserer Anordnung verschiedene Farbfilter. Dabei stellen wir

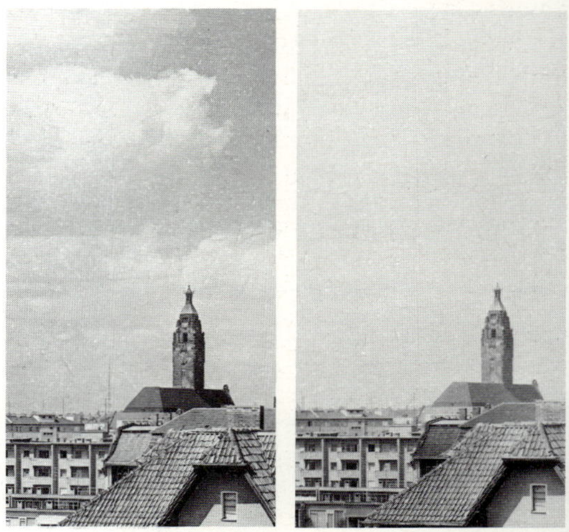

252.2 Wolken – links mit, rechts ohne Gelbfilter aufgenommen

253.1 So sieht das Absorptionsspektrum von Chlorophyll aus.

fest, daß es auch Filter gibt, die *mehrere* voneinander getrennte farbige Lichter durchlassen. Diese addieren sich nach Seite 251 zu einem bestimmten Farbeindruck. Durch solche Filter entstehen also Mischfarben.

Damit sich in Schwarz-Weiß-Aufnahmen die Wolken deutlicher am Himmel abzeichnen, benutzt man ein *Gelbfilter*. Bringen wir es in den Strahlengang unserer Versuchsanordnung, so erkennen wir, daß es *Blau* absorbiert. Das Gelbfilter hält also das blaue Licht des Himmels zurück; es verdunkelt den blauen Himmel, dadurch können die übrigen Farben der Wolken besser hervortreten *(Bild 252.2)*.

c) Bringt man eine mit farbiger Flüssigkeit gefüllte Küvette zwischen Lichtquelle und Prisma, so kann man feststellen, welche Lichtarten von dieser Flüssigkeit durchgelassen werden. Von Chlorophyll erhalten wir auf diese Weise das in *Bild 253.1* dargestellte **Absorptionsspektrum.**

Stellt man mit Hilfe eines Prismas das Spektrum des Sonnenlichts her, so findet man, daß es von vielen feinen schwarzen Linien unterbrochen wird. Das aus tieferen Schichten der Sonne kommende Licht muß die an der Sonnenoberfläche vorhandenen Gase durchstrahlen. Diese *absorbieren* in sehr schmalen Bereichen ganz bestimmte farbige Lichter. Aus der Lage der dadurch entstehenden **Absorptionslinien** kann man feststellen, welche chemischen Elemente in der Sonnenhülle vorkommen. Mit Hilfe dieser sogenannten **Spektralanalyse** hat man das Element *Helium* zuerst auf der Sonne entdeckt; erst später wurde es dann auch auf der Erde gefunden.

Auch die rote Rose bezieht ihre Farbe aus dem weißen Licht, mit dem sie beleuchtet wird. Sie wirft von allen Farben, die in diesem weißen Licht enthalten sind, nur den roten Anteil zurück; alle anderen farbigen Lichter werden von ihr absorbiert. Es ist aber auch möglich, daß sie aus dem Spektrum nur das *grüne* Licht absorbiert. Dann addieren sich die übrigbleibenden farbigen Lichter zu einem hellen Rot.

Reflektiert ein Körper alle farbigen Lichter des Spektrums in gleicher Stärke, so erscheint er uns weiß oder grau. *Absorbiert* ein Körper dagegen sämtliche farbigen Lichter vollständig, so ist er für uns *schwarz*.

Versuch 89: Wir stellen im verdunkelten Raum eine *Natriumdampflampe* auf und betrachten in ihrem Licht verschiedene Kleiderstoffe. Von den Farben ist außer Gelb nichts mehr zu sehen! Ein Stoff, der im Tageslicht *blau* aussieht, erscheint jetzt *schwarz*. Das ist leicht einzusehen: Die Natriumdampflampe erzeugt *einfarbiges* Licht – außer Gelb hat sie nichts zu bieten. Der Kleiderstoff kann kein blaues Licht neu erzeugen – und wenn kein blaues Licht auf ihn fällt, kann er auch keines zurückwerfen.

Eine Modenschau im einfarbigen Natriumlicht lehrt uns besonders anschaulich, daß Körper an sich keine Farbe „besitzen" oder „erzeugen". Die Farbe kommt immer vom Licht.

3. Das Auge kommt mit drei Farben aus

Zur Farbe gehört nicht nur das Licht, sondern auch das *Auge*. Wäre es nicht für das Farbensehen eingerichtet, so wüßten wir mit dem Begriff „Farbe" überhaupt nichts anzufangen. Es ginge uns dann wie einem Menschen, der völlig farbenblind ist: Er sieht die Welt schwarzweiß. Wie kommt es nun, daß wir normalerweise in Farbe sehen?

Man könnte sich denken, in der Netzhaut des Auges seien für jede Farbe besondere Empfangselemente vorhanden. Bei den 140 Farbtönen, die wir unterscheiden können, müßten dann also 140 verschiedene Arten von Farbempfängern über die ganze Netzhaut verteilt sein. Das würde sich für das *Auflösungsvermögen* des Auges (Seite 238) sehr ungünstig auswirken. Die Natur geht deshalb anders vor: Sie kommt mit nur drei verschiedenen Arten von Farbempfängern aus. Wir wissen schon, daß die Lichteindrücke in der Netzhaut von etwa 125 Millionen *Stäbchen* und 7 Millionen

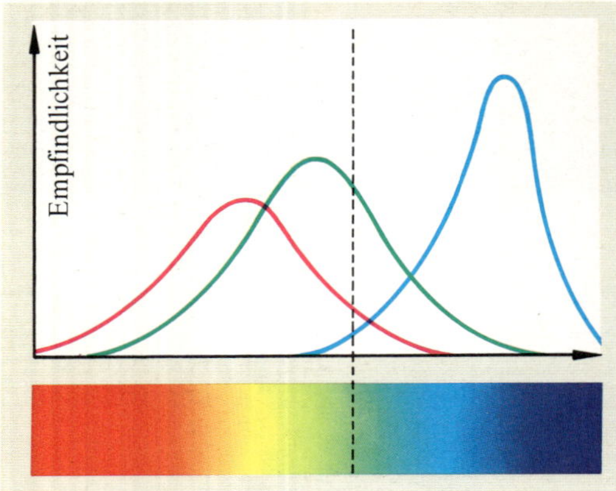

254.1 Farbempfindlichkeit der drei Zapfenarten

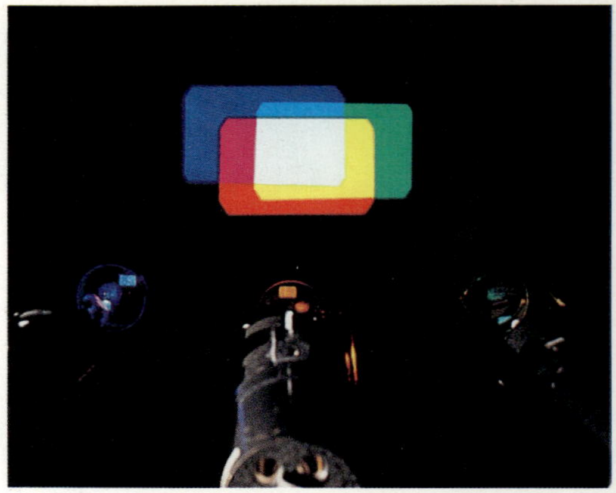

254.2 Hier werden die drei Grundfarben addiert.

Zapfen aufgenommen werden. Man hat herausgefunden, daß die Stäbchen nur auf Hell-Dunkel reagieren, während die Zapfen das *Farbensehen* ermöglichen. Sie kommen nämlich in *drei* verschiedenen Arten vor: Die eine Art ist für *Rot*, die zweite für *Grün* und die dritte für *Blau* besonders empfindlich. Die Kurven in *Bild 254.1* zeigen, daß jede Zapfenart nicht nur auf die für sie „zuständige" Farbe anspricht, sondern auch von benachbarten Spektralfarben mehr oder weniger gereizt wird. Empfängt nun die Netzhaut irgend eine Spektralfarbe, z.B. das in *Bild 254.1* besonders gekennzeichnete *Hellgrün*, so können wir aus den Empfindlichkeitskurven ablesen, daß dann die Rot meldenden Zapfen zu 25%, die Grün meldenden zu 65% und die Blau meldenden zu 10% ansprechen. Diese Kombination von Reizen ruft im Gehirn die Empfindung *Hellgrün* hervor.

Jede der drei Zapfenarten ist also mit einem gewissen „Stellenwert" (der auch Null sein kann) an der Farbempfindung beteiligt. Nach dieser **Dreifarbentheorie des Sehens** ist es möglich, durch entsprechende Addition der Grundfarben *Rot, Grün* und *Blau* für das Auge alle Lichter des Farbenkreises *(Bild 252.1)* herzustellen.

Versuch 90: Wir projizieren nach *Bild 254.2* rotes, grünes und blaues Licht teilweise aufeinander. *Die Summe dieser drei Grundfarben ergibt den Eindruck Weiß!* Den Empfindlichkeitskurven *(Bild 254.1)* entnehmen wir, daß *Gelb* die Grün meldenden und die Rot meldenden Zapfen gleich stark reizt. Demnach löst die Summe von gleich starkem grünem und rotem Licht im Auge die Empfindung *Gelb* aus. Ebenso kann man erklären, warum Blau und Grün die dazwischenliegende Farbe Hellblau ergibt. Auch das Zustandekommen von *Purpur* folgt aus der Dreifarbentheorie: Betrachten wir die Empfindlichkeitskurven, so stellen wir fest, daß es keine Spektralfarbe gibt, die gleichzeitig einen Rot meldenden *und* einen Blau meldenden Zapfen erregt, ohne dabei auch einen Grün meldenden Zapfen zu reizen. Deshalb erzeugt rotes Licht und blaues Licht zusammen eine Farbempfindung, die von keiner Spektralfarbe allein hervorgerufen werden kann, eben die Mischfarbe Purpur!

Die Intensitäten der drei Grundfarben sind in Versuch 90 gerade so bemessen, daß sie zusammen Weiß ergeben. Ändert man die Stärke der einzelnen Farbanteile (etwa durch Abblenden), so entstehen statt Weiß alle möglichen *Mischfarben*. Nach diesem Prinzip arbeitet z.B. das *Farbfernsehen*.

4. Wie funktioniert das Farbfernsehen?

Im Studio wird das Objekt gleichzeitig von drei in einem Gerät zusammengefaßten Kameras aufgenommen. Sie empfangen durch vorgesetzte Farbfilter jeweils nur den *roten* bzw. *grünen* bzw. *blauen* Anteil des von einem Punkt des Objektes ausgestrahlten Lichts *(Bild 255.1)*. Jede der drei *Farbkomponenten* wird gemäß ihrer Intensität in stärkere oder schwächere elektrische Signale umgesetzt. Diese werden vom Sender ausgestrahlt.

Auf dem Bildschirm des Empfängers sind nach *Bild 255.3* viele kleine Farbscheibchen regelmäßig angeordnet; sie leuchten *rot* bzw. *grün* bzw. *blau*, wenn sie von einem Elektronenstrahl ge-

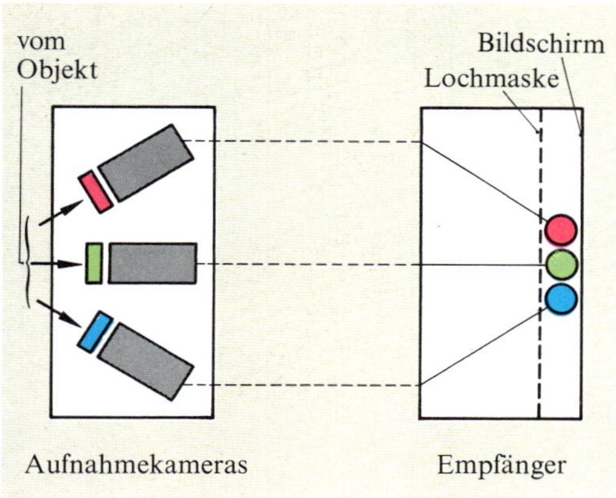

255.1 Das Fernsehbild besteht aus 3 Grundfarben.

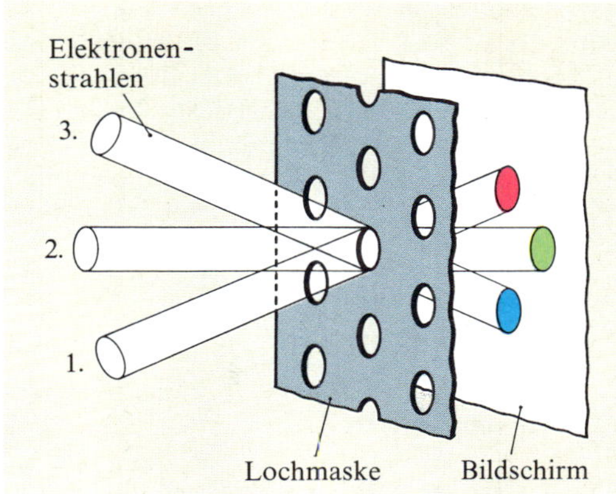

255.2 Jeder Strahl ist für eine Grundfarbe zuständig.

troffen werden (betrachte sie mit der Lupe!). In der Bildröhre werden nun drei Elektronenstrahlen erzeugt, die eine etwas voneinander verschiedene Richtung besitzen. Sie gehen nach *Bild 255.2* durch eine *Lochmaske*, so daß an allen Stellen des Bildschirms der erste Strahl auf ein rot leuchtendes, der zweite auf ein grün und der dritte auf ein blau leuchtendes Scheibchen trifft. Da die drei Farbscheibchen sehr nahe beieinander liegen, addieren sich die von ihnen ausgehenden Lichter in unserem Auge zu einem neuen Farbeindruck.

Werden nun die Sendesignale von einer Antenne aufgenommen und dem Fernsehgerät zugeführt, so steuert das von der roten Farbkomponente stammende Signal die Intensität des *ersten* Elektronenstrahls; die Intensität des *zweiten* Elektronenstrahls wird vom „grünen", die des *dritten* vom „blauen" Signal gesteuert. Die Helligkeit eines jeden Farbscheibchens erhält dadurch genau den Wert, der bei der Farbaddition dicht benachbarter Scheibchen wieder zur Originalfarbe des Objektpunktes führt. Auf diese Weise erzeugen die drei rasch über den Bildschirm geführten Elektronenstrahlen Punkt für Punkt ein farbrichtiges Bild des im Fernsehstudio aufgenommenen Objektes.

In der Netzhaut des menschlichen Auges befinden sich 3 Arten farbempfindlicher Zapfen. Sie melden die Farben Rot, Grün bzw. Blau an das Gehirn weiter.

Durch additive Mischung der drei Grundfarben Rot, Grün und Blau lassen sich alle Lichter des Farbenkreises herstellen.

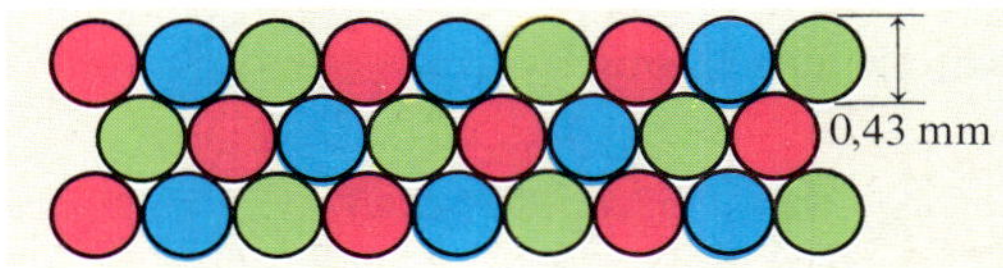

255.3 So sehen die Farbscheibchen aus.

5. Wo bleibt Braun?

Im Spektrum kommen bei weitem nicht alle Farben vor, die uns in der Natur begegnen. So suchen wir z.B. *Braun* vergebens im Farbenkreis. Wie diese Farbe entsteht, wird in *Bild 255.4* gezeigt. Dort ist dargestellt, was aus der Farbe Rot noch werden kann. Auf der rechten Seite des Farbendreiecks wurde das Rot durch einen immer stärker werdenden schwarzen Raster „verhüllt": Dabei ergeben sich Brauntöne bis hin zu Schwarz. Links wurde durch einen weißen Raster „verhüllt".

255.4 Rot wird verhüllt.

Dabei entsteht Rosa bis hin zu Weiß. In der Mitte des Dreiecks ist Rot sowohl mit Schwarz als auch mit Weiß verhüllt; auch hier ergeben sich alle möglichen Farbschattierungen. Die Grundseite dieses sogenannten *Verhüllungsdreiecks* zeigt, wie aus Weiß durch einen immer stärker werdenden Schwarzraster alle möglichen *Grautöne* entstehen.

Man kann auch andere Farben verhüllen. Dabei entstehen u.a. *Ocker* und *Olivgrün.*

6. Filter subtrahieren Farben

Wie wir wissen, nimmt eine Farbscheibe aus dem weißen Licht bestimmte Spektralfarben heraus; den Rest erhält unser Auge als *Mischfarbe.* Ein solches Filterverfahren nennt man **subtraktive Farbmischung.**

Versuch 91: Wir nehmen ein Farbfilter, das den roten und orangefarbenen Teil des Spektrums zurückhält; es erscheint unserem Auge *blau.* Ein zweites Farbfilter, das wir benutzen wollen, absorbiert das blaue Ende des Spektrums; es sieht für unser Auge *gelb* aus. Diese beiden Farbscheiben halten wir nun hintereinander und schicken durch sie das weiße Licht einer Experimentierleuchte *(Bild 256.1).* Auf dem Schirm sehen wir die einzige Farbe, die von *beiden* Filtern durchgelassen wird, nämlich *Grün!*

Eine solche subtraktive Farbmischung liegt auch vor, wenn man farbige Substanzen aus dem Malkasten mischt. Streicht man z.B. eine Mischung aus blauer und gelber Wasserfarbe auf weißes Papier, so entsteht *Grün.* Da die Farbkörnchen in mehreren Schichten auf dem

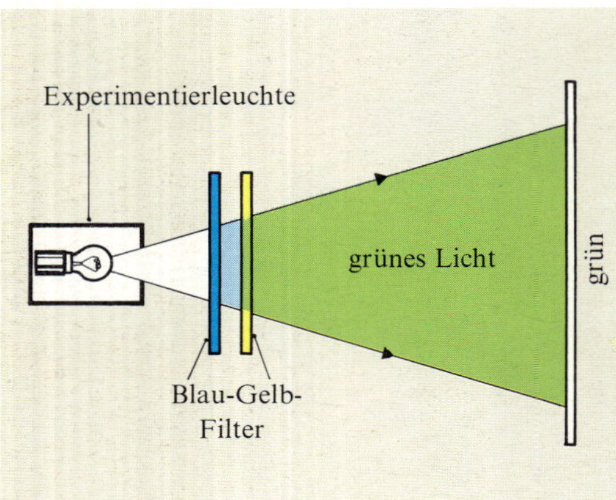

256.1 Die Filter lassen zusammen nur Grün durch.

256.2 Subtraktive Farbmischung

Papier liegen, dringt das Licht vor und nach der Streuung am weißen Untergrund durch *beide* Arten der Farbkörnchen. Dabei entsteht derselbe Effekt wie in Versuch 91. *Bild 256.2* zeigt die subtraktive Farbmischung für eine blaue, eine gelbe und eine rote Farbscheibe. Alle drei Filter zusammen lassen überhaupt kein Licht durch; deshalb erscheint die Mitte schwarz.

7. Wie entstehen Farbdias?

In der **Farbfotografie** wendet man die *subtraktive* Farbmischung an. Ein *Farbdia* besteht aus drei Schichten, die als Filter wirken; sie absorbieren vom weißen Licht des Diaprojektors genau die Farben, die aus dem Spektrum herausgenommen werden müssen, damit der übriggebliebene Rest die Farbe des fotografierten Objektes wiedergibt. Die Frage ist nur: Wie kommt bei der *Aufnahme* in jede dieser drei Filterschichten die richtige Farbe?

In den drei Schichten eines unbelichteten Farbdiafilms sind – wie auch beim Schwarz-Weiß-Film – *Silberhalogensalze* in feinen Körnern enthalten. Diejenigen Körner, die während der Aufnahme von Licht getroffen wurden, verwandeln sich bei der *Entwicklung* in Silber. Nun sind in allen drei Schichten den Silbersalzen verschiedenartige *Farbkuppler* angelagert. Das sind organische Substanzen, die nur an solchen Stellen Farbstoffe erzeugen, an denen sich Silber bildet.

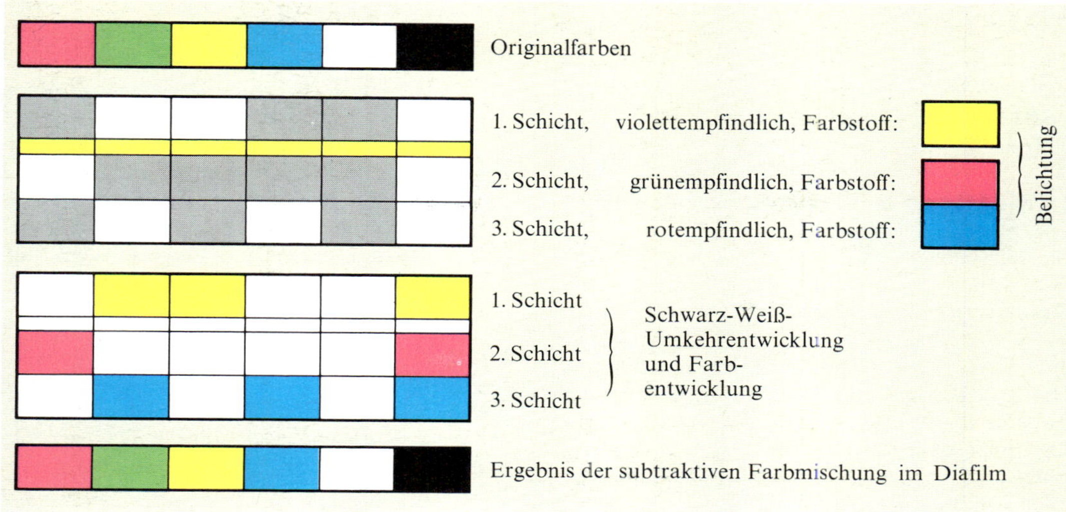

257.1 So wird ein Farbdiafilm belichtet und entwickelt.

- Die oberste Schicht ist nur für *violettes* Licht empfindlich; die in ihr gelagerten Farbstoffe sind **gelb.**
- Ihr folgt ein Gelbfilter, das Blau von den beiden untersten Schichten fernhält.
- Die mittlere Schicht ist *grünempfindlich;* ihre Farbstoffe sind **purpurrot.**
- Die unterste Schicht ist *rotempfindlich;* sie enthält **blaue** Farbstoffe.

In *Bild 257.1* ist dargestellt, was in einem solchen Film vorgeht, wenn verschiedene farbige Lichter auf ihn eingewirkt haben:

- Bei der sogenannten *Erstentwicklung* bilden sich an den belichteten Stellen Silberkörner; sie sind in *Bild 257.1* schraffiert.
- Nun folgt die *Farbentwicklung*. Zuerst wird einmal die Schwarz-Weiß-Entwicklung umgekehrt: Die Silberkörner, die bei der Erstentwicklung entstanden sind, werden herausgelöst. Dann sorgt man dafür, daß an den Stellen, die bis jetzt keine Silberkörner enthielten, solche gebildet werden. Ihnen werden nun die Farbstoffe angelagert.
- In einem *Bleichbad* wird das nun nicht mehr benötigte Silber und auch das Gelbfilter herausgelöst. Zum Schluß wird der Film noch *stabilisiert*, damit sich an den Farben nichts mehr ändern kann.

Betrachten wir die Farben, die sich nach diesem Prozeß in den drei Schichten gebildet haben, so können wir leicht nachprüfen, daß durch subtraktive Farbmischung wieder die Originalfarben entstehen.

8. Auch beim Farbdruck wird gemischt

Von einem Bild, das farbig gedruckt werden soll, stellt man zuerst *Farbauszüge* in den drei Grundfarben her. Nach ihnen werden dann im Rasterverfahren Druckplatten geätzt. Sie werden entsprechend eingefärbt und anschließend aufeinander gedruckt. Dabei fallen die farbigen Rasterpunkte teils aufeinander, teils nebeneinander *(Bild 257.2)*. Die Farbmischung kann also *subtraktiv* (wie beim Farbfilm), aber auch *additiv* (wie beim Farbfernsehen) zustandekommen. Meist wird noch eine Schwarzplatte mitgedruckt, damit das Bild scharfe Konturen erhält. Weil man für dieses Verfahren *vier* verschiedene Druckplatten benötigt, wird es **Vierfarbendruck** genannt.

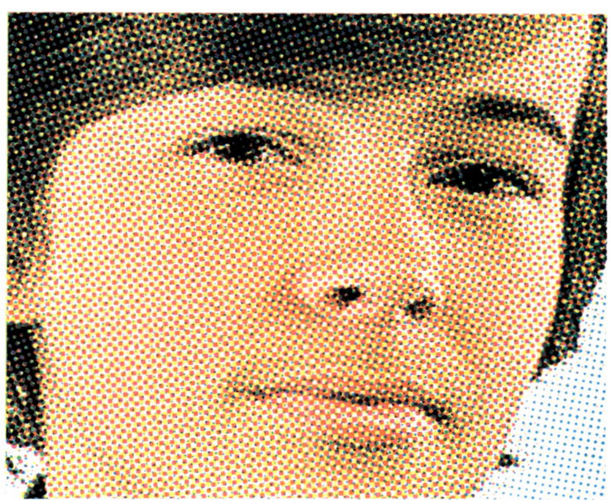

257.2 Rasterpunkte eines Vierfarbendrucks

Magnetismus

§81 Magnete und ihre Pole

1. Wie erkennt man Magnete und ihre Pole?

Du hast sicher schon mit Magneten gespielt. Wir wollen uns nun mit den geheimnisvollen Kräften beschäftigen, die Magnete ausüben.

S-Versuch 1: **a)** Nimm einen Magneten zur Hand! Mit Auge und Tastsinn allein erkennst du seine magnetischen Eigenschaften nicht; du bist ihnen gegenüber „blind". Als „Krücken" mußt du *Testkörper* wie Nägel, Büroklammern oder andere Gegenstände aus *Eisen* benutzen; sie werden von Magneten angezogen.

b) Metallkörper aus Kupfer und Silber oder gar Holz- und Glasstücke zieht ein Magnet nicht an. Bei der *Abfallverwertung* und in *Münzprüfern* von Automaten sortieren Magnete eiserne Gegenstände aus: Ein Markstück aus Eisen wäre falsch; Zehnpfennigstücke erkennt der Magnet am Eisenkern in der unmagnetischen Messinghülle.

c) An den Enden des Magneten, den **Polen,** bleiben besonders viele Nägel hängen. – Umgekehrt kannst du mit einem Nagel den Magneten an seinen Polen zu dir herziehen. Also zieht auch Eisen Magnetpole an. *Die Mitte des Magneten erscheint dagegen fast unmagnetisch.*

Auch die Metalle *Nickel* und *Kobalt* werden – wie *Eisen* (lat. ferrum) – von Magneten angezogen; man nennt diese Metalle **ferromagnetisch.** Aus Legierungen mit diesen ferromagnetischen Stoffen stellt man Magnete her.

2. Zweierlei Magnetpole?

S-Versuch 2: **a)** Hänge nach *Bild 258.2* einen Stabmagneten waagerecht an einem dünnen Faden auf oder beobachte eine spitzengelagerte *Kompaßnadel (Bild 258.1)!* Diese Magnete zeigen nach einigen Schwingungen mit einem Pol nach Norden; man nennt diesen Pol den **Nordpol N.** Kennzeichne ihn! Der andere Pol dagegen weist nach Süden; man nennt ihn den **Südpol S.** Kompaßnadeln zeigen deshalb die Nord-Süd-Richtung an. Andere Magnete stören.

b) Nähere den Polen eines drehbar aufgehängten Magneten die Pole anderer Magnete *(Bild 258.2)*! Die Nordpole stoßen sich gegenseitig ab, desgleichen die Südpole. Dagegen ziehen die Nordpole die Südpole an und umgekehrt. Die Pole unterscheiden sich also. Wir kennzeichnen Nordpole mit roter und Südpole mit grüner Farbe.

c) Halte zwei kräftige Magnete frei mit der Hand! Du kannst ihre *gleichnamigen Pole* (N und N oder S und S) wegen ihrer Abstoßungskraft kaum einander nähern. Die Kraft wächst nämlich mit abnehmender Entfernung stark an. – Im *Bild 259.1* schwebt der obere Stabmagnet über dem unteren. Am oberen halten sich Abstoßungs- und Gewichtskraft das Gleichgewicht. Solche Abstoßungskräfte lassen **Magnet-Schwebebahnen** über Magnetschienen schweben. Diese Bahnen befinden sich aber noch im Versuchsstadium.

Es gibt zwei Arten magnetischer Pole, Nord- und Südpole. Gleichnamige Pole stoßen einander ab, ungleichnamige ziehen sich an. Die magnetischen Kräfte nehmen mit kleiner werdendem Abstand stark zu.

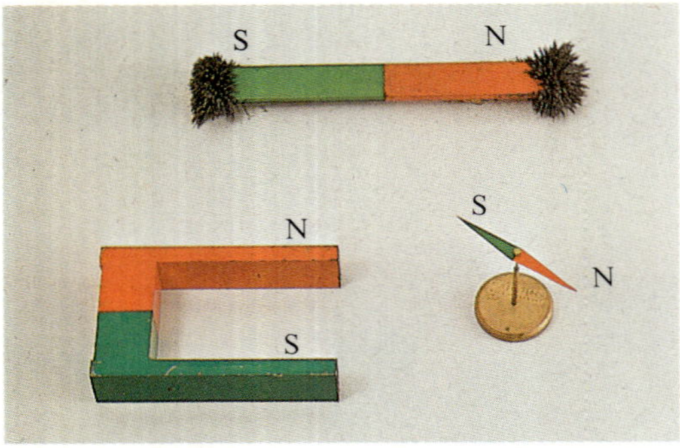

258.1 Stabmagnet mit Eisenfeilspänen, Hufeisenmagnet, Magnetnadel (Nordpol rot, Südpol grün)

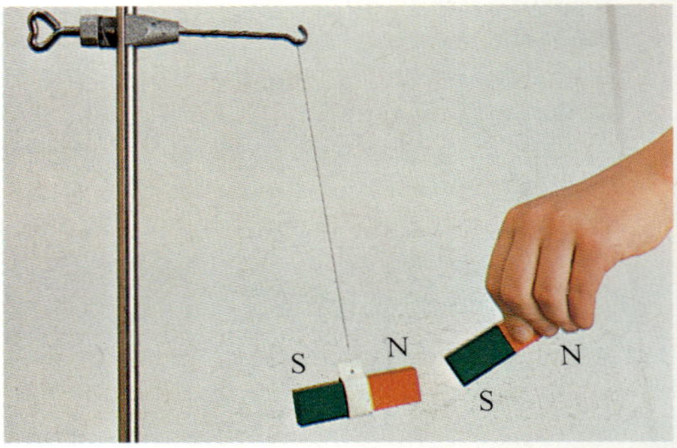

258.2 Der am Faden aufgehängte Stabmagnet zeigt mit seinem Nordpol zum angenäherten Südpol.

3. Sind zwei Magnete stärker als einer?

S-Versuch 3: a) Du willst ein Eisenstück mit dem Nordpol eines Magneten hochheben, doch ist es etwas zu schwer. Deshalb nimmst du den Nordpol eines zweiten Magneten zu Hilfe. Zusammengenommen schaffen sie es; sie sind zusammen stärker als *ein* Pol. Dicke Magnete mit großen Polflächen können größere Kräfte als dünne Magnetnadeln ausüben; man kann sie sich nämlich aus dünnen Magnetnadeln zusammengesetzt denken.

b) Ziehe mit dem Nordpol ein Eisenstück hoch! Nähere dann den Südpol eines zweiten Magneten! Nun ist es umgekehrt: Das Eisenstück fällt herab. Die ungleichnamigen Pole schwächen sich in ihrer Wirkung nach außen hin ab oder heben sich gar auf, wenn man sie nahe zusammenbringt (untereinander ziehen sie sich stark an; die Abschwächung wirkt nur nach außen).

c) Hänge nach *Bild 259.3* mehrere Zehnpfennigstücke (sie haben Eisenkerne) hintereinander an den Nordpol eines Magneten! Nähere ihm einen Südpol! Die meisten Groschen fallen ab. – Versuche es mit zwei Nordpolen!

d) Versuche, eine Kompaßnadel aus einiger Entfernung mit zwei Magneten abzulenken! Lege zuerst ihre beiden gleichnamigen Pole aufeinander: Die Nadel wird stärker angezogen und schwingt schneller. Wenn du dagegen die ungleichnamigen Pole aufeinanderlegst, kehrt die Kompaßnadel fast wieder in die Nord-Süd-Richtung zurück. Dies alles zeigt:

Bringt man entgegengesetzte Pole zusammen, so schwächen sie sich in ihren Wirkungen nach außen hin ab. Gleichnamige Pole dagegen verstärken sich.

259.2 Kompaß mit Windrose

4. Geschichte der Magnete

Natürliche Magneteisensteine (aus Eisenoxid) findet man in Skandinavien und im Ural. Sie sind nur schwach magnetisch und wurden wahrscheinlich nach der Stadt *Magnesia* in Thessalien benannt. Schon im alten Ägypten kannte man magnetische Kräfte. Mit diesen verband man noch im 19. Jahrhundert Magie und Zauberei: Man glaubte, Magnete könnten von Eisen geschlagene Wunden schneller heilen. Doch benutzte man Magnete auch mit Erfolg: Die Chinesen kannten die Richtkraft der Kompaßnadel *(Bild 259.2)* schon im 1. Jahrhundert. Die Europäer erfuhren davon um 1200. Mit dem Kompaß wagten sich die Seeleute auf die hohe See *(Kolumbus)*.

Als erster unterschied der Engländer *Newton* (um 1700, Seite 21) klar zwischen der Anziehungskraft eines Magneten und der von der Erde ausgeübten Schwerkraft, die auf alle Körper einwirkt.

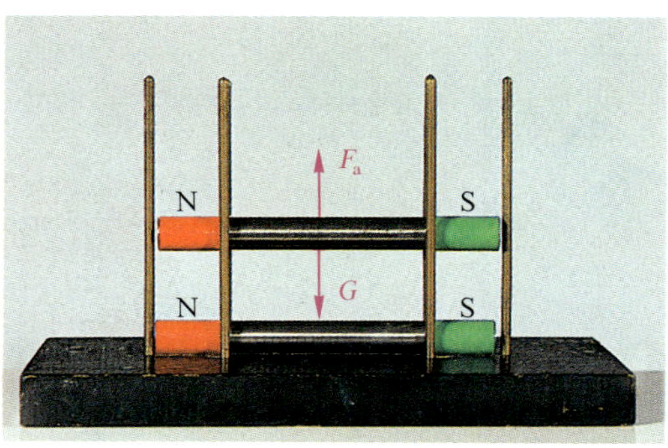

259.1 Schwebender Magnet: Gleichgewicht zwischen Gewichtskraft G und Abstoßungskraft F_a.

259.3 Nähert man Nord- und Südpol einander, so fallen die meisten Geldstücke ab.

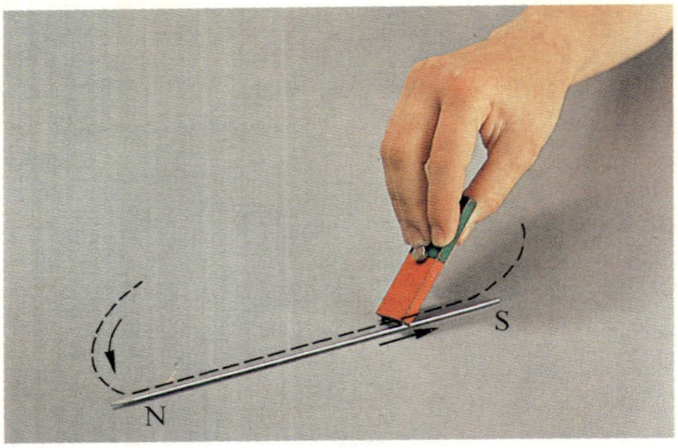

260.1 Die Stahlnadel wird durch Streichen mit einem Magneten auch magnetisch.

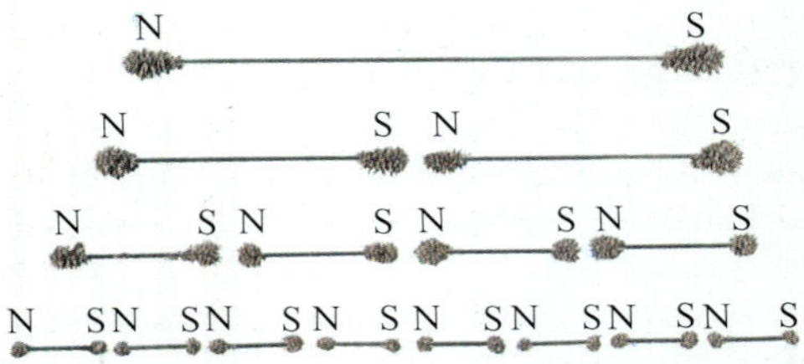

260.2 Beim Zerteilen eines Magneten erhält man immer nur Dipole, niemals Einzelpole.

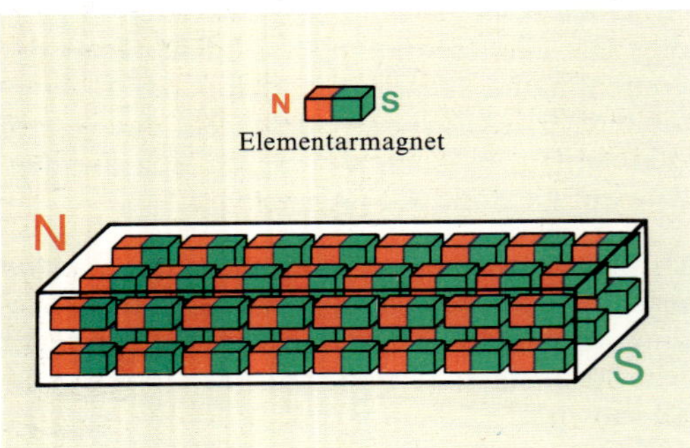

260.3 So sind die Elementarmagnete in einem Magneten geordnet; links der Nordpol.

260.4 Ungeordnete Elementarmagnete in nicht magnetisiertem Eisen; symbolische Darstellung

§82 Die Elementarmagnete

1. Was macht Eisen magnetisch?

S-Versuch 4: **a)** Du kannst Messer und andere Gegenstände aus Stahl leicht magnetisieren: Streiche über ein unmagnetisches Laubsägeblatt nur mit einem Pol, zum Beispiel dem Nordpol eines Magneten, mehrmals von links nach rechts *(Bild 260.1)*. Es zieht nun Eisenfeilspäne an. Dabei hast du das Laubsägeblatt überall nur mit dem Nordpol berührt – ist es nun rundum ein Nordpol? Nein! Eine Kompaßnadel zeigt, daß es zwar links einen Nord-, aber rechts einen Südpol bekommen hat!

b) Versuche nun, den Nord- vom Südpol zu trennen, indem du das Blatt in seiner unmagnetischen Mitte zerbrichst! Vergeblich! Die Kompaßnadel zeigt, daß sich an der linken Bruchstelle ein neuer Süd-, an der rechten ein neuer Nordpol gebildet hat (2. Zeile in *Bild 260.2*). *Wider Erwarten sind zwei vollständige Magnete entstanden!* Auch wenn du die Teilung beliebig fortsetzt, ist jedes Bruchstück stets wieder ein vollständiger Magnet mit zwei Polen, ein **magnetischer Dipol** (griech. Vorsilbe di, zwei). Niemand fand bisher einen *Einzelpol*.

Denken wir das Ergebnis von Versuch 4 folgerichtig weiter! Dann kommen wir zur Annahme *(Hypothese)*, daß die kleinsten magnetischen Teilchen, also die *Elemente eines Magneten,* nicht Einzelpole, sondern Dipole sind. Man nennt sie **Elementarmagnete.** Zugegeben, wir können sie nicht unmittelbar sehen. Deshalb gehen wir wie ein Detektiv vor: Wir suchen nach Beobachtungen, die wir ohne diese Hypothese nicht erklären können. Der Detektiv würde sagen, wir suchen nach *Indizien* für die Existenz von Elementarmagneten.

Es gibt keine magnetischen Einzelpole, sondern nur magnetische Dipole.

Hypothese: **Ferromagnetische Stoffe enthalten Elementarmagnete in Form von Dipolen.**

2. Indizien für die Elementarmagnete

a) *Wie sind Magnete aufgebaut? Bild 260.2* zeigt in der untersten Reihe die Bruchstücke des zerlegten Magneten. Genauso geordnet stellen wir uns nach *Bild 260.3* die Elementarmagnete im Magneten vor: Alle ihre Nordpole zeigen nach links; am linken Ende liegen sie frei. Nach Versuch 3a verstärken sie sich dort und bilden den starken Nordpol. Rechts entsteht durch freiliegende Südpole der starke Südpol des Magneten. – *Und in seiner Mitte?* Dort liegen Nord- und Südpole benachbarter Elementarmagnete nahe beisammen; sie schwächen sich gemäß Versuch 3b nach außen hin ab. Die schwach magnetische Mitte des Magneten spricht also genauso als Indiz für die Hypothese der Elementarmagnete wie die starken entgegengesetzten Pole an den Enden.

b) *Wie entstehen Pole neu?* Wenn wir den Magneten in seiner Mitte zerbrechen, bleiben die Elementarmagnete ganz; wir können nach *Bild 261.2* nur benachbarte Dipole voneinander trennen. Dann liegen ihre Pole S und N an der Bruchstelle AB frei und bilden nach außen hin neue Pole. Fügt man sie wieder zusammen, so erscheint die Bruchstelle unmagnetisch, obwohl der Magnet durchgängig magnetisiert ist.

c) *Können auch im nicht magnetisierten Eisen Elementarmagnete „versteckt" sein!* Ja – wenn sie so ungeordnet sind, daß nach jeder Seite gleich viele Nord- wie Südpole zeigen *(Bild 260.4)*. Dies erläutert ein *Modellversuch:*

Versuch 5: Ein Reagenzglas ist mit magnetisierten Stahlspänen gefüllt; sie sollen Modelle für Elementarmagnete sein. Streiche mit einem starken Nordpol genau so von links nach rechts über das Glas wie in *Bild 260.1* über die Stahlnadel! Du siehst, wie die Späne ausgerichtet werden: Ihre Südpole drehen sich zum magnetisierenden Nordpol hin, also nach rechts. Dann wirken sie nach außen wie *ein* Südpol. Links entsteht der Nordpol. Prüfe dies mit einer Kompaßnadel! Durch Schütteln kommen die „Elementarmagnete" wieder in Unordnung. Dies zerstört zwar die magnetischen Wirkungen nach außen, nicht aber die „Elementarmagnete". Wir können diese durch Streichen wieder ausrichten. Gelingt dieser Versuch auch mit einem massiven Eisenstück?

Versuch 6: Wir magnetisieren eine Nadel durch Streichen; dann erschüttern wir sie durch starkes Hämmern oder wir glühen sie aus. Sie wird wieder unmagnetisch. Denn die Elementarmagnete kommen beim Hämmern oder wegen der verstärkten Molekülbewegung beim Erhitzen (Seite 126f.) in Unordnung. Durch erneutes Streichen werden sie wieder ausgerichtet.

261.1 Er will auf Nordlandfahrt und sucht einen Nordpol als Schiffsantrieb!

All dies sind gute Indizien dafür, daß es Elementarmagnete gibt. Wie können sich aber diese im massiven Eisen drehen? Nun – man führt heute die Elementarmagnete auf sehr kleine Bestandteile der Atome ferromagnetischer Stoffe zurück. Beim Magnetisieren drehen sich nur diese Teile, nicht einmal die Eisenatome.

Beim Magnetisieren richtet man die in Eisen vorhandenen Elementarmagnete aus. Sie sind im nicht magnetisierten Eisen ungeordnet.

Früher dachte man, beim Magnetisieren nach *Bild 260.1* würde der streichende Magnet eine *„magnetische Substanz"* an die Stahlnadel abgeben. Dann würde er beim Magnetisieren vieler Nadeln viel von dieser Substanz verlieren; er müßte schwächer werden. Dies ist aber nicht der Fall. *Vielmehr richtet der Magnet nur die in der nicht magnetisierten Nadel bereits vorhandenen Dipole aus.* Geht dies „von selbst"? Nein: Wenn wir nach *Bild 260.1* den streichenden Nordpol vom rechts in der Nadel entstandenen Südpol wegziehen, so müssen wir *Arbeit* verrichten. Wir erhöhen die Energie, wenn wir magnetisieren, führen aber keine magnetische Substanz zu (Seite 266).

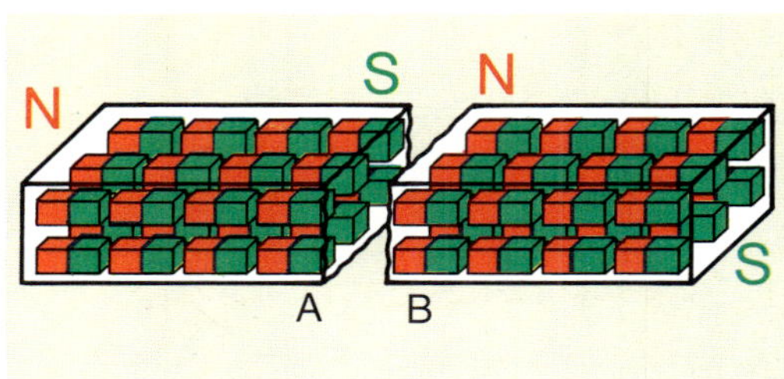

261.2 Beim Zerbrechen bilden sich an der Bruchstelle AB neue Pole.

3. Vorübergehende Magnetisierung

S-Versuch 7: Ziehe mit einem starken Nordpol eine Kette von Eisennägeln hoch: Jeder Nagel wird zu einem Magneten und zieht andere mit *(Bild 262.1)*. Denn die Südpole seiner Elementarmagnete werden nach oben, die Nordpole nach unten gedreht. Dann ziehen sich Nord- und Südpole aneinanderhängender Nägel an. – Löst man die Kette oben vom Magneten, so fällt sie auseinander: Die Nägel waren nämlich nur *vorübergehend magnetisiert*. Ihre Elementarmagnete kehren wieder in die ursprüngliche Unordnung zurück.

Versuch 8: a) Zwei Eisenstäbe (Nägel) hängen nach *Bild 262.2* an zwei langen Fäden auf genau gleicher Höhe. Wir nähern ihnen einen Nordpol N mit großer Polfläche von unten her. Die Eisenstäbe stoßen sich ab; ihre Elementarmagnete wurden mit den Südenden nach unten und den Nordenden nach oben ausgerichtet. Die so entstandenen Pole N′ bzw. S′ stoßen sich mit den Kräften F_2 und F_2' bzw. F_3 und F_3' ab. Die beiden Pole S′ werden von N angezogen (F_1 und F_1').

b) Man kann leicht zeigen, daß die Eisenstäbe oben die Nordpole N′ bekommen haben. Man braucht ihnen nur von vorn einen anderen Nordpol zu nähern; sie werden nach hinten abgestoßen (gut sichtbar im Schattenwurf). Ein Südpol stößt die beiden Südpole S′ ab.

c) Wenn man den Nordpol N entfernt, fallen die Eisenstäbe wieder zusammen; die Elementarmagnete waren nur vorübergehend geordnet. In diesem Versuch haben wir *Eisenstücke magnetisiert, ohne sie zu berühren;* die Elementarmagnete ließen sich leicht ausrichten – aber nur vorübergehend.

4. Auf die Legierung kommt es an!

In Versuch 7 und 8 ließen sich die Elementarmagnete leicht ausrichten; sie verloren aber auch schnell ihre Ordnung wieder. Wir benutzten reinstes Eisen oder Legierungen, in denen dem Eisen Silizium oder Nickel beigegeben ist. Sie werden **weichmagnetische Werkstoffe,** auch **Weicheisen** genannt.

Dauermagnete stellt man aus **hartmagnetischen** Werkstoffen her (*Stahl* oder besondere Eisenlegierungen). Man gibt dazu dem Eisen Zusätze von Kohlenstoff, Aluminium, Kobalt, Kupfer usw. Diese Zusätze erschweren die Ordnung der Elementarmagnete über das ganze Metallstück hinweg. Deshalb mußten wir das Laubsägeblatt in Versuch 4a mehrmals streichen. Andererseits bleibt die einmal erzwungene einheitliche Orientierung erhalten; man erhält **Dauermagnete.**

Bestimmte Eisenlegierungen sind überhaupt nicht magnetisierbar. Man benutzt sie z.B. in *antimagnetischen Uhren.*

Versuch 9: a) Wir wollen prüfen, ob Weicheisen einen Magneten anziehen kann und nähern es dem Nordpol N einer Magnetnadel *(Bild 263.2)*. Obwohl das Weicheisen zunächst nicht magnetisiert ist, zieht es diesen Nordpol an. Er dreht nämlich die Südpole der Elementarmagnete im Weicheisen zu sich her; sie bilden den Südpol S′. S′ und N ziehen sich dann gegenseitig an. – Genauso zieht das Weicheisen den Südpol der Nadel an (Aufgabe 2).

b) Wir erhitzen nach *Bild 263.1* den an einem Draht aufgehängten kleinen Nagel zur Rotglut. Dann wird er vom Magneten genau so wenig angezogen wie ein Stück Kupfer! Die Wärmebewegung (Seite 126) verhindert näm-

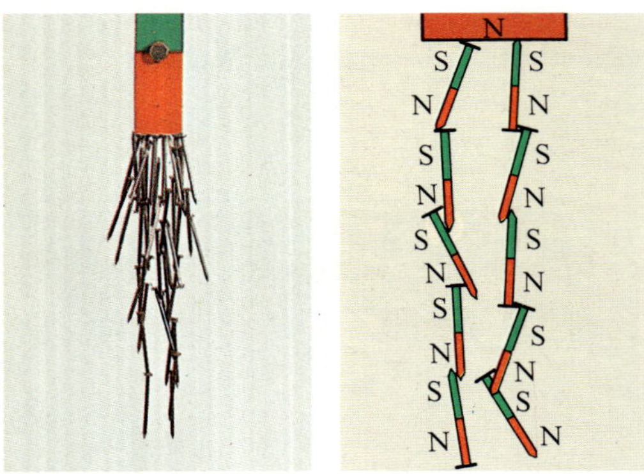

262.1 Die Nägel wurden vorübergehend magnetisch.

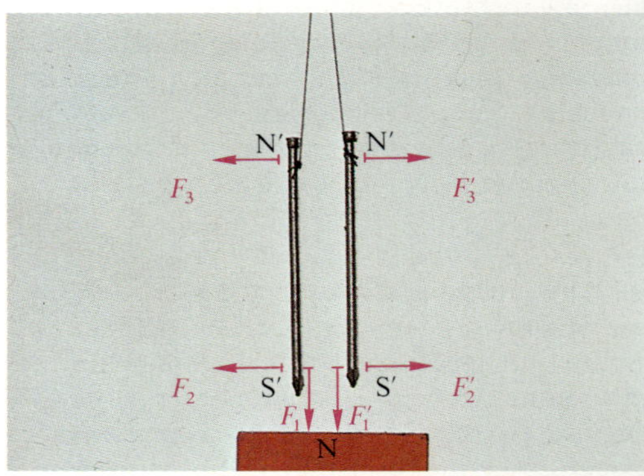

262.2 Die magnetisierten Nägel stoßen sich ab!

lich das Ausrichten der Elementarmagnete oberhalb von 770 °C vollständig. Diese strecken deshalb dem Nordpol des Magneten ebenso viele Nord- wie Südpole entgegen; Anziehung und Abstoßung halten sich dann die Waage; das Eisen ist unmagnetisch.

Ein Magnet zieht Eisenkörper erst dann an, wenn er dessen Elementarmagnete ausgerichtet hat. Von dem so magnetisierten Eisenstück wird auch der Magnet angezogen (Kraft und Gegenkraft).

Durch Anziehung läßt sich also nicht entscheiden, ob ein Eisenstück schon vorher magnetisch war oder nur vorübergehend magnetisiert wurde. *Wir sind nur dann sicher, daß das Eisen schon vorher magnetisiert war, wenn es einen Pol der Kompaßnadel abstößt* (Aufgabe 4).

5. Die Elementarmagnete als Denkmodelle

Obwohl wir mit den Elementarmagneten viele Erscheinungen erklären können, wissen wir von ihnen bisher nur sehr wenig; sie geben uns nur ein *stark vereinfachtes Bild der Wirklichkeit*, ein einfaches *Modell* (Seite 15). Atomphysiker haben es verfeinert und erklären noch viele weitere Erscheinungen, die wir hier nicht besprechen konnten.

Vereinfachte Vorstellungen, die wir uns in der Physik von der Wirklichkeit machen, nennt man Modelle.

In der Physik beobachtet man die Dinge und Naturvorgänge nicht nur; man denkt auch über Zusammenhänge und gemeinsame Ursachen nach. Dabei helfen *anschauliche Vorstellungen;* es sind zwar immer nur *Bilder* und *Modelle* von den Dingen und Vorgängen. Wir wollen sie trotzdem nicht entbehren, werden aber versuchen, sie immer weiter zu verfeinern, so daß sie in unserem Denken ein möglichst *getreues Abbild der Wirklichkeit* ergeben. **Man darf jedoch die Modelle als Vorstellungen unseres Denkens nie mit der Wirklichkeit gleichsetzen.** Auch wenn eine Fotografie die Einzelheiten eines Gegenstandes genau wiedergibt, so ist sie mit ihm doch nicht identisch. – Zeichnerisch werden Modelle häufig durch *Symbole* dargestellt, die ganz anders aussehen als die Wirklichkeit; siehe die Elementarmagnete.

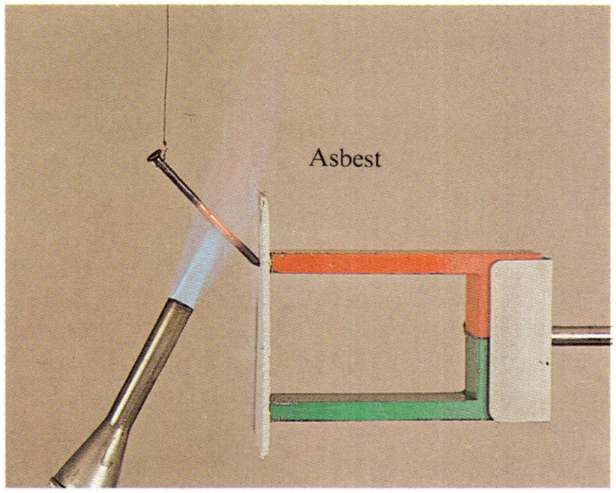

263.1 Zu Versuch 9b

Aufgaben:

1. *Streiche eine Rasierklinge mit einem Magneten und lege sie vorsichtig auf Wasser! Was geschieht?*

2. *Nach Bild 262.2 zieht zwar der Nordpol* N *den Südpol* S′ *an, stößt aber den von ihm abgewandten Nordpol* N′ *ab. Warum wird trotzdem der Nagel als Ganzes angezogen?*

3. *Warum gelingt Versuch 5 auch dann, wenn man das Reagenzglas mit nicht magnetisierten Eisenfeilspänen gefüllt hat? Was geschieht, wenn das Glas zusätzlich mit flüssigem Paraffin gefüllt ist, das beim Abkühlen erstarrt?*

4. *Nähere ein schwach magnetisiertes Eisenstück langsam einer Magnetnadel so, daß sie abgestoßen wird. Nähere es demselben Pol schnell! Warum kann sie nun angezogen werden?*

5. *Was geschieht, wenn man in Versuch 4 mit dem Südpol streicht oder in Versuch 9a einen Südpol nähert?*

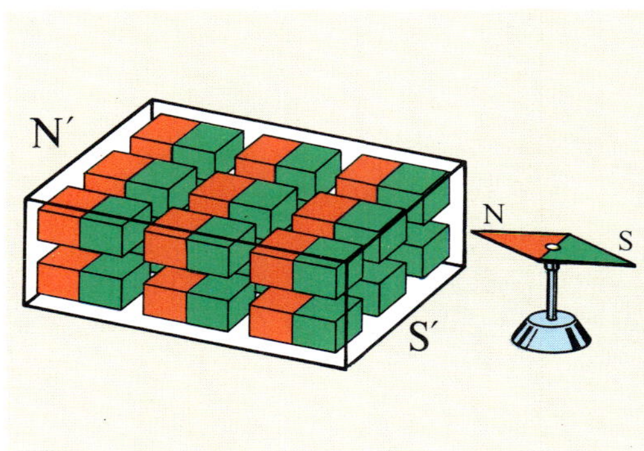

263.2 Der Nordpol N richtet Elementarmagnete aus.

§ 83 Das magnetische Feld

1. Was überträgt magnetische Kräfte?

Mit gespannten Seilen kannst du Kräfte auf entfernte Körper übertragen und so den Wirkungsbereich deiner Hände erweitern. Wie macht es der Magnet? In seinem Umfeld finden wir solche aus *Materie* bestehende „Hände" oder Seile nicht. Kann er also Kräfte ohne Hilfe und ohne Einfluß materieller Stoffe übertragen, kann er sogar durch materiefreie Räume „hindurchgreifen"?

Versuch 10: Ein Eisenkörper oder eine Magnetnadel hängen unter einer Glasglocke. Sie werden durch das Glas hindurch von einem Magneten angezogen. Nun schieben wir Platten aus Holz oder anderen nicht magnetisierbaren Stoffen dazwischen. Schließlich pumpen wir mit einer Vakuumpumpe die Luft unter der Glasglocke weg. *Die Anziehung bleibt unverändert:* Sie ist von der zwischenliegenden Materie unabhängig und erfolgt auch im leeren Raum, also ohne Materie! Dies gibt dem Raum um einen Magneten eine besondere physikalische Bedeutung; man nennt ihn ein **magnetisches Feld** oder kurz ein **Magnetfeld.** Es unterscheidet sich für unsere Sinne nicht von anderen Räumen; um es zu erforschen, müssen wir *ferromagnetische Testkörper* hineinbringen.

Das magnetische Feld ist der Wirkungsbereich eines Magneten; dort wirkt er auf ferromagnetische Körper. Magnetfelder gibt es auch im Vakuum.

2. Feldlinien als Denk- und Anschauungshilfe

Versuch 11: a) Eine leichtbewegliche, magnetisierte Stricknadel soll ein Magnetfeld „abtasten". Sie steht, nach *Bild 264.1* in einem Korkstück befestigt, senkrecht zur Wasseroberfläche. Ihr Nordpol N beschreibt als Testkörper im Feld des Stabmagneten N′S′ die gestrichelte Bahn von N′ nach S′. Längs dieser Bahn erfährt der Nordpol N Kräfte. Wir nennen diese Bahn eine **magnetische Feldlinie.** (Der Südpol S der Nadel ist zu weit entfernt, um merkliche Kräfte zu erfahren.)

b) Nun halten wir den Stabmagneten N′S′ unten an die Wanne; jetzt überwiegt die Kraft auf den Südpol S der Nadel. Er wird von S′ abgestoßen und zugleich von N′ angezogen. Deshalb bewegt sich S ebenfalls auf einer Feldlinie zunächst von S′ weg und dann zurück zu N′ (Aufgabe 3). Damit wir uns kurz und eindeutig ausdrücken können, versehen wir die Feldlinien durch Pfeile mit einem *Richtungssinn (Bild 264.2):*

Feldlinien geben die Richtung der Kraft an, die ein *Nord*pol erfährt, den man ins Feld bringt. *Süd*pole erfahren Kräfte *gegen* die durch Pfeile gekennzeichnete Feldlinienrichtung.

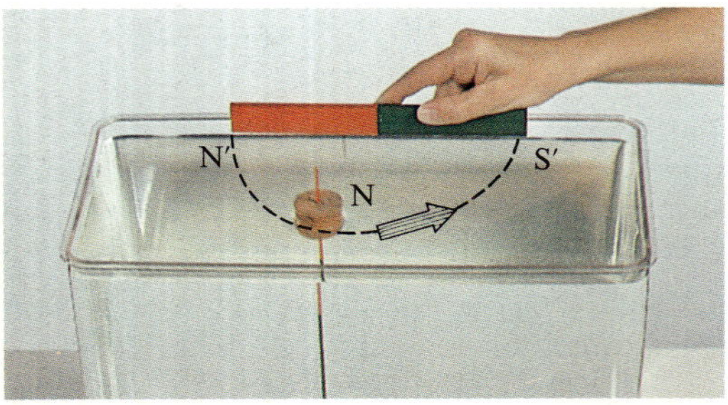

264.1 Die magnetisierte Stricknadel schwimmt längs einer Feldlinie.

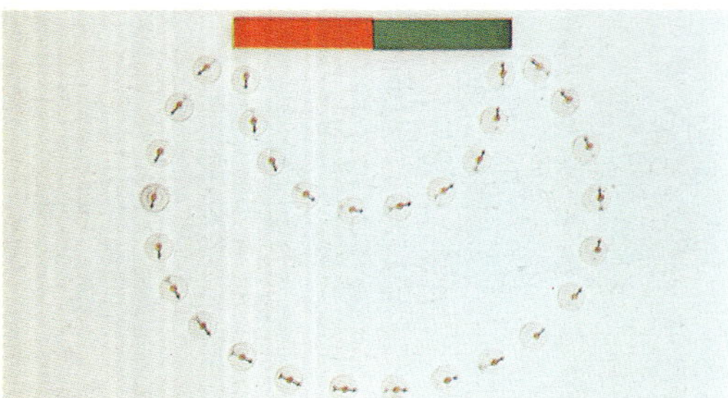

264.2 Magnetnadeln stellen sich längs der Feldlinien ein; siehe auch *Bild 265.1.*

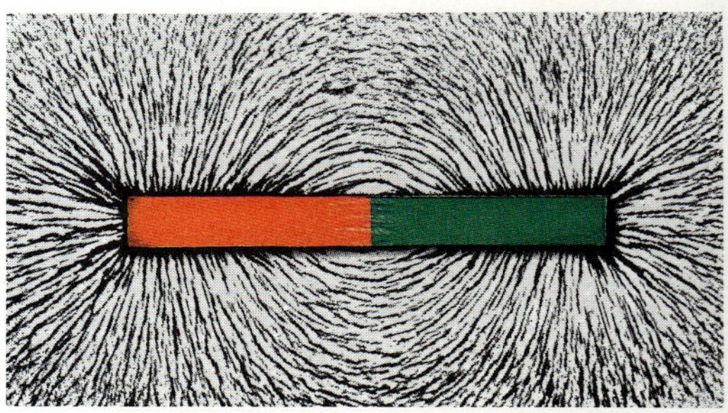

264.3 Eisenfeilspäne zeigen das Feld des Stabmagneten. Wie sind die Feldlinien gerichtet?

Nach dieser *Vereinbarung* weisen die mit Pfeilen versehenen Feldlinien außerhalb des Magneten stets vom Nord- zum Südpol *(Bild 264.2)*. In der Nähe der Pole S′ und N′ bewegt sich die schwimmende Stricknadel am schnellsten; sie erfährt dort größere Kräfte als weitab von den Polen (Aufgabe 7):

Feldlinien zeigen am Nordpol vom Magneten weg. Am Südpol kehren sie wieder zu ihm zurück. Das Feld ist in der Nähe der Pole eines Stabmagneten am stärksten.

Versuch 12: a) Um den Verlauf der Feldlinien mit einem Blick zu erkennen, bringen wir viele kleine Magnetnadeln in das Feld *(Bild 264.2, 265.1)*. Sie stellen sich nach einigen Schwingungen mit ihren Nordpolen in Richtung der jeweiligen Feldlinie ein.

b) Lege auf einen Magneten ein rauhes Fließpapier, streue Eisenfeilspäne darauf und klopfe! Die Späne ordnen sich längs der Feldlinien kettenförmig an *(Bild 264.3)*; sie werden nämlich vorübergehend zu kleinen Magnetnadeln. Wie bei der Nagelkette nach *Bild 262.1* ziehen sich Nord- und Südpole benachbarter Späne an.

c) *Bild 265.1* zeigt das Feld eines Hufeisenmagneten. Zwischen seinen Polen laufen die Feldlinien weitgehend parallel und gerade. Diesen Bereich nennt man **homogen** (gleichartig). Dort zeigen die Nadeln mit ihren Spitzen (N-Pole) einheitlich nach der gleichen Richtung.

Im Feld bewegen sich Magnetpole auf vorgeschriebenen Bahnen, Magnetnadeln ordnen sich nach Plan. Magnetfelder haben also eine *Struktur*, die sie charakterisiert. Diese drücken wir durch das *zeichnerische Hilfsmittel* „Feldlinie" aus. An den Feldlinien können wir die Richtungen der Kräfte auf Magnetpole ablesen.

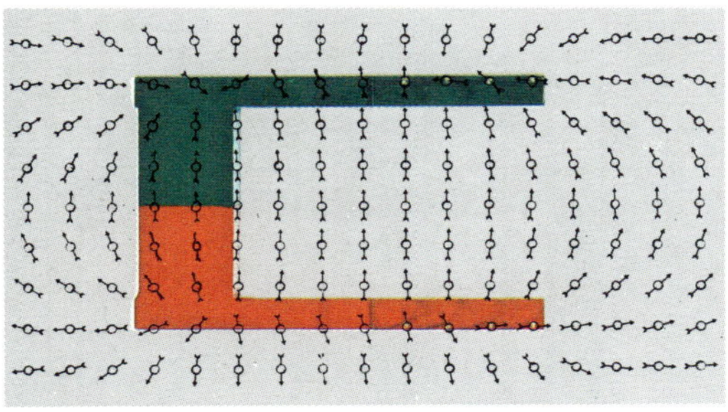

265.1 Feld eines Hufeisenmagneten: Wo ist sein Nordpol?

Versuch 13: a) Tauche den Nordpol eines starken, dünnen Stabmagneten in Eisenfeilspäne! Sie bilden stachelförmige „Bärte", deren Strähnen wie die Feldlinien vom Nordpol *nach allen Seiten* wegstreben. Am Ende dieser Strähnen liegen nämlich Nordpole von Eisenfeilspänen frei (betrachte die Nagelkette in *Bild 262.1*); diese Nordpole erfahren Kräfte in Feldlinienrichtung. Wir sehen: *Feldlinien sind nicht auf eine Ebene beschränkt.*

b) Nähere einen zweiten Nordpol mit dem gleichen Bart! Die Eisenfeilspanketten verdrängen sich gegenseitig *quer* zur Feldlinienrichtung; ihre frei liegenden Nordpole stoßen sich gegenseitig ab. Die Abstoßungskräfte der gleichnamigen Pole spürt man also nicht nur mit der Hand, man kann sie im Feldlinienbild auch am *Parallellauf* ihrer Feldlinien ablesen *(Bild 265.2)*.

c) Nähere die Bärte zweier *entgegengesetzter* Pole! Die Eisenfeilspanketten „suchen" sich längs der Feldlinienrichtung zu verkürzen (an den Enden liegen entgegengesetzte Pole frei). Die Anziehungskraft ungleichnamiger Pole kann man am Feldlinienbild als *Zug* (Verkürzungstendenz) *längs* der Feldlinien ablesen *(Bild 265.3)*. Feldlinien geben also wertvolle Aufschlüsse über die magnetischen Kräfte.

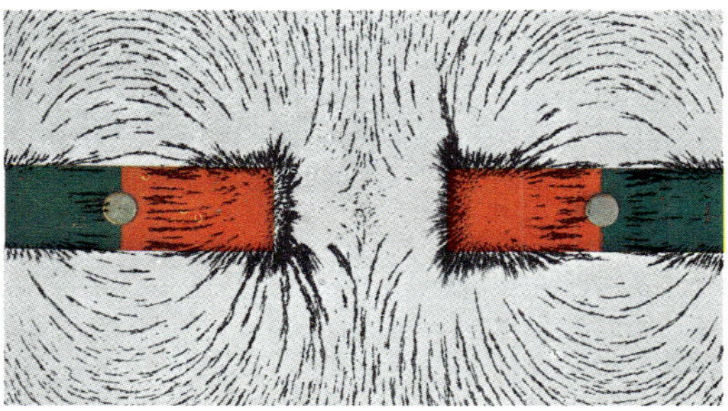

265.2 Die gleichnamigen Pole stoßen sich ab. Die Eisenfeilspanketten „verdrängen" sich gegenseitig.

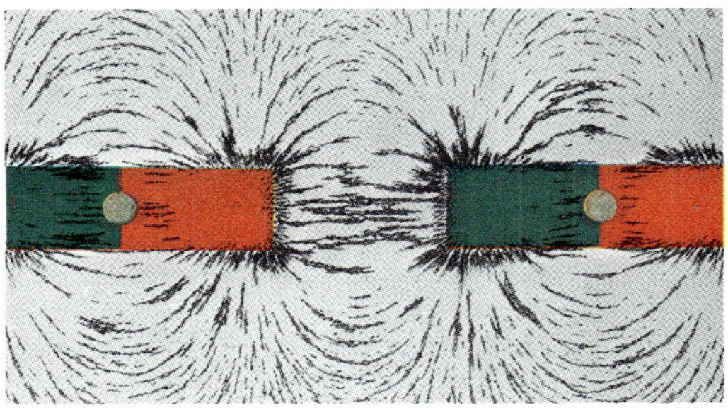

265.3 Ungleichnamige Pole ziehen sich an. Die Eisenfeilspanketten „suchen sich zu verkürzen".

3. Weicheisen schirmt Magnetfelder ab

Versuch 14: Halte ein Weicheisenstück vor einem Hufeisenmagneten fest und erzeuge nach *Bild 266.1* das Feldlinienbild: Die vom Nordpol N des Hufeisenmagneten ausgehenden Feldlinien verlaufen größtenteils zum Südpol S′ im Weicheisen; er ist dort durch Ausrichten der Elementarmagnete vorübergehend entstanden *(Bild 263.2)*. Von N′ gehen Feldlinien zurück zu S. Hinter dem Weicheisen ist das Feld weitgehend verschwunden; dort wird eine Magnetnadel nur wenig abgelenkt: *Dieser Bereich ist vor dem Magnetfeld abgeschirmt.* In nicht magnetisierbaren Stoffen (Glas, Holz usw.) entstehen keine Pole; solche Stoffe können deshalb Magnetfelder nicht abschirmen.

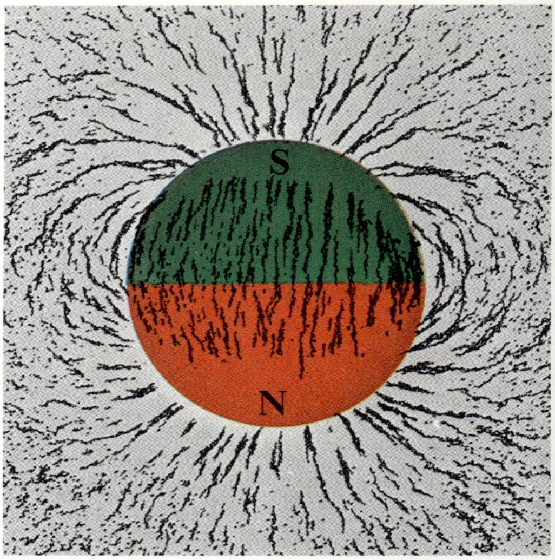

266.2 Feld einer magnetisierten Stahlscheibe

4. Im Magnetfeld ist Energie gespeichert

Um Körper zu heben, brauchst du neben der Kraft auch noch **Energie;** sie stammt bei dir aus der Nahrung. Wenn der Magnet nach *Bild 266.1, links* das Eisenstück hochzieht, so ändert sich in seinem Innern, an den Elementarmagneten, aber nichts. Von dort kann also die Energie nicht stammen. Dafür wurde der von Feldlinien und damit vom Magnetfeld erfüllte Raum kleiner *(Bild 266.1, rechts)*. Reißt du das Eisen wieder vom Magneten, so vergrößert sich der felderfüllte Raum. *Dabei speichert er die von dir verrichtete Arbeit als Energie.* Ein mit Magnetfeld erfüllter Raum ist also ähnlich „energiegeladen" wie ein Pulverfaß oder ein Butterpaket. Gilt dies auch für Felder im Vakuum (Versuch 10)? Nun – die Sonne strahlt uns riesige Energiemengen durch weite und völlig leere Räume zu. Dies zeigt, daß Energie nicht an Materie gebunden sein muß; Energie kann auch im leeren Raum vorkommen.

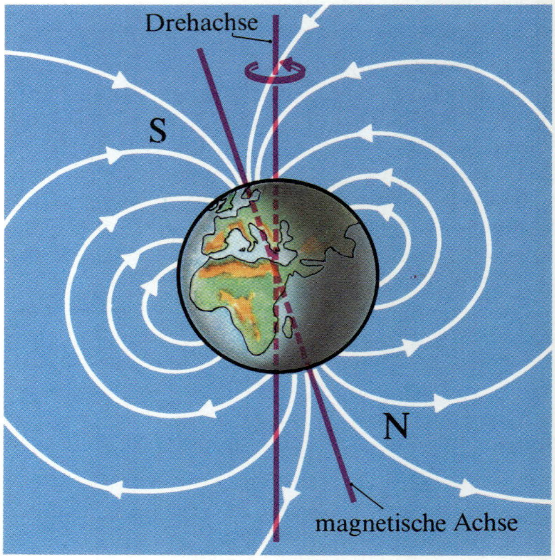

266.3 Das Magnetfeld der Erde

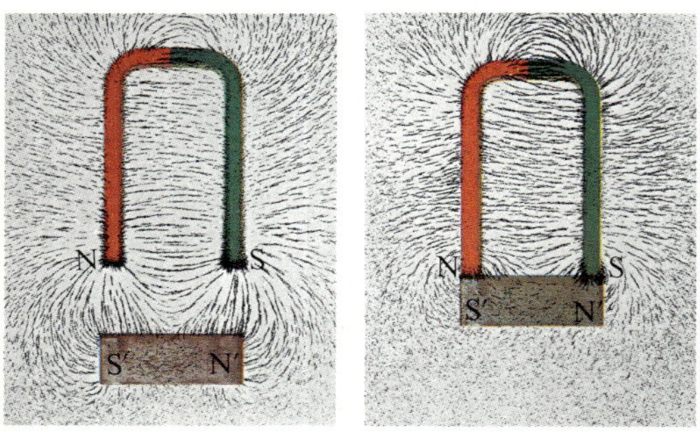

266.1 Der Raum unter dem Weicheisenstück ist vom Feld abgeschirmt; im Feld sitzt Energie!

266.4 Die Feldlinien sind nach unten um den Winkel *i* gegen die Horizontale geneigt.

5. Ist die Erde auch ein Magnet?

Der Nordpol einer Kompaßnadel zeigt, daß magnetische Feldlinien im Physiksaal wie im Freien von Süden nach Norden verlaufen. *Ist etwa die Erde selbst ein Magnet?* Wir führen einen Modellversuch im Kleinen aus:

Versuch 15: *Bild 266.2* zeigt das Feld einer magnetisierten Stahlscheibe. Aus der ganzen „Südhälfte" treten Feldlinien aus und laufen in weiten Bögen zur „Nordhälfte". Im Norden Kanadas treten die Feldlinien senkrecht in die Erdoberfläche ein *(Bild 266.3)*. Dort ist der **magnetische Südpol S.** Am **magnetischen Nordpol N** (südlich von Australien) treten sie genau senkrecht aus. Die meisten Feldlinien durchsetzen die Erdoberfläche *schräg;* bei uns sind sie gegenüber dem Horizont stark nach unten geneigt.

Versuch 16: Zur Bestätigung ist nach *Bild 266.4* eine Magnetnadel so gelagert, daß sie sich um ihre in OW-Richtung waagerecht liegende Achse drehen kann. Sie stellt sich dann genau in Richtung der Feldlinien ein und ist mit ihrem Nordpol um den Winkel $i \approx 65°$ nach unten geneigt. Am Äquator dagegen wäre nach *Bild 266.3* dieser **Inklinationswinkel *i*** Null, an den magnetischen Polen der Erde 90°; die Feldlinien stehen dort senkrecht zur Erdoberfläche.

Versuch 17: Halte eine Eisenstange in Richtung des magnetischen Erdfeldes. Schlage mit dem Hammer mehrmals kräftig auf das obere Ende der Stange! Ihre Elementarmagnete stellen sich wie die Nadel in *Bild 266.4* ein: Die Stange wird magnetisch, ihr unteres Ende ein Nordpol (gilt auch für eiserne Werkzeuge, Hämmer und dergleichen).

Die Magnetpole der Erde fallen nicht mit den geographischen Polen zusammen. Deshalb weicht z.B. in Aachen die Kompaßnadel im Freien um 4° nach West ab. In Berlin ist diese **Mißweisung** (auch **Deklination** genannt) heute etwa Null. Sie nimmt bei uns im Jahr um etwa 0,1° ab; denn die Magnetpole der Erde wandern langsam. Kennt man diese Mißweisung in einer Gegend, so kann man mit Hilfe des *Kompasses* die Himmelsrichtungen bestimmen *(Bild 259.2)*. — In Skandinavien und Rußland stören große Eisenerzlager das Magnetfeld und ändern die Mißweisung. — Das Innere der Erde ist so heiß, daß der Erdmagnetismus nicht durch die Ausrichtung von Elementarmagneten entstehen kann. Vielmehr ist er wahrscheinlich durch *elektrische Ströme* erzeugt (Seite 298); wir dürfen uns also nicht — wie im Modellversuch 15 — die Erde als magnetisierte Stahlkugel vorstellen. — Sicher ist, daß magnetische Kräfte völlig andere Ursachen haben als die Schwerkraft, auch wenn beide durch den leeren Raum hindurch wirken. Die Schwerkraft wirkt auf alle Körper, ein Magnet zieht nur ferromagnetische Stoffe an oder stößt entgegengesetzte Pole ab. Bei der Schwerkraft gibt es dagegen keine Abstoßung.

Aufgaben:

1. *Warum sagt man, der magnetische Nordpol der Erde sei im Süden? Welcher Pol der Kompaßnadel würde nach einer konsequenten Umbenennung nach Norden weisen?*

2. *Warum darf das Gehäuse eines Kompasses nicht aus magnetisierbarem Eisen bestehen?*

3. *In Bild 267.1 sei* N *der Nordpol einer schwimmenden Stricknadel, $\vec{F}_1$ sei die Abstoßungskraft, die er vom Nordpol* N′ *des Stabmagneten erfährt. a) Warum ist die Anziehungskraft $\vec{F}_2$ durch den Südpol* S′ *kleiner? — b) Welche Bedeutung hat die Resultierende $\vec{F}$ für die Feldlinie am Ort von* N? *— c) Konstruiere diese Resultierende für den Punkt* B, *der gleiche Entfernungen von* N′ *und* S′ *hat! Vergleiche mit der dortigen Feldlinie! d) Konstruiere die Feldlinienrichtung in* C *(Kraftbeträge schätzen)!*

4. *In Versuch 3d werden zwei gleich starke Magnete mit gleich- bzw. ungleichnamigen Polen aufeinandergelegt. Konstruiere nach Aufgabe 3 die resultierenden Kräfte auf die Pole der Kompaßnadel!*

5. *Zwei gleiche Magnete werden mit ihren ungleichnamigen Polen aufeinandergelegt. Die Feldlinien laufen nun vom Nordpol des einen unmittelbar zum Südpol des anderen (vergleiche mit Bild 265.3!). Wie wirkt sich dies auf ferromagnetische Stoffe in der Umgebung aus? Vergleiche mit Versuch 14!*

6. *Kannst du ein Laubsägeblatt auch so streichen, daß es in der Mitte einen Nord- und an den beiden Enden Südpole zeigt? Erkläre mit Hilfe von Feldlinien und Elementarmagneten!*

7. *Zeige an Beispielen: Die magnetische Kraft ist an den Stellen eines Feldes größer, an denen die Feldlinien dichter liegen. Erkläre damit Aufgabe 2 von Seite 263!*

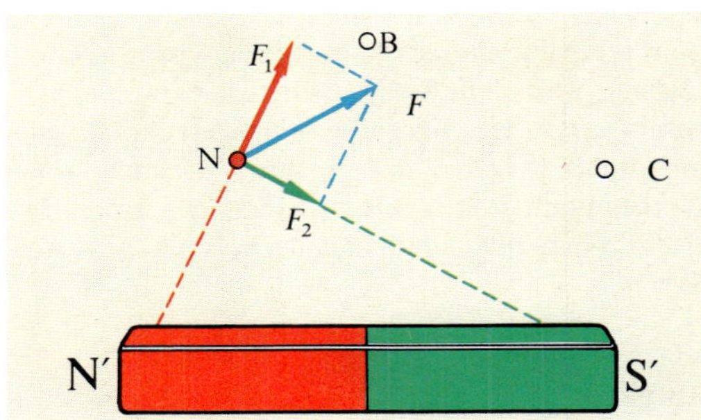

267.1 Zur Aufgabe 3; Kräfte auf den Nordpol N einer schwimmenden Stricknadel

Stromausfall legte Frankreich lahm

Überlastung ließ das Leitungsnetz zusammenbrechen – Überall im Land stand alles still

Paris, 19. Dez. 1978 afp
Ein gebietsweise mehrstündiger Stromausfall in ganz Frankreich hat das öffentliche Leben des Landes heute erheblich durcheinandergebracht. Um 8.30 Uhr gingen schlagartig alle Lichter aus. In den Städten brach der Verkehr an den stilliegenden Ampeln zusammen. Tausende blieben in den Schächten der U-Bahn und in Aufzügen stecken. Die Ölzentralheizungen wurden kalt; Schulen blieben geschlossen.

Das macht deutlich, wie sehr wir heute auf die Elektrizität angewiesen sind. Dabei wurden erst vor etwa 100 Jahren die Gesetze der Elektrizitätslehre zusammenfassend aufgestellt und die ersten technisch brauchbaren *Dynamomaschinen* zum Erzeugen elektrischer Energie erfunden. Seitdem entwickelte sich die *Elektrotechnik* ungewöhnlich stürmisch. Heute gelten Erzeugung und Nutzung elektrischer Energie als Maßstab für die wirtschaftliche Stärke eines Landes.

Weißt du, was „Strom" ist? Nach Behebung einer Panne im **E-Werk** (Elektrizitätswerk) leuchten die Lampen wieder auf. Du sagst *„Der Strom ist wieder da"*. Hast du recht? Du siehst doch nicht, ob in den Leitungen etwas strömt. Unsere Sinnesorgane nehmen nur die von Lampen und Motoren in Form von Licht, Wärme Schall und Bewegung abgegebene *Energie* wahr. Sie kommt vom E-Werk.

Es wäre viel zu gefährlich, die Leitungen des elektrischen Versorgungsnetzes daraufhin zu untersuchen, ob in ihnen etwas strömt. Deshalb benutzen wir zunächst die Teile von Taschenlampen, mit denen wir gefahrlos experimentieren können. **Hantiere nie an der Steckdose oder an anderen Teilen des Netzes! Berühre weder Geräte noch Leitungen auf dem Experimentiertisch, wenn dich nicht der Lehrer dazu auffordert!**

Aufgabe:

Gib elektrische Geräte an, die von Batterien, und solche, die vom Netz gespeist werden!

§84 Der elektrische Stromkreis

1. Der Stromkreis muß geschlossen sein

S-Versuch 1: a) Du möchtest hinter die Geheimnisse des Stromes kommen und ein Lämpchen unmittelbar an einer Flachbatterie zum Leuchten bringen. Zunächst hältst du sein Gewinde an einen ihrer beiden Messingstreifen; es bleibt dunkel. Also genügt eine Berührungsstelle, ein *Kontakt*, nicht. Auch der andere Messingstreifen muß den Metallknopf unten am Lampensockel berühren *(Bild 268.1)*.

Warum? Jetzt ist der Glühfaden im Lämpchen mit den beiden Anschlüssen der Batterie in einen **geschlossenen Stromkreis** einbezogen. Dies mag als *erstes Indiz* dafür gelten, daß die uns noch nicht genauer bekannte *„Elektrizität"* einen Rückweg zur Batterie braucht und einen **Kreislauf** ausführt. Man sagt **„es fließt Strom".** Wir denken dabei an den *Blutkreislauf* mit dem Herzen als Pumpe und den Körperorganen als „Durchlaufstationen". *Gas* dagegen strömt zum Küchenherd und verbrennt dort – Endstation. Da Gas keine Rückleitung zum Gaswerk braucht, dürfen wir es nicht mit der Elektrizität im Stromkreis vergleichen.

b) Damit die elektrischen Kontakte sicher und beständig sind, benutzen wir eine *Lampenfassung* nach *Bild 270.4*. Untersuche sie, schraube das Lämpchen ein und verbinde die beiden Anschlußbuchsen durch Leitungsdrähte nach *Bild 269.2* mit den beiden Messingstreifen der Batterie! Benutze dabei *Krokodilklemmen* (oder Büroklammern)! Wenn du den Stromkreis an irgendeiner Stelle AB unterbrichst, erlischt das Lämpchen *(Bild 269.4)*. **Die Elektrizität kann hier bei geöffnetem Stromkreis nicht fließen.**

268.1 Ein einfacher Stromkreis ist geschlossen. Verfolge ihn im Lämpchen!

269.1 Heizstrahler mit Heizwendel

269.3 Er hat noch Probleme mit der Elektrizität.

c) Überbrücke die Unterbrechungsstelle AB in *Bild 269.4* mit verschiedenen Gegenständen! Leuchtet das Lämpchen hell auf, so sagt man, die Unterbrechungsstelle AB sei durch einen guten **Leiter** überbrückt. Leuchtet es nur schwach, so liegt ein *schlechter Leiter* vor. Leuchtet es nicht, so unterbricht ein **Isolator** den Stromkreis. Stelle deine Versuchsergebnisse gemäß *Tabelle 269.1* zusammen!

Gegenstand	Stoff	Lämpchen	Stoff leitet
Münze	Metall	hell	gut
Radiergummi	Gummi	dunkel	nicht
Bleistiftmine	Graphit	schwach leuchtend	mäßig

Tabelle 269.1 Untersuchung auf Leitfähigkeit

S-Versuch 2: Verbinde die beiden Anschlußbuchsen des Lämpchens unmittelbar durch einen Draht – aber ohne Batterie! Obwohl ein geschlossener Leiterkreis vorliegt, bleibt die Lampe dunkel.

Man muß in den „Kreis" noch eine **Stromquelle** legen: Die *Batterie*, einen *Fahrraddynamo*, einen *Akkumulator* (kurz *Akku*) oder *Netzgeräte* nach *Bild 273.3*. Diese enthalten *Transformatoren* (kurz *Trafo*); du kennst sie von der Spielzeugeisenbahn. – Die Anschlüsse einer Stromquelle nennt man **Pole.** Sie haben nichts mit magnetischen Polen zu tun; so bestehen die beiden Pole einer Taschenlampenbatterie aus Messing, nicht aus Eisen. Sie werden durch Plus- und Minuszeichen unterschieden.

Unter Polen versteht man in der Physik besondere Stellen, vor allem, wenn sie durch einen Gegensatz gekennzeichnet sind: Pole der Erde, einer Batterie, eines Magneten.

Der elektrische Stromkreis enthält eine Stromquelle und ist durch Leiter geschlossen. Elektrizität fließt nur in Leitern. Leiter sind Metalle und Graphit. Isolatoren sind Luft, Bernstein, Glas, Gummi, Keramik und die meisten Kunststoffe.

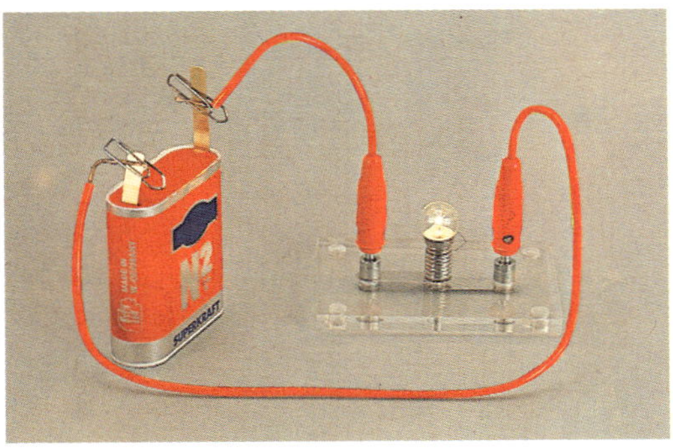

269.2 Der Stromkreis nach *Bild 268.1* ist durch die Drähte und eine Lampenfassung erweitert.

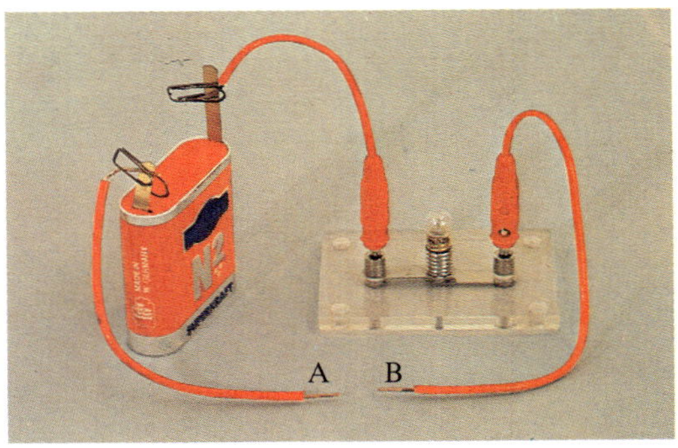

269.4 Zwischen A und B ist der Stromkreis unterbrochen, deshalb leuchtet das Lämpchen nicht.

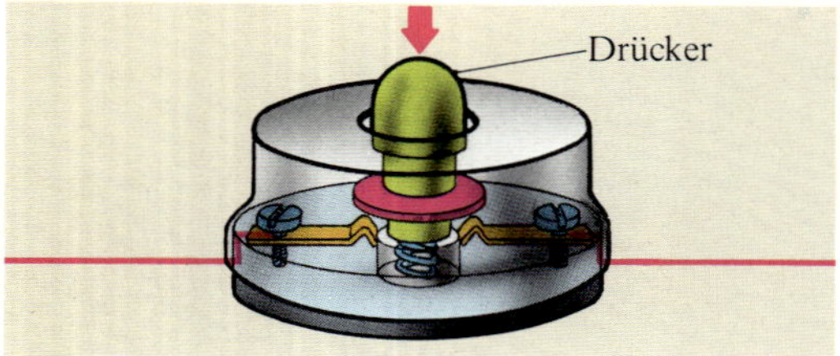

270.1 Durch die rote Metallplatte wird der Stromkreis beim Drücken des Klingelknopfs geschlossen.

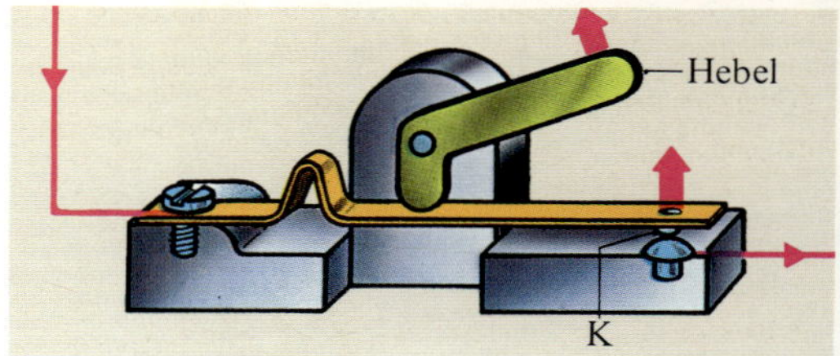

270.3 Hebelschalter: Beim Umlegen des Hebels wird der Stromkreis geöffnet.

2. Schalter, Schaltpläne und Lampen

a) In **Schaltern** sind nach *Bild 270.1* und *270.3* die Leitungsdrähte unterbrochen und die Enden auf *Isoliermaterial* (Porzellan oder Kunststoff) befestigt. Beim Einschalten schließt ein Metallstück diese Lücke im Stromkreis; es wird durch Drücker *(Bild 270.1)* oder *Hebel (Bild 270.3)* bewegt. Diese bestehen genau so wie das Gehäuse aus guten *Isolatoren*, damit wir vor *elektrischen Schlägen* geschützt sind. Zahlreiche Schalter findet man am Armaturenbrett eines Autos oder eines Flugzeugs *(Bild 9.3)* und als Tasten der Taschenrechner für die vielen Stromkreise in diesen Geräten.

Bild 270.2a zeigt rechts den Schalter einer *Taschenlampe*. Die Bahn des Stroms (rot) verläuft bei ihr zum Teil im Metallgehäuse. Um sie klar zu erkennen, zeichnen wir sie nicht naturgetreu nach, sondern entwerfen einen übersichtlichen Schaltplan:

b) Im **Schaltplan** nach *Bild 270.2b* sind die wichtigsten Teile des Stromkreises in ihrer *physikalisch wesentlichen Zuordnung* dargestellt: Die Linien symbolisieren die verbindenden Leitungsdrähte. Präge dir die benutzten **Schaltzeichen** gut ein! *Fertige stets einen Schaltplan an, bevor du eine Schaltung aufbaust!*

c) *Bild 270.4* zeigt eine **Glühlampe** mit ihrer *Fassung*. Verfolge die rot gezeichneten Leitungen! Der *Glühfaden* besteht aus dem *Metall Wolfram*. Beim Einschrauben wird P mit P′ sowie F mit dem Sockel L der Lampe verbunden. Der Sockel ist in den Stromkreis einbezogen und darf beim Ein- und Ausschrauben nicht berührt werden. Man weiß ja oft nicht, ob der Schalter den Stromkreis unterbrochen hat. *Vor Glühlampenwechsel Sicherungen „ausschalten"!*

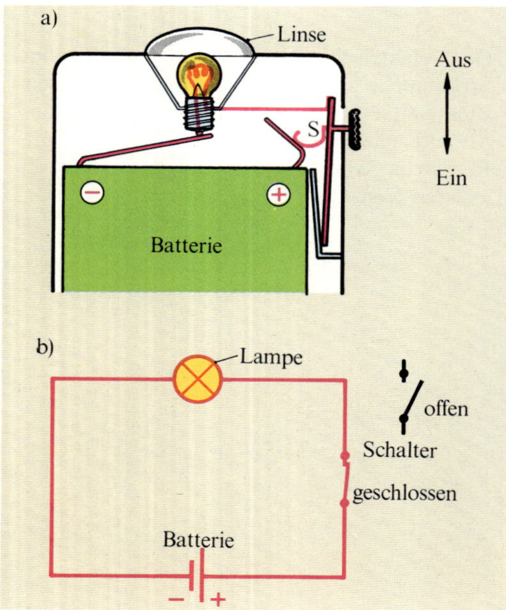

270.2 Stromkreis in der Taschenlampe

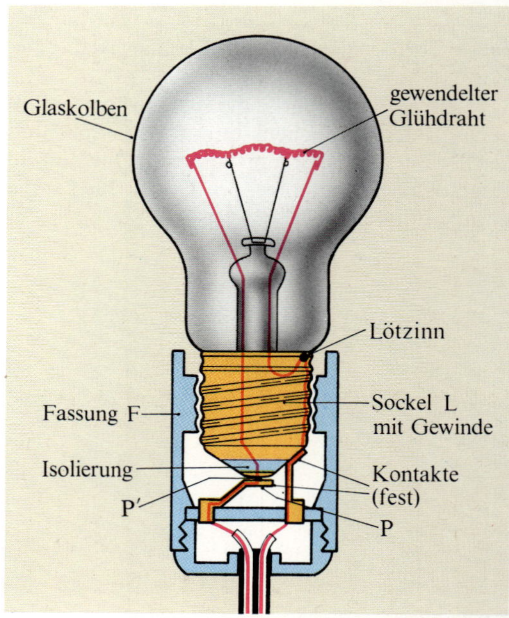

270.4 Glühlampe mit Fassung

3. Auch Flüssigkeiten können Strom leiten

Wenn ein Fön ins Badewasser fällt, besteht Lebensgefahr. Leitet Wasser den Strom?

Versuch 3: a) Wir stecken nach *Bild 271.1* zwei Kohlestäbe in ein Glasgefäß, ohne daß sie sich berühren. Das Lämpchen leuchtet hell, wenn wir *verdünnte Säuren, Basen (Laugen)* oder *Salzlösungen* einfüllen. Es leuchtet nur schwach bei *Leitungswasser* und *feuchtem Erdreich*. Bei reinem Wasser bleibt das Lämpchen dunkel.

b) Wir schütten *trockenes Kochsalz* zwischen die Kohlestäbe nach *Bild 271.1*; das Lämpchen leuchtet nicht. Wenn wir reines Wasser dazugeben, leuchtet es um so stärker, je mehr Salz sich gelöst hat (umrühren). Die schwache Leitfähigkeit von *Leitungswasser* rührt also von gelösten Stoffen her.

Auch *unser Körper* leitet den Strom, besonders gut die Blutbahnen, Muskeln und Nervenstränge, also gerade die empfindlichen Teile. Die trockene Haut dagegen leitet nur schlecht und bietet so einen gewissen Schutz. Wenn aber die Haut durch Regen, Schweiß oder im Bad feucht wurde, ist die Gefahr elektrischer Schläge groß (siehe Seite 273 und 330).

Säuren, Basen und Salzlösungen leiten den elektrischen Strom.

4. Gase leuchten, wenn sie Strom leiten

Luft und andere *Gase* sind im allgemeinen gute Isolatoren. Doch gibt es wichtige Ausnahmen:

Versuch 4: a) Die **Glimmlampe** nach *Bild 271.2* enthält zwei Drähte (*Elektroden* genannt), die in ein Glasröhrchen eingeschmolzen sind und sich nicht berühren. Im Röhrchen ist das Edelgas *Neon* unter vermindertem Druck (10 mbar). Beim Anschluß an ein Netzgerät leuchtet das *Gas* in der Umgebung einer Elektrode rötlich auf (Vorsicht, Gefahr!).

b) Wir legen eine 15-Watt-Glühlampe in die Zuleitung; sie leuchtet kaum, die Glimmlampe dagegen sehr hell. Glimmlampen sind also empfindlichere Nachweisgeräte für Strom als Glühlampen. Von *Reklamebeleuchtungen (Neonröhren)* und *Leuchtstofflampen* her kennst du diese Stromleitung in Gasen bei vermindertem Druck.

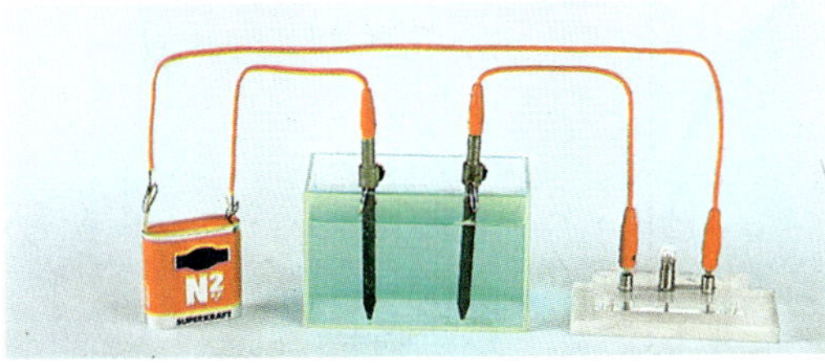

271.1 Mit dieser Anordnung prüft man in Versuch 3, welche Flüssigkeiten den Strom leiten.

Versuch 5: Nach *Bild 271.2* leuchtet das Gas nur an der rechten Elektrode; sie ist mit dem *Minuspol* der Stromquelle verbunden. Vertauschen wir die Anschlüsse an der Glimmlampe oder an der Stromquelle, so leuchtet das Gas um die linke Elektrode. Wir sehen: *Die Pole der benutzten Stromquelle sind verschiedenartig:* Man nennt sie *Pluspol* (+) und *Minuspol* (−). Siehe auch den Leitungsprüfer in *Bild 330.3!*

Unter besonderen Umständen können auch Gase den Strom leiten. Dann senden sie Licht aus (Blitz, Glimm- und Leuchtstofflampen). In Glimmlampen leuchtet das Gas um die mit dem Minuspol der Stromquelle verbundene Elektrode.

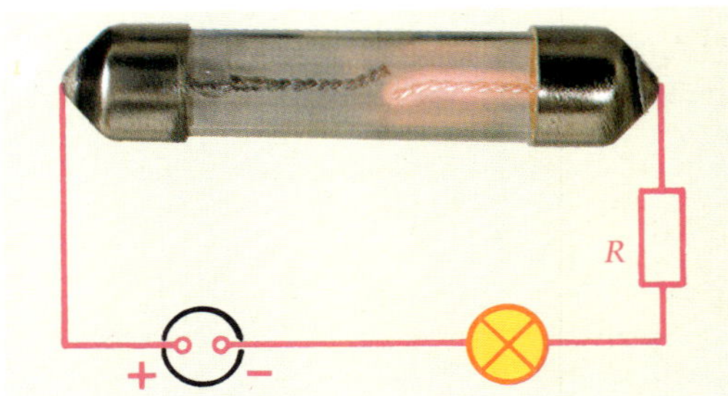

271.2 Stabglimmlampe: Das Gas um die rechte Elektrode leuchtet. *R* ist ein Strombegrenzer.

271.3 In Versuch 4b sind eine Glüh- und eine Glimmlampe hintereinandergeschaltet.

§ 85 Leitungsnetz und Wechselstrom

1. Wo braucht man Isolatoren?

Unsere Häuser werden häufig durch Freileitungen aus blanken Drähten an das *elektrische Versorgungsnetz* angeschlossen. Diese hängen nicht unmittelbar am Mast, sondern an *Isolatoren* aus Glas, Kunststoff oder Porzellan. Die blanken Drähte selbst sind gegeneinander durch die *Luft* isoliert. Im Haus fließt der Strom in Kupferdrähten, die mit Kunststoffen gegeneinander isoliert werden. Man verlegt sie in Rohren oder als sogenannte *Impuleitungen (Bild 272.1)* in den Wandputz. Wenn man Löcher in die Wand bohrt oder Nägel einschlägt, darf man nicht auf solche Leitungen treffen. Man kann die Leitung vorher durch *Suchgeräte* aufspüren – frage den Elektriker! Bevor man Drähte anschließt, muß man die *Isolierschicht* an den Enden entfernen. Auch *Experimentierkabel, Bananenstecker, Buchsen, Lüsterklemmen, Krokodilklemmen* usw. bestehen aus Metallteilen, die meist von Isolierstoffen umgeben sind *(Bild 272.1). Diese Isolation schützt vor unerwünschtem Berühren der stromführenden Metallteile.* Wird die Isolierschicht beschädigt, so kann der Strom unmittelbar vom einen Draht zum anderen fließen; es entsteht ein gefährlicher **Kurzschluß.** Tritt er bei der elektrischen Spielzeugeisenbahn auf, so wird der Trafo überlastet und heiß: die Lämpchen leuchten nur noch schwach. Liegt in einem Leitungskabel des Netzes ein Draht blank, so kann das Berühren lebensgefährlich sein! Besonders gefährdet sind *die* Stellen von Gerätekabeln, die oft geknickt werden, zum Beispiel unmittelbar am Bügeleisen oder am Staubsauger. – Haustiere wie Goldhamster und Meerschweinchen nagen gerne Leitungskabel an. Sie gefährden damit nicht nur sich selbst.

Elektrische Leitungen und Geräte werden so isoliert, daß der Strom nur den vorgesehenen Weg nehmen kann. Das Berühren nicht isolierter Netzleitungen ist lebensgefährlich.

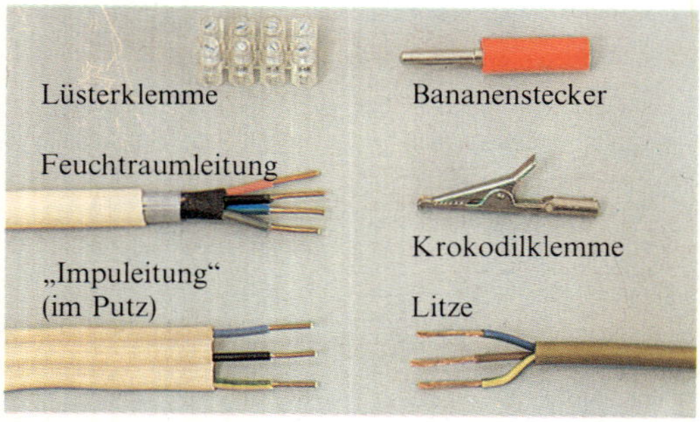

272.1 Elektrisches Installationsmaterial

2. Hat die Steckdose zwei Minuspole?

Versuch 6: Der Lehrer schließt die Glimmlampe (mit Strombegrenzer R) an eine Steckdose des Netzes an: das Gas leuchtet an *beiden* Elektroden. Sind also beide Pole *zugleich* Minuspole? Zur Klärung bewegt man die Glimmlampe schnell hin und her (oder beobachtet sie über einen rotierenden Spiegel). *Bild 273.2* zeigt, daß ihre beiden Elektroden nie gleichzeitig, sondern *schnell nacheinander* von der Glimmhaut bedeckt sind. *Die Polung der Steckdose wechselt also in rascher Folge:* 50mal in jeder Sekunde ist die eine Buchse Minuspol, dazwischen Pluspol. Die andere Buchse hat jeweils die entgegengesetzte Polarität; es ist eine **Wechselstromsteckdose.** Sie wird mit ~ bezeichnet. An Batterien und Akkus behalten die Pole dagegen ihre Polarität bei; es sind **Gleichstromquellen,** die man mit – bezeichnet.

3. Genügt der E-Lok *ein* Draht? Erdschluß

Straßenbahnen und *elektrische Lokomotiven* fahren mit nur einem *Stromabnehmer,* der am *Oberleitungsdraht* schleift und oft Funken erzeugt *(Bild 272.2).* Über ihn fließt der Strom vom E-Werk zu den Motoren und Lampen – aber wohin weiter? Nun – man leitet ihn zu den Rädern und den Schienen; diese sind gut miteinander verbunden und bilden die Rückleitung zum E-Werk. Du kannst gefahrlos auf die Schienen treten, der Strom fließt an dir vorbei. Es ist aber *lebensgefährlich* – etwa über eine feuchte und damit leitende *Drachenschnur* – Kontakt mit der Oberleitung zu bekommen *(Bild 272.2)!* Der Strom würde durch deinen Körper zur Erde und über diese zu den Schienen und damit zum E-Werk fließen. Ähnliches gilt für *Hochspannungsleitungen.*

Bild 272.2 zeigt links unten das Zeichen für Leitungen, die mit der Erde verbunden *(„geerdet")* sind oder für Buchsen, die „geerdet" werden sollen, etwa an der Rückseite von Radios (Versuch 7).

272.2 E-Lok mit Oberleitung

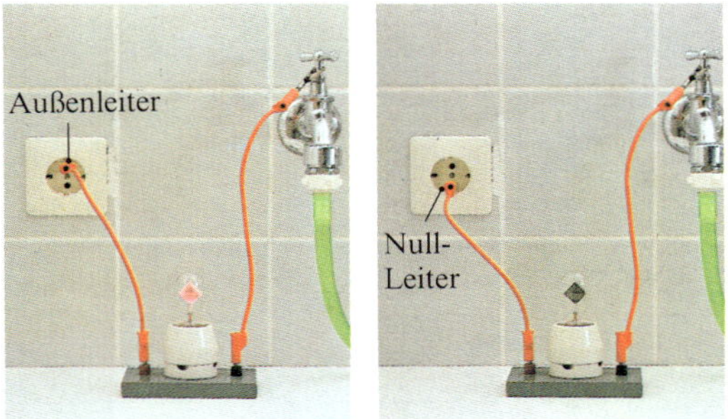

273.1 Außen- und Null-Leiter der Steckdose; vergleiche mit *Bild 272.2!*

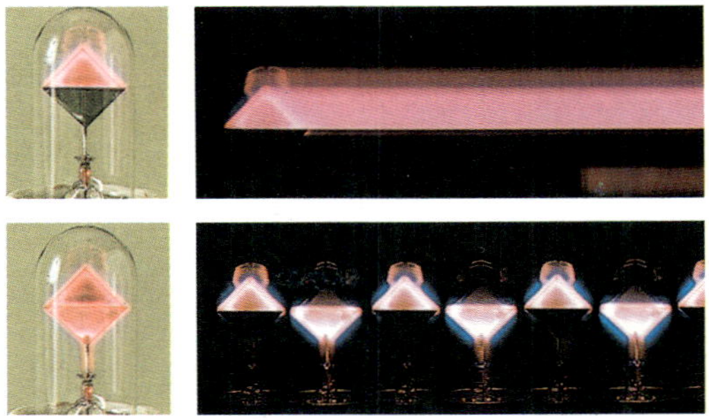

273.2 Oben Glimmlampe mit Gleichstrom, unten mit Wechselstrom betrieben

Versuch 7: Der Lehrer schließt nach *Bild 273.1* eine gesicherte Glimmlampe mit einem Draht an die Wasserleitung an **(nicht nachmachen, Gefahr!)**. Die Lampe leuchtet, wenn ihr zweiter Anschluß mit dem einen (hier dem oberen) Steckdosenpol verbunden wird. Dieser entspricht nämlich der Oberleitung der Straßenbahn und wird **Außenleiter** (früher **Phase**) genannt. Am anderen Pol (führt zum **Null-Leiter**) leuchtet die Lampe nicht; er entspricht den Schienen und wird beim E-Werk wie auch in den Häusern **geerdet,** das heißt mit der Wasserleitung oder einem langen, im Grundwasser versenkten Metallband verbunden.

Merke: Es besteht **Lebensgefahr durch Erdschluß,** wenn man den *Außenleiter* (die Phase) und zugleich Rohre der Wasserleitung, Heizkörper oder andere Metallteile, die zur Erde Kontakt haben, berührt. Gefahr besteht auch, wenn man den Außenleiter berührt und auf *leitenden Böden* (Stein, Erde, Balkon) steht! Fällt ein Fön ins Badewasser, so fließt Strom vom Außenleiteranschluß seiner Heizspirale durch das Wasser und den Badenden zur geerdeten Wanne. Weiteres über die Gefahren des Stroms auf Seite 330.

Wir benutzen oft **Netzgeräte** (auch **Stromversorgungsgeräte** genannt) nach *Bild 273.3* oder *273.4*. Sie haben Buchsen für *Gleichstrom* (–) und für *Wechselstrom* (~). Man kann ihnen verschiedene Spannungen (salopp „Voltzahl" genannt) abnehmen: Du kennst den Aufdruck 4,5 V (Volt) bei Taschenlampenbatterien und 220 V oder gar 380 V bei Steckdosen. *Spannungen unter* 40 V *sind ungefährlich* (Spielzeugeisenbahn bis 17 V). **Mit Spannungen über 42 V darfst du nicht experimentieren!** An vielen Stromversorgungsgeräten kann man die Spannung von Null bis zu einem Höchstwert (15 V oder auch 250 V) ändern. Was das Wort Spannung in der Physik bedeutet, werden wir auf Seite 306 klären. Die Angabe „max. 6 A" bezeichnet die Höchststromstärke.

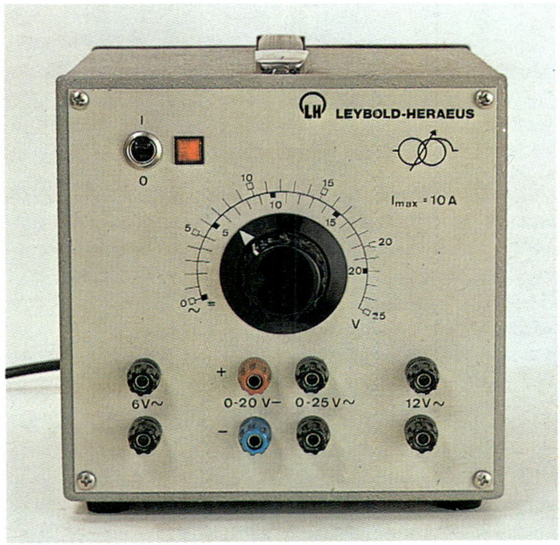

273.3 Ein Netzgerät, auch Stromversorgungsgerät genannt

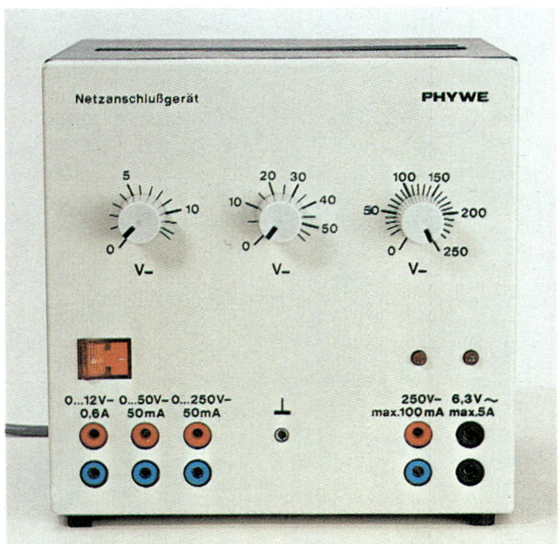

273.4 Netzgeräte gibt es in vielen Ausführungen.

§ 86 Der Strom löst logische Probleme

1. „Und" und „Oder" auf elektrisch

Die Hupe eines Autos ertönt nur, wenn der Hupenkontakt am Lenkrad gedrückt **und** zugleich das Zündschloß eingeschaltet ist. Wie die beiden Schalter im Stromkreis liegen, um die *„Und"-Bedingung* zu erfüllen, zeigt der folgende Modellversuch:

S-Versuch 8: Baue die Schaltung nach *Bild 274.2* auf! S_1 stellt den mit dem Zündschloß betätigten Schalter, S_2 die Bedienungstaste für die Hupe dar. Diese ist durch das Lämpchen L ersetzt; es leuchtet nur, wenn die Schalter S_1 *und* S_2 geschlossen sind; man spricht von einer **UND-Schaltung.** In der **Schalttabelle** *274.1* ist der Zustand „offen" mit 0 (Null), der Zustand „geschlossen" mit 1 (Eins) verschlüsselt. Bei der Lampe bedeutet 1 „Lampe leuchtet", 0 „Lampe dunkel". Prüfe diese Tabelle im Versuch nach!

Elektrische Frage-Antwortspiele enthalten oft *UND-Schaltungen:* In *Bild 274.3* steht links die Fragespalte. Rechts sind die Antworten durcheinandergewürfelt, aber mit der zugehörigen Frage über eine versteckte Leitung (blau) verbunden. Ihr linkes Ende berührt man mit dem „Fragestift" F, das rechte bei der vermuteten Antwort mit dem „Antwortstift" A. Ist sie richtig, leuchtet die Lampe L.

Für dieselbe Wohnung gibt es an der Haus- wie an der Wohnungstür einen Klingelknopf *(Bild 274.1)*. Die Klingel soll schon dann läuten, wenn der erste **oder** der zweite Druckschalter betätigt wird (selbstverständlich auch dann, wenn zufällig einmal beide zugleich gedrückt werden). Wir wollen diese *„Oder"-Bedingung* elektrisch erfüllen:

S-Versuch 9: Baue nach *Bild 274.4* ein Modell dieser **ODER-Schaltung!** Statt der Klingel benutzt du ein Lämpchen. *Tabelle 274.2* zeigt die möglichen Schaltzustände.

UND- sowie ODER-Schaltungen benutzt man, um *logische Probleme* zu lösen. *Ein Beispiel:* Zu einem Ferienkurs wird zugelassen, wer wenigstens singen (S) und geigen (G) kann oder aber Klavier (K) spielt und außerdem Blockflöte (B) oder Trompete (T) bläst.

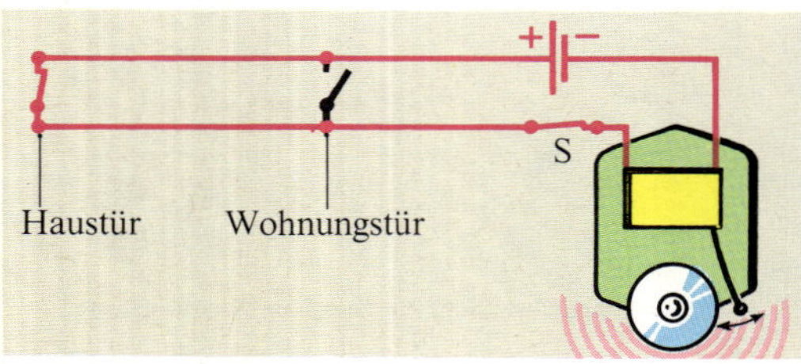

274.1 Klingelanlage

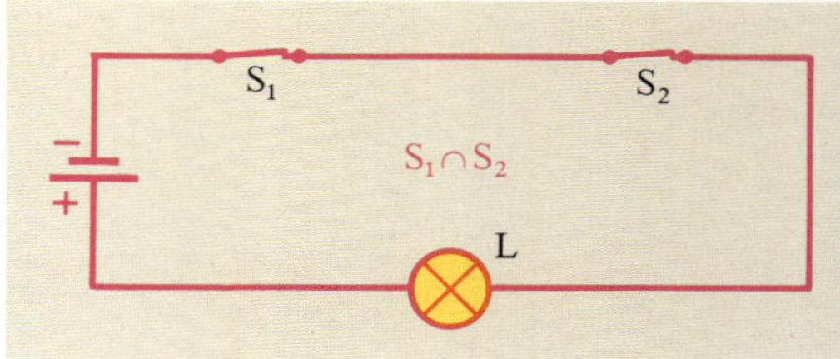

274.2 UND-Schaltung; siehe *Tabelle 274.1!*

Schalter S_1	Schalter S_2	Lampe
0	0	0
0	1	0
1	0	0
1	1	1

Tabelle 274.1 Schalttabelle der UND-Schaltung

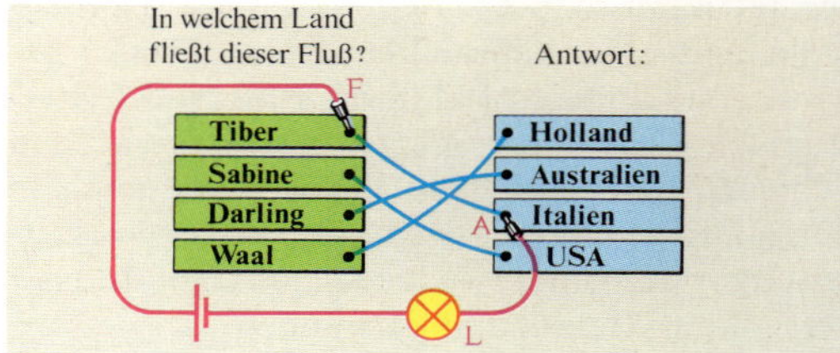

274.3 Warum ist dies eine „UND-Schaltung"?

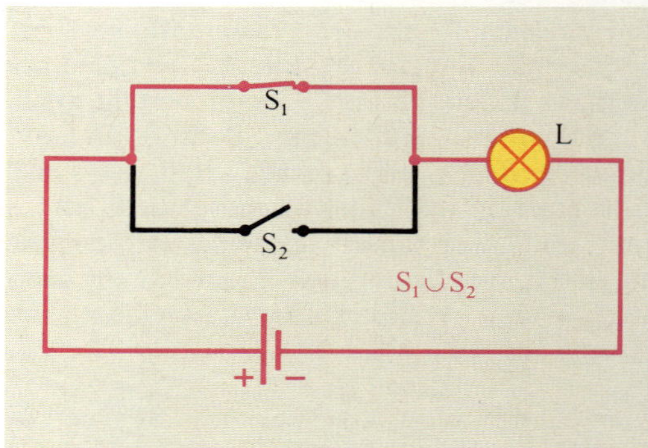

274.4 ODER-Schaltung; siehe *Tabelle 274.2!*

Schalter S_1	Schalter S_2	Lampe
0	0	0
0	1	1
1	0	1
1	1	1

Tabelle 274.2 Schalttabelle der ODER-Schaltung

S-Versuch 10: Baue die in *Bild 275.1* dargestellte Schaltung auf! Jedem Musikinstrument ist ein Schalter zugeordnet. Er wird geschlossen, wenn der Bewerber das Instrument beherrscht. Welche Bedingungen erfüllt der Bewerber, der die Lampe in *Bild 275.1* zum Leuchten bringt?

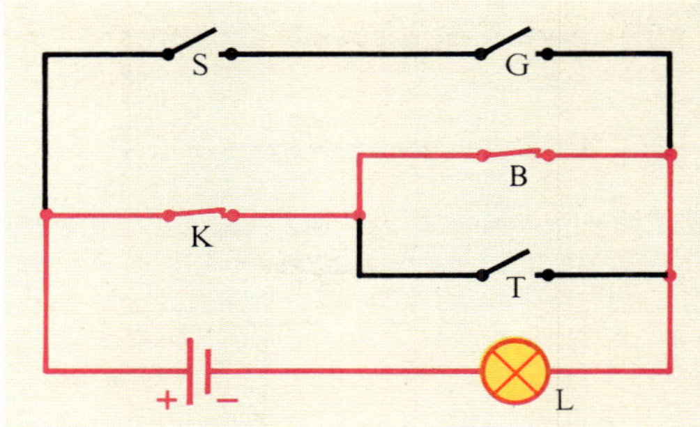

275.1 Zulassung zum Ferienkurs; Versuch 10

2. Die Wechselschaltung erspart Umwege

Die Beleuchtung eines Korridors soll *sowohl* am Eingang E *als auch* am Ausgang A bedient werden. Man will etwa bei A ein- und bei E ausschalten oder aber bei A ein- und ausschalten. Weder eine UND- noch eine ODER-Schaltung löst diese Aufgabe; man benutzt **Wechselschalter** nach *Bild 275.2:* Bei jeder Schalterstellung wird eine Verbindung zum anderen Schalter hergestellt; die Lampe leuchtet, wenn der andere die *gleiche Stellung* hat, wenn also Schalter A *und* Schalter E unten sind (1) *oder* wenn beide oben (0) sind.

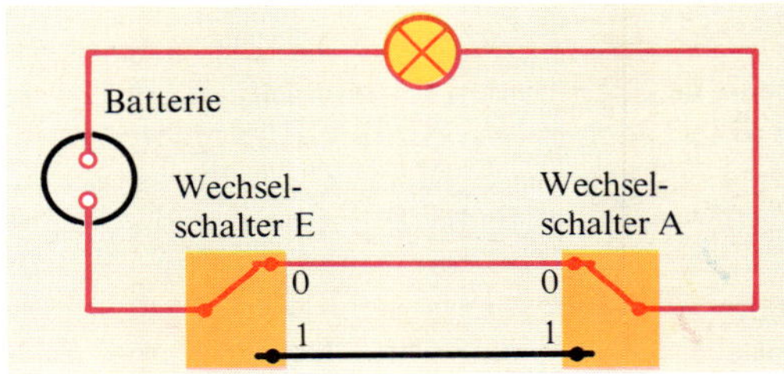

275.2 Wechselschaltung; siehe *Tabelle 275.1*

S-Versuch 11: Baue die in *Bild 275.2* dargestellte Schaltung auf und prüfe die *Tabelle 275.1!*

Schalter A	Schalter E	Lampe
0 (oben)	0	1
0	1	0
1 (unten)	0	0
1	1	1

Tabelle 275.1 Zur Wechselschaltung von *Bild 275.2*

Aufgaben:

1. *Baue die beiden Schaltungen a und b nach Bild 275.3 auf! Wo kommen sie im Haushalt vor? Stelle die dazugehörigen Schalttabellen auf!*

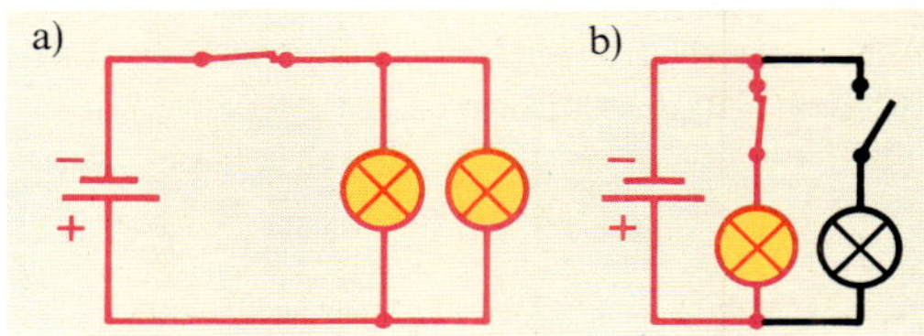

275.3 Zu Aufgabe 1

2. *In Bild 275.4 ist* S_1 *der Hauptschalter,* L_1 *ist eine Kontrollampe. Was bedeutet dies? Stelle die Schalttabelle für die Anlage auf (mit je einer Spalte für* S_1, S_2, S_3, L_1, L_2, L_3*)! Wo sind UND-Schaltungen?*

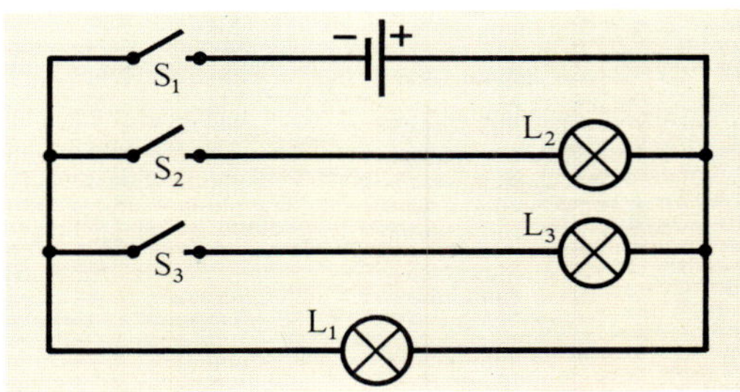

275.4 Zu Aufgabe 2

3. *Für den Posten eines Auslandskorrespondenten werden folgende Sprachkenntnisse gefordert: Der Bewerber muß Französisch oder Italienisch können und dazu noch Russisch; oder aber er muß Englisch und Spanisch beherrschen. Zeichne eine logische Schaltung für die Auswahl der Bewerber!*

4. *Baue zwei Glühlampen, einen Wechselschalter und eine Taschenlampenbatterie so zusammen, daß beim Schaltzustand „oben" das eine Lämpchen, beim Zustand „unten" das andere leuchtet!*

5. *Entwirf eine Schalttabelle für die Klingelanlage nach Bild 274.1, und zwar für drei Klingelknöpfe* S_1 *bis* S_3 *und den Schalter S! Welche Bedeutung hat S? Wo liegen UND-, wo ODER-Schaltungen vor?*

6. *Warum wäre es falsch, in Bild 275.2 die Lampe in eine Leitung zwischen den beiden Wechselschaltern zu legen?*

§87 Strom ist fließende Ladung

1. Hat der Strom seinen Namen zu Recht?

Der geschlossene Stromkreis war ein erstes Indiz dafür, daß in den Leitungen etwas strömt. Ein viel stärkeres Indiz wäre es natürlich, wenn wir dieses „Etwas" irgendwie „fassen" und näher untersuchen könnten. Wir fragen also: Gibt es eine *elektrische Substanz,* die im Kreis läuft; können wir sie abzapfen, „löffelweise" wegtragen und genauer untersuchen?

Versuch 12: In *Bild 276.1* ist der Stromkreis zwischen den beiden Glimmlampen bei A und B unterbrochen. Wir berühren das rechte Lämpchen bei A mit einer Metallkugel, die auf einem Isolierstiel sitzt. Es blitzt auf und zeigt so einen kurzen Stromstoß zur Kugel hin an. Wurde dabei etwas von der gesuchten Substanz an die Kugel abgegeben, wurde sie also damit **geladen?** Wenn ja, so müßte es möglich sein, diese **elektrische Ladung** auf der Kugel über die Unterbrechungsstelle hinweg „löffelweise" nach B zur linken Glimmlampe zu transportieren. Dies gelingt! Das linke Lämpchen blitzt kurz auf, wenn wir es mit der geladenen Kugel berühren. Dabei fließt die elektrische Ladung über das Lämpchen zur Stromquelle zurück; wir haben den Elektrizitäts„löffel" **entladen.**

Damit sind wir dem Geheimnis des elektrischen Stroms wesentlich näher gekommen: *Das Wort Strom bedeutet:* **Es fließt Ladung.** Noch mehr: Wir sehen nun Möglichkeiten, diese Ladung auf der Kugel genauer zu untersuchen; unserem Forschungsdrang eröffnet sich ein weites Feld!

Versuch 13: a) Wir experimentieren mit dieser Ladung. Zunächst tragen wir sie auf der geladenen Kugel durchs Zimmer. Berühren wir mit ihr nach *Bild 276.2* eine Glimmlampe, so blitzt diese kurz auf: Die Kugel wird durch einen Stromstoß *entladen.*

b) Wir berühren mit der geladenen Kugel eine zweite, zunächst ungeladene und ebenfalls isoliert gehaltene Kugel. Diese nimmt einen Teil der Ladung auf: Die Glimmlampe leuchtet an beiden Kugeln schwächer. *Die Ladung kann aufgeteilt werden:* Sie hat *Mengencharakter.*

c) Wir übertragen nach *Bild 276.1* Ladung von A nach B, einmal mit einer kleinen, dann mit einer großen Kugel. Die kleine läßt das Lämpchen nur schwach aufblitzen; sie nimmt weniger Ladung auf als die große.

Wir wollen stets beachten, daß in den Kugeln kein *„Strom"*, sondern *ruhende Ladung* ist. Das Wort „Strom" wollen wir sinngemäß nur für das *Strömen von Ladung* benutzen. Ladung als solche können wir mit unseren Sinnen nicht wahrnehmen. Deshalb sehen wir nicht unmittelbar, wie sie in den Drähten strömt. Wir erkennen beim Strömen nur bestimmte *Wirkungen,* etwa die Abgabe von Energie in Form von Wärme und Licht. – Beim Entladen einer Kugel kann man auch ein Knistern hören und im Dunkeln einen kleinen Funken sehen. Der *Funke* ist ein kleiner *Blitz,* das Knistern ein überaus schwacher Donner. In der Bahn eines Blitzes fließt Ladung; dort leitet die Luft.

Mit einer isoliert gehaltenen Metallkugel kann man elektrische Ladung portionsweise transportieren. Der elektrische Strom ist fließende Ladung; er macht sich durch Wärme und Licht bemerkbar.

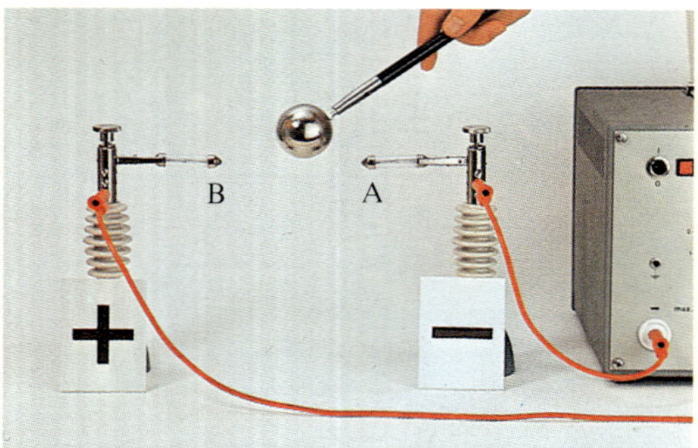

276.1 Mit der isoliert gehaltenen Kugel wird elektrische Ladung von A nach B transportiert.

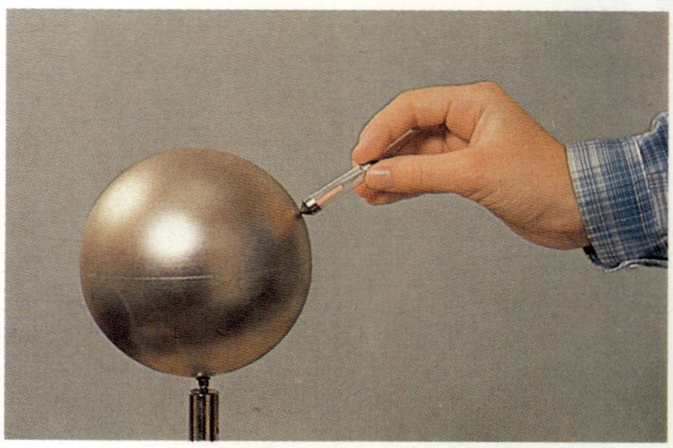

276.2 Die Kugel wurde am Minuspol geladen; das Gas an der *anliegenden* Elektrode blitzt auf.

2. Wird im Stromkreis Ladung verbraucht?

Versuch 14: a) Wir überbrücken die Unterbrechungsstelle AB in *Bild 276.1* durch einen guten Leiter, z.B. einen Kupferdraht. Beide Glimmlampen leuchten ohne Unterbrechung. Die Ladung, die wir vorher „löffelweise" übertragen haben, fließt nun dauernd. Unterwegs geht nichts davon verloren; die beiden gleich gebauten Lampen leuchten *gleich hell.*

b) Wir überbrücken AB durch einen schlechten Leiter, etwa durch eine leicht angefeuchtete Schnur. Beide Lämpchen glimmen wiederum gleich hell, jetzt aber viel schwächer als beim Kupferdraht. Also fließt in der gleichen Zeit viel weniger Ladung; aber auch von ihr bleibt in der schlecht leitenden Schnur nichts „hängen", **die Ladung wird nicht verbraucht:** Die Stromquelle führt der Schnur nur soviel Ladung zu, wie diese durchläßt; all diese Ladung erhält die Quelle bei Dauerbetrieb wieder zurück.

Im Stromkreis wird Ladung nicht verbraucht; *also braucht die Quelle keine Ladung zu erzeugen; es genügt, wenn sie bereits vorhandene Ladungen pumpt:* Die Stromquelle ist eine **Ladungspumpe,** vergleichbar mit dem Herzen im Blutkreislauf.

Allerdings braucht man zum Pumpen *Energie:* Wenn man einen Fahrraddynamo nicht dreht, also keine Arbeit verrichtet, so pumpt er auch keine Ladung. – In einer „leeren" Batterie ist die *Energie* zum Pumpen erschöpft, nicht aber die Ladung.

Im geschlossenen Stromkreis findet ein ständiger Kreislauf elektrischer Ladung statt; die Stromquelle pumpt Ladung.

Versuch 15: Als wirkungsvolle Ladungspumpe betreiben wir den **Bandgenerator** *(Bild 311.2).* Seiner großen Kugel steht eine zweite gegenüber, die mit dem Fuß des Generators verbunden ist. Zwischen diesen beiden Polen leuchtet eine Glimmlampe hell auf, wenn das breite Gummiband umläuft und dabei Ladung in die große Kugel pumpt. Wir können ihr viel Ladung entnehmen, vor allem an den Stellen ihrer Kugeln, die dem jeweils anderen Pol am nächsten liegen.

So wie man einem Blutkreislauf etwas Blut entnehmen kann, haben wir in Versuch 13 der Stromquelle mit der Kugel etwas Ladung abgezapft. Diese ist nach *Bild 276.2* von der Kugel über die Glimmlampe und die Hand zur Erde abgeflossen. Die Erde kann – als große isolierte Kugel – auch Ladung aufnehmen und (später) wieder an die Stromquelle zurückgeben.

Aufgaben:

1. *Man vergleicht gern einen elektrischen Stromkreis mit dem Wasserstromkreis nach Bild 277.1 und 277.2. a) Was entspricht der Wasserpumpe, was der Turbine, was dem Absperrhahn? – b) Geht Wasser verloren? Warum brauchen Pumpe und Turbine je zwei Wasseranschlüsse? – c) Könnte man den Absperrhahn auch in die Rückleitung legen? Was bedeutet dies im Stromkreis? – d) Was entspricht in diesem Wassermodell einem guten, was einem schlechten Leiter, was einem Isolator? e) Der Wasserpumpe muß man ständig Energie zuführen. Wohin gelangt sie? Vergleiche mit dem Stromkreis! Wird sie verbraucht?*

2. *Man sagt häufig, „in einer Steckdose ist Strom", auch wenn kein Gerät angeschlossen wurde. Ist dies korrekt? Was meint man?*

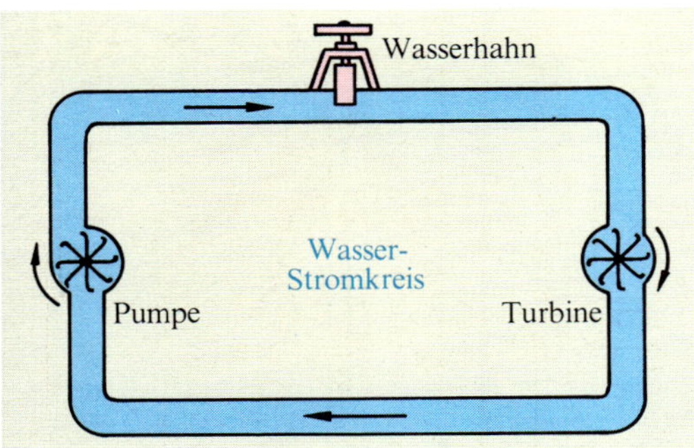

277.1 Wasserstromkreis; vergleiche mit dem elektrischen Stromkreis rechts (Aufgabe 1)!

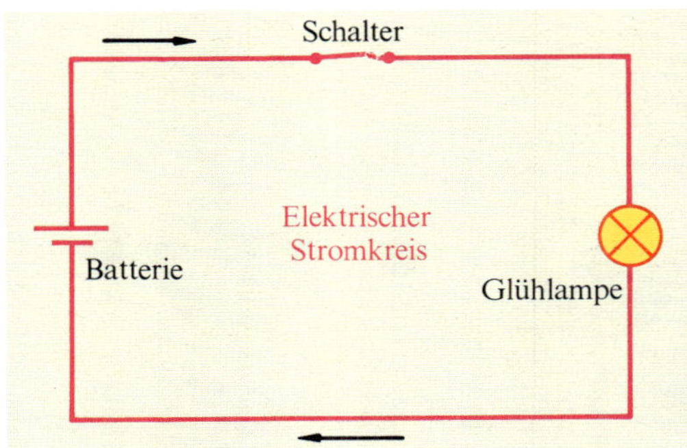

277.2 Der elektrische Stromkreis kann mit dem Wasserstromkreis links verglichen werden.

§ 88 Eigenschaften ruhender Ladungen

1. Gibt es wirklich nur eine Art von Ladung?

Versuch 16: a) Wir entnehmen mit einer am Isolierstiel gehaltenen Kugel dem *Minuspol* des Bandgenerators Ladung (möglichst an dem Punkt des Minuspols, der dem Pluspol am nächsten liegt). Nach *Bild 276.2* fließt diese Ladung über eine Glimmlampe zur Erde; das Gas an der Elektrode, die der Kugel **zu**gewandt ist, blitzt auf. Die geladene Kugel verhält sich wie der *Minuspol* einer Stromquelle; doch fehlt der Nachschub an Ladung; sie ist schnell entladen.

b) Überraschenderweise läßt sich die Kugel auch am *Pluspol* aufladen; doch leuchtet dann das Gas an der **ab**gewandten Elektrode.

Man kann also beiden Polen einer Stromquelle Ladungen entnehmen; diese verhalten sich aber verschieden: **Es gibt zwei Arten von Ladung:** Ladung vom Pluspol nennt man **Plus-Ladung,** Ladung vom Minuspol heißt **Minus-Ladung.** Können wir diese beiden Ladungsarten auch dann unterscheiden, wenn sie in Ruhe sind?

Versuch 17: a) Ein leichtes, leitendes Kügelchen wird an einem dünnen, isolierenden Faden aufgehängt und am Pluspol des Bandgenerators geladen. Nähert man eine am Minuspol geladene Kugel, so wird das Kügelchen *angezogen (Bild 278.1, rechts).*

b) Zwei *gleichnamige* Ladungen (Plus und Plus oder Minus und Minus) stoßen sich ab. Die Kräfte steigen mit abnehmender Entfernung.

Es gibt zwei Arten der Ladung: positive und negative Ladungen. Sie sitzen auf den entsprechenden Polen der Stromquelle. – Gleichnamige Ladungen stoßen sich ab, ungleichnamige ziehen sich an.

2. Können wir ruhende Ladung nachweisen?

Glüh- und Glimmlampen zeigen das Fließen von Ladungen im Stromkreis oder das Abfließen von einer geladenen Kugel. Mit Hilfe der nun gefundenen Kräfte zwischen Ladungen können wir ein einfaches Nachweisgerät für *ruhende Ladungen* bauen:

Versuch 18: a) An eine kleine Kugel auf dem Bandgenerator sind lange Papierstreifen geklebt *(Bild 278.2).* Sie spreizen sich, wenn man den Generator auflädt: Die auf seinem Pol sitzenden *gleichnamigen Ladungen* stoßen sich untereinander ab; ein Teil fließt auf die Streifen und treibt diese durch Abstoßungskräfte auseinander (Papier leitet ein wenig).

b) In ein Metallgehäuse ist – durch Kunststoff gut isoliert – ein Metallstab eingeführt. Er trägt z. B. ein leichtes Aluminiumblättchen oder einen Zeiger *(Bild 279.1).* Wir berühren den oberen Knopf dieses **Elektroskops** mit einer geladenen Kugel. Da sich deren Ladungen gegenseitig abstoßen, fließt ein Teil in den Stab und auf den Zeiger. Dieser spreizt sich vom Stab weg und zeigt so, daß Ladung auf das Gerät gebracht wurde. – Bei wiederholtem Aufbringen von Ladungsportionen der gleichen Art nimmt der Ausschlag zu.

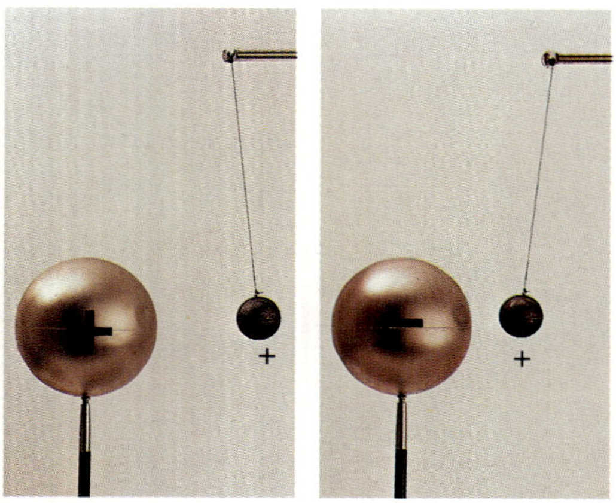

278.1 Links: Abstoßung gleichnamiger Ladungen, rechts: Anziehung ungleichnamiger Ladungen

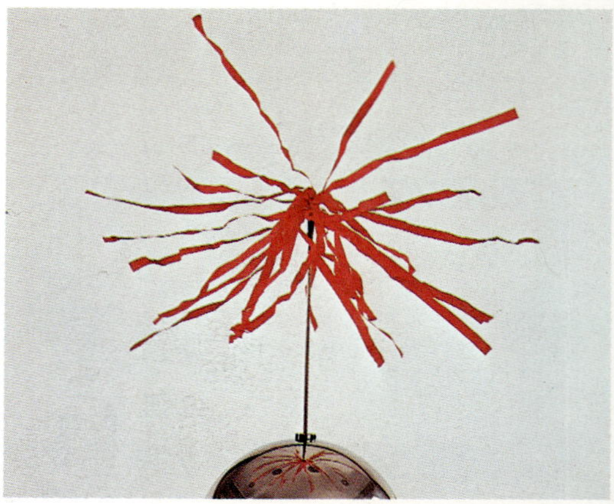

278.2 Gleichnamige Ladungen stoßen sich ab; sie verteilen sich über die Papierstreifen.

c) Entlade ein Elektroskop über eine Glimmlampe: Ihr Aufleuchten zeigt, ob das Elektroskop positive oder negative Ladung trug (wie in *Bild 276.2*). An seinem Ausschlag allein erkennt man das Vorzeichen der Ladung nicht.

3. Ist man im Auto vor Blitzschlag sicher?

Im Innern eines Autos mit Metallkarosserie ist man vor Blitzen sicher (Seite 8). Kann sich dort – etwa wegen der Abstoßungskräfte – kein Überschuß an gleichnamiger Ladung bilden?

Versuch 19: **a)** Wir bringen nach *Bild 279.2* mit einer Kugel Ladung in einen isoliert stehenden Metallbecher. Die Kugel ist nachher ungeladen; sie gab im Innern alle Ladung ab. Wohin ging diese Ladung?

b) Wir laden den Becher wieder wie in a auf. Aus seinem Innern können wir mit einer Kugel keine Ladung holen, wohl aber von der äußeren Oberfläche; *nur außen sitzt Ladung;* **das Innere dieses geladenen Faraday-Bechers ist ladungsfrei** (*M. Faraday,* engl. Physiker, um 1830).

c) Ein Elektroskop trage bereits viel Ladung. Von einer gleichnamig geladenen Kugel nimmt es möglicherweise keine weitere Ladung auf; es kann sogar Ladung an sie abgeben. Dies stört bei manchen Versuchen. Hier hilft der Faraday-Becher: Wir verbinden ihn mit dem Elektroskop und bringen die geladene Kugel in sein Inneres. Dort gibt sie all ihre Ladung ab; diese wird vom Elektroskop nachgewiesen, auch wenn es schon Ladung trägt.

M. Faraday zeigte, daß die Ladung eines Blitzes nicht ins Innere eines solchen Bechers, allgemein eines metallisch umschlossenen Raums, dringen kann: Er setzte sich in einen Metallkäfig und ließ von außen Funken aufschlagen. Auch wenn er von innen das Metall berührte, ging keine Ladung auf ihn über. Die *metallischen Außenwände* von Flugzeugen und Autos stellen solche *Faraday-Käfige* dar (*Bild 8.2* und *8.3*).

Der beste **Blitzschutz** für ein *Haus* wäre eine metallische Außenwand. Doch genügt es, Metallbänder und Stangen um Dach und Schornsteine zu legen und sie mit Dachrinnen und Regenfallrohren zu verbinden. Diese **Blitzschutzanlage** (*Blitzableiter*) muß gut geerdet, d.h. mit der Wasserleitung oder mit Metallkabeln, die im Grundwasser verlegt sind, verbunden werden (Seite 273). Die oberen Enden brauchen nicht spitz zu sein; doch muß man den Leitungen genügend Querschnitt geben, damit sie bei Blitzschlag nicht schmelzen.

4. Ladungen können sich neutralisieren

Versuch 20: Wir verbinden nach Versuch 19c ein Elektroskop mit einem isoliert stehenden Faraday-Becher. In sein Inneres bringen wir mit einer kleinen Kugel nacheinander mehrere *positive* Ladungsportionen vom Pluspol eines Netzgerätes (*Bild 279.2*). Der Ausschlag steigt jedesmal weiter an. Gleichnamige Ladungen verstärken sich also in ihren Wirkungen, wenn man sie zusammenbringt. – Dann geben wir *negative* Ladungen hinzu: Der Ausschlag sinkt stufenweise auf Null: **Die ungleichnamigen Ladungen neutralisieren sich** (vergleiche mit den Magnetpolen, Seite 259!).

279.1 Elektroskope; wie erkennt man, ob sie positiv oder negativ geladen sind?

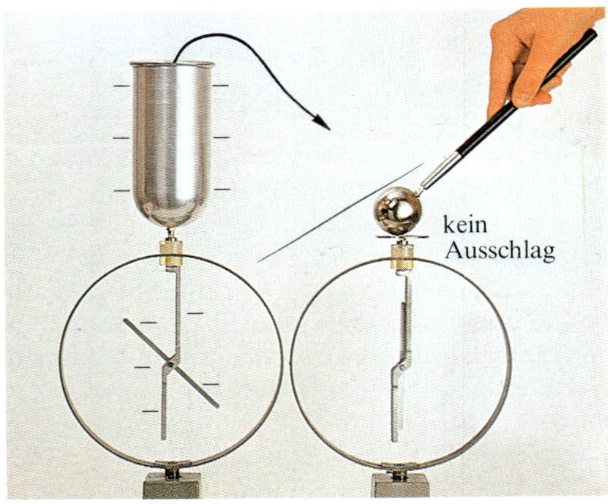

279.2 Der Faraday-Becher trägt nur außen Ladung; zu Versuch 19a und b sowie Versuch 20.

Versuch 21: a) *Was geht beim Neutralisieren von Ladungen vor sich?* Wir hängen nach *Bild 280.1* das kleine Pendel P_+ an zwei gespreizten Fäden so auf, daß es nur in Richtung auf die beiden Kugeln (K_+ und K_-) hin schwingen kann. Dann laden wir P_+ und K_+ am Bandgenerator positiv auf. P_+ wird von K_+ mit der Kraft F_+ abgestoßen (im Schattenwurf sichtbar). Neben K_+ stellen wir die negativ geladene Kugel K_-. Sie zieht P_+ mit der Kraft F_- an. Wenn sich die Kräfte F_+ und F_- am Pendel ausgleichen, so hängt dieses wieder senkrecht. Wir sagen dann, die *entgegengesetzten Ladungen auf* K_+ *und* K_- *sind gleich groß und heben sich in ihrer Wirkung nach außen hin auf.* Sollte aber z.B. F_+ überwiegen, dann nehmen wir mit einer kleinen Kugel solange Ladung von K_+ weg, bis das Pendel senkrecht hängt.

b) Wenn wir die beiden entgegengesetzten Ladungen auf K_+ und K_- gleich groß gemacht haben, lassen wir die Kugeln einander berühren. Dabei springt die Ladung in einem Funken über. Jetzt erweist sich jede der beiden Kugeln an einem Elektroskop als ungeladen; ihre entgegengesetzten Ladungen haben sich neutralisiert.

Entgegengesetzte Ladungen heben sich in ihrer Wirkung nach außen hin auf, wenn man sie in gleichen Mengen zusammenbringt; sie neutralisieren sich.

Diese Neutralisation läßt es sinnvoll erscheinen, die beiden Ladungsarten durch die mathematischen Zeichen + und − zu unterscheiden. Elektrische Ladung bezeichnet man mit dem Buchstaben Q. Die Neutralisation beschreibt man dann durch die Gleichung $(+Q)+(-Q)=+Q-Q=0$.

5. Enthalten auch neutrale Körper Ladung?

Haben sich beim Neutralisieren die Plus- und Minusladungen gegenseitig vernichtet oder nur vermischt? Können wir sie wieder voneinander trennen? Womit?

Versuch 22: a) Wir nehmen das Elektroskop, auf dem sich in Versuch 20 Ladungen neutralisiert haben. Ihm nähern wir nach *Bild 280.2* von oben eine positiv geladene Kugel K_+; es schlägt zunehmend aus, obwohl keine Ladung von K_+ übergeht! *Also enthält auch das ungeladen erscheinende Elektroskop Ladungen:* Negative Ladungen $-Q_i$ werden nach oben zu K_+ hin gezogen; sie können mit einer isolierten Kugel abgenommen und nachgewiesen werden. Unten bleibt positive Ladung $+Q_i$ zurück und ruft den Ausschlag hervor. Man kann diese auch mit einer Glimmlampe nachweisen.

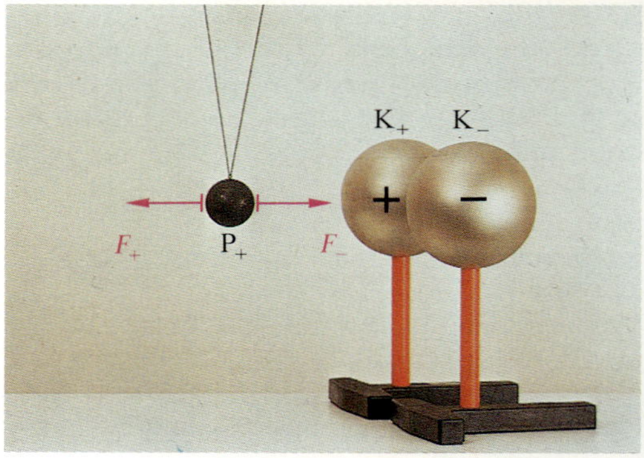

280.1 Die Kräfte F_+ und F_- der entgegengesetzten Ladungen heben sich am Pendel auf.

Diese Ladungstrennung nennt man **Influenz** und die getrennten Ladungen $+Q_i$ und $-Q_i$ **Influenzladungen.** Dieses Wort kommt von influere, lat.: hineinfließen; es wäre aber irreführend, anzunehmen, Influenzladungen seien in das Elektroskop geflossen. *In Wirklichkeit wurden bereits vorhandene Ladungen getrennt.*

Versuch 23: a) Wir wiederholen Versuch 22, entfernen aber die trennende Ladung Q_+. Der Ausschlag geht ganz zurück: Die influenzierte Ladung $+Q_i$ zieht die nach oben gewanderte negative Ladung $-Q_i$ wieder zu sich nach unten. *Die beiden entgegengesetzten Ladungen vermischen sich wieder gleichmäßig.*

b) Wir nähern nach *Bild 281.1* zwei sich berührende Kugeln einer zuvor am Minuspol eines Bandgenerators geladenen Kugel, ohne daß Ladung von ihr überspringt. Dann trennen wir sie voneinander. Eine Glimmlampe zeigt, daß

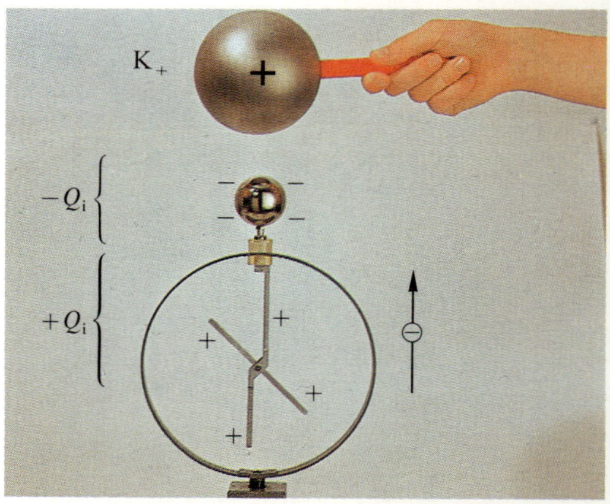

280.2 Die Plus-Ladung K_+ trennt im Elektroskop bereits vorhandene Ladungen $-Q_i$ und $+Q_i$.

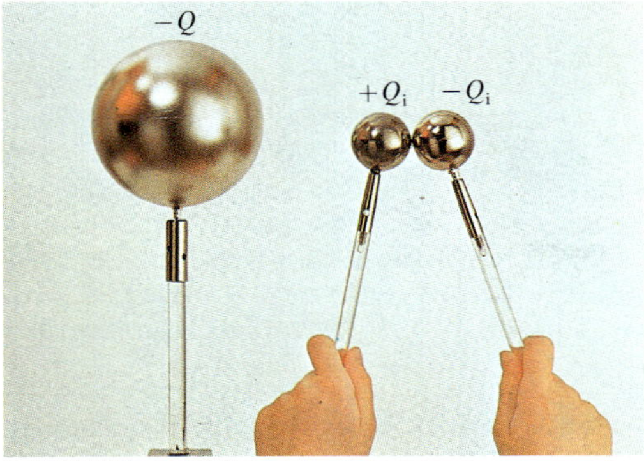

281.1 Die in den Kugeln influenzierten Ladungen $+Q_i$ und $-Q_i$ können voneinander getrennt werden.

jetzt die linke Kugel positive Influenzladung ($+Q_i$), die rechte negative Influenzladung ($-Q_i$) trägt. Bringt man die Kugeln nach der Trennung in einen Faraday-Becher mit angeschlossenem Elektroskop, so erweisen sich ihre Ladungen als gleich groß: Sie neutralisieren sich wieder.

c) Wir befestigen zwei beliebige metallische Körper, mit denen wir noch keine elektrischen Versuche ausgeführt haben, an Isolierstäben. Mit ihnen wiederholen wir Versuch b und sehen: Alle leitenden Körper enthalten bewegliche Ladungen, auch wenn sie neutral sind.

Leiter enthalten auch im neutralen Zustand bewegliche Ladungen. Diese werden beim Annähern eines geladenen Körpers teilweise getrennt und können abgenommen werden. Man nennt dies Influenz.

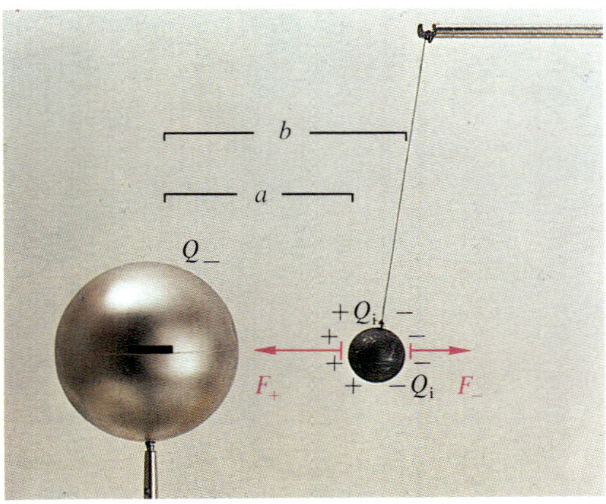

281.2 Zuerst influenziert Q_- im Kügelchen; dann zieht es die dort influenzierte Ladung $+Q_i$ an.

Wir vergleichen die elektrische Influenz mit der *vorübergehenden Magnetisierung* von Weicheisen (Seite 262). Diese zeigt, daß auch unmagnetisches Eisen „Magnetismus" enthält; doch sind in jedem Elementarmagneten Nord- und Südpol untrennbar verbunden. Bei der *elektrischen Influenz* dagegen können Plus- und Minusladungen *getrennt* und *einzeln abgenommen* werden; sie können auch für sich fließen. Deshalb gibt es zwar elektrische, aber keine magnetischen Ströme, etwa Ströme von Nordpolen!

6. Werden auch ungeladene Körper angezogen?

Versuch 24: a) Nach *Bild 281.2* zieht die negative Ladung Q_- das „ungeladene", leitende Kügelchen, das am isolierenden Faden hängt, an. „Ungeladen" bedeutet, daß es gleich viele positive wie negative Ladungen enthält. Negative Ladungen $-Q_i$ werden von Q_- nach rechts abgestoßen, und zwar mit der Kraft F_- über den Abstand b. Links bleibt positive Ladung $+Q_i$ im Überschuß. Sie wird von Q_- wegen des kleineren Abstandes a mit der größeren Kraft F_+ angezogen. Da $F_+ > F_-$ ist, überwiegt die Anziehungskraft nach links.

b) Das Kügelchen wird mit großer Kraft abgestoßen, wenn es die linke Kugel (Q_-) berührt hat: Von ihr ging negative Ladung zum Kügelchen und gab auch ihm einen Überschuß an negativer Ladung.

Aufgaben:

1. *Beim Versuch nach Bild 281.1 benutze man zwei verschieden große Kugeln! Trägt die größere Kugel mehr Influenzladung als die kleinere? (Denke an die Neutralisation!)*

2. *Warum wird der Ausschlag beim Influenzversuch nach Bild 280.2 viel größer, wenn man oben an das Elektroskop eine isolierte, ungeladene Kugel hält und dann erst die geladene Kugel nähert?*

3. *Wenn man im Versuch nach Bild 278.2 die Hand den geladenen Papierstreifen nähert, so werden diese angezogen. Ist die Hand geladen?*

4. *Was ändert sich bei den Versuchen 22 bis 24, wenn die influenzierende Ladung das entgegengesetzte Vorzeichen hat?*

5. *Ein Elektroskop ist positiv geladen und schlägt etwa zur Hälfte aus. Was geschieht, wenn man ihm eine positive, was, wenn man ihm eine negative Ladung nähert?*

6. *Ändert sich in Versuch 21a (Bild 280.1) der Ausschlag des Pendelchens, wenn man die Kugel* K_- *links von ihm aufstellt? – Was geschieht, wenn man sie positiv auflädt?*

§ 89 Stromrichtung; elektrisches Feld

1. Gibt es auch sichtbare Ströme?

Wir sehen die in Metalldrähten fließenden Ladungen nicht und können deshalb auch nicht sagen, in welcher Richtung sie strömen. Fließt etwa Plusladung vom positiven zum negativen Pol oder umgekehrt Minusladung von Minus nach Plus? Wir beginnen mit einem einprägsamen *Modellversuch:*

Versuch 25: Wir bringen auf den positiven Pol eines Bandgenerators kleine, zerzauste Wattestücke. Sie laden sich positiv auf, werden abgestoßen und fliegen zum negativen Pol *(Bild 282.1)*. Dabei stellen sie einen *sichtbaren Strom positiver Ladung von Plus nach Minus dar.* – Am negativen Pol werden die Wattestücke negativ geladen und abgestoßen; sie kehren zurück. Dies ist ein *Strom negativer Ladung vom Minus- zum Pluspol.* Hier findet ein Gegenverkehr positiver und negativer Ladungen statt. Gibt es etwas Ähnliches in *leitenden Flüssigkeiten?*

Versuch 26: In der flachen Rinne nach *Bild 282.2* verbindet schwach leitendes Wasser die beiden Metallelektroden A und K. Wir geben einige Kristalle des stark färbenden Salzes Kaliumpermanganat hinzu. Sie lösen sich und erzeugen einen rotvioletten Fleck. Dieser wandert *stets zum Pluspol* hin – auch wenn wir die Anschlüsse an der Stromquelle umpolen. Er besteht also aus einer farbigen Wolke *negativ geladener Teilchen* und stellt einen sichtbaren Strom negativer Ladungen dar.

2. Was macht Flüssigkeiten leitend?

Versuch 27: **a)** *Bild 283.1* zeigt blaue *Kupferchloridlösung*. Sie enthält *Kupfer* (Cu) und *Chlor* (Cl) und entsteht durch Auflösen von Kupfer in Salzsäure. Den linken Kohlestift verbinden wir mit dem Minuspol; er trägt negative Ladung (–) und wird **Kathode** genannt. Die mit dem Pluspol verbundene **Anode** trägt *positive* Ladung (+). Eine Lampe zeigt an, daß Strom fließt.

b) Was geschieht in der Lösung? Nach einiger Zeit hat sich die *Kathode* (–) mit einer dünnen *Kupferschicht* überzogen. An der *Anode* (+) dagegen steigen *Gasblasen* auf; wir riechen das Gas Chlor (Geruch vom Schwimmbad bekannt).

Bei dieser sogenannten **Elektrolyse** wandern offensichtlich *Kupferteilchen* (wie die positiv geladenen Wattestücke in *Bild 282.1*) stets zum Minuspol. Sie sind in der Lösung positiv geladen; man nennt sie *positive Kupferionen.* Zum Pluspol dagegen werden *negativ* geladene *Chlorionen* gezogen (wie die gefärbten Teilchen in *Bild 282.2*). An den Polen werden diese Ionen *neutralisiert* (nicht wie die Wattestückchen umgeladen). Deshalb schlägt sich an der Kathode (–) *neutrales Kupfermetall* nieder; an der Anode (+) steigt *neutrales Chlorgas* auf. Da die Lösung gleich viel positive und negative Ionen enthält, ist sie elektrisch neutral.

Ionen sind elektrisch geladene Teilchen einer leitenden Flüssigkeit. Positive Ionen wandern stets von + nach –, negative Ionen von – nach +.

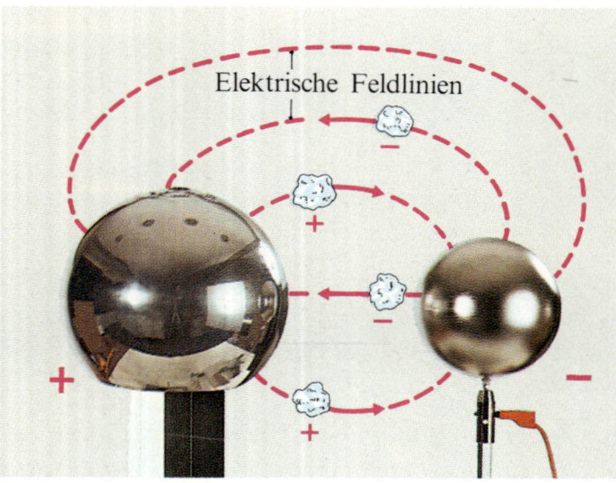

282.1 Geladene Wattestücke fliegen auf elektrischen Feldlinien zwischen den Polen hin und her.

282.2 Zu Versuch 26: Negativ geladene Salzteilchen werden zum Pluspol gezogen.

3. Die Stromrichtung wurde vereinbart!

Versuch 28: Wir vertauschen die Anschlüsse an der Stromquelle in *Bild 283.1*. Dann ist links die Anode (+); an ihr verschwindet der Kupferbelag; er entsteht nun rechts an der neuen Kathode (–). Da man in die massiven Kupferdrähte nicht hineinsieht, nahm man für lange Zeit an, daß auch in ihnen – nicht nur in der Kupferlösung – positive Ladungen von Plus nach Minus fließen. Man legte durch Übereinkunft (Konvention) als Stromrichtung allgemein fest:

> ***Konventionelle Stromrichtung:* Der Strom fließt vom Pluspol der Stromquelle durch den Stromkreis zum Minuspol.**

4. Was treibt die Ladungen im Stromkreis an?

Die Bahnen der elektrisch geladenen Wattestücke in *Bild 282.1* erinnern an die Bahnen des Nordpols der schwimmenden Stricknadel auf Seite 264, d.h. an *magnetische Feldlinien.* Wattestücke sind aber unmagnetisch; ihre Bahnen zeigen uns also etwas Neues, nämlich die **Feldlinien des elektrischen Feldes.** Wir zeichnen sie im Raum um und zwischen dem Plus- und dem Minuspol der Stromquelle *(Bild 282.1). Der Raum um diese Ladungen ist von einem elektrischen Feld erfüllt.* In ihm erfahren geladene Körper *Feldkräfte längs der Feldlinien.* Wenn sich also in *Bild 282.1* ein positiv geladenes Wattestück wie von einer unsichtbaren Hand geführt vom Plus- zum Minuspol bewegt, so ist dies die Wirkung solcher elektrischer Feldkräfte.

In Stromkreisen wirken diese Feldkräfte auch im Innern der Leiter und treiben dort die beweglichen Ladungen an. Deshalb fließt Strom. Ein solches elektrisches Feld besteht zum Beispiel in *Bild 282.2* zwischen Anode und Kathode. Seine Feldkräfte setzen die Ionen in Bewegung und erzeugen so Strom.

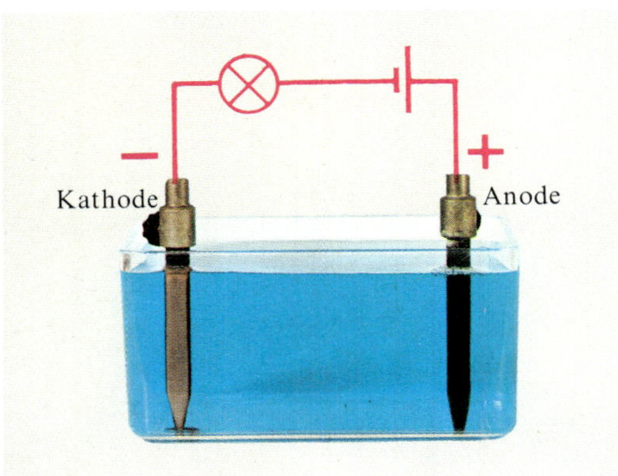

283.1 Zu Versuch 27: An der Kathode (–) scheidet sich Kupfer, an der Anode (+) Chlor ab.

Die Papierstreifen in *Bild 278.2* weisen nach allen Seiten von der geladenen Kugel weg. Sie verdeutlichen so die elektrischen Feldlinien, die von der Kugelladung ausgehen und an entgegengesetzten Ladungen in der Umgebung enden.

> **Zwischen den geladenen Polen einer Stromquelle besteht ein elektrisches Feld, das weit in den Raum hinausreicht. Seine Feldkräfte treiben im angeschlossenen Stromkreis die Ladungen an und erzeugen Strom.**

5. Was weißt du jetzt von der Elektrizität?

a) Warum ist die Elektrizität so geheimnisvoll? Wir können sie nicht sehen und mit nichts aus unserer Umwelt vergleichen. Trotzdem können wir sie erforschen: *Ladungen üben nämlich Kräfte aufeinander aus,* mit deren Hilfe wir die Ladungen nachweisen können. Zudem wird beim Fließen der Ladung *Energie* frei, die wir als Licht und Wärme wahrnehmen.

b) Es gibt zwei Arten von Ladung, Plus- und Minusladung. Sie ziehen sich gegenseitig an. Wir können sie unter Arbeitsaufwand beliebig weit voneinander trennen. Gleichnamige Ladungen dagegen stoßen sich ab. Wegen dieser Kräfte gleicht sich jeder Überschuß einer Ladungsart aus (falls nicht Isolatoren das Fließen verhindern).

c) Wenn Leiter genau gleich viel an positiver wie an negativer Ladung enthalten, erscheinen sie uns unelektrisch, wir nennen sie *elektrisch neutral.* Obwohl elektrische Ladung allgegenwärtig ist, wurde sie wegen dieser Neutralisation erst sehr spät erkannt und erforscht (über Isolatoren siehe Seite 290).

d) Im neutralen Körper wird die Ladung nicht zerstört; sie verschwindet nur scheinbar. Wir werden stets finden, daß man *elektrische Ladung weder vernichten noch neu erzeugen kann.*

e) Nun wissen wir auch, woher eine *Stromquelle* die Ladungen nimmt, die sie durch den Stromkreis pumpt: Diese beweglichen Ladungen stammen aus den leitenden Teilen des Stromkreises und der Stromquelle. **Eine Stromquelle hat insgesamt auch nicht mehr Ladung als andere Körper.** Doch kann sie Ladung pumpen und hält deshalb an ihrem *Minuspol einen Überschuß an Minusladung, am Pluspol überschüssige Plusladung* bereit.

f) Zwischen Plus- und Minuspol bildet sich ein *elektrisches Feld:* Es sind also *Feldkräfte,* welche die Ladungen im Stromkreis in Bewegung setzen. Mit diesen Feldkräften wirkt die Stromquelle in alle Teile des angeschlossenen Stromkreises hinein.

§90 Freie Elektronen

1. Welche Ladung fließt denn in Metallen?

In Kupferchloridlösung können sich nach *Bild 283.1* geladene Kupferteilchen leicht bewegen. Betrachten wir aber den dünnen, aus Wolfram bestehenden Glühfaden einer Lampe! Ihm wird der Strom letztlich aus roten Kupferdrähten zugeführt *(Bild 284.1)*. Auch wenn tagelang Strom fließt, wird dieser Glühfaden weder dicker noch rot gefärbt; *Kupfer fließt nicht einmal spurenweise.* Die Metallteilchen bleiben stets an ihrem Platz. Deshalb müssen wir nach etwas suchen, das in den Metallen sehr „locker" sitzt und geladen ist. Vielleicht können wir dieses „Etwas" aus dem Glühfaden einer Lampe durch Glühen „austreiben", lange bevor das Metall verdampft (so wie beim Erwärmen eines Apfels zuerst locker sitzende Duftstoffe und Wasser abdampfen)?

Versuch 29: Wir benutzen eine Glühlampe mit einem luftleer gepumpten Glaskolben; die Luft kann dann nicht stören. Oben ist ein Metallblech, Anode A genannt, eingeschmolzen *(Bild 284.2)*. Es soll Ladungen, die vielleicht beim Glühen des Fadens abdampfen, auffangen. Hierzu wird es mit einem Elektroskop verbunden und positiv geladen. Sobald der Glühdraht K zu glühen beginnt, geht der Ausschlag des Elektroskops zurück. Wir haben es nicht berührt; also kann seine positive Ladung nicht abgeflossen sein. Was ist mit ihr geschehen?

Offensichtlich wurde die positive Ladung auf der Anode durch negative Ladungen neutralisiert. Sie dampften vom Glühdraht ab und wurden zur Anode gezogen. Mit ihnen haben wir die Ladungen gefunden, die im Metall locker sitzen. Diese negativen Ladungen bilden auch nach stundenlangem Glühen in der Röhre weder Niederschläge noch Gase. *Sie geben also für sich allein noch keinen chemisch nachweisbaren Stoff* und sind für uns etwas Neues. Für die Elektrizität haben sie allergrößte Bedeutung; man nennt sie **Elektronen.** *Sie tragen negative Ladung.*

Versuch 30: **a)** Wir laden nun die Platte A und das Elektroskop *negativ* auf. Sein Ausschlag bleibt bestehen, auch wenn der Draht glüht. Also verlassen den Draht keine positiven Ladungen; diese sitzen in ihm viel fester als die

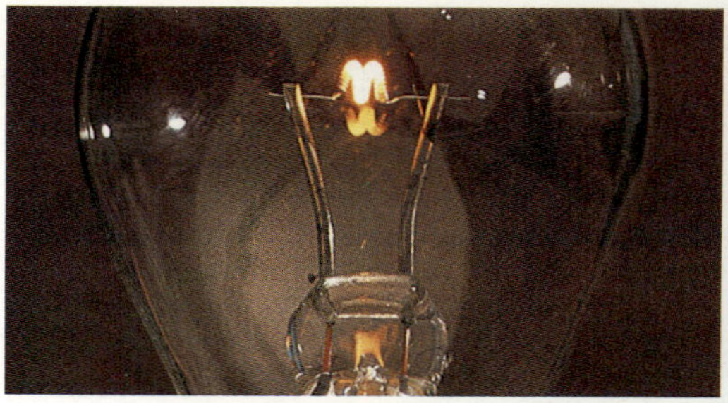

284.1 In diesem Glühdraht fließt kein chemisch nachweisbarer Stoff. Was fließt dann?

negativen Ladungen. Natürlich dampfen auch jetzt Elektronen ab. Doch werden sie von der ebenfalls negativ geladenen Platte A abgestoßen. Sie kehren zum Glühdraht zurück; die Röhre braucht nicht wegen Überfüllung mit Elektronen zu platzen!

b) Wenn man in Versuch 30a den Glühdraht kurzzeitig *überhitzt,* so geht der Ausschlag des negativ geladenen Elektroskops langsam zurück. Dann verdampfen auch *positiv geladene Wolframteilchen,* das heißt Materie! Sie bilden einen dunklen Wolframniederschlag im Innern des Glaskolbens *(Bild 144.1). Positive Ladung ist also an Materie gebunden.*

c) In Versuch 29 wird das Elektroskop erst entladen, wenn die Glühkathode hell glüht, nicht schon, wenn man den Heizstrom einschaltet. Der Heizstrom ist nebensächlich; man läßt deshalb im Schaltsymbol nach *Bild 285.1* die Heizbatterie weg und deutet die Kathode K durch einen dicken Punkt an. Die Schaltskizze zeigt dann nur noch zwei Anschlüsse, die Elektroden K und A. Man nennt die Röhre **Diode.**

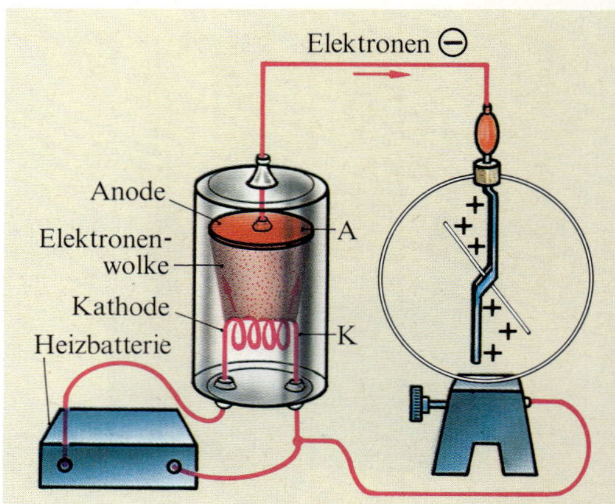

284.2 Beim Glühen dampfen aus dem Glühdraht Elektronen ab und neutralisieren die Plusladung.

Glühelektrischer Effekt: Ein zum Glühen erhitztes Metall sendet Elektronen aus. Sie sind negativ geladen und sitzen in den Metallen verhältnismäßig locker. Die positive Ladung ist in Stoffen dagegen an chemisch nachweisbare Materie gebunden.

Damit verstehen wir, warum in den Drähten nach *Bild 284.1* keine chemisch nachweisbaren Stoffe (Kupfer, Wolfram) wandern; sie sitzen fest. Die negativ geladenen Elektronen fließen dagegen von einem Metall zum andern; wir dürfen also annehmen, daß es *nur eine Art von Elektronen* gibt, die in *allen* Metallen beweglich sind. Wir können sie in den Drähten genauso wenig sehen wie im Vakuum der Diode. Trotzdem experimentieren wir mit ihnen.

2. Elektronen im Kreislauf

Versuch 31: a) Wir lassen nun die beim Glühen abgedampften Elektronen im geschlossenen Kreis fließen. Hierzu verbinden wir nach *Bild 285.1* den Minuspol der Gleichstromquelle S unmittelbar mit der Kathode K einer Diode. In ihr ist der Kreis zunächst unterbrochen. Erst wenn wir die Kathode K zum Glühen bringen, leuchtet die Glimmlampe G auf, und zwar ständig. Die aus K abgedampften Elektronen überbrücken die Vakuumlücke K—A, indem sie völlig unsichtbar von K nach A fliegen. Da sie in Metallen beweglich sind, können sie durch den Metalldraht von A zur Glimmlampe weiterfließen. Diese leuchtet an der oberen Elektrode; sie ist dem Minuspol der Stromquelle S zugewandt, so daß ihr die Elektronen von der Anode her zufließen.

b) Nun legen wir die Diode unmittelbar vor den Pluspol der Stromquelle S und die Glimmlampe zwischen Minuspol und Glühkathode. Die von der Anode A aufgenommenen Elektronen fließen jetzt unmittelbar zum Pluspol.

Wir verstehen jetzt, wie die Stromquelle den einen ihrer beiden Anschlüsse zum Minuspol macht. Sie pumpt ihm Elektronen zu, so daß auf ihm **Elektronenüberschuß** entsteht. Diese Elektronen holt die Stromquelle vom anderen Anschluß; auf ihm entsteht **Elektronenmangel;** die ortsfeste Plusladung überwiegt und bildet so den Pluspol.

Der Minuspol hat wie jeder negativ geladene Körper Elektronenüberschuß, der Pluspol hat wie jeder positiv geladene Körper Elektronenmangel.

Dies soll ein anschauliches *Modell* verdeutlichen. Nach *Bild 285.2* sind zwei Gefäße je zur Hälfte mit Wasser und mit Steinen bis zum Wasserspiegel gefüllt. Die Steine stellen die ortsfesten positiven Ladungen, das sie umgebende Wasser die im Metall beweglichen Elektronen (Minus-Ladung) dar. Wenn das Wasser bis zum Oberrand der Steine reicht, sollen sich in diesem Modell Plus- und Minusladungen neutralisieren. Nun schafft die Pumpe Wasser vom rechten in das linke Gefäß. Links bildet sich Wasserüberschuß (bedeutet Minusladung), rechts Wassermangel (Plusladung). Durch das obere Rohr fließt nun ein Wasser-(Elektronen-)strom nach rechts und schließt den Kreislauf.

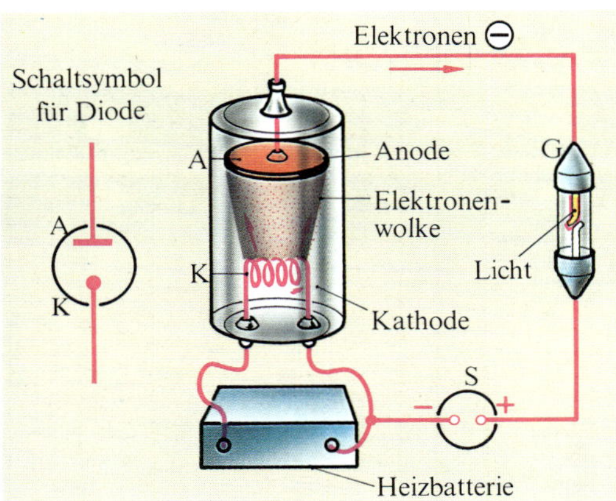

285.1 Die von der Kathode K abgedampften Elektronen pumpt die Stromquelle S durch den Kreis.

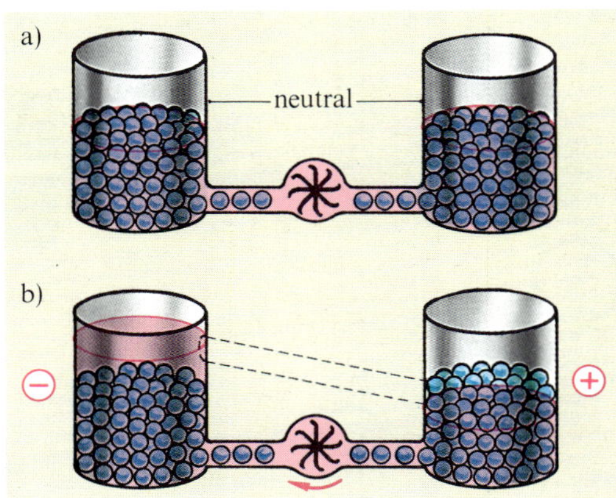

285.2 Die Pumpe erzeugt links Wasserüberschuß und rechts Wassermangel.

3. Gilt die vereinbarte Stromrichtung noch?

Im Stromkreis fließen die Elektronen vom Minus- zum Pluspol, also der konventionellen Richtung (von Plus nach Minus, Seite 283) entgegen. Trotzdem behält man überall diese konventionelle Richtung bei, sogar bei den Pfeilen der Schaltzeichen in der **Elektronik** (Seite 358f.). Du mußt dich damit abfinden; als ,,Eingeweihter" weißt du ja, daß in Metallen die Elektronen dieser konventionellen Stromrichtung entgegenfließen! Positive Ionen in einem Elektrolyten fließen dagegen in der konventionellen Richtung.

4. Elektronen in der Einbahnstraße

Versuch 32: **a)** Wir polen die Stromquelle S in *Bild 285.1* um. Ihr Minuspol rechts erzeugt nun auf der Platte A der Diode Elektronenüberschuß. Zwar dampfen vom Glühdraht K nach wie vor Elektronen ab. Doch werden sie von der *negativen* Ladung der Platte A abgestoßen und vom Glühdraht wieder aufgenommen (wie in Versuch 30a). *Der Stromkreis bleibt unterbrochen.* Die Diode läßt also Elektronen nur in einer Richtung, nämlich von K nach A, fließen; sie wirkt als **elektrisches Ventil** (wie ein Fahrradventil für Luft).

b) Wir ersetzen nach *Bild 286.1* die Gleichstromquelle S durch eine *Wechselstromquelle* (Seite 272). Trotzdem leuchtet nur die obere Elektrode der Glimmlampe. Wenn man diese bewegt, so sieht man nur die oberen hellen Bögen in *Bild 286.1a.* Dazwischen ist die Glimmlampe dunkel. Die Diode läßt nämlich nur während der Zeit Elektronen fließen, in der A dem Pluspol und K dem Minuspol der Wechselstromquelle zugewandt ist; die andere Richtung des Wechselstroms wird unterdrückt. Die Diode ist eine **Gleichrichterröhre.**

c) Wir überbrücken die Diode zwischen K und A durch einen Draht (Strombegrenzer *R* nicht vergessen). Das Neongas leuchtet wieder um beide Elektroden abwechselnd, so wie nach *Bild 286.1b* oder *273.2* bei Wechselstrom. Der Draht läßt ja Elektronen in beiden Richtungen fließen. – Über *Halbleiterdioden* siehe Seite 358.

Bei unseren **Netzsteckdosen** ist eine Buchse 50mal in jeder Sekunde Minuspol, dazwischen Pluspol. Die andere Buchse hat jeweils die entgegengesetzte Polarität. Die Elektronen sind sehr beweglich und folgen im angeschlossenen Kreis ohne Verzögerung; sie schwingen bei diesem **Wechselstrom** mit der Frequenz 50 Hz hin und her (Hz: Kurzzeichen für die Frequenzeinheit 1 Hertz, d.h. 1 Schwingung je Sekunde). Dabei hat der Strom in jedem Augenblick eine bestimmte Richtung. Unsere für **Gleichstrom** gefundenen Aussagen bleiben deshalb richtig, wenn wir uns auf sehr kurze Zeitspannen beschränken *(Bild 286.1c).*

5. Elektronen in der Fernsehröhre

Weder in der Diode noch in Drähten sehen wir die Elektronen. Wir können sie aber im Vakuum zu einem Strahl bündeln und mit diesem **Elektronenstrahl** experimentieren!

Versuch 33: In *Oszilloskopen* und beim *Fernsehen* benutzt man **Braunsche Röhren.** In ihren luftleeren Glaskolben ist nach *Bild 287.1* eine Kathode K eingeschmolzen. Sie wird durch die *Heizbatterie* H zum Glühen erhitzt und sendet

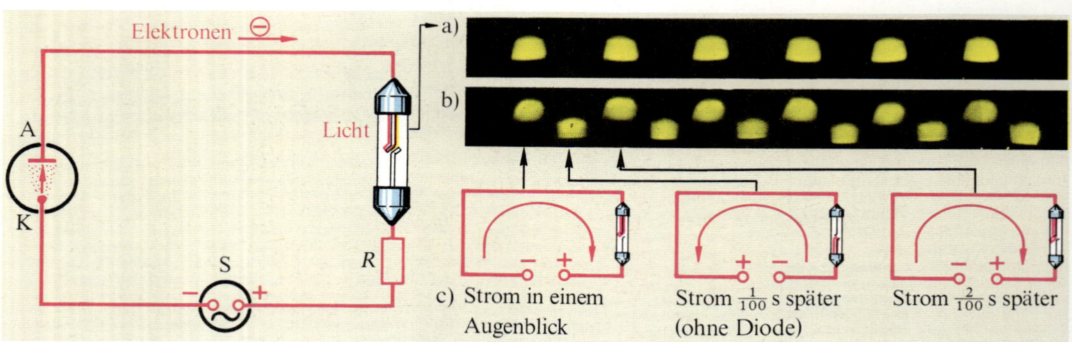

286.1 Die Wechselstromquelle S ändert schnell ihre Polung, desgleichen die Platte A in der Gleichrichterröhre. a) Bewegte Glimmlampe bei gleichgerichtetem Wechselstrom, b) Glimmlampe bei Wechselstrom, also A mit K verbunden, c) Elektronenrichtung bei Wechselstrom

Elektronen aus. Die *Anodenstromquelle U* lädt die *Anode* A positiv, die *Kathode* K negativ auf. Die aus K abgedampften Elektronen werden zu A hin beschleunigt. Sie sollen aber nicht vom Anodenblech aufgefangen werden, sondern als Strahl durch ein Loch in der Mitte von A hindurchtreten. Hierzu lädt man den gestrichelt gezeichneten Metallzylinder W negativ auf. Dann stößt er die von K nach allen Seiten wegfliegenden Elektronen so zu seiner Mittelachse hin, daß sie die *Anodenöffnung* durchsetzen und anschließend geradlinig zum *Leuchtschirm* L weiterfliegen. Dieser Schirm trägt eine dünne Leuchtschicht. Sie sendet dort Licht aus, wo sie von den unsichtbaren Elektronen getroffen wird. Damit die Elektronen vom Schirm zur Anode zurückfließen können, ist der Glaskolben innen mit einem schwach leitenden Überzug versehen.

Versuch 34: **a)** Die Braunsche Röhre nach *Bild 287.1* enthält rechts von der Anode zwei übereinanderliegende Metallplatten. Die obere Platte wird von einer Gleichstromquelle negativ, die untere positiv geladen. Deshalb werden die Elektronen *vertikal* nach *unten* zur positiv geladenen Platte abgelenkt. Der Lichtpunkt ist nach unten verschoben.

b) Mit dem zweiten, um 90° gedrehten Plattenpaar in *Bild 287.1* kann man die Elektronen auch in *horizontaler* Richtung ablenken; auch hier werden sie zur positiv geladenen Platte hingezogen.

c) In der Röhre nach *Bild 287.2* streifen die Elektronen längs eines Leuchtschirms. Auf ihm sieht man ihre Flugbahn als leuchtenden Streifen. Sie ist nach unten, zur positiv geladenen Ablenkplatte hin gekrümmt – so wie Wasser, das aus einem waagerechten Rohr spritzt.

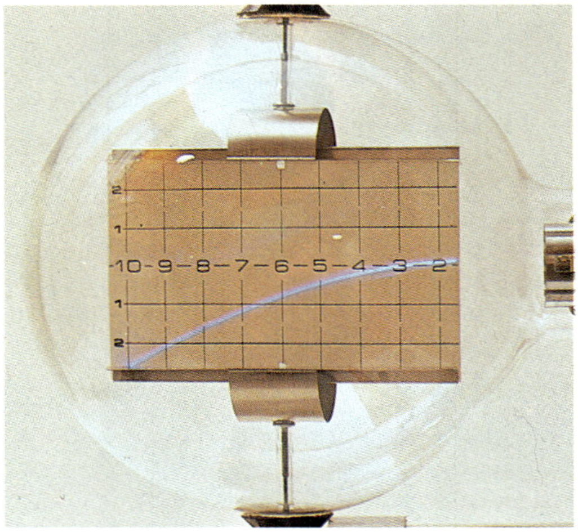

287.2 Die Elektronen streifen am Schirm entlang.

d) Wenn man die Ablenkplatten stärker auflädt, wird der Elektronenstrahl stärker gekrümmt und kann die untere Platte treffen. Dort endet er; die Elektronen werden also nicht – wie die Wattestücke in *Bild 282.1* – umgeladen und wieder abgestoßen. Elektronen tragen nämlich eine Minusladung bestimmter Größe, *Elementarladung* genannt. Man kann Elektronen weder entladen noch stärker aufladen. Alle fliegen die gleiche Bahn; es gibt nur eine Art von Elektronen, gleichgültig aus welchem Metall sie kommen (Seite 285).

Aufgabe:

In Bild 287.1 werden die hintere und obere Ablenkplatte positiv aufgeladen, die beiden anderen negativ. Wie lenkt dies den Elektronenstrahl ab? Wie wird er abgelenkt, wenn man umpolt?

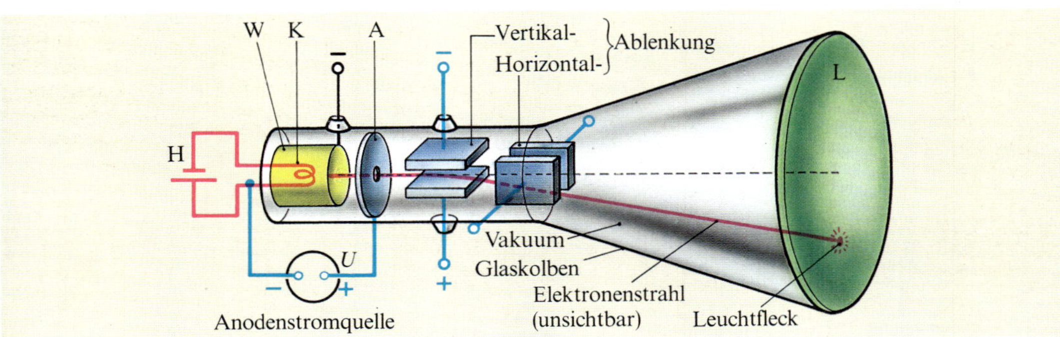

287.1 Braunsche Röhre mit zwei Ablenkplattenpaaren; durch das linke Paar (horizontale Platten) wird der Elektronenstrahl nach unten abgelenkt. Das rechte Paar ist noch ungeladen, lenkt also nicht ab. Legt man an das linke Paar eine Wechselstromquelle, so wird der Strahl schnell auf- und abbewegt.

§91 Atombau und Elektronengas

1. Wir klopfen Atome nach Hohlräumen ab!

Feste Stoffe, z.B. massive Metalle, kann man – im Gegensatz zu den Gasen – kaum zusammenpressen; die Metallatome sind also dicht gepackt. Wo sind dann die Hohlräume, durch welche die Elektronen fließen? Wir klopfen ein Stück Materie nach solchen Hohlräumen ab:

Versuch 35: Über die Öffnung in der Anode einer Braunschen Röhre ist nach *Bild 288.1a* eine aus Millionen von Atomschichten bestehende Folie geklebt. Sie wird von der Glühkathode her mit Elektronen beschossen. Zu unserem Erstaunen finden wir auf dem Leuchtschirm dahinter einen ähnlich scharfen Lichtfleck F wie bei Versuchen ohne Folie. *Er zeigt, daß die meisten Elektronen die Folie geradlinig und ungestört durchfliegen können* (1 und 2 in *Bild 288.1b*). Dabei ist die Folie luftdicht; zwischen ihren Atomen könnten sich nicht einmal Luftmoleküle hindurchzwängen. *Die Elektronen müssen also viel kleiner als Moleküle sein!* Noch mehr: **Die Atome selbst sind fast völlig leer.** Dies zeigt uns die Materie in neuem Licht!

Nur ein kleiner Teil der Elektronen in *Bild 288.1b* wird seitlich abgelenkt und hellt die übrigen Teile des Leuchtschirms etwas auf. Durch weitere Versuche fanden die Physiker, daß diese negativ geladenen Elektronen einem **Atomkern** (+) zu nahe kamen und zur Seite hin abgelenkt wurden: **Der Atomkern ist positiv geladen.** Jedes Atom hat solch einen Kern; sein Durchmesser ist 1/100000 des Atomdurchmessers, der seinerseits unter 1/1000000 mm liegt (Ölfleckversuch Seite 112). Weiter fand man: Im Atomkern ist über 99,9% der Masse eines Atoms konzentriert; der Rest von weniger als 0,1% verteilt sich auf die Elektronen. Diese sind noch kleiner als die Atomkerne. Sie schwirren (ähnlich Gasmolekülen) in den großen, sonst völlig leeren Bereichen um den Kern herum, ohne daß man ihre Bahnen genauer angeben könnte. *Bild 288.2* gibt durch die Stärke der roten Tönung an, mit welcher Wahrscheinlichkeit man ein punktförmiges Elektron in Kernnähe antrifft: **Der Kern ist von einer Elektronenhülle umgeben.**

Dies mag all dem widersprechen, was wir uns unter einem kompakten Stück Materie vorstellen: Schlage einmal mit der Hand auf den Tisch und stelle dir vor, daß er fast nur aus Hohlräumen besteht – deine Hand natürlich auch!

Zahlreiche Experimente der Atomphysik bestätigen dieses Bild (Seite 376f.). Es verdeutlicht, welch große Bedeutung die elektrischen Ladungen und die zwischen ihnen wirkenden Kräfte haben: *Werden doch die negativ geladenen Elektronen der Atomhülle nur von der positiven Ladung des Kerns beim Atom gehalten!*

Ein Atom ist dann *neutral,* wenn den Kern so viele Elektronen umgeben, daß sie seine positive Ladung neutralisieren. In diesen *neutralen Atomen* „versteckt" sich also die Ladung; kein Wunder, daß wir sie nicht unmittelbar wahrnehmen!

Atome bestehen aus sehr kleinen, positiv geladenen Kernen, in denen fast alle Masse konzentriert ist. Sie werden von negativ geladenen Elektronen umgeben.

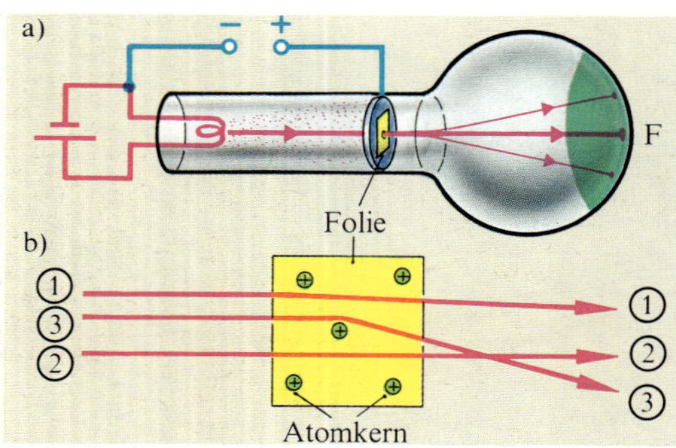

288.1 Schnelle Elektronen können eine Folie durchdringen; diejenigen, die einem Atomkern zu nahe kommen, werden abgelenkt.

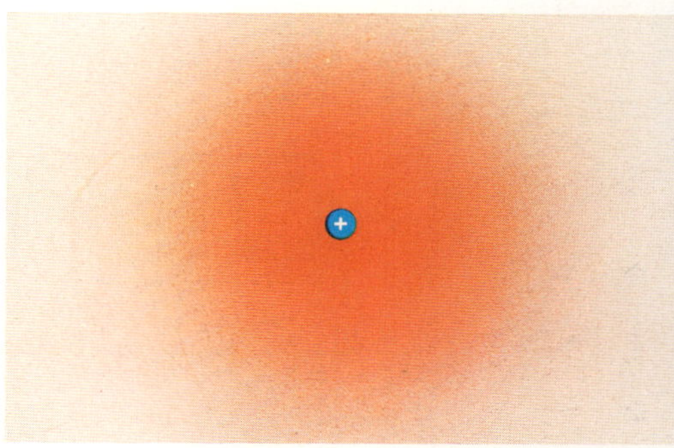

288.2 Atomkern (+) und Elektronenhülle. Je stärker ihre rote Tönung, um so wahrscheinlicher trifft man an dieser Stelle ein punktförmiges Elektron an.

2. Wie erwärmen Elektronen einen Draht?

Nachdem wir nun die Elektronen in der Hülle der Atome gefunden haben, verstehen wir, woher die Stromquelle die Elektronen nimmt, die sie durch den Kreis pumpt (Seite 285): Von jedem Metallatom haben sich 1 bis 3 Elektronen getrennt (in *Bild 289.1* rot). Auch wenn kein Strom fließt, bewegen sie sich in den großen, fast leeren Räumen zwischen den Atomkernen unregelmäßig hin und her; sie verhalten sich ähnlich den Atomen eines Gases; man spricht von einem **Elektronengas.** Schließt man eine Stromquelle an, so werden diese freien Elektronen zum Pluspol gezogen (denke an das elektrische Feld in *Bild 282.1*). Die Stromquelle, z.B. ein Fahrraddynamo, pumpt sie an ihrem Minuspol wieder in den Kreis. Dabei erwärmen sie die Drähte. Warum?

Versuch 36: Eine Diode, die kräftige Ströme aushält, wird an eine starke Stromquelle in Durchlaßrichtung angeschlossen. Nach kurzer Zeit kommt das Blech der Anode zum Glühen. Die von der Kathode abgedampften Elektronen werden schnell zur positiv geladenen Anode beschleunigt. *Dort prallen sie mit großer Wucht auf die Atome und regen sie zu starkem Schwingen an.* Nach Seite 126 steigt dabei die Temperatur.

Wenn in einem Draht Elektronen fließen, so stoßen sie ebenfalls auf Atomrümpfe. Sie bringen diese zu stärkerem Schwingen: Der stromdurchflossene Leiter wird erwärmt. Die Elektronen werden bei diesen Stößen abgebremst; sie erfahren einen *Widerstand* (Seite 318). Durch das elektrische Feld, das die Stromquelle erzeugt, werden sie immer wieder in Bewegung gesetzt.

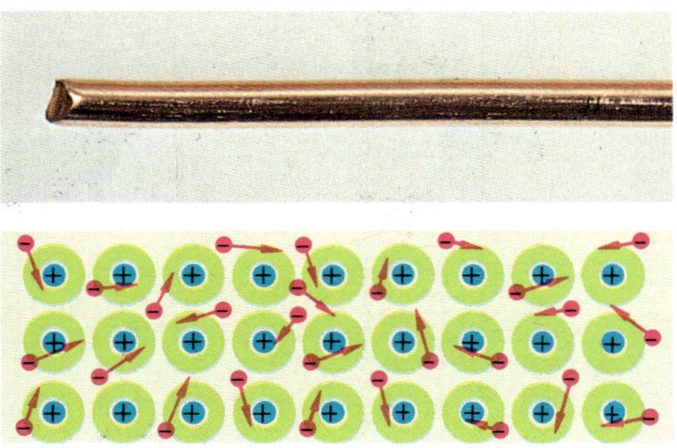

289.1 In Kupfer gibt jedes Atom ein Elektron (rot) frei. Diese Elektronen schwirren – auch wenn kein Strom fließt – im Metall umher.

3. Warum werden dünne Drähte besonders heiß?

Die gleichen Elektronen, die einen Glühdraht zur Weißglut bringen, lassen die dicken Zuleitungen kalt. Wie ist das möglich? Nach *Bild 289.2* fließen die Elektronen im dünnen Draht viel schneller als in den dicken Zuleitungen; denke an das reißende Wasser einer Stromschnelle, die an der Engstelle eines Flusses auftritt. (Ein kleiner Elektronenstau vor dem Glühdraht erzeugt nämlich eine negative Überschußladung, die die Elektronen durch Abstoßungskräfte nach rechts antreibt.) – Ist z.B. der Querschnitt des dünnen Drahts nur 1/10 vom dicken, so fließen die Elektronen im dünnen mit 10facher Geschwindigkeit. *Dabei stoßen sie heftiger auf die Atome und erhöhen die Temperatur im dünnen Draht wesentlich stärker.* Dies erklärt die unterschiedliche **Wärmewirkung des Stroms.** Du erkennst, daß solche alltäglichen Erscheinungen wie das Aufleuchten einer Glühlampe erst mit einem Blick auf Elektronen und Atome verständlich werden.

Aufgaben:

1. *Erkläre, wie sich die Elektronen verhalten, wenn man ein ungeladenes Elektroskop mit einer negativ beziehungsweise positiv geladenen Kugel berührt!*

2. *Lies nochmals die Versuche 12 bis 25 und erkläre sie mit der Elektronenvorstellung! Was geschieht, wenn in Bild 281.2 das Kügelchen die geladene Kugel berührt?*

3. *Kann man Elektronen sehen? Wie lassen sie sich nachweisen?*

4. *Kann man einen Magneten elektrisch aufladen, eine Kupferkugel magnetisieren? Begründe!*

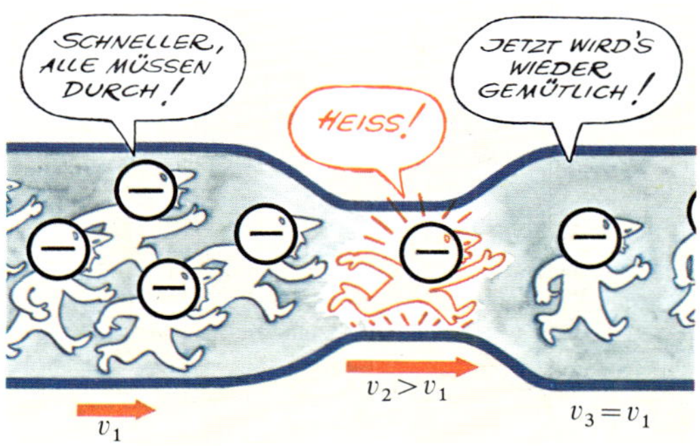

289.2 Alle müssen durch! Je kleiner der Querschnitt, desto größer die Geschwindigkeit. Die schnellen Elektronen stoßen stärker.

§ 92 Influenz und statische Aufladung

1. Influenz: Elektronen werden verschoben

Können wir mit Hilfe der Elektronen auch die *Influenzversuche* verstehen? Betrachten wir Versuch 23b von Seite 280: Die linke Metallkugel in *Bild 290.1* sei zunächst elektrisch neutral. Nehmen wir einmal an, sie enthalte 70000 Elektronen, dann trägt sie auch exakt 70000 ortsfeste Plusladungen. Die rechte, kleinere Kugel trage vielleicht 50000 Elektronen und dann auch genau 50000 Plusladungen.

Nun nähern wir den positiv geladenen Körper ($+Q_1$) von links. Er zieht vielleicht 5 Elektronen von der rechten zur linken Kugel. Die positiven Ladungen bleiben am Platz; sie sind an die schweren Atomkerne gebunden. Verfolge den Vorgang am Zahlenbeispiel:

	linke Kugel	rechte Kugel
Vorher:	70000 − 70000 +	50000 − 50000 +
Nachher:	70005 − 70000 +	49995 − 50000 +
	5 Elektronen Überschuß: $-Q_i$	5 Elektronen Mangel: $+Q_i$

Wenn wir an alle Zahlen 18 Nullen anhängen, kommen wir der Wirklichkeit näher!

Die linke Kugel hat einen Überschuß an Elektronen; sie trägt die negative Influenzladung $-Q_i$. Die rechte Kugel hat Mangel an Elektronen; sie trägt die positive Influenzladung $+Q_i$.

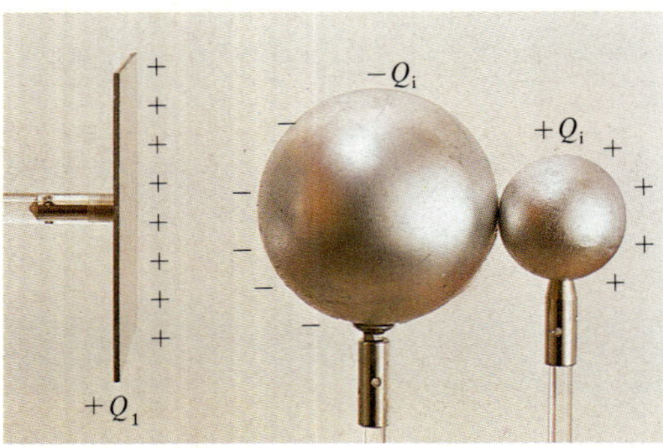

290.1 Influenz: Elektronen werden vom rechten Rand der rechten Kugel zum linken Rand der linken verschoben. Dort sitzen die Influenzladungen.

2. Statische Aufladung: Elektronen werden aus Atomen gerissen

Du kennst sicher das Knistern beim Ausziehen eines Perlonpullovers oder beim Kämmen trokkener Haare. Wenn du über Kunststoffböden gegangen bist, kannst du unangenehme *elektrische Schläge* erhalten. Solche *elektrostatischen Aufladungen* treten bei *guten Isolatoren* auf. Was haben diese mit Elektrizität zu tun? Sehr viel: Sie gaben ihr den Namen. Die Griechen beobachteten, daß der Isolator *Bernstein (griech.: Elektron)* nach dem Reiben kleine Körperchen anzieht; sie sagten, er wird „elektrisch"! Wir wissen heute, warum:

Auch die Isolatoren enthalten zahlreiche Elektronen. *Allerdings lösen sich diese Elektronen nicht von selbst von ihren Atomen;* deshalb gibt es bei Isolatoren kein Elektronengas und folglich keinen Strom. Vielleicht kann man aber Elektronen aus Atomen an der *Oberfläche* des Isolators reißen?

Versuch 37: **a)** Bringe einen *Kunststoffstab* durch kräftiges Reiben auf großer Fläche in enge Berührung mit einem trockenen *Fell!* Der Stab zieht anschließend aufgehängte Kügelchen oder Papierschnitzel an. Hält man ihn an eine Glimmlampe, so blitzt das Gas an der dem Stab zugewandten Elektrode kurz auf (wie in *Bild 276.2*). *Die Oberfläche des Kunststoffstabes war also negativ geladen.* Offensichtlich hatte sie beim engen Berühren den Atomen des Fells Elektronen entrissen. Wenn dies richtig ist, so müßte beim Fell die positive Ladung überwiegen:

b) Befestige ein kleines Stück *Fell* an einem Isolierstab und reibe es mit einem Kunststoff-

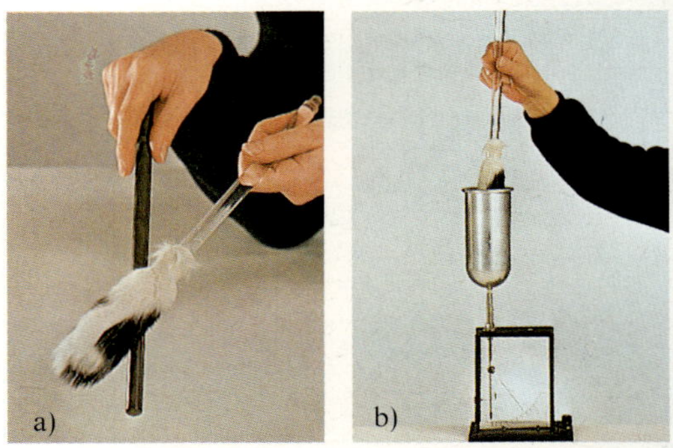

290.2 a) Isoliert gehaltene Körper werden aneinander gerieben. b) Ihre Ladung wird über den Faraday-Becher dem Elektroskop zugeleitet.

stab *(Bild 290.2a)!* Halte dann Stab und Fell nacheinander in einen *Faraday-Becher (Bild 290.2b).* Das angeschlossene Elektroskop schlägt (durch Influenz) beidemal gleich stark aus. Bringst du dann Stab und Fell zusammen in den Becher, so tritt nicht etwa der doppelte, sondern überhaupt *kein Ausschlag* auf: Das Fell wurde also durch den Verlust an Elektronen genau so stark positiv geladen wie der Kunststoff durch die Übernahme dieser Elektronen negativ. *Elektronen wurden also auch hier nicht neu erzeugt, sondern nur getrennt und anders verteilt.* Den Elektronenübergang verdeutlicht das links stehende Zahlenbeispiel. Ersetze in ihm *„linke Kugel"* durch *„Kunststoff"* und *„rechte Kugel"* durch *„Fell"!*

c) Zeige die *positive* Ladung des Fells unmittelbar! Bringe das Fell allein in den *Faraday-Becher (Bild 290.2b)* und berühre ihn mit der Glimmlampe. Die abgewandte Seite blitzt auf.

d) Ein *Glasstab* wird durch Reiben mit *Seide,* die an einem Isolierstab befestigt ist, *positiv* geladen, die *Seide negativ.* Denn die Seide reißt die Elektronen aus den Atomen der Glasoberfläche. Ersetze im linken Beispiel *„linke Kugel"* durch *„Seide"*, *„rechte Kugel"* durch *„Glas"!*

Bei dieser *statischen Aufladung* können *positive* Ladungen nicht übertreten; sie sind nach Versuch 30b an Materie (an die Atomkerne) gebunden und sitzen insgesamt viel fester als die negativ geladenen Elektronen der Atomhülle.

Elektronen treten beim Berühren verschiedener Stoffe sehr häufig von einer Oberfläche zur anderen über; es wäre verwunderlich, wenn alle Stoffe die Elektronen ihrer Elektronenhüllen gleich stark festhalten würden! Diejenigen, die sie stärker festhalten, bekommen einen kleinen Elektronenüberschuß. Die anderen verlieren Elektronen und werden positiv geladen. – Bei *Isolatoren* läßt sich die übergetretene Ladung leicht nachweisen; denn dort kann sie nicht sofort abfließen. Deshalb finden wir elektrostatische Aufladungen bei den Isolatoren. Will man sie z.B. bei Teppichböden vermeiden, so macht man die Textilfasern durch Zusätze etwas leitend (antistatisch).

S-Versuch 38: Reibe eine Kunststoff-Folie (etwa vom Tageslichtprojektor) mit einem Wolltuch. Hebe sie von der Unterlage ab und prüfe ihre Ladung mit einer Glimmlampe (Polsuchlampe), einem Elektroskop, durch die Anziehung kleiner Körperchen oder einfach an deinen Haaren *(Bild 291.1 bis 291.4)!*

291.1 Elektrische Struwwelpetra!

291.2 Der Schnellhefter war geladen!

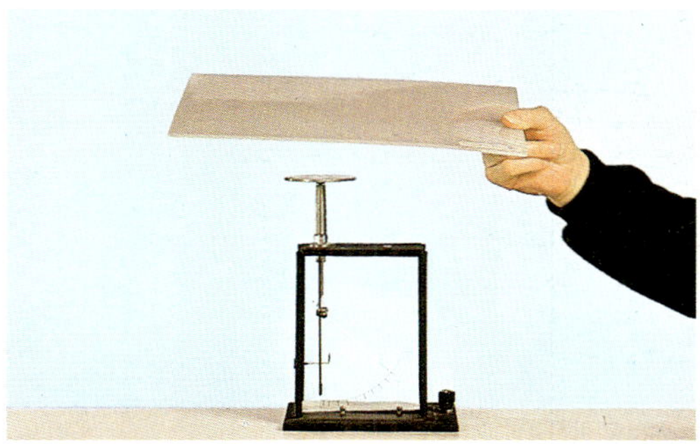

291.3 Auch das Elektroskop reagiert.

291.4 Tanz der Papierschnipsel

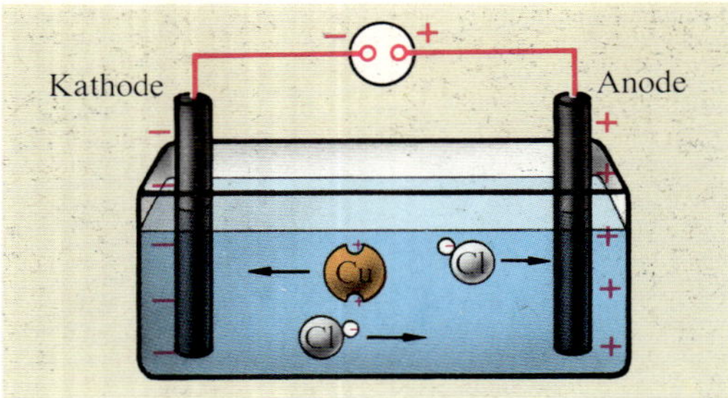

292.1 Negative Cl^--Ionen werden zur Anode (+) und positive Cu^{++}-Ionen zur Kathode (−) gezogen.

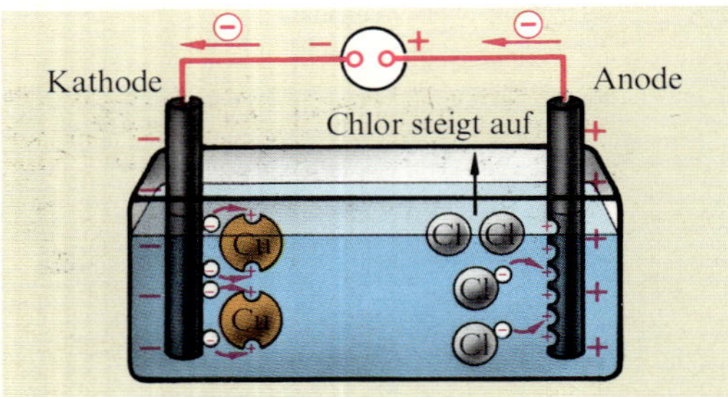

292.2 Ein Cl^--Ion gibt an der Anode ein Elektron ab, ein Cu^{++}-Ion nimmt an der Kathode zwei Elektronen auf. Beide Ionenarten werden zu neutralen Atomen.

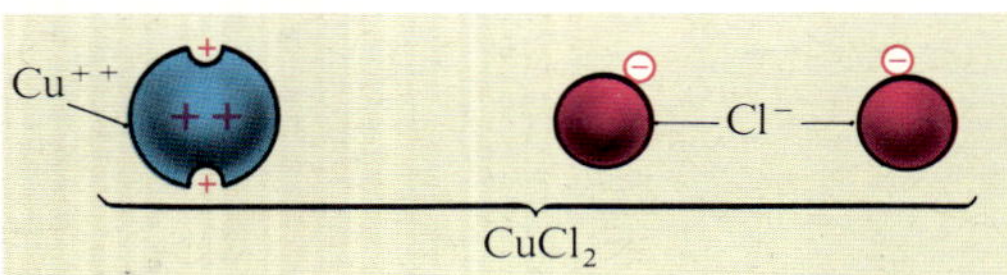

292.3 Auf zwei Cl^--Ionen kommt in Kupferchlorid ($CuCl_2$) ein Cu^{++}-Ion.

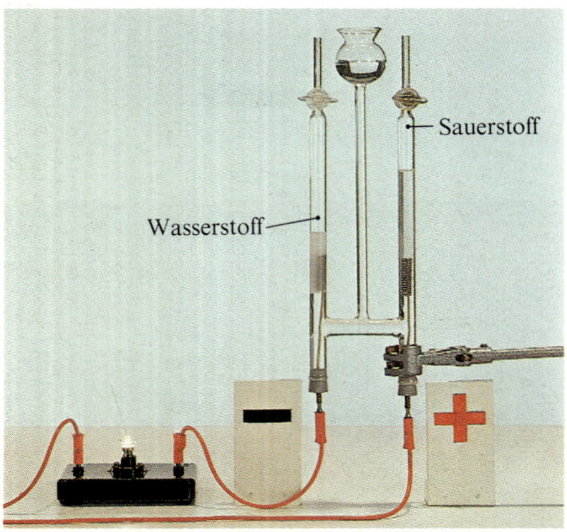

292.4 Hofmannscher Apparat; zu Versuch 39

§ 93 Ionen, chemische Stromwirkungen

1. Wie geben Ionen ihre Ladung ab?

Bei der Elektrolyse von Kupferchlorid ($CuCl_2$, Seite 282) werden die *negativ* geladenen Chlorteilchen, *Chlorionen* genannt, zur Anode (+) gezogen *(Bild 292.1)*. Im sich anschließenden Draht fließen dann Elektronen zum Pluspol der Stromquelle weiter. Woher kommen sie? Jedes Cl^--Ion hat in seiner Hülle ein Elektron *mehr* als ein neutrales Cl-Atom. Dieses *Überschußelektron* ist in *Bild 292.1* symbolisch angeheftet und wird an die Anode und damit an den Stromkreis abgegeben *(Bild 292.2)*. Das Cl^--Ion wird so zum neutralen Cl-Atom; neutrales Chlorgas steigt auf, die Lösung verarmt an Chlor.

Wollen wir also doppelt so viel Chlorgas abscheiden, so müssen auch doppelt so viele Cl-Ionen ihr Überschußelektron abgeben; dann fließen im Draht auch doppelt so viele Elektronen weiter. *Aus der doppelten Gasmenge dürfen wir auf die doppelte Ladung schließen* – wenn die Ionentheorie richtig ist! Wir verfolgen dies auf Seite 294 weiter.

Die *Kupferionen* werden zur Kathode (−) gezogen: Sie sind also *positiv* geladen. Dort wird jedes Cu^{++}-Ion von zwei Elektronen, welche die Stromquelle heranführt, neutralisiert *(Bild 292.2)*. In seiner Hülle fehlten nämlich zwei Elektronen (in *Bild 292.1* bis *292.3* durch zwei Aussparungen in der Elektronenhülle angedeutet; der Kern überwiegt mit 2 positiven Elementarladungen über die restliche negative Ladung der Elektronenhülle). Die chemische Formel $CuCl_2$ klärt auf: Nach ihr kommt 1 Cu^{++}-Ion auf 2 Cl^--Ionen *(Bild 292.3)*. Dem Überschuß von 2 Elektronen in beiden Cl^--Ionen zusammen steht also der Fehlbestand von 2 Elektronen in 1 Cu^{++}-Ion gegenüber. *Die Lösung ist insgesamt elektrisch neutral.* – Beachte: Im Gegensatz zu den Metallen haben Elektrolyte keine freien Elektronen.

Negative Ionen haben in der Atomhülle einen Überschuß an Elektronen. Bei positiven Ionen überwiegt die Kernladung, da Elektronen fehlen. Durch Abgabe bzw. Aufnahme von Elektronen entstehen an den Elektroden neutrale Atome.

Versuch 39: Im **Hofmannschen Apparat** nach *Bild 292.4* fließt der Strom zwischen den beiden Nickelelektroden durch verdünnte Kalilauge. An der mit dem negativen Pol der Stromquelle verbundenen Kathode bildet sich Wasserstoffgas (H_2; siehe Chemielehrbuch). Es steigt in Form kleiner Blasen hoch und kann am geöffneten Hahn entzündet werden. An der Anode (+) wird Sauerstoffgas (O_2) abgeschieden. Es läßt am geöffneten Hahn einen glimmenden Holzspan hell aufleuchten; denn in konzentriertem Sauerstoff laufen alle Verbrennungsprozesse viel schneller ab als in Luft. – Der Wasserstoff nimmt doppelt so viel Raum ein wie der gleichzeitig gebildete Sauerstoff.

Versuch 40: In der *Knallgaszelle* nach *Bild 293.1* liegen Kathode und Anode nahe beisammen; Sauerstoff und Wasserstoff werden deshalb zusammen aufgefangen; sie bilden *hochexplosibles Knallgas (nicht an der Öffnung des Rohrs entzünden!)* Man kann damit Seifenblasen füllen und von der Knallgaszelle entfernt zur Explosion bringen. Nach *Bild 293.1, rechts*, wird das Volumen des Gases in der Glasröhre mit cm^3-Skala gemessen.

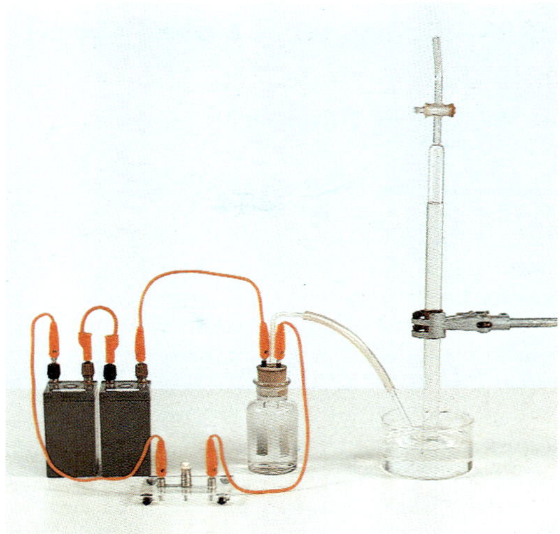

293.1 Knallgaszelle im Stromkreis

2. Der Strom versilbert und verchromt

Verwendet man im Versuch 28 *(Bild 283.1)* als Anode eine Platte unreinen Kupfers, so scheidet sich an der Kathode sehr reines *Elektrolyt-Kupfer* ab. An der Anode geht die gleiche Menge an Kupfer in Lösung.

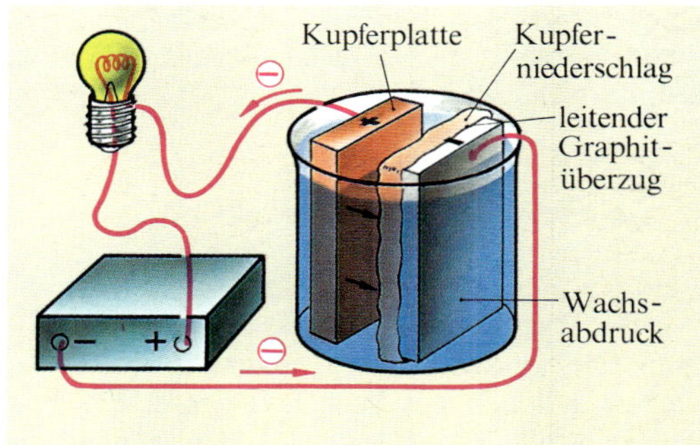

293.2 Galvanoplastik: Auf der Kathode schlägt sich eine dünne Kupferschicht nieder.

Will man Löffel, Fahrradteile usw. aus unedlem Metall mit einem beständigeren, edleren überziehen, so taucht man diese Gegenstände in die Lösung eines Silber-, Nickel-, Chrom- oder Goldsalzes und verbindet sie mit dem *negativen* Pol einer Stromquelle. Der *positive* Pol wird an eine Platte aus dem betreffenden edleren Metall in der Lösung angeschlossen. Nach einiger Zeit haben die Gegenstände einen *reinen Metallüberzug* erhalten. Man nennt dies *galvanisches Versilbern, Vernickeln, Verchromen* usw. (*Galvani*, ital. Naturforscher um 1760).

Um von einer Münze oder Plakette eine formgetreue Nachbildung zu erhalten, stellt man zunächst einen Abdruck in Wachs oder Gips her; Erhöhungen im Original sind in diesem sogenannten *Negativ* Vertiefungen und umgekehrt. Dieser Abdruck wird mit einem Überzug aus dünnem Graphitstaub leitend gemacht und dann mit dem negativen Pol verbunden *(Bild 293.2)*. In Kupfersalzlösungen scheidet sich auf ihm Kupfer originalgetreu als *Positiv* ab. Man nennt dieses Verfahren *Galvanoplastik*. So stellt man z.B. die Prägestempel für *Schallplatten* her.

293.3 Hier wird großtechnisch elektrolysiert.

§ 94 Messung der fließenden Ladung

1. Was mißt die Benzinuhr?

Kannst du 50 l Benzin tanken, wenn die Leitung nach *Bild 294.1 a* nur 30 l faßt? Ja! Wenn die Benzinuhr 50 l anzeigt, so fließen aus dem Zapfhahn auch 50 l; die gleiche Menge wird dem Erdtank entnommen und *durchfließt jeden Querschnitt der Leitung* – falls diese dicht ist und keine Luftblasen enthält (blasenfrei zapfen!).

Wenn man sagt, in einem Stromkreis fließe die Ladung Q, so meint man nicht die Ladung (etwa die Elektronenzahl), die der Kreis insgesamt enthält. Man meint vielmehr die Ladung, die *während der Meßzeit eine Meßstelle durchläuft*. In *Bild 294.1b* ist während dieser Zeit das linke Teilchen noch nicht durch den Querschnitt der Leitung, der als Meßstelle dient, getreten; dieses Teilchen wird also nicht mitgezählt.

2. Kann man die Elektronen zählen?

Leider genauso wenig wie die Benzinmoleküle! An der Tankstelle mißt man das Benzinvolumen. Die Elektrolyse zeigt einen ähnlichen Ausweg: Nach den auf Seite 292 gebildeten Vorstellungen ist die *Menge* des vom Strom entwickelten *Gases* der *Zahl* der geflossenen Elektronen und damit deren *Ladung* proportional. Doch könnten auch die Konzentration des Elektrolyten oder Form und Abstand der Elektroden von Einfluß sein. Vielleicht stauen sich auch Elektronen unterwegs merklich an oder es bilden sich im Leiter elektronenfreie „Blasen".

Versuch 41: Wir schalten nach *Bild 294.2* mehrere mit Lauge unterschiedlicher Konzentration gefüllte Knallgaszellen *(Bild 293.1)* hintereinander und lassen Strom fließen. Nach einiger Zeit finden wir in jeder Zelle die *gleiche Gasmenge*, auch wenn die Elektroden verschieden sind. Selbst Zellen vor und nach einer Glühlampe zeigen gleiche Gasmengen; sie wurden also auch von gleich vielen Elektronen durchflossen. Von den Elektronen geht unterwegs nichts verloren; sie stauen sich auch nicht etwa wie Autos auf der Straße. Wir können also eine Knallgaszelle an eine *beliebige Stelle* in einen unverzweigten Stromkreis schalten. *Wir sehen in den Knallgaszellen ein bequemes Meßgerät für fließende Ladungen und legen fest:*

> ***Maßgleichheit:* Gleiche Knallgasmengen zeigen, daß gleiche Ladungen geflossen sind.**

Nach unseren Vorstellungen über das Neutralisieren der Ionen scheidet die doppelte Zahl an fließenden Elektronen auch die doppelte Gasmenge ab. Wir verallgemeinern und legen fest:

> ***Maßvielfachheit:* Die abgeschiedenen Knallgasmengen sind den geflossenen Ladungsmengen proportional.**

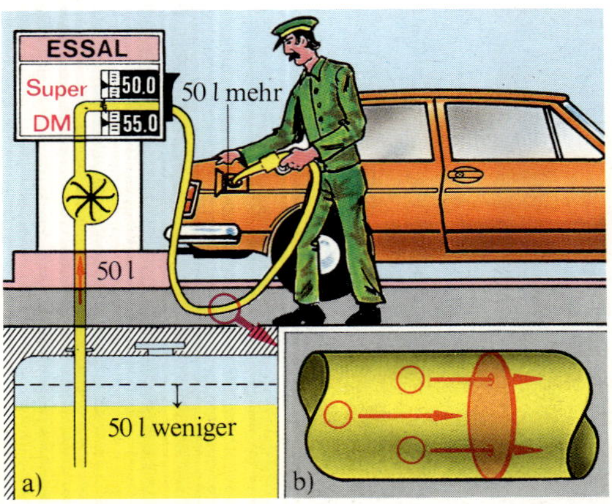

294.1 a) Durch jeden Querschnitt der Benzinleitung tritt beim blasenfreien Zapfen die gleiche Menge Benzin. b) Die durch den roten Querschnitt geflossene Menge wird gezählt.

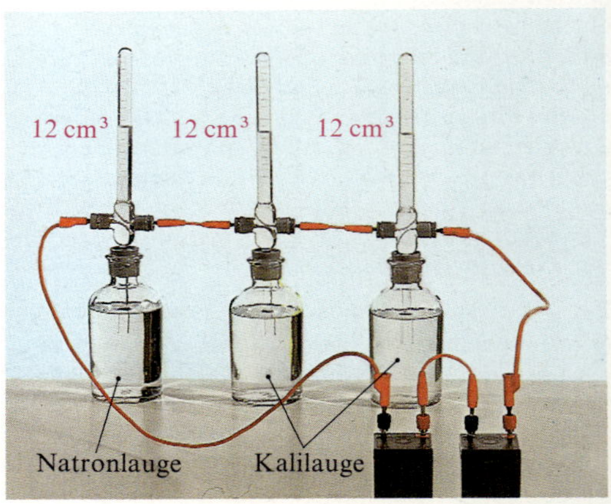

294.2 In jeder der hintereinandergeschalteten Knallgaszellen wird die gleiche Gasmenge abgeschieden, auch wenn sie verschieden gebaut oder gefüllt sind; auch in Lampen ginge keine Ladung verloren.

Könnte man Elektronen zählen, so würde man als Ladungseinheit vielleicht die Ladung eines Elektrons wählen. Für uns liegt es nahe, als **Einheit** die Ladung festzulegen, die eine bestimmte Kupfer- oder Knallgasmenge abscheidet. Man nennt die international vorgeschriebene Einheit der Ladung **1 Coulomb (C)** nach dem franz. Physiker *Ch. A. de Coulomb*, um 1800. 1 C scheidet bei 20 °C und dem Druck 1 bar 0,19 cm^3 Knallgas ab; siehe Seite 341.

Die Einheit der elektrischen Ladung nennt man 1 Coulomb (1 C). 1 C scheidet 0,19 cm^3 Knallgas ab (bei 20 °C und 1 bar Druck).

Die Knallgasabscheidung beträgt also 0,19 cm^3 je Coulomb, kurz geschrieben 0,19 cm^3/C. Folglich scheiden 20 C das Volumen

$$20\,\text{C} \cdot 0{,}19\,\frac{\text{cm}^3}{\text{C}} = 3{,}8\,\text{cm}^3 \quad \text{ab.}$$

Bei 40 cm^3 Knallgas ist die Ladung

$$Q = \frac{40\,\text{cm}^3}{0{,}19\,\text{cm}^3/\text{C}} = 210\,\text{C}$$

geflossen. Auf der Oberstufe werden wir berechnen können, wie viele Elektronen zusammen die Ladung 1 C bilden; es sind $6{,}25 \cdot 10^{18}$, d.h. 6,25 Milliarden · Milliarden Elektronen. Wenn man sagt, in einem Stromkreis fließe die Ladung $Q = 1$ C, so heißt dies, daß durch einen beliebig gelegten Querschnitt der Leitung $6{,}25 \cdot 10^{18}$ Elektronen treten.

Aufgaben:

1. *An einer Knallgaszelle mißt man die Ladung 1 C. Muß der Stromkreis deswegen genau $6{,}25 \cdot 10^{18}$ Elektronen enthalten?*

2. *Nach Bild 275.3 sind zwei Lampen parallel geschaltet. Die eine leuchte heller und werde in einer bestimmten Zeit von 2 C durchflossen, die andere in der gleichen Zeit nur von 1 C. Wie viele Elektronen fließen durch jede Lampe in dieser Zeit, wie viele wohl in der gemeinsamen Zuleitung? Welche Ladung ist dies; wieviel Knallgas wird in einer Zelle in der Zuleitung abgeschieden?*

3. *In einem Stromkreis fließt die Ladung 1 C; warum können in 3 hintereinandergelegten Knallgaszellen zusammen 0,57 cm^3 Knallgas abgeschieden werden?*

4. *Fahren bei einem „Verkehrsstrom" durch jeden „Querschnitt" in gleicher Zeit gleich viele Autos?*

§ 95 Elektrische Stromstärke

1. Was heißt, der Strom ist stark?

Eine Pipeline liefere einen Ölstrom der Stärke 2 Tonnen Öl je Sekunde. Dann braucht man zum Füllen eines Tanks von $Q = 1000$ t Inhalt die Zeit $t = 500$ s. Dabei ist es gleichgültig, ob das Öl aus einer engen Öffnung schnell oder aus einer weiten langsam fließt. Entsprechend gibt man die **Stärke *I*** (Intensität) des elektrischen Stroms durch die in 1 s durch einen Leiterquerschnitt fließende Ladung *Q* (Quantität) an. Fließt z.B. in $t = 5$ s die Ladung $Q = 20$ C, so beträgt die **Stromstärke**

$$I = \frac{Q}{t} = \frac{20\,\text{C}}{5\,\text{s}} = 4\,\frac{\text{C}}{\text{s}} = 4\ \text{Ampere (4 A).}$$

Dabei ist **1 Ampere = 1 C/s** die nach dem französischen Physiker *A.M. Ampère* (um 1800) benannte Einheit der Stromstärke. Bei der Stromstärke $I = 1$ A fließt **in 1 s** die Ladung $Q = 1$ C ($6{,}25 \cdot 10^{18}$ Elektronen) durch einen beliebigen Querschnitt der Leitung:

Definition: **Stromstärke $I = \frac{Q}{t}$. (295.1)**

***Q* ist die Ladung, die in der Zeit *t* durch einen Leiterquerschnitt fließt. Einheit der Stromstärke ist das Ampere (A):**

$$1\,\text{A} = 1\,\frac{\text{C}}{\text{s}}. \qquad (295.2)$$

1 mA (Milliampere) = $\frac{1}{1000}$ A.

Versuch 42: a) Um Stromstärken zu messen, genügt die *Knallgaszelle allein nicht;* man braucht noch eine Uhr: In der Zeit $t = 100$ s wird z.B. das Volumen $V = 19$ cm^3 Knallgas abgeschieden. Es fließt dann die Ladung $Q = 100$ C. Die Stromstärke ist $I = Q/t = 1$ C/s $= 1$ A.

b) Nun bringt man die Lampe im Stromkreis zu hellerem Leuchten; dann perlen die Gasblasen in kürzeren Abständen. *In der gleichen Zeit* (100 s) *erhält man mehr Knallgas,* z.B. 38 cm^3. Dann beträgt die Stromstärke $I = 2$ C/s $= 2$ A; in jeder Sekunde fließt die Ladung 2 C durch einen Leiterquerschnitt.

Bei der Stromstärke $I = 2$ A $= 2$ C/s fließt in der Zeit $t = 30$ s durch jeden Leiterquerschnitt die Ladung $Q = I \cdot t = (2\,\text{C/s}) \cdot 30\,\text{s} = 60$ C.

2. Geräte zum Messen der Stromstärke

Am Zeiger des Tachometers liest du unmittelbar die Geschwindigkeit v des Autos ab; ob er richtig anzeigt, prüfst du mit einer Uhr (t) an den Kilometermarken der Autobahn nach; etwas Rechnung ($v = s/t$) ist dabei nötig. Auch für die Stromstärke $I = Q/t$ gibt es bequeme Zeigermeßgeräte. Wir wollen sie kennenlernen und mit Knallgaszelle (Q) und Uhr (t) eichen:

Versuch 43: **a)** Nach *Bild 296.1* ist ein dünner Eisendraht zwischen zwei Isolierklemmen gespannt und an eine leistungsfähige Stromquelle (Akku oder Netzgerät nach *Bild 273.3*) angeschlossen. Der Strom erwärmt und verlängert den Draht. Der in der Mitte hängende Körper M sinkt um so mehr ab, je stärker der Strom ist, je mehr Wärme er in 1 s erzeugt (Versuch 42 b). M hebt sich wieder, wenn man den Strom ausschaltet.

b) Wir erhöhen die Stromstärke solange, bis der Draht zuerst rot, dann weiß glüht; schließlich schmilzt er durch: Perlen an seiner Oberfläche zeigen, daß Teile von ihm flüssig wurden. Der zu stark gewordene Strom hat den Stromkreis unterbrochen. Dies werden wir in der *Schmelzsicherung* nach Ziffer 3 ausnutzen.

Versuch 43a erklärt das *Hitzdrahtinstrument:* Nach *Bild 296.2* durchfließt der zu messende Strom den *Hitzdraht* AMB; dieser wird erwärmt und verlängert. Deshalb kann die gespannte Feder F über den Faden MF die Mitte M des Hitzdrahts nach unten ziehen. Da dieser Faden um die Rolle R geschlungen ist, dreht sich der Zeiger Z mit der Rolle R nach rechts. Wenn der Strom nicht mehr fließt, verkürzt sich der kälter werdende Draht AMB und zieht den Zeiger wieder zum Nullpunkt der Skala zurück.

Der Strom entwickelt *ständig* Wärme; warum wird der Draht nicht ständig heißer, sondern nimmt eine bestimmte Temperatur an? Es ist die Temperatur, bei welcher in jeder Sekunde der Draht genauso viel an Wärme an die kältere Umgebung abführt, wie der Strom erzeugt. Bei höheren Temperaturen würde der Draht mehr Wärme abführen.

Versuch 44: Das Hitzdrahtinstrument braucht eine *Skala*. Um ihre Striche festzulegen, schaltet man es zusammen mit einer Knallgaszelle und einer Glühlampe hintereinander in einen Stromkreis. Nach Versuch 41 werden alle Geräte in der gleichen Zeit t von der gleichen Ladung Q durchflossen, unabhängig von der Reihenfolge. Darum ist die Stromstärke $I = Q/t$ in allen Geräten gleich groß. Man berechnet sie nach Versuch 42 und markiert ihren Wert beim Zeigerausschlag auf der Skala des Instruments. Wenn man die Stromstärke ändert – etwa durch Auswechseln der Lampe –, so erhält man mehrere Marken.

Bei diesem *Eichen des Strommessers* brauchst du – wie beim Eichen des Tachometers – nicht zu wissen, nach welchem Prinzip das Gerät arbeitet. Deshalb können wir jetzt auch die Angaben von solchen Strommessern nach Versuch 44 überprüfen, deren Konstruktionsprinzip wir erst später kennenlernen (Seite 304).

S-Versuch 45: **a)** In einem Großversuch werden viele Strommesser auf den Schülerarbeitstischen hintereinandergeschaltet und vom Lehrer mit Strom versorgt (nicht über Kabel stolpern! Beachte die Regeln von Seite 305 zum Umgang mit Strommessern! Vorteilhaft ist eine Stromquelle mit fixierter Stromstärke). Durch jedes Gerät fließen je Sekunde gleich viele Elektronen. Zeigen alle Instrumente exakt die gleiche Stromstärke I an? Bilde den Mittelwert aller Angaben!

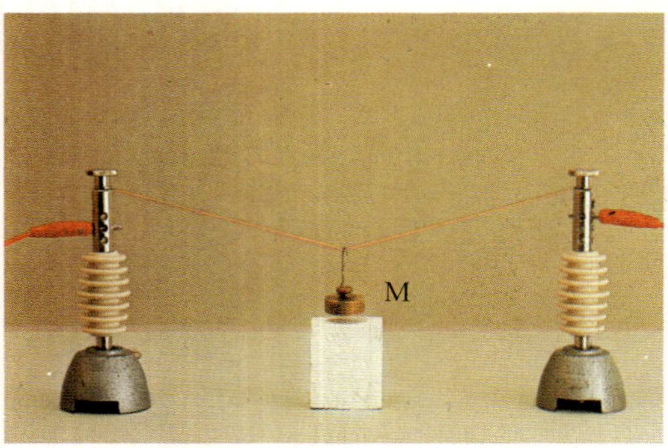

296.1 Zu Versuch 43; Modell für *Bild 296.2*

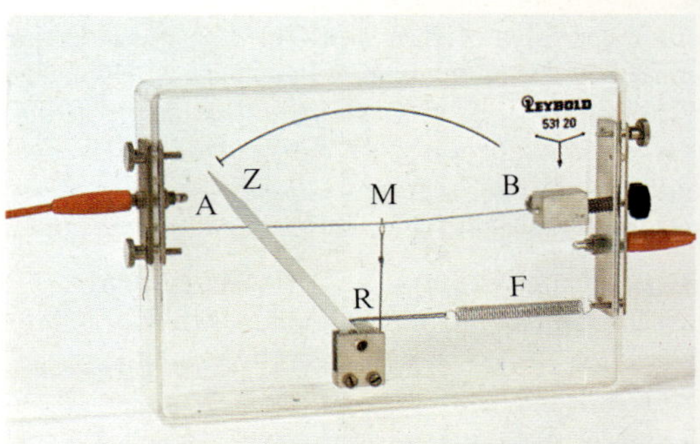

296.2 Hitzdrahtstrommesser zur Demonstration

b) Nun schaltet man jedem zweiten Strommesser (blau) nach *Bild 297.1* einen weiteren (grün) parallel. Trage die Anzeigen aller Geräte in eine Schaltskizze ein und suche ein Gesetz! Formuliere es mit Hilfe der Stromstärken I, I_1 und I_2 aus *Bild 297.1* oder mit Hilfe der Zahl der Elektronen, welche die Instrumente in 1 s durchfließen!

c) Miß die Stromstärke in verschiedenen Lämpchen und vergleiche mit *Tabelle 297.1!*

Armbanduhr, elektrisch	0,001 mA
Glimmlampe	0,1 bis 3 mA
Taschenlampe	0,07 bis 0,6 A
Haushaltsglühlampe	0,07 bis 0,7 A
Heizkissen	ca. 0,3 A
Bügeleisen	2 bis 5 A
Autoscheinwerfer	ca. 5 A
Elektrischer Ofen	5 bis 10 A
Straßenbahnmotor	150 A
Überlandleitung	100 bis 1 000 A
E-Lok	1 000 A
Blitz	100 000 A

Tabelle 297.1 Stromstärken

3. Wo wendet man die Stromwärme an?

Die fließenden Elektronen stoßen die Atome an und erzeugen so Wärme (Seite 289). Nach *Tabelle 297.1* braucht man in **elektrischen Heizgeräten** große Stromstärken. Deshalb muß man beim Bau der Heizgeräte vielerlei beachten: Zum einen müssen die Heizdrähte vor Berühren geschützt liegen (Brandgefahr, Schutz vor elektrischen Schlägen). Andererseits sollen diese Drähte ihre Wärme gut abgeben: In *Brotröstern* sieht man die rotglühenden Heizdrähte deutlich (Vorsicht!). Beim *Heizkissen* liegt der Heizdraht sehr gut isoliert in einer biegsamen, hitzebeständigen Asbestschnur. In *Heizlüftern* und *Haartrocknern* bläst ein Ventilator Luft an Heizdrähten vorbei. Sie geben die Wärme an die Luft und nicht wie beim veralteten *Heizstrahler (Bild 269.1)* durch Strahlung an die Gegenstände der Umgebung ab.

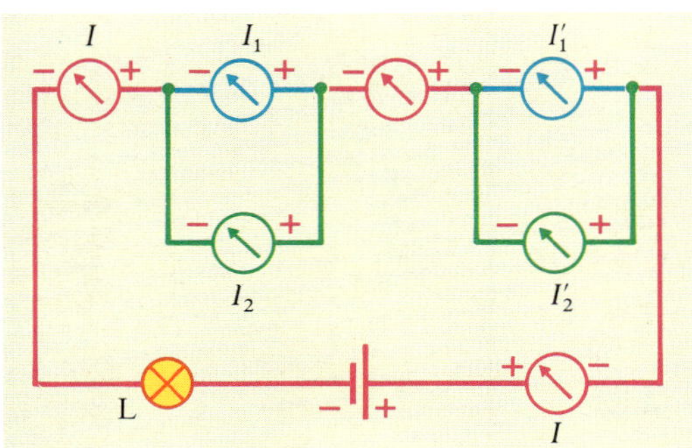

297.1 Zu Versuch 45 b

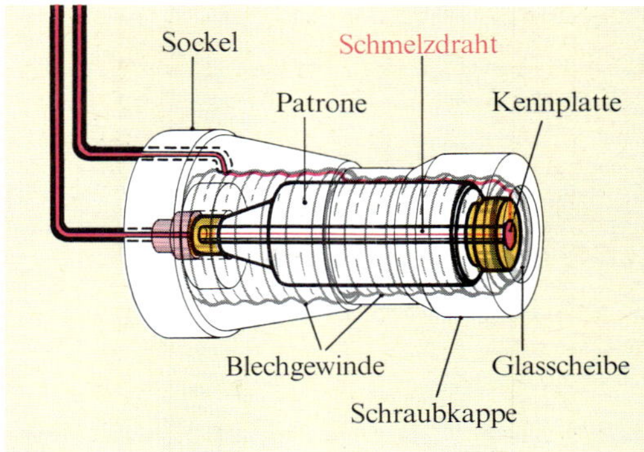

297.2 Schmelzsicherung

Versuch 46: Wir überbrücken nach *Bild 297.3* das Lämpchen mit einem dicken Kupferdraht. Bei diesem **Kurzschluß** schmilzt der dünne *Sicherungsdraht* durch. Wenn dieser durch einen neuen Draht ersetzt ist, schaltet man dem einen Lämpchen weitere parallel, bis der Draht schmilzt. Der Strommesser zeigt, wie die Stromstärke mit der Zahl der Lampen steigt.

Die **Schmelzsicherung** nach *Bild 297.2* besteht aus einer Porzellanpatrone, die den dünnen Sicherungsdraht enthält. Er schmilzt durch, wenn der Strom zu stark ist (Versuch 43 b). Dann fällt das farbige Kennplättchen ab, das am Draht hängt. – Es ist strafbar, Sicherungen zu flicken. Nähme man hierzu einen zu dicken Draht, so würden bei einem Kurzschluß im Haus die Leitungen so stark erhitzt, daß Brände ausbrechen könnten!

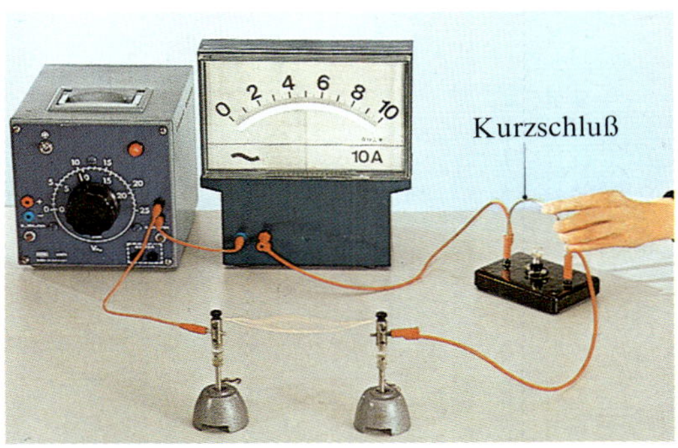

297.3 Kurzschluß am Lämpchen

Aufgaben:

1. *In* 60 s *werden* 23,4 cm^3 *Knallgas (bei* 20° C *und* 1000 mbar*) abgeschieden. Berechne Ladung und Stromstärke!*

2. *Eine Taschenlampenbatterie gibt* 8 h *lang einen Strom der Stärke* 0,2 A *ab. Wieviel Knallgas könnte sie erzeugen?*

3. *Warum ist bei der Definition der Einheit* 1 A *der Zusatz „durch einen Querschnitt des Leiters" wichtig?*

4. *Unterscheide zwischen der Größengleichung* $I = Q/t$ *und der Einheitengleichung* 1 A = 1 C/s*! Führe weitere derartige Gleichungspaare aus der Mechanik an!*

5. 1 C *nennt man auch* 1 *Amperesekunde (*1 As = 1 s · 1 C/s*). Sie ist ein Produkt! Wieviel* C *sind somit* 1 Ah *(Ampere-Stunde)? Ein frisch geladener Bleiakkumulator „gibt* 84 Ah *ab". Wie lange kann ihm der Strom der Stärke* 1 A *„entnommen" werden? Wieviel Knallgas könnte er erzeugen? Wie lange kann er im Auto zwei parallel geschaltete Scheinwerferlampen, die je von Strom der Stärke* 5 A *durchflossen werden, speisen?*

6. *a) Wieviel Elektronen geben die Ladung* 10 C*? b) Wie groß ist die Ladung von 1 Elektron (sog. Elementarladung)? – c) Auf einer geladenen Kugel sitzt die Ladung* 10^{-7} C*. Wie viele Elektronen sind dies? d) Wieviel Elektronen fließen bei* 100 mA *in* 5 s *durch einen Leiterquerschnitt? – e) Die kleinste Stromstärke, die man mit Schulgeräten messen kann, beträgt* 10^{-12} A*. Wie viele Elektronen fließen dabei in* 1 s *durch einen Leiterquerschnitt?*

7. *Bild 298.1 zeigt eine Thermo-Sicherung mit Bimetallstreifen. Auf welcher Seite ist bei ihm das Metall, das sich stärker ausdehnt (Seite 119)? Verfolge den Strom! Spricht eine solche Sicherung sofort an?*

§ 96 Die magnetische Stromwirkung

1. Ein Magnet zum Ein- und Ausschalten

S-Versuch 47: a) Wickle einen 2 m langen, isolierten Kupferdraht auf eine dicke Eisenschraube! Wenn Strom durch den Draht – nicht durch die Schraube – fließt, wird diese magnetisch; sie zieht Nägel an und lenkt eine Kompaßnadel ab: *Der Strom hat „Hände" bekommen!* Schaltet man ihn aus, so bleibt die Schraube noch etwas magnetisch.

b) Nimm die Schraube aus der Spule und schicke wieder Strom durch ihren Kupferdraht! *Auch ohne Eisen wird die Kompaßnadel abgelenkt,* wenn auch schwächer als mit dem Eisenkern. Beim Ausschalten des Stroms verliert die Spule ihren Magnetismus völlig; *er ist ein- und ausschaltbar. Du hast einen Magneten ohne Eisen!*

Der Strom kann also nicht nur Wärme und Knallgas erzeugen; er übt *magnetische Wirkungen* aus, *auch außerhalb seiner Bahn* – er machte z.B. die Schraube magnetisch. Diese magnetische Eigenschaft des Stroms fand 1820 der dänische Physiker *Oersted.*

2. Gibt es Magnete ohne Pole?

Versuch 48: Nach *Bild 298.2* steht eine Magnetnadel *unter* einem in Nord-Süd-Richtung ausgespannten Kupferdraht. Wenn ein Gleichstrom (20 A) von links nach rechts fließt, wird der Nordpol der Nadel quer zum Leiter nach hinten abgelenkt. Kehrt man die Stromrichtung um, so wird der Nordpol nach vorne gezogen. – Wir stellen nun die Magnetnadel *über* den Draht; ihr Nordpol zeigt nun nach hinten.

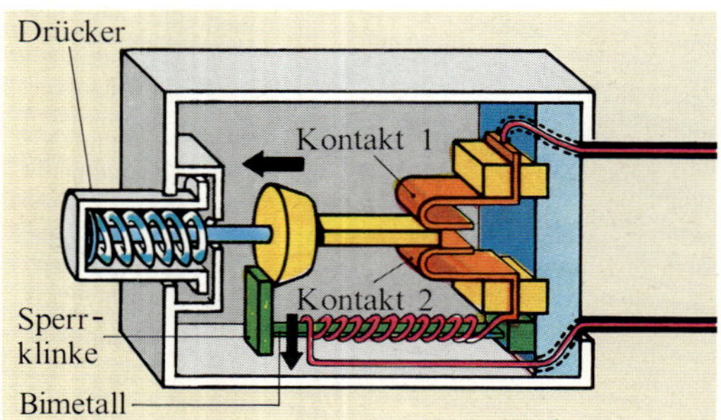

298.1 Thermosicherung; zu Aufgabe 7

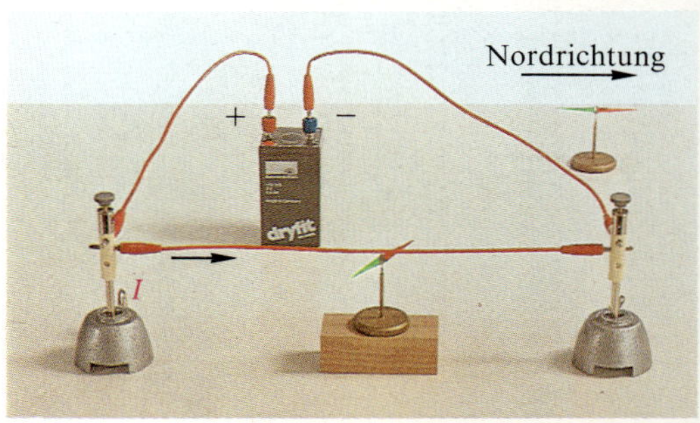

298.2 *Oersteds* Versuch mit modernen Mitteln

Die Magnetnadel erfährt Kräfte *quer* zum stromdurchflossenen Leiter; er ist von einem *Magnetfeld* umgeben. Dieses Feld beschreiben wir mit Feldlinien:

Versuch 49: **a)** Wir führen nach *Bild 299.2* den vertikal gestellten stromdurchflossenen Leiter (20 A) durch ein Loch in einem waagerechten Karton und streuen Eisenfeilspäne auf. Wenn wir durch Klopfen die Reibung verkleinern, so ordnen sich die Späne zu Kreisen *(Bild 299.1)*. Ihr gemeinsamer Mittelpunkt liegt im Leiter; sie sind konzentrisch und werden nach außen hin immer undeutlicher; das Feld wird dort schwächer.

b) Wir prüfen, ob die Feldlinien genau senkrecht zur Stromrichtung stehen. Hierzu legen wir unter eine Glasplatte auf dem Projektor einen Kupferdraht und lassen ihn von einem starken Strom (50 A) durchfließen. Die aufgestreuten Eisenfeilspäne stellen sich genau senkrecht zum Leiter ein *(Bild 299.3)*.

Der elektrische Strom ist von einem Magnetfeld umgeben. Die magnetischen Feldlinien sind bei einem geraden Leiter konzentrische Kreise, die in Ebenen senkrecht zum Leiter liegen.

Versuch 50: Wir kehren die Stromrichtung in *Bild 299.2* um: An den Feilspänen ändert sich nichts *(Bild 299.1)*. Doch drehen sich kleine Magnetnadeln, deren Nordpole die Richtung der Feldlinien anzeigen, um 180°. **Also hängt die Feldrichtung von der Stromrichtung ab;** wir merken uns:

Rechte-Faust-Regel:
Umfasse den Leiter so mit der rechten Faust, daß der abgespreizte Daumen in die konventionelle Stromrichtung (von + nach −) zeigt. Dann geben die gekrümmten Finger die Richtung der magnetischen Feldlinien an.

An den *Bildern 299.1* und *299.2* fällt auf, daß die Feldlinien weder Anfang (Nordpol beim Stabmagneten) noch Ende (Südpol) haben: Hier liegt ein *Magnetfeld ohne Pole* vor. Man kann also mit Feldlinien die magnetischen Erscheinungen umfassender beschreiben als mit Magnetpolen. Dies wird im folgenden deutlich, wenn wir den aus Versuch 47 bekannten Magnetismus einer Spule genauer untersuchen.

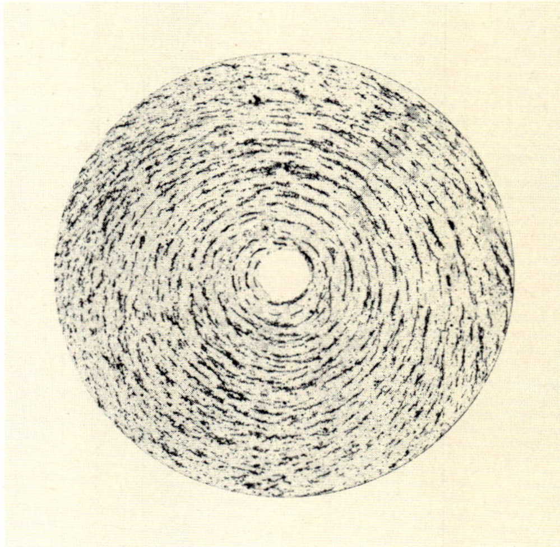

299.1 Magnetfeld um einen geraden Leiter

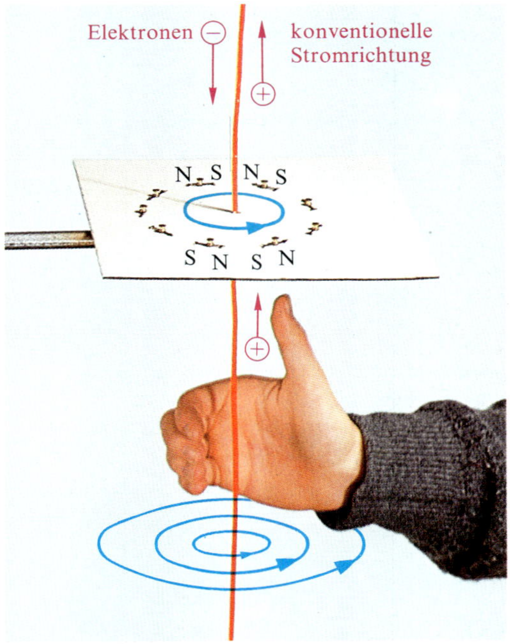

299.2 Rechte-Faust-Regel für die Richtung der magnetischen Feldlinien

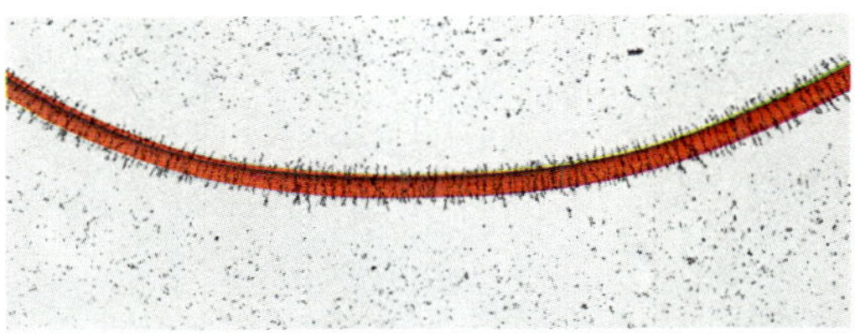

299.3 Magnetfeld senkrecht zum Leiter ($I \approx 50$ A)

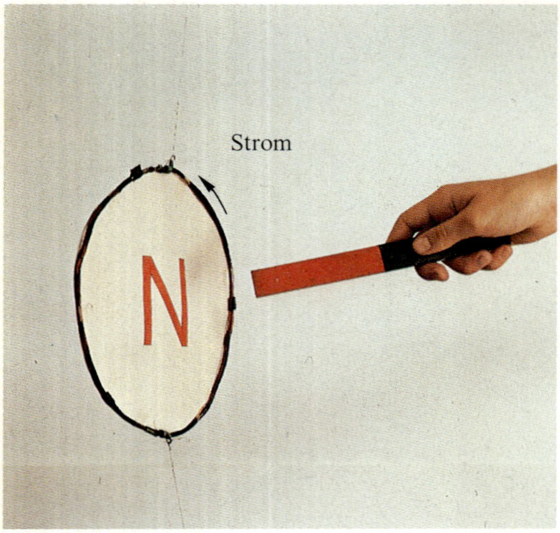

300.1 Zu Versuch 51

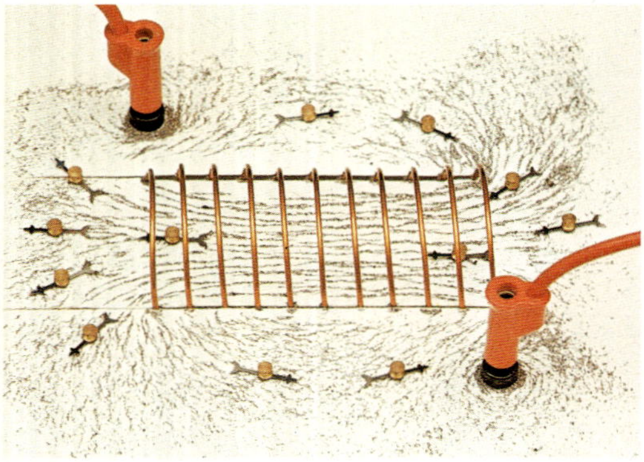

300.2 Feld einer stromdurchflossenen Spule

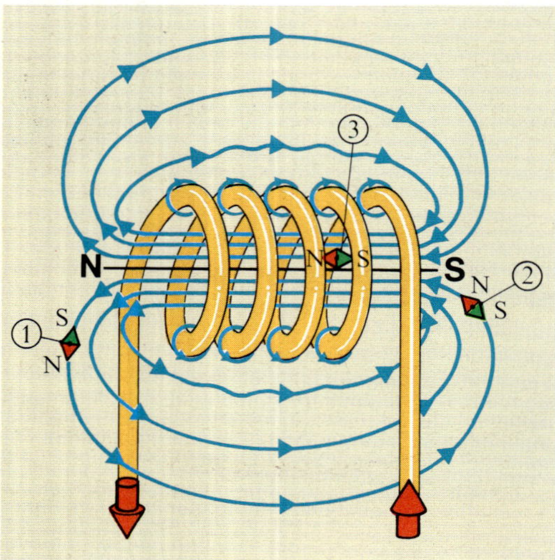

300.3 Feldlinien einer Spule

3. Vom Draht zur Spule

In einer Spule erzeugt bereits ein schwacher Batteriestrom starken Magnetismus (Versuch 47). Die Spule besteht aus einem langen Draht, der eng zusammengewickelt ist. Dabei wird auch das Magnetfeld konzentriert; es zeigt zudem Eigenschaften, die wir vom Stabmagneten und von der Kompaßnadel her kennen:

Versuch 51: Wickle einen dünnen Kupferdraht zu einem Kreisring mit etwa 20 Windungen und hänge ihn an dünnen Lamettafäden nach *Bild 300.1* auf! Die Papierbespannung dämpft das Schwingen. Fließt Strom (2 A), so zeigt die eine Seite der Ringfläche (N) nach Norden. Sie wird vom Nordpol eines Dauermagneten abgestoßen, von dessen Südpol angezogen. Diese Seite verhält sich also wie der Nordpol einer Kompaßnadel. Die andere Seite der Kreisfläche verhält sich wie ein Südpol. *Der stromdurchflossene Kreisring ist ein Kompaß!*

Du kannst dies mit den Feldlinien, die du vom geraden Leiter her kennst, verstehen: Halte in *Bild 300.1* den Daumen deiner rechten Faust an einer beliebigen Stelle des Kreisrings in die Stromrichtung. Die Finger zeigen gemäß *Bild 299.2*, daß die Feldlinien die papierbespannte Ringfläche auf der mit N bezeichneten Seite verlassen. Dies kennst du vom Nordpol eines Stabmagneten. An der anderen Seite treten sie in diese Fläche ein: Dort ist der Südpol.

Ein stromdurchflossener Ring verhält sich wie ein kurzer, dicker Stabmagnet. Wo Feldlinien die Ringfläche verlassen, ist der Nordpol.

Wir denken uns die Windungen dieses Kreisrings auseinandergezogen; nach *Bild 300.2* entsteht so eine **Spule.**

Versuch 52: Nach *Bild 300.2* ist eine Spule in eine Plexiglasplatte eingelassen; auf ihr zeigen Eisenfeilspäne und Magnetnadeln die Feldlinien. Links weisen die Kompaßnadeln mit ihren Südpolen den Feldlinien entgegen zur Spule hin: Das linke Spulenende entspricht also dem *Nord*pol eines Stabmagneten. Der *Nord*pol der rechten Kompaßnadeln zeigt, daß die Spule rechts einen *Süd*pol hat.

Und zwischen den Windungen? Dort laufen nach *Bild 300.3* die Feldlinien benachbarter Windungen einander entgegen: Die Kräfte auf einen Nordpol heben sich im allgemeinen auf.

Besonders deutlich ist das Feld im **Innern** der Spule zu erkennen: Die Feldlinien aller Drahtstücke – der oberen wie der unteren, der vorderen wie der hinteren – laufen von rechts nach links. Sie geben dort ein starkes, nach links gerichtetes Feld parallel zur Spulenachse. Es ist **homogen** (Seite 265).

Versuch 53: Schiebe die rechte Nadel (2) entlang einer Feldlinie im Inneren durch die Spule hindurch. Ihr Nordpol zeigt stets den Feldlinienpfeilen entlang nach links (Nadel 3).

4. Der Elektromagnet: Strom erzeugt Kraft!

S-Versuch 54: **a)** Nach *Bild 301.2* steht eine Magnetnadel etwa 30 cm entfernt von einer Spule, deren Achse in O-W-Richtung liegt. Schalte den Spulenstrom ein! Die Nadel wird nur wenig abgelenkt. Das vom Strom erzeugte Magnetfeld ist außerhalb der Spule schwach.

b) Schiebe *magnetisch weiches* Eisen ins Innere der Spule! Dann wird die Nadel viel stärker abgelenkt. Das starke Feld im Innern der Spule richtet die Elementarmagnete im Eisen genauso aus wie die kleine Nadel (3) in *Bild 300.3*. Folglich zeigen alle Nordpole der Elementarmagnete zum Spulennordpol und bilden einen starken Stabmagneten. Sein Feld verstärkt das von den Spulendrähten herrührende Feld erheblich.

c) Ohne Strom wird die Nadel nur noch wenig abgelenkt. Im Eisen bleiben einige Elementarmagnete ausgerichtet; sie bilden einen **remanenten Magnetismus** (*remanere, lat.:* zurückbleiben).

d) Ersetze den Weicheisenkern durch hartmagnetisches Material (Stahl)! Das starke Spulenfeld richtet alle Elementarmagnete aus; es magnetisiert viel wirksamer als ein Nordpol, mit dem man eine Stricknadel streicht. Der Stahlstab bleibt auch nach dem Ausschalten des Stroms stark magnetisch: *Er ist ein kräftiger Dauermagnet geworden.*

S-Versuch 55: Wir wollen einen möglichst starken **Elektromagneten** bauen und beide Pole benutzen. Auf einen dicken, U-förmigen Eisenkern setzen wir zwei Spulen. Sie werden so angeschlossen, daß die eine Spule oben ihren Nord-, die andere ihren Südpol aufweist (Nachprüfung mit Kompaßnadel; verfolge die Windungen in *Bild 301.3*)!

301.1 Hebemagnet

301.2 Zu Versuch 54

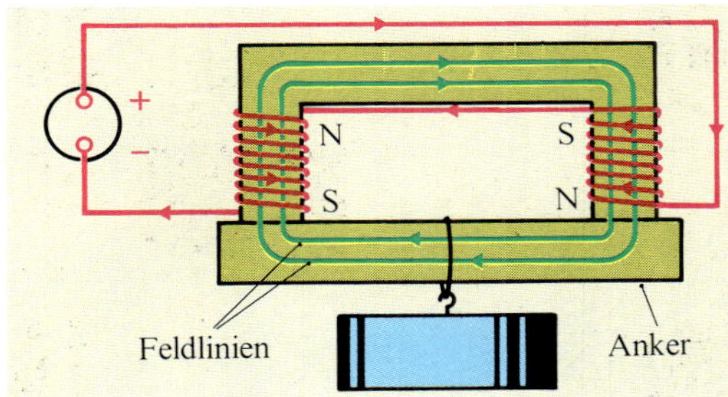

301.3 Zu Versuch 55, Elektromagnet (Prinzip)

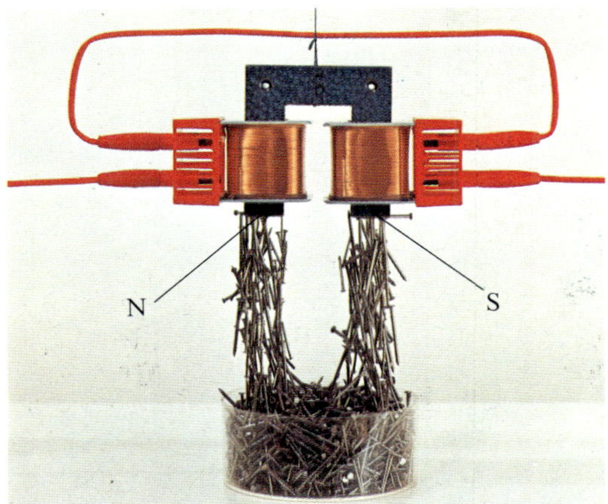

301.4 Der Elektromagnet ist stärker als ein Dauermagnet.

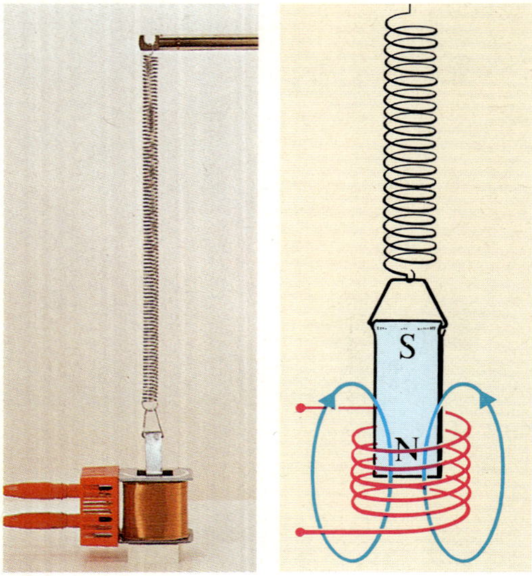

302.1 Zu Versuch 56

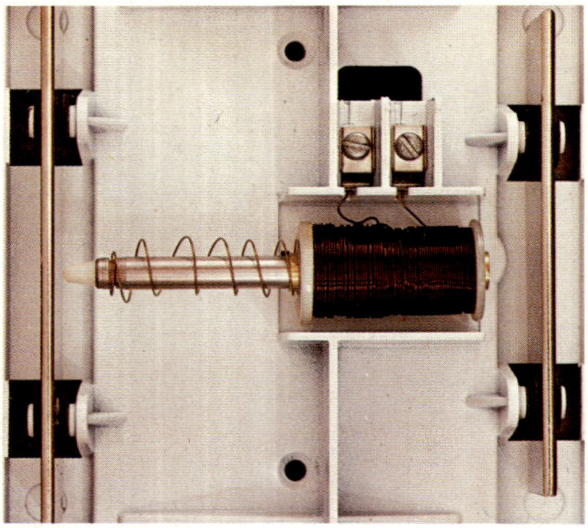

302.2 Elektrischer Gong

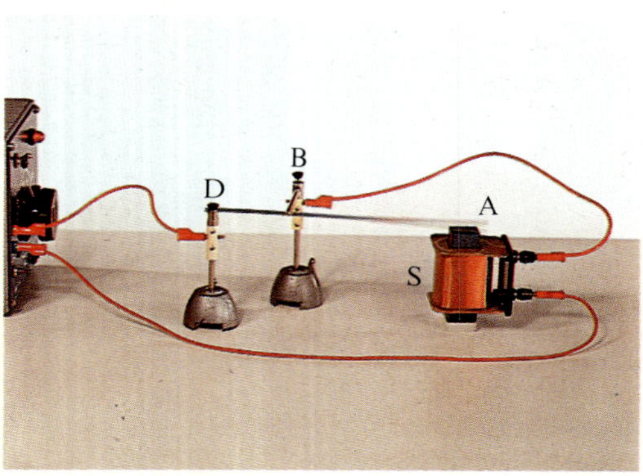

302.3 Modellversuch zur elektrischen Klingel

5. Elektromagnete im Haushalt

S-Versuch 56: Nach *Bild 302.1* wird ein Eisenstück in eine stromdurchflossene Spule gezogen. Wir nehmen an, in der Spule laufen die Feldlinien nach unten; dann entsteht im Eisen durch Drehen der Elementarmagnete unten ein Nordpol N. Er erfährt eine Kraft in Richtung der Feldlinien und wird nach unten gezogen. Der oben entstandene Südpol S ist noch im schwächeren Feld außerhalb der Spule; er wird nicht so stark abgestoßen wie N angezogen. – Versuche das Eisenstück aus der Spule zu ziehen!

Beim **elektrischen Gong** schlägt ein solcher Eisenstab beim Einschalten des Spulenstroms gegen eine klingende Metallplatte. Beim Ausschalten drückt ihn eine Feder wieder zurück; er schlägt auf eine zweite Metallplatte mit anderer Tonhöhe *(Bild 302.2)*. **Elektrische Klingeln** rasseln dagegen ständig:

Versuch 57: Nach *Bild 302.3* ist der lange Eisenstab AD bei D so befestigt, daß er auf und ab schwingen kann. Sein freies Ende A steht über dem Elektromagneten S und wird angezogen, wenn Strom fließt. Dieser Strom fließt über den Stab von D bis zum Kontakt B. Er unterbricht sich bei B selbst, wenn das Stabende A genügend weit nach unten geschwungen ist (der Kontaktstab B federt auch etwas). Dann wird die Spule wieder unmagnetisch; der Stab schwingt zurück und schließt den Kontakt B erneut. Der Elektromagnet bekommt wieder Strom und zieht den Stab an; Schlag folgt auf Schlag!

Sicher hast du schon einmal die *technische Ausführung* einer Klingel gesehen. Dort trägt der Eisenanker den Klöppel, der auf die Glocke schlägt. Der von einer Blattfeder gehaltene Anker kann schnell schwingen und unterbricht dabei wie in Versuch 57 den Strom an einem mitschwingenden Kontakt. – Nach diesem Prinzip der **Selbstunterbrechung** arbeitet auch die **elektrische Hupe.** In ihr ersetzt eine schnell schwingende elastische Stahlmembran den Anker.

Elektrische Uhranlagen haben eine *Zentraluhr* (genaue Pendel- oder Quarzuhr). In ihr wird von einem umlaufenden Rad in jeder Minute kurzzeitig ein Kontakt geschlossen. Er erzeugt einen Stromstoß, der in allen *Nebenuhren* gleichzeitig Elektromagnete durchfließt. Diese lassen über Anker und Zahnräder alle Zeiger gleichzeitig um einen Minutenstrich weiterrücken. Weitere Kontakte an der Zentraluhr können zu festgesetzten Zeiten den Pausengong ertönen lassen.

In **elektrischen Türöffnern** löst der Strom durch einen Elektromagneten eine Verriegelung im Schloß. Dabei hört man ein Summen; man benutzt nämlich Wechselstrom, der die Elementarmagnete ständig umklappt. Doch stört dies die Anziehungskraft nicht; denn der Eisenanker bekommt stets den entgegengesetzten Pol wie der Elektromagnet und wird immer angezogen.

6. Elektromagnete schützen vor Überlastung

Versuch 58: Nach *Bild 303.1* fließt der Lampenstrom *I* durch die Spule Sp und den Anker A (hier eine Stricknadel, gestrichelt gezeichnet). Zunächst ist der Strom noch nicht so stark, daß der Elektromagnet den Anker von den beiden Stiften, die ihn tragen, wegziehen kann. Dies geschieht erst, wenn man die Lampe kurzschließt oder ihr zu viele Lampen parallel schaltet: *Dann unterbricht der zu stark gewordene Strom sich selbst.* Man muß die Nadel A wieder auf die Stifte legen. Hierzu genügt bei den **Sicherungsautomaten** im Sicherungskasten ein Knopfdruck. Die Sicherung muß nicht – wie eine Schmelzsicherung nach Seite 297 – ausgewechselt werden. Solche *Sicherungsautomaten* schalten den Stromkreis bei erheblichem Überschreiten der Höchststromstärke (z.B. 6 A) sofort aus. Geringere Überschreitungen werden nach längerer Zeit ebenfalls gefährlich. Deshalb enthalten diese Sicherungsautomaten auch noch einen *Bimetallstreifen* nach *Bild 298.1* und *118.2*. Er wird vom Strom durch eine Heizwicklung erwärmt und öffnet den Kreis.

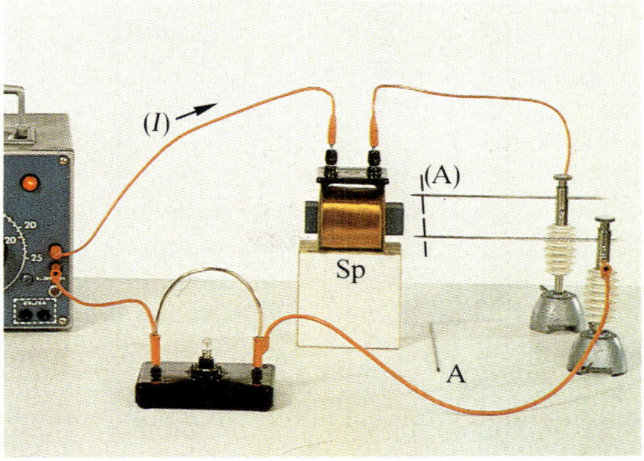

303.1 Bei Kurzschluß fällt die Nadel A herab, der Stromkreis wird unterbrochen.

7. Fernschaltung durch Relais

S-Versuch 59: Baue ein *Relais* nach *Bild 303.2* auf! Wenn die Spule sehr viele Windungen hat, genügt ein schwacher *Steuerstrom* (rot, wenige mA), damit der federnde Anker A angezogen wird. Dabei geschieht zweierlei:

a) Der Kontakt S_1 wird geschlossen, im blauen *Arbeitsstromkreis* fließt ein starker Strom, der z.B. Motoren antreiben, Signale oder Lampen (L_1) betätigen und Telefonverbindungen herstellen kann.

b) Der Kontakt S_2 wird geöffnet, ein vorher fließender *Ruhestrom* (grün, Lampe L_2) wird unterbrochen.

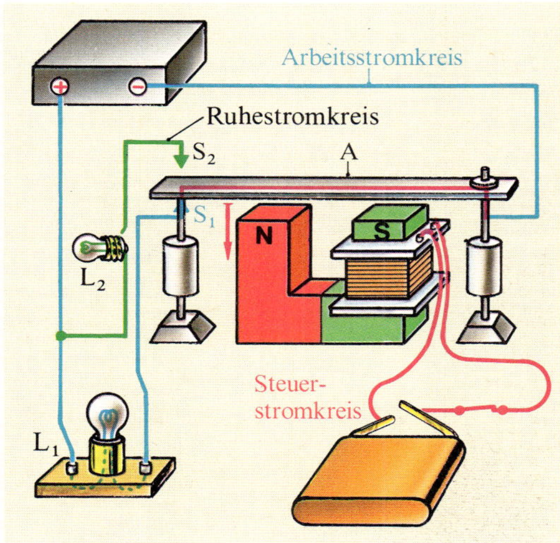

303.2 Relais; Aufbau zum Versuch 59

Im *Auto* schaltet man mit dem Zündschlüssel den schwachen *Steuerstrom* ein. Ein Relais schließt den Stromkreis aus dicken Kabeln für den Anlassermotor. (Anlasserstrom etwa 100 A!)

Ein Einbrecher will die *Alarmanlage* ausschalten und zerschneidet einen zu ihr führenden Draht oder unterbricht die Stromzufuhr am Sicherungskasten. Trotzdem schlägt die Anlage Alarm! Der Einbrecher unterbrach nämlich den schwachen *Steuerstrom,* der im Relais ständig einen Anker anzog. Dieser wird nun von einer Feder nach oben gezogen und schließt am Kontaktpaar S_2 den *Ruhestrom.* Der Ruhestrom wird von einer unabhängigen Batterie gespeist und betätigt die Alarmklingel.

Die Beleuchtung eines Treppenhauses läßt sich oft von vielen Tastern aus bedienen. Sie betätigen mit einem schwachen Steuerstrom ein zentrales Relais. Sein Anker dreht ein *Sprossenrad* um jeweils eine Stellung weiter. Dieses Rad schließt und öffnet abwechselnd den Stromkreis für die Lampen.

303.3 Relais, technische Ausführung

8. Nicht nur ein Rückblick

Oersted machte 1820 eine zunächst unscheinbare Entdeckung: Ein stromdurchflossener Leiter lenkt eine Magnetnadel in der Nähe ab. Zunächst horchten nur die Physiker auf: Zum ersten Mal war eine *Verbindung von Elektrizität und Magnetismus* gefunden. Weitere Entdekkungen machten diese Verbindung so eng, daß heute der **Magnetismus als Teilgebiet der Elektrizitätslehre** angesehen wird. Man nahm bald an, daß auch die Elementarmagnete im Eisen auf Ströme zurückgeführt werden können.

Auch ein Glasrohr, das Lauge oder Salzlösungen enthält, übt magnetische Wirkungen wie ein Metalldraht aus, wenn es von Strom durchflossen wird. In diesen Elektrolyten fließen aber nicht Elektronen, sondern Ionen. Strom ist also stets von einem Magnetfeld umgeben, gleichgültig, ob er im Fließen von Elektronen oder von Ionen besteht: **Bewegte Ladung und Magnetfeld gehören zusammen!**

Nachdem man starke Ströme erzeugen konnte, fand man schnell unzählig viele technische Anwendungen für *Elektromagnete*. Durch sie hat der Strom „kräftige Hände" bekommen, die nicht nur stark zupacken, sondern die sich auch aus der Ferne steuern lassen – sogar in einer Marsstation von der Erde aus! Weitere Anwendungen werden wir in §97, §109 und §110 besprechen.

Aufgaben:

1. *a) Wie kannst du mit Draht und Kompaßnadel den Pluspol einer Akkubatterie herausfinden? b) Wie mußt du einen Kupferdraht um das Gehäuse des Kompasses wickeln, damit die Nadel stark abgelenkt wird? Der Strom einer Taschenlampenbatterie genügt.*

2. *Wende die Rechte-Faust-Regel auf die Bilder 300.1 bis 300.3, 301.3 und 302.1 an!*

3. *Zeigt der Nordpol einer Kompaßnadel im Innern einer Spule zu deren Südpol oder zeigt er in Richtung der Feldlinien? Wie verhält er sich außerhalb der Spule? Welche Aussage über das Verhalten des Nordpols gilt also sowohl im Außen- wie im Innenraum der Spule? – Vergleiche mit den Elementarmagneten im Innern eines Stabmagneten!*

4. *Kann man elektrische Klingeln auch mit Wechselstrom betreiben? Erkläre!*

§97 Elektromagnetische Strommesser

1. Das robuste Dreheiseninstrument

S-Versuch 60: a) Zwei gleich lange Stäbe aus Weicheisen liegen nach *Bild 304.1* in einer etwas geneigten Spule. Wenn durch die Spule Strom fließt, wird jeder Stab zu einem Magneten. Vorn liegen die beiden Südpole und stoßen sich ab, hinten die beiden Nordpole.

b) Wir kehren die Stromrichtung um. Zwar wechseln die Pole, doch bleibt die Abstoßung.

c) Durch die Spule fließt *Wechselstrom;* die Stäbe werden zwar ständig ummagnetisiert; nach (b) bleibt jedoch die Abstoßung bestehen. Man kann mit diesem Aufbau also auch Wechselstrom messen.

In der technischen Ausführung nach *Bild 304.1* wird das Eisenstück a an der Spule befestigt; Eisenstück b ist mit der Drehachse des Zeigers verbunden und wird von a abgestoßen. Dreheiseninstrumente sind robust: Der dicke Spulendraht hält auch Überlastungen stand.

2. Die Rückstellfeder in Meßinstrumenten

Warum haben die meisten elektrischen Meßinstrumente *Federn (Bild 304.1 und 305.2)*?
- Wenn kein Strom fließt, stellt die Feder den Zeiger auf den *Nullpunkt der Skala.*
- Die Feder erzeugt nach dem *Hookeschen Gesetz* wie bei Kraftmessern eine dem Ausschlag proportionale **Rückstellkraft.**

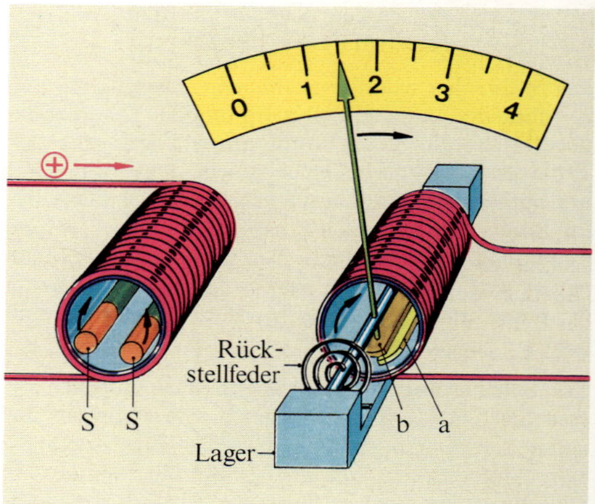

304.1 Dreheiseninstrument

Sie hält der vom Strom erzeugten Kraft das Gleichgewicht, wenn sich der richtige Ausschlag einstellt. Ohne Rückstellkraft würde der Zeiger schon bei schwachen Strömen voll ausschlagen. (Wir können hier auch vom Ausgleich zweier *Drehmomente* sprechen; Seite 57f.)

3. Drehspulinstrumente sind empfindlich

Versuch 61: Das *Prinzip des Drehspulinstruments* zeigt *Bild 305.1*: Eine leichte Spule hängt im Feld eines Hufeisenmagneten zwischen zwei Metallbändchen. Diese leiten den zu messenden Strom durch die Spule; zudem erzeugen sie die nach *Ziffer 2* nötige Rückstellkraft. Fließt Strom, so verhält sich die Spule wie ein Stabmagnet. In *Bild 305.1* liegt ihr Nordpol vorn; er wird nach links zum Südpol des Hufeisenmagneten gezogen. Die Spule und der an ihr befestigte Zeiger drehen sich und verdrillen die Aufhängebändchen, bis Gleichgewicht eintritt (Ziffer 2).

Kehrt man die *Stromrichtung* um, so werden die Pole der Drehspule, nicht aber die des Dauermagneten, vertauscht: Die Spule dreht sich nach der anderen Seite. Fließt *Wechselstrom,* dann zittert der Zeiger kaum merklich um die Ruhelage. Um ihn zu messen, wandelt man ihn in Gleichstrom um (Seite 286).

In der *technischen Ausführung (Bild 305.2)* sitzt die Spule auf einer Achse; sie lagert an den Enden mit zwei feinen Spitzen in Pfannen. Zwei *Spiralfedern* führen der Spule den Strom zu (etwa 1 mA) und erzeugen zudem die nach Ziffer 2 nötige *Rückstellkraft.* Auf Seite 325 werden wir klären, wie man den *Meßbereich* von etwa 1 mA auf viele Ampere erweitern kann.

Wir stellen **Regeln für den Umgang mit Strommessern** zusammen (siehe *Bild 305.3*):

a) Stelle zunächst den höchsten Meßbereich ein!

b) Ist auf Wechsel- oder Gleichstrom eingestellt?

c) Bei Gleichstrom muß die mit + bezeichnete Buchse zum Pluspol der Stromquelle hin angeschlossen werden. **Schalte den Strommesser nie allein zwischen die Pole einer Stromquelle, sondern in Reihe mit den Geräten, deren Strom zu messen ist! Erniedrige vorsichtig den Meßbereich!**

d) Prüfe die Null-Einstellung und blicke senkrecht auf die Skala (Spiegelunterlegung beachten)!

e) Behalte den Zeiger im Auge und schalte sofort aus, wenn er nach links oder über den Vollausschlag hinausgeht!

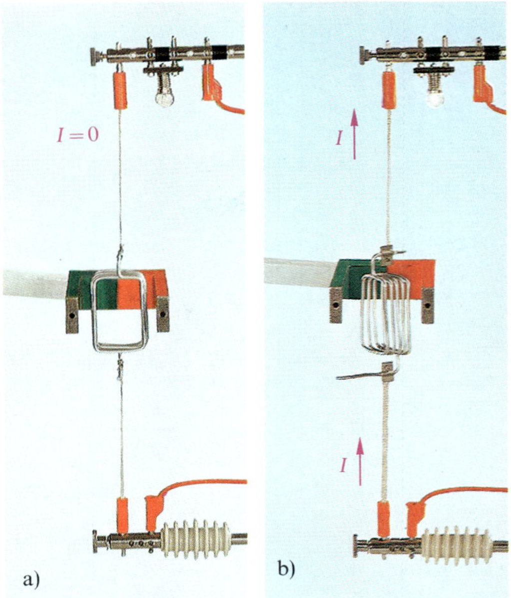

305.1 Versuch zum Drehspulinstrument

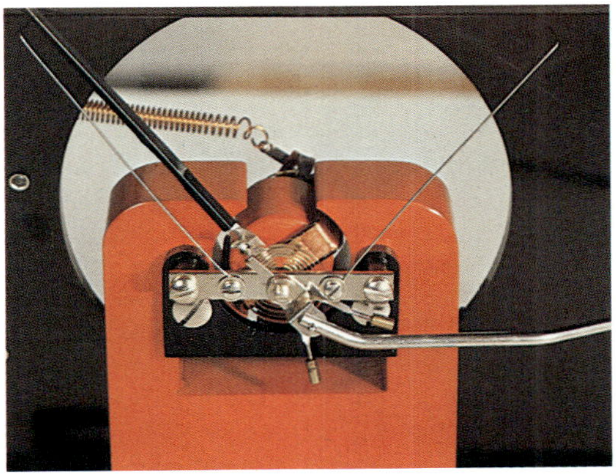

305.2 Meßwerk eines Drehspulinstruments

305.3 Drehspulinstrument

§ 98 Die elektrische Spannung

1. Ladung in „gespanntem Zustand"

Man sagt, **zwischen den Polen von Stromquellen und Steckdosen herrsche Spannung.** Dies zeigt sich an einem Bandgenerator, wenn Ladung überspringt und in einem Blitz *Energie* freisetzt. Diese Energie steht offensichtlich zusammen mit der Ladung *auf Abruf bereit* – wie in einer gespannten Feder, die ebenfalls Energie speichert. Wie man eine Feder spannt, weißt du. Aber wie erzeugt man einen *elektrischen Spannungszustand?*

Versuch 62: a) Nach *Bild 306.1* stehen sich zwei große, isolierte Metallplatten auf kleinem Abstand (1/2 mm) gegenüber. Wir berühren sie vorübergehend je mit einem Pol eines Netzgeräts, geben ihnen also entgegengesetzte Ladungen ($+Q$ und $-Q$). Dann entladen wir die Platten über eine Glimmlampe; diese leuchtet nur schwach auf. Hinter den Ladungen steckt jetzt noch sehr wenig Energie.

b) Nun laden wir die Platten nochmals auf und ziehen sie dann weit auseinander. Jetzt leuchtet die Glimmlampe beim Entladen sehr hell. Die Energie in diesem *Plattenkondensator* hat also beim Auseinanderziehen der Platten erheblich zugenommen; man sagt, die Spannung zwischen ihnen sei gestiegen.

Woher kam diese Energie? Wir haben zwar die entgegengesetzten Ladungen auf den isolierten Platten nicht vergrößert. Doch haben wir sie gegen die Kraft F, mit der sie sich anziehen, um die Strecke s weiter voneinander getrennt. Hierzu mußten wir die *Arbeit* $W = F \cdot s$ verrichten. Diese Arbeit ging nicht verloren; sie wurde als Energie gespeichert und stand dann auf Abruf bereit. Wenn die *arbeitsfähige Ladung* über die Glimmlampe abfließt, wird diese Energie in Licht und Wärme umgesetzt.

Herrscht zwischen zwei Leitern elektrische Spannung, so steht Energie auf Abruf bereit. Spannung entsteht, wenn man entgegengesetzte Ladungen unter Arbeitsaufwand trennt. Die Energie wird frei, wenn Strom fließt.

2. Kann man sehen, daß Spannung herrscht?

Versuch 63: a) Wir legen zwischen die Platten in *Bild 306.1* ein *Elektroskop* und wiederholen den Versuch 62. Beim Auseinanderziehen der Platten steigt der Ausschlag erheblich an; er zeigt so das Anwachsen der Spannung. Die Ladungen auf den Platten haben nämlich so viel Energie erhalten, daß sie zu einem Teil auf das Elektroskop übertreten können – *trotz der dort bestehenden Abstoßungskräfte.* Ladung bei geringer Spannung, hinter der also wenig Energie steckt, kann dagegen ein Elektroskop kaum aufladen.

b) Wir legen ein Elektroskop zwischen die Pole eines Bandgenerators und treiben ihn langsam unter Arbeitsverrichtung an: Das umlaufende Band pumpt immer mehr Ladungsteilchen eines Vorzeichens in die obere Kugel, obwohl sich diese dort abstoßen. Der Ausschlag des Elektroskops steigt an und zeigt die zunehmende Spannung. – Ein empfindliches Elektroskop, das nach *Bild 306.2 zwischen die Pole einer Steckdose* gelegt wird, zeigt, daß auch zwischen ihnen Spannung besteht. **Die Spannung zwischen den Polen einer Stromquelle wird von einem Elektroskop angezeigt, das man zwischen diese Pole schaltet.**

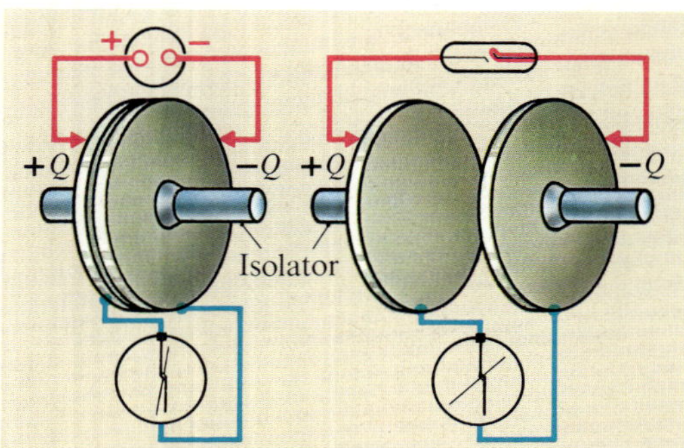

306.1 Nach Versuch 62 wird Spannung erhöht.

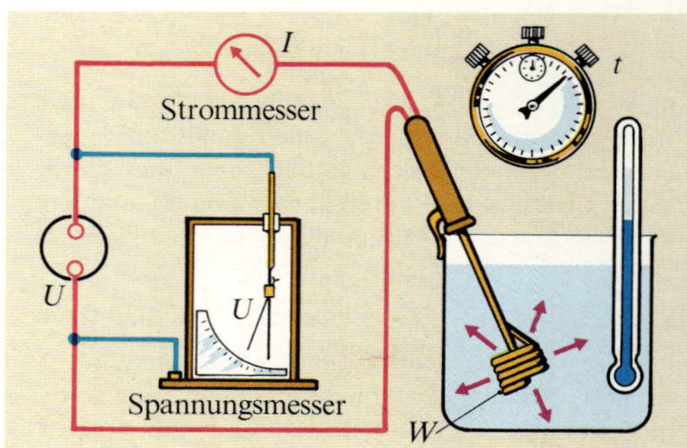

306.2 Zu Versuch 64

3. Wie ist die Spannung definiert?

Zwischen den Polen einer Steckdose besteht ein *Spannungszustand*. Die Energie wird aber erst frei, wenn Ladung fließt; dann läuft der Elektrizitätszähler und registriert die abgerufene Energie W; man muß für sie bezahlen. Das E-Werk liefert sofort diese Energie nach und hält so den Spannungszustand aufrecht. Dabei besteht ein einfacher Zusammenhang zwischen der entnommenen Energie W und der geflossenen Ladung Q:

Versuch 64: Ein Tauchsieder liegt am Netz. In 1 s gibt er die Energie W_1 als Wärme ab. In der n-fachen Zeit fließt die n-fache Ladung Q; man erhält auch die n-fache Energie $W_n = n W_1$ (Seite 130): *Die an einer Stromquelle abgerufene Energie W ist also der geflossenen Ladung Q proportional:* $\boldsymbol{W \sim Q}$.

Wir fragen nun, welche Energie beim Fließen der Ladung 1 C frei wird, und benutzen Tauchsieder, deren Leistung wir kennen (Seite 137).

Versuch 65: Wir legen einen Tauchsieder mit der Leistung $P = 300$ Watt $= 300$ J/s an die Steckdose (Seite 130). Der nach *Bild 306.2* eingeschaltete Strommesser zeigt $I = 1{,}35$ A $= 1{,}35$ C/s. In 1 s fließt also die Ladung $Q = 1{,}35$ C und setzt die Energie $W = 300$ J frei. *Tabelle 307.1* zeigt die Meßwerte auch bei anderen Tauchsiedern. Auch hier ist die abgerufene Energie W der geflossenen Ladung Q proportional; der Quotient W/Q (3. Spalte) erweist sich im Rahmen der Meßgenauigkeit als konstant. *Er ist vom benutzten Gerät unabhängig* und beträgt an der vorliegenden Steckdose $W/Q = 220$ J/C. *Dieser Quotient W/Q kennzeichnet also den Spannungszustand zwischen den Polen der Steckdose, und zwar unabhängig von der Stärke des Stroms.*

Die Zahlenwerte für W/Q in der 3. Spalte der Tabelle kommen uns bekannt vor: Man sagt, die Steckdose hat 220 V. Laut Definition bedeutet die Spannungsangabe 220 V, daß in einem an die Steckdose gelegten Gerät beim Fließen der Ladung 1 C die Energie 220 J frei wird.

Arbeit W in 1 s in Joule	Ladung Q in 1 s in Coulomb	W/Q in J/C
300	1,35	222
600	2,75	218
1000	4,55	220
1500	6,8	221

Tabelle 307.1 Zu Versuch 65

307.1 Hochspannung; Energie ist abrufbereit!

1 Volt (V) bedeutet, daß beim Fließen von 1 C die Energie 1 Joule umgesetzt wird.

***Definition:* An einer Stromquelle werde beim Fließen der Ladung Q die Energie W abgegeben. Man sagt dann, zwischen ihren Polen besteht die Spannung**

$$U = \frac{W}{Q}. \qquad (307.1)$$

Die Einheit der Spannung U ist 1 Volt:

$$1\ \text{Volt} = 1\ \frac{\text{Joule}}{\text{Coulomb}}. \qquad (307.2)$$

4. Kann man Spannung weiterleiten?

Versuch 66: Wir führen durch zwei Leitungen Ladungen eines Bandgenerators oder einer Steckdose „in die Ferne“. Am Ende der *Fernleitung* zeigen Glimmlampe und Elektroskop, daß auch Energie und Spannung fortgeleitet wurden.

Am Anfang von *Hochspannungsleitungen* erzeugt man zwischen den Drähten Spannungen von z.B. 380000 V. Sie werden zusammen mit der „arbeitsfähigen“ Ladung in die Ferne geleitet. Die Spannung zwischen den Drähten bleibt längs der Leitung konstant, wenn die Ladung unterwegs weder Arbeit verrichtet noch Wärme erzeugt, also nichts an Arbeitsfähigkeit verliert: Die Energie 380000 J je Coulomb bleibt erhalten *(Bild 307.1)*.

Aus diesem Grund wird in *Bild 306.2* die Spannung an der Steckdose sowohl dem Elektroskop wie auch dem Tauchsieder zugeführt und kann dort nachgewiesen oder gemessen werden.

308.1 Drei hintereinander geschaltete Mono-Zellen in der Flachbatterie

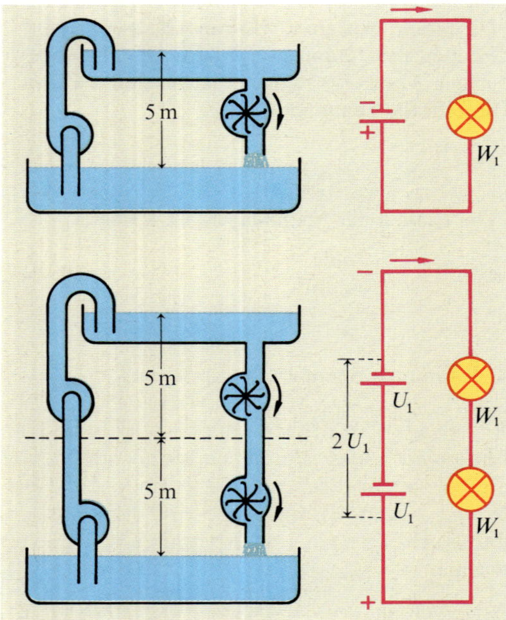

308.2 Addition von Spannungen; Schaltung und Modell

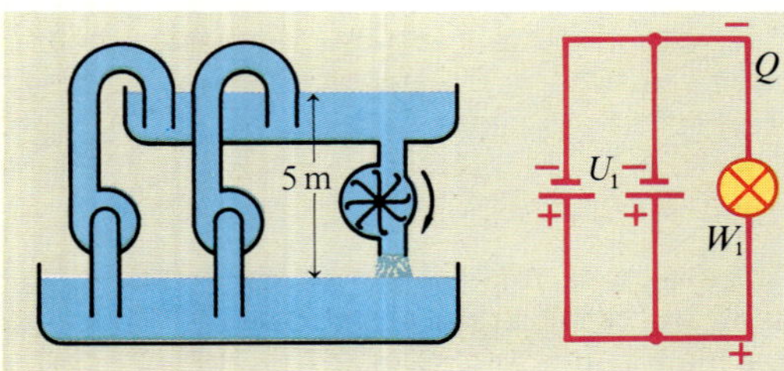

308.3 Parallelschaltung samt Modell

5. Kann man Spannungen addieren?

In batteriebetriebenen Geräten hast du wohl schon mehrere Einzel-(Mono-)Zellen zu einer *„Batterie"* zusammengestellt. Die Flachbatterie einer Taschenlampe enthält 3 Einzelzellen. Diese werden so *„hintereinandergelegt", daß der Pluspol der einen mit dem Minuspol der nächsten verbunden ist (Bild 308.1)*. Die Stromstärke ist in jeder Zelle gleich groß; „unterwegs" werden also die Elektronen nicht zahlreicher. Werden sie vielleicht „energiereicher"?

S-Versuch 67: a) Lege ein Lämpchen über einen Strommesser an eine Batterie. Sie pumpt je Sekunde die Ladung $Q = It = 0{,}1$ C und gibt die Energie W_1 an das Lämpchen ab. Die Spannung ist also $U_1 = W_1/Q$.

b) Schalte nun zwei Batterien, d.h. zwei Ladungspumpen, *hintereinander*. Wir vermuten, daß sie zusammen mehr Energie in die Ladung pumpen, diese also arbeitsfähiger machen. Dies könnte einem Lämpchen schaden. Vorsichtigerweise schalten wir deshalb zwei gleiche Lämpchen hintereinander; dann kann die Ladung ihre Energie nacheinander „loswerden". Wir haben richtig vermutet: Jedes Lämpchen leuchtet wie in (a), gibt also in 1 s die Energie W_1 ab. Zusammen liefern beide Lämpchen in 1 s die doppelte Energie 2 W_1. In 1 s fließt aber nur die gleiche Ladung $Q = 0{,}1$ C wie in (a) (Strommesser). Die zwei Zellen zusammen haben also *mit Hilfe derselben Ladung Q* die doppelte Energie 2 W_1 in den Stromkreis gepumpt; sie erzeugten die doppelte Spannung $U_2 = 2W_1/Q = 2\,U_1$.

Beim Hintereinanderschalten von Stromquellen addieren sich die Spannungen.

Wir veranschaulichen dies mit *Wasserpumpen* nach *Bild 308.2:* Zwei Pumpen, von denen jede nur 5 m hoch fördern kann, sind übereinandergestaffelt. Zusammen haben sie an einem Liter Wasser, das sie insgesamt 10 m hoch pumpten, die doppelte Arbeit wie nur eine Pumpe allein verrichtet. In 1 l Wasser steht oben die doppelte Energie auf Abruf bereit; es hat die doppelte Lageenergie wie in 5 m Höhe und kann beim Herabstürzen doppelt so viel Arbeit verrichten.

Entsprechend pumpt eine Stromquelle (Elektronenpumpe) Ladung in ihrem Innern unter Arbeitsaufwand von einem Pol zum anderen. Nach *Bild 308.1* sind mehrere Zellen hintereinandergeschaltet. Dieselbe Ladungsmenge *Q* durchfließt nacheinander die einzelnen Zellen. Die an ihr verrichteten Arbeitsbeträge *W* addieren sich und damit die Spannungen.

Nach *Bild 308.3* fördern 2 Pumpen *nebeneinander* Wasser; hierbei addiert sich die je Liter abrufbereite Energie nicht; das Wasser fließt ja nur aus 5 m Höhe herab. Was bedeutet dies elektrisch?

Versuch 68: Wir schalten analog zu *Bild 309.1* mehrere gleiche Batterien **parallel** zueinander: *Pluspol wird mit Pluspol und Minuspol mit Minuspol verbunden.* Das Lämpchen wird je Sekunde von der gleichen Ladung $Q = 0{,}1$ C wie bei nur einer Batterie durchflossen und gibt auch die gleiche Wärme W_1 ab. Also bleibt beim Parallelschalten die Spannung $U = W_1/Q$ unverändert: Ein Ladungsteilchen fließt entweder durch die eine oder die andere Zelle; nur einmal wird an ihm Arbeit verrichtet. Allerdings kann die ganze Anordnung länger Strom liefern als eine einzelne Zelle, weil jede weniger beansprucht wird.

Beim Parallelschalten von gleichen Stromquellen bleibt die Spannung unverändert.

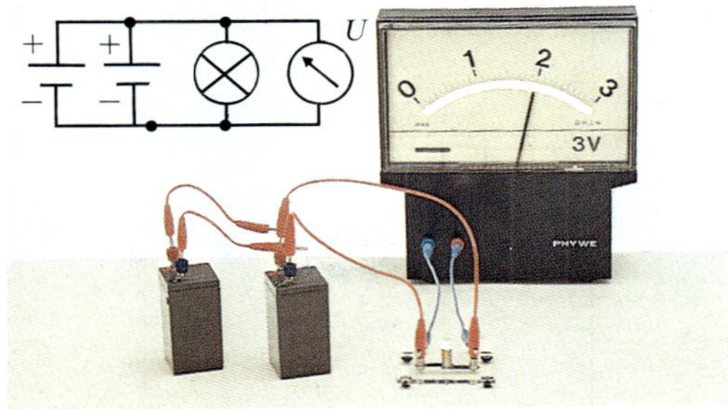

309.1 Parallelgeschaltete Zellen von je 2 V geben auch nur 2 V (beachte die farbigen Pole!).

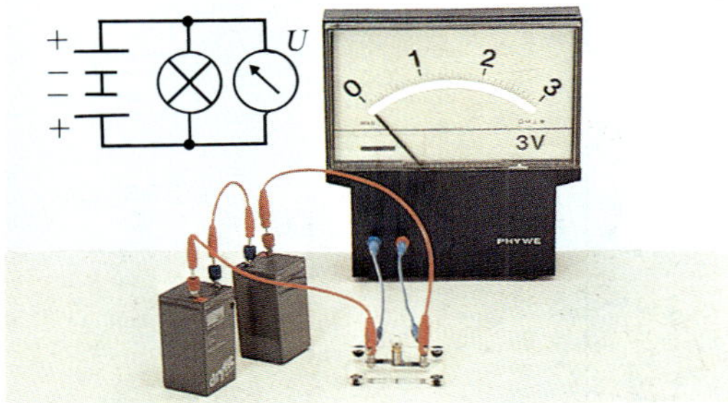

309.2 Zwei gleiche Zellen sind gegeneinandergeschaltet: Die Spannung ist auf Null gesunken.

6. Spannungsmessung mit Tauchsieder

Versuch 69: Wir bestimmen die Spannung einer Akku-Batterie, in der 10 Zellen hintereinander liegen. Als „Tauchsieder" benutzen wir eine Drahtwendel, die an dicke Kupferdrähte gelötet ist. Sie taucht in $m_W = 200$ g Wasser der spezifischen Wärmekapazität $c_W = 4{,}2$ J/(g · K). Dieses Wasser ist in einem Plastikgefäß mit $m_G = 40$ g; $c_G = 1{,}5$ J/(g · K). Die Stromstärke beträgt $I = Q/t = 5{,}0$ A $= 5{,}0$ C/s. In der Zeit $t = 300$ s fließt die Ladung $Q = I \cdot t = 1500$ C. Während dieser Zeit werden Wasser und Gefäß um $\Delta\vartheta = 19$ K erwärmt. Die entwickelte Wärme beträgt $W = c_W \cdot m_W \cdot \Delta\vartheta + c_G \cdot m_G \cdot \Delta\vartheta = 17\,100$ J (Seite 131).

Die Spannung U der aus 10 Zellen bestehenden Batterie ist nach *Gleichung 307.1*

$$U = \frac{W}{Q} = \frac{17\,100\text{ J}}{1500\text{ C}} = 11{,}4\,\frac{\text{J}}{\text{C}} = 11{,}4\text{ V}.$$

Eine Zelle hat also die Spannung 1,14 V.

In *Tabelle 309.1* ist für die Spannung einer Zelle des benutzten Akkus 1,2 V angegeben. Unser Meßwert ist etwas zu klein; offensichtlich gab das Gefäß Wärme an die Umgebung ab; auch behielt die Heizwendel noch etwas Wärme. Vor allem entwickelte der Strom in den Zuleitungen und im Meßinstrument Wärme, die wir nicht gemessen haben. Bequemere Meßmethoden lernen wir auf Seite 310 und 319 kennen.

Versuch 70: Ein Spielzeugauto soll mit 2 Monozellen zu je 1,5 V betrieben werden. Um 3 V zu erhalten, muß man sie nach *Bild 308.2* hintereinanderlegen! Wenn du sie versehentlich **gegeneinander** schaltest (+ mit + oder − mit − verbunden), läuft das Auto nicht mehr; die Spannung ist Null *(Bild 309.2)*. Die Ströme, die jede Zelle für sich erzeugen würde, wären einander entgegen gerichtet.

Zelle eines	
Nickel-Cadmium-Akkus	1,2...1,3 V
Bleiakkus (Auto)	2 V
Taschenlampenbatterie	
Monozelle	1,5 V
Flachbatterie, 3 Zellen	4,5 V
Lichtanlage im Auto	6 oder 12 V
Spielzeugeisenbahn	17 V
lebensgefährliche Spannungen	über 42 V
Lichtnetz:	
USA	110...120 V
bei uns	220 V
Drehstromnetz	380 V
Straßenbahn	550 V
Elektrische Eisenbahn	15000 V
Hochspannungsleitungen	bis 380000 V
große Überlandleitungen UdSSR	800000 V
Gewitter	bis 10^8 V
Bandgenerator im Unterricht	einige 10^5 V

Tabelle 309.1 Einige Spannungen

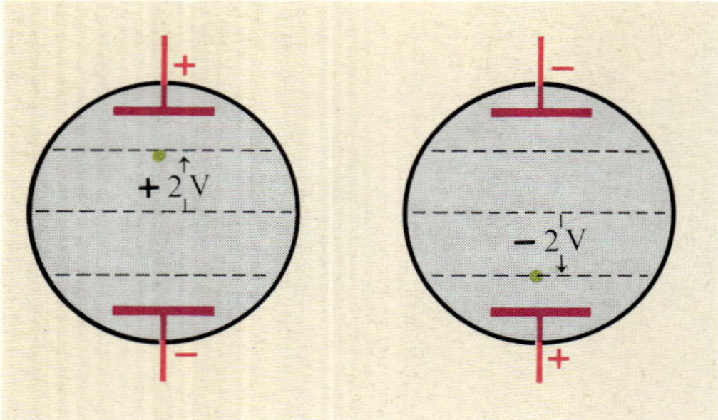

310.1 Auslenkung des Leuchtpunkts; Versuch 71

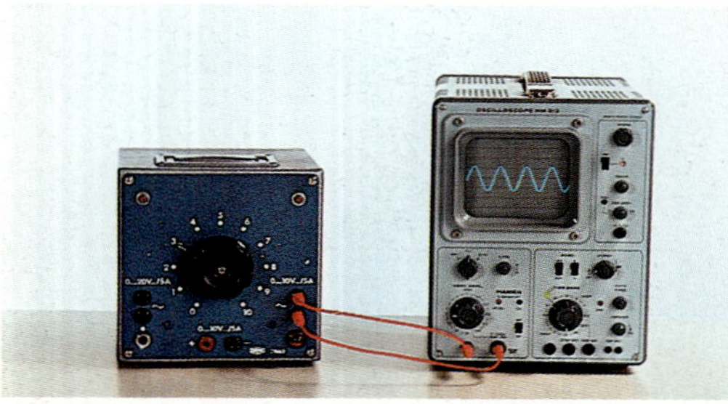

310.2 Oszilloskop an Wechselspannung

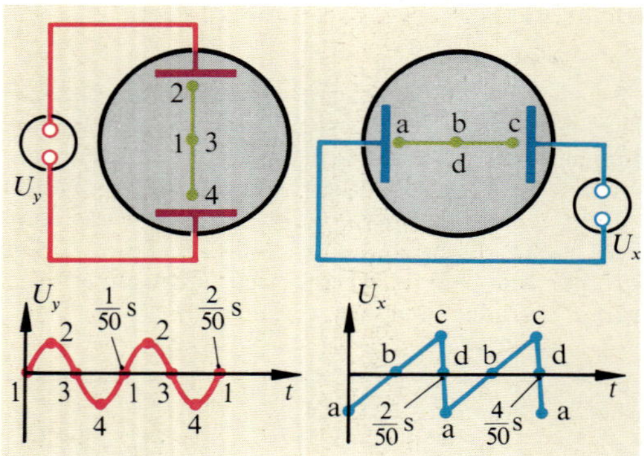

310.3 Zu Versuch 72

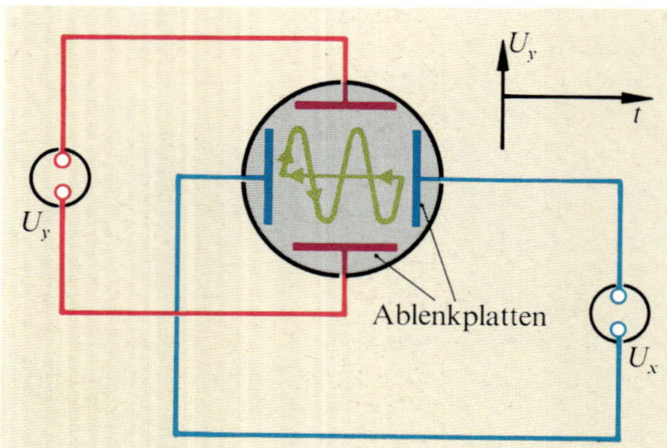

310.4 Zu Versuch 72; Ergebnis von *Bild 310.3*

7. Wir messen Spannung, ohne daß Strom fließt

Es ist viel zu mühsam, Spannungen nach Versuch 69 zu messen. Elektroskope sind bequemer. Man eicht ihre Skala in Volt und nennt sie dann **statische Spannungsmesser;** sie messen – im Gegensatz zu Versuch 69 – die Spannung, ohne daß Strom fließt. Doch ist bei kleinen Spannungen ihr Ausschlag kaum erkennbar: Für die kleinen Kräfte ist das Blättchen viel zu schwer. Wir benutzen deshalb die *freien Elektronen* in einer *Braunschen Röhre* nach *Bild 287.1.* Die zu messende Spannung legen wir zwischen die Platten zur Vertikalablenkung.

Versuch 71: Mehrere hintereinander geschaltete Zellen einer Akkubatterie werden an die zur Vertikalablenkung bestimmten Buchsen eines Oszilloskops gelegt. *Die Auslenkung des Leuchtflecks auf dem Schirm (Bild 310.1) ist der Zahl der Zellen und damit der Spannung U proportional.* Man kann also das Oszilloskop als Spannungsmesser eichen. Ergibt zum Beispiel die Spannung 2 V einer Akkuzelle den Ausschlag 2 cm, so bedeutet 1 cm auch 1 V. Die Spannung einer flachen Taschenlampenbatterie mißt man so zu 4,5 V. Sie braucht dabei keinen Strom zu „pumpen", wird also nicht belastet (die Ablenkplatten sind isoliert in die Braunsche Röhre eingeführt).

Versuch 72: **a)** In *Bild 310.2* ist eine *Wechselstromquelle* an das *vertikal* ablenkende Plattenpaar des Oszilloskops gelegt. Zunächst bewegt sich der Lichtpunkt so schnell auf und ab, daß das Auge einen senkrechten Strich wahrnimmt *(Bild 310.3, links).* Die Elektronen folgen der sich schnell ändernden Wechselspannung ohne Verzögerung.

b) Um den zeitlichen *Spannungsverlauf* zu erkennen, wird im Oszilloskop eine sogenannte **Kippspannung** U_x erzeugt (*Abb. 310.3*, rechts; sie ersetzt die schnelle Bewegung der Glimmlampe in *Bild 273.2*). Man legt diese Kippspannung U_x an das *horizontal* ablenkende Plattenpaar. Dann wird der Elektronenstrahl zunächst gleichmäßig von links nach rechts geführt. Ist er am rechten Rand angelangt, so springt er fast momentan zum linken zurück. Hierdurch werden die von der zu untersuchenden Wechselspannung U_y erzeugten *vertikalen* Ausschläge des Strahls so nebeneinandergelegt, als würde man sie in einem Schaubild in Abhängigkeit von der Zeit t auftragen (U_y in *Bild 310.3*). Man erkennt deshalb ihren zeitlichen Verlauf unmittelbar. Dies wird deutlich, wenn man die Zahlen 1, 2, 3, 4 und die Buchstaben a, b usw. in *Bild 310.3* einander zuordnet: Im Intervall a-b-c läuft der Strahl proportional zur Zeit von links nach rechts. Während dieser Zeit werden gemäß *Bild 310.4* zwei Perioden der Wechselspannung von je 1/50 s Dauer geschrieben. Im Intervall c-d-a springt dann der Strahl praktisch momentan nach links zurück, vom Spannungsverlauf wird fast nichts ausgelassen. Während dieses Rücklaufs wird der Elektronenstrahl meist geschwächt, so daß die Rücklauflinie unsichtbar bleibt und nicht stört.

8. Ein Wasserkraftwerk zum Selberbasteln (Modell für den Bandgenerator)

Versuch 73: Aus dem Hochbehälter H fließt nach *Bild 311.1* Wasser in die sehr gut isoliert aufgestellten Metallbecher B_1 und B_2. Die beiden Hähne H_1 und H_2 werden so gestellt, daß die aus den Röhren fließenden Strahlen im Bereich der beiden Zylinder Z_1 und Z_2 in Tropfen zerfallen (Zylinder aus Stanniol, 3 cm hoch, 5 cm Durchmesser, von einem horizontalen Isolierstab gehalten). Becher B_1 ist mit Zylinder Z_2 und Becher B_2 mit Z_1 je mit einem Draht verbunden, der der Isolation wegen frei in der Luft verläuft. Nach einiger Zeit bildet sich zwischen den Bechern eine Spannung von über 10 kV aus; eine Glimmlampe leuchtet an den Bechern hell auf.

Was geht hier vor? Durch Zufall bekommt vielleicht ein Tropfen, der in B_2 fällt, beim Abreißen vom Strahl einige Elektronen zuviel mit; er ist negativ geladen (wenn du ungeduldig bist, so kannst du als „Initialzündung" B_2 mit einem geriebenen Kamm etwas negativ laden). Der mit B_2 verbundene Zylinder Z_1 erhält so auch negative Ladung. Diese *influenziert* nun im auslaufenden Wasser positive Ladungen. Also fallen positiv geladene Tropfen in B_1 und laden auch Z_2 positiv auf. Die positive Ladung influenziert nunmehr *notwendigerweise* im rechten Strahl negative Ladungen. Von jetzt ab fallen nur noch negativ geladene Tropfen in B_2; sie verstärken die negative Ladung von Z_1 weiter. Auf diese Weise spielen sich die beiden Hälften durch Influenz Ladungen immer schneller zu! Die Spannung steigt rasch an; du kannst Funken aus den Bechern ziehen.

Trotz der Abstoßungskräfte wird in den rechten Becher ständig negative Ladung „gestopft"; die *Energie* hierzu liefert die Gewichtskraft der fallenden Wassertropfen – wir haben ein **Wasserkraftwerk!** Die Ladung ist billig zu haben; das Wasser enthält ungeheure Mengen davon in seinen Atomen. „Kosten" verursacht nur die Trennung der entgegengesetzten Ladungen. Man muß das Wasser in den Hochbehälter H heben.

Im **Bandgenerator** *(Bild 311.2)* läuft oben ein Gummiband über eine Kunststoffwalze. Diese wird nach Seite 287 z.B. negativ ($-Q_W$), das Band positiv ($+Q$) geladen. Die vom Band nach unten transportierte Ladung $+Q$ zieht von Z_1 aus Elektronen ($-Q$) über den Kamm K_1 aus der Kugel B_2 *(Pluspol)* auf den hochlaufenden Bandteil. Von Z_2 aus drücken $-Q$ und $-Q_W$ die Elektronen, die auf dem Band am Kamm K_2 vorbeilaufen, auf die Außenseite des Faraday-Bechers B_1 (wird *Minuspol*) und influenzieren auf der Spitze von K_2 Plusladungen. Diese laden das Band rechts noch stärker positiv auf als vorher. So kann es unten von Z_1 aus über K_1 noch mehr Elektronen von B_2 anziehen und sich negativ ($-Q$) aufladen. Vergleiche mit *Bild 311.1!*

In **Gewitterwolken** werden durch fallende geladene Schneeflocken und Regentropfen Ladungen getrennt. So entstehen ungeheure Spannungen (10^8 V).

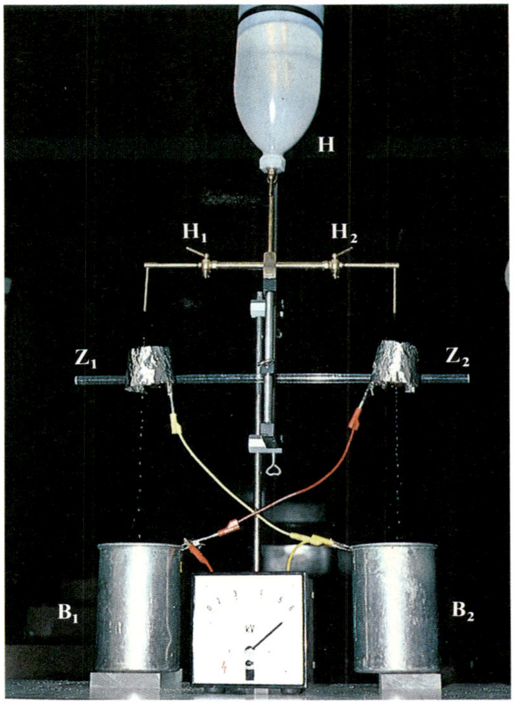

311.1 Auch ein Wasserkraftwerk!

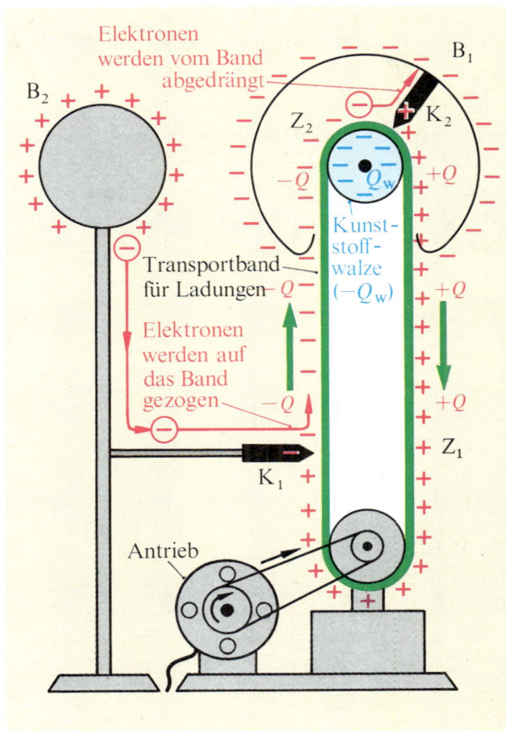

311.2 Bandgenerator

§ 99 Elektrische Arbeit und Leistung

1. Wann arbeitet der Strom viel?

Wofür schickt das E-Werk seine Rechnung? Sicherlich nicht für die angelieferten Elektronen; diese bleiben im geschlossenen Kreislauf, im „Netz". Wir entnehmen ihm dagegen auf sehr bequeme Weise *Energie*. Sie wird in Wärme, Licht oder mechanische Arbeit umgesetzt. Das Wasserrad einer Mühle entnimmt dem Bach auch kein Wasser; vielmehr entzieht das Rad dem fließenden Wasser Energie; das Wasser verliert an Höhe und damit an Lageenergie *(Bild 53.1)*. Diese haben wir in *Bild 308.2* mit der elektrischen Spannung U verglichen. Sie ist nach der Gleichung $U=W/Q$ durch die Arbeitsfähigkeit der fließenden Ladung $Q=I\cdot t$ definiert. Für die entnommene Energie folgt

$$W=U\cdot Q=U\cdot I\cdot t. \qquad (312.1)$$

Beispiel: Ein Heizgerät an 220 V wird von Strom der Stärke $I=4{,}5$ A während der Zeit $t=1$ h durchflossen. Es gibt die Energie W ab:

$$W=U\cdot I\cdot t=220\text{ V}\cdot 4{,}5\text{ A}\cdot 3600\text{ s}$$
$$=220\,\tfrac{\text{J}}{\text{C}}\cdot 4{,}5\,\tfrac{\text{C}}{\text{s}}\cdot 3600\text{ s}\approx 3\,600\,000\text{ J}\quad(=1\text{ kWh}).$$

Wir sehen, daß die vom Strom entwickelte Wärme oder die von ihm verrichtete Arbeit W von der Stromstärke I allein nicht abhängt. Große Spannung U und lange Betriebszeit t erhöhen in gleichem Maße die entnommene Energie W. Nur weil Stromquellen im allgemeinen eine konstante Spannung haben, entsteht der falsche Eindruck, die *„Stromwärme"* hänge nur von der Stromstärke I und der Zeit t ab.

2. „Starke" Glühlampe – große Leistung

Wenn du eine Glühlampe kaufst, gibst du neben der Spannung (220 V) die gewünschte *„Stärke"* in Watt an, z.B. 60 W. Wie du aus der Mechanik weißt, mißt man in der Einheit Watt die **Leistung** $P=W/t$, d.h. die *Energieabgabe je Sekunde* (Seite 54 und 131). Diese Leistung ist auch in der Elektrizitätslehre von großer Bedeutung; kann man sie doch unmittelbar und vollständig aus den elektrischen Größen U und I berechnen (benutze *Gleichung 312.1*!):

$$P=\frac{W}{t}=\frac{U\cdot I\cdot t}{t}=U\cdot I. \qquad (312.2)$$

Die Leistung eines elektrischen Geräts (salopp „Wattzahl" oder „Stärke" genannt) ist also einfach das Produkt Spannung mal Stromstärke:

$$1\text{ V}\cdot 1\text{ A}=1\,\tfrac{\text{J}}{\text{C}}\cdot 1\,\tfrac{\text{C}}{\text{s}}=1\,\tfrac{\text{J}}{\text{s}}=1\text{ W (Watt)} \qquad (312.3)$$

1000 W = 1 kW (Kilowatt); 10^6 W = 1 MW (Megawatt)

Das angeführte Heizgerät hat die Leistung

$$P=U\cdot I=220\,\tfrac{\text{J}}{\text{C}}\cdot 4{,}5\,\tfrac{\text{C}}{\text{s}}\approx 1000\,\tfrac{\text{J}}{\text{s}}=1000\text{ W}=1\text{ kW}.$$

Diese Leistung 1 kW tritt nur bei der vorgesehenen **Betriebsspannung** 220 V auf. Man sagt, das Gerät habe den **Anschlußwert** 1 kW.

Quarzuhr	10^{-6} W	Farbfernseher	150 W
Taschenlampe	1 W	Bügeleisen	1 kW
Rasierapparat	10 W	Kochplatte	2 kW
Autolampe	45 W	Straßenbahn	100 kW
Glühlampen	15–200 W	Lokomotiven	5000 kW
Heizkissen	60 W	Blitz	10^{10} kW

Tabelle 312.1 Elektrische Leistungen

3. Abrechnung nach Kilowattstunden

Aus der Leistungseinheit 1 kW und der Zeiteinheit 1 h erhält man die große Arbeits- und Energieeinheit **1 kWh (Kilowattstunde):**

$$W=P\cdot t=1\text{ kW}\cdot 1\text{ h}=1\text{ kWh}=1000\text{ W}\cdot 3600\text{ s}$$
$$=3\,600\,000\text{ Ws}=3\,600\,000\,\tfrac{\text{J}}{\text{s}}\text{ s}=3\,600\,000\text{ J}.$$

Ein Heizgerät der Leistung 1 kW liefert folglich in 1 h die Wärme 1 kWh. Bei der Leistung 2 kW würde es diese Energie in 1/2 h abgeben. Verwechsle nie die *Leistungs*einheit kW mit der *Energie*einheit kWh!

Die elektrische *Arbeit* ist das Produkt aus Spannung U, Stromstärke I und Zeit t:

$$W=U\cdot I\cdot t. \qquad (312.4)$$

Einheiten: kWh und J; 1 kWh = 3,6 · 10^6 J.

Die elektrische *Leistung* $P=W/t$ ist das Produkt aus Spannung U und Stromstärke I:

$$P=U\cdot I. \qquad (312.5)$$

Einheiten: 1 kW = 1000 W; 1 Watt = 1 V · A.

Der *Mensch* selbst braucht an Energie beim Nichtstun pro Tag insgesamt 1 kWh, bei Schwerstarbeit 4 kWh. Er „leistet" also im Durchschnitt 40 W bis 160 W. Die Leistung *aller technischen Geräte* (Haushalt eingeschlossen) beträgt in Entwicklungsländern je Einwohner 200 W, in Industrieländern um 5000 W (USA 10000 W).

Das E-Werk schickt für die entnommene elektrische Energie eine **„Stromverbrauchsabrechnung“** *(Bild 313.1)*. Dieses Wort ist irreführend: Man verbraucht ja keinen Strom, d.h. keine fließende Ladung. Vielmehr wird die dem Netz entnommene Energie, berechnet nach der Gleichung $W = UIt$, in der Einheit kWh in Rechnung gestellt. Diese Energie wird vom **Elektrizitätszähler** angegeben (*Bild 313.3*, suche ihn bei dir zu Hause). In ihm ist ein Rad sichtbar. Wie die Aufschrift 75 Umdr./kWh angibt, dreht es sich bei der Lieferung von 1 kWh jeweils 75mal. Ist z.B. ein Gerät mit 1 kW Leistung während der Zeitspanne $t = 1/75$ h = 48 s in Betrieb, so wird in ihm die elektrische Arbeit $W = Pt = 1/75$ kWh umgesetzt. Das Rad dreht sich dabei 1mal. – Je größer die Gesamtleistung aller eingeschalteten Geräte ist, um so schneller dreht sich dieses Rad. Dabei rückt das Zählwerk, an dem man nach *Bild 313.3* die entnommene elektrische Energie abliest, weiter.

Der Verbrauch in 6 Monaten ist in Spalte 7 der „Stromverbrauchsabrechnung“ nach *Bild 313.1* angegeben. Nach Haushaltstarif H I (Spalte 8) beträgt der Arbeitspreis je kWh 12 Pf. Hinzu tritt ein nach der Größe der Wohnung und der darin aufgestellten Geräte berechneter monatlicher Grundpreis von 23,70 DM und eine Ausgleichsabgabe von 4% (zur Förderung des deutschen Steinkohlenbergbaus, „Kohlepfennig“ genannt). Mit 13% Umsatzsteuer muß man hier 483,57 DM für 2244 kWh bezahlen, d.h. 21,5 Pf/kWh.

Bild 313.2 zeigt einen **Heißwasserspeicher.** Beim Öffnen des Heißwasserhahns tritt unten kaltes Wasser in den Heizbehälter ein und drängt oben bereits aufgeheiztes Wasser in die Mischbatterie. Dort kann man Kaltwasser zugeben.

Elektrische Energie kann man nicht wie Kohle oder Gas billig speichern; man muß sie im gleichen Augenblick, in dem sie der Verbraucher anfordert, aus anderen Energiearten gewinnen. Früher überwog nachts das Angebot bei weitem, der Preis für **„Nachtstrom“** wurde gesenkt, der Zähler mit einer Uhr gekoppelt. Mit diesem billigen „Nachtstrom“ heizt man Keramikblöcke oder Wasser in wärmeisolierten Speichern auf. Sie geben tagsüber die gespeicherte Wärme ab. **Elektrische Energie ist aber zum „Verheizen“ viel zu schade** (Seite 164); in manchen Versorgungsbereichen sind auch schon zu viele Nachtspeicher installiert.

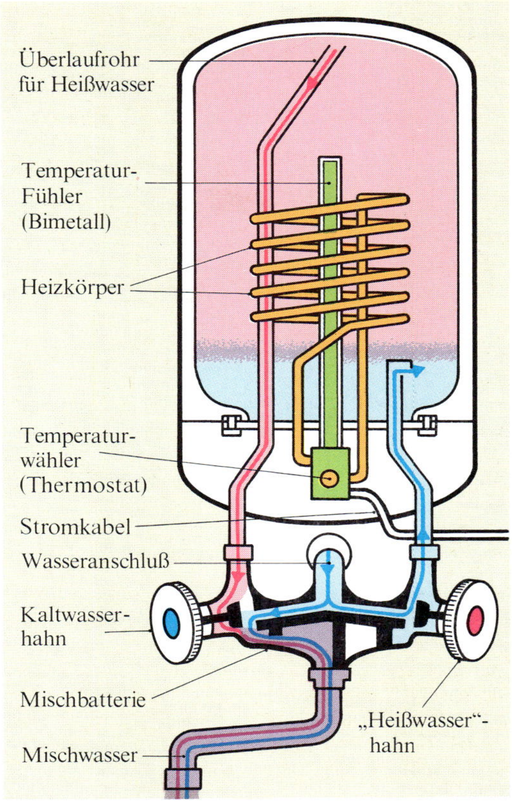

313.2 Warmwasserboiler mit Mischbatterie

313.3 Der „Elektrizitätszähler“ mißt Energie in kWh.

7	8	9		10			11		12
		Arbeitspreis		Grundpreis			Ausgleichsabgabe		Summe
Verbrauch kWh	Abr.-Art	je kWh Pf	Betrag DM	monatl. DM	Monate	Betrag DM	%	DM	DM
2244	H I	12	269,28	23,70	6	142,20	4	16,46	427,94

313.1 Ausschnitt aus einer sogenannten Stromverbrauchsabrechnung

4. Rückblick: Kannst du zwischen Spannung, Stromstärke und Ladung unterscheiden?

Wir gehen von der **Ladung** Q aus. Mit ihr mißt man die Zahl der Elektronen, die als Überschuß oder als Fehlbestand registriert werden: $6{,}2 \cdot 10^{18}$ Elektronen geben die Ladungseinheit 1 Coulomb. – Beim Fließen gibt man mit der Ladung die Zahl der Elektronen an, die in beliebiger Zeit durch einen Querschnitt des Leiters treten *(Bild 294.1)*, unabhängig davon, ob sie viel oder wenig Wärme erzeugen. Man mißt ja in der Knallgaszelle die Gasmenge und nicht die Wärme.

Mit der **Stromstärke** I gibt man die Zahl der Elektronen an, die **in 1 s** durch einen Leiterquerschnitt treten. Einheit ist 1 A = 1 C/s, d.h. $6{,}2 \cdot 10^{18}$ Elektronen je Sekunde. Messungen mit Knallgaszelle und Uhr sind zu umständlich. Man benutzt deshalb meist die *magnetische Wirkung des Stroms* im Drehspulinstrument. Selbstverständlich legt man dabei den Strommesser *in* die Leitung, also *in Reihe* mit dem Gerät, in dem man die Stromstärke messen möchte.

Bei der **Spannung** U ist nun alles ganz anders als bei der Stromstärke: Sie besteht *zwischen zwei Polen* oder *zwei Leitungsdrähten, auch wenn kein Strom fließt!* Mit ihr gibt man die *Energie* W an, die dort auf Abruf *je Coulomb* bereitsteht. Diese Energie wird aber nur frei, wenn Ladung fließt; man legte fest: $U = W/Q$ und 1 Volt = 1 J/C. Die Spannung ist deshalb so wichtig, weil man die Elektrizität der Energie wegen ins Haus leitet. Die Elektronen fließen wieder zurück; die Energie bleibt.

Die Spannung $U = W/Q$ haben wir nach *Bild 306.2* oder nach Versuch 69 mit einem Heizgerät und einem Strommesser samt Uhr gemessen. Dies ist viel zu umständlich. Bequemer sind *Elektroskope* oder *Oszilloskope*, die man nach *Bild 306.2* zwischen die Pole legt, zwischen denen man die Spannung messen will. Diese Geräte messen die Spannung, ohne daß Strom fließt.

An der *Hochspannungsleitung* sind 10^5 Volt überaus gefährlich: In 1 s können ohne weiteres 10^3 C fließen und 10^8 Joule freisetzen (30 kWh; Kosten 5,50 DM); das E-Werk sorgt ständig für Nachschub. – Ein *Bandgenerator* hat zwar auch diese Spannung; er trennt aber höchstens die Ladung $Q = 10^{-6}$ C; sie kann zwar in kürzester Zeit abfließen, aber nur die Energie 0,1 J abgeben ($3 \cdot 10^{-8}$ kWh; $5 \cdot 10^{-9}$ DM). Dies ist völlig ungefährlich. Man erkennt: Für die freigesetzte Energie $W = U\,Q$ sind Spannung U und geflossene Ladung Q gleichermaßen von Bedeutung.

Wir dürfen die Spannung nicht als *elektrische Kraft* ansprechen. Beim Auseinanderziehen der Platten in *Bild 306.1* steigen zwar Energie und Spannung erheblich; die Kraft zwischen den entgegengesetzt geladenen Platten nimmt dagegen nicht zu, sondern eher ab. Wasser wird beim Hochheben ja auch nicht schwerer, wohl aber energiereicher.

Aufgaben:

1. *Warum definiert man die Spannung nicht einfach durch die Arbeit W, sondern bildet den Quotienten W/Q?*

2. *Zerlege eine verbrauchte, flache Taschenlampenbatterie und suche die Plus- und Minuspole ihrer drei Zellen (orientiere dich vorher an der Aufschrift)! Wie sind sie geschaltet? – Schalte kurzzeitig zwei gute Batterien gleicher Spannung gegeneinander! Prüfe mit einem* 4 V-*Lämpchen nach! – Wie viele* 4,5 V-*Batterien mußt du hintereinanderschalten, damit ein* 18 V-*Lämpchen richtig leuchtet (Spielzeugeisenbahn)? Wie viele brauchte man für eine* 220 V-*Lampe?*

3. *Auf dem Typenschild eines Heizofens steht* 220 V, 2 kW. *Wie groß ist die Stromstärke? Welche Energie (in* kWh *und in* J*) wird in* 10 min *geliefert? Was kostet dies* (20 Pf je kWh)*? Um wieviel würde die Temperatur der Luft eines Zimmers mit* 100 m³ *Inhalt steigen, wenn keine Wärme an Möbel, Wände und Fenster abgegeben würde? Luftdichte* 1,2 g/l; *spezifische Wärmekapazität* 1 J/(g·K).

4. *Ein Lämpchen für* 4,5 V *wird von einem Strom der Stärke* 0,20 A *durchflossen. Welche Leistung hat es? Die Batterie ist nach* 8,0 h *„leer". Wieviel Energie gab sie ab? Um wieviel Kelvin könnte man damit* 10 l *Wasser erwärmen? Die Batterie kostet* 2 DM. *Wie teuer kommt* 1 kWh*?*

5. *Im Badezimmer bleiben versehentlich der Heizstrahler* (2 kW) *und eine Leuchtstofflampe* (40 W) *während der Nacht* (10 h) *eingeschaltet. Was kostet dies für jedes Gerät* (20 Pf/kWh)?

6. *Eine Sicherung im Haushalt* (220 V) *kann bis* 10 A *belastet werden. Welche Leistung darf ein Heizofen höchstens haben, den man gerade noch anschließen kann? Hängt dies von der Einschaltzeit ab?*

7. *Das Rad im Zähler dreht sich laut Aufschrift beim Verbrauch von* 1 kWh *75mal. Fließt schwacher Strom, so dreht es sich langsam; dann dauert es lange, bis* 1 kWh *verbraucht ist. Berechne die Leistung eines Radios, wenn sich das Rad bei seinem Betrieb in* 10 min *1mal dreht! – Bestimme mit deinem Zähler zu Hause die Leistungen anderer Geräte! Was ist dabei zu beachten?*

8. *Jemand möchte einen Heizofen für* 2 kW *Leistung für die Autobatterie* (12 V) *bauen. Welche Stromstärke wäre nötig?*

§ 100 Galvanische und Thermoelemente

1. Brennstoffe erzeugen Spannung

Versuch 74: **a)** Wir legen an eine Knallgaszelle nach *Bild 315.1* Spannung. Der Minuspol zieht positive Ionen (grün), der Pluspol negative Ionen (blau) zu sich her. Diese Ionen werden neutralisiert, wenn sie an den Polen angekommen sind; Sauerstoff (O_2) und das brennbare Gas Wasserstoff (H_2) steigen auf.

b) Wir nehmen die von außen angelegte Spannung weg. Dann bleibt zwischen den Polen noch die Spannung 1,2 V bestehen. Der bisherige Minuspol ist dabei wieder Minuspol. Die Ionen des „Brennstoffs" H_2 erzeugen eine Spannung. Dies ist das Prinzip der **Brennstoffzellen;** man benutzt sie z.B. in der Raumfahrt. – Nach *Bild 315.1* ist eine Schicht positiver Ionen (grün) am Minuspol nicht mehr abgeschieden worden. Sie „belagern" ihn und „binden" auf ihm durch Influenz eine Schicht Elektronen (rot); deshalb bleibt er Minuspol. Dabei stehen sich in einer **Doppelschicht** positive und negative Ladungen gegenüber – genau wie bei den geladenen Platten in *Bild 306.1*. Entsprechendes tritt am Pluspol auf. Erst wenn Strom fließt, brechen Doppelschicht und Spannung zusammen. Was tut man dagegen?

2. Spannung aus der Taschenlampenbatterie

S-Versuch 75: Nimm eine verbrauchte Batterie auseinander! Ein zerfressener *Zinkbecher* (Minuspol) enthält *Salmiaklösung*, die mit Kleister eingedickt wurde **(„Trockenbatterie").** In der Mitte steckt ein unversehrter *Kohlestab* als Pluspol *(Bild 315.2)*. Warum bleibt in dieser Batterie die Spannung auch bei Stromfluß bestehen, solange das Zink noch nicht zerfressen ist?

Zink löst sich *„von selbst"* auf, indem Zinkatome als positiv geladene Ionen (grün) in „Lösung" gehen. Diese Tendenz zur *„Selbstauflösung"* zeigen alle unedlen Metalle (Rost auf Eisen). Die von den Zinkatomen abgegebenen *Elektronen* müssen im Zinkbecher zurückbleiben und ihn *negativ* aufladen. Elektrolyte können ja nach Seite 292 nur Ionen, keine freien Elektronen, aufnehmen. Den Elektronen im Zink stehen nun in einer *Doppelschicht* die in Lösung gegangenen positiven Zinkionen gegenüber *(Bild 315.3)*. Sie laden die Lösung und den darin steckenden Kohlestab *positiv* auf (Kohle gibt wie „edle Metalle", z.B. Kupfer, fast keine Ionen ab). Wenn sich diese *Doppelschicht* mit einer Spannung von 1,5 V aufgebaut hat, verhindert sie den Austritt weiterer Zn^{++}-Ionen durch Abstoßungskräfte; das Zink wird nicht weiter abgebaut. Sobald aber Strom fließt, verliert der Zinkbecher Elektronen über den äußeren Stromkreis *(Bild 315.4)*; sie gelangen zum Kohlestab und ziehen in der Lösung Zink-Ionen zu

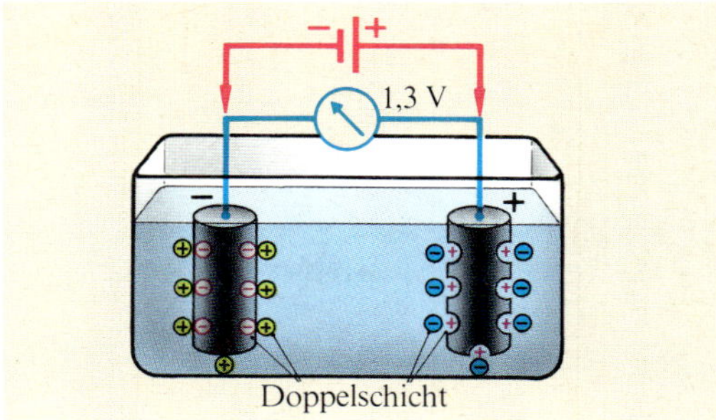

315.1 Zu Versuch 74; Doppelschicht

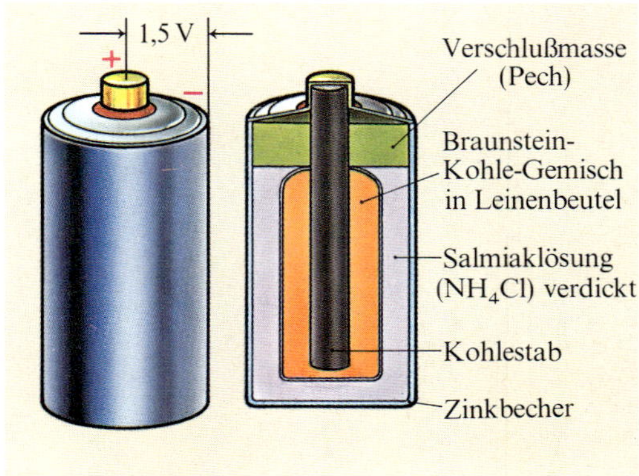

315.2 Zelle einer Taschenlampenbatterie

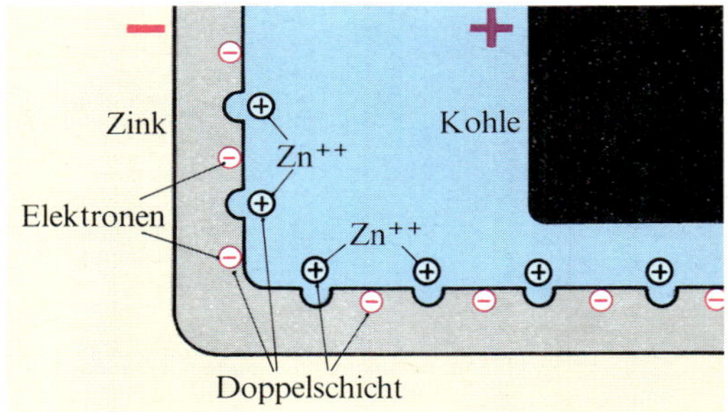

315.3 Teil einer Batterie mit Doppelschicht

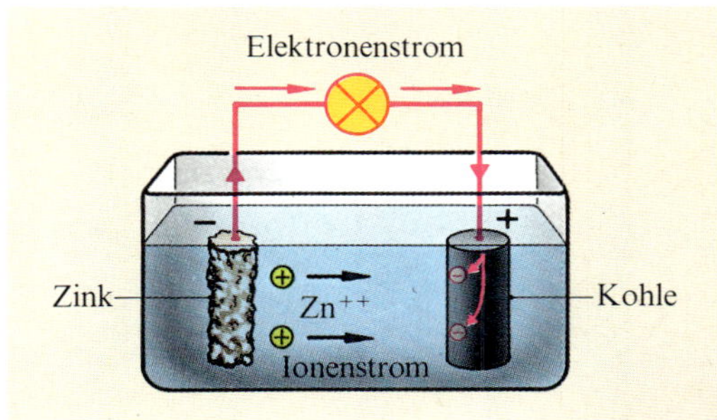

315.4 Ionen- und Elektronenstrom in der Batterie

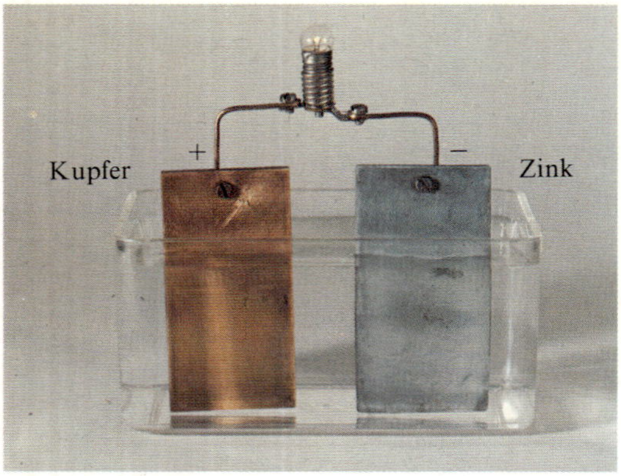

316.1 Volta-Element

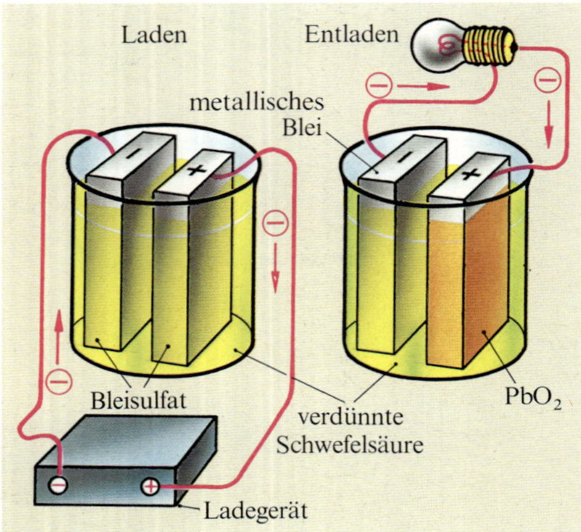

316.2 Entladen und Laden eines Bleiakkus

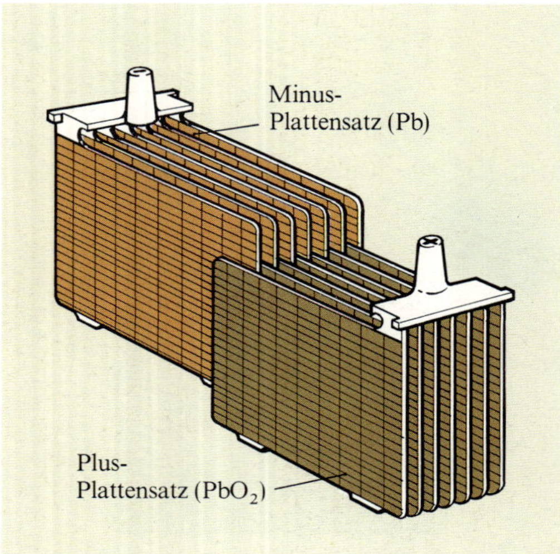

316.3 Plattensätze einer Bleiakkuzelle

sich herüber: Der *Elektronenstrom* im äußeren Kreis wird also durch einen *Ionenstrom* in der Lösung ergänzt; der Stromkreis ist auch im Innern dieses **galvanischen Elements** geschlossen (nach dem ital. Physiker *Luigi Galvani,* um 1790, benannt). Für das Zink wirkt sich der Stromfluß verheerend aus: Es muß weitere positive Ionen in die Lösung „entlassen" und löst sich allmählich auf. Die Selbstauflösung liefert Energie zum Trennen von Ladungen, d.h. zum Erzeugen von Spannung. Beim Auflösen von Zink in Säure würde diese Energie nutzlos als Wärme abfließen! Wir sehen:

Bei der Selbstauflösung eines unedlen Metalls in einem Elektrolyten entsteht Spannung. Kohle oder ein edleres Metall stellt den Pluspol dar, das unedlere Metall den Minuspol.

Versuch 76: Tauche eine Zink- und eine Kupferplatte in verdünnte Schwefelsäure! Nach *Bild 316.1* leuchtet ein 0,07 A-Lämpchen schwach auf. Die Spannung dieses **Volta-Elements** beträgt 1 V (*A. Volta,* ital. Physiker, entwickelte um 1800 die erste brauchbare Stromquelle); Zink ist Minus-, das „edlere" Kupfer Pluspol.

3. Akkumulatoren kann man wieder „aufladen"

In der verbrauchten Batterie kann man die abgebaute Substanz (Zink) nicht wieder aus den in Lösung gegangenen Ionen „aufbauen". In den **Akkumulatoren** nimmt man Substanzen, bei denen dies gelingt.

Versuch 77: a) Zwei *Bleiplatten* (Pb) überziehen sich in verdünnter Schwefelsäure (H_2SO_4) mit weißem Bleisulfat ($PbSO_4$). Jede bildet eine *Doppelschicht* mit gleicher Spannung; da diese Spannungen *gegeneinander* wirken, mißt man die Spannung Null (*Bild 309.2*). – Dann schicken wir nach *Bild 316.2* Strom hindurch; wir „*laden*": Am *Pluspol* (rechts) entsteht dunkelbraunes *Bleidioxid* (PbO_2), am *Minuspol* graues *Blei.* Nunmehr stehen sich zwei *verschiedene Stoffe* gegenüber. Ihre Doppelschichten haben *verschiedene Spannung;* dies gibt ein galvanisches Element mit $U = 2$ V; Pb ist Minuspol.

b) Wir legen ein Lämpchen zwischen die Platten; es leuchtet kurzzeitig auf; der Akku wird „*entladen*". *Auf beiden Platten bildet sich wieder Bleisulfat,* die Spannung sinkt auf Null. Wir können immer wieder laden und entladen.

Beim *Laden* liegt der *Pluspol* des *Ladegeräts* am *Pluspol* des Akkus. Die Spannung des Ladegeräts muß etwas über 2 V liegen; dann ist der Ladestrom entgegengesetzt zum Entladestrom gerichtet. Das Ladegerät muß nach *Bild 316.2* Elektronen in die Minusplatte des Akkus pumpen; gegen die Abstoßungskräfte verrichtet es Arbeit. *Beim Laden steckt man also Energie in den Akku;* beim Entladen gibt er sie wieder ab. Im Innern ist der Stromkreis durch Ionenwanderung geschlossen. **Im Akku wird also nicht Ladung gespeichert, sondern Energie in chemischer Form.**

Die *Starterbatterie* im Auto ist ein Bleiakku. Sie wird von der *Lichtmaschine* während der Fahrt geladen, wenn die rote Kontrollampe erloschen ist. *Bleiakkumulatoren* müssen sorgfältig gewartet werden: Auch bei Nichtgebrauch sind sie immer wieder zu laden; destilliertes Wasser ist von Zeit zu Zeit nachzufüllen. – Weniger empfindlich ist der **Nickel-Cadmium-Akku.** Die positive Platte besteht aus Nickelhydroxid, die negative aus Cadmium. Der Elektrolyt ist Kalilauge. Die Spannung beträgt nur 1,25 V; die Lebensdauer ist viel größer als bei Bleiakkus.

4. Thermoelemente – winzige Thermometer

Versuch 78: Nach *Bild 317.1* sind zwei *verschiedene* Metalle, nämlich Eisen und Konstantan (eine Kupfer-Nickel-Legierung), zu einem Stromkreis vereinigt. Die Metalle berühren sich in zwei *Lötstellen.* Sobald zwischen ihnen eine *Temperaturdifferenz* besteht, fließt Strom. Der Strom steigt mit dieser Temperaturdifferenz an. Deshalb kann man mit einem solchen **Thermoelement** Temperaturen messen. Hierzu eicht man vorher die Anordnung: Man stellt verschiedene Temperaturdifferenzen her und mißt sie mit einem Thermometer. Ihnen ordnet man in einem Schaubild die gemessenen Ströme oder Spannungen zu: Bei $\Delta\vartheta = 100$ K ist $U \approx 5{,}4$ mV, eine recht kleine Spannung!

Wenn man sehr dünne Drähte verwendet, läßt sich sogar die Temperatur im Innern von Insekten bestimmen. Die zur Ladungstrennung nötige Arbeit wird aus der zugeführten Wärme bestritten. Doch kann das Thermoelement einem Dampfkraftwerk keine Konkurrenz machen; sein Wirkungsgrad ist mit 0,1 % viel zu klein!

Der Wirkungsgrad von *Brennstoffzellen* (Ziffer 1) beträgt dagegen bis zu 80 % (Dampfkraftwerk um 40 %); doch kostet 1 kWh mehrere DM. Dafür sind Abgase und Abwärme gering.

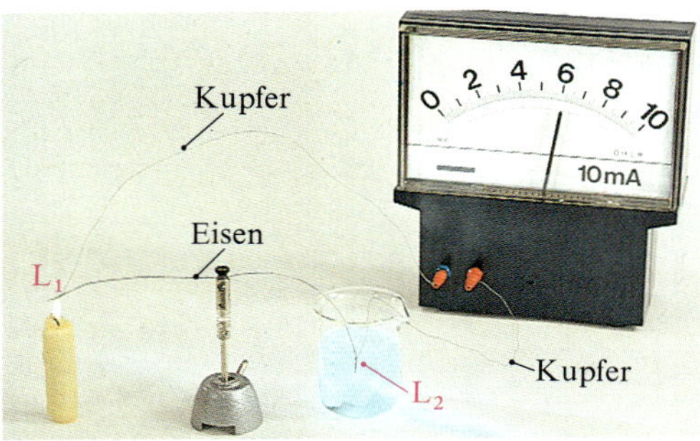

317.1 Thermoelement; wesentlich ist die Lötstelle L_1.

§ 101 Ohmsches Gesetz und Widerstand

1. Lampen sollen richtig leuchten!

Versuch 79: a) Wir legen ein Lämpchen von der Spielzeugeisenbahn (17 V) zusammen mit einem Strommesser an eine Taschenlampenbatterie (4,5 V). Der Glühfaden leuchtet viel zu schwach. Anders am Trafo für die Bahn: Seine größere Spannung $U = 17$ V (Ursache des Stroms) ruft eine größere Stromstärke I hervor: **I hängt von U ab!**

b) Nimm ein Lämpchen, das an 4,5 V normal leuchtet. Am Trafo schmilzt der Glühfaden sofort durch. In diesem Lämpchen ist bei 17 V die Stromstärke viel zu groß: **I hängt auch vom Gerät ab!**

Einem Ingenieur dürfen solche Pannen nicht passieren, wenn er elektrische Anlagen plant. Er muß die richtige Stromstärke I vorausberechnen. Hierzu braucht er *Gesetze,* die angeben, wie die Stromstärke I abhängt:
(a) von der angelegten Spannung U,
(b) von den Geräten im Stromkreis.

Wenn wir nun nach solchen Gesetzen suchen, so müssen wir diese beiden Einflüsse auf die Stromstärke klar trennen. Wir ändern zunächst die Spannung an einem bestimmten Draht.

Versuch 80: Wir bauen nach *Bild 317.2* einen bestimmten Stromkreis auf. Als wesentlichen Teil enthält er einen 0,10 mm dicken und 1,0 m langen Draht aus *Konstantan* (Legierung aus Kupfer und Nickel). Er wird mit dicken Kupferkabeln über einen Strommesser an Akkuzellen gelegt. Wir erhöhen die Spannung U, indem wir immer mehr Zellen (je 1,2 V) zuschalten. *Tabelle 318.1* zeigt die Meßergebnisse, *wenn wir am Draht nichts ändern.*

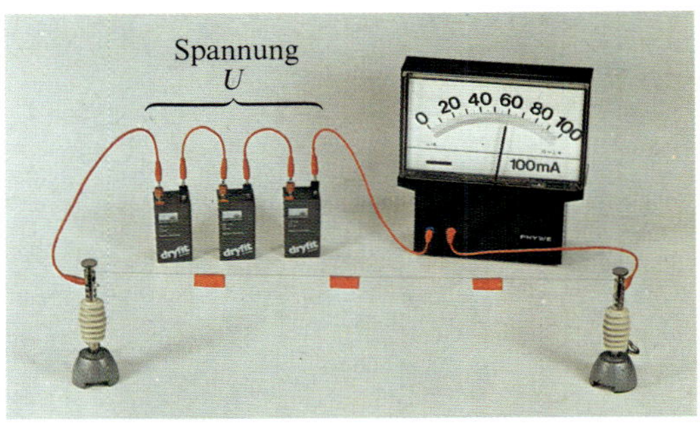

317.2 Zu Versuch 80

U in Volt	I in Ampere	Quotient U/I in V/A
0	0	–
1,2	0,020	60
2,4	0,040	60
3,6	0,060	60
4,8	0,080	60

Tabelle 318.1 Drahtlänge $l = 1{,}0$ m; Dicke 0,10 mm

Diese Tabelle zeigt für den benutzten Draht:

a) Bei n-facher Spannung U wird auch die Stromstärke I n-fach. Folglich gilt:

b) Der Quotient U/I (hier 60 V/A) ist konstant, also von der Spannung U unabhängig.

c) Wenn man in einer I-U-Kennlinie I über U aufträgt, erhält man eine Gerade durch den Ursprung *(Bild 318.1)*.

Diesen Zusammenhang zwischen U und I fand um 1826 der Gymnasiallehrer **Georg Simon Ohm.** Beim benutzten Konstantandraht gilt:

Ohmsches Gesetz: **Die Stromstärke I ist der Spannung U proportional; $I \sim U$.**

Ob dieses *Ohmsche Gesetz* immer gilt, untersuchen wir auf Seite 320.

2. Was bedeutet der Quotient U/I?

Versuch 81: Wir verdoppeln die Länge l des Konstantandrahts auf 2,0 m. Nach *Tabelle 318.2* sinkt die Stromstärke gegenüber der Länge 1 m bei gleichen Spannungen jeweils auf die Hälfte;

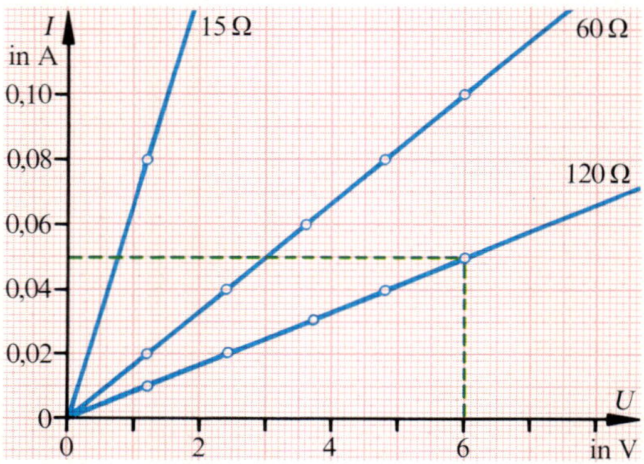

318.1 Kennlinien zu *Tabelle 318.1; 318.2* und *319.1*

U in Volt	I in Ampere	Quotient U/I in V/A
0	0	–
1,2	0,01	120
2,4	0,02	120
3,6	0,03	120
4,8	0,04	120

Tabelle 318.2 Drahtlänge $l = 2{,}0$ m; Dicke 0,10 mm

z.B. bei 1,2 V von 0,02 A auf 0,01 A. Jedes Elektron stößt bei seinem doppelt so langen Weg auf doppelt so viele Atome und wird doppelt so oft abgebremst wie bei der einfachen Drahtlänge; es erfährt den *doppelten Widerstand.* Wir können diese Stöße zwar nicht zählen; doch ist beim Draht doppelter Länge der Quotient U/I auch doppelt so groß, nämlich 120 V/A statt 60 V/A. Man nennt ihn deshalb den **Widerstand R** des Drahtes. Er ist der Drahtlänge l proportional.

Definition: **Der elektrische Widerstand R eines Leiters ist der Quotient aus der zwischen den Leiterenden liegenden Spannung U und der Stromstärke I:**

$$R = \frac{U}{I}. \qquad (318.1)$$

Die Einheit des Widerstands ist

$1 \frac{\text{Volt}}{\text{Ampere}} = 1$ Ohm (abgekürzt Ω; griech. Buchstabe Omega); 1 kΩ = 1000 Ω.

Der Leiter der Länge 1 m hat nach *Tabelle 318.1* den Widerstand 60 V/A = 60 Ω: Wenn man die Spannung 60 V anlegt, so ist $I = 1$ A; bei doppelter Länge ist $R = 120$ V/A = 120 Ω; man muß 120 V anlegen, damit $I = 1$ A wird.

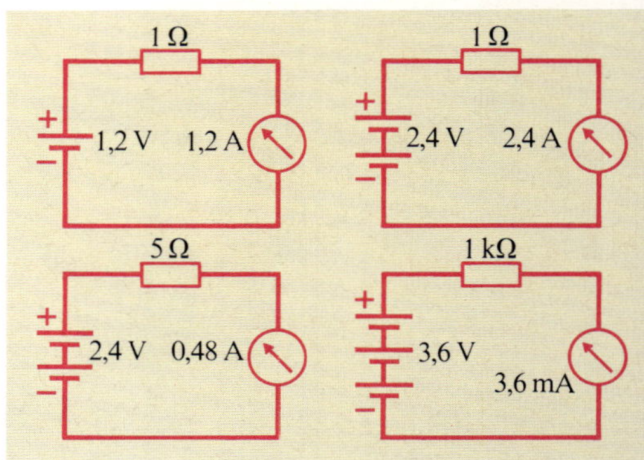

318.2 Beispiele für *Gleichung 318.1*

U in Volt	I in Ampere	Quotient U/I in V/A
0	0	–
1,2	0,08	15
2,4	0,16	15
3,6	0,24	15
4,8	0,32	15

Tabelle 319.1 Drahtlänge $l = 1$ m; Dicke $d = 0{,}2$ mm

3. Berechnung von Stromstärken

Wir wollen Stromstärken vorausberechnen. Also lösen wir die Definitionsgleichung für den Widerstand, nämlich $R = U/I$, nach I auf:

Berechnung der Stromstärke: $I = \frac{U}{R}$ **(319.1)**

Beispiel: Legt man an einen Konstantandraht mit dem Widerstand $R = 120\,\Omega$ die Spannung $U = 6$ V (5 Akkuzellen), so ist $I = \frac{U}{R} = \frac{6\text{ V}}{120\text{ V/A}} =$ 0,05 A. Dies können wir in Versuch 81 oder an der Kennlinie in *Bild 318.1* nachprüfen (grün gestrichelt). Die Gleichung $I = U/R$ beantwortet unsere Fragen (a) und (b) von Seite 317. Sie zeigt:

(a) Hält man den Widerstand R konstant (Nenner), dann ist $I \sim U$ *(Ohmsches Gesetz).*

(b) Hält man die Spannung U konstant, so zeigt sich, daß der Widerstand R den Einfluß des Geräts, hier des Drahtes, angibt: Benutzt man einen Draht von n-fachem Widerstand, dann sinkt die Stromstärke I auf den n-ten Teil. **Die Stromstärke I ist dem Kehrwert $1/R$ des Widerstandes R proportional;** man schreibt (bei konstanter Spannung U) $I \sim 1/R$. Bei 5fachem Widerstand sinkt I auf den 5ten Teil ab. Manchmal sagt man auch: *Die Stromstärke I ist umgekehrt proportional zum Widerstand R.*

4. Warum benutzt man dicke Leitungsdrähte?

Versuch 82: Wir nehmen gegenüber Versuch 80 einen Draht vom doppelten Durchmesser d (0,2 mm statt 0,1 mm), aber gleicher Länge l. Nach *Tabelle 319.1* ist bei der gleichen Spannung U die Stromstärke I 4mal so groß; z.B. steigt sie bei 1,2 V von 0,02 A auf 0,08 A. Der Widerstand $R = U/I$ sinkt auf den 4. Teil, nämlich von $60\,\Omega$ auf $15\,\Omega$. Um dies zu verstehen, denken wir uns 4 Drähte, je mit der Querschnittsfläche A, parallelgelegt. Werden sie zu *einem* Draht verschmolzen, so hat dieser die 4fache

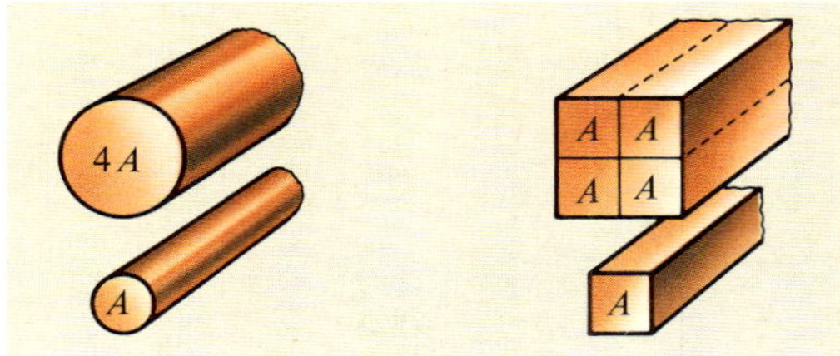

319.1 Ein Draht vom doppelten Durchmesser d hat die 4fache Querschnittsfläche A. Bei einem Kreis mit Radius $r = d/2$ ist $A = 3{,}14\,r^2$.

Querschnittsfläche $A = 4\,A_1$, aber nur den doppelten Durchmesser. Wie der Versuch 82 zeigt, sinkt der Widerstand $R = U/I$ auf ein Viertel.

Bei dreifachem Durchmesser wird die Querschnittsfläche A 9fach und auch die Stromstärke I 9fach: Der Widerstand R sinkt auf ein Neuntel. *R ist dem Kehrwert $1/A$ der Querschnittsfläche A proportional.*

Der Widerstand R eines Drahtes ist der Länge l und dem Kehrwert der Querschnittsfläche A proportional.

Dicke Leitungsdrähte haben kleine Widerstände. Wenn wir in Versuch 80 ein kurzes Zuführungskabel durch ein langes ersetzen, so ändert sich die Stromstärke kaum. Der Widerstand R „steckt" im dünnen Draht. Wir können also vom Widerstand der dicken Kabel absehen.

5. Einfache Spannungsmessung

Wir kehren nun den Versuch 80 um und lesen zunächst am Strommesser die Stromstärke I ab, z.B. 0,1 A. Da wir den Widerstand R kennen ($60\,\Omega$), gibt uns die Kennlinie nach *Bild 318.1* sofort die angelegte Spannung an: 6 V; man hat 5 Akkuzellen benutzt. – Man kann auch $I = U/R$ nach U auflösen und U berechnen:

$$U = I \cdot R = 0{,}1\text{ A} \cdot 60\,\Omega = 0{,}1\text{ A} \cdot 60\,\frac{\text{V}}{\text{A}} = 6\text{ V}.$$

Man kann also mit einem Strommesser Spannungen ermitteln, wenn man ihm Drähte von bekanntem Widerstand vorschaltet. Vollausschlag bedeutet dann z.B. 10 V statt 1 mA. Da $I \sim U$ ist, bleibt die Skala gleichmäßig unterteilt.

Viele Spannungsmesser bestehen aus einem Widerstand und einem Strommesser, der nach dem Ohmschen Gesetz umgeeicht wurde.

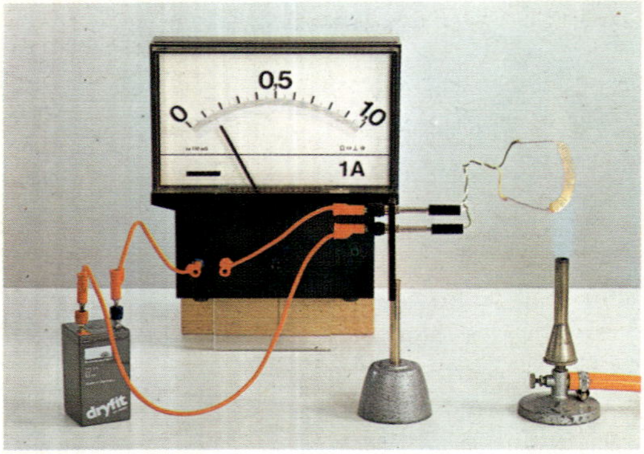

320.1 Zu Versuch 83; Widerstandsthermometer

U	in V	0	1,2	2,4	4,8	7,2	
I	in A	0	2,2	3,5	4,6	5,1	in Luft
R	in Ω	–	0,55	0,69	1,0	1,4	in Luft
I	in A	0	2,2	4,4	8,5	13	in Wasser
R	in Ω	–	0,55	0,55	0,56	0,55	in Wasser

Tabelle 320.1 Zu Versuch 84

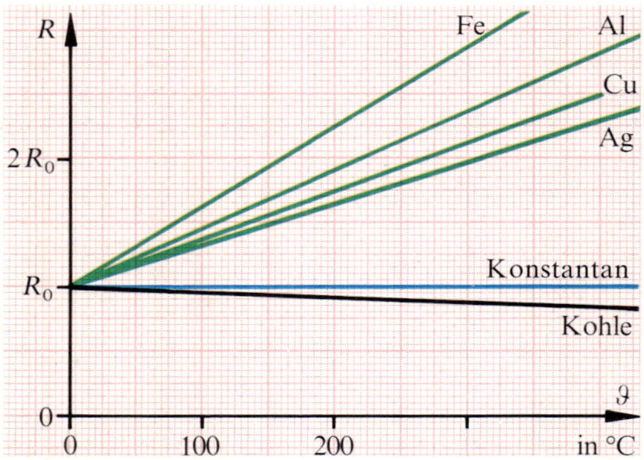

320.2 Temperaturabhängigkeit des Widerstands

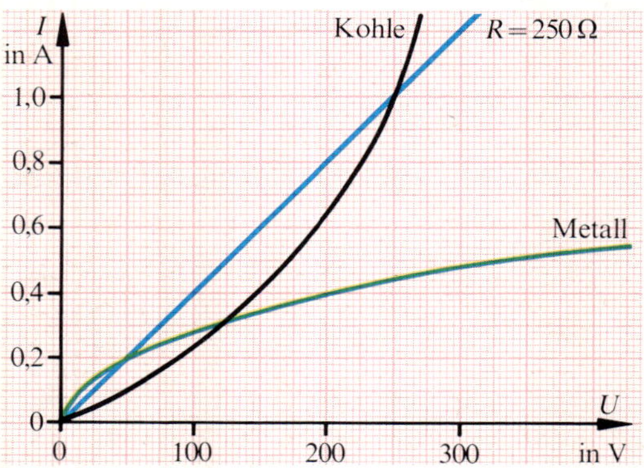

320.3 I-U-Kennlinien

6. Erwärmen stört das Ohmsche Gesetz

Versuch 83: a) Wir erwärmen eine Wendel aus *Eisendraht* nach *Bild 320.1* mit einer Flamme. Die Stromstärke I sinkt erheblich, obwohl die Spannung U konstant bleibt. Nach der Definitionsgleichung $R = U/I$ wächst also der Widerstand vom Eisendraht mit der Temperatur. Dies gilt nach *Bild 320.2* auch für die anderen reinen Metalle, nicht dagegen für Konstantan. Deshalb benutzten wir diese Legierung bei den bisherigen Versuchen.

b) Bei *Graphit* (Bleistiftmine) sinkt der Widerstand beim Erwärmen. – Gilt dies auch dann, wenn nicht eine Flamme, sondern der Strom selbst die Temperatur erhöht?

Versuch 84: a) Wir erhöhen im Versuch 83 ohne Flamme die Spannung stufenweise so weit, daß die entwickelte Stromwärme den Eisendraht erhitzt. Nach *Tabelle 320.1* wächst die Stromstärke I nicht proportional mit der Spannung U, sondern langsamer. Der Widerstand steigt.

b) Wir halten den Eisendraht im Wasserbad angenähert auf konstanter Temperatur. Nach *Tabelle 320.1* gilt nun das *Ohmsche Gesetz* ($I \sim U$); R ist jetzt auch bei Eisen konstant.

c) Wir wiederholen den Versuch 84a mit Glühlampen, die *Metall*-(Wolfram-)Drähte oder einen *Kohlefaden* enthalten.

Die I-U-Kennlinie ist nach *Bild 320.3* keine Ursprungsgerade mehr: Bei Wolframmetall verlangsamt sich der Anstieg der Stromstärke; denn der Widerstand steigt mit der Temperatur. Bei Kohle (Graphit) ist es umgekehrt. Für beide Lampen gilt das *Ohmsche Gesetz* ($I \sim U$) bei größeren Temperaturveränderungen nicht. Es hat wie das *Hookesche Gesetz* ($s \sim F$; Seite 33) einen beschränkten Gültigkeitsbereich.

Der Widerstand bei reinen Metallen steigt beim Erwärmen. Das Ohmsche Gesetz gilt dann exakt nur bei konstanter Temperatur. Bei Konstantan ist der Widerstand temperaturunabhängig.

Die Motortemperatur im Auto wird am Armaturenbrett elektrisch angezeigt. In das Kühlwasser ist ein *stark temperaturabhängiger Widerstand* (Seite 354) eingebaut. Die Stromstärke ändert sich beim Erwärmen. Solche **Widerstandsthermometer** finden sich auch bei Öfen, allgemein an schwer zugänglichen Meßstellen.

7. Rückblick und Zusammenfassung

Mit der Gleichung $R = U/I$ definiert der Physiker den Begriff „elektrischer Widerstand" R. Dabei ist es gleichgültig, ob sich dieser Widerstand mit der Temperatur ändert oder nicht. Man entnimmt dem *Bild 320.2*, wie der Widerstand mit der Temperatur steigt. Dann kann man berechnen, wie die Stromstärke $I = U/R$ bei konstanter Spannung abnimmt. Offensichtlich erfahren die Elektronen bei höherer Temperatur mehr Zusammenstöße mit den Atomen; diese schwingen ja schneller (über Graphit und ähnliche Stoffe siehe Seite 355).

Das *Ohmsche Gesetz* $I \sim U$ gibt einen Zusammenhang zwischen den bereits definierten Größen I und U. Ob es von der Natur erfüllt wird, kann man nicht von vornherein sagen; es bildet eher die Ausnahme. Allerdings sind die Abweichungen von ihm meist zu vernachlässigen: Der Widerstand von Kupfer erhöht sich beim Erwärmen um 1 K nur um etwa 0,4% *(Bild 320.2)*. Wenn also die Stromstärke nicht zu groß ist und die entwickelte Wärme gut abfließen kann, so darf man im allgemeinen von der Widerstandsänderung absehen. Dann bekommen die aus der Definitionsgleichung $R = U/I$ für den Widerstand gewonnenen Gleichungen $I = U/R$ und $U = I \cdot R$ große Bedeutung: Man kann mit ihnen Stromstärken oder Spannungen vorausberechnen, wenn man den (hinreichend konstanten) Widerstand R kennt. Merke:

$$R = \frac{U}{I}; \quad U = I \cdot R; \quad I = \frac{U}{R}. \qquad (321.1)$$

Beispiele:

a) Man legt zwischen die Enden eines Kupferdrahts (etwa einer Spule) die Spannung $U = 20$ V und mißt die Stromstärke $I = 0{,}04$ A. Der Widerstand ist $R = U/I = 20\ \text{V}/0{,}04\ \text{A} = 500\ \text{V/A} = 500\,\Omega$. Würde sich der Widerstand nach dem Einschalten merklich durch Erwärmen ändern, so ginge die Anzeige des Strommessers allmählich zurück. Da dies nicht der Fall ist, können wir die Stromstärke bei $U = 12$ V berechnen zu

$$I = \frac{U}{R} = \frac{12\,\text{V}}{500\,\Omega} = \frac{12\,\text{V}}{500\,\text{V/A}} = 0{,}024\ \text{A}.$$

b) In einem Draht mit 500 Ω Widerstand soll ein Strom der Stärke $I = 0{,}001$ A fließen. Man braucht die Spannung

$$U = I \cdot R = 0{,}001\ \text{A} \cdot 500\,\Omega = 0{,}001\ \text{A} \cdot 500\ \text{V/A} = 0{,}5\ \text{V}.$$

Aufgaben:

1. *In Versuch 79a hielt das Lämpchen für die Spielzeugeisenbahn die Spannung* 17 V *aus. Worin könnte es sich vom* 4,5 V*-Lämpchen unterscheiden?*

2. *a) Berechne für die Leiter in Tabelle 318.1 bis 319.1 die Stromstärken bei der Spannung* 5 V *und prüfe an der I – U-Kennlinie nach Bild 318.1 nach!*

b) Welche Spannung braucht man jeweils, damit die Stromstärke 0,05 A *beträgt? Rechnung und Kennlinie!*

3. *An Drähte mit den Widerständen* 0,5 Ω, 1 Ω, 5 Ω, 10 Ω, 20 Ω *wird die Spannung* 10 V *gelegt. Zeichne in einem Schaubild die Stromstärke I über dem Widerstand R auf und erkläre an diesem Schaubild, was „proportional zum Kehrwert" bedeutet. Vergleiche mit einem Schaubild, das eine Proportionalität, z.B.* $I \sim U$*, ausdrückt! Maßstab:* 1 cm ≙ 2 Ω; 1 cm ≙ 2 A.

4. *Wie groß ist der Widerstand eines Bügeleisens, das bei* 220 V *Spannung von einem Strom der Stärke* 4 A *durchflossen wird?*

5. *Welcher Strom fließt durch das Bügeleisen in Aufgabe 4, wenn die Spannung auf* 200 V *sinkt? Bei welcher Spannung würde ein Strom von nur 1 A fließen (R = konst.)?*

6. *Manchmal bezeichnet man die Gleichung* $I = U/R$ *als Ohmsches Gesetz. Unter welcher Voraussetzung ist dies richtig?*

7. *Berechne die Wärmeleistungen im Draht der Tabelle 318.1 für* 1,2 V, 2,4 V *und* 4,8 V*! Vergleiche! Erkläre, warum ein Lämpchen schnell „durchbrennt", wenn man die „Nennspannung" etwas überschreitet!*

8. *Ein Draht hat den Widerstand* 100 Ω*. Wie groß wird R, wenn man die Länge verdreifacht und die Querschnittsfläche verfünffacht?*

9. *Um wieviel Prozent ändert sich der Widerstand der in Bild 320.2 angegebenen Stoffe beim Erwärmen um* 200 K*, um wieviel beim Erwärmen um* 1 K?

10. *Die I-U-Kennlinien von Widerständen sind um so steiler, je kleiner der Widerstand ist (Bild 318.1). Begründe dies und wende diese Aussage auf die gekrümmten Kennlinien von Wolfram und Kohle in Bild 320.3 an!*

11. *Welchen Widerstand hat eine* 15 W*-Lampe für die Nennspannung* 220 V *bzw.* 110 V?

§ 102 Berechnung von Widerständen

1. Kann man Widerstände vorausberechnen?

Der Widerstand R eines Drahtes ist proportional
– seiner Länge l (Versuch 81),
– dem Kehrwert $1/A$ der Querschnittsfläche A.

Wenn wir also die Länge l verfünffachen, so steigt der Widerstand auf das 5fache. Wird zudem die Querschnittsfläche A verdoppelt, dann erhöht sich R nur auf das 5/2fache. Folglich ist der Widerstand R dem Quotienten l/A proportional: $R \sim l/A$. Mit dem Proportionalitätsfaktor ϱ (Rho) schreiben wir $R = \varrho\, l/A$. Der Faktor $\varrho = R\,A/l$ kann nicht mehr von A und l abhängen; hängt er vom Material ab?

Versuch 85: Wir vergleichen die Widerstände eines Kupfer- und eines Konstantandrahts gleicher Länge l und gleicher Querschnittsfläche A. Im Kupferdraht ist bei der gleichen Spannung U die Stromstärke I etwa 30fach; $R = U/I$ ist nur 1/30 des Werts beim Konstantandraht.

Dies gilt auch für die Konstante $\varrho = R \cdot A/l$; sie hängt vom Material ab, es ist eine **Materialkonstante.** Man nennt sie den **spezifischen Widerstand.** Nach *Tabelle 318.1* hat ein Konstantandraht der Länge $l = 1{,}0$ m mit dem Radius $r = d/2 = 0{,}05$ mm und dem Querschnitt $A = 3{,}14\, r^2 = 0{,}0078$ mm² den Widerstand $R = 60\,\Omega$. Der spezifische Widerstand von Konstantan ist

$$\varrho = \frac{RA}{l} = \frac{60\,\Omega \cdot 0{,}0078\ \text{mm}^2}{1{,}0\ \text{m}} = 0{,}47 \frac{\Omega\text{mm}^2}{\text{m}}.$$

Der Widerstand R eines Drahtes der Länge l und der Querschnittsfläche A aus einem Material mit dem spezifischen Widerstand ϱ ist

$$R = \varrho \frac{l}{A}. \qquad \textbf{(322.1)}$$

Silber	0,016	Kohle	50 bis 100
Kupfer	0,017	Germanium	900
Gold	0,023	Silizium	1 200
Aluminium	0,028	Akkusäure	um 13 000
Eisen	um 0,1	Meerwasser	200 000
Wolfram	0,05	dest. Wasser	10^{10}
Konstantan	um 0,5	Porzellan	10^{18}

Tabelle 322.1 Spezifische Widerstände bei 18 °C in $\Omega\text{mm}^2/\text{m}$

Was bedeutet der spezifische Widerstand? Setzen wir in *Gleichung 322.1* für $l = 1$ m und $A = 1$ mm², so ist bei Konstantan

$$R = \varrho \frac{l}{A} = 0{,}47 \frac{\Omega\text{mm}^2}{\text{m}} \cdot \frac{1\ \text{m}}{1\ \text{mm}^2} = 0{,}47\ \Omega.$$

Der Zahlenwert des spezifischen Widerstands ϱ gibt also den Widerstand R (in Ω) an, den ein Leiter aus dem betreffenden Material bei 1 m Länge und 1 mm² Querschnitt hat. – *Kupfer ist nach Silber der beste Leiter (Tabelle 322.1).*

Beispiel: Ein Kupferdraht hat die Länge $l = 4$ m und den Radius $r = 1$ mm, also die Querschnittsfläche $A = 3{,}14\, r^2 = 3{,}14$ mm². Sein Widerstand ist nach *Tabelle 322.1*

$$R = \varrho \frac{l}{A} = 0{,}017 \frac{\Omega\text{mm}^2}{\text{m}} \frac{4\ \text{m}}{3{,}14\ \text{mm}^2} = 0{,}022\ \Omega.$$

Ein so kleiner Widerstand der Kupferzuleitungen spielt im Stromkreis nach *Bild 317.2* gegenüber dem Widerstand des Konstantandrahts von 60 Ω keine Rolle. Deshalb konnten wir die Zuleitungsdrähte vernachlässigen. – Würden wir solche Kupferdrähte aber unmittelbar zwischen die Pole einer starken Stromquelle mit der konstanten Spannung $U = 220$ V legen, so müßte ein Strom der Stärke

$$I = \frac{U}{R} = \frac{220\ \text{V}}{0{,}022\ \Omega} = \frac{220\ \text{V}}{0{,}022\ \text{V/A}} = 10\,000\ \text{A fließen.}$$

Bei einem defekten Bügeleisenkabel tritt ein derartig starker Strom kurzzeitig auf, wenn sich die beiden Leitungsdrähte berühren. Man nennt dies einen **Kurzschluß.** Bevor der Strom die Leitungen gefährlich erhitzt, unterbricht er sich selbst, indem er die Sicherung auslöst.

2. Widerstände in Labor und Technik

Beim Experimentieren, aber auch in Radios und Fernsehgeräten usw., braucht man Leiter mit einer bestimmten „Ohmzahl", „Widerstände" genannt. Beim **Schiebewiderstand** nach *Bild 323.1* ist ein Konstantandraht auf ein isolierendes Keramikrohr gewickelt. Eine Isolierschicht auf der Drahtoberfläche verhindert, daß der Strom parallel zur Achse des Keramikrohrs durch die sich berührenden Drahtlagen fließt. Er muß jede Windung um das Rohr durchlaufen. Oben kann ein **Schieber** verstellt werden; er hat längs seiner Bahn die Isolierschicht abgerieben und findet deshalb Kontakt mit dem Konstantandraht. Je weiter wir den Schieber nach rechts rücken, um so länger wird der vom Strom durchflossene Teil des Drahtes (rot gezeichnet), um so größer der Widerstand im Stromkreis. Die Stromstärke sinkt, eine eingeschaltete Lampe wird dunkler. Häufig werden die Schleifkontakte solcher veränderlicher Widerstände mit einem Drehknopf bedient (Lautstärkeregler im Radio usw.).

Nichtregelbare **Schichtwiderstände** in Radios, Fernsehern und Meßgeräten brauchen nur wenig Platz *(Bild 323.3)*. Bei ihnen ist auf ein kleines Porzellanrohr eine dünne Kohle- oder Metallschicht aufgedampft.

Da die Ziffernangaben auf Schichtwiderständen oft nur schwer lesbar sind, wurde ein Farbcode nach *Bild 323.3* eingeführt. Der 4. Ring gibt die Toleranz an. ± 10 % Toleranz bedeutet bei einer Widerstandsangabe von 1200 Ω, daß einzelne Exemplare Widerstände zwischen 1080 Ω und 1320 Ω haben können.

Aufgaben:

1. *Ein Kupferdraht ist* 10 m *lang und hat* 1/10 mm^2 *Querschnittsfläche. Wie groß ist sein Widerstand? Welche Spannung muß man zwischen seine Enden legen, damit Strom der Stärke* 0,30 A *fließt?*

2. *Wie lang muß ein Draht von* 1 mm^2 *Querschnittsfläche sein, damit er* 1000 Ω *Widerstand aufweist, wenn er a) aus Kupfer, b) aus Konstantan ist? Welche Dicke hat er?*

3. *Eine* 1 km *lange Kupferleitung hat* 10 Ω *Widerstand. Sie soll durch eine gleich lange Aluminiumleitung von ebenfalls* 10 Ω *ersetzt werden. Vergleiche Durchmesser und Masse!*

4. *Ein Kupferdraht auf einer Spule hat die Querschnittsfläche* 0,002 mm^2. *Legt man zwischen seine Enden* 20 V *Spannung, so fließt ein Strom von* 1 mA. *Wie lang ist der Draht?*

5. *Der Wolframdraht einer Glühlampe hat* 0,04 mm *Durchmesser. Legt man an die Lampe* 220 V, *so fließt Strom der Stärke* 0,2 A. *Wie lang ist der Draht? (Spezifischer Widerstand im Betrieb 7mal so groß wie bei* 18 °C.*) Welche Leistung hat die Lampe?*

6. *Welche Spannung darf man höchstens an einen Widerstand von* 100 Ω *legen, wenn für ihn* 0,1 A *als maximale Stromstärke angegeben ist? Wie ändert sich die Leistung, wenn man die Spannung verdoppelt?*

7. *Welche Farbringe trägt ein Schichtwiderstand (von links nach rechts) mit* 5600 Ω, *der eine Toleranz von* 5% *aufweist? Wie groß ist R bei der Farbenfolge grün, braun, orange, rot?*

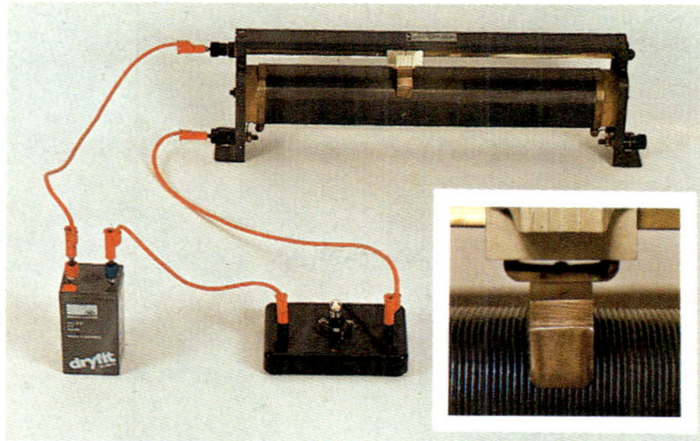

323.1 Schiebewiderstand im Stromkreis

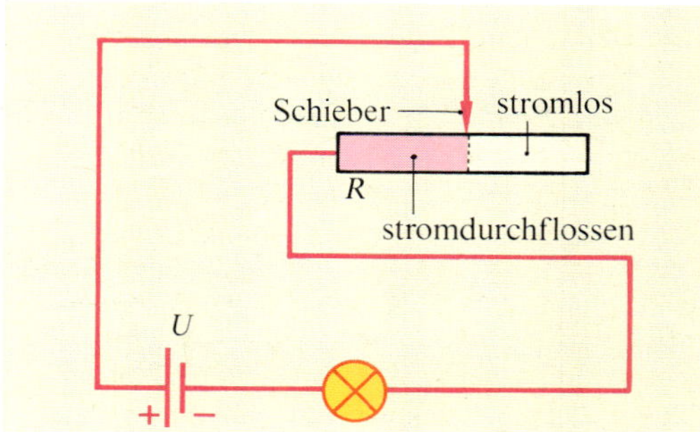

323.2 Schaltskizze zu *Bild 323.1*

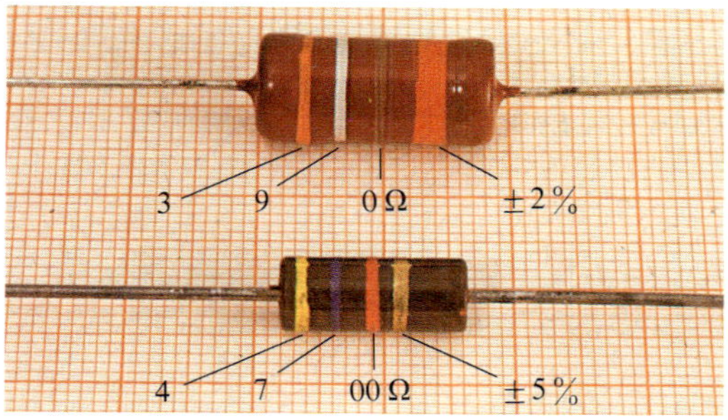

	1. Ring	2. Ring	3. Ring	4. Ring
schwarz	0	0		
braun	1	1	0	± 1%
rot	2	2	00	± 2%
orange	3	3	000	
gelb	4	4	0000	
grün	5	5	00000	
blau	6	6	usw.	
violett	7	7		
grau	8	8		
weiß	9	9		
gold			:10	± 5%
silber			:100	±10%

323.3 Farbcode auf Schichtwiderständen

§ 103 Der verzweigte Stromkreis

1. Wie sind die Geräte im Haushalt geschaltet?

S-Versuch 86: Lege ein Lämpchen an eine Batterie! Schalte ein zweites zunächst mit ihm *in Reihe* (hintereinander), dann ihm *parallel*. Drehe jeweils ein Lämpchen aus der Fassung! Welche Schaltung schlägst du für Lampen vor?

Im Haushalt liegen alle elektrischen Geräte an der gleichen Spannung (meist an 220 V; wichtig beim Kauf). Jedes ist nach *Bild 324.1* für sich zwischen die beiden Leitungsdrähte geschaltet. Diese führen die Spannung U an jedes Gerät; man kann es ausschalten, ohne die anderen zu stören. In *Bild 324.2* sind die Leitungen in größerem Abstand voneinander gezeichnet und die Geräte als Widerstände R_1, R_2 und R_3 dazwischengelegt: *Sie liegen parallel zueinander.*

Versuch 87: Wir legen zwischen die beiden Zuleitungen in *Bild 324.2* die konstante Spannung $U = 100$ V (stabilisiertes Netzgerät!). Zunächst schließen wir nur den Widerstand $R_1 = 10\,\text{k}\Omega$ an; er wird vom Strom $I_1 = U/R_1 = 10$ mA durchflossen. Legt man den doppelten Widerstand $R_2 = 20\,\text{k}\Omega$ parallel, so bleibt die Spannung U erhalten; in R_2 mißt man die halbe Stromstärke $I_2 = U/R_2 = 5$ mA. Am Strom I_1 ändert sich nichts. Der Strommesser in der unverzweigten Leitung zeigt als **Gesamtstrom** die Summe

$I = I_1 + I_2 = 10\text{ mA} + 5\text{ mA} = 15\text{ mA}$ an.

Schaltet man noch den Widerstand $R_3 = 5\,\text{k}\Omega$ parallel, so wird er vom Strom $I_3 = U/R_3 = 20$ mA durchflossen. Der Gesamtstrom steigt auf 35 mA. Er wird um so stärker, je mehr parallele Wege man ihm anbietet; für jeden Weg gilt $I_n = U/R_n$. Der Elektrizitätszähler liegt in der unverzweigten Zuleitung; in ihr fließt der Gesamtstrom I. Dieser ist um so stärker, je mehr Geräte man parallel geschaltet hat.

> ***1. Kirchhoffsches Gesetz:*** **Bei der Stromverzweigung ist der Gesamtstrom I im unverzweigten Teil gleich der Summe der Zweigströme $I_1, I_2, I_3, \ldots$.**
>
> $$I = I_1 + I_2 + I_3 + \ldots \qquad (324.1)$$

2. Welcher Zweigstrom ist am stärksten?

Versuch 88: Wir vergewissern uns mit einem Spannungsmesser, daß an allen parallel gelegten Widerständen die gleiche Spannung U liegt. Dividieren wir die Gleichungen $I_1 = U/R_1$ und $I_2 = U/R_2$ durcheinander, so entfällt U. Wir erkennen, welcher Zweigstrom stärker ist:

> ***2. Kirchhoffsches Gesetz:*** $$\frac{I_1}{I_2} = \frac{R_2}{R_1} \qquad (324.2)$$
>
> **Bei einer Stromverzweigung (Parallelschaltung) verhalten sich die Zweigströme umgekehrt wie die Verzweigungswiderstände. Durch den größeren Widerstand fließt der schwächere Strom. An allen Widerständen liegt die gleiche Spannung.**

3. Mehr Geräte – weniger Widerstand!

Wir beginnen in *Bild 324.2* mit dem *kleinsten* Widerstand $R_3 = 5\,\text{k}\Omega$. Ihm legen wir $R_2 = 20\,\text{k}\Omega$ parallel. Die Stromstärke I steigt, der Strom hat es noch „leichter": Denken wir uns diese Widerstände „zusammengeschoben", so

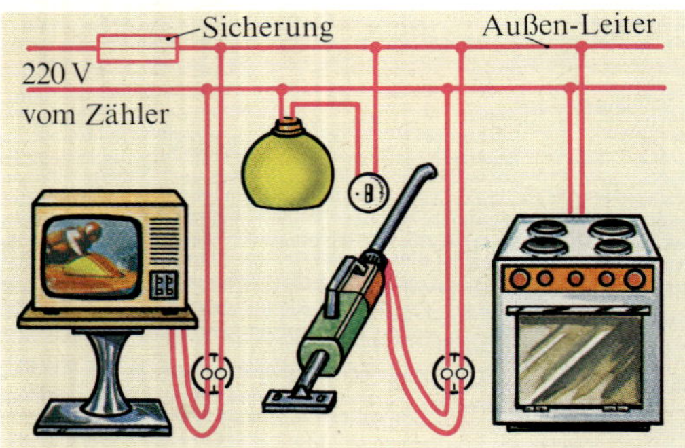

324.1 Parallelschaltung im Haushalt

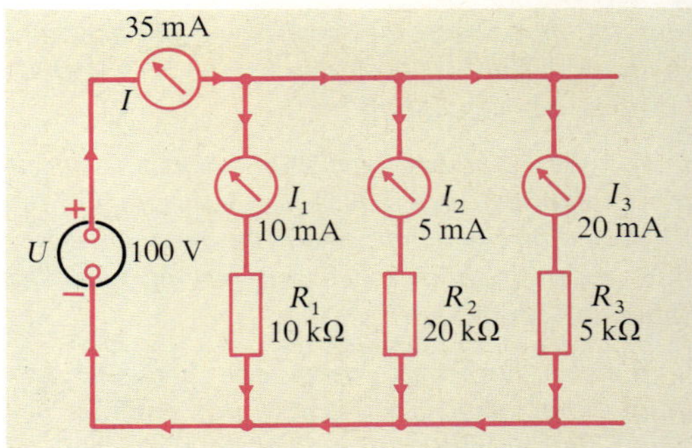

324.2 Parallelschaltung von R_1, R_2 und R_3

entsteht ein Draht von größerem Querschnitt. Sein Widerstand ist kleiner als der kleinste Einzelwiderstand! Wir vereinfachen uns nun die Parallelschaltung in *Bild 324.2*, indem wir alle Einzelwiderstände durch einen ersetzt denken. Dabei darf sich aber weder die Spannung $U = 100\ \text{V}$ noch der Gesamtstrom $I = 35\ \text{mA}$ ändern. Dieser **Ersatzwiderstand** muß den Betrag $R = \frac{U}{I} = \frac{100\ \text{V}}{35\ \text{mA}} = 2{,}86\ \text{k}\Omega$ haben. Er ist kleiner als der kleinste Einzelwiderstand 5 kΩ!

Für den Gesamtstrom gilt $I = U/R = I_1 + I_2 + \ldots$.

Wir setzen $I_1 = U/R_1$, $I_2 = U/R_2$ ein:

$I = \frac{U}{R} = \frac{U}{R_1} + \frac{U}{R_2} + \ldots$. Hieraus folgt nach Division mit der gemeinsamen Spannung U

$$\frac{1}{R} = \frac{1}{R_1} + \frac{1}{R_2} + \frac{1}{R_3} + \ldots \qquad (325.1)$$

Der Kehrwert $1/R$ des Ersatzwiderstands R einer Parallelschaltung ist die Summe der Kehrwerte $1/R_i$ der Einzelwiderstände.

Beispiel: Man schaltet 4 gleiche Widerstände von je 100 Ω parallel. Dann gilt für den Ersatzwiderstand R

$$\frac{1}{R} = \frac{1}{100\ \Omega} + \frac{1}{100\ \Omega} + \frac{1}{100\ \Omega} + \frac{1}{100\ \Omega} = \frac{4}{100\ \Omega}$$

oder $R = 100\ \Omega/4 = 25\ \Omega$. Der Ersatzwiderstand ist hier nur der 4. Teil eines Einzelwiderstands. Beim Parallelschalten von 4 gleichen Drähten vervierfacht sich ja die Querschnittsfläche. – Je mehr Geräte du zu Hause parallel schaltest, um so kleiner ist der Widerstand, den die Anlage dem Strom entgegensetzt, um so größer die Stromstärke, die das E-Werk liefert, und damit auch die Leistung.

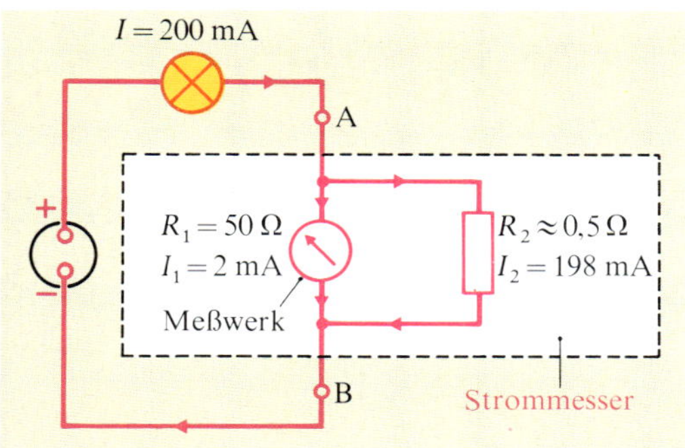

325.1 Meßbereichserweiterung beim Strommesser

4. Ein Meßwerk – viele Strommeßbereiche

Versuch 89: **a)** Ein Drehspulmeßwerk zeigt Ströme z.B. bis 2 mA an; sein **Meßbereich** ist 0...2 mA. Nun will man Ströme bis 4 mA messen, den Meßbereich also verdoppeln. Man legt ein zweites, genau gleiches Meßwerk parallel. Der Strom teilt sich auf, jedes zeigt z.B. 1,6 mA an. Die Stromstärke in der gemeinsamen Zuleitung beträgt also 3,2 mA.

b) Meßwerke sind teuer. Wir ersetzen das eine durch einen viel billigeren Parallelwiderstand R_2. Er soll so groß sein, daß der Meßbereich sogar auf $I = 200\ \text{mA}$ erweitert, also verhundertfacht wird. Durch das Meßwerk selbst soll der Strom $I_1 = 2\ \text{mA}$ fließen. Dann zeigt es Vollausschlag. Den Rest, nämlich $I_2 = 198\ \text{mA}$, leitet man durch R_2 seitlich vorbei (*Bild 325.1*). Das Meßwerk hat für sich den Widerstand $R_1 = 50\ \Omega$; nach *Gleichung 324.2* gilt:

$$\frac{R_2}{R_1} = \frac{R_2}{50\ \Omega} = \frac{I_1}{I_2} = \frac{2\ \text{mA}}{198\ \text{mA}} \quad \text{oder} \quad R_2 = \frac{2 \cdot 50\ \Omega}{198} \approx 0{,}5\ \Omega.$$

In **Vielfachmeßinstrumenten** schaltet man den Widerstand R_2 im Gehäuse **parallel** zum Meßwerk. Das Instrument verhält sich dann bei der Messung wie *ein* Widerstand R, für den nach *Gleichung 325.1* gilt:

$$\frac{1}{R} = \frac{1}{50\ \Omega} + \frac{198}{100\ \Omega} = \frac{100}{50\ \Omega} \quad \text{oder} \quad R = 0{,}5\ \Omega.$$

Wenn man also den Meßbereich von 2 mA auf 200 mA verhundertfacht, so sinkt der Ersatzwiderstand des ganzen Meßgeräts von 50 Ω auf 0,5 Ω, das heißt auf den 1/100. Teil. Schaltet man einen derartig kleinen Widerstand in einem Stromkreis mit wesentlich größeren Widerständen in Reihe, so verändert sich die zu messende Stromstärke kaum. Dies erwartet man von einem guten Strommesser. Wir dürfen ihn allerdings nicht unmittelbar an eine Stromquelle legen: Wegen des kleinen Widerstandes gäbe es Kurzschluß. Lies Seite 322 und 305!

Aufgaben:

1. *Eine Glühlampe für 220 V hat den Widerstand 660 Ω. Wie viele Lampen kann man höchstens parallelschalten, damit die Stromstärke den Wert 6 A nicht überschreitet? (Grenze durch Sicherung gegeben.)*

2. *Wie geht man beim Instrument nach Bild 325.1 vor, um den Meßbereich auf 1 A zu erweitern? Wie groß ist dann der Ersatzwiderstand?*

3. *Ein Meßwerk hat 100 Ω Widerstand und 1 mA Vollausschlag. Wie erweitert man den Meßbereich auf 5 A? Mit diesem Meßbereich wird ein Strom von 3 A gemessen. Wie teilt er sich auf das Meßwerk und auf den Nebenwiderstand auf? (Berechne zuerst die Spannung!)*

§ 104 Der unverzweigte Stromkreis

1. Ein 4 V-Lämpchen an 220 V?

Versuch 90: **a)** Wir legen ein Lämpchen für 4 V und 70 mA mit einer 15 Watt-Lampe in Reihe (hintereinander). Dann erhöhen wir die Spannung vorsichtig über 4 V hinaus. Erst bei 220 V leuchten beide Lampen normal *(Bild 326.1)*!

b) Muß dabei das 4 V-Lämpchen 220 V aushalten? Um dies zu prüfen, legen wir nach *Bild 326.1* zwischen seine Anschlüsse einen Spannungsmesser. Er zeigt nur 4 V an; an der großen Lampe dagegen liegen 216 V. Damit haben wir etwas Neues entdeckt: **Bei der Reihenschaltung von Widerständen teilt sich die angelegte Spannung auf.** Dies klären wir in Ziffer 3. – Von der **Stromstärke** wissen wir bereits, daß sie in diesem *unverzweigten Stromkreis* überall gleich groß ist: Ladung wird ja unterwegs weder abgezweigt, noch geht sie verloren. In der 15 Watt-Lampe ist $I = P/U \approx 15\text{ VA}/220\text{ V} \approx 70\text{ mA}$, also dem 70 mA-Lämpchen gerade angemessen; so haben wir es ausgesucht. Es wird vom Widerstand der großen Lampe geschützt. Dies betrachten wir nun genauer:

2. Mehr Geräte – mehr Widerstand

Versuch 91: Wir legen den Widerstand $R_1 = 10\,\Omega$ an die Spannung $U = 10\text{ V}$; die Stromstärke ist $I = U/R_1 = 1\text{ A}$. Nun schalten wir nach *Bild 326.2* (rot) zu R_1 noch die 2 Widerstände $R_2 = 20\,\Omega$ und $R_3 = 70\,\Omega$ in Reihe. Der Strom hat es jetzt „schwerer". Jedes Elektron wird auf seinem viel längeren Weg durch viel mehr Zusammenstöße abgebremst. Wir messen, daß die Stromstärke auf $I = 0{,}1\text{ A}$ absinkt. Wir können die 3 hintereinandergelegten Widerstände durch *einen* Widerstand ersetzen, ohne daß sich Spannung (10 V) und Stromstärke (0,1 A) ändern. Dieser **Ersatzwiderstand** muß den Wert $R = \frac{U}{I} = \frac{10\text{ V}}{0{,}1\text{ A}} = 100\,\Omega$ haben. Er ist gleich der Summe $10\,\Omega + 20\,\Omega + 70\,\Omega$ der 3 hintereinandergelegten Einzelwiderstände:

Der Ersatzwiderstand *R* einer Reihenschaltung ist gleich der Summe der hintereinandergelegten Teilwiderstände:

$$R = R_1 + R_2 + R_3 + \dots \qquad (326.1)$$

In Versuch 90 hatte das Lämpchen nur etwa 60 Ω Widerstand (4 V/0,07 A). Die Lampe mit etwa 3140 Ω (220 V/0,07 A) erhöhte den Ersatzwiderstand auf 3200 Ω. Die Stromstärke wurde $I = 220\text{ V}/3200\,\Omega \approx 70\text{ mA}$, also für beide Lampen richtig.

3. Wie wird die Spannung aufgeteilt?

Wie kam das Lämpchen in *Bild 326.1* zu seiner Betriebsspannung 4 V? Wir klären dies an *Bild 326.2*, indem wir die Gleichung $U = IR$ auf jeden der 3 Einzelwiderstände anwenden: Durch den Teilwiderstand $R_1 = 10\,\Omega$ muß – unabhängig von der Reihenfolge – der Strom $I = 0{,}1\text{ A}$ fließen. Dies erfordert die Spannung

$$U_1 = I \cdot R_1 = 0{,}1\text{ A} \cdot 10\text{ V/A} = 1\text{ V}.$$

Für den Teilwiderstand $R_2 = 20\,\Omega$ ist die Teilspannung $U_2 = 2\text{ V}$ nötig. Für $R_3 = 70\,\Omega$ braucht man $U_3 = 7\text{ V}$. Die Summe $U_1 + U_2 + U_3$ dieser berechneten Spannungen ergibt die von der Stromquelle gelieferte Spannung $U = 10\text{ V}$. *Diese „bleibt" also nicht bei der Stromquelle, sondern verteilt sich über den Stromkreis!*

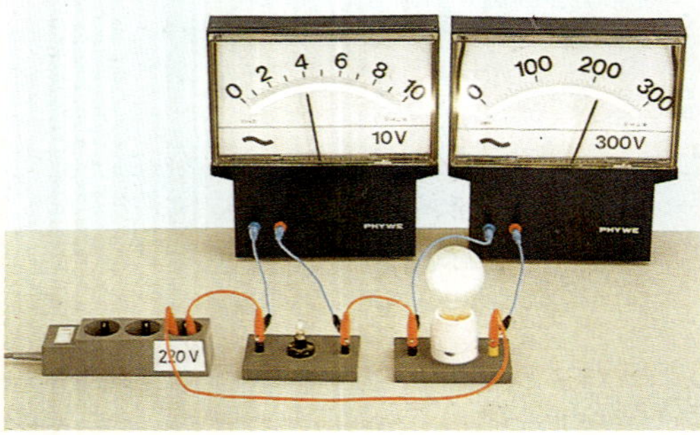

326.1 Zu Versuch 90. Die große Lampe schützt das kleine Lämpchen vor der Spannung 220 V.

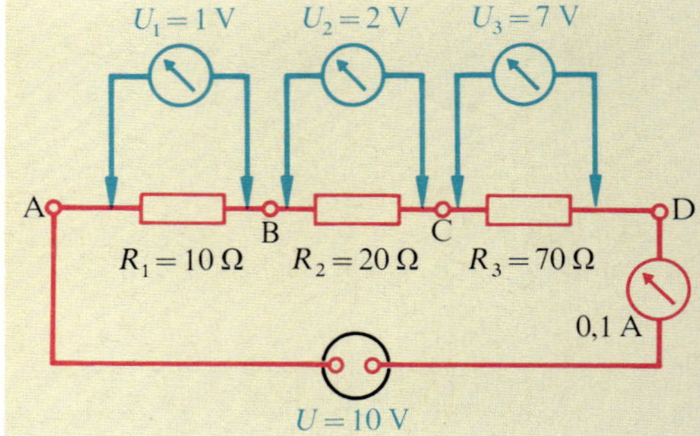

326.2 Zwischen den Enden der Teilwiderstände werden die Teilspannungen U_1, U_2 und U_3 gemessen.

Versuch 92: Wir prüfen, wie die von uns zwischen die Endpunkte A und D der Reihenschaltung gelegte Spannung 10 V aufgeteilt wird. Mit den in *Bild 326.2* blau gezeichneten Spannungsmessern finden wir tatsächlich die berechneten Teilspannungen $U_1 = 1$ V, $U_2 = 2$ V und $U_3 = 7$ V. Vergleiche die Spannungsaddition bei hintereinandergeschalteten Batterien!

Bei Reihenschaltungen liegt zwischen den Enden eines jeden Teilwiderstands R_i die Teilspannung $U_i = I \cdot R_i$. Die Summe dieser Teilspannungen ist gleich der angelegten Gesamtspannung U:

$$U = U_1 + U_2 + U_3 + \dots = I(R_1 + R_2 + R_3 + \dots) = I \cdot R. \qquad (327.1)$$

Bei der *Parallelschaltung* dagegen kam allen Widerständen die gleiche Spannung zu; doch konnten dort die Ströme verschieden stark sein; sie addierten sich. – Bei der *Reihenschaltung* muß die Stromstärke gleich groß sein. Für sie gilt $I = U_1/R_1 = U_2/R_2 = \dots$. Hieraus folgt:

$$\frac{U_1}{U_2} = \frac{R_1}{R_2}; \quad \frac{U_1}{U_3} = \frac{R_1}{R_3} \text{ usw.} \qquad (327.2)$$

In Reihenschaltungen verhalten sich die Teilspannungen wie die Teilwiderstände.

In *Bild 326.1* ist der Glühfaden in der großen Lampe viel länger als im kleinen Lämpchen, sein Widerstand viel größer. Damit er vom gleichen Strom (70 mA) wie das Lämpchen durchflossen wird, muß er fast die ganze Spannung (216 V) abbekommen. Am kleinen Widerstand des Lämpchens dagegen genügen 4 V für 70 mA! – Die Zuleitungskabel aus Kupfer haben sehr kleine Widerstände. An ihnen findet man kaum eine Teilspannung (Seite 322).

4. Vorwiderstände schützen Lampen

In *Bild 326.1* schützt die große Lampe das kleine Lämpchen vor der zu großen Spannung; sie nimmt die Teilspannung $U_1 = 216$ V auf sich. Man kann diese Lampe durch einen **Vorwiderstand** R_1 ersetzen. Da er vom Lämpchenstrom $I = 0{,}07$ A durchflossen werden muß, gilt für ihn

$$R_1 = \frac{U_1}{I} = \frac{216\text{ V}}{0{,}07\text{ A}} = 3140\ \Omega.$$

Wir ersetzen deshalb die große Lampe durch einen Schiebewiderstand, der auf 3140 Ω eingestellt wird.

S-Versuch 93: **a)** Ein Lämpchen für 0,1 A und 4 V hat den Widerstand $R_2 = 40\ \Omega$. Es soll an $U = 10$ V betrieben werden. Der Vorwiderstand R_1 muß die Teilspannung $U_1 = 10\text{ V} - 4\text{ V} = 6$ V übernehmen. Da er auch vom Strom 0,1 A durchflossen wird, gilt $R_1 = 6\text{ V}/0{,}1\text{ A} = 60\ \Omega$. Baue die Schaltung nach *Bild 327.1* auf, zeichne eine Schaltskizze und trage in diese die gemessenen Spannungen ein!

b) Der *Ersatzwiderstand* in (a) ist $R = R_1 + R_2 = 100\ \Omega$. Schalte zusätzlich $R_3 = 100\ \Omega$ in Reihe! Du mißt 5 V Spannung an R_3. Woher kommt sie? – Der Ersatzwiderstand hat sich auf 200 Ω verdoppelt; die Stromstärke sinkt auf die Hälfte, also auf 50 mA. Lämpchen und Vorwiderstand erhalten nach $U_i = I \cdot R_i$ nur noch die halben Teilspannungen, insgesamt 5 V. Der Rest (5 V) bleibt für R_3 übrig. Wir nehmen hier und im folgenden an, daß der Lampenwiderstand konstant sei.

S-Versuch 94: **a)** Benutze als Vorwiderstand einen *Schiebe-* oder *Drehwiderstand* mit $R_1 = 100\ \Omega$! Lege ihn nach *Bild 327.1* zusammen mit dem Lämpchen von Versuch 93a und einem Strommesser an $U = 4$ V! Stelle R_1 zunächst auf 100 Ω (Abgriff S bei B; Foto in *Bild 323.1*), und miß die Teilspannungen U_1 an R_1 und U_2 am Lämpchen! Trage sie zusammen mit der Stromstärke I in eine Tabelle ein! Wiederhole dies bei $R_1 = 50\ \Omega$ und $0\ \Omega$! Wenn der Vorwiderstand R_1 kleiner wird, geschieht zweierlei: A) Der Gesamtwiderstand $R = R_1 + R_2$ sinkt, und die Stromstärke $I = U/R$ steigt; das Lämpchen wird heller. B) Die Teilspannung $U_1 = IR_1$ am Vorwiderstand R_1 sinkt. Dafür steigt die Teilspannung $U_2 = 4\text{ V} - U_1$ am Lämpchen.

b) Baue den *Schalter* S ein und miß die Teilspannung U_S an ihm; sie ist am geöffneten

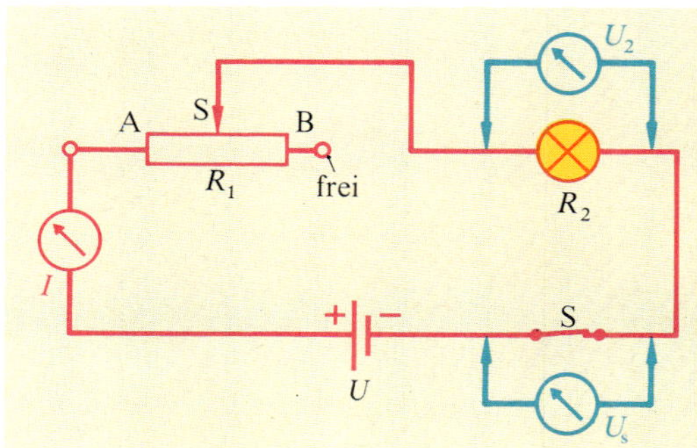

327.1 Zu Versuch 93 und 94; Foto von R_1 in *Bild 323.1*

Schalter 4 V. An den nun stromfreien Teilen des Kreises fällt ja keine Spannung mehr ab. – Entsprechend liegt zwischen den Kontakten eines geöffneten Lichtschalters die volle Spannung 220 V!

Kommt es auf die *Reihenfolge* der Widerstände an? Das Lämpchen in *Bild 327.1* liegt am Minuspol. Braucht man nicht zu befürchten, daß sich aus ihm die Elektronen ungehindert in den Glühdraht stürzen und erst im nachfolgenden Widerstand gebremst werden? Nein! Lampendrähte und Leitungen sind von vornherein mit Elektronen gefüllt! Wenn wir die Spannungsquelle anschließen, so baut diese im ganzen Kreis momentan ein elektrisches Feld (Seite 283) auf. Es setzt alle Elektronen gleichzeitig in Bewegung. *Der Vorwiderstand könnte also auch ein „Nachwiderstand" sein.*

In Versuch 94a konnten wir die Teilspannung U_2 am Lämpchen nicht auf Null senken, wohl aber die Teilspannung $U_1 = I \cdot R_1$ am Vorwiderstand R_1. Wir brauchten nur R_1 auf Null zu verkleinern. Dies führt uns zu einer Schaltung, bei der das Lämpchen ganz dunkel wird:

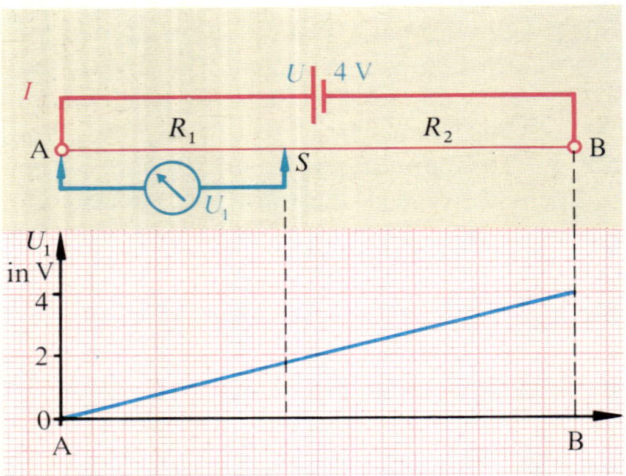

328.1 Längs des Drahts fällt die Teilspannung U_1 ab.

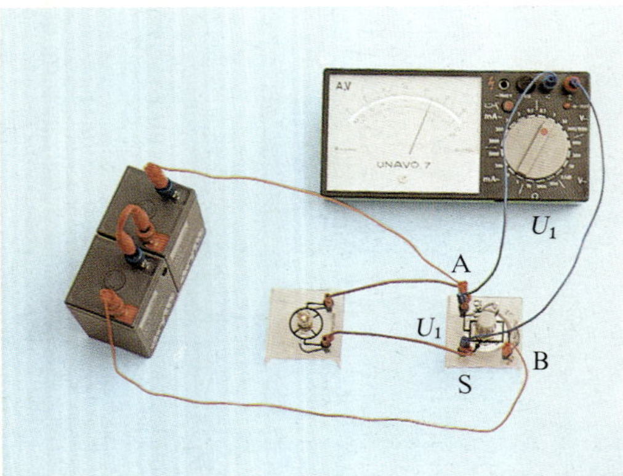

328.2 Drehwiderstand als Spannungsteiler

5. Wir erzeugen beliebig kleine Spannungen

Versuch 95: Wir legen nach *Bild 328.1* die Spannung $U = 4$ V zwischen die Enden A und B eines dünnen Drahtes, der zwischen zwei Klemmen gespannt ist. Er wird von einem konstanten Strom I durchflossen. Den linken Anschluß eines Spannungsmessers legen wir fest an A; mit dem anderen (S) gleiten wir längs des Drahts von B nach A. Wir messen also die Teilspannung $U_1 = I \cdot R_1$ zwischen S und A. Wie das Schaubild zeigt, fällt sie gleichmäßig von 4 V auf Null ab; denn der Widerstand R_1 des Drahtstücks AS ist dessen Länge proportional. Die abgenommene Teilspannung $U_1 = I \cdot R_1$ wird Null, wenn man den Abgriff S an das Ende A heranführt ($R_1 \to 0$). Für diese **Spannungsteilerschaltung** benutzen wir nun einen Schiebe- oder Drehwiderstand:

S-Versuch 96: a) Lege nach *Bild 328.1* und *328.2* zwischen die Enden A und B eines Widerstands mit beweglichem Abgriff S die Spannung $U = 4{,}0$ V! Miß die Spannung zwischen A und S und beobachte, wie sie von der Stellung von S abhängt!

b) Lege dem Spannungsmesser ein Lämpchen parallel und reduziere seine Helligkeit vom Höchstwert auf Null. Im Gegensatz zu Versuch 94a kann die Spannung am Lämpchen stetig auf Null gesenkt werden.

Ein stromdurchflossener Leiter unterteilt die angelegte Spannung.

6. Spannungsmesser mit vielen Meßbereichen

a) Das Meßwerk eines Drehspulstrommessers *(Bild 305.2)* habe $R_2 = 50\,\Omega$ Widerstand und zeige bei $I = 2$ mA Vollausschlag. Dann liegt zwischen seinen Klemmen die Spannung $U_2 = I \cdot R_2 = 0{,}1$ V. Vollausschlag bedeutet also neben 2 mA auch 0,1 V (der halbe Ausschlag sowohl 1 mA wie auch 0,05 V).

b) Wir wollen nun den Meßbereich von 0,1 V auf 10 V verhundertfachen. Also müssen 9,9 V durch den Vorwiderstand $R_1 = 9{,}9\text{ V}/2\text{ mA} = 4950\,\Omega$ vom Meßwerk ferngehalten werden (er wird auch von 2 mA durchflossen). Der Widerstand des ganzen Spannungsmessers wird also von $50\,\Omega$ auf $R_1 + R_2 = 5000\,\Omega$ verhundertfacht *(Bild 329.1)*.

Man erweitert den Meßbereich eines Spannungsmessers durch Vorschalten großer Widerstände, den Meßbereich eines Strommessers durch Parallelschalten kleiner Widerstände. Dabei steigt der Widerstand des Spannungsmessers, der des Strommessers sinkt (Seite 325).

7. Kann man Lampen beliebig schalten?

a) Du kannst ohne weiteres 220 V-Lampen (man sagt, sie haben die *Nennspannung* 220 V) an der Spannung 220 V parallel schalten, auch wenn sie verschiedene Leistungen haben. Die Leistungen $P_1 = U \cdot I_1$, $P_2 = U \cdot I_2$ usw. addieren sich wie die Stromstärken: $P = U \cdot (I_1 + I_2 + \ldots) = U \cdot I$. Eine 40 W-, 60 W- und 100 W-Lampe haben zusammen die gleiche Leistung wie eine 200 W-Lampe.

b) Das gleiche gilt, wenn man mehrere Lämpchen mit 4 V Nennspannung **parallel** an eine Taschenlampenbatterie legt. Da sich die Stromstärken addieren, wird die Batterie allerdings überlastet und vorzeitig verbraucht.

c) Man kann auch gut 4 gleiche Lämpchen, jedes für 4 V; 0,2 A, **hintereinanderlegen.** Man braucht die Spannung 16 V, wie sie etwa ein Spielzeugeisenbahntrafo liefert. Jedes Lämpchen hat den Widerstand $R_i = U/I = 4\,\text{V}/0{,}2\,\text{A} = 20\,\Omega$, die 4 zusammen $80\,\Omega$. An 16 V gibt dies die gemeinsame Stromstärke $I = 16\,\text{V}/80\,\Omega = 0{,}2\,\text{A}$ und die 4 Teilspannungen $U_i = I \cdot R_i = 4\,\text{V}$.

Nun ersetzt du eines von diesen 0,2 A-Lämpchen durch ein anderes 4 V-Lämpchen mit der Aufschrift 0,07 A. Du sagst, was kann schon passieren; das Lämpchen hat den größeren Widerstand $60\,\Omega$, wird also geschont. Trotzdem brennt es durch! Warum?

Der Gesamtwiderstand ist zwar auf $R = 3 \cdot 20\,\Omega + 60\,\Omega = 120\,\Omega$ gestiegen, die Stromstärke von 0,2 A auf 0,13 A gefallen. Aber dies ist für das 0,07 A-Lämpchen zu viel! An seinem Widerstand $60\,\Omega$ liegt die Teilspannung $U_i = I \cdot R_i = 7{,}8\,\text{V}$. Dies hält es nur kurze Zeit aus. Die anderen Lämpchen bekommen statt 4 V nur 2,7 V Spannung (Annahme: Die Lampenwiderstände ändern sich nicht wesentlich mit der Temperatur.)

d) Überraschungen kannst du bei der *Lichterkette am Christbaum* erleben: Du hast eine lange Kette mit 16 Lampen, je mit der Leistung $P_1 = 3\,\text{W}$. Sie sind **hintereinandergelegt,** jede Lampe bekommt 1/16tel von 220 V, also $U_1 = 14\,\text{V}$. Ihre Stromstärke ist $I_1 = P_1/U_1 = 0{,}21\,\text{A}$, ihr Widerstand $R_1 = U_1/I_1 = 65\,\Omega$. – Nachdem eine Lampe durchgebrannt ist, ersetzt du sie durch eine Lampe aus einer kurzen Kette mit 10 Lampen. Die Lampe hat *dort* auch die Leistung $P_2 = 3\,\text{W}$, aber die Spannung $U_2 = 220\,\text{V}/10 = 22\,\text{V}$ und die Stromstärke $I_2 = P_2/U_2 = 0{,}14\,\text{A}$. Ihr Widerstand ist also $R_2 = U_2/I_2 = 160\,\Omega$. Du sagst: „In der langen Kette ist die Teilspannung mit 14 V kleiner, die Leistung mit 3 W die gleiche.“ Doch brennt die Ersatzlampe bald durch. Wir rechnen: Durch den großen Widerstand R_2 der Ersatzlampe ist zwar der Gesamtwiderstand der Kette auf $R' = 15\,R_1 + R_2 = 1140\,\Omega$ gestiegen und die Stromstärke auf $I' = 0{,}19\,\text{A}$ gesunken. An der Ersatzlampe liegt die Teilspannung $U_2' = I' \cdot R_2 = 31\,\text{V}$ (statt 22 V); ihre Leistung ist nun $P_2' = U_2' \cdot I' = 5{,}9\,\text{W}$ statt 3 W. Das ist zu viel!

Aufgaben:

1. *Christbaumkerzen für je* 11 V *und* 0,3 A *sollen aus der* 220 V-*Steckdose gespeist werden. Wie viele muß man hintereinanderschalten? Leuchten alle gleich hell? Welche Leistung hat 1 Lampe, welche die ganze Kette?*

2. *Eine Lampe für* 12 V *und* 3 A *soll an der* 220 V-*Steckdose betrieben werden. Wie groß muß der Vorwiderstand sein? – Man tauscht sie dann gegen eine* 12 V-*Lampe, die nur* 0,6 A *braucht, aus. Warum brennt diese bald durch? Welchen Vorwiderstand braucht man jetzt?*

3. *Welchen Wert müßte der Vorwiderstand* R_1 *in Bild 327.1 annehmen, damit die Spannung am Lämpchen auf Null absinkt? Kann man mit einem Vorwiderstand die Spannung an einem Gerät regeln, das keinen Strom fließen läßt, z.B. zwischen den Platten in Bild 306.1?*

4. *Wie wäre der Spannungsverlauf in Bild 328.1, wenn man den Spannungsmesser zwischen* S *und* B *legte?*

5. *Wie erweitert man den Meßbereich des Spannungsmessers in Bild 329.1 auf* 100 V, *wie auf* 500 V*? Zeige, daß der Vorwiderstand die überschüssige Spannung vom Meßwerk fernhält! Wie groß ist jeweils der Widerstand des ganzen Spannungsmessers?*

6. *Warum sollen Spannungsmesser möglichst große, Strommesser dagegen möglichst kleine Widerstände haben?*

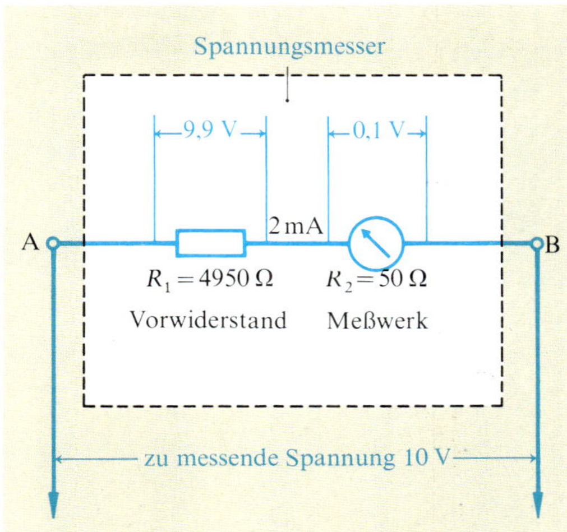

329.1 Der Meßbereich wird von 0,1 V auf 10 V erweitert. A und B sind die Anschlüsse des Spannungsmessers.

§105 Gefahren des Stroms

1. Gefährliche Ströme und Spannungen

Schon schwache Ströme lösen im menschlichen Körper (elektrochemische) Wirkungen aus; so können Ströme durch die Brust bei mehr als 25 mA das Herz gefährden und ab **70 mA** zum Stillstand bringen! Wechselströme über 10 mA ziehen die Muskeln so stark zusammen, daß man von der angefaßten Leitung nicht mehr loskommt. Auch ein Helfer kann gefährdet sein! – Der Widerstand der trockenen Haut beträgt zwar mehrere Kilo-Ohm; er sinkt aber bei feuchter Haut! In ungünstigen Fällen kann im Körperinnern (ca. 600 Ω) eine Spannung von über $U = 70\ \text{mA} \cdot 600\ \Omega = \mathbf{42\ V}$ den lebensgefährlichen Strom 70 mA hervorrufen. Die Spannungen geriebener Stäbe, statisch geladener Kleider oder auch eines Schul-Bandgenerators sind zwar sehr hoch, aber ungefährlich; sie brechen sofort zusammen, wenn ein Funke überschlägt, wenn also Strom fließt.

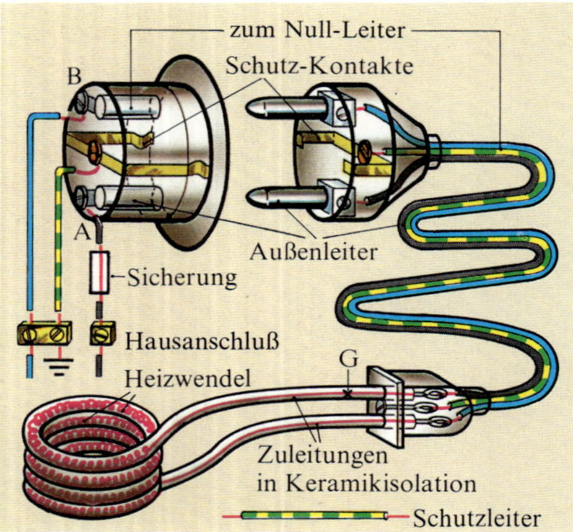

330.1 Schuko-Steckdose mit Stecker

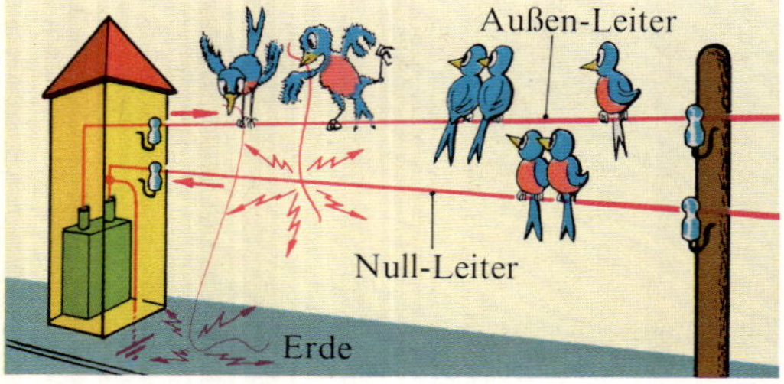

330.2 Durch welchen der Vögel fließt der Strom?

2. Erdung gefährdeter Teile durch Schutzleiter

Beim Umgang mit dem 220 V-Netz besteht **Lebensgefahr:** Man darf die beiden Pole oder die beiden Leitungen nie direkt berühren! Zwar ist der eine Pol mit dem Null-Leiter verbunden (in *Bild 330.1* blau isolierter Draht); er führt also keine Spannung gegen Erde. Der **Außenleiter** dagegen (früher Phase genannt, Draht mit brauner oder schwarzer Isolation) führt gegen Erde die volle Spannung 220 V. Also besteht schon dann Lebensgefahr, wenn man nur diesen Außenleiter berührt. Denn häufig hat man noch Kontakt mit geerdeten Gegenständen (Heizkörper, Wasserleitung), oder man steht auf leitendem Boden (Terrasse, Garten).

Versuch 97: Wir suchen den spannungführenden Außenleiter mit dem **Leitungsprüfer** *(Bild 330.3)*. Am Außenleiter leuchtet die Glimmlampe auf. Der Schutzwiderstand (1 MΩ) begrenzt den Strom durch den Finger zur Erde auf unter 1 mA. Am Null-Leiter und an den Schutzkontakten (gelb in *Bild 330.1*) bleibt die Glimmlampe dunkel.

Null- und Außenleiter sind beim Betrieb des Tauchsieders in *Bild 330.1* stromdurchflossen. Wozu braucht man dann den gelb-grünen **Schutzleiter?** Er liegt nicht im *Betriebsstromkreis*, sondern hat eine *Sicherheits-* und *Reservefunktion:* Er verbindet über die gelb gezeichneten Schutzkontakte in Schukostecker und Steckdose die Metallhülle des Tauchsieders mit dem geerdeten Null-Leiter am Hausanschluß (beim Zähler). Dies erfolgt unabhängig davon, wie man den Stecker in die Dose steckt. *Bild 331.1* zeigt einen Modellversuch mit 4 V.

Versuch 98: a) Vom „E-Werk" (4 V) führt der *Außenleiter* (schwarz) über die *Sicherung* CD zum spannungführenden Pol A der „Steckdose". Der Null-Leiter ist mit dem Pol B der „Steckdose" und zugleich mit dem geerde-

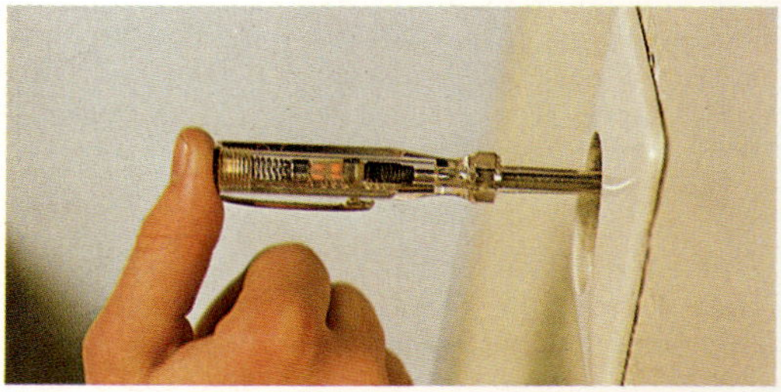

330.3 Leitungsprüfer am Außenleiter der Steckdose

ten Metallstab verbunden. Dieser stellt den Boden dar, auf dem ein Drahtmännchen steht. Sein Herz ist durch ein Lämpchen dargestellt, das leuchtet, wenn Strom von der Hand zum Fuß fließt. Er berührt das Metallgehäuse eines Elektrogeräts. Von den Steckdosenpolen A und B führen Kabel ins Innere zu einer Lampe. Diese leuchtet. Der Außenleiter ist aber schlecht isoliert (brüchige Isolation an alten Kabeln) und erhält plötzlich bei G **Gehäuseschluß,** d.h. Kontakt mit dem Metallgehäuse (siehe auch *Bild 330.1*). So bekommt dieses Spannung gegen Erde. Vom Gehäuse fließt Strom über unser Männchen zur Erde; sein Lämpchen zeigt die Lebensgefahr an. Dieser Strom kann im Ernstfall tödlich sein (über 70 mA); die Sicherung CD spricht aber auf ihn nicht an!

b) Nun verbinden wir auch das Metallgehäuse über einen grüngelben *Schutzleiter* mit dem Erdanschluß am Null-Leiter. Bei Gehäuseschluß ist das Männchen jetzt geschützt:

- Vom Außenleiter fließt praktisch ohne Widerstand ein starker Strom über den Schutzleiter zur Erde. Die Sicherung im Außenleiter schmilzt durch.
- Der dicke Schutzleiter hat kaum Widerstand; an ihm tritt keine merkliche Teilspannung auf. **Deshalb bekommt das Gehäuse keine gefährliche Spannung gegen Erde.** Der Strom durch das Drahtmännchen bleibt jetzt so klein, daß die Gefahrenlampe auch nicht für einen Augenblick aufblitzt.

Das *Schutzleitersystem* birgt aber auch Gefahren in sich: Ein Bastler könnte bei der „Reparatur" eines Kabels den Schutzleiter mit einem der anderen beiden Leiter verwechseln. Schließt er ihn fälschlich an einen der beiden Kontaktstifte und wird dieser Stift in die Buchse des Außenleiters gesteckt, so bekäme das Metallgehäuse volle Spannung gegen Erde, auch wenn keinerlei Defekt vorliegt! Deshalb Vorsicht vor solchen Basteleien; Reparaturen gehören allein in die Hand des Fachmanns!

Nun verstehst du auch, warum man Steckdosen gegen die Berührung durch neugierige Kleinkinder zusätzlich mit Schutzplättchen sichern muß, welche die offenen Buchsen verdecken. Die Steckdosen des *Physiksaals* sollten heute durch wirkungsvolle **Fehlerstrom-Schutzschalter** gesichert sein. Dabei nimmt ein FI-Schutzschalter schon nach 0,03 s alle Spannung weg, wenn ein sog. Fehlerstrom von mehr als 30 mA vom Betriebsstromkreis zur Erde fließt, wenn sozusagen dem normalen Betriebsstromkreis Elektronen verlorengehen. Dies ist z.B. der Fall, wenn man zugleich den Außenleiter und irgend einen geerdeten Gegenstand, etwa das Gehäuse eines Elektrogeräts, berührt. Er spricht auch an, wenn man Versuch 7 von Seite 273 mit einer Glühlampe und nicht einer Glimmlampe (unter 30 mA) ausführt. Er würde auch ansprechen, wenn – wie beschrieben – ein Kind an der Steckdose in Gefahr kommt.

Sicherheitsregeln:

- Experimentiere nur mit Spannungen unter 42 V!
- Bastle nie an elektrischen Geräten herum, die noch Verwendung finden könnten!
- „Do it yourself" an Steckdosen und Kabeln kann das Leben kosten! Ziehe immer einen Fachmann zu Rate!
- Geh nie mit einer elektrischen Lampe in der Hand barfuß auf den Balkon oder in den Garten! Vorsicht am elektrischen Rasenmäher und im Bad!
- Wechsle Lampen nur aus, wenn die Sicherung ausgeschaltet ist!
- Arbeite beim Experimentieren immer mit trockenen Händen und fasse keine blanken Leiter an! Berühre nie eine elektrische Anlage mit beiden Händen!
- Spiele nicht an Geräten im Physiksaal herum! Sie haben oft Spannungen über 42 V!
- Wenn im Physiksaal jemand zu Schaden gekommen ist und „nicht vom Strom loskommt", so drücke sofort den nächsten roten **„Pilzdrucktaster"** (NOT – AUS)!
- Wenn jemand durch einen elektrischen Schlag bewußtlos wurde, so schalte erst den Strom ab und leite dann Erste-Hilfe-Maßnahmen ein! Rufe einen Arzt!

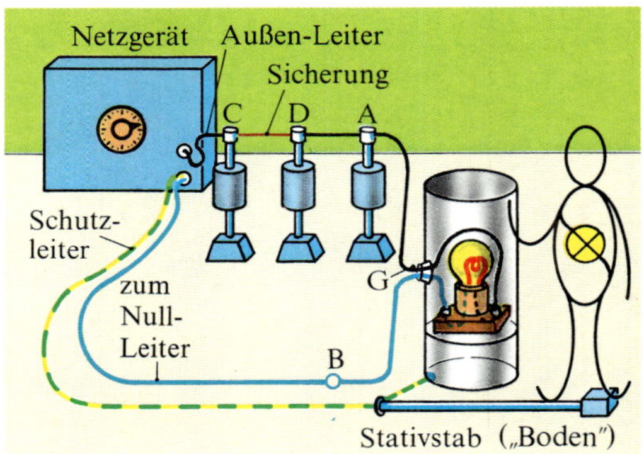

331.1 Modellversuch zum Gehäuseschluß

§ 106 Der Fernsprecher

Hast du dich schon über einen **Wackelkontakt** in der Zuleitung zu einer Lampe geärgert? Schon bei leichter Berührung flackert das Licht. Im Mikrofon stellt man solche Wackelkontakte künstlich her!

S-Versuch 99: Halte ein Blatt Papier vor den Mund und sprich laut dagegen! Berühre es mit den Fingerspitzen; du spürst, wie es vibriert. Beim Sprechen entstehen schnelle Schwankungen des Luftdrucks. Sie setzen das Papier in Schwingungen, genau so wie das Trommelfell im Ohr.

Nun soll das gesprochene Wort gezielt durch Leitungen, also elektrisch, in die Ferne übertragen werden. Hierzu muß man die Luftschwingungen in Schwankungen der Stromstärke umwandeln:

Versuch 100: **a)** Auf einem fast vertikal aufgestellten Karton ist ein Kohlestab (1) horizontal befestigt. Nach *Bild 332.1* berührt ihn ein zweiter, vertikal hängender Kohlestab (2) locker. Die Berührungsstelle wird aufgerauht. Sie bildet den Widerstand R_1. Wir legen dieses Mikrofonmodell zusammen mit einem Strommesser und einer 4 V-Batterie in Reihe. Spricht man gegen den Karton, so schwankt die Stromstärke I unregelmäßig. Durch Vibration des Kartons ändert sich nämlich die Übergangsfläche A zwischen den beiden Kohlestäben. Dies verändert den Widerstand R_1 des „Wackelkontakts" erheblich.

b) Ob der Strom den schnellen Vibrationen des Schalls folgen kann, sehen wir am trägen Zeiger des Strommessers nicht. Vielleicht hilft uns hier ein *Oszilloskop* weiter; es heißt ja auf deutsch: *Schwingungsseher*. Allerdings zeigt es nur Spannungen, nicht aber Ströme an. Wir müssen uns also nach einem Hilfsgerät umsehen, das Änderungen der Stromstärke I in Spannungsschwankungen umwandelt. Hier bietet sich ein einfacher *Widerstand* (R_2) an: Wenn durch ihn der Strom I fließt, so tritt zwischen seinen Enden die Teilspannung $U_2 = I \cdot R_2$ auf. Sie ist der Stromstärke I proportional.

Wir legen also in den Kreis nach *Bild 332.1* zusätzlich den Widerstand $R_2 = 100\ \Omega$. Die an ihm auftretende Teilspannung $U_2 = I \cdot R_2 \sim I$ leiten wir einem Oszilloskop zu. Es zeigt die von den Sprachschwingungen herrührenden Veränderungen der Stromstärke I verzögerungsfrei an. Wir sehen jetzt, daß unser einfaches Mikrofon auch gut auf den Ton einer Stimmgabel mit Resonanzkasten anspricht.

In der **Sprechkapsel** des Telefons besteht der Wackelkontakt aus *Kohlegrieß*, der den Raum zwischen einer dünnen leitenden Membran und einer Gegenelektrode nach *Bild 332.2* ausfüllt. Der Mikrofonstrom durchfließt den Kohlegrieß von der Membran zur Elektrode. Durch die Vibrationen beim Sprechen wird er von der Membran mehr oder weniger stark zusammengepreßt. Dabei ändern sich die zahlreichen Übergangswiderstände im Rhythmus der Schallschwingungen. Warum nimmt man Kohle? An allen Wackelkontakten entstehen Funken; sie „brennen" die Kontakte etwas an und überziehen Metalle mit einer schlecht leitenden Schicht. Bei Kohle sind die Verbrennungsprodukte jedoch Gase (CO_2); die Kohle bleibt „sauber".

Um die Schwankungen des Stroms wieder hörbar zu machen, läßt man ihn im **Fernhörer** des Empfängers eine Spule durchfließen. Darin steckt ein Dauermagnet, der eine Eisenmembran leicht anzieht. Seine magnetische Kraft wird durch das Magnetfeld des sich ändernden Spulenstroms mehr oder weniger verstärkt. Die Membran schwingt demnach im Takt der Sprachschwingungen. Ihre raschen Bewegungen übertragen sich auf die Luft, die sie als Schall zum Ohr weiterleitet.

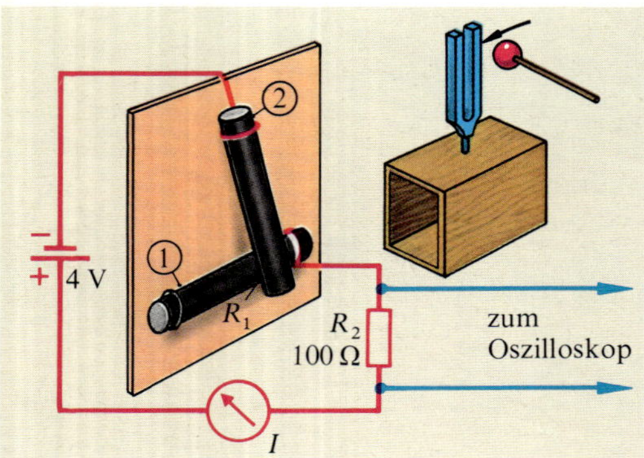

332.1 Zu Versuch 100; Mikrofonmodell

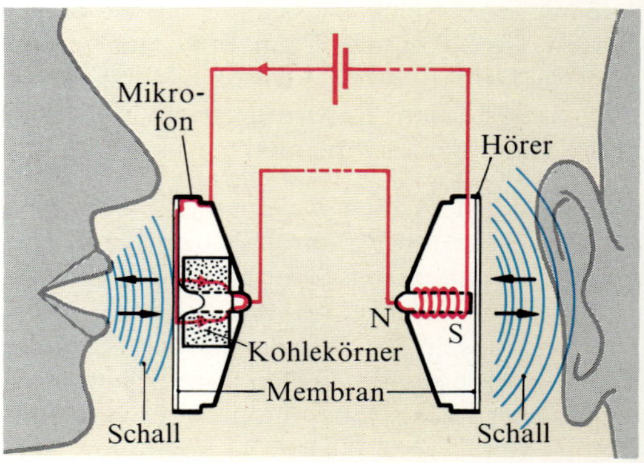

332.2 Schema eines Telefons

§ 107 Wärmeleistung in Widerständen

1. Geteilte Spannung – geteilte Leistung

Wir teilen nach *Bild 333.1* die Spannung $U = 24$ V auf ein Heizgerät und einen Vorwiderstand, je mit 5 Ω, auf und messen die Leistung:

S-Versuch 101: **a)** Ein Aluminiumgefäß von $m_{Al} = 72$ g Masse enthält $m_W = 200$ g Wasser und eine Heizwicklung. Nach *Bild 333.1* messen wir die Stromstärke $I = 2{,}3$ A. Die Teilspannung zwischen den Anschlüssen der Heizwicklung beträgt $U_1 = 12$ V. Die der Wicklung zugeführte **elektrische Leistung** beträgt also nach Seite 312 $P_{el} = U_1 \cdot I = 12 \text{ V} \cdot 2{,}3 \text{ A} = 27{,}6$ Watt.

b) In $t = 300$ s steigt die Temperatur um $\Delta\vartheta = 9{,}1$ K. Mit den spezifischen Wärmekapazitäten $c_W = 4{,}2$ J/(g · K) und $c_{Al} = 0{,}9$ J/(g · K) von Wasser und Aluminium berechnen wir die Wärmemenge, die sie aufnehmen, zu

$$Q = (c_W \cdot m_W + c_{Al} \cdot m_{Al}) \cdot \Delta\vartheta = 8230 \text{ J}.$$

Die **Wärmeleistung** ist also

$$P_W = \frac{Q}{t} = \frac{8230 \text{ J}}{300 \text{ s}} = 27{,}4 \frac{\text{J}}{\text{s}} = 27{,}4 \text{ W} \approx P_{el}.$$

Die aus den elektrischen Größen Spannung und Stromstärke berechnete elektrische Leistung P_{el} stimmt gut mit der Wärmeleistung P_W überein; nur wenig Wärme wurde an die Umgebung abgeführt. Wir hätten auch die vom Netzgerät gelieferte Spannung $U = 24$ V in die Gleichung $P_{el} = U \cdot I$ einsetzen können. Dann hätten wir die gesamte Leistung bekommen, die im ganzen Kreis als Wärme frei wird. Um die Leistung der Heizwicklung zu berechnen, darf man nur ihre *Teilspannung* U_1 einsetzen. Mit der Teilspannung $U_2 = I \cdot R_2$ am Vorwiderstand R_2 erhält man dessen Heizleistung $P_2 = U_2 \cdot I$.

2. Ein Widerspruch?

a) Wir sagten auf Seite 325, daß Lampen mit großer Leistung kleine Widerstände haben.

b) Im Versuch nach *Bild 326.1* leuchtete dagegen die 15 Watt-Lampe mit ihrem großen Widerstand viel heller als das kleine Lämpchen, hatte also eine viel größere Leistung. Wie klärt sich der Widerspruch auf?

Bei der **Aussage (a)** werden **parallelgeschaltete** Geräte miteinander verglichen; sie liegen an der **gleichen Spannung** U (220 V). Die Stromstärken sind $I_i = U/R_i$ und die Leistungen $P_i = U \cdot I_i = U^2/R_i$. Da U gleich ist, gilt $P_i \sim 1/R_i$.

Bei der **Aussage (b)** werden *hintereinandergeschaltete* Geräte miteinander verglichen; sie sind vom *gleichen Strom* I durchflossen; er erzeugt die Teilspannungen $U_i = I \cdot R_i$ und die Leistungen $P_i = U_i \cdot I = I^2 \cdot R_i$. Da jetzt I gemeinsam ist, gilt $P_i \sim R_i$.

In hintereinandergeschalteten Widerständen R_i ist die Leistung diesen Widerständen R_i, in parallelgeschalteten ihren Kehrwerten $1/R_i$ proportional.

S-Versuch 102: Lege n gleiche Lämpchen nach *Bild 333.2a* parallel zueinander an die gemeinsame Spannung U_1. Die gesamte Leistung $P = U_1 \cdot I$ steigt, weil sich die Stromstärke ver-n-facht hat. Der Ersatzwiderstand sinkt auf den n-ten Teil; $\boldsymbol{P \sim 1/R}$.

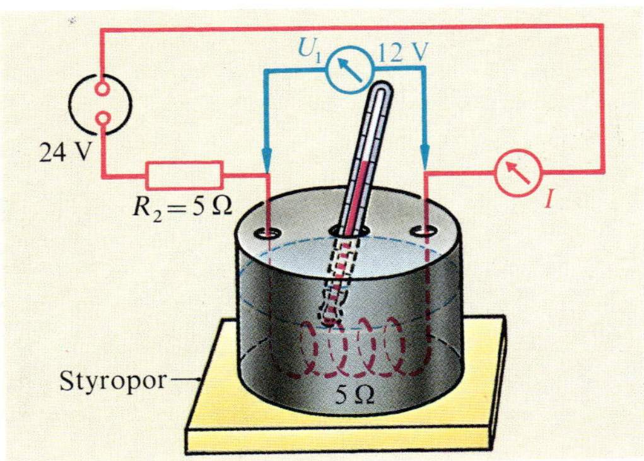

333.1 Messung der Wärmeleistung in der Heizwendel

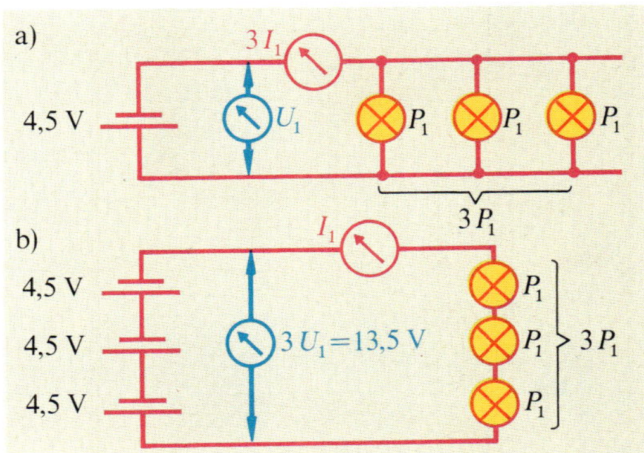

333.2 Zu den Versuchen 102 und 103

S-Versuch 103: Schalte n gleiche Lämpchen *hintereinander (Bild 333.2b)*. Damit die Stromstärke I und die Leuchtkraft einer jeden Lampe erhalten bleiben, mußt du die Spannung U ver-n-fachen. Die Leistung $P = U \cdot I$ steigt, weil man die Spannung U erhöht (Seite 308).

Versuch 104: Man steckt eine Glühlampe (12 V; 45 W-Autolampe) in ein Glasgefäß mit dunkel gefärbtem Wasser und mißt nach einigen Minuten Brenndauer die Temperaturerhöhung. Alles Licht wird absorbiert, seine Energie als Wärme abgeführt. Wiederholt man den Versuch sorgfältig mit *klarem* Wasser unter sonst genau gleichen Bedingungen, so ist die Wärmeentwicklung um etwa 4% kleiner. 4% der zugeführten elektrischen Energie werden also in Form von Licht aus dem Glas transportiert; 96% bleiben Wärme.

Die **Lichtausbeute** einer Glühlampe ist mit 4% sehr klein. Sie wächst zwar, wenn man die Temperatur des Glühfadens aus Wolframmetall noch weiter steigert; auch verliert dann die *Farbe ihren gelblichen Ton* und nähert sich dem Weiß des Sonnenlichts. Jedoch sinkt die *Lebensdauer* der Lampe erheblich ab. Das Metall verdampft nämlich im Vakuum schon bei 2100 °C; es sublimiert (Seite 144). Dies kann man wesentlich verlangsamen, wenn man Gase wie Stickstoff, Argon oder Krypton in den Glaskolben füllt. An ihren Molekülen prallen die abdampfenden Wolframmoleküle des Glühfadens zu einem Teil zurück. Dann läßt sich die Temperatur bis nahe an 3000 °C steigern (der Schmelzpunkt von Wolfram liegt bei 3400 °C; das *Optimum der Lichtausbeute* würde man erst bei 6500 °C, d.h. bei Sonnentemperatur erreichen). Die Abfuhr von Wärme durch Konvektion wird durch *Doppelwendelung* des Glühfadens verringert (Seite 156). – Lampen brennen besonders beim Einschalten durch. Der Widerstand der kalten Wendel ist nur 1/7 vom Widerstand der heißen, die Stromstärke also 7fach (Seite 320)!

Die Lichtausbeute bei **Leuchtstofflampen** ist etwa 6mal so groß und liegt bei 24%. Mit ihnen spart man Energie. Sie sind den Glimmlampen verwandt; statt Neon leitet *Quecksilberdampf* den Strom. Dabei entsteht viel an unsichtbarem Ultraviolett (Seite 249). Ein *Leuchtstoff*, mit dem die Glasröhre innen ausgekleidet ist, wandelt es in sichtbares Licht um *(Bild 334.1)*; er bestimmt den Farbton.

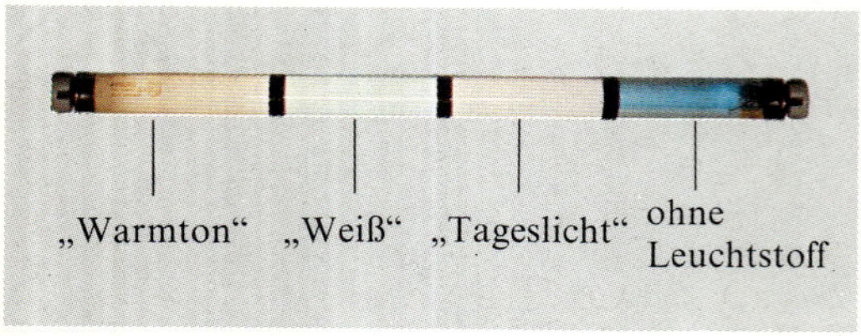

334.1 Leuchtstoffröhre mit verschiedenen Leuchtstoffen; rechts: Licht des Quecksilberdampfs

Aufgaben:

1. *Ein Heizofen hat bei* 220 V *den Anschlußwert* 1 kW *(Seite 312). Wie groß sind Stromstärke und Widerstand? Welche Wärme erzeugt er in* 1 h? – *Welche Leistung hätte er bei* 110 V, *welche bei* 440 V *(gleicher Widerstand)?*

2. *Ein Tauchsieder hat bei* 220 V *die Leistung* 300 W. *Wie groß ist sein Widerstand? Wie lange muß er in Betrieb sein, um* 2 l *Wasser von* 20 °C *auf* 80 °C *zu erwärmen? – Wie ändern sich diese Werte, wenn man zwei solche Tauchsieder an* 220 V *in Reihe schaltet?*

3. *a) Man schaltet 3 Geräte, deren Widerstände sich wie* 1:4:5 *verhalten, parallel an die gleiche Spannung. Wie verhalten sich ihre Leistungen? – Vergleiche die Widerstände einer* 15 W-, *einer* 60 W- *und einer* 75 W-*Lampe bei gleicher Spannung* 220 V. *b) Man schaltet die 3 Geräte hintereinander. Wie verhalten sich ihre Leistungen?*

4. *Der Glühfaden einer Lampe wird heiß, die vom gleichen Strom durchflossenen Leitungsdrähte bleiben kalt. Erkläre dies mit den Gleichungen dieses Paragrafen und modellmäßig (Seite 289)!*

5. *Im Heizkissen kann man einen Widerstand von* 800 Ω *allein oder zwei solche parallel bzw. hintereinander an* 220 V *legen. Welche dieser drei Schaltungen ergibt „schwach", welche „mittel", welche „stark"? Wie verhalten sich die Leistungen? Wie groß sind sie?*

6. *Ein Amerikaner bringt Geräte für* 110 V *nach Europa* (220 V). *Wie sind jeweils die Vorwiderstände zu wählen, damit er die gleiche Stromstärke erhält? Wie groß sind jeweils die Verluste in den Vorwiderständen?*

7. *Zu einem Vollbad braucht man* 150 l *Wasser von* 40 °C, *zu einem Duschbad* 45 l *von* 40 °C. *Was kostet dies bei* 20 Pf/kWh, *wenn das Leitungswasser* 15 °C *hat? Vergleiche mit den Betriebskosten einer* 100 W-*Lampe für* 1 h!

8. *Ein Kühlschrank hat im Betrieb eine Leistung von* 120 W. *Nach* 30*tägiger Abwesenheit liest man am Zähler einen Verbrauch von* 20 kWh *ab. Wieviel % der Zeit war der Kühlschrank durch seinen thermischen Regler eingeschaltet?*

9. *Jemand schaltet ein* 4 V-*Lämpchen für* 70 mA *und eines für* 0,2 A *hintereinander an* 8 V. *Leuchten sie normal? Wie groß ist die Stromstärke* (R = *konstant*) *im ersten Augenblick?*

§ 108 Klemmen- und Urspannung

1. Stiehlt ein Heizstrahler den Lampen Strom?

Schalte einen Badezimmerstrahler ein! Die Lampen werden dunkler. Kann das E-Werk nicht genügend Strom liefern, so daß der Strahler den Lampen Strom „stehlen" muß? Dies würde der Gleichung $I = U/R$ widersprechen. Nach ihr ist die Stromstärke $I_L = U_{Kl}/R_L$ in den Lampen nur durch die an ihren Anschlußklemmen liegende **Klemmenspannung** U_{Kl} und ihren Widerstand R_L bestimmt. Für das Heizgerät (R_2) liefert das E-Werk zusätzlich den Strom $I_2 = U_{Kl}/R_2$. Wenn der Lampenstrom sinkt, so rührt dies vom Absinken der Klemmenspannung U_{Kl} her:

Versuch 105: Eine Akku-Batterie mit der **Urspannung** $U_0 = 6$ V sei das *E-Werk*. Zwei Widerstandsdrähte mit zusammen $R_L = 2\ \Omega$ stellen die *Fernleitung* dar. Zwischen ihren Klemmen mißt man zunächst die Klemmenspannung $U_{Kl} = 6$ V. Diese sinkt um so mehr ab, je stärker der Strom ist, je mehr Geräte also angeschlossen werden *(Bild 335.1)*.

Man braucht nämlich längs der Leitungen die Teilspannung $U_L = I \cdot R_L$, um durch sie den Strom I zu „treiben". Die Klemmenspannung U_{Kl} ist also um den Betrag $U_L = I \cdot R_L$ kleiner als die vom E-Werk erzeugte Urspannung U_0: Es gilt

$$U_{Kl} = U_0 - I \cdot R_L. \qquad (335.1)$$

Nur wenn kein Strom fließt ($I = 0$), ist $U_{Kl} = U_0$. Um den Spannungsverlust $I \cdot R_L$ klein zu halten, braucht man Leitungen mit großem Querschnitt (R_L klein).

2. Stromquellen haben einen Widerstand R_i

Versuch 106: Wir messen die Klemmenspannung U_{Kl} einer neuen Taschenlampenbatterie und erhöhen (kurzzeitig) die Stromstärke I. Nach *Bild 335.2* sinkt U_{Kl}, wenn I steigt. Die Batterie muß nämlich den Strom auch durch ihr Inneres pumpen, durch Salmiaksalz, Kohlestäbe usw. (Seite 315). Diese Teile bilden den **Innenwiderstand R_i**. An ihm fällt die Teilspannung $I \cdot R_i$ ab. *Deshalb ist die gemessene Klemmenspannung U_{Kl} kleiner als die Urspannung U_0:*

$$U_{Kl} = U_0 - I \cdot R_i. \qquad (335.2)$$

Bei einer neuen Batterie ($U_0 = 4{,}5$ V) beträgt der Innenwiderstand R_i etwa $1{,}5\ \Omega$ und steigt mit zunehmender Abnutzung. Wenn man die Batterie kurzschließt (Außenwiderstand Null), fließt der **Kurzschlußstrom** $I_{max} = U_0/R_i = 3$ A *(Bild 335.2)*. Mehr kann man der Batterie nicht entnehmen. Mit dem Alter steigt R_i und I_{max} sinkt. Das Alter erkennt man an I_{max}! – Der Innenwiderstand von *Akkus* liegt bei $0{,}01\ \Omega$. Sie liefern Ströme von über 100 A. In Hochspannungsnetzgeräte für Schulzwecke ($U_0 \approx 6000$ V) baut man Innenwiderstände von etwa $3\ \mathrm{M\Omega}$ ein. Dann nimmt die Kurzschlußstromstärke den ungefährlichen Wert 2 mA an. Allerdings sinkt U_{Kl} beim Belasten nach *Gleichung 335.2* stark ab.

Beispiel: Man legt an die Batterie ($U_0 = 4{,}5$ V; $R_i = 1{,}5\ \Omega$) ein Gerät mit dem Widerstand (außen) $R_a = 3\ \Omega$. Die Urspannung U_0 muß jetzt den Strom durch den Widerstand $R = R_i + R_a$ treiben. Die Stromstärke ist $I = U_0/(R_i + R_a) = 1$ A. An R_a tritt die Teilspannung $U_a = R_a \cdot I = 1\ \mathrm{A} \cdot 3\ \Omega = 3$ V auf. Es ist die Klemmenspannung

$$U_{Kl} = U_0 - I \cdot R_i = 4{,}5\ \mathrm{V} - 1\ \mathrm{A} \cdot 1{,}5\ \Omega = 3\ \mathrm{V}.$$

Aufgaben:

1. *Warum werden die Scheinwerfer eines Autos dunkler, wenn man den (parallelgeschalteten) Anlasser betätigt?*

2. *Zeige, daß nach den Daten des Schaubilds 335.2 der Innenwiderstand $R_i = 1{,}5\ \Omega$ beträgt!*

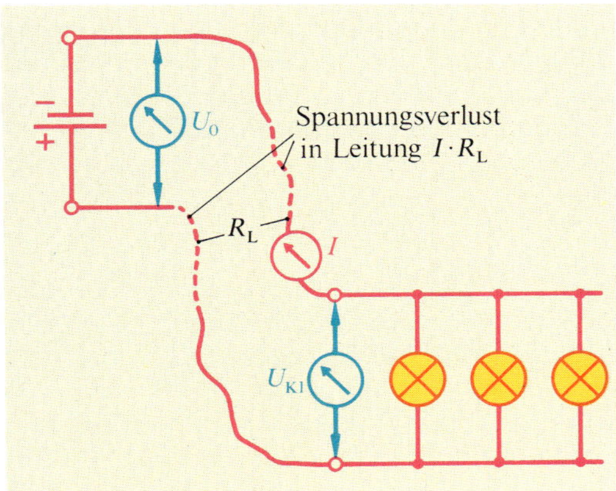

335.1 Zu Versuch 105

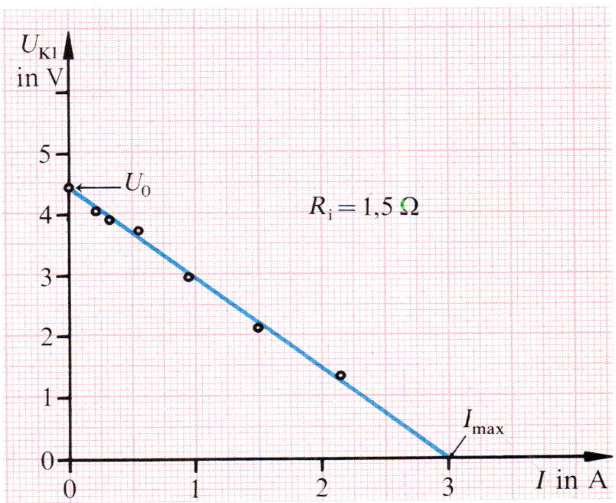

335.2 Mehr Strom – weniger Klemmenspannung

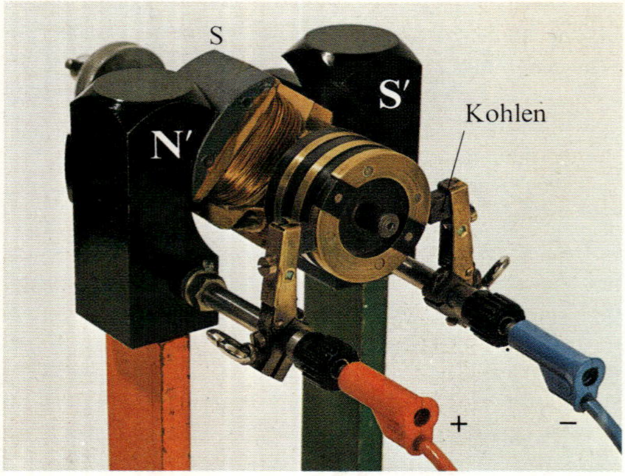

336.1 Experimentiermotor mit Doppel-T-Anker; man kann den Hufeisenmagneten für Wechselstrombetrieb durch einen Elektromagneten ersetzen.

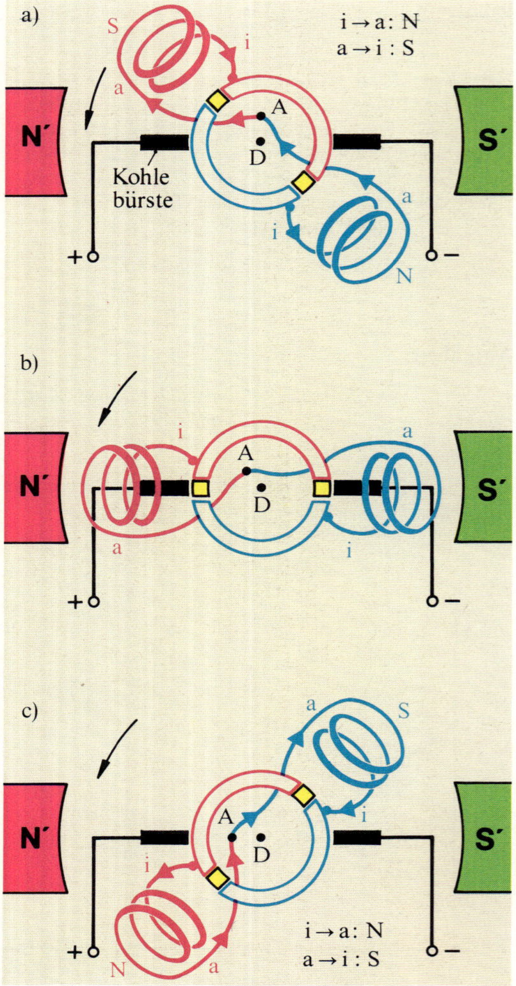

336.2 3 Stellungen des Doppel-T-Ankers

§ 109 Der Elektromotor

In Elektromagneten hat der Strom „starke Hände" bekommen. Kann man mit solchen Magneten eine ständige Rotation erzeugen? Einen bescheidenen Anfang zeigt das Modell des *Drehspulinstruments* (Seite 305). Der Nordpol N seiner stromdurchflossenen Drehspule wird zum Südpol S′ des feststehenden Dauermagneten gezogen. Dreht sich dann die Spule mit *Schwung* ein kleines Stück weiter, so wird sie zurückgezogen und in diesem **Totpunkt** festgehalten; die Drehung ist also schnell zu Ende!

Im Motor hilft ein Kunstgriff weiter: *Man wechselt im Totpunkt die Stromrichtung in der Drehspule und damit auch deren Magnetpole;* dann stehen sich plötzlich zwei gleichnamige Pole gegenüber. Ihre Abstoßungskraft setzt – zusammen mit dem Schwung der bisherigen Bewegung – die Rotation fort. Im nächsten Totpunkt muß man dann die Stromrichtung wieder umpolen.

Die in jedem Totpunkt nötigen Umpolungen führt der rotierende Elektromagnet – Anker genannt – selbst aus: In *Bild 336.1* und *336.2* besteht er aus zwei Spulen mit je einem T-förmigen Eisenkern; es ist ein **Doppel-T-Anker.** Der Innenanschluß i der blauen Spule liegt ständig am blau gezeichneten Halbring des **Kommutators** (Stromwenders). Dieser rotiert mit dem Anker, genauso wie der rote Halbring, der zum Innenanschluß i der roten Spule führt. Die beiden Außenanschlüsse a sind bei A miteinander verbunden. *Jede Spule ist so gewickelt, daß sie außen ihren Nordpol N hat, wenn sie von* i *nach* a *durchflossen wird* (i→a: N); *sonst hat sie außen den Südpol* (a→i: S). – Zeichne die feststehenden schwarzen Teile (Dauermagnet und Kohlen; **Stator** genannt) auf eine durchsichtige Folie, desgleichen die rotierenden Teile (Spulen mit Halbringen, **Rotor** genannt) auf eine zweite! Drehe den Rotor gegen den Stator um einen Reißnagel als Achse D! *Bild 336.2* zeigt 3 Stellungen:

In *Bild 336.2a* fließt Strom vom Pluspol über die linke feststehende Schleifkohle **(„Kohlebürste")** dem blauen Halbring zu. Die blaue Spule wird von i nach a (außen N), die rote von a nach i (außen S) durchflossen. N wird zum Südpol S′ des feststehenden Magneten, S zu dessen Nordpol N′ gezogen. Der Motor läuft gegen den Uhrzeigersinn.

Bild 336.2b zeigt das *Umpolen im Totpunkt*. Dabei wechselt jeder Halbring des Kommutators zur anderen Schleifkohle über. Deshalb ändert der Strom in den Spulen seine Richtung und dadurch die Polung der rotierenden Magnete. Für kurze Zeit ist der Strom wegen der gelb gezeichneten Isolierstücke zwischen den Halbringen unterbrochen. Sonst entstünde ein Kurzschluß. Wegen seines Schwungs erreicht der Anker die Lage von *Bild 336.2c:*

Nach der Umpolung (Bild 336.2c) fließt der Strom vom Pluspol über den roten Halbring durch die rote Spule von i nach a (außen N). Die blaue Spule wird von a nach i durchflossen (außen S). Durch Abstoßung setzt sich die Rotation fort. Steht der Motor zu Beginn nach *Bild 336.2b* zufällig im Totpunkt, so erhält er keinen Strom und läuft nicht an; man muß ihn anstoßen! Um dies zu vermeiden, gibt man dem rotierenden Anker mehrere Wicklungen, die gegeneinander um gleiche Winkel versetzt sind. Auch der Kommutator wird unterteilt: *Bild 337.1* zeigt einen *Spielzeugmotor* mit 3 Wicklungen *(3-T-Anker)* und 3 Sektoren des Kommutators. Nach *Bild 337.2* fließt Strom über die linke Kohle und den roten Sektor des Kommutators in der blauen Spule von a nach i zum Minuspol. Ihr außen liegender Südpol S wird zum Nordpol N′ des Stators (oben) gezogen. Parallel dazu fließt Strom vom roten Sektor auch noch durch die rote Spule von i nach a (außen Nordpol) zum grünen Sektor. Von dort geht er durch die grüne Spule von i nach a (auch Nordpol außen) über den blauen Sektor zum Minuspol. Die beiden Nordpole N werden von N′ abgestoßen und zu S′ hingezogen: Der Anker rotiert gegen den Uhrzeigersinn. Zeichne auch hier Stator und Rotor auf Folien und verfolge die Ströme in mehreren Stellungen!

Versuch 107: **a)** Entferne den Dauermagneten aus dem Motor nach *Bild 337.1* und schicke Strom durch den Anker! Eine Kompaßnadel zeigt, daß die jeweils links liegenden Wicklungen außen Nordpole, die rechts liegenden Südpole haben.

b) Baue den Dauermagneten so ein, daß er oben den Südpol S′ hat. Der Anker ändert seinen Drehsinn.

c) Pole dann die Stromrichtung um! Auch dabei ändert sich der Drehsinn. Er bleibt jedoch erhalten, wenn man Strom *und* Dauermagnet umpolt.

In größeren Motoren ist der Dauermagnet des Stators (unbeweglicher Teil) durch stärkere Elektromagnete ersetzt. Sie sind ins Gehäuse eingearbeitet (rote Wicklung in *Bild 337.3*). Ändert man die Polung an der Batterie, so werden sowohl die Pole des Stators als auch die des Ankers vertauscht. Der Drehsinn bleibt erhalten (Versuch 107c). Solche Motoren laufen deshalb auch mit Wechselstrom; es sind **Allstrommotoren.** – Der Anker in *Bild 337.3* ist in 4 Wicklungen, der Kommutator in 4 Sektoren unterteilt.

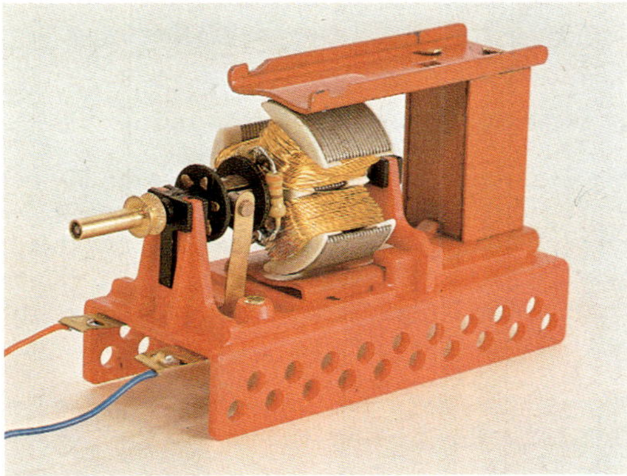

337.1 3-T-Anker im Spielzeugmotor

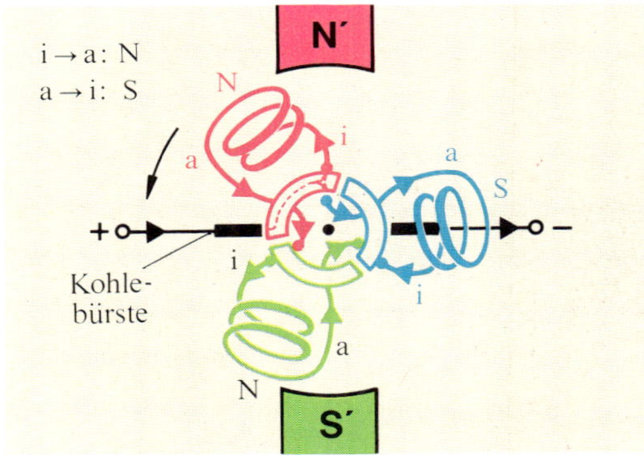

337.2 Schaltplan für den 3-T-Anker

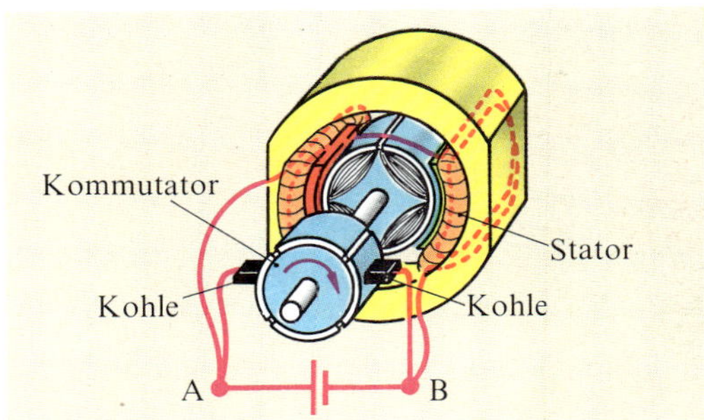

337.3 Allstrommotor mit Elektromagnet als Stator

Aufgabe:

a) Ermittle die Magnetpole der Spulen in Bild 336.2a aus ihrem Wicklungssinn (dick gezeichnete Drahtstücke sind vorn)! – b) Warum dürfen in Bild 337.2 die Lücken in den farbigen Sektoren des Kommutators kurzzeitig von den Kohlen überbrückt werden, in Bild 336.2b dagegen nicht? – c) Warum benutzt man Kohlen und nicht Metallkontakte zur Stromzufuhr?

§ 110 Kraft auf bewegte Elektronen

1. Zieht ein Magnet Elektronen an?

Stromdurchflossene Spulen haben Magnetpole und erfahren Kräfte in fremden Magnetfeldern. Dabei fließen Elektronen in den Spulendrähten. Werden auch Elektronen, die frei in einer Braunschen Röhre fliegen, von Magneten abgelenkt?

Versuch 108: **a)** In der Braunschen Röhre nach *Bild 338.1* fliegen Elektronen von der Anode zum Leuchtschirm, d.h. nach rechts. Wir nähern einen Hufeisenmagneten so, daß der Nordpol vor und der Südpol hinter der Röhre steht. Die Elektronen werden jedoch zu keinem dieser Pole gezogen: Völlig unerwartet wird der Strahl nach *unten,* d.h. *senkrecht zu den magnetischen Feldlinien* abgelenkt.

b) Wir drehen den Magneten um, so daß seine Feldlinien auf uns zu laufen. Jetzt erfahren die Elektronen eine Kraft nach *oben.* Wiederum zeigt die Kraft quer zu den Feldlinien und quer zur Bewegungsrichtung der Elektronen. – Und wenn die Elektronen ruhen?

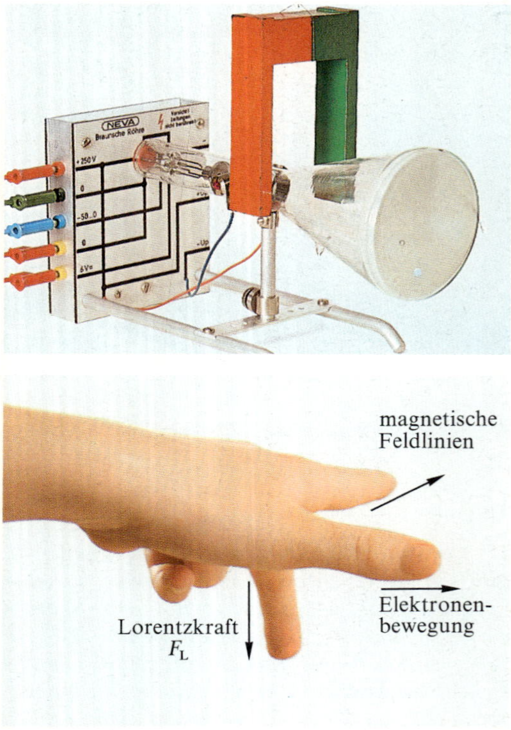

338.1 Lorentzkraft F_L und Linke-Hand-Regel

Versuch 109: Wir hängen ein negativ geladenes Kügelchen vor einem Elektromagneten auf und schalten sein Feld ein und aus; das Kügelchen bewegt sich nicht: *Auf ruhende Elektronen wirkt ein Magnetfeld nicht ein.* Die Kraft, die dagegen bewegte Elektronen in Magnetfeldern erfahren, nennt man **Lorentz-Kraft F_L** (*H.A. Lorentz,* holländ. Physiker, um 1900).

Bewegte Elektronen erfahren in Magnetfeldern eine Lorentz-Kraft.

Nur bewegte Elektronen erfahren im Magnetfeld eine Kraft. Wir können also die Elektronenbewegung als die *Ursache* und die Kraft als deren *Wirkung* ansehen. „Ursache“ und „Wirkung“ stehen senkrecht zueinander und senkrecht zum Magnetfeld *(Bild 338.1, unten).*

Linke-Hand-Regel: **Der Daumen der linken Hand zeige in Bewegungsrichtung der Elektronen (Ursache), der senkrecht dazu gespreizte Zeigefinger in Richtung des Magnetfeldes. Dann zeigt der abgespreizte Mittelfinger die Richtung der Lorentzkraft (Wirkung).**

2. Erfahren auch Stromleiter eine Kraft?

In stromdurchflossenen Drähten fließen Elektronen. Erfahren auch sie in Magnetfeldern eine Kraft; zeigt der Draht eine Wirkung?

Versuch 110: Nach *Bild 339.1* hängt ein dünnes, unmagnetisches Metallband (Lametta) im nach hinten zeigenden Feld des Hufeisenmagneten. (Halte den Zeigefinger der linken Hand in Richtung seiner Feldlinien.) Das Band ist nach allen Seiten frei beweglich; es erfährt keine Kraft, solange die Elektronen nicht fließen (Versuch 109). Nun schließen wir den Minuspol einer Batterie unten, den Pluspol oben an. Elektronen fließen also von unten nach oben (Daumen!). Wir erwarten, daß die Elektronen im Draht eine Lorentz-Kraft nach rechts erfahren (Mittelfinger). Tatsächlich wird der Leiter nach rechts getrieben: Die Elektronen haben diese Lorentz-Kraft auf den Leiter übertragen.

Steht ein stromdurchflossener Leiter senkrecht zu den Feldlinien eines fremden Magnetfeldes, so erfährt er eine Kraft nach der Linke-Hand-Regel.

3. Wie kommt die Lorentz-Kraft zustande?

Vielleicht kommt dir die Richtung der Lorentzkraft senkrecht zu den Feldlinien seltsam vor: Würden die Elektronen in *Bild 338.1* etwa zum Südpol gezogen, so würdest du sagen: Na gut, die Elektronen sind eben kleine Nordpole! Allerdings müßten dann auch ruhende Elektronen zum Südpol gezogen werden. Was haben nun ausgerechnet bewegte Elektronen mit Magnetismus zu tun? Sehr viel: Sie bilden Ströme, die von einem Magnetfeld umgeben sind (Seite 299).

Blicke in der Anordnung nach *Bild 339.1* vom Punkt A aus nach unten! Die Elektronen kommen dir entgegen; du blickst in die konventionelle Stromrichtung. *Bild 339.2* zeigt die zugehörenden kreisförmigen Feldlinien im Uhrzeigersinn (grün). Wir wollen nun untersuchen, wie dieses Feld des Stroms (grün) mit dem des Hufeisenmagneten (blau) verschmilzt: Beide Felder wirken ja auf Magnetnadeln oder Eisenfeilspäne *zugleich* ein. Dabei schwächen sich z.B. rechts die entgegengesetzt gerichteten Feldkräfte. Links verstärken sich die gleichgerichteten Kräfte.

Versuch 111: In *Bild 339.3* zeigen Eisenfeilspäne, daß aus den beiden Feldern eines geworden ist. In ihm ist *quer zum ursprünglichen blauen Feld die Symmetrie gestört:* Links sind die parallel laufenden Feldlinien zusammengedrängt; dort wirken ja beide Felder in die gleiche Richtung. Dies führt nach Seite 265 zu einer Abstoßungskraft nach rechts. Dazu kommt die dort erwähnte „Verkürzungstendenz" der Feldlinien. Deshalb erfährt der Leiter eine Kraft nach rechts wie ein Pfeil auf einer gespannten Bogensehne (*Bild 339.3*); wende die Linke-Hand-Regel an: Daumen in Elektronenrichtung nach vorn (Ursache), Zeigefinger nach oben, Kraft (Wirkung) nach rechts.

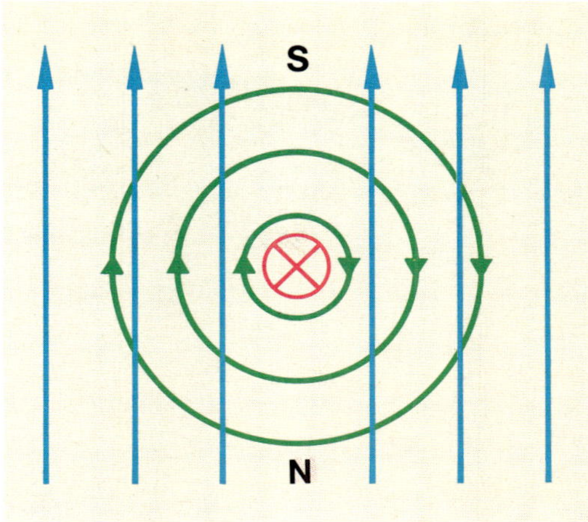

339.2 Magnetfeld von Hufeisenmagnet und Leiter

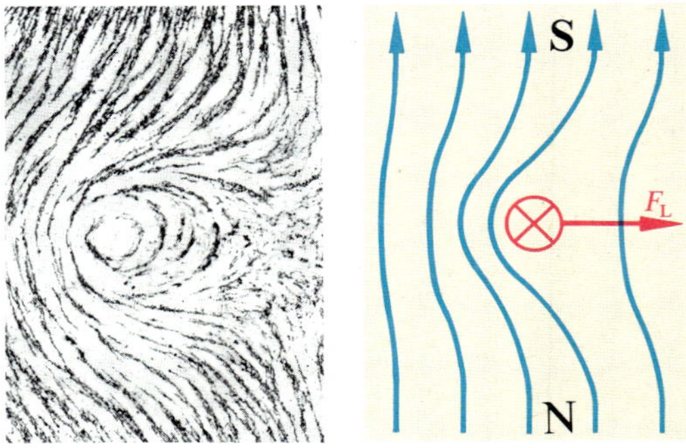

339.3 Das Eisenfeilspan-Bild zeigt: Das zusammengesetzte „verschmolzene" Feld erzeugt am Leiter die Lorentz-Kraft F_L nach rechts (*Bild 339.1* von oben).

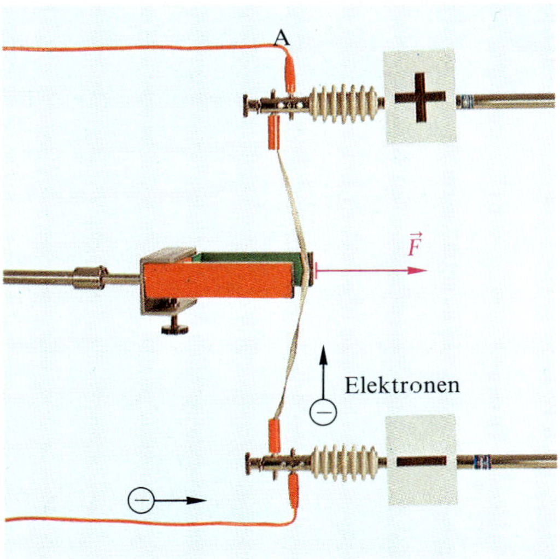

339.1 Der stromdurchflossene Leiter im Magnetfeld

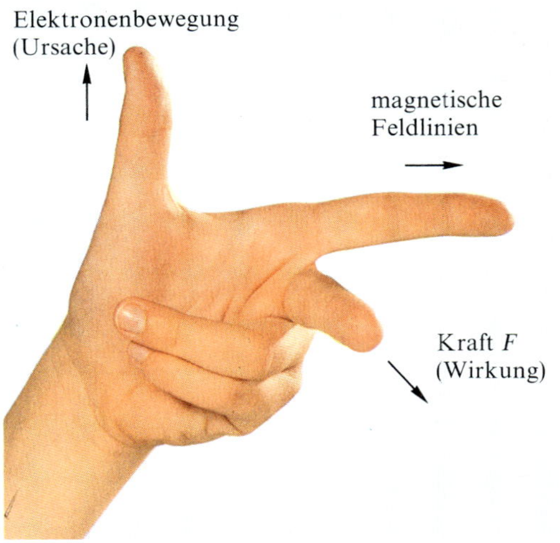

339.4 Linke-Hand-Regel zu *Bild 339.1*; etwas gedreht

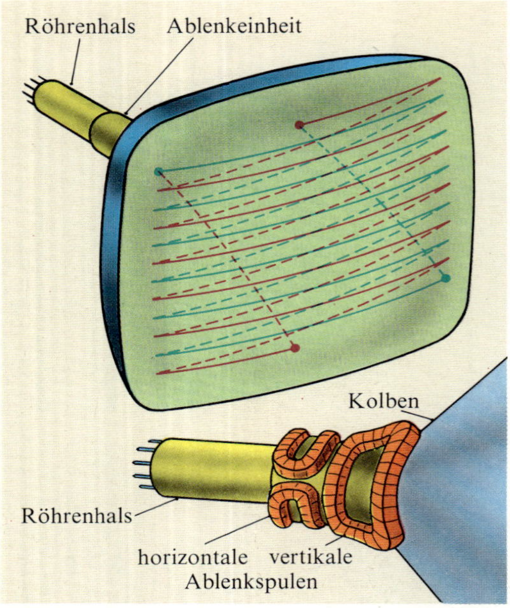

340.1 Darstellung einer Fernsehbildröhre

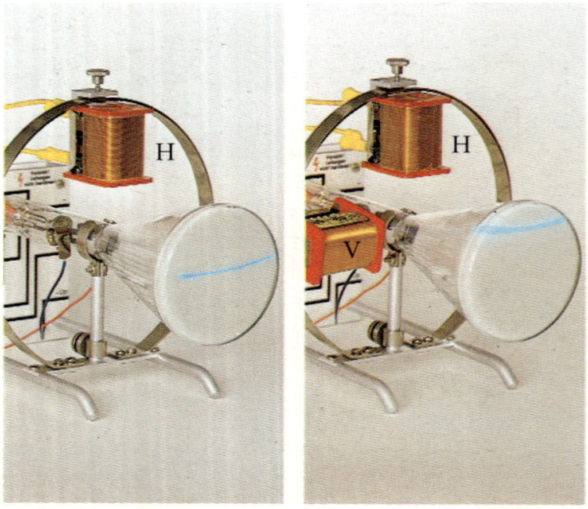

340.2 Zu Versuch 112

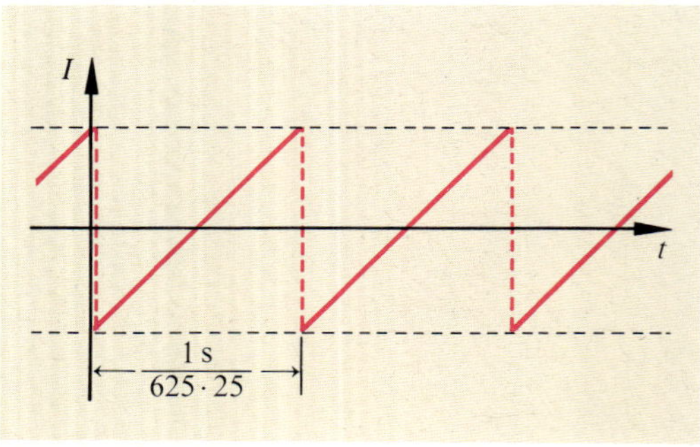

340.3 Kippstrom

4. Die Lorentzkraft in der Fernsehröhre

Lorentzkräfte führen in der Bildröhre des Fernsehgerätes den Elektronenstrahl *zeilenweise* über den Bildschirm. Die hierzu nötigen Magnetfelder werden von Spulen, die außerhalb des Röhrenhalses angebracht sind, erzeugt (*Bild 340.1*).

Versuch 112: a) Wir befestigen über dem Hals einer Braunschen Röhre nach *Bild 340.2* eine Spule H. Ihre Achse steht *vertikal* und damit senkrecht zum Elektronenstrahl, der auf dich zukommt. Gleichstrom durchfließt die Spule so, daß ihre Magnetfeldlinien nach *unten* zeigen (Zeigefinger der linken Hand). Halte den Daumen in die Elektronenrichtung (auf dich zu). Dann zeigt der Mittelfinger die Richtung der Lorentzkraft und damit der Ablenkung an. Sie erfolgt nach *links*.

b) Verstärke den Spulenstrom! Die Ablenkung nimmt zu. Wenn man mit dem Spulenstrom das Magnetfeld umpolt, zeigt die Lorentzkraft nach rechts. – Durchfließt Wechselstrom die Spule, dann wird der Elektronenstrahl so schnell hin- und hergezogen, daß du eine *„Zeile"* siehst.

c) Halte zusätzlich eine Spule mit *horizontaler* Achse, also mit horizontalem Magnetfeld, links neben den Röhrenhals (V in *Bild 340.2*). Dies lenkt den Strahl *vertikal* ab. Ändert man den Gleichstrom in dieser Spule langsam, so wird die in (b) von Wechselstrom geschriebene „Zeile" langsam auf- oder abwärts geschoben.

Betrachte in *Bild 340.1* die beiden horizontal ablenkenden Spulen der Fernsehröhre! Sie werden von **Kippströmen,** die sich nach *Bild 340.3* ändern, durchflossen. In 1/25 s entsteht ein Bild mit 625 Zeilen: Der Strahl wird hierzu 625mal von links nach rechts gelenkt und springt dann sehr schnell wieder zurück. Währenddessen führen die vertikal ablenkenden Spulen den Strahl in 1/50 s einmal – also viel langsamer – über die *schwarzen* Zeilenreihen von oben nach unten. Dabei wird immer eine Zeile übersprungen. In der nächsten 1/50 s werden dann die Lücken ausgefüllt und der Strahl über die rote Zeilenreihe nach unten gelenkt. Bei diesem *Zeilensprung-Verfahren* ist jede Stelle des Bildschirms nur halb solange dunkel, wie wenn Zeile für Zeile mit 1/25 s Abstand geschrieben würde. Seit dieser Erfindung ist das Fernsehgerät keine Flimmerkiste mehr!

Versuch 113: Halte den Nordpol eines Magneten unmittelbar vor das Testbild des Fernsehgerätes: Das Bild wird etwas im Uhrzeigersinn gedreht. Erkläre dies mit der Linke-Hand-Regel!

5. Die Lorentzkraft wirkt auch auf Spulen

Die Kräfte auf *Drehspulen* von Strommessern haben wir bisher mit ihren Polen erklärt (Seite 305). Wir können aber genauso gut die *Lorentzkraft* F_L heranziehen: Nach *Bild 341.1* fließen im linken Spulenteil die Elektronen nach oben; die Lorentzkraft zeigt nach *vorne*. Die Drähte rechts werden nach unten durchflossen und erfahren folglich eine Kraft nach *hinten*. Dies gibt zusammen eine *Drehung* gegen den Uhrzeiger (von oben gesehen). Siehe Aufgabe 1!

Bei den **Trommelankern** moderner Motoren kann man keine Magnetpole mehr erkennen. Vielmehr laufen viele Drähte in zahlreichen Nuten des Eisenzylinders parallel zur Drehachse *(Bild 341.2)*. Die Drähte sind so gewickelt, daß in ihnen rechts die Elektronen nach vorn (⊙), links nach hinten (⊗) fließen. Auch der Kommutator ist in viele Segmente unterteilt. Insgesamt erhält man eine Rotation im Uhrzeigersinn. Man erkennt an diesen Beispielen, daß man die Kräfte auf Spulen auch ohne das Hilfsmittel „Magnetpol" verstehen kann; es genügt, Magnetfelder und Lorentzkräfte heranzuziehen. Welche Betrachtungsweise findest du einfacher, welche ist wohl umfassender? Lies Seite 299, unten!

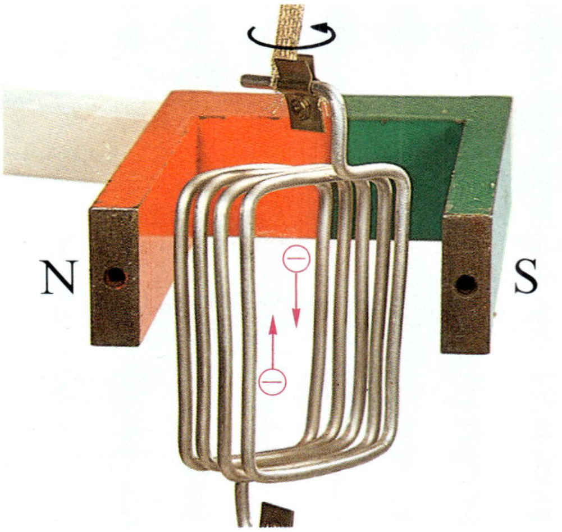

341.1 Drehspule im Hufeisenmagnet

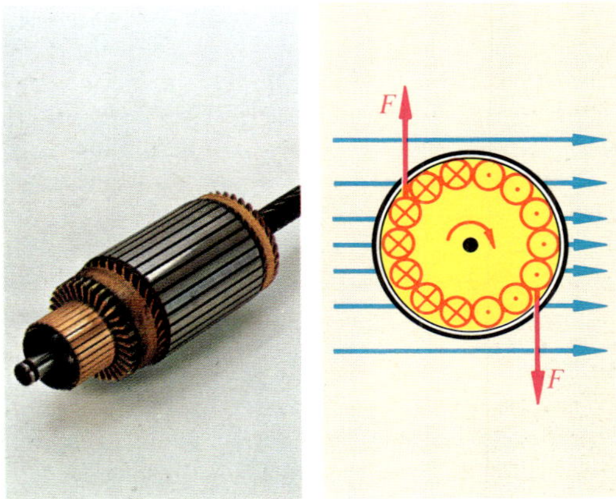

341.2 Trommelanker

6. Kräfte zwischen Strömen – ohne Magnete? Die gesetzliche Ampere-Definition

Versuch 114: Ein Strom erfährt eine Kraft nur in einem *fremden Magnetfeld*. In *Bild 339.1* wurde es von einem Hufeisenmagneten erzeugt. Nach *Bild 341.3* fließen im *linken* Lamettaband Elektronen nach unten (⊗); die konventionelle Stromrichtung geht nach oben. Das zugehörige blaue Magnetfeld zeigt also gegen den Uhrzeigersinn *(Bild 341.3b)*. In diesem Feld fließen im *rechten* Band Elektronen nach oben (*Bild 341.3b:* ⊙, rot). Sie erfahren eine Lorentzkraft nach *rechts*. Genauso ist der linke Leiter im Magnetfeld des rechten und erfährt eine Kraft nach *links (c): Die beiden entgegengesetzt gerichteten Ströme stoßen sich ab.* Die Kraft wächst mit zunehmender Stromstärke.

Hierauf gründet sich die **gesetzliche Definition der Stromstärkeeinheit 1 Ampere:** Die Stromstärke in zwei parallelen Leitern im Abstand 1 m beträgt dann 1 Ampere, wenn diese Leiter im Vakuum aufeinander die Kraft $F = 2/10^7$ N je Meter Leiterlänge ausüben.

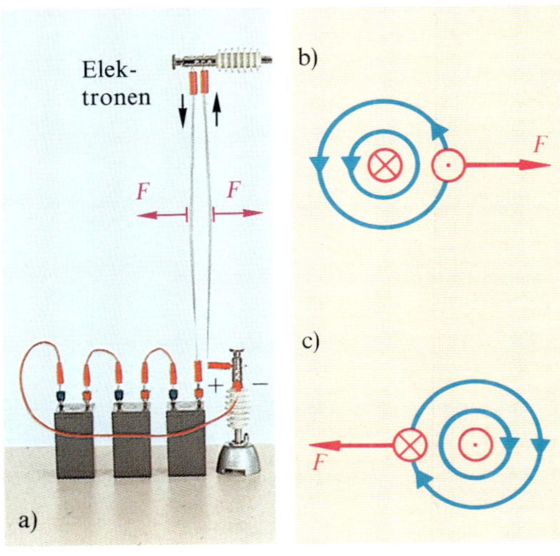

341.3 Anordnung zu Versuch 114

Aufgaben:

1. *Erkläre die Drehung der Spule in Bild 341.1 mit Hilfe ihrer Pole!*

2. *Wie wären in Bild 341.3 die Kräfte gerichtet, wenn man a) die Batterie umpolte, b) wenn Elektronen in beiden Leitern gleichsinnig von unten nach oben fließen würden?*

§ 111 Die elektromagnetische Induktion

1. Bewegung erzeugt Spannung und Strom

100 Taschenlampenbatterien liefern die Energie 1 kWh zum Preis von etwa 200 DM! Große Kraftwerke geben 1 kWh für 10 Pf ab. In ihnen werden **Generatoren** angetrieben, die mechanische Energie in elektrische umwandeln. Auch der *Fahrrad-Dynamo* ist ein Generator. Er enthält Magnete, Eisen und Spulen, sonst nichts. *M. Faraday* zeigte als erster 1831, daß man Spannung und Strom erhält, wenn man *Drähte und Magnete gegeneinander bewegt*. Er sagte, es wird Spannung **induziert,** wenn man einen Leiter in ein Magnetfeld bringt (inducere, lat.: einprägen). Versuchen wir es auch!

Versuch 115: a) Wir halten nach *Bild 342.1* einen Draht waagerecht zwischen die Pole eines sehr starken Magneten. Der Draht steht senkrecht zu den Feldlinien. Wir schließen ihn an einen Spannungsmesser (mit Verstärker, z.B. ein Oszilloskop) an. Im Kreis befindet sich keine Batterie oder eine sonstige Stromquelle, die Elektronen in Bewegung setzen könnte. Wir beobachten deshalb keinen Ausschlag am Anzeigegerät.

b) Versuchen wir, die Elektronen von Hand in Bewegung zu setzen! Hierzu ziehen wir den Draht samt seinen Elektronen ruckartig nach *oben*. Der Spannungsmesser schlägt aus; er zeigt an, daß der Draht vorn bei A einen Minuspol (Elektronenüberschuß) und bei B einen Pluspol bekommen hat. Was trieb Elektronen nach vorn?

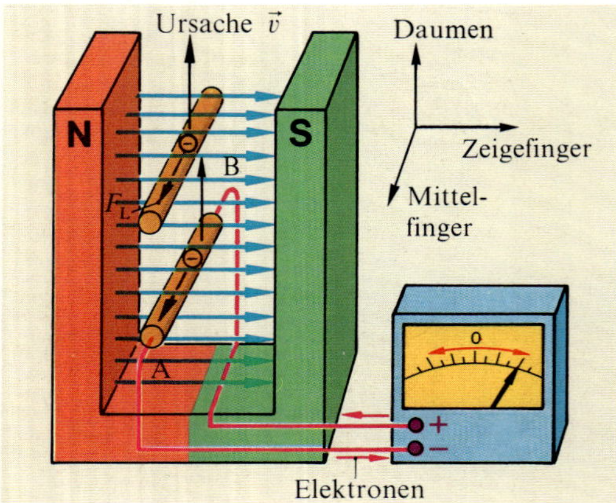

342.1 Erster Grundversuch zur Induktion

c) Wir wiederholen die Bewegung ohne Magnetfeld. Die Spannung bleibt aus. Also ist das Magnetfeld wichtig. In ihm bewegten wir mit dem ganzen Leiter von Hand die Elektronen nach *oben:* Denke an den Elektronenstrahl in einer vertikal gestellten Braunschen Röhre; halte den Daumen der linken Hand nach oben *(Ursache)* und den Zeigefinger nach rechts (Feldlinien)! Der Mittelfinger gibt nach *Bild 342.1* die Lorentzkraft F_L, also die *Wirkung*, an. Sie treibt die Elektronen *längs des Leiters* nach *vorn* auf A zu und von B weg. So wird A für den äußeren Teil des Stromkreises der Minus- und B der Pluspol dieses *Mini-Generators*.

Versuch 116: a) Bewege den Draht AB ruckweise nach *unten*. Jetzt ist B Minuspol; die Lorentzkraft treibt die Elektronen nach *hinten*. — Auf- und Abwärtsbewegungen erzeugen *Wechselspannung*.

b) Bewege den Leiter *parallel* zu den Feldlinien oder auch parallel zu seiner Längsrichtung; die Spannung bleibt Null. Schon *Faraday* fand, daß nur dann Spannung induziert wird, wenn sich der Leiter quer — oder auch schräg — zu magnetischen Feldlinien bewegt.

> ***1. Grundversuch zur Induktion:* Wird ein Leiter quer zu magnetischen Feldlinien bewegt, so entsteht zwischen seinen Enden eine Induktionsspannung. Sie rührt von der Lorentzkraft her; den Minuspol gibt die Linke-Hand-Regel an.**

2. Rotierende Spulen liefern Wechselspannung

Im E-Werk drehen Wasser- und Dampfturbinen Spulen in starken Magnetfeldern. In den sich auf- und abwärts bewegenden Leiterstükken wird nach Versuch 116a **Wechselspannung** induziert:

Versuch 117: *Bild 343.1* zeigt eine Spule, von der nur eine Windung gezeichnet ist. Sie wird um ihre waagerechte Achse im horizontalen Magnetfeld gedreht. Das Meßgerät schlägt abwechselnd nach rechts und nach links aus und zeigt so die Wechselspannung an: Das *rechte* Leiterstück bewegt sich zunächst nach unten; darin treibt die Lorentzkraft die Elektronen nach hinten. Das *linke* Leiterstück gleitet gleichzeitig nach oben, die Lorentzkraft wirkt nach *vorn*.

Da die beiden Leiterstücke „hintereinandergeschaltet" sind, addieren sich ihre Spannungen.

In *Bild 343.1* führt das linke Leiterstück Elektronen dem vorderen mitrotierenden *Schleifring* zu; er und die darauf schleifende feststehende Kohle sind jetzt der Minuspol. Von der hinteren Kohle zieht das rechte Leiterstück über den hinteren Schleifring Elektronen ab (+).

Wenn die rot gezeichnete Windung vertikal steht, gleiten die Leiterstücke für einen Augenblick *parallel* zu den Feldlinien: Die Spannung ist nach Versuch 116b null. – Anschließend steigt das vorher im Magnetfeld aufgestiegene Leiterstück ab: Die Lorentzkraft kehrt ihre Richtung um, **Plus- und Minuspol werden vertauscht** *(Bild 343.2)*. Um **technische Wechselspannung** mit der Frequenz 50 Hz (Hertz) zu erzeugen, muß sich die Leiterschleife in 1 s 50mal drehen. Die Elektronen ändern dabei 100mal ihre Richtung.

3. Gleichrichtung durch den Kommutator

Versuch 118: Wir ersetzen die beiden Schleifringe durch die *Halbringe*, die wir vom Kommutator des Gleichstrommotors her kennen *(Bild 343.3)*. Sobald die Ebene der rot gezeichneten Windung vertikal steht, gibt es *zwei Vertauschungen, die sich nach außen hin aufheben:*

a) In den Windungen selbst kehrt sich – wie beim Wechselstromgenerator – die Stromrichtung um. Die Halbringe wechseln ihre Polung.

b) *Gleichzeitig* vertauschen die rotierenden Halbringe auch ihre Anschlüsse zum äußeren Stromkreis an den Kohlen. Im äußeren Kreis fließt deshalb Gleichstrom. Nach *Bild 343.3 pulsiert* er zwischen Null und seinem Höchstwert. Um diesen **pulsierenden Gleichstrom** etwas zu glätten, sind nach *Bild 343.4* drei Wicklungen gegeneinander versetzt. Sie geben ihren Strom an den 6fach unterteilten Kom-

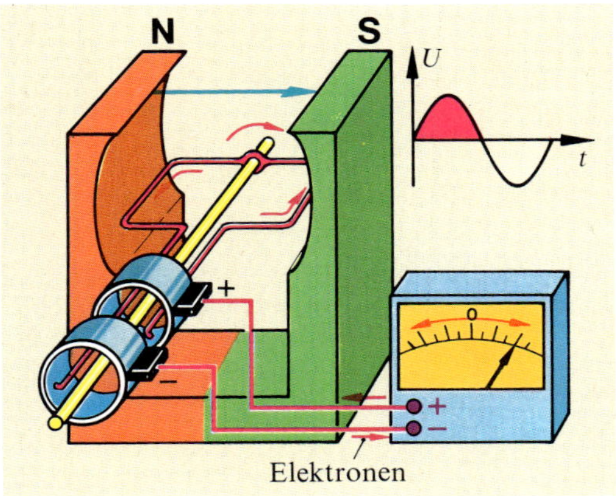

343.1 Rotation einer Spule im Magnetfeld

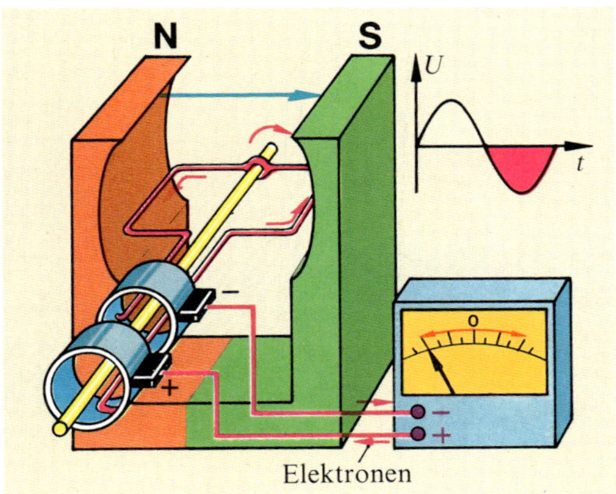

343.2 Eine halbe Drehung später als oben

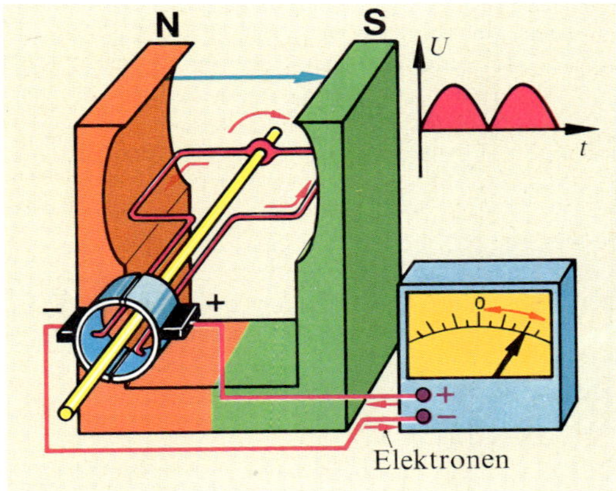

343.3 Der Kommutator macht Gleichstrom.

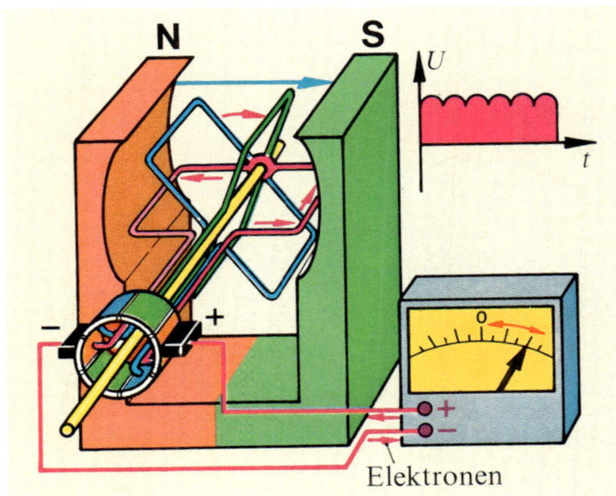

343.4 Glättung des Gleichstroms (Prinzip)

mutator ab. Je Umdrehung entstehen 6 Strommaxima. Man erhält einen Gleichstrom, der nur noch wenig schwankt.

In Spulen, die in einem Magnetfeld rotieren, wird Wechselspannung induziert. Ein Kommutator kann diese Spannung für den äußeren Kreis gleichrichten; dort fließt Gleichstrom.

Genauere Versuche zeigen: Man erhält eine große Spannung, wenn a) das Magnetfeld stark ist, b) die Spule viele Windungen, einen Eisenkern und eine große Fläche hat und c) wenn die Spule schnell rotiert.

4. Die Dynamomaschine erzeugt ihr Magnetfeld selbst

Die induzierte Spannung wird wesentlich größer, wenn man – wie beim Motor nach *Bild 337.3* – den Dauermagneten durch einen starken Elektromagneten ersetzt. Aber woher nimmt man den Strom für seine Wicklungen, wenn die Maschine anläuft? Bei der Herstellung hat man das Eisen des Elektromagneten bereits magnetisiert; ein Teil der Elementarmagnete bleibt ausgerichtet. Ihr schwaches Feld erzeugt im rotierenden Anker einen schwachen Strom. Ihn läßt man in *Bild 344.1* von A nach B durch die blaue Wicklung des Elektromagneten fließen. Dieser Strom verstärkt das Magnetfeld und erhöht so die Induktionsspannung und damit wieder den Strom für den Elektromagneten. Dieses gegenseitige „Hochspielen" endet i.a., wenn das Eisen magnetisch gesättigt ist. Dann ist die volle Spannung erreicht; das Relais schließt den äußeren Stromkreis an.

Maschinen, die nach diesem **dynamoelektrischen Prinzip** den zum Erzeugen des Magnetfeldes nötigen Strom selbst induzieren, heißen **Dynamomaschinen.** *Werner von Siemens* erfand sie 1866. Sie leiteten die stürmische Entwicklung der Elektrotechnik der letzten 100 Jahre ein.

5. Motor und Generator sind austauschbar

Ist dir nicht schon aufgefallen, daß der hier besprochene Gleichstrom*generator* ähnlich gebaut ist wie der Gleichstrom*motor* (Seite 337)?

Versuch 119: Lege an das Spielzeug nach *Bild 337.1* Spannung! Es läuft als *Motor.* – Nimm die Batterie weg und schließe ein Lämpchen an! Es leuchtet, wenn du den Anker schnell drehst: Du hast jetzt einen Generator!

Dies braucht dich nicht zu wundern: *Motor wie Generator beruhen auf der Lorentzkraft;* vergleiche Seite 339 mit 342. Im Betrieb ist aber ein wesentlicher Unterschied zu beachten: **Der Motor wandelt zugeführte elektrische Energie in mechanische Arbeit um, der Generator dagegen mechanische in elektrische Energie.**

Versuch 120: **a)** Diese Austauschbarkeit zeigen wir auch am **Lautsprecher** nach *Bild 344.2:* Über den Südpol eines Dauermagneten ist eine bewegliche Spule geschoben und an dem „Konus" befestigt. Die Spulendrähte (rot) werden ringsum von Feldlinien (blau) durchsetzt, die in den Südpol eintreten. Der sich im Rhythmus der Sprachschwingungen ändernde Mikrofonstrom I (Elektronen vorn nach oben, Seite 338) erfährt eine Lorentzkraft F_L nach rechts. Sie schüttelt deshalb den Konus im Takte der Sprachschwingungen (Drei-Finger-Regel).

b) Lege diesen Lautsprecher – ohne Stromquelle – an ein Oszilloskop und sprich auf die Membran! Er arbeitet jetzt als *„Generator-Mikrofon":* Die Spule wird im Magnetfeld schnell hin- und herbewegt. In ihr werden Spannungen induziert.

Die Austauschbarkeit von Generator und Motor findet man im Großen im **Pumpspeicherwerk:** Bei Spitzenbedarf an elektrischer Energie treibt Wasser aus einem Stausee Turbinen und Generatoren an. Hat man nachts Überschuß an elektrischer Energie, so arbeiten diese Generatoren als Motoren und pumpen Wasser wieder in die Höhe (Seite 350).

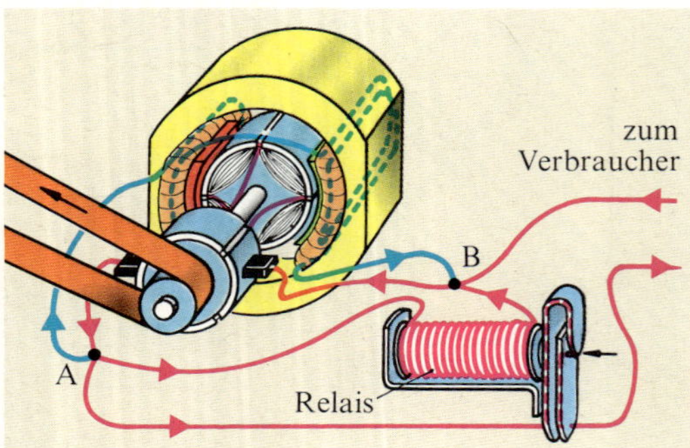

344.1 Selbsterregter Gleichstromgenerator

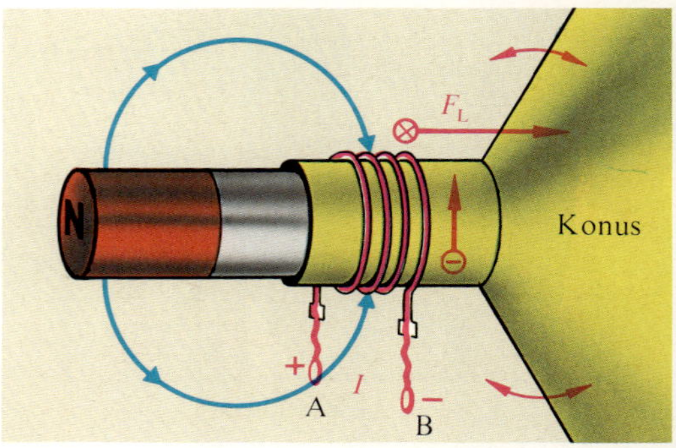

344.2 Lautsprecher; stark vereinfacht

6. Warum muß man für „Elektrizität" bezahlen?

Wie merkt man im E-Werk, ob viele oder wenige Verbraucher eingeschaltet sind? Im Versuch 61 von Seite 52 lief die *Fahrradlichtmaschine* schwerer, wenn ihr elektrische Energie für die Lämpchen entnommen wurde.

Bremst der Strom im Generator seine eigene Ursache ab? Betrachten wir das Urbild eines Generators nach *Bild 345.1*, links: In einer *1. Überlegung* werde der Leiter AB im Magnetfeld nach *oben* bewegt. Dies induziert einen Elektronenstrom (Lorentzkraft F_L, rot) von B nach A. Hier ist die Bewegung nach oben die Ursache 1 (grün), der Elektronenstrom die Wirkung 1 (rot). – Nun fließt der induzierte Strom nicht nur durch die angeschlossene Lampe; er fließt auch in dem Leiter AB und somit im gleichen Magnetfeld, in dem er induziert wurde. Dort erfährt er eine Kraft. Welche Richtung hat sie? Unterstützt sie vielleicht die Bewegung nach oben? Fein wärs! Für unsere *2. Überlegung (Bild 345.1*, rechts*)* ist der Elektronenstrom von B nach A die Ursache 2 (grün, Daumen nach vorn). Der Mittelfinger zeigt als Wirkung 2 die Kraft *F* nach *unten* an (rot)! *Leider zeigt sie der Bewegung entgegen.* Gegen diese Kraft *F* muß man im E-Werk *Arbeit* aufbringen. Kraft und Arbeit sind um so größer, je mehr „Strom" die Verbraucher „anfordern".

7. Was heißt: „Die Wechselspannung ist 220 V"?

Steht an einer Wechselspannungssteckdose 220 V, so leuchtet daran eine Glühlampe genauso hell wie an 220 V Gleichspannung. Dabei ändert sich die Wechselspannung zwischen den Extremwerten +310 V und −310 V. Zeigt ein Strommesser für Wechselstrom 1 A, so wird in einem Widerstand die gleiche Wärmeleistung – der gleiche Effekt – erzeugt wie bei einem konstanten Gleichstrom von 1 A. Die Augenblickswerte des Wechselstroms schwanken dabei zwischen +1,4 A und −1,4 A. Man sagt: Der **Effektivwert** dieses Wechselstroms beträgt 1 A, der Effektivwert unserer Netzspannung 220 V.

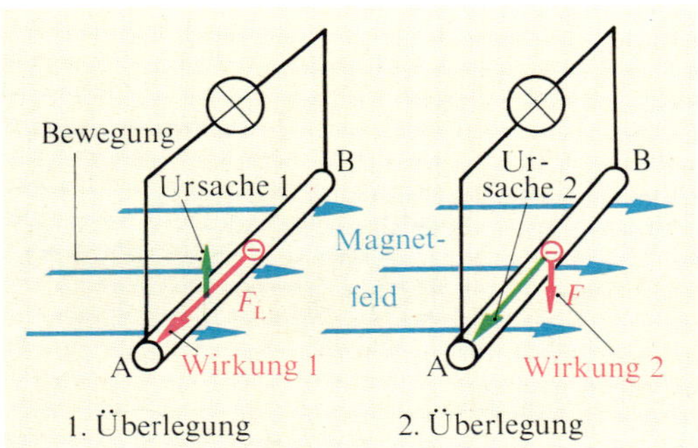

345.1 Der Strom „bremst seine Ursache ab".

8. Gibt es Induktion auch im ruhenden Leiter?

Versuch 121: a) In *Bild 345.2* sind ruhende Spulen hintereinandergeschaltet. Wenn man einen Magneten schnell in eine von ihnen schiebt, schlägt das angeschlossene empfindliche Meßgerät aus.

b) Bleibt der Magnet in der Spule in Ruhe, so wird keine Spannung induziert; das Magnetfeld ist zwar stark, bleibt aber konstant.

c) Wenn man den Magneten aus der Spule zieht, entsteht Spannung entgegengesetzter Polung; jetzt nimmt das Magnetfeld in der Spule ab.

d) Die induzierte Spannung ist um so größer, je mehr Windungen die Spule hat, in die man den Magneten einschiebt. Sie wird noch größer, wenn man zwei Magnete mit ihren gleichnamigen Polen einschiebt oder wenn man den Magneten sehr schnell einschiebt: Das Magnetfeld wächst dabei in der Spule schnell an. Wir sehen: Es kommt hier immer auf die *Änderung des Magnetfeldes* an; ein konstantes Magnetfeld erzeugt in einem ruhenden Leiter keine Spannung!

> **2. *Grundversuch zur Induktion:* Ändert sich das Magnetfeld in einer Spule, so wird in ihr Spannung induziert.**

Bei den letzten Versuchen haben wir den Magneten in die Spule geschoben oder aus ihr herausgezogen. In der Technik arbeitet man besser mit Rotationsbewegungen. Da es nur darauf ankommt, die Stärke des Magnetfeldes in einer Spule schnell zu ändern, so genügt es, starke Magnete rasch an einer Spule vorbeizuführen. Bei **Innenpolmaschinen** läßt man die Magnete vor feststehenden Spulen rotieren.

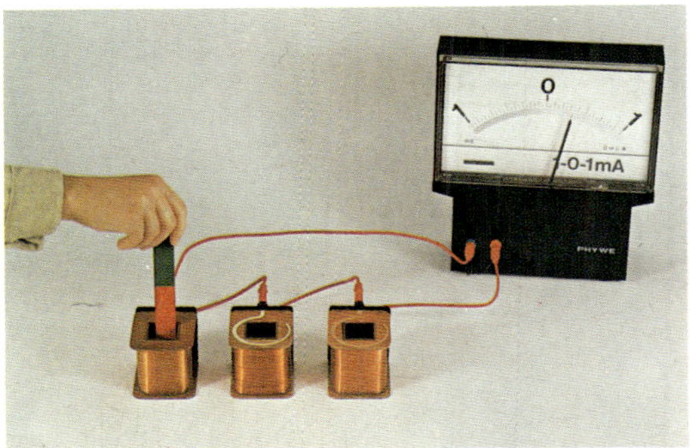

345.2 Zum Versuch 121

Versuch 122: Nach *Bild 346.1* ist eine Spule zusammen mit einem Spannungsmesser in Reihe geschaltet. Eine Stromquelle fehlt. Wir erhalten Wechselspannung, wenn ein Magnet über dem U-Kern rotiert. Das sich ständig ändernde Magnetfeld induziert in den Windungen der Spule Spannung. Ihre Höhe und ihre Frequenz steigen mit der Drehfrequenz des rotierenden Magneten.

Bei der **Innenpolmaschine** ruht die Spule; man braucht die in ihr induzierte Spannung nicht mehr durch Schleifringe und Kohlestäbe abzunehmen. Dies ist wichtig für die großen *Generatoren* in den E-Werken. Sie erzeugen Wechselspannungen bis zu 20 kV und Ströme bis 100000 A, d.h. Leistungen von $2 \cdot 10^6$ kW = 2000 MW! In ihrem Innern rotieren starke Elektromagnete, die durch Gleichstrom gespeist werden (220 V). Ihn kann man noch ohne Schwierigkeiten über Kohlebürsten und Schleifringe zuführen. – Auch die **Fahrradlichtmaschine** (fälschlich Dynamo genannt) ist eine Innenpolmaschine. Bei ihr rotiert ein mehrpoliger Magnet innerhalb der in die Innenwand des Gehäuses eingelassenen Induktionsspule.

9. Induktionsspannung ganz ohne Bewegung?

Nach dem Text zum 2. Grundversuch (Seite 345) müßte man bei *jeder Änderung des Magnetfeldes* in einer Spule Induktionsspannung erhalten. Gilt dies auch, wenn wir weder Spule noch Magnet bewegen, sondern das Feld eines benachbarten Elektromagneten ein- und ausschalten?

Versuch 123: Wir ersetzen in Versuch 122 *(Bild 346.1)* den Magneten durch eine zweite Spule: Nach *Bild 346.2* schalten wir in dieser *Feldspule* (1) den Strom ein und aus, erzeugen also ein Magnetfeld und nehmen es wieder weg. Auch bei dieser *Feldänderung* wird in der *Induktionsspule* (2) Spannung induziert. Sie ist beim Ausschalten entgegengesetzt gepolt wie beim Einschalten. – Damit sich die Änderung des Magnetfeldes in der *Feldspule* noch viel stärker in der *Induktionsspule* auswirkt, haben wir beide Spulen nach *Bild 346.2* auf einen gemeinsamen Eisenkern gesetzt. Er „führt" das Magnetfeld durch die rechte Spule (2).

Generatoren wie Motoren brauchen starke Magnetfelder, d.h. Elektromagnete. Eisen ist deshalb für die Elektrotechnik genauso wichtig wie Kupfer *(Bild 347.1)*.

Die hier auftretenden hohen Spannungen benutzt man in der **Zündanlage** der Automotoren: Nach *Bild 347.2* durchfließt der Batteriestrom die blau gezeichnete äußere Wicklung der *Zündspule;* sie entspricht der Feldspule in *Bild 346.2.* Diesen Strom unterbricht der vom Motor angetriebene „Unterbrecher" im *Zündverteiler* immer dann, wenn an einer Zündkerze ein Funke überspringen soll, um das Gas-Luft-Gemisch zu zünden. Das sich beim Unterbrechen schnell ändernde Magnetfeld induziert kurzzeitig in den vielen rot gezeichneten Windungen der *Zündspule* eine Spannung von etwa 15 kV. Der *Zündverteiler* legt sie an *die* Zündkerze des Zylinders, in dem das Gasgemisch gerade komprimiert worden ist *(Bild 161.1).* – Auch der **elektrische Weidezaun** arbeitet nach diesem Prinzip. Die Spannungen sind zwar hoch; doch wird hier nur so wenig Energie in der kurzen Zeit frei, so daß für eine Kuh das Berühren ungefährlich, wenn auch – bei feuchter Schnauze – unangenehm ist.

346.1 Innenpolgenerator; zu Versuch 122

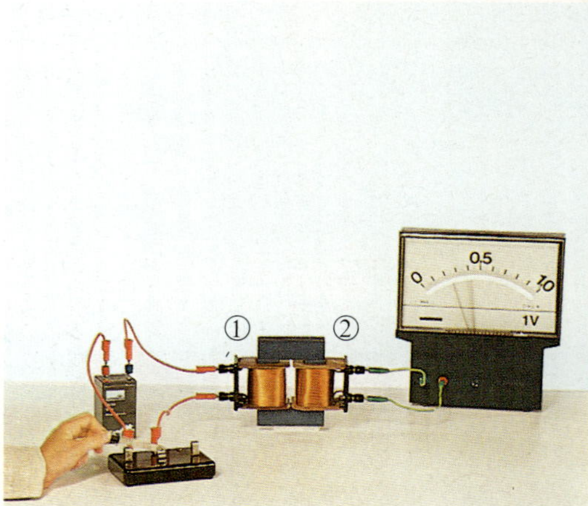

346.2 Zu Versuch 123; Induktion ohne Bewegung

347.1 Generator bei der Montage; Präzisionsarbeit an riesigen Eisen- und Kupfermengen!

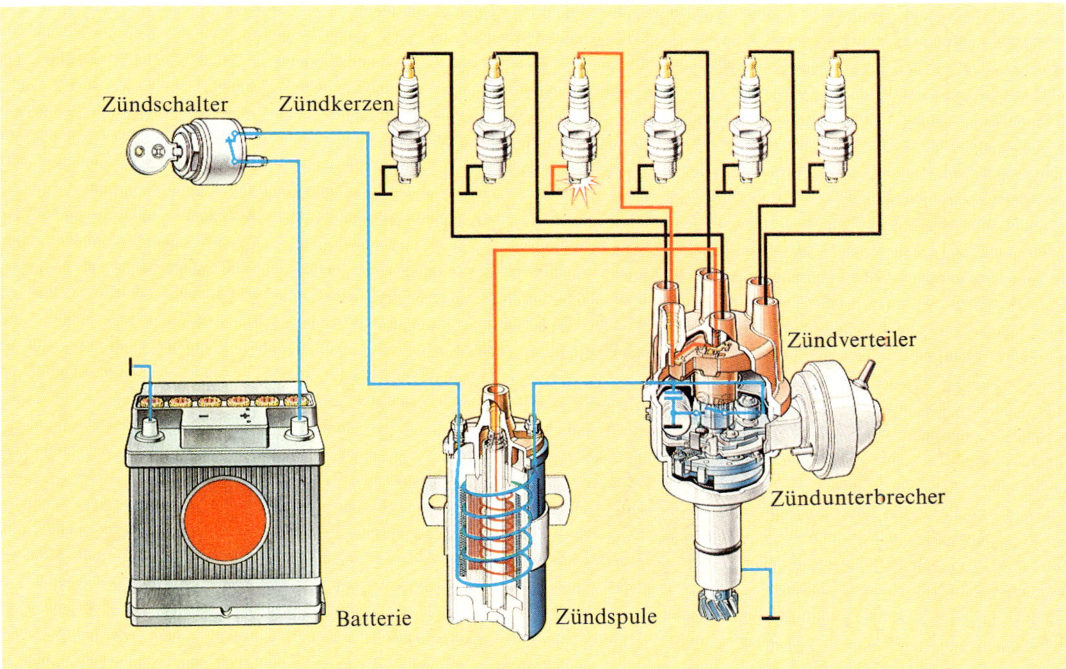

347.2 Autozündanlage; als Rückleitung für den Strom dient der Motorblock, durch ⊥ gekennzeichnet.

§ 112 Der Transformator (kurz: Trafo)

1. Der Trafo ändert Wechselspannungen

Die Vorgänge bei Wechselspannung sind sicher schwieriger zu verstehen als bei Gleichspannung. Dafür kann man Wechselspannungen in Trafos leicht ändern:

Versuch 124: **a)** Wir schalten nochmals nach *Bild 346.2* in der linken Feldspule (1) Gleichstrom ein und aus. Das sich dabei ändernde Magnetfeld induziert in der rechten Spule (2) Spannung.

b) Solche **Änderungen** des Magnetfeldes erhalten wir viel einfacher, wenn wir die Feldspule – beim Trafo **Primärspule** (1) genannt – mit *Wechselstrom* speisen *(Bild 348.1)*. In der rechten, der sog. **Sekundärspule** (2), wird eine Wechselspannung gleicher Frequenz induziert. Dies zeigt ein Oszilloskop, das man zunächst an die Primär-, dann an die Sekundärspule legt. Wenn die Sekundärspule viel weniger Windungen hat, ist ihre Spannung viel kleiner als die primärseitig angelegte Wechselspannung.

c) Die Sekundärspule habe n_2, die Primärspule n_1 Windungen. Wählen wir beide Zahlen gleich ($n_1 = n_2$), dann ist auch die rechts induzierte **Sekundärspannung** U_2 fast so groß wie die links von außen angelegte **Primärspannung** U_1. – Ist $n_2 = n_1/2$, so auch $U_2 \approx U_1/2$ usw.:

Beim Transformator verhalten sich die Spannungen wie die Windungszahlen der Spulen:

$$\frac{U_2}{U_1} \approx \frac{n_2}{n_1}. \qquad (348.1)$$

Versuch 125: Man lege an die Primärspule mit $n_1 = 46$ Windungen die Primärspannung $U_1 = 10$ V. In der Sekundärspule mit $n_2 = 1000$ Windungen wird infolge der 22fachen Windungszahl auch etwa die 22fache Spannung $U_2 \approx 220$ V induziert. **Vorsicht! Transformator-Versuche sind gefährlich!** Mit $n_1 = 500$ und $n_2 = 23000$ Windungen würde eine Primärspannung $U_1 = 220$ V auf etwa $46 \cdot 220\text{ V} \approx 10000$ V hochtransformiert! Solche **Hochspannungstransformatoren** *(Bild 349.1)* findet man am Anfang von Hochspannungsleitungen und in Netzgeräten für Hochspannung (6 kV).

In den **Niederspannungstrafos** für Spielzeugeisenbahnen hat dagegen die Sekundärspule weniger Windungen als die Primärspule. An den verschiedenen *Anzapfungen* der Sekundärspule kann man eine Reihe ungefährlicher Spannungen abgreifen *(Bild 348.2)*. Würde man eine Spannungsteilerschaltung nach *Bild 328.2* verwenden, so müßte man eine gefährliche Verbindung mit dem Netz in Kauf nehmen. Beim Trafo fehlt sie; seine beiden Spulen sind nur durch das Magnetfeld im Eisenkern miteinander gekoppelt! Kein einziges Elektron kommt von der Primär- zur Sekundärspule, wohl aber Energie. Die Sekundärspule stellt die Stromquelle für den Sekundärstromkreis dar.

2. Der Trafo macht schwache Ströme stark!

Versuch 126: **a)** Die elektrische Klingel wird von einem Klingeltransformator gespeist; er transformiert die Netzspannung auf wenige Volt herab. Dabei liegt seine Primärspule ständig am Netz. Verbraucht er dabei nicht ständig Energie? Legen wir einen solchen Niederspannungstrafo – etwa ein gutes Netzgerät – über einen Zähler ans Netz. Der Zähler läuft nicht; er registriert keinen Verbrauch, solange auf der

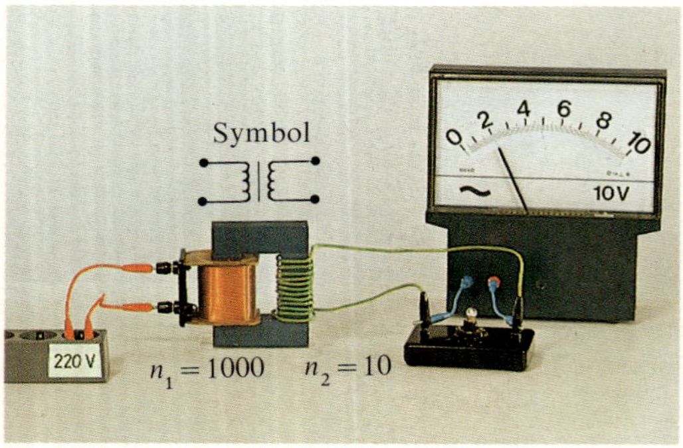

348.1 Zu Versuch 124; Transformator erzeugt 2 V.

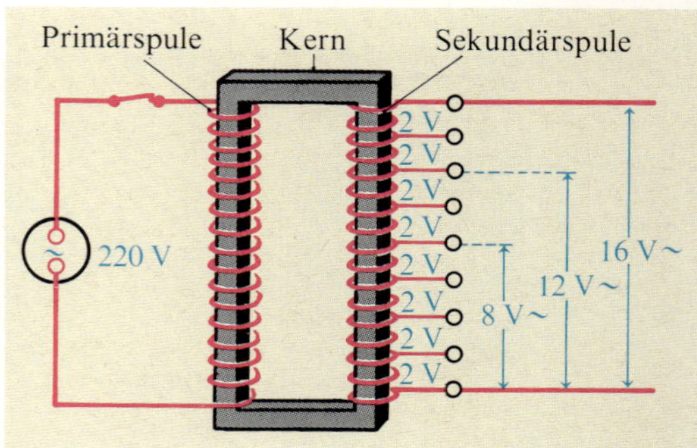

348.2 Niederspannungstrafo; $n_2 : n_1 = 1:14$

Sekundärseite noch kein Gerät angeschlossen ist, das dem Trafo elektrische Energie entnimmt. Dann ist der Trafo **unbelastet.** Er kann ständig am Netz bleiben. Der **Primärstrom** I_1 ist dabei klein (wenige mA).

b) Nun legen wir an die Sekundärspule eine Lampe. Sie entnimmt dem Trafo mit dem Sekundärstrom I_2 die Leistung $P_2 = U_2 \cdot I_2$. Jetzt läuft der Zähler, da auch der Primärstrom I_1 ansteigt. **Ein gut gebauter Trafo braucht für sich selbst nur wenig Energie.** Die von ihm dem Netz entnommene Leistung $P_1 = U_1 \cdot I_1$ ist angenähert gleich der sekundärseitig abgegebenen Leistung $P_2 = U_2 \cdot I_2$. Also gilt $U_1 \cdot I_1 \approx U_2 \cdot I_2$ oder

$$\frac{I_2}{I_1} \approx \frac{U_1}{U_2} \approx \frac{n_1}{n_2}. \qquad (349.1)$$

Beim Transformator verhalten sich die Ströme umgekehrt wie die Windungszahlen. Dabei hängt der Primärstrom vom fließenden Sekundärstrom ab.

c) Ein Trafo mit dem Windungsverhältnis $n_1/n_2 = 2/1$ liegt an der Wechselspannung $U_1 = 10$ V. Die Sekundärseite „belasten" wir mit einem kleinen Widerstand und messen (mit dem höchsten Meßbereich beginnend!) den Sekundärstrom $I_2 \approx 1$ A. Dabei steigt der zunächst unbedeutende Primärstrom auf $I_1 \approx I_2/2 \approx 0{,}5$ A (nach *Gleichung 349.1*).

Versuch 127: Im Trafo nach *Bild 349.3* wird die Netzspannung $U_1 = 220$ V auf den 100. Teil, also etwa 2 V, herabtransformiert. Der in den Sekundärkreis geklemmte dicke Nagel hat nur einen sehr kleinen Widerstand R (etwa 0,01 Ω). Der Sekundärstrom I_2 beträgt also etwa $I_2 = U_2/R = 200$ A und schmilzt den Nagel durch. Dabei nimmt nach *Gleichung 349.1* der Primärstrom nur den Wert $I_1 \approx 2$ A an und belastet das Netz nicht wesentlich. Man kann die beiden

349.2 Elektroschweißen

Nagelteile auch wieder zusammenschweißen, wenn man sie aneinanderpreßt. Einen solchen **Hochstromtrafo** benutzt man zum **elektrischen Schweißen** *(Bild 349.2)* und zum Schmelzen von Metallen in Induktionsschmelzöfen. – Am Ende von **Hochspannungsleitungen** erzeugen Hochstromtrafos in den **Transformatorenhäuschen** die normale Netzspannung von 220 V bei großer Stromstärke für die vielen Abnehmer.

Transformatoren nennt man auch **Umspanner;** sie sind die Hauptteile von **Umspannwerken.** Diese enthalten neben riesigen Transformatoren *(Bild 351.2)* noch Schalter und Meßgeräte. Elektrische Energie wird in ihnen nicht erzeugt, sondern nur auf geeignete Spannungen umgeformt und dann verteilt. – In der **Nachrichtentechnik,** z.B. beim Telefon, benutzt man auch Trafos. Dort nennt man sie **Übertrager.** Im E- und im Umspannwerk mißt man die riesigen Ströme nicht unmittelbar an den Leitungsmasten. Dort siehst du an den Masten Spulen; es sind Trafos – jetzt **Meßwandler** genannt – mit denen man die zu großen Ströme oder Spannungen herabtransformiert und dann auf ungefährliche Weise in der **Schaltwarte** mißt.

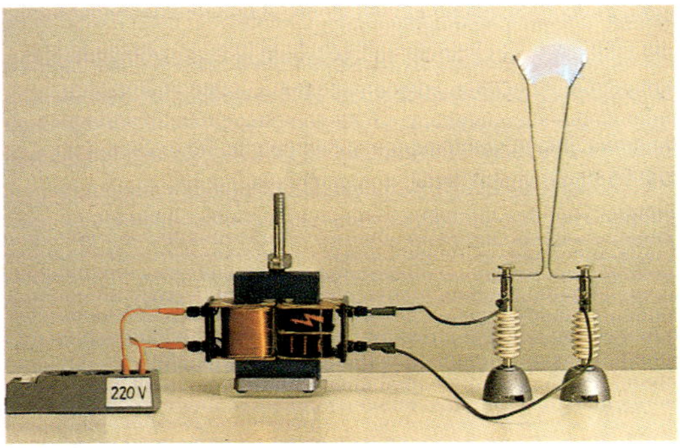

349.1 Hochspannungstransformator

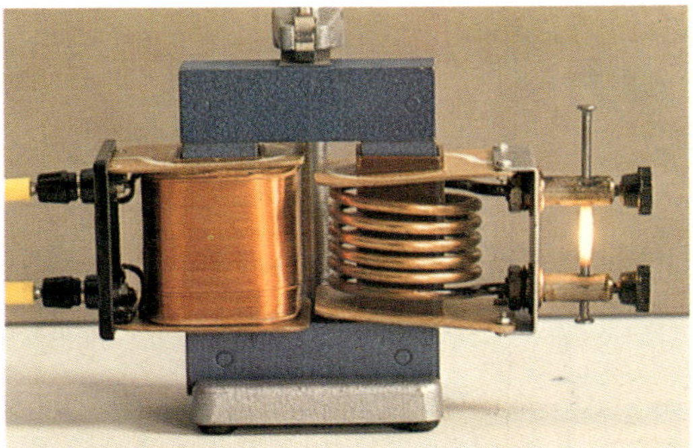

349.3 Hochstromtransformator, Versuch 127

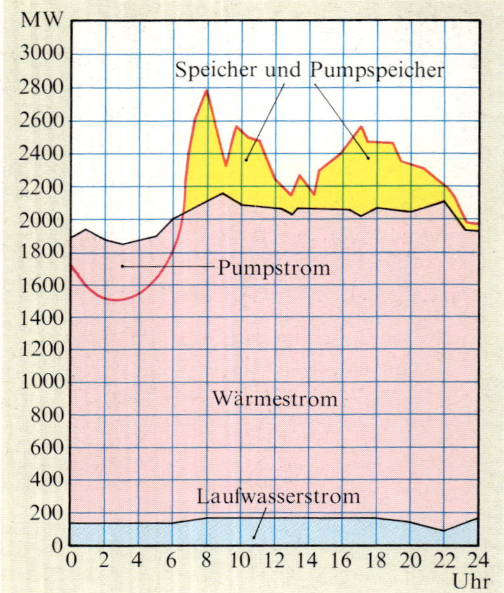

350.1 Leistungsbedarf während eines Wintertages; der „Pumpstrom" speichert nachts Energie.

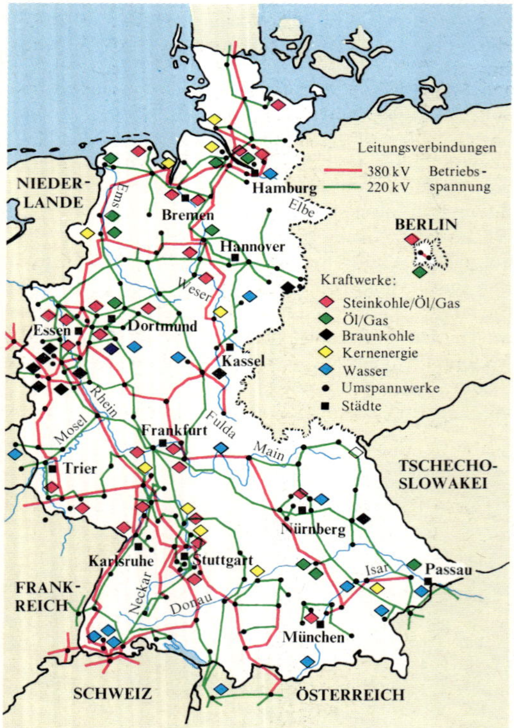

350.2 Verbundsystem der Kraftwerke; suche dir benachbarte Kraft- und Umspannwerke! Kannst du sagen, von welchem Werk du „Strom" beziehst?

§ 113 Die Elektrizitätswirtschaft

1. Der Verbraucher bestimmt die Erzeugung

Die elektrische Energie muß in dem Augenblick erzeugt werden, in dem sie der Kunde „anfordert" (Seite 313). In *Bild 350.1* zeigt die rote Kurve den Bedarf an elektrischer Leistung an einem Wintertag; er ist um 8 Uhr und um 17 Uhr besonders groß und liegt im Sommer um etwa 30% niedriger. Stromerzeugung und -verteilung müssen zwangsläufig auf den *Spitzenbedarf* ausgelegt sein; doch werden diese Spitzenkapazitäten bei Kraftwerken und im Verteilungsnetz nur kurze Zeit in Anspruch genommen. Die *Gesamtkapazität* der Kraftwerke muß sogar noch höher liegen als die zu erwartenden Leistungsspitzen. Einzelne Kraftwerke könnten ja plötzlich ausfallen. Man müßte dann mit einem Zusammenbruch der Elektrizitätsversorgung rechnen.

2. Verbundwirtschaft schafft Ausgleich

Um dem schwankenden Verbrauch und dem Risiko eines Kraftwerkausfalls zu begegnen, sind Kraftwerke wie Verbraucher elektrischer Energie an ein großes europäisches **Verbundsystem** angeschlossen. Wie man in der Presse immer wieder liest, sind daran drei Arten von Kraftwerkstypen beteiligt:

a) Die **Grundlast** tragen Kraftwerke, deren Bau zwar teuer war, die aber mit relativ geringen Betriebs- und Brennstoffkosten arbeiten. Hierzu gehören vor allem die *Laufwasserwerke* in den Staustufen von Flüssen und an Stauseen. Sie sind ständig in Betrieb. Doch ist der Anteil an Wasserkraft in der Bundesrepublik Deutschland mit 5% sehr niedrig und kaum noch zu erhöhen. Zur Grundlast sollen auch die *Kernkraftwerke* mit ihren niedrigen Brennstoffkosten beitragen. Bei uns fehlt es zur Zeit an solchen kostengünstig arbeitenden Grundlastkapazitäten.

b) Die **Mittellastwerke** sind nicht immer voll ausgelastet; sie sollen die mittleren Lastschwankungen auffangen. Hierzu zählen die Öl- und Steinkohlekraftwerke. Mit ihnen sind wir reichlich ausgestattet. Sie erzeugen den Großteil des „Wärmestroms" nach *Bild 350.1* (Steinkohle und Braunkohle je 30%).

c) Spitzenlastkraftwerke decken die Tagesspitzen ab; sie arbeiten jährlich weniger als 1500 h. Vorzugsweise handelt es sich um Strom aus *Pumpspeicherwerken* (Seite 344), die in der Anlage sehr teuer sind, und um Werke, in denen *Gasturbinen* (Seite 163) von Erdgas oder Öl angetrieben werden. Sie können schnell ein- und wieder ausgeschaltet werden. Man muß nicht warten, bis Wasser in Dampfkesseln erhitzt ist. – Ein *„Lastverteiler"* gibt den Kraftwerken ständig Anweisung, ob sie ihren Betrieb verstärken, drosseln oder vorübergehend einstellen sollen.

3. Energietransport – nicht billig

Die Übertragung elektrischer Energie in Fernleitungen ist nicht billig. Die Leitungen stellen einen Widerstand dar und werden erwärmt; an ihnen fällt ein Teil der Spannung ab (Seite 335). Der Energieverlust bei der Übertragung beträgt etwa 10% (Eigenbedarf der E-Werke eingeschlossen). Wie hält man ihn niedrig?

Versuch 128: **a)** Eine Spannung von 7 V wird über eine „Fernleitung" mit 2mal 1 kΩ an ein Lämpchen für 4 V; 0,07 A gelegt. Es leuchtet nicht.

b) Man transformiert die Spannung mit dem Trafo nach *Bild 351.1* auf 140 V, leitet sie über die „Fernleitung" mit ihrem hohen Widerstand zum zweiten Trafo. Dieser erniedrigt sie auf 4 V. Jetzt leuchtet das Lämpchen. Warum? Wir rechnen:

In der Fernleitung mit dem Widerstand R_L tritt der Spannungsverlust $U_L = I \cdot R_L$ und der Leistungsverlust $P_L = U_L \cdot I = I^2 \cdot R_L$ auf (Seite 333 und 335). Wir haben im 1. Trafo die Spannung auf das 20fache vergrößert und dabei die Stromstärke I auf den 20. Teil verkleinert. Die Leistungsverluste sind nach $P_L = I^2 \cdot R_L$ auf den $(20)^2$ten Teil, also auf 1/400 gesunken!

Vorsicht! Transformator-Versuche sind gefährlich! Man verwechselt allzuleicht Primär- und Sekundärseite und erhöht die Spannung, statt sie zu senken!

Ein **E-Werk** mittlerer Größe liefert die Leistung $P = 440000\ \text{kW} = 440\ \text{MW}$ (Megawatt). Wollte man diese Leistung bei der Spannung $U = 220$ V den Verbrauchern zuführen, so müßte die Stromstärke den Wert $I = P/U = 2 \cdot 10^6$ A haben. Nun soll aus wirtschaftlichen Gründen der Leistungsverlust $P_L = I^2 \cdot R_L$ höchstens 10% der erzeugten Leistung betragen, also 44 MW. Dann dürfte der Leitungswiderstand den Wert $R_L = P_L/I^2 \approx 10^{-5}\ \Omega$ nicht überschreiten. Die Kupfer„drähte" für eine 100 km lange Doppelleitung müßten nach *Gleichung 322.1* den Querschnitt $A = 340\ \text{m}^2$ (!!), das heißt den Durchmesser 21 m haben. Der gesamte Kupfervorrat der Erde würde für diese Leitung nicht ausreichen.

351.2 Großtechnischer Transformator

Deshalb transformiert man am Anfang der Leitung die Spannung 220 V auf 220000 V hoch; die Stromstärke sinkt auf 1/1000, d.h. $2 \cdot 10^3$ A. Die Verluste sind nach $P_L = I^2 \cdot R_L$ proportional I^2; sie gehen beim gleichen Leitungswiderstand R_L sogar auf 1/1000000 zurück. Läßt man aber wieder 10% Verluste zu, so darf der Widerstand R_L der Leitung 10^6mal so groß sein; der Leitungsquerschnitt darf auf 1/1000000, das heißt auf 3,4 cm², verkleinert werden. – In der Nähe der Verbraucher setzt man die Spannung stufenweise über 60000 V, 15000 V bzw. 6000 V auf 220 V herab. *Bild 351.2* zeigt einen großen Transformator aus einem Umspannwerk.

Aufgaben:

1. *Welche Geräte können sowohl mit Gleich- wie mit Wechselstrom betrieben werden, welche nicht?*

2. *Jemand bietet dir für die Spielzeugeisenbahn statt des Trafos eine billigere Spannungsteilerschaltung oder gar einen Vorwiderstand an. Warum darfst du sie auf keinen Fall benutzen?*

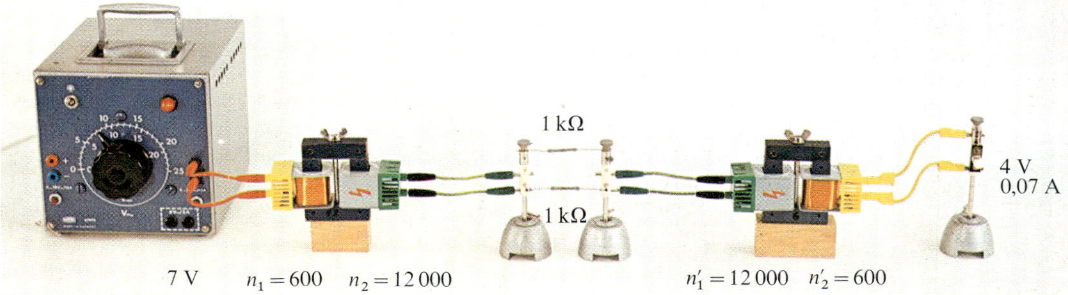

351.1 Hier ist eine Hochspannungsleitung im Versuch aufgebaut; zu Versuch 128.

Elektronik

§ 114 Fotozellen und Verstärkerröhren

Du kennst schon Geräte aus der Elektronik: die Braunsche Röhre und die Gleichrichterröhre (Seite 284 ff.). Dort bewegen sich Elektronen im Vakuum wie bei der Fotozelle und der Verstärkerröhre, denen wir uns jetzt zuwenden. Später untersuchen wir noch Elektronen in Halbleitern (z. B. beim Transistor).

1. Licht befreit Elektronen aus Metallen

Versuch 1: In *Bild 353.1* liegt eine **Vakuumfotozelle** im Stromkreis. Wir vergleichen sie mit der Diode von Seite 284: Anstelle einer Glühkathode besitzt sie eine Fotokathode; dies ist eine Metallschicht, mit der ein Teil der Innenwand überzogen ist. Die Fotokathode wird mit dem Minuspol der Stromquelle verbunden (und nicht geheizt!), der Anodenring mit dem Pluspol. Fällt Licht auf die Metallkathode, so fließt der *Fotostrom* I_F (etwa 0,01 mA).

Licht führt Energie mit sich. Diese befreit im Metall locker sitzende Elektronen. Sie werden zur Anode (+) und von dort zum Pluspol der Stromquelle gezogen. Je intensiver das einfallende Licht ist, um so mehr Energie hat es, um so mehr Elektronen werden frei; I_F folgt Helligkeitsschwankungen ohne Verzögerung (wichtig bei der Fernsehkamera!).

Fotoeffekt: Licht setzt wie Wärme aus Metallen Elektronen frei.

Die lichtempfindliche Schicht mancher Fernsehkameras besteht aus winzigen, gegeneinander isolierten Fotokathoden, siehe *Bild 353.2*. Eine Linse erzeugt auf dieser Schicht ein reelles Bild des zu übertragenden Gegenstands. Das auftreffende Licht befreit um so mehr Elektronen aus diesen „Mikro-Fotokathoden", je heller der Bildpunkt ist. An hellen Punkten sind also die Fotokathoden stark positiv geladen, an dunklen neutral. So erzeugt das optische Bild ein „Ladungsbild". Dieses wird nun Punkt für Punkt von einem Elektronenstrahl abgetastet und dabei kurzzeitig neutralisiert. Der Elektronenstrahl „füllt" an einer Mikro-Fotokathode um so mehr Elektronen nach, je heller der dortige Bildpunkt ist. Dabei entsteht ein Stromstoß. Dieser wird verstärkt den Empfängern zugeleitet (Seite 353). Über die Zeilenablenkung siehe Seite 340.

2. Wie verstärkt man elektrische Signale?

Die Fernsehantenne liefert Spannungsschwankungen, die weit unter 1 V liegen. Kann man damit eine Braunsche Röhre steuern?

Versuch 2: Wir legen eine Wechselspannung mit dem Scheitelwert 1 V zwischen die Platten für die Vertikalablenkung eines Oszilloskops (Seite 310). Der Elektronenstrahl wird nur ganz wenig nach oben oder unten abgelenkt.

Um derart kleine Spannungsschwankungen zu verstärken, benutzen wir zunächst eine **Verstärkerröhre** (Seite 363 einen Transistor). *Bild 353.3* zeigt die Schaltskizze. Diese Röhre beruht auf denselben Vorgängen, die auch bei Dioden ablaufen (Seite 284). Die Heizbatterie B_1 heizt die Kathode. Aus dieser treten Elektronen aus, welche von der positiven Anode abgesaugt werden. Weil die glühende Kathode ständig Elektronen nachliefert, entsteht ein geschlossener Elektronenkreislauf, der *Anodenstromkreis* (in *Bild 353.3* rot). Durch den Widerstand R_A (10 kΩ) im Anodenstromkreis fließt der *Anodenstrom* I_A. Zwischen den Enden C und D von R_A bildet sich die Teilspannung $U = I_A \cdot R_A$ aus. Dies ist eine zu I_A proportionale Gleichspannung; sie ändert sich also mit I_A.

Wir wollen aber hier nicht gleichrichten wie bei der Diode, sondern mit Hilfe schwacher Spannungsänderungen den Anodenstrom I_A beeinflussen, ihn **steuern.** Dazu dient die dritte Elektrode, das **Gitter.** Es umgibt die Kathode wendelförmig in geringem Abstand, ist aber gut gegen diese isoliert. Wegen ihrer drei Elektroden heißt die Röhre auch **Triode.**

Wir legen nun die Gitterbatterie B_2 zwischen Kathode und Gitter. Die Kontakte A und B sind zunächst mit einem Metallbügel verbunden. Weil der Minuspol von B_2 am Gitter liegt, erfahren die Elektronen in der Röhre vom Gitter her eine Abstoßungskraft. Diese hebt die von der Anode ausgehende Anziehungskraft zum Teil wieder auf, I_A nimmt ab. Wegen des kleinen Abstands von Kathode und Gitter genügt schon eine kleine Spannung der Batterie B_2, um I_A merklich zu beeinflussen. Beträgt diese *Gitterspannung* 2 V, so messen wir $I_A = 6$ mA.

Erhöhen wir die Spannung auf 4 V, so sinkt I_A auf 2 mA. Die Spannung zwischen den Enden des Widerstands R_A beträgt also zunächst $U_1 = 10\,k\Omega \cdot 6\,mA = 60\,V$ und sinkt dann auf $U_2 = 10\,k\Omega \cdot 2\,mA = 20\,V$. Ändert sich also die Gitterspannung um 2 V, so ändert sich die Spannung an R_A um 40 V. Die Spannungs-*änderungen* werden 20fach verstärkt.

Geringe Spannungsänderungen zwischen Gitter und Kathode der Triode rufen große Spannungsänderungen am Widerstand R_A im Anodenstromkreis hervor.

Wir wollen nun die Wechselspannung von Versuch 2 verstärken; ihre Scheitelwerte schwankten ebenfalls um 2 V (zwischen +1 V und −1 V). Dazu entfernen wir den Metallbügel zwischen A und B und legen diese Wechselspannung in Reihe zur Gitterbatterie zwischen Gitter und Kathode. Die Spannung zwischen diesen beiden Elektroden ändert sich im Takt der Wechselspannung. Im gleichen Takt schwankt I_A, und am Widerstand R_A treten Spannungsschwankungen von 20facher Größe auf.

Versuch 3: Wir verbinden in der Schaltung von *Bild 353.3* C und D mit der Vertikalablenkung des Oszilloskops von Versuch 2. Auf dem Bildschirm wird der Elektronenstrahl kräftig abgelenkt.

Die Schaltung von *Bild 353.3* bezeichnet man als einstufigen Verstärker. Die Klemmen A und B nennt man den *Eingang* der Schaltung. Zwischen ihnen liegen die zu verstärkenden Spannungsschwankungen, die z.B. vom Tonabnehmer eines Plattenspielers kommen. Die Klemmen C und D nennt man den *Ausgang* der Schaltung. Dort greift man die verstärkten Spannungsschwankungen ab und legt sie z.B. an einen Lautsprecher.

Welche Rolle spielt die Gitterbatterie B_2? Wir denken sie in *Bild 353.3* vorübergehend ausgebaut. Die schwachen Spannungsänderungen zwischen A und B machen nun das Gitter zeitweise negativ, zeitweise positiv in bezug auf die Kathode. Bei positivem Gitter fließt ein Teil der Elektronen zum Gitter statt zur Anode. Es entsteht ein *Gitterstrom* I_G. Er muß von der meist sehr schwachen Stromquelle am Eingang erzeugt werden, etwa vom Tonabnehmer des Plattenspielers. Hierzu muß diese Stromquelle bei positivem Gitter elektrische Leistung aufbringen: $P = U \cdot I_G$. Will man über das Gitter den Anodenstrom ohne diesen Leistungsaufwand steuern, so darf kein Gitterstrom fließen. Dann muß das Gitter stets negativ in bezug auf die Kathode sein. Dafür sorgt die Gitterbatterie.

In der Braunschen Röhre ist der Wehneltzylinder W wie ein Gitter zwischen Kathode und Anode eingebaut (W in *Bild 287.1*). Lädt man ihn stärker negativ auf, so wird der Elektronenstrom schwächer, der Leuchtfleck auf dem Bildschirm dunkler. Auf diese Weise wird im Fernsehempfänger über den Wehneltzylinder der Elektronenstrom und damit die Helligkeit der Bildpunkte auf dem Bildschirm gesteuert. Aus dunklen und hellen Bildpunkten entsteht so das Fernsehbild (Seite 340).

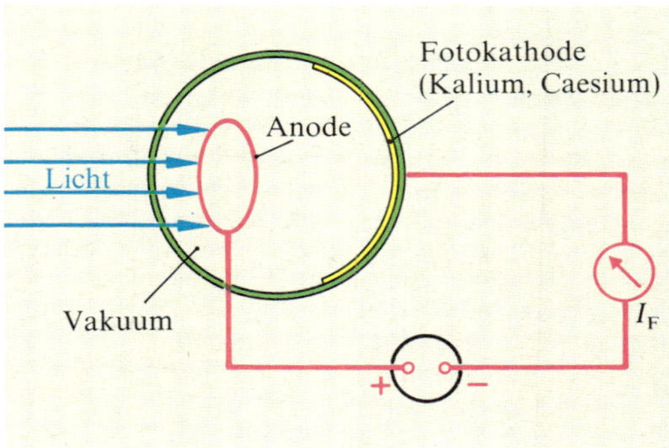

353.1 Vakuum-Fotozelle im Stromkreis

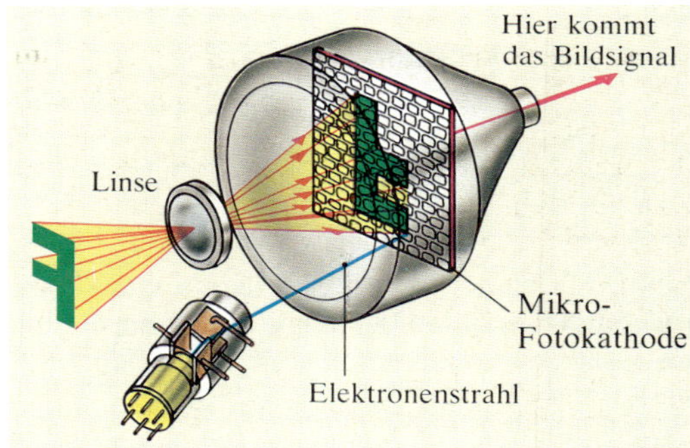

353.2 Fernsehkamera. Der Elektronenstrahl tastet die Mikro-Fotokathoden Zeile für Zeile ab.

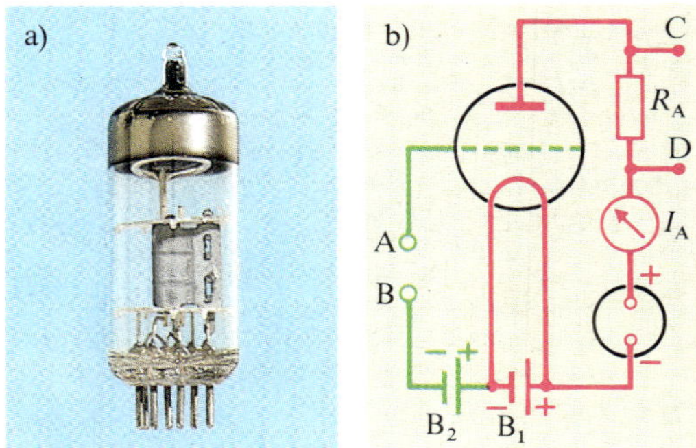

353.3 a) Triode; b) einstufiger Röhrenverstärker

§ 115 Halbleiter

1. Wozu Halbleiter, wenn's doch auch bessere Leiter gibt?

In der Elektrotechnik arbeitet man einerseits mit möglichst guten Leitern, z.B. Kupfer. Andererseits braucht man gute Isolatoren. In zunehmendem Maß verwendet man neuerdings Stoffe, deren spezifischer Widerstand mittlere Werte annimmt, z.B. Germanium, Silicium, Cadmiumsulfid, Galliumarsenid, siehe *Tabelle 322.1*. Diese Stoffe nennt man **Halbleiter.** Sie haben einige neuartige Eigenschaften:

Versuch 4: a) Im Stromkreis von *Bild 354.2* liegt ein Halbleiter. Zunächst fließt kein nennenswerter Strom, wie das Meßgerät anzeigt. Erwärmen wir den Halbleiter mit Hilfe einer Streichholzflamme, so wächst die Stromstärke an, der Zeiger schlägt aus. Offenbar sinkt der elektrische Widerstand unseres Halbleiters bei Temperaturerhöhung (im Gegensatz zu metallischen Leitern, siehe Seite 320). Man sagt auch: Der Widerstand des Halbleiters hat einen **n**egativen **T**emperatur-**C**oeffizienten und nennt Halbleiter mit dieser Eigenschaft **NTC-Widerstände** oder **Heißleiter.**

b) Wir ersetzen den Heißleiter durch einen Cadmiumsulfid-Kristall. Beleuchten wir diesen Halbleiter *(Bild 354.3)*, so steigt die Stromstärke, der Zeigerausschlag wächst.

Einen Halbleiter dieser Art nennt man **Fotowiderstand** oder **LDR** (engl.: **l**ight **d**ependent **r**esistor). Sein Widerstand sinkt beim Belichten.

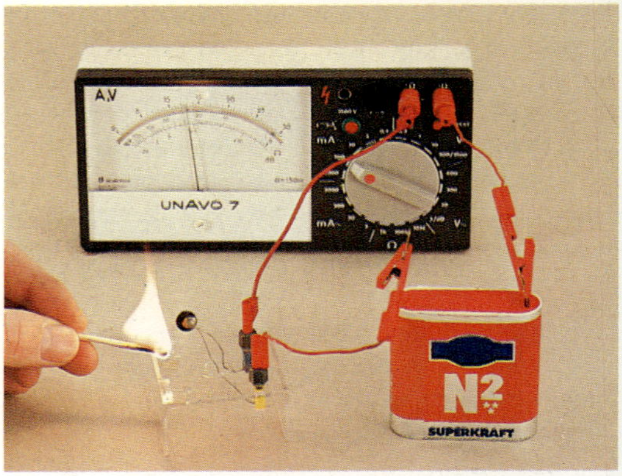

354.2 Heißleiter (Siemens K 164b 7422) im Stromkreis; Widerstand bei Zimmertemperatur: 150 Ω

Die Leitfähigkeit von Halbleitern kann durch Energiezufuhr in Form von Wärme oder Licht erhöht werden.

2. Macht Energiezufuhr Elektronen beweglich?

Auf Seite 321 zeigten wir, daß in einem metallischen Leiter die Elektronenbewegung um so mehr behindert wird, je stärker die Atome des Kristallgitters beim Erwärmen schwingen. Warum beobachten wir im Gegensatz dazu in Halbleitern bei höheren Temperaturen einen stärkeren Strom? Das wollen wir mit Hilfe der Vorgänge im Kristallgitter von reinem Silicium (Si) oder Germanium (Ge) klären (Elemente der vierten Hauptgruppe des Periodensystems).

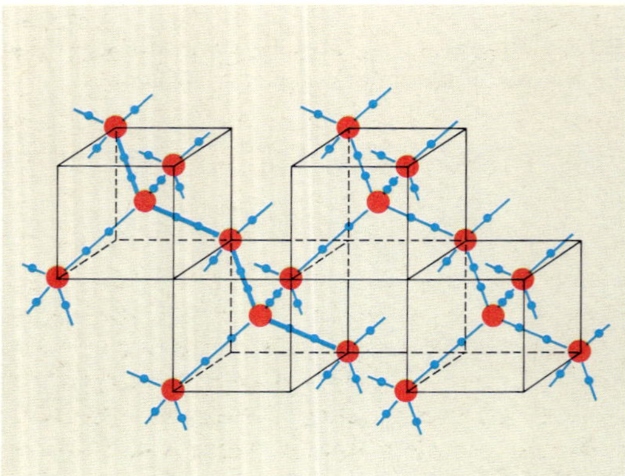

354.1 Kristallgitter von Germanium und Silicium; rot: Atomrümpfe; blau: Außenelektronen. Links in größerer Strichstärke: eine einzelne Kette *(Bild 355.1)*

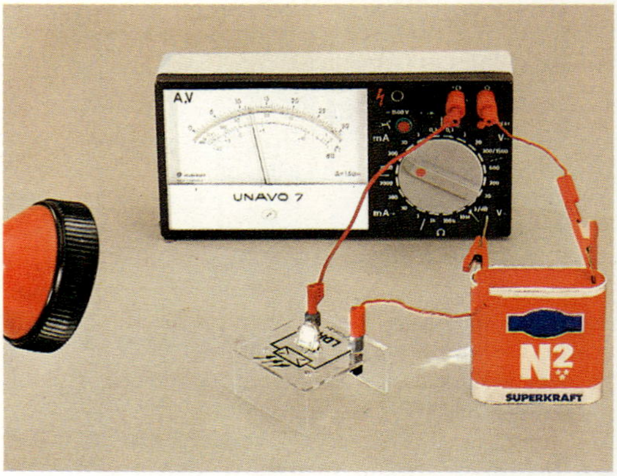

354.3 Fotowiderstand (LDR05) im Stromkreis; Widerstand bei Dunkelheit > 10 MΩ, bei voller Beleuchtung etwa 150 Ω

Im Kristallgitter dieser beiden chemischen Elemente hat jedes Atom vier unmittelbare Nachbaratome, siehe *Bild 354.1*. In jedem der vier Nachbarbereiche hält sich eines der vier Außenelektronen auf, welche das Atom besitzt. Da auch jedes dieser Nachbaratome eines seiner Außenelektronen für diesen Zwischenbereich liefert, befinden sich dort jeweils zwei Elektronen. Der Atomkern mit den restlichen Elektronen, der sogenannte Atomrumpf, weist nach Abgabe der Außenelektronen einen Überschuß an positiver Ladung auf. Der Kristall wird zusammengehalten durch die Anziehungskräfte zwischen den positiven Atomrümpfen und den Elektronen im Zwischenbereich, den sogenannten **Bindungselektronen.**

Jetzt können wir die merkwürdigen Ergebnisse von Versuch 4a erklären: Bei sehr tiefen Temperaturen sind reine Halbleiterkristalle sehr gute Isolatoren. Die Bindungselektronen werden nämlich im Bereich zwischen den Atomrümpfen festgehalten. Darüber hinaus zeigt die moderne Atomphysik, daß dieser Bereich mit zwei Elektronen *abgesättigt* ist. Das bedeutet: Dort können sich nie mehr als zwei Elektronen aufhalten. Deshalb können vom Minuspol in *Bild 355.1* keine zusätzlichen Elektronen einwandern und sich an der Bindung beteiligen. Bei steigender Temperatur „schüttelt" nun die zunehmende Wärmebewegung immer mehr Elektronen aus ihren Bindungen frei. Diese **freien Elektronen** spielen eine große Rolle. Wir trennen sie in *Bild 355.1b* symbolisch von den Bindungselektronen, indem wir sie oberhalb der Halbleiterkette zeichnen. Sie bewegen sich natürlich auch zwischen den Atomrümpfen, doch wollen wir durch dieses Bild ausdrücken, daß an ihnen infolge der Wärmebewegung Arbeit verrichtet wurde. Sie besitzen also mehr Energie als die Bindungselektronen, sie sind *energetisch* „angehoben" worden, nicht etwa räumlich. Nach Anlegen einer Spannung fließt Strom, denn die freien Elektronen werden zum Pluspol gezogen und am Minuspol wieder aus dem äußeren Stromkreis ersetzt. Der Kristall bleibt dabei elektrisch neutral. Die in der Reihe der Bindungselektronen verbliebenen Löcher zeichnen wir als leere Kreise (○).

Auch die Energie des Lichts kann Bindungselektronen energetisch „anheben" und so im Fotowiderstand für bewegliche Elektronen sorgen (Versuch 4b). Weil die Elektronen dabei den Kristall nicht verlassen, spricht man vom *„inneren Fotoeffekt"*.

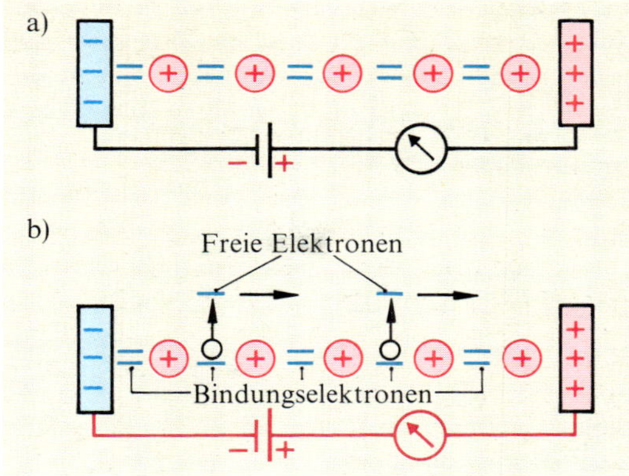

355.1 Kette von *Bild 354.1* (vereinfacht) im Stromkreis a) bei tiefer, b) bei hoher Temperatur

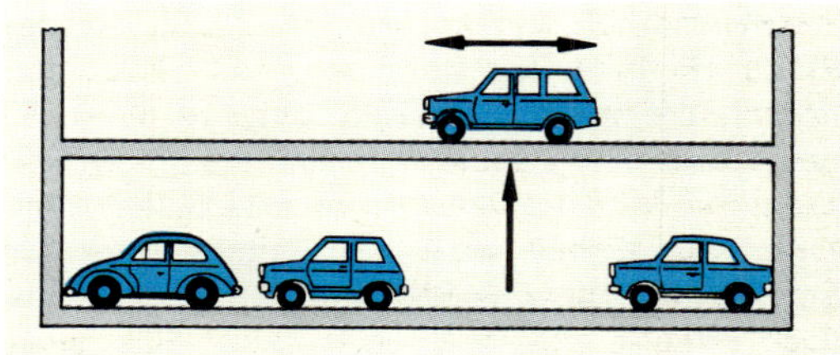

355.2 Parkhausmodell

Um diese Vorgänge zu veranschaulichen, stellen wir uns ein Parkhaus vor, dessen unteres Parkdeck dicht mit Autos gefüllt ist *(Bild 355.2)*. Kein Auto kann vor oder zurück. Dies liefert uns ein Modell für das Verhalten der Bindungselektronen bei tiefen Temperaturen. Nun werden durch Kräne unter Arbeitsaufwand (siehe Wärmebewegung) einige Wagen ins nächste, leere Stockwerk gehoben. Dort können sie sich ungestört bewegen und stellen in unserem Modell die freien Elektronen dar. Unten entstehen Lücken, so daß nun auch dort eine Bewegung möglich wird. Ob sich diese Bewegungsmöglichkeit im unteren Stockwerk bei den Bindungselektronen wiederfindet, prüfen wir in § 116.

In Halbleitern ist zwischen zwei Zuständen der Elektronen zu unterscheiden: Bindungselektronen halten den Kristall zusammen; dabei können sich zwischen zwei Atomrümpfen höchstens zwei Bindungselektronen aufhalten. Durch Energiezufuhr in Form von Wärme oder Licht werden einige Elektronen aus der Bindung freigeschüttelt. Sie können sich frei im Kristall bewegen: freie Elektronen.

In Kupfer oder Silber finden sich auch bei tiefsten Temperaturen freie Elektronen, und zwar etwa eines je Atom. Deshalb sind diese Metalle stets gute Leiter. In reinem Germanium ist bei Zimmertemperatur nur etwa jedes 10^{10}te Elektron frei; bei sehr tiefen Temperaturen gibt es fast gar keine freien Elektronen. Deshalb leiten Halbleiter viel schlechter als Metalle.

3. Wärme und Licht steuern den Stromkreis

Von der Möglichkeit, die Leitfähigkeit durch äußere Einflüsse zu steuern, macht man bei vielen technischen Geräten Gebrauch. Hier zwei einfache Beispiele:

Versuch 5: Die Schaltung von *Bild 356.1* hilft, Einbrecher zu entdecken: Befindet sich der LDR in einem unbeleuchteten Raum, so hat er einen hohen Widerstand. Durch die Relais-Spule fließt daher nur ein ganz schwacher Strom, der nicht ausreicht, um den Kontakt im Arbeitsstromkreis zu schließen. Sobald Licht auf den LDR fällt, sinkt sein Widerstand. Die Relais-Spule wird von einem stärkeren Strom durchflossen, das Relais spricht an und die Klingel K ertönt.

Versuch 6: In der Schaltung von *Bild 356.2* werden zwei hintereinandergeschaltete Glühlampen L_1 und L_2 vom gleichen Strom I_1 durchflossen. Brennt nun L_1 durch, so erlischt auch L_2. Wie läßt sich dieser Schaden wieder „heilen"? Ein Heißleiter besorgt das, ohne daß wir von außen eingreifen müssen: Wir legen ihn von Anfang an parallel zu L_1. Da er zunächst einen hohen Widerstand besitzt, wird er nur von einem ganz geringen Zweigstrom I_1' durchflossen; dessen Wärmewirkung reicht nicht aus, um Temperatur und Widerstand des Heißleiters merklich zu verändern. Fast der ganze Strom I_1 fließt weiterhin durch L_1. Nun fällt diese Lampe aus (wir simulieren dies durch Herausdrehen aus dem Sockel). Jetzt haben wir einen unverzweigten Stromkreis. L_2 und Heißleiter werden vom gleichen Strom I_2 durchflossen. Dieser ist merklich größer als I_1'. Deshalb erwärmt sich jetzt der Heißleiter. Sein Widerstand sinkt, und dadurch wächst I_2 an. Nach wenigen Sekunden leuchtet L_2 wieder hell auf.

Aufgaben:

1. *Eine kurze Spirale aus Eisendraht, ein Heißleiter und ein Strommeßgerät werden hintereinander an eine Stromquelle gelegt. Mit einer Flamme erwärmt man für kurze Zeit a) den Heißleiter, b) den Eisendraht. Was beobachtet man jeweils am Strommeßgerät?*

2. *Bei einer Überwachungsanlage soll eine Kontroll-Lampe aufleuchten, sobald in dem zu überwachenden Raum die Temperatur unzulässig ansteigt. Entwickle mit Hilfe eines Heißleiters eine Schaltung ähnlich wie in Bild 356.1. Wie ist das Relais anzuschließen, damit die Kontroll-Lampe beim* Unter*schreiten einer gewissen Temperatur aufleuchtet (z.B. bei einem Backofen)?*

3. *Glühlampen brennen vor allem beim Einschalten durch, denn ihr Widerstand ist in kaltem Zustand noch klein; deshalb fließt zunächst ein stärkerer Strom als im Dauerbetrieb. Warum kann ein in den Stromkreis gelegter Heißleiter diesen Stromstoß verhindern? Wie verändert sich der Widerstand von Glühdraht bzw. Heißleiter nach dem Einschalten?*

4. *Die Glühlampen von Versuch 6 haben unter den dortigen Bedingungen (Betriebsspannung* 8 V*) einen Widerstand von* 12 Ω*. Der Heißleiter hat vor dem Durchbrennen von* L_1 *einen Widerstand von etwa* 150 Ω*. Berechne vor und unmittelbar nach dem Durchbrennen von* L_1 *den Gesamtwiderstand des Stromkreises sowie die Stromstärke im Heißleiter.*

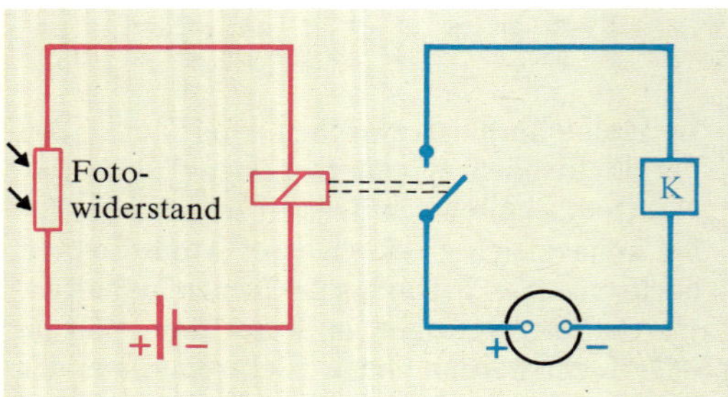

356.1 Alarmanlage; Fotowiderstand LDR 03; Betriebsspannung 9 V

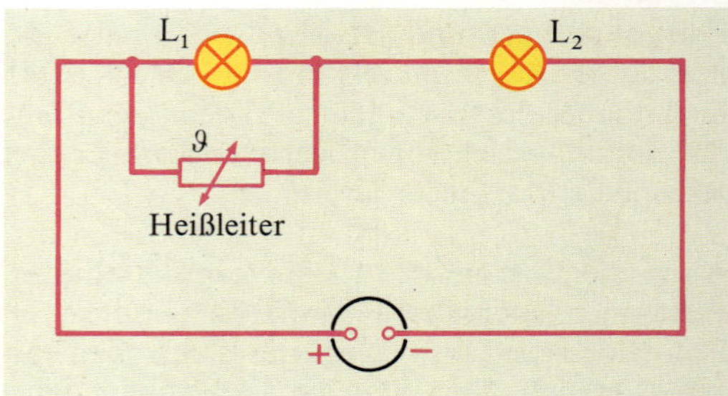

356.2 Zu Versuch 6; L_1 und L_2: 6 V; 3 W; Betriebsspannung 8 V; Heißleiterwiderstand bei 20 °C: 150 Ω

§ 116 Dotierte Halbleiter

1. Wie erhält man mehr freie Elektronen?

Wollen wir, daß Halbleiter auch bei Zimmertemperatur besser leiten, so müssen wir die Zahl der freien Elektronen erhöhen. Dies gelingt nur, wenn man gleichzeitig die positive Ladung der Kerne vergrößert; sonst wäre der Kristall nicht mehr elektrisch neutral. Hierzu ersetzt man z.B. jedes 10^6te Siliciumatom durch ein Arsenatom. Man sagt: Der Siliciumkristall wird mit Arsen **dotiert** (dos, lat.: Gabe). Arsenatome haben ein äußeres Elektron mehr (5 statt 4). Die Bindung zu den 4 Nachbaratomen ist aber nach wie vor mit 4 Elektronen abgesättigt; das 5. Elektron kann sich also an dieser Bindung nicht beteiligen. Es tritt in die Reihe der freien Elektronen ein und erhöht so die Leitfähigkeit. Da diese beim Dotieren mit Arsen auf der Zugabe **n**egativ geladener Elektronen beruht, spricht man von einem **n-Halbleiter.** Die von der Wärmebewegung herrührenden Löcher werden jetzt durch die um viele Zehnerpotenzen zahlreicheren Elektronen fast ganz „zugeschüttet" (*Bild 358.1*, linke Hälfte).

2. Bewegen sich auch Bindungselektronen?

Man kann reine Ge- und Si-Kristalle auch mit Aluminiumatomen dotieren. Diese haben ein Außenelektron weniger als Germanium oder Silicium. Dann fehlt bei jedem Al-Atom ein Elektron in der Bindungsreihe. So entstehen viele Löcher *(Bild 357.1)*. Die wenigen aus der Wärmebewegung stammenden freien Elektronen verschwinden fast ganz, da sie einen kleinen Teil der Löcher auffüllen. Trotzdem leitet der Kristall bei Zimmertemperatur besser als in reinem Zustand!

Im Parkhausmodell kann man das verstehen: Im unteren Stockwerk sind Lücken entstanden; dort können jetzt Autos nachrücken. Im Kristall bedeutet dies: Bindungselektronen können von links in ein rechts von ihrem Gitterplatz liegendes Loch „hüpfen", also zum Pluspol hin *(Bild 357.1)*. Dafür entsteht am vorigen Platz des Elektrons ein neues Loch! Die Elektronen bleiben hierbei gebunden (wir sind im unteren Stockwerk unseres Parkhausmodells); deshalb wird hierzu keinerlei Energie gebraucht. Pfeil 2 zeigt: Auch Elektronen aus dem Minuspol können benachbarte Löcher auffüllen. Der Kristall muß aber elektrisch neutral bleiben. Deshalb müssen gleich viele Bindungselektronen zum Pluspol abwandern (Pfeil 3). Dort entstehen neue Löcher. Diese wandern nach links zum Minuspol hin. Sie entstehen durch Elektronenmangel an der betreffenden Stelle und erscheinen **p**ositiv geladen, weil die benachbarte Kernladung überwiegt. Man nennt deshalb einen mit Aluminium dotierten Kristall einen **p-Halbleiter.**

Bindungselektronen können nur wandern, wenn zwischen ihnen Löcher entstanden sind. Man sagt dann: „Positiv geladene Löcher" wandern zum Minuspol. Dieser Vorgang heißt p-Leitung.

3. Rückblick

In § 115 haben wir mit undotierten, reinen Halbleiterkristallen gearbeitet. Durch Energiezufuhr (Wärme, Licht) entstand mit jedem freien Elektron zugleich ein Loch in der Reihe der Bindungselektronen. Freie Elektronen und Bindungselektronen konnten sich bewegen.

In § 116 dagegen haben wir durch Dotieren zusätzliche Bewegungsmöglichkeiten geschaffen: *Beim n-Halbleiter gibt es Bewegung fast nur im „oberen Stockwerk";* denn die Zahl der freien Elektronen wurde durch Dotieren stark erhöht, die Löcher in der Reihe der Bindungselektronen sind fast alle zugeschüttet. – *Beim p-Halbleiter tritt Elektronenbewegung fast nur im unteren Stockwerk auf;* denn dort wurden viele Löcher in der Reihe der Bindungselektronen geschaffen; die wenigen freien Elektronen füllen nur einen kleinen Teil dieser Löcher auf. Beim Dotieren des Halbleiters kann man zwei verschiedene Leitertypen erhalten. Ihre Anwendungen besprechen wir in § 117.

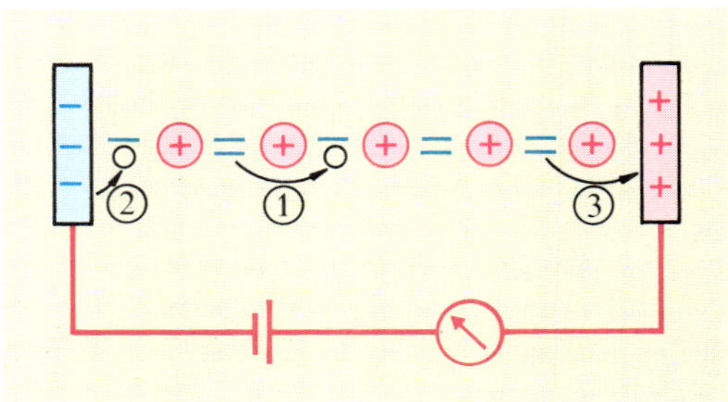

357.1 p-Halbleiter. Vergleiche mit dem n-Halbleiter in *Bild 358.1*, linke Hälfte!

§ 117 Halbleiterdioden

1. Eine elektronische Einbahnstraße

Auf den ersten Blick scheint das Dotieren eines Halbleiters zum Verbessern der Leitfähigkeit keine sehr sinnvolle Maßnahme zu sein. Denn es gibt ja ohnedies genügend gute Leiter, z.B. die Metalle. Den Sinn des Dotierens zeigt der folgende Versuch:

Versuch 7: In einer **Halbleiterdiode** grenzen ein n- und ein p-Halbleiter ohne Störung der Gitterstruktur aneinander (pn-Übergang, siehe *Bild 358.2*). Der Anschluß zum n-Halbleiter ist durch einen Ring gekennzeichnet, im Schaltsymbol durch einen Querstrich. Wir legen nun den n-Halbleiter über ein Lämpchen an den Minuspol, den p-Halbleiter an den Pluspol. Es fließt Strom *(Bild 358.3a)*. Der Pfeil im Schaltsymbol gibt dabei die technische Stromrichtung an. Polen wir um, so sperrt die Diode den Strom so wie ein Fahrradventil die Luft *(Bild 358.3b)*. Die Halbleiterdiode wirkt als Elektronenventil.

2. Warum ziehen Elektronen eine Richtung vor?

a) Bei *Durchlaßpolung* (n-Halbleiter am Minuspol, p-Halbleiter am Pluspol, *Bild 358.1a*) werden die zahlreichen freien Elektronen des n-Halbleiters über die Grenzschicht hinweg in den p-Halbleiter und zum Pluspol hin gezogen. Am Minuspol werden neue Elektronen in den n-Halbleiter zurückgeführt. Aber auch Bindungselektronen überschreiten die Grenzschicht in derselben Richtung; sie hüpfen von Loch zu Loch. Elektronen bewegen sich also in beiden „Stockwerken" von links nach rechts. Dabei tritt wie bei einem Kupferdraht keinerlei Verschleiß des Kristalls ein. Man muß aller-

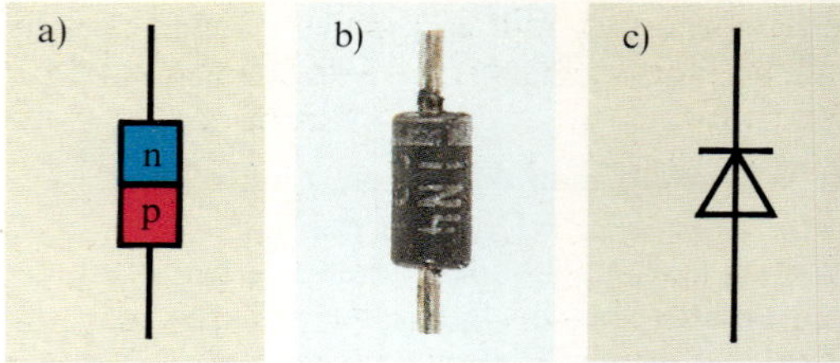

358.2 Halbleiterdiode a) schematisch, b) Foto, c) Schaltsymbol

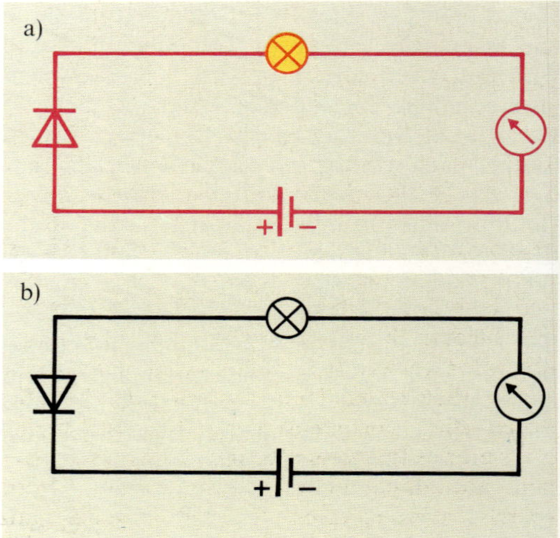

358.3 Halbleiterdiode a) bei Durchlaßpolung, b) bei Sperrpolung

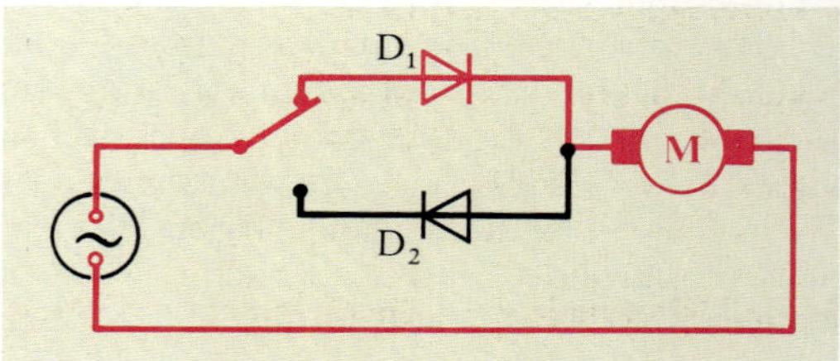

358.4 Gleichstrommotor an Wechselstromquelle; Diode 1 N 4001

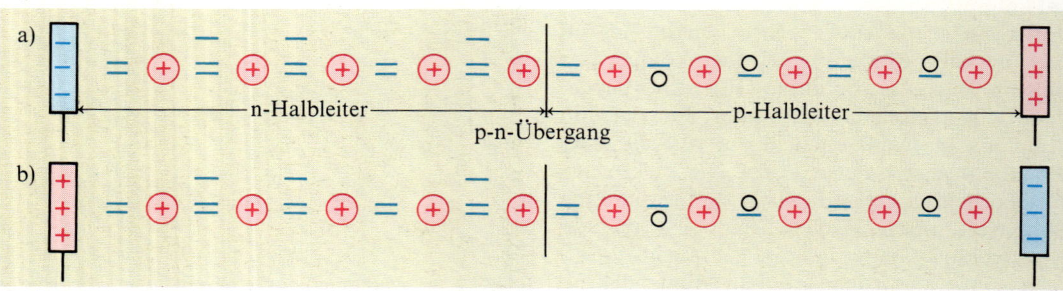

358.1 pn-Übergang bei der Halbleiterdiode; a) Durchlaßrichtung, b) Sperrichtung

dings beachten, daß eine gewisse Höchststromstärke nicht überschritten wird. Sonst wird die Kristallstruktur durch die Wärmewirkung des Stroms zerstört.

Auf beiden Seiten der Grenzschicht treten weitere Erscheinungen auf: Überschreiten Bindungselektronen aus dem n-Halbleiter die Grenzschicht, so bilden sich Löcher auch im n-Halbleiter. Diese werden durch die sehr zahlreichen freien Elektronen des n-Halbleiters aufgefüllt. Der Minuspol liefert dafür freie Elektronen nach. Der Elektronennachschub erfolgt so fast nur im oberen ,,Stockwerk". Gerade umgekehrt liegen die Dinge im p-Halbleiter: Die freien Elektronen füllen nach dem Überschreiten der Grenzschicht Löcher auf; die Elektronenwanderung erfolgt dann fast nur noch im unteren ,,Stockwerk". Fallen Elektronen vom oberen ins untere „Stockwerk", so geben sie bei manchen Halbleitern ihre Energie in Form von Licht ab: **Leuchtdioden.**

b) Bei entgegengesetzter Polung *(Bild 358.1b)* erfahren freie Elektronen und Bindungselektronen eine Kraft nach links. Doch in keinem der beiden Stockwerke kommen Elektronen über die Grenzschicht: Rechts gibt es fast keine freien Elektronen (nur ganz wenige werden durch die Wärmebewegung freigeschüttelt); links gibt es fast keine für die Bindungselektronen aufnahmebereiten Löcher. Die Diode sperrt fast vollständig. Es fließt nur ein ganz unbedeutender ,,Sperrstrom" (bei Si-Dioden etwa 10^{-9} A): *Sperrpolung.*

Durchlaßpolung:	**n-Halbleiter an Minus, p-Halbleiter an Plus.**
Sperrpolung:	**p-Halbleiter an Minus, n-Halbleiter an Plus.**

3. Halbleiterdioden als Gleichrichter

Auf Seite 286 haben wir eine Röhrendiode verwendet, um Wechselstrom gleichzurichten. Diese Aufgabe kann auch eine Halbleiterdiode übernehmen:

Versuch 8: Ein Spielzeugmotor mit Dauermagnet wird normalerweise mit Gleichstrom betrieben. Mit Wechselstrom läuft er nur, wenn man diesen mit Dioden gleichrichtet *(Bild 358.4):* Liegt der Schalter in der eingezeichneten Stellung, so sorgt die Diode D_1 dafür, daß Strom nur von links nach rechts den Motor durchfließt. Legen wir den Schalter um, so läßt D_2 den Strom nur von rechts nach links durch: Der Drehsinn des Motors ändert sich.

Versuch 9: Versuch 8 hat einen Nachteil: Beim technischen Wechselstrom (50 Hz) fließt nur dann Strom durch den Motor, wenn die Diode $\frac{1}{100}$ s lang in Durchlaßpolung liegt; anschließend fließt für $\frac{1}{100}$ s lang gar kein Strom. Das ist bei der Lampe in *Bild 359.1* nicht anders, solange wir nur die Dioden D_1 und D_2 anschließen. Wir legen die Vertikalablenkung des Oszilloskops an die Kontakte A und B; *Bild 359.2*, oben, zeigt das Ergebnis. Nun schließen wir auch die Dioden D_3 und D_4 an: *Bild 359.2*, unten, zeigt, daß dann während beider Halbperioden Strom in der gleichen Richtung fließt. Wie kommt das?

Liegt in *Bild 359.1* für $\frac{1}{100}$ s der Pluspol oben und der Minuspol unten, fließt Strom über D_1 und D_2 durch die Lampe (grüne Pfeile); ändert sich die Polung, wird die Lampe in der gleichen Richtung wie bisher vom Strom durchflossen, allerdings jetzt über die Dioden D_3 und D_4 (rote Pfeile). Während beider Halbperioden der Wechselspannung fließt also ein pulsierender Gleichstrom durch die Lampe.

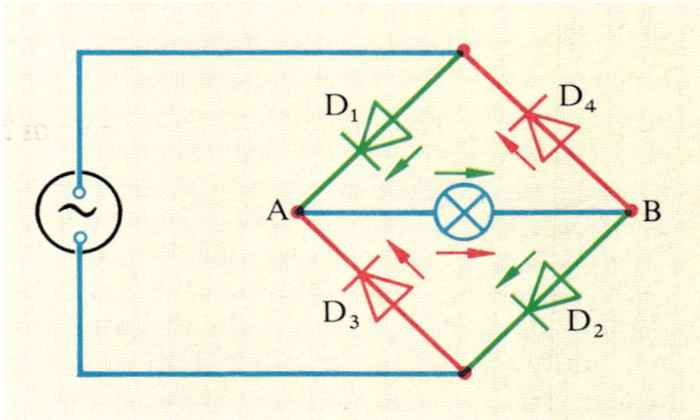

359.1 Gleichrichterschaltung mit 4 Dioden (Brückenschaltung)

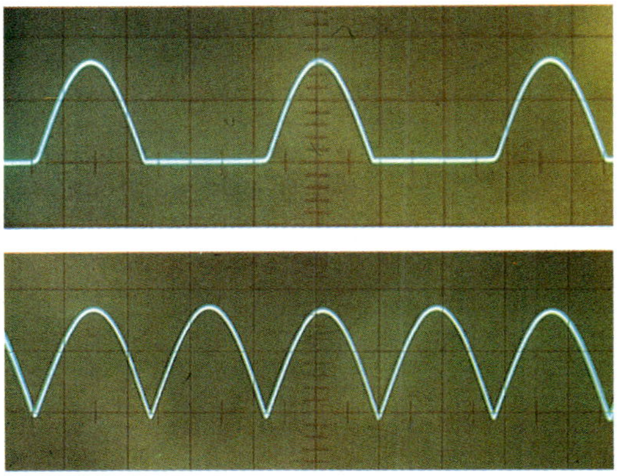

359.2 Oben: unvollständige (2 Dioden), unten: vollständige Brückenschaltung (4 Dioden)

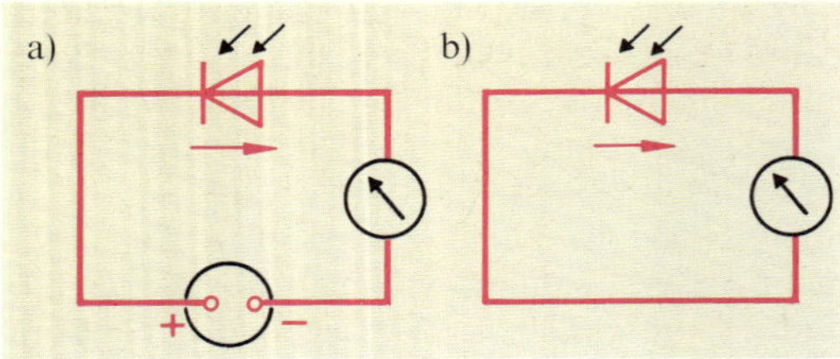

360.1 a) Fotodiode; b) Fotoelement

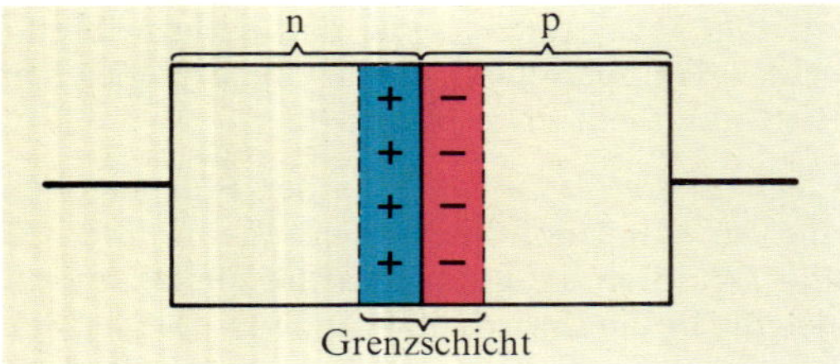

360.2 Ladungsverteilung in der unbelichteten Grenzschicht der Fotodiode.

4. Lichtempfindliche Dioden

Versuch 10: Wir verwenden eine Halbleiterdiode mit durchsichtigem Glasgehäuse oder einem Lichteintrittsfenster **(Fotodiode).** Solche Fotodioden werden stets bei Sperrpolung betrieben *(Bild 360.1a)*. Fällt Licht auf die pn-Grenzschicht, so werden dort Bindungselektronen energetisch „angehoben": sie werden zu freien Elektronen. So erhält man durch Belichten plötzlich auch im p-Halbleiter (rechts in *Bild 358.1b*) freie Elektronen; diese wandern über die Grenzschicht hinweg nach links zum Pluspol. Das Licht erzeugt auch im n-Halbleiter Löcher. Diese werden von rechts her aufgefüllt. In beiden Stockwerken können also Elektronen während des Belichtens die Grenzschicht überschreiten. Der zunächst ganz unbedeutende Sperrstrom wächst um so stärker an, je kräftiger man belichtet, je mehr Elektronen pro Sekunde also „angehoben" werden.

Fotodioden werden wie Fotowiderstände bei Steuerungs- und Regelungsvorgängen aller Art verwendet, z.B. zum automatischen Ein- und Ausschalten der Straßenbeleuchtung, siehe Seite 372.

Versuch 11: Lassen wir wie in *Bild 360.1b* die Stromquelle bei der Fotodiode ganz weg, so fließt beim Belichten merkwürdigerweise trotzdem ein Strom! Die belichtete Fotodiode ist offenbar selbst eine Stromquelle **(Fotoelement).** Lichtenergie wird hier unmittelbar in elektrische Energie umgewandelt. Dies benutzt man bei den Sonnenbatterien *(Solarzellen)* der Raumfahrzeuge. Dabei werden etwa 15% der eingestrahlten Energie in elektrische Energie umgewandelt.

Wieso wirkt eine belichtete Fotozelle als Stromquelle? Dazu betrachten wir zunächst die Verhältnisse vor dem Belichten: Aufgrund ihrer Eigenbewegung überschritten schon bei der Herstellung des pn-Übergangs freie Elektronen die Grenzschicht (von links nach rechts in *Bild 358.1*). Ebenso rückten Bindungselektronen in Löcher des p-Halbleiters ein. So verlor der n-Halbleiter einen kleinen Teil seiner beweglichen Elektronen; in der Nähe der Grenzschicht überwiegt bei ihm die positive Ladung der ortsfesten Atomrümpfe. Der p-Halbleiter gewann Elektronen, lud sich also in der Nähe der Grenzschicht negativ auf, siehe *Bild 360.2*. Diese Aufladung verhindert nun, daß weitere Elektronen aufgrund ihrer Eigenbewegung über die Grenzschicht kommen. Es bildete sich ein Gleichgewichtszustand.

Diese positiven Ladungen am Rande des n-Halbleiters und die negativen Ladungen am Rand des p-Halbleiters sind bei jeder Diode vorhanden. Sie behindern bei kleinen Spannungen auch in Durchlaßrichtung die Elektronenbewegung in beiden „Stockwerken". Deshalb braucht man bei Si-Dioden eine Mindestspannung von 0,6 V (bei Ge-Dioden 0,2 V), bis ein merklicher Durchlaßstrom fließt.

Belichten wir nun die Grenzschicht, so heben wir dort Bindungselektronen an, es entstehen freie Elektronen und Löcher. Die positiven Ladungen am Rande des n-Halbleiters ziehen freie Elektronen und Bindungselektronen aus dem p-Halbleiter nach links (letztere „hüpfen" in die im n-Halbleiter durch Belichten entstandenen Löcher). Das bisherige Gleichgewicht wird gestört. Der n-Halbleiter hat durch das Belichten wieder Elektronen zurückgewonnen. Diese fließen über den äußeren Stromkreis zum p-Halbleiter zurück.

Aufgaben:

1. *Bei der Si-Diode 1 N 4001 darf die Stromstärke in Durchlaßrichtung höchstens* 1 A *betragen, damit das Kristallgitter durch die Wärmewirkung des Stroms nicht zerstört wird. Wie groß muß demnach der Vorwiderstand bei einer Spannung von* 4,5 V *mindestens sein?*

2. *An einer in Durchlaßrichtung gepolten Si-Diode fällt eine Spannung von etwa* 0,7 V *ab. Welcher Strom fließt durch die Diode bei einem Vorwiderstand von* 100 Ω *und einer Spannung von* 4,5 V*? Wie groß ist die elektrische Leistung, die sich in der Diode als Wärmeabgabe pro Sekunde bemerkbar macht?*

3. *In der Schaltung von Bild 361.1 schließt man a) Schalter* S_1, *b) Schalter* S_2. *Bei welcher Schalterstellung leuchtet* L_1 *bzw.* L_2*?*

4. *a) In der Schaltung von Bild 359.1 vergißt man, die Diode* D_1 *einzubauen. Leuchtet die Lampe trotzdem? Was beobachtet man am Oszilloskop?*
b) Nun wird D_1 *eingebaut, leider mit falscher Polung. Welche Dioden werden beim Anlegen der Wechselspannung von einem zu starken Strom durchflossen und zerstört?*

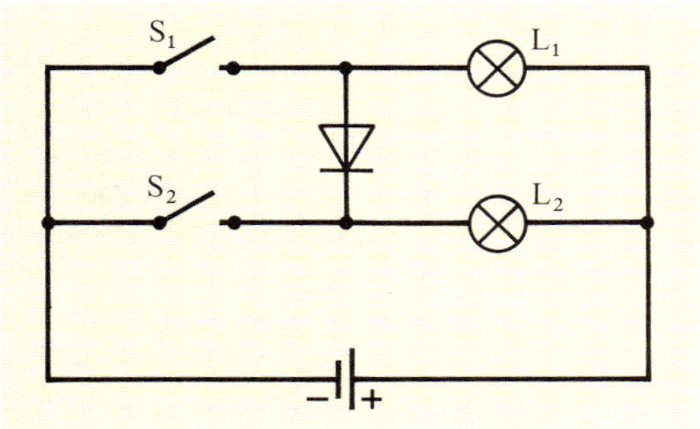

361.1 Zu Aufgabe 3

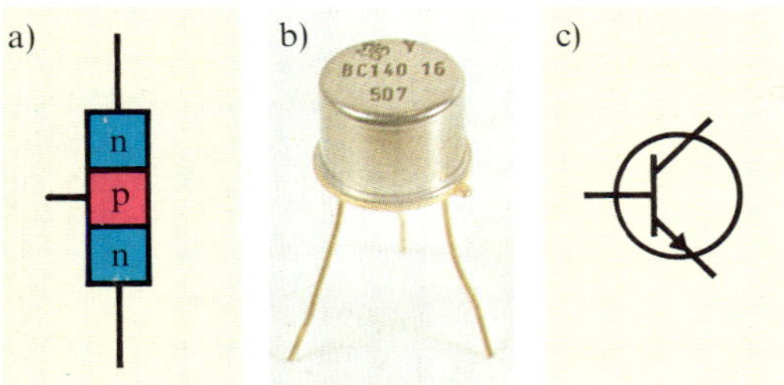

361.2 Transistor a) schematisch, b) Foto, c) Schaltbild

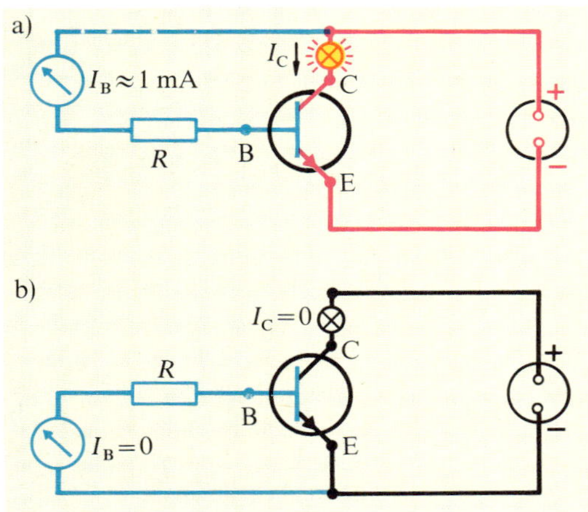

361.3 a) Transistor leitet; b) Transistor sperrt.

§ 118 Transistoren

1. Strom bevorzugt den gesperrten Weg!

Im sogenannten npn-Transistor besteht der Halbleiterkristall aus drei unterschiedlich dotierten Zonen: Auf den **Emitter** (n-Halbleiter) folgt die sehr dünne **Basis** (p-Halbleiter), und an diese schließt sich der **Kollektor** (n-Halbleiter) an, siehe *Bild 361.2.* Basis und Emitter bilden also einen pn-Übergang wie bei einer Diode, ebenso Basis und Kollektor. Welchen Sinn hat diese merkwürdige Anordnung?

Versuch 12: a) Wir verbinden den Emitter E mit dem Minuspol, den Kollektor C mit dem Pluspol. Als Betriebsspannung wählen wir 4,5 V. Die Elektronen könnten zwar aus dem Emitter (n-Halbleiter) zur Basis (p-Halbleiter) fließen; dieser Übergang E → B ist geöffnet. Sie kommen aber nicht weiter, denn beim folgenden pn-Übergang liegt der n-Halbleiter (der Kollektor) am Pluspol; dieser Übergang B → C ist gesperrt. Der sogenannte *Kollektorstrom* I_C ist fast Null, die Lampe L bleibt dunkel.

b) Versuchen wir nun unser Glück an der geöffneten Grenzschicht Emitter-Basis. Wir verbinden auch noch die Basis über den Schutzwiderstand $R = 200\,\Omega$ mit dem Pluspol (siehe *Bild 361.3a*). Das Ergebnis ist einerseits enttäuschend: Durch diese „Umleitung" fließt ein *Basisstrom* I_B von weniger als 1 mA. Ganz unerwartet leuchtet aber die Lampe L im Kollektorstromkreis hell auf: Wir messen einen Kollektorstrom I_C von etwa 40 mA! Verbindet man also die Basis-„Nebenstrecke" mit dem Pluspol, so wird die Transistor-„Hauptstrecke" vom Emitter zum Kollektor leitend. Wird dagegen die Basis nicht angeschlossen oder über den Emitter mit dem Minuspol verbunden *(Bild 361.3b)*, so ist diese „Hauptstrecke" gesperrt. Der Transistor verhält sich also wie ein Schalter, den man über die Basis elektrisch öffnen oder schließen kann.

Er kann – anders als mechanische Schalter – Tausende von Umschaltvorgängen je Sekunde ausführen.

Ist beim npn-Transistor die Basis positiv gegenüber dem Emitter, so wirkt der Transistor im Kollektorstromkreis wie ein geöffneter Schalter (I_C groß). Andernfalls wirkt er wie ein geschlossener Schalter ($I_C \approx 0$).

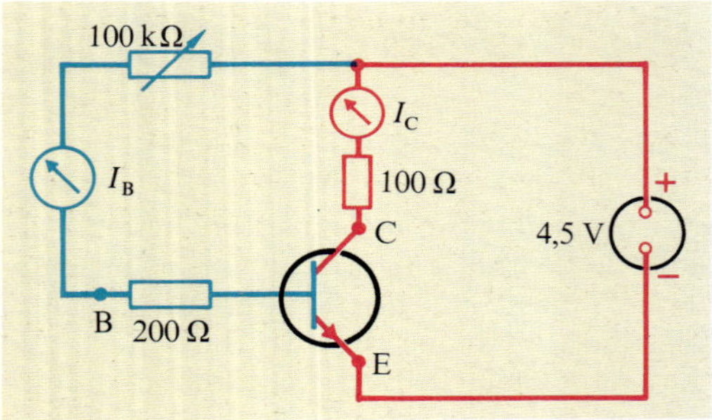

362.1 Aufnahme der I_B-I_C-Kennlinie des Transistors

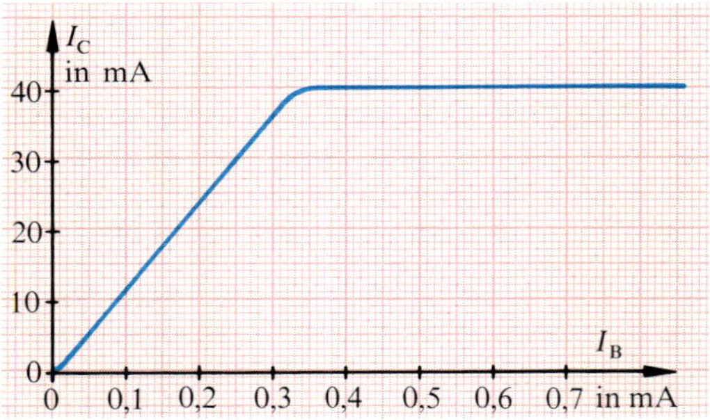

362.2 I_B-I_C-Kennlinie von BC 140

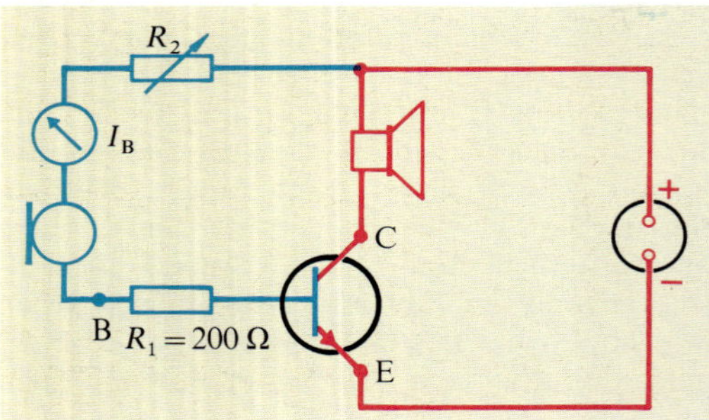

362.3 Mikrofonverstärker (Lautsprecher 6 Ω)

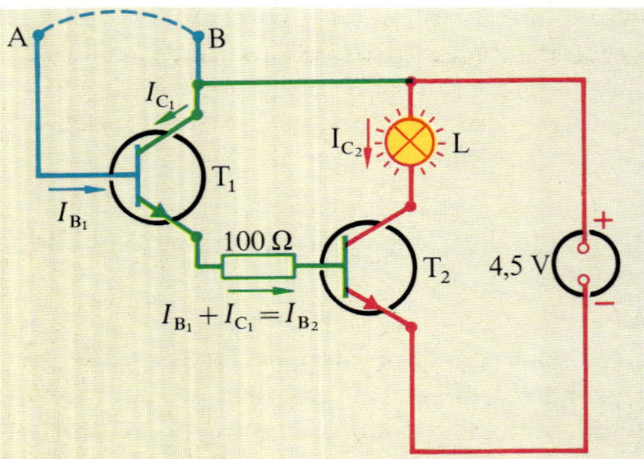

362.4 Sensorschaltung (Darlingtonschaltung)
L: 3,8 V; 0,07 A oder 4 V; 0,04 A

2. Warum wird die Basis überrannt?

Merkwürdigerweise fließen viel mehr Elektronen vom Emitter durch die Basis über den Kollektor zum Pluspol statt über den Basis-Nebenanschluß. Wie kommt das? Nun: diese Basis ist sehr dünn (etwa $\frac{1}{100}$ mm). Verbindet man sie mit dem Pluspol, treten freie Elektronen in breiter Front über den geöffneten Übergang E→B in den p-Halbleiter. Bevor sie über den seitlich gelegenen Basisanschluß abgesaugt werden können, haben die meisten von ihnen aufgrund ihrer Eigenbewegung die nächste Grenzschicht zwischen Basis und Kollektor erreicht. Dort werden sie vom positiven Kollektor angezogen. Der Übergang B→C stellt für die freien Elektronen kein Hindernis dar. Der Emitter sendet also Elektronen aus (emittere, lat.; aussenden). Nur ein geringer Anteil (etwa 1%) wandert seitlich über die Basis ab und bildet den Basisstrom I_B. Den größten Teil der Elektronen sammelt der Kollektor (colligere, lat.; sammeln).

3. Wie verteilen sich die Elektronen auf Haupt- und Nebenstrecke?

Versuch 13: Wir vergleichen die Elektronenströme über die Basis (I_B) bzw. über den Kollektor (I_C). *Bild 362.1* zeigt die Versuchsanordnung. Achtung! Wir legen hier und künftig vor die Basis immer einen festen Widerstand (200 Ω). Dieser sorgt dafür, daß der Basisstrom nicht unzulässig hohe Werte annimmt. Als Baseingang B bezeichnen wir das von der Basis wegweisende Ende dieses Widerstands. Wir verändern nun I_B mit Hilfe eines Regelwiderstands (100 kΩ) und finden:

a) Ist $I_B < 0{,}3$ mA, so sind I_B und I_C proportional; $I_C/I_B \approx 120$. I_C ist also 120mal so stark wie I_B: **Verstärkerbereich.**

b) Bei etwas größeren Basisströmen ist I_C groß und ändert sich kaum mehr. Der Transistor wirkt jetzt wie ein geschlossener Schalter: **Schalterbereich.** I_C wird dann nur noch durch den 100 Ω-Widerstand begrenzt und ist von I_B unabhängig. *Bild 362.2* zeigt die Ergebnisse.

Bei kleinen Basisströmen wächst I_C proportional zu I_B (Verstärkerbereich). Wächst I_B weiter, so ändert sich I_C kaum noch. Der Transistor wirkt dann als geschlossener Schalter (Schalterbereich).

4. Wir arbeiten im Verstärkerbereich

Versuch 14: In den Basisstromkreis von *Bild 362.3* schalten wir ein Kohlekörnermikrofon. Mit dem veränderlichen Widerstand R_2 stellen wir I_B so ein, daß wir im Verstärkerbereich bleiben. Halten wir eine Stimmgabel ans Mikrofon, so ändert sich dessen Widerstand im Rhythmus der Schallschwingungen (siehe Seite 332). Im gleichen Rhythmus schwankt I_B, also auch I_C; I_C ändert sich aber mehr als 100mal so stark wie I_B. Dies reicht aus, um im Kollektorstromkreis einen Lautsprecher zu betreiben. Im Verstärkerbereich bewirken also kleine Änderungen von I_B große Änderungen von I_C.

Versuch 15: Wirken zwei Transistoren im Verstärkerbereich zusammen, so erzielt man ganz erstaunliche Wirkungen: In *Bild 362.4* berührt ein Schüler mit einer Hand Kontakt A, mit der anderen Kontakt B. Die Lampe L leuchtet hell auf! Über den Körper des Schülers fließt ein winziger Basisstrom I_{B1} (0,01 mA) und ruft einen mehr als 100mal so großen Kollektorstrom I_{C1} hervor (beim Transistor T_1). Diese beiden Ströme fließen über die Basis von T_2 und bewirken dort im Kollektorstromkreis einen wiederum über 100mal so großen Kollektorstrom I_{C2} (solange wir beide Transistoren im Verstärkerbereich betreiben). I_{C2} ist also mehr als 10000mal so groß wie der Strom, der durch den Körper des Schülers floß. Diese Schaltung nennt man Sensorschaltung oder nach ihrem Erfinder *Darlingtonschaltung*.

5. Genaue Einstellung des Verstärkerbereichs

Mit Hilfe der Spannung U_{BE} zwischen Basiseingang und Emitter legen wir fest, ob wir im Verstärker- oder Schalterbereich arbeiten:

Versuch 16: Wir steuern die Basis über eine Spannungsteilerschaltung (Seite 328). Sie besteht aus einem Schiebe- oder Drehwiderstand. Den oberen Teil des Widerstands nennen wir R_o, den unteren R_u *(Bild 363.1)*.

Fall I: Wir schieben den Abgriff ganz nach unten. B ist also direkt mit dem Minuspol verbunden. Dann ist $I_C = 0$ und $U_{BE} = 0$. Der Transistor wirkt im Kollektorstromkreis wie ein unterbrochener Schalter.

Fall II: Wir schieben den Abgriff ganz nach oben. B liegt am Pluspol. Dann ist $I_C \approx 40$ mA, der Transistorschalter ist geschlossen.

Fall III: Wir suchen den Verstärkerbereich, in dem I_C proportional zu I_B anwächst. Dazu verschieben wir den Gleitabgriff langsam von unten nach oben. Je größer R_u wird, um so mehr wächst auch die Teilspannung U_{BE} zwischen Basis und Emitter (am größer werdenden Widerstand R_u liegt eine größer werdende Teilspannung U_{BE}). Wir messen zusammengehörende Werte von U_{BE} und I_C. *Bild 363.2* zeigt das Ergebnis:
$0{,}6\,V \leqq U_{BE} \leqq 0{,}8\,V$: Verstärkerbereich, I_C wächst mit U_{BE} stark an.
$U_{BE} > 0{,}8\,V$: Transistor im Schalterbereich, Widerstand nahezu null.

Versuch 17: Die Ergebnisse von Versuch 16 helfen uns beim Bau einer empfindlichen Schaltung: *Bild 363.3* zeigt gleichfalls eine Spannungsteilerschaltung. Dem Teilwiderstand R_u von *Bild 363.1* entspricht R_2 (5 kΩ), dem Teil-

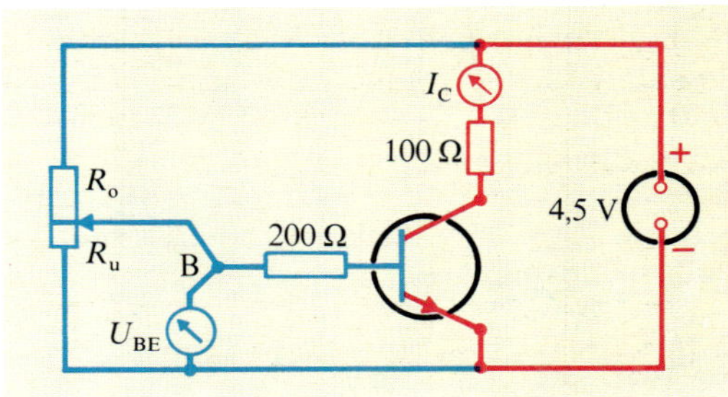

363.1 Aufnahme der U_{BE}-I_C-Kennlinie des Transistors BC 140

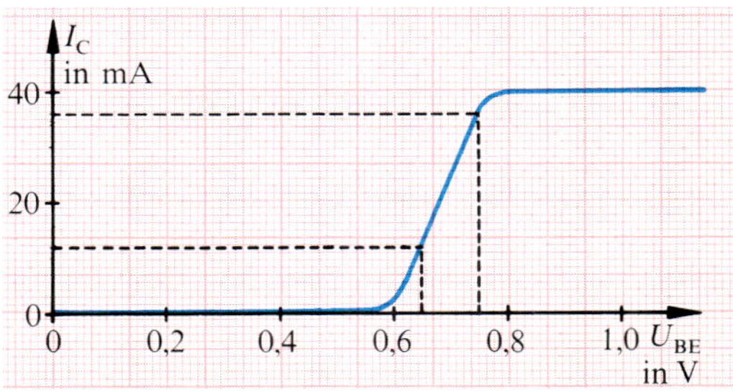

363.2 U_{BE}-I_C-Kennlinie von BC 140

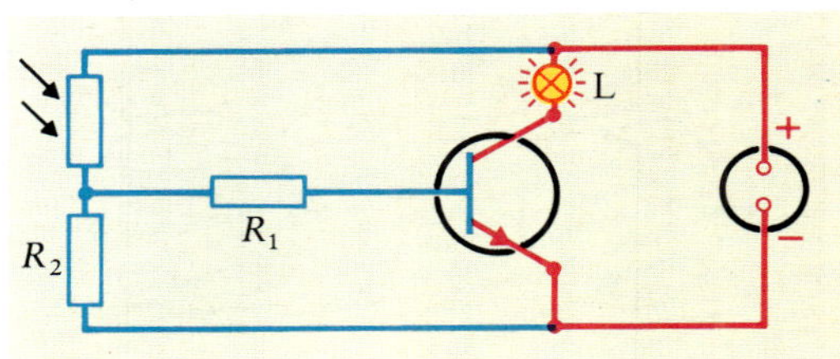

363.3 Zu Versuch 17

widerstand R_o der Fotowiderstand (LDR 05). Wir stimmen diese beiden Werte so aufeinander ab, daß bei unbelichtetem LDR $U_{BE} = 0{,}6$ V ist. Der Transistor sperrt eben noch. Fällt jetzt auch nur ganz wenig Licht auf den LDR, so sinkt sein Widerstand R_o. Das wirkt sich aus wie eine Verschiebung des Mittelabgriffs nach oben im *Bild 363.1*. Der Transistor leitet, L leuchtet auf. Hier hat ein Lichtstrahl den Spannungsteiler verschoben!

Versuch 18: Eine schwache Wechselspannung vom Scheitelwert 0,05 V soll verstärkt werden. Dazu stellen wir in *Bild 364.1* mit Hilfe des Spannungsteilers zunächst die Gleichspannung U_{BE} auf 0,7 V ein. Damit liegt der sogenannte „Arbeitspunkt A" der Schaltung mitten im Verstärkerbereich *(Bild 363.2)*. Legen wir nun zusätzlich die Wechselspannung zwischen B_1 und B_2, so schwankt U_{BE} zwischen 0,65 V und 0,75 V. I_C ändert sich dadurch nach *Bild 363.2* zwischen 12 mA und 36 mA. Am Widerstand R_2 (100 Ω) im Kollektorstromkreis schwankt deshalb die Spannung verstärkt zwischen $100\,\Omega \cdot 12\,\text{mA} = 1{,}2$ V und $100\,\Omega \cdot 36\,\text{mA} = 3{,}6$ V. Spannungsschwankungen von 0,1 V im Basisstromkreis rufen Spannungsschwankungen von 2,4 V im Kollektorstromkreis hervor: 24fache Spannungsverstärkung.

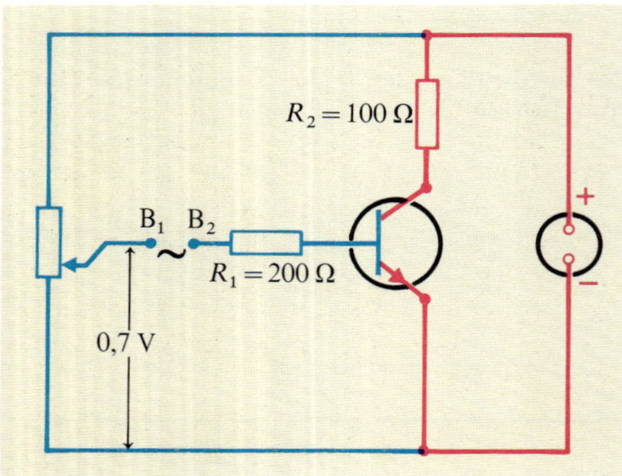

364.1 Transistorverstärker

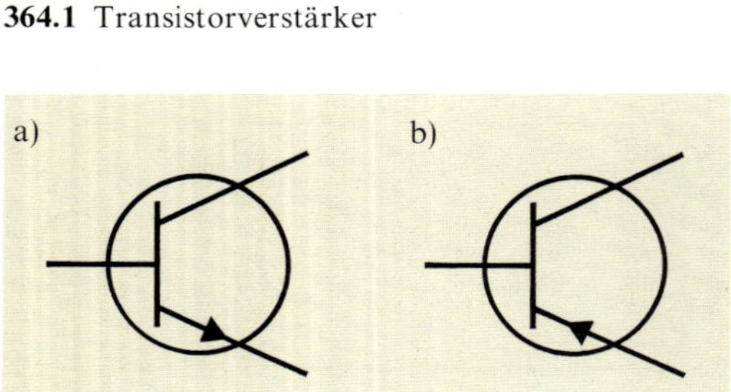

364.2 a) npn-Transistor; b) pnp-Transistor

Transistorverstärker wie in Versuch 18 haben gegenüber Röhrenverstärkern (§ 114) wesentliche Vorteile: sie sind klein, unempfindlich gegen Stöße, arbeiten bei niedrigen Betriebsspannungen und brauchen keine Heizung.
Bei vielen Anwendungen „überspringt" man absichtlich den Verstärkerbereich und setzt den Transistor als Schalter ein. Beispiele dafür lernen wir in den nächsten Paragrafen kennen.

Außer den von uns verwendeten npn-Transistoren gibt es auch sogenannte pnp-Transistoren. Bei diesen sind Emitter und Kollektor p-Halbleiter, die Basis ist ein n-Halbleiter. *Bild 364.2* zeigt nebeneinander die Schaltbilder des npn- und pnp-Transistors. Der Pfeil beim Emitter gibt jeweils die technische Stromrichtung an. Verwendet man pnp-Transistoren, so muß man sämtliche Polungen gegenüber npn-Transistoren umkehren.

Aufgaben:

1. *Bei dem von uns verwendeten Transistor BC 140 schreibt die Herstellerfirma folgende Grenzdaten vor:* $I_C \leqq 1$ A; $I_B \leqq 0{,}1$ A. *Welchen Wert muß der Widerstand im Kollektor- bzw. Basisstromkreis bei einer Betriebsspannung von 4,5 V mindestens haben, damit der Transistor geschützt ist?*

2. *Warum wäre es in Versuch 18 äußerst ungünstig, mit dem Spannungsteiler* U_{BE} *auf* 0,5 V *einzustellen? (Beachte Bild 363.2!)*

3. *Welche Teile von Transistor und Triode entsprechen einander? Welche beim Betrieb einer Triode erforderliche Stromquelle entfällt beim Transistor?*

4. *Vertausche in Bild 363.3 den Festwiderstand* R_2 *und den LDR! Wie wirkt diese Schaltung bei belichtetem bzw. unbelichtetem LDR? Wo kann man sie anwenden?*

5. *Wie kann man die Schaltung von Bild 363.3 unempfindlicher machen, damit der Transistor erst bei kräftiger Beleuchtung des LDR leitend wird?*

6. *Konstruiere nach dem Muster von Bild 363.3 mit Hilfe eines Heißleiters eine Warnanlage, die schon auf kleinste Temperaturzunahmen reagiert! Wie muß man vorgehen, damit die Anlage auf Temperaturabnahme anspricht?*

7. *Beschreibe den Weg der vom Emitter ausgehenden freien Elektronen, wenn die Basis des Transistors versehentlich zu dick gemacht wurde!*

§ 119 NICHT-Glieder

Ein wichtiger Anwendungsbereich der Elektronik ist die **elektronische Datenverarbeitung.** In diesen Bereich gehört der Taschenrechner ebenso wie der Großcomputer. Für solche Geräte hat man eine Fülle von Schaltungen entwickelt. Diese lassen sich auf einige wenige Grundschaltungen zurückführen, die man als **logische Schaltungen** bezeichnet. In § 86 haben wir schon mit Hilfe von Handschaltern eine ODER-Schaltung sowie eine UND-Schaltung entwickelt. Jetzt sollen elektronische Hilfsmittel eingesetzt werden.

1. Ein Apparat, der stets verneint

Wir führen beim Transistorschalter von *Bild 365.1* einige Bezeichnungen ein: Den Basisanschluß nennen wir den *Eingang* E der Schaltung, den Kollektoranschluß den *Ausgang* A. Um den Zustand des Transistors genau beschreiben zu können, sagen wir:

Ein Punkt P einer Schaltung hat die Polarität 1 (0) genau dann, wenn zwischen P und dem Pluspol (Minuspol) der Stromquelle keine nennenswerte Spannung liegt.

Versuch 19: a) Verbinden wir in *Bild 365.1* den Eingang E über ein Kabel mit der Plusschiene, so liegt zwischen Pluspol und E keine Spannung. E hat also die Polarität 1. Der Transistor wirkt in diesem Fall wie ein geschlossener Schalter. Zwischen dem Minuspol und dem Ausgang A liegt also keine nennenswerte Spannung. A hat die Polarität 0. Fast die gesamte Spannung der Batterie liegt am Widerstand R_1. E und A haben entgegengesetzte Polarität.

b) Nun verbinden wir E über ein Kabel mit der Minusschiene. Diesmal tritt zwischen E und dem Minuspol keinerlei Spannung auf. E hat die Polarität 0. Jetzt wirkt der Transistor wie ein geöffneter Schalter. Es fließt kein Kollektorstrom. Wir finden also zwischen den Enden des Widerstands R_1 keine Spannung ($U_1 = R_1 \cdot I_c = 0$). A liegt ohne Spannungsabfall am Pluspol und hat daher die Polarität 1.

Unsere Versuchsergebnisse fassen wir in *Tabelle 365.2* zusammen. E und A haben stets entgegengesetzte Polarität; hat z.B. E die Polarität 1, dann hat A **nicht** diese Polarität. Unsere Schaltung wird daher als **NICHT-Glied** bezeichnet. Sie „verneint".

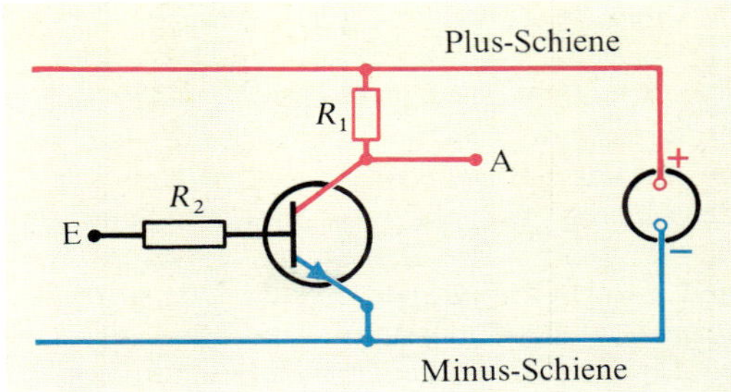

365.1 Transistorschalter als NICHT-Glied

E	A
1	0
0	1

Tabelle 365.1 Polaritäten am Ein- und Ausgang eines NICHT-Glieds

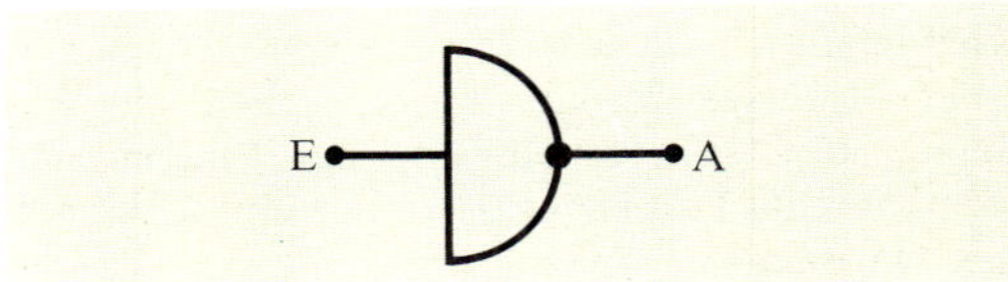

365.2 Schaltsymbol für ein NICHT-Glied

Es gibt auch andere Möglichkeiten, NICHT-Glieder zu bauen. Für alle Arten von NICHT-Gliedern verwendet man das Schaltsymbol von *Bild 365.2*. Dort sind nur noch Ein- und Ausgang der Schaltung gezeichnet. Das „Innenleben" der Schaltung geht aus dem Schaltzeichen nicht hervor. Wichtig ist nur, daß Eingangs- und Ausgangspolarität gemäß *Tabelle 365.1* miteinander zusammenhängen.

Wie entscheidet man, ob ein Punkt P die Polarität 1 besitzt, ob also zwischen P und dem Pluspol keine nennenswerte Spannung liegt? Zunächst legen wir fest, wann wir eine Spannung als nennenswert bezeichnen wollen und wann nicht. Verwenden wir z.B. eine Batterie mit der Klemmenspannung 4,5 V, so ist folgende Vereinbarung zweckmäßig: Tritt zwischen P und dem Pluspol höchstens eine Spannung von 1 V auf, so schreiben wir P die Polarität 1 zu. Tritt zwischen P und dem Minuspol höchstens eine Spannung von 1 V auf, geben wir P die Polarität 0. Selbstverständlich kann es in einer Schaltung auch Punkte geben, die weder Polarität 1 noch Polarität 0 besitzen. Bei den Ein- und Ausgängen von logischen Schaltungen darf dies aber nicht auftreten. Diese dürfen nur ja oder nein sagen!

2. Doppelte Verneinung gibt Bejahung

Versuch 20: Wir schalten zwei NICHT-Glieder hintereinander. Dazu legen wir den Ausgang A_1 des ersten NICHT-Glieds an den Eingang E_2 des zweiten *(Bild 366.1;* ausführliche Schaltung in *Bild 366.2).* Die Kollektorwiderstände werden durch Glühlampen ersetzt. Den grün eingezeichneten Widerstand brauchen wir zunächst nicht. Nun geben wir dem Eingang E_1 durch Verbindung mit der Minusschiene die Polarität 0. Dann erhalten A_1 und E_2 die Polarität 1, damit besitzt A_2 wieder die Polarität 0. *E_1 und A_2 haben also dieselbe Polarität.* Das gilt auch, wenn wir E_1 anfangs an die Plusschiene legen.

Versuch 21: Wir geben in *Bild 366.2* dem Eingang E_1 durch eine Verbindung mit der Plusschiene die Polarität 1. Der erste Transistor wird leitend, L_1 leuchtet; der zweite Transistor sperrt, L_2 wird dunkel. Unterbrechen wir jetzt bei E_1 die Kabelverbindung zur Plusschiene, kippen beide Transistoren wieder um. Läßt sich das vermeiden? Dazu „binden" wir E_1 an einen Punkt, der weiterhin die Polarität 1 hat. Das ist offenbar A_2 (siehe Versuch 20). Wir verbinden deshalb A_2 über den grün gezeichneten Widerstand R_3 mit E_1. Nun können wir die Verbindung zwischen E_1 und der Plusschiene lösen, ohne daß die Transistoren zurückkippen. Über die grüne „Rückkopplungsleitung" wird trotzdem die Polarität 1 bei E_1 aufrechterhalten. Eine kurzzeitige Verbindung von E_1 und Plusschiene genügt, um bis auf weiteres die Polarität 1 bei A_2 aufrechtzuerhalten. Legt man E_1 kurzzeitig an die Minusschiene, so wird anschließend die Polarität 0 gespeichert. Die Schaltung hat also ein „Gedächtnis": Sie speichert am Ausgang die Polarität, die zuletzt am Eingang „eingetippt" wurde. Man nennt sie daher *elektronischen Speicher* oder **Flip-Flop.**

Bild 366.3 zeigt das Schaltsymbol für ein Flip-Flop. Statt A_2 schreibt man A, statt A_1 meist $\bar{A}$. $\bar{A}$ bezeichnet man als *negierten Ausgang*; dort herrscht stets die zu A entgegengesetzte Polarität.

3. Ein Flip-Flop speichert Lichtsignale

Die Alarmanlage von *Bild 356.1* hatte einen Nachteil: Die Klingel ertönte nur bei belichtetem Fotowiderstand. Kann schon ein kurzer Lichtblitz Daueralarm auslösen? Hier hilft ein Flip-Flop:

Versuch 22: In *Bild 366.4* ist der LDR zunächst unbelichtet. Sein Widerstand R_o ist dann viel größer als der Festwiderstand R_u. An diesem liegt nur ein geringer Teil der Spannung. E besitzt also die Polarität 0. Wird jetzt der LDR kurzzeitig belichtet, sinkt sein Widerstand. Nun gilt: $R_o \ll R_u$. E erhält die Polarität 1. Damit kippt das Flip-Flop um: A erhält die Polarität 1 und behält sie auch, wenn der LDR nicht mehr belichtet wird: Daueralarm.

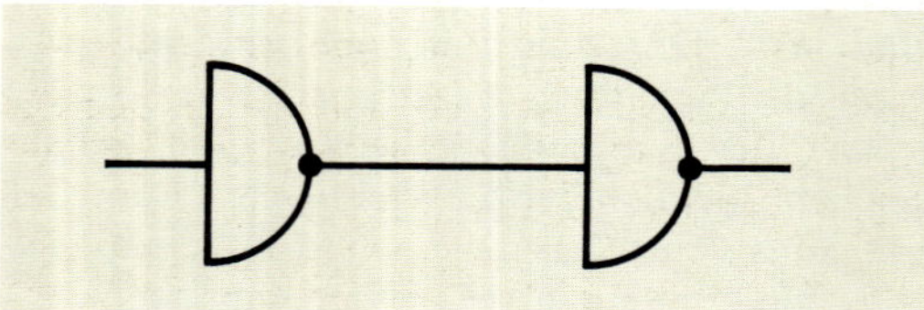

366.1 Hintereinandergeschaltete NICHT-Glieder

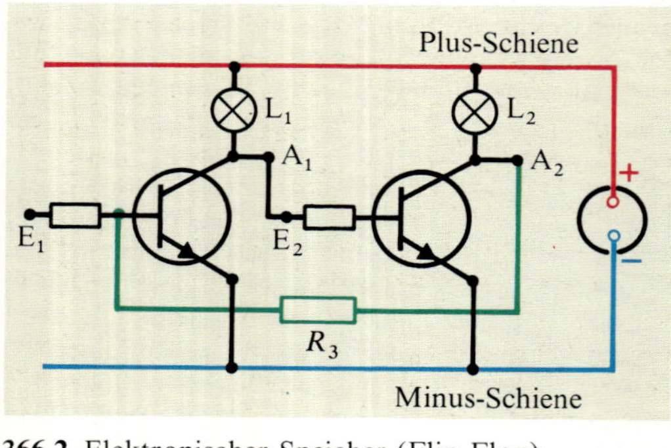

366.2 Elektronischer Speicher (Flip-Flop)

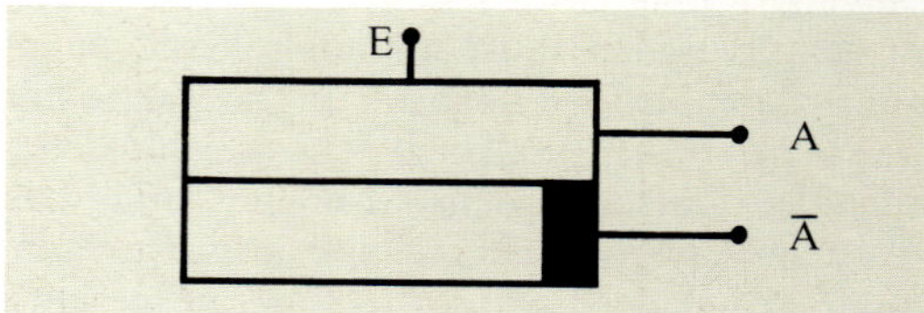

366.3 Schaltsymbol für ein Flip-Flop

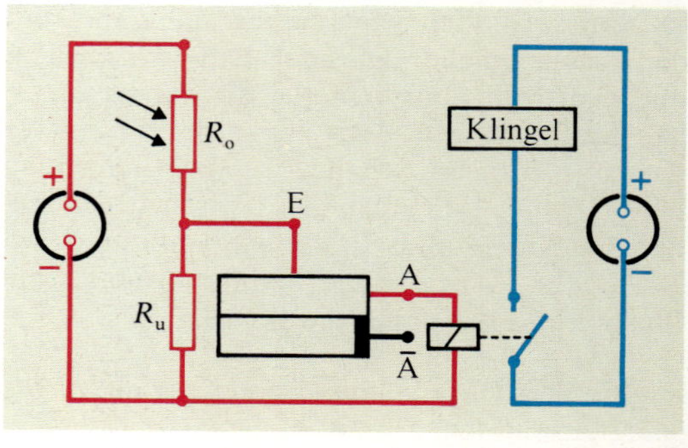

366.4 Alarmanlage

Aufgaben:

1. *a) Welche Polarität besitzt in Bild 367.1 der Punkt* P *bei geöffnetem (geschlossenem) Schalter? Was zeigt ein zwischen* P *und den Minuspol gelegter Spannungsmesser jeweils an?*

b) G_1 *und* G_2 *sind zwei elektrische Geräte. Welche Polarität hat der Punkt* Q, *wenn bei geschlossenem Schalter im Innern des Geräts* G_1 (G_2) *der Stromkreis unterbrochen wird?*

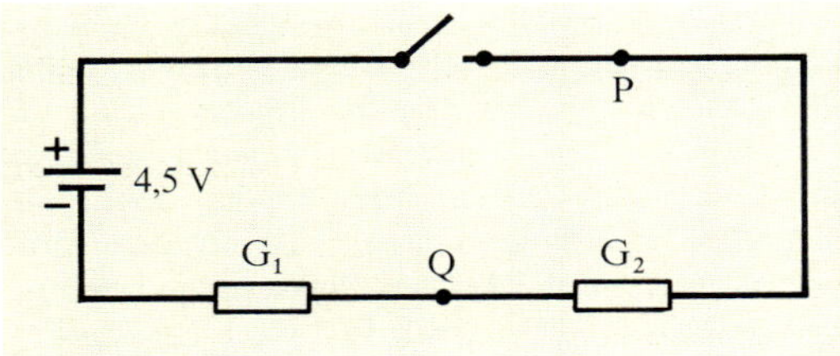

367.1 Zu Aufgabe 1

2. *Man entfernt beim Flip-Flop in Bild 366.2 die Rückkopplungsleitung. Dann verbindet man über ein Kabel den Eingang* E_1 *mit der Plusschiene und löst anschließend diese Verbindung wieder. Welche Polaritäten treten bei den Ausgängen* A_1 *bzw.* A_2 *während dieser Vorgänge der Reihe nach auf?*

3. *Wo muß man in Versuch 22 einen Schalter einbauen, um am Eingang durch einen kurzen Knopfdruck bei unbelichtetem Fotowiderstand die zuvor ausgelöste Klingel abzustellen?*

E_1	E_2	A
1	1	1
1	0	1
0	1	1
0	0	0

Tabelle 367.1 Polaritäten an einem ODER-Glied

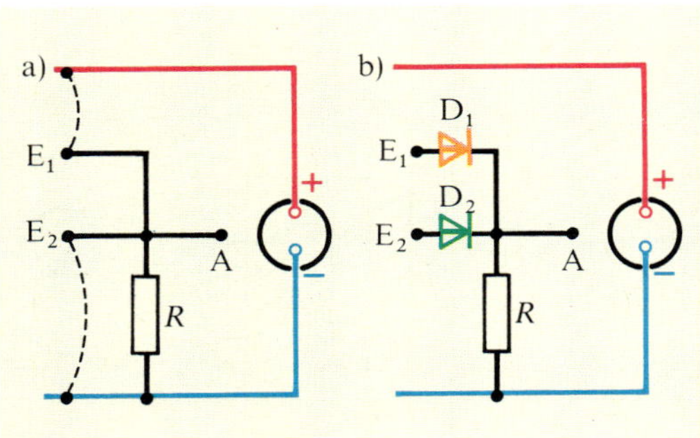

367.2 a) Zu Versuch 23a), b) ODER-Glied

§120 UND- und ODER-Glieder

1. UND und ODER auf elektronisch

Wir wollen die einfachen UND- und ODER-Schaltungen von §86 durch elektronische Schaltungen ersetzen.

Was verlangen wir z.B. von einem **ODER-Glied?** Es muß zwei Eingänge E_1 und E_2 sowie einen Ausgang A besitzen. A soll genau dann die Polarität 1 erhalten, wenn E_1 **oder** E_2 diese Polarität haben[1]), siehe *Tabelle 367.1.* Das scheint keine großen Probleme zu bereiten:

Versuch 23: a) Wir verbinden in *Bild 367.2a* die beiden Eingänge mit der Plusschiene. Dann ist auch der Ausgang A unmittelbar mit der Plusschiene verbunden, besitzt also die Polarität 1 (Zeile 1 von *Tabelle 367.1*). Geben wir beiden Eingängen die Polarität 0 (oder schließen wir sie überhaupt nicht an), fließt kein Strom. Zwischen A und der Minusschiene liegt dann keine Spannung; A hat die Polarität 0 (Zeile 4 von *Tabelle 367.1*). Geben wir aber E_1 die Polarität 1 und E_2 die Polarität 0 (Zeile 2 in *Tabelle 367.1*, in *Bild 367.2a* gestrichelt angedeutet), so wird's kritisch: Plus- und Minusschiene sind unmittelbar durch Kabel miteinander verbunden, wir haben einen Kurzschluß verursacht.

b) Hier hilft die in *Bild 367.2b* grün eingezeichnete Diode D_2: Sie sperrt die direkte Verbindung von $E_1(+)$ über E_2 zur Minusschiene. Der Strom muß den Weg über den Begrenzungswiderstand *R* nehmen. Das ist ungefährlich. A hat dabei die Polarität 1.

c) Geben wir E_1 die Polarität 0 und E_2 die Polarität 1 (Zeile 3 in *Tabelle 367.1*), so würde in *Bild 367.2a* wieder ein Kurzschluß auftreten. In *Bild 367.2b* dagegen sorgt die (gelb eingezeichnete) Diode D_1 dafür, daß der Strom den Weg von der Plusschiene über E_2, D_2 und *R* zur Minusschiene nehmen muß. Die Kabelverbindung über E_1 zur Minusschiene ist durch D_1 gesperrt. A erhält auch jetzt die Polarität 1. Die Dioden dienen also hier nicht zum Gleichrichten. Sie wirken vielmehr wie Ventile und verwehren dem Strom unerlaubte Wege.

[1]) Wir verwenden hier das Wort „oder" nicht im ausschließenden Sinne von „entweder-oder", sondern im Sinne von „oder auch".

E_1	E_2	A
1	1	1
1	0	0
0	1	0
0	0	0

Tabelle 368.1 Polaritäten an den Ein- und Ausgängen eines UND-Glieds

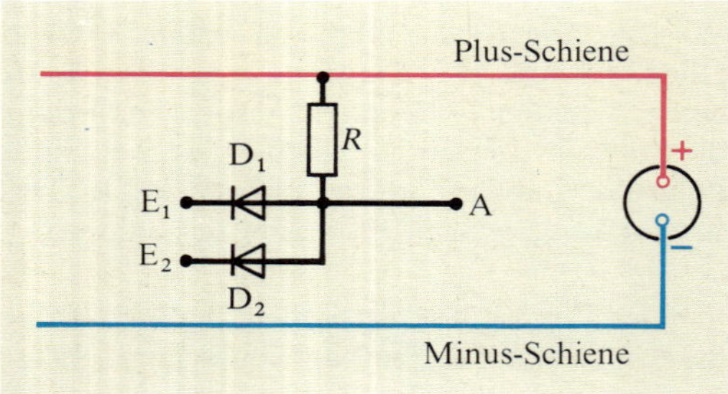

368.1 UND-Glied

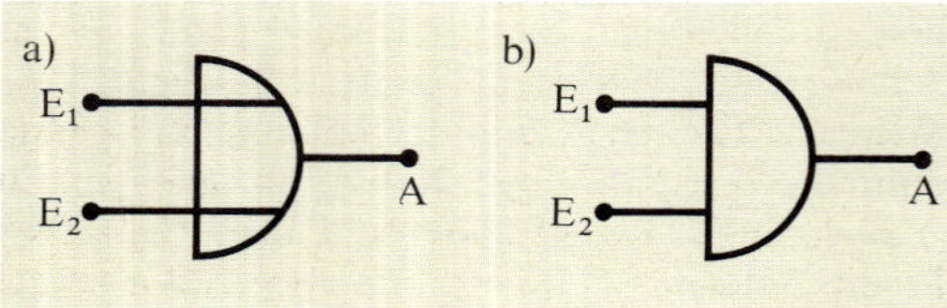

368.2 Schaltsymbole: a) ODER-Glied, b) UND-Glied

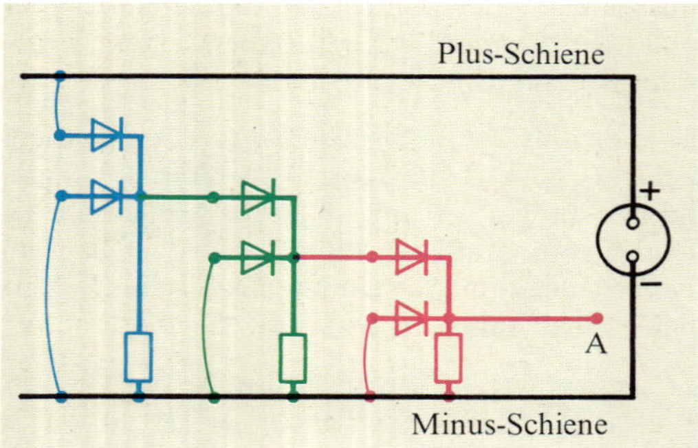

368.3 Hintereinandergeschaltete ODER-Glieder

Wie muß ein **UND-Glied** gebaut sein? Sein Ausgang A muß genau dann die Polarität 1 besitzen, wenn die Eingänge E_1 **und** E_2 diese Polarität haben, siehe *Tabelle 368.1.* Dies leistet die Schaltung von *Bild 368.1:*

Versuch 24: Hat auch nur einer der beiden Eingänge in *Bild 368.1* die Polarität 0 (Zeile 2–4 in *Tabelle 368.1*), so fließt Strom von der Plusschiene über *R* und den betreffenden Eingang zur Minusschiene. Zwischen A und der Minusschiene liegt nahezu keine Spannung (den geringen Spannungsabfall an der Diode vernachlässigen wir); A hat in allen diesen Fällen die Polarität 0. Nur wenn wir *beiden* Eingängen die Polarität 1 geben (oder sie gar nicht anschließen), fließt kein Strom. A ist dann ohne Spannungsabfall mit der Plusschiene verbunden, hat also die Polarität 1 (Zeile 1 von *Tabelle 368.1*). Auch hier dienen die Dioden lediglich dazu, Kurzschlüsse zu vermeiden.

Bild 368.2 zeigt die Schaltsymbole für ODER- und UND-Glieder. Das Innere der Schaltung zeichnet man als Halbkreis. Beim ODER-Glied führen von den Eingängen durchgehende Linien ins Innere. Diese sollen andeuten, daß die Schaltung „leicht durchlässig" ist: Es fließt schon Strom, wenn auch nur *ein* Eingang die Polarität 1 hat. Beim UND-Glied sind die von den Eingängen weiterführenden Linien unterbrochen; denn diese Schaltung ist nicht so „durchlässig". Erst wenn beide Eingänge die Polarität 1 haben, fließt Strom. Dieselben Zeichen verwendet man auch, wenn der Aufbau des UND- bzw. ODER-Glieds anders ist als hier dargestellt.

2. Abgesunkene Polaritäten werden aufgefrischt

In Computern werden viele UND- und ODER-Glieder hintereinandergeschaltet. So zeigt *Bild 368.3* drei ODER-Glieder (blau, grün, rot). Der Ausgang jedes

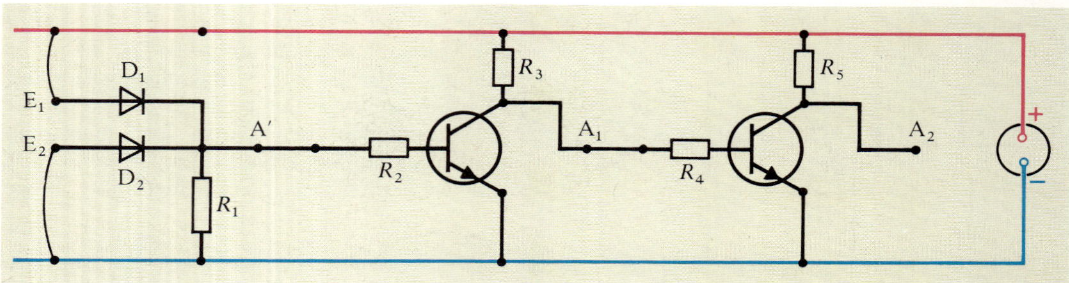

368.4 Vollständiges ODER-Glied. Auch UND-Glieder werden oft durch zwei Transistoren „vervollständigt".

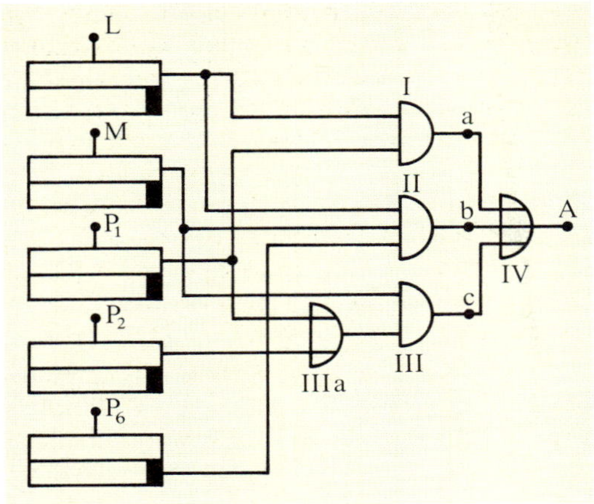

369.1 Schaltung von Transistorix; leitende Verbindung nur an den Leitungskreuzungen mit Punkt

Glieds ist jeweils mit dem oberen Eingang des Nachbarglieds verbunden. Von der Plusschiene fließt Strom jeweils über die obere Diode zur Minusschiene. An jeder dieser Dioden fällt eine kleine Spannung ab. Kann man diesen dreimaligen Spannungsabfall vernachlässigen? Vermutlich kann man bei A nicht mehr so ganz für die Polarität 1 garantieren. Man müßte jedesmal die Polarität des Ausgang „auffrischen", ehe man ein weiteres Glied zuschaltet. Wie soll man dabei vorgehen?

Versuch 25: *Bild 368.4* zeigt im linken Drittel eines der bisher verwendeten ODER-Glieder. Zwischen Plusschiene und dem Ausgang A′ fällt zwar an D_1 ein Teil der Spannung ab. Die verbleibende Spannung zwischen Minusschiene und A′ ist aber groß genug, um den ersten Transistor leitend zu machen. Dann sperrt der zweite Transistor; sein Ausgang ist also ohne jeden Spannungsabfall mit der Plusschiene verbunden und hat deshalb ganz sicher die Polarität 1. Ihn verwenden wir deshalb als Ausgang der gesamten Schaltung.

Auch die ganze Schaltung von *Bild 368.4* nennt man ein ODER-Glied mit den Eingängen E_1 und E_2 und dem Ausgang $A = A_2$. Für diese Schaltung verwendet man gleichfalls das Schaltsymbol von *Bild 368.2a.*

Aufgaben:

1. *Wir denken uns beim UND-Glied von Bild 368.1 die Dioden vorübergehend durch Kabelstücke ersetzt. Bei welchen Eingangspolaritäten tritt dann ein Kurzschluß auf? In welchem Fall verhindert* D_1, *in welchem* D_2 *einen solchen Kurzschluß?*

2. *Erweitere Bild 367.2b und 368.1 zu einem ODER- bzw. UND-Glied mit drei Eingängen!*

§ 121 Anwendung logischer Schaltungen

1. Wer wird zugelassen?

Der bekannte Physiklehrer Transistorix läßt nur solche Schüler bei seinem hochinteressanten Elektronikpraktikum zu, welche die folgenden Voraussetzungen a **oder** b **oder** c erfüllen:

a: Der Schüler muß den Umgang mit dem Lötkolben beherrschen (Bedingung L) **und** in Physik die Note 1 haben (Bedingung P_1).

b: Der Schüler muß löten können (Bedingung L) **und** den Umgang mit elektrischen Meßinstrumenten beherrschen (Bedingung M) **und** darf in Physik **nicht** die Note 6 haben (Bedingung P_6 darf nicht eintreten).

c: Der Schüler muß mit elektrischen Meßinstrumenten umgehen können (Bedingung M) **und** in Physik mindestens die Note 2 haben (Bedingung P_1 **oder** P_2).

Wie prüft Transistorix das nach? Nun, er baut eine logische Schaltung auf *(Bild 369.1)*. Für jede Bedingung steht ein Flip-Flop als Speicher bereit. Transistorix tippt nun die Daten seiner Schüler ein: Ist die betreffende Bedingung erfüllt, gibt er dem zugehörigen Eingang die Polarität 1, andernfalls die Polarität 0. Tritt dann am Ausgang die Polarität 1 auf, hat's der Schüler geschafft: Er ist zum Praktikum zugelassen!

Versuch 26: Baue mit Speichergliedern (Flip-Flops), UND- und ODER-Gliedern die Schaltung von Transistorix auf (siehe *Bild 369.1*).

Wir prüfen die Schaltung an einem Beispiel Schritt für Schritt nach: Unser Schüler kann löten, mit Meßinstrumenten umgehen und hat in Physik die Note 2. Transistorix macht also folgende Eingaben:

$L = 1$; $M = 1$; $P_1 = 0$; $P_2 = 1$; $P_6 = 0$.

Am UND-Glied I hat nur einer der beiden Eingänge die Polarität 1, der Ausgang a hat also die Polarität 0. Dagegen liegen am UND-Glied II alle drei Eingänge auf 1 (beachte: der dritte Eingang ist an den negierten Ausgang des letzten Speichers angeschlossen, und dieser liegt auf 1, weil der Eingang P_6 auf 0 liegt): b hat die Polarität 1. Bei IIIa liegt zwar nur einer der Eingänge auf 1; das genügt aber bei einem ODER-Glied, um den Ausgang auf 1 zu legen. Somit liegen beide Eingänge von III auf 1, daher auch der Ausgang c. Am ODER-

Glied IV liegen also zwei Eingänge auf 1, einer auf 0: Der Ausgang A erhält die Polarität 1, der Schüler ist zugelassen.

2. Wir addieren elektronisch

Aus logischen Schaltungen bauen wir jetzt eine neue Schaltung auf, mit deren Hilfe man addieren kann. Dabei gehen wir aus von einstelligen Zahlen im Dualsystem (Zweiersystem):

$0+0=0;\ 0+1=1;\ 1+0=1;\ 1+1=10.$

In *Tabelle 370.1* sind diese vier Additionsaufgaben noch einmal dargestellt. Jedem Paar von Summanden (e_1; e_2) ist eine Summenziffer s für die Einerstelle sowie eine Übertragsziffer ü für die nächste Stelle (die Zweierstelle) zugeordnet. ü hat den Wert 1 genau dann, wenn wir die zweistellige Zahl 10 als Summe erhalten. In allen anderen Fällen hat ü den Wert 0.

Solche Additionsaufgaben sollen nun mit elektronischen Hilfsmitteln gelöst werden. Dazu ordnen wir der Ziffer 0 die Polarität 0, der Ziffer 1 die Polarität 1 zu. Dann benötigen wir eine Schaltung mit zwei Eingängen E_1 und E_2 und zwei Ausgängen S und Ü. Ihre Polaritäten sollen gemäß *Tabelle 370.2* miteinander zusammenhängen. Den Eingangspolaritäten entsprechen also die Werte, welche die Summanden annehmen können; den Ausgangspolaritäten sind die Werte von Summen- bzw. Übertragsziffer zugeordnet.

e_1	e_2	s	ü
0	0	0	0
0	1	1	0
1	0	1	0
1	1	0	1

Tabelle 370.1 Addition einstelliger Zahlen im Dualsystem

Um die Werte der Summanden rasch eintippen zu können, verwenden wir zwei Flip-Flops. An deren Ausgängen A_1 und A_2 liegen die eingegebenen Polaritäten zur weiteren Verarbeitung, an ihren negierten Ausgängen $\bar{A}_1$ und $\bar{A}_2$ die entgegengesetzten Polaritäten, siehe *Bild 370.1*.

Der Ausgang Ü ist so an die Ausgänge der Flip-Flops anzuschließen, daß bei Ü die Polarität 1 genau dann eintritt, wenn E_1 **und** E_2 die Polarität 1 haben (Zeile 4 von *Tabelle 370.2*). Wir schalten also an die Ausgänge der beiden Flip-Flops das UND-Glied I. Sein Ausgang Ü liefert gerade in dem gewünschten Fall die Polarität 1 und zeigt so den Wert der Übertragsziffer ü an.

Jetzt brauchen wir noch einen Ausgang S. Wann soll S gemäß *Tabelle 370.2* die Polarität 1 haben? Entweder wie in Zeile 2: wenn E_1 die Polarität 0 **und** E_2 die Polarität 1 hat. Das können wir auch so ausdrücken: wenn $\bar{A}_1$ (der negierte Ausgang des ersten Flip-Flops) **und** A_2 (der normale Ausgang des zweiten Flips-Flops) beide die Polarität 1 haben. Wir verbinden deshalb $\bar{A}_1$ und A_2 mit den Eingängen des UND-Glieds II. An seinem Ausgang X_{II} tritt genau in diesem Fall die Polarität 1 auf. Oder wie in Zeile 3: Wenn E_1 die Polarität 1 **und** E_2 die Polarität 0 hat. Anders ausgedrückt: A_1 **und** $\bar{A}_2$ liegen beide auf 1. Wir legen also A_1 und $\bar{A}_2$ an die Eingänge des UND-Glieds III. An seinem Ausgang X_{III} tritt genau in diesem Fall die Polarität 1 auf.

E_1	E_2	S	Ü
0	0	0	0
0	1	1	0
1	0	1	0
1	1	0	1

Tabelle 370.2 Ein- und Ausgangspolaritäten beim Halbaddierer

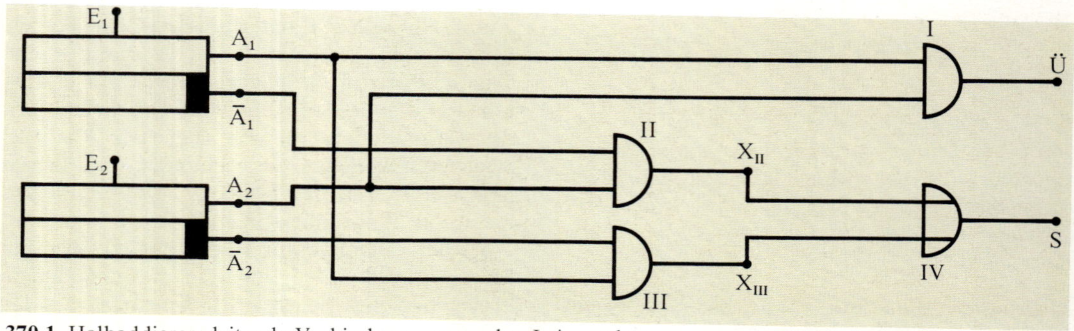

370.1 Halbaddierer; leitende Verbindung nur an den Leitungskreuzungen mit Punkt

In den Fällen von Zeile 1 und Zeile 4 dagegen liegen X_{II} und X_{III} beide auf 0, weil einer der Eingänge der UND-Glieder auf 0 liegt.

Nun verbinden wir X_{II} und X_{III} mit den Eingängen des ODER-Glieds IV. Sein Ausgang S hat genau dann die Polarität 1, wenn die Fälle von Zeile 2 **oder** Zeile 3 vorliegen. Er gibt uns also an, ob die Summenziffer s bei der Addition 1 oder 0 heißt.

Die Schaltung von *Bild 370.1* nennt man **Halbaddierer.** Sie ist Teil des Rechenwerks bei jedem Computer, übrigens auch bei jedem Taschenrechner. Der Name „Halbaddierer" weist allerdings darauf hin, daß man damit Additionsaufgaben nicht vollständig lösen kann. Man muß nämlich bei mehrstelligen Zahlen nicht nur die beiden Summanden einer Stelle addieren, sondern möglicherweise auch noch einen Übertrag von der vorangegangenen Stelle berücksichtigen. Man kann aber das vollständige Addierwerk eines Computers (einen sogenannten **Volladdierer**) leicht aus Halbaddierern und ODER-Gliedern zusammensetzen.

Wollte man die Schaltungen eines Computers aus lauter einzelnen Dioden, Transistoren und Widerständen zusammenbauen, würde das sehr unübersichtlich. Außerdem würden solche Schaltungen viel Platz einnehmen und könnten z.B. niemals in einem Taschenrechner untergebracht werden. Man hat deshalb eine besondere Technik entwickelt, um solche Schaltungen platzsparend unterzubringen. So zeigt *Bild 371.3* einen sogenannten integrierten Schaltkreis oder IC (englisch: **i**ntegrated **c**ircuit). Dieser enthält einen Volladdierer, aufgebaut aus 5 NICHT-, 9 UND- sowie 2 ODER-Gliedern. Die zugehörigen Bauteile sitzen alle auf einer einzigen Siliciumscheibe. Die Miniaturisierung geht heute schon so weit, daß man über 10 000 Transistoren auf einem cm^2 unterbringen kann.

371.1 ODER-Glied mit 4 Eingängen

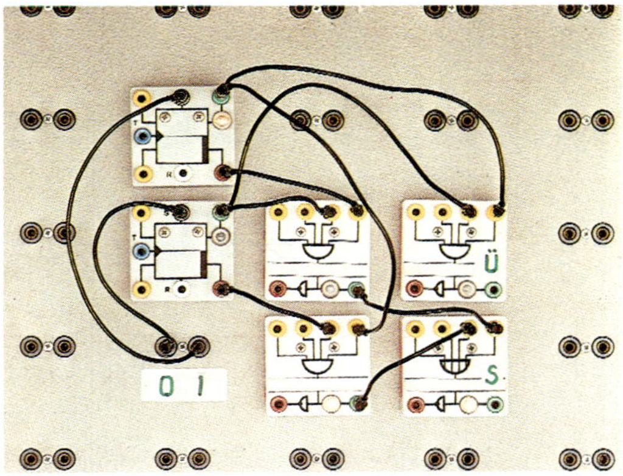

371.2 Aus logischen Schaltungen zusammengesetzter Halbaddierer (vergleiche mit *Bild 370.1*)

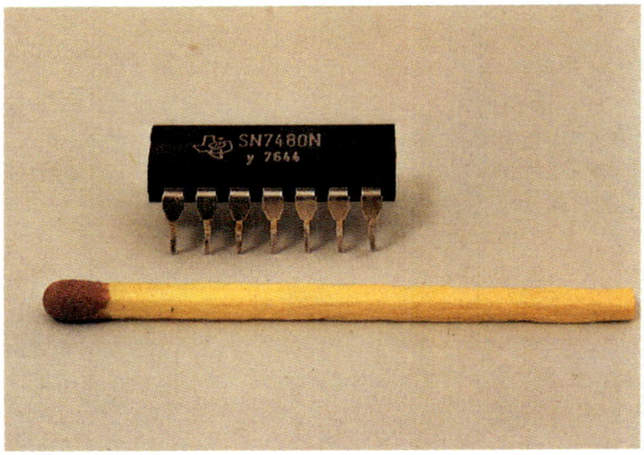

371.3 Volladdierer (IC 7480)

Aufgaben:

1. *Der Schüler von Abschnitt 1 rutscht in Physik von der Note 2 auf 3 ab. Gib an, welche Ein- und Ausgangspolaritäten bei den UND- bzw. ODER-Gliedern I bis IV jetzt auftreten. Wird der Schüler weiterhin zugelassen?*

2. *Der Teil der Schaltung von Bild 370.1 unterhalb des UND-Gliedes I wird oft als ENTWEDER-ODER-Glied bezeichnet. Erkläre diesen Namen.*

3. *Wie viele Transistoren, Dioden und Widerstände enthält der Halbaddierer von Bild 370.1, wenn man annimmt, daß seine logischen Schaltungen so aufgebaut sind wie in Bild 366.2 und Bild 368.4?*

4. *Wie viele Transistoren, Dioden und Widerstände enthält die Schaltung von Transistorix in Bild 369.1? Hier sind auch die Bauelemente für die Flip-Flops zu beachten, siehe Bild 366.2.*

§ 122 Steuerung und Regelung

1. Steuern mit und ohne Steuermann

Wie steuert ein Autofahrer seinen Wagen um eine Kurve? Nun, er dreht am Lenkrad, und das Fahrzeug schlägt eine neue Richtung ein. Auch wer nicht Auto fährt, führt Steuerungsvorgänge aus: Man drückt auf einen Schalter, und eine Glühlampe leuchtet auf; man dreht am Wasserhahn, und der Wasserstand steigt.

Was ist allen diesen Vorgängen gemeinsam? Zunächst ein **„Eingang"**, an welchem Veränderungen vorgenommen werden (das Lenkrad, der Schalter, der Wasserhahn). Dadurch werden die Verhältnisse am **„Ausgang"** auf genau festgelegte Weise beeinflußt (gesteuert): Richtungsänderung beim Auto, Temperatur- und Helligkeitsänderung bei der Glühlampe, Wasserstandsänderung bei der Badewanne. Für *Steuerungsvorgänge* braucht man nicht unbedingt einen Menschen als „Steuermann":

Versuch 27: Nach der Schaltung von *Bild 372.1* wird im Prinzip die Straßenbeleuchtung gesteuert: Bei Dunkelheit ist der Widerstand R_u des unbeleuchteten LDR viel größer als der Festwiderstand R_o; es gilt $R_u \gg R_o$. Zwischen Minusschiene und B liegt am großen Widerstand fast die gesamte Spannung; der Transistor wird leitend, L leuchtet. Sobald der LDR von der Sonne bestrahlt wird, sinkt sein Widerstand beträchtlich; jetzt gilt $R_u \ll R_o$. Nun liegt am kleinen Widerstand zwischen Minusschiene und B fast keine Spannung mehr; der Transistor sperrt, L erlischt. Eingang der Schaltung ist der Fotowiderstand, Ausgang die Glühlampe. Der Ausgang wird über den Eingang gesteuert, diesmal ohne menschliches Zutun.

Solche Steuerungsvorgänge spielen bei Überwachungsvorgängen aller Art eine wichtige Rolle. So kann z.B. bei einer Zentralheizung die Raumtemperatur über einen **Außen**thermostaten gesteuert werden: Je höher die Außentemperatur, um so seltener wird der Brenner in Gang gesetzt. Das Prinzip dieses Vorgangs bauen wir mit elektronischen Hilfsmitteln nach:

Versuch 28: In *Bild 372.2* verwenden wir als Eingang einen Heißleiter, als Ausgang die Glühlampe L (sie dient uns als Modell für einen elektrischen Heizofen). Zunahme der Außentemperatur bedeutet: Der Widerstand des Heißleiters sinkt, der Transistor wird leitend, das Relais spricht an, die Lampe wird abgeschaltet, die Wärmezufuhr hört auf.

2. Der Ausgang wirkt auf den Eingang zurück

Wir ändern Versuch 28 scheinbar nur geringfügig ab: Die Lampe L wird unmittelbar neben den Heißleiter gestellt (in *Bild 372.2* rot gestrichelt). Was ändert sich dadurch? Der Heißleiter, unser Temperaturfühler, befindet sich jetzt am gleichen Ort wie die Heizung und kann von dieser unmittelbar beeinflußt werden. Er wirkt also nicht mehr wie ein weit entfernter Außentemperaturfühler, sondern wie ein **Raum**thermostat: Jeder zu hohe Wert der „Raumtemperatur" führt zu einem sofortigen Abschalten der Heizung. Sobald die Temperatur aber wieder zu stark absinkt, sperrt der Transistor, der Ruhekontakt des Relais kehrt in seine Ausgangslage zurück, und die Heizung wird wieder in Betrieb genommen.

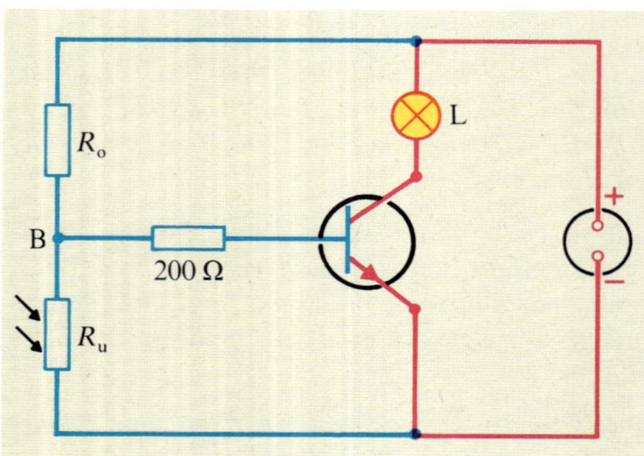

372.1 Steuerung der Glühlampe über einen Fotowiderstand

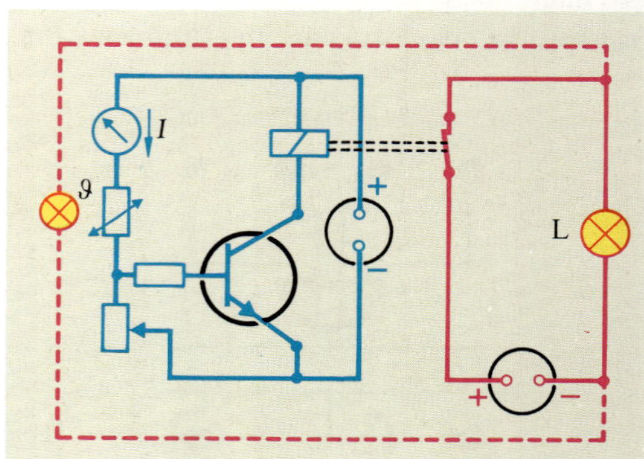

372.2 Temperatursteuerung (rot gestrichelt: Temperaturregelung) mit Hilfe eines Heißleiters

Der Ausgang (die Heizung) **wirkt auf den Eingang** (den Temperaturfühler) **zurück.** Diesen Vorgang bezeichnet man als **Regelung.** Die gegenseitige Beeinflussung von Ein- und Ausgang ist in *Bild 373.1* schematisch beschrieben.

Was haben wir durch diese Regelung erreicht? Die Temperatur kann einen vorher festgelegten Wert nicht wesentlich über- oder unterschreiten. Sie hält (innerhalb einer gewissen Schwankungsbreite) den zuvor eingestellten **Sollwert** ein. Diesen können wir auch ohne Thermometer kontrollieren: Wir messen die Stärke des Stroms I durch den Heißleiter *(Bild 372.2)*. Jede Temperaturschwankung ändert den Heißleiterwiderstand und damit die Stromstärke I. Wir beobachten, daß die Anzeige des Strommessers nur ganz geringfügig schwankt. Also können wir auf eine nahezu gleichbleibende Temperatur zurückschließen.

Bei einem Regelungsvorgang wirkt der Ausgang eines Systems auf den Eingang zurück. So erreicht man, daß die Regelgröße innerhalb einer gewissen Schwankungsbreite einen bestimmten Sollwert einhält.

Bei einem **Steuerungs**vorgang von Versuch 27 wirkte lediglich der Eingang auf den Ausgang. Dieser beeinflußte dagegen nicht die Verhältnisse am Eingang, es fehlte die sogenannte **„Rückkopplung“.** Diese können wir jedoch in Versuch 27 leicht herstellen: Wir setzen die Lampe L (den Ausgang) unmittelbar neben den LDR (den Eingang). Leuchtet L sehr kräftig, sinkt R_u und damit U_{BE}; wenn wir im Verstärkerbereich des Transistors arbeiten, sinkt damit I_C (siehe *Bild 363.2*), und L leuchtet schwächer. So stellt sich eine mittlere Helligkeit der Lampe ein. Auch hier gibt es eine Regelgröße, die einen gewissen Sollwert annimmt: Die Beleuchtungsstärke auf der Eingangsfläche am „Fühler“ (dem LDR). Störungen von außen können bis zu einem gewissen Grad ausgeglichen werden. Steigt z.B. die allgemeine Raumhelligkeit infolge von Sonneneinstrahlung, so wird L automatisch abgeschaltet, und die Beleuchtungsstärke nimmt keine zu hohen Werte an.

Regelungen lassen sich nicht nur mit elektronischen Hilfsmitteln bauen: *Bild 373.2* zeigt ein sogenanntes Reduzierventil, wie man es häufig auf Gasflaschen schraubt. Hier ist der Druck p_a des ausströmenden Gases die Regelgröße; sie soll einen festen Sollwert einhalten. Drosseln wir z.B. das ausströmende Gas bei C stark, so würde ohne Reduzierventil der Gasdruck in der Kammer K ansteigen und schließlich den Wert p_e des einströmenden Gases annehmen. Steigt aber p_a an, so nimmt sofort die Druckkraft auf die Membran zu, welche die Kammer K nach oben begrenzt. Dadurch wird die Feder F zusammengedrückt, und das Bodenventil V schließt sich: ein weiterer Druckanstieg ist verhindert, p_a hat den Sollwert nur wenig überschritten. *Bild 373.3* zeigt den Vorgang in schematischer Darstellung.

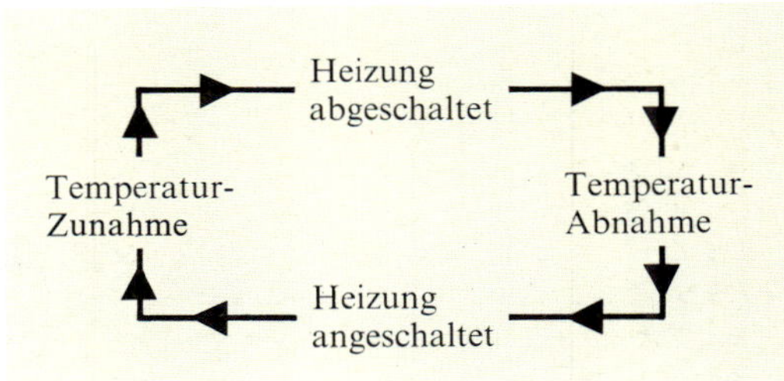

373.1 Schema der Temperaturregelung von Versuch 27

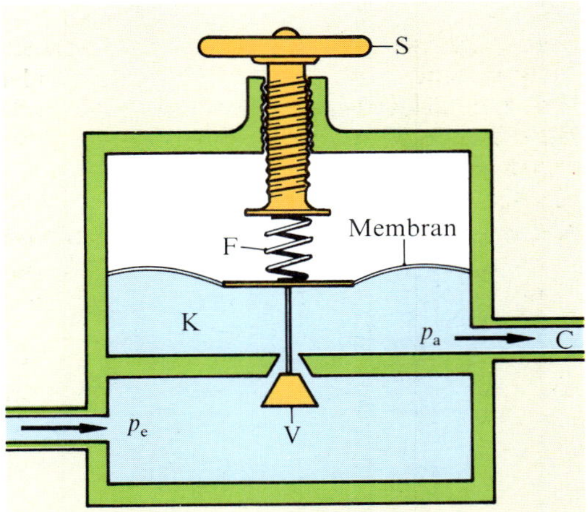

373.2 Reduzierventil zur Regelung des Gasdrucks

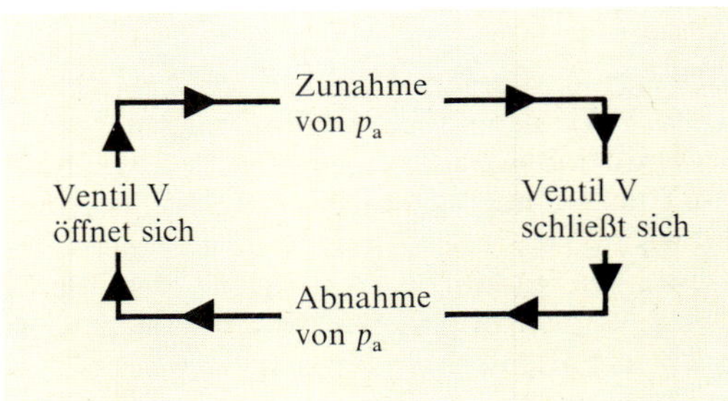

373.3 Schema der Druckregelung von *Bild 373.2*

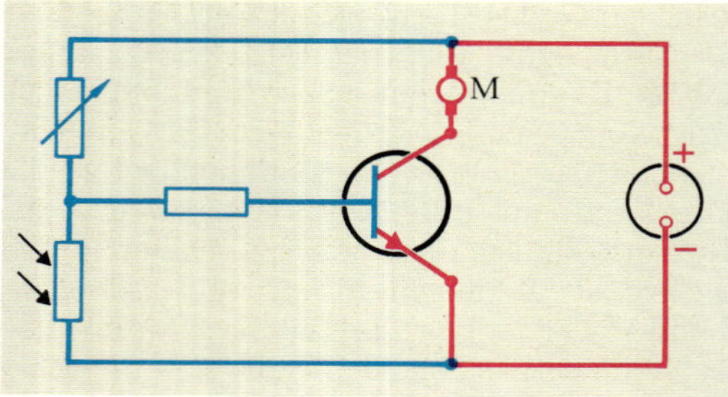

374.1 Zu Versuch 29

374.2 Ein Insekt als geregeltes biologisches System, simuliert mit elektronischen Hilfsmitteln

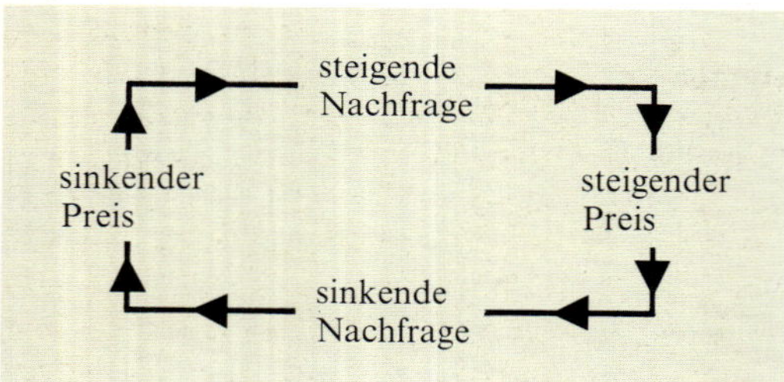

374.3 Schema eines geregelten Systems aus der Wirtschaft (Prinzip der Marktwirtschaft)

3. Regelungen überall

a) Regelungsvorgänge finden wir bei technischen Vorgängen aller Art. Sie spielen besonders im Hinblick auf die sinnvolle Verwendung von Energie eine zunehmende Rolle. So konnten wir in Versuch 28 durch eine geeignete Regelung ein unnötiges Aufheizen verhindern. Die Benzineinspritzung beim Auto stellt z.B. einen technisch sehr wichtigen, von außen beeinflußbaren Regelungsvorgang dar, der zu einem sparsameren Kraftstoffverbrauch beiträgt.

b) Auch biologische „Systeme" sind geregelt. So verengt sich z.B. die Pupille des menschlichen Auges bei starkem Lichteinfall und weitet sich bei schwacher Beleuchtung. Dadurch wird verhindert, daß die Beleuchtungsstärke auf der Netzhaut allzu große bzw. allzu kleine Werte annimmt. Bei manchen Insekten ist das anders: Sie sind auf große Beleuchtungsstärken „programmiert", fliegen also immer aufs Licht zu. Einen solchen Regelkreis können wir mit elektronischen Hilfsmitteln leicht nachbauen:

Versuch 29: *Bild 374.1* zeigt den Schaltplan, *Bild 374.2* ein Foto des Versuchs. Der Fotowiderstand sitzt auf einer Drehscheibe, die von einem stark untersetzten Motor angetrieben wird. Diese Scheibe dreht sich so lange, bis der LDR in den Bereich der Lampe L kommt. Sobald eine gewisse Mindestbelichtung vorliegt, schaltet der Transistor den Motor ab. Verändern wir die Lage der Lampe, setzt sich die Drehscheibe erneut in Bewegung, der „Fühler" folgt dem Licht.

c) *Bild 374.3* zeigt: Auch wirtschaftliche Vorgänge kann man als geregelte Systeme beschreiben. Regelungsvorgänge aller Art werden von der Wissenschaft der **Kybernetik** untersucht.

Aufgaben:

1. *Warum ist ein Stromkreis mit Schalter ein gesteuertes, aber kein geregeltes System?*

2. *Welche „Fühler" verwendet man, um einen Stromkreis mit Hilfe von Schall (Licht, Wärme) zu steuern?*

3. *Warum muß man das „Steuern" eines Autos streng genommen als Regelungsvorgang bezeichnen? Gib Sollwerte an, welche dabei eingehalten werden sollen.*

4. *Beschreibe die Regelung der Beleuchtungsstärke von Versuch 27 mit Hilfe eines Schemas wie in Bild 373.1.*

5. *Wie kann man in Versuch 28 einen höheren (niedrigeren) Sollwert für die Temperatur einstellen? Wie macht sich dies am Strommesser bemerkbar?*

6. *Die Temperaturregelung von Versuch 28 soll mit Hilfe eines Bimetallstreifens im Lampenstromkreis vorgenommen werden (statt mit elektronischen Hilfsmitteln). Entwirf eine Schaltung! Welcher Teil der jeweiligen Schaltung dient als Temperaturfühler, welcher als Schalter?*

Geschichtliches zur Elektrizität

Wenn heute von der **Elektrizität** die Rede ist, so denkt jeder an den elektrischen *Strom.* Doch lernten die Menschen als erstes die Kraft zwischen *elektrischen Ladungen* kennen: Vor $2\frac{1}{2}$ Jahrtausenden wußten bereits die Griechen, daß geriebener Bernstein kleine Körper anzieht. Vom Bernstein, der auf Griechisch *Elektron* heißt, bekam um 1600 die Elektrizität ihren Namen. Um 1550 hatte man begonnen, zwischen magnetischen und elektrischen Erscheinungen zu unterscheiden. Die Elektrizität kannte man für lange Zeit nur aus *Reibungsversuchen* (Seite 290). Sie ließ sich genauer untersuchen, als es gelang, Nachweis- und Meßgeräte zu bauen, zum Beispiel 1733 das *Elektroskop. Gray* unterschied 1729 als erster zwischen *Leitern* und *Nichtleitern; du Fay* nahm an, daß es zwei verschiedene Arten der Ladung gebe. 1750 vermutete der Amerikaner *Franklin,* daß der *Blitz* elektrischer Natur sei, und fand die Unzerstörbarkeit der elektrischen Ladung. Man lernte, zwischen *Ladung* und *Strom* sowie um 1770 zwischen *Ladung* und *Spannung* zu unterscheiden (Seite 314).

1790 entdeckte *Luigi Galvani,* daß ein Froschschenkel zusammenzuckt, wenn er mit zwei verschiedenen Metalldrähten berührt wird, die miteinander verbunden sind. Dies regte *Alessandro Volta* an, 1800 das erste *galvanische Element* zu bauen; für die Stromstärke schrieb er die Gleichung $I=Q/t$. Mit dieser Stromquelle konnte man viel stärkere Ströme erzeugen als bis dahin mit Hilfe der „Reibungselektrizität". Damit eröffneten sich der elektrischen Forschung völlig neue Wege: *Davy* brachte um 1800 als erster einen dünnen Draht durch Strom zum Glühen und entdeckte 1809 den elektrischen *Lichtbogen.* Der Engländer *Joule* fand 1840 die Gesetze der *Wärmewirkung* des Stroms (Seite 312), *Goebel* entwickelte 1854 und *Edison* 1879 die Glühlampe. 1820 zeigte *Oersted,* daß der Strom eine Magnetnadel ablenken kann. Die Beziehung zum Magnetismus war hergestellt. Diesen **Elektromagnetismus** erforschte vor allem *Ampère* (Seite 295). Man erkannte bald die große Bedeutung, welche die mit Eisen gefüllte Spule hat: Mit ihrer Hilfe bekam der Strom „Hände". Eine Elektrotechnik ohne Eisen wäre heute kaum denkbar. Die praktischen Anwendungen (elektrische Meßinstrumente, Telegraph ab 1837, elektrische Klingel, Telephon ab 1861, Elektromotor ab 1821 usw.) beeinflussen unser heutiges Leben in einer kaum noch zu erfassenden Weise. Hierzu ist es allerdings nötig, starke Ströme billig zu erzeugen. Dies nahm seinen Anfang, als 1831 *Faraday* den Oerstedschen Versuch umkehrte und Strom durch Bewegung eines Magneten erzeugte (siehe Induktion, Seite 342). Damit schuf er die Grundlagen der *Dynamomaschinen* (*Werner v. Siemens,* 1866). Schon 1821 baute *Faraday* den ersten *Elektromotor, Siemens* 1879 die erste *elektrische Lokomotive* und 1880 den ersten elektrischen Aufzug. 1882 setzte *Edison* in New York das *erste elektrische Kraftwerk* in Betrieb; es speiste 400 Lampen und 1884 einen Elektromotor; 1891 übertrug man 15 kW Leistung elektrisch von Lauffen am Neckar nach Frankfurt am Main über 178 km. Heute ist es ein wichtiges technisches, volkswirtschaftliches und politisches Problem, die Energie zu beschaffen, mit der man die Dynamomaschinen in den Elektrizitätswerken betreibt; in den letzten 16 Jahren verdoppelte sich der Bedarf! Fragen des *Umweltschutzes* werden dabei zunehmend wichtig.

Die Elektrolyse untersuchte *Faraday* um 1831 genauer und fand wichtige Zusammenhänge zwischen der elektrischen *Ladung* und der *Materie,* das heißt zwischen *Physik* und *Chemie.* Die *elektrochemische Industrie* spielt heute eine wichtige Rolle. Aus den Untersuchungen zur *Elektrizitätsleitung in Flüssigkeiten* und in *Gasen* entwickelte sich die heute so bedeutsame **atomphysikalische Forschung.** Um 1895 entdeckte man das **Elektron** und erkannte es als Bestandteil des Atoms *(Thomson, Lenard, Lorentz).* Damit begann unser **„elektronisches Zeitalter":** Nach dem ersten Weltkrieg bekam die *Nachrichtenübermittlung* durch die *Elektronenröhre* ganz neue Impulse; insbesondere im Funkverkehr und im Rundfunk. Die *Halbleiter* wurden nach dem zweiten Weltkrieg entwickelt und leiteten durch *Rechenautomaten, Datenverarbeitungsanlagen* (EDV: Elektronische Datenverarbeitung) und *Regelgeräte* die *zweite industrielle Revolution* ein. Die erste war von der Dampfmaschine geprägt.

Alle hier angeführten Vorgänge benutzen *Elektronen,* also die Bestandteile der **Atomhülle.** Auch die chemischen Prozesse – etwa das Verbrennen von Kohle und Öl in E-Werken – beziehen ihre Energie aus Umwandlungen in dieser *Elektronenhülle. Sonne* und *Atomkraftwerke* dagegen nutzen die Energie einer noch tiefer liegenden Schicht, nämlich die der **Atomkerne.** Ihnen wenden wir uns nunmehr zu.

Atom- und Kernphysik

§ 123 Der Bau des Atoms

1. Wie groß ist ein Atom?

Das stärkste Lichtmikroskop zeigt Gegenstände bis herab zu einem tausendstel Millimeter (10^{-3} mm). Man kann damit keine Atome sehen, sie sind viel kleiner. In Versuch 133 auf Seite 112 haben wir aus der Dicke eines Ölflecks den Durchmesser eines Ölmoleküls zu 10^{-6} mm bestimmt. Wie man in der Chemie feststellte, besteht dieses Ölmolekül aus 167 Atomen (Wasserstoff-, Sauerstoff- und Kohlenstoffatome). Wir wollen uns stark vereinfacht vorstellen, alle diese Atome seien Würfel von gleicher Größe, je mit der Kantenlänge d_A, also dem Volumen d_A^3. Das Volumen eines Ölmoleküls beträgt also $167\,d_A^3$. Wir fassen es nach dem Ölfleckversuch als Würfel mit der Kantenlänge 10^{-6} mm, d.h. dem Volumen 10^{-18} mm³ auf. Somit ist näherungsweise $167\,d_A^3 = 10^{-18}$ mm³. Hieraus folgt für den ungefähren Durchmesser eines Atoms $d_A = 0{,}2 \cdot 10^{-6}$ mm. Diese Größenordnung wurde durch zahlreiche Versuche bestätigt. – Einer dieser Versuche verwendet das besonders stark vergrößernde Feldionenmikroskop *(Bild 377.1)*.

2. Wie ist ein Atom aufgebaut?

In Versuch 35 auf Seite 288 wurde eine dünne Graphitfolie mit schnellen Elektronen beschossen. Die meisten durchdrangen die vielen Atomschichten der Folie ungestört, nur wenige wurden abgelenkt oder zurückgeworfen. Daraus und aus anderen Versuchen fand man:

– Ein Atom besteht aus einem positiv geladenen **Atomkern,** der von einem Schwarm negativ geladener Elektronen, der **Elektronenhülle,** umgeben wird. Nach außen ist das Atom *neutral.*

– Die Elektronen werden zwar durch elektrische Kräfte zum positiv geladenen Kern gezogen, fallen aber wegen ihrer ständigen Bewegung nicht in ihn hinein.

– Über 99,9% der Masse des Atoms ist im Atomkern vereinigt.

– Der Durchmesser des Atomkerns beträgt etwa 10^{-12} mm.

Unter solchen Zahlen können wir uns nichts vorstellen. Vielleicht helfen einige Vergleiche:

Vergrößeren wir in Gedanken das Atom 1 Millionfach, dann nochmal 1 Millionfach (also insgesamt 1 Billionfach, in Zehnerpotenzen 10^{12}fach), so bekommt der Kern einen Durchmesser von 1 mm. Um ihn würden sich die Elektronen in einer Kugel mit 100 m Halbmesser bewegen. Der ganze übrige Raum wäre leer. Vergleiche dazu *Bild 376.1.*

In so wenig Substanz wie der Druckerschwärze des Punktes nach diesem Satz befinden sich mehr als 1 Billiarde (10^{15}, eine 1 mit 15 Nullen) Atome. Verteilte man diese unter allen Menschen, so bekäme jeder fast 1 Million Atome! Könnte man alle Kerne, die in 1000 t Eisen enthalten sind, dicht packen, dann erhielte man ein Staubkorn von etwa $^1/_5$ mm Durchmesser, es behielte aber die Masse von 1 Million kg.

Der positiv geladene Atomkern hat einen Durchmesser von etwa dem millionsten Teil eines millionstel Millimeters (10^{-12} mm); um ihn bewegen sich innerhalb eines Raums von etwa ein zehnmillionstel Millimeter (10^{-7} mm) Halbmesser die Elektronen.

376.1 Der Kern ist gegenüber dem Atom so klein, wie ein Reiskorn gegenüber dem Olympiastadion.

Aufgaben:

1. *Welchen Durchmesser hätte die Hülle eines Atoms, wenn man es so vergrößerte, daß der Kern einen Durchmesser von* 10 cm *erhielte?*

2. *Ein Wasserstoff-Atom hat die Masse* $1{,}67 \cdot 10^{-24}$ g. *Aus wie vielen solchen Atomen besteht* 1 g *Wasserstoff?*

§ 124 Atome unter Elektronenbeschuß

1. Schnelle Elektronen können Atome ionisieren

Wie wir sahen, können schnelle Elektronen viele Atomschichten durchfliegen. Verändern sie dabei die Atome?

Versuch 1: In der Glasröhre[1]) nach *Bild 377.2* befindet sich Heliumgas unter vermindertem Druck von etwa 1 mbar. Bringt man die Wendel K zum Glühen, so sendet sie Elektronen aus. Diese werden zur netzartig gebauten Anode A beschleunigt, die wir mit der Spannung U_1 positiv geladen haben. Infolge ihrer Energie fliegen viele Elektronen durch die Löcher dieser Anode. Hinter ihr steht eine Auffangplatte P. P und A sind über den Strommesser I_2 und die Spannungsquelle U_2 verbunden.

a) Ist $U_2=0$, so treffen die Elektronen auf der Platte P auf und erzeugen einen Strom I_2.

b) Laden wir P mit $U_2=50$ V negativ auf und ist $U_1<22$ V, so geht I_2 auf Null zurück. Die Elektronen können nicht mehr gegen die negativ geladene Platte P anlaufen.

c) Wir lassen U_2 eingeschaltet und erhöhen U_1 auf über 24 V. Zu unserer Überraschung schlägt das Strommeßgerät plötzlich aus – und dazu noch entgegengesetzt wie in a). Es fließt ein Strom I_2 von etwa 150 μA.

Strom dieser Richtung kann nicht von Elektronen herrühren, die auf P landen. Vielmehr werden positiv geladene Teilchen zur negativ geladenen Platte P gezogen. Diese positiven Teilchen können aber nur bei Zusammenstößen der jetzt hinreichend beschleunigten Elektronen mit den Gasatomen entstehen; denn in einer Röhre ohne Gas verlaufen Versuche a) und b) genauso, bei c) dagegen bleibt I_2 Null. Offensichtlich erhalten die Elektronen beim Beschleunigen zwischen K und A mit Spannungen über 24 V soviel Energie, daß sie aus der Elektronenhülle der Heliumatome Elektronen herausschlagen können. Dabei werden die Heliumatome zu positiv geladenen Heliumionen; man sagt, sie werden durch den Stoß *ionisiert* und spricht von **Stoßionisation.** Diese positiven Heliumionen werden zur negativ geladenen Platte P gezogen und liefern den Strom I_2.

[1]) Gasgefüllte Teltrondemonstrationsröhre (z.B. Firma Leybold-Heraeus, Best. Nr. 55516)

377.1 Bild einer feinen Wolframspitze im Feldionenmikroskop. Vergrößerung etwa $4 \cdot 10^6$fach.

Frei bewegliche Ionen haben wir bisher nur in Elektrolyten kennengelernt (Seite 292). Wie wir jetzt sehen, *gibt es auch in Gasen Ionen.* Während sie in Elektrolyten stets vorhanden sind, muß man sie in Gasen erst erzeugen. Im obigen Versuch haben wir hierzu die *„Festung" Atom* mit Elektronen beschossen. Das Beschießen der *Festung Atom* mit Teilchen wird in der Atom- und Kernphysik häufig durchgeführt, um den Aufbau der Atome zu erforschen.

Stoßen Elektronen mit Atomen zusammen, so können die Atome ionisiert werden. Zur Ionisierung eines Atoms braucht man eine bestimmte Mindestenergie.

2. Stoßionisation in einer Flamme

Ein geladenes Elektroskop behält seine Ladung lange Zeit; denn die Luft ist normalerweise ein sehr guter Isolator; sie enthält keine Ionen.

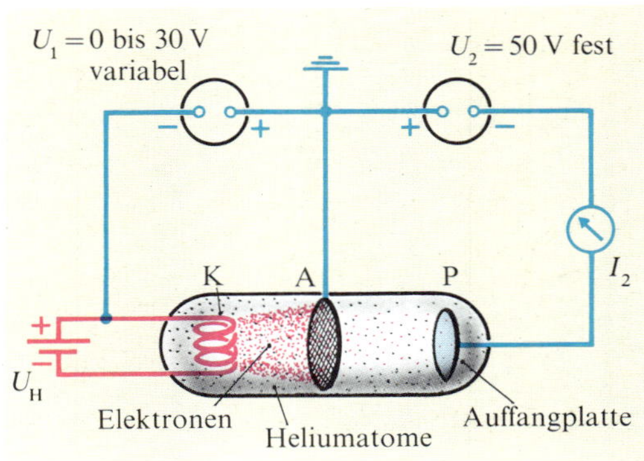

377.2 Schaltung der gasgefüllten Röhre in Versuch 1

Versuch 2: Wir lassen den Knopf eines geladenen Elektroskops von den Gasen einer Flamme umspülen. Der Ausschlag geht schnell zurück.

Seite 126 sahen wir, daß sich heiße Körper von kalten durch erhöhte Molekülbewegung unterscheiden. Wenn die Moleküle eines heißen Gases stark aufeinanderprallen, können aus ihnen Elektronen durch Stoß herausgeschlagen werden. Die Moleküle, die Elektronen verlieren, werden zu *positiv geladenen Ionen,* während sich die freigesetzten Elektronen an neutrale Moleküle anlagern und damit *negativ geladene Ionen* bilden. Das geladene Elektroskop zieht die jeweils anders geladenen Ionen auf sich und wird so entladen.

Gasmoleküle können bei hohen Temperaturen durch Stöße ionisiert werden, die sie infolge der Wärmebewegung erhalten. Das Gas wird dann ein elektrischer Leiter.

3. Elektronen erzeugen Licht

In der Braunschen Röhre erzeugen die schnellen Elektronen auf dem Schirm einen Leuchtfleck. Die dort sitzenden Atome senden Licht aus, wenn sie von Elektronen getroffen werden. Auch in Versuch 1c) gibt es beim Aufprall der Elektronen auf die Heliumatome ein schwaches bläuliches Licht; infolge der hellen Glühwendel kann man es allerdings nur schwer beobachten. Viele Lichterscheinungen rühren vom Stoß schneller Elektronen auf Atome her. Im großen beobachtet man solche Leuchterscheinungen beim **Nordlicht:** Von der Sonne kommen geladene Teilchen. Sie werden durch das erdmagnetische Feld in die Polargebiete gelenkt. Dort regen sie in den hohen Luftschichten die Moleküle durch Stoß zum Leuchten an.

Licht breitet sich sehr schnell aus (Seite 203) und transportiert Energie (Seite 207). Man kann es daher als *„schnell fliegende Energie"* ansprechen. Beim Stoß von Elektronen auf Atome wird also Energie der Elektronen in Lichtenergie umgesetzt. Weitere wichtige Eigenschaften des Lichtes sind: Es transportiert keine Ladung. Licht, das in einen Faradaybecher fällt, lädt diesen nicht auf, und es wird auch nicht von elektrischen und magnetischen Feldern abgelenkt. (Versuche doch einmal, einen Lichtstrahl mit einem Dauermagneten abzulenken!)

Schnelle Elektronen können Atome zum Leuchten anregen. Dabei wird Bewegungsenergie der Elektronen in Lichtenergie umgesetzt.

4. Elektronen erzeugen Röntgenstrahlen

1895 entdeckte *Wilhelm Conrad Röntgen* die nach ihm benannte **Röntgenstrahlung,** als er Metalle mit schnellen Elektronen beschoß.

In einer Hochvakuumröhre *(Bild 378.1)* beschleunigt man die von einer Glühkathode emittierten Elektronen durch eine hohe Spannung (etwa 5000 V bis über 100000 V) zwischen Kathode K und Anode A. Beim Aufprall auf die Anode werden die Elektronen abgebremst, geben also ihre gesamte Energie ab. Deshalb erwärmt sich die Anode. – Röntgen beobachtete als erster, daß außerdem bei diesen hohen Beschleunigungsspannungen von der

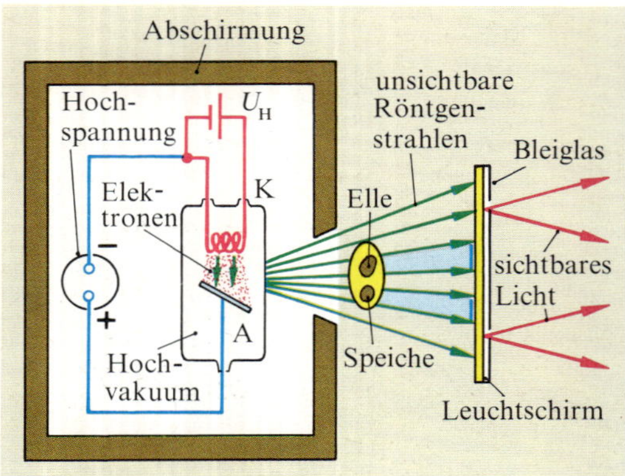

378.1 Prinzipieller Aufbau einer Röntgenapparatur

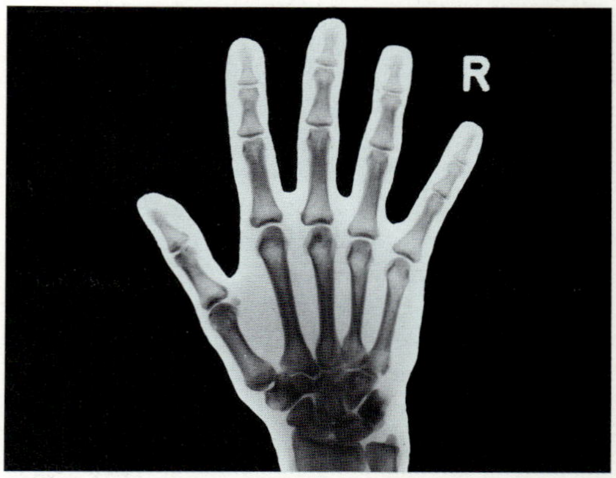

378.2 Röntgenbild einer Hand

Anode eine unsichtbare Strahlung ausgeht, die einen außerhalb der Röhre aufgestellten Leuchtschirm aufleuchten läßt. Elektronen und andere Teilchen können die Glaswand nicht durchdringen. Die Ursache des Leuchtens muß deshalb in einer uns bisher nicht bekannten Strahlung zu suchen sein: der **Röntgenstrahlung.** Diese transportiert Energie durch das Glas, sonst könnte der Schirm nicht aufleuchten.

Es ist nicht möglich, die Natur der Röntgenstrahlung hier vollständig aufzuklären. Sie ist dem Licht ähnlich: Beide können wir als *„schnell fliegende Energie"* ansprechen, denn beide breiten sich mit 300000 km/s aus. Beide entstehen beim Zusammenstoß von Elektronen und Atomen, transportieren keine elektrische Ladung und lassen sich deshalb weder in elektrischen noch in magnetischen Feldern ablenken. Allerdings sind Röntgenstrahlen viel energiereicher und damit gefährlicher als Licht (vgl. Seite 396). Die Elektronen, die Röntgenstrahlen erzeugen, müssen deshalb zuvor eine Beschleunigungsspannung von mehr als 5000 V durchlaufen haben. Um in Versuch 1c) Heliumgas zum Leuchten zu bringen, mußten Elektronen dagegen nur etwa 25 V durchlaufen.

Weitere Eigenschaften der Röntgenstrahlen sind: Sie können Atome und Moleküle ionisieren. Treffen sie auf Filme oder fotografische Platten, so werden diese geschwärzt. Röntgenstrahlen können Fett und Muskelgewebe im Gegensatz zu Knochen *(Bild 378.2)* relativ leicht durchdringen; daher spielen sie in der Medizin eine bedeutende Rolle. Durch dicke Bleischichten werden sie abgeschirmt; dies ist wichtig für den Strahlenschutz (Seite 397). – Auch die Technik bedient sich vielfältig der Röntgenstrahlen.

Röntgenstrahlen entstehen bei der Abbremsung schneller Elektronen in Materie. Sie transportieren Energie und können Atome und Moleküle ionisieren. Röntgenstrahlen dringen nicht durch dickere Bleischichten.

Aufgaben:

1. *In Versuch 1c) wird bei festem* $U_1 = 25$ V *und* $U_2 = 50$ V *die Heizspannung* U_H *erniedrigt. Der Strom* I_2 *wird kleiner. Erkläre dies!*

2. *In einer Fernsehröhre werden Elektronen mit hohen Spannungen beschleunigt* (23 kV). *Warum besitzt die Röhre eine Bleiglasscheibe?*

§ 125 α-Strahlung

1. Eine neuartige Strahlung ionisiert Luft

Versuch 3: Wir projizieren ein Blättchenelektroskop (siehe Seite 279 und *Bild 379.1*) mit einer Linse auf die Wand und laden es positiv oder negativ auf. Wegen der guten Isolation behält es seine Ladung sehr lange bei. Nun bringen wir ein schwaches radioaktives Präparat (Sicherheitsbestimmungen siehe Seite 397) in die Nähe des oberen Knopfes. Es besteht z.B. aus einem Metallstift, der weniger als ein Millionstel Gramm Radium enthält (Radium ist ein dem Calcium verwandtes chemisches Element). Markieren wir alle 10 s den Schatten des Blättchens an der Wand, so sehen wir, daß die Ladung des Elektroskops abnimmt. Ein stärkeres Präparat (z.B. mit $1{,}3 \cdot 10^{-6}$ g Radium) entlädt das Elektroskop schneller. Im Vakuum nähme jedoch die Ladung so gut wie nicht ab.

In der Umgebung des Präparats wird die Luft ionisiert. Es gibt dort Ladungsträger beiderlei Vorzeichens. Das positiv oder negativ geladene Elektroskop zieht davon die jeweils anders geladenen Ionen auf sich und wird entladen. Obgleich wir mit unseren Sinnesorganen dem Präparat nichts Besonderes anmerken, geht von ihm ständig und ohne irgendwelche äußere Einwirkungen eine Strahlung aus. Man nennt sie **radioaktive Strahlung.** Diese ionisiert die Luftmoleküle ähnlich wie die schnellen Elektronen in Versuch 1c) die Heliumatome ionisiert haben. Da zur Ionisation Energie nötig ist, muß die Strahlung Energie mit sich führen.

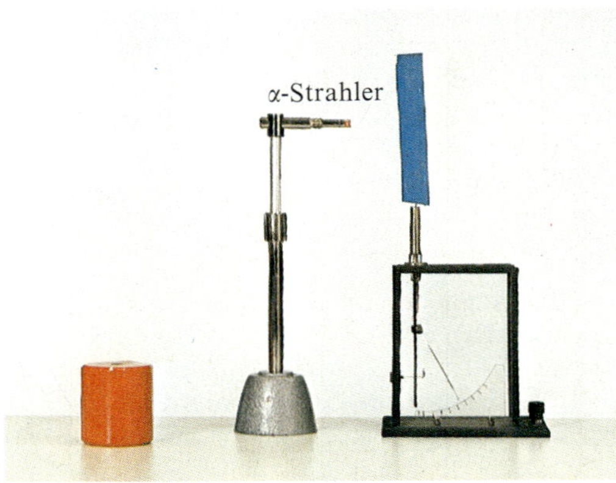

379.1 Ein Elektroskop wird durch radioaktive Strahlung entladen.

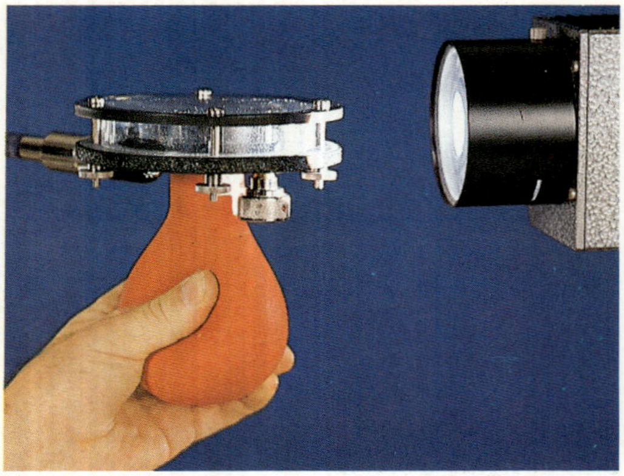

380.1 Diese Nebelkammer macht die Bahnen des α-Teilchen – nicht die Teilchen selbst – sichtbar.

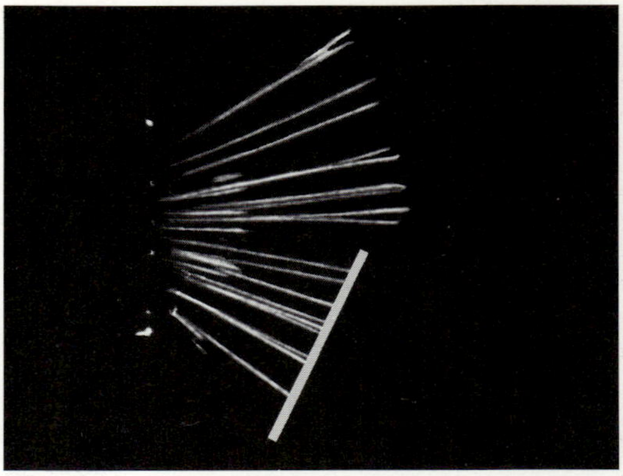

380.2 Spuren von α-Teilchen in der Nebelkammer. An einem Papier enden die Spuren.

Versuch 4: Bringen wir in Versuch 3 ein Blatt Papier zwischen Präparat und Elektroskopknopf, so hört die Entladung fast auf. Der größte Teil der radioaktiven Strahlung muß im Papier steckenbleiben. Es handelt sich also nicht um Röntgenstrahlen.

Radioaktive Stoffe wie Radium senden ohne äußeren Einfluß radioaktive Strahlung aus. Diese führt Energie mit sich und ionisiert Luftmoleküle. Für radioaktive Strahlung hat der Mensch kein Sinnesorgan.

2. Der Nebel bringt es an den Tag

Am wolkenlosen Himmel verrät sich die Bahn eines hoch fliegenden Flugzeugs oft durch Kondensstreifen. Sie rühren von den zahlreichen Ionen her, welche die Abgase von Flugzeugen enthalten. Um diese Ionen bilden sich Nebeltröpfchen aus der mit Wasserdampf übersättigten kalten Luft. Wie es dazu kommt, zeigt Versuch 49 auf Seite 145. Auch die radioaktive Strahlung bildet – wie wir wissen – in der Luft Ionen. Wir untersuchen sie daher in der **Nebelkammer** *(Bild 380.1)* weiter. Dort kann man kurzzeitig Bedingungen herstellen, die zur Bildung von Kondensstreifen führen.

Die Kammer besteht aus einer durchsichtigen zylindrischen Kapsel, deren Boden benetzt ist. Dadurch wird die Luft mit Wasserdampf gesättigt. Mit Hilfe eines Gummiballs wird die Luft in der Kammer kräftig zusammengedrückt. Läßt man den Ball plötzlich los, dehnt sich die Luft rasch aus. Dabei kühlt sie sich auf eine Temperatur ab, bei der sie nicht mehr soviel Feuchtigkeit aufnehmen kann, wie sie bereits hatte: Sie ist übersättigt. Der überschüssige unsichtbare Wasserdampf schlägt sich an Luftionen nieder und bildet Nebeltropfen.

Versuch 5: a) Wir bringen das Radiumpräparat von Versuch 2 in die Nebelkammer und reiben mit einem Tuch an ihrem durchsichtigen Plexiglasdeckel. Er wird statisch aufgeladen und zieht alle Ionen, die bisher in der Kammer entstanden sind, an sich. Dann pressen wir den Gummiball zusammen, warten kurz und lassen ihn plötzlich los. Im Licht einer seitlich aufgestellten Lampe erkennen wir einzelne, etwa 4 bis 7 cm lange geradlinige Nebelspuren, die vom Präparat ausgehen *(Bild 380.2)*. Die Spuren lösen sich durch den erfolgenden Temperaturausgleich und die Verwirbelung wieder auf.

b) Wir wiederholen den Versuch, bringen aber zuvor in die Kammer ein nicht zu dünnes Blatt Papier. Man erkennt, daß die Nebelspuren daran enden *(Bild 380.2)*.

Die von einem radioaktiven Präparat ausgesandte Strahlung besteht aus vielen Teilchen, deren *einzelne Bahnen* wir hier wahrnehmen können. Diese Teilchen ionisieren die Luftmoleküle auf ihrem Weg durch die Kammer. Wie beim Kondensstreifen des Flugzeugs lagern sich Wassermoleküle an die entstandenen Ionen an. Es bilden sich zahlreiche kleine Nebeltropfen, die insgesamt die *Bahn des Teilchens* – aber nicht das Teilchen selbst – erkennen lassen. Die hier nachgewiesenen, vom radioaktiven Präparat ausgeschleuderten ionisierenden Teilchen nennt man **α-Teilchen,** man spricht auch von **α-Strahlung.** *Wir erkennen sie künftig daran, daß sie von Papier absorbiert wird.*

Versuch 6: Eine Nebelkammer mit entsprechendem Anschlußstutzen verbinden wir durch einen Schlauch mit einer Plastikflasche. Diese enthält eine andere radioaktive Substanz als Radium (genaue Beschreibung auf Seite 392). Durch Zusammenpressen der Flasche blasen wir Gas aus der Flasche in die Kammer. Beim Expandieren beobachten wir in der ganzen Kammer regellos verteilte α-Spuren. Es gibt also auch *radioaktive Gase.* – Nicht nur Radium sendet α-Teilchen aus.

3. Was sind α-Teilchen? Woher kommen sie?

Stammen α-Teilchen aus dem Atomkern oder der Atomhülle eines Atoms, z. B. eines Radiumatoms? Was sind das für Teilchen? Folgende Beobachtungen klären den Sachverhalt:

a) Die Aussendung der α-Strahlung ist weder durch Druck noch durch Temperatur zu beeinflussen, ebensowenig durch chemische Reaktionen wie z. B. durch Auflösen von Radium in Säuren und anschließendes Ausfällen als Salz. Bei chemischen Prozessen ändert sich aber nur die Elektronenhülle. Dies legt nahe, daß α-Teilchen aus dem Atomkern stammen.

b) In der Umgebung von Radium und anderen α-Strahlern kann man nach einiger Zeit *Helium* nachweisen, dessen Entstehung eindeutig auf α-Strahlung zurückzuführen ist. Wären α-Teilchen Elektronen aus der Hülle eines Atoms, so könnten sie keine Heliumatome bilden. Dazu benötigt man Kerne, *α-Teilchen sind nackte Heliumkerne*, die die Atomkerne bestimmter Atome aussenden. Nach dem Austritt „schnappen" sie sich Elektronen aus der Umgebung und bilden damit vollständige Heliumatome.

c) Als Atomkerne müßten α-Teilchen positiv geladen sein. Dies kann man durch Ablenkung in sehr starken Magnetfeldern, die aber in der Schule kaum herstellbar sind, nachprüfen. *Bild 381.1* zeigt diese Ablenkung. Prüfen wir mit der Dreifingerregel (Seite 339): Magnetfeld in die Zeichenebene hinein (Zeigefinger); Bewegung (Daumen) nach oben; Lorentzkraft *für Elektronen* nach rechts. Da die Ablenkung aber nach links erfolgt, sind α-Teilchen positiv geladen. – Die positive Ladung läßt sich auch nachweisen, wenn man α-Teilchen in einen Faraday-Becher schießt. Man fand, daß jedes 2 positive Elementarladungen trägt (ein Elektron trägt 1 negative Elementarladung).

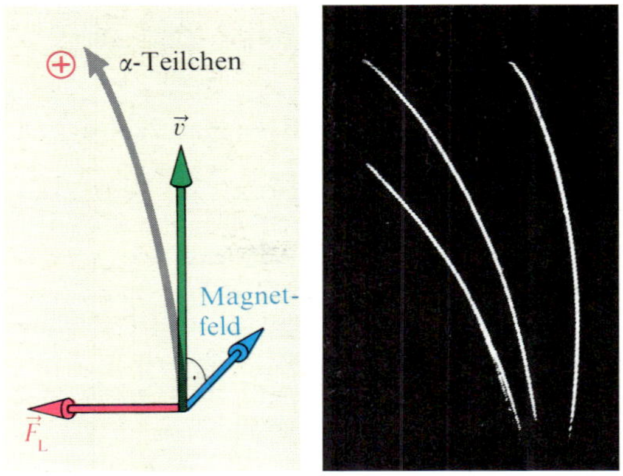

381.1 Bahnen von α-Teilchen unter der Einwirkung eines senkrecht in die Bildebene hineinweisenden Magnetfeldes. Die Teilchen starten unten.

d) Auch eine Energieabschätzung bestätigt die Annahme, daß α-Teilchen aus dem Atomkern stammen. In Versuch 1c) mußten Elektronen mit über 20 V beschleunigt werden, um Atome ionisieren zu können. Jedes α-Teilchen ionisiert auf seinem Weg in der Luft aber über 100 000 Moleküle. Das ließ sich durch Auszählung der entlang der Spur eines α-Teilchens in der Nebelkammer gebildeten Tröpfchen feststellen. Die Energie eines α-Teilchens muß daher so groß sein, als wäre es von mehr als $20 \cdot 100\,000\ \text{V} = 2 \cdot 10^6\ \text{V}$ beschleunigt worden. Solche Energien stehen aber in der Elektronenhülle nicht zur Verfügung. Es handelt sich hier um *Kernenergie.*

e) In dichterer Materie – etwa Papier – zehren die α-Teilchen bereits auf einer viel kürzeren Strecke ihre Energie auf, da die erzeugten Ionen viel dichter liegen. Die „Reichweite" in Papier ist deshalb viel kürzer als in Luft.

α-Strahlung besteht aus einzelnen schnellen und damit energiereichen zweifach positiv geladenen Heliumkernen. Die α-Teilchen kommen aus dem Kern eines Atoms.

α-Strahlung wird durch ein Blatt Papier absorbiert.

Aufgaben:

1. *Warum hört in Versuch 4 die Entladung auf? – Hält man das Präparat mehr als 10 cm vom Elektroskopkopf entfernt, wird das Elektroskop auch ohne Papier zwischen Präparat und Elektroskop nicht entladen. Suche eine Erklärung!*

2. *In Bild 380.2 erkennt man längere und kürzere Spuren. Was läßt sich daraus folgern?*

§ 126 Das Geiger-Müller-Zählrohr

1. Radioaktive Teilchen kann man zählen

Ein anderes Nachweisgerät für radioaktive Strahlung ist das Geiger-Müller-Zählrohr *(Bild 382.1)*. Es registriert einzelne schnelle Teilchen, die eine ionisierende Wirkung haben. Im Zählrohr ist ein Draht gegen das Gehäuse isoliert gehaltert. Er wird über einen Widerstand mit dem positiven Pol einer Spannungsquelle (300 bis 500 V) verbunden. Der negative Pol der Quelle liegt am Metallgehäuse. Im Rohr befindet sich ein Edelgas unter einem Druck von etwa 40 mbar. Durch das extrem dünne Abschlußfenster aus Glimmer (etwa $\frac{1}{100}$ mm dick) können die schnellen Teilchen ins Innere fliegen. Ein in das Rohr eingetretenes ionisierendes Teilchen setzt dort aus den Hüllen der durchflogenen Gasatome Elektronen frei. Deren Zahl genügt nicht, um einen Stromstoß zu registrieren. Man wählt deshalb die Spannung U so hoch, daß die freigesetzten Elektronen zum positiv geladenen Draht stark beschleunigt werden. Bevor sie dort ankommen, erhalten sie so viel Energie, daß sie durch Stoß weitere Ionen und Elektronen freisetzen, die ihrerseits wieder ionisieren können. So steigert sich unterwegs die Zahl der ionisierten Teilchen in einer *Kettenreaktion* schlagartig: Das Gas im Zählrohr wird wie in einer Glimmlampe leitend. Dies führt zu einem sehr kurzen Stromstoß I durch den Widerstand R. Dabei tritt an R kurzzeitig die Teilspannung $I \cdot R$ auf; die Teilspannung $U_Z = U - I \cdot R$ am Zählrohr sinkt deshalb so weit ab, daß dort die Kettenreaktion abbricht und das Gas wieder ein Isolator wird. Das Zählrohr ist dann für das nächste Teilchen bereit. So erzeugt jedes einzelne im Zählrohr ankommende Teilchen einen Stromstoß durch R.

Der am Widerstand R auftretende Spannungsstoß wird über einen Verstärker einem elektronischen Zählwerk und einem Lautsprecher zugeführt *(Bild 382.2)*. Im Lautsprecher macht sich der Zählvorgang als knackendes Geräusch bemerkbar. Natürlich „hört" man nicht die einzelnen Teilchen, sondern die von ihnen im Zählrohr hervorgerufenen und dann verstärkten Stromstöße. Die Zahl dieser Stöße – oder wie man auch sagt, der **Impulse** – in einer bestimmten Zeit, z. B. einer Sekunde, nennt man **Zählrate.**

Mit dem Geiger-Müller-Zählrohr kann man einzelne ionisierende Teilchen hoher Energie nachweisen.

2. Versuche mit dem Zählrohr

Versuch 7: a) Wir halten das Radiumpräparat vor das nach *Bild 382.2* aufgestellte Zählrohr. Viele knackende Geräusche im Lautsprecher verraten uns die einzelnen radioaktiven Teilchen, die vom Präparat ausgehen. – Ob ein Gegenstand *„radioaktiv"* ist, d.h. ob er radioaktive Strahlung aussendet, können wir also einfach feststellen: Wir brauchen ihn nur vor das Zählrohr zu halten.

b) Je mehr wir das Präparat dem Zählrohr nähern, desto größer wird die Zählrate: *Mehr* Teilchen treffen das Zählrohr pro Sekunde.

c) Wir stellen das Präparat etwa 3 cm vor dem Zählrohr auf. Halten wir nun Papier zwischen

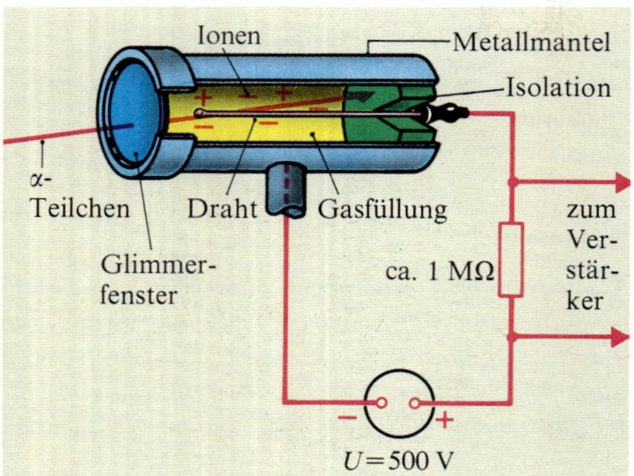

382.1 Geiger-Müller-Zählrohr

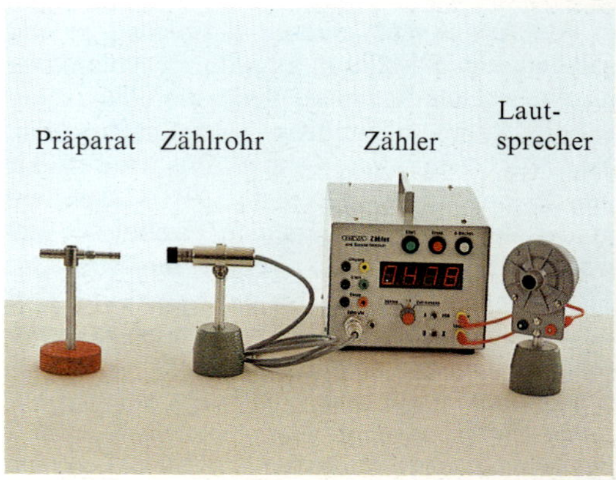

382.2 Kompakte Zähleranordnung

Präparat und Zählrohr, so wird die Zählrate zwar geringer, ist aber bei weitem nicht Null. Radium sendet also außer den α-Teilchen noch andere schnelle Teilchen aus.

d) Wir stellen das Präparat so auf, daß die Zählrate etwa 20 bis 100 Impulse pro Minute beträgt. Wie man jetzt hört, erfolgen die Zählimpulse *in unregelmäßigen Abständen.* Das radioaktive Präparat „tickt" nicht wie eine Uhr; radioaktive Teilchen treten völlig regellos auf. Offensichtlich erfolgt ihre Aussendung ungesteuert. Der *Zufall* ist bei ihrer Entstehung im Spiel. – Dies macht sich in der Nebelkammer bemerkbar. Beim Expandieren beobachtet man einmal weniger, einmal mehr Spuren.

e) Zählen wir die Impulse einige Male je 60 s lang, so stellen wir sogenannte statistische Schwankungen um einen Mittelwert fest; mal 70, mal 74, 68, 75, 69... Impulse in der Minute.

f) Wir entfernen alle Präparate vom Zählrohr. Trotzdem registriert das Gerät wider Erwarten noch 15 bis 20 Impulse in der Minute. Dieser *Nulleffekt* rührt von radioaktiven Stoffen in der Luft und in der Umgebung des Zählrohrs her sowie von der Strahlung aus dem Weltraum. Auf Ursachen dieser *Umgebungsstrahlung* gehen wir auf Seite 394 ein.

Ein radioaktives Präparat sendet seine Strahlung in unregelmäßigen Abständen aus. – Überall ist schwache radioaktive Strahlung vorhanden.

Die Zählrate kann auch durch einen Zeigerausschlag angezeigt werden:

Versuch 8: Wir wählen den Aufbau nach *Bild 382.1* und ersetzen den Widerstand durch einen empfindlichen Strommesser. Nähern wir dem Zählrohr ein Radiumpräparat (z.B. mit $1{,}3 \cdot 10^{-6}$ g Ra), so zeigt das Meßgerät einen Strom an, der ansteigt, je näher das Präparat dem Meßgerät kommt. Die Stromstöße werden von dem trägen Meßgerät nicht einzeln registriert. Viele Teilchen in einer Sekunde (große Zählrate) ergeben auch viele Stromstöße; in den Leitungen fließt in jeder Sekunde eine größere Ladung, d.h. die mittlere Stromstärke ist größer. Diese wird vom Meßgerät angezeigt. Die Stromanzeige ist somit proportional der Anzahl der Teilchen pro s, die im Zählrohr wirksam werden. Ein Zeiger-Meßgerät ist z.B. in *Bild 383.2* dargestellt.

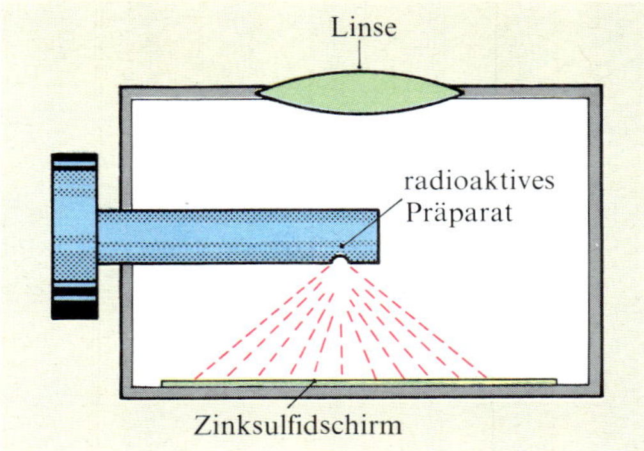

383.1 Spinthariskop

3. Es blitzt unregelmäßig

Das regellose Auftreten radioaktiver Strahlung hörten wir in Versuch 7 im Lautsprecher. Im *Spinthariskop (Bild 383.1)* ist es zu *sehen.* In diesem Gerät trifft α-Strahlung auf einen Zinksulfidschirm. Die Energie eines jeden α-Teilchens wird in einen kleinen Lichtblitz umgesetzt. Sieht man daher in völliger Dunkelheit mit einer Lupe auf den Leuchtschirm, erkennt man faszinierende, unregelmäßig auftretende Leuchtspuren. Das Auge muß sich allerdings zuvor an die Dunkelheit gewöhnt haben, und das Gerät sollte lichtdicht verpackt sein.

Aufgabe:

Erkläre das Ergebnis von Versuch 7b)! Stelle dir dazu das radioaktive Präparat als punktförmige Quelle vor, das gleichmäßig nach allen Richtungen seine Strahlung aussendet! Stelle das Zählrohr in verschiedenen Entfernungen auf! Wie nimmt die Intensität von Licht ab?

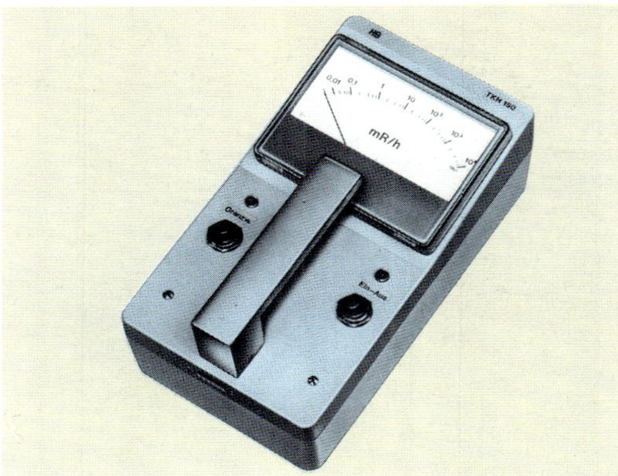

383.2 Gerät zum Nachweis radioaktiver Strahlung

§ 127 β- und γ-Strahlung

1. Das Oszilloskop zeigt mehr

In der Versuchsanordnung nach *Bild 384.1* ist das Zählrohr an eine fein regulierbare Gleichspannungsquelle gelegt. Die von einzelnen Teilchen ausgelösten Spannungsstöße werden als spitze Zacken von einem Oszilloskop registriert. Jedes Teilchen, das im Zählrohr nachgewiesen wird, verrät sich durch einen sehr kurzen Zacken auf dem Bildschirm.

Versuch 9: a) Vor dem Zählrohr der Versuchsanordnung von *Bild 384.1* befestigen wir ein schwaches Radiumpräparat (≈0,1 µg Ra) in einem Abstand von 2 bis 3 cm. Erhöhen wir langsam die Zählrohrspannung U von Null aus, so treten oberhalb einer Spannung von etwa 285 V unregelmäßig verteilte Zacken auf. Sie verschwinden, wenn wir ein Papier zwischen Präparat und Zählrohr halten, sie rühren also von den α-Teilchen her.

b) Beim weiteren Erhöhen der Spannung U werden die Zacken länger; plötzlich erscheinen zusätzlich kürzere, ebenfalls unregelmäßig verteilte Striche *(Bild 384.2)*. Diese bleiben bestehen, wenn wir ein Papierblatt in den Strahlengang bringen; dagegen verschwinden sie fast alle, halten wir ein 5 mm dickes Aluminiumblech vor das Zählrohr. Die hier beobachteten ionisierenden Teilchen nennt man **β-Teilchen,** man spricht auch von **β-Strahlung.** *Wir erkennen sie künftig daran, daß sie erst von einem dickeren Aluminiumblech absorbiert werden.*

c) Die wenigen Zacken, die in Versuch b) trotz des Aluminiumblechs sichtbar waren, stammen von einer dritten Art radioaktiver Strahlung, der sogenannten **γ-Strahlung.** Sie wird erst von dicken Bleischichten absorbiert.

Erklärung: Früher machten wir die Spannung U so hoch, daß die Kettenreaktion das ganze Zählrohrgas erfaßte. Dann ist es gleichgültig, ob ein α- oder β-Teilchen die Ionisierung auslöst. Bei einer Spannung nur wenig über 285 V werden aber nur Moleküle in der Nähe der Teilchenbahn in die Kettenreaktion einbezogen. Bei α-Teilchen sind dies viel mehr als bei den β-Teilchen; daher sind bei den β-Teilchen die Zacken kleiner. Die β-Teilchen ionisieren nämlich pro cm Wegstrecke sehr viel weniger Moleküle als die α-Teilchen (weil sie zu schnell an den Molekülen vorbei fliegen). Aus diesem Grund kann man in Schulnebelkammern die Bahnen von β-Teilchen nicht nachweisen; es gelingt nur in empfindlichen Kammern *(Bild 385.1)*. Dort sieht man sogar, wie sich die Bahn des β-Teilchens aus wenigen getrennten Nebeltröpfchen zusammensetzt.

2. Die Strahlung verschiedener Elemente

Außer Radium gibt es andere in der Natur vorkommende Elemente, die radioaktive Strahlung aussenden (z.B. Kalium, Polonium, Uran). Die Komponenten dieser *natürlichen radioaktiven Strahlung* sind fast ausschließlich α- und β-Teilchen sowie γ-Strahlung. Erst bei künstlich erzeugten radioaktiven Stoffen (Seite 400) finden sich andere Strahlenarten.

Versuch 10: Wir untersuchen die Strahlungsart verschiedener radioaktiver Schulpräparate, indem wir sie nach Versuch 9 vor ein Zählrohr

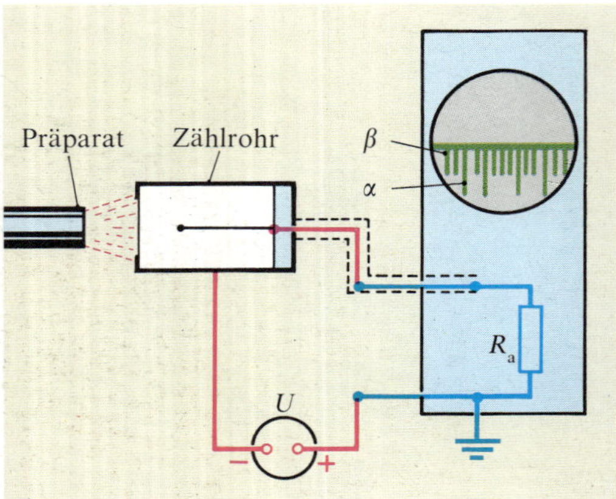

384.1 Die Spannungsimpulse am Widerstand R des Zählrohrs werden am Oszilloskop nachgewiesen.

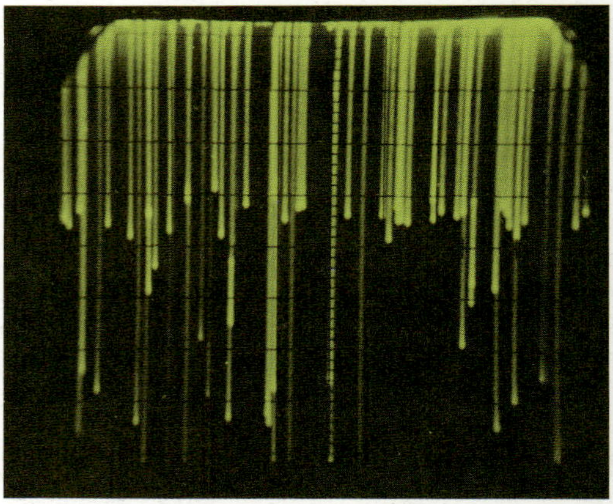

384.2 Schirmbild in Versuch 9b). Mit einem Papier im Strahlengang verschwinden die langen Zacken.

halten und Papier, 5 mm dickes Aluminiumblech oder Blei in den Strahlengang bringen (Versuchsanordnung nach *Bild 384.1*):

- Das Poloniumpräparat sendet nur α-Strahlen aus.
- Thallium und Strontium nur β-Strahlung,
- Americium α-Strahlung und wenig γ-Strahlung.
- Kobalt- und Caesiumpräparate der Schule scheinen ausschließlich γ-Strahlung auszusenden. In Wirklichkeit senden sie auch β-Strahlen aus, die jedoch von der Kapselung des Präparats absorbiert werden.

Es gibt sehr wenige radioaktive Elemente, die lediglich α- oder nur β-Teilchen aussenden. Bei den meisten anderen sind die α- und β-Teilchen von γ-Strahlung begleitet. Reine γ-Strahler gibt es nicht. Weshalb Radium alle drei Strahlungsarten aussendet, besprechen wir auf Seite 391.

Die drei Komponenten der natürlichen radioaktiven Strahlung sind α-, β- und γ-Strahlung.

3. Was sind β-Teilchen? Woher kommen sie?

Wie α-Strahlung besteht auch β-Strahlung aus vielen einzelnen Teilchen. Was sind das für Teilchen? Schickt man sie durch ein Magnetfeld, so kann man wie bei den α-Teilchen (Seite 381) eine Aussage über ihr Ladungsvorzeichen machen. *Bild 385.1* zeigt das Ergebnis eines Versuchs in der Nebelkammer.

Versuch 11: a) Wir nehmen ein radioaktives Präparat, das nur β-Strahlung aussendet, oder ein mit Papier abgedecktes Radiumpräparat, dessen α-Strahlung so absorbiert ist. Vor das Präparat stellen wir eine Bleiblende mit einer etwa 5 mm großen Öffnung *(Bild 385.2)*. Bringen wir ohne Magnetfeld in der Sichtlinie Präparat-Blendenöffnung ein Zählrohr an (Stellung A in *Bild 385.2*), so zeigt es eine bestimmte Zählrate. Außerhalb dieser Bahn dagegen mißt das Zählrohr praktisch nur den Nulleffekt. β-Teilchen bewegen sich also ohne Magnetfeld auf einer geradlinigen Bahn.

b) Mit einem kräftigen, hinter der Blende liegenden Hufeisenmagneten ändert sich dies. Liegt wie in *Bild 385.2* sein Südpol oben, so registriert das Zählrohr in der Stellung B β-Teilchen. Sie werden nach links abgelenkt. Liegt der Nordpol oben, so werden die β-Teilchen in entgegengesetzter Richtung abgelenkt. Mit Hilfe der „Linke-Hand-Regel" (Seite 339) finden wir, daß β-Teilchen negativ geladen sind.
-Teilchen lassen sich mit dem Magnetfeld eines Hufeisenmagneten ablenken, α-Teilchen dagegen nicht merklich. Die Ursache liegt in der Masse der Teilchen. Die der β-Teilchen ist bedeutend kleiner; sie lassen sich daher leichter aus ihrer Bahn ablenken als die schweren Heliumkerne. Wie zahlreiche Messungen bestätigen, stimmt die Masse der β-Teilchen mit derjenigen von Elektronen überein, ebenso ist die Größe der Ladung bei beiden gleich. *Demnach können β-Teilchen nichts anderes als Elektronen sein.*

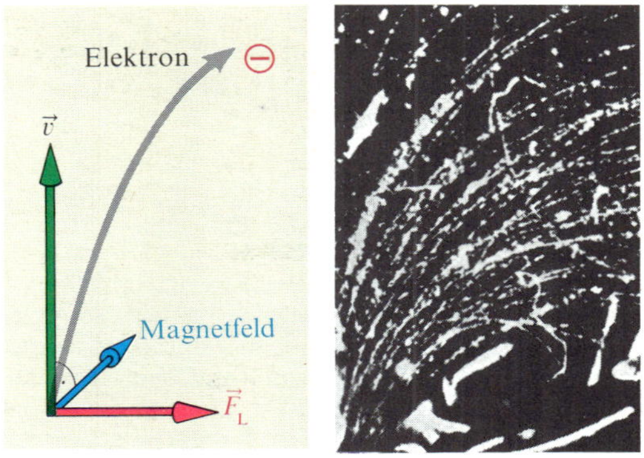

385.1 Nebelkammeraufnahme der Bahnen von β-Teilchen unter der Einwirkung eines senkrecht in die Bildebene hineinweisenden Magnetfeldes. Die Teilchen starten am unteren Bildrand. Sie werden wie negativ geladene Teilchen abgelenkt (vgl. mit *Bild 381.1*).

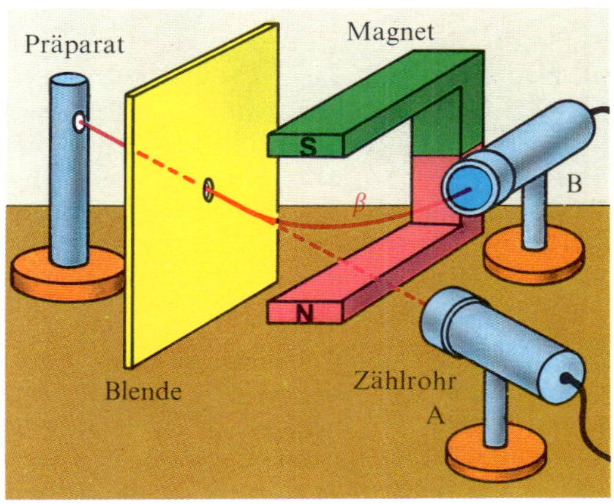

385.2 β-Strahlen werden durch ein Magnetfeld abgelenkt.

Kommen die β-Teilchen vielleicht aus der Elektronenhülle von Atomen radioaktiver Stoffe? Nein, obgleich es sich um Elektronen handelt, *stammen* sie wie α-Teilchen *aus dem Atomkern*.

Wie bei den α-Teilchen (Seite 381) läßt sich auch bei den β-Teilchen die Energie aus der Zahl der von ihnen in Luft gebildeten Ionen abschätzen. Viele β-Teilchen können Luftschichten von über 1 m Dicke durchdringen, bis sie zur Ruhe kommen. Deshalb enden auch ihre Bahnen nicht in der Nebelkammer *(Bild 385.1)*. Pro cm Weglänge ionisieren sie im Mittel 100 Moleküle und somit auf dem gesamten Weg über 10000 Moleküle. Da nach Versuch 1 ein Elektron mindestens mit 20 V beschleunigt werden muß, um ein Atom ionisieren zu können, müssen die β-Teilchen eine Energie besitzen, als ob sie von mehr als $20 \cdot 10000\ V = 200000\ V$ beschleunigt worden wären. Solche Energie steht in der Hülle nicht zur Verfügung, β-Teilchen müssen von einem Atomkern ausgeschleudert werden.

Die Abschätzung zeigt, daß β-Teilchen nicht energiereicher als α-Teilchen sind. Sie können nur deshalb dickere Materieschichten durchdringen, weil sie auf derselben Strecke weniger Ionen bilden.

Auch β-Teilchen ionisieren wie α-Teilchen in dichterer Materie mehr Atome pro cm als in Luft. Sie geben also auf einer kürzeren Strecke ihre gesamte Energie ab. Ihre „Reichweite“ ist dann kürzer; beträgt sie z.B. in Aluminium noch 5 mm, so ist sie in Blei nur noch 1 mm.

4. Was ist γ-Strahlung? Woher kommt sie?

Über die dritte Komponente der natürlichen radioaktiven Strahlung — die γ-Strahlung — hat man folgendes festgestellt:

a) Sie läßt sich nicht durch Magnetfelder ablenken, seien sie auch noch so stark. Die γ-Strahlung trägt daher keine Ladung.

b) Sie ist von derselben Natur wie Röntgenstrahlen und damit auch Licht. Nur sind γ-Strahlen oft noch energiereicher als Röntgenstrahlen. Wir begnügen uns damit, auch die γ-Strahlung als *„fliegende Energie“* anzusprechen. Aufgrund der Verwandtschaft mit Licht und Röntgenstrahlen bezeichnen wir sie nicht als „γ-Teilchen“ sondern immer als γ-Strahlung.

c) γ-Strahlung kann Moleküle und Atome ionisieren. Allerdings bildet sie in Luft noch weit weniger Ionen pro cm als ein β-Teilchen. In einer Nebelkammer ist sie deshalb überhaupt nicht nachzuweisen; in einem Zählrohr gelingt es nur deshalb, weil die γ-Strahlung gelegentlich Elektronen aus den Atomen der Zählrohrinnenwand herausschlägt. Diese Elektronen werden dann wie β-Teilchen registriert (in Versuch 9 sind daher die Zacken der β-Teilchen und der γ-Strahlung gleich hoch).

d) Die γ-Strahlung transportiert viel Energie. Da sie pro cm Luft wenig Moleküle ionisiert, kann sie dort große Strecken zurücklegen (über 100 m), ehe sie ihre gesamte Energie abgegeben hat. Je dichter die Materie ist, die sie durchfliegt, desto mehr Atome pro cm ionisiert sie. In Blei verliert sie bereits in 5 bis 10 cm dicken Schichten nahezu ihre gesamte Energie. Um dieselbe Abschirmwirkung zu erzielen, müßte man etwa zweimal so dicke Eisenschichten und fünfmal so dicke Aluminiumschichten wählen. Blei ist der beste Schutz vor γ-Strahlung.

e) γ-Strahlung kommt wie α- und β-Teilchen aus dem Atomkern. Darauf weist die hohe Energie der γ-Strahlung ebenso wie die in Versuch 9 beobachtete Tatsache hin, daß γ-Strahlung nie selbständig auftritt. Sie ist „Begleitmusik“ zur α- und β-Strahlung.

Versuch 12: Wir halten kurz unsere Hand zwischen einen γ-Strahler und ein Zählrohr. Die Zählrate ändert sich kaum. γ-Strahlen durchdringen wie die Röntgenstrahlen unsere Hand. Der Versuch ist ungefährlich, da unsere Präparate schwach sind. Sonst wären sie auch nicht zum Gebrauch an Schulen zugelassen.

β-Strahlung besteht aus sehr schnellen, energiereichen Elektronen. Sie kann 5 mm dickes Aluminiumblech nicht durchdringen.

γ-Strahlung ist von derselben Natur wie Röntgenstrahlung, nur oft energiereicher. Erst dicke Metallschichten schwächen sie merklich.

α-Teilchen, β-Teilchen und γ-Strahlung kommen aus Atomkernen.

5. Ein Film wird ohne Licht belichtet

1896 entdeckte der Physiker *Becquerel* die radioaktive Strahlung. Er stellte fest, daß Uranerze in der Nähe befindliche Fotoplatten schwärzen, selbst dann, wenn diese in lichtdichtes Papier oder dünne Metallfolie eingehüllt sind. Zwischen Erz und Fotoplatte gebrachte dickere Metallgegenstände zeichnen sich hingegen hell auf der entwickelten Platte ab. Das Ehepaar

Curie untersuchte diese Vorgänge und fand 1898 das bis dahin unbekannte Element Radium (= das Strahlende) als Hauptträger dieser Strahlung. – Wir können heute den Versuch von Becquerel in einer Schulstunde bequem selbst durchführen.

Versuch 13: Wir benutzen dazu eine ganze Pakkung eines Schwarz-Weiß-Polaroidfilms (Typ 87 oder 107c) mit 8 Negativen hintereinander. Über die Mitte der Filmpackung halten wir in etwa 1 cm Abstand ein radioaktives Präparat, am besten den reinen β-Strahler Strontium *(Bild 387.1)*. Zwischen Präparat und Deckblatt legen wir ein Drahtnetz mit etwa 1 mm Drahtabstand. Diese Anordnung lassen wir ca. 30 Minuten ungestört liegen. Anschließend stekken wir die Filmpackung in eine Polaroidkamera und ziehen entsprechend der Betriebsanleitung alle 8 Bilder (Negativ und Positiv jeweils zusammen) aus der Kamera. Nach der üblichen Entwicklungszeit von ca. 1 Minute trennen wir Positiv und Negativ und erkennen auf allen 8 Bildern das Drahtnetz *(Bild 387.2)*. Mit zunehmender Bildnummer werden die Bilder allerdings immer lichtschwächer. Was ist geschehen?

Die radioaktive Strahlung hat die einzelnen Papierschichten durchdrungen und in der lichtempfindlichen Schicht der Negative einzelne Atome ionisiert. Diese reagierten, als ob sie von Licht getroffen wären. Je intensiver die Strahlung ist, desto mehr Atome werden ionisiert und desto stärker wird das Negativ geschwärzt, das Positiv entsprechend aufgehellt. Die Drähte sind sichtbar, weil sie die β-Strahlung stark abschwächten.

Mit zunehmender Bildnummer werden die Bilder immer flauer, d.h. immer weniger β-Teilchen treffen sie. Zum einen ist das 8. Bild etwas weiter vom Präparat entfernt als das 1. Bild. Vor allem aber werden in jeder Papierschicht β-Teilchen absorbiert. Dieses Versuchsergebnis ist für den Strahlenschutz (Seite 397) wichtig: Radioaktive Strahlung wird beim Durchdringen von Materie abgeschwächt. – Je nach Material erfolgt diese Abschwächung allerdings unterschiedlich stark. (Seite 397, Versuch 19.)

Ebenso wie die β-Strahlung schwärzt auch die α- und γ-Strahlung Filme. Von den mit den γ-Strahlen verwandten Röntgenstrahlen ist uns dies bekannt (Seite 379).

Radioaktive Strahlen können Filme schwärzen. Sie werden beim Durchdringen von Materie abgeschwächt.

6. Rückblick

Für die radioaktive Strahlung besitzt der Mensch kein Sinnesorgan, deshalb hat man sie erst 1896 entdeckt. Zu ihrem Nachweis und zu ihrer Untersuchung benötigt man spezielle Geräte. Die radioaktive Strahlung verrät sich durch ihre ionisierende Wirkung. Wegen dieser Eigenschaft und weil sie sehr energiereich ist, kann sie dem Menschen gefährlich werden: man muß sich vor ihr schützen. Seite 394f. gehen wir ausführlich auf dieses Problem ein.

α- und β-Teilchen und γ-Strahlung kommen aus dem Kern von Atomen. Was geschieht dabei? Um dies zu klären, wollen wir uns zunächst mit dem Aufbau des Atomkerns beschäftigen.

Aufgabe:

Fasse alle besprochenen Eigenschaften der α-, der β- und der γ-Strahlung zusammen!

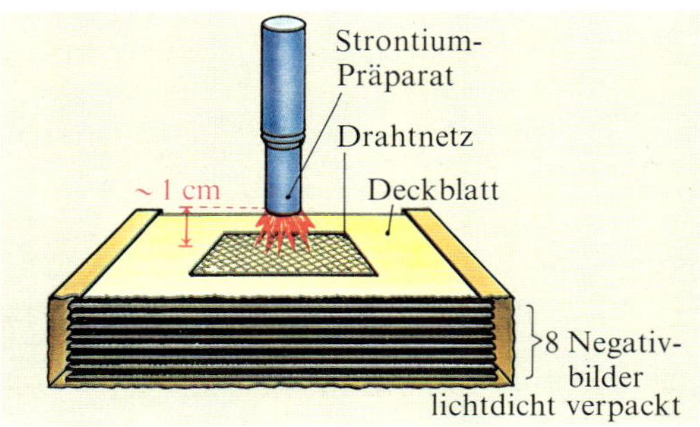

387.1 Zu Versuch 13: Mit radioaktiver Strahlung wird ein Polaroid-Film belichtet.

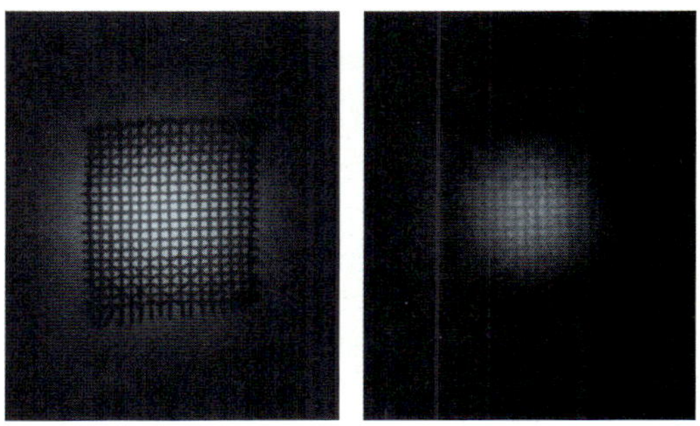

387.2 Bild 1 (links) und Bild 8 (rechts) des belichteten Polaroid-Films in Versuch 13

§ 128 Der Atomkern

1. Atome werden gewogen

Die Chemie unterscheidet heute etwa 100 Elemente, d.h. 100 Atomarten, die sich chemisch unterschiedlich verhalten. Sie sind im Periodensystem der Elemente geordnet zusammengestellt (siehe hinterer Buchdeckel, Innenseite). Am Anfang steht Wasserstoff als das leichteste Element, am Ende stehen schwere Elemente wie z.B. Uran. Die Masse der Atome eines Elements kann man heute sehr genau bestimmen. Die Ablenkung der α-Teilchen *(Bild 381.1)* und der β-Teilchen *(Bild 385.1)* im Magnetfeld verdeutlicht das Prinzip derartiger Messungen. Je größer die Masse eines schnell fliegenden geladenen Teilchens ist, desto weniger wird es beim Durchfliegen eines Magnetfeldes abgelenkt. Man ionisiert daher die Atome, beschleunigt die entstandenen Ionen genau so wie die Elektronen in der Braunschen Röhre durch eine Spannung und schickt sie anschließend durch ein Magnetfeld.

Die Bahnen ionisierter und auf gleiche Geschwindigkeit gebrachter Wasserstoffatome in einem Magnetfeld zeigt schematisch *Bild 388.1*. Die meisten Atome beschreiben Bahn 1, einige wenige Bahn 2, und äußerst selten findet man Bahn 3. Es gibt also drei verschieden schwere Wasserstoffatome, die in der Natur mit unterschiedlicher Häufigkeit auftreten. Elektronen würden infolge ihrer kleinen Masse im Magnetfeld von *Bild 388.1* eine sehr viel stärker nach rechts gekrümmte Bahn durchlaufen. Durch quantitative Auswertung erweist sich, daß die Teilchen auf Bahn 2 eine doppelt so große, die auf Bahn 3 eine dreimal so große Masse wie die Teilchen auf Bahn 1 haben. Diese sind etwa 2000mal schwerer als ein Elektron. Untersucht man alle Elemente, so findet man:

- Wie bei Wasserstoff gibt es bei *jedem Element* Atomarten unterschiedlicher Masse. Obwohl es nur etwa 100 Elemente gibt, kennt man heute über 2000 Atomarten mit jeweils verschiedenen Massen.
- Die Massen aller Atome sind weitgehend ein ganzzahliges Vielfaches der Masse des leichtesten Wasserstoffatoms.

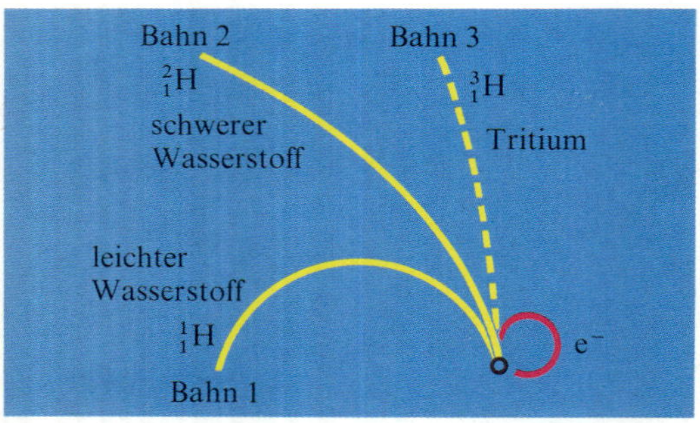

388.1 Bahnen ionisierter Wasserstoffatome gleicher Geschwindigkeit in einem senkrecht in die Bildebene hineinzeigenden Magnetfeld. Zum Vergleich ist die Bahn eines Elektrons angedeutet.

2. Atomkerne sind aus noch kleineren Teilchen zusammengesetzt

Wie sind die Versuchsergebnisse zur Massenbestimmung von Atomen zu erklären? Man stellte fest:

a) Das normale und leichteste Wasserstoffatom (Symbol H, Bahn 1 in *Bild 388.1*) besitzt als Kern ein **Proton,** in der Hülle ein Elektron. Das Proton (abgekürzt p) ist etwa 2000mal so schwer wie das Elektron und trägt eine positive Ladung. Ihr Betrag stimmt mit der Elektronenladung (genannt Elementarladung $e = 1{,}6 \cdot 10^{-19}$ C) überein. Nach außen hin ist das Atom daher neutral.

b) Im Kern des *schweren* Wasserstoffatoms (Bahn 2 in *Bild 388.1*) tritt zum Proton noch ein weiteres Teilchen hinzu, das **Neutron;** die Elektronenhülle besteht unverändert aus nur einem Elektron. Das Neutron (abgekürzt n) hat nahezu dieselbe Masse wie ein Proton, ist aber elektrisch neutral. Das schwere Wasserstoffatom ist somit fast genau doppelt so schwer wie das normale Wasserstoffatom.

c) Im überschweren Wasserstoff (dem *Tritium* T, Bahn 3, *Bild 388.1*) besteht der Kern aus drei fast gleichschweren Bausteinen, einem Proton und zwei Neutronen, und die Elektronenhülle wieder nur aus einem Elektron. *Bild 389.1* zeigt die drei verschiedenen Wasserstoffatome.

d) *Alle der über 2000 Atomkernarten sind aus zwei verschiedenen Bausteinen zusammengesetzt* (Ausnahme: leichtester Wasserstoffkern), nämlich aus Protonen (Anzahl Z) und Neutronen (Anzahl N). Dies bedeutet eine ungeheure Vereinfachung in der Naturbeschreibung. Elektronen sind im Kern nicht enthalten. Protonen und Neutronen bezeichnet man auch als **Nukleonen** (Kernbausteine).

Ihre Gesamtzahl $Z+N$ nennt man **Massenzahl** A des Kerns. Beispielsweise ist ein Heliumkern (identisch mit einem α-Teilchen) aus 2 Protonen und 2 Neutronen zusammengesetzt, hat also die Massenzahl $A=4$ *(Bild 389.2)*, ein spezieller Urankern besitzt 92 Protonen und 146 Neutronen und damit die Massenzahl $A=92+146=238$.

e) Die Atommassen sind angenähert ein Vielfaches der Masse des leichtesten Wasserstoffatoms. Protonen- und Neutronenmasse sind ja fast gleich groß; die Masse aller zum Atom gehörenden Elektronen ist gegenüber der des Kerns vernachlässigbar klein ($<1‰$).

f) Die Zahl der Protonen eines Kerns gibt die Zahl der Elementarladungen e im Kern an, bestimmt also dessen Ladung $Q=Ze$. Daher nennt man Z auch **Kernladungszahl.** Genauso groß wie diese muß auch die Zahl der Elektronen in der Hülle eines nicht ionisierten Atoms sein; denn das Atom ist elektrisch neutral.

g) Chemische Vorgänge bestehen in der Wechselwirkung von Nachbaratomen. Dafür ist ausschließlich die Elektronenhülle verantwortlich; der Kern verändert sich dabei nicht. Gleiche Elektronenhülle bedeutet gleiches chemisches Verhalten von Atomen. Da die Zahl der Protonen im Atomkern mit der Zahl der Elektronen in der Atomhülle übereinstimmt, lassen sich Atome mit derselben Protonenzahl Z chemisch nicht voneinander unterscheiden. Somit ist die Art eines chemischen Elements durch die Protonenzahl Z der Kerne seiner Atome festgelegt. Im Periodensystem sind deshalb die Elemente nach steigenden Z-Werten geordnet. *Die Ordnungszahl des Periodensystems stimmt mit der Kernladungszahl Z überein.* Z.B. ist bei Wasserstoff $Z=1$, bei Helium $Z=2$, bei Uran $Z=92$.

h) Die Zusammensetzung eines Atomkerns X verdeutlicht man, indem man die Massenzahl A links oben neben das Symbol des Elements schreibt, die Zahl der Protonen Z links unten vermerkt: $^{A}_{Z}\mathbf{X}$. Beispiel: $^{226}_{88}\text{Ra}$ ist ein Radiumkern mit 226 Nukleonen, davon sind 88 Protonen und daher $226-88=138$ Neutronen. Die Angabe von Z erweist sich eigentlich als unnötig, da sie aus dem Symbol Ra eindeutig hervorgeht. Oft schreibt man daher kurz: Ra-226. Ra-226 ist eine der 2000 Kernarten. Statt dem Wort Kernart verwenden wir in Zukunft oft den Ausdruck **Nuklid.**

Der Atomkern ist aus Z positiv geladenen Protonen und N neutralen Neutronen aufgebaut. Die Zahl der Protonen (Kernladungszahl Z) ist gleich der Zahl der Elektronen in der Atomhülle und bestimmt das chemische Verhalten eines Atoms. Z ist gleich der Ordnungszahl im Periodensystem. – Ein Kern (Nuklid) wird durch Z und die Massenzahl A gekennzeichnet: $A=N+Z$.

3. Isotope

Wie wir sahen, gibt es zu einem chemischen Element Atome, die sich in ihren Massen unterscheiden. Sie müssen die gleiche Protonenzahl, aber verschiedene Neutronenzahlen besitzen. Man nennt sie **Isotope** desselben chemischen Elements. Beispiele dafür sind die Wasserstoffisotope *(Bild 389.1)*. Uran, wie man es in der Natur findet, enthält die zwei Isotope $^{238}_{92}\text{U}$ und $^{235}_{92}\text{U}$. Die Isotope eines Elements sind chemisch nicht zu unterscheiden; sie reagieren völlig gleich. So gibt es z.B. neben normalem Was-

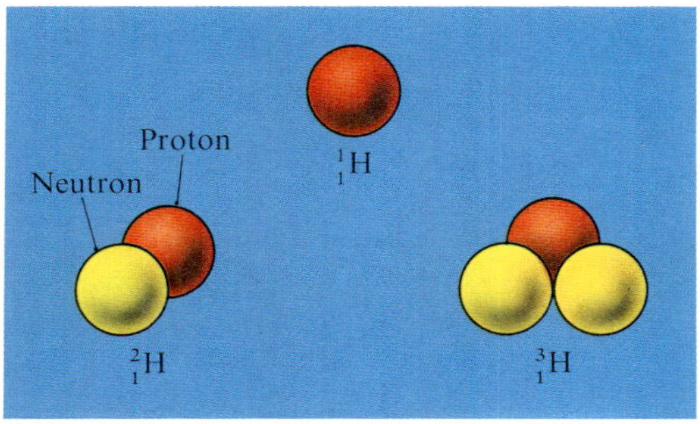

389.1 Die Kerne der drei Wasserstoffisotope in schematischer Darstellung. Die positive Kernladung wird durch ein Elektron neutralisiert, dessen Aufenthaltsbereich sich um den Kern erstreckt *(Bild 288.2)*.

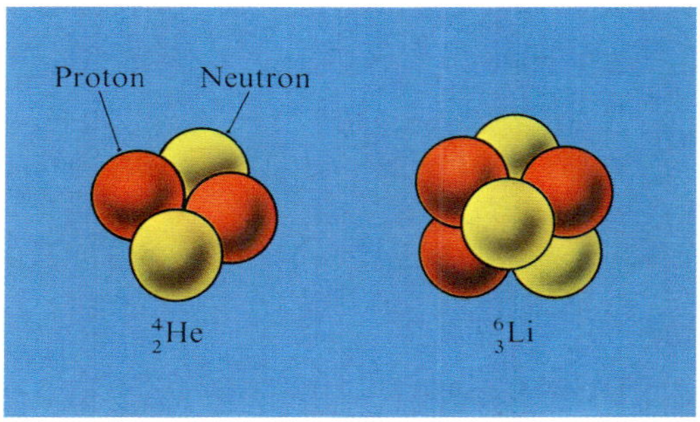

389.2 Die Kerne der Elemente Helium und Lithium (häufigste Isotope). Elektronen (2 bei He, 3 bei Li), deren Aufenthaltsraum sich um den Kern erstrecken, neutralisieren die positive Kernladung.

ser $^{1}_{1}H_2O$ schweres Wasser $^{2}_{1}H_2O$. In ihrem physikalischen Verhalten jedoch sind Isotope oft verschieden; so ist Tritium $^{3}_{1}H$ radioaktiv, die beiden anderen H-Isotope aber nicht.

Ein chemisches Element kann Isotope besitzen. Dies sind Atome mit gleicher Protonenzahl, aber verschiedener Neutronenzahl. Sie haben die gleichen chemischen, jedoch unterschiedliche physikalische Eigenschaften.

4. Warum fliegen die Kerne nicht auseinander?

Es ist eigentlich verwunderlich, daß Kerne, die mehr als 1 Proton enthalten, nicht sofort auseinanderfliegen. Die gleichnamigen Ladungen der einzelnen Protonen stoßen sich stark ab (2 Protonen im Abstand von 10^{-12} mm stoßen sich elektrisch mit der Kraft von 230 N ab!). Da aber viele Kerne stabil sind, muß man auf zusätzliche andersartige Kräfte schließen, die die Nukleonen im Kern „eisern" zusammenhalten. Man nennt sie **Kernkräfte;** sie wirken genauso zwischen Protonen und Neutronen. Eigenschaften und Entstehung der Kernkräfte werden heute intensiv in der physikalischen Forschung untersucht.

Kommen zu viele Protonen zusammen, so wird die elektrische Abstoßungskraft zu groß; der Kern fällt früher oder später auseinander. Dies erklärt, warum man nur Kerne bis $Z=92$ (Uran) in der Natur findet.

Kernkräfte halten im Atomkern Protonen und Neutronen zusammen.

Aufgaben:

1. *Gib von den folgenden Atomkernen A, Z und N sowie die Elektronenzahl in der Hülle des betreffenden Atoms an:* $^{12}_{6}C$; $^{137}_{55}Cs$; $^{208}_{82}Pb$; K-40; Co-60; Pb-206; Th-232! *(Benutze das Periodensystem der Elemente!)*

2. *Ein chemisches Element hat die Ordnungszahl 82. 4 seiner Isotope haben 122, 124, 125 bzw. 126 Neutronen. Gib deren Schreibweise an!*

3. *Natürliches Chlor besteht zu 75% aus* $^{35}_{17}Cl$, *zu 25% aus* $^{37}_{17}Cl$. *Was bedeuten die Symbole? Im Periodensystem der Elemente wird die relative Atommasse von Chlor mit 35,5 angegeben. Erkläre, wie diese Zahl zustande kommt!*

§ 129 Der radioaktive Zerfall

1. Was bleibt vom Kern nach dem Zerfall übrig?

Wenn ein Atomkern radioaktive Strahlung aussendet, verändert er sich. Man spricht von einem **radioaktiven Zerfall** des Kerns.

a) Stößt der Kern ein α-Teilchen, d.h. einen Heliumkern $^{4}_{2}He$ aus, so liegt ein **α-Zerfall** vor. Im Kern verringert sich die Kernladungszahl Z um 2, die Neutronenzahl N um 2, also die Massenzahl $A=Z+N$ um 4. Als Beispiel sei der α-Zerfall von $^{226}_{88}Ra$ angeführt *(Bild 391.1)*. Dieses Radiumisotop ist in den bei Versuch 3 bis 9 verwendeten Radiumpräparaten enthalten. Nach der Aussendung des α-Teilchens entsteht ein Kern mit 222 Nukleonen, wovon 86 Protonen sind. Dies ist ein Radonisotop (Edelgas). Man beschreibt die Kernumwandlung so:

$$^{226}_{88}Ra \xrightarrow{\alpha} {}^{222}_{86}Rn + \text{Energie}$$

Warum der Zusatz Energie? Das α-Teilchen bleibt nach dem Zerfall nicht neben dem Kern liegen, sondern fliegt schnell davon. Es hat Bewegungsenergie; beim Zerfall des Kerns muß Energie frei geworden sein.

Das α-Teilchen nimmt aus dem Kern 2 Protonen mit. Deshalb wird das Restatom erst wieder elektrisch neutral, wenn die Hülle auch 2 Elektronen abgegeben hat. *Durch den α-Zerfall entsteht also ein Atom mit völlig neuen Eigenschaften.*

b) Beim **β-Zerfall** stößt der Kern ein schnelles Elektron aus. Woher stammt es; im Kern sind doch keine Elektronen? Wie man nach vielen Untersuchungen feststellte, kann sich im Kern ein Neutron in ein Proton und ein Elektron umwandeln. Auch hierbei wird Energie frei. Das Elektron verläßt sehr schnell den Kern. Nach dem Zerfall besitzt der Atomkern 1 Neutron weniger und dafür 1 Proton mehr. Seine Massenzahl A bleibt also konstant. Ein Beispiel ist der β-Zerfall des Kryptonisotops $^{85}_{36}Kr$ *(Bild 391.2)*. Aus ihm entsteht ein Kern mit 85 Nukleonen und 37 Protonen, d.h. das Rubidiumisotop $^{85}_{37}Rb$. In der Kurzschreibweise lautet dieser Zerfall:

$$^{85}_{36}Kr \xrightarrow{\beta} {}^{85}_{37}Rb + \text{Energie}.$$

Das beim β-Zerfall entstandene Proton erhöht die Kernladungszahl Z des Atoms. Damit dieses wieder elektrisch neutral wird, muß es aus den überall in der Umgebung vorhandenen Elektronen eines aufnehmen und in die Hülle einbauen. *Auch nach dem β-Zerfall hat das Atom somit neue chemische Eigenschaften.*

c) Nach einem α- oder β-Zerfall hat der neue Kern oft noch überschüssige Energie. Er kann sie rasch loswerden, indem er γ-Strahlung aussendet, die wir als „fliegende Energie" kennengelernt haben. γ-Strahlung tritt deshalb nicht allein auf, sondern als Folge eines α- oder β-Zerfalls. Bei der Aussendung der γ-Strahlung verändert sich weder die Kernladungszahl Z noch die Massenzahl A noch die Elektronenhülle des Atoms. Doch hat der Kern nachher viel weniger Energie als vorher.

d) Der bei einem radioaktiven Zerfall entstandene Kern kann selbst wieder radioaktiv sein. So zerfällt Radium Ra-226 durch mehrere hintereinanderfolgende α- und β-Zerfälle, die mehrfach von γ-Strahlung begleitet werden. Das Ende dieser **Zerfallsreihe** ist das stabile Bleiisotop Pb-206. In einem länger gelagerten Radiumpräparat finden diese Zerfälle nebeneinander statt; das Präparat sendet gleichzeitig α-, β- und γ-Strahlung aus.

Beim radioaktiven Zerfall eines Atomkerns wird Energie freigesetzt. Es entsteht beim α-Zerfall ein Isotop des Elements mit einer um 2 kleineren Kernladungszahl *Z*, beim β-Zerfall ein Isotop des Elements mit einer um 1 größeren Kernladungszahl *Z*. Bei der Aussendung von γ-Strahlung ändert sich *Z* nicht.

Man unterscheidet zwischen *künstlichen und natürlichen radioaktiven Kernarten* (Nukliden), je nachdem, ob sie in der Natur vorkommen oder nicht. Beispiele natürlicher radioaktiver Kernarten sind: Thorium Th-232, Uran U-238, Uran U-235 und Radium Ra-226; aber auch Kalium K-40. Auf Seite 400 werden wir kennenlernen, wie man künstliche radioaktive Isotope herstellt. Alle Kernarten mit $Z > 83$ sind radioaktiv, gleichgültig ob sie künstlich hergestellt wurden oder nicht.

2. Zerfällt ein radioaktiver Kern auf Befehl?

Wenn wir unsere Experimente mit der radioaktiven Strahlung genau überdenken, fällt auf, daß wir an den radioaktiven Präparaten nie so etwas wie einen Schalter betätigen mußten.

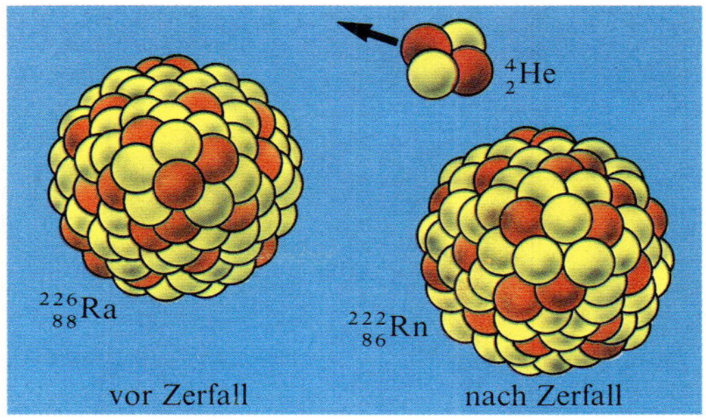

391.1 α-Zerfall des Radiumisotops Ra-226

Wir können radioaktive Strahlung nicht wie elektrischen Strom ein- oder ausschalten. In einer radioaktiven Substanz zerfallen laufend Atomkerne. Tun sie dies aufgrund eines äußeren Einflusses? Nein. Der Atomkern ist so sehr im Zentrum des Atoms, daß man an ihn weder durch Druck, noch durch extreme Temperaturen oder mit chemischen Mitteln herankommt. Nichts fand man, mit dem sich der Zerfall beeinflussen läßt.

Der radioaktive Zerfall ist nicht zu steuern. Er geht spontan vor sich, kann also nicht beeinflußt werden.

Aufgaben:

1. *Vervollständige die Angaben:* $^{235}_{92}U \xrightarrow{\alpha} ?$; $^{40}_{19}K \xrightarrow{\beta} ?$; $^{232}_{?}Th \xrightarrow{\alpha} ?$; $^{210}_{?}Pb \xrightarrow{\beta} ?$, $? \xrightarrow{\beta} {}^{137}_{56}Ba$!

2. *Ein Atomkern führt zwei β-Zerfälle hintereinander aus. Um welchen Kern handelt es sich, wenn der Endkern Zirkonium* Zr-90 *ist?*

3. *Welcher Kern entsteht, nachdem* Ra-226 *drei α-Zerfälle hintereinander ausgeführt hat?*

4. *Americium* Am-241 *ist radioaktiv. Der größte Teil seiner Strahlung kann Papier nicht durchdringen, der Rest der Strahlung wird durch eine Bleiplatte absorbiert. Beschreibe den Zerfall von* Am-241*! Welcher Endkern entsteht?*

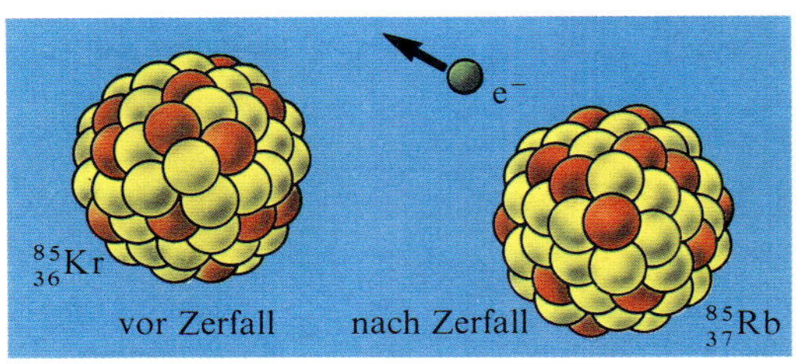

391.2 β-Zerfall des Kryptonisotops Kr-85

§ 130 Halbwertszeit

1. Wie lange strahlt radioaktive Substanz?

Wir betrachten nun die Zahl der Kerne, die in einer radioaktiven Substanz vorliegen. Im Laufe der Zeit zerfallen sie. Wann hört die Substanz auf zu strahlen? Wir untersuchen dieses Problem an einem radioaktiven Gas, das wir auf Seite 381 schon kennengelernt haben.

Eine versiegelte Plastikflasche enthält radioaktives Thorium Th-232, das sicherheitshalber noch in eine Stoffhülle eingenäht ist. Durch den Zerfall von Thorium entsteht in der Flasche ständig in geringen Mengen ein selbst wieder radioaktives Gas (Radon Rn-220). Mit Hilfe der Nebelkammer haben wir dies in Versuch 6 auf Seite 381 nachgewiesen.

Versuch 14: **a)** Wir bauen die Versuchsanordnung nach *Bild 392.1* auf. Als Nachweisgerät für radioaktive Strahlung enthält sie eine *Ionisationskammer*, an die über einen Schlauch die Thoriumflasche angeschlossen ist. Die mit Luft gefüllte Kammer besteht aus zwei gegeneinander isolierten Metallteilen, zwischen denen eine Spannung von etwa 2000 V liegt. Tritt in der Kammer α-Strahlung auf, so werden Luftmoleküle ionisiert. Die Spannungsquelle saugt die entstandenen Ionen ab; in den Zuleitungen fließt Strom. Mit einem sehr empfindlichen Strommesser wird er gemessen. Je mehr α-Teilchen in einer Sekunde auftreten, um so mehr Ionenpaare entstehen pro Sekunde, d.h. um so größer ist die Stromstärke in den Zuleitungen.

b) Wir pumpen mehrmals hintereinander kleine Mengen von radioaktivem Gas aus der Thoriumflasche in die Ionisationskammer. Mit jedem Gasstoß steigt die Stromstärke an. Je größer die radioaktive Gasmenge in der Kammer ist, desto mehr Atome zerfallen pro Sekunde, desto mehr Strahlung tritt auf. Allgemein gilt: Wird die Zahl der radioaktiven Atome in einer Substanz n-mal so groß, so zerfallen in ihr in 1 s auch n-mal so viele Atomkerne. Der Ionisationsstrom ist also zugleich ein Maß für die Zahl der vorhandenen noch unzerfallenen Atome. – Der Zeiger des Strommeßgeräts zeigt Schwankungen; sie rühren vom unregelmäßigen Eintreten der α-Zerfälle her.

c) Geben wir kein weiteres radioaktives Gas in die Kammer, so sinkt wie erwartet die Stromstärke. Die Zahl der Kerne in der Kammer, die noch radioaktive Strahlung aussenden können, wird mit der Zeit immer kleiner. Aber wie nimmt die Stromstärke ab? Etwa gleichmäßig? Wir messen die Stromstärke in Abhängigkeit von der Zeit t *(Bild 392.2)*. In 55 s ist sie auf die Hälfte gesunken. Nähme sie linear ab, müßte sie nach weiteren 55 s Null geworden sein. In Wirklichkeit fällt sie jeweils in 55 s auf die Hälfte des zu Beginn dieser Zeitspanne noch vorhandenen Wertes ab.

Was bedeutet dies? Nach jeweils 55 s tritt in der Kammer nur noch halb soviel Strahlung auf wie vorher, d.h. es zerfallen in 1 s nur noch halb so viele Kerne. Damit muß sich aber nach Versuch b) die Zahl der ursprünglich vorhandenen radioaktiven Gasatome jeweils in 55 s halbiert haben. Die Halbierung ist völlig unabhängig davon, wieviel radioaktive Substanz am

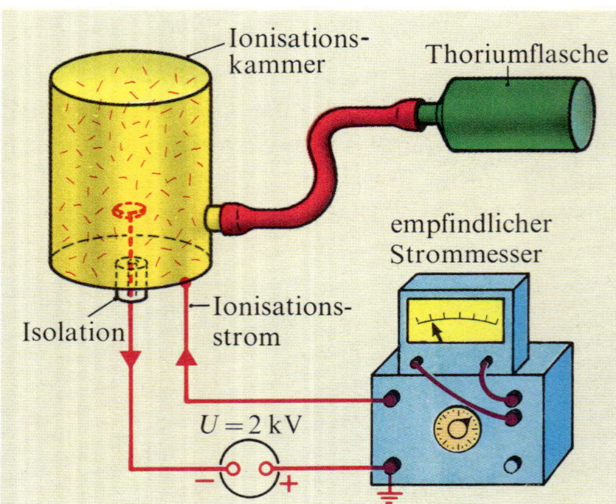

392.1 Schaltbild zur Versuchsanordnung für die Messung der Halbwertszeit

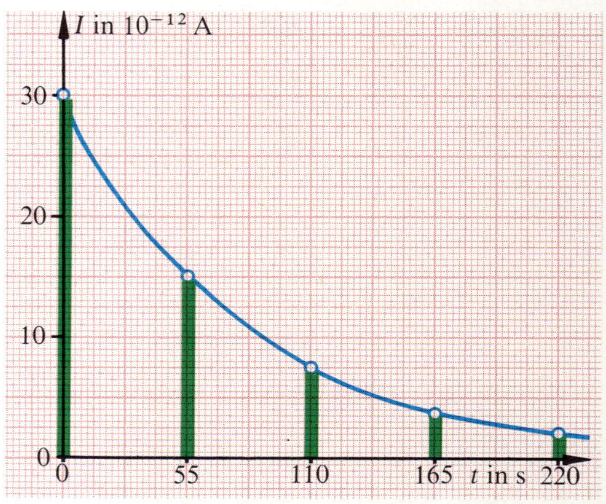

392.2 Stromstärke I durch die mit radioaktivem Gas Rn-220 beschickte Ionisationskammer

Anfang des Zeitintervalls vorlag. Die Zeit, die nämlich vergeht, bis der Strom von 30 pA auf 15 pA oder von 20 pA auf 10 pA oder von irgendeiner beliebigen Stromstärke auf die Hälfte abfällt *(Bild 392.2)*, beträgt immer 55 s. Man nennt diese Zeit die **Halbwertszeit** des radioaktiven Gases Radon Rn-220. Nach der doppelten Halbwertszeit (110 s) ist noch $\frac{1}{4}=(\frac{1}{2})^2$, nach der dreifachen $\frac{1}{8}=(\frac{1}{2})^3$, nach der zehnfachen $(\frac{1}{2})^{10} \approx \frac{1}{1000}$ der ursprünglichen Gasmenge vorhanden. Einige radioaktive Atome gibt es jedoch immer noch. *Es läßt sich kein Zeitpunkt bestimmen, an dem alle Atome zerfallen sind.*

Für jede radioaktive Kernart hat man eine andere charakteristische Halbwertszeit gefunden *(vgl. Tabelle 393.1)*. Die Größe dieser Zeit ist sehr unterschiedlich. Es gibt Kernarten mit Halbwertszeiten von vielen Millionen Jahren, aber auch solche, bei denen sie nur den Bruchteil einer Sekunde beträgt. In Versuch 16 werden wir eine weitere Halbwertszeit messen.

Als Schulpräparate verwenden wir radioaktive Nuklide, die eine große Halbwertszeit besitzen. So können wir sie lange verwenden. Radium Ra-226 hat z.B. eine Halbwertszeit von 1600 Jahren. Man hat gemessen, daß in einem Radiumpräparat mit einem millionstel Gramm (1 µg) Radium 37000 Atomkerne in einer Sekunde zerfallen; das Präparat strahlt ständig, erst nach 1600 Jahren ist die Hälfte von ihm zerfallen. Vielleicht vermittelt uns dies ein Gefühl für die ungeheuer große Anzahl von Atomen in einem winzigen Stück Materie. In 1 µg Radium sind nämlich etwa 10^{15} Atome enthalten.

Die Zeitspanne, in der jeweils die Hälfte einer radioaktiven Substanz zerfällt, heißt Halbwertszeit. Während dieser Zeit sinkt auch die Zahl der Zerfälle pro Sekunde in der Substanz auf die Hälfte ab. Jede radioaktive Kernart besitzt eine charakteristische Halbwertszeit.

Die Halbwertszeit mißt man an einer *großen Anzahl von Atomkernen.* Zu welchem Zeitpunkt zerfällt aber ein ganz bestimmter Kern? Die Antwort lautet: Wann es ihm paßt. Dies kann sofort oder auch erst nach langer Zeit sein, unabhängig davon, wie alt er bereits ist – ganz im Gegensatz zu Lebewesen. Mit dieser überraschenden Eigenschaft des radioaktiven Zerfalls erklärt sich auch das völlig unregelmäßige Auftreten radioaktiver Strahlung, wie wir es bereits in Versuch 7d) auf Seite 383 beobachteten.

Die Zahl der Zerfälle in 1 s nennt man **Aktivität** der radioaktiven Substanz. Die Einheit ist 1/s oder *1 Becquerel* (1 Bq). Früher benutzte man die Einheit *1 Curie* (1 Ci). Es ist 1 Ci $= 3{,}7 \cdot 10^{10}$ 1/s $= 3{,}7 \cdot 10^{10}$ Bq. Schulpräparate haben Aktivitäten in der Größenordnung 1 µCi $= 3{,}7 \cdot 10^4$ 1/s. Bei ihnen zerfallen 37000 Kerne in jeder Sekunde – bei Tag und Nacht.

2. Bierschaum verhält sich ähnlich

S-Versuch 15: Schenke Bier in ein hohes Glas so ein, daß sich viel Schaum bildet! Miß alle 15 s mit einem Lineal die Höhe h des Bierschaums! Stelle anschließend die Meßergebnisse in einem h-t-Diagramm dar! Du erhältst eine ähnliche Kurve wie in *Bild 392.2*. Immer nach derselben Zeit $T_{1/2}$ hat sich h halbiert.

Die Schaumbläschen kann man durchaus mit den zerfallenden Atomkernen vergleichen. Insgesamt werden sie immer weniger und sind jeweils nach der Zeit $T_{1/2}$ auf die Hälfte reduziert. Beobachten wir ein einzelnes Bläschen, so können wir nicht vorhersehen, wann es platzt. Auch nach vielen Halbwertszeiten findet sich auf dem Bier noch Schaum, genauso wie es in einer radioaktiven Substanz noch nach vielen Halbwertszeiten nicht zerfallene Kerne gibt.

Aufgaben:

1. *Ein Poloniumpräparat hat die Halbwertszeit 138 Tage. Nach wie vielen Tagen sind 7/8 seiner Ausgangsmasse an Polonium zerfallen?*

2. *Nach wie vielen Halbwertszeiten sind von einer radioaktiven Substanz mehr als 99% zerfallen, nach wie vielen mehr als 99,9%? Wie groß sind diese Zeiten beim radioaktiven Gas Rn-220 und bei Radium Ra-226? Wie ändert sich in diesen Zeiten die Zahl der Zerfälle in 1 s in der Substanz und damit deren ausgesandte Strahlung?*

Element	Halbwertszeit	Element	Halbwertszeit
Th-232	$1{,}4 \cdot 10^{10}$a	H-3	12,3a
U-238	$4{,}5 \cdot 10^9$a	Kr-85	10,8a
U-235	$7{,}1 \cdot 10^8$a	J-131	8d
C-14	5730a	Tc-99	6h
Ra-226	1600a	Rn-220	55s
Cs-137	30a	Po-214	$0{,}16 \cdot 10^{-3}$ s

Tabelle 393.1: Halbwertszeit einiger Nuklide; es bedeutet a: Jahre; d: Tage; h: Stunden; s: Sekunden.

§ 131 Die Strahlenbelastung

1. Welche Belastung ist unabwendbar?

Selbst wenn wir alle radioaktiven Präparate entfernen, tickt ein Geigerzähler (Versuch 7f). Nicht nur die Uranerzlager (z.B. bei Joachimsthal in Böhmen, Menzenschwandt im Schwarzwald usw.) sondern *jeder* Erdboden enthält radioaktive Stoffe, wenngleich nur Spuren davon; einige treten als Gas in die Luft aus.

Versuch 16: Wir spannen zwei 5 m lange blanke Drähte 40 cm voneinander entfernt aus. (Aus Sicherheitsgründen 2 m hoch). Zwischen diese legen wir eine Spannung von 6 kV. Der positive Pol ist geerdet; nach 2 bis 3 Stunden nehmen wir die Spannung weg und wischen den zuvor *negativ* geladenen Draht mit einem Azeton-getränkten Papierstreifen ab. Anschließend halten wir diesen vor das dünnwandige Fenster eines Geiger-Müller-Zählrohrs. *Bild 394.1* zeigt die Zählrate in Abhängigkeit von der Zeit *t*. Nach 33 min ist sie auf die Hälfte gesunken. Wir haben vom Draht eine radioaktive Substanz mit 33 min Halbwertszeit abgewischt.

Es handelt sich um Folgeprodukte des radioaktiven Gases Radon, das aus dem Boden tritt. Dort entsteht es beim Zerfall der sehr langlebigen radioaktiven Stoffe Uran, Radium und Thorium, die überall im Erdboden als fein verteilte Spuren zu finden sind. Die radioaktiven Radonatome zerfallen in der Luft, und ihre Folgeprodukte werden zum geladenen Draht gezogen; da diese selbst wieder radioaktiv sind, konnten wir am Zählrohr ihren weiteren Zerfall beobachten.

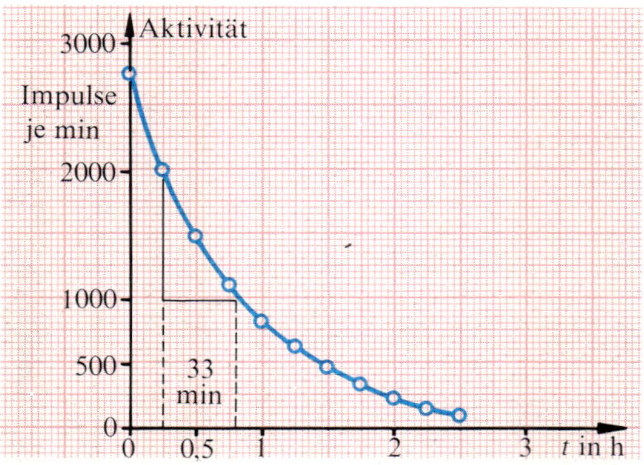

394.1 Aktivitätsabfall des radioaktiven Niederschlags von Versuch 16

Selbstverständlich atmen wir das aus dem Boden stammende radioaktive Gas Radon ständig, wenn auch nur in Spuren, ein. Es zerfällt in den Lungen und belastet diese mehr als die anderen Organe unseres Körpers.

Auch das Mauerwerk der Häuser und sogar unser eigener Körper enthalten radioaktive Substanz. Es handelt sich dabei u.a. um das Isotop K-40 des im übrigen völlig unverdächtigen Elements Kalium.

Versuch 17: Wir stellen irgendein Kalisalz, z.B. Kalidünger (Kalisalpeter), vor ein Zählrohr. Die Zählrate ist deutlich höher als die Nullrate.

Insgesamt findet man 3 Ursachen für diese **natürliche, unabwendbare Strahlenbelastung** des Menschen:

a) Die oben ermittelte **terrestrische Strahlung** aus radioaktiven Stoffen, die in Erde, Wasser und Luft fein verteilt sind, schwankt von Ort zu Ort je nach der Zusammensetzung des Bodens. Innerhalb von Häusern ist sie größer als im Freien. In Teilen Indiens und Brasiliens ist sie über Thorium-haltigem Monazitgestein über 100mal so groß wie bei uns.

b) Die **kosmische Strahlung** aus dem Weltraum enthält besonders energiereiche Teilchen. Ein Teil davon durchdringt die Atmosphäre. Die kosmische Strahlung nimmt mit der Höhe zu und ist deshalb bei Bergtouren und im Flugzeug verstärkt wirksam.

c) Die **Eigenstrahlung des Körpers** kommt aus radioaktiven Nukliden (wie Kalium K-40 oder Radium Ra-226 und Radon Rn-222 mit ihren Folgeprodukten), die über die Nahrungsaufnahme und die Atmung in den menschlichen Körper gelangen und dort gespeichert werden.

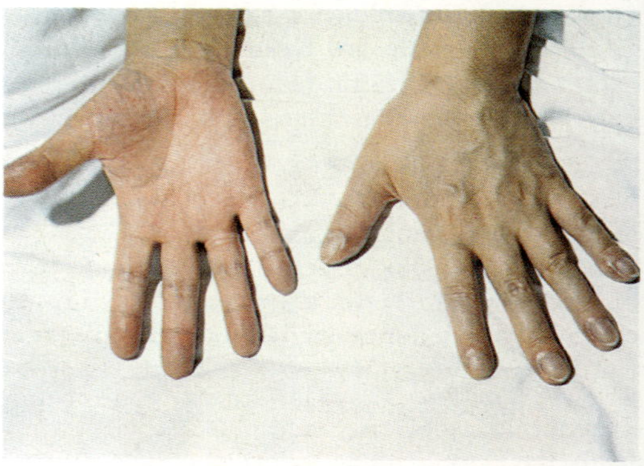

394.2 Strahlenschäden an Händen nach einer sehr starken unsachgemäßen Bestrahlung

Der Mensch ist stets einer natürlichen Strahlenbelastung ausgesetzt. Sie schwankt in einem weiten Bereich.

2. Die Zivilisation belastet zusätzlich

Röntgendurchleuchtungen und mehr noch medizinische Anwendungen radioaktiver Strahlen – etwa zur Krebsbehandlung (Seite 398) – bedeuten eine Strahlenbelastung für den Menschen. Demgegenüber sind andere zivilisatorische Strahleneinwirkungen wie etwa von Kernkraftwerken (Seite 404) oder von radioaktiven Stoffen aus Kernwaffenversuchen (Seite 403) zur Zeit völlig bedeutungslos. Auch die schwache Röntgenstrahlung von Fernsehgeräten ist unwesentlich (vgl. *Bild 397.1*).

Einer erheblichen zusätzlichen Strahlenbelastung unterliegen Raucher. Bestimmte radioaktive Stoffe (z.B. Blei Pb-210) werden nämlich in Tabakpflanzen angereichert. Beim Abbrennen einer Zigarette verdampfen sie und gelangen so in die Lungen.

3. Welche Schäden können im Körper auftreten?

Grundsätzlich muß man zwei Arten von Strahlenschäden unterscheiden:

a) Erbschäden durch Bestrahlung der Keimzellen heißen **genetische Strahlenschäden.** Sie treten dadurch auf, daß radioaktive Strahlung in den Keimdrüsen Mutationen, d.h. Veränderungen der Erbanlagen, auslösen und zwar meist im negativen Sinn. Diese Schäden, *die nicht heilbar sind*, wirken sich erst bei den Nachkommen aus. Das Heimtückische an ihnen ist, daß sie schon von einem einzigen Teilchen ausgelöst werden können. Viele dieser Schäden werden aber nicht wirksam. Oft stirbt die geschädigte Zelle ab, bevor ein neues Lebewesen daraus entsteht. Die sogenannten rezessiven Genmutationen (Gene sind die einzelnen Erbanlagen in der Zelle) wirken sich bei den Nachkommen erst vollständig aus, wenn von beiden Elternteilen je die gleiche Genveränderung zusammentrifft; die Wahrscheinlichkeit dafür ist aber extrem gering.

Man darf auch nicht außer acht lassen, daß Mutationen als natürliches Ereignis schon immer spontan (von selbst) auftraten. Die gesamte Entwicklung (Evolution) der Tier- und Pflanzenwelt sowie des Menschen beruht auf Mutationen. Man nimmt an, daß es in 1000 männlichen Keimzellen im Laufe ihrer Lebenszeit zu etwa 140 Genmutationen kommt. Erst eine radioaktive Strahlung, die etwa 500mal größer ist als die natürliche Strahlenbelastung, verdoppelt diese spontane Mutationsrate. – Trotzdem haben wir bezüglich der genetischen Strahlenschäden unseren Nachkommen gegenüber eine große Verantwortung. Allein ihretwegen sollten wir die zusätzliche Strahlenbelastung so gering wie möglich halten.

b) Somatische Strahlenschäden wirken sich auf den Gesundheitszustand des betroffenen Menschen selbst aus. Als *Frühschäden* treten bei starken Bestrahlungen Appetitlosigkeit, Übelkeit und allgemeine Schwäche auf. Diese Frühschäden können wieder ausheilen. *Bild 394.2* zeigt einen äußerlich erkennbaren Strahlenschaden. – Heimtückisch sind die *Spätschäden.* Es droht erhöhte Krebsgefahr *(Bild 395.1)*, insbesondere wenn die Bestrahlung in jungen Jahren erfolgte. Viele Untersuchungen durch Industrie und Forschungseinrichtungen über die radioaktive Belastung der Umwelt befassen sich mit der Frage, um wieviel sich die Zahl der Krebstoten in einer bestimmten Bevölkerungsgruppe infolge einer zusätzlichen Strahlenbelastung erhöhen kann. Auch die natürliche Strahlenbelastung kann zu Krebs führen; man schätzt aber, daß mehr als 99,4 % aller durch Krebserkrankungen entstehenden Todesfälle andere Ursachen haben.

Die genetischen Strahlenschäden wirken sich erst in der Nachkommenschaft aus, die somatischen bei den bestrahlten Menschen selbst.

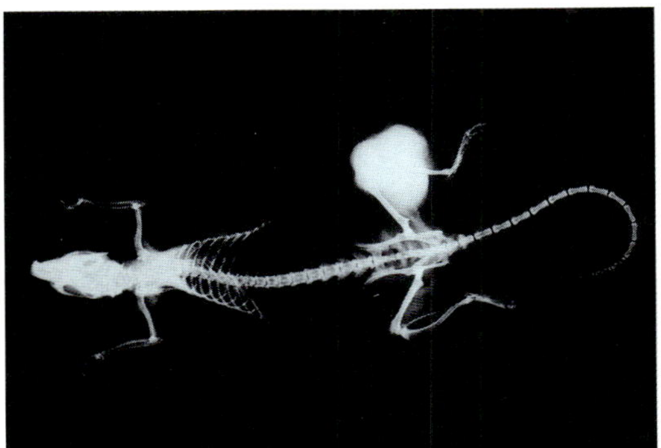

395.1 Knochenkrebs am Hinterbein einer Ratte 8 Monate nach Einnahme von Radium

4. Warum ist radioaktive Strahlung gefährlich?

Radioaktive Strahlen und Röntgenstrahlen können den Körper nicht nur durchdringen, sondern auch schädigen. Die Gefahr rührt nicht von den Teilchen an sich her (Elektronen und Atomkerne hat der Körper selbst), sie kommt von ihrer großen Energieabgabe an das einzelne Molekül. Diese Gefährdung ist um so größer, je mehr Energie die Strahlung an 1 kg des Körpers abgibt. Man nennt diese Energieabgabe je Masseneinheit die **Energiedosis** der Strahlung und mißt sie in der Einheit 1 J/kg. Eine kurzfristige Energiedosis von 6 J/kg an Röntgen- oder Gammastrahlung führt bei Ganzkörperbestrahlung im allgemeinen zum Tod (also 450 J bei 75 kg Masse). *Ist dies viel Energie?* An sich nicht; denn mit 6 J kann man 1 kg Körpermasse nur um etwa 1/1000 K erwärmen. Nach einem Langlauf, in der Sauna oder bei Fieber sind die Temperatursteigerungen, d.h. die verstärkten Molekülbewegungen, 1000mal größer! Also liegt die Ursache der Strahlengefahr nicht in der verstärkten Molekülbewegung. Vielmehr tritt der Schaden durch die *Ionisation der Moleküle* auf: Moleküle können in den lebenden Zellen des Körpers so verändert werden, daß sie aus dem Lebensprozeß ausscheiden oder den Körper vergiften.

Bei α-Strahlen ist die Dichte der gebildeten Ionen (vgl. die Spuren in der Nebelkammer) besonders groß. Die Energie wird konzentriert an eine Zelle abgegeben; der Schaden ist erfahrungsgemäß 20mal so hoch wie bei Röntgen- und γ-Strahlung gleicher Energiedosis. Um die schädlichen biologischen Wirkungen von radioaktiven Strahlen miteinander vergleichen zu können, hat man die **Äquivalentdosis** eingeführt. Sie ist gleich der Energiedosis mal einem von der Strahlungsart abhängigen Faktor. Bei β-, γ- und Röntgenstrahlen ist der Faktor 1, bei α-Strahlen 20. Auch die Einheit der Äquivalentdosis ist 1 J/kg; oft verwendet man noch die ältere bis 1985 zulässige Einheit 1 rem = $\frac{1}{100}$ J/kg = 1 cJ/kg. Es ist 1 J/kg = 100 rem.

Bei einer Lungenaufnahme mit Röntgenstrahlen kann die Lunge des Bestrahlten eine Äquivalentdosis von 1 mJ/kg (100 mrem) und mehr erhalten. Bei Krebsbestrahlungen (Seite 398) sind sehr hohe Strahlendosen nötig, so daß beim Patienten fast immer Übelkeit auftritt. Soll man sich also unter keinen Umständen röntgen lassen, soll man Krebsgeschwüre nicht bestrahlen, um sich vor jeder Strahlengefahr zu schützen? Natürlich nicht! Man wird den meist sicheren medizinischen Nutzen gegenüber einem möglichen Strahlenschaden abwägen. **Auf jeden Fall muß jede zusätzliche Strahlenbelastung so gering wie möglich sein.**

Bei aller gebotenen Vorsicht darf man nie vergessen, daß die Menschen seit jeher einer natürlichen Strahlenbelastung ausgesetzt sind. Sie beträgt bei uns im Mittel 1,1 mJ/kg (110 mrem) je Jahr, kann aber an manchen Orten bis auf 3 mJ/kg (300 mrem) je Jahr anwachsen. Die Werte beziehen sich auf die besonders gefährdeten Keimdrüsen *(genetische Strahlenbelastung)*; die Belastung der Lungen und anderer Körperteile ist größer. Demgegenüber beträgt die durchschnittliche medizinische Strahlenbelastung der Keimdrüsen 0,5 mJ/kg (50 mrem) pro Jahr. Vergleiche dazu *Bild 397.1.*

Wie groß ist die Belastung durch ein radioaktives Schulpräparat? Das stärkste, nämlich 100 µCi Kobalt Co-60, gibt ungeschützt in 1 m Abstand 1,3 µJ/kg (0,13 mrem) in einer Stunde ab. Die wenigen Schulversuche dürften also weit weniger belasten als das Fernsehen oder ein Flug in die Ferien. In 10 km Höhe ist die Belastung ca. 4 µJ/kg (0,4 mrem) in 1 Stunde.

Radioaktive Strahlung und Röntgenstrahlen stören durch die Ionisation von Molekülen die Funktion der Körperzellen. Als Maß für die schädliche Wirkung einer radioaktiven Strahlung dient die Äquivalentdosis mit der Einheit 1 J/kg (= 100 rem).

Aufgaben:

1. *Erkläre, warum sich bei einem Umzug von einem Holz- in ein Steinhaus die Strahlenbelastung der Bewohner um* 0,5–0,6 mJ/kg und Jahr (50–60 mrem/Jahr) *erhöhen kann!*

2. *Weshalb ist die natürliche Strahlenbelastung der Lunge größer als die der Keimdrüsen?*

3. *Welche Energie absorbiert ein Mensch von* 75 kg *Körpergewicht bei einem Strahlenunfall, bei dem er eine lebensbedrohende Äquivalentdosis von* 4 J/kg (400 rem) *empfängt? — In welcher Höhe hätte ein Körper der Masse* 75 kg *dieselbe Lageenergie?*

4. *Um wieviel* cJ/kg *(wieviel* mrem*) größer als auf* 0 m *Meereshöhe ist die kosmische Strahlenbelastung bei einem 4wöchigen Urlaub in den Bergen auf* 2500 m *Höhe (benutze Bild 397.1)?*

§ 132 Strahlenschutz

1. Wie schützt man sich vor radioaktiver Bestrahlung?

Versuch 18: Wir stellen einen stärkeren Gammastrahler vor ein Zählrohr. Verdoppeln wir den Abstand, so sinkt die Zählrate auf weniger als die Hälfte, nämlich auf 1/4, im dreifachen Abstand auf 1/9 ihres Anfangswertes.

Abstand halten ist also ein wichtiges Gebot beim Umgang mit radioaktiven Stoffen. Ferner wird man sich nur *so kurz wie nötig* in ihrer Nähe aufhalten. Starke Sonnenbestrahlung hält ein dünnes Schirmtuch ab. Dies gilt auch gegenüber α-Strahlen; hier genügt nach Seite 380 schon Papier oder wenige cm Luft. Wir wissen auch, daß β-Strahlung in 5 mm dickem Aluminium steckenbleibt und γ-Strahlung dicke Bleischichten kaum durchdringen kann. *Aber auch in dünneren Materieschichten werden Strahlungen abgeschwächt.*

Versuch 19: **a)** Ein reiner β-Strahler (Sr-90) steht 10 cm vor einem Zählrohr. Dazwischen bringen wir Holz-, Aluminium- und Bleiplättchen zunehmender Dicke und messen jeweils 10 s lang die Zählrate. Mit zunehmender Schichtstärke wird die Zählrate kleiner, wobei die Abnahme bei Holz am kleinsten, bei Blei am größten ist. Es genügen bereits einige mm dicke Schichten, um die gesamte Strahlung zu absorbieren (vgl. Versuch 13 auf Seite 387).

b) Das gleiche wiederholen wir mit einem γ-Strahler. Wir beobachten dasselbe Ergebnis, nur müssen jetzt die Schichtdicken einige Zentimeter betragen, um wirksam zu werden.

In der Materie verlieren die Strahlen durch Ionisation allmählich ihre Energie. Zur vollständigen Abschirmung von γ-Strahlung braucht man sehr große Schichtdicken, vor allem wenn man Stoffe mit niedriger Ordnungszahl Z benutzt (Holz, Aluminium). *Blei oder Schwerbeton dagegen ist sehr geeignet.* Durch Bleischürzen schützt man z.B. die Keimdrüsen bei Röntgenaufnahmen, mit einem Bleimantel schirmt man Röntgenröhren nach den Seiten hin ab.

Auch für den Schutz gegen innere Bestrahlung muß man sorgen. Radioaktive Stoffe dürfen auf keinen Fall in den Körper gelangen, es sei denn zu einer notwendigen medizinischen Behandlung (vgl. Seite 398).

Grundregeln für den Strahlenschutz:
- **Man entferne sich möglichst weit von einer Strahlenquelle.**
- **Bei Versuchen mit radioaktiven Stoffen strebe man eine kurze Arbeitszeit an.**
- **Dicke Materieschichten schirmen radioaktive Strahlung ab. Das beste Schutzmaterial ist Blei.**
- **Radioaktive Stoffe dürfen nicht in den Körper gelangen. Beim Umgang mit ihnen sind Essen, Trinken und Rauchen verboten.**

2. Schutzvorschriften

Gesetzliche Strahlenschutzverordnungen regeln den Umgang mit radioaktiven Stoffen und Röntgengeräten. *Sie stellen sicher, daß die zusätzliche Belastung der Bevölkerung unter der Schwankungsbreite der Strahlenbelastung liegt, welcher der Mensch schon immer in der Natur ausgesetzt war.* Dadurch wird das biologische Gleichgewicht in der Natur nicht gestört. So darf die maximale Belastung außerhalb des Zauns einer kerntechnischen Anlage auch unter ungünstigen Bedingungen 0,3 mJ/kg = 30 mrem pro Jahr nicht überschreiten. Auch die Herstellung radioaktiver Schulpräparate unterliegt strengen Bestimmungen. Überall, wo radioaktive Stoffe gelagert sind oder wo radioaktive Strahlen auftreten können, muß das **Strahlenwarnzeichen** *(Bild 398.1)* angebracht sein. Personen, die beruflich mit radioaktiven Stoffen arbeiten, werden laufend medizinisch überwacht. Ihre Strahlenbelastung kontrolliert man mit sogenannten **Dosimetern.**

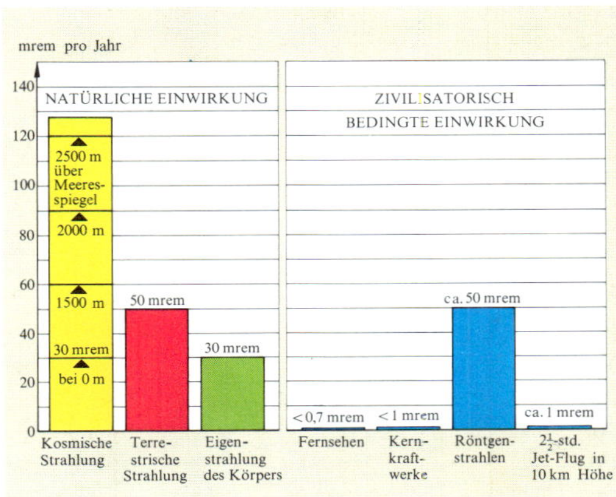

397.1 Mittlere genetische Strahlenbelastung eines Menschen in der Bundesrepublik Deutschland 1977

398.1 Strahlenwarnzeichen

Im Filmdosimeter (Bild 398.2) läßt sich aus dem Grad der Schwärzung eines Films die Strahlenbelastung ermitteln.

Aufgaben:

1. *Suche nach Erklärungen, warum bei einer Röntgenaufnahme der Lunge die Strahlenbelastung der Lunge* 200 mrem *betragen kann, die genetische Strahlenbelastung dagegen kleiner als* 2 mrem *ist! Inwiefern kann man die Belastung mit einem zweistündigen Flug in die Ferien in großer Höhe vergleichen, inwiefern nicht?*

2. *Warum schraubt man radioaktive Präparate bei Nichtgebrauch so in einen massiven Metallklotz, daß nur der Griff für die Handhabung herausragt? Warum besteht bei γ-Strahlern der Klotz aus Blei, sonst aus Aluminium?*

3. *Mit welchem Gerät sucht man ein verlorenes radioaktives Präparat?*

398.2 Filmdosimeter zur Kontrolle der Strahlenbelastung

§ 133 Anwendung radioaktiver Nuklide

Radioaktive Strahlung ist – richtig und verantwortungsbewußt angewandt! – an vielen Stellen ein unverzichtbarer Helfer des Menschen:

a) Die moderne **Medizin** ist ohne die vielfältige Anwendung radioaktiver Nuklide nicht denkbar. Z.B. will man beobachten, wie Körperorgane bestimmte Substanzen aufnehmen und verarbeiten. Hierzu *„markiert"* man die normale Substanz mit winzigen Spuren eines radioaktiven Isotops desselben chemischen Elements. Chemisch verhalten sich radioaktive Isotope vor dem Zerfall genauso wie die inaktiven. Folglich wandern sie auf denselben Wegen; nur zerfällt gelegentlich ein Kern und verrät durch die ausgesandte Strahlung seinen Standort. Auf diese Weise stellte man fest, daß die Injektion von radioaktivem Kochsalz in eine Armvene bereits nach 75 s zum Auftreten von radioaktivem Natrium im Schweiß des anderen Arms führt. Damit ist die große Geschwindigkeit des Stoffaustausches im menschlichen Körper bestätigt.

Manche chemischen Elemente werden in bestimmten Organen gespeichert. Man injiziert dem Menschen winzige Spuren radioaktiver Isotope dieser Elemente und tastet anschließend das Organ Punkt für Punkt mit einem Zählrohr ab. So erhält man ein „Bild" des Organs *(Bild 399.1)*. Der Arzt kann daraus Rückschlüsse auf Krankheiten ziehen. Damit die Strahlung bald wieder aufhört, verwendet man Nuklide mit möglichst kurzer Halbwertszeit (z.B. Technetium Tc-99, vgl. *Tabelle 393.1*).

Außer zur *Diagnose,* d.h. zur Erkennung von Krankheiten, verwendet man radioaktive Nuklide und ihre Strahlung auch zur *Therapie,* d.h. zur Heilung. Ein Beispiel ist die Bestrahlung von Krebsgeschwülsten. Die in schneller Teilung begriffenen Krebszellen reagieren auf die Strahlung meist empfindlicher als gesundes Gewebe. Die Kunst des Arztes bei der Bestrahlung besteht darin, den Krankheitsherd möglichst weit zu zerstören und dabei benachbartes gesundes Gewebe zu schonen. Trotzdem bleibt das Ganze riskant; man treibt hier den Teufel mit dem Beelzebub aus. Wir haben ja erfahren, daß radioaktive Strahlung viele Jahre später selbst Krebs erzeugen kann. Man wählt also mit der Bestrahlung nur das kleinere von zwei Übeln.

b) In der **Biologie** und **Landwirtschaft** ist die Untersuchung des Pflanzen-Stoffwechsels und damit des Düngemitteleinsatzes durch *radioaktive Markierung* möglich. Gießt man etwa eine Pflanze mit Wasser, dem radioaktiver Phosphor zugesetzt ist, und legt nach einer gewissen Zeit ein Blatt der Pflanze auf einen Film, erhält man *Bild 399.2*. Der radioaktive Phosphor wird hauptsächlich in den Blattadern gespeichert. – Bei der Züchtung neuer Pflanzensorten setzt man radioaktive Strahlung zur bewußten Erzeugung von Mutationen ein.

c) In der **Technik** wird z.B. die verschiedene Abschwächung radioaktiver Strahlung in unterschiedlich dicker Materie (vgl. Versuch 13 und 19) zur berührungslosen Dickenmessung in Walzwerken ausgenutzt (vgl. Aufgabe 1). Auch Füllstandsmessungen in undurchsichtigen Tanks sind möglich (vgl. Aufgabe 2).

d) In der **Geologie** setzt man z.B. dem Wasser, Erdöl oder Erdgas radioaktive Nuklide hinzu und kann so ihre Wanderung durch verschiedene geologische Schichten verfolgen.

e) In der radioaktiven **Altersbestimmung** nutzt man die Halbwertszeit sehr langlebiger radioaktiver Nuklide. Mit der *Kohlenstoff C-14-Methode* läßt sich so z.B. das Alter historischer Gegenstände zwischen 1000 und 30000 Jahren bestimmen.

Versuch 20: Pressen wir in der Versuchsanordnung nach *Bild 392.1* die Thoriumflasche alle paar Sekunden zusammen, so liefern wir laufend radioaktives Gas in die Ionisationskammer. Wir können erreichen, daß der Ionisationsstrom konstant bleibt. Zerfall und Nachlieferung radioaktiver Atome halten sich dann das Gleichgewicht. Beenden wir die Nachlieferung, so fällt der Strom mit der bekannten Halbwertszeit von 55 s ab.

Das radioaktive Kohlenstoffisotop C-14 ist in der Atmosphäre, z.B. im Kohlendioxid CO_2, immer in einem kleinen, bekannten Prozentsatz vorhanden. (Über seine Entstehung vgl. die Aufgabe auf Seite 400.) Solange eine Pflanze lebt, steht ihr Kohlenstoffgehalt durch CO_2-Assimilation mit dem Kohlenstoff der Atmosphäre in Verbindung. Die Pflanze hat demnach einen konstanten C-14-Anteil. Stirbt sie ab, so wird der Kontakt zur Atmosphäre unterbrochen, und mit einer Halbwertszeit von 5736 Jahren sinkt der C-14-Anteil. Durch seine Bestimmung kann das Alter eines Holzgegenstandes ermittelt werden.

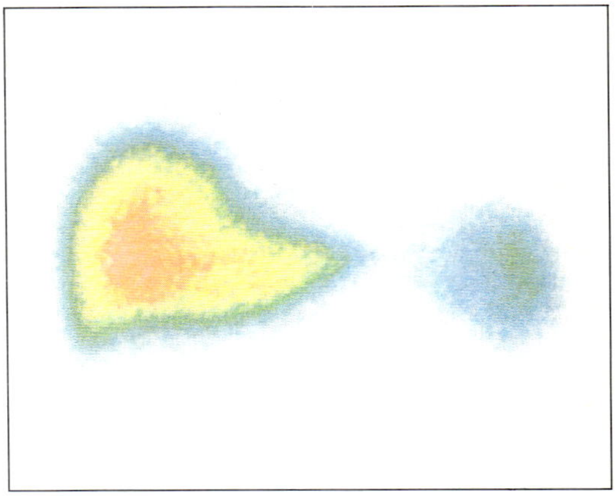

399.1 „Strahlenbild" einer kranken Leber: Ein dem Körper injiziertes radioaktives Nuklid hat sich in der Leber angesammelt. Seine Verteilung in der Leber erkennt eine Abtastvorrichtung für radioaktive Strahlung. Dem Arzt hilft das Bild bei einer Diagnose.

Aufgaben:

1. *Überlege dir eine Anordnung, mit der man die Dicke eines langen Stahlbandes berührungslos kontrollieren kann!*

2. *Wie läßt sich in einem verschlossenen Tank mit Hilfe radioaktiver Strahlung von außen feststellen, wie hoch die Flüssigkeit steht?*

3. *Wie kann man ermitteln, ob eine Pflanze aus einem Düngemittel ein bestimmtes chemisches Element (z.B. Phosphor) aufnimmt?*

4. *Eine alte Holzprobe besitzt trotz gleicher Kohlenstoffmenge nur 1/8 soviel radioaktiven Kohlenstoff* C-14 *wie eine neue. Wie alt ist sie?*

399.2 Ein mit radioaktivem Phosphor ernährtes Blatt lag einige Zeit auf einem Röntgenfilm.

§ 134 Kernreaktionen

1. Kerne werden beschossen und schießen zurück

Der Beschuß von Atomen mit schnellen Elektronen brachte viele neue Erkenntnisse (vgl. Seite 377f.). Für einen Forscher, der sein Wissen über Atomkerne vertiefen möchte, ist es naheliegend, diese mit schweren Teilchen unter Beschuß zu nehmen.

Man schoß zunächst schnelle α-Teilchen, wie sie die radioaktiven Präparate liefern, in einer Wilsonkammer auf Stickstoffatome. Wir sahen, daß viele Atome ionisiert werden und so die Spur der α-Teilchen sichtbar machen. Gibt es aber noch andere Reaktionen? Selten kommt es zu dem in *Bild 400.1* dargestellten Fall, wo sich die Spur eines α-Teilchens zu verzweigen scheint (im Mittel beobachtet man dies in einer von 50000 Aufnahmen). Was widerfuhr wohl dem im Bild von links kommenden α-Teilchen am Verzweigungspunkt? Die nach unten verlaufende Spur entpuppt sich aufgrund der Dichte der Tröpfchen als die Spur eines Protons. Protonen gibt es aber nur im Atomkern. Das energiereiche α-Teilchen ^4_2He hat nicht mit der Atomhülle, sondern mit dem Atomkern $^{14}_7N$ eines Stickstoffatoms reagiert. Es drang in den Kern ein, der „sauer" reagierte und mit einem Proton zurückschoß. Zur „Strafe" bekam der Restkern einen Rückstoß und flog nach rechts oben. Der Restkern hat noch 17 Nukleonen, davon sind 8 Protonen; es handelt sich also um das Sauerstoffisotop $^{17}_8O$. Hier fand eine **künstliche Kernumwandlung** statt. Man spricht auch von einer **Kernreaktion** und schreibt kurz:

$$^{14}_7N + ^4_2He \rightarrow ^{17}_8O + ^1_1p.$$

Diese Reaktion wurde zum erstenmal von Rutherford 1919 beobachtet. Damit erfüllte sich ein alter Traum der Alchimisten, ein chemisches Element in ein anderes umzuwandeln.

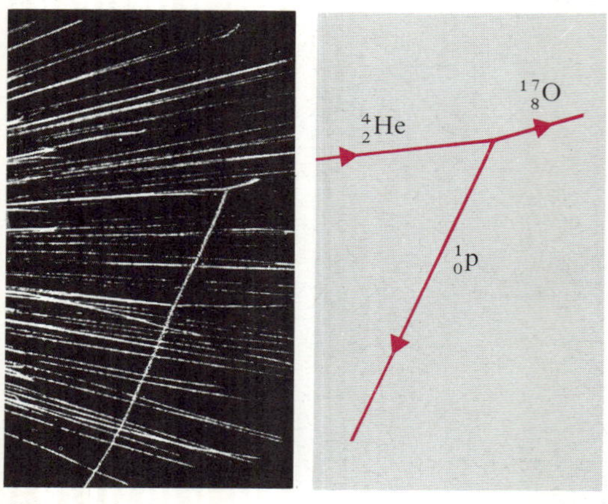

400.1 Nebelkammeraufnahme einer Kernreaktion. Rechts ist die Reaktion herausgezeichnet.

Beschießt man Berylliumkerne mit α-Teilchen, so findet eine Kernreaktion statt, bei der kein Proton, sondern ein schnelles Neutron ausgestoßen wird. Der Berylliumkern ^9_4Be verwandelt sich dabei in den Kohlenstoffkern $^{12}_6C$. Die Kernreaktion lautet:

$$^9_4Be + ^4_2He \rightarrow ^{12}_6C + ^1_0n.$$

2. Neutronen machen Kerne schwerer und aktiv

Ein Gemisch aus Beryllium und Radium, das die notwendigen α-Teilchen liefert, ist nach der oben beschriebenen Kernreaktion eine Quelle für schnelle Neutronen. Damit ergibt sich die Möglichkeit, Atomkerne mit Neutronen zu beschießen. Dies geht viel besser als mit α-Teilchen, denn die ungeladenen Neutronen werden nicht vom positiv geladenen Kern abgestoßen. Sie können schon mit sehr geringer Energie in den Kern eindringen. Viele verschiedenartige Kernreaktionen mit Neutronen wurden beobachtet. Häufig bleibt das Neutron im Kern stecken: Dieser sendet dann keine Teilchen, sondern γ-Strahlung aus. Die Kernladungszahl des Kerns verändert sich nicht, aber die Massenzahl erhöht sich um 1. Der Kern wird schwerer. Man spricht von einem *Neutroneneinfang*. Ein Beispiel ist der Neutroneneinfang durch das natürlich vorkommende stabile Kobaltisotop Co-59. Die auftretende Reaktion lautet:

$$^{59}_{27}Co + ^1_0n \rightarrow ^{60}_{27}Co + \gamma.$$

Co-60 ist radioaktiv und sendet β- und γ-Strahlung aus. Fast bei jeder Neutroneneinfang-Reaktion ist der verbleibende Kern radioaktiv. Mit intensiven Neutronenquellen, wie sie z.B. in einem Kernreaktor (Seite 404) zur Verfügung stehen, erzeugt man heute so die meisten künstlichen radioaktiven Nuklide. Erst dadurch wurde ihre Anwendung möglich.

Neutronen sind ungeladen und ionisieren deshalb keine Atome. Sie können dicke Stahl- oder Bleischichten durchdringen, werden aber z.B. in Wasser und Beton abgebremst (vgl. Seite 401). Freie Neutronen sind für den Menschen äußerst gefährlich: Treffen sie auf den menschlichen Körper, lösen viele von ihnen Kernreaktionen aus, bei denen geladene Teilchen entstehen (z.B. Protonen). Diese können durch Ionisation Schaden anrichten.

Durch Kernreaktionen, besonders durch Neutroneneinfang, werden viele stabile Atomkerne radioaktiv.

Aufgabe:

Aus dem Weltall treffen laufend Neutronen auf die Erde. In der Atmosphäre stoßen sie mit Stickstoffkernen N-14 *zusammen. Durch eine Kernreaktion entsteht das radioaktive Kohlenstoffisotop* C-14. *Wie lautet sie?*

§ 135 Kernspaltung

1. Wie macht man Neutronen langsamer?

Neutronen, die aus einer Radium-Beryllium-Quelle oder anderen Neutronenquellen stammen, sind meist sehr schnell ($v \approx 10000$ km/s). Man nennt sie **schnelle Neutronen.** Sie fliegen so rasch an einem Kern vorbei, daß dieser sie nur sehr schwer einfangen kann. *Verlangsamt* man hingegen Neutronen, so halten sie sich länger im Bereich eines Kerns auf: Die Wahrscheinlichkeit für eine Kernreaktion wird größer.

S-Versuch 21: Lege zwei Holzleisten oder kantige Stativstäbe so auf den Tisch, daß sie eine Bahn für kleine Stahlkugeln bilden! Lasse darin eine schnelle Kugel 1 zunächst gegen eine gleichschwere ruhende Kugel 2 und anschließend gegen eine viel schwerere Kugel 3 stoßen! Im ersten Fall bleibt Kugel 1 nach dem Stoß fast liegen, im zweiten Fall läuft sie mit nahezu gleicher Geschwindigkeit zurück.

In Analogie zu diesem Versuch werden schnelle Neutronen am besten durch Stöße mit gleich schweren Teilchen, also Wasserstoffkernen, abgebremst. Man schickt sie daher durch wasserstoffhaltige Materie. Geeignet sind z.B. Wasser oder Paraffin. Durch Stoß mit den Wasserstoffkernen, also den Protonen, verlieren die Neutronen viel an Energie und damit an Geschwindigkeit. Je dicker die Materieschicht ist, desto öfter stoßen die Neutronen mit Protonen zusammen (vgl. *Bild 401.1*). Macht man die Schicht dick genug, werden die Neutronen schließlich so „langsam" wie Gasmoleküle infolge ihrer Wärmebewegung (bei 20 °C beträgt die Geschwindigkeit etwa 2 km/s). Man spricht daher von **langsamen** oder **thermischen Neutronen.**

2. Langsame Neutronen treffen auf Urankerne

Das in der Natur vorkommende chemische Element Uran besteht zu 99,3% aus dem Isotop U-238 und zu 0,7% aus U-235. Beide Isotope sind schwach radioaktiv. Die Halbwertszeit liegt in der Größenordnung des Erdalters von 4,5 Milliarden Jahren. Man sucht Uranerze mit dem Geiger-Müller-Zählrohr, weil sie für die Energiewirtschaft sehr interessante Eigenschaften haben: 1938 beschossen *Otto Hahn* und *Fritz Straßmann* natürliches Uran mit langsamen Neutronen – sie wollten Urankerne

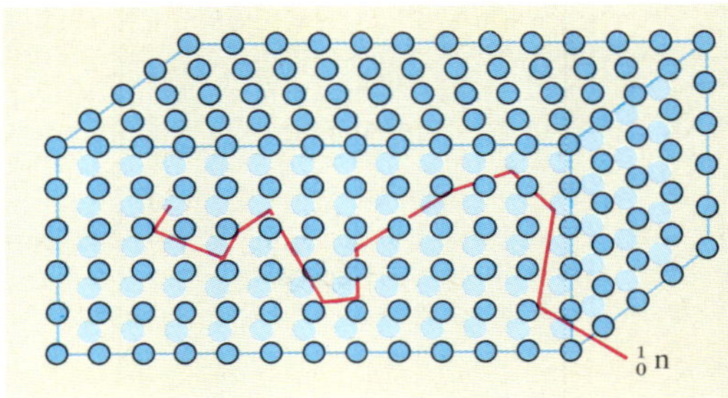

401.1 Neutronen durchqueren wasserstoffhaltige Materie. Durch Stöße mit den gleichschweren Protonen werden sie abgebremst.

schwerer machen. Zu ihrer größten Überraschung fanden sie das Gegenteil; U-235-Kerne *zerplatzen* durch die Aufnahme eines langsamen Neutrons in zwei fast gleich große Bruchstücke und einige Neutronen. Z.B. entsteht ein Kryptonkern (Kr), ein Bariumkern (Ba) sowie 3 Neutronen ($^1_0$n). Dabei wird Energie frei. Man nennt diesen Vorgang **Kernspaltung.** Das genannte Beispiel lautet (*Bild 401.2*):

$$^{235}_{92}\text{U} + ^1_0\text{n} \rightarrow ^{89}_{36}\text{Kr} + ^{144}_{56}\text{Ba} + 3\,^1_0\text{n} + \text{Energie}.$$

Diesen Kernspaltungen ist gemeinsam:

a) Die Bruchstücke fliegen mit großer Geschwindigkeit auseinander.

b) Es werden zusätzlich 2 bis 3 schnelle Neutronen frei ($v \approx 10000 \frac{\text{km}}{\text{s}}$).

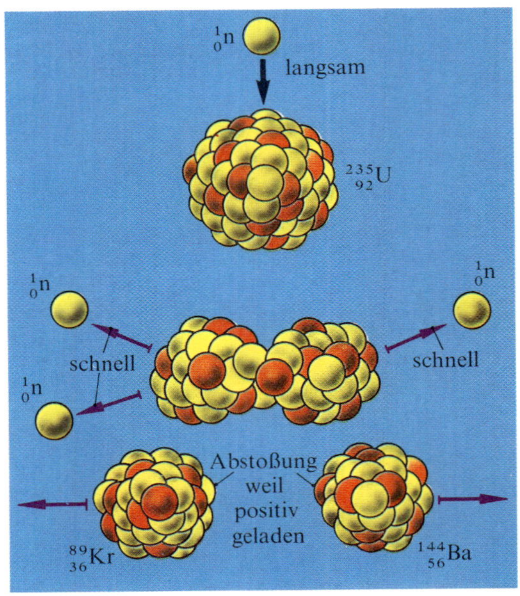

401.2 Kernspaltung: Auseinanderbrechen eines Uran-235-Kerns durch Beschuß mit einem Neutron

c) Die Bruchstücke sind radioaktiv. Sie zerfallen mehrfach unter Aussendung von energiereicher β- und γ-Strahlung. Die radioaktiven Nuklide können eine große Halbwertszeit haben.

d) Es wird Energie frei. Dies folgt aus jedem der drei Punkte a) bis c). Man stellt fest, daß sie um ein Vielfaches größer ist als bei irgendeinem anderen radioaktiven Zerfall.

Wie kann man sich die Spaltung und die frei werdende Energie veranschaulichen? Durch das eingefangene Neutron wird der kugelförmige Kern zu einer Änderung seiner Form angeregt. Er erreicht dabei kurzzeitig eine hantelförmige Gestalt *(Bild 401.2)*; dann können die Kernkräfte wegen ihrer kurzen Reichweite die beiden Kernteile nicht mehr zusammenhalten. Die weitreichende elektrische Abstoßung der Protonen überwiegt und treibt die Bruchstücke mit hoher Geschwindigkeit auseinander. Wollte man umgekehrt die Bruchstücke wieder gegen diese elektrostatischen Abstoßungskräfte zusammenpressen, so brauchte man die vorher frei gewordene Energie. Hätte man sie nahe genug zusammengebracht, „hakten" die Kernkräfte ein und hielten die Bruchstücke wie mit einer Sperrklinke zusammen.

U-235 ist der einzige in der Natur vorkommende Atomkern, der durch langsame Neutronen gespalten wird. Künstlich lassen sich weitere spaltbare Nuklide herstellen. Die zwei wichtigsten sind Plutonium Pu-239 und Uran U-233. Man bezeichnet die durch langsame Neutronen spaltbaren Kerne allgemein als **spaltbares Material.**

Auch schnelle Neutronen können Kerne spalten, aber mit einer viel kleineren Wahrscheinlichkeit.

Vorgang	In Wärme umgesetzte Energie in kWh	Zeit, in der die Energie freigesetzt werden kann
1 kg Steinkohle wird verbrannt	8,1	Minuten
1 kg leichtes Heizöl wird verbrannt	11,9	Minuten
1 kg reines U-235 wird gespalten	22 500 000	momentan möglich!
1 kg Ra-226 zerfällt radioaktiv	4 000 000	in 1600 Jahren erst die Hälfte

Tabelle 402.1: Energiemengen, wie sie bei einigen Vorgängen in Wärme umgesetzt werden.

3. Wärme durch Kernspaltung. Welche Energiebeträge werden frei?

Die Bruchstücke einer Kernspaltung fliegen als energiereiche Geschosse vom Ort der Entstehung weg. Sie stoßen so oft mit anderen Atomen zusammen, bis sie ihre gesamte überschüssige Energie abgegeben haben. Die Atome schwingen dafür schneller, d.h. die Materie bekommt eine höhere Temperatur. Die bei der Kernspaltung frei werdende Energie wird in **Wärme** umgesetzt. In *Tabelle 402.1* sind von einigen Vorgängen die in Wärme umgesetzten Energiemengen angegeben. Man erkennt, welch ungeheure Energiemenge im Vergleich zu chemischen Prozessen (z.B. Verbrennen von Steinkohle oder Heizöl) bei Kernspaltungen frei wird. Diese Energie nennt man **Kernenergie.**

Auch beim radioaktiven Zerfall wird Energie freigesetzt, die sich letzten Endes durch vielfache Stoßprozesse ebenfalls in Wärme umsetzt. In der Tabelle ist als Beispiel angeführt, welche Energiemenge beim vollständigen Zerfall von 1 kg Ra-226 frei wird. Dazu ist allerdings eine sehr lange Zeit notwendig. Erst in 1600 Jahren ist die Hälfte der Kerne zerfallen. So liefert 1 kg Ra-226 in 1 s lediglich 200 J. Dies reicht nur aus, um seine Temperatur etwas höher als die der Umgebung zu halten. 1 kg Uran kann man dagegen momentan spalten; vergleiche dazu § 136 Atombombe. – *Bild 9.2* zeigt eine radioaktive Substanz (Curium Cm-242), die so viel Wärme entwickelt, daß sie hell aufleuchtet, $T_{1/2} = 163$ d.

Bei einer Kernspaltung zerplatzt ein Kern in zwei etwa gleich große Bruchstücke und einige schnelle Neutronen. Im Vergleich zu chemischen Reaktionen wird bei Kernspaltungen sehr viel Energie frei.

402.1 Atombombenexplosion unter Wasser. Etwa 10^6 Tonnen Wasser werden emporgeschleudert.

§ 136 Atombombe

Warum wird in einer Atombombe die Kernenergie momentan freigesetzt?

Die ungeheuer großen Energiemengen, die bei der Spaltung aller Kerne einer Uranmenge frei werden, hängt wesentlich mit der riesigen Anzahl von Kernen dieser Menge zusammen. (1 kg Uran besteht aus $2{,}6 \cdot 10^{24}$ Atomen.) Die Spaltung eines einzelnen Kerns U-235 setzt absolut gesehen wenig Energie frei. Erst 32 Milliarden Spaltungen ergeben zusammen die Energie von 1 J. Kann man so viele Spaltungen und noch weit mehr in kürzester Zeit erzeugen? Ja, denn es besteht bei den Spaltungen die Möglichkeit einer **Kettenreaktion.**

Eine *unkontrollierte Kettenreaktion* wird in Atombomben ausgelöst. Diese enthalten Uran, das auf über 90% mit U-235 angereichert ist (Uranbombe) oder den in Kernraktoren (Seite 404) produzierten Spaltstoff Plutonium Pu-239 (Plutoniumbombe). Irgendein Neutron, etwa von den überall vorhandenen vagabundierenden Neutronen der kosmischen Strahlung, löst eine Kernspaltung aus. Dabei werden zwei bis drei Neutronen frei. Ist genügend Spaltmaterial angehäuft, erzeugen diese wieder Spaltungen, bei denen weitere Neutronen freigesetzt werden. Diesmal bis zu neun, die wiederum spalten können usw. Die Zahl der Spaltungen nimmt lawinenartig zu. Dabei geht alles in Bruchteilen einer Sekunde vor sich, da jeder Spaltprozeß fast momentan abläuft und die Neutronen mit ihrer großen Geschwindigkeit sofort nach ihrer Freisetzung einen anderen Kern treffen. Riesige Energiemengen werden in kürzester Zeit frei *(Bild 402.1* und *403.1)*. Es kommt zu verheerenden Wirkungen, wie bei den Atombombenexplosionen von Hiroshima (Uranbombe) und Nagasaki (Plutoniumbombe).

Die Spaltungen in der Atombombe werden durch *schnelle Neutronen* ausgelöst. U-238 fängt diese gern ein; deshalb muß man fast reines U-235 oder Pu-239 als Spaltstoff verwenden.

Für eine Atombombe dürfen die verwendeten Mengen spaltbaren Materials nicht zu klein sein. Sonst entweichen zu viele Neutronen durch die Oberfläche des Materialblocks, ohne eine Spaltung hervorzurufen. Die Kettenreaktion setzt erst ein, wenn eine bestimmte **kritische Masse** vorhanden ist. Eine Atombombe zündet man daher, indem man zwei oder mehrere unterkritische Massen zusammenschießt, so daß ihre Summe eine überkritische Größe erreicht.

Nach Kernwaffenversuchen in der Atmosphäre werden große Mengen radioaktiver Spaltprodukte durch Winde über den gesamten Erdball verteilt und gelangen als radioaktiver Niederschlag in alle Länder der Welt. *Bild 403.2* zeigt dies.

Aufgaben:

1. *Warum spricht man von langsamen Neutronen, obwohl sie eine Geschwindigkeit von* 2 km/s *haben?*

2. *Überlege, warum die Bruchstücke einer Kernspaltung radioaktiv sind! Hinweis: Ein stabiles Kryptonisotop ist* Kr-84; *ein Bruchstück der Kernspaltung* Kr-89. *Was besitzt dieser Kern zuviel? Welche Strahlung wird auftreten?*

3. *Kann eine Atombombe beliebig groß gemacht werden? (Denke an die kritische Masse!)*

403.1 Atombombenexplosion: Hiroshima nach der Explosion am 6.8.1945

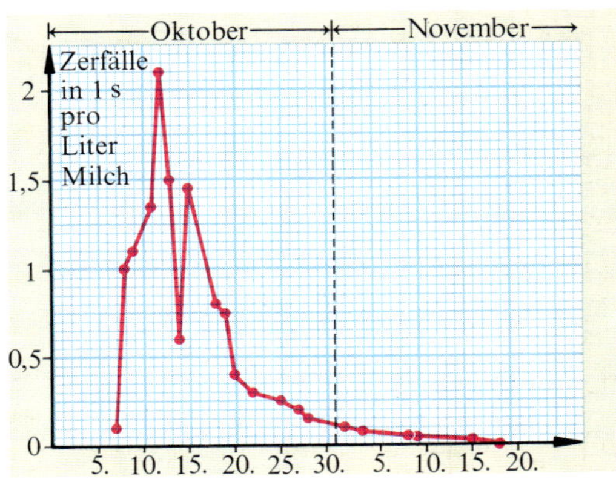

403.2 Jod-131-Gehalt der Milch aus Kiel nach einem Kernwaffenversuch in China am 26.9.1976

§ 137 Das Kernkraftwerk

1. Eine Vorüberlegung

Die weltweiten Uran-Vorkommen, die kostengünstig abzubauen sind, schätzt man auf 5,4 Millionen Tonnen. In diesem Uran ist eine große Energiemenge gespeichert. Die herkömmlichen Verfahren zur Gewinnung von Primärenergie werden den ständig wachsenden Energiebedarf der Welt nicht mehr lange dekken können. Außerdem sind viele fossilen Brennstoffe zum Verbrennen eigentlich zu schade (vgl. Seite 164). Deshalb muß man versuchen, die Kernenergie wirtschaftlich zu nutzen. Dazu baut man **Kernkraftwerke.** Dort wird die bei Kernspaltungen frei werdende Energie in die Form elektrischer Energie übergeführt. Als Kraftwerke bezeichnet man generell Anlagen, die elektrische Energie liefern. Welche Anforderungen stellt man an ein Kraftwerk?

a) Es muß eine möglichst große Energiemenge in der Sekunde abgeben können, d.h. eine möglichst große Leistung haben. Moderne Kraftwerke verfügen über eine Leistung von 1000 MW (1 MW = 1 Megawatt = 1000000 W) oder mehr. Sonst wird 1 kWh zu teuer.

b) Es muß diese hohe Leistung nicht nur kurzfristig, sondern auch über einen langen Zeitraum erbringen. Sonst lohnt sich der Bau nicht.

Welche Folgerungen ergeben sich daraus für die in einem Kraftwerk ablaufenden Kernspaltungen? Forderung a) bedeutet: Die Zahl der Kernspaltungen pro Sekunde muß sehr hoch sein (bei einer Leistung von 1000 MW sind $3 \cdot 10^{19}$ Spaltungen pro Sekunde nötig, wenn keine Verluste auftreten). Forderung b) bedeutet: Die Zahl der Kernspaltungen in 1 s muß über einen längeren Zeitraum konstant sein. Man muß also in einer bestimmten Menge Uran (ein 1000 MW-Kernkraftwerk enthält etwa 100 t) zunächst einmal eine Kettenreaktion in Gang setzen, aber ohne eine Explosion auszulösen. Die Zahl der Spaltungen pro Sekunde ist solange zu steigern, bis die gewünschte Energiemenge pro Sekunde frei wird. Dann darf sie sich aber nicht mehr ändern. Man muß erreichen, daß von den 2 bis 3 entstehenden schnellen Neutronen im Mittel nur noch genau ein Neutron eine neue Spaltung herbeiführt. *Eine Kettenreaktion muß geregelt werden.*

2. Im Reaktor wird die Kettenreaktion geregelt

Das Zentrum eines jeden Kernkraftwerks ist der **Kernreaktor.** Er verbirgt sich hinter mehrfachen Sicherheitsbehältern des charakteristischen halbkugelförmigen Bauwerks *(Bild 405.1)*, an dem man nahezu jedes Kernkraftwerk erkennt. *Bild 404.1* zeigt im Querschnitt den prinzipiellen Aufbau eines **Siedewasserreaktors** (SWR).

a) Die **Brennstäbe** enthalten das spaltbare Material. Meist wählt man natürliches Uran, das bis zu 3% mit dem spaltbaren U-235 angereichert ist. Dann kann es nie zu einer Explosion wie bei der Atombombe kommen.

Das Uran wird in Tablettenform in die Brennstäbe gebracht. Diese verschweißt man sorgfältig gasdicht, denn bei Kernspaltungen entstehen radioaktive Gase. Zu *Brennelementen* zusammengesetzt *(Bild 404.2)*, werden die Stäbe in den Reaktor eingeführt. Rund ein Drittel aller Brennstäbe wird jedes Jahr ausgetauscht. Die Brennstäbe sind nach der Entnahme hochradioaktiv (Grund: Spaltprodukte und durch Neutroneneinfang erzeugte radioaktive Nuklide).

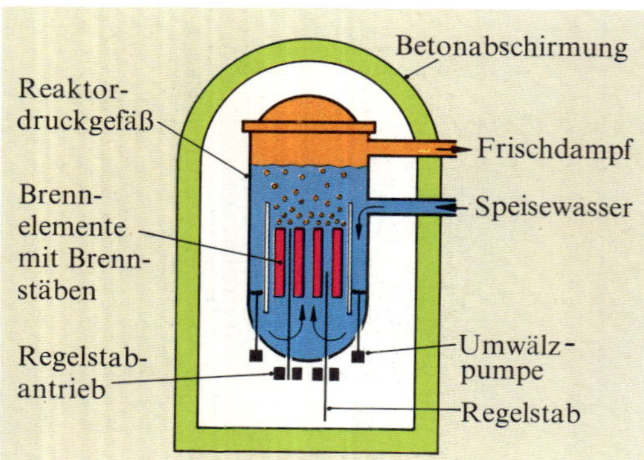

404.1 Querschnitt durch einen Siedewasserreaktor

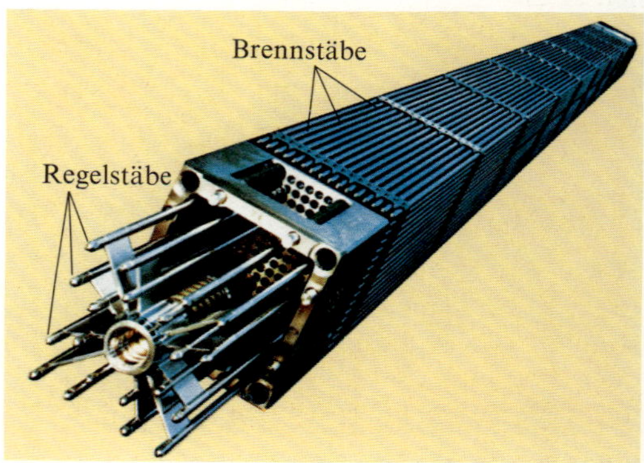

404.2 Brennelement eines Druckwasserreaktors

405.1 Gesamtansicht der Kernkraftwerke Biblis A und B am Rhein. Man erkennt jeweils das halbkugelförmige Reaktorgebäude, das sich anschließende Maschinenhaus sowie den Kamin und 2 Kühltürme.

b) Zwischen den Brennstäben befindet sich **Wasser** H_2O mit dem leichtesten Wasserstoffisotop ${}^1_1H$. Deshalb gehört der Siedewasserreaktor zur Gruppe der **Leichtwasserreaktoren. Schwerwasserreaktoren** arbeiten mit ${}^2_1H_2O$. Aufgabe des Wassers ist es, die bei den Kernspaltungen entstehenden schnellen Neutronen abzubremsen. Diese können damit als langsame Neutronen weitere Kernspaltungen in U-235-Kernen durchführen und so die Kettenreaktion aufrecht erhalten. In *Bild 405.2* ist der Weg der Neutronen schematisch dargestellt. Rasche Abbremsung ist wichtig, denn das zu 97% in den Brennstäben vorhandene, nicht spaltbare U-238 absorbiert besonders die schnellen Neutronen durch Neutroneneinfang. Einen Stoff, der im Reaktor die Neutronen abbremst, ohne zu viele zu absorbieren (in diesem Fall Wasser), bezeichnet man als **Moderator.** Die einen Moderator benutzenden Reaktoren nennt man auch **thermische Reaktoren.**

Wasser dient außerdem als **Kühlmittel:** Es hilft, die entstehende Wärme abzuführen. Brennstäbe werden durch Kernspaltungen stark erhitzt. Das sie umgebende Wasser siedet (daher der Name Siedewasserreaktor); der Dampf führt dann die Energie nach außen ab.

c) Mit den **Regelstäben,** die man zwischen die Brennstäbe schieben kann, regelt man die Kettenreaktion. Sie enthalten die Elemente Bor oder Cadmium, welche langsame Neutronen durch Einfang unwirksam machen können.

Sind die Regelstäbe vollständig zwischen die Brennstäbe eingefahren, so erstirbt die Kettenreaktion sofort. Zieht man sie langsam heraus, steigt die Zahl der Kernspaltungen pro Sekunde an, da nicht mehr so viele langsame Neutronen in den Stäben absorbiert werden. Den Reaktor kann man so in seiner Leistung „hochfahren". Im Dauerbetrieb sind die Regelstäbe so eingestellt, daß die Zahl der Spaltungen pro Sekunde und damit die Leistung des Reaktors konstant bleiben. In diesem Fall bezeichnet man den Reaktor als **„kritisch".** Der kritische Zustand ist der *normale* Betriebszustand eines Reaktors.

Im Kernreaktor wird eine Spaltungskettenreaktion eingeleitet, aufrechterhalten und geregelt. Die Hauptbestandteile eines Leichtwasserreaktors sind Brennstäbe und Regelstäbe sowie Wasser als Moderator und zur Ableitung der Wärme (Kühlmittel).

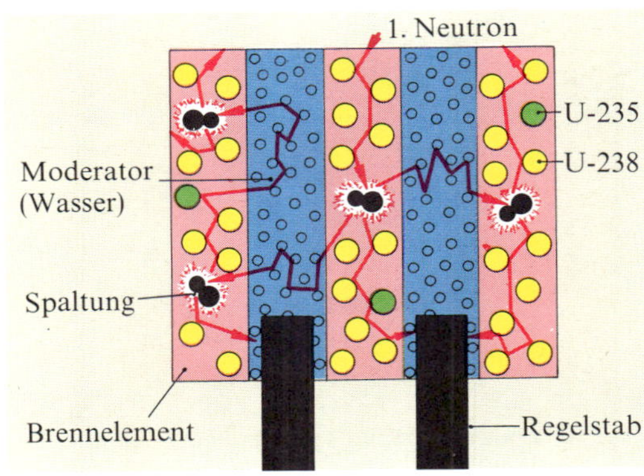

405.2 Geregelte Kettenreaktion im Kernreaktor

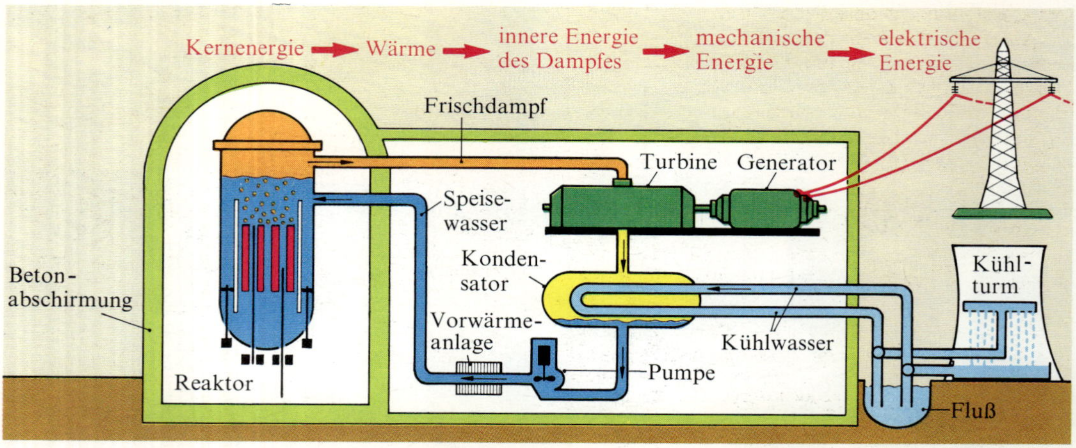

406.1 Aufbau eines Kernkraftwerks. Angeschriebene Energieumwandlungen berücksichtigen keine Verluste.

3. Das Kernkraftwerk ist ein Wärmekraftwerk

87% der 1976 in der Bundesrepublik benötigten elektrischen Energie stammt aus Wärmekraftwerken, in denen chemische Energie durch die Verbrennung von Steinkohle, Braunkohle, Gas oder Mineralöl freigesetzt und in elektrische Energie umgewandelt wird. *Bild 160.1* zeigt den Aufbau eines solchen Kraftwerks; lies dort dessen Arbeitsweise noch einmal nach. Fast identisch damit ist die eines Kernkraftwerkes, dargestellt in *Bild 406.1* (Kernkraftwerke lieferten 1978 etwa 10% der elektrischen Energie in der Bundesrepublik). Die Wärme wird hier nicht durch Verbrennung, sondern durch Kernspaltungen erzeugt. Der sich bildende heiße, unter großem Druck stehende Frischdampf (im SWR Brunsbüttel 281,5 °C, 67 bar) führt die Energie aus dem Kernreaktor nach außen zu einer Dampfturbine, die einen Generator treibt. Dahinter kondensiert der Dampf im von Kühlwasser durchflossenen Kondensator. Das entstandene Kondenswasser wird in den Kernreaktor zurückgeführt.

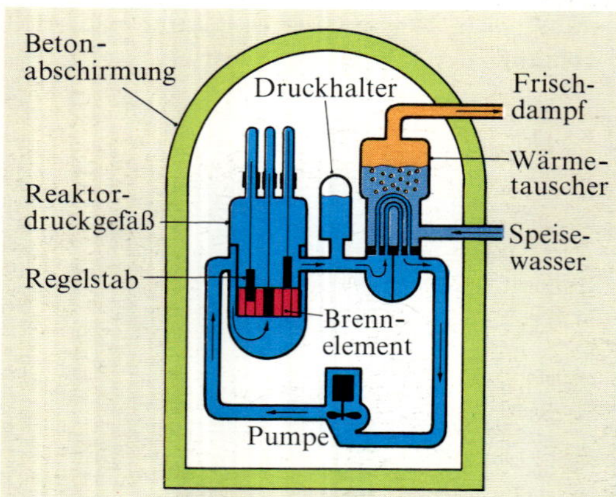

406.2 Druckwasserreaktor; rechts im Bild schließt sich dieselbe Anordnung wie in jedem Wärmekraftwerk an (siehe *Bild 406.1* und *Bild 160.1*).

Wie jedes Wärmekraftwerk mit großer elektrischer Ausgangsleistung benötigt auch ein Kernkraftwerk viel Kühlwasser; es steht daher neben einem Fluß. Oft besitzt es noch gewaltige Kühltürme, um eine zu starke Aufheizung des Flusses zu verhindern *(Bild 405.1)*.

Der Wirkungsgrad eines Kernkraftwerks ist etwa 35%. Hat es also eine *elektrische Ausgangsleistung* von 1000 MW, so beträgt die in Form von Wärme im Reaktor erzielte Leistung *(thermische Leistung)* etwa 3000 MW. – *Bild 162.2*, das die Verluste für Wärmekraftwerke zeigt, gilt auch für Kernkraftwerke.

Man versucht heute mit der sogenannten *Wärme-Kraft-Kopplung* die Abwärme eines Kraftwerks als Fernwärme zum Heizen von Wohnanlagen usw. zu nutzen. Der Wirkungsgrad eines Kraftwerks würde sich dadurch insgesamt gesehen erheblich verbessern.

4. Andere wichtige Reaktortypen

a) Ein anderer Leichtwasserreaktor *(Bild 406.2)* ist der **Druckwasserreaktor (DWR).** Hier gibt es zwei Kreisläufe. Im Primärkreislauf steht das im Reaktor erhitzte Wasser unter solch starkem Druck ($\approx$155 bar), daß es auch bei 320 °C nicht siedet. In einem Wärmetauscher gibt es die im Reaktor aufgenommene Wärme an das Wasser eines Sekundärkreises ab. Dieses steht unter nicht so hohem Druck und siedet. Der erzeugte Dampf treibt die Turbinen an. Als Brennstoff dient dabei wie beim SWR natürliches Uran, bis zu 3% mit U-235 angereichert. – Durch ein solches Zweikreissystem wird erreicht, daß die im Reaktorkühlmittel auftretenden radioaktiven Stoffe auf den ersten Kühlkreislauf beschränkt bleiben und nicht in Turbine und Kondensator gelangen.

b) Die heutigen Leichtwasserreaktoren können den im natürlichen Uran vorhandenen gesamten Energieinhalt nur bis zu 1% nutzen. Vor allem das nicht spaltbare U-238 verschwindet dabei völlig im Abfall. Man versucht dies durch die Entwicklung eines neuen Reaktortyps, des **Schnellen Brüters,** zu ändern. Er soll eines Tages bis zu 60% des Energieinhalts vom natürlich vorkommenden Uran nutzen. U-238 läßt sich nämlich durch den Einfang *schneller* Neutronen in das spaltbare Pu-239 gemäß folgender Reaktion umwandeln:

$$^{238}_{92}\text{U} \xrightarrow[\text{Einfang}]{n} {}^{239}_{92}\text{U} \xrightarrow[23\,\text{min}]{\beta} {}^{239}_{93}\text{Np} \xrightarrow[2{,}3\,\text{d}]{\beta} {}^{239}_{94}\text{Pu}.$$

Die Reaktion läuft auch als unerwünschter Nebeneffekt in jedem Leichtwasserreaktor ab. Im „Schnellen Brüter" soll, neben der üblichen Erzeugung elektrischer Energie, dieses Plutonium Pu-239 gezielt erzeugt werden. Der Reaktorkern im „Schnellen Brüter" besteht aus der Spaltzone und dem sie umgebenden Brutmantel *(Bild 407.1)*. In der Spaltzone befindet sich Plutonium Pu-239 (das z.B. im Leichtwasserreaktor gewonnen wurde) und natürliches Uran im Verhältnis 1:5. Der Brutmantel enthält Uran U-238. Die bei der Spaltung der Pu-239-Kerne entstehenden schnellen Neutronen dürfen nicht abgebremst werden. Deshalb scheidet Wasser zum Wärmetransport aus. Man wählt dafür flüssiges Natrium. Durch einen Stoß des Neutrons mit dem viel schwereren Natriumkern wird es kaum abgebremst (vgl. Versuch 21). Natrium besitzt zudem ausgezeichnete Wärmeübertragungseigenschaften (Schmelzpunkt 100 °C, Siedepunkt 900 °C). Man braucht daher keinen großen Betriebsdruck (10 bar bei 540 °C) und erreicht doch einen guten Wirkungsgrad (40%). Um die Wärme abzuleiten, verwendet man aus Sicherheitsgründen 2 völlig getrennte Natriumkreisläufe (vgl. *Bild 407.1*).

Die Kettenreaktion in der Spaltzone des „Schnellen Brüters" muß im Gegensatz zu thermischen Reaktoren mit *schnellen Neutronen* aufrechterhalten werden. Dies erfordert zusätzlich zur schwierigen Natriumtechnologie erheblichen technischen Aufwand. Auch die Sicherheitsprobleme sind schwieriger zu lösen als bei anderen Reaktoren, aber man beherrscht sie heute. In einem französischen Versuchsreaktor vom Typ „Schneller Brüter" erreichte man Brutraten von 1,16. Das heißt, daß durch die Spaltung von 100 Pu-239-Kernen aus U-238 116 neue Pu-239 Kerne erbrütet wurden. Es wird mehr spaltbares Material erzeugt als verbraucht. Daneben liefert der „Schnelle Brüter" elektrische Energie wie jeder andere Reaktor. Das überschüssige spaltbare Material kann man in anderen Reaktoren einsetzen.

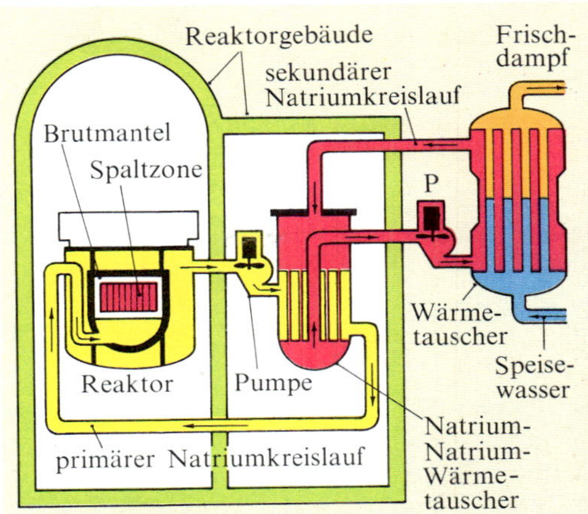

407.1 Schneller Brüter; rechts im Bild schließt sich dieselbe Anordnung wie in jedem Wärmekraftwerk an (siehe *Bild 406.1* und *Bild 160.1*).

Der Brutreaktor könnte auf lange Sicht die Energiesorgen der Menschheit beheben. *Bild 407.2* demonstriert dies an einer Fotomontage; es zeigt eine Steinkohlenhalde, die 14 Tage den Energiebedarf der Bundesrepublik Deutschland deckt, und links unten den Uranbedarf an U-238 eines Schnellen Brüters (Würfel 50 × 50 × 50 m³), der damit 1000 Jahre die Bundesrepublik mit elektrischer Energie versorgen könnte.

5. Die Entsorgung eines Kernreaktors

Das spaltbare Material in den Brennstäben wird mit der Zeit verbraucht. Von den 100 t Uran, die ein 1000-MW-Leichtwasserreaktor benötigt, sind jährlich 30 t auszutauschen. Wie sich der abgebrannte Brennstoff zusammensetzt, verdeutlicht *Tabelle 408.1*. Soll man dies

407.2 Zum Größenvergleich der Energiespender Steinkohle und Uran (Fotomontage). Siehe Text zum Schnellen Brüter.

28,7 t	nicht verbrauchtes Uran (meist U-238)
1,0 t	Spaltprodukte
260 kg	Plutonium (verschiedene Isotope); 200 kg sind spaltbares Material
30 kg	Transurane (Elemente mit $Z > 92$)

Tabelle 408.1 Jährlicher Abfall eines Reaktors (SWR oder DWR) mit 1000 MW elektrischer Leistung

alles wegwerfen? Der Abfall enthält außer den hochradioaktiven Spaltprodukten spaltbares Pu-239 und Reste von U-235 sowie viel U-238, aus dem in einem „Schnellen Brüter“ weiteres spaltbares Material zu gewinnen wäre. Die angestrebte, aber noch nicht vollkommen realisierte Lösung lautet: Die „abgebrannten“ Brennelemente werden zunächst $^1/_2$ bis 1 Jahr lang in Wasserbecken beim Reaktor gelagert. In dieser Zeit klingt die Aktivität infolge des Zerfalls der kurzlebigen Spaltprodukte auf unter 1% des Anfangswertes ab. Anschließend transportiert man die Brennelemente in speziellen Behältern in eine **Wiederaufbereitungsanlage.** Dort trennt man Uran und Plutonium chemisch ab und sorgt für eine sichere Endlagerung der nicht verwertbaren Transurane (sie entstehen wie Plutonium aus Uran durch Neutroneneinfang) und Spaltprodukte (**„Atommüll“**, vgl. Seite 409). Aus dem gewonnenen Uran und Plutonium können wieder Brennelemente für Reaktoren gebaut werden. *Bild 408.1* zeigt den so entstehenden **Brennstoffkreislauf.**

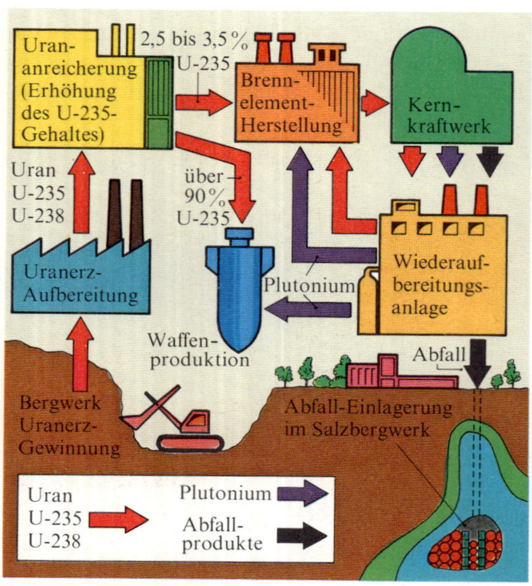

408.1 Brennstoffkreislauf

Bis Wiederaufbereitungsanlagen in vollem Umfang arbeiten, ist eine **Zwischenlagerung** der bestrahlten Brennelemente für einen längeren Zeitraum nötig. Wegen des radioaktiven Zerfalls der Spaltprodukte und der dabei entstehenden großen Wärme muß dies zunächst unter ständiger Kühlung in Wasserbecken geschehen. Nach einigen Jahren ist auch eine trockene Lagerung möglich, so daß eine Lagerzeit von einigen Jahrzehnten wenig problematisch ist.

Alle Verfahren, die zur weiteren Behandlung des aus dem Reaktor entladenen abgebrannten Brennstoffs erforderlich sind, bezeichnet man allgemein als **Entsorgung** des Reaktors, im Gegensatz zur *Versorgung* mit Brennstoff.

Neben der friedlichen Nutzung der Kernenergie ist aus *Bild 408.1* zu erkennen, an welchen Stellen man spaltbares Material für Kernwaffen abzweigen könnte.

Aufgaben:

1. *Worin besteht der Unterschied zwischen einem Kernreaktor und einer Atombombe?*

2. *Ein Reaktor wird zu heiß oder zu kalt. Wie kann dies geschehen? Wie kann man wieder die richtige Betriebstemperatur einstellen?*

3. *Welche Gemeinsamkeiten, welche Unterschiede bestehen zwischen einem herkömmlichen Wärmekraftwerk und einem Kernkraftwerk? Beschreibe in beiden die Energieumwandlungen!*

4. *Welche Vorteile hat ein DWR mit seinen 2 Kreisläufen gegenüber dem SWR?*

5. *a) Der DWR Biblis A hat eine thermische Leistung von* 3517 MW *(oft angegeben als* MW_{th}*) und eine elektrische Ausgangsleistung von* 1200 MW *(oft angegeben als* MW_{el}*). Wie groß ist der Wirkungsgrad?*

b) Der SWR Brunsbüttel hat einen Wirkungsgrad von 34,9% *und eine elektrische Leistung von* 800 MW. *Bestimme die thermische Leistung!*

6. *Ein „Schneller Brüter“ erzeugt mehr Brennstoff als er verbraucht. Zudem liefert er elektrische Energie. Gilt der Energieerhaltungssatz?*

7. *Wieviel Energie in Joule ist* 1 MWd; 1 MWa *(d Tag; a Jahr)? Die Ergiebigkeit des Urans im Reaktor beträgt* 33 000 MWd/t *Uran (thermisch). Welche elektrische Energie gewinnt man aus* 1 t *Uran (Wirkungsgrad* 35%*)?*

8. *Warum muß man die Brennelemente in einem Reaktor von Zeit zu Zeit austauschen?*

9. *Spalten sich 31 Milliarden* U-235*-Kerne, wird die Energie von* 1 J *frei. Bestätige, daß* $3 \cdot 10^{19}$ *Spaltungen pro s nötig sind, wenn der Reaktor eine Leistung von* 1000 MW *besitzen soll!*

§ 138 Probleme der Kernenergie

1. Die Sicherheit eines Kernkraftwerks

Die in einem Kernkraftwerk entstehenden großen Mengen radioaktiver Stoffe dürfen unter keinen Umständen zu einer Gefahr für die Umwelt werden. Dies ist das oberste Ziel beim Betreiben eines Kernkraftwerks und seiner Entsorgung. Einige Punkte, die *die Sicherheit eines Kernkraftwerks* betreffen, sind:

a) Bereits die Ummantelung der Brennelemente ist eine der zahlreichen *Sicherheitsbarrieren. Bild 409.1* zeigt alle. Diese garantieren einen zuverlässigen Einschluß der radioaktiven Stoffe.

b) Ein Kernkraftwerk besitzt einen **Kamin** *(Bild 405.1)*. Trotz aller Sorgfalt gelangen nämlich in die Abluft des Reaktorgebäudes Spuren von langlebigen radioaktiven Stoffen. Auch die zahlreichen Filter in den Lüftungs- und Abgasanlagen können nicht verhindern, daß diese mit der Abluft nach außen dringen. Um ihre Konzentration in Bodennähe zu mindern, gibt man sie daher über einen hohen Kamin an die Atmosphäre ab, wo der Wind sie weit zerstreut. Die kritischsten Nuklide sind Jod J-131 und J-129, die mit der Nahrung (etwa über den Weg Luft–Gras–Kuh–Milch) in den menschlichen Körper kommen und sich in der Schilddrüse anreichern können. Ihre Abgabe wird durch Messungen sorgfältig kontrolliert.

c) Der *Reaktordruckbehälter* wird regelmäßig überprüft. Er steht unter dauerndem intensivem Neutronenbeschuß. Dieser löst in seinem Mantel ständig Kernreaktionen aus. Dadurch können sich seine Materialeigenschaften verändern. Das Material könnte „spröde" werden, so daß es den großen Belastungen nicht mehr standhält (z.B. beim DWR: $p = 155$ bar).

d) Bei jeder Störung des Reaktorbetriebs werden automatisch die *Regelstäbe* zwischen die Brennelemente geschossen. Die Kettenreaktion erstirbt schlagartig. Infolge des radioaktiven Zerfalls der Spaltprodukte bleibt allerdings eine intensive Nachwärme.

e) Als schwerste technische Störung in einem Kernkraftwerk gilt der Bruch der Hauptleitung im Primärkreislauf. Diesen sogenannten **G**rößten **A**nzunehmenden **U**nfall (GAU) muß ein Kernkraftwerk überstehen können, *ohne mehr als die gesetzlich erlaubte Menge an radioaktiven Stoffen an die Umwelt abzugeben;* sonst wird sein Bau nicht genehmigt. Bisher trat dieser Unfall noch nie auf; jeder Reaktor ist durch mehrere Notkühlsysteme gesichert.

f) Ein Reaktor kann im übrigen aus physikalischen Gründen **nie** wie eine Atombombe *explodieren.* Würde z.B. in einem thermischen Reaktor beim Versagen aller Sicherheits- und Notkühlsysteme das Kühlmittel verdampfen oder aus dem Reaktor austreten, so würden die Neutronen nicht mehr abgebremst. Die Kettenreaktion wäre automatisch unterbrochen; denn mit schnellen Neutronen läuft sie wegen der geringen Konzentration des U-235 nicht ab. Auch der „Schnelle Brüter" kann nicht wie eine Atombombe explodieren.

2. Probleme bei der Wiederaufbereitung und Endlagerung radioaktiver Abfälle

Größere Probleme treten in den Wiederaufbereitungsanlagen auf. Dort sind die hochradioaktiven ausgebrannten Brennstäbe zu zerlegen und die anfallenden nicht verwertbaren Abfälle einer endgültigen, sicheren Lagerung zuzuführen. Bei der Abtrennung von unverbrauchtem Uran und Plutonium muß man darauf achten, daß sich *keine kritischen Massen spaltbaren Materials* bilden. Auch hier ist die radioaktive Belastung der Umwelt innerhalb der vom Gesetzgeber festgelegten Grenzen (Seite 397) zu halten. Besondere Sorgfalt erfordern die *Abfälle:*

a) *Für feste oder verfestigte Abfälle* bieten sich zur Endlagerung *Salzstöcke* an, die sich geologisch seit 100 Millionen Jahren nicht verändert haben. Man will die mit Glas verschmolzenen und sicher verpackten Abfälle entsprechend *Bild 410.1* dort vergraben.

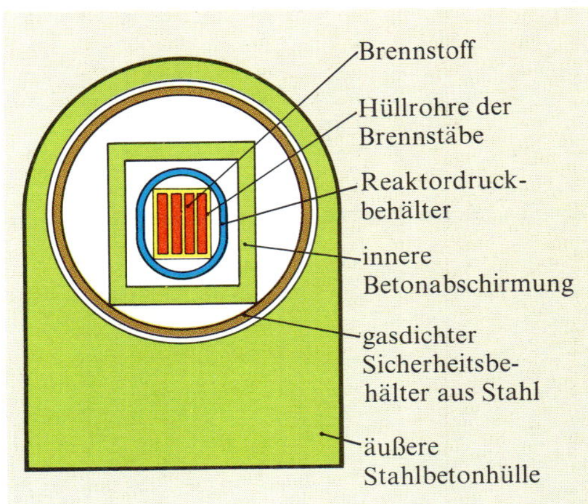

409.1 Sicherheitsbarrieren im DWR

Diese Sicherheitsvorkehrung ist unerläßlich, da der Abfall auf Jahrtausende hinaus gefährliche radioaktive Strahlung aussendet.

b) Ein flüssiger radioaktiver Abfallstoff ist tritiumhaltiges Wasser $^3_1H_2O$. In der Bundesrepublik beabsichtigt man, es in eine 930 m tief gelegene, leergeförderte Erdöllagerstätte zu pressen. Wiederaufbereitungsanlagen in anderen Ländern geben z.T. tritiumhaltiges Abwasser stark verdünnt an große Meere ab. Man muß weltweit darauf achten, daß die Radioaktivität durch die vermehrte Nutzung der Kernenergie nicht merklich von Jahr zu Jahr ansteigt.

3. Plutonium

In allen Kernreaktoren entsteht in großen Mengen das in der Natur nicht vorkommende Plutonium (vgl. *Tabelle 408.1*). Oft steht das „Reizwort" Plutonium heute stellvertretend für die Gefahr der Kernenergie. Warum eigentlich?

a) *Plutonium Pu-239 ist ein intensiver α-Strahler* mit einer Halbwertszeit von 24000 Jahren; es darf daher nicht in den Körper gelangen. Die größte Gefahr tritt durch das Einatmen von feinem, unlöslichem Plutoniumoxid-Staub auf. Er sammelt sich in der Lunge und wird nur sehr langsam wieder ausgeschieden. So besteht die Gefahr von Lungenkrebs; 0,26 mg Reaktorplutonium inhaliert, führt nach 15 oder mehr Jahren zum Tode.

b) *Pu-239 ist spaltbares Material.* In geeigneter Form genügen schon wenige kg für eine kritische Masse. Es besteht die Gefahr, daß daraus Atombomben hergestellt werden (vgl. den entsprechenden Pfad im Brennstoffkreislauf in *Bild 408.1*). Dazu sind freilich hochqualifiziertes Personal und Gerät nötig. – Die Bundesrepublik Deutschland hat vertraglich auf die Herstellung jeglicher Kernwaffen verzichtet *(Atomwaffensperrvertrag)*.

Man muß Plutonium also durch ein engmaschiges Netz von Sicherungsmaßnahmen gegen Diebstahl schützen. Die Rückführung von Plutonium in den Reaktor (s. Brennstoffkreislauf *Bild 408.1*) ist die sicherste – zudem wirtschaftlich sinnvollste – Methode, Plutonium zu vernichten.

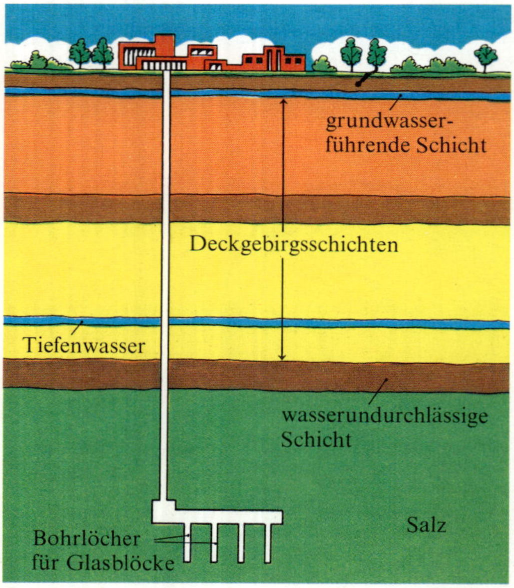

410.1 Geplante Lagerung hochradioaktiver Abfälle

4. Brauchen wir Kernkraftwerke?

Bei dieser Entscheidung bedenke man:

a) Der Energiebedarf in der Welt steigt rapide (Seite 164). Besonders die Industrialisierung der Entwicklungsländer, die Not und Elend der dortigen Bevölkerung lindern hilft, erfordert viel Energie. Auch wir wollen ungern auf vertraute Bequemlichkeiten durch elektrische Energie verzichten (Elektroherd usw.).

b) Energie kann an vielen Stellen eingespart werden. Ob es insgesamt allerdings so viel ist, daß man auf Kernenergie ganz verzichten und trotzdem den Lebensstandard beibehalten kann, ist sehr umstritten. Die Vorausberechnung unseres zukünftigen Energiebedarfs ist äußerst schwierig. – Haben Energieeinsparungen nicht auch Folgen in sozialer Hinsicht?

c) Öl ist viel zu kostbar und knapp, um verbrannt zu werden (Seite 164).

d) Kohle gibt es noch genügend auf der Welt. Aber Kohlekraftwerke belasten die Umwelt mit radioaktiven Strahlen genauso stark wie Kernkraftwerke. Darüber hinaus emittiert jedes fossile Wärmekraftwerk noch viele andere Schadstoffe. Besonders die übermäßige Erzeugung von Kohlendioxid CO_2 kann zu nicht übersehbaren Klimaveränderungen führen.

e) Die Sonnenenergie bietet eine Alternative zur Kernenergie. Aber die Sonne scheint nicht immer. Man überlege auch: Um eine 1-Millionenstadt vollständig mit Sonnenenergie zu versorgen, braucht man bei uns eine Sammelfläche von mindestens 50 km^2, bedeckt mit technischen Anlagen – auch ein Umweltproblem! In kleineren Wohnanlagen kann allerdings die Sonnenenergie bei Heizung und Warmwasserbereitung die Energieversorgung entlasten.

f) Die Möglichkeit einer Nutzung der Kernfusion liegt noch in der Ferne (Seite 411).

g) Die bekannten abbauwürdigen Uranvorräte auf der Erde reichten beim Einsatz des „Schnellen Brüters" mehr als 500 Jahre, den Energiebedarf der Menschheit zu decken. Verwendete man aber nur thermische Reaktoren, genügte der Uranvorrat nur 30 bis 50 Jahre lang.

h) Das unkontrollierte Entweichen gefährlicher Mengen radioaktiver Stoffe aus einem sicher konstruierten Kernreaktor ist höchstens bei einem militärischen Angriff zu befürchten. Dann müßte man wohl auch mit Atomwaffen rechnen.

i) Die Entsorgung der Kernkraftwerke und der Brennstoffkreislauf sind technisch realisierbar.

k) Die Gefährdung des Menschen durch radioaktive Strahlung hat sich an der unvermeidlich vorhandenen natürlichen Strahlung zu orientieren. Die Gefährdung durch andere Umwelteinflüsse (Straßenverkehr, Rauchen usw.) ist um ein Vielfaches höher als die durch Strahlung von Kernkraftwerken. Die durchschnittliche Strahlenbelastung eines Menschen durch Kernkraftwerke liegt in der Bundesrepublik Deutschland mit 1 mrem/Jahr weit unter dem gesetzlich zulässigen Wert von 30 mrem je Jahr. Es wurde mehrfach von unabhängigen Sachverständigen festgestellt, daß die Behauptung, in der Umgebung eines Kernkraftwerks nehme die Häufigkeit bestimmter Krankheiten zu (z.B. Säuglingssterblichkeit), falsch ist.

l) Man muß sich entscheiden, ob man jede zusätzliche Gefährdung für die Menschheit völlig vermeiden möchte und dafür bereit ist, große Unannehmlichkeiten in Kauf zu nehmen, die mit dem Rückgang des Lebensstandards verbunden sind. Oder man geht davon aus, daß es bereits viele, gegeneinander abzuwägende Lebensrisiken gibt. Die einzelnen Möglichkeiten erwäge man sachlich und emotionslos.

Aufgaben:

1. *Wo und wie entstehen in einem Kernreaktor radioaktive Stoffe?*

2. *Könnte man ein Kernkraftwerk a) ohne Kamin, b) ohne Kühlturm betreiben? Was wäre jeweils die Folge?*

3. *Abgebrannte Brennelemente aus einem Reaktor könnte man direkt in Salzstöcke einlagern. Warum ist dies eine Energieverschwendung? Welche Gründe sprechen trotzdem für diese Form der Endlagerung?*

§ 139 Kernfusion

1. Leichte Kerne werden aufeinandergeschossen

Bei der Kernspaltung und beim radioaktiven Zerfall gewinnt man durch die Teilung eines Atomkerns Energie. Man könnte daraus folgern, daß beim umgekehrten Vorgang – der Zusammensetzung eines Kerns aus verschiedenen kleineren Bestandteilen – immer Energie aufgebracht werden muß. Aber die Natur steckt voller Überraschungen. Versucht man nämlich, zwei leichte Kerne zu einem einzigen zu vereinigen (z.B. 2 Wasserstoffkerne), muß man zwar zunächst auch Energie infolge der elektrischen Abstoßungskräfte der Protonen aufbringen. Sind sich die Kerne jedoch nahe genug gekommen, verschmelzen (oder fusionieren) sie von selbst zu einem einzigen. Dabei wird eine gewaltige Menge von Energie frei, viel mehr als man vorher gegen die Abstoßungskräfte aufbringen mußte. Der experimentelle Beweis für die **Kernfusion** ist die *Wasserstoffbombe*. Sie hat noch viel verheerendere Wirkungen als die auf der Kernspaltung beruhende Atombombe. Ebenso gewinnt die *Sonne* ihre gewaltige Energie aus derartigen Prozessen. *Das ganze Weltall* wird durch diese Reaktionen angetrieben!

2. Der Fusionsreaktor – eine Zukunftsvision

Mit riesigem Aufwand versucht man, Kernfusionen nach folgender Gleichung in Gang zu bringen:

$^2_1H + ^3_1H \rightarrow ^4_2He + ^1_0n +$ sehr viel Energie.

Schweren Wasserstoff ^2_1H gibt es unbegrenzt in den Weltmeeren, und das in der Natur nicht vorkommende Tritium ^3_1H kann über eine Kernreaktion mit Neutronen erbrütet werden ($^6_3Li - ^1_0n \rightarrow ^4_2He + ^3_1H$). Zahlreiche komplizierte Probleme sind bis zur Nutzung dieser Kernfusion als Energiequelle in einem Fusionsreaktor noch zu lösen.

Ein Beispiel für die großen Schwierigkeiten: Die Kerne müssen gegen ihre elektrische Abstoßungskraft mit sehr großen Geschwindigkeiten oft aufeinanderprallen, bis es einmal „klappt". Dies gelingt optimal bei Temperaturen von 170 Millionen Kelvin (!). Temperaturen dieser Größenordnung erreichte man noch nie. Kein Material hält dies zudem aus. Das heiße Gasgemisch aus ^2_1H und ^3_1H, dessen Teilchen bei dieser Temperatur fast vollständig ionisiert sind[1]), versucht man daher in die Magnetfelder ringförmig geformter Spulen einzuschließen, und zwar so, daß sie keine Wände aus Materie berühren. Man nutzt dabei die Kräfte auf bewegte geladene Teilchen in Magnetfeldern aus (vgl. S. 338ff.).

[1]) Hochionisierte Gasgemische bezeichnet man als *Plasma*.

Stichwortverzeichnis

Bildquellenverzeichnis

Dr. Franz Bader, Ludwigsburg: 57.1, 88.1, 286.2a)+b), 311.1
Presse-Foto Erich Baumann, Ludwigsburg: 19.1, 50.1
Bertram-Luftbild, München-Riem, Freigabe Reg. v. Obb. G 4/3581: 56.1
Robert Bosch GmbH, Stuttgart: 347.2
Bundesministerium für das Post- und Fernmeldewesen, Bonn: 59.2
Demag GmbH, Düsseldorf: 301.1
Deutsche Lufthansa AG, Köln: 9.3
Deutsche Poclain GmbH, Groß Gerau: 83.2
Deutsche Presse Agentur GmbH, Hamburg: 8.1, 88.5, 116.2, 394.2, 403.1
Nach Unterlagen der Deutschen Verbundgesellschaft e.V., Heidelberg: 350.2
Deutsches Museum, München: 92.1, 93.2
Drägerwerk AG, Lübeck: 98.1
Dr. Peter Drehmann, Stuttgart: 384.2, 387.2
Karl Duch, Hamburg: 15.2, 21.1, 28.2, 175.2, 189.1, 202.1, 235.2, 261.1, 269.3, 289.2
Ehapa-Verlag, Stuttgart: 64.1
esoc, Darmstadt: 167.3
D. van Eupen, Hambühren: 68.3, 70.2, 72.1, 252.2, 398.2
Gutehoffnungshütte Sterkrade AG, Oberhausen: 73.1
Harms Bergung GmbH & Co., Hamburg: 48.1
Hartmann + Braun AG, Frankfurt: 383.2
Dr. Hellwich, Forschungslab. für Infrarotfotografie, Wien: 249.1
Institut für den Wissenschaftlichen Film, Göttingen: 12.2
Jenaer Glaswerk Schott + Gen., Mainz: 213.2, 213.3
Kernforschungszentrum GmbH, Karlsruhe: 395.1, 407.2
Keystone, Hamburg: 197.1
Kraftwerk Union AG, Erlangen: 347.1, 404.2
Hans Kreutzfeldt, Hannover: 203.2
Hans Kripgans, Lübeck: 293.3
Dr. F. Krügler, Hamburg: 214.3
Wilh. Lambrecht KG, Göttingen: 95.1
Ernst Leitz GmbH, Wetzlar: 243.3
Günter Leyking, Laatzen: 77.4
F. Maurer + Söhne, München: 116.3
Bildagentur Mauritius, Mittenwald: 123.1, 137.2 links, 140.1, 168.2, 176.1, 191.1, 214.2, 248.2, 349.2
Hans Mayer, Stuttgart: 80.1 (Modell; Foto: Hans Tegen)
Burkard Miller, Stuttgart: 212.1
Naval Research Lab., Washington: 9.1
Uwe Noldt, Hannover: 14.2, 187.1
Oak Ridge National Laboratory, Tennessee: 9.2
Naturfoto-Archiv Hans Pfletschinger, Ebersbach: 169.2
Phywe AG, Göttingen: 20.2
Preussen Elektra, Hannover: 307.1
Rheinisch Westfälisches Elektrizitätswerk AG, Essen (freigeg. d. Reg. Präs. Darmstadt, Nr. 472/76): 405.1
Siemens AG, Erlangen: 8.3, 399.1
Pressefoto KG Sven Simon, Essen: 19.3
SKF GmbH, Schweinfurt: 41.2
Wilson-Kammeraufnahme nach Gentner, Maier-Leibnitz, Bothe, Atlas typischer Nebelkammerbilder, Springer-Verlag, Berlin, Heidelberg: 380.2, 385.1, 400.1
Süddeutscher Verlag GmbH, München: 402.1
Ulrich Staiger, Stuttgart: 194.1
Inge Stephan-Schröder, Argesdorf: 107.1
A. Teves GmbH, Frankfurt: 128.1
Transformatoren Union AG, Stuttgart: 351.2
US-Botschaft, Bonn: 24.1, 39.2, 177.2
Volkswagenwerk AG, Wolfsburg: 29.1
Ludwig Windstoßer, Stuttgart: 159.2
Zefa GmbH, Düsseldorf: 48.1, 101.2, 106.2, 191.2, 376.1
Carl Zeiss, Oberkochen: 14.1, 14.3
Claus-Dieter Zink, Freiburg: 126.1

Alle übrigen Fotos: Hans Tegen, Hambühren

Die Lehrmittelfirmen Dr. H. Kröncke KG, Hannover; Leybold-Heraeus GmbH, Köln; Neva, Dr. Vatter KG, Geislingen; Phywe AG, Göttingen, stellten freundlicherweise Geräte für die fotografierten Versuchsaufbauten zur Verfügung.
Die hier getroffene Auswahl bezweckt keine qualitative Hervorhebung einzelner Fabrikate; sie läßt insbesondere nicht die Schlußfolgerung zu, daß Geräte anderer als der gewählten Lehrmittelfirmen nicht möglicherweise genauso oder besser für die einzelnen Versuchsaufbauten geeignet sind.

Feste Körper	Dichte $\frac{g}{cm^3}$	Längenausdehnungskoeffizient $\frac{1}{K}$	Spezifische Wärmekapazität $\frac{J}{g \cdot K}$	Schmelzpunkt °C	Siedepunkt °C
Aluminium	2,70	0,000024	0,90	660	2450
Blei	11,34	31	0,13	327	1750
Eisen	7,86	12	0,45	1539	2735
Jenaer Glas	2,5	08	0,67	—	—
Gold	19,3	14	0,13	1063	2700
Kalium	0,86	84	0,75	63	757
Kupfer	8,93	17	0,38	1083	2590
Magnesium	1,74	26	1,02	650	1120
Marmor	2,5	05	0,83	—	—
Messing	8,3	19	0,38	920	—
Platin	21,4	09	0,13	1769	4300
Silber	10,51	20	0,24	960	2200
Tannenholz	0,5	03	1,4	—	—
Wolfram	19,3	04	0,13	3370	5500
Zink	7,14	26	0,38	419	907

Der Zahlenwert der in cN/cm^3 gemessenen **Wichte** ist um etwa 2% kleiner als der hier angegebene Zahlenwert der **Dichte** (in g/cm^3).

Flüssigkeiten	Dichte bei 18 °C $\frac{g}{cm^3}$	Raumausdehnungskoeffizient bei 18 °C $\frac{1}{K}$	Spezifische Wärmekapazität $\frac{J}{g \cdot K}$	Schmelzpunkt °C	Siedepunkt °C
Äthanol	0,790	0,00110	2,43	−114,4	78,3
Äthyläther	0,716	162	2,25	−123,4	34,6
Benzol	0,879	123	1,72	+ 5,5	80,1
Olivenöl	0,915	072	2,0	—	—
Petroleum	0,85	096	2,1	—	—
Quecksilber	13,55	0182	0,14	− 38,87	357
Wasser	0,9986	020	4,19	0,00	100

Gase	Dichte bei 0 °C und 1013 mbar $\frac{g}{l}$	Spezifische Wärmekapazität (bei konst. Druck) $\frac{J}{g \cdot K}$	Schmelzpunkt °C	Siedepunkt bei 1013 mbar °C	Dichte als Flüssigkeit $\frac{g}{cm^3}$
Ammoniak	0,771	2,16	− 77,7	− 33,4	0,68
Chlor	3,21	0,74	−101	− 34,1	1,56
Helium	0,178	5,23	−272	−269	0,13
Kohlendioxid	1,98	0,84	− 57	− 78,5	1,56
Luft	1,293	1,005	−213	−191	—
Sauerstoff	1,43	0,92	−219	−183	1,13
Stickstoff	1,25	1,04	−210	−196	0,81
Wasserdampf bei 100 °C, 1013 mbar	0,6	1,95	—	—	0,96
Wasserstoff	0,0899	14,32	−259	−253	0,07